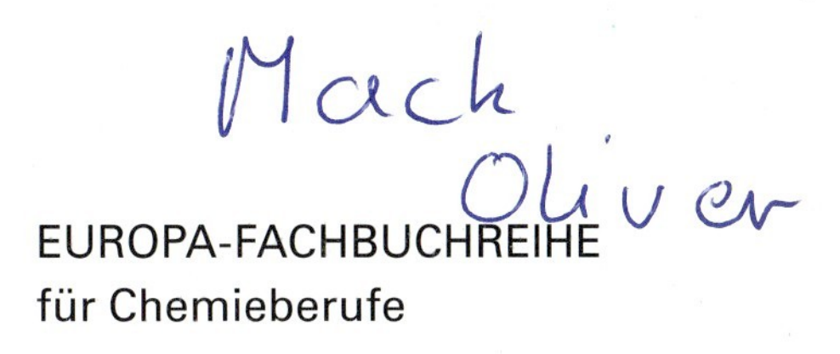

EUROPA-FACHBUCHREIHE
für Chemieberufe

Berechnungen zur Chemietechnik

Eckhard Ignatowitz, Gerhard Fastert, Holger Rapp

VERLAG EUROPA-LEHRMITTEL · Nourney, Vollmer GmbH & Co. KG
Düsselberger Straße 23 · 42781 Haan-Gruiten

Europa-Nr. 71378

Autoren:

Dr.-Ing. Eckhard Ignatowitz, StR	Waldbronn
Gew.-Lehrer Gerhard Fastert †, OStR	Stade
Dipl.-Ing., Dipl.-Wirt.-Ing. Holger Rapp	Waldbronn

Lektorat:

Dr.-Ing. Eckhard Ignatowitz

Bildentwürfe: Die Autoren

Bildbearbeitung: Zeichenbüro des Verlags Europa-Lehrmittel, Ostfildern

Foto des Buchtitelbildes: Mit freundlicher Genehmigung der Lanxess AG, Köln

1. Auflage 2014

Druck 5 4 3 2 1

Alle Drucke derselben Auflage sind parallel einsetzbar, da sie bis auf die Behebung von Druckfehlern untereinander unverändert sind.

ISBN 978-3-8085-7137-8

Umschlaggestaltung: braunwerbeagentur, 42477 Radevormwald

Satz: Satz+Layout Werkstatt Kluth GmbH, 50374 Erftstadt

Druck: Konrad Triltsch Print und digitale Medien GmbH, 97199 Ochsenfurt-Hohestadt

Vorwort

Das Buch **Berechnungen zur Chemietechnik** ist ein Lehr-, Lern- und Übungsbuch für die schulische und betriebliche Ausbildung im Fachgebiet Chemietechnik.

Es ergänzt und festigt das Wissen im Fachgebiet Chemietechnik durch rechnerisches Erfassen und Beherrschen der Anlagenkomponenten, der physikalischen Vorgänge in den Rohrleitungen und Apparaten, der Grundoperationen und Verfahren der Chemietechnik, der chemischen Reaktionstechnik sowie der Mess-, Steuerungs- und Regelungstechnik.

Dadurch wird eine vertiefte und breit fundierte Kompetenz in der Chemietechnik erreicht.

Die Kapitel des Buches **Berechnungen zur Chemietechnik** sind:

1 Rechnen und Datenauswertung in der Chemietechnik
2 Berechnungen zu Anlagenkomponenten
3 Berechnungen zur Messtechnik
4 Datenauswertung und Berechnungen zur Qualitätssicherung
5 Berechnungen zur Aufbereitungstechnik
6 Berechnungen zu mechanischen Trennprozessen
7 Berechnungen zur Heiz- und Kühltechnik
8 Berechnungen zu thermischen Trennverfahren
9 Berechnungen zu physikalisch-chemischen Trennverfahren
10 Berechnungen zur Regelungstechnik
11 Lösen von Aufgaben zur Steuerungstechnik
12 Berechnungen zur chemischen Reaktionstechnik
13 Gemischte Aufgaben
14 Themenübergreifende Projektaufgaben
15 Anhang (mit Kopiervorlagen)

Die Lerninhalte werden im Buch nach einem einheitlichen methodischen Konzept dargeboten:

Nach einer kurzen Einführung in das Fachgebiet werden die zur Berechnung erforderlichen Gleichungen entweder hergeleitet bzw. durch Analogieschlüsse ermittelt oder gegeben.

Danach folgen Aufgabenbeispiele aus der Praxis der Chemietechnik, an denen exemplarisch der Rechengang durchgeführt wird.

Es werden konsequent die Regeln des Rundens sowie der signifikanten Ziffern angewandt.

Als Abschluss jedes Fachgebiets wird eine Vielzahl von Aufgaben gestellt, die ein eigenständiges Üben des Gelernten ermöglichen.

Die Berechnung, Datenauswertung und grafische Darstellung mit dem Tabellenkalkulationsprogramm Excel 2010 wird eingeführt und erläutert sowie an ausgewählten Sachthemen durchgeführt.

Am Ende des Buches befinden sich eine umfangreiche Sammlung von gemischten Aufgaben zu allen Sachgebieten des Buches sowie themenübergreifende Projektaufgaben.

Die Aufgaben orientieren sich in der Art und dem Schwierigkeitsgrad an den Abschlussprüfungen. Es gibt sowohl einfache als auch komplexe Aufgaben.

Das Rechnen der gemischten Aufgaben und die Bearbeitung der themenübergreifenden Aufgaben kann zur Vorbereitung auf Abschlussprüfungen genutzt werden.

Ein Anhang mit Kopiervorlagen grafischer Papiere erleichtert das Erstellen von Diagrammen.

Das ausführliche Sachwortverzeichnis mit englischer Übersetzung ermöglicht die schnelle Themensuche und kann zusätzlich als Fachwörterlexikon genutzt werden.

Zum Buch **Berechnungen zur Chemietechnik** gibt es ein Lösungsbuch, EUROPA-Nr. 71484.

Dort sind alle Aufgaben durchgerechnet und die erforderlichen Grafiken erstellt.

Das Buch **Berechnungen zur Chemietechnik** baut auf den rechnerischen Grundlagen des chemischen Rechnens im Buch **Technische Mathematik für Chemieberufe** auf. Zusammen erschließen die beiden Bücher die Fachgebiete des chemischen Rechnens und der Berechnungen zur Chemietechnik.

Die Autoren sind der Meinung, mit dem Buch **Berechnungen zur Chemietechnik** einen Beitrag zur Komplettierung des Bücherangebots zum Fachgebiet der Chemietechnik zu leisten.

Konstruktive Verbesserungsvorschläge und Fehlerkorrekturen werden vom Verlag und von den Autoren dankbar entgegengenommen und verwertet.

Die Autoren Frühjahr 2014

Inhaltsverzeichnis

1 Rechnen und Datenauswertung in der Chemietechnik ... 8

1.1 Genauigkeit beim Rechnen ... 8
1.1.1 Signifikante Ziffern ... 8
1.1.2 Runden ... 8
1.1.3 Anzahl der Nachkommastellen ... 9
1.1.4 Rechnen mit Messwerten mit angegebener Ungenauigkeit ... 10

1.2 Erstellen und Arbeiten mit Diagrammen 11
1.2.1 Erstellen von Diagrammen per Hand ... 11
1.2.2 Diagramme mit logarithmischer Teilung . 11
1.2.3 Diagramme mit doppelt-logarithmischer Teilung ... 12
1.2.4 Erstellen von Ausgleichskurven ... 12

1.3 Prozessdatenauswertung mit dem PC .. 14
1.3.1 Datenauswertung mit einem Tabellenkalkulationsprogramm ... 14
1.3.2 Grafische Darstellung von Prozessdaten mit Excel 2010 ... 16
1.3.3 Regressionsanalyse von Messreihen mit Excel 2010 ... 19
1.3.4 Grafische Darstellung der Regressionsanalyse ... 21
1.3.5 Regressionsanalyse und Prüfen der Funktionsabhängigkeit ... 22

2 Berechnungen zu Anlagenkomponenten . 24

2.1 Rohrleitungen ... 24
2.1.1 Stoffströme in Rohrleitungen ... 24
2.1.2 Rohrabmessungen ... 25
2.1.3 Nenndruck, Mindest-Wanddicke ... 26
2.1.4 Masse von Stahlrohren ... 27
2.1.5 Rohrausdehnung und Kompensatoren .. 28
2.1.6 Regelventile ... 29
2.1.7 Kondensatableiter ... 31
2.1.8 Druck in Rohrleitungen ... 32
2.1.9 Strömungszustände in Rohrleitungen ... 33
2.1.10 Druckverlust in Rohrleitungen ... 34

2.2 Fördern von Flüssigkeiten mit Pumpen . 36
2.2.1 Fördern mit Kreiselpumpen ... 36
2.2.2 Kavitationsfreier Betrieb von Kreiselpumpen, NPSH-Wert ... 40
2.2.3 Fördern mit Kreiskolbenpumpen und Drehkolbenpumpen ... 42

2.3 Fördern von Flüssigkeiten mit Schwerkraft und Druck ... 43
2.3.1 Ausfluss aus Behältern unter Schwerkraft ... 43
2.3.2 Ausfluss aus Behältern mit Überdruck ... 44

2.4 Verdichten und Fördern von Gasen ... 45

2.5 Fördern von Feststoffen ... 47

2.6 Lagereinrichtungen ... 49
2.6.1 Volumen geometrischer Körper ... 49
2.6.2 Volumen zusammengesetzter Körper ... 49
2.6.3 Berechnung der Masse eingelagerter Feststoffe und Flüssigkeiten ... 50
2.6.4 Berechnung der Gasmenge in Tanks ... 50

2.7 Rührbehälter ... 52
2.7.1 Inhalte von Rührbehältern ... 52
2.7.2 Thermische Volumenausdehnung bei Behältern ... 52

2.8 Projektierung von Chemieapparaten ... 53

2.9 Druckarten und Druckkräfte in Behältern 56

2.10 Elektromotoren ... 57

2.11 Getriebe ... 59

2.12 Mechanische Belastung von Bauteilen und Apparaten ... 61
2.12.1 Spannungen in Bauteilen ... 61
2.12.2 Festigkeitskennwerte der Werkstoffe ... 62
2.12.3 Festigkeitskennwerte von Schrauben ... 63
2.12.4 Zulässige Spannung in Bauteilen ... 63
2.12.5 Auslegung von Bauteilen (Dimensionierung) ... 63

3 Berechnungen zur Messtechnik ... 66

3.1 Temperaturmessung ... 66
3.1.1 Widerstandsthermometer ... 66
3.1.2 Thermoelement-Thermometer ... 67

3.2 Druckmessung ... 68
3.2.1 Definition, Einheiten, Umrechnung ... 68
3.2.2 Druckarten ... 68
3.2.3 Druckmessung in Behältern und Apparaten ... 68
3.2.4 Druckmessung in strömenden Medien .. 69
3.2.5 U-Rohr-Manometer ... 70
3.2.6 Druckdifferenzmessung mit dem U-Rohr-Manometer ... 70
3.2.7 Federmanometer ... 71
3.2.8 Druckmessung mit DMS-Sensoren ... 71

3.3 Füllstandmessung ... 73
3.3.1 Volumen geometrischer Grundkörper von Behältern ... 73
3.3.2 Füllstände und Füllvolumen in Behältern 73
3.3.3 Füllstandmessung bei Flüssigkeiten. ... 75
3.3.4 Füllstandmessung bei Schüttgütern ... 76

3.4 Durchflussmessung und Mengenmessung ... 79
3.4.1 Quantitätsgrößen bei Durchflüssen ... 79
3.4.2 Durchflussmessung ... 79
3.4.3 Mengenmessung bei strömenden Fluiden ... 81

4 Datenauswertung und Berechnungen zur Qualitätssicherung ... 84

4.1 Statistische Kennwerte ... 84
4.1.1 Kennwerte zur mittleren Lage von Messwerten
4.1.2 Häufigkeitsverteilung von Messdaten ... 85
4.1.3 Kennwerte zur Streuung von Messwerten ... 86
4.1.4 Standardabweichung und Häufigkeit der Messwerte ... 87
4.1.5 Auswertung mit dem Taschenrechner und dem Computer ... 88

4.2 Werkzeuge der Qualitätssicherung ... 89
4.2.1 Fehlersammelkarte und Datensammelkarte ... 89
4.2.2 Histogramm (Säulendiagramm) ... 90
4.2.3 Pareto-Diagramm, Pareto-Analyse ... 91
4.2.4 Korrelationsdiagramm ... 93

4.3 Qualitätssicherung mit Qualitätsregelkarten (QRK) ... 95
4.3.1 Aufbau und Typen von QRK ... 95
4.3.2 Prozess-QRK mit festen Regelgrenzen ... 97
4.3.3 Erstellen und Führen von QRK ... 100
4.3.4 Erstellen von Qualitätsregelkarten mit Excel ... 102
4.3.5 Prozess-QRK mit variablen Regelgrenzen ... 104

4.4 Prüfung der Prozessfähigkeit ... 106

4.5 Typische Verläufe in Qualitätsregelkarten ... 109

5 Berechnungen zur Aufbereitungstechnik 112

5.1 Schüttgüter ... 112
5.1.1 Porosität, Schüttdichte, Partikelgröße ... 112
5.1.2 Oberflächen von Schüttgütern ... 113

5.2 Bestimmung der Partikelgrößenverteilung von Schüttgütern ... 114
5.2.1 Durchführung einer Siebanalyse ... 114
5.2.2 Auswertung einer Siebanalyse ... 114
5.2.3 Grafische Darstellung der Siebanalyse . 115
5.2.4 Darstellung und Auswertung einer Siebanalyse im RRSB-Netz ... 117
5.2.5 Bestimmung der spezifischen Oberfläche von Schüttgütern ... 119
5.2.6 Auswertung einer Siebanalyse mit einem Tabellenkalkulationsprogramm (TKP) ... 120
5.2.6.1 Datenauswertung mit dem TKP Excel ... 120
5.2.6.2 Grafische Darstellung mit dem TKP Excel ... 122

5.3 Charakterisierung eines Schüttguts ... 124
5.3.1 Verteilungsdiagramme ... 124
5.3.2 Beschreibung eines Schüttguts ... 124

5.4 Zerkleinern ... 127
5.4.1 Beschreibung der Zerkleinerung ... 127
5.4.2 Leistungsbedarf einer Zerkleinerungsmaschine ... 128

5.5 Rühren und Mischen im Rührbehälter . 129
5.5.1 Rühren und Mischen ... 129
5.5.2 Beschreibung des Mischvorgangs ... 129
5.5.3 Leistungsbedarf eines Rührers ... 130
5.5.4 Mischzeit ... 130

6 Berechnungen zu mechanischen Trennverfahren ... 132

6.1 Kennzeichnung der Trennprozesse beim Klassieren und Sortieren ... 132

6.2 Klassieren mit Siebmaschinen ... 136

6.3 Dekantieren ... 137

6.4 Sedimentieren ... 138
6.4.1 Vorgänge beim Sedimentieren ... 138
6.4.2 Absetzapparate ... 138

6.5 Zentrifugieren mit Sedimentierzentrifugen ... 140

6.6 Staubabscheidung mit dem Zyklon ... 142
6.6.1 Vorgänge im Zyklon ... 142
6.6.2 Berechnungen beim Zyklon ... 142
6.6.3 Druckverlust, Abscheidegrad ... 143

6.7 Filtrieren ... 144
6.7.1 Vorgänge beim Filtrieren ... 144
6.7.2 Absatzweise Filtration ... 146
6.7.3 Kontinuierliche Filtration ... 146

7 Berechnungen zur Heiz- und Kühltechnik ... 148

7.1 Wärmemengen ... 148

7.2 Energieträger im Chemiebetrieb ... 148

7.3 Wärmeübertragung in der Chemietechnik ... 149
7.3.1 Grundlagen der Wärmeübertragung ... 149
7.3.2 Wärmeleitung ... 149
7.3.3 Wärmedurchgang ... 151
7.3.4 Berechnung von Wärmedurchgangszahlen k ... 152
7.3.5 Mittlere Temperaturdifferenz $\Delta\vartheta_m$ beim Wärmedurchgang ... 153

7.4 Wärmeübertragung mit Rohrbündelwärmetauschern ... 155

7.5 Wärmeableitung in Kondensatoren ... 157
7.5.1 Oberflächenkondensatoren ... 157
7.5.2 Mischkondensatoren ... 157

7.6 Wärmeübertragung in Rührbehältern .. 158
7.6.1 Indirektes Heizen und Kühlen ... 158
7.6.2 Direkte Heizung und direkte Kühlung in Rührbehältern ... 159

8 Berechnungen zu thermischen Trennverfahren ... 160

8.1 Industrielles Trocknen ... 160
8.1.1 Massebilanzen beim Trocknen ... 160
8.1.2 Trocknungsmittel Luft ... 161
8.1.3 Luftbedarf beim Trocknen ... 162
8.1.4 *h*-*X*-Diagramm ... 163
8.1.5 Wärmebedarf beim Trocknen ... 163

8.2 Eindampfen von Lösungen ... 166
8.2.1 Siedepunkterhöhung bei Lösungen ... 166
8.2.2 Kontinuierliche Eindampfung ... 166
8.2.3 Absatzweise Eindampfung ... 168

8.3 Kristallisieren aus Lösungen ... 169

8.4 Destillation ... 171
8.4.1 Physikalische Grundlagen der Destillation ... 171
8.4.1.1 Dampfdruck von Flüssigkeiten ... 171
8.4.1.2 Siedeverhalten homogener Flüssigkeitsgemische ... 171
8.4.1.3 Siedediagramm ... 174
8.4.1.4 Gleichgewichtsdiagramm ... 174
8.4.1.5 Destillationsverhalten verschiedener Flüssigkeitsgemische ... 175
8.4.1.6 Relative Flüchtigkeit (Trennfaktor) ... 175
8.4.2 Absatzweise einfache Destillation ... 177

8.5 Wasserdampfdestillation ... 179
8.5.1 Physikalisches Prinzip der Wasserdampfdestillation ... 179
8.5.2 Erforderliche Dampfmenge ... 180

8.6 Rektifikation ... 181
8.6.1 Kontinuierliche Rektifikation in Kolonnen mit Austauschböden ... 181
8.6.2 Stoffbilanz in der Kolonne ... 181
8.6.3 Rücklaufverhältnis ... 182
8.6.4 Bestimmung der Trennstufen einer Rektifikationskolonne ... 182
8.6.5 Rektifikationskolonne mit mittigem Zulauf ... 184
8.6.6 Rektifikation mit Füllkörper- und Packungskolonnen ... 187
8.6.7 Kolonnendurchmesser und Kolonnenhöhe ... 188
8.6.8 Rektifikation azeotroper Gemische ... 190
8.6.8.1 Zweidruck-Rektifikation ... 191
8.6.8.2 Extraktiv-Rektifikation ... 192

9 Berechnungen zu physikalisch-chemischen Trennverfahren ... 194

9.1 Flüssig-Flüssig-Extraktion ... 194
9.1.1 Absatzweise einfache Extraktion ... 194
9.1.2 Absatzweise mehrfache Extraktion ... 196
9.1.3 Kontinuierliche Gegenstrom-Extraktion ... 197

9.2 Absorption ... 202
9.2.1 Berechnung der absorbierten Stoffmenge ... 203
9.2.2 Gegenstrom-Absorption in Kolonnen ... 204

10 Berechnungen zur Regelungstechnik ... 206

10.1 Elemente des Regelkreises ... 206
10.1.1 Regelstrecke und Regeleinrichtung ... 207
10.1.2 Regler ... 207
10.1.3 Messumformer ... 208

10.2 Zwischenwerte des Einheitssignals ... 208

10.3 Zeitverhalten von Regelstrecken ... 210
10.3.1 Statisches Verhalten ... 210
10.3.2 Dynamisches Verhalten ... 210
10.3.3 Proportionale Regelstrecken ... 211
10.3.4 Regelstrecken mit Totzeit ... 212
10.3.5 Regelstrecken mit einem Speicher ... 212
10.3.6 Regelstrecken mit mehreren Speichern ... 213
10.3.7 Integrale Regelstrecken ... 214

10.4 Reglertypen ... 216
10.4.1 Proportionalregler ... 216
10.4.2 Integralregler ... 218
10.4.3 Differentialregler ... 218
10.4.4 Proportional-Integral-Regler ... 219
10.4.5 Proportional-Differential-Regler (PD-Regler) ... 220
10.4.6 Proportional-Differential-Integral-Regler (PID-Regler) ... 220

10.5 Regelkreisverhalten und Regleranpassung ... 222
10.5.1 Regelkreisverhalten ... 222
10.5.2 Anpassung des Reglers an die Regelstrecke ... 223

11 Lösen von Aufgaben aus der Steuerungstechnik ... 225

11.1 Logische Grundverknüpfungen ... 225

11.2 Zusammengesetzte logische Verknüpfungen ... 228
11.2.1 Verknüpfungen mit Eingangsnegation ... 228
11.2.2 Verknüpfungen mit Ausgangsnegation ... 229
11.2.3 Realisierung zusammengesetzter logischer Verknüpfungen ... 230

11.3 Rechenregeln der Schaltalgebra ... 233

11.4 Speicher-Funktionsbausteine ... 236
11.4.1 Signalspeicherung durch Selbsthaltungsschaltung ... 236
11.4.2 Signalspeicherung durch Kippglieder ... 236
11.4.3 Anwendungen von Flipflop-Schaltungen in der Chemietechnik ... 237

12 Berechnungen zur chemischen Reaktionstechnik 240

12.1 Umgesetzte Stoffmengen in Reaktoren 240
12.1.1 Quantitätsgrößen und Durchsatzgrößen 240
12.1.2 Umgesetzte Stoffmengen bei vollständiger Reaktion mit reinen Stoffen 240
12.1.3 Umgesetzte Stoffmengen bei Reaktion mit verdünnten bzw. unreinen Stoffen 241
12.1.4 Umgesetzte Stoffmengen bei unvollständigen Reaktionen 241

12.2 Kenngrößen der Reaktionsabläufe in Reaktoren 242
12.2.1 Umsatz 242
12.2.2 Ausbeute (Bildungsgrad) 243
12.2.3 Selektivität 244
12.2.4 Verweilzeit 244
12.2.5 Produktionsleistung 244

12.3 Zeitlicher Ablauf chemischer Reaktionen 246

12.4 Beeinflussung der Reaktionsgeschwindigkeit 247

12.5 Chemisches Reaktionsgleichgewicht, Massenwirkungsgesetz 249

12.6 Reaktionsenthalpie 250

12.7 Betriebsweisen und Reaktortypen in der chemischen Produktion 252
12.7.1 Chargenbetrieb im Rührkesselreaktor 252
12.7.2 Fließbetrieb im Rohrreaktor 253
12.7.3 Fließbetrieb im kontinuierlich betriebenen Rührkessel 254
12.7.4 Kontinuierlich betriebene Rührkesselkaskade 255
12.7.5 Reaktor mit Kreislaufführung 256

13 Gemischte Aufgaben zur Prüfungsvorbereitung 258

13.1 Aufgaben zu Kapitel 1 Rechnen und Datenauswertung in der Chemietechnik 258

13.2 Aufgaben zu Kapitel 2 Anlagenkomponenten 259

13.3 Aufgaben zu Kapitel 3 Messtechnik in Chemieanlagen 261

13.4 Aufgaben zu Kapitel 4 Datenauswertung und Berechnungen zur Qualitätssicherung 262

13.5 Aufgaben zu Kapitel 5 Aufbereitungstechnik 262

13.6 Aufgaben zu Kapitel 6 Mechanische Trennverfahren 263

13.7 Aufgaben zu Kapitel 7 Heiz- und Kühltechnik 264

13.8 Aufgaben zu Kapitel 8 Thermische Trennverfahren 265

13.9 Aufgaben zu Kapitel 9 Physikalisch-chemische Trennverfahren 266

13.10 Aufgaben zu Kapitel 10 Regelungstechnik 267

13.11 Aufgaben zu Kapitel 11 Steuerungstechnik 268

13.12 Aufgaben zu Kapitel 12 Chemische Reaktionstechnik 268

14 Themenübergreifende Projektaufgaben 270

Projektaufgabe 1 270

Projektaufgabe 2 272

15 Anhang 276

Griechisches Alphabet 276

Physikalische Konstanten 276

Hinweis zu den Normen 276

Kopiervorlagen 277
Millimeter-Papier, Einfach-Logarithmisches Papier, Doppelt-Logarithmisches Papier, Qualitätsregelkarte, Vordruck Siebanalyse, Verteilungs-Diagramme, RRSB-Netz für die Siebanalyse, *h*-*X*-Diagramm für Trocknungsluft, Gleichgewichtsdiagramm Rektifikation, Beladungsdiagramm Extraktion, Beladungsdiagramm Absorption, Sprungantwort (Regelungstechnik)

Sachwortverzeichnis 290

1 Rechnen und Datenauswertung in der Chemietechnik

In der Chemietechnik sind die Objekte der Berechnungen Messwerte bzw. Prozessdaten aus dem Betriebsgeschehen oder vorgegebene bzw. geforderte Anlagedaten und Betriebsgrößen.
Beim Rechnen mit diesen Größen sind neben den allgemeinen Gesetzmäßigkeiten des mathematischen Rechnens einige spezielle Regeln bezüglich der Genauigkeit zu beachten.

1.1 Genauigkeit beim Rechnen

1.1.1 Signifikante Ziffern

Der Messwert eines bestimmten Messgeräts bzw. die Prozessdaten eines Messsystems werden mit einer bestimmten Ziffernzahl angezeigt oder können mit einer bestimmten Ziffernzahl abgelesen werden.
Die Ziffernanzeige bzw. die Ablesemöglichkeit der Messgeräte ist so gestaltet, dass die angezeigten Ziffern bzw. die abzulesenden Werte als sicher (genau) gelten. Man nennt diese Werte auch **signifikant.**
Unter den **signifikanten Ziffern** (engl. significant figures) versteht man die Ziffern eines Größenwerts oder eines Rechenergebnisses, die sicher sind und deshalb berücksichtigt werden müssen und nicht weggelassen werden dürfen.
Man bezeichnet sie deshalb auch als gesicherte (genaue) oder zu berücksichtigende Ziffern.
Die verschiedenen Messgeräte liefern Messwerte mit unterschiedlich vielen signifikanten Ziffern.

Beispiele:
- Industriewaage: $m = 823{,}480$ kg – sechs signifikante Ziffern
- Durchflussmessgerät: $\dot{V} = 2{,}189$ m³/h – vier signifikante Ziffern
- Widerstandsthermometer: $\vartheta = 91{,}7$ °C – drei signifikante Ziffern

Besonders zu beachten ist bei der Bestimmung der signifikanten Ziffern die Ziffer Null (0).
- Die am Anfang einer Zahl stehenden Nullen sind keine signifikanten Ziffern.
- Die Nullen am Ende einer Dezimalzahl gehören zu den signifikanten Ziffern.

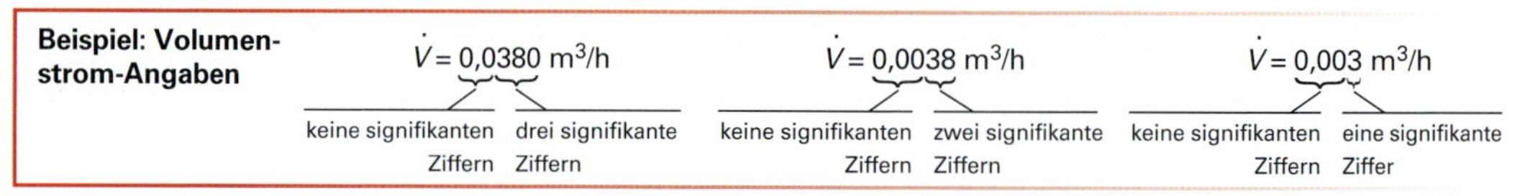

Die Anzahl der signifikanten Ziffern eines Größenwerts darf nicht durch Anhängen einer Null oder durch Weglassen einer Null am Ende der Zahl verändert werden.

Beispiel: Der Messwert einer Industriewaage (mit 0,1-kg-Anzeige), der z. B. Mit 238,1 kg angezeigt wird, darf nicht als $m = 238{,}10$ kg geschrieben werden oder der Messwert einer Industriewaage (mit 0,001-kg-Anzeige), der z. B. mit 32,470 kg angezeigt wird, darf nicht als $m = 32{,}47$ kg angegeben werden.

1.1.2 Runden

Beim Runden (engl. to round) wird die Stellenzahl einer rechnerisch ermittelten, vierteiligen Dezimalzahl auf eine gewünschte Stellenzahl verringert.
Man unterscheidet Aufrunden und Abrunden. Liegt der Zahlenwert der Ziffer nach der Rundestelle zwischen 0 und 4, dann wird der Rundestellenwert beibehalten, d. h., es wird **abgerundet** (siehe **Beispiel 1**).
Wenn der Zahlenwert der Ziffer nach der Rundestelle zwischen 5 und 9 beträgt, dann wird der Rundestellenwert um eins erhöht, also wird aufgerundet (siehe **Beispiel 2**).

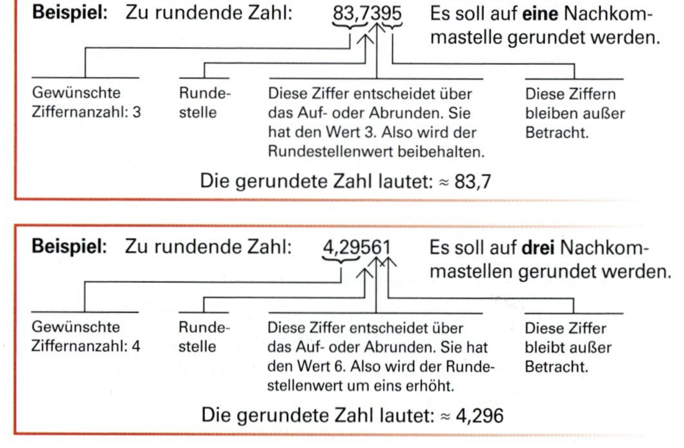

Das gerundete Ergebnis wird durch ein Rundungszeichen ≈ gekennzeichnet.

1.1.3 Anzahl der Nachkommastellen

Beim Addieren und Subtrahieren von Größenwerten mit unterschiedlicher Anzahl von Nachkommastellen (Dezimalstellen) wird das Ergebnis nur mit so vielen Nachkommastellen angegeben, wie der Größenwert mit der geringsten Anzahl von Nachkommastellen besitzt.

Beispiel: Es werden 3 Stoffportionen gemischt, deren Massen auf unterschiedlichen Waagen bestimmt wurden:

m_1 = 376,1 kg; m_2 = 102,83 kg; m_3 = 27,4392 kg

376,1 kg
102,83 kg
27,4392 kg
506,3692 kg

Welches Ergebnis kann für die Gesamtmasse angegeben werden?

Lösung: Rein rechnerisch erhält man mit dem Taschenrechner den Zahlenwert m = 506,3692 kg.

Das Ergebnis darf jedoch nur mit der geringsten Zahl signifikanter Ziffern bei den Einzelmassen, d.h. mit **einer** Nachkommastelle, angegeben werden. Diese muss gerundet sein.

Das Ergebnis lautet auf eine Nachkommastelle gerundet: m = 506,4 kg

Auch beim **Multiplizieren** und **Dividieren** von Größenwerten mit unterschiedlicher Ziffernzahl ist das Ergebnis nur mit so vielen Ziffern anzugeben, wie der Größenwert mit der kleinsten Anzahl signifikanter Ziffern besitzt.

Beispiel 1: Welche Masse haben 50,0 Liter Schwefelsäure, deren Dichte aus einem Tabellenbuch zu ϱ = 1,203 kg/L ermittelt wurde? Geben Sie die Masse mit der richtigen Anzahl an Ziffern an.

Lösung: $\varrho = m/V \Rightarrow m = V \cdot \varrho$. Rein rechnerisch ergibt sich m = 50,0 L · 1,203 kg/L = 60,15 kg.

Das Volumen 50,0 L hat mit 3 signifikanten Ziffern gegenüber der Dichte mit 4 signifikanten Ziffern die geringere Genauigkeit. Das Ergebnis ist deshalb nur mit 3 signifikanten Ziffern anzugeben. Das Rechenergebnis wird in der 3. Ziffer aufgerundet und lautet $\boldsymbol{m} \approx$ **60,2 kg**.

Beispiel 2: Das Volumen eines zylindrischen Behälters mit den Innenmaßen D = 99,2 cm; h = 308,7 cm ist zu berechnen. Welches Ergebnis kann unter Beachtung der Ziffernzahl angegeben werden?

Lösung: Mit $V = \frac{\pi}{4} \cdot D^2 \cdot h = \frac{\pi}{4} \cdot (99{,}2\ \text{cm})^2 \cdot 308{,}7\ \text{cm}$ folgt mit dem Taschenrechner: V = 2385886,9 cm³. Dieses Taschenrechner-Ergebnis täuscht eine Genauigkeit auf 8 Ziffern vor, die nicht existiert. Die Größe D mit der kleinsten Anzahl signifikanter Ziffern hat 3 Ziffern. Das Ergebnis darf also nur auf 3 signifikante Ziffern gerundet angegeben werden.

Das ist bei Angabe des Volumens in der Einheit cm^3 nicht möglich.

Man schreibt das Ergebnis deshalb gerundet als dreiziffrige Zahl mit Zehnerpotenz: $V \approx 2{,}39 \cdot 10^6\ \text{cm}^3$ oder man wählt die Volumeneinheit so, dass ein dreiziffriges Ergebnis möglich ist. Dies gelingt im vorliegenden Fall durch eine Volumenangabe in der größeren Einheit Kubikmeter (m^3).

$\boldsymbol{V} \approx 2{,}39 \cdot 10^6\ \text{cm}^3 \approx \mathbf{2{,}39\ m^3}$

Multiplikationsfaktoren, auch **Anzahlfaktoren** genannt, haben keinen Einfluss auf die Anzahl der Nachkommastellen eines Ergebnisses.

Beispiel: Berechnen Sie das Gesamtvolumen von 25 Fässern mit jeweils 98,5 Liter Inhalt.

Lösung: V_{ges} = 25 · 98,5 L = 2462,5 L ; Die Größenangabe des Einzelvolumens eines Fasses hat **eine** Nachkommastelle. Auch das berechnete Gesamtvolumen wird mit **einer** Nachkommastelle angegeben.

Die Anzahl der signifikanten Ziffern wird durch das Multiplizieren mit einem Anzahlfaktor jedoch verändert. Während das Volumen des einzelnen Fasses im Beispiel mit 98,5 L drei signifikante Ziffern aufweist, hat das Gesamtvolumen der 25 Fässer mit 2462,5 L fünf signifikante Ziffern.

Berechnungen mit Zwischenergebnissen

Bei einer mehrschrittigen Berechnung mit Zwischenergebnissen werden die Zwischenergebnisse nicht auf die geringste Anzahl an Nachkommastellen bzw. signifikanter Ziffern gekürzt, sondern es wird bei den Zwischenergebnissen entweder mit der höheren Taschenrechnergenauigkeit oder mit zwei Zusatzziffern (Schutzziffern) gerechnet.

Erst beim Endergebnis wird durch Runden auf die niedrigste Zahl signifikanter Ziffern bzw. Nachkommastellen gekürzt.

1.1.4 Rechnen mit Messwerten mit angegebener Ungenauigkeit

Bei vielen Messwerten, wie z.B. bei der Messung von Flüssigkeitsvolumen, kann die Genauigkeit des erhaltenen Messwerts angegeben werden. Das Messgerät hat eine angegebene oder eine abzuschätzende Genauigkeit bzw. Ungenauigkeit.

Beispiel: Eine Behälterfüllung in einem Vorratstank wird mit einem Peilstab gemessen, auf dem sich eine Skale mit dem Skalenteilungswert 10 L befindet. Die maximale Genauigkeit/Ungenauigkeit ist $u = \pm \frac{1}{2}$ Skw $= \pm \frac{1}{2} \cdot 10$ L $= \pm 5$ L. Wie kann der Messwert angegeben werden, wenn auf dem Peilstab ein Messwert von 3740 L abgelesen wird?

Lösung: Der Messwert wird dann angegeben als: $\boldsymbol{V = 3740\ \text{L} \pm 5\ \text{L}}$

Häufig wird aus Messwerten mit bekannter Ungenauigkeit über eine Größengleichung (mathematische Beziehung) eine zusammengesetzte Größe berechnet.
So wird z.B. aus zwei Einzelvolumen durch Addieren das Gesamtvolumen bestimmt: $V_{ges} = V_1 + V_2$ oder die elektrische Leistung wird aus einer gemessenen Stromstärke und der Netzspannung durch Multiplizieren ermittelt: $P_{el} = U \cdot I$.

Sind die einzelnen Messwerte mit einer Ungenauigkeit angegeben, so pflanzen sich die Ungenauigkeiten je nach mathematischer Operation in der Größengleichung nach bestimmten Gesetzmäßigkeiten fort. Man nennt dies die **Gesetze der Fehlerfortpflanzung.**

Beispiel: In einen Reaktionskessel werden $V_1 = 4280$ L Flüssigkeit gepumpt. Die Messungenauigkeit des Volumenmessgeräts beträgt $u_1 = \pm 10$ L. Anschließend werden über eine andere Leitung weitere 375 L Flüssigkeit zugepumpt. Die Messungenauigkeit des Volumenmessgeräts dieser Leitung beträgt $u_2 = \pm 5$ L. Wie viel Liter Flüssigkeit befinden sich dann im Kessel und wie groß ist die Unsicherheit der Volumenangabe?

Lösung: Bei Additionen und Subtraktionen addieren sich die Ungenauigkeiten. Im vorliegenden Fall:

$V_{ges} = V_1 + V_2 + u_1 + u_2 = 4280\ \text{L} + 375\ \text{L} \pm 10\ \text{L} \pm 5\ \text{L} = \mathbf{4655\ L \pm 15\ L}$

Beim Addieren und Subtrahieren addieren sich die absoluten Fehler: $\boldsymbol{u_{ges} = u_1 + u_2}$

Das Beispiel zeigt, dass sich durch Addieren die Ungenauigkeiten der Messwerte nicht nur linear fortpflanzen, sondern dass die Ungenauigkeit des Rechenwerts größer wird.

Beim Multiplizieren, Potenzieren usw. pflanzen sich die Ungenauigkeiten der Messwerte nach komplizierten Gesetzmäßigkeiten fort. Auf deren Berechnung wird hier nicht eingegangen.

Aufgaben zu 1.1 Genauigkeit beim Rechnen

1. Wie viel signifikante Ziffern haben die folgenden Größenangaben?
   a) $\dot{V} = 27{,}830\ \text{m}^3/\text{h}$ b) $m = 0{,}0923$ kg c) $\vartheta = 90{,}7$ °C d) $p = 25{,}0$ bar

2. Runden Sie die Größenwerte auf **eine** Stelle nach dem Komma:
   a) $\dot{m}_{HD} = 70{,}271$ kg/h b) $\dot{V} = 7{,}093$ L/s c) $P = 72{,}453$ kW d) $S_v = 123{,}04\ \text{cm}^2/\text{g}$

3. Geben Sie das Ergebnis der folgenden Aufgaben mit der richtigen Ziffernzahl an.
   a) $p_{ges} = 21{,}691$ bar $+ 7{,}24$ bar b) $V_{ges} = 3{,}98\ \text{m}^3 + 5{,}725\ \text{m}^3 + 0{,}2473\ \text{m}^3$
   c) m = 782,4 mol · 132,17 g/mol d) $\varrho = \dfrac{45{,}4820\ \text{g}}{28{,}90\ \text{cm}^2}$ e) $m_{ges} = 8{,}924\ \text{t} + 1{,}62\ \text{t}$

4. In einem Behälter befinden sich 3280 Liter Chlorbenzol mit einer Dichte von $\varrho = 1106{,}2\ \text{kg/m}^3$. Es wird in 82 Fässer mit rund 40 Litern Fassungsvermögen abgefüllt. Mit welcher gesicherten Ziffernzahl kann die Masse eines Fassinhalts angegeben werden?

5. Mit einer Kreiselpumpe wird ein Reaktionsansatz in einen Reaktionsbehälter gepumpt. Der Volumen-Zähler zeigt einen Wert von 5280 Litern an. Seine Messungenauigkeit beträgt 1 % vom Messwert. Mit einem Dosiergerät werden 1240 Liter einer Reaktionsflüssigkeit zugegeben. Seine Messungenauigkeit beträgt 0,5 % vom Messwert.

   Mit welchem Wert kann das Gesamtvolumen des Kessels und mit welchem Wert die Ungenauigkeit angegeben werden?

1.2 Erstellen und Arbeiten mit Diagrammen

Herkömmlich werden Diagramme von Hand, d. h. auf Papier mit Schreiber und Zeichengerät, erstellt. Daneben können Diagramme mit einem Tabellenkalkulationsprogramm erstellt werden (Seite 15).
Das herkömmlich am häufigsten eingesetzte Diagramm ist ein so genanntes x-y-Diagramm. Bei ihm wird eine beeinflusste Größe in Abhängigkeit von einer variierten Größe dargestellt.
Im Folgenden wird die normgerechte Erstellung eines x-y-Diagramms (DIN 462) am Beispiel des elektrischen Widerstands eines Pt100-Widerstands in Abhängigkeit von der Temperatur gezeigt.
Ausgangsmaterial für das Zeichnen des Diagramms sind die Messwerte bzw. Prozessdaten in Form eines Messprotokolls. Es wurden folgende Werte gemessen:

Temperatur ϑ in °C	−200	−100	0	100	200	300	400	500	600
Widerstand R in Ω	18,49	60,25	100,00	138,50	175,84	212,02	247,04	280,90	313,59

1.2.1 Erstellen von Diagrammen per Hand

Im vorliegenden Fall steht z. B. eine Diagrammfläche mit rund 8 cm Länge und 7 cm Höhe zur Verfügung. Geeignet zum Zeichnen eines Diagramms ist z. B. kariertes Papier oder Millimeterpapjer **(Bild 1)**.
Kopiervorlage dazu auf Seite 275.
Zuerst werden die Maßstäbe der Achsen bestimmt. Die darzustellende Temperaturspanne auf der Abszisse beträgt 800 °C.
Bei einer Achsenlänge von 8 cm ist der Achsenmaßstab: 1 cm ≙ 800 °C/8 cm = 100 °C/cm.
Die darzustellende Widerstandsspanne auf der Ordinate beträgt rund 350 Ω. Bei einer Ordinaten-Achsenlänge von 7 cm ist der Ordinaten-Maßstab: 1 cm ≙ 350 Ω/7 cm = 50 Ω/cm.
Die Achsen erhalten eine Bezeichnung der dargestellten Größe mit Richtungspfeil. Das Einheitenzeichen der Größe wird entweder zwischen die beiden letzten Ziffern der Achse geschrieben oder mit der Achsenbezeichnung angegeben.

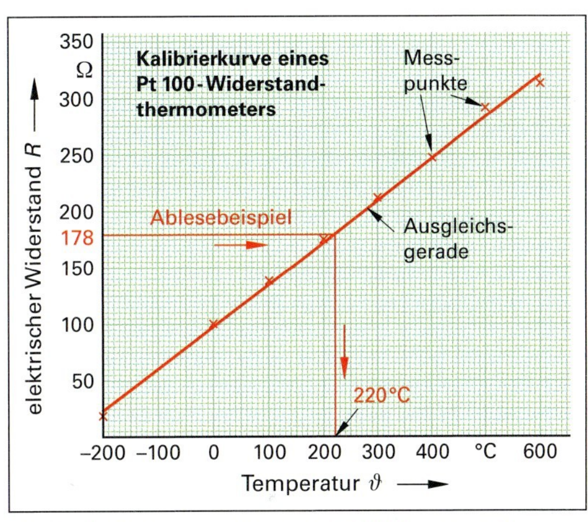

Bild 1: Kalibrierkurve für ein Pt100-Widerstandsthermometer auf linearem Millimeterpapier

Das Diagramm hat eine Bezeichnung, die mit wichtigen Angaben über das Diagramm geschrieben wird.
Die Messpunkte werden als Markierungen mit ×, ○, △ usw. in das Diagrammfeld eingetragen.
Je nach Lage der Messpunkte versucht man eine Ausgleichsgerade (engl. regression line) durch die Messpunkte zu legen. Dabei sollte die Summe der Abstände links von der Kurve gleich groß wie die der Abstände rechts von der Kurve sein.
Zwischenwerte einer Größe können mit der Ausgleichskurve auf der anderen Achse ermittelt werden.

Beispiel: Mit der Kalibrierkurve von Bild 1 kann bei einem elektrischen Widerstand von 178 Ω die Temperatur zu 220 °C bestimmt werden.

1.2.2 Diagramme mit logarithmischer Teilung

Umfasst eine oder beide der darzustellenden Größen mehrere Zehnerpotenzen, so ist zur Darstellung ein Diagramm mit logarithmischer Achsenteilung geeignet. **Bild 2** zeigt z. B. ein Diagramm auf grafischem Papier mit einer logarithmisch geteilten Abszisse und einer linear geteilten Ordinate.
Kopiervorlage auf Seite 274.
Die Achsenbeschriftung, die Achsenmaßstäbe, das Eintragen der Messpunkte und das Zeichnen der Ausgleichskurve erfolgen analog zum linearen Diagramm (siehe oben).

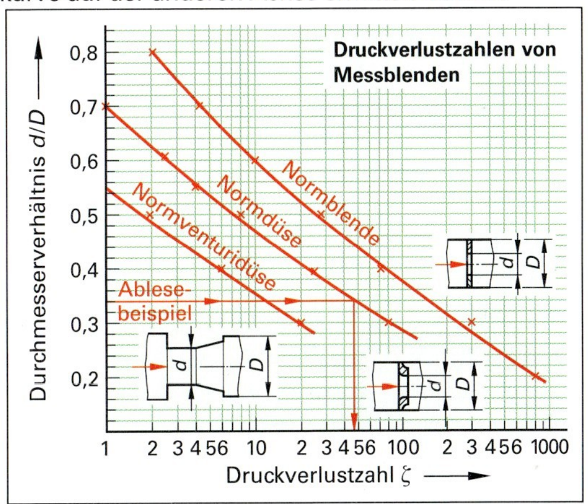

Bild 2: Diagramm zum Druckverlust von Messblenden auf einfach-logarithmischem Papier

Beim Ablesen und Eintragen von Größenwerten in ein Diagramm mit logarithmischer Achsenteilung ist darauf zu achten, dass die Zwischenräume zwischen den Zahlen unterschiedlich groß und nicht linear geteilt sind **(Bild 1)**. Die 3 liegt bei etwa 47 % des Zehnerbereichs und die 5 bei etwa 70 %.

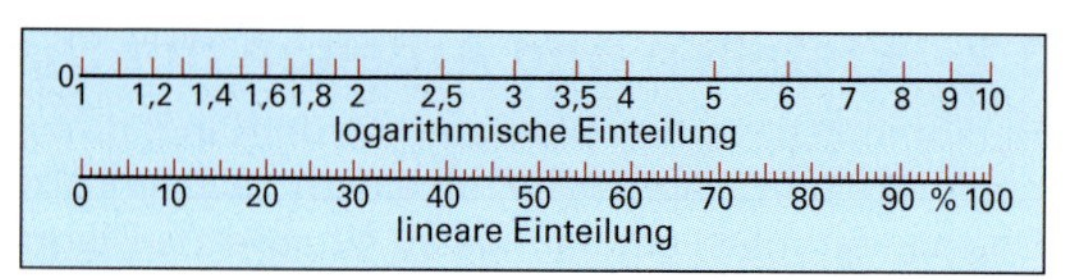

Bild 1: Gegenüberstellung einer logarithmischen und einer linearen Teilung einer Koordinate

Beispiel: Es soll die Druckverlustzahl ξ einer Normventuridüse aus Bild 2, Seite 11, für ein Durchmesserverhältnis von $d/D = 0{,}34$ bestimmt werden.

Lösung: Aus Bild 2, Seite 11, wird bei $d/D = 0{,}34$ und dem Schnittpunkt mit der Kennlinie der Normdüse ein Wert von $\xi \approx 45$ abgelesen (siehe Ablesebeispiel).

1.2.3 Diagramme mit doppelt-logarithmischer Teilung

Sie haben eine logarithmisch geteilte Abszisse und eine logarithmisch geteilte Ordinate **(Bild 2)**.
Sie werden eingesetzt, wenn eine oder beide darzustellenden Größen über mehrere Dekaden reichen. Dies ist z. B. beim auszutragenden Kondensatstrom $\dot{V}$ eines Kondensators in Abhängigkeit von der Druckdifferenz Δp zwischen Dampfleitung und Kondensat-Abführleitung der Fall (Bild 2).
Weitere doppelt-logarithmische Diagramme benutzt man z. B. bei der Rohrwiderstandszahl λ in Abhängigkeit von der Reynoldszahl *Re* (Bild 1, Seite 34) oder bei der Förderhöhe einer Pumpe *H* in Anhängigkeit vom Förderstrom $\dot{V}$ (Bild 2, Seite 38).
Beim Ablesen der Größenwerte auf den beiden Achsen sind die Besonderheiten der Ablesung bei logarithmischer Teilung zu beachten (siehe oben).
Eine andere Anwendung von Diagrammen mit einfach- bzw. doppelt-logarithmischer Teilung ist die Linearisierung von Größen-Zusammenhängen. Trägt man solche Größen in einem logarithmischen Diagramm auf, so erhält man eine Gerade oder eine flach verlaufende Kurve (Bild 2). Aus diesen Kurven können Größenwerte besser abgelesen werden als aus Kurven mit starker Krümmung.

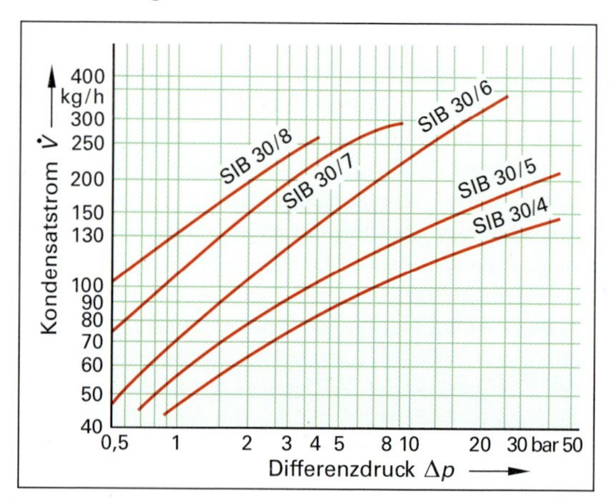

Bild 2: Durchsatzdiagramm für eine Baureihe von Kugelschwimmer-Kondensatableitern

1.2.4 Erstellen von Ausgleichskurven

Hat man bei einer Messung im Diagramm Messpunkte erhalten, die sich zu einer Geraden oder einer geometrischen Kurve verbinden lassen könnten, so vermutet man einen gesetzmäßigen Zusammenhang der Größen **(Bild 3)**.
Eine lineare Abhängigkeit zeigt sich z. B. durch eine Gerade, eine quadratische Abhängigkeit durch eine Parabel usw.
Das Verfahren, um aus den Messpunkten in einem Diagramm z. B. eine Gerade oder eine geometrische Kurve zu erhalten, nennt man Regression (engl. regression).
Das Wort Regression bedeutet Ersatz oder Ausgleich. Die erhaltene Gerade wird Ausgleichsgerade oder Regressionsgerade (engl. regression line) genannt. Zeichnerisch kann die Ausgleichgsgerade näherungsweise gewonnen werden, indem man sie so zwischen die Messpunkte legt, dass die Summe der Abstände der Messpunkte links von der Geraden so groß ist wie die Summe der Abstände rechts von der Geraden.
Die zeichnerische Ermittlung der Ausgleichsgeraden ist ungenau, da sie mit dem Zeichenlineal nur schätzungsweise die Abstände der Messpunkte von der Ausgleichsgeraden ausgleichen kann.

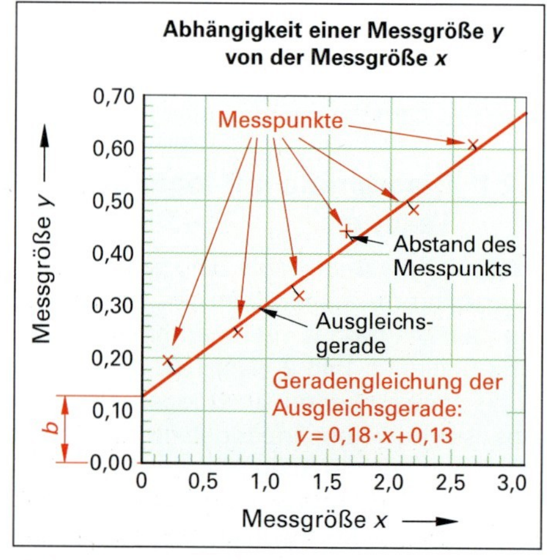

Bild 3: x-y-Diagramm mit Messwertpunkten und Ausgleichsgerade

Von der Ausgleichsgeraden kann die Geradengleichung $y = mx + b$ durch Ablesen des Achsenabschnitts b auf der y-Achse und Bestimmen der Steigung m ermittelt werden.

Beispiel (Bild 3, Seite 12):

Der Achsenabschnitt b auf der y-Achse wird durch rückwärtiges Verlängern der Ausgleichsgeraden beim Schnittpunkt mit der y-Achse zu $b = 0{,}13$ abgelesen.

Die Steigung m wird durch Bilden der Differenz $m = \Delta y / \Delta x$ für die gesamte Diagrammbreite $\Delta x = 3{,}0 - 0{,}0 = 3{,}0$ bestimmt.
Hierfür ist $\Delta y = 0{,}66 - 0{,}13 = 0{,}53$

Man erhält für $m = \Delta y / \Delta x = 0{,}53 / 3{,}0 = 0{,}18$

Die Ausgleichsgerade lautet dann: $\mathbf{y = 0{,}18 \cdot x + 0{,}13}$

Mit dieser Gleichung können Einzelwerte von y aus einem vorgegebenen x-Wert bestimmt werden.

Beispiel: Mit einem Wert von z. B. $x = 2{,}5$ erhält man $y = 0{,}18 \cdot 2{,}5 + 0{,}13 = \mathbf{0{,}58}$

Auch für eine **nicht-lineare Abhängigkeit** von Messwerten kann in einfachen Fällen eine Ausgleichskurve gezeichnet werden **(Bild 1)**. Dazu benötigt man eine Zeichenschablone, z. B. mit einer Parabelnschar, um für eine quadratische Abhängigkeit eine Ausgleichsparabel zu zeichnen.
Nicht-lineare Ausgleichskurven werden besser durch ein Tabellenkalkulationsprogramm bestimmt (Seite 22).

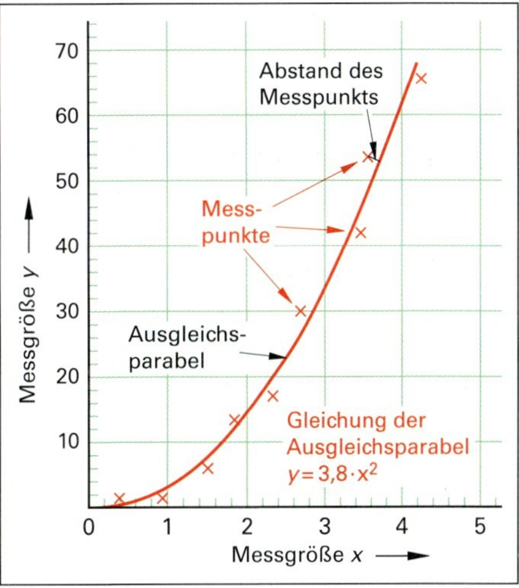

Bild 1: x-y-Diagramm mit Messwertpunkten und Ausgleichskurve (Parabel)

Aufgaben zu 1.2 Erstellen und Arbeiten mit Diagrammen

1. Der spezifische Druckverlust Δp_K in einer Füllkörper-gefüllten Rektifikationskolonne in Anhängigkeit von der Dampfgeschwindigkeit w in der Kolonne wurde gemessen und ergab für die verschiedenen Füllkörperschüttungen die folgenden Messwerte:

Dampfgeschwindigkei w in m/s	0,15	0,20	0,30	0,40	0,60	0,80	1,00	1,50	2,00
① Spezif. Druckverlust Δp_K in mbar/m **Raschig-Ringe 15 mm × 15 mm**	0,51	0,91	2,0	3,3	7,2	14	27	–	–
② Spezif. Druckverlust Δp_K in mbar/m **Interpack-Füllkörper 20 mm**	–	–	0,32	0,57	1,3	2,1	3,2	10	–
③ Spezif. Druckverlust Δp_K in mbar/m **Pallring-Schüttung 25 mm × 25 mm**	–	–	–	0,34	0,73	1,2	1,7	4,2	9,5

   a) Stellen Sie die Messwerte in einem normgerecht gestalteten linearen Diagramm dar.
   b) Stellen Sie die Messwerte in einem doppelt-logarithmischen Diagramm dar.
   c) Bestimmen Sie den spezifischen Druckverlust bei einer Dampfgeschwindigkeit von 0,5 m/s und 1,3 m/s.
   d) Welche Vorteile bzw. Nachteile hat die Darstellung in den verschiedenen Diagrammarten? Geben Sie Beispiele anhand der Aufgaben a) und b).

2. In einem Technikumsversuch wurde zur Erstellung einer Kalibrierkurve der Durchfluss-Volumenstrom $\dot{V}$ in Anhängigkeit vom Ventilhub h gemessen. Man erhielt folgende Werte:

Ventilhub h in mm	5	10	15	20	25	30	35	40	45	50
Durchfluss-Volumenstrom $\dot{V}$ in L/s	3,2	5,2	7,5	10,8	12,2	15,5	17,0	20,1	22,1	24,4

   a) Erstellen Sie das Kalibrier-Diagramm für das Regelventil.
   b) Zeichnen Sie auf der Basis der Messpunkte eine Ausgleichsgerade.
   c) Bestimmen Sie die Geradengleichung der Ausgleichsgerade.
   d) Welchen Durchfluss-Volumenstrom hat das Regelventil bei einem Hub von 28 mm?

1.3 Prozessdatenauswertung mit dem PC

Anstatt mit Schreiber, Taschenrechner und Papier können die Berechnungen und grafischen Darstellungen zur Chemietechnik auch mit einem Tabellenkalkulationsprogramm (engl. spread sheet) auf einem Computer durchgeführt werden.
Dazu benötigt man einen Personalcomputer (PC) oder einen Laptop mit einem Tabellenkalkulationsprogramm (kurz TKP). Es gehört meist zur Standardsoftware-Ausstattung eines PCs.

1.3.1 Datenauswertung mit einem Tabellenkalkulationsprogramm

Die nachfolgenden Auswertungen wurden mit dem Tabellenkalkulationsprogramm **Microsoft Excel 2010** durchgeführt. Nach Aufrufen des TKPs Excel 2010 erscheint das in **Bild 1** gezeigte Monitorbild.
Am Kopf des Bildschirmfensters befinden sich die Titelleiste und das Menüband mit den Registerkarten.
In der Titelleiste stehen der Dateiname und ganz rechts drei Schaltflächen für die Bildschirmdarstellung.
Im Menüband stehen zuoberst die Registerkarten: *Start, Einfügen, Seitenlayout* usw. Darunter befindet sich eine Vielzahl von Symbolen (engl. icons) bzw. Befehlen.
Bei aufgerufener Registerkarte *Start* hat das Menüband das in Bild 1 gezeigte Aussehen. Es ist in Befehlsgruppen unterteilt, die am unteren Rand des Menübands genannt sind: *Zwischenablage, Schriftart, Ausrichtung* usw.
In jeder Befehlsgruppe werden die einzelnen Befehle durch Schaltflächen (icons) aktiviert, z.B. das Mittigsetzen von Text in der Befehlsgruppe *Ausrichtung* durch das Symbol ≡.
Die Registerkarte wird durch Anklicken gewechselt.
In der **Bearbeitungsleiste** steht im ersten Feld die aktive Zelle, in Bild 1 ist es die Zelle A1.
Im zweiten, langgezogenen Feld erfolgt die Eingabe der Daten, der Texte und der Berechnungsformeln, die in die aktive Zelle geschrieben werden sollen.
Das Tabellenkalkulationsprogramm erzeugt auf dem Bildschirm ein **elektronisches Arbeitsblatt** (Bild 1). Es ist in Form eines Rechenblatts aufgebaut, das in Spalten und Zeilen geordnet ist.
Am oberen Rand des Arbeitsblatts sind die **Spalten** mit fortlaufenden Buchstaben (A, B, C, ...) bezeichnet.
Am linken Rand werden die **Zeilen** des Arbeitsblatts mit Ziffern nach unten gezählt (1, 2, 3, ...).
Jedes Feld des Arbeitsblatts, auch **Zelle** genannt, ist durch einen Spaltenbuchstaben und eine Zeilennummer festgelegt. Das Feld in der linken oberen Ecke des Arbeitsblatts heißt z.B. A1. In jedes Feld können Daten, Text oder Berechnungsformeln geschrieben werden.
Die Arbeit mit einen Tabellenkalkulationsprogramm wird am Beispiel auf der folgenden Seite erläutert.

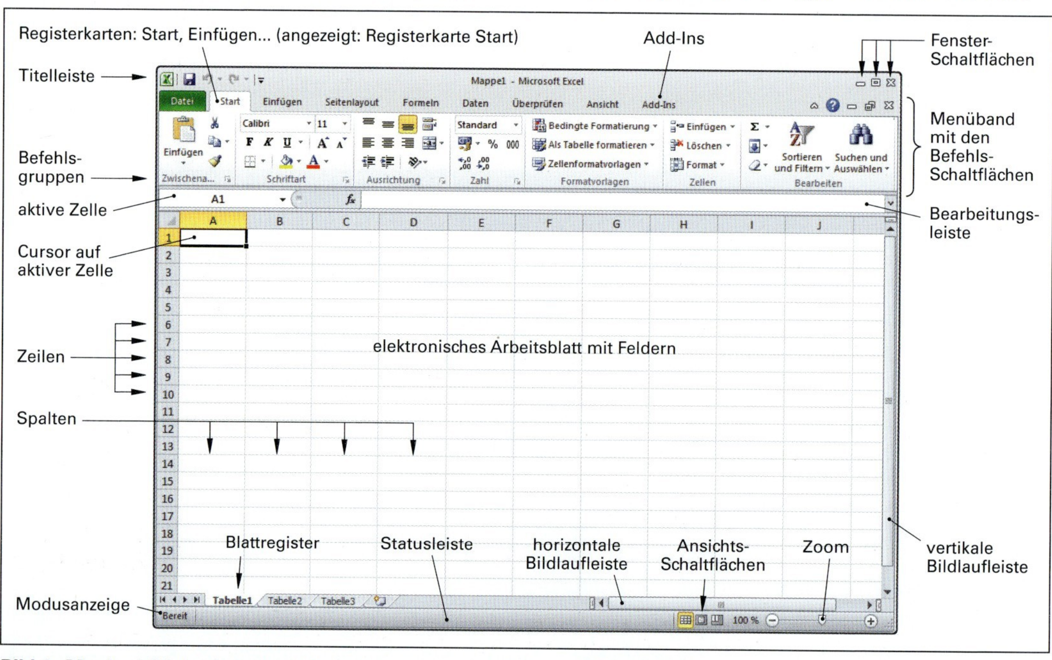

Bild 1: Monitorbild des Tabellenkalkulationsprogramms Microsoft Excel 2010

Beispiel: Auswertung einer Schüttdichte-Bestimmung mit einem Tabellenkalkulationsprogramm

Aus verschiedenen Granulatsäcken einer Charge werden 5 Proben an POM-Granulat entnommen. Mit einer Vorrichtung zur Bestimmung der Schütt- und Rütteldichte nach DIN EN 1237 (nebenstehendes **Bild** und Seite 110) und einer Waage werden die Schüttmasse $m_{Schütt}$ und die Rüttelmasse $m_{Rüttel}$ im Messzylinder ermittelt **(Tabelle 1)**. Die Berechnungsgleichungen lauten:

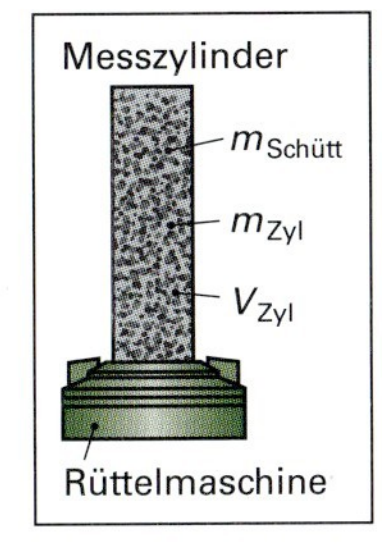

Tabelle 1: Messwerte zur Bestimmung der Schütt- und Rütteldichte von POM-Granulat

Messreihe	$m_{Schütt}$ in kg	$m_{Rüttel}$ in kg
1	1,1837	1,2653
2	1,1724	1,2479
3	1,1808	1,2520
4	1,1799	1,2682
5	1,1827	1,2603
m_{Zyl} = 0,2712 kg;	V_{Zyl} = 1,0000 L	

$$\varrho_{Schütt} = \frac{m_{Schütt} - m_{Zyl}}{V_{Zyl}}; \quad \varrho_{Rüttel} = \frac{m_{Rüttel} - m_{Zyl}}{V_{Zyl}}$$

Es sollen die jeweiligen Dichten der Proben und die mittlere Schütt- bzw. Rütteldichte berechnet werden.

Lösung: Nach dem Starten des Excel-Programms werden im Arbeitsblatt folgende Aktionen durchgeführt:

1. Eingabe des Titels und der Spaltenüberschriften in das Arbeitsblatt (**Bild 1,** Zeilen 1 und 2).
2. Eingabe der Daten in die **Eingabefelder:** Die Nummer der Messreihe (A3 bis A7), die Masse der Schüttung (B3 bis B7) und die Masse der Rüttelschüttung (C3 bis C7), die Masse und das Volumen des Zylinders (B8, B9).
3. **Ausgabefelder** für die errechneten Einzeldichten sind die Felder D3 bis D7 sowie E3 bis E7. In jedes Feld ist die Berechnungsformel für die Schütt- bzw. Rütteldichte einzutragen. Sie lautet z.B. für die Zelle D3: =(B3-$B$8)/$E$8
   Hinweis: Die Zeichen =, /, +, –, entsprechen den gleichlautenden mathematischen Zeichen.
   Das Zeichen * bedeutet Multiplizieren.

	A	B	C	D	E
1	Schütt- und Rütteldichte von POM-Granulat				
2	Messreihe	$m_{Schütt}$ in kg	$m_{Rüttel}$ in kg	$\varrho_{Schütt}$ in g/cm³	$\varrho_{Rüttel}$ in g/cm³
3	1	1,1873	1,2653	0,9161	0,9941
4	2	1,1724	1,2479	0,9012	0,9767
5	3	1,1808	1,252	0,9096	0,9808
6	4	1,1799	1,2682	0,9087	0,997
7	5	1,1827	1,2603	0,9115	0,9891
8	m_{Zyl} in kg	0,2712			
9	V_{Zyl} in L	1,0000			
10	Mittlere Dichten			0,90942	0,98754

Bild 1: Excel-Tabelle des Beispiels mit Auswertung

4. Übertragen der Formel auf die anderen Ergebnisfelder D4 bis D7 bzw. E4 bis E7:
   – Linker Mausklick auf das Feld D3 mit der zu kopierenden Formel.
   – Nach Verfahren des Mauszeigers auf die rechte untere Zellenecke erscheint ein Kreuz (siehe rechts).
   – Durch linken Mausklick auf das Kreuz und Ziehen mit gehaltener Maustaste nach unten in die nächste Zelle wird die Formel in diese Zelle kopiert.
   Diese Methode ist auch auf horizontal benachbarte Zellen anwendbar.

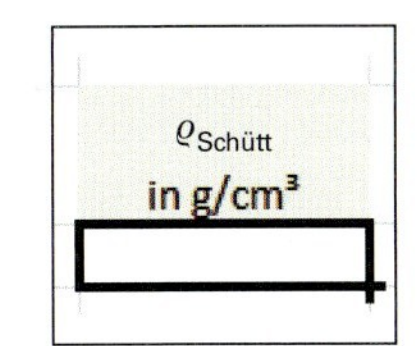

5. In Feld D10 bzw. E10 werden die Mittelwerte von $\varrho_{Schütt}$ und $\varrho_{Rüttel}$ berechnet.
   Es ist der arithmetische Mittelwert der Einzelergebnisse in D3 bis D7 bzw. in E3 bis E7: $\bar{\varrho}_{Schütt} = \frac{\varrho_{Schütt,1} + \varrho_{Schütt,2} + \dots}{5}$
   In Zelle D10 wird eingetragen: =SUMME(D3:D7)/5 bzw. in Zelle E10: =SUMME(E3:E7)/5
   Hinweis: Das Zeichen : steht für „bis".
6. Für die Berechnung des arithmetischen Mittelwerts bietet Excel auch eine eigene Funktion bei den statistischen Berechnungen an: Nach linkem Mausklick auf Zelle D3 und *Einfügen/Funktion/Statistik/Mittelwert* wird ein Fenster eingeblendet, das zur Eingabe der Zelladressen für die Mittelwertberechnung auffordert: D3:D7 bzw. E3:E7. Nach Bestätigung mit Ende ist der Formeleintrag abgeschlossen.
   Er lautet in D10: =MITTELWERT(D3:D7) bzw in E10: =MITTELWERT(E3:E7)
7. Die Zahl der Dezimalstellen des Ergebnisses muss noch festgelegt werden: Dies geschieht durch rechten Mausklick auf das Ergebnisfeld und den Befehl: *Zellen formatieren/Kategorie Zahl/Dezimalzahlen 3/OK.*
   Alternativ: Ein linker Mausklick auf eines der nebenstehenden Symbole in der Registerkarte *Start – Zahl* fügt in der aktiven Zelle eine Dezimalstelle hinzu (linkes Symbol) oder verringert um eine Dezimalstelle (rechtes Symbol).
8. Die Tabelle und die Texte können auf vielfältige Weise formatiert (gestaltet) werden:
   Registerkarte Start – Schriftart
   – Die Texte können z.B. bei *Schriftart* fett (**F**) oder kursiv (***K***) oder bei *Ausrichtung* zentriert ( ) gedruckt werden.
   – Die Tabelle kann bei *Formatvorlagen* mit Linien und Rahmen versehen werden.
9. Die Tabelle kann schließlich mit *Datei/Speichern unter* gespeichert oder mit *Datei/Drucken* ausgedruckt werden.

Aufgabe zu 1.3.1 Datenauswertung mit einem Tabellenkalkulationsprogramm

Für einen Kugeltank mit einem inneren Durchmesser von $D = 8{,}20$ m soll das Füllvolumen V_h der unteren Hälfte des Tanks für verschiedene Füllhöhen h berechnet werden.

Die Gleichung zur Berechnung des Füllvolumens lautet: $V_h = \frac{\pi \cdot h}{2} \left(\frac{D^2}{4} + \frac{h^2}{4}\right)$

a) Erstellen Sie mit Hilfe des TKPs Excel 2010 eine Eingabemaske.

b) Berechnen Sie die Füllvolumina V_h für die in der Tabelle angegebenen Füllhöhen h.

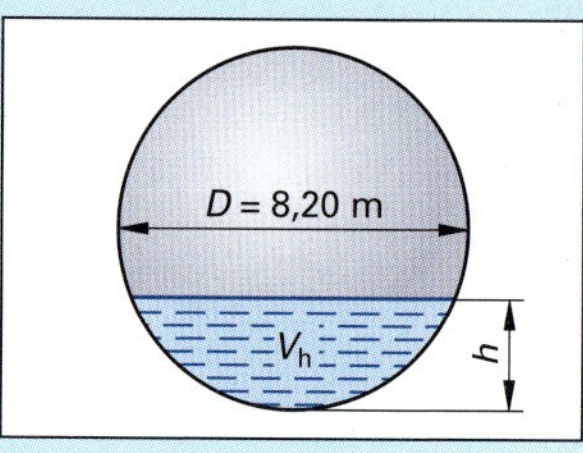

Bild 1: Kugeltank

h in m	0	0,25	0,50	0,75	1,00	1,50	2,00	2,50	3,00	3,50	4,10

1.3.2 Grafische Darstellung von Prozessdaten mit Excel 2010

Das Tabellenkalkulationsprogramm Excel 2010 hat Programmteile, mit denen Diagramme und Präsentationsgrafiken erstellt werden können.

Die Daten in den Spalten und Zeilen eines Arbeitsblatts können in Diagrammtypen unterschiedlichster Art dargestellt werden. Da die Software amerikanischen Ursprungs ist, weichen die Diagramme in der Darstellungsart teilweise von der Diagrammdarstellung nach DIN 462 (Seite 11) ab. Im Folgenden werden die gebräuchlichsten Diagrammtypen im TKP Excel 2010 vorgestellt.

Dazu sucht man im Register *Einfügen* aus der Gruppe *Diagramme* den passenden Diagrammtyp aus **(Bild 2)**.

Eine **Gesamtübersicht** der verfügbaren Diagrammtypen erhält man durch Anklicken des Pfeilsymbols in der rechten unteren Ecke der Gruppe *Diagramme*. Es zeigt die auswählbaren Darstellungsvarianten **(Bild 3)**. Durch Bestätigen des Diagrammfelds mit *OK* wird das ausgewählte Diagramm in das Tabellenblatt eingeblendet.

Mit der Gruppe *Diagrammtools* im Menüband mit den Registern *Entwurf*, *Layout* und *Format* können alle Darstellungsvarianten an den Diagrammen ausgeführt werden.

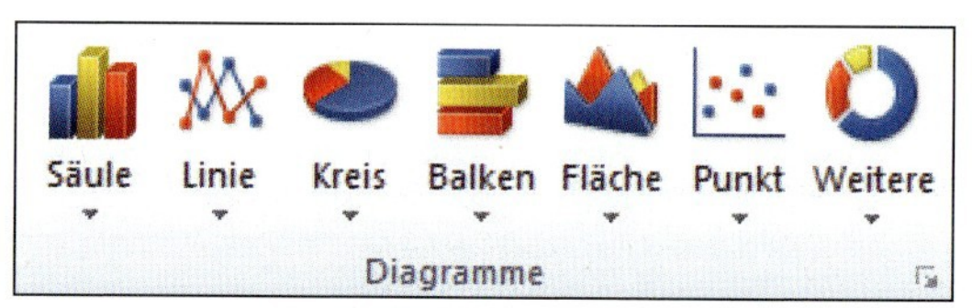

Bild 2: Gruppe *Diagramme* im Register *Einfügen*

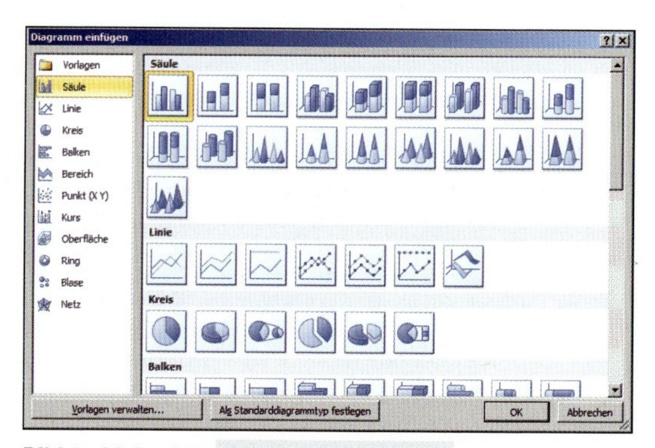

Bild 3: Dialogfeld *Diagramme einfügen*

Säulendiagramme

Mit einem Säulendiagramm (engl. bar diagram) werden eine oder mehrere Datenreihen in Form von Säulen dargestellt **(Bild 4)**.

Die waagerechte Achse ist die Rubrikenachse (auch Kategorienachse genannt), die senkrechte Achse ist die Größenachse.

Die Rubrikenachse ist häufig eine gestaffelte Zeitachse und erlaubt einen direkten Vergleich der Größen im Verlauf der Zeit.

Die Säulen können als Gruppen nebeneinander oder übereinander gestapelt angeordnet sein. Es gibt eindimensionale (Bild 4) und dreidimensionale Säulendiagramme (siehe Bild 3).

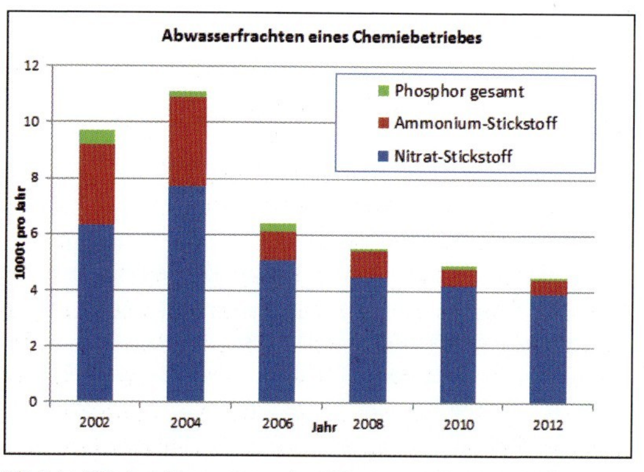

Bild 4: Säulendiagramm der Abwasserfracht eines Chemiebetriebs im Lauf der letzten 10 Jahre

Liniendiagramme

Mit einem Liniendiagramm (engl. line diagram) können eine oder mehrere Größen in Anhängigkeit von der Zeit oder anderen, gleichmäßig skalierten Kategorien als Linien (Kurven) aufgetragen werden. Die Linien können mit und ohne Messpunkte dargestellt werden **(Bild 1)**.

Liniendiagramme werden bevorzugt zum Aufzeigen von Tendenzen einer oder mehrerer Größen im Laufe der Zeit eingesetzt.

Abweichungen z.B. von einem Ausgangs- oder Sollwert können durch Einzeichnen eines Standards sehr deutlich sichtbar gemacht werden.

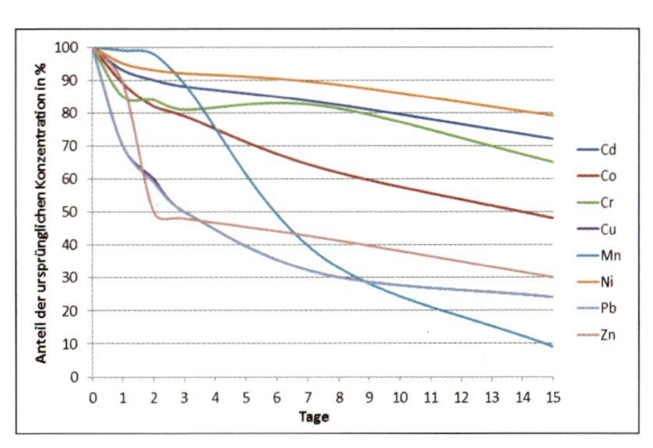

Bild 1: Liniendiagramm der Abnahme der Schwermetallgehalte in einem Gewässer

Kreisdiagramme

Das Kreisdiagramm, auch als Tortendiagramm bezeichnet (engl. circle diagram), ist das bevorzugte Diagramm für Daten, bei denen die Zusammensetzung eines Ganzen in Anteilen dargestellt werden soll **(Bild 2)**.

Die Gesamtfläche des Kreises entspricht 100 %, die Fläche der Kreissektoren ist ein Maß für den prozentualen Anteil der Teilkomponente an der Gesamtgröße.

Häufige Anwendungen sind z.B. die Darstellung der Zusammensetzung von Rohstoffen und Mischphasen oder die Anteile einzelner Verfahren bei der Herstellung von Stoffen.

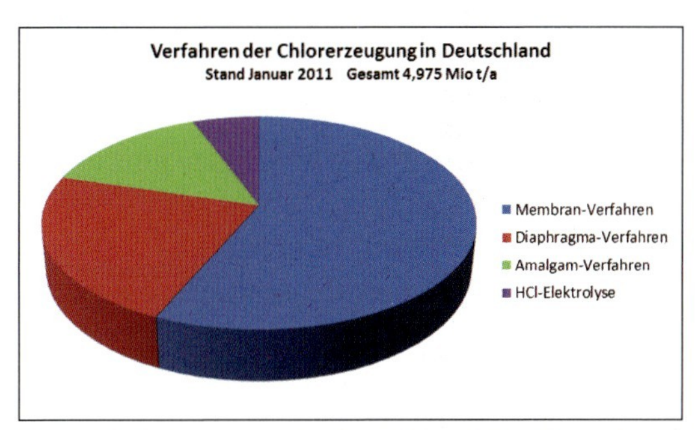

Bild 2: Kreisdiagramm der Anteile der Chlor-Herstellungsverfahren in Deutschland (Stand 2011)

Balkendiagramme

Ein Balkendiagramm (engl. bar diagram) ist ähnlich wie ein Säulendiagramm aufgebaut. Der Unterschied besteht darin, dass beim Balkendiagramm die Rubrikennachse die senkrechte Achse ist und die Größenbalken waagrecht angeordnet sind **(Bild 3)**.

Mit einem Balkendiagramm werden üblicherweise Vergleiche zwischen einzelnen Rubriken dargestellt. Die Rubrikenbezeichnungen sind in Leserichtung geschrieben und haben ausreichend Platz.

Gruppiert man die Balken z.B. nach ihrer Länge, so können Rangfolgen verdeutlicht werden.

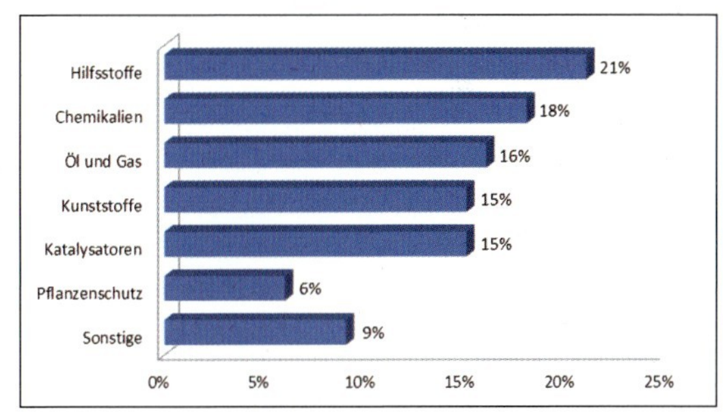

Bild 3: Balkendiagramm der Anteile der Sparten eines Chemiegroßbetriebs am Umsatz

XY-Diagramme

Das XY-Diagramm, auch als Punktdiagramm bezeichnet (engl. scatter diagram), ist der Diagrammtyp zur Darstellung von punktmäßigen Abhängigkeiten zwischen zwei Größen (Bild 3, Seite 12).

Die Datenpunkte können mit einer interpolierten Kurve verbunden werden.

Das XY-Diagramm dient z.B. zur Auswertung analytischer Bestimmungen, bei denen eine Beziehung zwischen der Messgröße und der Gehaltsgröße eines Stoffs besteht **(Bild 4)**. Die Messkurve kann mithilfe mathematischer Methoden ausgewertet werden. Bei der Titration kann z.B. der Äquivalenzpunkt $V_{Ä}$ durch Berechnen und Darstellen der Steigungskurve exakt im Maximum bestimmt werden.

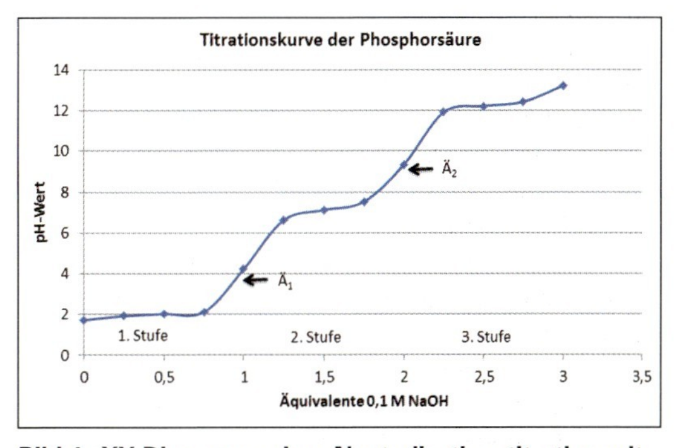

Bild 4: XY-Diagramm einer Neutralisationstitration mit pH-Kurve (blau)

Netzdiagramme

Dieses auch als Spinnennetzdiagramm bezeichnete Diagramm (engl. radar diagramm) hat für jede Rubrik eine eigene Achse, die sternförmig vom Mittelpunkt ausgeht **(Bild 1)**. Die Rubriken sind häufig die Monate eines Jahres oder andere sich wiederholende Elemente.

Die Daten werden für jede Rubrik auf der jeweiligen Achse aufgetragen. Durch Verbinden der Messpunkte erhält man ein um den Mittelpunkt angeordnetes Vieleck. Die Abweichung vom symmetrischen Vieleck gibt die Änderung der Rubriken wieder. Trägt man mehrere Größen in das Netzdiagramm ein, die Einfluss aufeinander ausüben, so kann dies an der Korrelation der Vielecke erkannt werden.

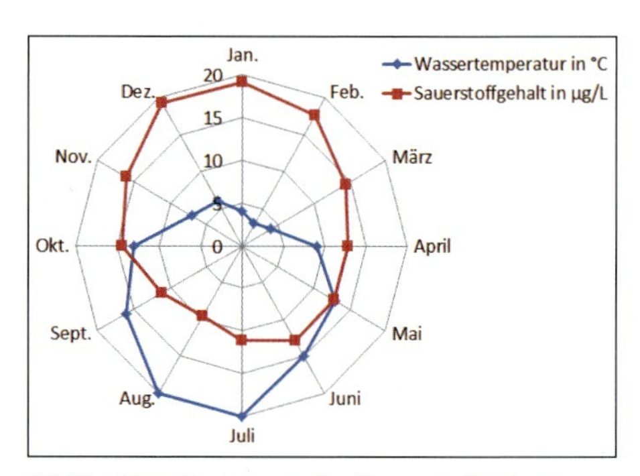

Bild 1: Netzdiagramm des Sauerstoffgehalts und der Wassertemperatur in einem Gewässer

Netzdiagramme eignen sich zum Vergleich periodisch sich wiederholender Abläufe, wie z.B. des Sauerstoffgehalts eines Gewässers und der Temperaturen in den Monaten eines Jahres (Bild 1). In den Sommermonaten (hohe Temperaturen) ist der O_2-Gehalt niedrig, in den Wintermonaten (tiefe Temperaturen) ist er hoch.

Die **Erstellung eines geeigneten Diagramms mit Excel** wird im Folgenden am Beispiel der Feinstaubbelastung in den täglichen Niederschlägen an 9 Tagen im Zentrum einer Großstadt aufgezeigt.

Beispiel: Im Zentrum einer deutschen Großstadt werden an 9 aufeinander folgenden Tagen die Feinstaubbelastung und die Niederschläge gemessen. Man erhält folgende Daten:

Datum	01.07.	02.07.	03.07.	04.07.	05.07.	06.07.	07.07.	08.07.	09.07.
tägl. Niederschläge in mm	4,1	0	0	5,4	0	0	1,6	0	7,3
Feinstaubgehalt in µg/m³	122	157	162	114	110	154	128	167	104

Es sollen die tägliche Niederschlagsmenge und der Feinstaubgehalt in der Luft in einem geeigneten Diagramm dargestellt werden.

Lösung: Als Diagrammtyp wird ein Liniendiagramm gewählt. Begründung: Dieser Diagrammtyp ist geeignet, um mehrere Größen über der Zeit vergleichend darzustellen.

Nach dem Start von Excel 2010 werden folgende Aktionen durchgeführt:

1. Eintragen der Daten in das Arbeitsblatt **(Bild 2)**.
2. Markieren der Datenzellen, die im Diagramm dargestellt werden sollen: A2:C11.
3. Auswählen des Diagrammtyps: Anklicken der Symbolleiste *Einfügen – Diagramme – Linie* (Bild 2, Seite 16).
4. Klicken auf *Linie mit Datenpunkten*: Diagramm wird eingeblendet **(Bild 3)**.
5. Klicken auf die Diagrammfläche, dann in der Registerkarte *Layout* im Scroll-down-Menü *Diagrammtitel* die Funktion *Über Diagramm* anklicken, dann den Diagrammtitel eintippen.
6. In der Registerkarte *Layout* auf das Register *Legende* klicken, dann die gewünschte Position im Diagramm anklicken, dann Legendentext eintippen.
7. Sekundärachse (Niederschläge) installieren.
8. Achsenbeschriftungen ausführen.
9. Je nach Bedarf: Diagramm anzeigen, ausdrucken oder Bilddatei ausgeben.

	A	B	C
1	Feinstaubbelastung in mg/m³ Luft		
2	Datum	Tägl. Niederschlag in mm	Feinstaub in µg/m³
3	01.07.12	4,1	122
4	02.07.12	0	157
5	03.07.12	0	162
6	04.07.12	5,4	114
7	05.07.12	5,9	110
8	06.07.12	0	154
9	07.07.12	1,6	128
10	08.07.12	0	167
11	09.07.12	7,3	104

Bild 2: Excel-Eingabemaske

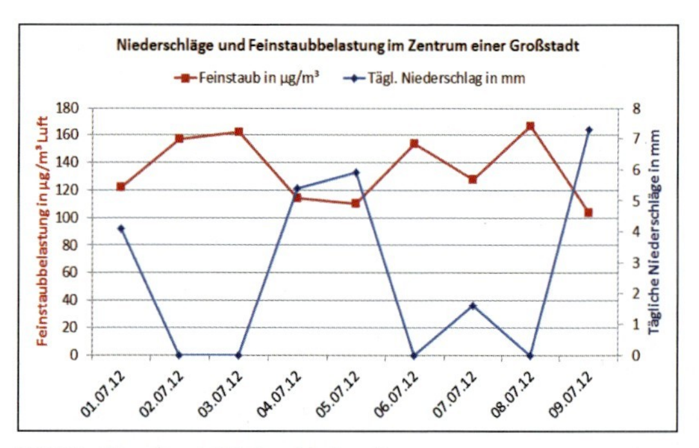

Bild 3: Monitorbild des Liniendiagramms

Aufgaben zu 1.3.2 Grafische Darstellung von Prozessdaten mit Excel 2010

1. Der Primärenergieverbrauch (PEV) in Deutschland wurde in den Jahren 2007 bis 2011 aus den nebenstehend aufgeführten Rohstoffen bzw. Erzeugern gespeist **(Tabelle 1)**.
   Stellen Sie die Daten mit dem Excel-2010-Tabellenkalkulationsprogramm als Säulendiagramm mit 6-stufigen Säulen über den Jahren dar.
2. Ein Bauxiterz hat die in **Tabelle 2** angegebene Zusammensetzung in Massenprozent.
   Stellen Sie die Bauxiterz-Zusammensetzung mit dem Excel-2010-TKP als dreidimensionales Kreisdiagramm dar.

Weitere Aufgabe auf Seite 23 (Aufgabe 4).

Tabelle 1: Quellen des Primärenergieverbrauchs

Jahr	Öl %	Gas %	Steinkohle %	Braunkohle %	Kernkraft %	Erneuerbare Energien %
2007	32,7	22,1	14,3	11,4	10,9	8,6
2008	34,5	21,5	12,7	10,9	11,4	9,0
2009	34,5	21,9	11,1	11,3	11,0	10,2
2010	33,3	21,9	12,2	10,8	10,9	10,9
2011	33,8	20,6	20,6	11,7	8,8	12,9

Tabelle 2: Bauxiterz-Zusammensetzung

Al_2O_3	Fe_2O_3	SiO_2	TiO_2	H_2O	Rest
57,8	17,3	5,3	2,4	16,6	0,0

1.3.3 Regressionsanalyse von Messreihen mit Excel 2010

Das Tabellenkalkulationsprogramm Excel 2010 bietet einen Programmteil zur Bestimmung einer Ausgleichsgeraden bzw. einer Ausgleichskurve.
Im TKP Excel wird dies **Regressionsanalyse** genannt; die Ausgleichkurven heißen bei Excel **Trendlinien.** (Grundsätzliches zu Ausgleichsgerade bzw. Ausgleichskurve siehe Seite 12).
Bei der Regressionsanalyse wird TKP-intern mit einem mathematischen Rechenmodell die Ausgleichsgerade (Regressionsgerade) bzw. die Ausgleichskurve erstellt. Damit können einzelne Werte einer Rechengröße regressions-korrigiert ermittelt werden.
Zur Bewertung der Übereinstimmung bzw. Abweichung der Messwerte von der Ausgleichsgeraden bzw. Ausgleichskurve verwendet man den sogenannten Bestimmtheitsgrad $\boldsymbol{R^2}$. Er ist eine statistische Kennzahl, die die Übereinstimmung zweier Kurven bewertet.
Liegen z. B. bei einer Ausgleichsgeraden alle Messwerte auf der Ausgleichsgeraden, dann ist $R^2 = +1$ (bei positiver Steigung der Ausgleichsgeraden) oder $R^2 = -1$ (bei negativer Steigung).
Liegen die Werte nicht exakt auf der Ausgleichsgeraden, so weicht R^2 von +1 oder −1 ab.
Je geringer die Abweichung von +1 oder −1 ist, desto geringer ist die Abweichung der Messwerte von der Ausgleichsgeraden.
Analog gilt dies auch für die anderen Ausgleichskurven (Trendlinien).
Basis der Regressionsanalyse sind die ermittelten Messwerte einer Versuchsreihe.
Im nachfolgend beschriebenen Beispiel wurden sechs Methanol-Ethanol-Gemische verschiedener Volumenanteile hergestellt und die Dichte wurde mit der Pyknometer-Methode gemessen **(Tabelle 3)**.

Tabelle 3: Messwerte von Methanol-Ethanol-Gemischen (ϑ = 20 °C)

Volumenanteil φ(Ethanol) in %	0	20	40	60	80	100
Dichte ϱ in g/mL	0,711	0,724	0,735	0,752	0,767	0,781

Beispiel: Mit den Messwerten von Tabelle 3 soll eine Regressionsanalyse durchgeführt werden. Daraus sollen regressions-korrigierte Dichtewerte und Volumenanteil-Werte des Gemischs ermittelt werden.

Lösung: Die Regressionsauswertung wird durch Aufrufen des Tabellenkalkulationsprogramms gestartet.

Es erscheint das Arbeitsblatt mit den Zellen. Es werden die Gesamtüberschrift und die Spaltenüberschriften geschrieben **(Bild 1)**.

In die Zellen A3 bis A8 werden die vorgegebenen Volumenanteile φ(Ethanol) und in die Zellen B3 bis B8 die gemessenen Dichten ϱ der Mischungen eingetragen.

	A	B	C
1	**Dichten von Methanol-Ethanol-Gemischen in Abhängigkeit vom Ethanol-Volumenanteil**		
2	Volumenanteil φ (Ethanol) in %	Dichte ϱ in g/mL gemessen	Dichte ϱ in g/mL aus Regression
3	0	0,711	
4	20	0,724	
5	40	0,735	
6	60	0,752	
7	80	0,767	
8	100	0,781	
9		**Regression**	
10		Konstante (y-Abschnitt b)	
11		R^2	
12		x-Koeffizient (Steigung m)	

Bild 1: TKP-Arbeitsblatt mit eingetragenen Messwerten

Das Einfügen der Funktionen für die Regressionsanalyse erfolgt nach Markierung der Zelle C10 durch Mausklick auf der Symbolleiste: *Formeln / Mehr Funktionen / Statistisch /Achsenabschnitt*.

Es erscheint ein Eingabefenster **(Bild 1)**.

Im oberen Eingabefenster sind die *y*-Werte (Dichten B3:B8) und die zugehörigen *x*-Werte (Volumenanteile A3:A8) durch Überstreichen der entsprechenden Zellen (in Bild 1, Seite 19) mit gehaltener linker Maustaste einzufügen.

Ebenso ist mit Zelle C12 zu verfahren. Hier ist die Option: *Formeln / Mehr Funktionen / Statistisch / Steigung* anzuwählen.

Dann sind durch Markierung mit linker Maustaste entsprechend den Angaben im unteren Eingabefeld von Bild 1 die Zellen B3:B8 und A3:A8 einzutragen.

Mit der Option *Formeln / Formelüberwachung / Formeln anzeigen* werden in den Ergebniszellen des TKP-Arbeitsblatts anstelle der Zahlenwerte die Formeln eingeblendet.

Bild 2 zeigt im oberen Bildteil die TKP-Auswertemaske zur Bestimmung der Dichten von Methanol-Ethanol-Gemischen mit den Formeln.

Für 20 % z. B. lautet der Formeleintrag in C4:

=$C$12*A4+$C$10

Er gibt die Geradengleichung $y = m \cdot x + b$ wieder.

Beim Kopieren der Zellen wird der Bezug auf eine andere Zelle automatisch angepasst.

Soll ein Bezug beim Kopieren unverändert bleiben, so wird sowohl dem Spaltenbuchstaben als auch der Zeilennummer ein $-Zeichen vorangestellt.

In Zelle C10 stehen die Formeln für den Achsenabschnitt *b* der Geradengleichung $y = m \cdot x + b$. In Zelle C12 steht die Formel für den Steigungsfaktor *m*. Das Bestimmtheitsmaß R^2 ist in Zelle C11 genannt.

Im unteren Bildteil von Bild 2 (Zeilen 14 bis 19) sind die Formeln für die Volumenanteile der 5 Proben zu lesen. Für Probe 1 z. B. lautet der Formeleintrag in C15:

=(B15-$C$10)/$C$12

Er entspricht der umgestellten Gleichung der Ausgleichsgeraden: $= \frac{y - b}{m}$

Die mit obigen Formeln berechneten Werte werden angezeigt **(Bild 3)**.

- Dichtewerte: C3 bis C8
- Kennwerte *b*, *m*, und R^2: C10 bis C12
- Volumenanteile der 5 Proben mit ausgewählter Zusammensetzung: C15 bis C19

Das Bestimmtheitsmaß R^2 liegt mit 0,997 dicht bei 1, d. h., die Abweichung der Messwerte von der Ausgleichsgeraden ist gering.

Der Vergleich der Messwerte (Spalten B3 bis B8) mit den errechneten Regressionsdichtewerten (Spalten C3 bis C8) zeigt die Abweichungen der Werte. Sie sind gering.

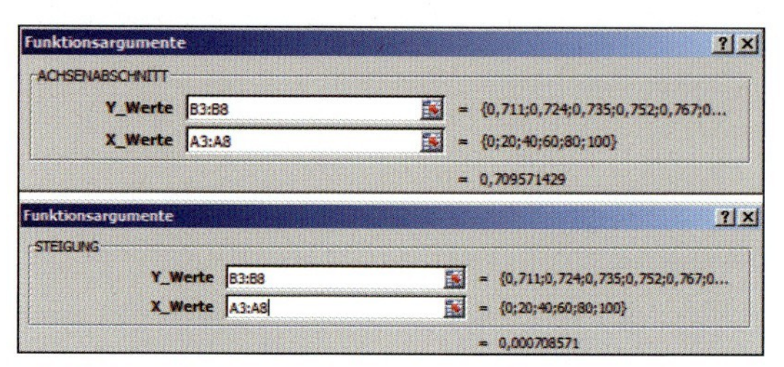

Bild 1: Eingabefenster für die Daten-Eingabe der Regressionsanalyse

	A	B	C
1	Dichten von Methanol-Ethanol-Gemischen in Abhängigkeit vom Ethanol-Volumenanteil		
2	Volumenanteil φ (Ethanol) in %	Dichte ϱ in g/mL gemessen	Dichte ϱ in g/mL aus Regression
3	0	0,711	=$C$12*A3+$C$10
4	20	0,724	=$C$12*A4+$C$10
5	40	0,735	=$C$12*A5+$C$10
6	60	0,752	=$C$12*A6+$C$10
7	80	0,767	=$C$12*A7+$C$10
8	100	0,781	=$C$12*A8+$C$10
9		Regression	
10	Konstante (y-Abschnitt *b*)		=ACHSENABSCHNITT(B3:B8;A3:A8)
11	R^2		=BESTIMMTHEITSMASS(B3:B8;A3:A8)
12	x-Koeffizient (Steigung *m*)		=STEIGUNG(B3:B8;A3:A8)
13	Bestimmung des Ethanol-Volumenanateils in Methanol-Ethanol-Gemischen durch Regressionsanalyse		
14	Probe	Dichte ϱ in g/mL	Volumenanteil φ (Ethanol) in %
15	Probe 1	0,737	=(B15-$C$10)/$C$12
16	Probe 2	0,743	=(B16-$C$10)/$C$12
17	Probe 3	0,727	=(B17-$C$10)/$C$12
18	Probe 4	0,719	=(B18-$C$10)/$C$12
19	Probe 5	0,722	=(B19-$C$10)/$C$12

Bild 2: TKP-Arbeitsblatt der Regressionsanalyse mit mathematischen Formel

	A	B	C
1	Dichten von Methanol-Ethanol-Gemischen in Abhängigkeit vom Ethanol-Volumenanteil		
2	Volumenanteil φ (Ethanol) in %	Dichte ϱ in g/mL gemessen	Dichte ϱ in g/mL aus Regression
3	0	0,711	0,710
4	20	0,724	0,724
5	40	0,735	0,738
6	60	0,752	0,752
7	80	0,767	0,766
8	100	0,781	0,780
9		Regression	
10	Konstante (*y*-Abschnitt *b*)		0,710
11	R^2		0,997
12	*x*-Koeffizient (Steigung *m*)		0,000709
13	Bestimmung des Ethanol-Volumenanateils in Methanol-Ethanol-Gemischen durch Regressionsanalyse		
14	Probe	Dichte ϱ in g/mL	Volumenanteil φ (Ethanol) in %
15	Probe 1	0,737	38,7
16	Probe 2	0,743	47,2
17	Probe 3	0,727	24,6
18	Probe 4	0,719	13,3
19	Probe 5	0,722	17,5

Bild 3: TKP-Arbeitsblatt der Regressionsanalyse mit errechneten Zahlenwerten

1.3.4 Grafische Darstellung der Regressionsanalyse

Zur grafischen Darstellung der Regression einer Messreihe wird im Tabellenkalkulationsprogramm Excel 2010 mithilfe der Menüfunktion *Diagramme* ein *xy*-Diagramm eingefügt und eine Ausgleichsgerade durch die Messpunkte gelegt. Sie wird im Programm Excel 2010 als Trendlinie bezeichnet.

Einfügen des Diagramms. Das Einblenden des Diagramms zur Messwertreihe „Dichte von Methanol-Ethanol-Gemischen in Abhängigkeit vom Ethanol-Volumenanteil" (Bild 1, Seite 19) erfolgt nach Markierung der Datenreihen und deren Namen A2:B8 durch die Funktion *Einfügen/Diagramme/Punkt/Punkte nur mit Datenpunkten*.
Es wird das Roh-Diagramm in das Arbeitsblatt eingeblendet.

Formatieren des Diagramms. Die Formatierung der Achsen erfolgt durch rechten Mausklick auf die Zahlen einer Achse.
Nach rechtem Mausklick auf die *x*-Achse kann mit *Achse formatieren/Achsenoptionen* als Minimum 0, als Höchstwert 100 und als Hauptintervall 10 eingegeben werden. Entsprechend wird die *y*-Achse formatiert.
Weitere Formatierungen sind durch Mausklick auf das entsprechende Objekt möglich:
Zum Einfügen von Gitterlinien wird die Option *Hauptgittemetz hinzufügen* angeklickt. Der Diagrammtitel kann durch einfaches Anklicken eingefügt oder durch Überschreiben verändert werden.

Einfügen der Ausgleichskurve (Trendlinie). Nach rechtem Mausklick auf einen der Datenpunkte im Diagramm und linkem Mausklick auf die Option *Trendlinie hinzufügen* öffnet sich ein Fenster mit den Typen der Ausgleichskurven (Trendlinien) **(Bild 2)**. Im vorliegenden Beispiel wird als Trendlinie *Linear* gewählt. Für „Name der Trendlinie" wird *benutzerdefiniert* angeklickt und der Name „Regression Dichte von Methanol-Ethanol-Gemischen" eingegeben.

Einfügen von Zusatzinformationen. Sollen die Gleichung der Ausgleichsgeraden und das Bestimmtheitsmaß R^2 im Diagramm angezeigt werden, so sind im Auswahlfenster (Bild 2) die entsprechenden Markierungshaken zu setzen.

Einblenden des fertigen Diagramms. Nach linkem Mausklick auf *Schließen* verschwindet das Auswahlfenster und im Diagramm erscheinen die Ausgleichsgerade, ihre Funktionsgleichung sowie das Bestimmtheitsmaß R^2 **(Bild 3)**.
Abschließend können die Linienart, die Linienfarbe und die Linienbreite der Ausgleichsgeraden mit linkem Doppel-Mausklick auf die Trendlinie im erscheinenden Fenster formatiert werden.

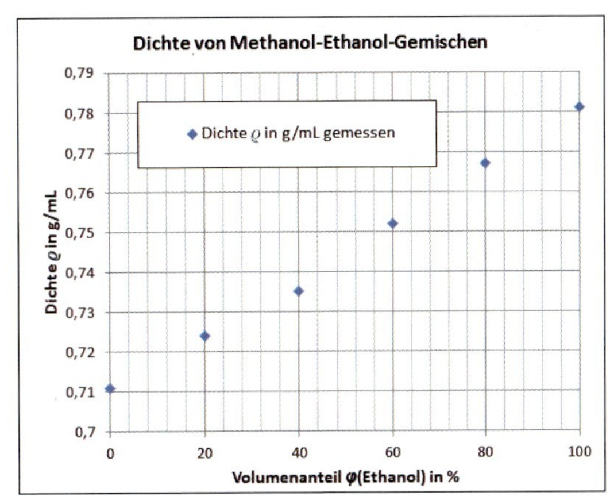

Bild 1: Roh-Diagramm (Excel 2010)

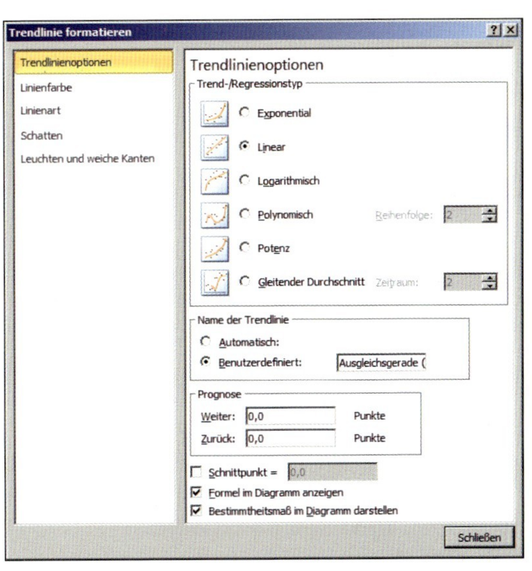

Bild 2: Auswahlfenster Trendlinien (Ausgleichskurven)

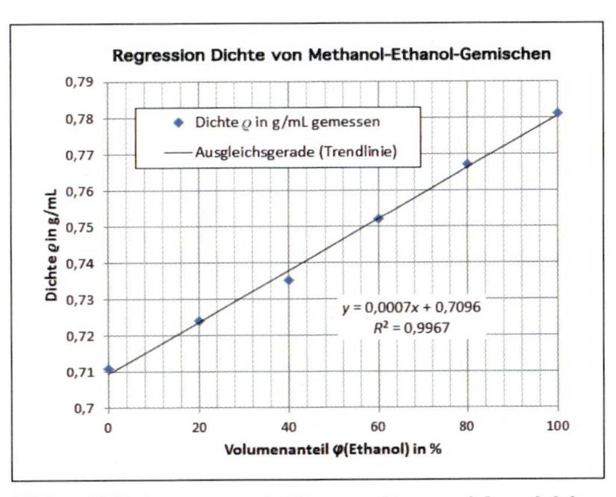

Bild 3: XY-Diagramm mit Messpunkten und Ausgleichsgerade (Trendlinie)

1.3.5 Regressionsanalyse und Prüfen der Funktionsabhängigkeit

Messreihen, die keine lineare Abhängigkeit der Daten besitzen, können mit dem TKP Excel 2010 auch auf eine andere Funktionsabhängigkeit untersucht werden.
Es kann z. B. auf eine potenzielle, eine exponentielle oder eine logarithmische Funktionsanhängigkeit geprüft werden. Dazu müssen bei der Regressionsanalyse die Messdaten nacheinander auf die verschiedenen Funktionsabhängigkeiten (Trendlinien) geprüft werden.
Die Funktion, die den Verlauf der Messdaten am präzisesten wiedergibt, ist am Wert des Bestimmtheitsmaßes $\boldsymbol{R}^2$ zu erkennen: Es ist die Funktion, bei der $\boldsymbol{R}^2$ dem Wert 1 am nächsten kommt.

Beispiel: Es wurde der Druckverlust in einem Rohrleitungssystem in Abhängigkeit vom Volumenstrom gemessen. Man erhält die in **Tabelle 1** gezeigten Daten.

Tabelle 1: Druckverlust in einem Rohrleitungssystem

Volumenstrom $\dot{V}$ in L/s	0,5	1,0	1,5	2,0	2,5	3,0	3,5	4,0	4,5
Druckverlust Δp_v in Pa	25	45	80	135	195	260	350	480	640

Mit dem TKP Excel 2010 ist

a) eine Regressionsanalyse durchzuführen,
b) ein XY-Diagramm mit den Messwerten zu erstellen,
c) eine Prüfung auf lineare, potenzielle, exponentielle oder logarithmische Abhängigkeit der Messdaten durchzuführen und die Funktion der Trendlinie (Ausgleichkurve) zu bestimmen.

Lösung:

a) Die Regressionsanalyse wird durchgeführt, wie im Beispiel auf Seite 19 und 20 beschrieben. Man erhält das in **Bild 1** gezeigte Arbeitsblatt.
b) Die Messdaten werden, wie auf Seite 21 beschrieben, als Punkte in einem XY-Diagramm dargestellt (**Bild 2**, blaue Punkte).
c) Dann erfolgt nacheinander die Prüfung auf lineare, potenzielle, exponentielle und logarithmische Abhängigkeit.

Dazu wird nach rechtem Mausklick auf einen der Datenpunkte im Diagramm und Klick auf *Trendlinie hinzufügen* zuerst der Typ *Linear* angeklickt.

Durch Anklicken von *Linear* und Setzen der Haken bei *Formel im Diagramm anzeigen* sowie *Bestimmtheitsmaß im Diagramm darstellen* kann im TKP-Arbeitsblatt (Bild 1) das Bestimmtheitsmaß R^2 sowie der y-Achsenabschnitt b und die Steigung m der linearen Trendlinie (Ausgleichsgeraden) im Diagramm angezeigt werden.

Im XY-Diagramm (Bild 2) wird die lineare Trendlinie dargestellt (schwarze Linie).

Dann wird in gleicher Weise auf exponentielle, auf potenzielle sowie auf logarithmische Abhängigkeit geprüft und deren R^2-Werte und Trendlinien werden eingeblendet.

Ergebnis:

Trendlinie	linear	exponentiell	logarithmisch	polynomisch 2. Ordnung
Bestimmtheitsmaß R^2	0,9683	0,9479	0,7910	0,9995

Da R^2 bei der Prüfung auf polynomische Abhängigkeit des Druckverlustes Δp_v vom Volumenstrom $\dot{V}$ dem Wert 1 am nächsten kommt, liegt eine polynomische Abhängigkeit mit nachfolgender Gleichung vor:
$\Delta p_v = 20{,}5 \cdot \dot{V}^2 + 27{,}1 \cdot \dot{V} + 1{,}8$.

	A	B	C
1	**Druckverlust in einem Rohrleitungssystem**		
2	Volumenstrom $\dot{V}$ in L/s	Druckverlust Δp_v in Pa	Druckverlust Δp_v in Pa aus Regression
3	0,5	20	
4	1,0	45	
5	1,5	80	
6	2,0	135	
7	2,5	195	
8	3,0	260	
9	3,5	350	
10	4,0	440	
11	4,5	530	

Bild 1: TKP-Arbeitsblatt des Beispiels mit linearer Regression

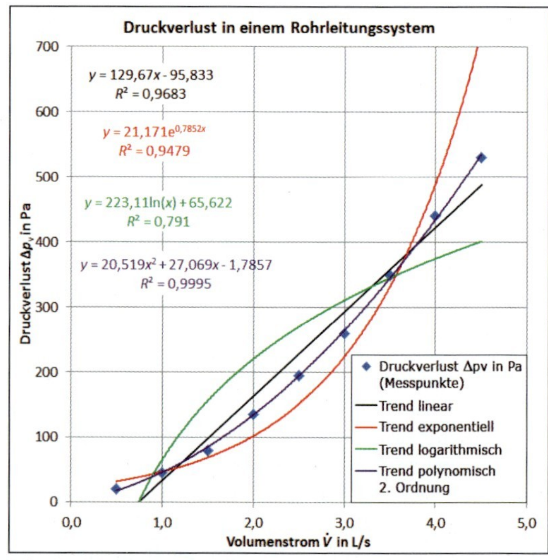

Bild 2: XY-Diagramm mit Messpunkten und Regressionskurven

Aufgaben zu 1.3.3 bis 1.3.5: Regressionsanalyse mit Excel 2010

1. Der NPSHR-Wert einer Pumpe (siehe Seite 40) ist vom Fördervolumenstrom $\dot{V}$ der Pumpe abhängig. In einem Technikumsversuch wurden die in **Tabelle 1** aufgetragenen Werte ermittelt.
   a) Erstellen Sie mit dem TKP Excel 2010 eine Eingabemaske der Versuchsdaten.
   b) Führen Sie mit den Versuchsdaten eine Regressionsanalyse durch und erstellen Sie ein XY-Diagramm mit den Messwerten und einer Regressionskurve (Trendlinie).
   c) Prüfen Sie mit der Regressionsanalyse, ob eine polynomische oder logarithmische Abhängigkeit zwischen den NPSHR-Werten und dem Fördervolumenstrom $\dot{V}$ der Pumpe besteht.
   d) Drucken Sie das XY-Diagramm mit der Regressionskurve aus.

Tabelle 1: NPSHR-Werte einer Kreiselradpumpe in Abhängigkeit vom Förderstrom

NPSHR-Wert in m	Fördervolumenstrom $\dot{V}$ in m³/h
3,4	25
1,6	50
0,8	75
1,2	100
2,3	125
4,4	150
5,8	175
11,7	200

2. Die Durchgangssummenkurve eines Zementklinkers ist durch folgende Wertepaare gegeben **(Tabelle 2)**. Siehe auch Seite 123.
   a) Erstellen Sie mit Excel 2010 eine Eingabemaske der Messwerte.
   b) Führen Sie mit den Messwerten eine Regressionsanalvse durch und erstellen Sie ein XY-Diagramm mit den Messwerten.
   c) Prüfen Sie auf lineare, exponentielle und polynomische Abhängigkeit der Trendlinie.
   d) Drucken Sie das XY-Diagramm mit den Trendlinien und dem Bestimmtheitsmaß R^2 aus.

Tabelle 2: Durchgangssummenkurve eines Zementklinkers

D_s in %	0	1,5	4,5	8.0	26,2	39,4	68,2	88,0	100
d in µm	40	125	250	355	500	710	1000	1400	2000

3. Das prozentuale Füllvolumen $V_{hP}(\%)$ eines liegenden Zylindertanks mit ebenen Seitenböden **(Bild 1)** in Abhängigkeit von der prozentualen Standhöhe $h_p(\%)$ wird mit einer Kalibrierkurve bestimmt (siehe Seite 74). Sie ist durch die Wertepaare von **Tabelle 3** gegeben.
   a) Erstellen Sie mit Excel 2010 eine Eingabemaske für die Wertepaare der Kalibrierkurve.
   b) Führen Sie eine Regressionsanalyse durch.
   c) Erstellen Sie ein XY-Diagramm mit den Wertepaaren und einer Regressionskurve (Trendlinie).

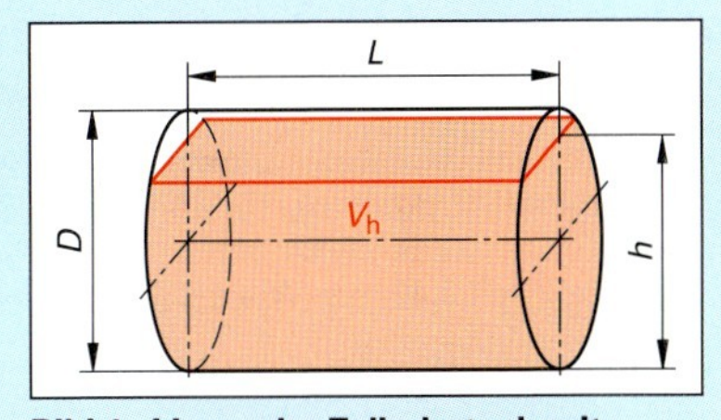

Bild 1: Liegender Zylindertank mit ebenen Seitenflächen

Tabelle 3: Prozentuales Füllvolumen eines liegenden Zylindertanks mit ebenen Seitenböden

Prozentuale Füllhöhe h_p (%)	0	5	10	15	20	40	60	80	85	90	95	100
Prozentuales Füllvolumen V_{hp} (%)	0	2	5	10	14	37	63	86	91	95	98	100

   d) Das Füllvolumen eines liegenden Zylindertanks mit ebenen Seitenböden (Bild 1) berechnet man mit der nebenstehenden Formel.

$$V_h = \frac{\pi}{4} \cdot D^2 \cdot L \cdot V_{hp}(\%)$$

   Ermitteln Sie für einen solchen Zylindertank mit einem Durchmesser von 3,54 m und einer Länge von 5,12 m mit dem Excel-TKP das Füllvolumen für Füllhöhen von 0,50 m, 1,00 m, 1,50 m, 2,00 m, 2,50 m, 3,00 m und 3,50 m.

4. Haufwerke aus körnigen Stoffen haben in Abhängigkeit von der Korngröße unterschiedliche Werte der technischen Dichten: Schüttdichte, Rütteldichte, Stoffdichte. Von fünf solcher Haufwerke wurden die Dichten gemessen **(Tabelle 4)**.
   a) Berechnen Sie die prozentualen Anteile der Schüttdichte bzw. der Rütteldichte der Stoffe an der Stoffdichte.
   b) Stellen Sie die verschiedenen Dichten, der in Tabelle 4 aufgeführten Stoffe, mit dem TKP Excel 2010 als Säulendiagramm mit jeweils 3-stufigen Säulen dar.

Tabelle 4: Dichte von Haufwerken

Stoff	Schüttdichte kg/dm³	Rütteldichte kg/dm³	Stoffdichte kg/dm³
Kalkstein	1,1	1,3	2,9
Koks	0,5	0,9	1,3
Sand	1,5	1,7	2,7
Steinkohle	0,8	1,0	1,3
Steinsalz	1,1	1,4	2,3

2 Berechnungen zu Anlagenkomponenten

2.1 Rohrleitungen

Die Rohrleitungen sind in Chemieanlagen die Transport- und Förderwege für Flüssigkeiten, Gase und teilweise auch für pulvrige oder feinkörnige Feststoffe.

2.1.1 Stoffströme in Rohrleitungen

Der Fluidstrom in einer Rohrleitung wird quantitativ entweder mit dem Volumenstrom $\dot{V}$ (engl. volume flow) oder dem Massestrom $\dot{m}$ (engl. mass flow) beschrieben.
Beide Größen sind über die Dichte verknüpft: $\dot{m} = \varrho \cdot \dot{V}$ (siehe nebenstehende Gleichungen und Seite 82).

Der Volumenstrom und der Massestrom sind abhängig vom freien Rohrquerschnitt ***A*** und der mittleren Fließgeschwindigkeit $\bar{v}$ des Fluids in der Rohrleitung **(Bild 1)**.
Die mittlere Strömungsgeschwindigkeit $\bar{v}$ ist eine rechnerisch aus $\bar{v} = V/A$ ermittelte Durchschnittsgeschwindigkeit.
Bei Rohren mit kreisförmigem Querschnitt beträgt die Rohrquerschnittsfläche: $A = \frac{\pi}{4} \cdot d_i^2$.

In einer Rohrleitung, in der sich der Rohrinnendurchmesser d_i verkleinert oder vergrößert, besteht zwischen den jeweiligen Rohrquerschnittsflächen ***A*** und der mittleren Fließgeschwindigkeit $\bar{v}$ eine formelmäßige Beziehung **(Bild 2)**.
Sie wird **Kontinuitätsgleichung** genannt (siehe rechts).

Die Kontinuitätsgleichung ist auch auf Rohrabzweige und andere Verteilungen des Fluidstroms anwendbar.

Beispiel: In einer Rohrleitung wird mit einem Reduzierstück der innere Rohrdurchmesser von 82,5 mm auf 70,3 mm reduziert. Im weiten Rohr beträgt die mittlere Strömungsgeschwindigkeit 0,42 m/s. Wie groß ist sie im engen Rohr?

Lösung: $A_1 \cdot \bar{v}_1 = A_2 \cdot \bar{v}_2 \qquad \bar{v}_2 = \frac{A_1 \cdot \bar{v}_1}{A_2} = \frac{\pi \cdot d_{i1}^2/4 \cdot \bar{v}_1}{\pi \cdot d_{i2}^2/4}$

$$\bar{\mathbf{v}}_2 = \frac{d_{i1}^2}{d_{i2}^2} \cdot \bar{v}_1 = \frac{(82{,}5\ \text{mm})^2}{(70{,}3\ \text{mm})^2} \cdot 0{,}42\,\frac{\text{m}}{\text{s}} \approx \mathbf{0{,}58\ m/s}$$

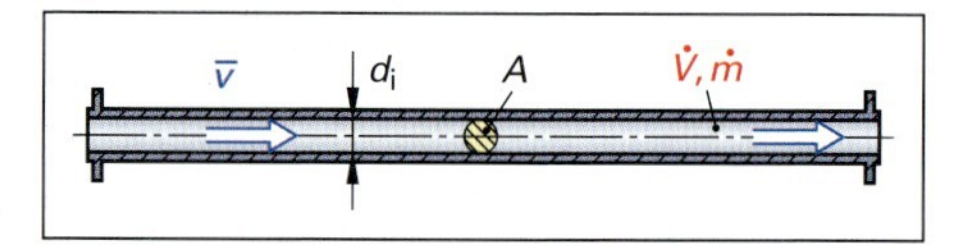

Bild 1: Fluidstrom durch eine Rohrleitung

Volumenstrom, Massestrom			
$\dot{V} = \frac{V}{t}$;	$\dot{m} = \frac{m}{t}$;	$m = \varrho \cdot V$;	$\dot{m} = \varrho \cdot \dot{V}$
$\dot{V} = A \cdot \bar{v}$;	$A = \frac{\pi}{4} \cdot d_i^2$;	$\dot{m} = \varrho \cdot A \cdot \bar{v}$	

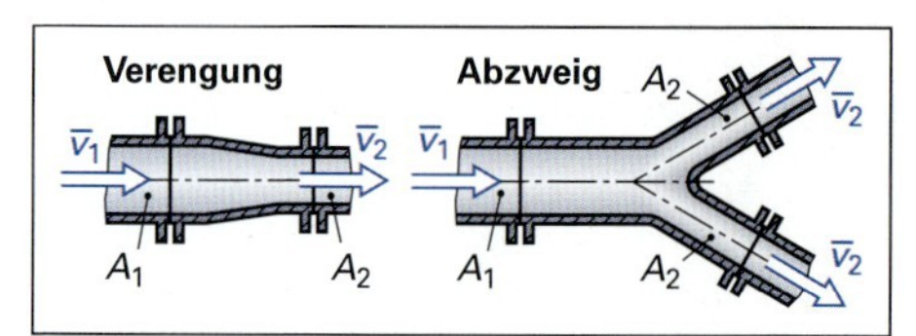

Bild 2: Rohrleitung mit Verengung bzw. Rohrverzweigung

Kontinuitätsgleichung	
Verengung	**Verzweigung**
$A_1 \cdot \bar{v}_1 = A_2 \cdot \bar{v}_2$;	$A_1 \cdot \bar{v}_1 = 2 \cdot A_2 \cdot \bar{v}_2$

Aufgaben zu 2.1.1 Stoffströme in Rohrleitungen

1. Ein rundes Klärbecken mit einem Durchmesser von 14,20 m und einer maximalen Füllhöhe von 2,45 m wird über einen Zulaufkanal mit einer Breite von 80 cm und einer Füllhöhe von 54 cm gefüllt **(Bild 3)**. Die mittlere Strömungsgeschwindigkeit im Kanal beträgt 0,25 m/s.
   a) Berechnen Sie den zulaufenden Volumenstrom.
   b) Wie lange dauert es, bis das Klärbecken gefüllt ist?
2. Ein Rührbehälter mit einem Innendurchmesser von 160 cm im zylindrischen Teil hat bei maximalem Füllstand ein Füllvolumen von 4,20 m^3. Er wird über eine Rohrleitung mit Nennweite DN 125 gefüllt **(Bild 4)**.
   a) Welchen Volumenstrom muss die Speisepumpe erzeugen, damit der Rührbehälter in 2,8 Minuten gefüllt wird?
   b) Welche mittlere Strömungsgeschwindigkeit herrscht im Zulaufohr?
   c) Wie hoch steigt die Flüssigkeit während einer Minute?

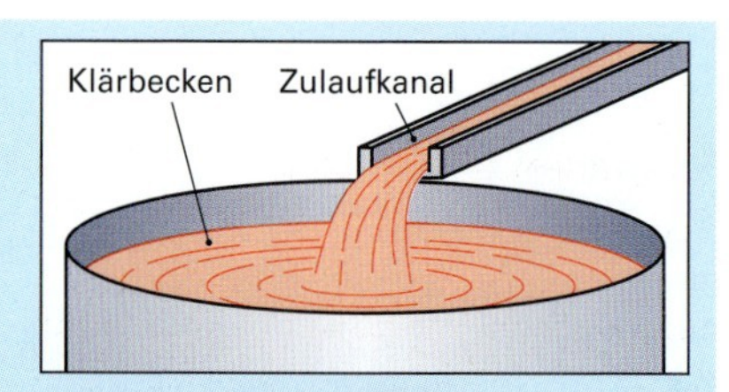

Bild 3: Klärbecken (Aufgabe 1)

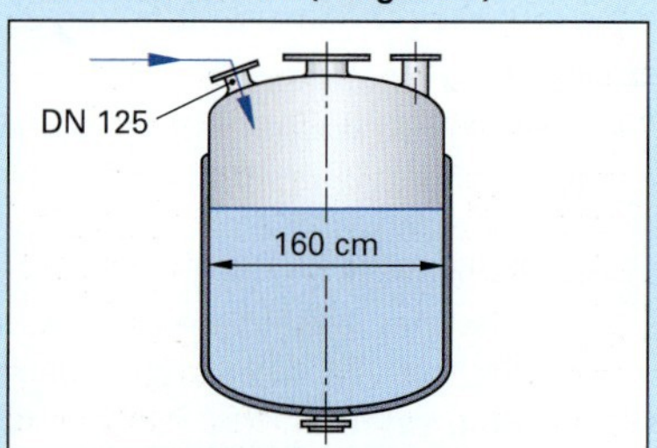

Bild 4: Rührbehälter (Aufgabe 2)

3. In einem Rohrleitungssystem mit einer Verzweigung wird ein Flüssigkeitstrom mit $\dot{V} = 12{,}00$ L/s gleichmäßig auf zwei Behälter verteilt. Vor der Verzweigung hat die Rohrleitung eine Nennweite DN 150, danach zweimal DN 100. Welche Strömungsgeschwindigkeit herrscht in der Rohrleitung
   a) vor der Verzweigung?
   b) nach der Verzweigung?

4. Am Einlaufstutzen (DN 65) einer Rahmenfilterpresse wird ein Volumenstrom von 6,20 L/s gemessen. Die zulaufende Suspension (Dichte $\varrho_s = 1{,}240$ g/cm^3) verteilt sich auf 25 Filtrationsräume mit einer Filterfläche von jeweils zwei Mal 0,80 m^2 **(Bild 1)**. Wie groß ist
   a) der einströmende Massenstrom?
   b) die mittlere Strömungsgeschwindigkeit im Einlaufstutzen?
   c) die Anströmgeschwindigkeit auf das Filtertuch?

5. In einen Rohrbündel-Wärmetauscher strömen über eine Rohrleitung mit Nennweite DN 80 pro Stunde 8400 L Kühlwasser **(Bild 2)**. Es verteilt sich auf 44 Innenrohre mit Nennweite DN15.
   Welche mittlere Strömungsgeschwindigkeit herrscht im Zulaufrohr bzw. in den Innenrohren des Wärmetauschers?

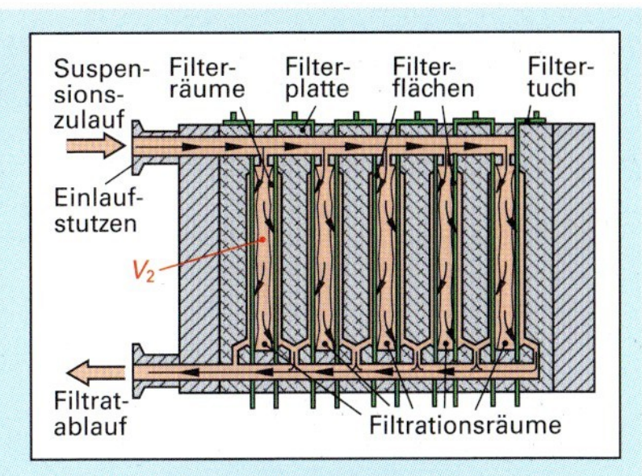

Bild 1: Rahmenfilterpresse im Schnittbild (Aufgabe 4)

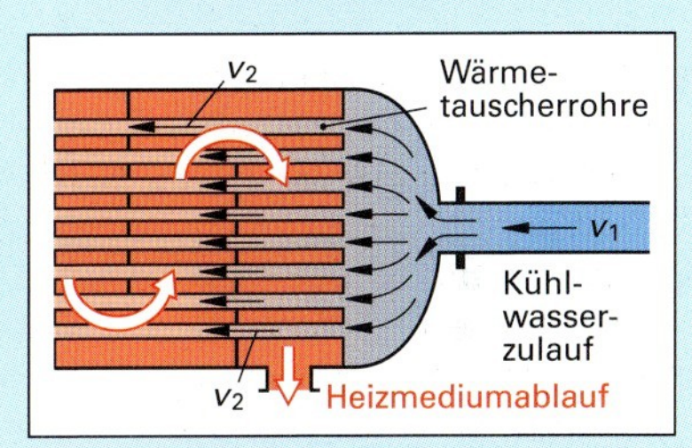

Bild 2: Wärmetauscher im Schnittbild (Aufgabe 5)

2.1.2 Rohrabmessungen

Eine Rohrleitung ist bezüglich ihres Durchmessers und ihrer Wandstärke so ausgelegt, dass sie den in ihr fließenden Stoffstrom aufnehmen kann und den auftretenden Kräften standhält.

Nennweite

Die **Nennweite DN** (engl. nominal diameter) ist eine **Durchmesser-Kenngröße** zueinander passender Teile von Rohrleitungen.

Der Zahlenwert der Nennweite DN entspricht in etwa dem Innendurchmesser d_i der Rohrleitung in Millimetern **(Bild 1)**.
Die Nennweite wird durch die Kennbuchstaben DN und einen Zahlenwert ohne Einheit angegeben, z. B. DN 80.
Die Rohrleitungsteile gleicher Nennweite, wie z. B. die Rohrstücke, Formstücke, Armaturen und Apparatestutzen, passen zueinander und können zur Rohrleitung zusammengebaut werden.

Bild 1: Nennweite und Rohrmaße

Rohrinnendurchmesser

Den **erforderlichen Rohrinnendurchmesser** $d_{i,erf}$ zum Durchfluss eines Volumenstroms $\dot{V}$ berechnet man mit der mittleren Strömungsgeschwindigkeit $\bar{v}$ nach der nebenstehenden Gleichung.

Die mittlere Strömungsgeschwindigkeit $\bar{v}$ berechnet man aus dem Volumenstrom $\dot{V}$ und der Rohrquerschnittfläche A: $\bar{v} = \dot{V}/A$.

Erforderlicher Rohrinnendurchmesser

$$d_{i,erf} = 2 \cdot \sqrt{\frac{\dot{V}}{\pi \cdot \bar{v}}}$$

Die Rohrleitungen sind in einer begrenzten Anzahl von Nennweiten gestuft. Bevorzugte Nennweiten DN und deren Rohrinnendurchmesser d_i zeigt die nachfolgende **Tabelle 1**.

Tabelle 1: Bevorzugte Nennweiten und deren Rohrinnendurchmesser (für Stahlrohre bis Nenndruck PN6)

Nennweite	DN 10	DN 15	DN 20	DN 25	DN 32	DN 40	DN 50	DN 65	DN 80	DN 100	DN 125	DN 150	DN 200	DN 250	DN 300
d_i in mm	13,6	17,3	22,3	28,5	37,2	43,1	54,5	70,3	82,5	107,1	131,7	159,3	207,3	260,4	309,7

Hat man den erforderlichen Rohrinnendurchmesser $d_{i,erf}$ für einen Volumenstrom $\dot{V}$ berechnet, so wählt man die dazu erforderliche Nennweite DN aus. Es ist die Nennweite, deren Zahlenwert den erforderlichen Rohrinnendurchmesser (in mm) als nächstes übersteigt.

Beispiel: Bei einer Rohrleitung beträgt der berechnete erforderliche Rohr-Innendurchmesser $d_{i,erf}$ = 48,4 mm. Welche Nennweite wählt man für die Rohrleitung aus?

Lösung: Anhand von Tabelle 1, Seite 25, wird die nächst größere Nennweite gewählt: DN50

Aufgaben zu 2.1.2 Rohrabmessungen

1. Ein Reaktionsbehälter soll in 3 Minuten mit 2400 Liter Prozesswasser gefüllt werden. Im Zulaufrohr soll eine mittlere Strömungsgeschwindigkeit von 1,50 m/s nicht überschritten werden.

   Welche Nennweite muss die Rohrleitung besitzen?

2. Die Zulaufmenge zu einem Destillierapparat beträgt 726 L/h, die Zuleitungsrohrleitung hat die Nennweite DN40. Mit welcher mittleren Strömungsgeschwindigkeit fließt das Destillationsgemisch durch die Rohrleitung?

3. In einer Kläranlage fließt über eine Rohrleitung ein stündlicher Abwasserstrom von 10,30 m^3 zu. Die mittlere Strömungsgeschwindigkeit in der Rohrleitung soll 1,00 m/s nicht überschreiten.

   a) Wie groß ist der erforderliche Rohr-Innendurchmesser?

   b) Welche Nennweite der Rohrleitung ist für diesen Abwasserstrom geeignet?

2.1.3 Nenndruck, Mindestwanddicke

Der **Nenndruck PN** (engl. nominal pressure) ist eine **Druck-Kenngröße** für eine Chemieanlage mit Rohrleitungen und Apparaten gleicher Druckbelastbarkeit und gleicher Anschlussmaße.

Der Nenndruck wird durch die Kennbuchstaben PN und einen Zahlenwert ohne Einheit angegeben.

Beispiel: Nenndruck 16 heißt kurz **PN16**.

Der Zahlenwert eines Nenndrucks, z.B. bei PN16, gibt den maximal zulässigen Arbeitsdruck in bar in einer Anlage bei einer Betriebstemperatur von 20 °C an.
Es gibt eine begrenzte Anzahl von Nenndruckstufen. Tabelle 1 zeigt die bevorzugt anzuwendenden Nenndrücke.
Für eine Chemieanlage wird **der** Nenndruck festgelegt, der als nächstes den Arbeitsdruck der Anlage übersteigt.

Tabelle 1: Bevorzugte Nenndruck-Stufen nach DIN EN 1333 (Auswahl)

PN2,5	PN25
PN6	PN40
PN10	PN63
PN16	PN100

Beispiel: Beträgt der Arbeitsdruck in einer Anlage z.B. 34 bar, dann legt man als Nenndruck PN40 fest.

Die **Mindest-Wanddicke *e*** einer mit dem Innendruck p_c beaufschlagten Rohrleitung wird nach DIN EN 13480-3 mit den nebenstehenden Gleichungen berechnet.
Es sind: p_c maximaler Arbeitsdruck in N/mm²;
Umrechnung: 1 bar = 10^5 N/mm² = 10^5 Pa = 0,1 N/mm²;
d_i Innendurchmesser in mm; d_a Außendurchmesser in mm;
f Auslegungsspannung in N/mm²; z Schweißnahtfaktor;
Er ist aus den Tabellenbüchern zu entnehmen, Wert 0,7 bis 1. Die Auslegungsspannung f bestimmt man je nach Werkstoff aus den verschiedenen Werkstoff-Kennwerten.

Mindest-Wanddicke eines Rohrs

$$e = \frac{p_c \cdot d_i}{2 \cdot f \cdot z - p_c}$$

oder

$$e = \frac{p_c \cdot d_a}{2 \cdot f \cdot z + p_c}$$

Für nicht austenitische Stähle: $f = \frac{R_{p0,2}}{1,5}$ bzw. $f = \frac{R_e}{1,5}$; für austenitische Stähle: $f = \frac{R_{p0,2}}{1,2}$ bzw. $f = \frac{R_m}{3}$

$R_{p0,2}$, R_e und R_m sind Festigkeits-Kennwerte der Werkstoffe. Sie können aus Tabellenbüchern entnommen werden.

Für die **zu bestellende Wanddicke e_{ord}** werden noch Zuschläge zur Berücksichtigung von Korrosion und Erosion im Betrieb sowie für den Fertigungsabtrag und die Herstellungstoleranz zugegeben.

Beispiel: Eine Rohrleitung aus geschweißten Rohren mit der Nennweite DN200 (d_a = 219,1 mm) soll für einen Nenndruck PN25 ausgelegt werden. Die 0,2%-Dehngrenze $R_{p0,2}$ des austenitischen Rohrwerkstoffs X6CrNiMoTi 17-12-2 beträgt 210 N/mm². Der Schweißnahtfaktor ist 0,7, der Wanddickenzuschlag für Korrosion und Erosion soll 100% der Mindest-Wanddicke betragen.

Wie stark muss die Mindest-Wanddicke der zu bestellenden Rohrleitung sein?

Lösung: PN25 $\Rightarrow$ $p_c = 25$ bar; $f = \frac{R_{p0,2}}{1,2} = \frac{210\ \text{N/mm}^2}{1,2} = 175\ \text{N/mm}^2$

$$e = \frac{p_c \cdot d_a}{2 \cdot f \cdot z + p_c} = \frac{25 \cdot 0,1\ \text{N/mm}^2 \cdot 219,1\ \text{mm}}{2 \cdot 175\ \text{N/mm}^2 \cdot 0,7 + 25 \cdot 0,1\ \text{N/mm}^2} = 2,2131\ \text{mm} \approx 2,2\ \text{mm}$$

$e_{ord} = 200\,\% \cdot e = 200\,\% \cdot 2,2\ \text{mm} \approx$ **4,4 mm**

Aufgaben zu 2.1.3 Nenndruck, Mindestwanddicke

1. Welchen Innendurchmesser hat ein Stahlrohr für den Nenndruck PN6 mit der Nennweite DN200 ?
2. Eine Pumpe fördert in einen Mischbehälter einen Volumenstrom an 1-Butanol von 610 L/min. Die mittlere Strömungsgeschwindigkeit in der Rohrleitung soll 80 cm/s nicht überschreiten.
   a) Berechnen Sie den erforderlichen Innendurchmesser des Zuflussrohrs.
   b) Welche Nennweite müssen die Rohre für diese Aufgabe besitzen?
3. Eine Destillationsanlage für leicht siedende Erdölfraktionen wird mit einem Arbeitsdruck von 3,5 bar betrieben. Für welchen Nenndruck ist die Anlage auszulegen?
4. Eine Rohrleitung mit Nennweite DN125 aus geschweißten Stahlrohren (unlegierter Rohrstahl) in einem Ethylenwerk ist für einen Nenndruck von PN16 ausgelegt. Die Rohrleitung war Erosion ausgesetzt und hat an ihrer schwächsten Stelle eine Restwanddicke von 1,80 mm. Die Streckgrenze des Rohrwerkstoffs beträgt 245 N/mm², der Schweißnahtfaktor ist $z = 0,85$. Der Zuschlag für die zu erwartende Erosion und Korrosion in der nächsten Betriebsperiode soll 100 % der Restwanddicke betragen. Ist die Restwanddicke der Rohrleitung noch ausreichend, um der Druckbelastung in der nächsten Betriebsperiode standzuhalten?

2.1.4 Masse von Stahlrohren

Die längenbezogene Masse von Stahlrohren kann für die genormten Rohre aus den in DIN EN 10220 abgedruckten Tabellen abgelesen werden **(Bild 1)**.

Beispiel: Für ein Stahlrohr mit dem Außendurchmesser 13,5 mm und 0,8 mm Wanddicke wird aus Bild 1 eine längenbezogene Masse $\boldsymbol{M}$ **= 0,251 kg/m** abgelesen.

Die Gesamtmasse einer Rohrleitung m wird aus der längenbezogenen Masse M und der Rohrlänge L berechnet.

$$m = M \cdot L$$

Die längenbezogene Masse M kann auch mit nachfolgender Formel berechnet werden.

$$M = (d_a - T) \cdot T \cdot 0,0246615 \cdot \frac{\varrho}{7,85}; \quad \text{in kg/m}$$

Außendurchmesser *D* in mm Reihe			Wanddicke *T* in mm			
			0,5	0,6	0,8	1
1	2	3	Längenbezogene Masse kg/m			
10,2			0,120	0,142	0,185	0,227
	12		0,142	0,169	0,221	0,271
	12,7		0,150	0,179	0,235	0,289
13,5			0,160	0,191	0,251	0,308
		14	0,166	0,198	0,260	0,321
	16		0,191	0,228	0,300	0,370

Bild 1: Längenbezogene Masse von Stahlrohren aus unlegiertem Stahl (Auszug aus DIN EN 10220)

Darin sind: d_a Außendurchmesser in mm; T Wanddicke in mm; ϱ Werkstoffdichte in kg/dm³;
Die Dichten wichtiger Rohrwerkstoffe: Unlegierter Stahl: $\varrho = 7,85$ kg/dm³; austenitischer nichtrostender Stahl: $\varrho = 7,97$ kg/dm³; martensitischer und ferritischer nichtrostender Stahl: $\varrho = 7,73$ kg/dm³.

Aufgabe zu 1.1.4 Masse von Stahlrohren

Für eine neu zu verlegende Rohrleitung werden 47 gerade Rohrstücke mit einer Fertigungslänge von 6,00 m geliefert. Die Rohrstücke bestehen aus austenitischem nichtrostendem Stahl. Sie haben einen Außendurchmesser von 168,3 mm und eine Wanddicke von 4,5 mm.

a) Welche längenbezogene Masse haben die Stahlrohre?

b) Welche Gesamtmasse hat die Rohr-Lieferung?

2.1.5 Rohrausdehnung und Kompensatoren

Rohrleitungen unterliegen bei Temperaturänderungen einer thermischen Längenänderung **(Bild 1)**.

Bei Temperaturerniedrigung verkürzt sich die Rohrleitung, bei Temperaturerhöhung verlängert sie sich.

Die thermische Längenänderung Δl ist abhängig von der Ausgangsrohrlänge l_0, vom Rohrwerkstoff (α) und der Temperaturdifferenz $\Delta\vartheta$.

Thermische Längenänderung

$$\Delta l = l_0 \cdot \alpha \cdot \Delta\vartheta$$

$$l_\vartheta = l_0 + \Delta l$$
$$l_\vartheta = l_0(1 + \alpha \cdot \Delta\vartheta)$$

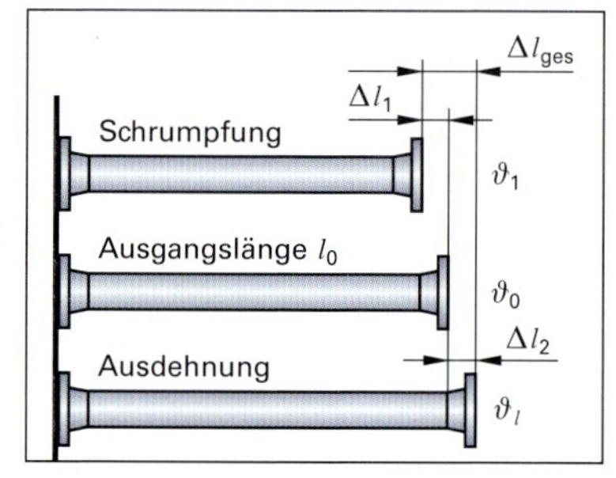

Bild 1: Rohrdehnung bei Temperaturänderungen

α ist der thermische Längenausdehnungskoeffizient eines Werkstoffs. Er gibt die Längenänderung eines 1 m langen Rohres bei 1 °C (1 K) Temperaturänderung in mm an **(Tabelle)**.

Beispiel: Eine 5,56 m lange Rohrleitung aus unlegiertem Stahl wird um 215 °C erhitzt. Wie groß ist die dabei auftretende Längenänderung?

Lösung: Δl = 5,56 m · 0,012 mm/(m · K) · 215 K ≈ **14,34 mm**

Tabelle: Thermischer Längenausdehnungskoeffizient α in mm/(m · K)	
Unlegierter Stahl	0,012
Nichtrostender Stahl	0,017
Aluminium-Werkstoffe	0,023
Kupfer-Werkstoffe	0,020
PVC (Kunststoff)	0,070

Die thermische Längenänderung bei Rohrteitungen, die starr in eine Anlage eingebaut sind, muss durch den Einbau von **Rohrdehnungs-Ausgleichselementen** (engl. compensation elements), auch **Kompensatoren** genannt, ausgeglichen werden.

Ein häufig eingesetztes Ausgleichselement ist der Wellrohr-Kompensator **(Bild 2)**. Er hat eine maximal zulässige Vorspannung.

Die Kompensatoren werden mit einer **Vorspannung** in die Rohrleitung eingebaut, damit sie die Ausdehnung bzw. die Schrumpfung der Leitung aufnehmen können.

Die Einbaulänge eines Kompensators l_E, bestehend aus der Kompensatorbaulänge l_B und der Vorspannung Δl_{VSp}, bestimmt man mit der rechts unten stehenden Gleichung.

Es sind: Δl_{ges} thermische Längenänderung der Rohrleitung; ϑ_e Einbautemperatur; ϑ_{max} Maximaltemperatur; ϑ_{min} Minimaltemperatur

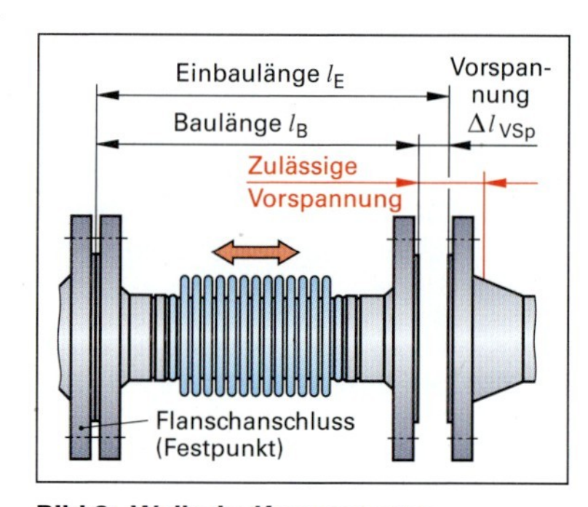

Bild 2: Wellrohr-Kompensator

Beispiel: In eine gerade Rohrleitung aus nichtrostendem Stahl von 48,6 m Länge soll ein Kompensator eingebaut werden. Er hat eine Baulänge von 55,8 cm. Beim Einbau herrschen 18 °C. Im Winter wird mit einer Minimaltemperatur von –25 °C gerechnet, im Sommer erwärmt sich die warmgehende Rohrleitung bis auf maximal 110 °C. Um welches Maß muss der Kompensator vorgespannt werden?

Lösung: $\Delta l_{ges} = l_0 \cdot \alpha \cdot \Delta\vartheta$
= 48,6 m · 0,017 mm/(m · K) · [110 °C – (–25 °C)] ≈ 112 mm

$$\text{Vorspannung: } \Delta l_{VSp} = \frac{112\,\text{mm}}{2} - \frac{112\,\text{mm}\,[18\,°C - (-25\,°C)]}{110\,°C - (-25\,°C)}$$

= 56 mm – 18 mm ≈ **38 mm**

Einbaulänge eines Kompensators

$$l_E = l_B + \Delta l_{VSp}$$

$$\Delta l_{VSp} = \frac{\Delta l_{ges}}{2} - \frac{\Delta l_{ges}(\vartheta_e - \vartheta_{min})}{\vartheta_{max} - \vartheta_{min}}$$

Aufgaben zu 2.1.5 Rohrausdehnung und Kompensatoren

1. Eine 285 m lange Dampfleitung aus unlegiertem Rohrleitungsstahl wird bei der Inbetriebnahme von 8 °C auf 258 °C erhitzt. Die thermische Ausdehnung der Dampfleitung soll durch Kompensatoren ausgeglichen werden. Es stehen Kompensatoren mit einer maximalen Ausdehnung von 260 mm zur Verfügung. Wie viele Kompensatoren müssen in die Dampfleitung eingebaut werden, um die Wärmeausdehnung aufzufangen?

2. Eine Rohrleitung aus unlegiertem Stahl von 42,62 m Länge wird bei 20 °C montiert. Der in die Rohrleitung eingebaute Kompensator mit 41,4 cm Baulänge soll die Rohr-Längenänderungen ausgleichen, die bei Temperaturen von –30 °C bis +82 °C auftreten.
   a) Welche Dehnung erfährt die Rohrleitung im gesamten Temperaturbereich?
   b) Wie groß ist die durch Vorspannung einzustellende Einbaulänge des Kompensators?

2.1.6 Regelventile

Mit Regelventilen (engl. control valve) wird der Volumenstrom in einer Rohrleitung reguliert.
Am häufigsten sind die Kegel-Sitz-Ventile **(Bild 1)**. Die Regelung erfolgt durch Anheben bzw. Absenken des Ventilkegels. Sie werden deshalb auch Hubventile genannt. Ihr regelndes Bauteil ist die Regelgarnitur, bestehend aus Ventilsitz und Regelkegel.

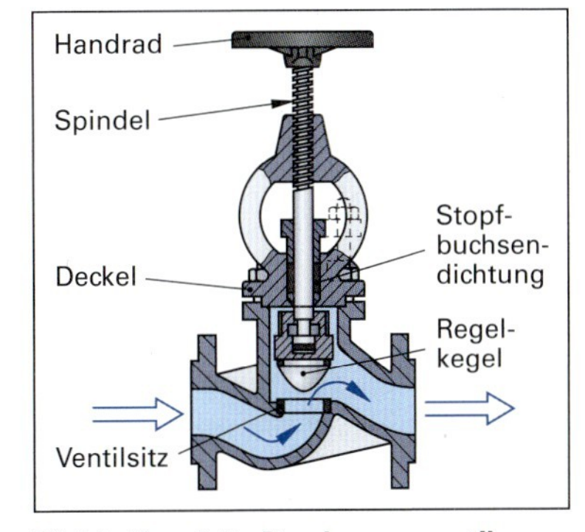

Bild 1: Kegelsitz-Durchgangsventil

Kennlinien

Die Form der Kegel-Sitz-Kombination bestimmt die Regelwirkung des Ventils, die mit der Kennlinie quantifiziert wird **(Bild 2)**. Die Kennlinie gibt die Anhängigkeit des durchfließenden Volumenstroms $\dot{V}$ vom Ventilhub h wieder. Häufig werden die Größen als Prozentangabe der Maximalgröße angegeben. Es gibt zwei Grundtypen von Ventilen. Ventile mit linearer Kennlinie und Ventile mit gleichprozentiger Kennlinie.
Bei der **linearen Kennlinie** ist der Ventilhub h dem Durchfluss $\dot{V}$ proportional, d.h., bei einem Ventilhub von z.B. 60% des maximalen Hubs hat auch der Volumenstrom 60% des maximalen Durchflusses. Diese Kennlinie wird durch einen kegelförmigen Regelkegel erzeugt.
Bei der **gleichprozentigen Kennlinie** erfolgt bei einer gleich großen Ventilhub-Verstellung Δh eine gleich große prozentuale Veränderung des Volumenstroms $\Delta\dot{V}$. Die gleichprozentige Kennlinie wird von einem zuerst steilen und dann abgerundetem Regelkegel erzeugt. Bei einem Ventil mit gleichprozentiger Kennlinie ist eine gute Feinregelung bei kleinen Durchflüssen möglich.

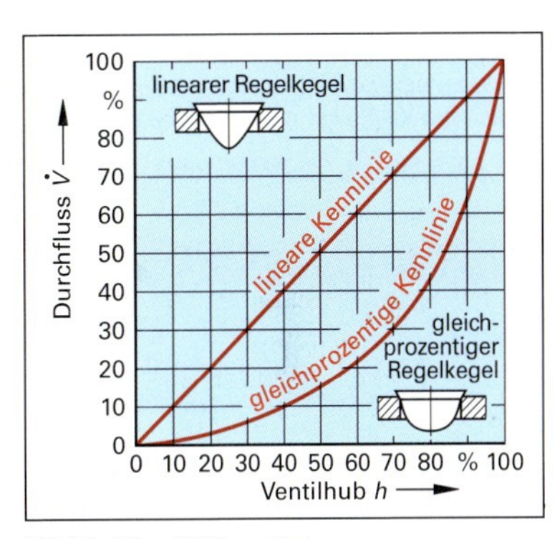

Bild 2: Ventil-Kennlinien

Beispiel: Bei einem Ventil mit gleichprozentiger Kennlinie führt eine Hubänderung um 1 mm von 3 mm auf 4 mm zu einer Durchflusssteigerung von 10 auf 11 m^3/h. Bei einer Hubänderung um 1 mm von 22 mm auf 23 mm steigt der Durchfluss von 50 auf 55 m^3/h.
In beiden Fällen ist der Durchfluss um den gleichen Prozentsatz von 10% gestiegen.

Durchflusskoeffizient

Für die Auslegung bzw. die Auswahl eines Ventils benutzt man einen Kennwert, den $\boldsymbol{K_{VS}}$**-Wert**, auch Durchflusskoeffizient genannt. Er ist ein Maß für den Durchfluss eines Ventils.
Der K_{VS}-Wert gibt an, welcher Durchfluss (in m^3/h) bei standardisierten Bedingungen (Fluid Wasser, Druckdifferenz 1 bar, Wassertemperatur 5 bis 30 °C) durch das vollständig geöffnete Ventil strömt.

Durchflusskoeffizient des Ventils

$$K_{VS} = \dot{V} \cdot \sqrt{\frac{\varrho}{1000 \cdot \Delta p}}$$

K_{VS}	**Durchflusskoeffizient in m^3/h**
$\dot{V}$	**Volumendurchfluss in m^3/h**
ϱ	**Dichte in kg/m^3**
Δp	**Druckdifferenz vor und hinter dem Ventil in bar**

Für ein bestimmtes Ventil und ein bestimmtes Fluid wird der K_{VS}-Wert mit den Betriebsdaten nach nebenstehender Größengleichung berechnet. Als Reserve wird ein Aufschlag von 30% hinzugefügt.

Beispiel: Es soll ein Ventil für eine Methanol-führende Rohrleitung mit einem Volumenstrom von 16,8 m/h ausgewählt werden. Der Druck beträgt vor dem Ventil 12,0 bar, dahinter 4,0 bar. ϱ(Methanol) = 791 kg/m^3.
Welchen K_{VS}-Wert hat das Ventil?

Lösung: $K_{VS} = \dot{V} \cdot \sqrt{\frac{\varrho}{1000 \cdot \Delta p}} = 16{,}8 \cdot \sqrt{\frac{791}{1000 \cdot (12{,}0 - 4{,}0)}} \approx \mathbf{5{,}28\ m^3/h}$

Aufschlag 30%: $\boldsymbol{K_{VS}} = 1{,}30 \cdot 5{,}28\ m^3/h \approx \mathbf{6{,}87\ m^3/h}$

Nennweite des Ventils

Um hohe Druckverluste und laute Rohrleitungsgeräusche zu vermeiden, sollten bestimmte Strömungsgeschwindigkeiten in Rohrleitungen und Ventilen nicht überschritten werden **(Tabelle 1)**.

Den nicht zu unterschreitenden Rohrleitungsdurchmesser berechnet man mit der von Seite 25 bekannten Gleichung (siehe rechts).

Das Ventil sollte mindestens die Nennweite mit dem nächstgrößeren Innendurchmesser haben. Zudem sollte sie mit der Nennweite der Rohrleitung übereinstimmen.

Erforderlicher Rohrleitungsdurchmesser

$$d_{erf} = 2 \cdot \sqrt{\frac{\dot{V}}{\pi \cdot v}}$$

Tabelle 1: Grenzwerte für Strömungsgeschwindigkeiten in Rohrleitungen	
Saugseite von Kreiselpumpen	<2 m/s
Saugseite von Kolbenpumpen	<1 m/s
Pumpendruckseite	<5 m/s
Trinkwassernetze	<1 m/s
Industrie-Rohrleitungen	<3 m/s

Beispiel: Durchfluss $\dot{V}$ = 16,8 m³/h, maximale Strömungsgeschwindigkeit v = 2,0 m/s;
a) Wie groß ist der erforderliche Rohrleitungsdurchmesser? b) Welche Nennweite ist zu wählen?

Lösung: a) $\mathbf{d_{erf}} = 2 \cdot \sqrt{\frac{16{,}8\,\text{m}^3/\text{h}}{\pi \cdot 2\,\text{m/s}}} = 2 \cdot \sqrt{\frac{16{,}8\,\text{m}^3 \cdot \text{s}}{\pi \cdot 3600\,\text{s} \cdot 2\,\text{m}}} \approx$ **55 mm**

b) Die Nennweite mit den nächst größeren Innendurchmesser ist: **DN65** (d_i = 70,3 mm)

Auswahl des geeigneten Ventils

Vorab festzulegen sind nach den Korrosionsanforderungen der Werkstoff und nach den geforderten Regeleigenschaften die Kennlinie des Ventils.

Dann kann anhand des erforderlichen Rohrleitungsdurchmessers und der ermittelten Nennweite aus der Auswahltabelle eines Herstellers **(Tabelle 2)** das geeignete Ventil bestimmt werden.

PN	Hinterdruck bar	T °C	K_{VS}-Wert m³/h	Anschluss		Hinweise	Typ
				G	DN		
16	0,002–0,52	130	0,2–3,6	1/2–2	15–50	Millibarregler	762
16	0,03–0,8	130	0,2	1/2		Millibarregler, Laboreinsatz	765
16	0,3–5	180	2–7		15–50	CIP, SIP, Eckform, elektropoliert lieferbar	152
16	0,8–5	180	4–80		25–100	CIP, SIP, Durchgangs- oder Eckform, elektropoliert lieferbar	462
16	0,8–5	180	4		25	CIP, SIP, Durchgangs- oder Eckform, elektropoliert lieferbar	462V
25	0,1–21	100	47–3205		50–600	für Trinkwasser, KTW-Empfehlung, pilotgesteuert	115
25	1–20	130	60–2100		100–800	großer Durchsatz, Inline-Ventil, pilotgesteuert	814/815
40	0,02–8	130	32–100		50–100	preiswertes Edelstahlventil	664

Tabelle 2: Auswahltabelle Druckminderventile für Flüssigkeiten (Herstellerangaben, Auszug)

Beispiel: Aus den vorangegangenen Beispielen von Seite 29 und dieser Seite erhielt man: K_{VS} = 6,87 m³/h; DN = 65; PN = 16
Welches Ventil ist für diese Regelaufgabe geeignet?

Lösung: Aus der Auswahltabelle (z. B. Tabelle 2) wählt man aus: Ventil Typ 462 (rot markiert)

Aufgaben zu 2.1.6 Regelventile

1. Ein Regelventil mit linearer Kennlinie hat bei einem Ventilhub von 8,5 mm einen Durchfluss von 26,4 m/h. Wie groß ist der Durchfluss des Ventils bei 21,3 mm Ventilhub?
2. Ein Regelventil hat die in Bild 2, Seite 29 gezeigte gleichprozentige Ventilkennlinie. Bei welcher Änderung des Ventilhubs hat die Durchflusszunahme 2%, 5%, 10% bzw. 20% des maximalen Durchflusses?
3. In einen drucklosen Reaktionsbehälter sollen 6,23 m³ Prozesswasser in 10,0 Minuten einfließen. Das Wasser strömt aus einer Prozesswasserleitung mit 6,25 bar Überdruck durch ein Überströmventil dem Reaktor zu.
   a) Mit welchem Volumenstrom fließt das Wasser zu?
   b) Welchen K_{VS}-Wert muss das Ventil haben?
   c) Welche Nennweite muss das Ventil mindestens haben, wenn die Strömungsgeschwindigkeit 2,00 m/s nicht überschreiten soll?
   d) Welches Ventil ist gemäß Tabelle 2 (diese Seite) für diese Regelaufgabe geeignet?

2.1.7 Kondensatableiter

In Dampf-Rohrleitungen kommt es durch Wärmeverluste über die Rohroberfläche zur Bildung von Kondensat **(Bild 1)**. Es sammelt sich im Rohr und wird vom darüber strömenden Dampf mitgerissen. Dies führt zu lauten Geräuschen der Rohrleitung, Schlägen des mitgerissenen Kondensats auf Armaturen und Erosion an den Rohrwänden. Um diese Schäden zu vermeiden, muss das Kondensat aus der Rohrleitung abgeleitet werden. Zu diesem Zweck werden in dampfführende Rohrleitungen Kondensatableiter eingebaut (Bild 1).

Der Kondensatableiter (engl. steam trap) hat die Aufgabe, aus dampfführenden Rohrleitungen und Apparaten das gebildete Kondensat abzuleiten, ohne dass der Dampf aus der Leitung austritt.

Damit das Kondensat abfließen kann, sind die Rohrleitungen mit einem kleinen Gefälle verlegt und der Kondensatableiter an der tiefsten Stelle montiert.

Eine Handentwässerung dient zum Entleeren beim Anfahren der Anlage und zum Ablassen von Schmutzpartikeln.

Es gibt verschiedene Typen von Kondensatableitern, die je nach den Betriebsanforderungen zum Einsatz kommen **(Bild 2)**. Näheres in Fachbüchern und Tabellenwerken.

Auslegung

Die Auslegung eines Kondensatableiters erfolgt nach dem Massestrom $\dot{m}_K$ des anfallenden Kondensats und der Differenz zwischen dem Druck in der Dampfleitung und dem Druck in der Kondensat-Abführungsleitung (Bild 1).

Die Berechnung der Kondensatmenge bei Dampfrohrleitungen ist wegen der sehr unterschiedlichen Isolierung (k-Wert) mit großen Unsicherheiten verbunden.

Für Sattdampf-Rohrleitungen kann eine Schätzung der zu erwartenden Kondensatmenge mit nebenstehender Faustformel vorgenommen werden, l_R ist die Rohrlänge.

Die Auswahl des passenden Kondensatableiters erfolgt mit einem **Durchsatzdiagramm** einer Kondensatableiter-Baureihe eines Herstellers **(Bild 3)**. Jede Kennlinie im Diagramm entspricht einem Kondensatableiter.

Mit dem ermittelten Kondensatstrom $\dot{m}_K$ und der Druckdifferenz zwischen Dampfleitung und Kondensat-Abführungsleitung erhält man einen Punkt im Durchsatzdiagramm. Der Kondensatableiter mit der Kennlinie, die dem Punkt am nächsten kommt, ist für die Kondensat-Ableitaufgabe geeignet.

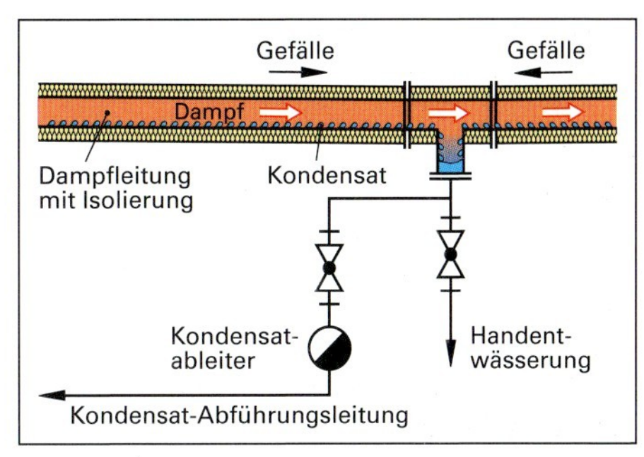

Bild 1: Kondensatableitung einer Dampfleitung

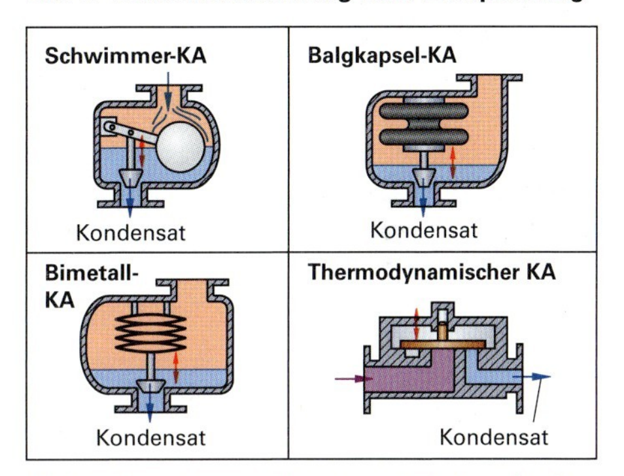

Bild 2: Bauarten von Kondensatableitem (KA)

Faustformel: Kondensatbildung in einer isolierten Dampfleitung

$$\dot{m}_K = \frac{1\ \text{kg Kondensat}}{\text{pro Stunde und Meter}} \cdot l_R$$

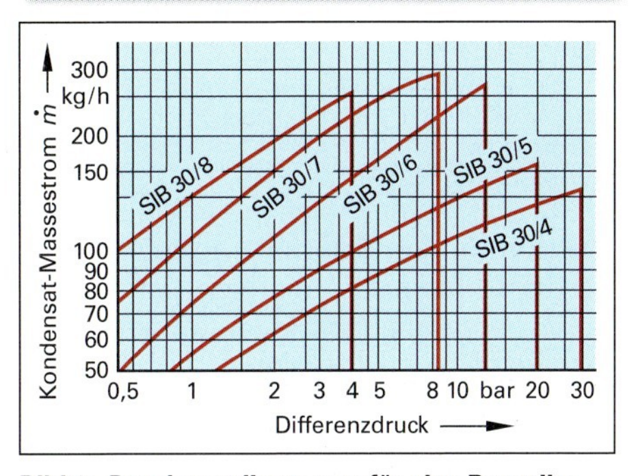

Bild 3: Durchsatzdiagramm für eine Baureihe von Kugelschwimmer-Kondensatableitern eines Herstellers

Aufgabe zu 2.1.7 Kondensatableiter

Durch eine isolierte Dampf-Rohrleitung von 87 m Länge strömt Sattdampf mit einem Überdruck von 2,5 bar. Die Dampfleitung wird mit einem Kugelschwimmer-Kondensatableiter in einen Auffangbehälter mit Atmosphärendruck entleert.

a) Welche Kondensatmenge fällt in der Dampfleitung an?

b) Welcher Kondensatableiter der Baureihe von Bild 3 ist für diese Kondensat-Ableitungsaufgabe geeignet?

2.1.8 Druck in Rohrleitungen

Druckarten ohne Strömung

In einer Rohrleitung mit ruhender Flüssigkeit bzw. Gas herrscht der statische Druck des Rohrleitungssystems p_{stat} **(Bild 1)**.
Er wird z. B. von einer Pumpe aufgebracht.
Der statische Druck ist definiert als Quotient aus Kraft F und beaufschlagter Fläche A.
Hat das Rohrleitungssystem eine ins Gewicht fallende Höhe (Bild 1), so kann bei Flüssigkeiten zusätzlich der hydrostatische Druck p_{hyd} einen nennenswerten Druckanteil haben.
Der hydrostatische Druck p_{hyd} wird durch die Gewichtskraft der Flüssigkeit bewirkt. Er steigt mit der Standhöhe h der Flüssigkeit über der Druckmessstelle.
Insgesamt herrscht in einer Rohrleitung bei ruhendem Fluid der Gesamtdruck p_{ges} aus dem statischen und dem hydrostatischen Druck.

Statischer Druck
$p_{stat} = \frac{F}{A}$

Hydrostatischer Druck
$p_{hyd} = \varrho_{Fl} \cdot g \cdot h$

Gesamtdruck
$p_{ges} = p_{stat} + p_{hyd}$

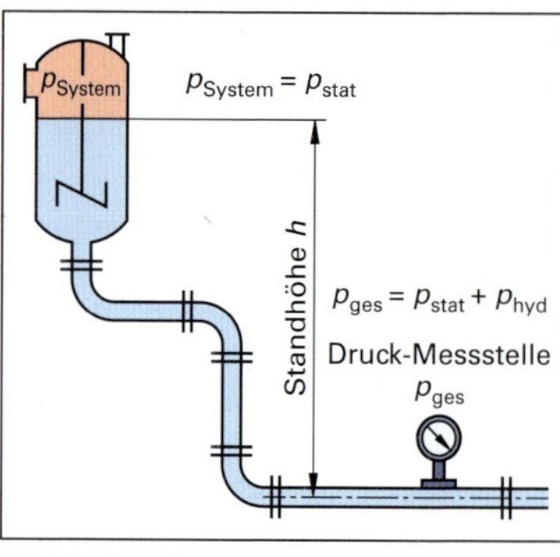

Bild 1: Druckarten in einer Rohrleitung mit ruhender Flüssigkeit

Druckeinheiten und Umrechnungen
$1 \frac{N}{m^2} = 1\ Pa = 10^{-2}\ hPa$
$1\ bar = 1000\ mbar = 10^5\ Pa = 10^3\ hPa$

Druckarten in strömenden Medien

Strömt Flüssigkeit bzw. Gas durch die Rohrleitung, so kommt zu den oben genannten Druckarten p_{stat} und p_{hyd} noch der dynamische Druck p_{dyn} hinzu. Er wird durch die Anströmkraft des strömenden Mediums bewirkt. Zur Messung des dynamischen Drucks muss die Messstelle in Strömungsrichtung liegen **(Bild 2)**.
Insgesamt herrscht im strömenden Medium der aus drei Druckarten bestehende Gesamtdruck p_{ges}.

Dynamischer Druck
$p_{dyn} = \frac{\varrho}{2} \cdot v^2$

Gesamtdruck
$p_{ges} = p_{stat} + p_{hyd} + p_{dyn}$

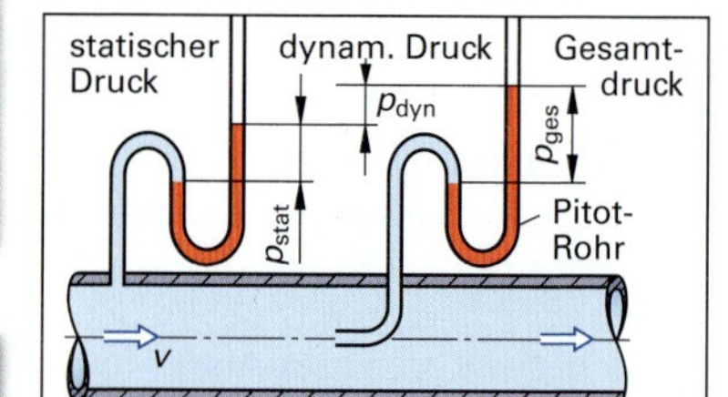

Bild 2: Druckarten und ihre Messung in einer durchströmten Rohrleitung

Beispiel: Welcher dynamische Druck herrscht in einer Rohrleitung, durch die Natronlauge der Dichte $\varrho = 1{,}430\ g/cm^3$ mit einer Geschwindigkeit von $v = 2{,}80\ m/s$ fließt? $\varrho_{Natronlauge} = 1{,}430\ g/cm^3 = 1430\ kg/m^3$; $1\ kg = 1 \frac{N \cdot s^2}{m}$

Lösung: $p_{dyn} = \frac{\varrho}{2} \cdot v^2 = \frac{1430\ kg}{2\ m^3} \cdot (2{,}80\ m/s)^2 = 5605{,}6 \frac{kg}{m \cdot s^2} = 5605{,}6 \frac{N \cdot s^2}{m \cdot m \cdot 2^2} = 5605{,}6 \frac{N}{m^2} = \mathbf{5605{,}6\ Pa \approx 56{,}1\ hPa}$

Druckverlauf in Rohrleitungen mit Rohrverengungen

Da der Druck einen Energiegehalt darstellt, kann man für den Druck im strömenden Medium einer Rohrleitung eine energetische Betrachtung anstellen.
Setzt man eine reibungsfreie Strömung voraus, so ist der Gesamtdruck p_{ges} aufgrund des Energieerhaltungssatzes an allen Stellen in der Rohrleitung konstant. Diese Erkenntnis in Form einer Gleichung wird nach ihrem Entdecker **Bernoulli-Gleichung** genannt.
Beschreibt man in einer Rohrleitung **(Bild 3)** den Gesamtdruck im weiten Rohrbereich ① sowie nach der Verengung im engen Rohrbereich ② jeweils mit der Bernoulli-Gleichung, so erhält man die folgenden Beziehungen.

Bernoulli-Gleichung
$p_{ges1} = p_{ges2} = \text{konst.}$

Anwendung der Bernoulli-Gleichung	$p_{ges} = p_{stat1} + p_{dyn1} = p_{stat2} + p_{dyn2} = \text{konst.}$ $p_{ges} = p_{stat1} + \frac{\varrho}{2} v_1^2 = p_{stat2} + \frac{\varrho}{2} v_2^2 = \text{konst.}$

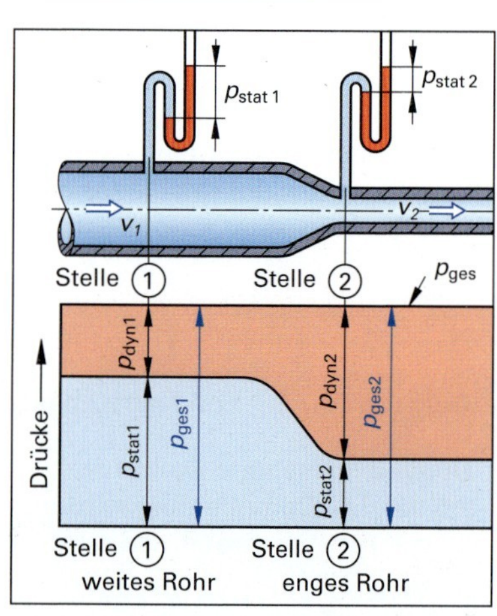

Bild 3: Druckverteilung in der strömenden Flüssigkeit in einer Rohrleitung mit Rohrverengung

Aus Bild 3 unterer Bildteil, Seite 32, sieht man, dass sich der Gesamtdruck p_{ges1} an Stelle ① der Rohrleitung aus einem hohen statischen Druck p_{stat1} und einem niedrigen dynamischen Druck p_{dyn1} zusammensetzt, während der Gesamtdruck p_{ges2} im verengten Rohr an Stelle ② aus einem niedrigen statischen Druck p_{stat2} und einem hohen dynamischen Druck p_{dyn2} besteht.

Beispiel: Im weiten Rohr einer Rohrleitung mit Rohrverengung herrscht ein Gesamtdruck von 2,50 bar. Wie groß ist der dynamische Druck im engen Rohr, wenn der statische Druck dort 2,25 bar beträgt?

Lösung: $p_{ges} = p_{stat2} + p_{dyn2} \Rightarrow p_{dyn2} = p_{ges} - p_{stat2} \Rightarrow \mathbf{p_{dyn2}} = 2{,}50\ \text{bar} - 2{,}25\ \text{bar} = \mathbf{0{,}25\ bar}$

Aufgaben zu 2.1.8 Druck in Rohrleitungen

1. In dem gezeigten Anlagenteil **(Bild 1)** herrscht im Reaktionsbehälter ein Systemdruck von 2,43 bar. Das Reaktionsgemisch im Behälter und in der abführenden Rohrleitung steht insgesamt 3,72 m über der Druckmessstelle.
   $\varrho_{(Gemisch)} = 1104\ \text{kg/m}^3$
   a) Wie groß ist der hydrostatische Druck an der Messstelle?
   b) Wie groß ist dort der Gesamtdruck?

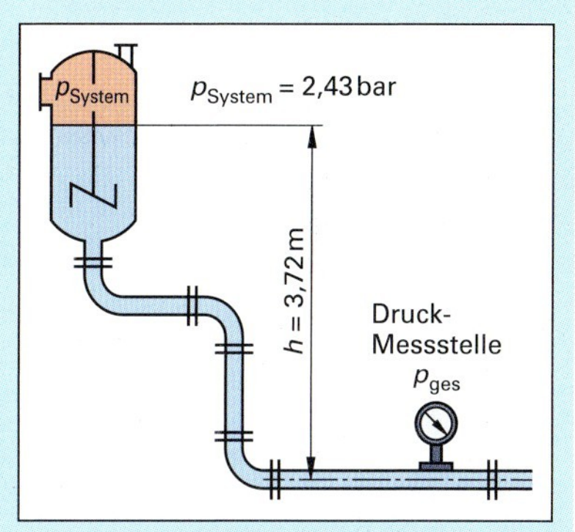

Bild 1: Druck in einer Rohrleitung (Aufgabe 1)

2. Rechnen Sie um: a) 3,5 bar in hPa b) 1013 mbar in Pa
   c) 580 hPa in bar d) 485000 Pa in bar

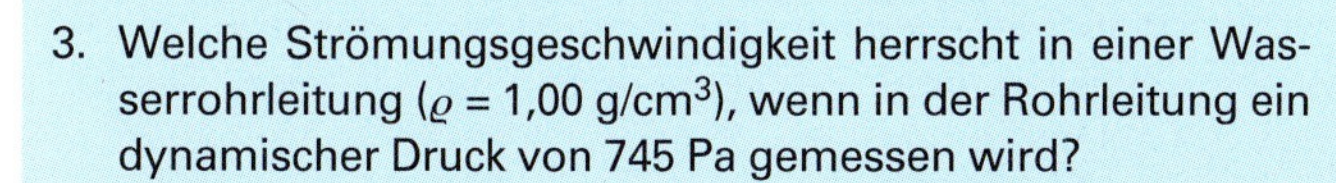

3. Welche Strömungsgeschwindigkeit herrscht in einer Wasserrohrleitung ($\varrho = 1{,}00\ \text{g/cm}^3$), wenn in der Rohrleitung ein dynamischer Druck von 745 Pa gemessen wird?

4. Eine Rohrleitung für Ethanol wird mit einem Reduzierstück von der Nennweite DN125 auf DN80 verengt. In der weiten Rohrleitung fließt das Ethanol ($\varrho = 0{,}792\ \text{g/cm}^3$) mit einer Strömungsgeschwindigkeit von 0,750 m/s bei einem statischen Druck von 3,20 bar. Berechnen Sie
   a) den dynamischen Druck (in Pa) sowie den Gesamtdruck in der weiten Rohrleitung,
   b) die Strömungsgeschwindigkeit in der engen Rohrleitung,
   c) den statischen und den dynamischen Druck in der engen Rohrleitung.

2.1.9 Strömungszustände in Rohrleitungen

In Rohrleitungen können sich unterschiedliche Strömungsarten einstellen **(Bild 2)**:

- die langsam und ruhig mit geraden Stromfäden fließende **laminare Strömung** und
- die schnell fließende **turbulente Strömung** mit unregelmäßigen Stromfäden sowie Vermischung und Verwirbelung.

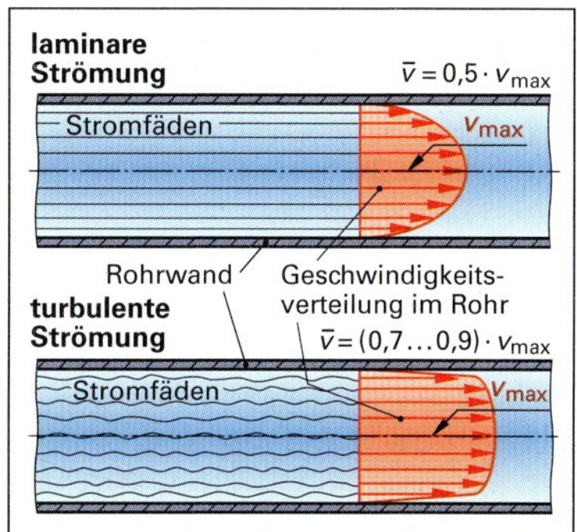

Bild 2: Strömungsarten bei der Strömung in Rohrleitungen

Den Zustand einer Strömung charakterisiert man mit der nach ihrem Erfinder benannten **Reynoldszahl *Re***. Es ist eine dimensionslose Kennzahl.

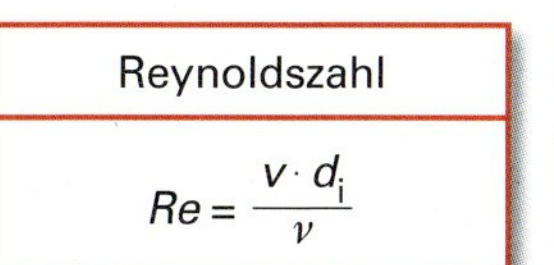

Darin sind:

v die mittlere Strömungsgeschwindigkeit, d_i der Rohrinnendurchmesser, ν die kinematische Viskosität.

Häufig ist in Tabellenbüchern die dynamische Viskosität η angegeben. Die benötigte kinematische Viskosität ν kann daraus mit der Dichte ϱ des Fluids berechnet werden.

Umrechnung der Viskositäten
$\nu = \frac{\eta}{\varrho}$

Beispiel: Aus einem Tabellenbuch wird die dynamische Viskosität von 1-Butanol bei 20 °C zu 2,95 mPa · s und die Dichte zu 809,6 kg/m³ entnommen. Wie groß ist die kinematische Viskosität von 1-Butanol?

Lösung: $\nu = \frac{\eta}{\varrho} = \frac{2{,}95 \cdot 10^{-3}\ \text{Pa} \cdot \text{s}}{809{,}6\ \text{kg/m}^3}$; mit $1\ \text{Pa} = 1\frac{\text{N}}{\text{m}^2}$; $1\ \text{kg} = \frac{\text{N} \cdot \text{s}^2}{\text{m}}$;

$$\boldsymbol{\nu} = \frac{2{,}95 \cdot 10^{-3}\ \text{N} \cdot \text{m} \cdot \text{m}^3}{809{,}6\ \text{N} \cdot \text{m}^2 \cdot \text{s}^2} \approx \mathbf{3{,}64 \cdot 10^{-6}\ m^2/s}$$

In einer strömenden Flüssigkeit in einer Rohrleitung kann aus der Reynoldszahl *Re* auf den in der Rohrleitung herrschenden Strömungszustand geschlossen werden.

Es gibt drei Strömungs-Zustandsbereiche, die sich *Re*-Größenbereichen zuordnen lassen (siehe rechts).

Reynoldszahl und Strömungszustände	
Laminare Strömung	$Re < 2300$
Turbulente Strömung	$Re > 10000$
Übergangsbereich	$2300 < Re < 10000$

Aufgaben zu 2.1.9 Strömungszustände in Rohrleitungen

1. Welcher Strömungszustand herrscht in einer Rohrleitung mit der Nennweite DN80, wenn dort Naphtha-Benzin mit einer Fließgeschwindigkeit von 0,63m/s strömt? ν(Naphtha) = 0,84 mm²/s
2. In einer Rohrleitung mit der Nennweite DN 125 strömt Benzol bei 20 °C mit einer Fließgeschwindigkeit von 1,24 m/s. Seine Dichte beträgt 878,9 kg/m³, die dynamische Viskosität 0,625 mPa · s. Ist die Strömung in der Rohrleitung laminar oder turbulent?
3. In einem Rohrbündel-Wärmeaustauscher mit Innenrohren von d_i = 28 mm strömt das zu kühlende, wässrige Produkt. Für einen guten Wärmeübergang muss turbulente Strömung vorliegen. Die mittlere Viskosität im Kühlungstemperaturintervall beträgt $\eta = 600 \cdot 10^{-6}$ Pa · s, die Dichte 1073 kg/m³.

   Mit welcher mittleren Strömungsgeschwindigkeit muss das Produkt durch die Rohre strömen, damit sicher turbulente Strömung herrscht?

2.1.10 Druckverlust in Rohrleitungen

Bei der Strömung eines Fluids in einer Rohrleitung erleidet sie einen Druckverlust Δp_{ges}.

Er setzt sich aus dem Druckverlust Δp in den geraden Rohrabschnitten sowie dem Druckverlust Z_{ges} in den Rohrformstücken und Armaturen (Einbauten) zusammen: $\Delta p_{ges} = \Delta p + Z_{ges}$

Die Größe des Druckverlusts Δp in einem geraden Rohr hängt von vielen Einflüssen ab: der Rauigkeit der Rohrinnenwand, der Rohrlänge l, dem Rohrinnendurchmesser d_i, der Strömungsart (laminar oder turbulent), der Strömungsgeschwindigkeit v und der Dichte der Flüssigkeit ϱ_{Fl} (siehe die Formel).

Druckverlust in Rohren
$\Delta p = \lambda \cdot \frac{l}{d_i} \cdot \frac{\varrho_{Fl}}{2}\ v^2$

Die Größe $\boldsymbol{\lambda}$ heißt **Rohrwiderstandszahl** und ist von der Rohrinnenrauigkeit und dem Strömungszustand (laminar oder turbulent) abhängig.

λ ist experimentell für technische Rohre ermittelt worden und kann aus Diagrammen abgelesen werden **(Bild 1)**.

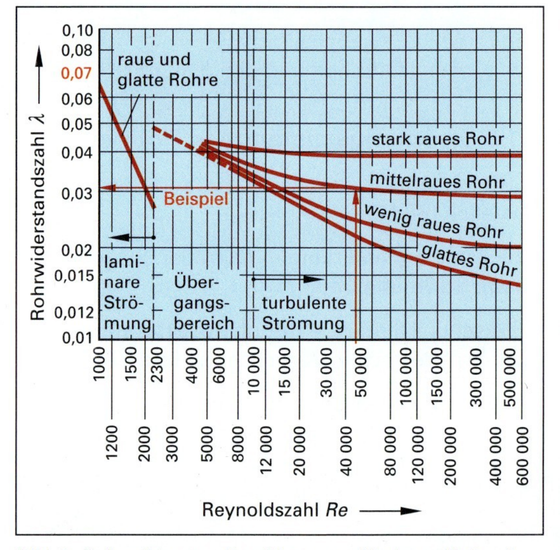

Bild 1: Rohrwiderstandszahlen verschiedener Rohre in Abhängigkeit von der Reynoldszahl

Beispiel: Welche Rohrwiderstandszahl hat ein Rohr mit mittelrauer Innenwand bei turbulenter Strömung mit einer Reynoldszahl *Re* = 45000?

Lösung: Aus Bild 1 wird abgelesen: $\boldsymbol{\lambda} = \mathbf{0{,}031}$

Den **Druckverlust** Z beim Durchströmen von **Rohreinbauten** in einer Rohrleitung berechnet man mit nebenstehender Gleichung.

ζ ist die Druckverlustzahl des jeweiligen Rohreinbauteils **(Tabelle)**.

Druckverlust in Rohreinbauten
$Z = \zeta \cdot \frac{\varrho_{Fl}}{2} \cdot v^2$

Der Gesamtdruckverlust Δp_{ges} in einer Rohrleitung setzt sich aus den Druckverlusten in den geraden Rohrstücken sowie den Druckverlusten in den Armaturen und Rohrformstücken zusammen.

Gesamtdruckverlust einer Rohrleitung
$\Delta p_{ges} = \Delta p + Z_{ges} = \left(\lambda \cdot \frac{l}{d_i} + \zeta_{ges}\right) \cdot \frac{\varrho_{Fl}}{2} \cdot v^2$

Tabelle: Druckverlustzahlen ζ von Rohrformstücken und Armaturen (Rohreinbauten)

Rohrformstücke	ζ	Armaturen	ζ
Krümmer 90°	0,1...0,3	Kugelhahn	0,03...0,9
Krümmer 180°	0,2...0,6	Schieber (offen)	0,05...0,3
T-Stück	0,7...1,5	Klappen (offen)	0,3...0,9
U-Bogen	0,2...0,4	Durchgangsventil	1,0...4,0
Rohrverengung	0,1...0,4	halb geöffnet	2,5
Rohrerweiterung	0,1...0,6	Schrägsitzventil	0,5...3,5
Rohrvereinigung	0,1...0,2	halb geöffnet	1,5
Die Spanne der ζ-Werte richtet sich nach der Größe der Rohrformstücke		Eckventil	1,3...6,6
		Membranventil	0,9...2,2

Rohrleitungskennlinie

Die Rohrleitungskennlinie zeigt den gemessenen Gesamtdruckverlust Δp_{ges} einer Rohrleitung einschließlich der Rohreinbauten und Armaturen in Abhängigkeit vom Durchfluss $\dot{V}$ (Bild 1).

Durch Öffnen oder Zustellen von Ventilen in der Rohrleitung wird die Kennlinie verschoben.

Aus dem Rohrleitungskennlinien-Diagramm kann bei bekanntem Durchfluss $\dot{V}$ der Druckverlust der Rohrleitung abgelesen werden (siehe Beispiel).

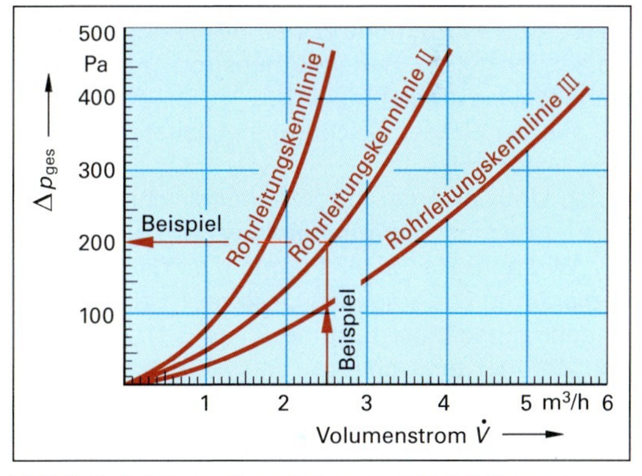

Bild 1: Rohrleitungskennlinien von 3 Rohrleitungen einer Chemieanlage

Aufgaben zu 2.1.10 Druckverlust in Rohrleitungen

1. Eine Rohrleitung DN80 besteht aus 24,6 m geraden Rohrstücken mit einem U-Bogen, drei 90°-Krümmern sowie einem Schieber und zwei Durchgangsventilen.
   In der Rohrleitung strömt Benzol mit einer mittleren Strömungsgeschwindigkeit von 0,85 m/s.
   Die dynamische Viskosität beträgt η = 0,65 mPa · s, die Dichte 0,8789 g/cm³.
   Das Rohr ist wenig rau auf seiner inneren Oberfläche. Die Druckverlustzahlen der Einbauten betragen: $\zeta_{U\text{-}Bogen} = 0{,}28$; $\zeta_{90°\text{-}Krümmer} = 0{,}24$; $\zeta_{Schieber} = 0{,}12$; $\zeta_{Ventil} = 2{,}84$;
   a) Welche Reynoldszahl hat die Strömung?
   b) Ist die Strömung laminar oder turbulent?
   c) Welchen Druckverlust haben die geraden Rohrstücke?
   d) Welchen Druckverlust haben die Rohreinbauten?
   e) Welchen Gesamtdruckverlust hat die Rohrleitung?

2. Eine Rohrleitung von einer Pumpe zu einem Reaktionsbehälter besteht aus: 43,50 m Rohr DN125 (wenig rau), 7 Krümmern mit einem Widerstandsbeiwert ζ von jeweils 0,250 und einem Regelventil mit einem Widerstandsbeiwert $\zeta = 4{,}80$. Das Fluid Methanol (ϱ = 0,7917 g/cm³, $\nu = 0{,}7465 \cdot 10^{-6}$ m²/s) fließt mit einer Strömungsgeschwindigkeit von 1,80 m/s durch die Leitung.
   a) Wie groß ist der Druckverlust in den Rohren?
   b) Wie groß ist der Druckverlust in den Rohrformstücken und Armaturen?
   c) Wie groß ist der Gesamtdruckverlust in der Rohrleitung?

3. In einer Rohrleitung mit einer Kennlinie gemäß Bild 1, Kurve III, herrscht ein Volumenstrom von 4,8 m³/h. Durch Zustellen eines Ventils soll der Volumenstrom auf 3,2 m³/h reduziert werden. Welche Druckverluste herrschen bei ungedrosselter bzw. in gedrosselter Ventilstellung?

2.2 Fördern von Flüssigkeiten mit Pumpen

2.2.1 Fördern mit Kreiselpumpen

Eine Kreiselpumpe besteht aus der eigentlichen Pumpe sowie einem Elektromotor als Antrieb **(Bild 1)**.

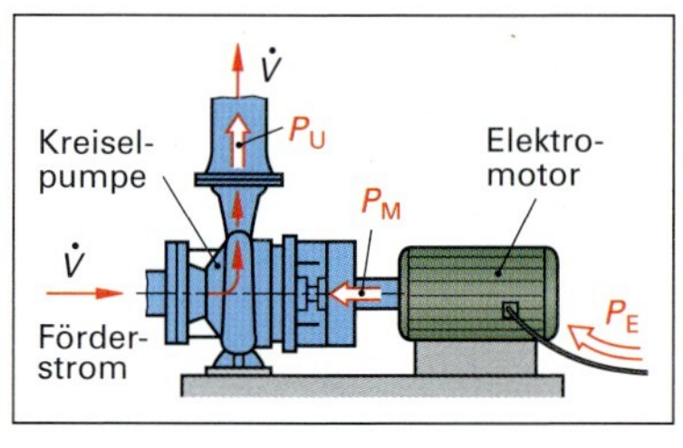

Bild 1: Pumpenanlage

Förderstrom, Förderhöhe und Wirkungsgrad einer Pumpe

Der Förderstrom $\dot{V}$ (engl. volume flow), auch F oder Q genannt, ist der von einer Pumpe geförderte Volumenstrom $\dot{V} = V/t$.

Die **Förderhöhe *H* einer Pumpe** ist die auf die Förderflüssigkeit übertragene mechanische Energie W_Q, bezogen auf die Gewichtskraft F_G der geförderten Flüssigkeit (Bild 1).

Förderhöhe einer Pumpe
$H = \frac{W_Q}{F_G}$

In der Gleichung ist: $F_G = \varrho \cdot g \cdot V$

Durch Einsetzen von F_G und Dividieren im Nenner und Zähler durch die Zeiteinheit t erhält man für die **Förderhöhe *H*** eine Beziehung, die die auf den geförderten Volumenstrom $\dot{V}$ übertragene Leistung P_U enthält (siehe rechts).

Förderhöhe einer Pumpe
$H = \frac{W_Q}{F_G} = \frac{W_Q/t}{\varrho \cdot g \cdot V/t} = \frac{P_U}{\varrho \cdot g \cdot \dot{V}}$

Die aus der Größengleichung abgeleitete Einheit der Förderhöhe H ist Meter (m).

Durch Umstellen der Förderhöhengleichung nach P_U erhält man eine Formel für die **Förderleistung** der Pumpe.

Förderleistung einer Pumpe
$P_U = \varrho \cdot g \cdot \dot{V} \cdot H$

Der **Wirkungsgrad einer Pumpe η** ist das Verhältnis der auf den Förderstrom übertragenen Leistung P_U zur von der Pumpenwelle eingebrachten Motorleistung P_M (Bild 1).

Die Motorleistung beträgt rund 90% der aus dem Leitungsnetz entnommenen elektrischen Leistung P_E.

Wirkungsgrad einer Pumpe
$\eta = \frac{P_U}{P_M}$; mit $P_M \approx 0{,}90 \cdot P_E$

Beispiel: Wie groß ist die Förderhöhe einer Kreiselpumpe, bei der auf einen geförderten Volumenstrom von 32 m^3/h eine Leistung von 4,2 kW übertragen wird? Die Dichte der Flüssigkeit beträgt $\varrho = 1{,}145$ g/cm^3.

Lösung: $H = \frac{P_U}{\varrho \cdot g \cdot \dot{V}} = \frac{4{,}2\ \text{kW}}{1{,}145\ \text{g/cm}^3 \cdot 9{,}81\ \text{N/kg} \cdot 32\ \text{m}^3\text{/h}} = \frac{4{,}2 \cdot 10^3 \cdot \text{N} \cdot \text{m/s}}{1145\ \text{kg/m}^3 \cdot 9{,}81\ \text{N/kg} \cdot 32\ \text{m}^3\text{/h}} = 42{,}066\ \text{m} \approx \mathbf{42\ m}$

Förderhöhe einer Anlage

Die Gesamtförderhöhe einer Anlage H_A setzt sich aus drei Anteilen zusammen **(Bild 2)**.

Förderhöhe einer Anlage
$H_A = H_{geo} + \Sigma H_j + \Delta H_p$

H_{geo} ist die geodätische Förderhöhe, d.h. die Höhe, um die die Flüssigkeit angehoben wird. Sie ist: $H_{geo} = z_1 + z_2$.

ΣH_j sind die Druckhöhenverluste durch den Strömungswiderstand in den Rohrleitungen und Armaturen in der Anlage.

ΔH_p ist die Druckdifferenz zwischen saugseitigem (E) und druckseitigem (A) Behälter.

Druckhöhenverlust
$\Sigma H_j = \frac{\Delta p_{Verlust}}{\varrho \cdot g}$

Druckdifferenz
$\Delta H_p = \frac{p_A - p_E}{\varrho \cdot g}$

ΣH_j und ΔH_p berechnen Sie mit den nebenstehenden Gleichungen.

Damit die Pumpe ihre Förderaufgabe erfüllen kann, muss die Förderhöhe H der Pumpe größer sein als die Förderhöhe H_A der Anlage.

Förderbedingung
$H > H_A$

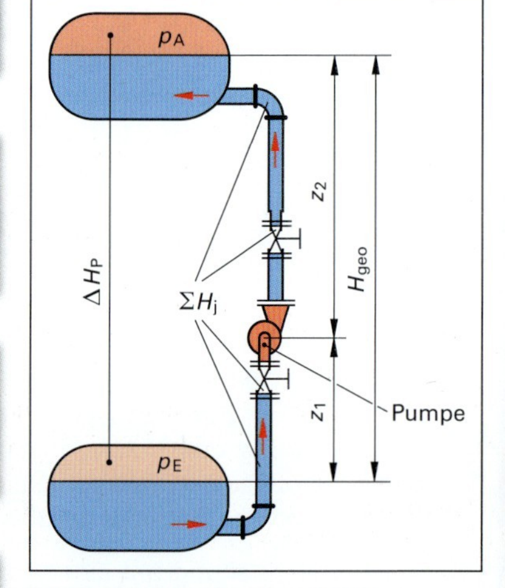

Bild 2: Förderhöhe einer Anlage

Beispiel: Natronlauge mit einer Dichte von 1,219 kg/dm³ wird von einem tief liegenden Druckbehälter (p_E = 2,20 bar) in einen 7,42 m höheren Druckbehälter (p_A = 4,85 bar) gepumpt. Die Druckhöhenverluste der Rohrleitung betragen insgesamt Δp_V = 0,990 bar. Wie groß ist die Gesamtförderhöhe der Anlage?

Lösung: $H_A = H_{geo} + \Sigma H_j + \Delta H_p$; $\Delta p_V = 0{,}990$ bar; mit 1 bar = 10 N/cm² folgt: $\Delta p_V = 0{,}990 \text{ bar} = 9{,}90 \text{ N/cm}^2 = 990 \text{ N/dm}^2$

$$\Delta H_j = \frac{\Delta p_V}{\varrho \cdot g} = \frac{990 \text{ N/dm}^2}{1{,}219 \text{ kg/dm}^3 \cdot 9{,}81 \text{ N/kg}} = 82{,}787 \text{ dm} \approx 8{,}28 \text{ m}$$

$$\Delta H_p = \frac{p_A - p_E}{\varrho \cdot g} = \frac{4{,}85 \text{ bar} - 2{,}20 \text{ bar}}{1219 \text{ kg/m}^3 \cdot 9{,}81 \text{ N/kg}} = 0{,}2216 \frac{10^5 \text{ N/m}^2}{\text{kg/m}^3 \cdot \text{N/kg}} \approx 0{,}2216 \cdot 102 \text{ m} \approx 22{,}16 \text{ m}$$

$\Rightarrow$ $H_A = 7{,}42 \text{ m} + 8{,}28 \text{ m} + 22{,}16 \text{ m} = \mathbf{37{,}9 \text{ m}}$

Pumpenkennlinie, Anlagenkennlinie

Als Pumpenkennlinie bezeichnet man die Kurven, die den Zusammenhang zwischen der Förderhöhe H und dem Fördervolumenstrom $\dot{V}$ der Pumpe beschreiben **(Bild 1)**.

Sie gibt an, welchen Volumenstrom $\dot{V}$ eine Pumpe bei verschiedenen anstehenden Gegendrücken (Förderhöhe H_A der Anlage) fördern kann.

Eine **Anpassung der Kennlinie** einer Pumpe an die Betriebsanforderungen einer Anlage ist auf verschiedene Arten möglich:

- Die Drehfrequenz des Pumpenmotors kann herabgesetzt werden, z. B. durch elektronische Regelung oder durch Polumschaltung.
- Der Laufraddurchmesser der Pumpe kann durch Abdrehen oder durch Auswechseln des Laufrads vermindert werden. Häufig werden Pumpen vom Hersteller mit einem Satz verschieden großer Laufräder angeboten.

Beide Maßnahmen führen zu abgesenkten Pumpenkennlinien mit vermindertem Fördervolumen $\dot{V}$ und verminderter Förderhöhe H (Bild 1).

Die **Anlagenkennlinie** beschreibt die Föderhöhe H_A der Anlage (Seite 36 unten), d. h. den zu überwindenden Gegen-Förderdruck (Druckverlust), in Abhängigkeit vom Volumenstrom $\dot{V}$ (schwarze Linien in **Bild 2**).

Bild 1: Pumpenkennlinien-Diagramm

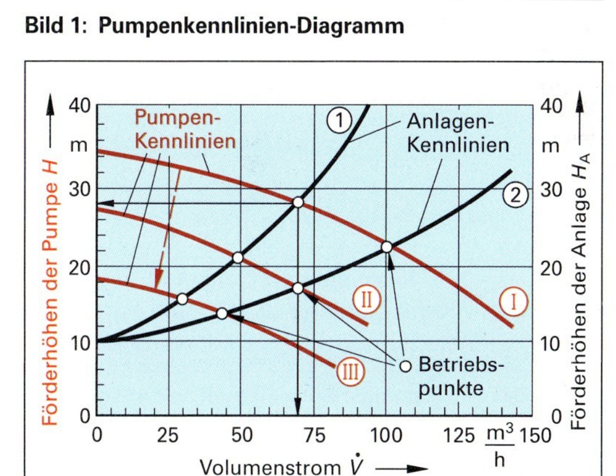

Bild 2: Pumpenkennlinien, Anlagenkennlinien, Betriebspunkte

Betriebspunkt einer Kreiselradpumpe

Der Betriebspunkt einer Pumpe stellt sich dort ein, wo sich die Pumpenkennlinie und die Anlagenkennlinie schneiden (Bild 2).

Eine Änderung des Betriebspunkts ist entweder durch Änderung der Anlagenkennlinie (Drosselung des Druckschiebers: ② → ①) oder durch Änderung der Pumpenkennlinie (z. B. durch Drehfrequenzreduzierung oder Verminderung des Laufraddurchmessers: I → II → III) möglich.

Beispiel 1: In einer Chemieanlage (Bild 2) mit der Anlagenkennlinie ① wird Benzol mittels einer Kreiselpumpe gemäß der Pumpenkennlinie Ⓘ gefördert. Bei welchem Betriebspunkt arbeitet die Pumpe?

Lösung: In Bild 2 kann beim Schnittpunkt der Anlagenkennlinie ① mit der Pumpenkennlinie Ⓘ der Betriebspunkt ermittelt werden: $\boldsymbol{H \approx 28}$ **m;** $\boldsymbol{\dot{V} \approx 70}$ **m³/h.**

Beispiel 2: Der Förderstrom der Chemieanlage von Beispiel 1 soll von 70 m³/h auf 50 m³/h vermindert werden. Die Drosselung wird durch Zustellen des Druckschiebers vorgenommen. Welche Förderhöhe hat die Pumpe?

Lösung: Aus Bild 2: Die Anlagenkennlinie verschiebt sich durch Zustellen des Schiebers zu einem steileren Verlauf, bis sie die Pumpenkennlinie Ⓘ bei $\dot{V}$ = 50 m³/h schneidet. Die Förderhöhe beträgt $\boldsymbol{H \approx 31}$ **m.**

Beispiel 3: In einer Chemieanlage befindet sich eine Kreiselradpumpe mit der in Bild 1 gezeigten Kennlinie für den Laufraddurchmesser 139 mm. Für die Pumpe stehen Laufräder mit folgenden Durchmessern bereit: 134 mm, 129 mm, 124 mm, 119 mm, 113 mm, 108 mm.
Die Pumpe läuft im Nennbetrieb mit einem Volumenstrom von 11,7 m³/h und einer Förderhöhe von 6,00 m.

Aufgrund einer Produktionsumstellung ist ein Volumenstrom von 8,5 m³/h erforderlich; die Förderhöhe der Anlage (Druckverlust) beträgt dann 4,8 m.

a) Zeichnen Sie den Betriebspunkt bei Nennbetrieb in das Kennliniendiagramm ein.

b) Welcher Laufraddurchmesser ist nach der Produktionsumstellung zu wählen?

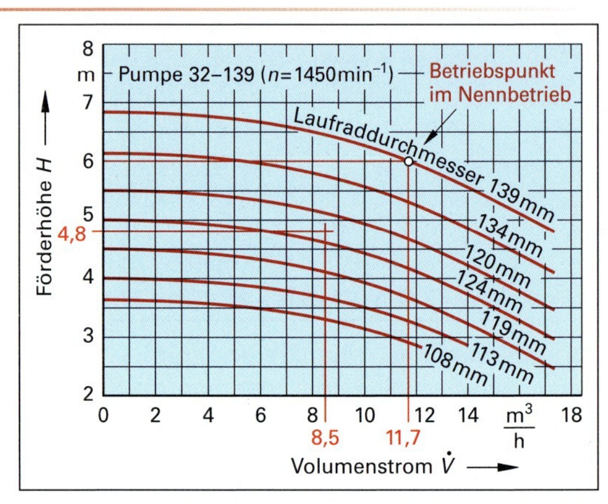

Bild 1: Pumpenkennlinien der Pumpe 32-139 mit Laufrädern unterschiedlicher Durchmesser

Lösung: a) Siehe Diagramm: $\dot{V}$ = 11,7 m³/h; H = 6,00 m

b) Der neue Betriebspunkt liegt zwischen der 120-mm- und der 124-mm-Kennlinie. Es ist der Laufraddurchmesser 124 mm zu wählen. Die Feinregelung erfolgt durch Drosselung der Anlagen-Förderhöhe H_A.

Kennfeldraster von Kreiselradpumpen-Baureihen

Eine Kreiselpumpe einer Baugröße ist nur zum Fördern eines begrenzten Bereichs des Förderstroms $\dot{V}$ und der Förderhöhe H geeignet. Diesen Förderbereich der Kreiselpumpe nennt man Kennfeld der Pumpe. Es ist eine umrissene Fläche im $H/\dot{V}$- Diagramm **(Bild 2)**.

Um einen großen Förderbereich abzudecken, gibt es bei Chemie-Normpumpen Pumpenbaureihen mit abgestuften Baugrößen.

Die Kennfelder der Pumpen einer Pumpenbaureihe sind in einem **Kennfeldraster** zusammengefasst. Aus diesem Kennfeld kann die für eine Förderaufgabe geeignete Pumpe ausgewählt werden.

Beispiel: Förderaufgabe $\dot{V}$ = 80 m³/h, H = 45 m
Lösung: Bild 2 ⇒ geeigneter Pumpentyp: 125-400

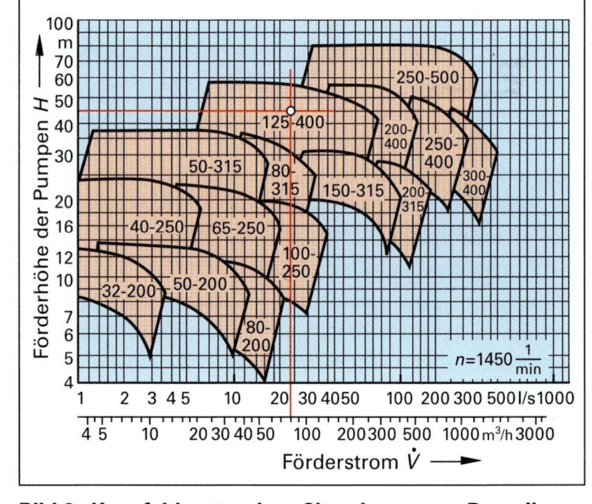

Bild 2: Kennfeldraster einer Chemiepumpen-Baureihe eines Pumpenherstellers

Anmerkung: Die erste Ziffer des Pumpentyps gibt die Nennweite des Pumpen-Druckstutzens, die zweite Ziffer den Laufrad-Durchmesser in mm an.

Aufgaben zu 2.2.1 Fördern mit Kreiselradpumpen

1. Eine Pumpe in einer Schwefelsäureanlage mit einer Förderhöhe H = 64 m erzeugt einen Förderstrom von 48 m³/h. Das geförderte Absorberwasser hat eine Dichte von 0,98 kg/dm³. Wie groß ist die auf den Förderstrom übertragene Leistung in Kilowatt?

2. In einem Kalibergwerk werden stündlich 250 m³ Sole mit einer Dichte von 1201 kg/m³ von der Bergwerkssole in 465 m Tiefe in ein Sammelbecken über Tage gepumpt. Der Elektromotor der Pumpe nimmt 26,4 kW Leistung auf, sein Leistungszuschlag beträgt 28 %, der Wirkungsgrad der Pumpe ist 82 %.

   a) Welche Leistung wird auf die Sole übertragen? b) Wie groß ist die Förderhöhe der Pumpe?

3. Im geschlossenen Kühlkreislauf einer Chemieanlage beträgt der Druckthöhenverlust durch den Strömungswiderstand des Kühlkreislaufs 23,75 m. Wie groß ist die Förderhöhe der Anlage?

4. Von einem tief liegenden Sammelbehälter einer Destillationsanlage soll eine Benzinfraktion mit einer Dichte von 0,932 kg/dm³ in einen hoch liegenden Behälter gepumpt werden **(Bild 1)**. Dabei durchströmt sie einen Wärmetauscher und ein Rohrleitungsnetz mit einem Druckhöhenverlust von insgesamt 2,98 bar. Im hoch liegenden Behälter herrscht ein Druck von 2,5 bar, im tief liegenden Behälter wird 1 bar gemessen.
   a) Wie groß ist die Förderhöhe der Anlage?
   b) Mit welchem Pumpentyp der Baureihe aus Bild 2, Seite 38, kann die Förderaufgabe gelöst werden?

Bild 1: Pumpaufgabe (Aufgabe 4)

5. Zum Umpumpen einer Sodalösung in einen Sammelbehälter wird eine Pumpe mit einem Förderstrom von $\dot{V}$ = 250 m³/h und einer Förderhöhe von 85 m eingesetzt. Welche Leistung muss der Antriebsmotor der Pumpe haben, wenn der Pumpenwirkungsgrad 74 % beträgt und ein Leistungszuschlag für den Antriebsmotor von 35 % gefordert wird? (Dichte der Soda***Lösung:*** ϱ = 1,12 kg/dm³)

6. Es ist der Betriebspunkt der Kreiselradpumpe zeichnerisch zu bestimmen, die die nebenstehende Pumpenkennlinie besitzt. Sie arbeitet in einer Anlage mit der nebenstehend beschriebenen Anlagenkennlinie.

Pumpenkennlinie									
H in m	60	59	58	56,5	54,5	52,5	49,5	45,5	40,5
$\dot{V}$ in m³/h	0	40	80	100	120	140	160	180	200
Anlagenkennlinie									
H_A in m	35	37	39,5	42	43,5	47	50	55	59,5
$\dot{V}$ in m³/h	0	40	80	100	120	140	160	180	200

7. Mit der in Bild 2, Seite 37, durch ihre Kennlinien beschriebenen Pumpe (I) soll in der Anlage (2) eine Dünnsäure gefördert werden.
   a) Welche Förderhöhe besitzt die Pumpe im ungedrosselten Betriebspunkt?
   b) Welche Förderhöhe hat die Pumpe, wenn sie durch Ventilzustellung auf einen Förderstrom von $\dot{V}$ = 75 m³/h gedrosselt wird?

8. In einer Anlage zur Salpetersäureherstellung wird Prozesswasser von einer Pumpe in den Absorber gepumpt. Die Pumpe hat die in Bild 2, Seite 37, gezeigte Pumpenkennlinie (II), die Anlage die Anlagenkennlinie (2).
   a) Bei welchem Betriebspunkt arbeitet die Pumpe?
   b) Durch Auswechseln des Pumpenlaufrads erhält die Pumpe die Pumpenkennlinie (III). Bei welchem Betriebspunkt arbeitet die Pumpe dann?

9. Es soll der geeignete Pumpentyp aus der in Bild 2, Seite 38, gezeigten Chemiepumpenbaureihe für die geforderten Leistungsdaten $\dot{V}$ = 180 m³/h und H = 25 m ausgewählt werden.

10. In einer Produktionsanlage soll der Inhalt eines Rührbehälters in einen 4,50 m höher gelegenen Vorratstank abgepumpt werden. Beide Behälter stehen unter Atmosphärendruck. Der Behälterinhalt hat ein Volumen von 1,418 m³ und soll in 20,0 Minuten abgepumpt sein. Die Dichte der Flüssigkeit beträgt 1,128 g/cm³. Der Gesamtdruckverlust in den Rohrleitungen beträgt 3036 mbar. In die Anlage ist die Pumpe mit dem nebenstehend gezeigten Kennliniendiagramm eingebaut **(Bild 2)**.
    a) Wie groß ist der Volumenstrom beim Abpumpen?
    b) Welche Förderhöhe hat die Anlage?
    c) Bestimmen Sie anhand des Diagramms, welches Laufrad (Durchmesser) in die Pumpe einzubauen ist?

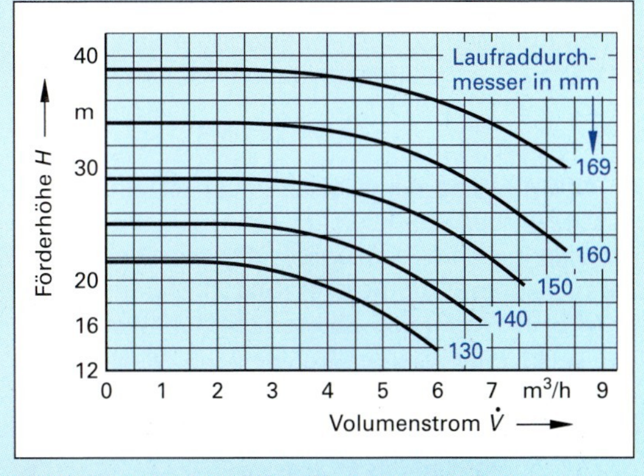

Bild 2: Pumpenkennlinien-Diagramm der Pumpe zum Umpumpen des Behälterinhalts (Aufgabe 10)

2.2.2 Kavitationsfreier Betrieb von Kreiselpumpen, NPSH-Wert

Unter Kavitation versteht man die Bildung von Dampfblasen im Innern einer strömenden Flüssigkeit und das schlagartige Zusammenfallen der Dampfblasen.

Ursache der Kavitation ist, dass der statische Druck in der schnell strömenden Förderflüssigkeit so weit sinkt, dass der Dampfdruck der Förderflüssigkeit unterschritten wird und sich Dampfblasen bilden.

Die Kavitation führt zur Schädigung oder Zerstörung der Pumpe und muss deshalb vermieden werden.

Der NPSH-Wert (von englisch: **N**et **P**ositive **S**uction **H**ead, zu deutsch: Positive Netto-Saughöhe) ist ein Kennwert, mit dem der kavitationsfreie Betrieb einer Kreiselpumpen-Anlage sichergestellt werden kann.

Der NPSH-Wert gibt die absolute Druckhöhe abzüglich der Verdampfungsdruckhöhe der Förderflüssigkeit im Einlaufquerschnitt der Pumpe an. Die Einheit des NPSH-Werts ist Meter (m).

Zur Berechnung des kavitationsfreien Betriebs müssen der NPSH-Wert der Anlage, NPSHA genannt, sowie der erforderliche NPSH-Wert der Pumpe, NPSHR genannt, berechnet bzw. ermittelt werden.

Nur wenn der NPSHA-Wert der Anlage größer als der NPSHR-Wert der Pumpe ist, bilden sich keine Dampfblasen und die Pumpe läuft im kavitationsfreien Betrieb.

Zur Sicherheit gibt man 0,5 m Druckhöhe als Reserve in der Bedingung für kavitationsfreien Betrieb hinzu (siehe rechts).

Bedingung für kavitationsfreien Pumpenbetrieb
NPSHA ≥ NPSHR + 0,5 m

Den **NPSHA-Wert der Anlage** berechnet man mit folgender Gleichung:

$$\text{NPSHA} = \pm z_1 + \frac{p_E + p_{amb} - p_D}{\varrho_{Fl} \cdot g} - \Delta H_{j1}$$

Darin sind **(Bild 1)**:

- **z_1** Der Höhenunterschied zwischen Pumpenlaufradmitte und Oberfläche der Förderflüssigkeit in m. Bei Saugbetrieb gilt $-z_1$, bei Zulaufbetrieb $+z_1$.
- p_E Der Überdruck im Saug- bzw Zulaufbehälter in Pa
- p_{amb} Der Luftdruck in Pa
- p_D Der Dampfdruck der Förderflüssigkeit bei der vorliegenden Temperatur am Pumpeneintritt in Pa.
- ϱ_{Fl} Die Dichte der Förderflüssigkeit in kg/m³
- g Die Erdbeschleunigung: 9,81 m/s² = 9,81 N/kg
- ΔH_{j1} Die eintrittsseitige Druckverlusthöhe der Zuführungsrohrleitung in m.

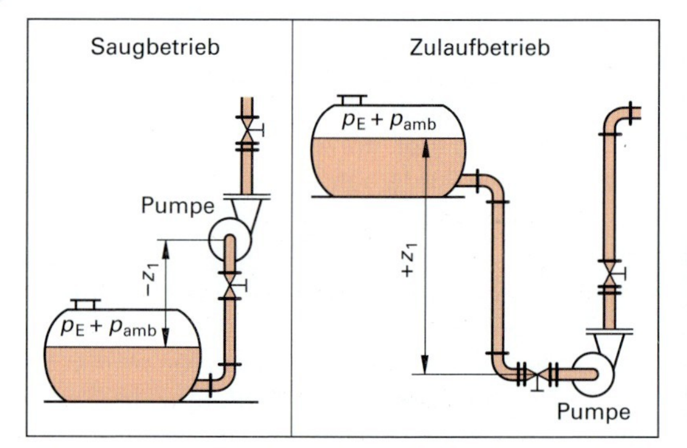

Bild 1: Betriebsbedingungen auf der Eintrittsseite von Pumpenanlagen

Wird aus einem offenen Behälter abgepumpt, herrscht dort kein Überdruck: $p_E = 0$.

Durch Umstellen der Gleichung nach z_1 erhält man für den Saugbetrieb die größtmögliche Saughöhe, aus der die Pumpe ohne Kavitation ansaugen kann:

$$z_1 = \frac{p_E + p_{amb} - p_D}{\varrho_{Fl} \cdot g} - \Delta H_{j1} - \text{NPSHA}$$

Der **NPSHR-Wert der Kreiselpumpe** ist ein pumpenspezifischer Kennwert. Er wird vom Pumpenhersteller in einem Prüfstandslauf gemessen und in einem Diagramm dargestellt **(Bild 2)**. Daraus kann der NPSHR-Wert durch Ablesen ermittelt werden.

Liegt kein NPSHR-Diagramm vor, kann der NPSHR-Wert näherungsweise berechnet werden:

$$\text{NPSHR} = (0{,}3 \ldots 0{,}5) \cdot n \cdot \sqrt{\dot{V}}$$

Darin ist: n Die Pumpendrehzahl in 1/s

$\dot{V}$ Der Förderstrom in m³/s

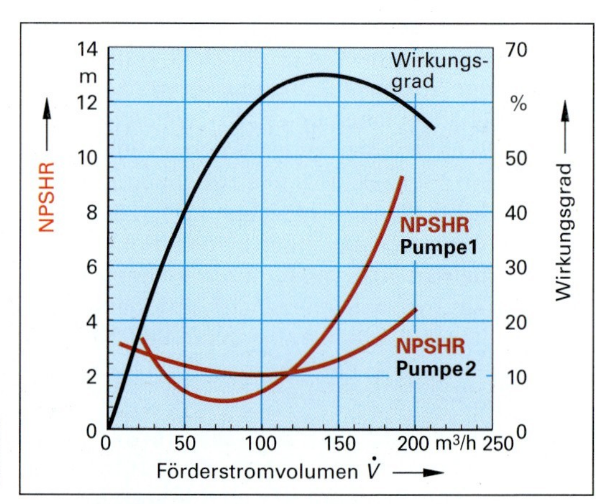

Bild 2: NPSHR-Kennlinien und Wirkungsgrad von zwei Pumpen einer Baureihe

Beispiel 1: Aus einem geschlossenen, unterhalb der Kreiselpumpe liegenden Tank soll Ethanol von 50 °C (Dichte $\varrho_{Fl} = 0{,}763\ g/cm^3$) hochgepumpt werden. Im Tank herrscht ein Überdruck von 0,245 bar.

Der Flüssigkeitsspiegel des Ethanols liegt bei fast geleertem Tank 3,2 m unterhalb der Pumpe.

Die Druckverlusthöhe in der Rohrleitung zwischen Pumpe und Tank beträgt 3,70 m.

Die Pumpe hat die NPSHR-Kennlinie der Pumpe 1 in Bild 2, Seite 40.

Es soll geprüft werden, ob die Pumpe bei einem Förderstrom von 170 m^3/h kavitationsfrei fördert.

Lösung:

Es sind: $z_1 = -3{,}20\ m$; $p_E = 0{,}245\ bar = 24{,}5 \cdot 10^3\ Pa$; $p_{amb} = 1{,}013\ bar = 101{,}3 \cdot 10^3\ Pa$;

$p_D = 330\ mbar = 33{,}0 \cdot 10^3\ Pa$ (aus einem Tabellenbuch entnommen);

$\varrho_{Fl} = 0{,}763\ g/cm^3 = 763{,}0\ kg/m^3$; $\Delta H_1 = 3{,}70\ m$;

Aus Bild 2, Seite 40, wird für $\dot{V} = 170\ m^3/h$ ein NPSHR-Wert von 6,2 m abgelesen.

$$\text{NPSHA} = -z_1 + \frac{p_E + p_{amb} - p_D}{\varrho_{Fl} \cdot g} - \Delta H_{j1} = -3{,}20\ m + \frac{24{,}5 \cdot 10^3 + 101{,}3 \cdot 10^3 - 33{,}0 \cdot 10^3}{983{,}2 \cdot 9{,}81}\ m - 3{,}70\ m$$

NPSHA = −3,20 m + 12,40 m − 3,70 m = **5,50 m**

Bedingung für kavitationsfreien Pumpenbetrieb: NPSHA ≥ NPSHR + 0,5 m

5,50 m ≥ 6,2 m + 0,5 m ≥ 6,7 m

Die Bedingung ist **nicht** erfüllt. In der Pumpe kommt es zu Kavitation.

Beispiel 2: Es soll geprüft werden, ob die Pumpenanlage von Beispiel 1 durch Absenken des Förderstroms auf 130 m^3/h kavitationsfrei fördert.

Lösung: Aus Bild 2, Seite 40, wird für $\dot{V} = 130\ m^3/h$ abgelesen: NPSHR = 2,6 m;

Bedingung für kavitationsfreien Pumpenbetrieb: NPSHA ≥ NPSHR + 0,5 m

5,50 m ≥ 2,6 m + 0,5 m ≥ 3,1 m

Die Bedingung ist erfüllt. Die Pumpe fördert bei dem verminderten Förderstrom kavitationsfrei.

Aufgaben zu 2.2.2 Kavitationsfreier Betrieb von Kreiselpumpen, NPSH-Wert

1. Aus einem geschlossenen, tiefliegenden Behälter, in dem ein Überdruck von 0,324 bar herrscht, wird Prozesswasser mit einer Temperatur von 65 °C und einer Dichte von $\varrho = 0{,}9805\ g/cm^3$ gepumpt **(Bild 1)**. Der Wasserspiegel im Behälter liegt 2,85 m unterhalb der Pumpenlaufradmitte. Die Druckverlusthöhe in der Zuleitung zwischen Behälter und Pumpeneintritt beträgt 0,86 m. Die Pumpe fördert 150 m^3/h Prozesswasser und hat die NPSHR-Kennlinie von Pumpe 2 in Bild 2, Seite 40.

   Es soll überprüft werden, ob die Pumpe bei diesen Förderbedingungen im kavitationsfreien Betrieb läuft.

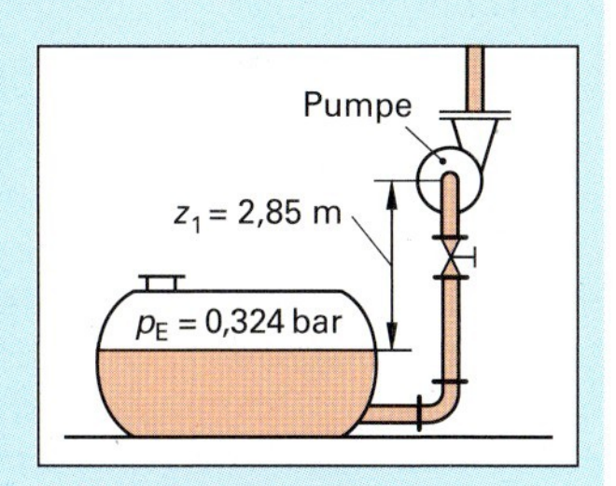

Bild 1: Anlage mit Pumpe (Aufgabe 1)

2. Aus einem offenen Klärbecken soll geklärtes Abwasser mit einer Kreiselpumpe abgepumpt werden. Die Pumpe steht 0,40 m über dem Klärbeckenrand. Die Klärwassertemperatur kann im Sommer bis auf maximal 40 °C steigen. Die Dichte des Klärwassers beträgt 1,182 g/cm^3, die Druckverlusthöhe in der Saugleitung 0,144 bar. Die Pumpe hat bei Nenndrehzahl einen vom Hersteller angegebenen NPSHR-Wert von 3,27 m. Der Umgebungsdruck beträgt $p_{amb} = 1013\ mbar$.

   Bis zu welcher Tiefe kann die Pumpe das Klärwasser kavitationsfrei aus dem Klärbecken absaugen?

3. Eine Kreiselpumpe fördert aus einem über der Pumpe liegenden Vorratsbehälter (offen) eine Lauge-Bauxit-Suspension zu einem Kläreindicker. Der Flüssigkeitsspiegel liegt 1,50 m über der Pumpenlaufradmitte. Die Suspension hat eine Temperatur von 80 °C, ihre Dichte ist 1,246 g/cm^3. Bei 80 °C beträgt der Dampfdruck der Suspension 540 mbar. Die Zulauf-Rohrleitung hat eine Druckverlusthöhe von 0,153 bar. Die Pumpe hat bei der Nenndrehzahl (Nennförderstrom) einen NPSHR-Wert von 4,6 m.

   Läuft die Pumpe bei Nenndrehzahl im kavitationsfreien Betrieb?

2.2.3 Fördern mit Kreiskolbenpumpen und Drehkolbenpumpen

Kreiskolbenpumpen und Drehkolbenpumpen (engl. rotary pumps) besitzen auf zwei parallelen Achsen Verdrängerkörper mit Aussparungen, die im Gegensinn rotieren und ineinander fassen **(Bild 1)**. Sie zählen aufgrund ihres Arbeitsprinzips zu den **Verdrängerpumpen**. Die Aussparungen der Verdrängerkörper sind so geformt, dass sie beim Drehen Hohlräume öffnen und schließen. Sie sperren in jeder Drehstellung den Saugraum gegen den Druckraum ab. Die Abdichtung erfolgt über die sehr engen Spalte zwischen den Verdrängerkörpern und dem Gehäuse.

Wirkungsprinzip: Die zum Saugraum sich öffnende Aussparung des einen Verdrängerkörpers wird ansaugend mit Förderflüssigkeit gefüllt (Stellung ①), in Umfangsrichtung mitgenommen (Stellung ②) und auf der Druckseite durch Eintauchen des Gegenverdrängerkörpers in die Aussparung des anderen Drehkörpers und Verdrängen der Flüssigkeit in die Druckleitung gepresst. Es entsteht ein gleichmäßiger Flüssigkeitsstrom.

Die **Auswahl und Berechnung** der geeigneten Verdrängerpumpe erfolgt nach der geforderten Förderaufgabe, die durch den Förderstrom $\dot{V}$ und die Förderhöhe H beschrieben wird.

Für jeden Verdrängerpumpentyp gibt es ein Förderstrom/Drehzahl-Diagramm **(Bild 2)**. Mit ihm wird die für die Förderaufgabe geeignete Verdrängerpumpe ermittelt.

Beispiel: Eine Verdrängerpumpe vom Typ XYZ soll einen Volumenstrom von 4,5 m³/h bei einer Förderhöhe von 40 m liefern. Wie groß muss die Drehzahl des Pumpenantriebsmotors sein?

Lösung: Aus Bild 2 wird ermittelt: $n = 430\ \text{min}^{-1}$

Die erforderliche **Pumpenantriebsleistung *P*** berechnet man mit nebenstehender Größengleichung.

Darin sind: p der Förderdruck in bar; $\dot{V}$ der Fördervolumenstrom in m³/h; f_n der Viskositätsfaktor.

Der Viskositätsfaktor f_n ist eine dimensionslose Zahl und wird aus einem Diagramm ermittelt **(Bild 3)**.

Er berücksichtigt die Viskosität der geförderten Flüssigkeit.

Beispiel: Mit einer Verdrängerpumpe soll ein Volumenstrom von 4,5 m³/h Glycerin mit einem Druck von 4,20 bar gefördert werden. $\eta_{Glycerin} = 954$ mPa · s.

Wie groß ist die Förderleistung der Pumpe?

Lösung: $P = \frac{(2 \cdot 4{,}20 + 4{,}3) \cdot 4{,}5}{1000} \approx$ **0,0572 kW ≈ 57,2 W**

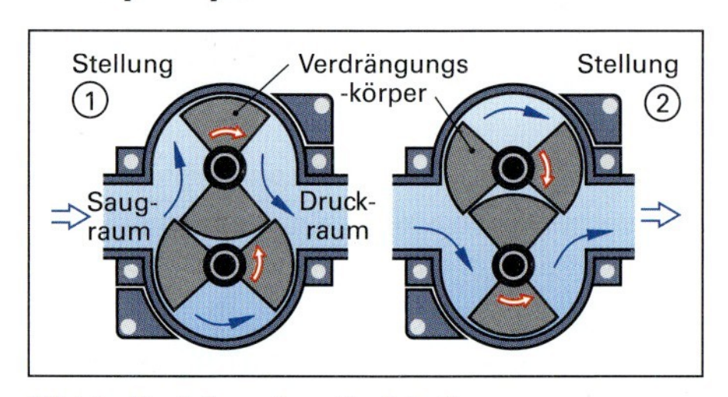

Bild 1: Funktion einer Kreiskolbenpumpe

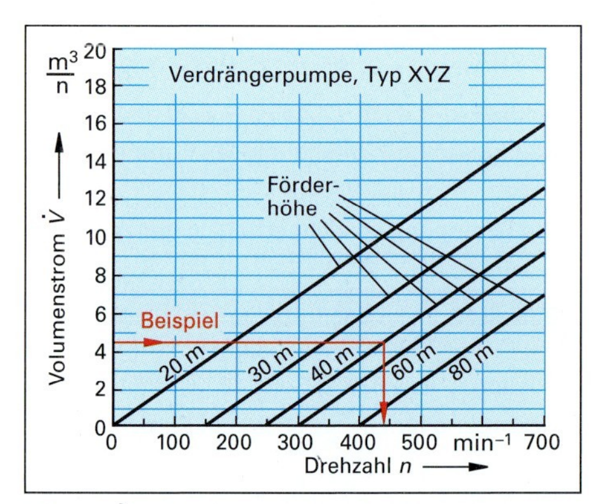

Bild 2: $\dot{V}/n$-Diagramm einer Verdrängerpumpe

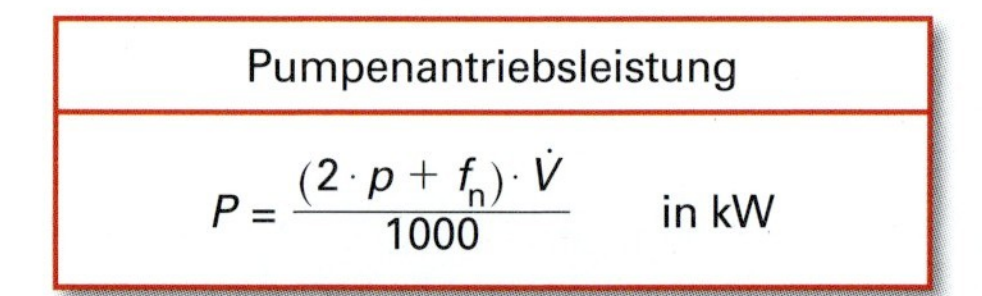

$$P = \frac{(2 \cdot p + f_n) \cdot \dot{V}}{1000} \quad \text{in kW}$$

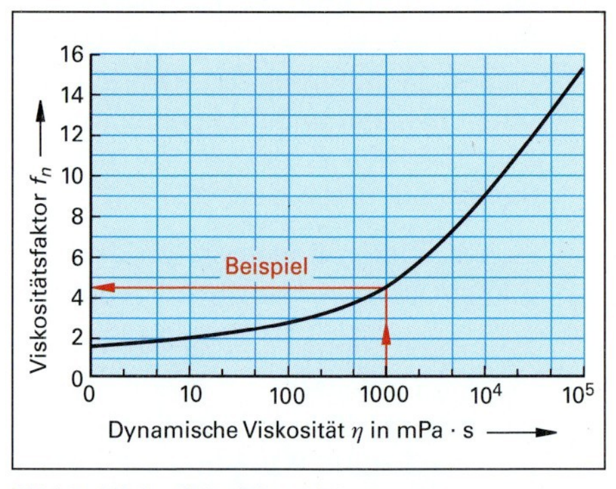

Bild 3: Viskositätsfaktor-Diagramm

Aufgabe zu 2.2.3 Fördern mit Kreiskolbenpumpen und Drehkolbenpumpen

Mit einer Drehkolbenpumpe (Typ XYZ, Bild 2) sollen 14,0 Liter Ethylenglykol pro Minute in einen Reaktionsbehälter mit 2,4 bar Überdruck gefördert werden. Der Förderdruck beträgt insgesamt 3,5 bar; $\eta_{Ethylenglykol} = 20{,}4 \cdot 10^{-3}$ Pa · s.

a) Mit welcher Drehzahl muss die Pumpe für diese Förderaufgabe laufen?

b) Welche elektrische Leistung entnimmt die Pumpe aus dem Leitungsnetz, wenn der Wirkungsgrad des Motors 85 % beträgt?

2.3 Fördern von Flüssigkeiten mit Schwerkraft und Druck

Chemieanlagen sind bevorzugt so gebaut, dass die Behälter und Apparate der verschiedenen Prozessstufen in einem Gebäude oder Stahlgerüst in mehreren Etagen übereinander abgeordnet sind **(Bild 1)**.

Die Prozessflüssigkeiten müssen nur einmal auf die Ausgangshöhe gepumpt werden und fließen dann allein unter der Wirkung der Schwerkraft von oben beginnend von Prozessstufe zu Prozessstufe nach unten.

Durch die Einsparungen aufgrund der nicht benötigten Pumpen und der nicht anfallenden Energiekosten sind die Gesamtkosten dieser Anlagen wesentlich niedriger als bei Förderung mit einer Vielzahl von Pumpen.

Bei der Berechnung der Stoffströme, die unter der Wirkung der Schwerkraft fließen, interessieren insbesondere der aus einem Behälter ausfließende Volumenstrom $\dot{V}$ und die erforderlichen Ausflusszeiten bis zum teilweisen und vollständigen Entleeren des Behälters.

Bild 1: Chemieanlage mit Schwerkraftförderung

2.3.1 Ausfluss aus Behältern unter Schwerkraft

Ausflussvolumenstrom. Der aus einem Behälter **(Bild 2)** ausfließende Volumenstrom $\dot{V}$ berechnet sich näherungsweise mit der nebenstehenden Gleichung.

Ausflussvolumenstrom

$$\dot{V} = \mu \cdot A \cdot \sqrt{2g \cdot h_1}$$

Darin sind:

- A die Ausströmfläche = $\pi\, d_i^2/4$
- h_1 die Höhe der Flüssigkeitsoberfläche über dem Ausflussventil
- g die Erdbeschleunigung: 9,81 N/kg
- μ die Ausflusszahl des Abfluss-Rohrleitungsstrangs

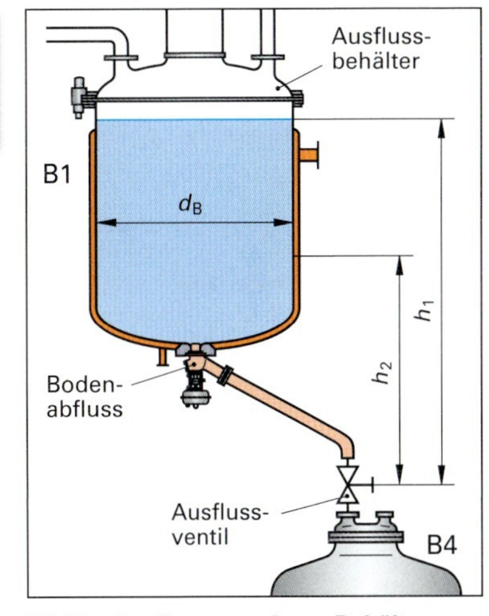

Bild 2: Ausfluss aus einem Behälter

Die Ausflusszahl μ berücksichtigt den Strömungswiderstand des Behälterausflusses sowie der Ausflussrohrleitung und der Armaturen. Sie kann je nach Öffnungsgrad der Ventile zwischen 0,50 und 0,95 betragen und wird durch Kalibriermessungen ermittelt.

Beispiel: Aus einem hochliegenden Vorratsbehälter fließt Cyclohexan nach Öffnen des Bodenabflusses und des Ausflussventils durch eine DN80-Rohrleitung mit d_i = 82,5 mm in einen Rührkessel (Bild 2).

Der Flüssigkeitsspiegel im Behälter steht 2,85 m über dem Ausflussventil. Die Ausflusszahl des Abfluss-Rohrleitungsstrangs beträgt bei vollständigem Öffnen 0,85.

Wie groß ist bei vollständigem Öffnen des Bodenabflusses und des Abflussventils der ausfließende Volumenstrom?

Lösung: $\dot{V} = \mu \cdot A \cdot \sqrt{2 \cdot g \cdot h_1} = \mu \cdot \frac{\pi}{4} \cdot d_i^2 \cdot \sqrt{2 \cdot g \cdot h_1} = 0{,}85 \cdot \frac{\pi}{4} \cdot (0{,}0825\ \text{m})^2 \cdot \sqrt{2 \cdot 9{,}81 \frac{\text{m}}{\text{s}^2} \cdot 2{,}85\ \text{m}} \approx \mathbf{0{,}034 \frac{m^3}{s}} \approx \mathbf{34\ L/s}$

Ausflusszeit. Beim Ausfließen von Flüssigkeit aus einem Behälter interessieren besonders zwei Zeiten:

1. Die Zeit $t_{1/2}$ für das teilweise Leerlaufen eines Behälters zwischen dem Anfangsflüssigkeitsstand h_1 und dem Endstand h_2 (Bild 2).
2. Die Entleerungszeit t_{ges} für den gesamten Behälterinhalt V_F.

Man berechnet sie mit nebenstehenden Gleichungen.

Auslaufzeiten zum teilweisen und vollständigen Entleeren

$$t_{1/2} = \frac{2 \cdot A_B}{\mu \cdot A \cdot \sqrt{g}} \cdot \left(\sqrt{h_1} - \sqrt{h_2}\right)$$

$$t_{ges} = \frac{2 \cdot V_F}{\mu \cdot A \cdot \sqrt{2 \cdot g \cdot h_1}}$$

In den Gleichungen bedeuten:

- h_1 den Füllstand bei Beginn
- h_2 den Füllstand am Ende
- A_B den Behälterquerschnitt
- A den Ausströmquerschnitt
- V_F den Behälterinhalt bei Beginn der Entleerung

Beispiel: Wie lange dauert es, bis aus dem Behälter des Beispiels von Seite 43 Mitte der gesamte Flüssigkeitsinhalt aus dem Bodenloch abgelaufen ist, wenn im Behälter 3,040 m³ Flüssigkeit waren?

Lösung: $t_{ges} = \frac{2 \cdot V_F}{\mu \cdot A \cdot \sqrt{2 \cdot g \cdot h_1}} = \frac{2 \cdot 3{,}040\ m^3}{0{,}85 \cdot \frac{\pi}{4} \cdot (0{,}0825\ m)^2 \cdot \sqrt{2 \cdot 9{,}81\ m/s^2 \cdot 2{,}85\ m}} = 178{,}94\ s =$ **2 min 59 s**

2.3.2 Ausfluss aus Behältern mit Überdruck

Steht die Flüssigkeit in einem Behälter unter dem Überdruck p_E **(Bild 1)**, dann setzt sich die Gesamtwirkhöhe h_{ges} aus der Füllstandshöhe h_1 und der statischen Druckhöhe h_{stat} zusammen:

$h_{ges} = h_1 + h_{stat} = h_1 + p_E/(\varrho_{Fl} \cdot g)$

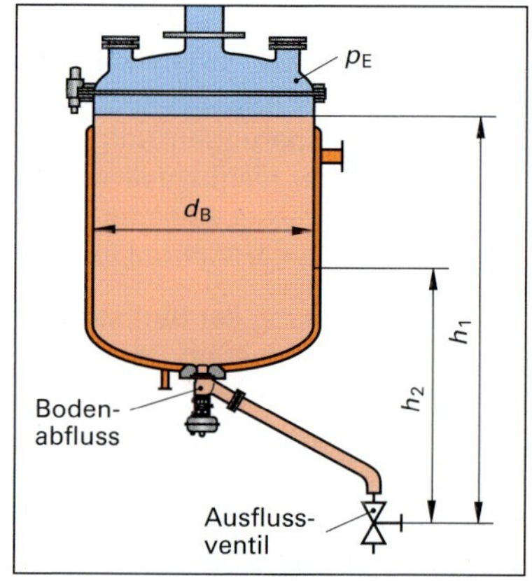

Bild 1: Ausfluss aus einem unter Druck stehenden Behälter

Die Berechnungsgleichungen für den Ausflussvolumenstrom $\dot{V}$ und die Entleerungszeit t_{ges} enthalten dann die Gesamtwirkhöhe p_{ges}.

Daraus folgen die nebenstehenden Berechnungsgleichungen.

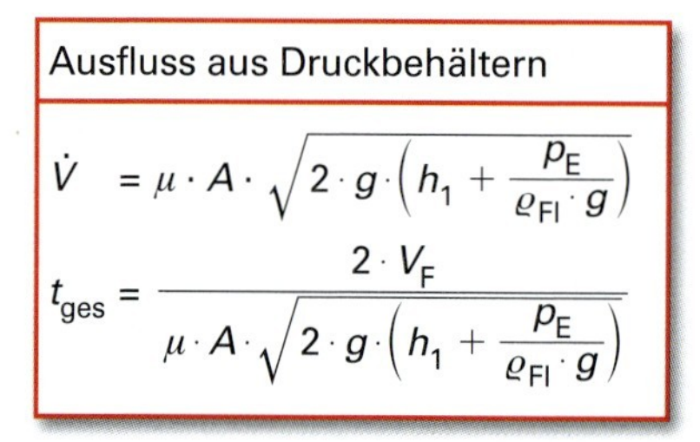

Ausfluss aus Druckbehältern

$$\dot{V} = \mu \cdot A \cdot \sqrt{2 \cdot g \cdot \left(h_1 + \frac{p_E}{\varrho_{Fl} \cdot g}\right)}$$

$$t_{ges} = \frac{2 \cdot V_F}{\mu \cdot A \cdot \sqrt{2 \cdot g \cdot \left(h_1 + \frac{p_E}{\varrho_{Fl} \cdot g}\right)}}$$

Beispiel: Im Absetzturm eines Turm-Bioreaktors steht das vorgeklärte Abwasser 24,37 m hoch über dem Bodenablauf; es hat eine Dichte von 1056 kg/m³. Über dem Abwasser herrscht ein Überdruck von 0,85 bar. Welche Gesamtwirkhöhe herrscht am Bodenablauf?

Lösung: Mit $p_E = 0{,}85\ bar = 0{,}85 \cdot 10^5\ Pa = 85000\ N/m^2$ und $g = 9{,}81\ \frac{m}{s^2} = 9{,}81\ N/kg$ folgt:

$h_{ges} = h + \frac{p_E}{\varrho_{Fl}} = 24{,}37\ m + \frac{85000\ N/m^2}{1056\ kg/m^3 \cdot 9{,}81\ N/kg} \approx 24{,}37\ m + 8{,}21\ m \approx 32{,}58\ m \approx$ **32,6 m**

Aufgaben zu 2.3 Fördern von Flüssigkeiten mit Schwerkraft und Überdruck

1. Einem Klärbecken läuft ein Abwasserstrom von durchschnittlich 80,50 L/s zu. Der Ablauf erfolgt durch freien Ausfluss aus einem Bodenstutzen mit Nennweite DN125. Der Ausfluss-Rohrleitungsstrang hat eine Ausflusszahl von $\mu = 0{,}85$.

   Welche Füllstandshöhe stellt sich im Klärbecken ein?

2. Wie lange dauert es, bis aus einem senkrecht stehenden zylindrischen Behälter mit dem Anfangsfüllstand $h_1 = 4{,}36$ m die Hälfte des Inhalts ausgeflossen ist? Behälterdurchmesser $d_B = 1420$ mm, Auslaufstutzendurchmesser $d_i = 125$ mm, Auslaufstutzen mit Ausrundung.

3. In einem zylindrischen Druckreaktor mit einem Durchmesser von $d_B = 1{,}242$ m steht eine Reaktionsflüssigkeit ($\varrho = 0{,}921$ g/cm³) 2,730 m hoch. Der Druck beträgt $p_E = 3{,}50$ bar. Der Reaktor hat einen Bodenstutzen und einen Abflussrohrleitungsstrang mit Nennweite DN100 und einer Ausflusszahl von 0,82. (Es wird angenommen, dass der Druck p_E im Behälter konstant gehalten wird.)

   a) Wie groß ist der Volumenstrom, der direkt nach dem Öffnen des Bodenstutzens aus dem Reaktor abströmt?

   b) Wie lange dauert es, bis der Behälter vollständig geleert ist?

4. In einem Gärtank befinden sich 27,36 m³ Maische unter einem Überdruck von 1,45 bar. Die Maische steht 2,78 m hoch über dem Abflussventil und hat eine Dichte von 0,964 kg/L. Aus einem Bodenlochabfluss und einem Abflussrohrleitungsstrang mit Nennweite DN125 und einer Ausflusszahl von $\mu = 0{,}90$ wird der Tank mittels seines Eigendrucks geleert.

   Wie lange dauert es, bis der Gärtank vollständig geleert ist?

2.4 Verdichten und Fördern von Gasen

Das Verdichten von Gasen dient entweder dem Fördern von Gasen durch eine Rohrleitung oder dem Bereitstellen von Druckgasen für eine Synthese (z. B. Ammoniaksynthese) bzw. eine verfahrenstechnische Operation, wie die Druckfiltration oder die Hochdruckdestillation.
Die Besonderheit beim Verdichten der Gase ist ihre Zusammendrückbarkeit, **Kompressibilität** genannt: Unter der Wirkung des Drucks ändert eine Gasportion ihr Volumen und ihre Temperatur.
Als Standardvolumen einer Gasportion verwendet man das Normvolumen V_n bei der Normtemperatur $T_n = 273{,}15$ K (≙ 0 °C) und dem Normdruck $p_n = 1013{,}25$ Pa ≈ 1013 mbar ≈ 1,013 bar.
Gasströme $\dot{V}$ werden mit dem Normvolumen pro Zeit angegeben.

Umrechnung von Volumenströmen

Mit der **allgemeinen Zustandsgleichung der Gase** kann das Volumen einer Gasportion von jedem Zustand (z. B. Zustand 1) in einen anderen Zustand (z. B. Zustand 2) umgerechnet werden (Seite 50).
Dividiert man diese Gleichung auf beiden Seiten durch die Zeit t, erhält man eine analoge Umrechnungsgleichung für die Volumenströme $\dot{V}$.
Stellt man sie nach dem Volumenstrom $\dot{V}$ um, ergibt sich die nebenstehende Gleichung.
Auch mit den unterschiedlichen Gasdichten ϱ können die Volumenströme umgerechnet werden.

Umrechnung von Volumenströmen bei Gasen

$$\dot{V}_2 = \frac{p_1 \cdot T_2}{p_2 \cdot T_1} \cdot \dot{V}_1 ; \qquad \dot{V}_2 = \frac{\varrho_1}{\varrho_2} \cdot \dot{V}_1$$

Beispiel: Ein Drehschieberverdichter saugt einen Volumenstrom von 680 L/min bei Umgebungsdruck und 20 °C an und presst ihn mit 3,84 bar und 52 °C in die Druckleitung. Welcher Volumenstrom fließt in der Druckleitung?

Lösung: $\dot{V}_2 = \frac{p_1 \cdot T_2}{p_2 \cdot T_1} \cdot \dot{V}_1$

$$\dot{V}_2 = \frac{1{,}013 \text{ bar} \cdot 325{,}15 \text{ K} \cdot 680 \text{ L/min}}{3{,}84 \text{ bar} \cdot 293{,}15 \text{ K}} \approx \mathbf{199\ L/min}$$

Auswahl des Verdichters

Zur Verdichtung von Gasen sind die verschiedenen Verdichterbauarten geeignet. Die Auswahl eines Verdichters für die Kompression eines Volumenstroms richtet sich im Wesentlichen nach dem geforderten Druck und der Größe des Volumenstroms. Er wird üblicherweise mit dem Normvolumenstrom $\dot{V}_n$ angegeben. **Bild 2** zeigt die Eignungsfelder der Verdichterbauarten.

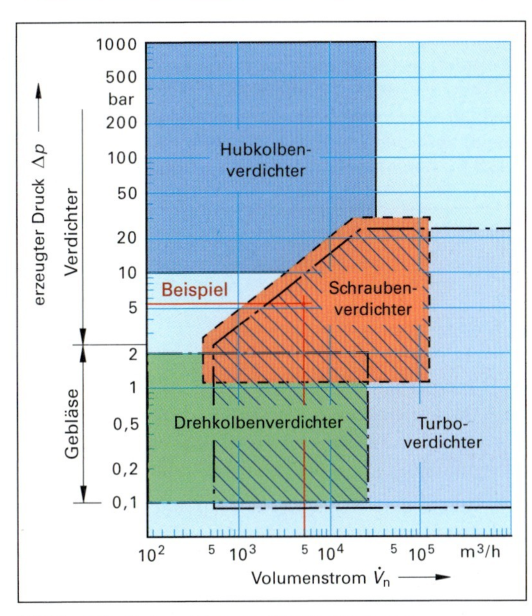

Bild 1: Arbeitsbereiche von Verdichtertypen

Beispiel: Es soll der geeignete Verdichtertyp für einen Volumenstrom von 500 m³/h und einen Arbeitsdruck von 6,0 bar ausgewählt werden.

Lösung: Aus Bild 2 werden der Schraubenverdichter sowie der Turboverdichter als geeignet ermittelt.

Leistungsbedarf des Verdichtungsprozesses

Den **theoretischen Leistungsbedarf P_{th}** eines Verdichtungsprozesses bei polytroper Verdichtung (reale Verdichtung) berechnet man mit nebenstehender Gleichung.
Darin ist n der Polytropenexponent des Gases. Er beträgt für zweiatomige Gase und Luft n = 1,25 bis 1,35.
Beim **realen Leistungsbedarf** P_{real} eines Verdichters müssen der Wirkungsgrad des Verdichters η_V und der Wirkungsgrad des Elektromotors η_E berücksichtigt werden.

Theoretischer Leistungsbedarf des Verdichtungsprozesses bei polytroper (realer) Verdichtung

$$P_{th} = p_1 \cdot \dot{V}_1 \cdot \frac{n}{n-1} \left[\left(\frac{p_2}{p_1} \right)^{\frac{n-1}{n}} - 1 \right]$$

Realer Leistungsbedarf eines Verdichters

$$P_{real} = \frac{P_{th}}{\eta \cdot \eta_E}$$

Kritischer Druck und kritische Temperatur

Beim Komprimieren eines Gases in einem Verdichter wird ein Teil der mechanischen Energie in Wärmeenergie umgewandelt und erwärmt das Gas und damit auch den Verdichter. Damit er sich nicht zu stark erwärmt und dadurch beschädigt wird, z. B. durch Schmelzen der Wellendichtungen aus Kunststoff, werden der Verdichter und damit das verdichtete Gas gekühlt.

Beim Verdichten auf hohe Drücke im Verdichter und starker Kühlung des komprimierten Gases kann es zum Kondensieren des verdichteten Gases kommen. Dies muss vermieden werden, da es im Verdichter und den Druckleitungen zu Schäden durch Flüssigkeitsschläge kommen kann.

Die Temperatur, unterhalb deren es zur Verflüssigung eines Gases kommen kann, bezeichnet man als **kritische Temperatur Θ**. Wird bei der kritischen Temperatur ein bestimmter Druck, der **kritische Druck Π**, überschritten, beginnt die Verflüssigung des Gases durch Kondensieren.

Jedes Gas hat seine kritische Temperatur und seinen kritischen Druck **(Tabelle)**.

Damit es ausgeschlossen ist, dass beim Verdichten Kondensat ausfällt, muss oberhalb der kritischen Temperatur des Gases verdichtet werden. Oberhalb dieser Temperatur kann keine Kondensation eintreten, egal wie hoch der Druck ist. Liegt die Temperatur in einem komprimierten Gas unterhalb der kritischen Temperatur, muss zur Vermeidung von Kondensatbildung unter dem kritischen Druck gearbeitet werden.

Beispiel: Beim Verdichten von Propan tritt keine Kondensatbildung ein, wenn die Temperatur über der kritischen Temperatur des Propans von 96,8 °C liegt (Tabelle).

Beim Verdichten unterhalb der kritischen Temperatur (unter 96,8 °C) muss zur Vermeidung von Kondensat der Druck unter dem kritischen Druck des Propans von 40,6 bar liegen.

Tabelle: Kritische Temperatur Θ und kritischer Druck Π verschiedener Gase

Gas		Θ in °C	Π in bar
Ammoniak	NH_3	132,1	112,6
Methan	CH_4	−82,5	46,4
Propan	C_3H_8	96,8	40,6
Kohlenstoffdioxid	CO_2	31,1	73,9
Sauerstoff	O_2	−118,5	50,6
Luft		−140,7	37,7
Stickstoff	N_2	−147,2	33,9
Wasserstoff	H_2	−240,0	13,0

Soll ein Gas durch Komprimieren verflüssigt werden, wie z. B. Erdgas (Methan) zum Transport mit Flüssiggastankern, muss die kritische Temperatur unterschritten sein.

Aufgaben zu 2.4 Verdichten und Fördern von Gasen

1. In einem Reaktionskessel soll mit Stickstoff-Inertgas ein Systemdruck von 4,20 bar über der Behälterfüllung erzeugt werden. Das freie Volumen über dem Behälterinhalt beträgt 560 Liter, die Temperatur im Behälter ist 78 °C. Zur Erzeugung des Systemdrucks steht eine Stickstoff-Druckgasflasche mit 200 bar Fülldruck und 50 Liter Volumen bei 10 °C zur Verfügung.

   Reicht eine Stickstoff-Druckgasflasche für die Inertisierungsfüllung aus?
2. Laut Herstellerprospekt liefert ein Turbokompressor einen Normvolumenstrom von 6,20 · 104 m^3/h. Wie groß ist der Volumenstrom bei 4,50 bar und 50 °C?
3. Bei einer Ammoniaksynthese strömt ein Synthesegas-Volumenstrom von 108 m^3/h bei 300 bar und 450 °C durch den Reaktor. Welchem Normvolumenstrom entspricht das?
4. Welcher Verdichtertyp ist zur Bereitstellung des Synthesegasstroms für die Ammoniaksynthese (Druck 300 bar, Temperatur 450 °C) geeignet?
5. Ein Methan-Volumenstrom von 68,0 m^3/h bei 1,00 bar soll in einem Schraubenkompressor auf einen Druck von 12,00 bar verdichtet werden. Der Polytropenexponent von Methan beträgt $n = 1{,}30$. Der Wirkungsgrad des Verdichters beträgt 77 %, der des antreibenden Elektromotors 85 %.

   Welche Leistung entnimmt der Verdichter aus dem elektrischen Leitungsnetz?
6. Welcher Druck darf in einem Verdichter nicht überschritten werden, damit es bei der Kompression von Ammoniakgas mit einer Temperatur von 132,1 °C nicht zur Kondensatbildung kommt?
7. Erdgas (Methan) soll durch Komprimieren verflüssigt werden. Welche Temperatur und welcher Druck müssen dabei mindestens herrschen?

2.5 Fördern von Feststoffen

Den Förderstrom bei Feststoffen beschreibt man mit dem Massestrom $\dot{m}$ (siehe Formel). Er ist über die Dichte ϱ mit dem Volumenstrom $\dot{V}$ verknüpft.

Meistens liegen die Feststoffe in Chemieanlagen in Form von Schüttgutt vor, seltener als Stückgut.

Zum Fördern von Feststoffen gibt es eine Reihe von Fördermitteln.

Massestrom, Volumenstrom

$$Q_m = \dot{m} = \frac{m}{t}\ ; \quad \dot{m} = \varrho_{Schütt} \cdot \dot{V}\ ; \quad \dot{V} = \frac{\dot{m}}{\varrho_{Schütt}}$$

Gurtbandförderer

Der Massestrom $\dot{m}$ beim Gurtbandförderer **(Bild 1)** wird aus der Dichte $\varrho_{Schütt}$, der mittleren Querschnittsfläche A_G des Schüttgutstroms auf dem Gurt und der Gurtbandgeschwindigkeit v berechnet.

Massestrom Gurtbandförderer

$$\dot{m} = \varrho_{Schütt} \cdot A_G \cdot v$$

Die Querschnittsfläche A_G beträgt überschlägig Breite mal Höhe des Schüttgutstroms mal einem Schüttkegelfaktor f **(Bild 2)**. Er beträgt 0,5 bis 0,8.

Querschittsfläche Schüttgutstrom

$$A_G = f \cdot b \cdot h$$
$$f = 0{,}5 \ldots 0{,}8$$

Die Gurtbandgeschwindigkeit v berechnet man aus dem Durchmesser D der Antriebstrommel und ihrer Drehfrequenz n.

Bandgeschwindigkeit

$$v = \pi \cdot D \cdot n$$

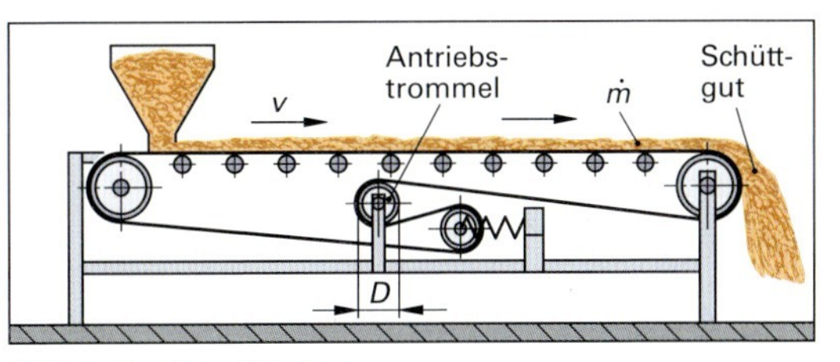

Bild 1: Gurtbandförderer

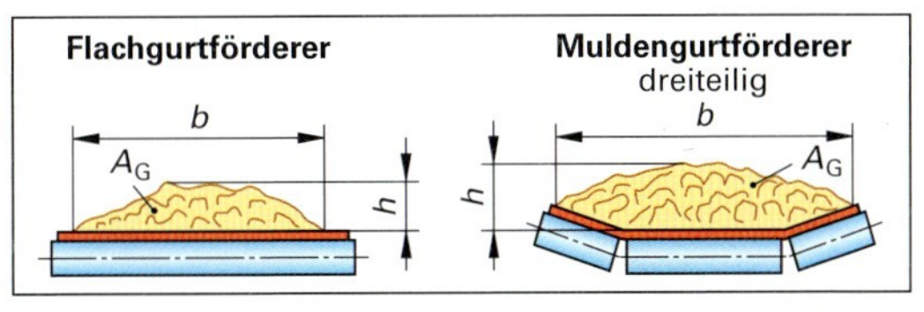

Bild 2: Querschnittsflächen des Massestroms auf Gurtbandförderern

Rollenbahnförderer

Der Rollenbahnförderer **(Bild 3)** dient zum Fördern von Stückgut. Seine Förderleistung wird entweder mit der Stückgutzahl pro Zeit oder mit dem Massestrom beschrieben.

Der Massestrom $\dot{m}$ wird mit der Masse des einzelnen Stückguts $m_{Stück}$, dem Abstand a der Stücke auf der Rollenbahn und der Stückgutgeschwindigkeit v berechnet.

Massestrom Rollenbahnförderer

$$\dot{m} = \frac{m_{Stück}}{a} \cdot v$$

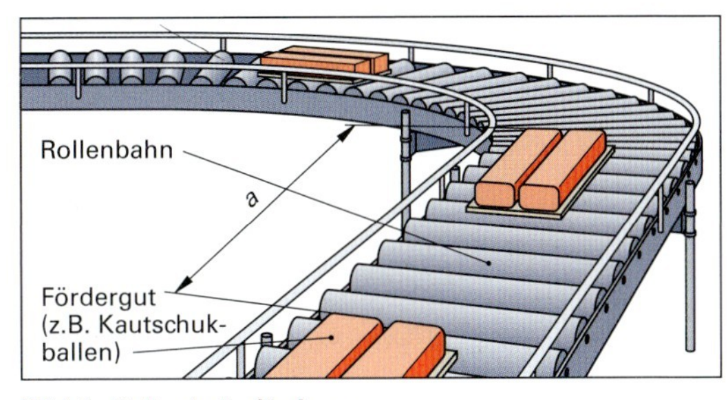

Bild 3: Rollenbahnförderer

Schneckenförderer

Beim Schneckenförderer **(Bild 4)** dreht sich eine Förderschnecke in einer Trogrinne und schiebt das Schüttgut in den Schneckengängen zur Ausgangsseite.

Den Massestrom $\dot{m}$ bei waagerechten und leicht geneigten Schneckenförderern bis ca. 30° (kein Rückstrom) berechnet man nach nebenstehender Gleichung.

Massestrom Rollenbahnförderer

$$\dot{m} = \varrho_{Schütt} \cdot A_S \cdot h_S \cdot n_S \cdot \varphi$$

Es sind:

A_S Schneckenquerschnittsfläche $A_S = \frac{\pi}{4}\,(D^2 - d^2)$

h_S Schneckenganghöhe n_S Schneckendrehfrequenz

φ Füllungsgrad

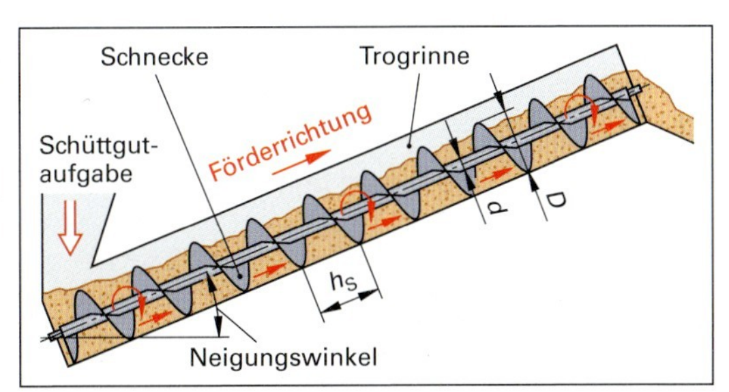

Bild 4: Schneckenförderer

Beispiel: Mit einem Schneckenförderer sollen pro Minute 864 kg eines Schüttguts gefördert werden. Die Förderschnecke hat einen Schneckendurchmesser von 32,0 cm, einen Wellendurchmesser von 6,2 cm und eine Ganghöhe von 60,8 cm. Die Dichte des Schüttguts beträgt 2,153 kg/dm³, der mittlere Füllungsgrad der Schnecke beim Fördern 85 %.

Mit welcher Drehfrequenz muss die Förderschnecke zur Bewältigung dieser Förderaufgabe laufen?

Lösung: $\dot{m} = \varrho_{Schütt} \cdot \frac{\pi}{4}(D^2 - d^2) \cdot h_S \cdot n_S \cdot \varphi \quad \Rightarrow \quad n_S = \frac{4 \cdot \dot{m}}{\varrho_{Schütt} \cdot \pi \cdot (D^2 - d^2) \cdot h_S \cdot \varphi}$

$$n_S = \frac{4 \cdot 864 \text{ kg/min}}{2135 \text{ kg/m}^3 \cdot \pi \cdot [(0{,}320 \text{ m})^2 - (0{,}062 \text{ m})^2] \cdot 0{,}608 \text{ m} \cdot 0{,}85} \approx \mathbf{10{,}1 \text{ min}^{-1}}$$

Becherwerke

Becherwerke dienen bevorzugt zum Fördern von Schüttgütern in vertikaler Förderrichtung **(Bild 1)**.

Den Massestrom $\dot{m}$ berechnet man aus der Dichte $\varrho_{Schütt}$ des Schüttguts, einigen apparatespezifischen Größen wie Bechervolumen V_B, Becherabstand a und Füllgrad f sowie der Bechergeschwindigkeit v (siehe rechts).

Der Füllgrad f beträgt zwischen 70 % und 110 %.

Die **Antriebsleistung *P*** des Becherwerks ergibt sich aus der Hubarbeit W pro Zeit t und dem Reibungsverlustfaktor η.

Massestrom Becherwerk
$\dot{m} = \varrho_{Schütt} \cdot \frac{V_B}{a} \cdot f \cdot v$

Antriebsleistung Becherwerk
$P = \frac{\eta \cdot W}{t} = \frac{\eta \cdot m \cdot g \cdot h}{t}$

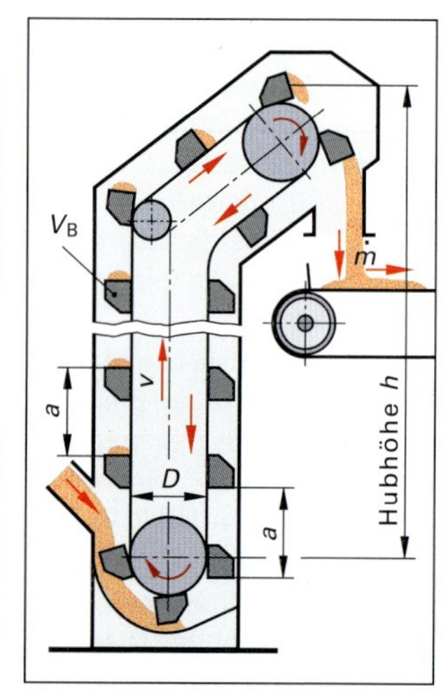

Bild 1: Becherwerk

Aufgaben zu 2.5 Fördern von Feststoffen

1. Mit einem Gurtbandförderer sollen 125 Tonnen Kali-Schüttgut pro Stunde transportiert werden. Das Kali-Schüttgut hat eine Schüttdichte von 1,28 kg/dm³. Die Gurtbreite des Förderbands beträgt 80 cm, die mittlere Höhe des Kali-Schüttgutkegels 14 cm, der Schüttkegelfaktor ist 0,55. Die Antriebstrommel hat einen Durchmesser von 42 cm.
   a) Mit welcher Geschwindigkeit muss das Förderband laufen?
   b) Mit welcher Drehzahl muss der Getriebemotor die Antriebstrommel antreiben?

2. Auf einem Rollenbahnförderer sollen pro Minute 8 Kautschukballen mit einer Masse von 42,0 kg und einer Rollenbahngeschwindigkeit von 6,5 km/h gefördert werden.
   a) In welchen Zeitintervallen müssen die Kautschukballen auf die Rollenbahn gelegt werden?
   b) Welchen Abstand haben die Kautschukballen auf der Rollenbahn?

3. In einer Erzaufbereitungsanlage werden 36 m³ eines Erzgranulats (Dichte $\varrho_{Schütt}$ = 1,827 kg/dm³) angeliefert. Sie sollen innerhalb von 30 Minuten mit einem Schneckenförderer in ein Flotationsbecken gefördert werden. Die Förderschnecke hat einen Außendurchmesser von 38,0 cm und einen Wellendurchmesser von 8,2 cm. Die Schneckenganghöhe beträgt 82 cm, die Drehfrequenz 16 Umdrehungen pro Minute. Der mittlere Füllungsgrad des Schneckenförderes stellt sich auf 72 % ein. Kann die Förderaufgabe mit dem Schneckenförderer geleistet werden?

4 Ein Becherwerk fördert pro Stunde 16200 kg Calciumcarbonat-Granulat mit einer Schüttdichte des Granulats von 1,68 kg/dm³ auf eine Produktionsplattform. Die Hubhöhe des Becherwerks beträgt 9,24 m. Das Bechervolumen ist 12,6 Liter, der Füllgrad der Becher 0,92 und der Becherabstand 74 cm. Der Reibungsverlustfaktor des Becherwerks ist 68 %.
   a) Mit welcher Geschwindigkeit muss das Becherwerk umlaufen?
   b) Welche Leistung muss der Antriebsmotor des Becherwerks haben?

2.6 Lagereinrichtungen

Die Art und Form einer Lagereinrichtung richtet sich im Wesentlichen nach dem Aggregatzustand und der Aufbereitungsform des zu lagernden Stoffs. Große bis kleinstückige witterungsunempfindliche Schüttgüter, wie z. B. Erze oder Kohle, werden als Halde in aufgeschütteten Schüttkegeln oder in Bunkern bzw. Silos gelagert.
Witterungsempfindliche, kleinkörnige und pulverförmige Stoffe, wie z. B. Düngemittel oder Kunststoffgranulate werden in Silos oder Säcken gelagert. Die geeigneten Behälter zur Lagerung von Flüssigkeiten und Gasen sind stehende und liegende, zylinderförmige Behälter sowie kugelförmige Tanks.

2.6.1 Volumen geometrischer Körper

Lagerbehälter haben meist die Form einfacher oder zusammengesetzter geometrischer Körper. Ihr Fassungsvermögen lässt sich mit geometrischen Formeln dieser Körper berechnen **(Tabelle)**.

Tabelle: Volumen geometrischer Körper

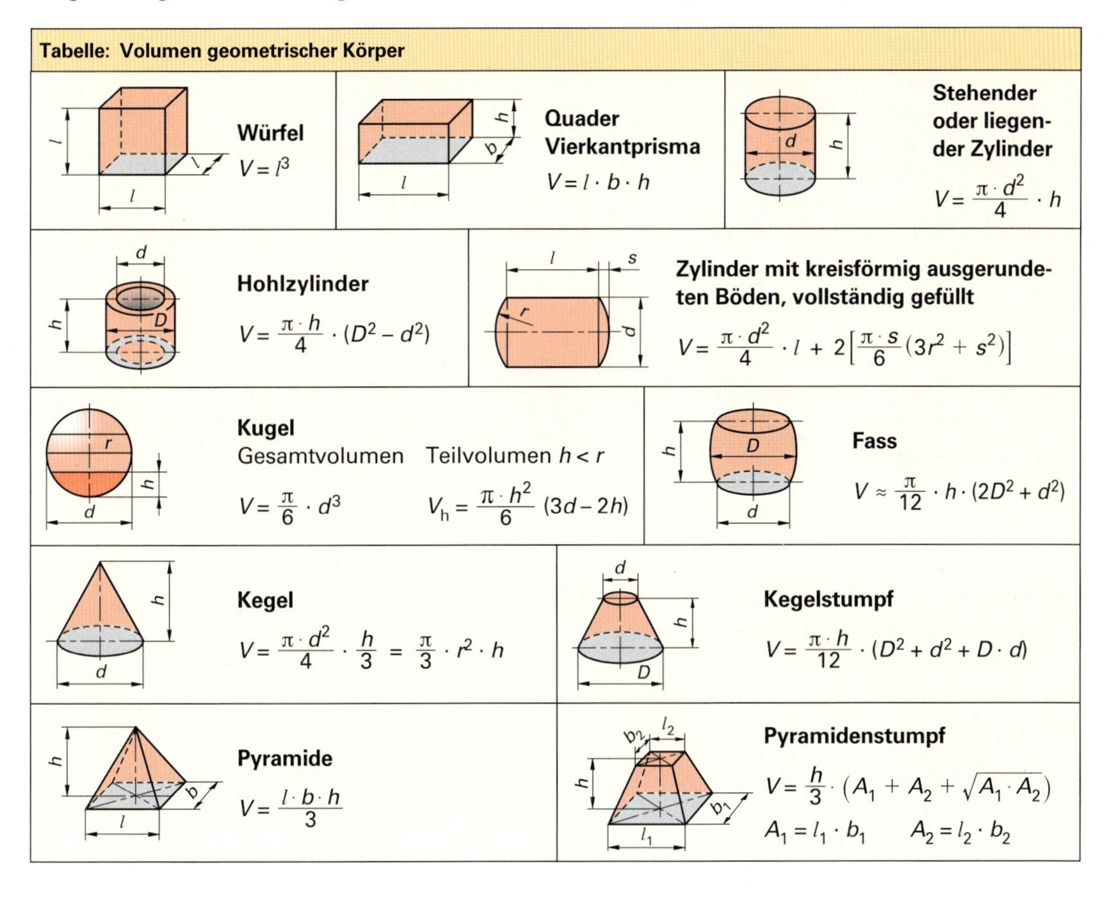

Würfel	$V = l^3$
Quader, Vierkantprisma	$V = l \cdot b \cdot h$
Stehender oder liegender Zylinder	$V = \frac{\pi \cdot d^2}{4} \cdot h$
Hohlzylinder	$V = \frac{\pi \cdot h}{4} \cdot (D^2 - d^2)$
Zylinder mit kreisförmig ausgerundeten Böden, vollständig gefüllt	$V = \frac{\pi \cdot d^2}{4} \cdot l + 2\left[\frac{\pi \cdot s}{6}(3r^2 + s^2)\right]$
Kugel: Gesamtvolumen	$V = \frac{\pi}{6} \cdot d^3$
Kugel: Teilvolumen $h < r$	$V_h = \frac{\pi \cdot h^2}{6}(3d - 2h)$
Fass	$V \approx \frac{\pi}{12} \cdot h \cdot (2D^2 + d^2)$
Kegel	$V = \frac{\pi \cdot d^2}{4} \cdot \frac{h}{3} = \frac{\pi}{3} \cdot r^2 \cdot h$
Kegelstumpf	$V = \frac{\pi \cdot h}{12} \cdot (D^2 + d^2 + D \cdot d)$
Pyramide	$V = \frac{l \cdot b \cdot h}{3}$
Pyramidenstumpf	$V = \frac{h}{3} \cdot (A_1 + A_2 + \sqrt{A_1 \cdot A_2})$, $A_1 = l_1 \cdot b_1$, $A_2 = l_2 \cdot b_2$

2.6.2 Volumen zusammengesetzter Körper

Das Volumen zusammengesetzter Körper setzt sich aus der Summe der Volumen der Teilkörper zusammen: $\boldsymbol{V_{ges} = V_1 + V_2 + V_3 + \ldots}$

Beispiel: Das nebenstehend gezeigte Silo **(Bild 1)** setzt sich aus einem Zylinder V_1, einem Kegelstumpf V_2 und einen Zylinder V_3 zusammen.

$$V_{ges} = V_1 + V_2 + V_3 = \frac{\pi \cdot D^2}{4} \cdot h_1 + \frac{\pi \cdot h_2}{4} \cdot (D^2 + d^2 + D \cdot d) + \frac{\pi \cdot d^2}{4} h_3$$

Andere Apparate, die aus mehreren geometrischen Körpern bestehen, sind z. B. Rührkessel aus einem Zylinder und angesetzten Böden (Seite 52).

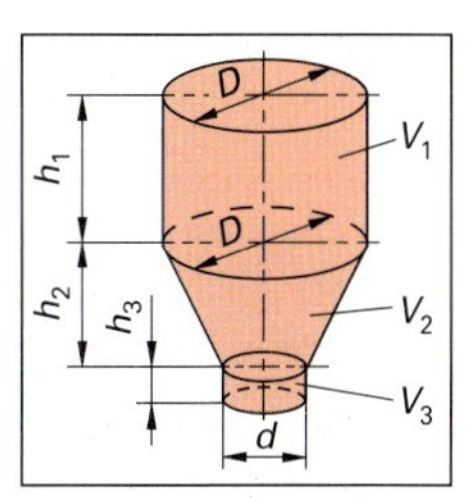

Bild 1: Silo-Maße

2.6.3 Berechnung der Masse eingelagerter Feststoffe und Flüssigkeiten

Zur Berechnung der Masse einer eingelagerten Feststoffschüttung werden ihr Volumen $V_{Schüttung}$ und ihre reale Dichte ϱ_{real} benötigt.
Die reale Dichte ϱ_{real} eines Stoffs, auch technische Dichte genannt, unterscheidet sich zum Teil erheblich von der üblicherweise verwendeten stoffspezifischen Dichte ϱ, bei der eine 100%ige Raumausfüllung vorausgesetzt ist.

Zur Berechnung der **Masse von Feststoffschüttungen** verwendet man deshalb bei frischen Aufschüttungen die Schüttdichte $\varrho_{Schütt}$ und bei abgesetzten Schüttungen die Rütteldichte $\varrho_{Rüttel}$ **(Tabelle)**. Näheres dazu auf Seite 112.

Zur Berechnung der **Masse eines flüssigen Behälterinhalts** dient eine analoge Gleichung (siehe rechts).
Auch bei Flüssigkeiten weicht die reale Dichte $\varrho_{Fl,real}$ zum Teil von der stoffspezifischen Dichte ab. Ursachen hierfür sind z.B. feine Luftbläschen oder fein verteilte Feststoffpartikel in Suspensionen.

Masse einer Feststoffschüttung

$$m = \varrho_{real} \cdot V_{Schüttung}$$

Tabelle: Dichte von Stoffen

Stoff	Stoffdichte kg/dm³	Schüttdichte kg/dm³	Rütteldichte kg/dm³
Kalkstein	2,9	1,1	1,3
Koks	1,3	0,5	0,9
Sand	2,1	1,5	1,7
Steinkohle	1,3	0,8	1,0
Steinsalz	2,3	1,1	1,4

Masse eines Behälterinhalts

$$m = \varrho_{Fl,real} \cdot V_{Behälterinhalt}$$

2.6.4 Berechnung der Gasmenge in Tanks

Gasmengen werden entweder mit ihrem Norm-Gasvolumen oder mit ihrer Masse angegeben.

Norm-Gasvolumen

In einem Behälter mit einem bestimmten Rauminhalt ist je nach Druck und Temperatur eine unterschiedliche Gasmenge enthalten.
Damit man Gasmengen miteinander vergleichen kann, rechnet man ihr Volumen auf den Normzustand um. Dieses Volumen heißt **Norm-Gasvolumen** oder kurz Normvolumen.
Als **Normzustand** (Normbedingungen) ist festgelegt: Normtemperatur $\boldsymbol{T_n}$ **= 273,15 K** (entspricht 0 °C) und Normdruck $\boldsymbol{p_n}$ **= 1,013 bar.** Für technische Brechnungen wird meistens T_n = 273 K verwendet.

Die Umrechnung eines Gasvolumens auf Normbedingungen erfolgt bei Drücken bis ca. 10 bar mit der **allgemeinen Zustandsgleichung für Gase.** Sie ist nach V_n umgestellt (siehe rechts).

Außerdem kann das Normvolumen V_n aus dem bei allen Gasen gleichen molaren Volumen V_m bei Normbedingungen (= 22,415 m³/kmol) berechnet werden (siehe rechts).

Norm-Gasvolumen

$$V_n = \frac{T_n}{p_n} \cdot \frac{p \cdot V_B}{T}; \quad V_n = \frac{m}{M} \cdot V_m$$

Es bedeuten: p Druck im Behälter, T Temperatur im Behälter (in K), V_B Rauminhalt des Behälters, M molare Masse, V_m molares Volumen (22,415 m³/kmol)

Masse des Gases

In Tabellenbüchern findet man die Dichte von Gasen ϱ_n bei Normbedingungen. Mit dem Normvolumen V_n und der Normdichte ϱ_n kann die Masse der Gasmenge ermittelt werden (siehe rechts).

Außerdem kann die Masse einer Gasmenge aus der Betriebsdichte ϱ_{Gas} und dem Behälterrauminhalt V_B berechnet werden (siehe rechts).
Die Dichte ϱ_{Gas} bei beliebigen Zustandsbedingungen berechnet man mit einer Gleichung, die aus der allgemeinen Gasgleichung abgeleitet ist.

Masse einer Gasmenge

$$m_{Gas} = \varrho_n \cdot V_n$$

oder

$$m_{Gas} = \varrho_{Gas} \cdot V_B; \quad \varrho_{Gas} = \frac{T_n \cdot p}{\varrho_n \cdot T} \cdot \varrho_n$$

Beispiel: In einem Kugel-Druckgasbehälter mit einem Innendurchmesser von 8,57 m befindet sich Methangas bei einem Überdruck von 2,83 bar. Die Temperatur beträgt 16 °C. ϱ_n(Methan) = 0,720 kg/m³
a) Wie groß ist das Normvolumen dieser Gasmenge?
b) Welche Masse hat die Gasmenge?

Lösung:

a) $V_B = \frac{\pi}{6} d^3 = \frac{\pi \cdot (8{,}57\ \text{m})^3}{6} \approx 330\ \text{m}^3$; $\boldsymbol{V_n} \approx \frac{273\ \text{K} \cdot 3{,}83\ \text{bar} \cdot 330\ \text{m}^3}{1{,}013\ \text{bar} \cdot 292\ \text{K}} \approx \mathbf{1{,}17 \cdot 10^3\ m^3}$

b) $\boldsymbol{m_{Gas}} = \varrho_n \cdot V_n = 0{,}720\ \text{kg/m}^3 \cdot 1{,}17 \cdot 10^3\ \text{m}^3 \approx 0{,}840 \cdot 10^3\ \text{kg} \approx \mathbf{840\ kg}$

Aufgaben zu 2.6 Lagereinrichtungen

1. In einem Silo mit den in **Bild 1** gezeigten Maßen lagert Ammoniumsulfat. Seine Schüttdichte beträgt 1,277 kg/dm^3.
   a) Welchen Rauminhalt hat das Silo? (ohne Einlauf- und Auslaufstutzen)
   b) Welches Volumen hat das gelagerte Ammoniumsulfat?
   c) Welche Masse hat der Siloinhalt?

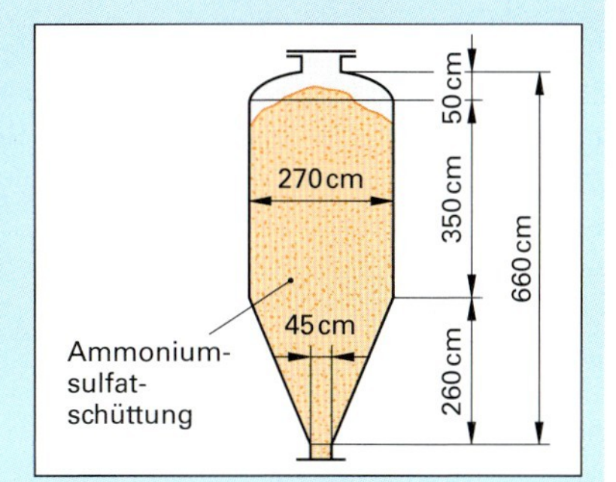

Bild 1: Ammoniumsulfat-Silo (Aufgabe 1)

2. Eine Reaktionsbehälterfüllung von 12,650 m^3 mit einer Dichte von 1,063 kg/dm^3 soll in Fässer mit einem Füllvolumen von 95 Liter gefüllt werden.
   a) Wie viel Fässer werden dazu benötigt?
   b) Welche Gesamtmasse hat ein Fass (Bruttomasse), wenn die Masse des leeren Fasses 7,50 kg (Tara) beträgt?
3. In einem Hallenlager ist Mineraldünger zu einer Schüttguthalde aufgeschüttet **(Bild 2)**. Die Schüttdichte des Düngers beträgt 1,435 kg/dm^3.
   a) Welches Volumen hat die Schüttguthalde?
   b) Welche Masse an Mineraldünger befinden sich in der Lagerhalle?

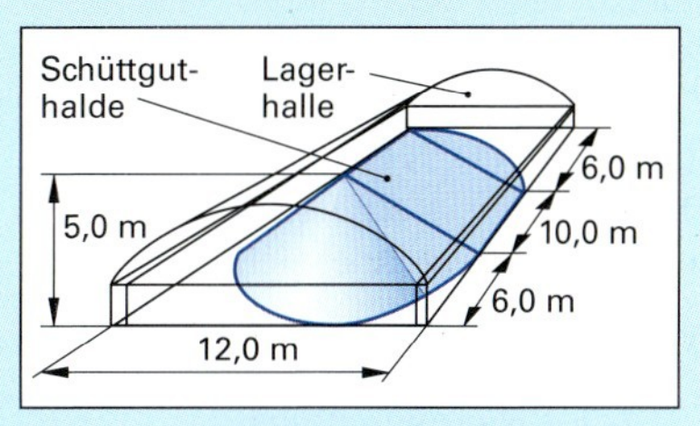

Bild 2: Lagerhalle mit Schüttguthalde (Aufgabe 3)

4. In einem Vorratstank sollen 240 m^3 einer angelieferten Schwefelsäure eingelagert werden. Der Tank hat die Form eines stehenden Zylinders mit einem Innendurchmesser von 6,26 m und einer inneren Höhe von 8,82 m. Er ist bereits bis zu einer Höhe von 1,35 m mit Schwefelsäure gefüllt. Hat die angelieferte Schwefelsäure noch Platz im Tank?
5. Eine Entstaubungsanlage hat ein freies Innenvolumen von 28,29 m^3. Durch einen Fehler in der Steuerung der Auslassklappe kann keine Abluft mehr aus der Anlage austreten. Es baut sich in der 48 °C warmem Anlage ein Überdruck von 248 mbar auf.

   Welches Gasvolumen entweicht aus der Anlage, wenn die Auslassklappe wieder öffnet und der Überdruck in der Anlage sich bei 72 mbar einstellt?
6. Ein Rührbehälter soll vor einem neuen Reaktionsansatz inertisiert werden. Er hat ein freies Innenvolumen von 26,372 m^3. Zum Inertisieren wird er zuerst evakuiert und dann mit Stickstoff gefüllt. Es stehen zum Inertisieren 50-L-Stickstoff-Druckgasflaschen mit 200 bar Fülldruck zur Verfügung.

   Wie viele 50-L-Stickstoff-Druckgasflaschen werden dazu benötigt?

   (Es soll von idealem Gasverhalten des Stickstoffs ausgegangen werden)
7. In einem Kugelbehälter mit einem Innendurchmesser von 18,40 m wird Propan-Flüssiggas mit einer Dichte von ϱ = 0,5077 kg/dm^3 gelagert.
   a) Wie groß ist das Lagervolumen des Kugelbehälters, wenn er maximal zu 90,0% gefüllt werden darf?
   b) Welche Masse an Flüssiggas kann maximal eingelagert werden?
   c) Welchem Propan-Gasvolumen entspricht das bei Normbedingungen (M_{Propan} = 44,096 g/mol)?
   d) Wie groß ist der Propanvorrat in Tonnen bei einer Füllhöhe des Kugelbehälters von 7,38 m?
8. Ein kontinuierlicher Natronlauge-haltiger Abwasserstrom von 1825 kg/h, mit w(NaOH) = 0,441%, wird mit Abfallschwefelsäure von $w(H_2SO_4)$ = 27,3% neutralisiert. $\varrho(H_2SO_4)$ = 1,205 kg/m^3.

   Für die Bereitstellung der Schwefelsäure soll ein Lagerbehälter errichtet werden. Die Befüllung soll mit einem Straßentankwagen einmal pro Woche erfolgen.
   a) Wie groß ist das erforderliche stündliche Volumen an Schwefelsäure für die Neutralisation?
   b) Wie hoch ist der Schwefelsäurebedarf für eine Woche?
   c) Welches Volumen sollte ein zu errichtender Lagerbehälter für die Schwefelsäure haben, wenn er einen Zweiwochenbedarf speichern soll?

2.7 Rührbehälter

2.7.1 Inhalte von Rührbehältern

Der Rührbehälter ist der Standardbehälter in der chemischen Industrie zur Durchführung von Mischprozessen und absatzweise ausgeführten Reaktionen **(Bild 1)**.

Der eigentliche Behälter besteht aus einem zylindrischen Teil und einem oberen und einem unteren Boden. Zusätzlich kann der Rührkessel zum Beheizen und Kühlen einen Außenmantel besitzen.

Rührbehälter sind in ihren Außenmaßen nach DIN 28136-1 in Größenstufen genormt **(Tabelle 1)**.

Tabelle 1: Rührbehältermaße nach DIN 28136-1 (Auswahl)

Nennvolumen V_N in L	Nenndurchmesser d_N in mm	Gesamtbehälterhöhe h_a in mm
1000	1200	1550
2500	1600	2060
4000	1800	2500
6300	2000	3050
10000	2400	3475
20000	2800	4300

Das Volumen des zylindrischen Teils berechnet sich nach der Formel für Zylinder (siehe rechts).

Zylindrischer Rührbehälterteil

$$V_{Zyl} = \frac{\pi \cdot d^2}{4} \cdot h_{Zyl}$$

d_i ist der Nenndurchmesser d_N minus zweimal der Wanddicke s. h_{Zyl} ist die Höhe des zylindrischen Teils.

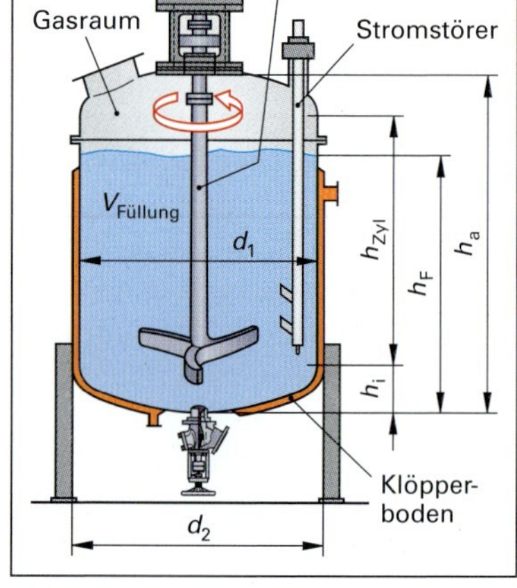

Bild 1: Rührbehälter (Form A)

Der Boden und Deckel sind überwiegend als **Klöpperboden** ausgebildet. Ihr Volumen und ihre Höhe können mit Näherungsformeln berechnet werden **(Bild 2)**.

Bei Rührbehältem aus nichtrostenden Stählen sowie aus emailliertem Stahl mit Nenndurchmessern über 2000 mm können die Böden auch die Form eines **Korbbogenbodens** haben.

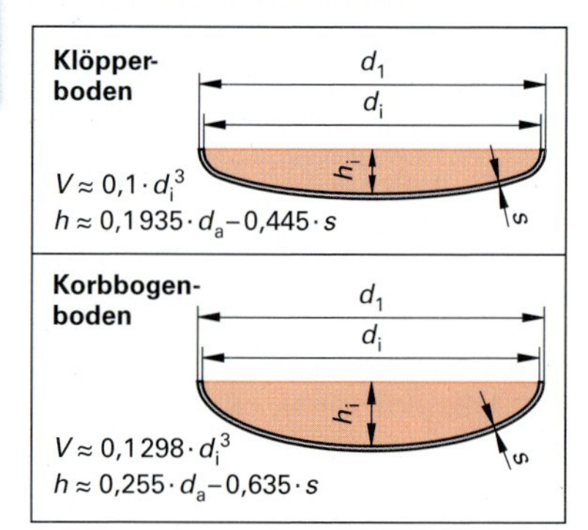

Bild 2: Rührbehälterböden

Das Füllvolumen V_F des Rührkessels berechnet sich aus der Standhöhe der Füllung h_F und den Behältermaßen. Die Standhöhe setzt sich aus der inneren Bodenhöhe h_i und der Standhöhe h_{Zyl} im Zylinderteil zusammen.

Das Nennvolumen eines Rührbehälters entspricht rund 75% des freien Volumens im Behälter. Die restlichen 25% sind für die Einbauten (Rührer, Stromstörer), eine mögliche thermische Ausdehnung bei Erwärmung und einen ausreichenden Gasraum vorgesehen **(Bild 1)**.

Beispiel: Für einen Mischvorgang wird ein Rührkessel mit einem Ansatzvolumen von 3500 L benötigt. Welches Nennvolumen muss der geeignete Rührkessel haben?

Lösung: Aus Tabelle 1 wird ein genormter Rührkessel mit dem nächstgrößeren Nennvolumen ausgewählt: $V_N = 4000$ L

2.7.2 Thermische Volumenausdehnung bei Behältern

Beim Erwärmen eines gefüllten Rührbehälters dehnen sich sowohl der Behälter als auch die Behälterfüllung aus.

Der hohle Behälter dehnt sich aus, als ob er massiv aus dem Behälterstahl besteht: $\Delta V_B = \gamma_{St} \cdot V_0 \cdot \Delta\vartheta$

Die Volumenausdehnung der Behälterfüllung ist: $\Delta V_{Fl} = \gamma_{Fl} \cdot V_0 \cdot \Delta\vartheta$

Der spezifische Volumenausdehnungskoeffizient γ_{Fl} von Flüssigkeiten ist deutlich größer als der von Stählen **(Tabelle 2)**.

Tabelle 2: Mittlerer Ausdehnungskoeffizient γ in 1/K zwischen 0 °C und 100 °C

Unlegierter Stahl	$1{,}15 \cdot 10^{-5}$
Nichtrostender Stahl	$1{,}60 \cdot 10^{-5}$
Wasser	$4{,}5 \cdot 10^{-4}$
Ethanol (0 bis 78,5 °C)	$12 \cdot 10^{-4}$

Daraus ergibt sich in der Summe der Ausdehnungen eine Volumenzunahme der Flüssigkeit im Behälter und damit eine größere Standhöhe im Behälter (siehe nebenstehende Gleichungen).

Bei einem Rührbehälter mit seinem zylindrischen Querschnitt ergibt sich die erhöhte Standhöhe näherungsweise aus der Gleichung für das Zylindervolumen: $V_{Zyl} = \frac{\pi \cdot d^2}{4} \cdot \Delta h$

Volumenzunahme ΔV und Standhöhenzunahme Δh durch die Erwärmung des Behälters

$$\Delta V = V_0 \cdot \Delta h \cdot (\gamma_{Fl} - \gamma_{St})$$

$$\Delta h \approx \frac{4 \cdot \Delta V}{\pi \cdot d_i^2}$$

Aufgaben zu 2.7 Rührbehälter

1. In einem Rührkessel gemäß DIN 28136-1 mit einem Nennvolumen von 6300 Liter und einer Wanddicke von 15 mm fällt der Flüssigkeitsstand von 188 cm auf 132 cm. Um welches Flüssigkeitsvolumen (in L) hat sich der Behälterinhalt verringert?
2 Ein Rührkessel mit einem Nennvolumen von 4000 Liter hat einen Innendurchmesser von 1784 mm, eine Gesamthöhe von 2484 mm und eine Wanddicke von 8 mm. Der obere und der untere Boden sind als Klöpperboden ausgebildet.
   a) Welches freie Innenvolumen hat der Rührkessel?
   b) Wieviel Prozent des freien Volumens entspricht das Nennvolumen?
3. Für eine Polymerisationsreaktion wird ein Rührkessel mit einem Füllvolumen von 6800 Litern benötigt. Der Kessel besteht aus nichtrostendem Stahl und hat einen Korbbogenboden.
   a) Welches Normvolumen muss der dafür geeignete Kessel haben?
   b) Welche Standhöhe hat bei einem Füllvolumen von 6800 L die Behälterfüllung?
4. In einem Rührbehälter aus nichtrostendem Stahl mit einem Innendurchmesser von 2780 mm wird Prozesswasser bis zu einer Höhe von 285 cm eingefüllt. Die Innenhöhe des Klöpperbodens ist 53,7 cm. Die Temperatur des gefüllten Behälters beträgt 12,5 °C.
   $\gamma_{Stahl} = 1{,}60 \cdot 10^{-5}\ K^{-1}$; $\gamma_{Wasser} = 4{,}5 \cdot 10^{-4}\ K^{-1}$
   Um welche Höhe steigt die Behälterfüllung bei einer Erwärmung auf 92,0 °C an?

2.8 Projektierung von Chemieapparaten

Scale up

Bei der Auslegung von Chemieapparaten bedient man sich der Maßstabvergrößerung, auch **Scale up** genannt.

Der Ausdruck Scale up, von engl. to scale up = vergrößern, beschreibt die Technik, die Laborergebnisse verfahrenstechnischer Vorgänge in den industriellen Maßstab zu übertragen

Dabei werden z. B. Gefäßabmessungen sowie die ermittelten Volumina oder Massen von Experimenten in Laborgeräten, wie Kolben oder Bechergläser, auf die Masse und das Fassungsvolumen von Behältern und Apparaten in chemischen Produktionsanlagen umgerechnet **(Bild 1)**.

Basis der Berechnungen ist ein im Labor oder Technikum entwickeltes chemisches Verfahren, das in den industriellen Produktionsprozess übertragen wird.

Damit verlässliche Ergebnisse erzielt werden, wird das Scale up in zwei Stufen unterteilt. Die Laborproduktmengen werden von der Größenordnung Gramm bzw. Kubikzentimeter über die Technikumsmengen Kilogramm bzw. Liter bis auf die Produktionsanlagemengen Tonnen bzw. Kubikmeter jeweils um einen Faktor in der Größenordnung 10 bis 1000 gesteigert **(Tabelle)**.

Die genaue Größe dieses **Scale-up-Faktors *F*** ergibt sich aus den Abmessungen bzw. Mengen oder Volumina der Industrieausführung und denen der Labor- oder Technikumsgeräte (siehe rechts). Der Scale-up-Faktor gilt nur für eine bestimmte physikalische Größe, z. B. den Durchmesser oder das Volumen.

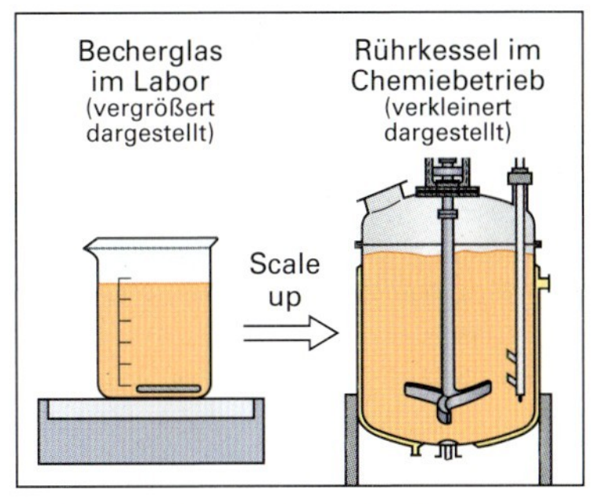

Bild 1: Scale up (schematisch)

Tabelle: Scale up eines Prozesses

Anlagentyp	Produktmengen
Laborgeräte	Gramm, Milliliter
Technikums-anlage	Kilogramm, Liter
Produktions-anlage	Tonne, Kubikmeter

Scale-up-Faktor

$$F = \frac{\text{Industriegröße}}{\text{Laborgröße}}$$

Wird z. B. ein Behälterdurchmesser um den Faktor F vergrößert, dann vergrößert sich die Oberfläche des Gefäßinhalts um F^2 und sein Volumen um F^3.

Dies lässt sich am Beispiel des Scale up vom Becherglas zum Rührkessel (Bild 1) verdeutlichen.

Führt man ein Scale up vom Technikumsbecherglas mit 12 cm Durchmesser auf einen Rührkessel von 120 cm Durchmesser aus, dann erhält man hierbei einen **Scale-up-Faktor des Durchmessers** von:

$$\boldsymbol{F_D} = \frac{D_{RK}}{D_{BG}} = \frac{120\ \text{cm}}{12\ \text{cm}} = \mathbf{10}$$

Die Oberfläche des Becherglasinhalts und des Rührkesselinhalts (vereinfachend jeweils ein stehender Zylinder mit der Höhe des Durchmessers) berechnet sich mit der Formel: $O_{Zyl} = \pi \cdot h \cdot D = \pi \cdot D^2$

Der **Scale-up-Faktor der Oberflächen** von Becherglas zu Rührkessel beträgt für das Beispiel:

$$\boldsymbol{F_O} = \frac{O_{RK}}{O_{BG}} = \frac{\pi \cdot D_{RK}^2}{\pi \cdot D_{BG}^2} = \left(\frac{D_{RK}}{D_{BG}}\right)^2 = 10^2 = \mathbf{100}$$

Die Oberfläche einer Behälterfüllung ist die entscheidende Größe bei der Berechnung der Kühlungs- bzw. Heizflächen eines Behälters durch einen Heizmantel.

Die Volumina des Becherglases und des Rührkessels (vereinfachend ein stehender Zylinder mit der Höhe des Durchmessers) berechnet man mit der Formel

$V_{Zyl} = \pi/4 \cdot D^2 \cdot h = \pi/4 \cdot D^3$

Der **Scale-up-Faktor der Volumina** von Becherglas und Rührkessel beträgt für das Beispiel:

$$\boldsymbol{F_V} = \frac{V_{RK}}{V_{BG}} = \frac{\pi/4 \cdot D_{RK}^3}{\pi/4 \cdot D_{BG}^3} = \left(\frac{D_{RK}}{D_{BG}}\right)^3 = 10^3 = \mathbf{1000}$$

Das Volumen einer Behälterfüllung ist die entscheidende Größe bei der Berechnung der Volumina und Produktmengen bei einer chemischen Reaktion in einem Rührkessel.

Merke: Bei der Angabe eines Scale-up-Faktors muss die Bezugsgröße des Faktors angegeben sein.

Beispiel: Das Volumen eines Technikum-Becherglasinhalts von 850 mL soll mit einem Scale-up-Faktor $F_V = 1200$ auf einen Rührkesselinhalt vergrößert werden.

a) Wie groß ist das Rührkesselvolumen? b) Welchen Durchmesser hat der Rührkessel?

(Näherungsweise soll angenommen werden, dass der Becherglasinhalt und der Rührkesselinhalt die Form eines stehenden Zylinders mit höhengleichem Durchmesser haben).

Lösung: a) $\boldsymbol{F_V} = \frac{V_{RK}}{V_{BG}} \Rightarrow V_{RK} = F_V \cdot V_{BG} = 1200 \cdot 850\ \text{mL} = 102000\ \text{mL} = 1020\ \text{L} = 1{,}020\ \text{m}^3$

b) $\boldsymbol{V_{RK}} = \frac{\pi}{4} \cdot d_{RK}^3 \Rightarrow d_{RK} = \sqrt[3]{\frac{4 \cdot V_{RK}}{\pi}} = \sqrt[3]{\frac{4 \cdot 1{,}020\ \text{m}^3}{\pi}} \approx 1{,}091\ \text{m} \approx \mathbf{109{,}1\ cm}$

Ähnliche physikalische Größen

Neben der Vergrößerung der Abmessungen bzw. Volumina der Apparate (siehe oben) müssen beim Scale up weitere physikalische Größen beim Technikumsapparat (Modell) und der Industrieausführung übereinstimmen bzw. in einem rechnerischen Verhältnis zueinander stehen **(Bild 1)**.

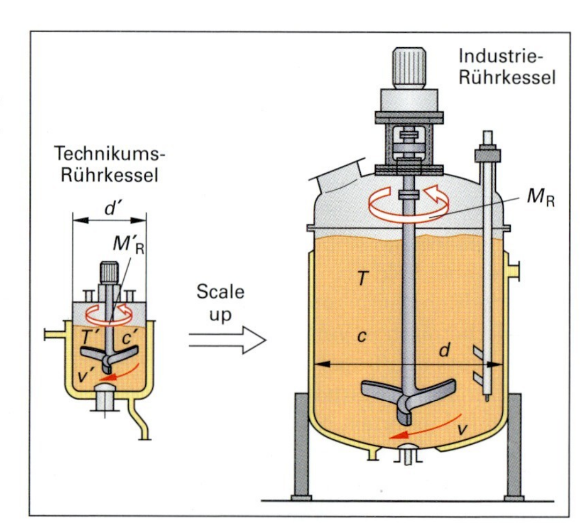

Bild 1: Ähnliche physikalische Größen beim Modell und bei der Industrieausführung

- Die Temperaturen im Modell und dem Industrieapparat müssen an „gleichen" (homologen) Apparatestellen gleiche Werte aufweisen: $T' \approx T$
- Die Strömungsgeschwindigkeiten v im Modell und in der Industrieausführung müssen an homologen Stellen im Apparat in einem gewissen Verhältnis stehen und dieselbe Richtung aufweisen: $v' \rightarrow v$
- Die chemische Zusammensetzung (die Konzentrationen) im Modell und der Industrieausführung stehen dann ebenfalls in einem festen Verhältnis zueinander: $c' \rightarrow c$
- Die erforderlichen Antriebs-Drehmomente M_R des Rührers von Modell und Industrie-Rührkessel sind vom Rührer-Durchmesser d_R abhängig: $\frac{M'_R / d'^3_R}{M_R / d_R^3} = \text{Konstante}$

Dimensionslose Zahlen

Eine wesentliche Hilfe beim Scale up (Maßstabvergrößerung) und der sinnvollen Übertragung der physikalischen Größen vom Technikumsmodell auf die Industrieausführung sind die relevanten dimensionslosen Kenngrößen, auch **dimensionslose Zahlen** genannt.

Wichtige dimensionslose Zahlen in der Chemietechnik sind z. B.:

- Die Reynoldszahl *Re* und die Newtonzahl *Ne* für Strömungsvorgänge.
- Die Nusseltzahl *Nu* und die Prandtlzahl *Pr* für Wärmeübertragungsvorgänge.

Am Beispiel der dimensionslosen Reynoldszahl *Re* wird nachfolgend gezeigt, wie man gleiche Strömungszustände von einem Technikumsmodell auf einen Industrie-Rührkessel überträgt.

Die Reynoldszahl *Re* für den Strömungszustand in einem Rührbehälter berechnet man aus dem Quadrat des Rührerdurchmessers d_R, seiner Drehfrequenz n, der Dichte der Behälterfüllung ϱ_{Fl} und der dynamischen Viskosität η_{Fl}.

Sie lautet: $Re = \frac{n \cdot d_R^2 \cdot \varrho_{Fl}}{\eta_{Fl}}$ und charakterisiert den Strömungszustand in einem Rührkessel.

Sollen z. B. die Strömungszustände (laminar oder turbulent) im Technikumsmodell und der Industrieausführung des Rührkessels ähnlich sein, dann muss die Reynoldszahl bei beiden Rührkesseln gleich sein.

Beispiel: In einem Technikumsrührkessel werden optimale Ausbeuten bei turbulenter Strömung bei einer Reynoldszahl von $Re = 85000$ erzielt.

Die Dichte ϱ_{Fl} und die dynamische Viskosität η_{Fl} des Ansatzes im Modell und im Rührkessel sind identisch: $\varrho_{Fl} = 1052$ kg/m³; $\eta_{Fl} = 1{,}37 \cdot 10^{-3}$ Pa s. Der äußere Rührerdurchmesser beträgt $d_R = 950$ mm.

Man erhält dann die gleichen Strömungsverhältnisse im Industriekessel, wenn die Reynoldszahl dort ebenfalls $Re = 85000$ beträgt. Um dies zu erreichen, muss die Rührerdrehfrequenz n der nach n aufgelösten Formel der Reynoldszahl entsprechen.

Lösung: Aus $Re = \frac{n \cdot d_R^2 \cdot \varrho_{Fl}}{\eta_{Fl}}$ folgt $n = \frac{Re \cdot \eta_{Fl}}{\varrho_{Fl} \cdot d_R^2} = \frac{85000 \cdot 1{,}37 \cdot 10^{-3}\ \text{Pa s}}{1052\ \text{kg/m}^3 \cdot 0{,}950^2\ \text{m}^2} \approx 0{,}123\ \frac{\text{Pa} \cdot \text{s} \cdot \text{m}}{\text{kg}}$

Mit 1 Pa = 1 N/m² und 1 kg = N · s²/m → $\boldsymbol{n} \approx \frac{0{,}123\ \text{N} \cdot \text{s} \cdot \text{m} \cdot \text{m}}{\text{m}^2 \cdot \text{N} \cdot \text{s}^2} \approx 0{,}123\ \text{s}^{-1} \approx \mathbf{7{,}36\ min^{-1}}$

Aufgaben zu 2.8 Projektierung von Chemieapparaten

1. Für die Herstellung von 1000 kg Nitrobenzol in einem diskontinuierlichen Industrie-Rührkessel sollen die Maße des Rührkessels aus einem Technikumsversuch durch Scale up bestimmt werden.

   Im Technikumsversuch werden 1170 g Schwefelsäure mit einem Massenanteil w von 0,96 in einem Technikums-Minirührkessel vorgelegt. Unter Rühren werden langsam 685 g Salpetersäure mit $w = 0{,}65$ zugegeben. Die sich erwärmende Mischung wird durch die Rührerkühlung auf Umgebungstemperatur gekühlt. Dann werden 390 g Benzol unter intensivem Rühren langsam zudosiert. Durch Kühlen wird die Temperatur unter 45 °C gehalten. Die Ausbeute an Nitrobenzol beträgt 500 g.

   Berechnen Sie:
   a) Das erforderliche Rührkesselvolumen für die Produktion von 10000 kg Nitrobenzol bei 75 % Rührkesselfüllung.
   b) Das Nennvolumen des auszuwählenden Rührkessels nach DIN 28136-1.
   c) Den volumenbezogenen Scale-up-Faktor der Rührkesselvergrößerung.

Stoffdaten	Schwefelsäure	Salpetersäure	Benzol	Nitrobenzol
Massenanteil w	0,96	0,65	1,00	1,00
Dichte ϱ	1,84 kg/dm³	1,39 kg/dm³	0,88 kg/dm³	1,20 kg/dm³
Molare Masse	98,08 kg/mol	63,01 kg/mol	78,11 kg/mol	123,11 kg/mol

2. In einem Modellwärmetauscher wird an den Wärmetauscherrohren die Wärmeübertragung mit einer Nusseltzahl $\text{Nu} = \frac{\alpha \cdot l}{\lambda} = 200$ beschrieben. Der Wärmeübergangskoeffizient beträgt $\alpha = 2800$ W/(m² · K), der Wärmeleitkoeffizient $\lambda = 26$ W/(m · K). l ist die Länge der Wärmetauscherrohre.

   Wie lang muss das Wärmetauscherrohr in einem Industrie-Wärmetauscher sein, wenn ähnliche Wärmeübertragungsverhältnisse wie im Modellwärmetauscher herrschen sollen?

2.9 Druckarten und Druckkräfte in Behältern

Druckarten in Behältern

Im Gasraum eines Behälters bzw. Chemieapparats herrscht der statische Druck der Anlage p_{stat}, auch Systemdruck p_{system} genannt. Er wird z.B. von einer Pumpe erzeugt **(Bild 1)**.

Der statische Druck p_{stat} ist der Quotient aus der Kraft F und der Fläche A, auf die die Kraft wirkt.

In der Flüssigkeit im Behälter herrscht zusätzlich der hydrostatische Druck p_{hyd}. Der hydrostatische Druck p_{hyd} wird durch die Gewichtskraft der Flüssigkeit hervorgerufen. Er steigt mit der Tiefe h der Flüssigkeit.

Insgesamt liegt in der Flüssigkeit im Behälter ein Gesamtdruck p_{ges} aus den zwei genannten Druckarten vor.

Statischer Druck
$p_{stat} = \frac{F}{A}$

Hydrostatischer Druck
$p_{hyd} = \varrho \cdot g \cdot h$

Gesamtdruck
$p_{ges} = p_{stat} + p_{hyd}$

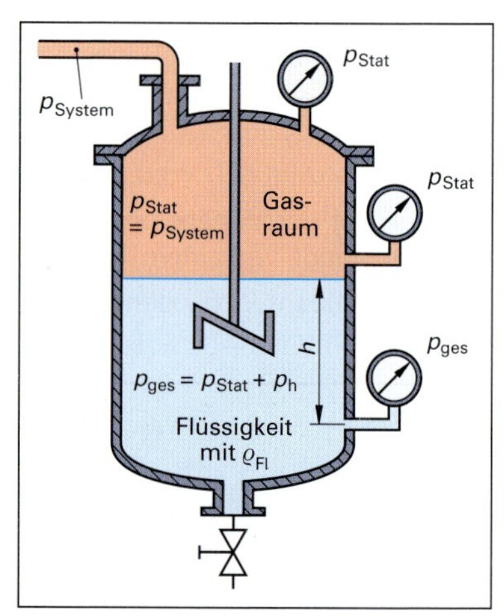

Bild 1: Drücke an den verschiedenen Stellen eines Behälters

Druckkräfte in Behältern

In vielen Behältern und Apparaten in Chemieanlagen ist der Systemdruck größer als der Umgebungsdruck p_{amb}.

Man nennt ihn dann Überdruck p_e **(Bild 2)**.

Der Überdruck wirkt nach allen Seiten und führt zu Druckkräften F_p auf die Wandungen des Behälters. Man berechnet sie aus der umgestellten Druck-Definitionsgleichung mit dem Druck p_e und einem Flächensegment A der Behälterwand.

Druckkraft
$F_p = p_E \cdot A$

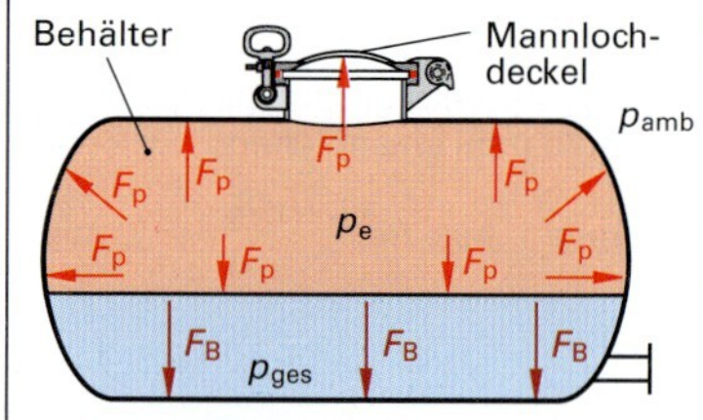

Bild 2: Druckkräfte

Beispiel: In einem Behälter mit einem Mannlochdeckel von 0,150 m² Deckelinnenfläche herrscht ein Überdruck von 5,00 bar. Wie groß ist die Druckkraft auf den Mannlochdeckel?

Lösung: Mit 1 bar = 10^5 N/m²;

$F_p = p_E \cdot A = 5{,}00\ \text{bar} \cdot 0{,}150\ \text{m}^2 = 5{,}00 \cdot 10^5\ \text{N/m}^2 \cdot 0{,}150\ \text{m}^2 = 75000\ \text{N} = \mathbf{75\ kN}$

In der Flüssigkeit im Behälter wirkt zusätzlich der hydrostatische Druck, so dass insgesamt in der Flüssigkeit der Gesamtdruck $p_{ges} = p_{stat} + p_{hyd}$ herrscht **(Bild 3)**.

Auf den Boden des Behälters wirkt die von der Füllstandshöhe h_b abhängige Bodendruckkraft F_b.

Auf eine seitliche Auslassöffnung des Behälters wirkt ebenfalls eine von der Tiefe der Auslassöffnung abhängige Seitendruckkraft F_s.

Boden- und Seitendruckkraft
$F_B = p_{ges} \cdot A = (p_e + \varrho \cdot g \cdot h_B) \cdot A$ $F_s = p_{s,ges} \cdot A = (p_e + \varrho \cdot g \cdot h_s) \cdot A$

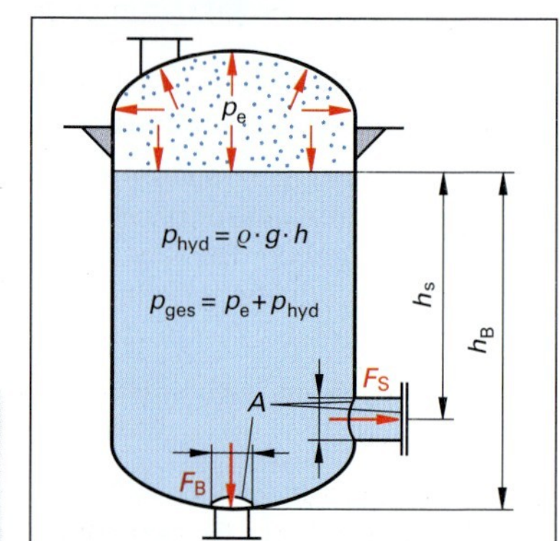

Bild 3: Boden- und Seitenkräfte

Aufgaben zu 2.9 Druckarten und Druckkräfte in Behältern

1. In einem Reaktionsbehälter steht Natronlauge mit einer Dichte von 1,109 g/cm³ 3,75 m hoch. Im Raum über der Behälterfüllung liegt ein Überdruck von 0,632 bar an. Welcher Gesamtdruck herrscht an der Oberfläche bzw. am Boden der Behälterfüllung?
2. In einem geschlossenen Bio-Hochreaktor steht das Abwasser 18,25 m hoch. Über dem Abwasser herrscht ein Systemüberdruck von 180 mbar. Der Bio-Hochreaktor hat 0,50 m über dem Boden eine seitliche Revisionsöffnung von 0,45 m Durchmesser. ϱ(Abwasser) = 1,072 kg/dm³
   a) Wie hoch ist der Gesamtdruck im Abwasser auf der mittleren Höhe des Revisionsstutzens?
   b) Welche Seitendruckkraft wirkt auf die Revisionsöffnung?

2.10 Elektromotoren

Die am häufigsten eingesetzten Antriebsmaschinen in Chemieanlagen sind Elektromotoren; insbesondere asynchrone Drehstrommotoren mit Kurzschlussläufer **(Bild 1)**.

Asynchrone Drehstrom-Kurzschlussläufermotoren werden von einem magnetischen Drehfeld angetrieben, das von Wicklungen (Polen) im Stator der Maschine erzeugt wird.

Die **Drehfeldfrequenz n_s** hängt von der Stromfeldfrequenz f und der Anzahl der Polpaare p des Motors ab.

Die tatsächliche Drehzahl n (Drehfrequenz) eines Drehstromasynchronmotors liegt um den Betrag der Schlupfdrehzahl Δn unter der Drehfeldfrequenz n_s. $n = n_s - \Delta n$

Bezieht man die Schlupfdrehzahl auf die Drehzahlfrequenz, so erhält man den **Schlupf s** (siehe rechts).

Er wird als Maß für die Abweichung der Motordrehzahl von der Drehfeldfrequenz benutzt und beträgt zwischen 3% und 8%.

Durch Umstellung der Gleichung für den Schlupf s erhält man eine Gleichung für die Motordrehzahl n: $n = n_s \cdot (1 - s/100\,\%)$

Die vom Elektromotor **aus dem Stromnetz aufgenommene Leistung P** berechnet sich aus der elektrischen Netzspannung U und der Stromstärke I sowie dem Leistungsfaktor $\cos\varphi$.

Der **Leistungsfaktor $\cos\varphi$** ist ein Ausnutzungsfaktor des Drehstrommotors für den Wechselstrom.

Die vom Elektromotor an die Arbeitsmaschine (z. B. Pumpe) **abgegebene Leistung P_{ab}** ist um den Wirkungsgrad η geringer als die aus dem Stromnetz entnommene Leistung P_{zu}.

Die **Nennleistung P_N** ist die bereitgestellte Motorleistung bei der Nenndrehzahl n_N. Sie wird vom Hersteller auf dem Leistungsschild des Motors angegeben **(Bild 2)**.

Die Leistung wird in Watt (W) oder Kilowatt (kW) angegeben.

Der **Motorwirkungsgrad η** gibt das Verhältnis der an der Motorwelle abgegebenen mechanischen Leistung P_{ab} zur aus dem Netz aufgenommenen elektrischen Leistung P_{zu} an (siehe rechts). Er berücksichtigt die elektromagnetische Umsetzung der elektrischen Energie in mechanische Energie und beträgt 80 bis 90%.

Die Durchzugskraft eines Elektromotors wird mit dem **Drehmoment M** beschrieben . Es berechnet sich aus der bereitgestellten Leistung P_{ab} und der Drehzahl n (siehe rechts).

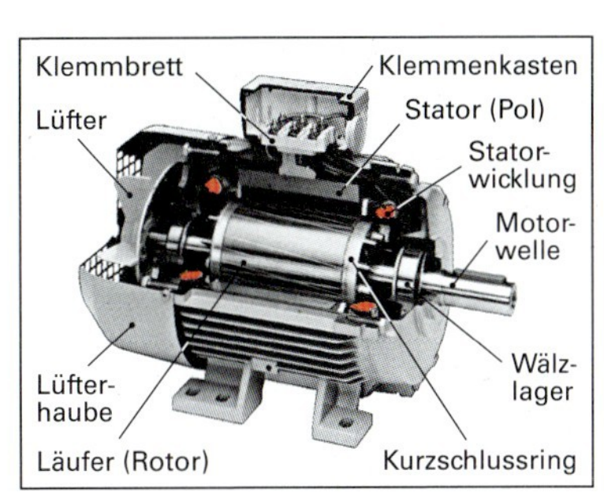

Bild 1: Drehstrom-Kurzschlussläufermotor

Drehfeldfrequenz
$$n_s = f/p$$

Motordrehzahl
$$n = n_s - \Delta n$$

Schlupf
$$s = \frac{n_s - n}{n_s} \cdot 100\,\%$$

Vom Motor aus dem Stromnetz entnommene Leistung
$$P_{zu} = \sqrt{3} \cdot U \cdot I \cdot \cos\varphi$$

Vom Motor an die Arbeitsmaschine abgegebene Leistung
$$P_{ab} = \eta \cdot \sqrt{3} \cdot U \cdot I \cdot \cos\varphi$$

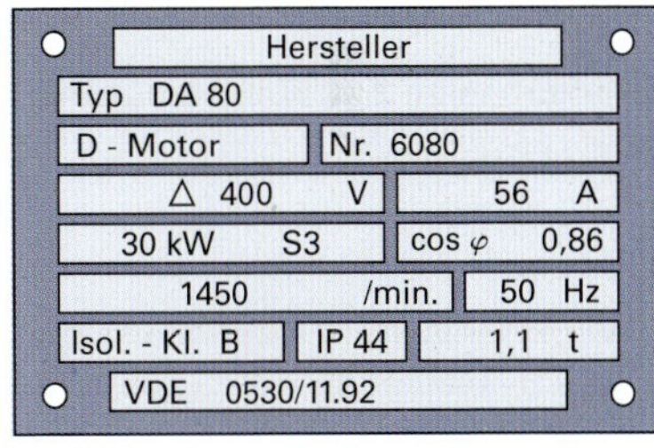

Bild 2: Leistungsschild eines Elektromotors

Wirkungsgrad
$$\eta = \frac{P_{ab}}{P_{zu}}$$

Drehmoment
$$M = \frac{P_{ab}}{2\pi \cdot n}$$

Beispiel: Aus dem Leistungsschild eines Elektromotors (Bild 2) können folgende Nenndaten entnommen werden: $U = 400$ V, $I = 56$ A, $P_N = P_{ab} = 30$ kW, $\cos\varphi = 0{,}86$, $n_N = 1450$ 1/min, $f = 50$ Hz, $n_s = f/p = 3000\ \text{min}^{-1}/2 = 1500\ \text{min}^{-1}$.

Es sollen berechnet werden: a) der Schlupf bei Nenndrehzahl; b) die vom Motor aufgenommene Leistung; c) der Wirkungsgrad.

Lösung:

a) $\boldsymbol{s} = \frac{n_s - n}{n_s} \cdot 100\,\% = \frac{1500\ \text{min}^{-1} - 1450\ \text{min}^{-1}}{1500\ \text{min}^{-1}} \cdot 100\,\% = \mathbf{3{,}3\,\%}$

b) $\boldsymbol{P_{zu}} = \sqrt{3} \cdot U \cdot I \cdot \cos\varphi = \sqrt{3} \cdot 400\ \text{V} \cdot 56\ \text{A} \cdot 0{,}86 = 33366{,}23\ \text{V} \cdot \text{A} = 33366{,}23\ \text{W} = 33{,}37\ \text{kW} \approx \mathbf{33\ kW}$

c) $\boldsymbol{\eta} = \frac{P_{ab}}{P_{zu}} = \frac{30\ \text{kW}}{33{,}37\ \text{kW}} = 0{,}8991 = 89{,}91\,\% \approx \mathbf{90\,\%}$

Das **Betriebsverhalten** eines Drehstromasynchronmotors wird durch seine Drehmoment-Drehzahl-Kennlinie beschrieben **(Bild 1)**. Er hat aus dem Stillstand ein hohes Anzugsmoment M_A. Beim Hochlaufen sinkt das Drehmoment zuerst leicht ab, um bei steigender Drehzahl bis auf das Kippmoment anzusteigen. Danach folgt der Betriebsbereich des Motors. Hier fällt das Drehmoment ab, bis es mit dem Lastmoment der Arbeitsmaschine (z.B. einer Pumpe oder einem Rührer) im Gleichgewicht steht. Am Betriebspunkt des Motors gibt er das Nennmoment M_N ab und läuft bei der Nenndrehzahl n_N. Bei Erhöhung des Lastmoments steigt das Motordrehmoment steil an, die Motordrehzahl geht leicht zurück. Bei Verminderung des Lastmoments fällt das Motordrehmoment steil ab, die Drehzahl erhöht sich leicht. Der Motor passt sich der Belastung an (Selbstregelverhalten).

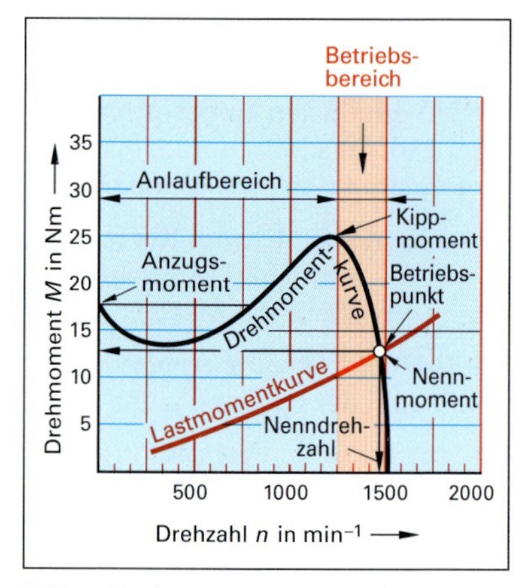

Bild 1: Drehmoment-Drehzahl-Kennlinie eines Drehstromasynchronmotors

Die **Drehzahlregelung** eines Drehstromasynchronmotors kann auf verschiedene Weise erreicht werden:

- durch Anbau eines mechanischen Getriebes (Seite 59);
- durch Ausstattung des Motors mit mehreren Polpaaren und Polumschaltung: Hierdurch ist eine stufenweise Änderung der Drehzahl möglich: 3000 min^{-1} (1 Polpaar), 1500 min^{-1} (2 Polpaare), 1000 min^{-1} (3 Polpaare), 750 min^{-1} (4 Polpaare);
- durch elektronische Umformung der Drehfeldfrequenz: Hierbei kann die Drehzahl stufenlos in einem weiten Bereich (3000 min^{-1} bis 150 min^{-1}) eingestellt werden.

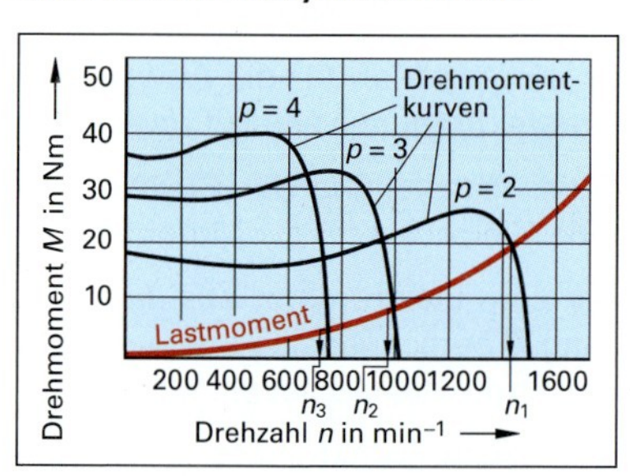

Bild 2: Kennlinienänderung durch Polumschaltung

Die Auswahl eines Elektromotors für eine Antriebsaufgabe wird durch die Anforderungen der angetriebenen Arbeitsmaschine festgelegt: das Nennmoment M_N, die Nennleistung P_N, die Nenndrehzah n_N, die Betriebsbedingungen.

Aufgaben zu 2.10 Elektromotoren

1. Ein 8-poliger Drehstrom-Kurzschlussläufermotor (für Netzfrequenz 50 Hz) hat eine Nenndrehzahl von 715 min^{-1}.Wie groß ist die Drehfeldfrequenz in der Ständerwicklung und der Schlupf des Motors?
2. Ein Drehstrom-Kurzschlussläufermotor hat eine Nennleistung von 18,5 kW bei einer Nenndrehzahl von 1450 min^{-1}. Wie groß ist sein Nennmoment?
3. Ein Drehstrom-Kurzschlussläufermotor trägt das nebenstehend gezeigte Leistungsschild **(Bild 3)**.
   a) Welche Polzahl hat die Maschine?
   b) Wie groß ist der Schlupf bei Nenndrehzahl?
   c) Wie groß ist die vom Motor aufgenommene elektrische Leistung?
   d) Wie groß ist die Nennleistung des Motors und welchen Wirkungsgrad hat er bei Nennleistung?
   e) Welche Energiekosten fallen bei kontinuierlichem Betrieb des Motors pro Tag an (Stromtarif: 0,18 Euro/kWh)?

Hersteller
Typ OD 1044/5741
D - Motor | IP 44 | Nr. 3141587
Y | 400 V | 15,8 A
7,0 kW | cos φ 0,81
1430 min⁻¹ | 50 Hz | Is. Kl. F
VDE 0530 | Made in Germany

Bild 3: Leistungsschild (Aufgabe 3)

4. Ein Drehstrom-Kurzschlussläufermotor mit der Drehmoment-Drehzahl-Kennlinie von Bild 1, oben, treibt einen Rührer mit einer durch die unten stehenden Wertepaare gegebenen Lastmomentkurve an.
   a) Zeichnen Sie die Drehmomentkurve und die Lastmomentkurve in ein Diagramm und bestimmen Sie den Betriebspunkt des Motors.

Tabelle: Lastmomentkurve

M_L in N·m	2,0	4,0	7,0	10,5	17,0	30,0
n in min^{-1}	300	600	900	1200	1500	1800

   b) Bei welcher Drehzahl läuft der Motor und welches Drehmoment gibt er ab?

2.11 Getriebe

Getriebe werden eingesetzt, um Drehzahlen und Drehmomente zu übersetzen und um Drehrichtungen zu ändern. Die Getriebe sind meist direkt an die antreibenden Elektromotoren angebaut.

Als **Übersetzungsverhältnis *i*** bezeichnet man das Verhältnis der Drehzahl n_1 der antreibenden Welle zur Drehzahl n_2 der angetriebenen Welle **(Bild 1)**.

Übersetzungsverhältnis	$i = \frac{n_1}{n_2}$; $i = \frac{M_2}{M_1}$

Man unterscheidet Übersetzungen ins Schnelle ($i < 1$) und Übersetzungen ins Langsame ($i > 1$).

Durch eine Drehzahländerung ($n_1 \rightarrow n_2$) wandeln sich die Drehmomente in umgekehrtem Sinn ($M_1 \rightarrow M_2$), d. h., bei Verminderung der Drehzahl erhöht sich das Drehmoment und umgekehrt.

Keilriemengetriebe

Ein Keilriemengetriebe besteht aus einer großen und einer kleinen Keilriemenscheibe, über die Keilriemen laufen **(Bild 1)**.

Die Übersetzung des Keilriemengetriebes berechnet man aus dem Verhältnis der wirksamen Riemendurchmesser d_{w1} und d_{w2} (siehe rechts). Die kleinere Scheibe hat stets die größere Drehzahl.

Keilriemengetriebe
$i = \frac{n_1}{n_2} = \frac{d_{w2}}{d_{w1}}$

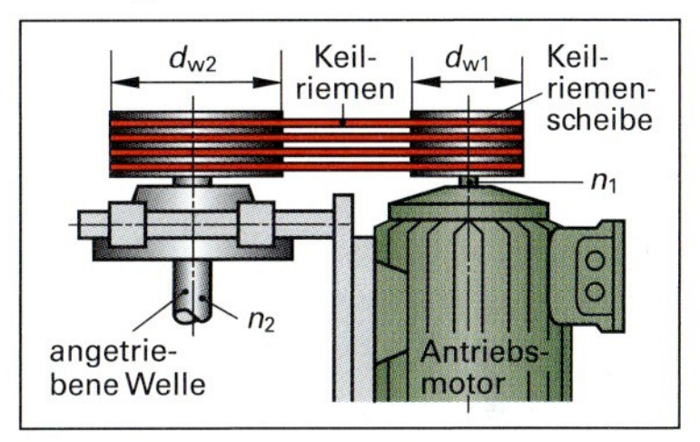

Bild 1: Keilriemengetriebe

Zahnrädergetriebe

Zahnrädergetriebe sind an den Motor angeflanscht und bilden mit ihm eine konstruktive Einheit, den **Getriebemotor (Bild 2)**.

Sie bestehen aus einem oder mehreren Zahnradpaaren mit unterschiedlichen Zähnezahlen und Durchmessern.

Man unterscheidet Stirnrädergetriebe, Innenzahnrädergetriebe, Kegelrädergetriebe und Schneckenradgetriebe.

Beim **Stirnrädergetriebe** berechnet man das Übersetzungsverhältnis aus dem Verhältnis der Zähnezahlen (z) bzw. dem Verhältnis der Teilkreisdurchmesser d_T der Zahnräder **(Bild 3)**. Das kleinere Zahnrad hat stets die größere Drehzahl.

Stirnrädergetriebe
$i = \frac{n_1}{n_2} = \frac{z_2}{z_1} = \frac{d_{T2}}{d_{T1}}$

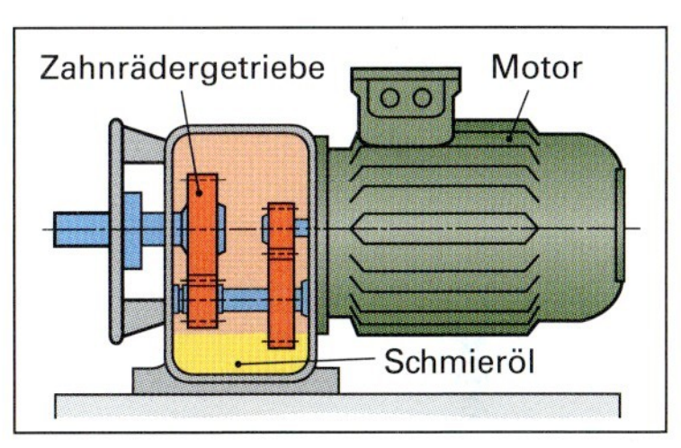

Bild 2: Getriebemotor

Beispiel: Ein Stirnrädergetriebe, dessen kleineres Zahnrad 16 Zähne und dessen größeres Zahnrad 56 Zähne besitzt, wird an der Welle mit dem kleineren Zahnrad mit einer Nenndrehzahl von 1440 min^{-1} angetrieben.

Wie groß sind die Drehzahl des größeren Zahnrads und das Übersetzungsverhältnis?

Lösung: $i = \frac{n_1}{n_2} = \frac{z_2}{z_1} \Rightarrow i = \frac{z_2}{z_1} = \frac{56}{16} = 3{,}5$

$\Rightarrow \mathbf{n_2} = \frac{n_1}{i} = \frac{1440\ min^{-1}}{3{,}5} = 411{,}43\ min^{-1} \approx \mathbf{411\ min^{-1}}$

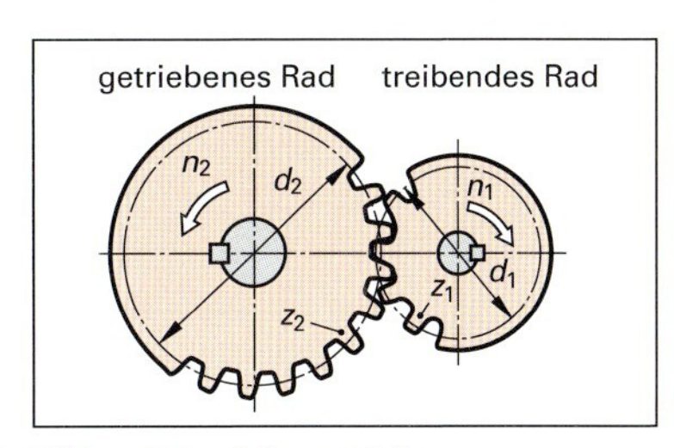

Bild 3: Stirnrädergetriebe

Das **Innenzahnrädergetriebe** und das **Kegelrädergetriebe (Bild 4)** berechnet man nach denselben Gleichungen wie das Stirnrädergetriebe (Formel siehe oben).

Beim **Schneckenradgetriebe (Bild 5)** bewegt sich das Schneckenrad z_2 um einen Zahn weiter, wenn sich die eingängige Schnecke ($z_1 = 1$) einmal dreht.

Schneckenradgetriebe
$i = \frac{n_1}{n_2} = \frac{z_2}{z_1} = z_2$

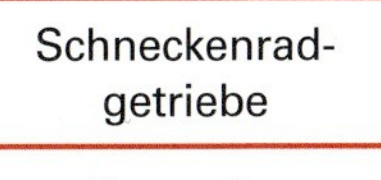

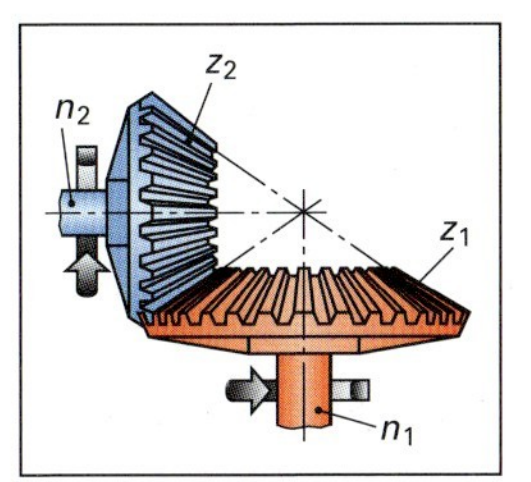

Bild 4: Kegelrädergetriebe

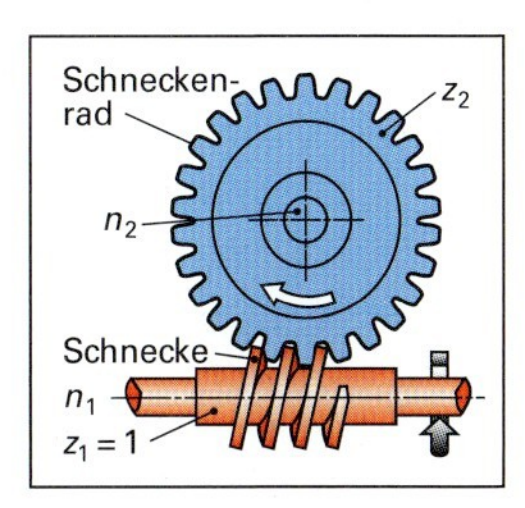

Bild 5: Schneckenradgetriebe

Mehrfachübersetzungen

Zahnrädergetriebe mit großen Übersetzungen besitzen mehrere Zahnradpaare auf mehreren Wellen **(Bild 1)**. Das Gesamtübersetzungsverhältnis i_{ges} eines solchen Getriebes lässt sich aus den Wellendrehzahlen oder aus den Zähnezahlen der verschiedenen Zahnradpaare berechnen. Dabei ist $n_2 = n_3$, da beide Zahnräder auf derselben Welle sitzen.

Mehrfach-übersetzung	$i_{ges} = \frac{n_1}{n_4} = i_1 \cdot i_2 = \frac{n_1}{n_2} \cdot \frac{n_3}{n_4} = \frac{z_2}{z_1} \cdot \frac{z_4}{z_3}$

Bild 1: Mehrfachübersetzung

Getriebe mit veränderbaren Übersetzungen

Mit dem **Stufenscheibengetriebe (Bild 2)** ist eine stufenweise Änderung der Drehzahl möglich. Die Übersetzung berechnet sich jeweils aus den wirksamen Durchmessern der Keilriemenscheiben des Motors d_M und der Arbeitsmaschine d_A.

Beim **Umschlingungsgetriebe (Bild 3)** kann die Drehzahl durch Verändern der Laufraddurchmesser stufenlos verstellt werden. Der **Verstellbereich *B*** (Drehzahlbereich) berechnet sich aus der größten Drehzahl der Antriebsmaschine n_{Ag} und der kleinsten Drehzahl der Arbeitsmaschine n_{Ak}.

Übersetzungsverhältnis Stufenscheibengetriebe Umschlingungsgetriebe
$i = \frac{n_M}{n_A} = \frac{d_A}{d_M}$

Verstellbereich
$B = n_{Ag}/n_{Ak}$

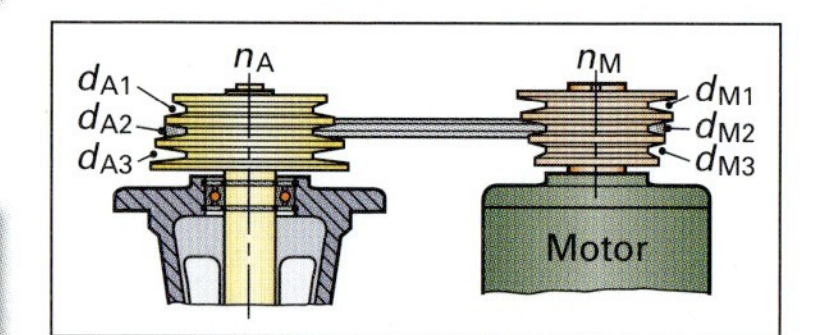

Bild 2: Stufenscheibengetriebe

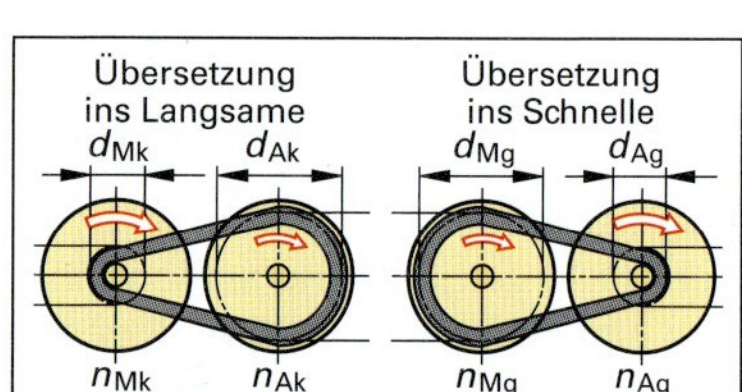

Bild 3: Umschlingungsgetriebe

Aufgaben zu 2.11 Getriebe

1. Ein Elektromotor mit nachgeschaltetem Keilriemengetriebe (Bild 1, Seite 59) hat eine Nenndrehzahl von 1450 min^{-1}. Er treibt einen Impellerrührer an, der mit einer Drehzahl von 580 min^{-1} rotieren soll. Der wirksame Durchmesser der Keilriemenscheibe am Elektromotor beträgt 22,8 cm.
   a) Wie groß ist das Übersetzungsverhältnis?
   b) Welchen wirksamen Durchmesser muss die Keilriemenscheibe am Rührwerk besitzen?

2. Eine Siebzentrifuge, die von einem Drehstrom-Kurzschlussläufermotor mit einer Nenndrehzahl von 1440 min^{-1} angetrieben wird, soll mit einer Drehzahl von ca. 6000 min^{-1} rotieren **(Bild 4)**. Auf welche Riemenscheiben-Kombination muss der Keilriemen aufgelegt werden?

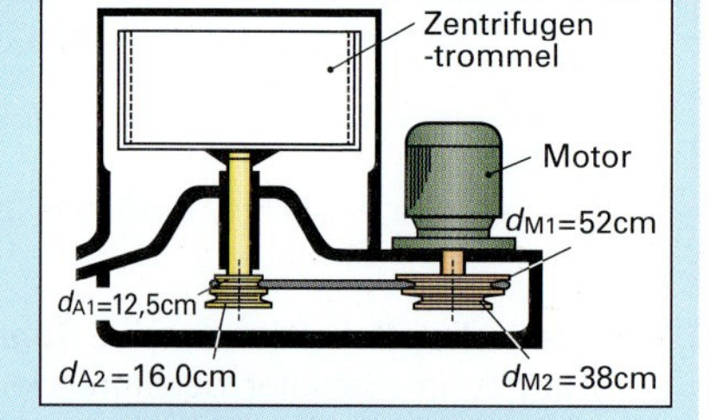

Bild 4: Keilriemengetriebe für eine Zentrifuge (Aufgabe 1)

3. Ein Kegelrädergetriebe (Bild 4, Seite 59) besitzt Kegelräder mit 24 und 36 Zähnen. Das antreibende Zahnrad mit 24 Zähnen rotiert mit einer Drehzahl von 970 min^{-1}.
   a) Mit welcher Drehzahl rotiert das zweite Kegelrad?
   b) Welches Übersetzungsverhältnis hat das Getriebe?

4. Ein Zahnrädergetriebe mit zweifacher Übersetzung (Bild 1) hat Zahnräder mit folgenden Zähnezahlen: $z_1 = 16$, $z_2 = 58$, $z_3 = 16$, $z_4 = 54$. Die Welle mit dem Zahnrad z_1 wird von einem Elektromotor mit der Nenndrehzahl 1450 min^{-1} angetrieben.
   a) Wie groß ist das Gesamtübersetzungsverhältnis des Getriebes?
   b) Welche Drehzahl hat die Abtriebswelle des Getriebes (n_4)?

5. Ein eingängiges Schneckenradgetriebe (Bild 5, Seite 59) reduziert die Motordrehzahl von 1440 min^{-1} auf die Abtriebsdrehzahl von 60 min^{-1}.
   Wie groß ist sein Übersetzungsverhältnis und wie viele Zähne hat das Schneckenrad?

2.12 Mechanische Belastung von Bauteilen und Apparaten

2.12.1 Spannungen in Bauteilen

In Bauteilen können verschiedene Spannungsarten auftreten. Die häufigste und für die Belastbarkeit eines Bauteils meistens relevante Spannung ist die Zugspannung. Sie tritt z.B. in einer Zugstange, in Schrauben, in Druckbehälterwänden usw. auf **(Bild 1)**.

Die Berechnung einer Zugspannung erfolgt mit der wirkenden Zugkraft F_Z und dem belasteten Bauteilquerschnitt A (siehe Formel).

Die Einheit der Zugspannung ist N/mm^2.

Zugspannung in einer Stange
$\sigma_Z = \frac{F_Z}{A}$

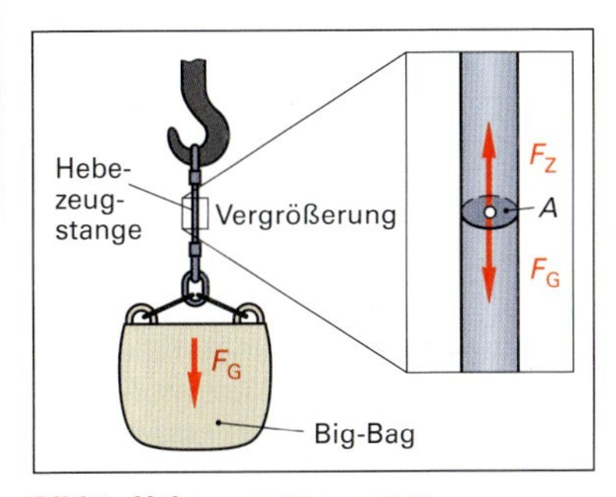

Bild 1: Hebezeugstange unter Zugbelastung

Beispiel: Ein Big-Bag mit einer Masse von 3480 kg wird von einem Kran mit einer Tragstange an einen neuen Standort transportiert. Die Tragstange hat einen Durchmesser von 18 mm.

Welche Zugspannung herrscht in der Tragstange?

Lösung: $\sigma_z = \frac{F_Z}{A} = \frac{m \cdot g}{\pi/4 \cdot d^2} = \frac{4 \cdot 3480\ \text{kg} \cdot 9{,}81\ \text{N/kg}}{\pi \cdot (18\ \text{mm})^2} \approx \mathbf{134\ N/mm^2}$

Die Spannung in einem Bauteil hängt neben der Größe und Richtung der einwirkenden Kräfte von der Größe und der Form des Bauteils ab. Im Folgenden sind an zwei weiteren technischen Anwendungen die Berechnungsgleichungen für die Zugspannung aufgezeigt.

Schrauben werden häufig eingesetzt zum Verbinden von Bauteilen, zum Verschließen von Deckeln usw. **(Bild 2)**. Bei einer Schraubenverbindung wird durch das Anziehen der Mutter eine Druckkraft F_D auf die zu verbindenden Bauteile und damit eine Zugkraft F_Z auf den Schraubenschaft ausgeübt.

Die Zugkraft F_Z wird vom tragenden Querschnitt der Schraube A_S getragen. Dies ist der Kernquerschnitt ohne die keilförmigen Einschnitte des Gewindes. Die Zugspannung in einer Schraube $\sigma_{Schraube}$ berechnet man mit der Zugkraft F_Z und dem Spannungsquerschnitt A_S der Schraube.

Zugspannung in einer Schraube
$\sigma_{Schraube} = \frac{F_Z}{A_S}$

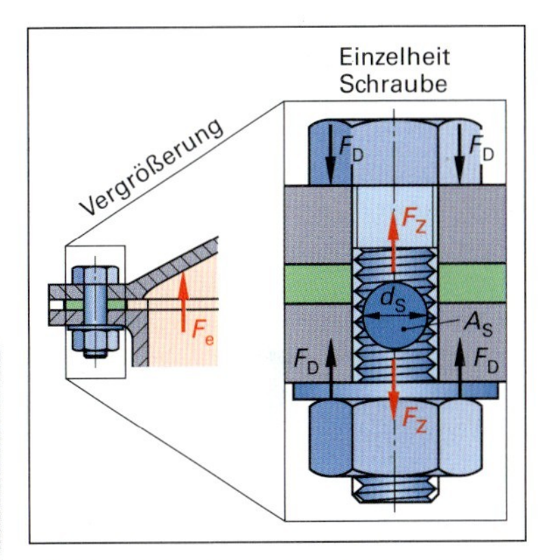

Bild 2: Zugkraft in der Schraube eines Behälterdeckels

Beispiel: Der Klappdeckel eines Einfüllstutzens an einem Behälter wird von 6 Klappschrauben mit A_S = 84,3 mm (Schraube M12) gehalten. Die Kraft auf den Deckel beträgt 47200 N.

Welche Spannung herrscht in den Schrauben?

Lösung: $\sigma_{Schraube} = \frac{F_Z}{A_S} = \frac{47200\ \text{N}}{6 \cdot 84{,}3\ \text{mm}^2} \approx \mathbf{93{,}3\ N/mm^2}$

Bei **zylindrischen Behältern** und bei **Rohrleitungen** wirken die vom Überdruck p_e im Behälter herrührenden Kräfte F_e senkrecht auf die Wandung und dehnen den Behälter auf **(Bild 3)**.

Sie erzeugen in der Behälterwand eine Zugspannung $\sigma_{Z,\,Wand}$, die in Richtung der Behälterwand wirkt. Die Berechnungsgleichung, auch **Kesselformel** genannt, gilt nur für dünnwandige Behälter und Rohre.

Zugspannung in Behälter- und Rohrwänden
$\sigma_{Z,\,Wand} = \frac{d_M}{2 \cdot s}$

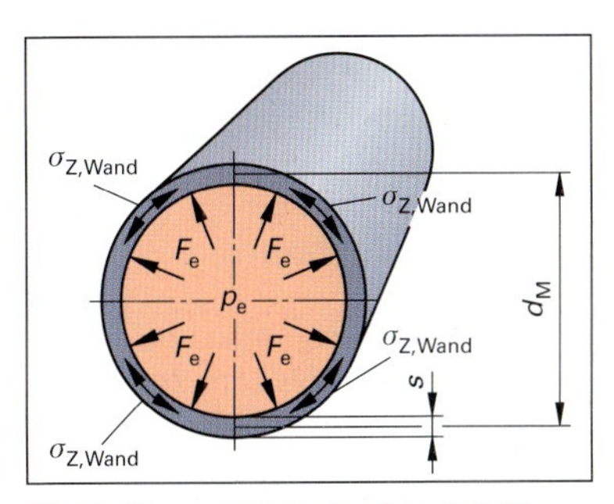

Bild 3: Zugspannung in einer Behälter- oder Rohrwand

Beispiel: In einem zylindrischen Behälter von 1,850 m Durchmesser und 8,0 mm Wandstärke herrscht ein Überdruck von 6,73 bar. Welche Zugspannung erzeugt der Innendruck in der Behälterwand?

Lösung: d_M = 1850 mm – 8 mm = 1842 mm; 1 bar = 10^5 N/m²

$$\sigma_{Z,\,Wand} = \frac{p_e \cdot d_M}{2 \cdot s} = \frac{6{,}73\ \text{bar} \cdot 1842\ \text{mm}}{2 \cdot 8\ \text{mm}} = \frac{6{,}73 \cdot 10^5\ \text{N/m}^2 \cdot 1842\ \text{mm}}{2 \cdot 8\ \text{mm}} \approx 775 \cdot 10^5\ \text{N/m}^2 \approx \mathbf{77{,}5\ N/mm^2}$$

2.12.2 Festigkeitskennwerte der Werkstoffe

Die Bauteile der Chemieapparate bestehen aus speziellen, für den Einsatz geeigneten Werkstoffen. Die mechanische Belastbarkeit der Werkstoffe wird im sogenannten **Zugversuch** geprüft **(Bild 1)**.
Man erhält daraus die Festigkeitskennwerte.
Beim Zugversuch wird ein genormter Probestab des Werkstoffs in einer Zugmaschine einer langsam ansteigenden Zugkraft F ausgesetzt. Der Probestab dehnt sich bei kleiner Zugkraft zuerst rein elastisch, bei größerer Zugkraft dann auch plastisch. Bei sehr großer Zugkraft schnürt er sich ein und zerreißt schließlich (**Bild 2,** obere Bildhälfte).
Während des Zugversuchs werden mit Kraft- und Längen-Messeinrichtungen die momentan auf den Probestab wirkende Zugkraft F und seine Verlängerung ΔL fortlaufend gemessen.
Mit den Abmessungen des Probestabs (L_0, S_0) wird in der Auswerteeinheit der Zugmaschine nach der Gleichung $\sigma = F/S_0$ die Zugspannung und nach $\varepsilon = \Delta L/L_0$ die Dehnung berechnet.
Auf dem Monitor der Auswerteeinheit werden die Spannungswerte σ und die dazu gehörenden Dehnungswerte ε fortlaufend in einem Schaubild dargestellt.
Man nennt dieses Diagramm das **Spannungs-Dehnungs-Schaubild** (Bild 2, untere Bildhälfte).
Aus dem Diagramm werden die Festigkeitskennwerte des Werkstoffs entnommen: die Streckgrenze R_e, die Zugfestigkeit R_m und die Bruchdehnung A.

Die **Streckgrenze R_e** ist die maximale Zugspannung, bis zu der sich ein Werkstoff rein elastisch dehnt. Man liest sie im Diagramm am Knick in der Kurve ab.

Streckgrenze	$R_e = \frac{F_{el}}{S_0}$

Die **Zugfestigkeit R_M** ist die maximale Spannung, die in einem Werkstoff auftreten kann, bevor er zerreißt. Man liest sie im Diagramm am Maximum der Kurve ab.

Zugfestigkeit	$R_m = \frac{F_{max}}{S_0}$

Bruchdehnung
$A = \frac{\Delta L_{max}}{L_0} \cdot 100\,\%$

Die **Bruchdehnung A** ist die bleibende Dehnung, die der Werkstoff bis zum Zerreißen erfahren hat.

Die Festigkeitskennwerte der Werkstoffe wurden gemessen und können aus Tabellenbüchem abgelesen werden. Die nebenstehende Tabelle zeigt die Kennwerte einiger häufig eingesetzter Werkstoffe.

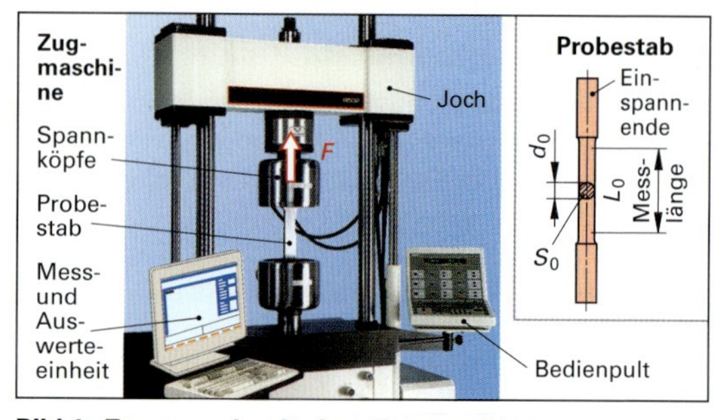

Bild 1: Zugversuch mit einer Zugmaschine

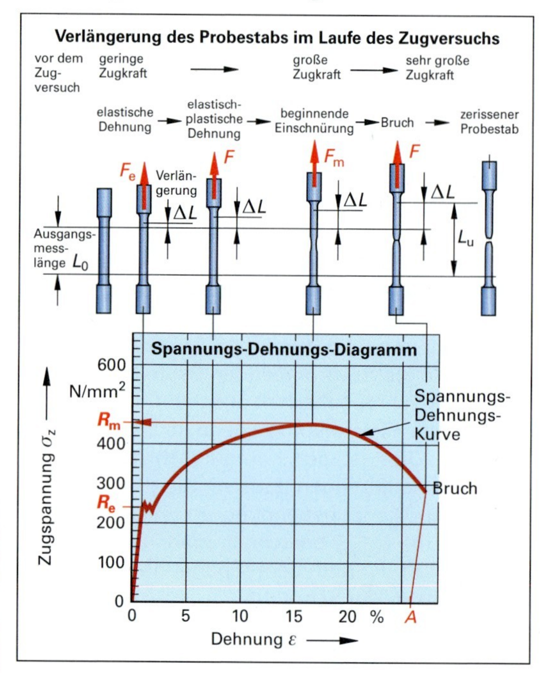

Bild 2: Verlängerung eines Probestabs beim Zugversuch (oben) und Spannungs-Dehnungs-Schaubild (unten)

Tabelle: Festigkeitskennwerte von Werkstoffen

Werkstoffsorte	Streckgrenze R_e in N/mm²	Zugfestigkeit R_m in N/mm²	Bruchdehnung in %
S235JR	175...235	360...510	21...26
S355J2	275...355	470...630	17...22
42CrMo4	650...750	900...1100	11...12
X5CrNi18-10	190	500...700	45
Al-Legierungen	60...150	120...200	8...20

Beispiel: Ein Probestab aus Stahl mit einer Querschnittsfläche von S_0 = 50,26 mm beginnt sich im Zugversuch bei einer Kraft von 17850 N zu strecken und zerreißt bei 28150 N. Welche Streckgrenze und welche Zugfestigkeit hat der Stahl?

Lösung:

Streckgrenze: $R_e = \frac{F_e}{S_0} = \frac{17850\ \text{N}}{50{,}26\ \text{mm}^2} \approx \mathbf{355\ N/mm^2}$; Zugfestigkeit: $R_m = \frac{F_m}{S_0} = \frac{28150\ \text{N}}{50{,}26\ \text{mm}^2} \approx \mathbf{560\ N/mm^2}$

2.12.3 Festigkeitskennwerte von Schrauben

Die Festigkeitskennwerte des Werkstoffs von Schrauben werden durch eine **Festigkeitsklasse** definiert, die auf dem Schraubenkopf durch eine eingeprägte Zahl angegeben ist **(Bild 1)**.
Die Festigkeitsklasse besteht aus zwei Zahlen mit einem Punkt, z.B. 6.8, sprich: sechs Punkt acht.
Die erste Zahl multipliziert mit 100 ergibt die Zugfestigkeit R_m in N/mm^2.
Die zweite Zahl multipliziert mit 10 und mit der ersten Zahl ergibt die Mindest-Streckgrenze R_e in N/mm^2.
Muttern sollten die gleiche Festigkeitsklasse haben wie die Schrauben, mit denen sie verschraubt werden.

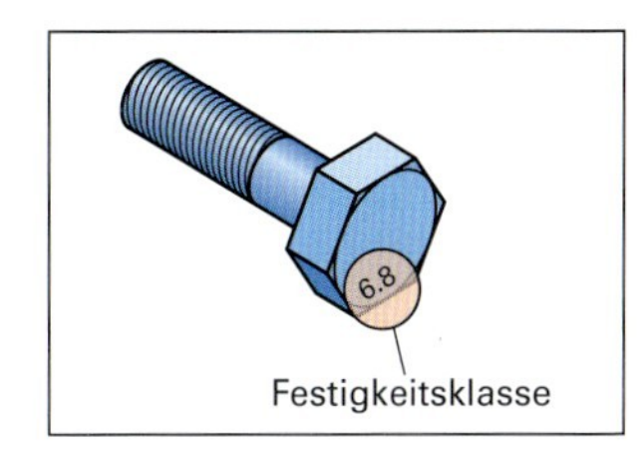

Bild 1: Angabe der Festigkeitsklasse einer Schraube

Beispiel: Eine Schraube hat die aufgeprägte Festigkeitsklasse 6.8. Welche Zugfestigkeit und welche Streckgrenze hat der Schraubenwerkstoff?

Lösung: Zugfestigkeit: $\boldsymbol{R_m} = 6 \cdot 100\ \text{N/mm}^2 = \mathbf{600\ N/mm^2}$

Mindest-Streckgrenze: $\boldsymbol{R_e} = 8 \cdot 10 \cdot 6\ \text{N/mm}^2 = \mathbf{480\ N/mm^2}$

2.12.4 Zulässige Spannung in Bauteilen

Ein Bauteil kann **nicht** mit der Zugfestigkeit R_m oder der Streckgrenze R_e belastet werden, da es dadurch bleibend gedehnt und damit beschädigt würde.
Die höchste Spannung, die in einem Bauteil auftreten darf, ist die **zulässige Spannung $\boldsymbol{\sigma_{zul}}$**. Sie wird aus der Streckgrenze R_e des Werkstoffs, dividiert durch eine **Sicherheitszahl $\boldsymbol{\nu}$** berechnet.
Die Sicherheitszahl ν ist je nach Werkstoff und Belastungsart unterschiedlich und kann Werte von 1,5 bis 10 annehmen **(Tabelle)**.

Zulässige Spannung

$$\sigma_{zul} = \frac{R_e}{\nu}$$

Tabelle: Sicherheitszahlen

Werkstoffart, Belastungsart	**Sicherheitszahl $\boldsymbol{\nu}$**
Zähe Werkstoffe, ruhende Last	2 bis 4
Zähe Werkstoffe, wechselnde Last	5 bis 10

Beispiel: Ein Bauteil aus dem Stahl 17Cr3 mit einer Streckgrenze von 480 N/mm^2 soll mit einer Sicherheitszahl $\nu = 3$ ausgelegt werden. Mit welcher Spannung darf das Bauteil maximal belastet werden?

Lösung: $\boldsymbol{\sigma_{zul}} = \frac{R_e}{\nu} = \frac{480\ \text{N/mm}^2}{3} = \mathbf{160\ N/mm^2}$

2.12.5 Auslegung von Bauteilen (Dimensionierung}

Damit ein Bauteil die auf es einwirkenden Kräfte tragen kann, ohne dadurch beschädigt oder zerstört zu werden, darf die zulässige Spannung σ_{zul} im Bauteil nicht überschritten werden.
Hierzu muss das Bauteil so ausgelegt sein, dass es die Kräfte ohne Schaden tragen kann.
Man nennt die Berechnung und Festlegung der Abmessungen eines Bauteils auch **Dimensionierung**.

Beispiel: Welchen Durchmesser muss die Tragstange von Beispiel 1, Seite 59, mindestens haben, um den Big-Bag sicher zu transportieren **(Bild 2)**?

Der Big-Bag hat eine Masse von 3480 kg. Die Tragstange soll aus dem Stahl 42CrMo4 bestehen und die Sicherheitszahl ν soll 2,5 sein.

Lösung: Aus der Tabelle von Seite 62 wird für den Stahl 42CrMo4 eine Streckgrenze von mindestens 650 N/mm^2 abgelesen.

Die zulässige Spannung ist: $\sigma_{zul} = \frac{R_e}{\nu} = \frac{650\ \text{N/mm}^2}{2{,}5} = \mathbf{260\ N/mm^2}$

Den erforderlichen Stangendurchmesser d berechnet man aus der umgestellten Gleichung für die Zugspannung im Bauteil (Seite 61):

$$\sigma_{zul} = \frac{F}{A} = \frac{F}{\pi/4 \cdot d^2} \Rightarrow d = \sqrt{\frac{4 \cdot F}{\pi \cdot \sigma_{zul}}} = \sqrt{\frac{4 \cdot 3480\ \text{kg}}{\pi \cdot 260\ \text{N/mm}^2}}$$

Mit 1 kg = 9,81 N $\Rightarrow$ $\boldsymbol{d} = \frac{4 \cdot 3480\ \text{kg} \cdot 9{,}81\ \text{N} \cdot \text{mm}^2}{\pi \cdot 260\ \text{N}} \approx \mathbf{12{,}9\ mm}$

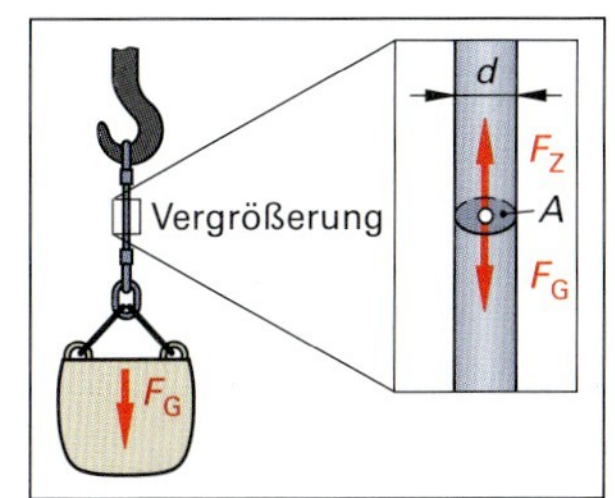

Bild 2: Erforderlicher Durchmesser der Hebestange

Aufgaben zu 2.12 Mechanische Belastung von Bauteilen und Apparaten

1. Eine Zugstange mit kreisförmigem Querschnitt und einem Durchmesser von 32 mm an einer Zentrifuge wird mit einer Zugkraft von 84 kN belastet.
   Wie groß ist die dadurch hervorgerufene Zugspannung in der Stange?

2. Mit einem Tragseil an einem Laufkran soll eine Zentrifuge mit einer Masse von 5,280 Tonnen angehoben werden. Das Tragseil besteht aus Stahldraht mit einer Streckgrenze von 620 N/mm² und hat einen tragenden Querschnitt von 168 mm². Kann die Zentrifuge mit dem Tragseil angehoben werden, wenn eine Sicherheitszahl von $\nu = 8$ vorgeschrieben ist?

3. Der Schwenkdeckel eines Reaktorstutzens **(Bild 1)** mit 44 cm Durchmesser wird von einer Klappschraube M30 mit Bügelmutter gehalten. Der Spannungsquerschnitt der Schraube ist 561 mm². Im Reaktor herrscht ein Überdruck von 1,62 bar.
   a) Welche Zugspannung herrscht in der Klappschraube?
   b) Kann die Klappschraube die Druckkraft des Deckels tragen, wenn die zulässige Spannung im Schraubenwerkstoff 50 N/mm² nicht überschreiten darf?

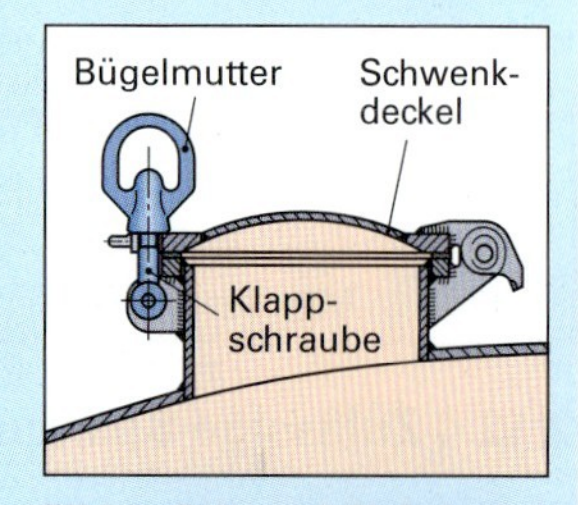

Bild 1: Schwenkdeckel mit Klappschraube

4. In einer Druckgasflasche herrscht beim Abfüllen ein Fülldruck von 200 bar. Der mittlere Durchmesser der Gasflasche beträgt 212 mm. Der Vergütungsstahl der Druckgasflasche hat eine Streckgrenze von 750 N/mm². Die Druckgasflasche ist mit einer Sicherheitszahl von 3 auszulegen.
   a) Welche zulässige Spannung darf maximal im Stahl herrschen?
   b) Welche Wandstärke muss die Druckgasflasche haben?

5. Bei einem Zugversuch wird ein Probestab aus dem Stahl S235JR geprüft. Sein Anfangsdurchmesser ist 8,0 mm und die Anfangsmesslänge 40,0 mm. Die Zugkraft bei der Streckgrenze F_e beträgt 12100 N, die höchste Zugkraft F_m = 22650 N. Die Messlänge hat sich nach dem Bruch der Probe auf 49,3 mm verlängert.
   Wie groß sind: a) Der Anfangs-Querschnittsfläche des Probestabs? b) Die Streckgrenze? c) Die Zugfestigkeit? d) Die Bruchdehnung?

6. Der Verschlussdeckel einer Mischtrommel ist mit Schrauben der Festigkeitsklasse 4.6 verschraubt.
   Welche Zugfestigkeit und welche Streckgrenze hat der Schraubenwerkstoff?)

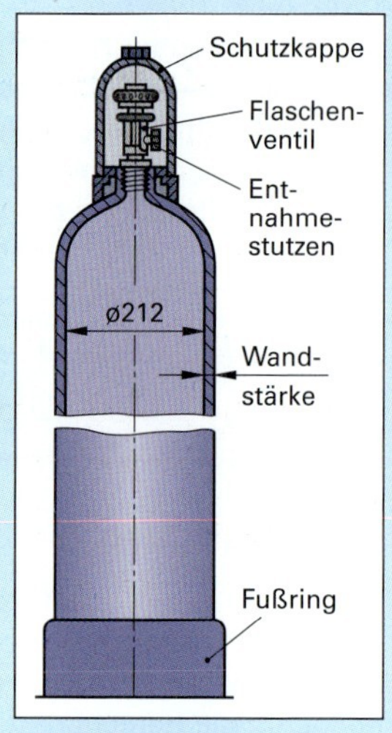

Bild 2: Druckgasflasche

7. Der Mannlochdeckel eines Rührbehälters mit einer Deckelinnenfläche von 0,280 m² ist mit 6 Schrauben M16 befestigt. Der Spannungsquerschnitt einer Schraube beträgt A_S = 157 mm², ihre Streckgrenze R_e = 800 N/mm², die Sicherheitszahl $\nu = 5$. Im Behälter herrscht ein Überdruck von 5,80 bar.
   Können die 6 Schrauben den vom Innendruck erzeugten Kräften standhalten?

8. Ein Reaktionsbehälter aus korrosionsbeständigem Stahl X5CrNi18-8 hat einen Außendurchmesser von 182 cm und eine Wandstärke von 8,0 mm. Die Sicherheitszahl beträgt $\nu = 10$.
   Mit welchem maximalen Überdruck kann dieser Behälter betrieben werden?

9. Der Deckel eines Druckbehälters mit 44,0 cm Durchmesser soll mit 6 Schrauben der Festigkeitsklasse 4.8 verschraubt werden. Im Druckbehälter herrscht ein wechselnder Überdruck von bis zu 5,80 bar. Der Druckbehälter soll mit der Sicherheitszahl $\nu = 5$ ausgelegt werden.
   a) Welche Kraft wirkt auf den Deckel des Druckbehälters bei maximalem Überdruck?
   b) Welche Streckgrenze hat der Schraubenwerkstoff?
   c) Welche zulässige Spannung darf in der Schraube bei maximalem Überdruck herrschen?
   d) Welchen Kerndurchmesser müssen die Schrauben mindestens haben?
   e) Welche metrischen Schrauben sind für den Deckelverschluss zu wählen?

Gemischte Aufgaben zu Kapitel 2 Berechnungen zu Anlagenkomponenten

1. Schwefelsäure wird in einen Anlagenteil durch eine Rohrleitung DN50 gefördert. Der Volumenstrom beträgt 1,64 m^3 pro Stunde.
   Welche Strömungsgeschwindigkeit herrscht in der Rohrleitung?
2. Zur Einspeisung einer Suspension mit der Dichte $\varrho(H_2SO_4)$ = 1,470 kg/dm^3 in eine Zentrifuge wird eine Kreiselradpumpe eingesetzt. Sie soll in 2 Minuten die Zentrifuge mit 240 Litern Suspension füllen. Die Förderhöhe der Pumpe beträgt 18,0 Meter.
   a) Welchen Förderstrom muss die Pumpe bewegen?
   b) Welche Pumpe der Baureihe von Bild 2, Seite 38, ist für die Förderaufgabe geeignet?
3. Eine Pumpe fördert einen Abwasserstrom von einem Sammelbehälter in ein Absetzbecken. Der Förderstrom beträgt 67,5 m^3/h. Wie lautet der Betriebspunkt der Pumpe, wenn sie eine Pumpenkennlinie gemäß Kurve (II), Bild 2, Seite 37, besitzt?
4. Ein Gurtbandförderer soll stündlich 18000 kg eines Bauxitmehls einem Reaktor zuführen. Die Förderband-Gurtbreite beträgt 65 cm, die mittlere Höhe des Bauxitstroms auf dem Förderband 11,4 cm, der Schüttkegelfaktor ist 0,35. Der Antriebstrommel-Durchmesser ist 38,0 cm. $\varrho_{Schütt}$ = 1064 kg/m^3
   a) Mit welcher Geschwindigkeit muss das Fördergut auf dem Band laufen?
   b) Welche Drehzahl muss der Elektromotor der Antriebstrommel haben?
5. In einem Silo **(Bild 1)** sollen 54000 kg eines feinkörnigen Kalksteingranulats ($\varrho_{Schütt}$ = 1,80 kg/dm^3) eingelagert werden. Das Silo hat die nebenstehend gezeigten Abmessungen.
   a) Passt die Charge in das Silo?
   b) Wenn ja, wie hoch ist das Silo dann gefüllt?
6. In einem Kugeldruck-Gastank ist Methangas bei 20 °C und einem Druck von 8,8 bar Überdruck gelagert. Der Kugeltank hat einen inneren Durchmesser von 10,42 Meter. Die Dichte des Methangases bei Normbedingungen (0 °C, 1,013 bar) beträgt ϱ(Methan) = 0,717 kg/dm^3.
   a) Welche Masse hat das eingelagerte Methangas?
   b) Welches Volumen hat das eingelagerte Methangas bei 0 °C und Umgebungsdruck (1,013 bar)?
7. Von einem Drehstrom-Asynchronmotor mit nebenstehendem Typenschild **(Bild 2)** sind zu bestimmen:
   a) die Polzahl des Motors
   b) der Schlupf bei Nenndrehzahl
   c) die vom Motor bei Nennbetrieb aufgenommene elektrische Leistung
   d) die Nennleistung des Motors
   e) der Wirkungsgrad des Motors
8. Das Rührwerk eines Chemiereaktors wird von einem Elektromotor mit vorgeschaltetem Stufenscheibengetriebe angetrieben **(Bild 3)**.
   a) Wie viele Drehzahlen des Rührers sind möglich?
   b) Wie groß ist die größte und die kleinste Rührerdrehzahl?
   c) Wie groß ist die größte und die kleinste Übersetzung?
9. In einem Vorratstank entsteht durch die nächtliche Abkühlung der eingeschlossenen Luft ein Unterdruck von 25 mbar. Kann ein Mitarbeiter einen Mannlochdeckel von 0,26 m^2 Fläche gegen den wirksamen Unterdruck öffnen, wenn er in der Lage ist, eine Kraft von 500 N aufzubringen?
10. Ein Rührbehälter mit einer Masse von 2,64 Tonnen soll von seinem Standplatz entfernt werden und an einen anderen Standort im Betrieb gesetzt werden. Dazu wird der Rührbehälter an einem Tragseil mit einem Laufkran angehoben. Das Stahldrahtseil besteht aus 56 Einzeldrähten mit einem Durchmesser von 1,2 mm. Die zulässige Zugspannung im Tragseil beträgt 180 N/mm^2.
    Kann der Rührbehälter mit diesem Tragseil hochgehoben und versetzt werden?

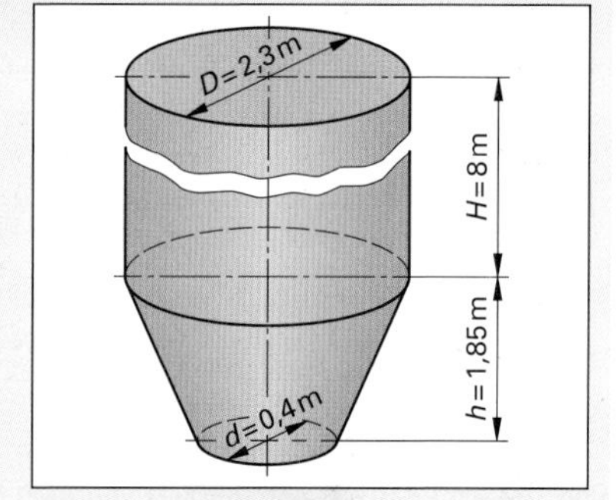

Bild 1: Silo (Aufgabe 5)

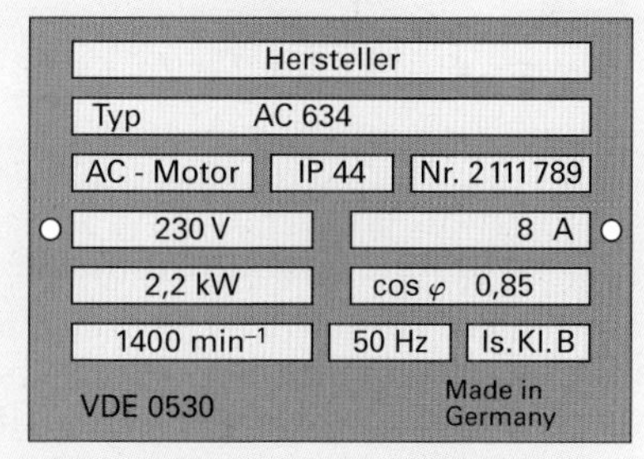

Bild 2: Typenschild E-Motor (Aufgabe 7)

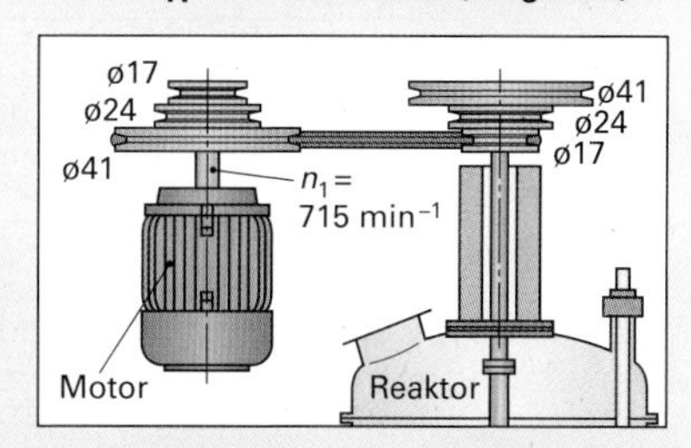

Bild 3: Rührwerksantrieb (Aufgabe 8)

3 Berechnungen zur Messtechnik

Die wichtigen Betriebsbedingungen in einer Chemieanlage sind Temperaturen, Drücke und Druckdifferenzen, Füllstände in Behältern sowie Durchflüsse und Mengen.

3.1 Temperaturmessung

Temperaturen können in verschiedenen Einheiten angegeben werden. Am gebräuchlichsten sind in Deutschland, Europa und den meisten anderen Ländern Temperaturangaben in Grad Celsius (°C).
Daneben sind in einigen Bereichen auch Temperaturangaben in Kelvin (K) üblich, wie z.B. bei der Berechnung von Normvolumen von Gasportionen. In den Vereinigten Staaten von Amerika (USA) werden Temperaturangaben in Grad Fahrenheit (°F) gemacht.
Die Temperaturangaben beruhen auf der jeweiligen **Temperaturskale** mit ihren Fixpunkten **(Bild 1)**. Temperaturangaben können ineinander umgerechnet werden.

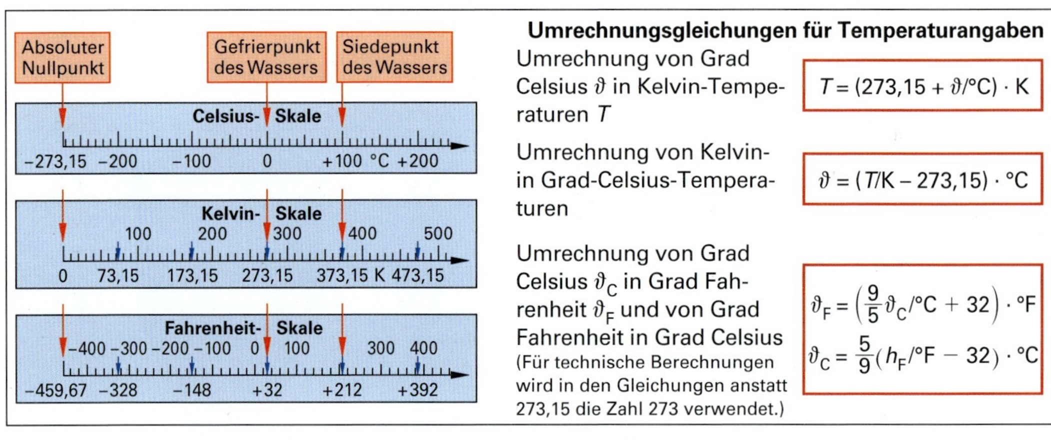

Bild 1: Temperaturskalen und Gleichungen für die Umrechnung von Temperaturangaben

Beispiel: Welcher Temperatur in °C entspricht eine Temperaturangabe $T = 382$ K?
Lösung: $\boldsymbol{\vartheta} = (T/K - 273)$ °C = (282 K/K – 273) °C = **9 °C**

Die am häufigsten in der Chemietechnik eingesetzten Thermometer sind Widerstandsthermometer und thermoelektrische Thermometer, kurz Thermoelemente genannt.

3.1.1 Widerstandsthermometer

Der Messteil eines Widerstandsthermometers ist ein spiral- oder mäanderförmiger Drahtwiderstand auf einem isolierenden Keramikträger **(Bild 2)**.

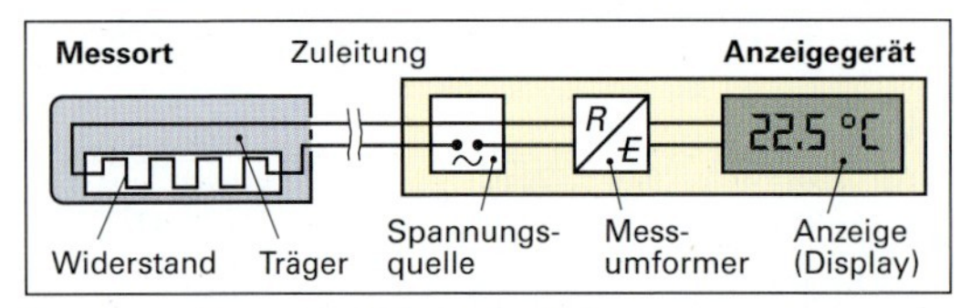

Bild 2: Aufbau eines Widerstandsthermometers

Messprinzip: Der elektrische Widerstand des Drahtwiderstands nimmt mit der Temperatur zu. Der häufigste Messwiderstand ist ein Platindrahtwiderstand mit einem Nennwiderstand von 100 Ω bei 0 °C. Er wird Pt100 genannt. Die Temperaturabhängigkeit eines Pt100-Messfühlers zeigt Bild 3.

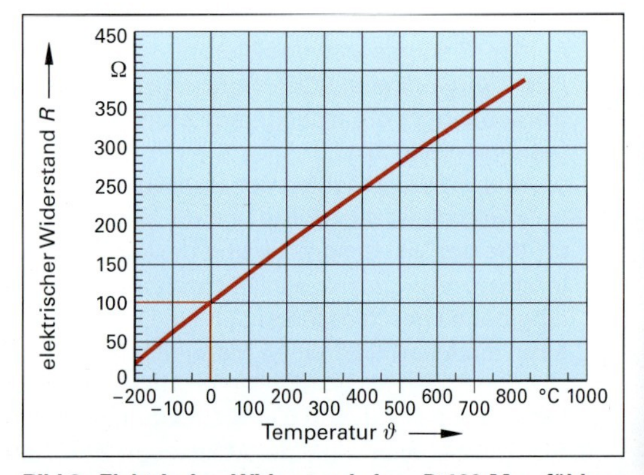

Bild 3: Elektrischer Widerstand eines Pt100-Messfühlers in Abhängigkeit von der Temperatur

Beispiel: Welchen elektrischen Widerstand hat ein Pt100-Messfühler bei 250 °C?
Lösung: Aus Bild 3 wird abgelesen: $\boldsymbol{R}$(Pt100, 250 °C) ≈ **190 Ω**

Die zulässigen Abweichungen für Pt100-Widerstandsthermometer sind nach DIN IEC 751 in Thermometer der Klasse A und B unterteilt.

Zulässige Abweichungen:
Klasse A: $\pm(0{,}15 + 0{,}002 \cdot |\vartheta| \cdot °C)$
Klasse B: $\pm(0{,}30 + 0{,}005\,|\vartheta| \cdot °C)$

3.1.2 Thermoelement-Thermometer

Der Messteil eines Thermoelements besteht aus zwei dünnen Drähten aus unterschiedlichen Metallen (Thermopaar), die an einem Ende verschweißt sind **(Bild 1)**.

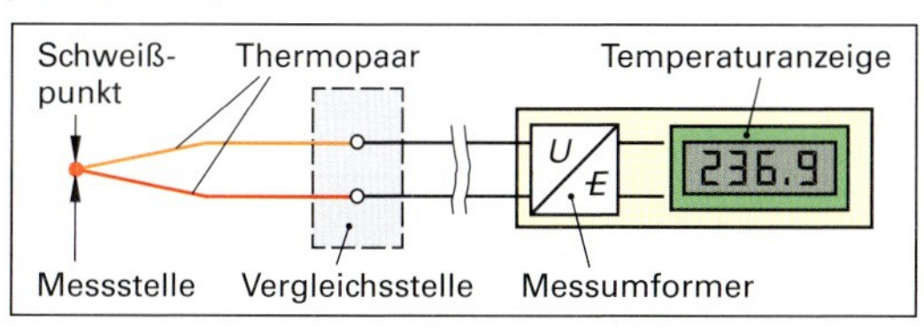

Bild 1: Aufbau eines Thermoelements

Messprinzip: Ein Temperaturunterschied zwischen der Schweißstelle und einer Vergleichsstelle erzeugt eine Thermospannung, deren Größe von der Temperatur abhängig ist. Sie wird mit einem Spannungsmesser gemessen.
Die Thermospannung ist zudem von den Werkstoffen des Thermopaares abhängig.
Bild 2 zeigt die Thermospannungen der in der Chemietechnik eingesetzten Thermopaare in Abhängigkeit von der Temperatur.

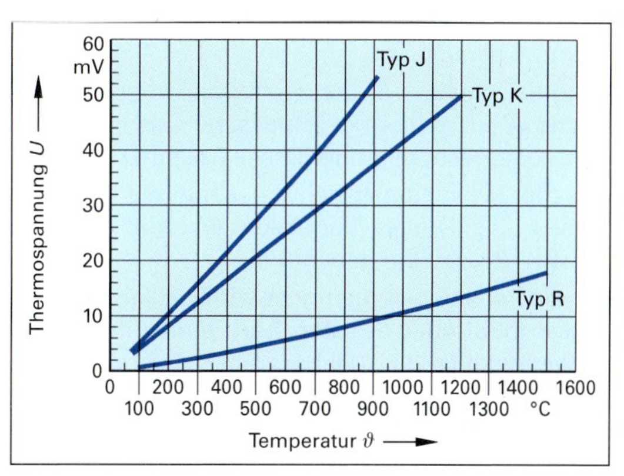

Bild 2: Thermospannung verschiedener Thermopaare in Abhängigkeit von der Temperatur

Typ J: Eisen-Konstantan (Fe – CuNi-Leg.)
Typ K: Nickel-Chrom-Leg. – Nickel (NiCr – Ni)
Typ R: Platin-Rhodium-Leg. – Platin (PtRh – Pt)

Beispiel: Welche Thermospannungen entstehen bei 350 °C bei Thermoelementen vom Typ J, K und R?

Lösung: Aus Bild 2 wird ermittelt: Typ J: $U = 19$ mV; Typ K: $U = 15$ mV; Typ R: $U = 3$ mV

Die maximalen Grenzabweichungen bei Thermoelement-Thermometern sind vom Thermopaar abhängig und werden in drei Geräteklassen unterteilt **(Tabelle)**.

Tabelle: Grenzabweichungen von Thermoelementen

Thermopaar	Einsatzbereich	Grenzabweichungen Klasse 1	Klasse 2	Klasse 3
Typ J	–40 bis 750 °C	1,5	2,5	2,5
Typ K	–40 bis 1200 °C	1,5	2,5	–
Typ R	0 bis 1600 °C	1,0	1,5	–

Aufgaben zu 3.1 Temperaturmessung

1. Die Temperatur in einem Druckgastank wird zu 26,3 °C angezeigt. Zur Berechnung des Normvolumens der Gasportion im Tank benötigt man die Temperatur in Kelvin. Berechnen Sie die Kelvin-Temperatur.
2. Im Prospekt eines Herstellers aus den USA werden für einen Trockner die Temperaturgrenzen 80 °F bis 320 °F angegeben. Ein deutscher Trockner-Hersteller nennt für seinen Trockner den Temperaturbereich 30 °C bis 180 °C. Welcher Trockner hat den größeren Temperaturbereich?
3. In einem Tabellenwerk ist für Benzol die Schmelztemperatur mit 5,5 °C und die Siedetemperatur mit 80,1 °C angegeben. Welchen Wert haben die Stoffwerte in Kelvin?
4. Bei der Ammoniaksynthese wird im Reaktor mit einem Pt100-Widerstandsthermometer der Klasse B ein elektrischer Widerstand von 265 Ω gemessen.
   a) Welche Temperatur herrscht im Reaktor?
   b) Welche maximale Temperaturabweichung kann das Widerstandsthermometer aufweisen?
5. In einem Etagentrockner soll eine Messstelle eingerichtet werden, die Temperaturen von 50 °C bis 650 °C mit einem Thermoelement-Thermometer möglichst genau zu erfassen hat.
   a) Welche(s) Thermoelement(e) ist (sind) dafür am besten geeignet?
   b) Welche Thermospannungen liegen bei dem optimalen Thermoelement bei 50 °C bzw. bei 650 °C an?

3.2 Druckmessung

3.2.1 Definition, Einheiten, Umrechnung

Der Druck p ist eine Betriebszustandsgröße eines Gases oder einer Flüssigkeit.

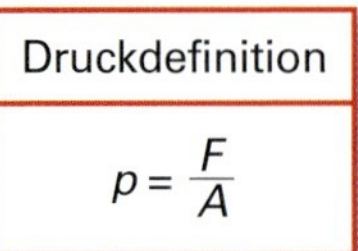
Druckdefinition

$$p = \frac{F}{A}$$

Er wird als Quotient aus der Kraft F und der Fläche A berechnet.

Wirkt z. B. die Kraft F über den Kolben mit der Fläche A auf eine eingeschlossene Gasportion, so herrscht in ihr der Druck p **(Bild 1)**.

Fläche A – Kolben – Kraft F – Druck p – Gasportion – Druckraum

Bild 1: Druck in einer Gasportion

Aus der Definitionsgleichung kann die Einheit des Drucks abgeleitet werden: $[p] = \frac{[F]}{[A]} = \frac{\text{N}}{\text{m}^2} = \text{Pa}$

Sie wird **Pascal (Pa)** genannt.

Für die Technik hat man größere Druckeinheiten, z. B. das **Hektopascal (hPa)** oder das **Bar (bar)**, eingeführt. Für kleinere Drücke verwendet man das Millibar (mbar). Umrechnungen siehe rechts.

Die gebräuchlichste Druckeinheit im angloamerikanischen Sprachraum ist **pound per square inch (psi)**.

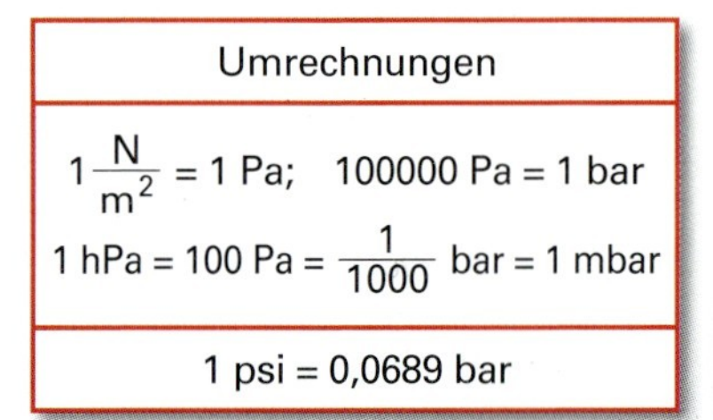
Umrechnungen

$1\,\frac{\text{N}}{\text{m}^2} = 1\ \text{Pa}; \quad 100000\ \text{Pa} = 1\ \text{bar}$

$1\ \text{hPa} = 100\ \text{Pa} = \frac{1}{1000}\ \text{bar} = 1\ \text{mbar}$

$1\ \text{psi} = 0{,}0689\ \text{bar}$

3.2.2 Druckarten

Der absolute Druck oder **Absolutdruck p_{abs}** ist der Druck gegenüber dem Druck null im leeren Raum. Der (absolute) **Atmosphärendruck** heißt **p_{amb}** (von lateinisch: ambiens = umgebend) **(Bild 2)**.

Als Atmosphärendruck-Standard ist der **Normdruck p_n =1013 mbar** festgelegt.

Die Differenz zweier Drücke p_1 und p_2 wird Druckdifferenz $\boldsymbol{\Delta p} = p_1 - p_2$ oder Differenzdruck $p_{1,2}$ genannt.

Die Differenz zwischen einem absoluten Druck p_{abs} und dem jeweiligen (absoluten) Atmosphärendruck p_{amb} heißt Überdruck $\boldsymbol{p_e}$: $p_e = p_{abs} - p_{amb}$.

Der Überdruck p_e hat positive Werte, wenn der absolute Druck größer als der Atmosphärendruck p_{amb} ist. Er hat negative Werte, wenn der absolute Druck kleiner als der Atmosphärendruck ist. Negativer Überdruck wird auch Unterdruck genannt.

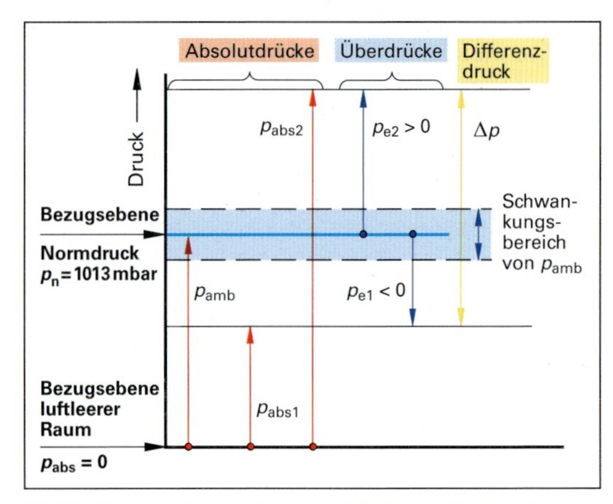

Bild 2: Bezugsebenen der verschiedenen Druckarten

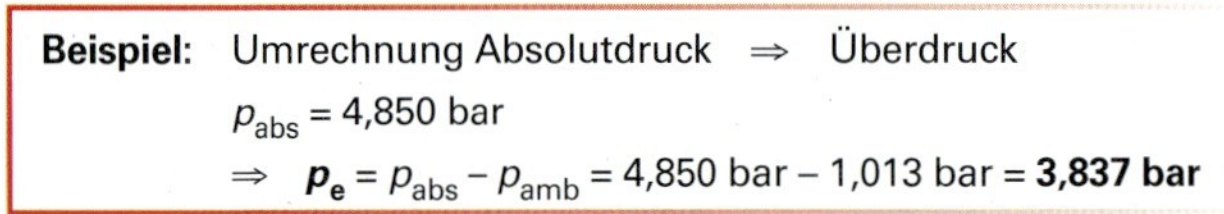
Beispiel: Umrechnung Absolutdruck ⇒ Überdruck

$p_{abs} = 4{,}850$ bar

⇒ $\boldsymbol{p_e} = p_{abs} - p_{amb} = 4{,}850\ \text{bar} - 1{,}013\ \text{bar} = \mathbf{3{,}837\ bar}$

3.2.3 Druckmessung in Behältern und Apparaten

In einem geschlossenen Behälter **(Bild 3)** herrscht im Gasraum über der Flüssigkeit an allen Stellen der Systemdruck $\boldsymbol{p_{System}}$. Er wird in der Regel als Überdruck an einem Deckelmanometer angezeigt und wirkt auch auf die im Behälter stehende Flüssigkeit.

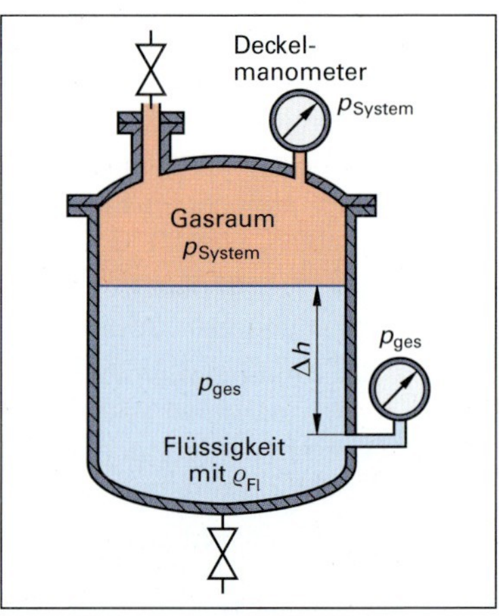

Bild 3: Drücke an den verschiedenen Stellen eines Behälters

In der Flüssigkeit wirkt zusätzlich zum Systemdruck der **hydrostatische Flüssigkeitsdruck p_{hydr}**. Er wird durch die Gewichtskraft der Flüssigkeit hervorgerufen und nimmt mit der Tiefe Δh der Flüssigkeit zu. Die Erdbeschleunigung g hat den Wert $g = 9{,}81\ \text{m/s}^2 = 9{,}81\ \text{N/kg}$.

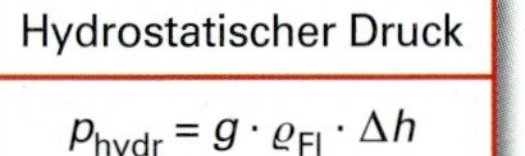
Hydrostatischer Druck

$$p_{hydr} = g \cdot \varrho_{Fl} \cdot \Delta h$$

Der **Gesamtdruck p_{ges}** in der Flüssigkeit im Behälter setzt sich aus dem Systemdruck und dem hydrostatischen Druck zusammen.

Ist der Systemdruck groß und der Behälter nicht zu hoch, dann ist der hydrostatische Druck zu vernachlässigen und $p_{ges} \approx p_{System}$.

Gesamtdruck
$p_{ges} = p_{System} + p_{hydr}$

Druckmessung in strömenden Medien

In strömenden Medien, z. B. einer strömenden Flüssigkeit in einer Rohrleitung, herrschen zwei Druckarten **(Bild1)**.

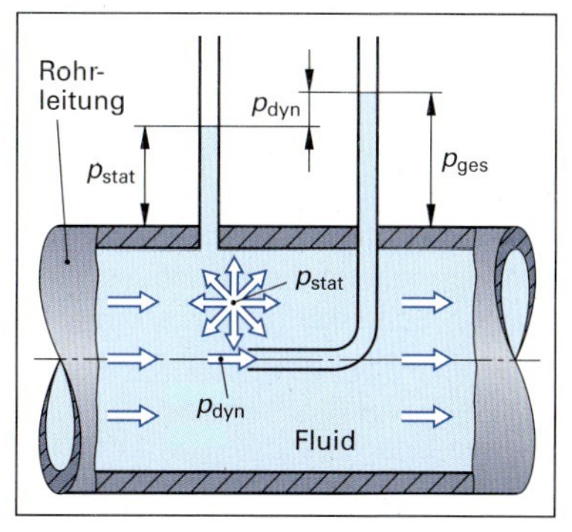

Bild 1: Statischer und dynamischer Druck im strömenden Fluid einer Rohrleitung

1. Der **statische Druck p_{stat}**.
   Er ist der in der Flüssigkeit wirkende Rohrleitungssystemdruck und wirkt in alle Richtungen.

Statischer Druck
$p_{stat} = p_{System}$

2. Der **dynamische Druck p_{dyn}**.
   Er wird durch die Anströmkraft der Flüssigkeit hervorgerufen und wirkt nur in Strömungsrichtung. Man nennt ihn auch Staudruck, Geschwindigkeitsdruck oder Fließdruck.
   Er wird aus der Dichte des Fluids ϱ_{Fl} und der mittleren Strömungsgeschwindigkeit v in der Rohrleitung berechnet (siehe oben).

Dynamischer Druck
$p_{dyn} = \frac{\varrho_{Fl}}{2} \cdot v^2$

Der **Gesamtdruck p_{ges}** in einer strömenden Flüssigkeit in Strömungsrichtung ist die Summe aus dem statischen und dem dynamischen Druck.

Gesamtdruck
$p_{ges} = p_{stat} + p_{dyn}$

Beispiel: In einer Rohrleitung für Aceton (ϱ(Aceton) = 790,5 kg/m³) herrscht ein Systemdruck von 1,34 bar Überdruck; die mittlere Strömungsgeschwindigkeit beträgt 3,52 m/s.

a) Wie groß ist der dynamische Druck? b) Wie groß ist der Gesamtdruck?

Lösung: a) $p_{dyn} = \frac{\varrho_{Fl}}{2} \cdot v^2 = \frac{790{,}5 \text{ kg}}{2 \text{ m}^3} \cdot 3{,}52^2 \frac{\text{m}^2}{\text{s}^2} \approx 4897 \frac{\text{kg}}{\text{m} \cdot \text{s}^2}$

Mit $1 \text{ kg} = 1 \frac{\text{N} \cdot \text{s}^2}{\text{m}}$ folgt $p_{dyn} \approx 4897 \frac{\text{N} \cdot \text{s}^2}{\text{m} \cdot \text{m} \cdot \text{s}^2} \approx 4897 \frac{\text{N}}{\text{m}^2}$

Mit $1 \frac{\text{N}}{\text{m}^2} = 10^{-5}$ bar folgt $p_{dyn} \approx 4897 \cdot 10^{-5} \text{ bar} \approx 0{,}04897$ bar

b) $\boldsymbol{p_{ges}} = p_{stat} + p_{dyn} = 1{,}34 \text{ bar} + 0{,}04897 \text{ bar} \approx 1{,}34 \text{ bar} + 0{,}05 \text{ bar} \approx$ **1,39 bar**

Bei der Druckmessung in strömenden Medien werden je nach Messstellenanordnung drei Druckarten gemessen: der statische Druck, der dynamische Druck und der Gesamtdruck **(Bild 2)**.

Liegt die Messstelle senkrecht zur Strömungsrichtung (a), dann wird der statische Druck p_{stat} in der Flüssigkeit gemessen.

Befindet sich die Messstelle in Strömungsrichtung (b), dann wird der Gesamtdruck p_{ges} gemessen. Er setzt sich aus dem statischen Druck p_{stat} und dem dynamischen Druck p_{dyn} zusammen.

Das Messrohr ragt in das Rohr hinein und hat eine 90°-Biegung, so dass die Messstellenöffnung gegen die Strömungsrichtung steht.

Den dynamischen Druck p_{dyn} misst man mit einem Druckdifferenz-Manometer, das an eine Messstelle für den statischen Druck und eine Messstelle für den dynamischen Druck angeschlossen ist (c).

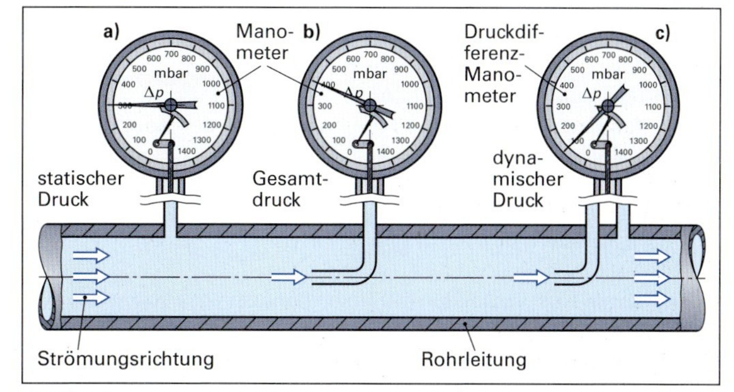

Bild 2: Messung verschiedener Druckarten in einer Rohrleitung

3.2.5 U-Rohr-Manometer

U-Rohr-Manometer werden im Labor und im Technikum zur Messung kleiner Drücke und kleiner Druckdifferenzen eingesetzt.

Sie bestehen aus einem beidseitig offenen, mit einer Sperrflüssigkeit teilweise gefüllten U-förmigen Glasröhrchen **(Bild 1)**.

Als Sperrflüssigkeit dienen überwiegend Wasser ($\varrho_W = 1000\ kg/m^3$), das zum Teil mit Fluoreszin eingefärbt ist, sowie Silikonöl, Ethylalkohol und Quecksilber ($\varrho_{Hg} = 13546\ kg/m^3$).

Vorsicht beim Umgang mit Quecksilber; es ist giftig.

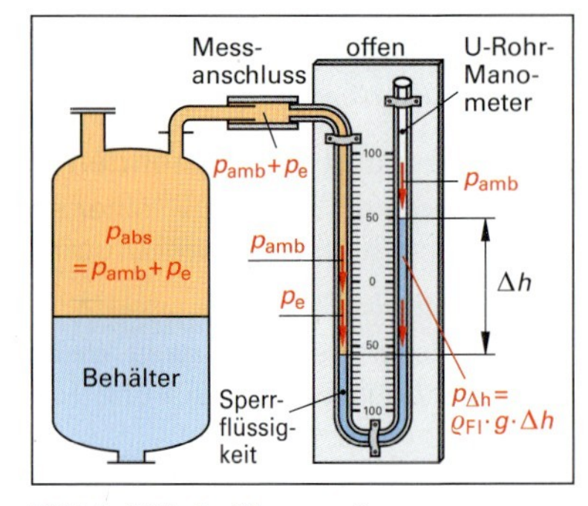

Bild 1: U-Rohr-Manometer

Ist ein U-Rohr-Manometer an eine Druckmessstelle angeschlossen, dann steigt die Sperrflüssigkeit bei Anlegen eines Drucks im rechten Schenkel hoch. Es bildet sich ein Höhenunterschied der Flüssigkeitssäule Δh in den beiden Schenkeln des U-Rohrs. Er ist ein Maß für den Überdruck p_e im Behälter.

Auf die Sperrflüssigkeit wirkt von der Messanschlussseite der absolute Druck p_{abs} im Behälter. Er setzt sich aus dem Atmosphärendruck p_{amb} und dem Überdruck p_e zusammen. Von der offenen Seite wirkt der Atmosphärendruck p_{amb} auf die Sperrflüssigkeit.

Die Kraftwirkungen des Atmosphärendrucks von beiden Seiten auf die Sperrflüssigkeit heben sich auf. Die Kraftwirkung des Überdrucks im Behälter drückt die Sperrflüssigkeit im U-Rohr so hoch, dass die Kraft des Überdrucks p_e und die Kraft des hydrostatischen Drucks $p_{\Delta h}$ der überstehenden Flüssigkeitssäule Δh im U-Rohr gleich groß sind. Es gilt: $p_e = p_{\Delta h}$

Der hydrostatische Druck berechnet sich zu $p_{\Delta h} = \varrho_{Fl} \cdot g \cdot \Delta h$ (siehe Seite 68, unten). Er entspricht dem Überdruck p_e im Behälter und liefert die Bestimmungsgleichung für p_e.

Angezeigter Überdruck am U-Rohr-Manometer
$p_e = \varrho_{Fl} \cdot g \cdot \Delta h$

Beispiel: Welchem Überdruck entspricht bei einem U-Rohr-Manometer ein Flüssigkeitssäulen-Höhenunterschied von 7,8 cm mit der Sperrflüssigkeit Wasser?

Lösung: $p_e = \varrho_{Fl} \cdot g \cdot \Delta h = 1000\ kg/m^3 \cdot 9{,}81\ N/kg \cdot 0{,}078\ m \approx 765\ N/m^2$;
mit $1\ N/m^2 = 1\ Pa = 10^{-2}\ mbar$ folgt $p_e = 765 \cdot 10^{-2}\ mbar =$ **7,65 mbar**

3.2.6 Druckdifferenzmessung mit dem U-Rohr-Manometer

Bei der Druckdifferenzmessung in Flüssigkeiten mit dem U-Rohr-Manometer **(Bild 2)** müssen die unterschiedlichen Dichten der Flüssigkeit in der Rohrleitung ϱ_{RFl} und der Sperrflüssigkeit ϱ_{SpFl} in der Berechnungsgleichung berücksichtigt werden.

Als Sperrflüssigkeit wird Quecksilber verwendet, da Quecksilber sich in den üblicherweise in der Chemie verwendeten Flüssigkeiten nicht löst.

Druckdifferenz am U-Rohr-Manometer
$\Delta p = (\varrho_{SpFl} - \varrho_{RFl}) \cdot g \cdot \Delta h$

Druckdifferenzmessungen werden z. B. im Versuchslabor oder im Betriebstechnikum zur Bestimmung des Druckverlusts von Armaturen oder der Kalibrierkurve von Messblenden eingesetzt.

Bei der Druckdifferenzmessung in Gasen ist ϱ_{RFl} im Vergleich zu ϱ_{SpFl} sehr klein und kann vernachlässigt werden. Die Bestimmungsgleichung vereinfacht sich zu: $\Delta p = \varrho_{SpFl} \cdot g \cdot \Delta h$

Bild 2: Druckdifferenzmessung mit dem U-Rohr-Manometer

Beispiel: In einer Toluol-durchströmten Rohrleitungsteststrecke (ϱ(Toluol) = 867 kg/m³) zur Bestimmung des Druckverlusts einer Armatur wird der Druckverlust mit einem mit Quecksilber gefüllten U-Rohr-Manometer (ϱ(Hg) = 13546 kg/m³) bestimmt (Bild 2). Das Druckdifferenz-U-Rohr-Manometer zeigt einen Höhenunterschied der Quecksilberstände von 12,7 cm. Wie groß ist der gemessene Druckverlust des Ventils?

Lösung: $\Delta p = (\varrho_{SpFl} - \varrho_{RFl}) \cdot g \cdot \Delta h = (13546\ kg/m^3 - 867\ kg/m^3) \cdot 9{,}81\ N/kg \cdot 0{,}127\ cm = 15796\ N/m^2$
Mit $1\ N/m^2 = 1\ Pa = 10^{-2}\ mbar$ folgt: $\Delta p = 15796 \cdot 10^{-2}\ mbar = 157{,}96\ mbar \approx$ **158 mbar**

3.2.7 Federmanometer

Federmanometer haben ein elastisches Messglied aus Stahl, das sich unter Druckwirkung aufwölbt. Es gibt Federmanometer mit Rohrfeder, mit Plattenfeder und mit Kapselfeder.

Das am häufigsten eingesetzte **Rohrfeder-Manometer,** auch **Bourdon-Federmanometer** genannt, hat eine kreisförmig gebogene hohle Rohrfeder mit ovalem Querschnitt **(Bild 1).**

Da die Innenfläche des äußeren Rohrfederbogens größer ist als die Innenfläche des inneren Rohrfederbogens, wird durch den angelegten Druck eine Spreizkraft F_{Sp} auf die Rohrfeder ausgeübt, die die Rohrfeder streckt. Der Druck und damit die Spreizkraft sind der Auslenkung l_R des Federendes proportional: $F_{Sp} \sim l_R$.

Die maximale Federenden-Auslenkung beträgt rund 5 mm. Die Bewegung des Federendes wird über eine Zugstange und die Verzahnung eines Zahnsegments auf einen Zeiger übertragen. Auf einer Rundskale mit meist 270° wird der Druck abgelesen.

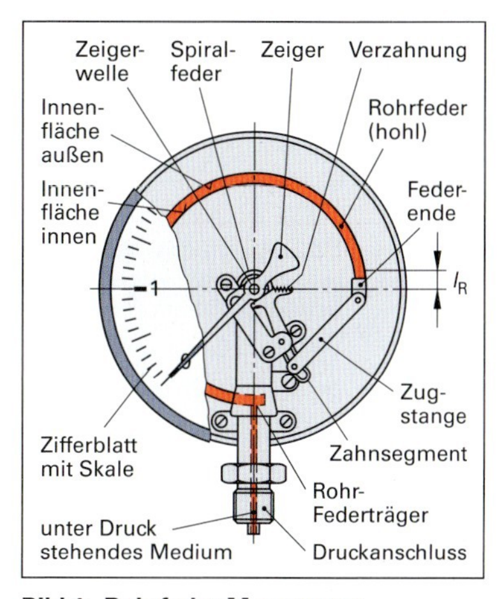

Bild 1: Rohrfeder-Manometer (in Schnittdarstellung)

Rohrfeder-Manometer gibt es mit vielen Druckskalen-Endwerten, **Messbereich MB** genannt **(Tabelle 1).**

Die Messgenauigkeit von Rohrfeder-Manometern wird mit **Genauigkeitsklassen** (kurz Kl) angegeben **(Tabelle 2).**

Die Genauigkeitsklasse Kl wird mit einer Ziffer angegeben. Sie entspricht der Gerätegenauigkeit in Prozent des Messbereichs (MB) des Manometers $\boldsymbol{u = \pm \text{Kl} \cdot \% \cdot \text{MB}}$.

Tabelle 1: Messbereiche (in bar) von Feder-Manometern

0,6	1	1,6	2,5	4	6	10
16	25	40	60	100	160	250

Tabelle 2: Genauigkeitsklassen Kl für Rohrfeder-Manometer

0,1	0,2	0,3	0,6
1,0	1,6	2,5	4,0

Beispiel: Ein Rohrfeder-Manometer mit einem Messbereich von 60 bar hat die Genauigkeitsklasse 1,6. Mit welcher Genauigkeit kann ein Druck-Messwert von 42 bar angegeben werden?

Lösung: Genauigkeit: $u = \pm 1{,}6\% \cdot 60 \text{ bar} = \pm 0{,}96 \text{ bar} \approx 1{,}0 \text{ bar}$

Messwert: $p = 42{,}0 \text{ bar} \pm 1{,}0 \text{ bar}$

Druckdifferenzen können mit einem speziellen Federmanometer, einem Plattenfedermanometer, mit zwei Druckanschlüssen gemessen werden.

3.2.8 Druckmessung mit DMS-Sensoren

Die überwiegende Zahl der Druckmessgeräte in Chemieanlagen sind Druckmessgeräte mit einem Sensor (Messfühler).

Es gibt Sensoren mit unterschiedlichem Wirkprinzip: Dehnmessstreifen-Sensoren (DMS-Sensoren), piezoresistive, kapazitive und induktive Sensoren.

Die Wirkungsweise der Sensoren ist vergleichbar: Der Sensor erzeugt durch den angelegten Druck ein elektrisches Messsignal, z. B. eine Spannung oder einen Strom. Sie (er) wird von einem Messumformer in ein standardisiertes elektrisches Einheitsmesssignal umgeformt und als Druckwert auf dem Display eines Anzeigegeräts oder dem Bildschirm eines Prozessleitsystems angezeigt.

Der häufigste Druckmess-Sensortyp ist der **Dehnmessstreifen-Sensor,** kurz **DMS-Sensor (Bild 2).**

Er enthält als Verschluss einer Messkammer ein DMS-Messaufnehmerplättchen, das sich bei Druckaufgabe elastisch verformt. Auf dem Plättchen sind 2 elektrische Widerstände im Randbereich und 2 Widerstände im Mittelbereich aufgeprägt. Sie sind als Wheatstone'sche Brücke verschaltet (Bild 1, Seite 72). Bei Verformung des Messaufnehmerplättchens verformen sich die Widerstände mit. Dadurch entsteht am Mittelabgriff der Wheatstone-Brücke eine kleine Spannung U, die dem aufgegebenen Druck proportional ist: $U \sim p$.

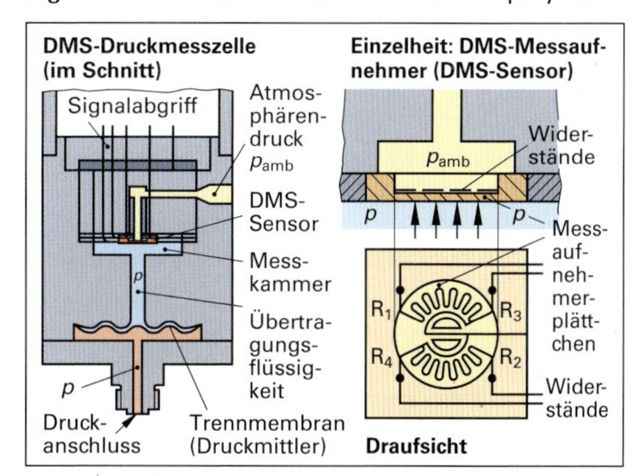

Bild 2: Aufbau einer DMS-Druckmesszelle

Diese Wheatstone - Spannung *U* wird im Umformer in ein Einheitsstromsignal *Ɇ* umgeformt. Es ist ebenfalls dem Druck proportional.
Mit einem Proportionalitätsfaktor *k* (*k*-Faktor), der auch die *U*-*Ɇ*-Umformung berücksichtigt, erhält man eine Größengleichung für den Druck (siehe rechts).

Druckanzeige des DMS-Sensors
$p = k \cdot Ɇ$

Bild 1: **Wheatstone-Verschaltung der DMS-Widerstände**

Beispiel: Ein DMS-Drucksensor liefert am *U*-*Ɇ*-Umformer ein standardisiertes Stromsignal von 12,3 mA. Der *k*-Faktor der Druckmesszelle beträgt 0,35 bar/mA.
Welchem Druck entspricht dieses Einheitssignal?

Lösung: $p = k \cdot Ɇ$ = 0,35 bar/mA · 12,3 mA = **4,3 bar**

Zur **Druckdifferenzmessung,** z. B. an einer Rektifikationskolonne, werden zwei Drucksensoren eingesetzt, deren Signale vom Prozessleitsystem zur Druckdifferenz umgerechnet und angezeigt werden.

Aufgaben zu 3.2 Druckmessung

1. Rechnen Sie um: a) 3,5 bar in hPa b) 1013 mbar in Pa c) 580 hPa in bar d) 485 000 Pa in bar e) 720 psi in bar f) 5,32 bar in psi
2. In einer Gefriertrocknungsanlage herrscht in der Trockenkammer ein Absolutdruck von 184 mbar. Welchem Überdruck entspricht dieser Absolutdruck?
3. In einem Reaktionsbehälter steht Natronlauge mit einer Dichte von 1,109 g/cm³ 3,75 m hoch. Im Raum über der Behälterfüllung liegt ein Überdruck von 0,632 bar an. Welcher Gesamtdruck herrscht an der Oberfläche bzw. am Boden der Behälterfüllung?
4. In einer Cyclohexan führenden Rohrleitung werden ein Systemdruck von 4,820 bar und ein dynamischer Druck von 35 hPa gemessen. ϱ(Cyclohexan) = 778,3 kg/m³
   a) Welcher Gesamtdruck herrscht im strömenden Cyclohexan?
   b) Welche mittlere Strömungsgeschwindigkeit liegt in der Rohrleitung vor?
5. In einer Technikumsanlage fallen bei Messungen des Systemdrucks in einem Behälter mit einem U-Rohr-Manometer Drücke bis maximal 50 mbar an. Wie hoch ist der maximale Höhenunterschied der Sperrflüssigkeit im U-Rohr
   a) bei Wasser als Sperrflüssigkeit?
   b) bei Quecksilber als Sperrflüssigkeit?
6. Bei der Bestimmung der Kalibrierkurve einer Messblende in einer Rohrleitung mit darin strömendem Ethanol werden mit einem Hg-gefüllten U-Rohr-Manometer die folgenden Quecksilbersäulen-Höhendifferenzen gemessen.

Strömungsgeschwindigkeit *v* in m/s	0,5	1,0	1,5	2,0	2,5	3,0	4,0	5,0
Quecksilber-Höhendifferenz in cm	0,2	0,5	0,8	1,1	1,6	2,2	3,4	5,1
Wirkdruckdifferenz Δp in mbar								

   a) Berechnen Sie die Wirkdruckdifferenzwerte und tragen Sie sie in die Tabelle ein.
   b) Zeichnen Sie das Kalibrierdiagramm der Messblende (Δp-v-Diagramm)
7. Ein Rohrfeder-Manometer mit einem Messbereich von 40 bar hat eine maximale Federende-Auslenkung von 5,5 mm.
   a) Welchen Druck zeigt das Manometer bei einer Federende-Auslenkung von 3,2 mm an?
   b) Welchem Ausschlagwinkel entspricht dies bei einem Rundskalen-Gesamtwinkel von 270°?
8. Für die Druckmessung in einer Chemieanlage bis maximal 25 bar soll ein Rohrfeder-Manometer eingesetzt werden. Die Ungenauigkeit der Druckmessung soll ± 0,20 bar nicht überschreiten. Welche Genauigkeitsklasse muss das Manometer mindestens haben?
9. Für eine DMS-Druckmesszelle soll mithilfe einer Kalibriermessung der *k*-Faktor bestimmt werden. Die Kalibriermessung ergab bei einem Druck von 5,0 bar am *U*-*Ɇ*-Umformer ein Einheitsstromsignal von 8,6 mA. Wie groß ist der *k*-Faktor der Messzelle?

3.3 Füllstandmessung

Bei der Füllstandmessung wird die Höhe L der in einem Behälter stehenden Flüssigkeit oder eines Schüttguts gemessen und daraus der Behälterinhalt V ermittelt.
Dazu benötigt man eine Darstellung des Abhängigkeitsverhältnisses zwischen Behälterinhalt und Füllstand. Dies kann entweder eine geometrische Formel, ein Computerprogramm oder ein Kalibierdiagramm sein.

3.3.1 Volumen geometrischer Grundkörper von Behältern

Behälter in Chemieanlagen bestehen zum Teil aus geometrischen Grundkörpern. Ihr Volumen (Rauminhalt) kann mithilfe geometrischer Formeln berechnet werden.
Die folgende Aufstellung zeigt die wichtigsten geometrischen Grundkörper von Behältern und Chemieapparaten sowie die Gleichungen zu ihrer Berechnung.

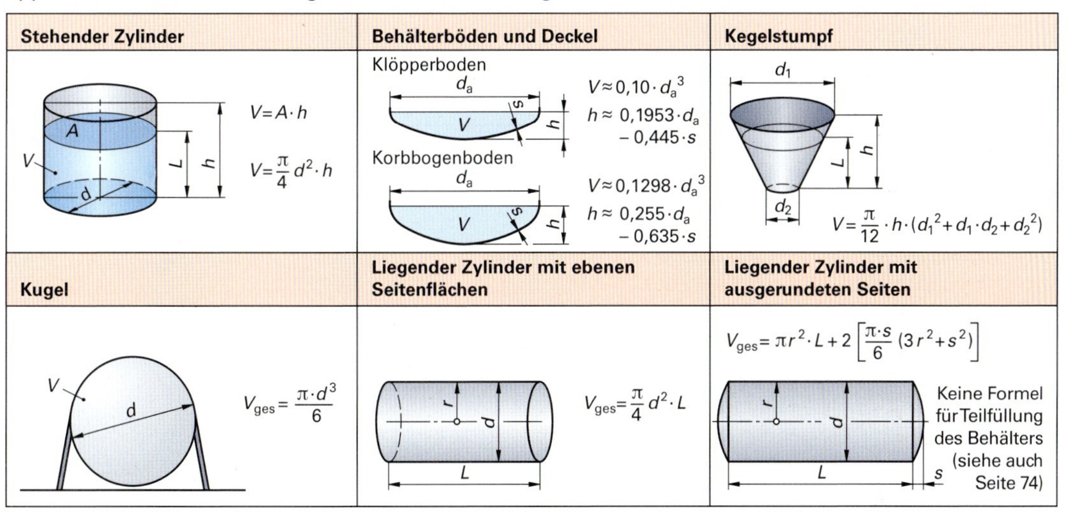

3.3.2 Füllstände und Füllvolumen in Behältern

Bei der Messung des Füllstands sind die Flüssigkeitsbehälter nur teilweise gefüllt. Über der Flüssigkeit befindet sich ein Gasraum von mindestens 20 %, der als Druckpuffer dient.
Das Füllvolumen von Behältern bei teilweiser Füllung berechnet man mit Gleichungen oder man ermittelt es mithilfe von Tabellen oder Diagrammen.

Rührbehälter

Reale Chemiebehälter und Apparate sind meist aus mehreren geometrischen Grundkörpern zusammengesetzt. So bestehen Rührkessel z. B. aus einem stehenden Zylinder mit ausgerundetem Boden und Deckel, etwa in Form eines Klöpperbodens **(Bild 1)**.

Bei einem Rührbehälter berechnet man das Füllvolumen V_{ges} aus dem Volumen des unteren Klöpperbodens und dem Volumen des zylindrischen Teils bis zur Füllhöhe h.

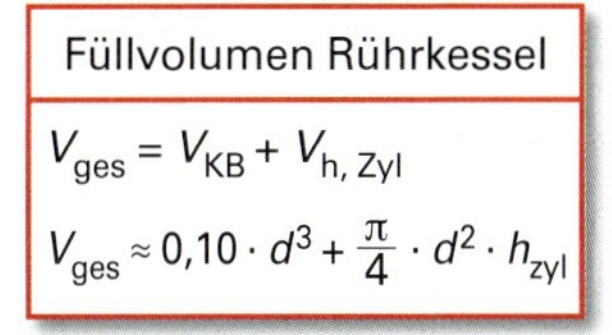

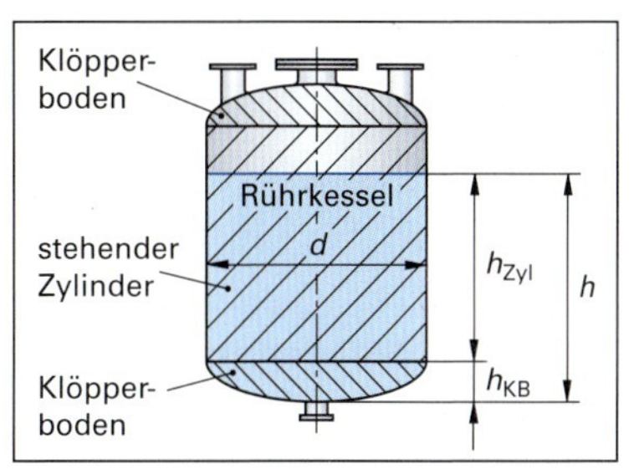

Bild 1: Rührkessel als zusammengesetzter geometrischer Körper

Beispiel: Ein Rührkessel (Bild 1) hat einen mittleren Innendurchmesser des zylindrischen Kesselteils von 1,72 m. Boden und Deckel sind als Klöpperboden ausgebildet. Der zylindrische Teil des Kessels ist bis zu einer Höhe von 2,08 m gefüllt. Wie groß ist das Füllvolumen des Rührkessels?

Lösung: $\mathbf{V_{ges}} = V_{KB} + V_{h,\,Zyl} \approx 0{,}10 \cdot d^3 + \frac{\pi}{4} \cdot d^2 \cdot h_{Zyl}$

$= 0{,}10 \cdot 1{,}72^3\ m^3 + \frac{\pi}{4} \cdot 1{,}72^2\ m^2 \cdot 2{,}08\ m \approx 0{,}51\ m^3 + 4{,}83\ m^3 \approx \mathbf{5{,}34\ m^3}$

Kugeltank

Bei einem kugelförmigen Tank **(Bild 1)** berechnet man das Füllvolumen V_h bis maximal zur halben Kugelfüllung mit der Volumengleichung einer Kugelkalotte.

Ist der Kugeltank über die Hälfte gefüllt, so erhält man das Füllvolumen V_h durch Abzug des freien Kugeltankvolumens V_f (Kugelkalotte) vom Gesamtvolumen des Kugeltanks V_{ges}.

Füllvolumen eines Kugeltanks
$V_h = \frac{\pi \cdot h}{2} \cdot \left(\frac{D^2}{4} + \frac{h^2}{3}\right)$ $V_H = V_{ges} - V_f$

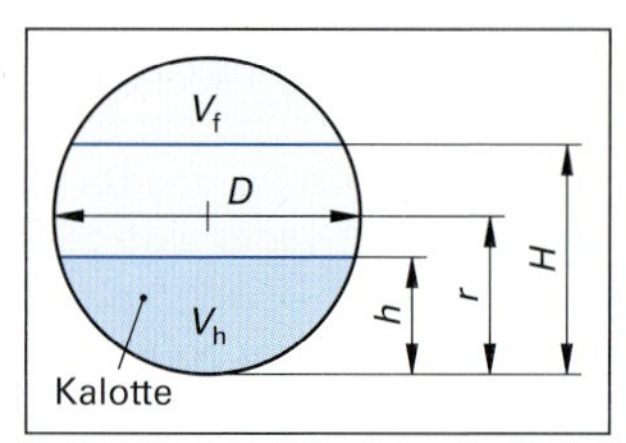

Bild 1: Kugeltank (schematisch)

Liegender Zylindertank mit ebenen Seitenböden

Bei einem Flüssigkeitstank mit der Form eines liegenden Zylinders mit ebenen Seitenflächen **(Bild 2)** kann das Füllvolumen bei unterschiedlichen Füllständen ebenfalls mit einer Gleichung berechnet werden. Die Berechnung ist jedoch umständlich.

Füllvolumen eines liegenden Zylindertanks mit ebenen Seitenflächen
$V_h = L \cdot \left[\frac{D^2}{4} \cdot \arccos\left(1 - \frac{2 \cdot h}{D}\right) - \sqrt{h \cdot D - h^2} \cdot \left(\frac{D}{2} - h\right)\right]$

Bild 2: Liegender Zylindertank mit ebenen Seitenflächen

Deshalb benutzt man zur Ermittlung des Füllvolumens bevorzugt Tabellen und Diagramme. Darin ist das prozentuale Füllvolumen $V_h(\%)$ in Abhängigkeit vom prozentualen Füllstand $h(\%)$ aufgetragen **(Bild 3)**. Mit den daraus ermittelten Werten kann das Füllvolumen nach nebenstehender Gleichung berechnet werden.

Füllvolumen eines liegenden Zylindertanks mit ebenen Seitenböden
$V_h = V_{ges} \cdot V_h(\%)$ $V_h = \frac{\pi}{4} \cdot D^2 \cdot L \cdot V_h(\%)$

Beispiel: In einem Zylindertank mit ebenen Seitenflächen mit 160 cm Durchmesser und 250 cm Länge steht die Flüssigkeit 115 cm hoch.
Wie groß ist das Füllvolumen?

Lösung: $h(\%) = \frac{115\ cm}{160\ cm} \approx 71{,}9\,\%$;

Aus Bild 3: $V_h(\%) = 77\,\%$;

$V_h = \frac{\pi}{4} \cdot D^2 \cdot L \cdot V_h(\%)$

$\boldsymbol{V_h} = \frac{\pi}{4} \cdot (1{,}60\ m)^2 \cdot 2{,}50\ m \cdot 0{,}77 \approx \mathbf{3{,}89\ m^3}$

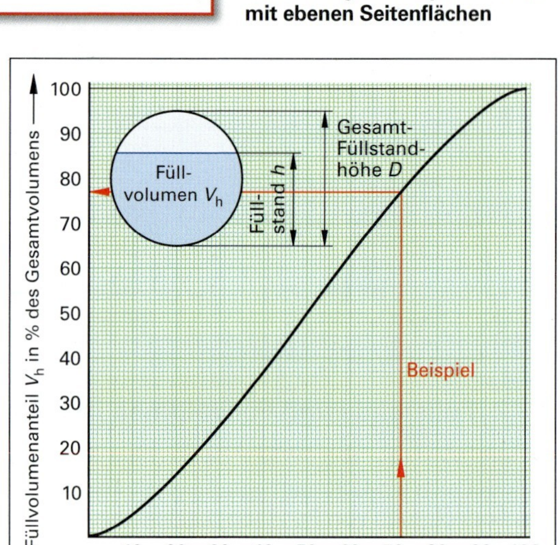

Bild 3: Prozentuales Füllvolumen eines liegenden Zylindertanks mit ebenen Seitenflächen

Liegender Zylindertank mit seitlichen Klöpperböden

Bei einem liegenden Zylindertank mit seitlichen Klöpperböden berechnet man das Füllvolumen $V_{h,\,ges}$ aus dem Füllvolumen des zylindrischen Teils $V_{h,\,Zyl}$ plus dem Füllvolumen der beiden Klöpperböden $2 \cdot V_{h,\,KB}$.

Das Füllvolumen des zylindrischen Teils wird wie beim Zylindertank mit ebenen Seitenflächen ermittelt (siehe oben). Das Füllvolumen der beiden seitlichen Klöpperböden wird aus einem Diagramm abgelesen **(Bild 4)**.

Füllvolumen eines Zylindertanks mit seitlichen Klöpperböden
$V_{h,\,ges} = V_{h,\,Zyl} + 2 \cdot V_{h,\,KB}$ $V_{h,\,ges} = \frac{\pi}{4} \cdot D^2 \cdot L \cdot V_h(\%) + 2 \cdot V_{h,\,KB}$

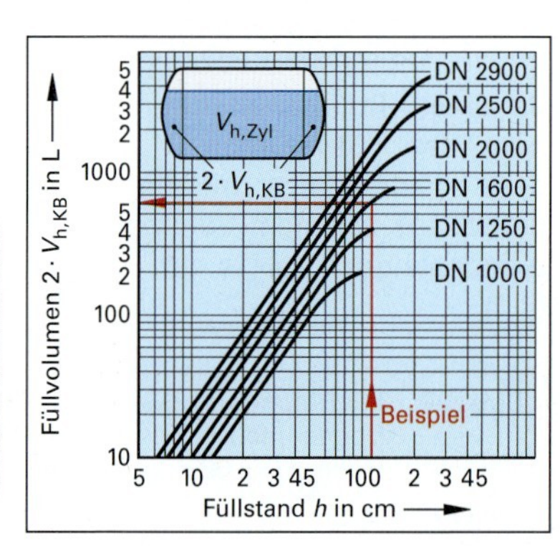

Bild 4: Füllvolumen in den seitlichen Klöpperböden eines Zylindertanks

Beispiel: In einem liegenden Zylindertank mit seitlichen Klöpperböden (D = 160 cm, L_{Zyl} = 250 cm) soll das Füllvolumen bei einer Standhöhe von 115 cm berechnet werden.

Lösung: Das Füllvolumen des zylindrischen Behälterteils ist identisch mit demjenigen aus dem Beispiel von Seite 74: $V_{h,\,Zyl} = 3{,}89\ m^3$. Dazu kommt das Füllvolumen der beiden seitlichen Klöpperböden: Aus Bild 4, Seite 74, wird aus der DN1600-Kurve abgelesen:

$2 \cdot V_{h,\,KB} = 0{,}62\ m^3$.

$\mathbf{V_{h,\,ges}} = V_{h,\,Zyl} + 2\ V_{h,\,KB} = 3{,}89\ m^3 + 0{,}62\ m^3 = \mathbf{4{,}51\ m^3}$

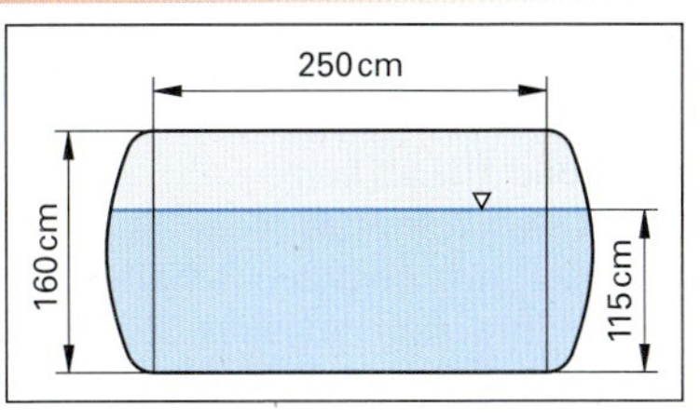

Bild 1: Zylindertank mit seitlichen Klöpperböden

Für höhere Genauigkeitsanforderungen bzw. andere seitliche Böden am Zylindertank kann auf Wertetabellen und Diagramme in Tabellenbüchern zurückgegriffen werden.

Die Hersteller von Behältern bieten zudem **Computerprogramme** zur genauen Berechnung der Füllvolumens von Behältern an.

Kalibrierung des Behälterinhalts

Bei komplizierten Behälterformen oder Einbauten im Behälter muss der Zusammenhang zwischen Füllstand L und im Behälter befindlichen Flüssigkeitsvolumen V_h durch eine Kalibrierung ermittelt werden. Dazu wird der Behälter in Schritten mit bekannten Wasservolumina V_h gefüllt und die dazu gehörige Füllstandshöhe gemessen. Aus den erhaltenen V_h-L-Wertepaaren wird eine Kalibrierkurve gezeichnet. Damit können die Füllvolumina bei beliebigen Füllständen ermittelt werden.

3.3.3 Füllstandmessung bei Flüssigkeiten

Mechanische Füllstandmessgeräte

Mechanische Füllstandmessgeräte, wie z.B. Peilstäbe, Peilbänder, Schaugläser, Schwimmer oder Magnetklappenleisten **(Bild 2)** messen direkt die Höhe der in einem Behälter stehenden Flüssigkeit, den Füllstand L.

Manche Geräte, z.B. Peilstäbe, haben eine Skalierung in Einheiten des Behälterinhalts (m^3).

Bei anderen Geräten wird aus dem Füllstand L mit einer geometrischen Formel, einem Computerprogramm oder einer Kalibrierkurve das Behälterinhaltsvolumen errechnet. Siehe Seite 73, 74 und obiges Beispiel auf dieser Seite.

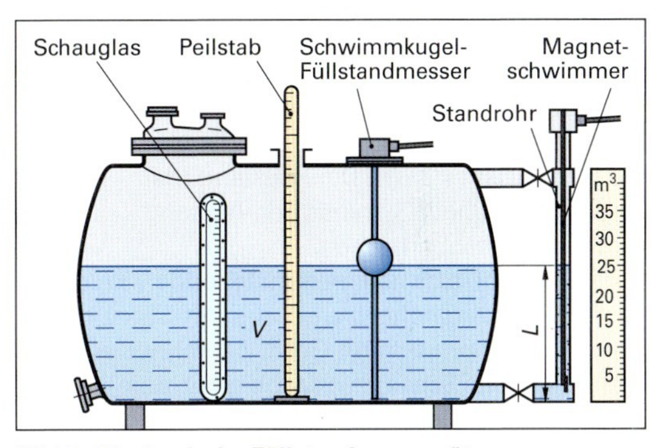

Bild 2: Mechanische Füllstandmessgeräte

Füllstandmessgeräte nach dem hydrostatischen Prinzip

Die Füllstandmessung nach dem hydrostatischen Prinzip **(Bild 3)** beruht darauf, dass der hydrostatische Druck am Boden eines mit Flüssigkeit gefüllten Tanks direkt proportional zur Höhe der Flüssigkeit über der Boden-Druckmessstelle ist: $p_{hydr} = p_{Boden} = g \cdot \varrho_{Fl} \cdot h$. Daraus kann durch Umstellen der Füllstand berechnet werden (siehe nebenstehend).

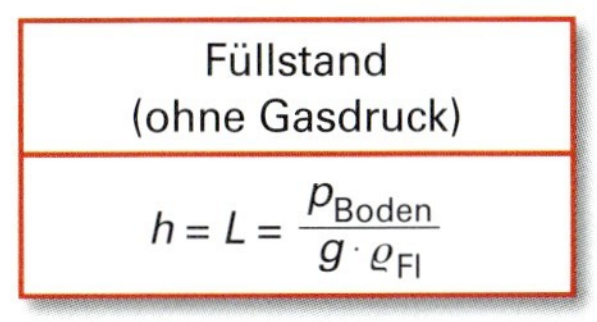

Herrscht im Gasraum über der Flüssigkeit ein Gasdruck p_{System}, so ist der am Boden des Behälters gemessene Bodendruck die Summe aus Gasdruck und hydrostatischem Druck: $p_{Boden} = p_{System} + p_{hydr}$.

Zur Messung des Füllstands wird dann die Druckdifferenz gemessen: $\Delta p = p_{Boden} - p_{System}$.

Den Füllstand berechnet man mit nebenstehender Gleichung.

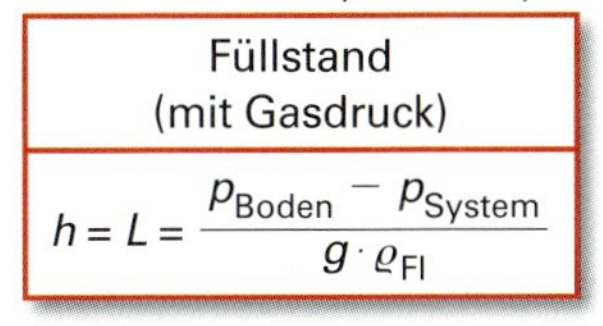

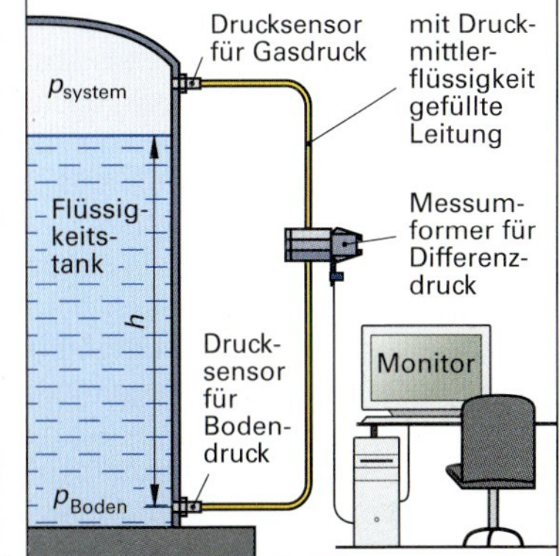

Bild 3: Hydrostatische Füllstandmessung durch Druckdifferenzmessung

Füllstandmessung mit der Einperlmethode

Diese Füllstand-Messmethode arbeitet ebenfalls mit der Messung des hydrostatischen Drucks.

Der Tank hat einen speziellen Messstutzendeckel, durch den ein kurzes und ein langes Rohr in den Tank ragen **(Bild 1)**. Das kurze Rohr endet unter dem Deckel im Gasraum, das lange Rohr reicht bis in die Flüssigkeit kurz über den Behälterboden.

Beide Rohre sind an eine Stickstoff-Druckgasflasche angeschlossen. Der anliegende Druck wird so eingestellt, das aus dem langen Rohr ein ruhig ausperlender Gasstrom in die Flüssigkeit austritt.

Das angeschlossene Druckdifferenz-Messgerät misst die Druckdifferenz Δp zwischen dem Bodendruck in der Flüssigkeit p_{Boden} und dem Systemdruck im Gasraum: $\Delta p = p_{Boden} - p_{System}$.

Er entspricht dem hydrostatischen Druck in der Flüssigkeit:

$\Delta p = p_{hydr} = g \cdot \varrho_{Fl} \cdot \Delta h$.

Durch Umstellen erhält man Δh. Es entspricht dem Füllstand L.

Daraus kann das Volumen berechnet werden.

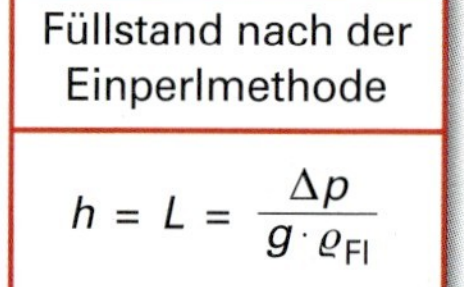

Füllstand nach der Einperlmethode

$$h = L = \frac{\Delta p}{g \cdot \varrho_{Fl}}$$

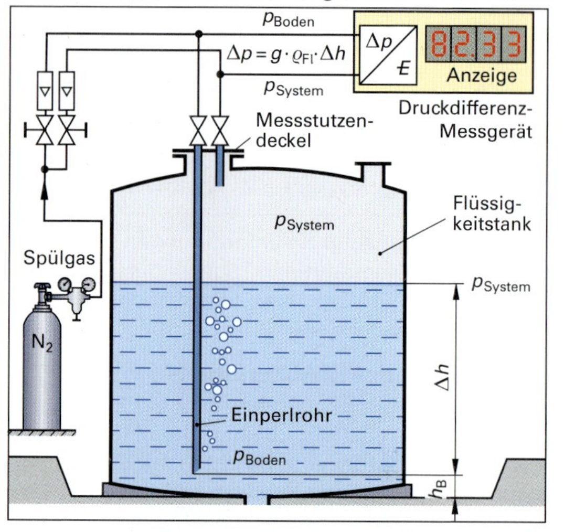

Bild 1: Einperlmethode zur Füllstandmessung

Füllstandmessgeräte mit Laufzeitverfahren

Bei diesen Messgeräten sendet ein Sender ein Signal aus, z.B. ein Ultraschallsignal oder ein Radarsignal **(Bild 2)**. Es läuft mit der Signalgeschwindigkeit v zur Flüssigkeitsoberfläche, wird dort reflektiert und trifft nach der Laufzeit t auf einen Empfänger. Die Laufzeit ist $t = 2 \cdot l/v$. Der Füllstand L ist die Behälterhöhe h_{Beh} minus den Abstand zur Flüssigkeitsoberfläche $L = h_{Beh} - l$.

Füllstand nach dem Laufzeitverfahren

$$L = h_{Beh} - \frac{v \cdot t}{2}$$

Daraus ergibt sich die nebenstehende Gleichung für den Füllstand. Die Standhöhe L wird aus der Signallaufzeit und den Geräteparametem intern im Gerät berechnet und auf einem Display angezeigt. Die Schallgeschwindigkeit des Ultraschalls beträgt in Luft bei 15 °C: $v \approx 340$ m/s.

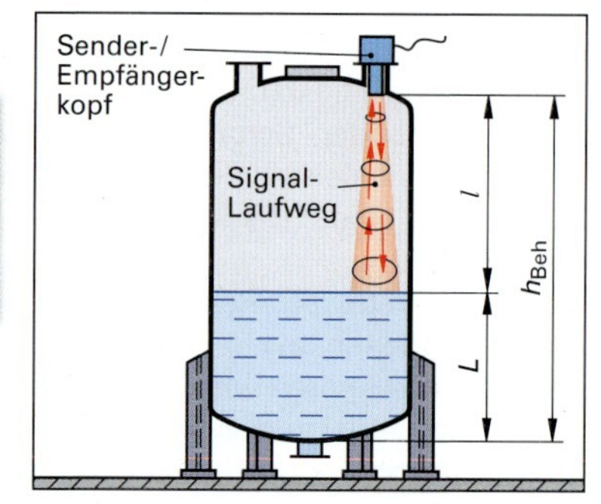

Bild 2: Prinzip der Laufzeitverfahren

3.3.4 Füllstandmessung bei Schüttgütern

Für die Füllstandmessung bei Schüttgütern werden teilweise Messgeräte mit denselben Messprinzipien wie bei Flüssigkeiten eingesetzt **(Bild 3)**.

Zum Einsatz kommen: der Peilstab, das Schauglas mit Sichtskala, der Drehflügel-Füllstandmesser, das Absenklot mit Kippschalter, die Ultraschall- und die Radarwellenmessung, die radiometrische Füllstandmessung und die Wägung.

Bei der Füllstandmessung von Schüttgütern in Silos müssen einige Besonderheiten berücksichtigt werden: Die Oberfläche von Schüttgütern ist nicht eben, sondern hat meist eine unregelmäßige Kegel- oder Muldenform. Die Schüttgut-Volumenberechungen aus dem Füllstand L sind deshalb ungenau.

Genauere Volumenbestimmungen können durch Wägungen des Schüttgutsilos mit Kraftmessdosen erfolgen. Das Schüttgutvolumen kann daraus mit der Gleichung $V = m/\varrho_{Schütt}$ berechnet werden.

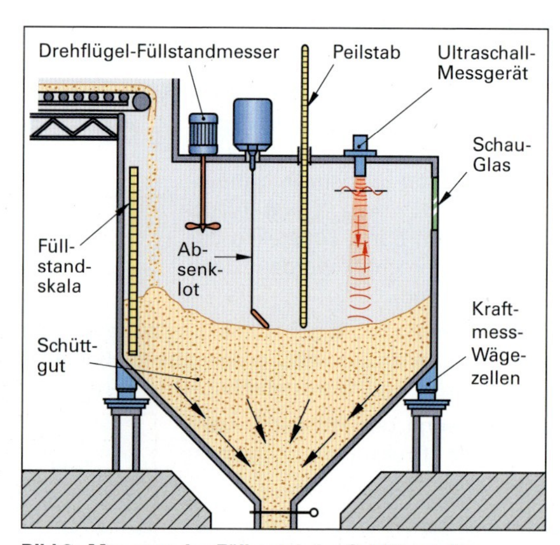

Bild 3: Messung des Füllstands im Schüttgutsilo

Aufgaben zu 3.3 Füllstandmessung

1. In einem Rührkessel mit 1,624 m Innendurchmesser und einer Wanddicke von 1,6 mm steht die Flüssigkeit 2,162 m hoch **(Bild 1)**. Der Rührkessel hat einen Klöpperboden. Im Rührkessel ragen drei Strömungsbrecher mit einem Durchmesser von 15 cm Durchmesser 1,360 m tief sowie ein Rührer mit demselben Volumen wie ein Strömungsbrecher in die Flüssigkeit.

   Welches Flüssigkeitsvolumen befindet sich im Rührkessel?

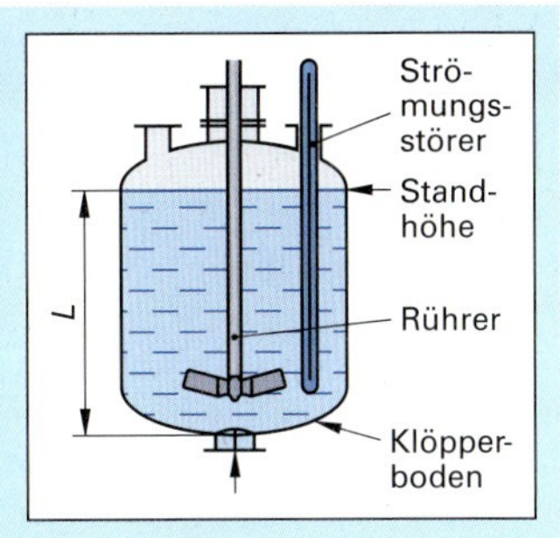

Bild 1: Rührkessel (Aufgabe 1)

2. Ein Heizöltank mit der Form eines stehenden Kreiszylinders und ebenem Boden hat einen mittleren Innendurchmesser von 8,247 m und eine maximale Füllhöhe von 12,745 m.

   a) Erstellen Sie eine *V*-*L*-Kalibrierkurve für den Öltank.

   b) Welches Ölvolumen befindet sich bei 7,53 m Füllhöhe im Tank?

3. Eine Rektifikationskolonne mit einem zylindrischen Kolonnenkörper **(Bild 2)** ist insgesamt 6,400 m hoch und hat als Abschluss am Sumpf und am Kopf einen Korbbogenboden. Die Kolonne hat einen Innendurchmesser von 82,0 cm, die Wanddicke beträgt 8 mm. Die Einbauten und die Ein- bzw. Auslaufstutzen in die Kolonne betragen 8,5 % des Kolonnen-Innenvolumens.

   Wie groß ist das freie Kolonnenvolumen?

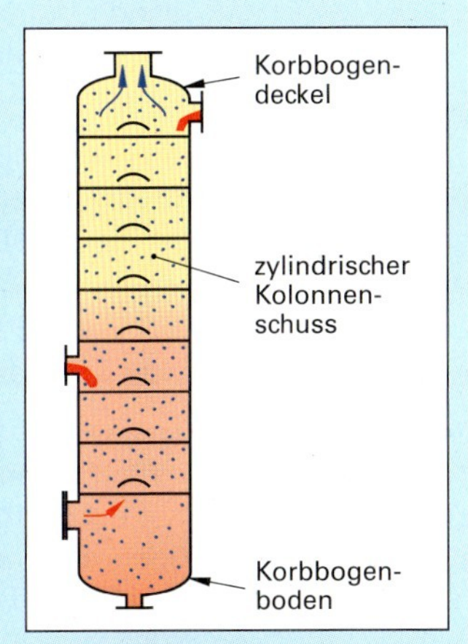

Bild 2: Rektifikationskolonne (Aufgabe 3)

4. Im Sumpf einer Rektifikationskolonne wird der Füllstand der Sumpfflüssigkeit mit einem Schwimmkugel-Messgerät gemessen und geregelt. Der Kolonnensumpf hat die Form einer Halbkugel mit dem Durchmesser 82 cm. Bestimmen Sie mithilfe der geometrischen Formel die Kalibrierkurve des Halbkugelvolumens *V* in Abhängigkeit vom Füllstand *L*.

5 Ein Schüttgutsilo **(Bild 3)** für ein Kunststoffgranulat ($\varrho_{Schütt}$ = 0,592 kg/dm^3) hat einen zylindrischen Teil mit einem Innendurchmesser von 1,456 m und einer Höhe von 2,608 m. Der Kegelstumpf-Auslauf hat eine Höhe von 1,380 m und verringert sich bis auf den Auslaufdurchmesser von 25,0 cm. Er ist bis zum Auslassschieber 28,6 cm hoch. Das Schüttgut steht bis 55 cm unterhalb des Silodeckels.

   a) Welches Volumen bzw. welche Masse hat der Siloinhalt?

   b) Erstellen Sie eine Kalibrierkurve für das Silo.

   c) Bestimmen Sie den Siloinhalt bei 1,25 m und 3,70 m Füllstandhöhe.

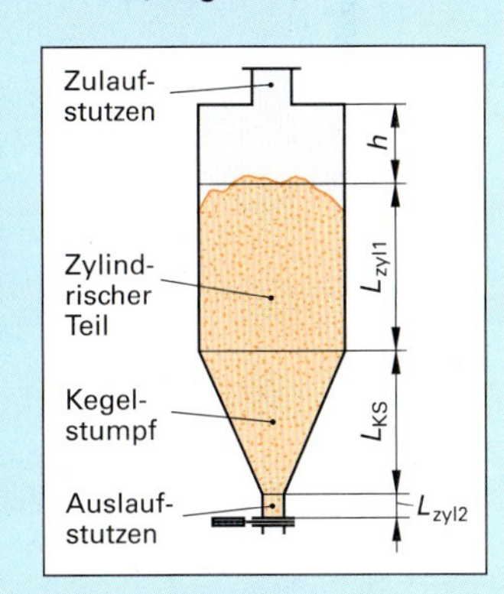

Bild 3: Schüttgutsilo (Aufgabe 5)

6. Für einen Flüssigkeitstank mit der Form eines liegenden Zylinders mit ausgerundeten Seitenböden **(Bild 4)** wurden die folgenden Kalibrierwerte ermittelt.

Füllstand L in m				0,104	0,208	0,312	0,416	0,624
Behälterinhalt V_L in m^3				0,235	0,622	1,159	1,848	3,612
0,832	1,040	1,248	1,456	1,664	1,768	1,872	2,059	2,080
5,746	8,400	11,088	13,356	15,36	15,708	16,296	16,632	16,800

   a) Erstellen Sie mit den Tabellenwerten eine Kalibrierkurve.

   b) Bestimmen Sie mit der Kalibrierkurve den Behälterinhalt bei Füllstandhöhen von 0,45 m und 1,50 m.

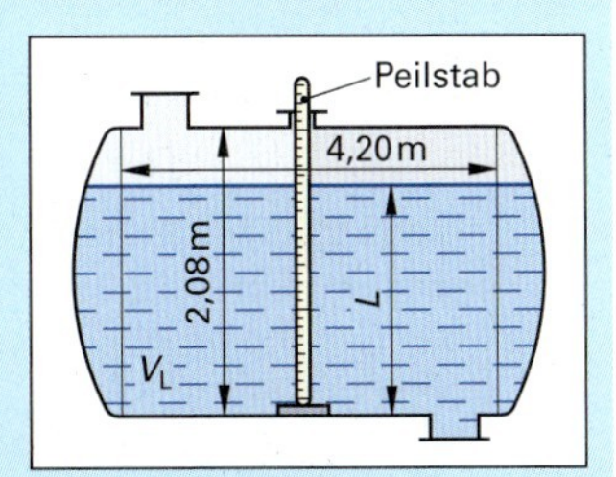

Bild 4: Flüssigkeitstank (Aufgabe 6)

7. In einem Abwassersammelbecken wird der Füllstand mit einem Drucksensor am Boden des Beckens gemessen **(Bild 1)**. Das Abwasser hat eine Dichte von 1023 kg/m³. Welcher Bodendruck wird bei einem Füllstand von 3,42 m gemessen?

8. In einem Flüssigkeitstank für Diethylether ($C_4H_{10}O$) mit einem mittleren inneren Kugeldurchmesser von 8,420 m herrscht im Gasraum ein Überdruck von 820 mbar **(Bild 2)**. Der Füllstand wird mit einem Druckdifferenz-Messgerät gemessen. ϱ(Diethlether) = 717 kg/m³
   a) Welche Druckdifferenz wird bei einem Füllstand von 5,35 m gemessen?
   b) Welcher Bodendruck herrscht dabei im Tank?
   c) Welches Flüssigkeitsvolumen befindet sich im Tank?
   d) Welche Masse hat die Tankfüllung?

9. Bei der Füllstandsmessung mit der Einperlmethode in einem Tank für Methylbenzol **(Bild 3)** soll der erforderliche Einperldruck des Spülgases bestimmt werden. Der Füllstand beträgt 4,64 m; der Überdruck im Gasraum 250 mbar. ϱ(Methylbenzol) = 867 kg/m³.

   Wie groß muss der Spülgasdruck mindestens sein?

10. In einem Vorratstank für Propantriol (Glycerin) wird der Flüssigkeitsstand mit einem Ultraschall-Messgerät gemessen. Der Tank hat die Form eines stehenden Zylinders mit zwei Klöpperböden. Der innere Tankdurchmesser beträgt 2,318 m, die Wanddicke 16 mm. Die Gesamt-Signallaufstrecke vom Messkopf bis zum Tankboden misst 4,550 m. Es wird eine Ultraschallmessung zur Ermittlung des momentanen Füllstands durchgeführt. Die Laufzeit des Ultraschallsignals beträgt hierbei $1{,}93 \cdot 10^{-2}$ s.
    a) Welcher Füllstand herrscht momentan im Tank?
    b) Welches Flüssigkeitsvolumen befindet sich bei der Messung im Tank?

11. In einem Schüttgutsilo für Düngergranulat mit der in **Bild 4** gezeigten Form und den dort angegebenen Abmessungen wird durch Wägung eine Masse des Schüttguts von 7,876 t gemessen. ϱ(Schütt,Dünger) = 1450 kg/m³
    a) Welches Volumen hat die Schüttung im Silo?
    b) Wie hoch ist der Füllstand des Schüttguts, wenn eine ebene Schüttgutoberfläche angenommen wird?
    c) Wie hoch ist der Füllstand bis zur Kegelspitze, wenn die Schüttung auf der Oberfläche einen Kegel mit 0,45 m Höhe bildet?

12. In einem Vorratssilo für Stärkepulver mit der Form eines stehenden Zylinders mit Kegelstumpf (Form wie Bild 4) soll ein Mindestvorrat von 10 m³ Stärkepulver vorhanden sein.
    Die Maße des Silos:
    Zylindrischer Teil: Durchmesser 3,85 m; Höhe 5,85 m;
    Kegelstumpf: Höhe 2,38 m; Durchmesser am Auslass 42 cm;
    a) Welche Standhöhe misst das Füllstandmessgerät beim Mindestvorrat?
    b) Wie groß ist das maximale Fassungsvolumen des Silos, wenn der Höchststand im Silo 90% der Höhe des zylindrischen Teils betragen darf?

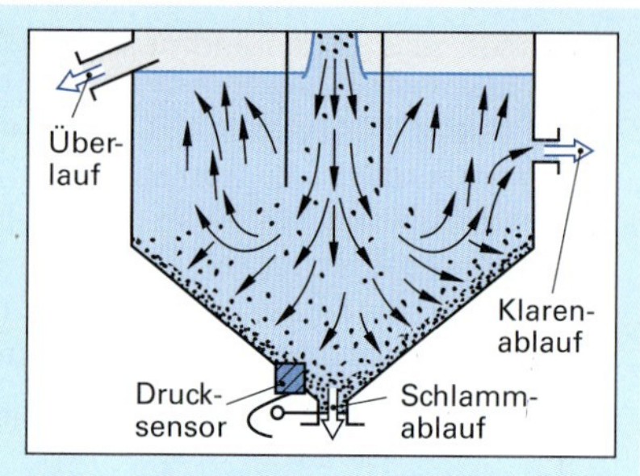

Bild 1: Abwassersammelbecken (Aufgabe 7)

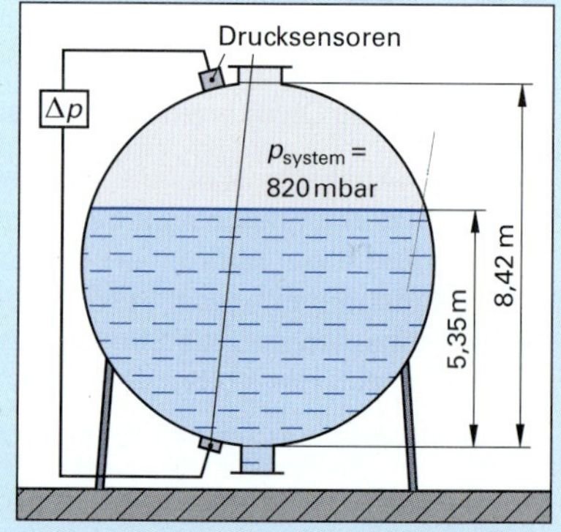

Bild 2: Füllstandmessung mit Druckdifferenzmessung (Aufgabe 8)

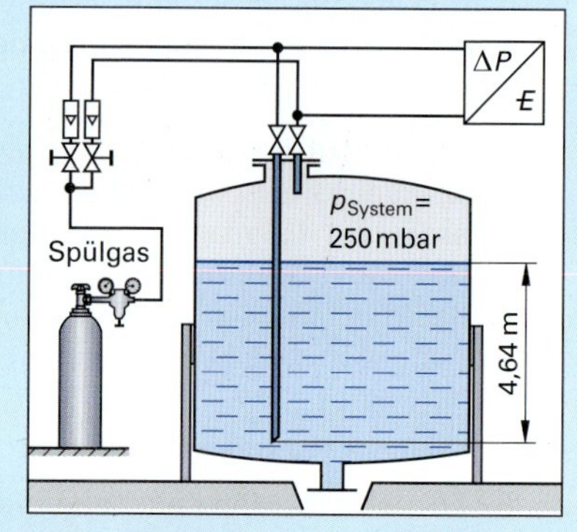

Bild 3: Füllstandmessung mit Einperlmethode (Aufgabe 9)

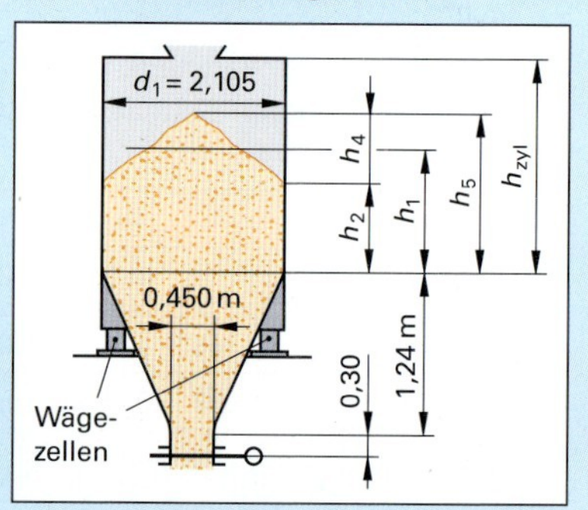

Bild 4: Füllstandmessung im Schüttgutsilo (Aufgabe 11)

3.4 Durchflussmessung und Mengenmessung

3.4.1 Quantitätsgrößen bei Durchflüssen

Im Chemiebetrieb ist die Messung von zwei Quantitätsgrößen für Fluide von großer Bedeutung **(Bild 1)**:

1. Die Messung des pro Zeiteinheit durch eine Rohrleitung fließenden Volumens, der **Volumenstrom $\dot{V}$** (engl. volume flow) sowie der **Massestrom $\dot{m}$** (engl. mass flow).
Die Messgeräte hierfür heißen Durchflussmesser (engl. flowmeter). In der Messtechnik wird der Volumenstrom auch mit dem Buchstaben F oder q_V, der Massestrom mit F_m oder q_m bezeichnet.

2. Die Messung des in einem bestimmten Zeitabschnitt t durch die Rohrleitung geflossenen **Gesamtvolumens V** bzw. der durchgeflossenen **Gesamtmasse m**. Die Messgeräte hierfür heißen Volumen- bzw. Mengenzähler (engl. volume meter).

Die Berechnung der Quantitätsgrößen erfolgt mit den nebenstehend genannten Bestimmungsgleichungen. In den Gleichungen ist v die mittlere Strömungsgeschwindigkeit in der Rohrleitung, ϱ_{Fl} ist die bei der Messung herrschende Betriebsdichte des Fluids.

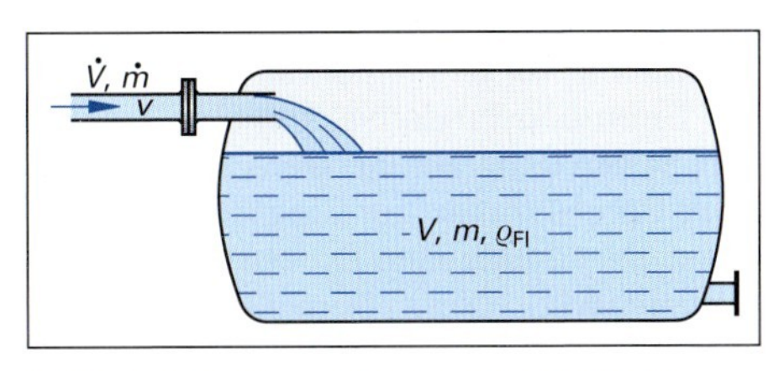

Bild 1: Quantitätsgrößen im Chemiebetrieb

Volumenstrom $\dot{V} = \frac{V}{t} = A \cdot v$	Massestrom $\dot{m} = \frac{m}{t} = \varrho_{Fl} \cdot \dot{V}$
Im Zeitabschnitt t durchgeflossenes Gesamtvolumen $V = \dot{V} \cdot t = A \cdot v \cdot t$	Im Zeitabschnitt t durchgeflossene Gesamtmasse $m = \dot{m} \cdot t = \varrho_{Fl} \cdot \dot{V} \cdot t$

3.4.2 Durchflussmessung

Schwebekörper-Durchflussmesser

Das Messelement dieses Durchflussmessers ist ein Schwebekörper, der in einem konischen Glasrohr von dem senkrecht nach oben strömenden Fluid in Schwebe gehalten wird **(Bild 2)**.

Er stellt sich auf einer Höhe ein, bei der die nach oben gerichteten Ausftriebs- und Anströmkräfte (F_A + F_W) gleich groß sind wie die nach unten gerichtete Gewichtskraft F_G des Schwebekörpers.
Die Höhe des Schwebekörpers ist dem Durchfluss proportional: $\dot{V} \sim H$. Er wird an der oberen Schwebekörperkante auf einer Skale abgelesen.

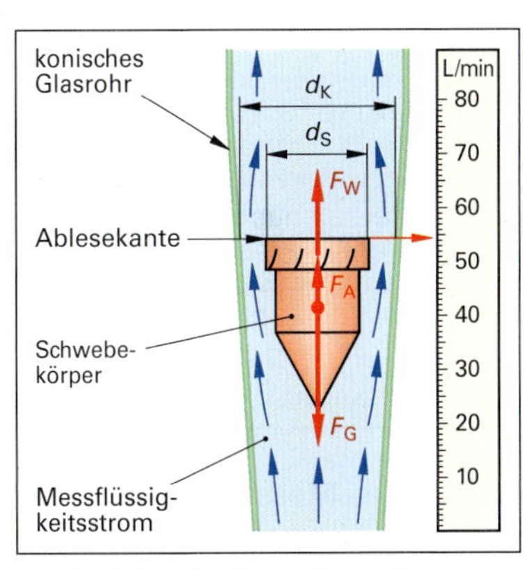

Bild 2: Schwebekörper-Durchflussmesser

Der Durchfluss wird nach VDI/VDE-Richtlinie 3513, Blatt1, mit nebenstehender Gleichung berechnet.

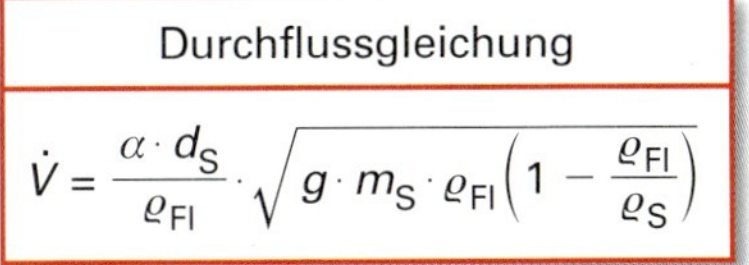

Durchflussgleichung

$$\dot{V} = \frac{\alpha \cdot d_S}{\varrho_{Fl}} \cdot \sqrt{g \cdot m_S \cdot \varrho_{Fl}\left(1 - \frac{\varrho_{Fl}}{\varrho_S}\right)}$$

Es sind:

- α Durchflusszahl (ohne Einheit); sie ist abhängig vom Durchmesserverhältnis d_K/d_S, der Viskosität des Fluids und der Strömung zwischen Schwebekörper und Konus. (α wird für ein bestimmtes Messgerät aus einem vom Hersteller erstellten Kennlinienblatt entnommen.)
- d_S Größter Durchmesser des Schwebekörpers
- d_K Konusrohr-Durchmesser in Höhe des größten Schwebekörperdurchmessers
- m_S Masse des Schwebekörpers
- ϱ_S Dichte des Schwebekörpers

Beispiel: In einer Prozesswasser-Rohrleitung wird der Durchfluss mit einem Schwebekörper-Durchflussmesser gemessen. Der Schwebekörper besteht aus Keramik (ϱ_S = 2,69 g/cm³) und hat einen größten Durchmesser d_S = 15,2 mm, seine Masse beträgt m_S = 7,29 g. Die Durchflusszahl hat den Wert α = 0,57. Welcher Durchfluss liegt hierbei vor?

Lösung: $\dot{V} = \frac{0{,}57 \cdot 15{,}2 \cdot 10^{-3}\,m}{1000\,kg/m^3} \cdot \sqrt{9{,}81\frac{N}{kg} \cdot 7{,}27 \cdot 10^{-3}\,kg \cdot 1000\frac{kg}{m^3} \cdot \left(1 - \frac{1000\,kg/m^3}{2690\,kg/m^3}\right)}$

$\dot{V} \approx 8{,}664 \cdot 10^{-6}\frac{m^4}{kg}\sqrt{44{,}81\frac{N \cdot kg}{m^3}} \approx 8{,}664 \cdot 10^{-6}\frac{m^4}{kg}\sqrt{44{,}81\frac{kg \cdot m \cdot kg}{s^2 \cdot m^3}} \approx 58{,}0 \cdot 10^{-6}\frac{m^3}{s} \approx \mathbf{3{,}48}\,\frac{\mathbf{L}}{\mathbf{min}}$

Durchflussmessung mit Drosselgeräten

Durchfluss-Messgeräte mit Drosseln bestehen aus einem Strömungshindernis (Drossel), dass in die Rohrleitung eingebaut ist, und einem Messgerät, das die Druckdifferenz unmittelbar vor und hinter der Drossel misst **(Bild 1)**.

Als Strömungshindernis kommen genormte Messblenden, Düsen und Venturidüsen zum Einsatz.

Beim Durchströmen der Drossel herrscht im Fluid vor und hinter der Blende eine Druckdifferenz, die **Wirkdruck Δp** genannt wird. Diese Durchfluss-Messverfahren werden deshalb auch Wirkdruckverfahren genannt.

Der Wirkdruck einer Drossel ist proportional dem Quadrat des Volumenstroms : $\Delta p \sim \dot{V}^2$

Die Durchflussgleichung für Drosselgeräte wird aus der Bemoulli-Gleichung für Strömungen in sich verengenden Rohrquerschnitten hergeleitet (Seite 32).

Sie lautet nach DIN EN ISO 5167-1 wie nebenstehend beschrieben.

Durchflussgleichung

$$\dot{V} = \alpha \cdot \varepsilon \cdot A_d \sqrt{\frac{2 \cdot \Delta p}{\varrho_{Fl}}}$$

Es sind:

- α Die Durchflusszahl (ohne Einheit). Sie ist anhängig von der Geometrie der Drossel und ihren Maßen, von der Viskosität des Fluids und von der Strömungform. Die α-Werte werden von den Drosselherstellern als Wertetabellen der Drossel beigegeben. α hat Werte von 0,6 bis 0,8.
- ε Die Expansionszahl (ohne Einheit). Sie ist nur für Gase relevant und hat Werte von 0,9 bis 1,0.
- A_d Die freie Durchströmungsfläche der Drossel
- ϱ_{Fl} Die Dichte des Fluids

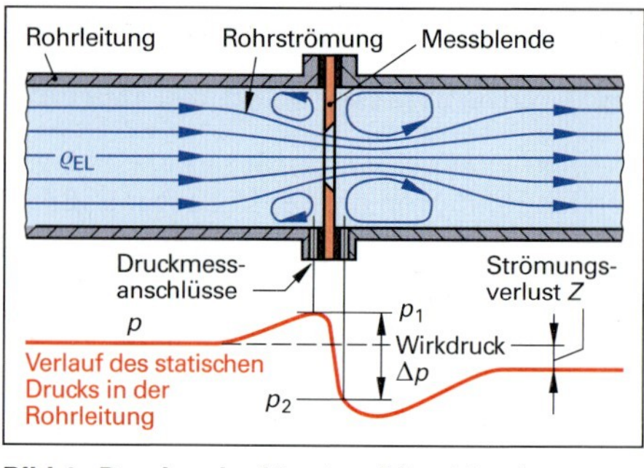

Bild 1: Druckverlauf in einer Messblende

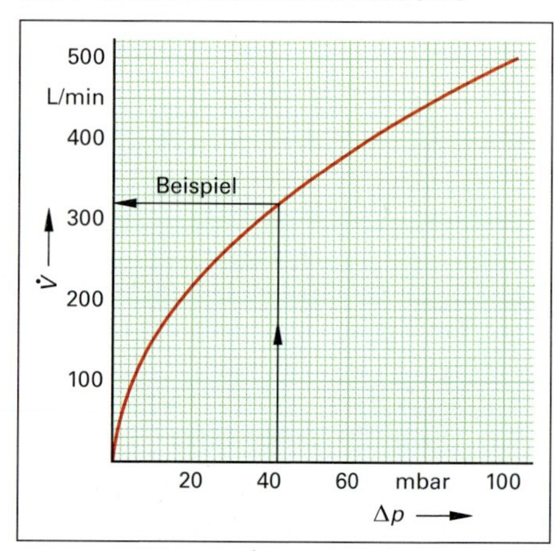

Bild 2: Kalibrierkurve einer Messblende

Für die Messblenden und Düsen gibt es häufig auch Kalibrierkurven der Hersteller **(Bild 2)**. Damit können die Durchflüsse direkt ermittelt werden.

Beispiel: In einer Rohrleitung wird bei der Messblende mit der Kalibrierkurve von Bild 2 ein Wirkdruck von 42 mbar gemessen. Welcher Volumenstrom fließt durch die Rohrleitung?

Lösung: Aus Bild 2 wird entnommen: $\dot{V}$ **= 320 L/min**

Durchfluss- Messverfahren mit elektrischem Messsignal

Durchfluss-Messverfahren mit elektrischem Messsignal sind z. B. der magnetisch-induktive Durchflussmesser (kurz MID), der Wirbeldurchflussmesser, der Schwingungsdurchflussmesser, der Ultraschall-Durchflussmesser, der Coriolis-Massedurchflussmesser und die Turbinen- bzw. Drehflügel-Durchflussmesser.

Bei diesen Messgeräten wird nach den unterschiedlichen Wirkprinzipien ein elektrisches Signal erzeugt. So wird z. B. beim **MID** durch die elektrischen Ladungen in der strömenden Messflüssigkeit und ein angelegtes Magnetfeld an zwei Elektroden eine kleine elektrische Spannung U induziert **(Bild 3)**. Sie ist dem Volumenstrom proportional: $U \sim \dot{V}$

Das Spannungssignal wird mit einem Messumformer in ein elektrisches Einheitssignal von 4 mA bis 20 mA umgeformt und dient zur Anzeige und Prozessregelung.

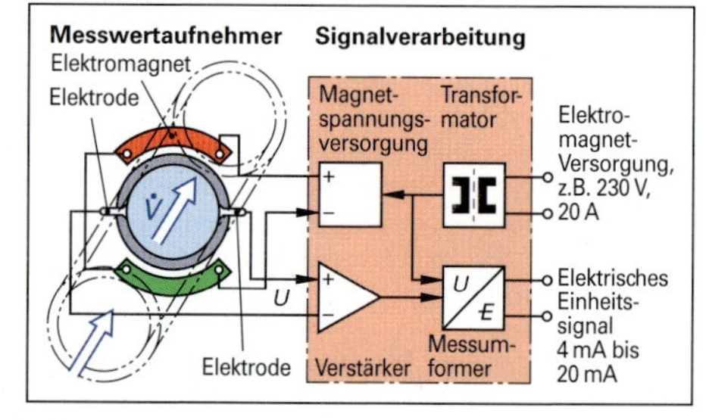

Bild 3: Prinzip des MID

Beispiel: Das Messsignal eines MID ist eine induzierte Spannung im Bereich von 2 bis 16 mV. Welchem Einheitssignal entspricht eine Spannung von 7,5 mV?

Lösung: Mess-Spannungsbreite: 16 mV – 2 mV = 14 mV; Einheitssignalbreite: 20 mA – 4 mA = 16 mA

$7{,}5\ \text{mV} \mathrel{\hat{=}} \frac{7{,}5\ \text{mV} - 2\ \text{mV}}{14\ \text{mV}} = 0{,}39;\quad 0{,}39 \cdot 16\ \text{mA} = 6{,}3\ \text{mA} \quad \Rightarrow \quad I = 4\ \text{mA} + 6{,}3\ \text{mA} = \mathbf{10{,}3\ mA}$

3.4.3 Mengenmessung bei strömenden Fluiden

Unter Mengenmessung versteht man in der chemischen Messtechnik entweder die Messung des Volumens oder die Messung der Masse eines Fluids, das in einem bestimmten Zeitabschnitt durch eine Rohrleitung geströmt ist.

Zur Messung des Volumens V_{ges}, das durch eine Rohrleitung geflossen ist, verwendet man Volumenmessgeräte mit rotierenden Messelementen. Sie werden auch **Zähler** genannt.

Durch Multiplizieren des gemessenen Volumens mit der Dichte des Fluids kann die durchgeflossene Masse berechnet werden: $\boldsymbol{m = V_{ges} \cdot \varrho_{Fl}}$

Man unterscheidet volumetrische und strömungsgetriebene Mengenmessgeräte.

Volumetrische Mengenmessgeräte

Diese Geräte nennt man auch unmittelbare Mengenmessgeräte. Durch die Rotation der Räder bzw. der Kolben werden Teilvolumina des Fluidstroms transportiert. Mit einem magnetischen Impulsgeber wird die Drehfrequenz des Messelements erfasst. Die Teilvolumina werden durch Zählen zum Gesamtvolumen V_{ges} aufsummiert. Das durchgeflossene Volumen V_{ges} ist dem Kammervolumen des Drehkolbens, der Drehfrequenz f und der Laufzeit t proportional: $V_{ges} \sim V_{DK}$; $V_{ges} \sim f$; $V_{ges} \sim t$

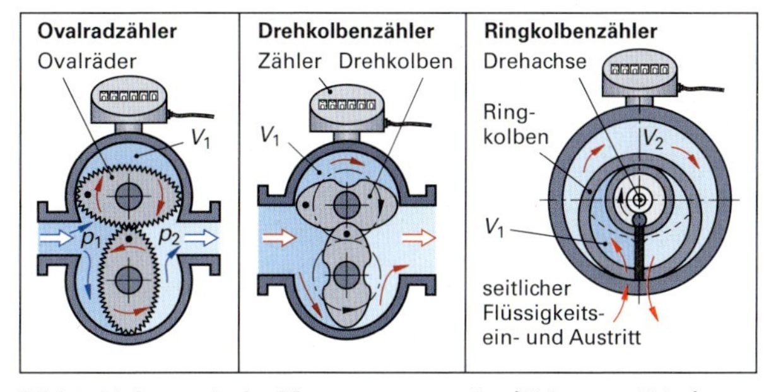

Bild 1: Volumetrische Mengenmessgeräte (Volumenzähler)

Beim **Ovalradzähler** und beim **Drehkolbenzähler (Bild 1)** wird bei einer Umdrehung viermal das eingeschlossene Teilvolumen V_1 transportiert. Mit der Drehfrequenz f, der Messzeit t und einem Faktor für Spaltverluste Z_V ergibt sich die nebenstehende Gleichung für das im Zeitabschnitt durchgeflossene Volumen.

Durchgeflossenes Volumen Ovalrad- und Drehkolbenzähler
$V_{ges} = Z_V \cdot 4 \cdot V_1 \cdot f \cdot t$

Beim **Ringkolbenzähler** (Bild 1, rechts) wird bei jeder Umdrehung die Summe aus äußerem und innerem Kammervolumen ($V_1 + V_2$) gefördert. Mit der Drehfrequenz f und dem Spaltverlustfaktor Z_V ergibt sich nebenstehende Gleichung.

Durchgeflossenes Volumen Ringkolbenzähler
$V_{ges} = Z_V \cdot (V_1 + V_2) \cdot f \cdot t$

Die Spaltverluste und damit die Messgenauigkeit sind bei Fluiden mit niedriger Viskosität hoch, bei höherer Viskosität gering. Sie betragen rund 0,5 bis 3%.

Strömungsmengen-Messgeräte

Zu den Strömungsmengen-Messgeräten gehören der Turbinenradzähler, der Flügelradzähler und der Woltmannzähler **(Bild 2)**. Sie sind mittelbare Volumen-Messgeräte.

Ihr Messelement ist ein Strömungskörper, der vom Fluidstrom in Rotation versetzt wird. Die Anzahl der Umdrehungen wird mit einem magnetischen Impulsgeber gemessen und von einem Zählwerk aufaddiert. Sie sind entweder in Volumeneinheiten oder bei Verwendung für nur ein Fluid auch in Masseeinheiten kalibriert.

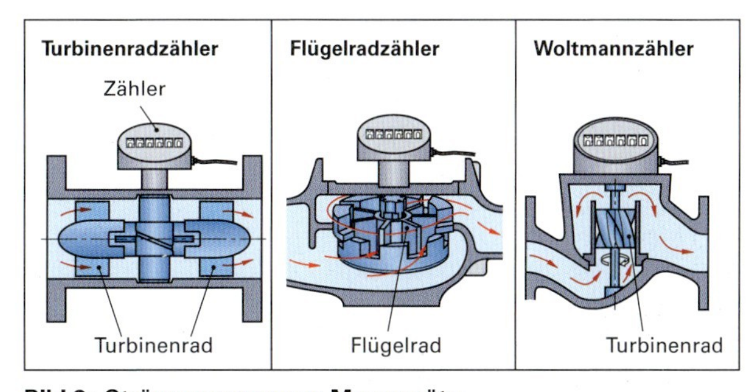

Bild 2: Strömungsmengen-Messgeräte

Das durchgeflossene Volumen ist der Umdrehungsfrequenz f und der Laufzeit t proportional. Mit einem Gerätefaktor K für die Form des Strömungskörpers und seine Abmessungen sowie einem Faktor Z_{Re} für die Fluidströmung erhält man die nebenstehende Bestimmungsgleichung.

Durchgeflossenes Gesamtvolumen
$V_{ges} = Z_{Re} \cdot K \cdot f \cdot t$

Berechnung der durchgeflossenen Masse

Aus dem gemessenen Gesamtvolumen V_{ges} (siehe Seite 81, unten) kann die durchgeflossene Gesamtmasse m_{ges} mit der Betriebsdichte ϱ_B mit nebenstehender Gleichung berechnet werden.

Die Betriebsdichte ϱ_B bestimmt man aus der bekannten Dichte ϱ_1 bei Raumtemperatur (20 °C oder 25 °C) und Normdruck (p_n = 1013 mbar), die man aus einem Tabellenbuch entnimmt.

Bei **Flüssigkeiten** ist die Betriebsdichte ϱ_B im Wesentlichen nur von der Temperatur abhängig. Sie kann mit nebenstehender Gleichung berechnet werden. γ ist der Volumenausdehnungskoeffizient.

Zu beachten ist, dass der Volumenausdehnungskoeffizient γ temperaturabhängig ist. Für eine bestimmte Temperaturspanne kann mit einem mittleren γ gerechnet werden.

Die Dichte ϱ_B bzw. der Volumenausdehnungskoeffizient γ bei verschiedenen Temperaturen können aus Tabellenbüchern entnommen werden.

Bei **Gasen** ist die Betriebsdichte ϱ_B von der Temperatur und dem Druck abhängig. Man berechnet sie aus der in Tabellenbüchern angegebenen Normdichte ϱ_n, den Normbedingungen (T_n = 273,15 K, p_n = 1013 mbar) und den Betriebsbedingungen T_B und p_B.

Durchgeflossene Masse

$$m_{ges} = \varrho_B \cdot V_{ges}$$

Flüssigkeitsdichte in Abhängigkeit von der Temperatur

$$\varrho_B = \frac{\varrho_1}{1 + \gamma \cdot \Delta\vartheta}$$

Gasdichte in Abhängigkeit von den Betriebsbedingungen

$$\varrho_B = \varrho_n \cdot \frac{p_B \cdot T_n}{p_n \cdot T_B}$$

Beispiel: Sauerstoff hat bei Normbedingungen eine Dichte von 1,429 kg/m³. Welche Betriebsdichte hat Sauerstoff bei 240 °C und 5,722 bar Überdruck?

Lösung: p_B = 5,722 bar + 1,013 bar = 6,735 bar; T_B = (240 + 273,15) K = 513,15 K;

$$\boldsymbol{\varrho_B} = \varrho_n \cdot \frac{p_B \cdot T_n}{p_n \cdot T_B} = 1{,}429\ \text{kg/m}^3 \cdot \frac{6{,}735\ \text{bar} \cdot 273{,}15\ \text{K}}{1{,}013\ \text{bar} \cdot 513{,}15\ \text{K}} \approx \mathbf{5{,}057\ kg/m^3}$$

Bei **Flüssigkeitsgemischen** berechnet man die Gemischdichte ϱ_M aus den Dichten der Einzelstoffe und den gemischten Einzelvolumina bzw. den Volumenanteilen.

Dichte von Stoffgemischen

$$\varrho_M = \frac{\varrho_1 \cdot V_1 + \varrho_2 \cdot V_2}{V_1 + V_2}$$

Aufgaben zu 3.4 Durchflussmessung und Mengenmessung

1. Durch eine Rohrleitung mit DN80 soll während 8,50 Minuten eine Füllung von 1850 Litern Prozesswasser in einen Rührbehälter gepumpt werden.
   a) Mit welcher mittleren Strömungsgeschwindigkeit strömt das Prozesswasser durch das Rohr?
   b) Wie groß ist dabei der Volumenstrom?
2. Ein Schüttgutsilo mit einem maximalen Fassungsvermögen von 12,653 m³ soll mit Gips der Schüttdichte 1,462 kg/dm³ in 5,20 Minuten gefüllt werden.
   a) Welcher Massestrom herrscht beim Füllvorgang im Füllrohr?
   b) Welchen inneren Durchmesser muss das Füllrohr haben, wenn die maximale Strömungsgeschwindigkeit der Gipspumpe 1,50 m/s beträgt?
3. Ein Schwebekörper-Durchflussmesser dient in einer Rohrleitung für n-Pentan zur Messung des Durchflusses. Der größte Durchmesser des Schwebekörpers beträgt 22,0 mm; er besteht aus Keramik mit einer Dichte von 2,71 g/cm³, seine Masse ist 25,65 g. Die Messflüssigkeit n-Pentan hat bei der Betriebstemperatur von 20 °C eine Dichte von 0,626 g/cm³. Das Durchmesserverhältnis von Messrohrkonus zu Schwebekörper beträgt am Konuseinlauf d_{KE}/d_{SE} = 1,02; die Durchflusszahl α_E ist hier 0,045. Am Konusauslauf lautet das Durchmesserverhältnis d_{KA}/d_{AS} = 1,22; die Durchflusszahl α_A = 0,64.
   a) Wie groß ist der Konusdurchmesser an der Ablesekante beim Konuseinlauf bzw. am Konusauslauf?
   b) Welchen Messbereich des Durchflusses hat der Schwebekörper-Durchflussmesser?
4. Bei der Kalibriermessung für eine Messblende in einer Rohrleitung für Prozessgas erhält man die folgenden Werte:

Δp in mbar	10	20	30	40	50	60	80	100	120	140
$\dot{V}$ in m³/min	1,240	2,173	2,824	3,375	3,820	4,186	4,829	5,317	5,804	6,125

a) Erstellen Sie das Kalibrierdiagramm für die Messblende.

b) Ermitteln Sie die Volumenströme bei Δp_1 = 14,5 mbar; Δp_2 = 55,0 mbar; Δp_3= 122 mbar.

5. In der Zuführungsleitung eines Flüssigkeitsgemischs zu einer Trennkolonne wird der Durchfluss mit einer Messblende gemessen. Der Durchfluss schwankt zwischen 17 L/min und 125 L/min. Die Gemischdichte beträgt 0,782 g/cm³, die Durchflusszahl α = 0,762 . Der Durchmesser der Messblende soll so bemessen sein, dass beim mittleren Durchfluss ein Wirkdruck von 80,0 mbar herrscht. Wie groß muss der freie Durchmesser der Messblende sein?

6. Ein Wirbel-Durchflussmesser (Vortex-Durchflussmesser) liefert als Messsignal eine Impulsfrequenz, die von einem Piezoquarz mit Ladungsverstärker in eine Spannung im Bereich von 84 µV bis 720 µV umgesetzt wird. Sie wird von einem Messumformer in ein proportionales elektrisches Einheitssignal der Spanne 4 mA bis 20 mA umgeformt. Bei einer Durchflussmessung gibt der Piezoquarz eine Spannung von 387 µV ab.

   Welches elektrische Einheitssignal wird durch dieses Messsignal erzeugt?

7. Zur Messung der in einen Rührkessel einfließenden Behälterfüllung soll ein Ovalradzähler eingesetzt werden. Der Rührkessel fasst maximal ein Volumen von 2,475 m³, die Füllung soll in höchstens 15 Minuten erfolgen. Der Ovalradzähler hat ein Kammervolumen von 0,664 Litern, der Spaltverlustfaktor beträgt 0,98.

   a) Mit welcher Drehfrequenz läuft der Ovalradzähler bei diesem Füllvorgang?

   b) Mit welcher Drehfrequenz läuft der Ovalradzähler, wenn der Füllvorgang in 5 Minuten abgeschlossen sein soll?

8. Ein Turbinenradzähler für eine Rohrleitung DN80 ist für einen Durchflussbereich von 15 m³/h bis 135 m³/h ausgelegt **(Bild 1)**. Er hat einen inneren Durchströmdurchmesser von d_i = 54 mm und einen äußeren Durchmesser von d_e = 86 mm.

   a) Kann mit diesem Turbinenradzähler das Füllen eines Tanks von 12,500 m³ Fassungsvermögen erfasst werden?

   b) Welche Strömungsgeschwindigkeit herrscht im Strömungsquerschnitt des Zählers bei minimalem bzw. maximalem Durchfluss?

   c) Welche Masse hat die Tankfüllung von 12,500 m³ bei einer Betriebsdichte von 1050 kg/m³?

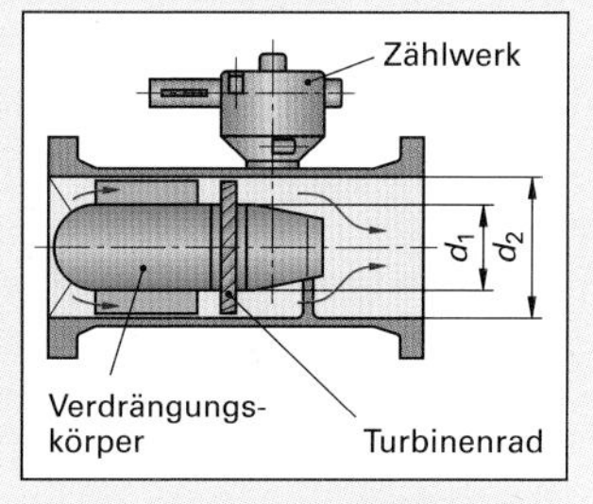

Bild 1: Turbinenradzähler (Aufgabe 8)

9. In einen Vorratstank wird n-Hexan gepumpt. Mit einem Turbinenradzähler wird ein eingeflossenes Volumen von 5782 Litern gemessen. Gleichzeitig wird mit einem DMS-Wägesystem die Masse des eingepumpten n-Hexans zu 3810,3 kg bestimmt.

   Wie groß ist die Dichte des n-Hexans?

10. Ethanol hat bei 20 °C eine Dichte von 789,2 kg/m³. Welche Dichte hat Ethanol bei 40 °C, wenn zwischen 20 °C und 40 °C der mittlere Ausdehnungskoeffizient $11{,}2 \cdot 10^{-4}\ K^{-1}$ beträgt?

11. Aus einem Vorratstank soll so viel eines Flüssigkeitsgemischs in einen Tankwagen gepumpt werden, wie dessen zulässige Transportmasse von 10,000 t zulässt. Das Flüssigkeitsgemisch besteht aus 92 Volumenanteilen Aceton und 8 Volumenanteilen Wasser. Aceton hat eine Dichte von 790,5 kg/m³; Wasser eine Dichte von 1000 kg/m³.

    a) Welche Dichte hat das Flüssigkeitsgemisch?

    b) Welches Flüssigkeitsvolumen kann in den Tankwagen gefüllt werden?

12. Aus einem Druckgastank strömt Butangas bei 1,824 bar Überdruck und 18 °C Umgebungstemperatur in einen Reaktor. Ein Turbinenradzähler misst ein eingeströmtes Volumen von 756,82 m³. Butangas hat bei Normbedingungen (0 °C und 1013 mbar) eine Dichte von 2,7032 kg/m³.

    a) Welche Dichte hat das Butangas bei diesen Betriebsbedingungen?

    b) Welche Masse hat die eingeströmte Gasmenge?

4 Datenauswertung und Berechnungen zur Qualitätssicherung

Die Arbeitsfelder der Qualitätssicherung in der Chemietechnik sind:
- die Messung und Überwachung der Prozess-Betriebsdaten bei der Produktion und
- die Bestimmung und Überwachung der Eigenschaftsdaten der erzeugten Produkte.

Qualitätssicherung ist ein Werkzeug (eine Methode) zum Einhalten der Prozess-Betriebsdaten bei der Produktion sowie zum Erreichen der geforderten Produktqualität.

Unter Produktqualität kann
- das Einhalten von Produkteigenschaften in bestimmten Toleranzgrenzen verstanden werden oder
- allgemein als Übereinstimmung zwischen den Anforderungen des Kunden an ein Produkt und den Eigenschaften des Produkts definiert werden.

Qualitätssicherung ist **eine** Bedingung für das Erreichen hoher Qualitätsstandards der Produkte und eine wesentliche Voraussetzung für einen nachhaltigen Markterfolg eines Betriebs.

Bei der Qualitätssicherung fällt eine unüberschaubar große Zahl von Messdaten an. Ihre Auswertung ist häufig nur mit statistischen Methoden zu bewältigen.

Hierzu werden aus einer Gesamtmenge von Prozess- oder Eigenschaftsdaten repräsentative Stichproben genommen und aus den Stichproben-Messwerten mit den Methoden der Statistik Kennwerte ermittelt, die Schlussfolgerungen auf die Gesamt-Datenmenge ermöglichen.
Diese statistischen Kennwerte sind von zentraler Bedeutung in der Qualitätssicherung.

4.1 Statistische Kennwerte

Statistische Kennwerte repräsentieren und charakterisieren große Datenmengen. Dies können Kennwerte zur mittleren Lage von Messwerten oder Kennwerte zur Messwert-Streuung sein.
- Kennwerte zur Charakterisierung der mittleren Lage einer Datenmenge geben einen repräsentativen, mittleren Wert der Datenmenge an. Dazu gehören der **Mittelwert** und der **Medianwert**.
- Kennwerte zur Charakterisierung der Streuung (engl. variation) geben Auskunft über die Verteilung (Streuung) der Daten. Dazu gehören z. B. die **Spannweite**, die **Standardabweichung** und der **Variationskoeffizient**.

4.1.1 Kennwerte zur mittleren Lage von Messwerten

Arithmetischer Mittelwert $\bar{x}$

Der **arithmetische Mittelwert $\bar{x}$**, gesprochen x-quer (engl. mean), einer Stichprobe, auch arithmetisches Mittel oder einfach nur **Mittelwert** genannt, ist die Summe aller Einzel-Messwerte x_i, geteilt durch die Anzahl n der Einzel-Messwerte (Formel siehe rechts).
Der Mittelwert $\bar{x}$ einer Stichprobe ergibt einen Wert, der vom arithmetischen Mittelwert μ der Grundgesamtheit abweicht, den man bei einer 100%-Beprobung erhalten würde.
Je größer die Anzahl n der Stichproben-Messwerte, umso mehr nähert sich der Mittelwert $\bar{x}$ dem Mittelwert μ an.
Der arithmetische Mittewert ist zur Charakterisierung der zentralen Tendenz normalverteilter Stichproben gut geeignet; er liegt im Maximum normalverteilter Messwertreihen (Bild 1 Seite 85).
Wird aus den Mittelwerten $\bar{x}_i$ mehrerer Stichproben der Mittelwert aller Mittelwerte berechnet, so bezeichnet man ihn als $\bar{\bar{x}}$ (gesprochen x-querquer).

Arithmetischer Mittelwert

$$\bar{x} = \frac{(x_1 + x_2 + \ldots + x_n)}{n}$$

$$\bar{x} = \frac{1}{n}\sum_{i=1}^{n} x_i = \frac{1}{n}\sum x_i$$

Das Zeichen Σ (griechischer Buchstabe Sigma) bedeutet: Summe

Medianwert $\tilde{x}$

Der Medianwert $\tilde{x}$, gesprochen „x-Tilde“ oder „x-Schlange“ (engl. median), auch kurz Median genannt, ist der mittlere Wert einer aufsteigend nach Größe geordneten Reihe von Messdaten einer Stichprobe.

Medianwert

Anzahl der Messdaten: ungerade

$x_1, x_2, x_3, x_4, x_5, x_6, x_7, x_8, x_9$

in Formelschreibweise: $\tilde{x} = x_{((n+1)/2)}$

Anzahl der Messdaten: gerade

$x_1, x_2, x_3, x_4, x_5, x_6, x_7, x_8$

$\tilde{x} = (x_4 + x_5)/2$

In Formelschreibweise: $\tilde{x} = \frac{1}{2}\left(x_{(n/2)} + x_{(n/2+1)}\right)$

Bei **ungerader** Anzahl *n* der Einzelwerte ist der Medianwert der Wert in der Mitte der Rangfolge (Formel siehe Seite 84, unten). Bei einer **geraden** Anzahl *n* von Einzelwerten wird der Medianwert durch das arithmetische Mittel der beiden Werte in der Mitte der Rangfolge berechnet.

Beispiel 1: Bei der Bestimmung des Feststoffgehalts einer Paste wurden die in der Tabelle aufgeführten Massenanteile in Prozent erhalten:

86,2	87,3	85,2	87,9	85,7	86,6	86,9

a) Wie groß ist der Mittelwert? b) Wie groß ist der Medianwert?

Lösung: a) $\bar{\boldsymbol{x}} = \frac{1}{n}\sum x_i = \frac{1}{7}\sum 86{,}2\,\% + 86{,}3\,\% + 85{,}2\,\% + 87{,}9\,\% + 85{,}7\,\% + 86{,}6\,\% + 86{,}9\,\% = \frac{605{,}8\,\%}{7} \approx \mathbf{86{,}5\,\%}$

b) Die Datenreihe wird nach aufsteigenden Werten geordnet, der 4. Wert ist der Medianwert.

Messwertrangfolge	1	2	3	4	5	6	7
Masseanteil *w*(Feststoff) in %	85,2	85,7	86,2	86,6	86,9	87,3	87,9

$\Rightarrow \quad \tilde{\boldsymbol{x}} = \mathbf{86{,}6\,\%}$

Beispiel 2: Bei der Bestimmung der Schüttdichte von 8 Stichproben einer Kalkmehllieferung wurden die in der Tabelle aufgeführten Dichtewerte erhalten.

Schüttdichte in g/cm³	1,86	1,94	1,82	1,79	1,96	1,88	1,84	1,93

Es sind der Mittelwert und der Medianwert der Schüttdichte zu ermitteln.

Lösung: Der Mittelwert beträgt: $\bar{\boldsymbol{x}} = \frac{1}{n}\sum x_i = \frac{15{,}02\ \text{g/cm}^3}{8} = \mathbf{1{,}88 g/cm^3}$

Zur Ermittlung des Medianwerts wird die Datenreihe nach aufsteigenden Werten geordnet:

Messwertrangfolge	1	2	3	4	5		7	8
Schüttdichte in g/cm³	1,79	1,82	1,84	1,86	1,88	1,93	1,94	1,96

$\tilde{\boldsymbol{x}} = \frac{1}{2}(x_4 + x_5) = \frac{1}{2}(1{,}86\ \text{g/cm}^3 + 1{,}88\ \text{g/cm}^3) = \mathbf{1{,}87\ g/cm^3}$

4.1.2 Häufigkeitsverteilung von Messdaten

Die Verteilung der Häufigkeit von Messdaten stellt man mit einem **Verteilungsdiagramm** dar **(Bild 1)**.

Auf der *y*-Achse wird die Häufigkeit der Messwerte in Prozent (%) aufgetragen, auf der *x*-Achse die Messgröße *x*.

Die Verteilungskurve gibt die Häufigkeit der Messdaten bei verschiedenen Werten der Messgröße *x* wieder.

Eine glockenförmige, symmetrische Verteilungskurve erhält man, wenn die Häufigkeiten der Messdaten nach links und rechts gleichmäßig um den Maximalwert der Kurve verteilt sind. Eine solche Verteilungskurve nennt man nach dem deutschen Mathematiker Carl-Friedrich Gauß (1777–1855) Gauß'sche Normal-Verteilungskurve oder kurz **Normalverteilungskurve**.

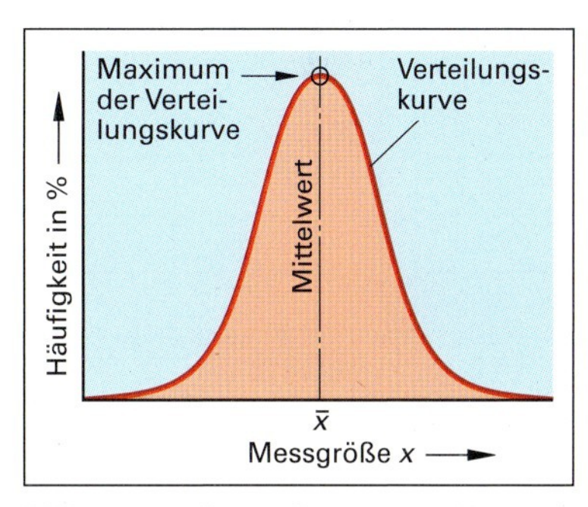

Bild 1: Verteilungsdiagramm mit normal verteilten Messdaten

Die Verteilung der Messdaten nennt man bei einer solchen Kurve „normal verteilt". Bei normal verteilten Messdaten liegt das Maximum der Verteilungskurve beim arithmetischen Mittelwert $\bar{x}$. Der Medianwert $\tilde{x}$ liegt meist auf oder in der Nähe des Mittelwerts $\bar{x}$.

Bei einer **nicht** normal verteilten Messdatenreihe liegt das Maximum der Verteilungskurve **nicht** symmetrisch in der Mitte der Kurve **(Bild 2)**. Der Medianwert und der Mittelwert liegen hier abseits des Maximums der Verteilungskurve.

Bei nicht normal verteilten Messdaten sowie bei kleinen Datenmengen und bei Verdacht auf Ausreißerdaten beschreibt der Medianwert $\tilde{x}$ die Mittellage der Messdaten besser als der arithmetische Mittelwert $\bar{x}$. Ursache hierfür ist, dass der Medianwert $\tilde{x}$ aus der Mittellage der Messdaten ermittelt wird und Extremwerte nicht berücksichtigt. Der Mittelwert $\bar{x}$ wird hingegen aus allen Messdaten gebildet, einschließlich der Ausreißer.

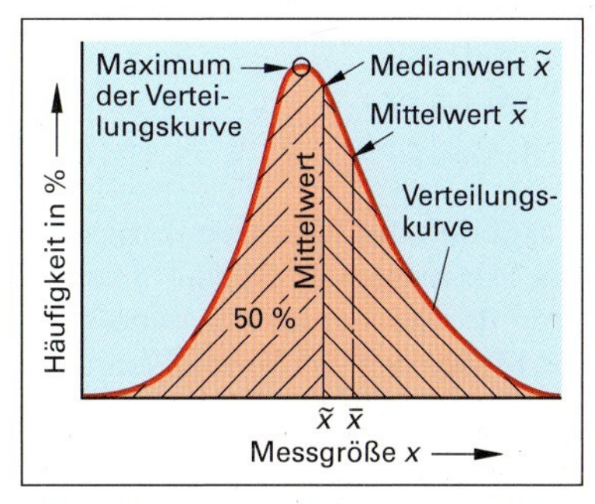

Bild 2: Verteilungsdiagramm mit nicht normal verteilten Messdaten

4.1.3 Kennwerte zur Streuung von Messwerten

Spannweite *R*

Die Spannweite *R*, auch als Variationsbreite bezeichnet (engl. range), ist die Differenz zwischen dem größten Wert x_{max} und dem kleinsten Wert x_{min} einer Messwertreihe. Die Spannweite berücksichtigt nur die beiden Extremwerte.

Spannweite

$$R = x_{max} - x_{min}$$

Beispiel: Es soll die Spannweite der Messwertreihe von Beispiel 2, Seite 85, ermittelt werden.

Lösung: $\boldsymbol{R} = x_{max} - x_{min} = 1{,}96\ \text{g/cm}^3 - 1{,}79\ \text{g/cm}^3 = \mathbf{0{,}17\ g/cm^3}$

Standardabweichung *s*

Die Standardabweichung *s* (engl. standard deviation) ist ein Maß für die Streuung der Einzelwerte x_i um den Mittelwert $\bar{x}$.

Die Formel zur Berechnung der Standardabweichung (siehe rechts) ist aus der Wahrscheinlichkeitsrechnung abgeleitet.

Standardabweichung

$$s = \pm\sqrt{\frac{f_1^2 + f_2^2 + \ldots}{n-1}} = \pm\sqrt{\frac{(x_1 - \bar{x})^2 + (x_2 - \bar{x})^2 + \ldots}{n-1}}$$

In der Berechnungsformel sind f_1, f_2, ... die Abweichungen der Einzelmesswerte vom Mittelwert, z.B. $f_1 = x_1 - \bar{x}$, *n* ist die Anzahl der Einzelmesswerte.

Beispiel: Berechnung der Standardabweichungen der Messwertreihen aus Beispiel 1 und Beispiel 2 von Seite 85.

Tabelle 1: Standardabweichung von Beispiel 1

Messwerte x_i %	arithmetischer Mittelwert $\bar{x}$ %	Abweichung vom Mittelwert $(x_i - \bar{x}) = f_i$ %	Quadrat der Abweichung $(x_i - \bar{x}) = f_i^2$ $\%^2$
86,2	86,6	−0,4	0,16
87,3		+0,7	0,49
85,2		−1,4	1,96
87,9		+1,3	1,69
85,7		−0,9	0,81
86,6		0	0
86,9		+0,3	0,09
$n = 7$	$\bar{x}_1 = 86{,}6\,\%$	$\sum f_i^2 = 5{,}20\,\%^2$	

$$s_1 = \pm\sqrt{\frac{f_1^2 + f_2^2 + f_3^2 + \ldots}{n-1}} = \pm\sqrt{\frac{5{,}20\,\%^2}{7-1}}$$

$\boldsymbol{s_1} = \pm 0{,}93095\,\% \approx \mathbf{0{,}9\,\%}$

Tabelle 2: Standardabweichung von Beispiel 2

Messwerte x_i g/cm³	arithmetischer Mittelwert $\bar{x}$ g/cm³	Abweichung vom Mittelwert $(x_i - \bar{x}) = f_i$ g/cm³	Quadrat der Abweichung $(x_i - \bar{x}) = f_i^2$ $(\text{g/cm}^3)^2$
1,86	1,88	−0,02	0,0004
1,94		+0,06	0,0036
1,82		−0,06	0,0036
1,79		−0,09	0,0081
1,96		+0,08	0,0064
1,88		0	0
1,84		−0,04	0,0016
1,93		+0,05	0,0025
$n = 8$	$\bar{x}_2 = 1{,}88\ \text{g/cm}^3$	$\sum f_i^2 = 0{,}0262\ (\text{g/cm}^3)^2$	

$$s_2 = \pm\sqrt{\frac{f_1^2 + f_2^2 + f_3^2 + \ldots}{n-1}} = \pm\sqrt{\frac{0{,}0262\,(\text{g/cm}^3)^2}{8-1}}$$

$\boldsymbol{s_2} = \pm 0{,}06118\ \text{g/cm}^3 \approx \mathbf{0{,}06\ g/cm^3}$

Das Messergebnis von Messwertreihen wird häufig mit dem Mittelwert $\bar{x}$ und der Standardabweichung *s* angegeben.

Zu Beispiel 1: $y_1 = \bar{x}_1 \pm s_1 = 86{,}6\,\% \pm 0{,}9\,\%$

Zu Beispiel 2: $y_2 = \bar{x}_2 \pm s_2 = 1{,}88\ \text{g/cm}^3 \pm 0{,}06\ \text{g/cm}^3$

Angabe von Messergebnissen mit Mittelwert und Standardabweichung

$$y = \bar{x} \pm s$$

Vergleich der Messergebnisse y_1 und y_2:

Die Messwerte von Beispiel 1 schwanken nur geringfügig um den Mittelwert. Dies kommt in dem kleinen Wert der Standardabweichung $s_1 = \pm 0{,}9\,\%$ zum Ausdruck. Er entspricht ca. 1 % von $\bar{x}_1 = 86{,}6\,\%$.

Die Messwerte von Beispiel 2 streuen stärker um den Mittelwert. Die Standardabweichung $s_2 = \pm 0{,}06\ \text{g/cm}^3$ beträgt etwa 3 % des Mittelwerts $x_2 = 1{,}88\ \text{g/cm}^3$.

Die Messergebnisse mit Standardabweichung geben den Mittelwert der Messwerte an und machen zusätzlich eine Aussage über die Streuung der einzelnen Messwerte um den Mittelwert.

Variationskoeffizient v

Der Variationskoeffizient v, auch als relative Standardabweichung bezeichnet (engl. coefficient of variation), ist die auf den Mittelwert $\bar{x}$ bezogene Standardabweichung s.
Er kann als Dezimalzahl oder in Prozent angegeben werden.

Variationskoeffizient
$v = \frac{s}{\bar{x}} = \frac{s}{\bar{x}} \cdot 100\,\%$

Bei großen Messwerten einer Messwertreihe treten große Abweichungen und bei kleinen Messwerten kleinere Abweichungen auf. Daraus ergeben sich unterschiedlich große Standardabweichungen der Messwertreihen. Der Variationskoeffizient v berücksichtigt dies durch Bezug auf den Mittelwert $\bar{x}$.
Er eignet sich deshalb zum Vergleich der Streuung von Messwertreihen mit Einzelwerten unterschiedlicher Größenordnung.

Beispiel: Bei der Bestimmung des Feststoffgehalts einer Schüttung mit Restfeuchte wurden die in der Tabelle aufgeführten Massenanteile in Prozent erhalten.

Feststoffgehalt in %	96,5	94,2	95,6	97,4	96,9	95,7	93,8	94,3

a) Wie groß ist die die Spannweite R?
b) Wie groß ist der Mittelwert?
c) Welchen Wert hat die Standardabweichung s?
d) Wie groß ist der Variationskoeffizienten v?

Lösung: a) Mit $x_{max} = 97{,}4\,\%$ und $x_{min} = 93{,}8\,\%$ folgt: $\boldsymbol{R} = x_{max} - x_{min} = 97{,}4\,\% - 93{,}8\,\% = \mathbf{3{,}6\,\%}$

b) Mit $n = 8$ folgt für den Mittelwert:

$$\bar{x} = \frac{1}{n}\sum x_i = \frac{1}{8}\,(96{,}5\,\% + 94{,}2\,\% + 95{,}6\,\% + 97{,}4\,\% + 96{,}9\,\% + 95{,}7\,\% + 93{,}8\,\% + 94{,}3\,\%)$$

$$= \frac{764{,}4}{8} = 95{,}55\,\% \approx 95{,}6\,\%$$

c) $$\boldsymbol{s} = \pm\sqrt{\frac{[(96{,}5-95{,}6)^2 + (94{,}2-95{,}6)^2 + (95{,}6-95{,}6)^2 + (97{,}4-95{,}6)^2 + (96{,}9-95{,}6)^2 + (95{,}7-95{,}6)^2 + (93{,}8-95{,}6)^2 + (94{,}3-95{,}6)^2\,\%^2]}{8-1}}$$

$$= \pm\sqrt{\frac{12{,}64\,\%^2}{7}} = \pm\sqrt{1{,}806\,\%^2} = 1{,}344\,\% \approx \mathbf{\pm 1{,}3\,\%}$$

d) $$\boldsymbol{v} = \frac{s}{\bar{x}} = \frac{\pm 1{,}34\,\%}{95{,}6\,\%} = 0{,}01402 \approx \mathbf{1{,}4\,\%}$$

4.1.4 Standardabweichung und Häufigkeit der Messwerte

Eine anschauliche Darstellung der Standardabweichung s erhält man durch das Einzeichnen in ein Normalverteilungsdiagramm **(Bild 1)**.
Der errechnete Wert der Standardabweichung $\pm s$ wird links und rechts vom Mittelwert $\bar{x}$ markiert.
Die Fläche A_1 unter der Normalverteilungskurve mit der linken Grenze $-1\,s$ und der rechten Grenze $+1\,s$ ist ein Maß für die Häufigkeit der Messwerte bei der Standardabweichung $\pm 1\,s$.

- Innerhalb der Grenzen der einfachen Standardabweichung $\bar{x} \pm s$ liegen 68,27 % der Stichprobenwerte.
- Innerhalb der Grenzen der doppelten Standardabweichung $\bar{x} \pm 2s$ liegen 95,45 % der Stichprobenwerte.
- Innerhalb der Grenzen der dreifachen Standardabweichung $\bar{x} \pm 3s$ liegen 99,73 % der Stichprobenwerte.
- Innerhalb der vierfachen Standardabweichung $\bar{x} \pm 4s$ liegen 99,9946 % der Stichprobenwerte.

Voraussetzung für die Gültigkeit der genannten Häufigkeiten bei den jeweiligen Standardabweichungen ist die Normalverteilung der Messwertreihe.
Die Standardabweichung s gibt an, mit welcher Wahrscheinlichkeit die Messwerte innerhalb der Wertgrenzen $\pm s$ zu erwarten sind.

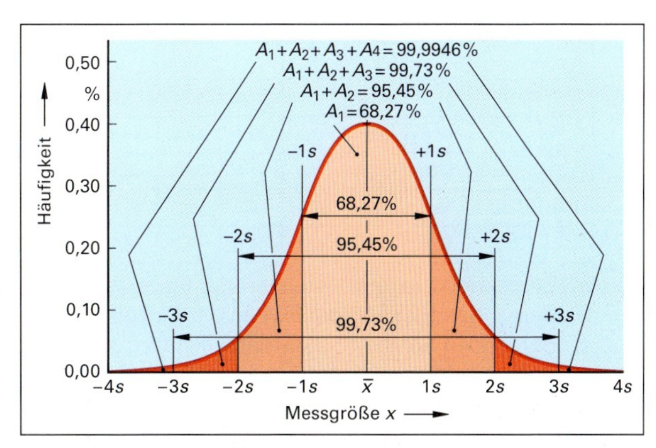

Bild 1: Standardabweichungen im Normalverteilungsdiagramm

4.1.5 Auswertung mit dem Taschenrechner und dem Computer

Zur Berechnung statistischer Kennwerte haben **technisch-wissenschaftliche Taschenrechner** entsprechende Funktionstasten: $\bar{x}$, s usw. Mit ihnen können die Kennwerte schnell berechnet werden.

Beispiel: Bei der Dichtebestimmung von Kunststoffproben werden folgende Messwerte erhalten.

Dichte in g/cm³	1,147	1,152	1,151	1,153	1,149	1,152	1,154	1,153	1,148	1,151	1,149	1,155

Mithilfe eines Taschenrechners sollen der Mittelwert und die Standardabweichung berechnet werden.

Lösung: Je nach Taschenrechner-Fabrikat wird der Statistik-Modus eingestellt und die Messwerte werden nacheinander eingegeben. Nach Drücken der entsprechenden Statistikfunktion $\bar{x}$ bzw. s werden die Ergebnisse unmittelbar im Display angezeigt.

$\bar{x}$ = 1,151167 g/cm³ ≈ **1,151 g/cm³**;
s = ±0,002480 g/cm³ ≈ **±0,002 g/cm³**

Auch mit dem **Tabellenkalkulationsprogramm** lassen sich die statistischen Kennwerte ermitteln. (Hinweise zur Datenauswertung mit Tabellenkalkulationsprogrammen siehe Seite 14 und Folgende.)

Beispiel: Mit einem Höppler-Kugelfall-Viskosimeter wurde in einer Messreihe die Viskosität von Oktan-Stichproben bei 20 °C ermittelt.

η in mPa · s	0,546	0,541	0,545	0,542	0,544	0,546	0,540	0,539

Es sind der Mittelwert, die Standardabweichung und der Variationskoeffizient mit Excel 2010 zu berechnen.

Lösung: Man erstellt eine Eingabemaske, in die die Messwerte eingetragen werden **(Bild 1)**. Für die Ermittlung der statistischen Kennwerte werden Zellen mit den statistischen Funktionen belegt (Seite 15).

Die Zellenbelegung lautet:

E3 ⇒ =MITTELWERT(B2:12)

E4 ⇒ =STABW.S(B2:12)

E5 ⇒ =E4/E3

D6 ⇒ =E3; G6 ⇒ =E4

	A	B	C	D	E	F	G	H	I
1	**Viskositätsmessung von Oktan bei 20°C**								
2	Messwerte in mPa·s	0,546	0,541	0,545	0,542	0,544	0,546	0,54	0,539
3	Mittelwert $\bar{x}$ in mPa·s				0,5429				
4	Standardabweichung s in mPa·s				0,0027				
5	Variationskoeffizient v				0,5063%				
6	Messergebnis η in mPa·s			0,5429		±	0,0027		

Bild 1: Eingabemaske zur statistischen Auswertung einer Dichtebestimmung

Aufgaben zu 4.1 Statistische Kennwerte

1. Der Gehalt eines Farbstoffs in einem Reaktionsansatz soll in der Spanne zwischen 190 mg/L und 210 mg/L liegen. Bei Stichproben in 10-Minuten-Intervallen wurden folgende Massenkonzentrationsmesswerte des Farbstoffs in mg/L erhalten:

200	195	201	191	197	200	198	197	204	193	199	196	199	198	200	198	200	203	194	201	197	200	196	204
201	201	196	202	194	201	203	198	206	195	204	195	197	209	192	200	205	197	200	201	195	202	200	198

Berechnen Sie aus den Messwerten: a) den Mittelwert b) den Medianwert c) die Spannweite d) die Standardabweichung e) den Variationskoeffizient

2. In einem Brüdenkondensat wird die Sulfat-Massenkonzentration $\beta(SO_4^{2-})$ maßanalytisch überwacht. Die Tabelle zeigt die Ergebnisse von 15 Stichproben zu je 5 Messwerten.

Probe Nr.		1	2	3	4	5	6	7	6	9	10	11	12	13	14	15
Messwerte in mg/L	x_1	51,3	50,0	52,1	47,4	50,1	47,6	49,9	52,3	49,0	50,1	49,4	47,1	50,4	48,7	48,1
	x_2	48.8	48,9	53,1	49,4	49,3	48,3	50,5	53,6	49,7	50,1	47,1	47,6	48,4	49,6	50,0
	x_3	49,8	51,5	51,0	47,4	50,0	49,7	48,4	52,1	50,7	50,3	49,4	49,7	51,7	49,0	50,2
	x_4	49,6	52,0	52,4	49,8	50,.3	47,8	49,8	50,8	49,1	50,4	52,0	47,2	50,9	48,0	50,4
	x_5	47,6	49,1	52,4	47,6	49,2	49,7	52,3	51,0	49,7	50,2	48.6	47,2	49,S	47,6	50,0

a) Berechnen Sie den Mittelwert der Einzelstichproben und den Mittelwert der Mittelwerte.
b) Berechnen Sie die Spannweite der Einzelstichproben und den Mittelwert der Spannweiten.
c) Berechnen Sie die Standardabweichung s der Einzelstichproben und deren Mittelwert.
d) Berechnen Sie den Variationskoeffizienten v für die 15 Stichproben sowie deren Mittelwert.
e) Vergleichen Sie die beiden Variationskoeffizienten von Aufgabe 1 und Aufgabe 2.

3. und 4. Berechnen Sie die Aufgaben 1. und 2. mit dem Tabellenkalkulationsprogramm Excel 2010.

4.2 Werkzeuge der Qualitätssicherung

Zur praktischen Durchführung der Qualitätssicherung setzt man verschiedene Hilfsmittel ein. Man nennt sie auch Werkzeuge der Qualitätssicherung (engl. tools of quality control).
Im Folgenden werden die Qualitätswerkzeuge Fehlersammelkarte und Datensammelkarte, Histogramm, Paretodiagramm, Korrelationsdiagramm und Qualitätsregelkarte beschrieben.

4.2.1 Fehlersammelkarte und Datensammelkarte

Die **Strichliste** ist eine einfache Methode zur Erfassung, Darstellung und Überwachung von Ereignissen. Sie kann als Fehlersammelkarte sowohl für zählbare Ereignisse, wie z. B. Anzahl der Störfälle oder Fehler (attributive/qualitative Merkmale), als auch für Messergebnisse (quantitative Merkmale) als Datensammelkarte eingesetzt werden.
Bei der **Fehlersammelkarte** werden die zu erwartenden Fehler bzw. Fehlerarten definiert und in einer Tabelle untereinander aufgelistet **(Bild 1)**.
Jedes eintretende Fehlerereignis wird durch einen vertikalen Strich in seiner Rubrik protokolliert.
Zur rascheren Erfassung werden die Striche zu 5er-Blöcken zusammengefasst. Vorab wird ein Beobachtungszeitraum für das Erfassen der Fehler festgelegt, z. B. eine Woche.
Abschließend wird für jedes Fehlerereignis die absolute Anzahl durch Zählen der Striche ermittelt.

Fehlersammelkarte Pumpe P32A, Zeitraum Mai 2012
(geordnet nach Störursachen)

Nr.	Störursache	Anzahl der Störfälle	Anzahl
1	Wellendichtung undicht	𝍸 𝍸 𝍸 𝍸 𝍸 𝍸 ||||	34
2	Kavitation	𝍸 𝍸 ||	12
3	Lagerung schadhaft	𝍸 𝍸 𝍸 𝍸 ||	22
4	Laufrad erodiert	|||	3
5	Elektromotor fällt aus	𝍸	5
6	Kupplung defekt	𝍸 |	6

Bild 1: Fehlersammelkarte für Pumpenstörfälle

Mit der **Datensammelkarte** wird die Häufigkeit streuender Messwerte erfasst und ausgewertet.

Beispiel: Eine Dosier-Pumpenanlage soll im 2-Minuten-Takt 1,250 kg eines Zusatzstoffs in eine Rohrleitung einspeisen. Die Toleranz beträgt ±30 g. Zum Test der Anlage werden 50 Dosiervorgänge durchgeführt und die abgegebenen Stoffportionen gemessen.
Die Messwerte sind in der nebenstehenden Urwertliste zusammengestellt.

Urwertliste der Dosiermasse-Messwerte

1,237	1,259	1,251	1,259	1,249	1,242	1,260	1,244	1,229	1,237
1,244	1,263	1,239	1,250	1,234	1,247	1,251	1,256	1,245	1,236
1,268	1,248	1,250	1,254	1,243	1,248	1,231	1,241	1,267	1,251
1,253	1,243	1,221	1,247	1,255	1,238	1,270	1,249	1,267	1,236
1,252	1,266	1,240	1,234	1,247	1,258	1,241	1,265	1,250	1,246

Zum Einrichten der Datensammelkarte müssen einige **Vorberechnungen** durchgeführt werden:
Die Eintragung der Messwerte in die Datensammelkarte erfolgt in Klassen.
Die Messwertspanne einer Klasse bezeichnet man als Klassenbreite b, die Anzahl der Klassen als k.
Die Anzahl k der Klassen und die Klassenbreite b berechnet man mit den nebenstehenden Formeln. Sie sind aus der Wahrscheinlichkeitsrechnung abgeleitet.
Die Formel zur Berechnung von k ist eine Näherungsformel; k wird auf die volle Zahl gerundet.
Die Anzahl der Klassen k sollte zwischen 5 und 12 betragen, bei sehr großen Datenmengen maximal 20.
Die Anteile x_W der einzelnen Klassen werden mit nebenstehender Gleichung berechnet.

Vorberechnungen zur Datensammelkarte

Klassenbreite $$b = \frac{R}{k}$$ Anzahl der Klassen $$k = \sqrt{n}$$

Mit R = Spannweite $R = x_{max} - x_{min}$
und n = Anzahl der Messwerte

Anteil einer Klassenbreite

$$x_W = \frac{\text{Anzahl der Messwerte einer Klasse}}{\text{Summe aller Messwerte}}$$

Beispiel: Mit den Messwerten der Urwertliste des obigen Beispiels soll eine Datensammelkarte erstellt werden. Es sind zu berechnen, zu bestimmen bzw. zu erstellen:

a) Die Spannweite R
b) Die Anzahl k der Klassen und die Klassenbreite b
c) Die Klassen sind festzulegen
d) Die Häufigkeitsanteile der einzelnen Klassen sind zu berechnen
e) Die Datensammelkarte ist zu erstellen

Lösung: a) mit x_{max} = 1,270 kg und x_{min} = 1,221 kg folgt: Spannweite $\boldsymbol{R} = x_{max} - x_{min}$ = 1,270 kg – 1,221 kg = **59 g**

b) mit $n = 50$ folgt die Anzahl der Klassen $\boldsymbol{k} = \sqrt{50} = 7{,}07$; ⇒ Es werden gewählt: 7 Klassen

Klassenbreite $\boldsymbol{b} = \frac{R}{k} = \frac{59\,\text{g}}{7} \approx 8{,}4\,\text{g}$; ⇒ Es wird gewählt: Klassenbreite: 8 g

c) Es ergeben sich folgende Klassen: Nr. 1: 1,220 kg bis 1,228 kg
Nr. 2: 1,228 kg bis 1,236 kg usw.

d) Der Anteil einer Klasse berechnet sich mit $x_W = \frac{\text{Anzahl der Messwerte einer Klasse}}{\text{Summe aller Messwerte}}$

z. B. für die Klasse Nr. 3: $\boldsymbol{x_W} = \frac{12}{50} = 0{,}24 = \boldsymbol{24\,\%}$

e) Die Datensammelkarte ist in **Bild 1** dargestellt.

Die Datensammelkarte wird als Formular vorbereitet.

Die erste Spalte ist die Klassennummer. In der zweiten und dritten Spalte sind die Grenzen der Messwertspanne einer Klasse angegeben (siehe c), oben).

Die vierte Spalte enthält die Anzahl der Messwerte in der jeweiligen Klasse als Zählstriche.

Dazu geht man die Messwerte in der Urwertliste nacheinander durch und markiert jeden Messwert mit einem Zählstrich in seiner Klasse.

Messwerte, die mit einer oberen Klassengrenze übereinstimmen (z. B. m = 1,236 kg in Bild 1), werden jeweils der nächsthöheren Klasse zugeordnet.

In der 5. Spalte ist die Anzahl der Striche (Messwerte) mit einer Zahl angegeben.

Die 6. Spalte enthält den prozentualen Anteil der jeweiligen Klasse an der Gesamtheit.

Klasse	Sollwert: 1,250 kg;		Toleranz: ±30 g		
Nr.	Masse in kg von	bis	Anzahl Messwerte pro Klasse	Anzahl	Anteil in %
1	1,220	1,228	|	1	2,0
2	1,228	1,236	||||	4	8,0
3	1,236	1,244	𝍸 𝍸 ||	12	24,0
4	1,244	1,252	𝍸 𝍸 𝍸 ||	17	34,0
5	1,252	1,260	𝍸 |||	8	16,0
6	1,260	1,268	𝍸 |	6	12,0
7	1,268	1,276	||	2	4,0
			Summe:	50	100,0

Bild 1: Datensammelkarte zur Auswertung der Messwerte einer Dosieranlage

4.2.2 Histogramm (Säulendiagramm)

Die in einer Fehlersammelkarte oder einer Datensammelkarte erfassten Einzeldaten können mithilfe eines Histogramms übersichtlich abgebildet werden **(Bild 2)**.

Ein Histogramm ist ein Säulendiagramm, in dem die Höhe einer Säule dem Häufigkeitsanteil der Daten einer Klassenbreite entspricht.

Bei der Erstellung des Histogramms werden bei diskreten Daten auf der Abszisse (x-Achse) die Kategorien, z. B. Fehlerarten, Störfälle u. a. aufgetragen. Die Häufigkeit wird auf der Ordinate (y-Achse) aufgetragen.

Bei stetigen Daten, wie z. B. Messwerten, werden diese auf der Abszisse in Klassen gruppiert. Auf der Ordinale sind die Anteile x_W der Messwerte aufgetragen, die in die jeweilige Klasse gehören.

Bild 2 zeigt das Histogramm der Daten aus obigem Beispiel der Dosieranlage (Bild 1).

Die Rasterung (Aufteilung) der Abszisse entspricht den Klassenbreiten in der Datensammelkarte.

Die Höhe einer jeden Säule ist ein Maß für den Anteil der Messwerte der jeweiligen Klasse an der Gesamtheit der Messwerte.

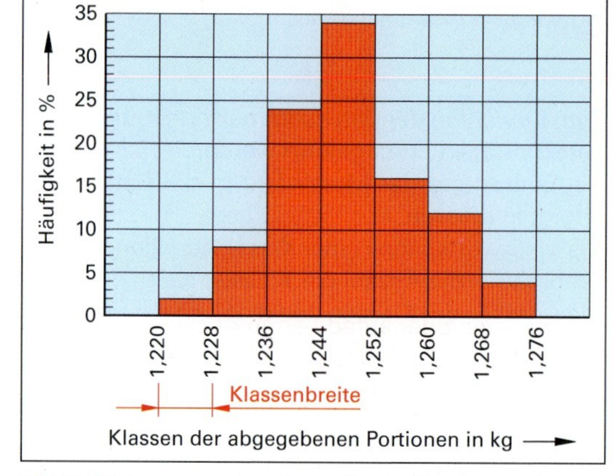

Bild 2: Histogramm der abgegebenen Portionen einer Dosieranlage (obiges Beispiel)

Das Histogramm ist zur grafischen Darstellung von Häufigkeitsverteilungen geeignet und stellt einen ersten Ansatz für die Datenanalyse und die Problemlösung dar.

Mit dem Histogramm kann man rasch erste Rückschlüsse auf die Genauigkeit der Produktion, d. h. die Zentrierung auf den Soll-Toleranzmittelwert (≙ Lageindex) sowie auf die Normalverteilung einer Stichprobe (≙ Streuungsindex) ziehen.

Beispiel: Die Messwerte im Histogramm von Bild 2 sind nur annähernd normal verteilt: Die größte Häufigkeit liegt etwa mittig zwischen den Toleranzgrenzen, und die Silhouette der Säulen hat nur in etwa eine symmetrische, glockenförmige Gestalt (siehe auch Seite 87).

Aufgaben zu 4.2.1 Fehler- und Datensammelkarte sowie 4.2.2 Histogramm

1. An den Elektromotoren eines Chemiebetriebs werden die Ursachen und die Anzahl der jeweiligen Betriebsstörungen während eines Quartals registriert. Man erhält die folgende Auflistung:
   Bürstendefekte: 23; Lagerschäden: 21; elektrische Isolierdefekte: 12; Getriebeschäden: 18; Überhitzungsschäden: 7; Befestigungen schadhaft: 3; Gehäuseschäden: 6.
   a) Erstellen Sie eine Fehlersammelkarte mit Stückliste.
   b) Ermitteln Sie die Anteile der Ursachen der einzelnen Betriebsstörungen.
2. Auf der Basis der Messwertreihe der Massenkonzentrationen von Aufgabe 1, Seite 89, sollen folgende Berechnungen durchgeführt werden:
   a) Berechnen Sie zur Vorbereitung der Datensammelkarte die Spannweite *R*, die Anzahl der Klassen *k* und die Klassenbreite *b*.
   b) Erstellen Sie eine Datensammelkarte mit Strichliste und berechnen Sie die Anteile der Klassen.
   c) Erstellen Sie ein Histogramm und beurteilen Sie die Verteilung der Messwerte.
3. Ein flüssiges Desinfektionsmittel wird in einer Abfüllanlage in PET-Flaschen mit dem Sollvolumen 5000 mL abgefüllt. Die obere Spezifikationsgrenze ist mit 5000 mL + 50 mL angegeben; die 5000 mL dürfen nicht unterschritten werden. Im 15-Minuten-Takt wird an der Anlage eine Stichprobe genommen und ausgemessen. Die Ergebnisse sind in der folgenden Urwertliste festgehalten:

Abweichung des Inhalts von abgefüllten Desinfektionsmittel-Flaschen in mL													
+17	+34	+8	+21	+36	+6	+26	+47	+19	+37	+29	+10	+23	+17
+27	+14	+41	+20	+32	+40	+12	+22	+29	+49	+25	+18	+43	+33

   a) Berechnen Sie zur Vorbereitung der Datensammelkarte die Spannweite *R*, die Anzahl der Klassen *k* und die Klassenbreite *b*.
   b) Erstellen Sie eine Datensammelkarte mit Strichliste.
   c) Berechnen Sie die Anteile der Klassen.
   d) Stellen Sie die Messwerte in einem Histogramm dar.
   e) Beurteilen Sie die Verteilung der Werte.

4.2.3 Pareto-Diagramm, Pareto-Analyse

Das nach seinem Erfinder, dem italienischen Ingenieur Federico Pareto (1848 bis 1923) benannte Pareto-Prinzip besagt, dass die meisten Auswirkungen eines Qualitätsproblems (80%) häufig nur auf eine kleine Anzahl von Ursachen (20%) zurückzuführen sind. Man nennt es deshalb auch 80/20-Prinzip.
Zur Veranschaulichung und Lösung eines durch verschiedene Fehler verursachten Qualitätsproblems benutzt man das **Pareto-Diagramm**. Es basiert auf einer Fehlersammelkarte und stellt eine Entscheidungshilfe für die Frage dar, mit welcher Priorität die verschiedenen Fehlerursachen zu bekämpfen sind.
Das Pareto-Diagramm ist ein kombiniertes Diagramm (Bild 2, Seite 92). Auf der *x*-Achse werden die Kategorien der Fehlerarten, z.B. Ursachen, Fehlerquellen, Fehlerarten u.Ä., aufgelistet. Auf der primären *y*-Achse (links) sind die absoluten Häufigkeiten oder die anteiligen Kosten skaliert und werden im Diagramm als Säulen über den Ursachen dargestellt. Auf der sekundären *y*-Achse (rechts) sind die aufaddierten Häufigkeiten oder aufaddierten Kosten skaliert und werden als Summenkurve dargestellt.
Die Erstellung eines Pareto-Diagramms wird an einem Beispiel mit dem Tabellenkalkulationsprogramm Excel 2010 gezeigt.

Beispiel: Bei dem, in einer Produktionsanlage hergestellten flüssigen Textilrohstoff kommt es immer wieder zu Kundenreklamationen bezüglich der Qualität des Produkts. Über einen Zeitraum von 4 Monaten wurden die aufgetretenen Produktfehler in der nebenstehend gezeigten Fehlersammelkarte registriert **(Bild 1)**. Die Erstellung eines Pareto-Diagramms ist ein vielschrittiger Vorgang. Er wird im Folgenden beschrieben.

	A	B	C	D	E	F	G
1	**Fehlersammelkarte Anlage K235, Textilrohstoff** Zeitraum: 01.01.2010 bi 31.12.2012						
2	**Fehlertyp**	**Fehlerzahl**	**Kosten pro Fehler in €**	**Gesamtkosten in €**	**Rang**	**anteilige Fehlerkosten in %**	**aufaddierte Fehlerkosten in %**
3	Viskosität zu klein	20	87				
4	Verfärbung	13	73				
5	Wassergehalt zu hoch	42	33				
6	Leitfähigkeit zu gering	150	14				
7	Wasserstoffgehalt zu hoch	28	147				
8	pH-Wert nicht in Ordnung	17	37				
9	Summe:						

Bild 1: Eingabemaske der Fehlersammelkarte mit Excel 2010

Zuerst werden auf der Basis der erhobenen Daten in Spalte B und C die Werte der Spalten D bis G berechnet bzw. ermittelt und in die Fehlersammelkarte eingetragen.

Damit wird ein Pareto-Diagramm erstellt und eine Pareto-Analyse vorgenommen.

Es sind folgende Berechnungen zur Erstellung des Pareto-Diagramms auszuführen:

a) Die Gesamtkosten pro Fehlertyp errechnet man aus der Fehlerzahl und den Kosten pro Fehler (D3 bis D8).

b) Die Summe der Gesamtkosten von Spalte D berechnet sich in Zelle D9: =SUMME(D3:D8)

c) In Spalte E wird der Rang des jeweiligen Fehlerkostenbeitrags innerhalb der Spalte D ermittelt. Der Eintrag lautet z. B. in Zelle E3: =RANG.GLEICH(D3;$D$3:$D$8)

	A	B	C	D	E	F	G
1	**Fehlersammelkarte Anlage K235, Textilrohstoff** Zeitraum: 01.01.2010 bi 31.12.2012						
2	**Fehlertyp**	**Fehler-zahl**	**Kosten pro Fehler in €**	**Gesamt-kosten in €**	**Rang**	**anteilige Fehlerkosten in %**	**aufaddierte Fehlerkosten in %**
3	Wasserstoffgehalt zu hoch	28	147	4116	1	37,69	37,69
4	Leitfähigkeit zu gering	150	14	2100	2	19,23	56,92
5	Viskosität zu klein	20	87	1740	3	15,93	72,86
6	Wassergehalt zu hoch	42	33	1386	4	12,69	85,55
7	Verfärbung	13	73	949	5	8,69	94,24
8	pH-Wert nicht in Ordnung	17	37	629	6	5,76	100,00
9	Summe:			10920		100	

Bild 1: Eingabemaske der Fehlersammelkarte nach Lösungsschritt e)

d) Die anteiligen Fehlerkosten in Spalte F berechnen sich z. B. in Zelle F3 zu: =D3*100/$D$9

e) Das Sortieren der Fehlertypen in der Rangfolge nach der Höhe der jeweiligen Gesamt-Fehlerkosten erfolgt durch Markieren der Zellen A3 bis G8 mit gehaltener Maustaste und Klicken von *Sortieren und Filtern / Benutzerdefiniertes Sortieren / Sortieren nach Rang*.

Nach *OK* erscheint die Tabelle in der oben abgebildeten Form **(Bild 1)**.

f) In Spalte G werden die Beträge von Spalte F aufaddiert (kumuliert). Für **Zelle G3** lautet der Eintrag: =F3 Für **Zelle G4** lautet der Eintrag: =G3+F4. Diese Formel wird in die Zellen G5 bis G8 kopiert.

g) Zur Erstellung des **Pareto-Diagramms** werden auf der *x*-Achse die Fehlertypen (Spalte A) und auf der *y*-Achse die anteiligen Fehlerkosten (Spalte F) und die anteiligen Fehlerkosten in % (Spalte G) aufgetragen.

Dazu werden mit der linken Maustaste die Zellen A3 bis A8 markiert, dann mit **gehaltener** Taste **Strg** die Zellen D3 bis D8 sowie G3 bis G8 markiert. Unter der Registerkarte *Einfügen / Diagramme* wird *Säule / 2D-Säule / gruppierte Säule* ausgewählt. Es erscheint die Rohversion des Diagramms mit den blauen Säulen **(Bild 2)**.

Nach einem rechten Mausklick auf eine der rechten Säulen wird unter *Datenreihen / Diagrammtyp ändern* der Typ *Linie / Linie mit Datenpunkten* gewählt. Es erscheint die Summenkurve (rot).

Ein weiterer rechter Mausklick auf einen der Datenpunkte der neu erzeugten Linie (rot) ermöglicht über *Datenreihen formatieren / Reihenoptionen / Sekundärachse* die Zuordnung der *y*-Achse auf die rechte Diagrammseite.

Die Legende auf der rechten Seite kann nach Anklicken mit der linken Maustaste gelöscht werden.

Mit rechtem Mausklick auf die rechte Achse kann unter *Achsenoptionen* der dargestellte Bereich fest auf 0 bis 100 eingestellt werden (Minimum Fest 0, Maximum Fest 100) sowie unter *Zahl* die Anzahl der Dezimalstellen (Nachkommastellen) auf 0 gesetzt werden.

Nach Anklicken des Diagramms mit der linken Maustaste können unter der Registerkarte *Layout / Achsentitel* bzw. *Layout / Diagrammtitel* die Beschriftungen erfolgen.

Nach *OK* ist das Pareto-Diagramm fertig **(Bild 2)**.

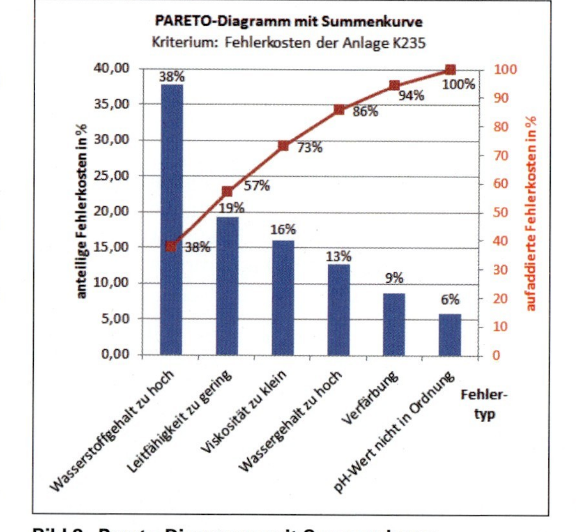

Bild 2: Pareto-Diagramm mit Summenkurve

h) **Pareto-Analyse:** Aus dem Diagramm ist erkennbar, dass der zu hohe Wasserstoffgehalt von 38 % den mit Abstand höchsten Anteil der Fehlerkosten verursacht.

Die Reduzierung dieses Fehlertyps ist demnach die wichtigste Aufgabe zur Vermeidung von Qualitätsmängeln bei der Produktion von Textilrohstoffen.

Aufgaben zu 4.2.3 Pareto-Diagramm, Pareto-Analyse

In einem Chemiebetrieb wurde für die Kreiselpumpe P-508 im Zeitraum 2011 und 2012 die nebenstehende Fehlersammelkarte über die Anzahl der aufgetretenen Störfälle und die Instandhaltungskosten an den unterschiedlichen Baugruppen der Pumpe erstellt.

Fehlersammelkarte Kreiselpumpe P-508
Zeitraum: 01.01.2011 bis 31.12.2012

Nr.	Defekte Baugruppe (Störfallart)	Anzahl Störfälle 2011	Anzahl Störfälle 2012	Kosten pro Störfall in €
1	Gleitringdichtung	||	|||	253,80
2	Axiallager	|	|	176,00
3	Druckstutzen Armatur	卌 |	||||	98,50
4	Laufrad	|||	|	1043,45
5	Pumpengehäuse	||	||	58,55
6	Ölstandanzeige	||||	卌	35,00
7	Ein-/Ausschalter	||	|	22,50
8	Frequenzumformer	|	|||	245,70

a) Erstellen Sie mit dem TKP Excel 2010 eine Eingabemaske der Fehlersammelkarte.
b) Berechnen Sie die Gesamtanzahl der Störfälle pro Baugruppe sowie die Gesamtinstandhaltungskosten pro Baugruppe.
c) Berechnen Sie die anteiligen Störfallkosten der jeweiligen Baugruppe an den Gesamtkosten und bestimmen Sie die Rangfolge der Kosten.
d) Erstellen Sie ein Pareto-Diagramm mit den Instandhaltungskosten der Baugruppen.
e) Zeichnen Sie in das Pareto-Diagramm die Summenkurve der anteiligen Instandhaltungskosten ein.
f) Welche Fehlerart muss am dringlichsten vermieden werden, um Kosten zu sparen?

4.2.4 Korrelationsdiagramm

Mit einem Korrelationsdiagramm (engl. correlation diagram), auch Streudiagramm genannt, kann geklärt werden, ob zwischen zwei Größen eine Abhängigkeit (Korrelation) besteht.
Die korrelierenden Größen können normale Einflussgrößen oder auch Problemgrößen sein.

Beispiel: Bei der Produktion einer Ätzlösung in einem Reaktionskessel kommt es zu unerwünschter Schaumbildung des Reaktionsansatzes und damit zu einer verminderten Qualität des Produkts. Durch Inertisierung des Gasraums im Kessel mit Stickstoff soll geklärt werden, ob zwischen der Schaumhöhe h im Kessel und dem Stickstoffgehalt ζ im Gasraum eine Abhängigkeit vorliegt.

Zur Erstellung eines Korrelationsdiagramms trägt man eine ausreichend große Anzahl von Wertepaaren, die durch Veränderung der Ausgangsgröße (x-Achse) und der zugehörigen Einflussgröße (y-Achse) gebildet werden, als Messpunkte in ein x-y-Diagramm ein **(Bild 1a)**. Zur Auswertung eines Korrelationsdiagramms mit Papier und Zeichenstift wird eine Ausgleichsgerade durch die Punkte gezeichnet. Anhand der Verteilung der Punkte und ihrer Lage zur Ausgleichsgeraden lässt sich die Art der Abhängigkeit (z. B. stark, schwach usw.) grob abschätzen. Ein Maß für den Grad der Abhängigkeit der korrelierenden Größen ist der **Korrelationskoeffizient *r***. Er variiert zwischen +1 und −1, wobei durch den Zahlenwert die Stärke der Abhängigkeit und durch das Vorzeichen die Richtung angezeigt wird.
Ein positiver Korrelationskoeffizient bedeutet, dass steigende x-Werte mit steigenden y-Werten verbunden sind (Bild 1a und 1b). Bei einem negativen Korrelationskoeffizienten sind steigende x-Werte mit fallenden y-Werten verbunden (Bild 1c). Bei beliebig streuenden Messwerten ist $r = 0$ (Bild 1d).
Je näher die Punkte an der Ausgleichsgerade liegen, desto deutlicher ist die Abhängigkeit zwischen den korrelierenden Größen: Bei $r = +1$ bzw. $r = -1$ liegen die Messpunkte auf der Ausgleichsgeraden.
Das Korrelationsdiagramm trifft nur Aussagen über die Stärke und Richtung der Abhängigkeit der Größen, nicht aber über den wirkungsursächlichen Zusammenhang.

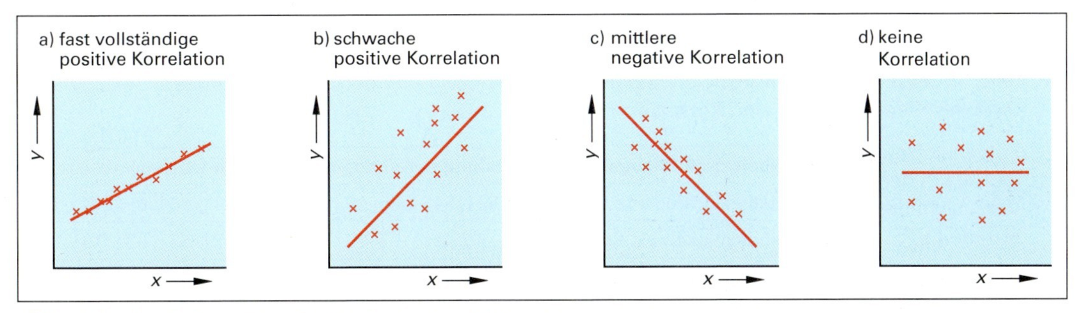

Bild 1: Beispiele für korrelierende Größen im Korrelationsdiagramm

Wird das Korrelationsdiagramm mithilfe eines Tabellenkalkulationsprogramms auf dem Computer erstellt (z. B. mit Excel 2010), dann kann mit den Messpunkten eine lineare Regressionsanalyse durchgeführt werden. Siehe dazu Seite 19.
Man erhält eine Ausgleichsgerade mit der Gleichung $y = mx + b$ und das Bestimmtheitsmaß R^2.
Das Bestimmtheitsmaß R^2 der Regressionsanalyse entspricht dem Korrelationskoeffizienten r: $\boldsymbol{R^2 \mathrel{\hat{=}} r}$
Damit kann mit einer Regressionsanalyse geklärt werden, ob und welche lineare Abhängigkeit der Größen x und y besteht.

Beispiel: Mithilfe eines Korrelationsdiagramms soll ermittelt werden, ob bei einem Widerstandsthermometer Pt100 zwischen der Temperatur ϑ und dem elektrischen Widerstand R ein proportionaler Zusammenhang besteht.

Die nebenstehende Tabelle zeigt die in einem Technikum gemessenen Wertepaare.

Die Prüfung auf Proportionalität soll mit einem Tabellenkalkulationsprogramm (Excel 2010) durchgeführt werden.

Lösung: Die Regressionsanalyse zur Erstellung des Korrelationsdiagramms wird gemäß den Seiten 19 bis 21 ausgeführt. Man erhält das nebenstehend gezeigte Korrelationsdiagramm **(Bild 1)**.

Tabelle: Messwerte eines Widerstandsthermometers Pt 100

Temperatur ϑ in °C	Messwert R in Ω
0,00	100,00
50,00	119,40
100,00	138,50
150,00	157,31
200,00	175,84
300,00	212,02

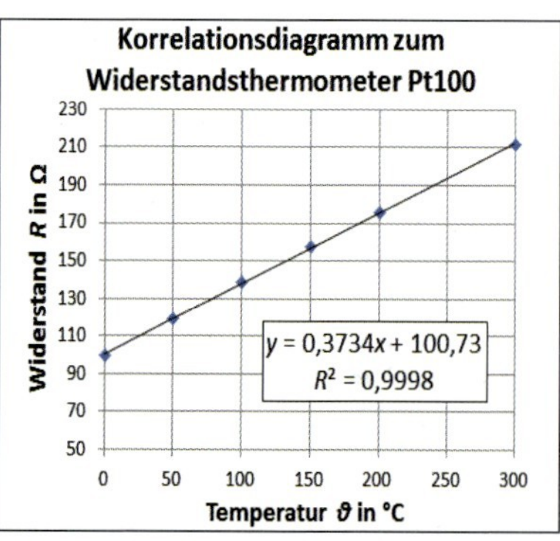

Bild 1: Lösung Korrelationsdiagramm

Ergebnis: Mit einem Bestimmtheitsmaß $R^2 = 0{,}998$ (entspricht einem Korrelationskoeffizienten von $r = 0{,}998$) liegt eine annähernd exakte lineare Abhängigkeit vor.

Liegt eine Abhängigkeit der Größen x und y vor, die nicht linear ist, sondern einer anderen Abhängigkeit entspricht (z. B. quadratisch oder exponentiell), dann kann mit dem Tabellenkalkulationsprogramm auch auf diese Abhängigkeit hin geprüft werden. Siehe dazu Seite 21.

Aufgaben zu 4.2.4 Korrelationsdiagramm

Hinweis: Bearbeiten Sie die Aufgaben 1. und 2. mit dem Tabellenkalkulationsprogramm Excel 2010.

1. In einem Versuchsreaktor C201 werden Polymerisationsreaktionen bei unterschiedlichen Temperaturen durchgeführt. Es soll ermittelt werden, ob zwischen der Reaktionstemperatur und der Blasenbildung im Reaktionsgemisch ein gesetzmäßiger Zusammenhang besteht.

   Folgende Wertepaare wurden in einer Versuchsreihe ermittelt:

Blasenbildung bei der Polymerisation in Reaktor C201						
Polymerisationstemperatur in °C	200	210	220	230	240	250
Blasenbildung in Anzahl Blasen/mm³	42	40	35	33	29	27

   Erstellen Sie aus den in der Tabelle angegebenen Daten ein Korrelationsdiagramm. Ermitteln Sie mithilfe einer Regressionsanalyse, ob ein gesetzmäßiger Zusammenhang zwischen der Polymerisationstemperatur und der Blasenbildung im Reaktionsgemisch besteht.

2. Im Technikum einer Anlage zur Herstellung von Klebern soll in einer Versuchsreihe ermittelt werden, ob zwischen der Reißfestigkeit einer Klebeverbindung und der relativen Luftfeuchtigkeit während des Klebevorgangs eine Korrelation herrscht.

   Folgende Daten wurden in der Versuchsreihe ermittelt:

Klebefestigkeit einer Klebeverbindung in Abhängigkeit von der Luftfeuchte												
Relative Luftfeuchte in %	50	52	54	56	58	60	62	64	66	68	70	72
Klebefestigkeit in N/mm²	4	7	9	9	25	25	37	47	53	63	76	84

   Stellen Sie die Wertepaare in einem Korrelationsdiagramm dar. Führen Sie eine Regressionsanalyse durch und beurteilen Sie das Ergebnis.

4.3 Qualitätssicherung mit Qualitätsregelkarten (QRK)

Die Qualitätsregelkarte, kurz Regelkarte oder QRK genannt (engl. control chart), ist ein wichtiges Werkzeug zur Qualitätssicherung. Wird ein Fertigungsprozess mit einer Qualitätsregelkarte überwacht und geregelt, so nennt man dies eine **statistische Prozessregelung** (engl. statistical process control, kurz SPC).
Ziel der SPC ist es, Abweichungen vom Sollwert eines Prozesses frühzeitig zu erkennen, damit rechtzeitig in den Prozess eingegriffen werden kann und Ausschuss vermieden wird.

4.3.1 Aufbau und Typen von Qualitätsregelkarten

Die Qualitätsregelkarte ist ein spezielles Diagramm zur Überwachung eines Qualitätsmerkmals bei einem Produktions- oder Überwachungsprozess **(Bild 1)**. Dazu werden aus einem Prozess gewonnene Messwerte in ein Diagramm eingetragen und mit Linien verbunden.

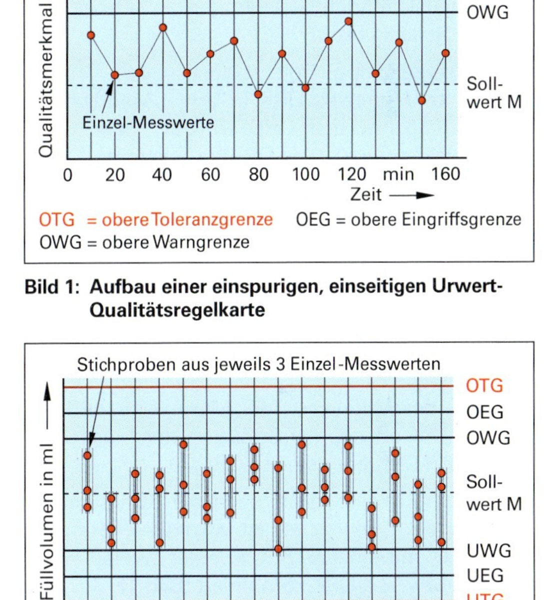

Bild 1: Aufbau einer einspurigen, einseitigen Urwert-Qualitätsregelkarte

Bild 2: Aufbau einer einspurigen, zweiseitigen Stichproben-Urwert-Qualitätsregelkarte mit Dreifach-Messwert

Auf der Abszisse (x-Achse) ist der zeitliche Ablauf (z.B. Uhrzeit, Prüfintervall, Schicht) oder die Probennummer dargestellt. Auf der Ordinate (y-Achse) ist die Kenngröße des Qualitätsmerkmals (z.B. die Masse, die Dichte, eine Gehaltsgröße, die Temperatur usw.) aufgetragen. In die QRK wird der Sollwert M des Qualitätsmerkmals als horizontale Linie eingetragen. Dadurch kann man die Lage der Messwerte zum Sollwert gut erkennen.

Man unterscheidet folgende Qualitätsregelkarten:
Als **Urwertkarte**, auch x-Karte genannt, bezeichnet man eine QRK, bei der die **Einzel-Messwerte *x*** eingetragen werden (Bild 1).

Außerdem gibt es QRK, bei denen statistische Größen der Messwerte, wie z.B. der Mittelwert $\bar{x}$, aufgetragen werden.

Wird in eine QRK nur **eine** Messgröße aufgetragen, nennt man die QRK einspurig (**Bild** 1 und **2**), bei zwei aufgetragenen Messgrößen **zweispurig** (Bild 1, Seite 96).

In die QRK sind **Regelgrenzen** eingezeichnet (Bild 1 und 2). Sie geben die Grenzen an, in denen der Prozess geführt werden soll. Dies können sein:

- **Warngrenzen WG**: Bei Überschreiten ist dem Prozess verstärkte Aufmerksamkeit zu widmen.
- **Eingriffsgrenzen EG:** Bei Überschreiten wird ein Eingriff in den Prozess vorgenommen.
- **Toleranzgrenzen TG**: Die Prozesswerte dürfen diese Grenzen nicht überschreiten (Ausschuss).

Sollen in einer QRK Abweichungen eines Qualitätsmerkmals in nur eine Richtung überwacht werden (Über- oder Unterschreiten eines Grenzwerts), spricht man von einer **einseitigen Regelkarte** (Bild 1). Sie hat eine **obere** Toleranzgrenze OTG, eine **obere** Eingriffsgrenze OEG und eine **obere** Warngrenze OWG.

Beispiel: Laut Trinkwasserverordnung TVO dürfen in Trinkwasser maximal 25 mg/L Nitrat-Ionen enthalten sein. In einer Qualitätsregelkarte zur Überwachung des Nitratgehalts im Trinkwasser ist dann die obere Toleranzgrenze: OTG = 25 mg/L Nitrat-Ionen. Sie hat keine untere Toleranzgrenze.

Dient die Qualitätsregelkarte der Überwachung sowohl auf Überschreiten als auch auf Unterschreiten von Grenzwerten, dann trägt man in der QRK die oberen und die unteren Toleranz-, Eingriffs- und Warngrenzen ein: OTG, UTG, OEG, UEG, OWG, UWG (Bild 2).

Beispiel: Die Füllmengen einer Chemikalie in einem maschinell abgefüllten Gebinde dürfen ein Mindest- **und** ein Höchstvolumen nicht überschreiten bzw. nicht unterschreiten. Die QRK zur Überwachung der Füllmenge muss dann obere **und** untere Regelgrenzen haben.

Anstatt der Einzelmesswerte (Bild 1, Seite 95) können auch Stichproben mit mehreren Einzelwerten in die QRK eingetragen werden. Bild 2, Seite 95, zeigt z. B. eine QRK, in der Stichproben mit jeweils drei Einzelmesswerten als senkrechte Linie mit den drei Messwerten eingetragen sind.

Die Stichproben-Einzelwerte zeigen hierbei nicht repräsentativ die Lage der Messwerte zum Sollwert *M*, sondern geben einen groben Hinweis auf die Streuung der Messwerte innerhalb der Stichprobe. Diese Methode der Darstellung mehrerer Einzelwerte einer Stichprobe liefert kein exaktes Maß für die Streuung, wie z. B. die Standardabweichung *s*. Sie wird deshalb wenig eingesetzt.

Um eine große Anzahl von Messwerten repräsentativer darstellen zu können, werden statistisch aufbereitete Kennwerte, wie z. B. der arithmetische Mittelwert $\bar{x}$ oder die Standardabweichung s in die Qualitätsregelkarte eingetragen. Man erhält dadurch statistisch exakte Informationen über den Prozess. Die statistischen Kennwerte werden mit den nebenstehenden Gleichungen berechnet. Siehe auch Seite 84 bis 87.

Berechnung statistischer Größen	
Arithmetischer Mittelwert $\bar{x} = \frac{x_1 + x_2 + \dots x_n}{n}$	Medianwert **n ungerade** $\tilde{x} = x_{(n+1)2}$ **n gerade** $\tilde{x} = \frac{1}{2}\left(x_{n/2} + x_{(n/2)+1}\right)$
Standardabweichung $s = \pm\sqrt{\frac{\sum(x_i - \bar{x})^2}{n-1}}$	Spannweite (Range) $R = x_{max} - x_{min}$

Qualitätsregelkarten mit statistischen Größen werden als Mittelwert-QRK ($\bar{x}$-QRK), Median-QRK ($\tilde{x}$-QRK), Spannweiten-QRK (R-QRK) oder Standardabweichungs-QRK (s-QRK) bezeichnet.

Der Medianwert $\tilde{x}$ und die Spannweite R können ohne Rechenhilfe ermittelt werden. Die $\tilde{x}$-QRK und die R-QRK sind dadurch rasch zu erstellen.

Der Mittelwert $\bar{x}$ und die Standardabweichung s sind aufwendiger zu berechnen, so dass die $\bar{x}$-QRK und die s-QRK meist rechnerunterstützt berechnet und geführt werden.

Die Lage des Mittelwerts der Messwerte wird mit einer $\bar{x}$-QRK erfasst, die Streuung der Messwerte mit einer R-QRK oder einer s-QRK.

Falls sowohl die Lage als auch die Streuung der Messwerte zu überwachen ist, wird die $\bar{x}$-QRK bzw. die $\tilde{x}$-QRK mit einer s-QRK zu einer zweispurigen $\bar{x}$-s-QRK bzw. $\tilde{x}$-s-QRK kombiniert **(Bild 1)**.

Mittenwerte in der $\bar{x}$-QRK sind der Mittelwert aller Mittelwerte $\bar{\bar{x}}$, auch x-quer-quer genannt (Bild 1, oben), und der Mittelwert aller Standardabweichungen $\bar{s}$, auch s-quer genannt (Bild 1, unten).

Eine zentrale Funktion in Qualitätsregelkarten haben die Regelgrenzen: die Eingriffsgrenzen OEG bzw. UEG sowie die Warngrenzen OWG bzw. UWG.

Das Ziel der Prozessüberwachung ist es, den Prozess in den Eingriffsgrenzen zu führen. Bei deren Überschreiten wird in den Prozess eingegriffen, um ihn wieder in die Nähe des Sollwerts zurückzuführen.

Auch bei Überschreiten der Eingriffsgrenzen ist der Prozess noch innerhalb der Toleranzgrenzen OTG bzw. UTG.

Das prozessbegleitende Führen von Qualitätsregelkarten hat die Funktion eines Reglers in einem Regelkreis **(Bild 2)**: Es bewirkt, dass in einem Prozess Ausschuss gar nicht erst entsteht.

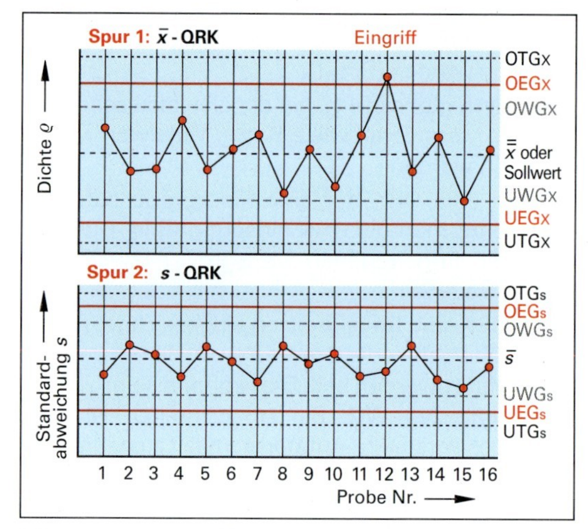

Bild 1: Zweispurige $\bar{x}$-s-Qualitätsregelkarte
Spur 1: zweiseitige Mittelwertkarte $\bar{x}$
Spur 2: einseitige Standardabweichungskarte s

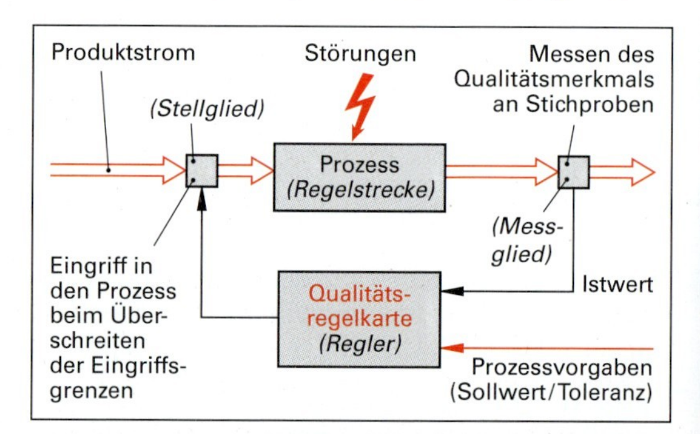

Bild 2: Schema der Reglerfunktion einer Qualitätsregelkarte (Qualitätsregelkreis)

Übersicht der Qualitätsregelkarten nach ihrer Regelaufgabe

Je nach Einsatzzweck, d.h. der geforderten Regelaufgabe, werden unterschiedliche Qualitätsregelkarten (QRK) eingesetzt. Sie unterscheiden sich durch die Lage ihrer Regelgrenzen.

- Die **Annahme-QRK** wird eingesetzt, wenn ein Prozess vor allem auf die Einhaltung vorgegebener Toleranzen überwacht werden soll. Es handelt sich um eine Toleranz-orientierte Prozessregelung.

  In den Prozess wird erst eingegriffen, wenn sich die Messwerte den Toleranzgrenzen nähern.

  Die Annahme-QRK wird meist in der industriellen Fertigung des Maschinenbaus eingesetzt und deshalb hier nicht weiter behandelt.

- Die **Prozess-QRK**, nach ihrem Erfinder auch **Shewhart-QRK** genannt, wird eingesetzt, wenn ein gut laufender, beherrschter Zustand eines Prozesses (Sollzustand) beibehalten werden soll.

  Es liegt dann eine Sollwert-orientierte Prozessregelung vor.

  In der chemischen Industrie wird überwiegend die Prozess-QRK eingesetzt.

  Die nachfolgenden Ausführungen beziehen sich auf die Prozess-QRK.

4.3.2 Prozess-QRK mit festen Regelgrenzen

Prozess-QRK sind überwiegend zweispurige $\bar{x}$-s-QRK oder $\bar{x}$-R-QRK **(Bild 1)**.

Die Mittellinie in der $\bar{x}$-Spur entspricht entweder einem Sollwert oder dem Mittelwert der Mittelwerte $\bar{\bar{x}}$ aus einem Vorlauf des Prozesses.

Obere und untere Warn- und Eingriffsgrenzen begrenzen die Ordinate der Prozess-QRK. Die Toleranzgrenzen werden nicht eingezeichnet.

Beim ungestört laufenden Prozess liegen die Messwerte zufallsverteilt innerhalb der Eingriffsgrenzen.

Bei Überschreiten der Eingriffgrenzen (z.B. Proben-Nr. 20 in Bild 1, $\bar{x}$-QRK) liegen systematische Einflüsse auf den Prozess vor. Der Prozess muss dann durch Verstellen der Prozessparameter wieder in die Eingriffsgrenzen zurückgeführt werden.

Bei der Prozess-QRK mit festen Regelgrenzen werden die Regelgrenzen aus der Standardabweichung s der Messwerte berechnet.

Vorausgesetzt sind normal oder annähernd normal verteilte Messreihen. Die Verteilung der Messwerte ist dann durch die Normalverteilungskurve und die Standardabweichung s gekennzeichnet. Näheres dazu auf Seite 87, unten.

In **Bild 2** ist zur Veranschaulichung der Häufigkeitsverteilung und Lage der Messwerte im linken Bildteil eine gekippte Normalverteilungskurve und im rechten Bildteil die $\bar{x}$-Spur einer Qualitätsregelkarte gezeigt. Ihre Mittellinien liegen auf einer Linie.

Bei $\pm 2s$ liegen 95,45% der Messwerte innerhalb dieser Spanne, bei $\pm 3s$ sind es 99,73% und bei $\pm 4s$ 99,994%.

Die **Regelgrenzen** des Prozesses kann man z.B. auf der Basis des Vielfachen der Standardabweichung s berechnen:

Die obere und untere Warngrenze WG: bei $\pm 2s$

Die obere und untere Eingriffsgrenze EG: bei $\pm 3s$

Die obere und untere Toleranzgrenze TG: bei $\pm 4s$.

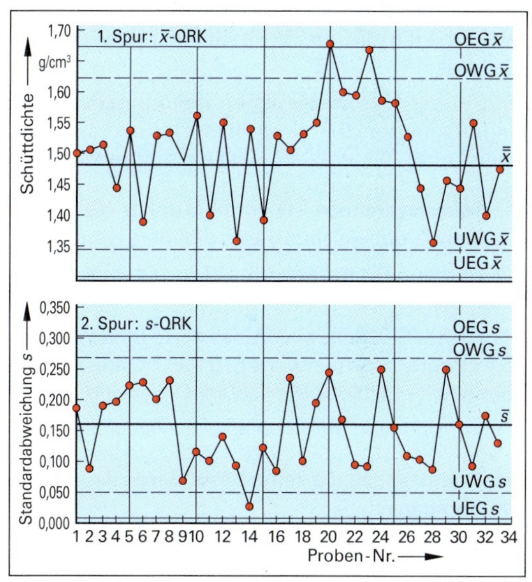

Bild 1: $\bar{x}$-s-Prozess-Qualitätsregelkarte

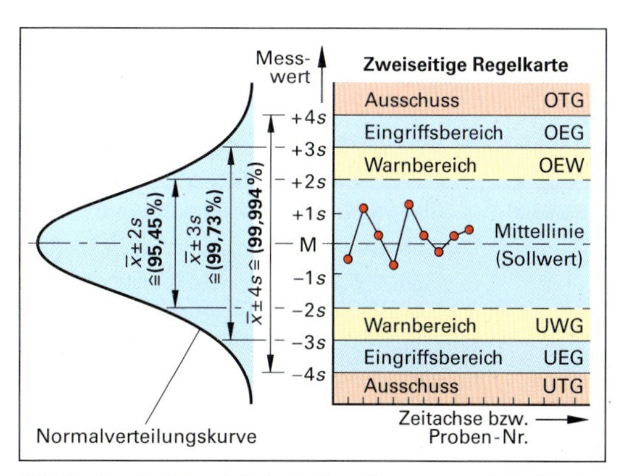

Bild 2: Zweiseitige QRK mit Regelgrenzen auf der Basis der zwei- bzw. dreifachen Standardabweichung links: Normalverteilungskurve

Regelgrenzen von Prozess-Qualitätsregelkarten

Die Regelgrenzen von Prozess-Qualitätsregelkarten werden nach den unten stehenden Größengleichungen berechnet.

Darin ist $\bar{\bar{x}}$ (xqq) der Mittelwert aller Stichproben-Mittelwerte $\bar{x}$ (xq), und $\bar{s}$ (sq) ist der Mittelwert aller Standardabweichungen *s*. Die Toleranz hat keinen Einfluss auf die Regelgrenzen.

Die Standardabweichung *s* und der Mittelwert $\bar{x}$ werden durch einen Vorlauf mit einer größeren Anzahl von Stichproben, in der Regel 15 bis 25 Stichproben zu je 5 Einzelproben, ermittelt.

Die **Warngrenzen WG** werden in Prozessregelkarten häufig über den 95,45%-Zufallsstreubereich der Messwerte (die zweifache Standardabweichung ±2*s*) definiert (Bild 2, Seite 97).

Warngrenzen bei Prozess-QRK	
$WG = \bar{\bar{x}} \pm 2 \cdot \bar{s}$	Einer von 22 Werten liegt außerhalb der WG

Dies bedeutet, dass die Messwerte mit 95,45% Wahrscheinlichkeit innerhalb der Warngrenzen liegen. 4,56% der Messwerte, also einer von 22 Messwerten, überschreiten die Warngrenzen: Der Prozess wird dann mit erhöhter Aufmerksamkeit überwacht und gegebenenfalls werden weitere Stichproben entnommen.

Als **Eingriffsgrenzen EG** legt man in Prozessregelkarten häufig die dreifache Standardabweichung ±3*s* fest.

Eingriffsgrenzen bei Prozess-QRK	
$EG = \bar{\bar{x}} \pm 3 \cdot \bar{s}$	Einer von 370 Werten liegt außerhalb der EG

99,73% der Messwerte liegen dann innerhalb der Eingriffsgrenzen, 0,27% darüber. Das bedeutet: Bei einem von 370 Messwerten ist ein Eingreifen in den Prozess erforderlich.

Die **Toleranzgrenzen TG** können durch die vierfache Standardabweichung ±4*s* definiert werden.

Sie werden üblicherweise nicht in die QRK eingezeichnet.

Toleranzgrenzen bei Prozess-QRK	
$TG = \bar{\bar{x}} \pm 4 \cdot \bar{s}$	Einer von 16.667 Werten liegt außerhalb der TG

Dann sind 99,9937% aller Messwerte innerhalb der Toleranzgrenzen zu erwarten, 0,0063% außerhalb. Das bedeutet: 60 Werte von einer Million Messwerten oder einer von 16667 Werten liegt über den Toleranzgrenzen.

In der Produktion erfüllt beispielsweise eines von 16667 Produkten nicht die Qualitätsanforderungen.

Bei Produkten, an die keine besonderen Anforderungen gestellt werden, sind diese Zahlen an Ausschuss hinnehmbar.

So ist es beispielsweise duldbar, dass bei abgefüllten Lackgebinden das abgefüllte Volumen bei einem von 16667 Gebinden die Volumen-Toleranzgrenze überschreitet.

Bei Produkten mit großem Risikopotenzial, wie z. B. bei der Herstellung von Medikamenten in der Pharmaindustrie, müssen z. B. beim Wirkstoffgehalt von Medikamenten höhere Anforderungen gestellt werden.

Hier wird beispielsweise als Toleranzgrenze ±5*s* festgelegt. Dann liegen 99,999943% der Messwerte innerhalb der Toleranzgrenzen und 0,000057% außerhalb.

In diesem Fall hält eines von 1754386 Produkten nicht den geforderten Wirkstoffgehalt ein.

Beispiel 1: In einer Produktionsanlage wird Aerosilpulver (pyrogene Kieselsäure) hergestellt.

Die Korngröße des Aerosils soll als Qualitätsmerkmal mit einer Qualitätsregelkarte überwacht werden.

In einem Produktionsvorlauf wurde der Mittelwert der mittleren Korngröße der Aerosil-Stichproben zu $\bar{\bar{x}} = 0{,}50\ \mu m$ und die mittlere Standardabweichung zu $\bar{s} = \pm 0{,}03\ \mu m$ ermittelt.

Berechnen Sie a) die Warngrenzen, b) die Eingriffsgrenzen und c) Toleranzgrenzen für die Qualitätsregelkarte des Prozesses.

Lösung:

a) **OWG** $= \bar{\bar{x}} + 2\bar{s} = 0{,}50\ \mu m + 2 \cdot 0{,}03\ \mu m$ **= 0,56 µm**; **UWG** $= \bar{\bar{x}} - 2\bar{s} = 0{,}50\ \mu m - 2 \cdot 0{,}03\ \mu m$ **= 0,44 µm**

b) **OEG** $= \bar{\bar{x}} + 3\bar{s} = 0{,}50\ \mu m + 3 \cdot 0{,}03\ \mu m$ **= 0,59 µm**; **UEG** $= \bar{\bar{x}} - 3\bar{s} = 0{,}50\ \mu m - 3 \cdot 0{,}03\ \mu m$ **= 0,41 µm**

c) **OTG** $= \bar{\bar{x}} + 4\bar{s} = 0{,}50\mu m + 4 \cdot 0{,}03\ \mu m$ **= 0,62 µm**; **UTG** $= \bar{\bar{x}} - 4\bar{s} = 0{,}50\ \mu m - 4 \cdot 0{,}03\ \mu m$ **= 0,38 µm**

Beispiel 2: Der Füllgrad der Gebinde einer Abfüllanlage Z-73 wird mit einer Prozess-Regelkarte überwacht.

Alle 20 Minuten werden 5 befüllte Gebinde (PE-Flaschen) entnommen und einzeln ausgewogen (Wägewerte aus dem Vorlauf siehe Tabelle 1).

Berechnen Sie mit dem Mittelwert $\bar{\bar{x}}$ und der Standardabweichung $\bar{s}$ der Stichproben die Eingriffsgrenzen und die Warngrenzen für eine zweiseitige Mittelwert-Qualitätsregelkarte ($\bar{x}$-QRK).

Tabelle 1: Überwachung der Abfüllmaschine Z-73

Teil: PE-Flasche			Merkmal: Masse in g			Spezifikation: 267 g ± 5 g			Stichprobengröße/-Frequenz: 5 Stück alle 20 min						
	Stichprobe		Datum: 18.03.2008						Grenzwerte: OTG = 272 g UTG = 262 g						
Zeit	10:00	10:20	10:40	11:00	11:20	11:40	12:00	12:20	12:40	13:00	13:20	13:40	14:00	14:20	Regelgrenzen:
Messwerte in g	269	265	267	270	265	266	266	265	270	269	270	264	268	267	OEG = 270.9 g
	268	266	269	268	269	264	269	269	268	265	268	266	266	269	UEG = 263,7 g
	267	266	270	269	267	265	268	267	269	269	269	264	266	267	OWG = 269,7 g
	267	265	266	269	266	264	269	266	269	265	269	265	264	266	UWG = 264.9 g
	268	266	268	270	268	266	268	268	270	268	270	266	269	268	
$\bar{x}$	267,8	265,6	268,0	269,2	267,0	265,0	268,0	267,0	269,2	267,2	269,2	265,0	266,6	267,4	$\bar{\bar{x}}$ = 267,3 g
s	0,837	0,584	1,581	0,837	1,581	1,000	1,225	1,581	0,837	2,094	0,837	1,000	1,949	1,140	$\bar{s}$ = ±1,214 g

Lösung: Tabelle 1 zeigt die Ergebnisse der Berechnungen in roter Schrift. Sie wurden mit einem technisch-wissenschaftlichen Taschenrechner (Seite 86) ausgeführt. Zuerst werden die $\bar{x}$- und die s-Werte der Stichproben berechnet und aus diesen dann $\bar{\bar{x}}$ und $\bar{s}$ ermittelt.

Berechnung der Stichproben-Mittelwerte exemplarisch die 10:00-Uhr-Stichprobe: $\bar{x}_1 = \frac{(269 + 268 + 267 + 267 + 268)\,\text{g}}{5} = 267{,}8\ \text{g}$

Berechnung des Mittelwerts aller Mittelwerte: $\bar{\bar{x}} = \frac{(267{,}8 + 265{,}6 + \ldots + 266{,}6 + 267{,}4)\,\text{g}}{14} \approx 267{,}3\ \text{g}$

Berechnung der Standardabweichung der 10:00-Uhr-Stichprobe: $s = \pm\sqrt{\frac{[(267{,}3 - 269)^2 + (267{,}3 - 268)^2 + \ldots]\ \text{g}^2}{5 - 1}} = \pm\sqrt{\frac{2{,}8\ \text{g}^2}{4}} \approx \pm 0{,}837\ \text{g}$

Berechnung des Mittelwerts der Standardabweichungen: $\bar{s} = \pm\frac{(0{,}837 + 0{,}584 + \ldots + 1{,}949 + 1{,}140)\,\text{g}}{14} \approx \pm 1{,}214\ \text{g}$

Für die Eingriffsgrenzen folgt:

OEG $= \bar{\bar{x}} + 3\bar{s} = 267{,}3\ \text{g} + 3 \cdot 1{,}214\ \text{g} \approx$ **270,9 g**

UEG $= \bar{\bar{x}} - 3\bar{s} = 267{,}3\ \text{g} - 3 \cdot 1{,}214\ \text{g} \approx$ **263,7 g**

Für die Warngrenzen folgt:

OWG $= \bar{\bar{x}} + 2\bar{s} = 267{,}3\ \text{g} + 2 \cdot 1{,}214\ \text{g} \approx$ **269,7 g**

UWG $= \bar{\bar{x}} - 2\bar{s} = 267{,}3\ \text{g} - 2 \cdot 1{,}214\ \text{g} \approx$ **264,9 g**

Aufgabe zu 4.3.2 Prozess-QRK mit festen Regelgrenzen

In einem pharmazeutischen Wirkstoffpulver wird der Rest-Feuchtegehalt w_F gemessen und mit einer Qualitätsregelkarte überwacht. In einem Vorlauf wurden 18 Stichproben zu 5 Einzelproben genommen und die Rest-Feuchtegehalte bestimmt. Die folgende Tabelle zeigt die Messwerte.

Stichproben Nr.		1	2	3	4	5	6	7	8	9	10	11	12	13	14	15	16	17	18
Restfeuchtegehalt in %	x_1	1,24	1,28	1,34	1,32	1,63	1,69	1,30	1,69	1,64	1,49	1,29	1,35	1,60	1,69	1,50	1,40	1,57	1,36
	x_2	1,64	1,73	1,27	1,49	1,47	1,45	1,85	1,54	1,65	1,69	1,68	1,70	1,48	1,64	1,43	1,38	1,56	1,30
	x_3	1,33	1,36	1,47	1,32	1,54	1,70	1,39	1,78	1,50	1,82	1,84	1,75	1,43	1,19	1,58	1,56	1,52	1,32
	x_4	1,51	1,72	1,33	1,55	1,63	1,36	1,82	1,65	1,48	1,64	1,65	1,36	1,48	1,36	1,49	1,21	1,54	1,33
	x_5	1,50	1,21	1,41	1,50	1,37	1,65	1,51	1,61	1,69	1,38	1,91	1,61	1,67	1,66	1,63	1,38	1,51	1,51

Berechnen Sie
a) die Mittelwerte der Stichproben,
b) die Standardabweichungen der Stichproben,
c) den Mittelwert der Mittelwerte und den Mittelwert der Standardabweichungen,
d) die Warngrenzen, die Eingriffsgrenzen und die Toleranzgrenzen.
e) Zeichnen Sie die Qualitätsregelkarte ($\bar{x}$-QRK) mit den Regelgrenzen.

4.3.3 Erstellen und Führen von Qualitätsregelkarten

Medianwert-Qualitätsregelkarten ($\tilde{x}$-QRK) und Spannweiten-Qualitätsregelkarten (R-QRK) erfordern nur wenig Rechenaufwand und sind deshalb auch unmittelbar am Arbeitsplatz vom Mitarbeiter durch Eintrag in einen QRK-Vordruck (Bild 1, Seite 95) zu führen.

Dagegen ist der Rechenaufwand bei Mittelwert-QRK ($\bar{x}$-QRK) und Standardabweichungs-QRK (s-QRK) hoch. Das gilt vor allem für große Stichproben, für die die $\bar{x}$-s-QRK besonders gut geeignet ist.

$\bar{x}$-s-QRK können per Hand mit dem Taschenrechner erstellt werden. Bevorzugt werden sie jedoch rechnerunterstützt mit einem Tabellenkalkulationsprogramm geführt (Seite 102).

Die nachfolgende Übersicht in **Bild 1** zeigt an einem Beispiel das Ablaufschema zur Erstellung einer Prozess-Qualitätsregelkarte mit festgelegten Regelgrenzen aus statistischen Kennwerten.

Dabei wird in folgenden Schritten vorgegangen:

① Berechnen der Stichproben-Mittelwerte $\bar{x}$ (zu je 5 Einzelwerten) aus den Daten des Vorlaufs, Berechnen des Mittelwerts der Mittelwerte $\bar{\bar{x}}$, eintragen der Mittellinie in die QRK.

② Berechnen der Standardabweichungen s innerhalb der Einzel-Stichproben, Berechnen des Mittelwerts der Standardabweichungen $\bar{s}$.

③ Berechnen der oberen und unteren Warngrenze OWG/UWG und der oberen und unteren Eingriffsgrenze OEG/UEG.

④ Vorbereiten eines Vordrucks für eine $\bar{x}$-Qualitätsregelkarte: Beschriften und Bemaßen der Achsen.
Hinweis: Verwenden Sie für die QRK einen Vordruck wie im Anhang des Buchs, Seite 271.

⑤ Eintragen der Mittellinie, der Warngrenzen OWG/UWG und der Eingriffsgrenzen OEG/UEG.

⑥ Berechnen der Mittelwerte der Stichproben-Messwerte aus dem laufenden Produktionsprozess.

⑦ Eintragen der $\bar{x}$-Werte in die $\bar{x}$-QRK und Verbinden der Punkte.

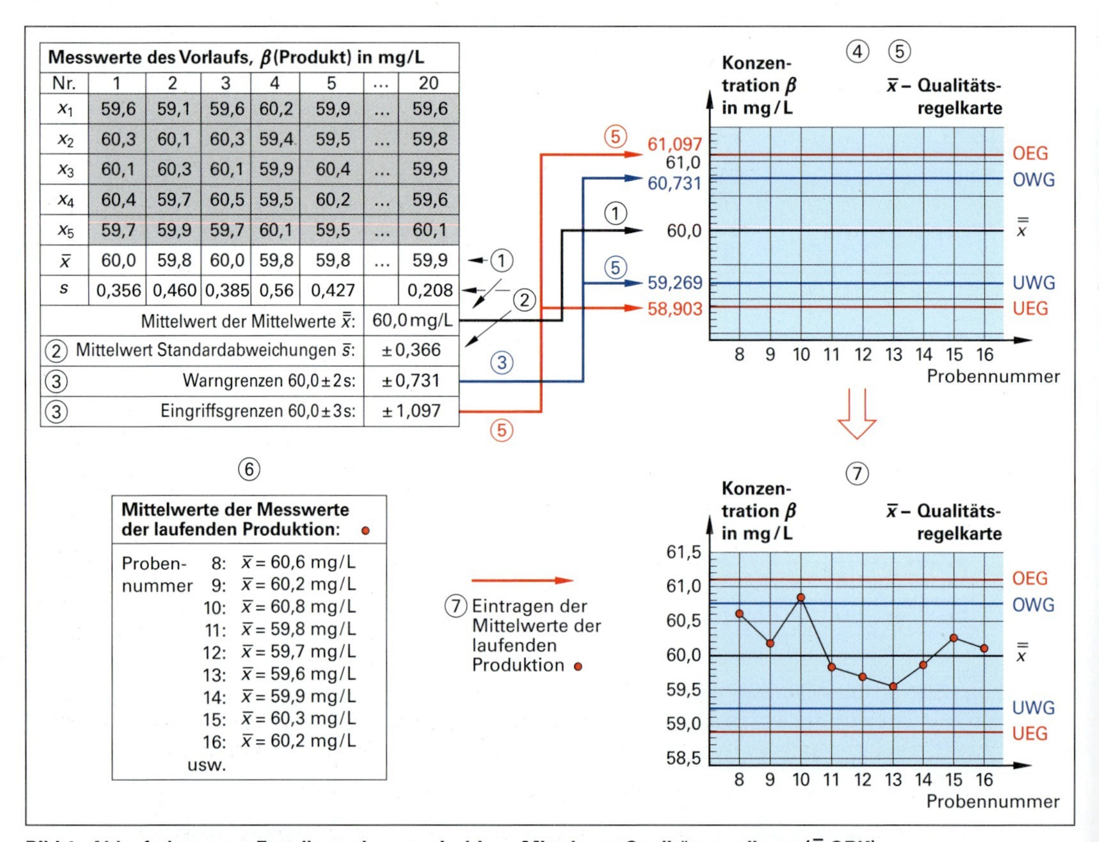

Messwerte des Vorlaufs, β(Produkt) in mg/L							
Nr.	1	2	3	4	5	...	20
x_1	59,6	59,1	59,6	60,2	59,9	...	59,6
x_2	60,3	60,1	60,3	59,4	59,5	...	59,8
x_3	60,1	60,3	60,1	59,9	60,4	...	59,9
x_4	60,4	59,7	60,5	59,5	60,2	...	59,6
x_5	59,7	59,9	59,7	60,1	59,5	...	60,1
$\bar{x}$	60,0	59,8	60,0	59,8	59,8	...	59,9
s	0,356	0,460	0,385	0,56	0,427		0,208
Mittelwert der Mittelwerte $\bar{\bar{x}}$:							60,0 mg/L
② Mittelwert Standardabweichungen $\bar{s}$:							±0,366
③ Warngrenzen 60,0±2s:							±0,731
③ Eingriffsgrenzen 60,0±3s:							±1,097

⑥

Mittelwerte der Messwerte der laufenden Produktion: ●

Probennummer	
8:	$\bar{x}$ = 60,6 mg/L
9:	$\bar{x}$ = 60,2 mg/L
10:	$\bar{x}$ = 60,8 mg/L
11:	$\bar{x}$ = 59,8 mg/L
12:	$\bar{x}$ = 59,7 mg/L
13:	$\bar{x}$ = 59,6 mg/L
14:	$\bar{x}$ = 59,9 mg/L
15:	$\bar{x}$ = 60,3 mg/L
16:	$\bar{x}$ = 60,2 mg/L
usw.	

Bild 1: Ablaufschema zur Erstellung einer zweiseitigen Mittelwert-Qualitätsregelkarte ($\bar{x}$-QRK)

Aufgaben zu 4.3.3 Erstellen und Führen von Qualitätsregelkarten

Hinweis: Verwenden Sie zum Zeichnen der QRK die Kopiervorlage von Seite 279.

1. In den abgefüllten 100-mL-Portionen einer pharmazeutischen Lösung wurde an gezogenen Proben chromatografisch der Amingehalt gemessen. Die Soll-Massenkonzentration an Amin soll 6,000 mg/L betragen, die Toleranz ist mit ±7% angegeben.

   Die folgende Tabelle zeigt die Proben-Messwerte des Chromatografen in mg/L.

6,028	5,972	6,165	5,981	6,168	5,927	6,025	5,833	6,124	5,823
5,991	6,049	6,153	6,072	5,982	6,043	5,874	5,960	6,034	5,997

   a) Berechnen Sie den oberen und den unteren Toleranz-Grenzwert.

   b) Berechnen Sie den Mittelwert und die Standardabweichung der Messwerte.

   c) Berechnen Sie die Warn- und Eingriffsgrenzen für die QRK dieser Messreihe.

   d) Stellen Sie die Messwerte in einer Urwert-QRK mit den Regelgrenzen dar.

2. Ein Dünger-Granulat durchläuft zum Trocknen einen Tunnel-Bandofen. Der Rest-Feuchtegehalt des Düngers soll 3,50% nicht überschreiten. Im 1-Stunden-Takt werden am Ofenausgang Stichproben aus 5 Einzelproben genommen und der Rest-Feuchtegehalt wird bestimmt. Die folgende Tabelle zeigt die Messwerte.

Zeit		8:00	9:00	10:00	11:00	12:00	13:00	14:00	15:00	16:00	17:00	18:00	19:00	20:00	21:00	22:00	23:00	24:00	1:00
Restfeuchte in %	x_1	2,71	2,83	2,74	2,62	2,72	2,88	2,71	2,70	2,80	2,49	2,84	2,50	2,83	2,54	2,44	2,79	2,49	2,76
	x_2	2,65	2,38	2,53	2,88	2,61	2,54	2,74	2,63	2,68	2,88	2,85	3,05	2,67	2,47	2,84	2,66	2,63	2,54
	x_3	2,64	2,79	2,52	2,91	2,89	2,71	2,72	2,78	2,63	3,04	2,70	2,59	2,74	2,67	2,53	2,60	2,70	2,54
	x_4	2,84	2,63	2,29	2,59	2,74	2,60	2,76	2,69	2,68	2,85	2,68	3,02	2,83	2,53	2,71	2,62	2,71	2,95
	x_5	2,69	2,54	2,84	3,02	2,86	2,77	2,77	2,83	2,87	3,11	2,89	2,71	2,57	2,61	2,70	2,32	2,82	2,72

   a) Berechnen Sie den Mittelwert und die Standardabweichung der Stichproben.

   b) Berechnen Sie den Mittelwert der Mittelwerte und den Mittelwert der Standardabweichungen.

   c) Berechnen Sie die Warn- und Eingriffsgrenzen für die QRK dieser Messreihe.

   d) Erstellen Sie die Mittelwert-QRK und die Standardabweichungs-QRK der Restfeuchten.

3. Die Messdaten in der unten stehenden Tabelle wurden beim Vorlauf einer Abfüllmaschine M32A für die abgefüllte Masse eines Bindemittels ermittelt.

Stichprobe		1	2	3	4	5	6	7	8	9	10	11	12	13	14	15
Messwerte in g	x_1	336	336	331	338	331	339	341	338	335	331	331	338	340	339	333
	x_2	341	337	340	338	331	335	336	342	338	333	331	342	335	341	332
	x_3	338	338	339	337	333	338,	332	341	334	336	337	340	332	337	340
	x_4	337	334	336	339	332	333	331	338	331	339	332	335	333	337	339
	x_5	339	339	335	341	331	332	334	339	341	338	332	339	337	338	331

   Die Toleranzgrenzen sind mit 336 g ±3% vorgegeben.

   a) Berechnen Sie aus den Messsdaten die erforderlichen Größen für eine Mittelwert-QRK ($\bar{x}$-QRK) sowie eine Standardabweichung-QRK (s-QRK) mit den Eingriffs- und Warngrenzen.

   b) Zeichnen Sie eine Mittelwert-QRK und eine Standardabweichungs-QRK.

   c) Beurteilen Sie den Prozessverlauf bezüglich der statistischen Verteilung der Messwerte.

4.3.4 Erstellen von Qualitätsregelkarten mit Excel

Qualitätsregelkarten können in einfacher Ausführung mit dem Programm Excel 2010 erstellt und geführt werden. Dies wird an folgendem Beispiel gezeigt.

Beispiel: Eine NaCl-Sole wird nach Verlassen eines Fällungsbehälters B27A vor Eintreten in die Verdampferanlage maßanalytisch auf den Gehalt an störenden Sulfat-Ionen untersucht. Alle 45 min werden 5 Proben entnommen und analysiert. Die nachfolgende Excel-Tabelle zeigt die 15 Messwerte des Vorlaufs. Es sollen

a) die Eingriffs- und Warngrenzen berechnet

b) eine zweiseitige Mittelwert-Qualitätsregelkarte ($\bar{x}$-QRK) erstellt werden.

	A	B	C	D	E	F	G	H	I	J	K	L	M	N	O	P	Q	R	S
1	Behälter:				B27A							Stichprobengröße-/Frequenz					5 Proben alle 45min		
2	Merkmal:		Sulfat-Massenkonzentration in mg/L																
3	Datum:				24.02.2009							Sollwert:			50 ± 4 mg/L			Toleranz	
4	Probe:		1	2	3	4	5	6	7	8	9	10	11	12	13	14	15	OTG:	54,00
5	Messwerte in mg/L	x_1	51,7	50,1	49,7	52,1	50,1	47,6	49,9	52,3	49,0	50,1	49,7	47,1	52,1	49,3	48,1	UTG:	46,00
6		x_2	48,8	48,9	47,8	50,8	49,3	48,3	50,5	53,6	49,7	50,8	49,3	47,6	50,8	50,0	50,0	OEG:	52,98
7		x_3	49,7	52,1	49,3	51,0	50,0	49,7	48,4	52,1	50,7	51,0	50,8	49,7	51,0	50,3	50,2	UEG:	46,75
8		x_4	47,8	50,8	50,0	51,0	50,3	47,8	49,8	50,8	49,1	50,4	51,0	47,2	50,9	48,0	50,4	OWG:	51,94
9		x_5	49,5	51,1	50,3	47,6	49,2	49,7	52,3	51,0	49,7	50,2	48,6	47,2	49,5	47,6	50,0	UWG:	47,79
10		$\bar{x}$:	49,50	50,60	49,42	50,50	49,78	48,62	50,18	51,96	49,64	50,50	49,88	47,76	50,86	49,04	49,74	$\bar{\bar{x}}$=	49,87
11		s:	1,437	1,192	0,978	1,700	0,497	1,018	1,413	1,128	0,677	0,387	1,013	1,101	0,924	1,197	0,932	$\bar{s}$=	1,040

Lösung: a) Zuerst werden die Mittelwerte $\bar{x}$ und $\bar{\bar{x}}$ sowie die Standardabweichungen s und $\bar{s}$ ermittelt.

In Zeile 10 sind die Mittelwerte $\bar{x}$ der Stichproben berechnet.

Der Zelleneintrag lautet z. B. in **Zelle C10:** =MITTELWERT(C5:C9)

In Zelle S10 steht der Mittelwert $\bar{\bar{x}}$ aller Stichproben-Mittelwerte $\bar{x}$: **Zelle S10:** =MITTELWERT(C10:Q10)

Zeile 11 zeigt die Standardabweichungen s innerhalb der Stichproben und Zelle S11 den Mittelwert aller Einzel-Standardabweichungen. **Zelle C11:** =STABW(C5:C9) **Zelle S11:** =MITTELWERT(C11:Q11)

Die Berechnung der Eingriffsgrenzen OEG, UEG und der Warngrenzen OWG, UWG erfolgt mit den Berechnungsformeln von Seite 96.

In **Zelle S6** und **Zelle S7** sind die Eingriffsgrenzen ermittelt: OEG: =S10+3*S11 UEG: =S10-3*S11

In **Zelle S8** und **Zelle S9** sind die Warngrenzen bestimmt: OWG: =S10+2*S11 UWG: =S10-2*S11

b) Das **Erstellen der Qualitätsregelkarte (QRK)** ist ein vielschrittiger Vorgang.

Man beginnt mit der **Markierung der Messwerte** der x- und der y-Achse. Die Werte der x-Achse sind die Probennummern in Zeile 4, die der y-Achse sind die Mittelwerte in Zeile 10.

Arbeitsschritte: Linker Mausklick (LMK) auf Zelle C4, dann die Maus mit weiterhin gedrückter linker Maustaste auf Zelle Q4 ziehen. Maustaste loslassen.

Mit gehaltener Steuerungstaste auf die gleiche Weise die Zellen C10 bis Q10 markieren.

Einfügen des Diagramms mit Befehl *Einfügen / Diagramme / Punkt / Punkte mit geraden Linien und Datenpunkten*.
Es erscheint die Rohform des Diagramms mit den Messwerten (Bild 2, Seite 101).

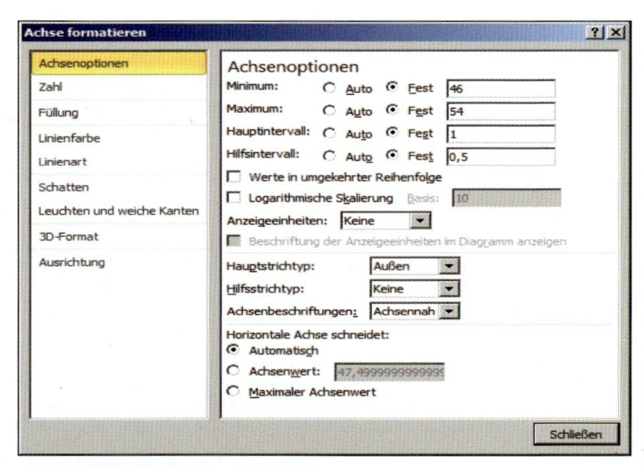

Bild 1: Formatieren der Achsen

Formatieren der Achsen durch rechten Mausklick (RMK) auf einen Zahlenwert der Achse, dann auswählen von *Achse formatieren* **(Bild 1).**

Hier können unter *Achsenoptionen* das Maximum und das Minimum des dargestellten Bereichs angepasst werden.

Unter der Option *Zahl* kann die Anzahl der dargestellten Dezimalstellen angepasst werden.

Das **Hinzufügen der Regelgrenzlinien**, z. B. OEG/UEG bzw. OWG/UWG, wird wie im Folgenden beschrieben ausgeführt:

Nach RMK auf die Diagrammfläche öffnet sich ein Feld, in dem *Daten auswählen* angeklickt wird **(Bild 2)**

Dort klickt man in der linken Hälfte auf *Hinzufügen*. In die Zeile *Reihenname* wird *OEG* eingetragen. In die Zeilen *x*-Werte und *y*-Werte erfolgt die Eingabe der Quelldaten für die oberen Eingriffsgrenzen aus Spalte 5 der Tabelle von Seite 102.

Nach LMK in die Zeile *Werte der Reihe X* erfolgt ein LMK auf die Zelle C4, dann mit gehaltener Steuerungstaste Strg ein LMK auf die Zelle Q4. Nach LMK in die Zeile *Werte der Reihe Y* folgt ein LMK auf die Zelle S6 und mit gehaltener Steuerungstaste Strg ein nochmaliger LMK auf die Zelle S6. Mit *OK* wird das Fenster verlassen.

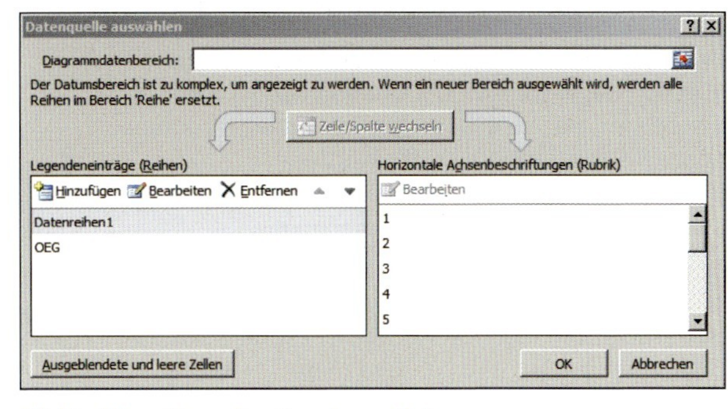

Bild 1: **Hinzufügen der Regelgrenzlinien**

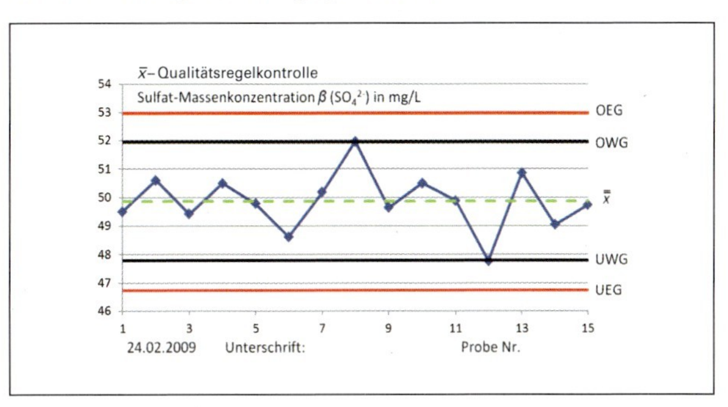

Bild 2: **Zweiseitige Mittelwert-QRK mit Eingriffs- und Warngrenzen**

Nach RMK auf die neue OEG-Linie im Diagramm wird unter der Option *Markierungsoptionen* der Markertyp *Keine* ausgewählt. Unter den Optionen *Linienfarbe* und *Linienart* können Art, Farbe und Stärke der Linie ausgewählt werden.

Die Linien für die OEG/UEG bzw. OWG/UWG und den Mittelwert werden auf die gleiche Weise gewählt.

Die übrigen Beschriftungen im Diagramm (Regelgrenzen, *y*-Achse u. a.) können unter dem Befehl *Einfügen / Text / Textfeld* durchgeführt werden.

Qualitätsregelkarten können auch mit **Spezial-QRK-Programmen** erstellt und geführt werden. Sie können von Softwarefirmen erworben oder aus dem Internet downgeloaded und installiert werden. Ein solches Programm zur Führung von Qualitätsregelkarten ist z. B. Excelkontroll 2.2. Das QRK-Spezialprogramm wird in Excel eingebettet **(Bild 3)**. Zuerst werden die Messwerte (Urwerte oder Stichproben-Messwerte) in ein Tabellen-Arbeitsblatt eingetragen. Dann werden in einem Menü des Programms der gewünschte Qualitätsregelkartentyp (hier z. B. Mittelwert-QRK) und die gewünschte Nichteingriffswahrscheinlichkeit (hier 99,73 % ≙ 3 *s*) ausgewählt. Die Auswertung erfolgt durch das Programm und wird als QRK-Ausdruck auf dem Monitor angezeigt (Bild 3).

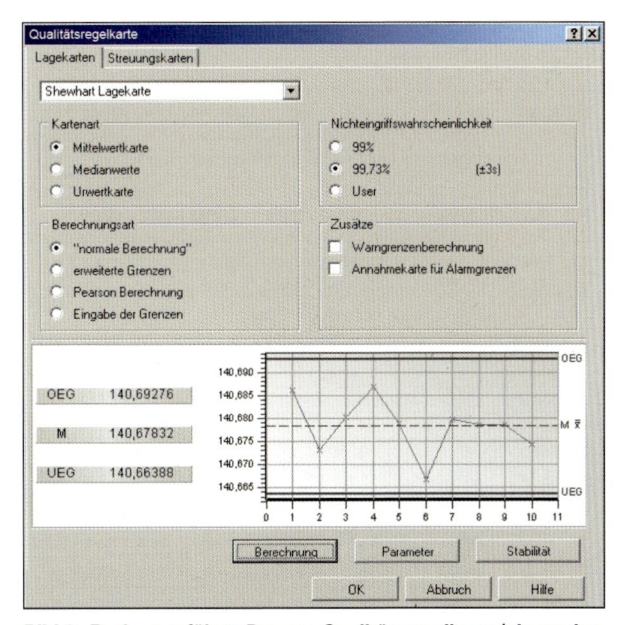

Bild 3: **Rechnergeführte Prozess-Qualitätsregelkarte (einspurige, zweiseitige *x*-QRK) mit Excel und einem QRK-Zusatzprogramm**

Aufgaben zu 4.3.4 Erstellen von Qualitätsregelkarten mit Excel 2010

Die Aufgaben 1, 2 und 3 von Seite 101 sind mit dem Programm Excel 2010 zu bearbeiten.

4.3.5 Prozess-QRK mit variablen Regelgrenzen

Bei Prozess-Qualitätsregelkarten kann die Berechnung der Regelgrenzen bei unterschiedlich großen Stichproben variabel gestaltet und damit können engere Regelgrenzen erreicht werden.
Die variablen Regelgrenzen werden mit nebenstehenden Größengleichungen berechnet.

Für die Berechnung der Warn- und Eingriffsgrenzen werden Konstanten benutzt **(Tabelle 1)**. Warngrenzen werden in Prozess-QRK meist nicht eingetragen. Sie werden deshalb hier nicht aufgeführt.

Variable Regelgrenzen hängen im Gegensatz zu den festen Grenzen $\pm 3\,s$ und $\pm 2\,s$ (Seite 98) zusätzlich von der Größe der Stichprobe ab.
Dies wird mit statistisch berechneten Konstanten berücksichtigt. Sie gehen von der Wahrscheinlichkeit aus, dass 99,73 % der Messwerte innerhalb der errechneten Regelgrenzen liegen werden.
Auf dieser Basis kann ein mit Regelkarten überwachter Prozess stärker optimiert werden, als dies mit festen Regelgrenzen möglich ist:
Die Regelgrenzen sind enger gesetzt und der Prozess wird mit engeren Toleranzen gefahren.
Aus diesem Grund werden diese Prozess-Qualitätsregelkarten meistens mit zwei Spuren betrieben:
Die Mittelwertspur ($\bar{x}$-Spur) oder die Medianwertspur ($\tilde{x}$-Spur) überwachen die **Lage** und dienen zur Einregelung von Prozessen in die Toleranzmitte (auf den Sollwert).
Die Spannweitenspur (R-Spur) oder die Standardabweichungsspur (s-Spur) überwachen die Streuung und sind über die Streuungsveränderungen eine wesentliche Basis für die Prozessverbesserung.

Eingriffsgrenzen bei Prozess-Qualitätsregelkarten mit variablen Regelgrenzen	
$\bar{x}$-s-QRK Mittelwertspur: $OEG_{\bar{x}} = \bar{\bar{x}} + A_3 \cdot \bar{s}$ $UEG_{\bar{x}} = \bar{\bar{x}} - A_3 \cdot \bar{s}$ Standardabweichungsspur: $OEG_s = B_4 \cdot \bar{s}$	**$\bar{x}$-R-QRK** Mittelwertspur: $OEG_{\bar{x}} = \bar{\bar{x}} + A_2 \cdot \bar{R}$ $UEG_{\bar{x}} = \bar{\bar{x}} - A_2 \cdot \bar{R}$ Spannweitenspur: $OEG_R = D_4 \cdot \bar{R}$
$\tilde{x}$-R-QRK Medianwertspur: $OEG_{\tilde{x}} = \tilde{x} + \bar{A}_2 \cdot \bar{R}$	$UEG_{\tilde{x}} = \tilde{x} - \bar{A}_2 \cdot \bar{R}$

Tabelle 1: Faktoren zur Berechnung der Eingriffsgrenzen von Prozessregelkarten

Stichprobenumfang n	A_2	D_4	A_3	B_4	$\bar{A}_2$
2	1,880	3,267	2,659	3,267	1,880
3	1,023	2,574	1,954	2,568	1,187
4	0,729	2,282	1,628	2,266	0,796
5	0,577	2,114	1,427	2,089	0,691
6	0,483	2,004	1,287	1,970	0,548
7	0,419	1,924	1,182	1,882	0,508
8	0,373	1,864	1,099	1,815	0,433
9	0,337	1,816	1,032	1,761	0,412
10	0,308	1,777	0,975	1,716	0,362

Beispiel: In einem Industriewaschwasser wird die Massenkonzentration an Chlorid-Ionen $\beta(C^-)$ argentometrisch überwacht. Es wlrd alle 2 Stunden eine Stichprobe mit 5 Einzelproben gezogen und analysiert. Insgesamt sind es 15 Stichproben **(Bild 1)**.

Es sollen mit Excel 2010 berechnet werden: a) Die Medianwerte $\tilde{x}$ und die Spannweiten R der 15 Stichproben.
b) Die Eingriffsgrenzen mit obigen Formeln und Faktoren.
c) Die Ergebnisse sollen in einer zweispurigen Medianwert-Spannweiten-QRK ($\tilde{x}$-R-QRK) dargestellt werden.
d) Die Lage der Werte in den beiden Spuren soll bezüglich der statistischen Kontrolle beurteilt werden..

Lösung: Die Auswertemaske mit Excel zeigt die Eingabefelder hellblau unterlegt. Die berechneten Ergebnisse sind in roter Schrift gedruckt

	A	B	C	D	E	F	G	H	I	J	K	L	M	N	O	P	Q	R	S
1	Behälter:		B14A									Stichprobengröße-/Frequenz					5 Proben alle 2 Stunden		
2	Merkmal:		Chlorid-Massenkonzentration in mg/L															Toleranz	
3	Datum:		14.03.2008									Sollwert:			±3,0 mg/L			OTG:	53 mg/L
4	Probe:		1	2	3	4	5	6	7	8	9	10	11	12	13	14	15	UTG:	47 mg/L
5	Messwerte in mg/L	x_1	50,3	50,0	52,1	47,9	50,1	47,9	49,9	52,3	49,0	50,1	49,4	47,5	50,4	48,7	48,1	$OEG_{\tilde{x}}$:	51,3 mg/L
6		x_2	48,8	48,9	49,3	49,4	49,3	48,3	50,5	51,6	49,7	50,8	47,1	47,6	48,4	49,6	50,0	$UEG_{\tilde{x}}$:	48,0 mg/L
7		x_3	49,8	51,5	51,0	47,4	50,0	49,7	48,4	52,1	50,7	50,3	49,4	49,7	51,7	49,0	50,2	A_2:	0,691
8		x_4	49,6	52,0	51,4	49,8	50,3	47,8	49,8	50,8	49,1	50,4	52,0	47,9	50,9	48,0	50,4	OEG_R:	5,1 mg/L
9		x_5	47,6	49,1	52,1	47,6	49,2	49,7	52,3	51,0	49,7	50,2	48,6	47,8	49,5	47,6	50,0	D_4:	2,114
10		$\tilde{x}$:	49,6	50,0	51,4	47,9	50,0	48,3	49,9	51,6	49,7	50,3	49,4	47,8	50,4	48,7	50,0	$\bar{\tilde{x}}$ =	49,7 mg/L
11		R:	2,7	3,1	2,8	2,4	1,1	1,9	3,9	1,5	1,7	0,7	4,9	2,2	3,3	2,0	2,3	$\bar{R}$ =	±2,4 mg/L

Bild 1: Messdaten und Auswertung einer Chlorid-Ionen-Bestimmung für eine Median-Spannweiten-QRK

In den Zellen S3 und S4 sind die Toleranzgrenzen berechnet: OTG **Zelle S3**: =O3+P3; UTG **Zelle S4**: =O3-P3
Formatierung der Zellen S3 und S4: *Zellen / Format / Zahlen / Benutzerdefiniert* / 0 „mg/L"

In Zeile 10 der Tabelle sind die Medianwerte $\tilde{x}$ der Stichproben ausgewertet, so lautet z. B. für die Probe 1 die Excel-Funktion in **Zelle C10**: =MEDIAN(C5:C9)

a) Der Mittelwert $\bar{\tilde{x}}$ der Einzel-Medianwerte der Proben wird in **Zelle S10** berechnet: =MITTELWERT(C10:Q10)
Zeile 11 der Tabelle zeigt die Spannweiten R in den Stichproben, z. B. **Zelle C11**: =MAX(C5:C9)-MIN(C5:C9)
Der Mittelwert der Einzel-Spannweiten $\bar{R}$ der Proben wird in **Zelle S11** berechnet: =MITTELWERT(C11:Q11)
Die Formatierung der Zelle S11 lautet: *Zellen / Format / Zahlen / Benutzerdefiniert / „±"0,0 „mg/L"*

b) Die Faktoren $\tilde{A}_2$ und D_4 ($n = 5$) für die Berechnung der Eingriffsgrenzen werden aus der Tabelle 1, Seite 104, entnommen und in die Zellen S7 und S9 der Wertetabelle eingetragen.
Die Eingriffsgrenzen der Medianspur und der Spannweitenspur berechnen sich mit folgenden Funktionen:
$OEG_{\tilde{x}}$ **Zelle S5**: =S10+S7*S11
$UEG_{\tilde{x}}$ **Zelle S6**: =S10-S7*S11
OEG_R **Zelle S8**: =S9*S11
Die Mittellinien bilden die Werte der Zellen S10 ($\bar{\tilde{x}}$) und S11 ($\bar{R}$).

c) Das Diagramm der Spur 1: Medianwert wird wie im Beispiel Seite 100 beschrieben angelegt und die Linien der Eingriffsgrenzen werden eingetragen.
Das Diagramm der Spur 2: Spannweite wird analog angelegt. Nach Fertigstellung wird es unter der Spur 1 angeordnet und die Abmessungen werden angeglichen.

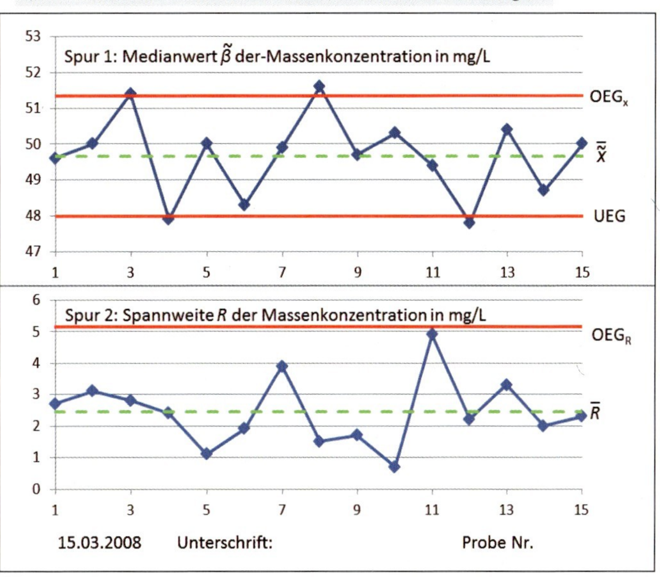

Bild 1: Zweispurige Median-Spannweiten-Qualitätsregelkarte ($\tilde{x}$-*R*-QRK, Beispiel)

d) In der Spur 1 wird von den Stichproben 3 und 4 sowie 8 und 12 die obere bzw. untere Eingriffsgrenze des Medianwertes geringfügig überschritten. Nach Eingriff durch den Bediener wird der Prozess jeweils wieder in die Eingriffsgrenzen zurückgeführt. Da die Median-Werte sich innerhalb der Toleranzgrenzen bewegen und in der Spur 2 die Spannweiten im Kontrollbereich verbleiben, ist der Prozess unter statistischer Kontrolle.

Aufgaben zu 4.3.5 Prozess-QRK mit variablen Regelgrenzen

Hinweis: Berechnen Sie die Eingriffsgrenzen mit den Gleichungen für variable Regelgrenzen.

1. Erstellen Sie für die Messdaten der Aufgabe von Seite 99 (Restfeuchtegehalt in Wirkstoffpulver) eine zweispurige Mittelwert-Standardabweichungs-Qualitätsregelkarte ($\bar{x}$-s-QRK) mit Eingriffsgrenzen.

2. Erstellen Sie für die Messdaten aus der Wertetabelle von Aufgabe 3, Seite 101 (Bindemittel-Abfüllanlage) eine zweispurige Median-Spannweiten-Regelkarte ($\tilde{x}$-*R*-QRK) mit Eingriffsgrenzen.

3. Die nachfolgende Wertetabelle zeigt die Stichproben-Messwerte einer Tablettenpresse. Der Sollwert ist mit 165 mg ±5 % festgelegt. Berechnen Sie die Toleranzgrenzen und die Eingriffsgrenzen für a) eine zweispurige Mittelwert-Spannweitenregelkarte ($\bar{x}$-*R*-QRK) und b) eine zweispurige Median-Spannweiten-Regelkarte ($\tilde{x}$-*R*-QRK). Probebeginn: 17.8.2010; 6:00 h; alle 2 Stunden: 5 Proben.

Zeichnen Sie beide Regelkarten und vergleichen Sie jeweils den Verlauf beider Spuren.

Probe		1	2	3	4	5	6	7	8	9	10	11	12	13	14	15
Messwerte in mg	x_1	167,5	171,9	170,0	167,9	169,5	170,2	166,5	162,1	167,5	167,9	167,7	167,9	158,3	163,9	167,7
	x_2	166,6	165,4	158,2	165,4	168,3	172,4	160,2	161,7	163,7	160,4	172,0	165,4	163,3	158,2	172,0
	x_3	162,2	163,3	162,2	162,8	163,4	167,3	162,2	163,3	167,2	163,3	167,6	168,1	164,9	162,2	167,6
	x_4	163,2	161,9	163,1	169,9	163,5	172,2	163,2	161,0	170,1	164,9	169,2	164,9	158,2	164,9	169,2
	x_5	168,1	166,6	157,1	160,6	168,1	160,6	160,2	158,6	170,1	161,6	167,1	163,6	162,2	163,6	167,1

4.4 Prüfung der Prozessfähigkeit

Soll ein Prozess mit Qualitätsregelkarten überwacht werden, dann muss er neben normal verteilten Messwerten die sogenannte **Prozessfähigkeit** besitzen. Darunter versteht man, dass die Streuung der Messwerte nicht zu breit ist und die Messwerte hinreichend nah um den Sollwert verteilt sind.

Lage und Streuung von Messwerten im Vergleich zum Sollwert und zu den Toleranzgrenzen lassen sich gut mit Verteilungskurven der Messwerte in einer QRK-Spur darstellen (oberer Bildteil von **Bild 1**).

Sie sind auch anschaulich mit der Streuung von Treffern auf einer Schießscheibe darzustellen, wobei die Mitte M den Sollwert und der Außenkreis die Toleranzgrenzen symbolisiert (unterer Bildteil von Bild 1).

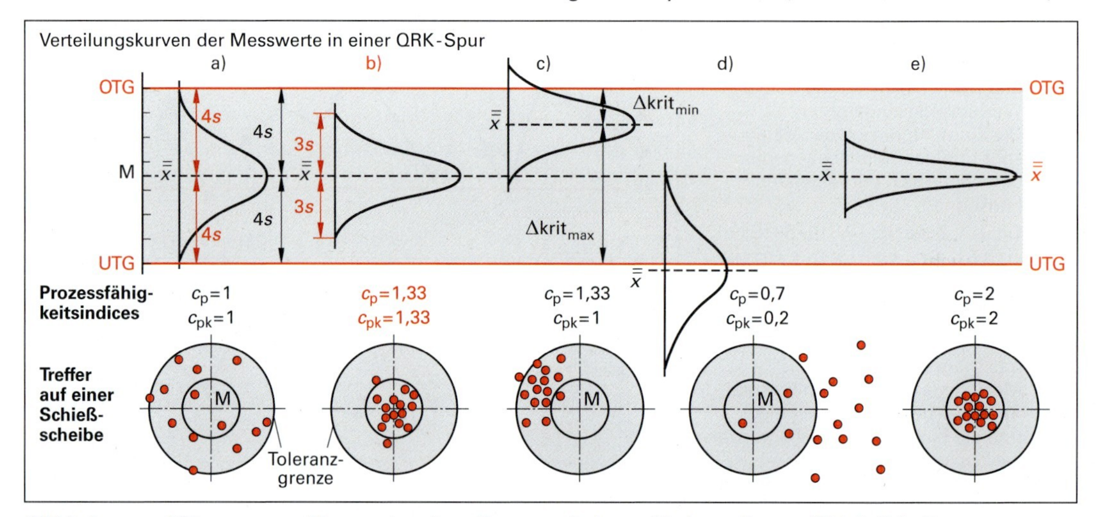

Bild 1: Lage und Streuung von Messwerten eines Prozesses bei verschiedenen Prozessfähigkeitsindizes

Die Prozessfähigkeit wird durch zwei Kennzahlen, die **Prozessfähigkeitsindizes**, beschrieben. Sie müssen berechnet werden. Ihre Berechnungsformeln stehen im rechten Formelkasten.

- Der **Streuungsindex c_p** beschreibt die Streuung der Messwerte in Bezug auf die Toleranzgrenzen; er kennzeichnet die **Präzision** des Prozesses. Beträgt der Index $c_p = 1{,}0$ (das entspricht der Streuung $\pm 4s = 4s$), nutzt der Prozess die volle Toleranzbreite aus **(Bild 1a)**. Jede Verschiebung des Prozesses erzeugt aber Ausschuss. In der Praxis sollte der Prozess nur ca. 75% der Toleranzbreite nutzen **(Bild 1b)**. Das ist erfüllt und der Prozess gilt als **fähig** (= präzise), wenn bei einer Toleranzbreite von $\pm 4s = 8s$ der Wert $c_p \geq 1{,}33$. Das bedeutet: Die Streuung beträgt $\pm 3s$, es liegen 99,997% der Messwerte im Toleranzbereich. Die Fehlerrate ist auf maximal 0,003% oder 30 ppm begrenzt. Das heißt: Pro 1 Million produzierte Einheiten beträgt die Ausschuss-Wahrscheinlichkeit 30 Einheiten.
- Der **Lageindex c_{pk}** gibt wieder, wie gut oder weniger gut der Prozess auf die Mitte des Toleranzbereichs, den Sollwert M, eingestellt ist **(Bild 1c)**. Er kennzeichnet die **Richtigkeit** der Messwerte des Prozesses. Ein Prozess gilt als **beherrscht** (= richtig), wenn $c_{pk} \geq 1{,}33$. Dann liegt der Messwert-Mittelwert $\bar{\bar{x}}$ nahe dem Sollwert M.

Prozessfähigkeitsindizes

Streuungsindex (kennzeichnet Präzision)

$$c_p = \frac{\text{Toleranzbreite}}{\text{Prozessstreuung}} \geq 1{,}33$$

$$c_p = \frac{\text{OTG} - \text{UTG}}{2 \cdot (3s)} \geq 1{,}33$$

Lageindex (kennzeichnet Richtigkeit)

$$c_{pk} = \frac{\text{minimale Prozessgrenznähe}}{\text{halbe Prozessstreuung}} \geq 1{,}33$$

$$c_{pk} = \frac{\Delta krit_{min}}{3 \cdot s} \geq 1{,}33$$

$\Delta krit_{min}$ ist der kleinere der beiden Abstände von $\bar{\bar{x}}$ zu den Toleranzgrenzen (siehe Bild 1c):
$\Delta krit = \text{OTG} - \bar{\bar{x}}$ oder: $\Delta krit = \bar{\bar{x}} - \text{UTG}$

Genauigkeit = Richtigkeit + Präzision

Wenn in einem Prozess der Streuungsindex $c_p \geq 1{,}33$ und der Lageindex $c_{pk} \geq 1{,}33$ (Bild 1 b), dann ist der Prozess **fähig und beherrscht:** Die Streuung bewegt sich innerhalb vorhersehbarer, tolerierbarer Grenzen und die Lage der Messwerte bewegt sich in der Nähe des Sollwerts M ($\bar{\bar{x}}$ ist im Idealfall mit M deckungsgleich). Man bezeichnet diesen Prozess dann auch als „6-Sigma-Prozess“ (Six-Sigma-Prozess).

Bewertung der in Bild 1, Seite 106, beschriebenen Messwertverteilungen:

a) Die Prozess-Streuung nutzt die Toleranzbreite voll aus, die Prozesslage ist zentriert (es wirken nur zufällige Fehler). Schon bei geringer Änderung der Prozesslage (Auftreten systematischer Fehler) überschreitet die Verteilungskurve die Toleranzgrenzen und es wird Ausschuss produziert. Der Prozess ist **bedingt fähig** und **bedingt beherrscht**. Ziel der Prozessführung: Streuung verringern.

b) Die Messwertstreuung ist gering und liegt mit beidseitigem Sicherheitsabstand innerhalb der Toleranzgrenzen, die Prozesslage ist zentriert. Der Prozess ist **fähig** und **beherrscht**.

c) Die Prozess-Streuung ist gering, aber die Prozesslage ist aufgrund systematischer Fehler verschoben. Der Prozess ist **fähig** aber **nicht beherrscht**. Ziel der Prozessführung: Prozesslage zur Mittellage zentrieren.

d) Die Prozess-Streuung ist groß und die Prozesslage ist aufgrund systematischer Fehler stark verschoben. Der Prozess ist **nicht fähig** und **nicht beherrscht**. Der Prozess kann nicht mit Regelkarten überwacht werden. Ziel der Prozessregelung: Streuung verringern, systematische Fehler ermitteln und abstellen.

e) Die Prozess-Streuung ist sehr gering (⇒ hohe Präzision) und die Prozesslage optimal zentriert (⇒ hohe Richtigkeit). Der Prozess arbeitet mit hoher Genauigkeit, d. h., der Prozess ist **fähig** und **beherrscht**.

Zur Berechnung der Prozessfähigkeitsindizes sollten für eine zuverlässige Beurteilung in einem Vorlauf mindestens 125 Messwerte zur Verfügung stehen (z. B. 25 Stichproben zu je 5 Einzelproben).
Liegen systematische Einflüsse auf das Prozessverhalten vor, dann müssen sie in der Prozessvorlaufanalyse untersucht werden, um Anhaltspunkte für die Prozessoptimierung zu finden.

Beispiel 1: Überprüfen Sie die Prozessfähigkeit der Abfüllmaschine Z-73 aus dem Beispiel 2 auf Seite 99. Als Abfüllmenge ist gegeben $m = 267\ \text{g} \pm 5\ \text{g}$. Daraus folgt: **Toleranzgrenzen**: OTG = 272 g, UTG = 262 g.
Berechnet wurden: **Mittelwert** $\bar{\bar{x}} = 267{,}3\ \text{g}$, **Mittelwert** $\bar{s} = \pm 1{,}21\ \text{g}$

Lösung: $c_p = \dfrac{\text{OTG} - \text{UTG}}{6 \cdot s} = \dfrac{272\ \text{g} - 262\ \text{g}}{6 \cdot 1{,}21\ \text{g}} \approx \mathbf{1{,}38;}$

$c_{pk} = \dfrac{\Delta krit_{min}}{3 \cdot s}$; mit $\Delta krit_{min} = \text{OTG} - \bar{\bar{x}} = 272\ \text{g} - 267{,}3\ \text{g} = 4{,}7\ \text{g}$ bzw. $\text{UTG} - \bar{\bar{x}} = 262\ \text{g} - 267{,}3\ \text{g} = 5{,}3\ \text{g}$

$\Rightarrow \Delta krit_{min} = 4{,}7\ \text{g}$ (der kleinere Wert) folgt: $c_{pk} = \dfrac{4{,}7\ \text{g}}{3 \cdot 1{,}21\ \text{g}} \approx \mathbf{1{,}29}$

Da $c_p > 1{,}33$ und c_{pk} mit einem Wert von ≈ 1,29 nur knapp unterhalb des erforderlichen Werts von 1,33 liegt, kann die Prozessfähigkeit der Abfüllmaschine noch als grenzwertig gegeben gelten.

Beispiel 2: Bei der Herstellung einer Fällungslösung wird der Gehalt an Gesamtstickstoff fotometrisch erfasst und mit einer Qualitätsregelkarte überwacht. In einem Vorlauf wird anhand von 10 Stichproben zu je 5 Einzelwerten die Prozessfähigkeit untersucht. Die nachfolgende Excel-Tabelle zeigt die Einzel-Messergebnisse (blau unterlegt). Die Toleranz beträgt ±0,08 mg/L.
Die Prozessfähigkeitsindizes c_p und c_{pk} sollen mit dem TKP Excel berechnet werden und es soll überprüft werden, ob der Prozess mit Qualitätsregelkarte überwacht werden kann.

Lösung: Die Mittelwerte $\bar{x}$, $\bar{\bar{x}}$, die Standardabweichung s und $\bar{s}$, die Toleranzgrenzen OTG, UTG sowie die Prozessfähigkeitsindizes c_p und c_{pk} werden berechnet und in das Arbeitsblatt eingetragen (rote Schrift).

	A	B	C	D	E	F	G	H	I	J	K	L	M	N	O
1	**Merkmal:**				**Gesamtstickstoff in mg/L**				**Stichproben:**	5 Proben alle 60min					
2	Datum:			24.02.2009		Name:							Gerät:		
3	Nr.		1	2	3	4	5	6	7	8	9	10		**Ergebnisse:**	
4	Zeit:		08:30	09:30	10:30	11:30	12:30	13:30	14:30	15:30	16:30	17:30	**Sollwert:**	**58,52 mg/L ±0,08 mg/L**	
5	Messwerte in mg/L	x_1	58,53	58,53	58,53	58,51	58,52	58,47	58,52	58,53	58,54	58,55	OTG =	58,60 mg/L	
6		x_2	58,54	58,57	58,58	58,49	58,52	58,52	58,50	58,52	58,55	58,54	UTG =	58,44 mg/L	
7		x_3	58,49	58,52	58,51	58,50	58,53	58,53	58,52	58,53	58,53	58,53	c_p =	1,413	
8		x_4	58,54	58,53	58,55	58,55	58,53	58,53	58,47	58,49	58,52	58,51	$\Delta krit_{min}$ =	0,0762	
9		x_5	58,52	58,53	58,52	58,52	58,52	58,50	58,52	58,51	58,53	58,55	c_{pk} =	1,346	
10		$\bar{x}$:	58,52	58,54	58,54	58,51	58,52	58,51	58,51	58,52	58,53	58,54	$\bar{\bar{x}}$ =	58,52 mg/L	
11		s:	0,021	0,019	0,028	0,023	0,005	0,025	0,022	0,017	0,011	0,017	$\bar{s}$ =	0,0189 mg/L	

Die Berechnungen werden mit den Formeln der Seiten 96 und 106 durchgeführt. Im Einzelnen:

In den Zellen C10 bis L10 sind die Mittelwerte $\bar{x}$, in Zelle N10 der Gesamt-Mittelwert $\bar{\bar{x}}$ berechnet.

Die Zellen C11 bis L11 enthalten die Standardabweichungen s innerhalb der Stichproben und die Zelle N11 den Mittelwert der Standardabweichungen $\bar{s}$.

Der **Streuungsindex c_p** berechnet sich in **Zelle N7** mit: =(N5-N6)/(6*N11) und ergibt den Wert **c_p = 1,413**
Zur Berechnung des Lageindex c_{pk} ist zunächst die Größe $\Delta krit_{min}$ zu berechnen. Sie ergibt sich in **Zelle N8** aus der WENN-Funktion: =WENN((N5-N10)<(N10-N6);(N5-N10);(N10-N6))
Wenn die Differenz OTG – $\bar{\bar{x}}$ kleiner ist als die Differenz $\bar{\bar{x}}$ – UTG, ist das Ergebnis für $\Delta krit_{min}$ in Zelle N8 die Differenz OTG – $\bar{\bar{x}}$, sonst ist $\Delta krit_{min} = \bar{\bar{x}}$ – UTG. Hier gilt: $\Delta krit_{min}$ = OTG – $\bar{\bar{x}}$ = 0,0762
Der **Lageindex c_{pk}** berechnet sich in **Zelle N9** mit: =N8/(3*N11) und ergibt den Wert **c_{pk} = 1,346**

Bewertung: Da c_p mit 1,413 > 1,33 und c_{pk} mit 1,364 > 1,33, ist der Prozess beherrscht und fähig.
Der Prozess **erfüllt** die Voraussetzungen zur Qualitätsüberwachung mit einer Regelkarte.

Aufgaben zu 4.4 Prüfung der Prozessfähigkeit

1. Die Abbildungen a) bis d) zeigen 4 unterschiedliche Verläufe von Messwerten in Regelkarten. Ordnen Sie die jeweils zutreffenden Kriterien den Regelkarten a) bis d) zu:
   - gute/schlechte Präzision, • geringe/hohe Richtigkeit, • Prozess fähig/nicht fähig,
   - Prozess beherrscht/nicht beherrscht, • c_p <1 oder >1, c_{pk} <1 oder >1.

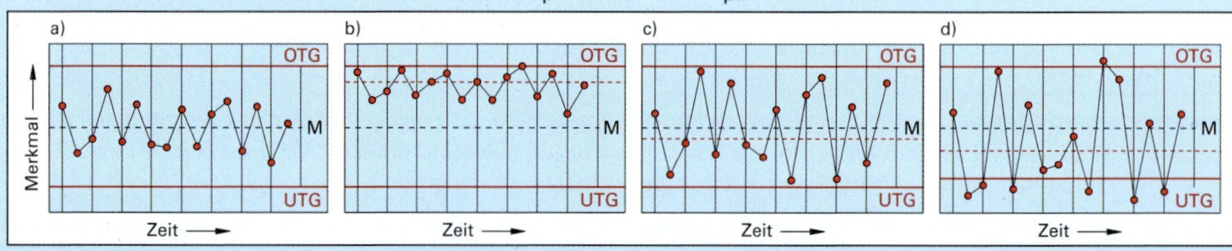

2. Überprüfen Sie mithilfe der Prozessfähigkeitsindizes c_p und c_{pk}, ob der Prozess der Abfüllmaschine M32A für Bindemittel in Aufgabe 3, Seite 101, fähig und beherrscht ist.

3. Eine Tablettenpresse soll mit einer Regelkarte überwacht werden. In einem Vorlauf werden alle 2 Stunden 14 Proben zu je 5 Tabletten entnommen und einzeln ausgewogen. Die nachfolgende Tabelle zeigt die Wägewerte. Der Sollwert beträgt 165 mg ± 12,5 mg. Überprüfen Sie mithilfe der Prozessfähigkeitsindizes c_p und c_{pk}, ob der Prozess fähig und beherrscht ist.

Maschine: MA42			Sollwert: 165 mg ±12,5 mg					Tablettenmasse in Milligramm						
Nr.	1	2	3	4	5	6	7	8	9	10	11	12	13	14
x_1	167,5	171,9	170,0	167,9	169,5	170,2	155,5	162,1	167,5	167,9	167,7	161,2	156,9	163,9
x_2	166,6	169,5	157,1	165,4	168,3	172,4	160,2	161,7	172,2	160,4	172,0	165,4	161,2	158,2
x_3	157,9	163,3	162,2	162,8	169,2	167,3	162,2	163,3	167,2	163,3	167,6	168,1	164,9	162,2
x_4	163,2	172,1	163,1	158,9	170,2	172,2	156,1	161,0	172,8	164,9	169,2	164,9	158,2	164,9
x_5	168,1	169,2	157,1	160,6	168,1	160,6	160,2	158,6	170,1	161,6	169,6	163,6	157,4	163,6

4. Beim Herstellungsprozess eines Hydrauliköls der Sollwert-Viskositätsklasse ISO VG46 (dynamische Viskosität ν = 46 mm²/s bei 40 °C, zulässige Toleranz der Viskosität ±5 %) erhält man alle 45 Minuten Hydrauliköl-Chargen mit den in der Tabelle notierten Viskositätsmittelwerten (in mm²/s).

46,2	46,3	46,0	45,1	47,1	45,7	44,9	46,7	46,2	46,3	45,9	46,1	47,0
46,0	46,4	45,1	46,9	46,0	45,3	46,6	45,9	46,1	45,5	46,7	45,6	47,1

Überprüfen Sie mit c_p und c_{pk}, ob der Prozess der Anlage fähig und beherrscht ist.

5. Der Amingehalt der 100-mL-Portionen der pharmazeutischen Lösung von Aufgabe 1, Seite 101, soll eine Massenkonzentration von 6,000 mg/L ± 7 % besitzen. Die Gehaltsmessung der ersten 20 Stichproben ergab die in der Tabelle aufgetragenen Mittelwerte in mg/L.

6,028	5,972	6,165	5,981	6,168	5,927	6,025	5,833	6,124	5,823	5,991	6,049	6,153	6,072	5,982	6,043	5,874	5,960	6,034	5,997

Überprüfen Sie, ob der Herstellungsprozess der Pharma-Lösung fähig und beherrscht verläuft.

6. Lösen Sie die Aufgaben 2 bis 5 mit dem Tabellenkalkulationsprogramm Excel.

4.5 Typische Verläufe in Qualitätsregelkarten

Mit der Prozessführung mithilfe von Qualitätsregelkarten (QRK) besitzt man ein Überwachungs- und Frühwarnsystem für einen Prozess. Das Überschreiten von Warn- und Eingriffsgrenzen weist auf Unregelmäßigkeiten bzw. Fehler hin. Das bedeutet, dass der Prozess zwar noch innerhalb seiner Toleranzen liegt, aber ein Nachregeln bzw. Eingreifen erforderlich wird.

Dadurch wird erreicht, dass keine Produkte mit Eigenschaften außerhalb der Toleranzgrenzen, also **kein Ausschuss**, produziert wird.

Der Anlagenbediener und Prozessführer nimmt die Prozessüberwachung und Prozessregelung selbst vor, so dass kein zusätzlicher spezieller Qualitätskontrolleur erforderlich ist.

Das setzt jedoch Anlagenbediener voraus, die einen Prozess mit Qualitätsregelkarten führen können und in der Interpretation von Qualitätsregelkarten geschult sind.

Im Folgenden werden typische QRK-Verläufe dargestellt, die möglichen Fehlerursachen benannt und die erforderlichen Maßnahmen zur Einhaltung eines kontrollierten Prozessverlaufs aufgezeigt.

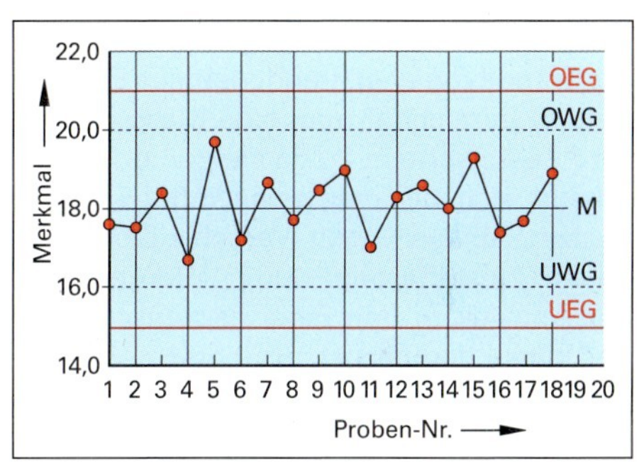

Bild 1: Unauffälliger Prozessverlauf (fähig und beherrscht)

Unauffälliger Verlauf der Messwerte

In der QRK von **Bild 1** liegen die eingetragenen Mittelwerte zufällig verteilt oberhalb und unterhalb des Sollwertes M und aufgrund der geringen Streuung innerhalb der oberen und unteren Warngrenzen OWG und UWG.

Das bedeutet: Der Prozess ist **fähig** und **beherrscht**. Er kann unter statistisch kontrollierten Bedingungen ohne Eingriff weiterlaufen.

Auffällige Messwerte

Die nachfolgenden Beispiele von Qualitätsregelkarten können ein Anzeichen dafür sein, dass der überwachte Prozess außer Kontrolle geraten ist, was ein sofortiges Eingreifen erfordert.

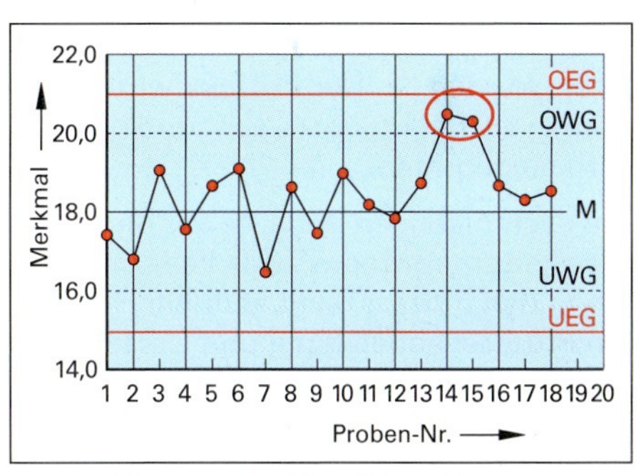

Bild 2: Messwerte außerhalb der Warngrenzen

Messwerte außerhalb der Warngrenzen (Bild 2): Liegen zwei von drei Messwerten oberhalb oder unterhalb der Warngrenzen, so nähern sich die Werte den Eingriffsgrenzen und der Prozess droht außer Kontrolle zu geraten. Durch zusätzliche Stichproben ist eine verschärfte Überwachung des Prozesses einzuleiten, die Ursachen sind zu analysieren und abzustellen. Liegen weitere Messwerte außerhalb der Warngrenzen, ist der Prozess zu korrigieren.

Überschreiten der Eingriffsgrenzen (Bild 3): Liegt ein Messwert in der QRK oberhalb oder unterhalb einer Eingriffsgrenze (OEG bzw. UEG), besteht der erste Schritt zur Prozessverbesserung darin, durch zusätzliche Stichproben festzustellen, ob der Prozess systematisch oder zufallsbedingt streut. Befinden sich weitere aufeinander folgende Werte ausschließlich z.B. oberhalb der Eingriffsgrenze, so liegt eine systematische Streuung vor. Der Prozess ist dann außer Kontrolle und es sind Prozessveränderungen zwingend erforderlich, die ihn in den Mittellinienbereich zurückführen.

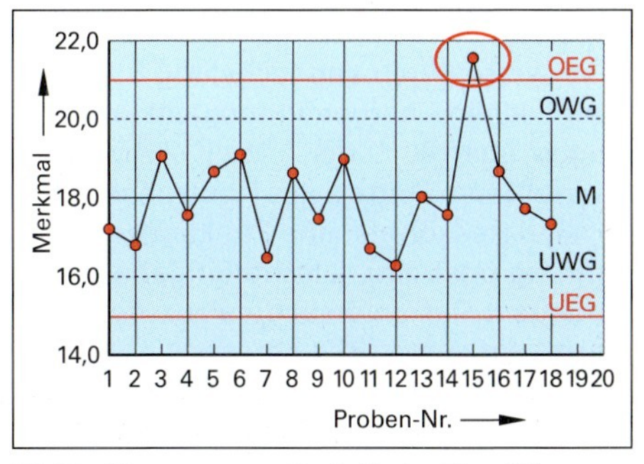

Bild 3: Messwerte außerhalb der Eingriffsgrenzen

Solange die Messwerte innerhalb der Toleranzgrenzen liegen, ist die geforderte Qualität der Produkte noch gewährleistet.

Liegen die Abweichungen mal oberhalb, mal unterhalb der Eingriffsgrenzen, ist die Streuung zufallsbedingt. Der Prozess wird noch als stabil bezeichnet, weil er unter gleichmäßiger Qualität, Produktivität und Kosten vorhersagbar bleibt. Die Messwerte müssen jedoch innerhalb der Toleranzgrenzen liegen.

Nicht alle Unregelmäßigkeiten eines Prozesses führen sofort zu einem Überschreiten der Eingriffsgrenzen. Es gibt jedoch typische und auffällige Messwertreihen in der QRK, die frühzeitig auf ein Ausbrechen aus den Eingriffsgrenzen hinweisen.

Auffällige Messwertreihen

Als **Trend** (von engl. trend, deutsch Entwicklungsrichtung) **(Bild 1)** bezeichnet man eine Messwertreihe, wenn mehr als 7 Messwerte in Folge steigen oder fallen. Der Prozess scheint sich beispielsweise infolge von Temperatureinflüssen, Ablagerungen, Verschleißerscheinungen, Einsatz neuer Rohstoffe oder durch Alterung von Reagenzien in der Analytik zu den Eingriffsgrenzen hin zu verschieben und diese demnächst zu überschreiten. ⇒ Es ist die Ursache der Veränderung zu untersuchen und abzustellen.

Run (von engl. run, deutsch Lauf) **(Bild 2)**: Man spricht von einem Run, wenn mindestens 7 Messwerte in Folge oberhalb oder unterhalb der Mittellinie M liegen. Ursache ist ein systematischer Einfluss. Er kann durch den Einsatz anderer Rohstoffe, den Wechsel einer Messelektrode, die Neukalibrierung eines Messgeräts oder auch durch den Wechsel des Bedienungspersonals hervorgerufen werden. ⇒ Der Prozess wird mit weiteren Stichproben verschärft überwacht und bei erkannter Ursache wird eingegriffen.

Die nachfolgenden Verläufe der Messwerte in Qualitätsregelkarten erfordern zwar kein unmittelbares Eingreifen in den Prozess, sind aber ein Hinweis zur verschärften Prozessbeobachtung und Ursachenforschung.

Middle Third (von engl. middle third, deutsch mittleres Drittel): Wenn weniger als 40 % oder mehr als 90 % der letzten 25 Mittelwerte im mittleren Drittel des Kontrollbereichs liegen, bezeichnet man diesen Verlauf als Middle Third.

Eine Unterschreitung von 40 % der letzten 25 Mittelwerte (**Middle Third 40 %**) spiegelt eine auffällig große Streuung wider **(Bild 3)**. ⇒ Es ist zu prüfen, ob möglicherweise durch Verwechslung Stichproben aus unterschiedlichen Chargen untersucht wurden.

Liegen über 90 % der letzten 25 Mittelwerte innerhalb des mittleren Drittels des Kontrollbereichs (**Middle Third 90 %**), dann könnte eine Funktionsstörung der Messeinrichtung oder eine falsche Eingabe der Kontrollgrenzen vorliegen. Der untersuchte Prozess scheint auffällig genau zu verlaufen **(Bild 4)**.

⇒ Die Messwerte sind darauf zu prüfen, ob sie „geschönt" wurden oder ob Berechnungsfehler vorliegen. Weitere Ursachen könnten auch eine größere Sorgfalt oder bessere Fertigkeiten des Bedienpersonals sein.

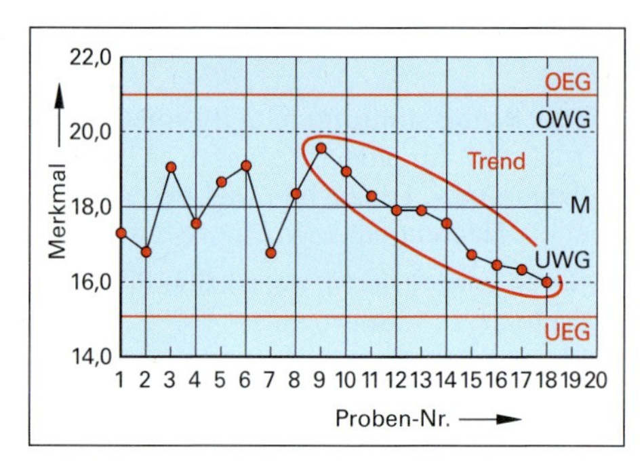

Bild 1: **Messwertreihe mit Trend**

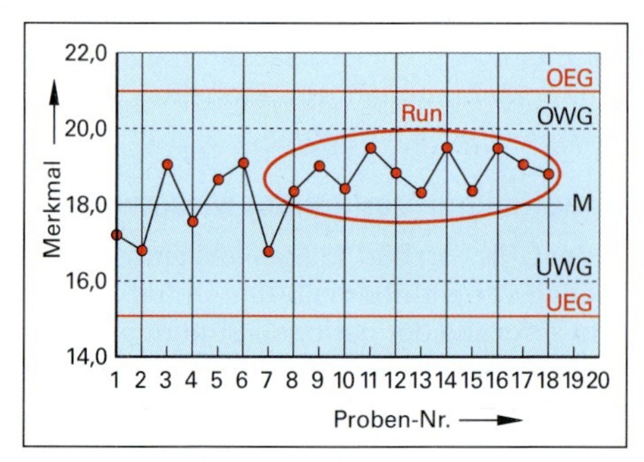

Bild 2: **Messwertreihe mit Run**

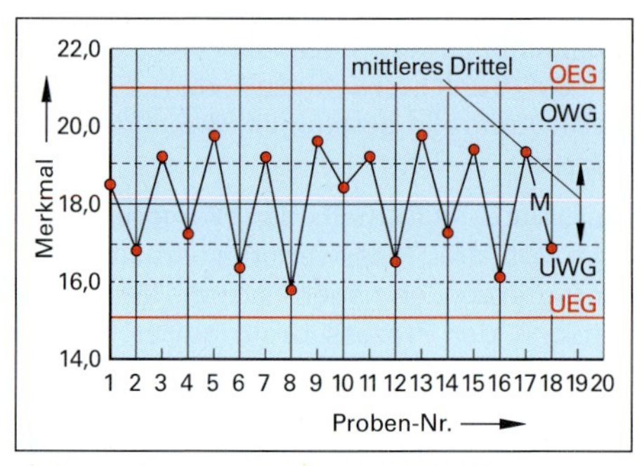

Bild 3: **Messwertreihe mit Middle Third**

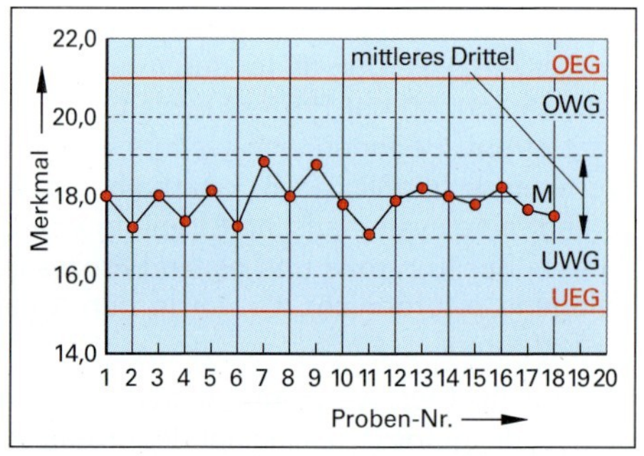

Bild 4: **Messwertreihe mit Middle Third 90 %**

Es ist festzustellen, wodurch die auffällige Prozessgenauigkeit zustande gekommen ist, um sie gegebenenfalls in den weiteren Fertigungsablauf einzubinden. Möglicherweise können die Eingriffsgrenzen neu berechnet und enger gelegt werden.

Zyklischer Verlauf: Die Ursache für einen periodischen bzw. zyklischen Verlauf der Messwerte kann in Schwingungen des Prozesses oder in falsch eingestellten Regelkreisen begründet sein **(Bild 1)**. Es kann aber auch ein Wechsel des Bedienpersonals (z. B. Schichtwechsel) oder ein „Montagseffekt" zugrunde liegen. ⇒ Die Ursachen der Periodizität sind zu ergründen und abzustellen.

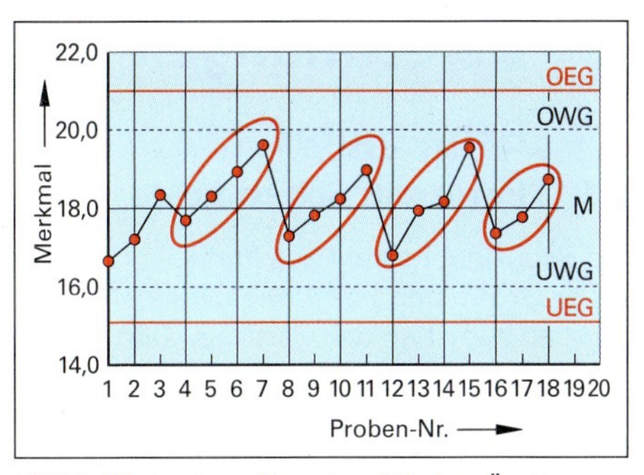

Bild 1: Messwertreihe mit zyklischer Änderung

Sprung: Hierunter versteht man eine sprunghafte Lageverschiebung der Messwertreihe **(Bild 2)**. Man erkennt den Sprung an einer eindeutigen Verlagerung auf ein anderes Niveau. Ein Sprung lässt darauf schließen, dass ein neuer, bislang nicht vorhandener Einfluss auf den Prozess einwirkt.

Gründe für einen Spung können die Umstellung auf ein neues Material, ein Chargenwechsel oder ein neues Bauteil an einer Maschine sein.

⇒ Die Ursachen des Sprungs sind zu klären und der Prozess ist durch Verstellen der Parameter wieder an die Mittellinie zu führen.

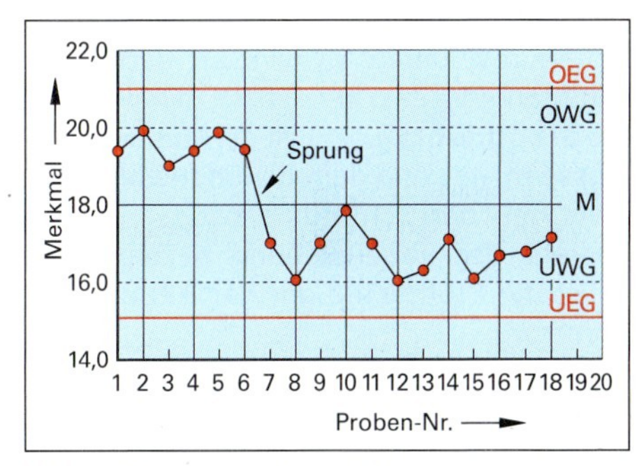

Bild 2: Messwertreihe mit Sprung

Aufgaben zu 4.5 Typische Verläufe in Qualitätsregelkarten

1. Der pH-Wert einer abgefüllten Waschlotion in 250-mL-Flaschen wird im 5-Minuten-Takt gemessen und die Messwerte werden in einer QRK aufgezeichnet **(Bild rechts)**. Analysieren Sie den pH-Wert-Verlauf. Beschreiben Sie Auffälligkeiten und geben Sie Maßnahmen zur Beseitigung an.

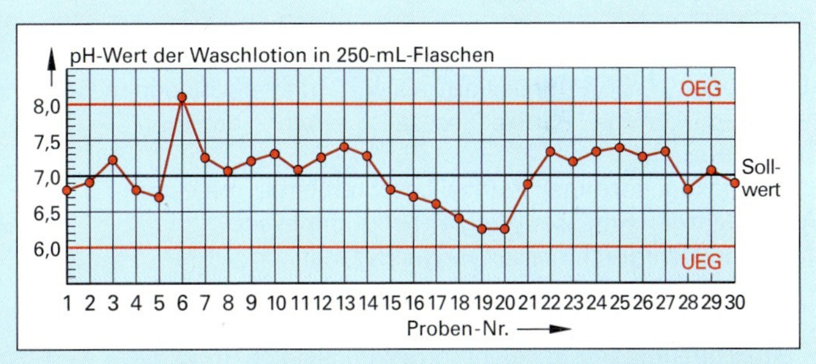

2. Die Bauxit-Aufschlusslauge-Suspension einer Anlage zur Herstellung von Aluminiumhydroxid nach dem Bayer-Verfahren wird an zwei aufeinanderfolgenden Tagen A und B auf den Gehalt an freier Natronlauge untersucht. Die Stichprobenmittelwerte $\bar{x}$ sind in nachfolgender Tabelle in g/L aufgetragen. Die Eingriffsgrenzen werden mit $\bar{\bar{x}} \pm 3\bar{s}$ bestimmt.

Messreihe an Tag A															
Stichprobe A 1–15	156,4	154,5	155,3	153,4	154,7	154,9	155,3	154,3	154,9	155,3	154,3	154,0	155,3	154,9	154,3
Stichprobe A 16–30	155,7	156,8	155,3	154,8	155,3	154,8	155,5	155,3	154,0	155,3	154,9	154,5	154,6	155,1	155,8
Messreihe an Tag B															
Stichprobe B 1–15	153,5	153,9	154,1	154,1	154,2	154,3	154,3	154,5	154,5	154,6	154,7	154,8	154,9	154,9	155,0
Stichprobe B 16–30	155,1	155,2	155,3	155,3	155,4	155,4	155,5	155,5	155,6	155,6	155,7	155,8	155,9	156,0	156,4

a) Berechnen Sie den Mittelwert und die Standardabweichung beider Messreihen.
b) Berechnen Sie die Eingriffsgrenzen beider Messreihen auf der Basis $\pm 3\bar{s}$.
c) Zeichnen Sie jeweils eine Mittelwert-Regelkarte mit den Eingriffsgrenzen OEG und UEG.
d) Untersuchen Sie die Messwertreihen auf notwendige Eingriffe durch den Bediener.

3. Bearbeiten Sie Aufgabe 2 mit einem Tabellenkalkulationsprogramm.

4. Prüfen Sie die ermittelten Qualitätsregelkarten in den Aufgaben 1 bis 3 von Seite 105 auf auffällige Messwertreihen und einen erforderlichen Bedieneingriff.

5 Berechnungen zur Aufbereitungstechnik

5.1 Schüttgüter

5.1.1 Porosität, Schüttdichte, Partikelgröße

Ein Schüttgut besteht aus Partikeln (Teilchen) unterschiedlicher Größe und Form. Sie bilden ein Haufwerk mit Hohlräumen zwischen den Partikeln **(Bild 1)**.

Zur Beschreibung eines Schüttguts dienen verschiedene Größen und Kennwerte (siehe rechts).

Den **Feststoffanteil φ** berechnet man aus dem Feststoffvolumen V_F bezogen auf das Gesamtvolumen $V_{Schütt}$.

Der Hohlraumanteil, meist **Porosität ε** genannt, ist das Hohlraumvolumen V_H dividiert durch das Volumen des Schüttguts $V_{Schütt}$.

Die **Schüttdichte $\varrho_{Schütt}$** ist der Quotient aus der Schüttgutmasse $m_{Schütt}$ und dem Schüttgutvolumen $V_{Schütt}$.

Zwischen der Schüttdichte $\varrho_{Schütt}$ und der Porosität ε besteht der nebenstehend gezeigte Zusammenhang. ϱ_P ist die Stoffdichte der Partikel ohne Hohlräume und Poren.

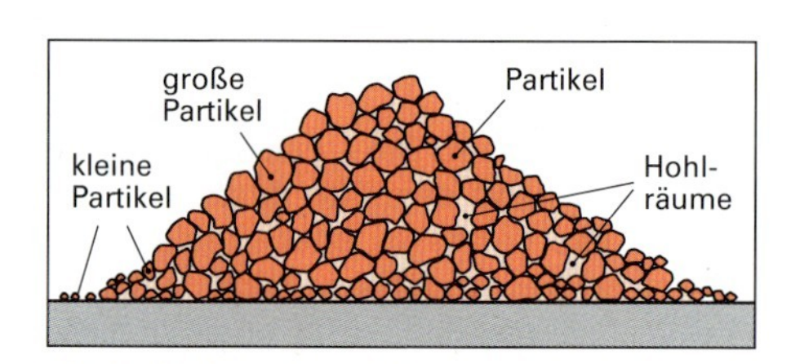

Bild 1: Aufbau eines Schüttguts

Feststoffanteil	Schüttdichte
$\varphi = \frac{V_F}{V_{Schütt}}$	$\varrho_{Schütt} = \frac{m_{Schütt}}{V_{Schütt}}$
Porosität	**Zusammenhang**
$\varepsilon = \frac{V_H}{V_{Schütt}}$	$\varrho_{Schütt} = \varrho_P\,(1 - \varepsilon)$

Beispiel: Ein Schüttgut hat eine Schüttdichte von 1,58 g/cm³; die Stoffdichte der Feststoffpartikel beträgt 2,32 g/cm³. Wie groß ist die Porosität des Schüttguts?

Lösung: $\varrho_{Schütt} = \varrho_P\,(1 - \varepsilon) = \varrho_P - \varrho_P \cdot \varepsilon \;\Rightarrow\; \varrho_P \cdot \varepsilon = \varrho_P - \varrho_{Schütt} \;\Rightarrow\; \varepsilon = \frac{\varrho_P - \varrho_{Schütt}}{\varrho_P}$

$$\boldsymbol{\varepsilon} = \frac{2{,}32\ \text{g/cm}^3 - 1{,}58\ \text{g/cm}^3}{2{,}32\ \text{g/cm}^3} = 0{,}319 \approx \mathbf{31{,}9\ \%}$$

Die einzelnen Partikel des Schüttguts haben meist unterschiedliche Abmessungen (Größen) und Formen **(Bild 2)**. Die „Größe“ eines Partikels wird mit verschiedenen Größenmerkmalen beschrieben.

Nur kugelförmige Partikel besitzen einen „richtigen“ Durchmesser d_K.

Die nicht kugelförmigen Partikel beschreibt man mit einem **Äquivalentdurchmesser** (Vergleichsdurchmesser).

Als Äquivalentdurchmesser verwendet man
- bevorzugt den Durchmesser d_v eines volumengleichen, kugelförmigen Teilchens oder
- den Durchmesser d_p eines projektionsgleichen, kugelförmigen Teilchens.

Bei nicht kugelförmigen Partikeln wird die nicht kugelförmige Gestalt der Partikel in den Berechnungsgleichungen mit einem **Formfaktor *f*** berücksichtigt.

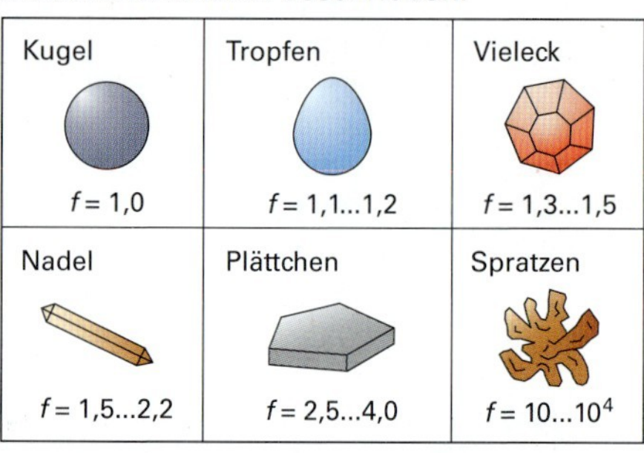

Bild 2: Partikelformen und Formfaktoren

Er ist definiert als der Quotient aus der Oberfläche des unregelmäßig geformten Partikels O_s (z. B. ein berechneter O_s-Wert) und der Oberfläche einer volumengleichen Kugel $O_v = \pi \cdot d_v^2$. Formel siehe rechts.

Je nach Partikelform kann der Formfaktor sehr unterschiedliche Werte haben (Bild 2).

Formfaktor
$f = \frac{O_s}{O_v} = \frac{O_s}{\pi \cdot d_v^2}$

Beispiel: Ein Kunststoffgranulat besteht aus zylinderförmigen Abschnitten von 2,0 mm Durchmesser und 10 mm Länge. Die volumengleiche Kugel hat einen Durchmesser von 3,9 mm.
Welchen Formfaktor haben die Kunststoffpartikel?

Lösung: $O_s\,(\text{Zylinder}) = \pi \cdot d_z \cdot l + \frac{2 \cdot \pi \cdot d_z^2}{4} = \pi \cdot 2{,}0\ \text{mm} \cdot 10{,}0\ \text{mm} + \frac{2 \cdot \pi \cdot 2{,}0^2\ \text{mm}^2}{4} = 22{,}0 \cdot \pi\,\text{mm}^2$

$$\boldsymbol{f} = \frac{O_s}{\pi \cdot d_v^2} = \frac{\pi \cdot 22{,}0\ \text{mm}^2}{\pi \cdot 3{,}9^2\ \text{mm}^2} \approx \mathbf{1{,}5}$$

5.1.2 Oberflächen von Schüttgütern

Eine weitere wichtige Kenngröße eines Schüttguts ist die Größe seiner Oberfläche. Von ihr ist z. B. die Reaktionsfähigkeit oder die Aufnahmefähigkeit eines Stoffs abhängig.
Unter der Oberfläche eines Schüttguts versteht man die Summe der Oberflächen der einzelnen Partikel des Schüttguts.
Bei spezifischen Oberflächen ist die Oberfläche auf die Volumeneinheit oder die Masseneinheit bezogen.

Die **volumenspezifische Oberfläche S_v** ist die Oberfläche pro Volumen. Bei einem Schüttgut aus kugelförmigen Teilchen mit dem Durchmesser d_K kann sie mit nebenstehender Gleichung berechnet werden. Die Einheit der volumenspezifischen Oberfläche S_v ist cm^2/cm^3 oder m^2/m^3.

Beispiel: Eine Ionenaustauscher-Schüttung besteht aus kugelförmigen Teilchen mit einem mittleren Durchmesser von 3,2 mm. Welche volumenspezifische Oberfläche hat der Ionenaustauscher?

Lösung: $S_v = \frac{6}{d_K}$

$$S_v = \frac{6}{3{,}2\,\text{mm}} = 1{,}875\,\frac{1}{0{,}1\,\text{cm}} \cdot \frac{\text{cm}^2}{\text{cm}^2} = \mathbf{18{,}75\,\frac{cm^2}{cm^3}}$$

Aus der volumenspezifischen Oberfläche S_v kann mit dem Schüttgutvolumen V_{Sch} die Gesamtoberfläche des Schüttguts O_{Sch} berechnet werden.

Die **massenspezifische Oberfläche S_m** eines Schüttguts ist über die Partikeldichte ϱ_P aus der volumenspezifischen Oberfläche S_v zu berechnen (siehe rechts). Sie wird z. B. in cm^2/kg oder m^2/kg angegeben.

Volumenspezifische Oberfläche eines Schüttguts aus kugelförmigen Partikeln

$$S_v = \frac{\text{Kugeloberfläche}}{\text{Kugelvolumen}} = \frac{\pi \cdot d_K^2}{\frac{\pi}{6} \cdot d_K^3} = \frac{6}{d_K}$$

Gesamtoberfläche eines Schüttguts aus kugelförmigen Partikeln

$$O_{Sch} = S_v \cdot V_{Sch}\,; \qquad O_{Sch} = S_m \cdot m_{Sch}$$

Massenspezifische Oberfläche eines Schüttguts aus kugelförmigen Partikeln

$$S_m = \frac{S_v}{\varrho_P} = \frac{6}{d_K \cdot \varrho_P}$$

Volumen- bzw. massenspezifische Oberfläche von Schüttgut aus unregelmäßigen Partikeln

$$S_v = \frac{6}{d_{vK}} \cdot f\,; \qquad S_m = \frac{6}{d_{vK} \cdot \varrho_P} \cdot f$$

Gesamtoberfläche eines Schüttguts aus unregelmäßig geformten Partikeln

$$O_{Sch} = S_v \cdot V_{Sch}\,; \qquad O_{Sch} = S_m \cdot m_{Sch}$$

Die Oberflächen von Schüttgütern aus unregelmäßig geformten Partikeln (nicht kugelförmig) berechnet man mit analogen Gleichungen (siehe rechts).
Die nicht kugelförmige Gestalt der Partikel wird mit einem **Formfaktor *f*** berücksichtigt.

Aufgaben zu 5.1 Schüttgüter

1. Ein Big-Bag mit einem Fassungsvermögen von 3,500 m^3 enthält ein Ammonsalpeter-Schüttgut. Eine Wägung ergibt eine Masse von 4382 kg; der Hersteller gibt die Stoffdichte des Ammonsulfats mit 1,725 kg/dm^3 an.
   a) Welche Schüttdichte hat das Schüttgut?
   b) Wie groß ist die Porosität der Schüttung im Big-Bag?
2. Auf einer Walzenpresse werden aus einer Formmasse Erzpellets mit der Form eines kleinen Quaders hergestellt. Die Kantenlängen der Kleinquader betragen $l = 12{,}0$ mm, $b = 16{,}0$ mm, $h = 20{,}0$ mm.
   a) Welchen Äquivalentdurchmesser hat ein volumengleiches, kugelförmiges Teilchen?
   b) Welchen Formfaktor haben die quaderförmigen Erzpellets?
3. Im Prüflabor eines Speisesalzherstellers werden die Speisesalzkristalle vermessen und ihre Oberflächen-Kennwerte ermittelt: Die Probe einer Speisesalzcharge besteht aus vieleckigen Kristallen mit einem durchschnittlichen Äquivalent-Korngrößendurchmesser von 0,323 mm. Der Formfaktor der Vieleck-Kristalle beträgt 1,38. Die Stoffdichte von Speisesalz ist 2,165 kg/dm^3.
   a) Wie groß ist die volumenspezifische Oberfläche bzw. die massenspezifische Oberfläche der Speisesalzprobe?
   b) Welche Oberfläche hat 1 Kubikmeter bzw. 1 Tonne des Speisesalzes?

5.2 Bestimmung der Partikelgrößenverteilung von Schüttgütern

Die Bestimmung der Partikelgrößenverteilung wird durchgeführt, um die Partikelgrößen (Korngröße) und ihre Mengenanteile in einem Schüttgut zu ermitteln. Hierzu gibt es eine Reihe von Verfahren, wie z. B. die Sedimentationsanalyse, optische Zähl-Analysenverfahren oder die Siebanalyse.

Die Siebanalyse ist apparativ einfach und deshalb ein gebräuchliches Analyseverfahren. Es ist für feinkörniges bis grobes Schüttgut geeignet.

5.2.1 Durchführung einer Siebanalyse

Die nach DIN 66165-2 genormte Siebanalyse wird auf einer Prüfsiebmaschine durchgeführt **(Bild 1)**. Sie besteht aus einer Rütteleinheit und einem Prüfsiebsatz.

Der Prüfsiebsatz ist so zusammengestellt, dass er Siebe mit Maschenweiten enthält, die die Partikelgrößen des Schüttguts überdecken. Es sind die nach DIN ISO 3310 genormten Prüfsieb-Maschenweiten zu verwenden **(Tabelle)**.

Zur Siebanalyse wird eine repräsentative Probe des zu analysierenden Schüttguts oben auf den Prüfsiebsatz gegeben und die Siebmaschine rüttelt eine vorgewählte Zeit.

Von oben beginnend, findet auf jedem Sieb eine Trennung des Schüttguts statt. Die Teilchen des Schüttguts, die größer als die Maschenweite des jeweiligen Siebs sind, bleiben als Rückstand *R* auf dem Sieb liegen.

Sie bilden eine Kornklasse Δd mit Korngrößen zwischen der Maschenweite des oberen Siebs und der Maschenweite des Siebs, auf dem sie liegen. Die Partikel, die durch das Sieb auf das nächsttiefere fallen, werden als Durchgang *D* bezeichnet.

Für die Auswertung der Siebanalyse müssen die Gesamtmasse der Schüttgutprobe R_{ges}, und die Massen der einzelnen Rückstände (R_0, R_1, R_2, R_3, ...) auf den Sieben gewogen werden.

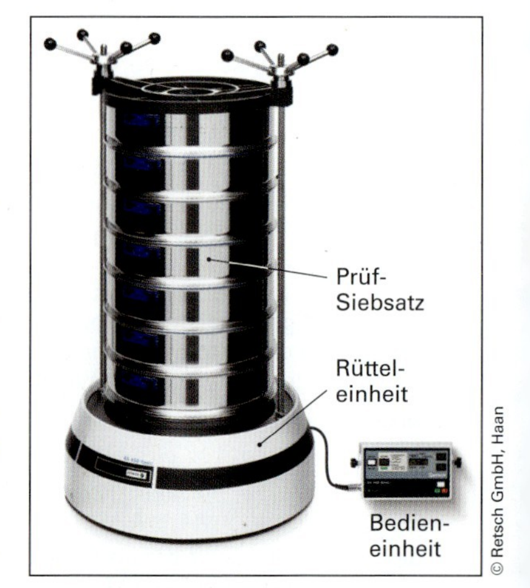

Bild 1: Prüfsiebmaschine

Tabelle: Prüfsieb-Maschenweiten in mm nach DIN ISO 3310 (Nennmachenweiten)

0,045	0,250	1,40	8,00	45,00
0,063	0,355	2,00	11,20	63,00
0,090	0,500	2,80	16,00	90,00
0,125	0,710	4,00	22,40	125,00
0,180	1,00	5,60	31,50	250,00

5.2.2 Auswertung einer Siebanalyse

Die Auswertung der Siebanalyse ist nach DIN ISO 9276-1 genormt. Sie wird an einem Beispiel erläutert.

Dazu verwendet man einen Vordruck (Bild 1, Seite 115).

Er besitzt einen Kopf, in den Angaben zum Probenmaterial und zur Durchführung eingetragen werden.

Der Auswerteteil des Vordrucks besteht aus Spalten, in die Messergebnisse und Berechnungswerte eingetragen werden. (Zur besseren Anschauung ist in den Vordruck auf Seite 115 ein Prüfsiebsatz mit Schüttgut eingezeichnet.)

In Spalte 1 werden die Maschenweiten des ausgewählten Prüfsiebsatzes eingetragen. Spalte 2 gibt die Kornklassen des Prüfsiebsatzes an.

Die Nummer der Rückstände wird beginnend vom 1. Sieb nach oben durchgezählt (Spalte 3).

Die durch Wiegen bestimmten Massen der einzelnen Rückstände werden in Spalte 4 notiert. Daraus werden die Massenanteile w_R der einzelnen Rückstände nach nebenstehender Gleichung berechnet und in Spalte 5 eingetragen.

Massenanteil der Rückstände

$$w_R = \frac{R}{R_{ges}} \cdot 100\,\%$$

Beispiel: $w_{R7} = \frac{R_7}{R_{ges}} \cdot 100\,\% = \frac{22{,}2\,g}{236{,}2\,g} \cdot 100\,\% \approx \mathbf{9{,}4\,\%}$

Die Massenanteile der Rückstände werden vom gröbsten Sieb (R_8) ausgehend fortlaufend aufaddiert und in Spalte 6 als Rückstandssumme R_S eingetragen.

Die Rückstandssumme R_S und die Durchgangssumme D_S (jeweils in %) auf einem Sieb ergeben zusammen jeweils 100 % (siehe rechts).

Summe auf einem Sieb

$$R_S + D_S = 100\,\%$$

Die Durchgangssumme D_S wird für das jeweilige Sieb über die Beziehung $D_S = 100\,\% - R_S$ errechnet und in Spalte 7 eingetragen.

Beispiel: $D_{S7} = 100\,\% - R_{S7} \approx 100\,\% - 34{,}9\,\% \approx \mathbf{65{,}1\,\%}$

Analysenproben Nr.: 123 Material: XYZ Probenmasse: 236,2 g Datum:

Maschinelle Siebung mit Metalldrahtsieben gemäß DIN ISO 3310 Siebdauer: 15 min Bearbeiter:

	1	2	3	4	5	6	7
Prüfsiebsatz gemäß ISO 3310 (dargestellt mit dem Haufwerk nach der Siebung)	Maschenweite in µm	Kornklassenbreite Δd in µm	Rückstand Nr.	Masse Rückstand R in g	Massenanteil Rückstand w_R in %	Rückstandssumme R_S in %	Durchgangssumme D_S in %
				0	0	0	100
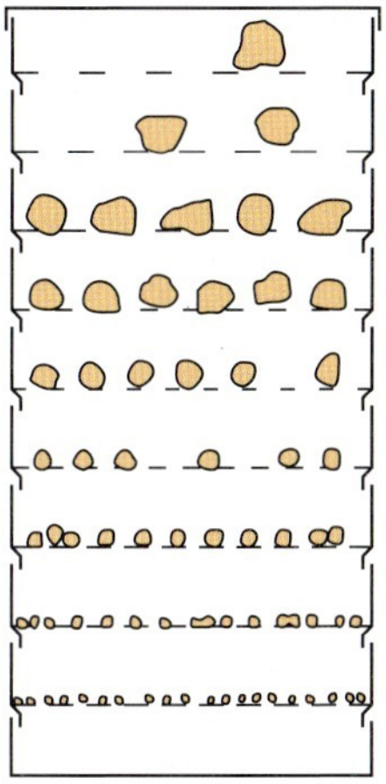	1000	>1000	R_9	11,1	4,7	4,7	95,3
	710	710…1000	R_8	32,1	13,6	18,3	81,7
	500	500…710	R_7	39,2	16,6	34,9	65,1
	355	355…500	R_6	66,4	28,1	63,0	37,0
	250	250…355	R_5	32,4	13,7	76,7	23,3
	180	180…250	R_4	19,1	8,1	84,8	15,2
	125	125…180	R_3	16,5	7,0	91,8	8,2
	90	90…125	R_2	7,6	3,2	95,0	5,0
	63	63…90	R_1	11,8	5,0	100	0
	0	0…63	R_0	0	0		0

R_{ges}: 236,2 g

Bild 1: Beispiel der Auswertung einer Siebanalyse mithilfe eines Vordrucks (in Blau die eingetragenen Werte) (Vordruck für eine Siebanalyse im Anhang Seite 282)

5.2.3 Grafische Darstellungen der Siebanalyse

Die Ergebnisse der Siebanalyse (Bild 1) werden mit verschiedenen Diagrammarten grafisch dargestellt.

Histogramm der Verteilungsdichte

Trägt man die Massenanteile der einzelnen Rückstände w_R (Spalte 5) über der jeweiligen Kornklasse Δd auf, so erhält man ein **Histogramm der Verteilungsdichte (Bild 2).**

Zur Erklärung: Ein Histogramm (engl. histogram) ist die grafische Darstellung von Häufigkeiten in Form von Säulen, aufgetragen über den jeweiligen Kornklassen.

Aus dem Histogramm in Bild 2 kann abgelesen werden, mit welchem Massenanteil w_R eine Kornklasse Δd im Schüttgut vorliegt.

Beispiel: In Bild 2 hat die Kornklasse Δd = 250 µm bis 355 µm einen Massenanteil von rund 14 % am Schüttgut.

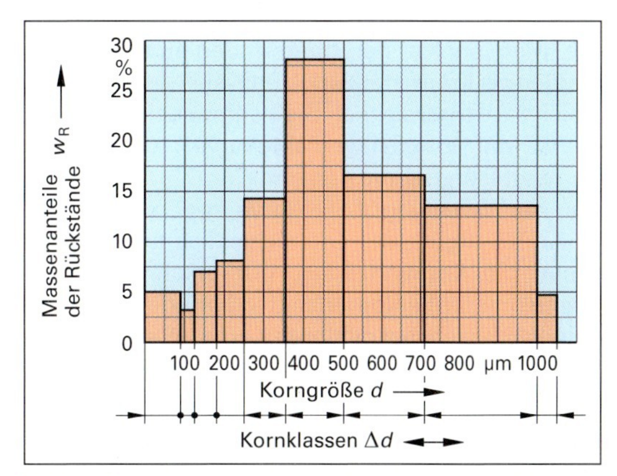

Bild 2: Histogramm der Verteilungsdichte einer Siebanalyse

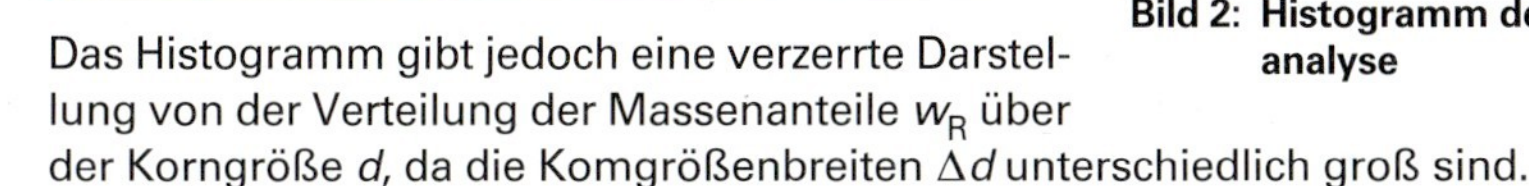

Das Histogramm gibt jedoch eine verzerrte Darstellung von der Verteilung der Massenanteile w_R über der Korngröße d, da die Komgrößenbreiten Δd unterschiedlich groß sind.

Verteilungssumme

Trägt man die Durchgangssummen D_S, auch Q genannt, (von Spalte7) über der Korngröße d auf, so erhält man Punkte der Verteilungssumme **(Bild 1)**.

> **Beispiel 1 aus Bild 1, Seite 115:** Durch das Sieb mit der Maschenweite 250 µm sind 23,3 Massen-% der Partikel durchgefallen.

Verbindet man die Punkte der Verteilungssummen zu einer Ausgleichskurve, so erhält man die **Verteilungssummenkurve,** früher Durchgangssummenkurve genannt (Bild 1).

Jeder Punkt der Verteilungssummenkurve gibt den Massenanteil an Partikeln an, die kleiner als die dazu gehörige Korngröße sind.

> **Beispiel 2 aus Bild 2:** Die Partikel mit einer Korngröße kleiner d = 300 µm nehmen einen Massenanteil von 0,32 ≙ 32 % ein.

Bild 1: Verteilungssummenkurve eines Schüttguts

Verteilungsdichte

Die Verteilungsdichte q entspricht der Steigung der Verteilungssummenkurve in jedem Punkt (Bild 1).

Mathematisch ist dies der Quotient aus der Änderung der Verteilungssumme ΔQ und dem zugehörigen Korngrößenintervall Δd.

Verteilungsdichte
$q = \frac{\Delta Q}{\Delta d}$

Praktisch erhält man die Verteilungsdichtekurve, indem man in Bild 1 für gleichgroße Korngrößenintervalle, z. B. Δd = 100 µm, den zugehörigen ΔQ-Wert abliest und daraus $q = \Delta Q/\Delta d$ berechnet und in einer Tabelle notiert (siehe unten).

Die erhaltenen q-Werte werden über den Δd-Werten als Säulen gezeichnet **(Bild 2)**.

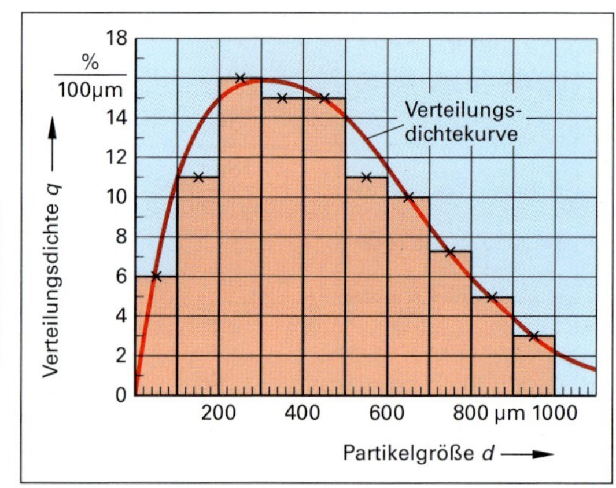

Bild 2: Verteilungsdichtekurve eines Schüttguts

Tabelle: q-Werte aus Bild 1 (Δd = 100 µm)

Δd in µm	0 bis 100	100 bis 200	200 bis 300	300 bis 400	400 bis 500	500 bis 600	600 bis 700	700 bis 800	800 bis 900	900 bis 1000
q in %/100 µm	6	11	16	15	15	11	10	7	5	3

Die Mittelpunkte der oberen Säulenbegrenzung werden als Kreuz markiert. Durch sie wird eine Ausgleichskurve gezeichnet. Sie beginnt bei 0.

Es ist die **Verteilungsdichtekurve,** früher auch Kornverteilungskurve genannt.

Aus der Verteilungsdichtekurve kann der Aufbau eines Schüttguts aus unterschiedlich großen Partikeln, die **Kornverteilung,** gut erkannt werden: Kleine und große Kömer sind in geringem Prozentanteil enthalten; bei mittleren Korngrößen sind größere Prozentanteile vorhanden. Die Kurve hat ein Maximum, bei dem die größte Häufigkeit vorliegt.

Logarithmische Verteilungssummenkurve

Erstrecken sich die Korngrößen des Schüttguts über mehrere Dekaden, so wird die Verteilungssummenkurve in einem Diagramm mit logarithmischer Abszissenteilung dargestellt **(Bild 3)**.

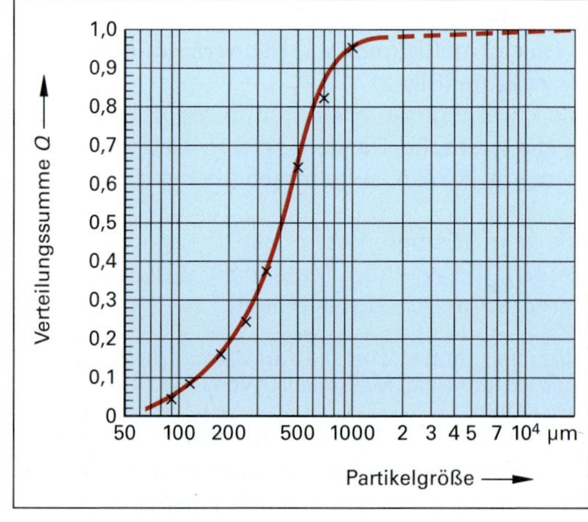

Bild 3: Logarithmische Verteilungssummenkurve

5.2.4 Darstellung und Auswertung einer Siebanalyse im RRSB-Netz (DIN 66145)

Je nach Entstehung weisen Schüttgüter fester Stoffe charakteristische Arten der Kornverteilung auf. Diese Kornverteilung kann nach den Wissenschaftlern **R**osin, **R**ammler, **S**perling und **B**ennett durch eine mathematische Verteilungsfunktion beschrieben und grafisch in einem Koordinatenpapier, dem **RRSB-Netz** (engl. RRSB-grid), dargestellt werden (Bild 1, Seite 118).

In diesem genormten RRSB-Netz (DIN 66145) ist die Abszissenachse einfach logarithmisch nach lg *d* und die Ordinatenachse doppelt logarithmisch nach lg [lg 1/(1 – D_S] geteilt.

Trägt man die Durchgangssumme D_S (Spalte 6 von Bild 1, Seite 115) eines Schüttguts über dem Teilchendurchmesser *d* in ein RRSB-Netz ein, so erhält man eine das Schüttgut charakterisierende Kurve. Bei Schüttgütern, die aus Zerkleinerungsprozessen hervorgegangen sind, sind die Kurven der Durchgangssumme im RRSB-Netz meist Geraden (siehe Bild 1, Seite 118).

Beispiel: Aus Spalte 6 der Tabelle in Bild 1, Seite 115, wird für die Korngröße größer 355 µm eine Durchgangssumme von 37,0% (= 0,370) abgelesen. Dieses Wertepaar wird im RRSB-Netz als Punkt eingetragen (Seite 118). Ebenso werden die anderen Wertepaare eingezeichnet. Die Punkte lassen sich annähernd zu einer Geraden verbinden, der sogenannten **RRSB-Geraden**. Lage und Neigung der RRSB-Geraden kennzeichnen die Kornverteilung des Schüttguts.

Aus der Geraden eines Schüttguts im RRSB-Netz können charakteristische Kennwerte des Schüttguts, die sogenannten **Feinheitsparameter,** bestimmt und daraus die spezifische Oberfläche des Schüttguts berechnet werden. Zur Bestimmung der Feinheitsparameter enthält das RRSB-Netz in der linken unteren Ecke einen Pol sowie am oberen rechten Rand den **Randmaßstab *n*.**

Feinheitsparameter: Korngrößenmittelwert d' und d_{50}-Wert

Der **Korngrößenmittelwert *d'*,** auch $d_{63.2}$ genannt, ist ein Maß für die Feinheit des Haufwerks.

Man ermittelt ihn im RRSB-Netz (Seite 118), indem für eine Durchgangssumme von D_S = 63,2% (0,632) mit der RRSB-Geraden des Schüttguts der zugehörige Teilchendurchmesser bestimmt wird.

Dazu liest man am Schnittpunkt der RRSB-Geraden mit der D_S-0,632-Linie am Abszissenmaßstab den Teilchendurchmesser ab.

Als Korngrößenmittelwert kann auch der **d_{50}-Wert,** auch **Medianwert** genannt, angegeben sein. Er entspricht der Korngröße des Haufwerks bei einer Durchgangssumme von D_S = 50% (0,50).

Der d_{50}-Wert wird wie der d'-Wert im RRSB-Netz abgelesen.

Beispiel: Für das Schüttgut mit der RRSB-Geraden Nr. ⑥ (Seite 118) sollen der d'-Wert und der d_{50}-Wert ermittelt werden.

Lösung: Beim Schnitt der D_S-0,632-Horizontalen mit der RRSB-Geraden ⑥: $d' \approx 500$ µm

Beim Schnitt der D_S-0,500-Horizontalen mit der RRSB-Geraden ⑥: **$d_{50} \approx 400$ µm**

Feinheitsparameter: Gleichmäßigkeitszahl *n*

Die Gleichmäßigkeitszahl *n* ist ein Maß für die Gleichkörnigkeit eines Schüttguts.

Ein Schüttgut ist umso gleichkörniger, je steiler seine Gerade im RRSB-Netz verläuft. Ein Maß für die Gleichkörnigkeit ist die Steigung der Geraden im RRSB-Netz. Man drückt sie durch die Gleichmäßigkeitszahl *n* aus.

Die Gleichmäßigkeitszahl eines Schüttguts erhält man im RRSB-Netz (Seite 118) durch Zeichnen einer Parallelen zur Schüttgut-Geraden durch den Pol des RRSB-Netzes (linke untere Ecke). Am Schnittpunkt der verlängerten Parallele mit dem *n*-Randmaßstab liest man den Wert der Gleichmäßigkeitszahl *n* ab.

Beispiel: Für das Schüttgut Nr. ⑥ in Bild 1, Seite 118, soll die Gleichmäßigkeitszahl *n* bestimmt werden.

Lösung: Die Parallele zu Gerade ⑥ schneidet den Randmaßstab *n* beim Wert der Gleichmäßigkeitszahl $n = 1{,}73$.

Mit den beiden Feinheitsparametern d' und *n* ist ein Schüttgut bezüglich seiner Korngrößen und ihrer Verteilung charakterisiert. Sind d' und *n* eines Schüttguts bekannt, so kann mit ihrer Hilfe im RRSB-Netz die RRSB-Gerade gezeichnet werden. Daraus können ohne Kenntnis der übrigen Daten der Siebanalyse die D_S-d-Wertepaare abgelesen und das Durchgangssummendiagramm, das Rückstandssummendiagramm sowie die Verteilungsdichtekurve gezeichnet werden.

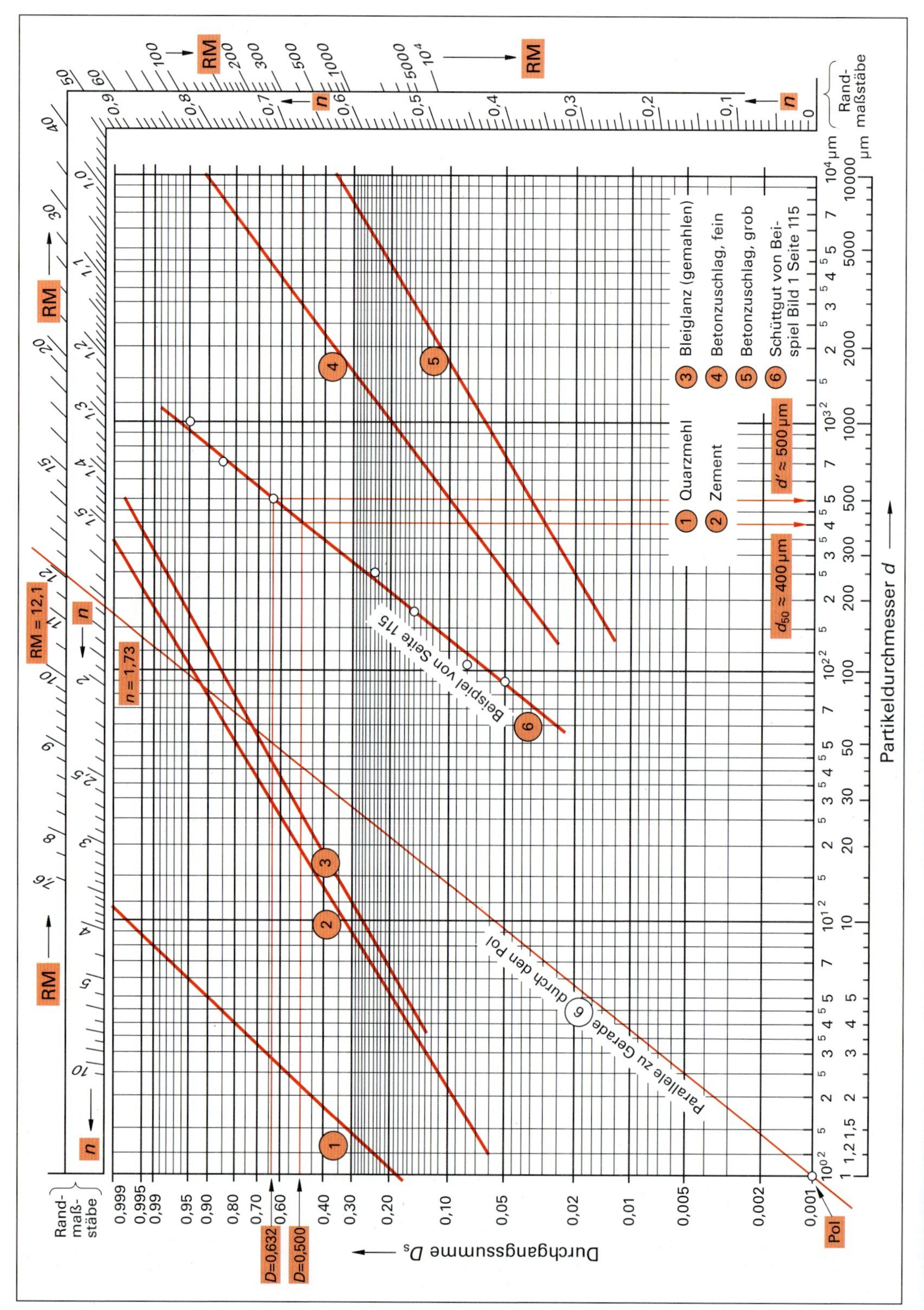

Bild 1: RRSB-Netz (gemäß DIN 66145) mit RRSB-Geraden verschiedener Schüttgüter

Hinweis: Eine Kopiervorlage für ein RRSB-Netz befindet sich auf Seite 285.

5.2.5 Bestimmung der spezifischen Oberfläche von Schüttgütern

Mit dem RRSB-Netz kann die spezifische Oberfläche eines Schüttguts einfach bestimmt werden. Dazu besitzt das RRSB-Netz am oberen und rechten Diagrammrand einen weiteren Randmaßstab (RM in Bild 1, Seite 118). Er verläuft in entgegengesetzter Richtunq wie der Randmaßstab *n*.

Die **volumenbezogene Oberfläche S_v** eines analysierten und durch eine RRSB-Gerade charakterisierten Schüttguts kann mit dem Randmaßstab RM und nebenstehender Gleichung bestimmt werden.

- S_v ist die volumenbezogene Oberfläche des Schüttguts. Darunter versteht man die Summe der Oberflächen aller Partikel pro Volumeneinheit des Haufwerks. Die Einheit von S_v ist cm^2/cm^3 oder m^2/cm^3.
- d' ist der Korngrößenmittelwert des Schüttguts (vgl. Seite 117). Er wird aus dem RRSB-Netz mit der D_S-0,632-Linie bestimmt.
- φ ist ein stoffspezifischer Formfaktor. Für kugelförmige Teilchen ist φ = 1, für andere Teilchenformen ist φ >1 (Seite 112).
- Der RM-Wert eines Schüttguts wird beim Schnittpunkt der Parallelen der Haufwerksgeraden mit dem RM-Maßstab abgelesen (Seite 118).

Die **massenbezogene Oberfläche S_m** erhält man durch Dividieren der volumenbezogenen Oberfläche S_v durch die Dichte ϱ des Schüttguts nach nebenstehender Größengleichung. Die Einheit von S_m ist cm^2/g.

Volumenbezogene Oberfläche eine Schüttguts
$S_v = \frac{RM \cdot \varphi}{d'}$

Massenbezogene Oberfläche eine Schüttguts
$S_m = \frac{S_v}{\varrho}$

Beispiel: Wie groß ist die volumenbezogene und die massenbezogene Oberfläche des Schüttguts Nr. 6 in Bild 1, Seite 118? (Die Partikel sollen annähernd kugelförmig sein: φ = 1,2, ihre Dichte ist ϱ = 2,34 g/cm³).

Lösung: Aus dem RRSB-Netz (Bild 1, Seite 118) liest man für das Schüttgut Nr. 6 ab:

Den Korngrößenmittelwert $d' \approx$ 500 µm = 0,0500 cm und den Randmaßstab RM ≈ 12,1. Damit folgt:

$$\mathbf{S_v} = \frac{RM \cdot \varphi}{d'} \approx \frac{12{,}1 \cdot 1{,}2}{0{,}0500\,cm} \approx 290\,\frac{1}{cm} \approx 290\,\frac{1}{cm} \cdot \frac{cm^2}{cm^2} \approx \mathbf{290\,\frac{cm^2}{cm^3}};\quad \mathbf{S_m} = \frac{S_v}{\varrho} \approx \frac{290\,cm^2/cm^3}{2{,}34\,g/cm^3} \approx \mathbf{124\,\frac{cm^2}{g}}$$

Aufgaben zur Siebanalyse

1. Bei der Siebanalyse einer Tonerde werden die in **Tabelle 1** aufgetragenen Rückstände gemessen.
   a) Berechnen Sie den Rückstand, den Massenanteil Rückstand w_R, die Rückstandssumme und die Durchgangssumme, in %, und tragen Sie die Werte in einen Auswertungsvordruck ein.
   b) Zeichnen Sie das Histogramm der Verteilungsdichte.
   c) Zeichnen Sie das Verteilungssummendiagramm im lineraren und logarithmischen Diagramm.
   d) Erstellen Sie das Verteilungsdichtediagramm.
   e) Zeichnen Sie in ein RRSB-Netz (Seite 285) die RRSB-Gerade ein.
   f) Bestimmen Sie die Feinheitsparameter d', d_{50} und n sowie die Oberfläche S_m des Schüttguts aus dem RRSB-Netz (φ = 1,24).
2. Bei der Siebanalyse eines Bleierz-Schüttguts werden auf den Sieben die nebenstehenden Rückstände gemessen **(Tabelle 2)**.
   a) Ermitteln Sie das Histogramm der Verteilungsdichte.
   b) Zeichnen Sie das Verteilungssummendiagramm mit linearer und logarithmischer d-Achse.
   c) Ermitteln und zeichnen Sie die Verteilungsdichtekurve.
   d) Bestimmen Sie die Feinheitsparameter d', d_{50} und n im RRSB-Netz sowie die volumenbezogene und die massenbezogene Oberfläche des Schüttguts (φ = 1,4; ϱ = 2,129 g/cm³)
3. a) Bestimmen Sie für den Zement (Schüttgut Nr. ② in Bild 1, Seite 118) aus der RRSB-Geraden die Durchgangssumme und die Rückstandssumme für die Partikeldurchmesser: 1,6 µm, 2,0 µm, 5,6 µm, 8 µm, 16 µm, 31,5 µm, 45 µm, 90 µm, 125 µm.
   b) Zeichnen Sie ein Histogramm der Verteilungsdichte dieses Schüttguts.

Tabelle 1: Messwerte einer Siebanalyse (Aufgabe 1)

Einwaage: 75,7 g	
Kornklassen in µm	**Rückstand in g**
> 500	0,0
400 bis 500	8,5
315 bis 400	12,2
200 bis 315	24,2
160 bis 200	19,4
100 bis 160	8,0
63 bis 100	7,0
40 bis 63	2,6
0 40	0

Tabelle 2: Messwerte einer Siebanalyse (Aufgabe 2)

Siebmaschinenweite in mm	Rückstand in g
16,0	0
11,2	5,2
8,0	7,8
4,0	15,3
2,0	22,7
1,4	9,6
0,5	2,5
Siebteller	2,0

5.2.6 Auswertung einer Siebanalyse mit einem Tabellenkalkulationsprogramm (TKP)

Die Auswertung von Messdaten mit einem Tabellenkalkulationsprogramm (kurz TKP) wurde in Kapitel 1.3 ausführlich beschrieben (Seite 14 ff). Im Folgenden wird die Nutzung des TKPs Excel 2010 bei der Auswertung einer Siebanalyse dargestellt.

5.2.6.1 Datenauswertung der Siebanalyse mit dem TKP Excel

Die Gestaltung des Arbeitsblatts orientiert sich an den vorliegenden Messwerten der Siebanalyse, an den eventuellen Vorgaben einer Spezifikation (Kundenanforderung) und den geforderten Ergebnissen.

Im vorliegenden Fall sind die Siebmaschenweiten d und die Rückstände R in g von 10 Fraktionen sowie die gewünschten Spezifikationen mit Kornklassen Δd und Soll-Rückständen R_S-Soll gegeben **(Bild 1)**.

Berechnet werden die Masseanteile der Rückstände w_R in %, die Rückstandssummen R_S, die Durchgangssummen D_S sowie die Massenanteile Rückstand w_R-ist der Kundenspezifikation.

Diese Erfordernisse ergeben das in Bild 1 dargestellte Excel-Arbeitsblatt.

	A	B	C	D	E	F	G	H	I
1	Siebanalyse								
2		Probe:	RM D5042	Einwaage:	108,2 g			Datum:	02.08.2012
3							Spezifikation		Ergebnis
4		Siebmaschen-weite d in mm	Rückstand R in g	Massenanteil Rückstand w_R in %	Rückstands-summe R_s in %	Durchgangs-summe D_s in %	Kornklassen Δd in mm	w_R - Soll in %	w_R - Ist in %
5	>	1,00	0,5				> 1,00	max. 5	
6	>	0,80	12,0						
7	>	0,63	27,6						
8	>	0,50	28,6						
9	>	0,40	19,3				0,40 - 1,00	60 - 95	
10	>	0,315	9,0						
11	>	0,25	4,2				0,25 - 0,40	2 - 25	
12	>	0,20	5,0						
13	>	0,125	1,9						
14	>	0	0,1				< 0,125	max. 4	

Bild 1: Excel-Arbeitsblatt für eine Siebanalyse mit Messwerten und Kundenanforderung (Spezifikation)

In Spalte A ist das Größen-Zeichen, in Spalte B sind die Siebmaschenweiten d, in Spalte C die Rückstände R in Gramm und in Spalte G und H die festgelegten Kundenspezifikationen eingetragen.

Bei der vorliegenden Siebanalyse werden von dem zu analysierenden Haufwerk die in den Spalten G und H genannten Spezifikationen gefordert, d.h., die Rückstandssumme R_S soll z.B. im Kornklassenintervall Δd = 0,25 bis 0,40 mm einen Rückstandssummenwert R_S von 2 bis 25 % besitzen.

Die Felder sind zur besseren Orientierung farblich unterlegt: Die Felder mit den angegebenen Daten in Hellgrau, die Felder mit den berechneten Werten in Blau und die Felder der Ergebnisse in Rot.

Die Feldhinterlegung mit Farben wird wie folgt durchgeführt: Gewünschtes Feld durch Darüberfahren bei gehaltener linker Maustaste markieren, dann Klicken auf das Farbeimersymbol und Auswählen der Farbe.

Die **Berechnungen zur Siebanalyse** erfolgen mit Formeleinträgen in den entsprechenden Zellen. Sie werden nacheinander in das Arbeitsblatt eingetragen. Nach Drücken der Enter-Taste oder Anklicken der nächsten Zelle erscheint der berechnete Zahlenwert im Arbeitsblatt (Bild 1, Seite 121).

Zuerst wird die **Gesamteinwaage** berechnet. Sie ist die Summe der Einzel-Rückstände und wird mit dem rechts stehenden Eintrag in Zelle E2 bestimmt.

=Summe(C5:C14)

Der errechnete Betrag wird mit der Option *Format / Zellen / Zahlen / Zahl* auf eine Dezimalstelle gerundet.

0,0

In Sparte D sind die **Massenanteile der Rückstände in %** mit der Formel $w_R = R$ (in g)/Einwaage berechnet. Der Eintrag z.B. für Zeile D5 lautet:

=(C5/$E$2)*100

Mit der Option *Format / Zellen / Zahlen / Zahl* und nebenstehenden Symbolen wird die Anzahl der Dezimalstellen der Massenanteile w_R festgelegt.

,0 ,00
,00 →,0

	A / B	C	D	E	F	G	H	I
1	**Siebanalyse**							
2	Probe:	RM D5042	Einwaage:	108,2 g			Datum:	02.08.2012
3						Spezifikation		Ergebnis
4	Siebmaschen-weite d in mm	Rückstand R in g	Massenanteil Rückstand w_R in %	Rückstands-summe R_s in %	Durchgangs-summe D_s in %	Kornklassen Δd in mm	w_R - Soll in %	w_R - Ist in %
5	> 1,00	0,5	0,5	0,5	99,5	> 1,00	max. 5	0,5
6	> 0,80	12,0	11,1	11,6	88,4			
7	> 0,63	27,6	25,5	37,1	62,9			
8	> 0,50	28,6	26,4	63,5	36,5			
9	> 0,40	19,3	17,8	81,3	18,7	0,40 - 1,00	60 - 95	80,9
10	> 0,315	9,0	8,3	89,6	10,4			
11	> 0,25	4,2	3,9	93,5	6,5	0,25 - 0,40	2 - 25	12,2
12	> 0,20	5,0	4,6	98,2	1,8			
13	> 0,125	1,9	1,8	99,9	0,1			
14	> 0	0,1	0,1	100,0	0,0	< 0,125	max. 4	0,1

Bild 1: Excel-Arbeitsblatt einer Siebanalyse mit den Messwerten und den berechneten Werten

in Spalte E sind die **Rückstandssummen R_S** (in %) aus den Massenanteilen der Rückstände w_R durch zeilenweises Aufaddieren berechnet.

Der Formeleintrag z. B. für Zelle E10 lautet: **=Summe(D9+C10)**

In Spalte F sind die **Durchgangssummen D_S** berechnet. Man ermittelt sie mit der Beziehung $D_S = 100 - R_S$, z. B. für die Zelle E10 mit dem Eintrag: **=(100-D10)**

Die Durchgangssummen werden zur grafischen Darstellung der Verteilung von Haufwerken und Schüttgütern eingesetzt (Bild 2, Seite 122).

In den Spalten G und H sind die **Kundenspezifikationen** eingetragen: In Spalte G die Kornklassenbreiten Δd und in Spalte H der Sollbereich der Massenanteile Rückstand w_R-Soll.

In Spalte I sind die berechneten Massenanteile Rückstand w_R-Ist, der in Spalte G genannten Kornklassen Δd, aufgetragen. Sie werden durch Aufaddieren der Massenanteile w_R der Kornklassen ermittelt, z. B. für Zelle I9 (Kornklassenbreite 0,40 bis 1,00 mm) aus der Summe von w_{R2} (Zeile 6) bis w_{R5} (Zeile 9).

Die Einträge in den entsprechenden Zellen von Spalte I lauten:

I5: =D5 **I9: =Summe(D6:D9)** **I11: =Summe(D10:D11)** **I14: =D14**

Ergebnis der Siebanalyse (Bild 1): Ein Vergleich der Werte von w_R-Soll und w_R-Ist (Spalte H und I) ergibt: Bei der vorliegenden Siebanalyse liegen die Massenanteile aller Kornklassen innerhalb der festgelegten Spezifikation.

Liegt ein Wert von w_R-Ist außerhalb des Bereichs der Spezifikation, dann kann die Abweichung farblich signalisiert werden. Dies wird mit der Option ... *Format / Schrift* anstelle von ... *Format / Muster* erreicht.

Aufgabe zu 5.2.6.1 Datenauswertung der Siebanalyse mit dem TKP Excel

a) Erstellen Sie mit dem Tabellenkalkulationsprogramm Excel für die nebenstehenden Daten einer Siebanalyse ein Excel-Arbeitsblatt und werten Sie die Siebanalyse nach Vorgabe von Bild 1 (oben) aus.

b) Überprüfen Sie in der Auswertung, ob das Haufwerk die nachfolgende Kundenspezifikation erfüllt:

Maximal 7% dürfen kleiner als 0,5 mm sein, 22 bis 52% sollen zwischen 1 und 5 mm liegen und maximal 10% größer als 10 mm sein.

Formatieren Sie außerhalb der Spezifikation liegende Werte mit roter Schrift. Probebezeichnung: Schüttgut 8.2.

Kornklassen in mm	Rückstand in g
> 16	1,4
> 10	4,6
> 5	19,5
> 2	21,7
> 1	9,3
> 0,5	3,8
< 0,5	2,6

5.2.6.2 Grafische Darstellung der Siebanalyse mit dem TKP Excel

Die Diagrammarten zur grafischen Darstellung der Ergebnisse einer Siebanalyse wurden in Kapitel 5.2.3 eingeführt und erläutert: das Histogramm, die Verteilungssummenkurve und die Verteilungsdichtekurve (Seite 115, 116). Sie erlauben einen raschen Überblick über die Korngrößen und deren Verteilung.

Im vorliegenden Kapitel wird die Erstellung dieser Diagramme mit dem TKP Excel 2010 beschrieben. Die nachfolgenden Diagramme sind mit den Messwerten der Siebanalyse von Seite 120, 121 erstellt.

Das **Erstellen der Diagramme** erfolgt mit dem Programm Excel entweder neben oder unterhalb der Tabelle mit den Siebanalysedaten (Bild 1, Seite 121) oder auf einem eigenen Excel-Arbeitsblatt.

Die Diagramme bleiben bei der Erstellung und Bearbeitung jeweils mit den Daten des Siebanalyse-Arbeitsblatts (Tabelle) verbunden. Änderungen von Siebmaschenweiten oder Rückstandsmesswerten in der Arbeitsblatt-Tabelle führen unmittelbar zur Änderungen der berechneten Werte der Siebanalyse sowie der damit verbundenen Grafiken.

Erstellen des Histogramms der Verteilungsdichte

Im Histogramm der Verteilungsdichte sind die Massenanteile Rückstand w_R (Spalte D in Bild 1, Seite 121) als Balkenhöhe über der Kornklasse Δd (≙ Siebmaschenweite, Spalte B) aufgetragen **(Bild 1)**.

Zur Erstellung des Histogramms der Verteilungsdichte werden mit der linken Maustaste bei gedrückter Strg-Taste die Datenbereiche für das Diagramm markiert: die Zellen B5 bis B14 und D5 bis D14.

Das Histogramm wird über *Einfügen / Diagramme / Säule / 2D-Säule / Gruppierte Säule* eingefügt.

Um die Kornklassen in der gewünschten, aufsteigenden Reihenfolge zu formatieren, markiert man das Histogramm durch LMK auf die Diagrammfläche und gibt dann den Befehl *Layout / Achsen / Horizontale Primärachse / Achse von rechts nach links zeigen* ein.

Damit die Beschriftung der y-Achse auf der linken Diagrammseite angezeigt wird, führt man einen RMK auf die x-Achse aus, und gibt dann den Befehl *Achse formatieren / Achsenoptionen / Vertikale Achse schneidet: Bei größter Rubrik* ein.

Die Diagrammposition und die Diagrammgröße können durch LMK auf die Diagrammfläche und Verziehen verändert werden.

Die Schrägstellung der Achsenbeschriftung wird erreicht durch einen RMK auf die Optionen *Achse / Achse formatieren / Ausrichtung / Benutzerdefinierter Winkel* und Auswählen des gewünschten Neigungswinkels, z. B. 45°.

Die Überschrift, die Achsenbeschriftung, die Formatierung der Achsen sowie die farbliche Gestaltung der Diagrammflächen können durch die Funktionen im Menüband *Layout* festgelegt werden.

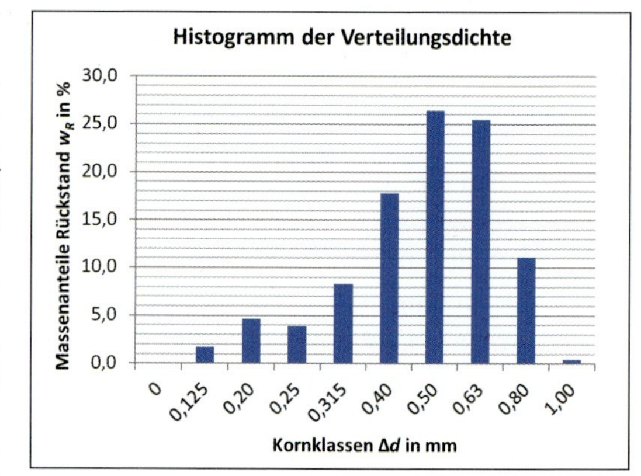

Bild 1: Histogramm der Verteilungsdichte (mit Excel)
(Daten des Beispiels von Seite 121)

Erstellen des Verteilungssummen-Diagramms

Im Verteilungssummen-Diagramm sind die Durchgangssummen D_S (Spalte F in Bild 1, Seite 121) über der Kornklasse Δd (Spalte B) aufgetragen **(Bild 2)**.

Die zu markierenden Datenbereiche (mit LMK und Strg-Taste) sind B5 bis B14 für die x-Achse und F5 bis F14 für die y-Achse.

Das Verteilungssummen-Diagramm wird über *Einfügen / Diagramme / Punkt / Punkte mit interpolierten Linien und Datenpunkten* erzeugt und auf dem Monitor dargestellt.

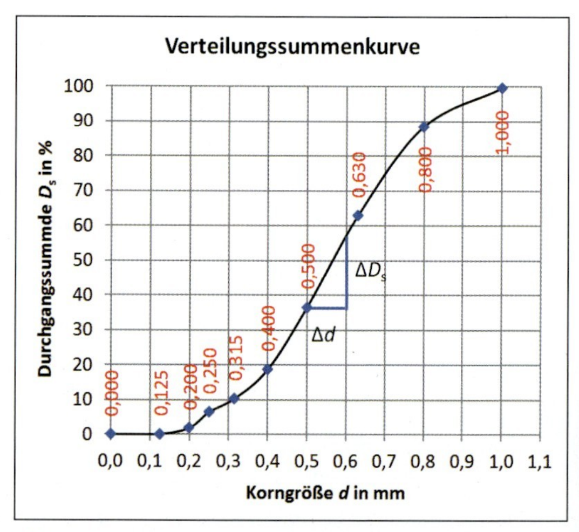

Bild 2: Verteilungssummen-Diagramm (mit Excel)
(Daten des Beispiels von Seite 121)

Die Formatierung der Achsen erfolgt durch RMK auf die Achsenbeschriftung der x-Achse bzw. y-Achse. Aus dem erscheinenden Kontextmenü wählt man *Achse formatieren* aus. Im Untermenü *Achsenoptionen* werden die Achsenlänge und die Raster-Intervalle festgelegt. In weiteren Untermenüs, z.B. *Zahl*, wird die Dezimalstelle, in *Linienart* die Strichstärke/Schrifttype, in *Linienfarbe* die Farbe bestimmt.
Die Gitternetzlinien (Rasterlinien) im Diagramm werden durch RMK der x-Achsen-Beschriftung und Auswählen der Option *Hauptgitternetz* hinzufügen erzeugt.
Zusätzlich erhält jeder Datenpunkt eine Beschriftung mit der Siebmaschenweite von 0,000 bis 1,000 (rote, senkrecht stehende Zahlenwerte). Die Befehle dazu lauten: RMK auf einen Datenpunkt → im Kontextmenü *Datenbeschriftung hinzufügen* anklicken. Es erscheinen die y-Werte an den Datenpunkten.
RMK auf einen y-Wert → im Kontextmenü *Datenbeschriftungen fomatieren* anklicken. → Im Eingabefeld *Beschriftungsoptionen* den x-Wert anklicken → y-Wert entfernen. Bei *Beschriftungspositionen* • „über" markieren → *Ausrichtung* → Textrichtung: • „Gesamten Text um 270° drehen" → *Zahl* → Kategorie Zahl → Dezimalstellen: 3. RMK auf Zahlenwert → **A** „Schriftfarbe" → Farbe auswählen. Im Diagrammfeld „Datenreihe 1" entfernen: im Diagrammfeld durch LMK und Entf-Taste der Tastatur.

Erstellen des Verteilungsdichte-Diagramms

Das Verteilungsdichte-Diagramm wird aus der Verteilungssummenkurve (Bild 2, Seite 122) erstellt. Für jeweils gleich große Korngrößenintervalle, z.B. Δd = 0,1 mm, werden die zugehörigen ΔD_S-Werte an der Kurve abgelesen. Man erhält folgende Werte:

Δd in mm	0...0,1	0,1...0,2	0,2...0,3	0,3...0,4
$\Delta D_S/\Delta d$ in %/0,1 mm	1	2	3	4

0,4...0,5	0,5...0,6	0,6...0,7	0,7...0,8	0,8...0,9	0,9...1,0
19	27	22	12	5	3

Die $\Delta D_S/\Delta d$-Werte werden als Säulen über den Korngrößenintervallen Δd zu einen Säulendiagramm erstellt **(Bild 1)**. Nach Anklicken der Daten lautet der Befehl: *Einfügen / Diagramme / Säule / 2D-Säule / Gruppierte Säule*. Gestaltung und Formatierung des Diagramms erfolgen wie oben beschrieben. Abschließend werden die oberen Mitten der Säulen als Punkte markiert. Die Ausgleichskurve durch diese Punkte ist die **Verteilungsdichtekurve**.

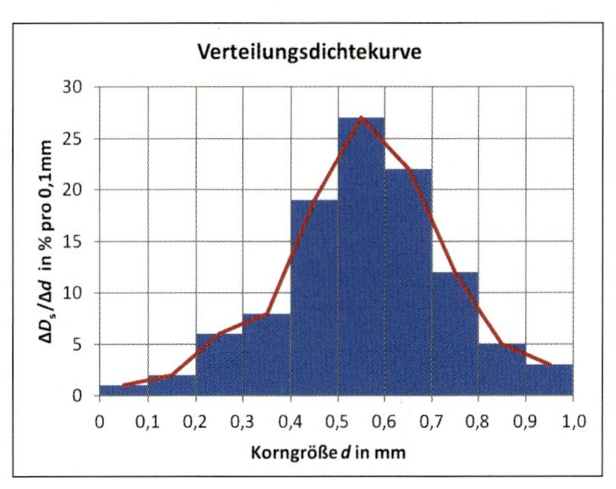

Bild 1: Verteilungsdichte-Diagramm (mit Excel)
(Beispiel von Seite 121)

Aufgaben zu 5.2.6.2 Grafische Darstellung der Siebanalyse mit dem TKP Excel

1. a) Erstellen Sie mit dem TKP Excel das Arbeitsblatt für die Siebanalyse in Bild 1 auf Seite 115 mit den Spalten Kornklasse, Rückstand in Gramm, Massenanteil Rückstand in Prozent (%) sowie Rückstandssumme und Durchgangssumme in Prozent. Geben Sie in das Arbeitsblatt die Werte aus Bild auf Seite 115 ein. b) Erstellen mit Excel das Histogramm der Verteilungsdichte. c) Erstellen Sie mit Excel das Verteilungssummen-Diagramm. d) Erstellen Sie mit Excel das Verteilungsdichte-Diagramm.
2. Bei der Siebanalyse eines Schüttguts werden auf den Sieben die nebenstehenden Rückstände ausgewogen (Tabelle). a) Erstellen Sie mit Excel ein Arbeitsblatt zur Auswertung der Siebanalyse. Ermitteln Sie die Massenanteile Rückstand, die Rückstandssummen und die Durchgangssummen in Prozent.
   b) Ermitteln Sie mithilfe des Programms, ob das Haufwerk folgende Kundenspezifikationen erfüllt: „Maximal 7% sind größer als 315 µm, 45 bis 65% liegen zwischen 160 µm und 315 µm, maximal 5% sind kleiner als 40 µm."
   c) Erstellen Sie mit Excel das Histogramm der Verteilungsdichte.
   d) Erstellen Sie mit Excel das Verteilungssummen-Diagramm
   e) Erstellen Sie mit Excel das Verteilungsdichte-Diagramm.
3. Bearbeiten Sie gemäß den Excel-Arbeitsaufträgen von Aufgabe 1. a), b), c) und d) die Siebanalyse von Tabelle 1, Seite 119.
4. Bearbeiten Sie gemäß den Excel-Arbeitsaufträgen von Aufgabe 1. a), b), c) und d) die Siebanalyse von Tabelle 2, Seite 119.

Tabelle: Siebanalyse eines Schüttguts (Aufgabe 2)

Kornklassen in µm	Rückstand in g
> 400	0
> 315	6,6
> 250	11,5
> 200	16,7
> 160	18,2
> 100	26,5
> 40	14,8
< 40	3,6

5.3 Charakterisierung eines Schüttguts

Ein Schüttgut, das z. B. durch einen Zerkleinerungsprozess hergestellt wurde, enthält Partikel unterschiedlicher Größe (Bild 1, Seite 112): Als Partikelgröße (Korngröße) ist hierbei ein Äquivalenzdurchmesser zu verstehen, z. B. der Durchmesser der volumengleichen Kugel d_V. Zur Vereinfachung wird im Folgenden für die Partikelgröße der Buchstabe *d* verwendet.
In welchen Anteilen Partikel der verschiedenen Korngrößen in der Schüttung vorhanden sind, wird mit sogenannten Verteilungen in Form von Kurven dargestellt. Zur Anschauung der Verteilungen dienen die bei einer Siebanalyse gewonnen Diagramme (Seite 115 und 116).

5.3.1 Verteilungsdiagramme

Eine grobe Vorstellung von der Verteilung eines Schüttguts erhält man durch das **Histogramm der Verteilungsdichte (Bild 1)**.
Es wird direkt aus den Daten der Siebanalyse erstellt (Seite 115). Im Histogramm sind die Mengenanteile w_R des Schüttguts über den jeweiligen Kornklassen als Balkenhöhe aufgetragen. Wegen der unterschiedlich großen Kornklassen Δd (Korngrößenintervalle) stellt das Histogramm die Verteilungsdichte verzerrt dar. Es ist deshalb nur eingeschränkt zur Charakterisierung eines Schüttguts geeignet.
Einen besseren Eindruck von der Verteilung eines Schüttguts liefert die **Verteilungssummenkurve (Bild 2)**. Die Erstellung ist auf Seite 116 erläutert. Aus der Verteilungssummenkurve kann die minimale (d_{min}) und die maximale Korngröße (d_{max}) erkannt sowie abgelesen werden, welcher Massenanteil Q (D_S) unter einer bestimmten Korngröße *d* in einem Schüttgut vorliegt.
Zudem können die Feinheitskennwerte eines Schüttguts d_{50}, d' und d_{80} aus dem Verteilungssummen-Diagramm leicht abgelesen werden. Den d_{50}-Wert erhält man beim Q = 50 %-Schnittpunkt der Verteilungssummenkurve, den d'-Wert bei Q = 63,2 % und den d_{80}-Wert bei Q = 80 %.

Beispiel: In einem Schüttgut mit der Verteilungssummenkurve von Bild 2 beträgt d_{50} = 360 µm, d' = 390 µm und d_{80} = 430 µm.

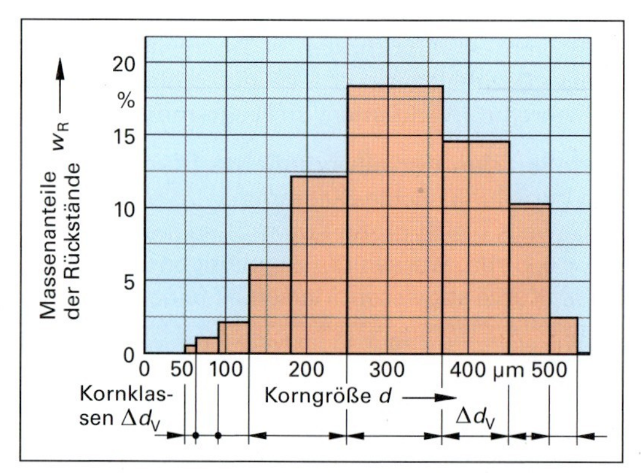

Bild 1: Histogramm der Verteilungsdichte (Beispiel)

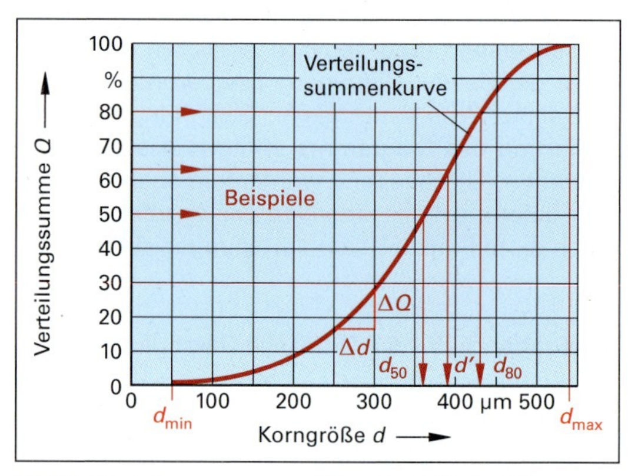

Bild 2: Verteilungssummen-Diagramm (Beispiel)

Aus der Verteilungssummenkurve wird die **Verteilungsdichtekurve** ermittelt **(Bild 3)**. (Die Erstellung der Kurve wird auf Seite 116 erläutert.)
Die Verteilungsdichte *q* entspricht der Steigung der Verteilungssummenkurve in jedem Punkt der Kurve.
Mathematisch ist dies der Quotient aus der Änderung des Durchgangs ΔQ pro einem gleich großen Korngrößenintervall Δd.

Verteilungsdichte
$q = \frac{\Delta Q}{\Delta d}$

Die Verteilungsdichtekurve gibt eine unverzerrte Vorstellung von der Verteilung der Korngrößen eines Schüttguts.
Man erkennt daraus die minimale (d_{min}) und die maximale Korngröße (d_{max}), das Häufigkeitsmaximum q_{max} beim sogenannten **Modalwert d_M** und aus der Kurvenform die Verteilung der Korngrößen.

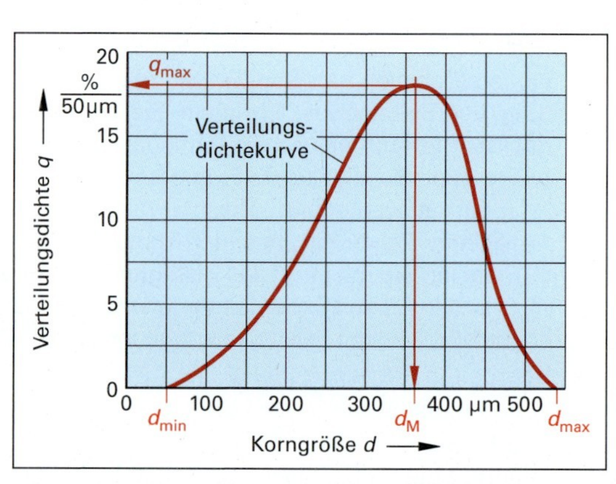

Bild 3: Verteilungsdichte-Diagramm (Beispiel)

5.3.2 Beschreibung eines Schüttguts

Aus der Kurvenform der Verteilungssummenkurve und der Verteilungsdichtekurve kann auf die Häufigkeitsverteilung des Schüttguts geschlossen werden.

Schüttgut mit den Kurven ① in Bild 1 und 2

Ein Schüttgut, das über einen weiten, mittleren Korngrößenbereich annähernd gleich große Massenanteile aufweist, hat

- eine flach verlaufende, *S*-förmige Verteilungssummenkurve ① in Bild 1 und
- eine breit und flach verlaufende, glockenförmige Verteilungsdichtekurve ① in Bild 2.

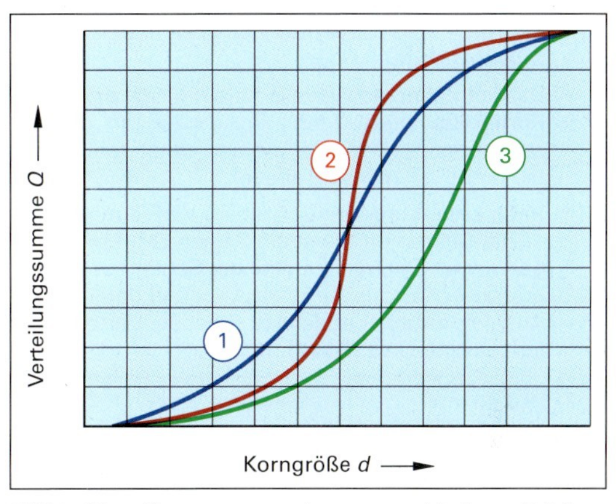

Bild 1: Verteilungssummenkurve verschiedener Schüttgüter

Schüttgut mit den Kurven ② in Bild 1 und 2

Ein Schüttgut, das kleine Massenanteile bei kleinen und großen Korngrößen sowie hohe Massenanteile in einem mittleren Korngrößenbereich besitzt, hat

- eine im Anfangs- und Endbereich flache sowie eine im mittleren Komgrößenbereich steile, *S*-förmige Verteilungskurve ② in Bild 1 und
- eine im Anfangs- und Endbereich niedrige sowie im mittleren Komgrößenbereich schmale und hohe, glockenförmige Verteilungsdichtekurve ② in Bild 2.

Die Verteilungsdichtekurven ① und ② in Bild 2 haben eine symmetrische (spiegelbildliche) Glockenform beim Maximum, d.h., die Massenanteile des Schüttguts sind links und rechts vom Maximum gleich verteilt.

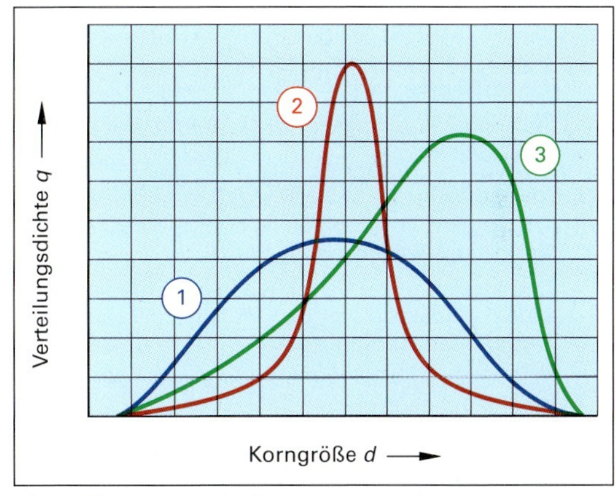

Bild 2: Verteilungsdichtekurven verschiedener Schüttgüter

Schüttgut mit den Kurven ③ in Bild 1 und 2

Die Verteilungssummenkurve ③ hat in Bild 1 einen nach rechts verschobenen, *S*-förmigen Verlauf und die Verteilungsdichtekurve ③ in Bild 2 eine zu größeren Korngrößen verschobene, unsymmetrische Glockenform.

Bei Schüttgütern mit dieser Kurvenform sind die großen Massenanteile einseitig zu großen Korngrößen verschoben.

Beispiel: Mit einer Siebanalyse eines Zementklinkers wurden die folgenden Werte für die Durchgangssumme D_S ermittelt.

D_S in %	0	1,5	4,5	8,0	26,2	39,4	68,2	88,0	100
d in µm	40	125	250	355	500	710	1000	1400	2000

a) Erstellen Sie die Verteilungssummenkurve.

b) Erstellen Sie die Verteilungsdichtekurve.

c) Charakterisieren Sie den Zementklinker mit folgenden Kennwerten aus den Diagrammen:
  - minimale und maximale Korngröße
  - d_{50}-Wert, d'-Wert und d_{80}-Wert
  - Verteilungsdichte-Maximum q_{max}, Modalwert d_M

d) Beschreiben Sie quantitativ die Verteilung der Korngrößen des Zementklinkers aus der Verteilungsdichtekurve.

Lösung:

a) Man trägt die D_S-d-Wertepaare in ein vorbereitetes Diagrammfeld ein und verbindet die Punkte zur Verteilungssummenkurve **(Bild 1)**.

b) Die Verteilungsdichtekurve erhält man durch Bestimmen der Steigung der Verteilungssummenkurve $q = \Delta Q / \Delta d$ über den gesamten Kurvenverlauf.

Dazu ermittelt man jeweils für ein gleich großes Korngrößenintervall Δd, z. B. $\Delta d = 200$ µm, die zugehörigen ΔQ- Werte und berechnet daraus die Werte $q = \Delta Q / \Delta d$ **(Tabelle)**.

Mit diesen Werten wird in einem Verteilungsdichte-Diagramm zuerst ein Säulendiagramm gezeichnet. Die Mittelpunkte der Säulenobergrenze werden als Punkt markiert und damit eine Ausgleichskurve gezeichnet. Es ist die Verteilungsdichtekurve **(Bild 2)**.

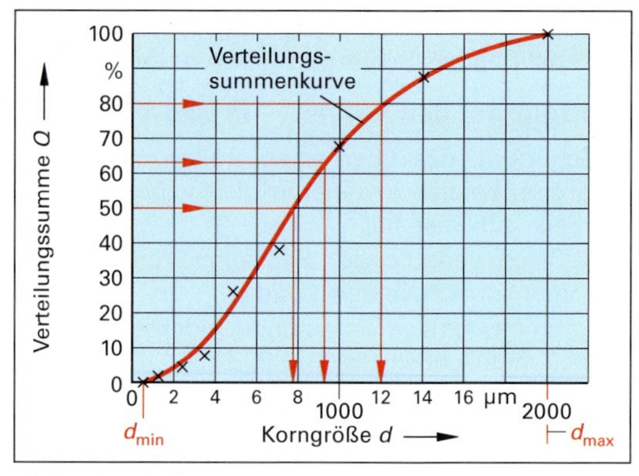

Bild 1: Verteilungssummen-Diagramm

Δd in µm	0 ... 40	40 ... 200	200 ... 400	400 ... 600	600 ... 800	800 ... 1000
q in %/200 µm	0	3	10	17	20	18

1000 ... 1200	1200 ... 1400	1400 ... 1600	1600 ... 1800	1800 ... 2000	2000 ... 2200
11	8	5	4	3	0

c) Aus dem Verteilungssummen-Diagramm (Bild 1) wird entnommen:

$d_{min} = 40$ µm; $d_{max} = 2000$ µm

$d_{50} = 790$ µm; $d_{63,2} = 920$ µm; $d_{80} = 1200$ µm

Aus dem Verteilungsdichte-Diagramm (Bild 2) wird abgelesen:

$q_{max} = 20\%$; Modalwert $d_M = 710$ µm

d) Der Zementklinker zeigt eine asymmetrische Verteilungsdichtekurve.

Das Maximum der Verteilungsdichtekurve ist mit einem Modalwert von $d_M = 710$ µm zu kleinen Korngrößen verschoben.

Das Schüttgut hat hohe Massenanteile bei 300 µm bis 1400 µm.

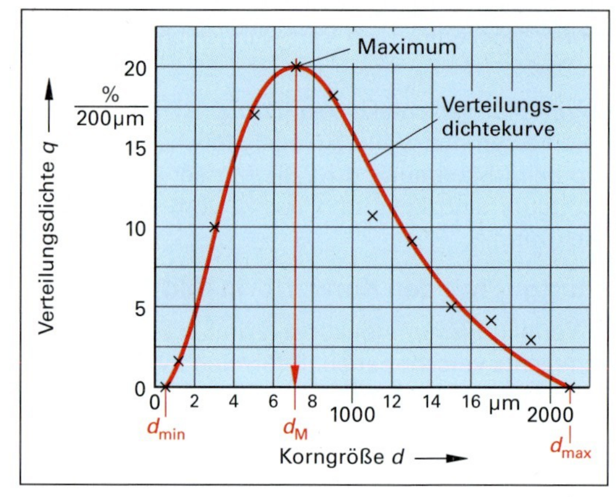

Bild 2: Verteilungsdichte-Diagramm

Aufgabe zu 5.3 Charakterisierung eines Schüttguts

Von einem Kunststoffpulver (Epoxidharz) liegen folgende Daten einer Partikelanalyse vor:

d in mm	0,125	0,250	0,355	0,500	0,710	1,000	1,400	2,000	3,000
D_S in %	0	6,0	13,0	23,0	43,0	63,0	82,0	97,0	100

a) Zeichnen Sie die Verteilungssummenkurve.

b) Ermitteln Sie daraus die Verteilungsdichtekurve.

c) Geben Sie vom Kunststoffpulver die charakteristischen Werte an:
- Minimale und maximale Korngröße
- d_{50}-Wert, d'-Wert und d_{80}-Wert
- Verteilungsdichte-Maximum q_{max}, Modalwert d_M

d) Beschreiben Sie die Verteilung der Korngrößen des Kunststoffpulvers aus der Form der Verteilungsdichtekurve.

5.4 Zerkleinern

Beim Zerkleinern wird ein Haufwerk (Schüttgut) mit größeren Partikeln in einer Zerkleinerungsmaschine in ein Haufwerk mit kleineren Partikeln, das Mahlgut, umgeformt.

5.4.1 Beschreibung der Zerkleinerung

Wie auf Seite 124 dargestellt, charakterisiert man Haufwerke (Schüttgüter) mit einer Verteilungsdichtekurve oder einer Verteilungssummenkurve.
Stellt man einen Zerkleinerungsprozess mit einem Ausgangsgut aus großen Partikeln (z. B. Erz-Abbaubrocken) und das daraus durch Mahlen erhaltene feine Mahlgut mit einer Verteilungsdichtekurve in einem **Verteilungsdichte-Diagramm** dar, so erhält man die in **Bild 1** gezeigten Verteilungsdichtekurven.
Die Verteilungsdichtekurve des gemahlenen Guts ist gegenüber der Verteilungsdichtekurve des Ausgangsguts in der Form verändert und zu kleineren Partikeldurchmessem verschoben.
Stellt man den Zerkleinerungsprozess im **Verteilungssummen-Diagramm (Bild 2)** dar, so führt die Zerkleinerung zum Verschieben der Verteilungssummenkurve zu kleineren Partikeldurchmessern.
Beim Zerkleinem wird als charakteristische Partikelgröße von Ausgangsgut und gemahlenem Gut der sogenannte d_{80}-Wert benutzt. Der d_{80}-Wert ist der Partikeldurchmesser, bei dem 80 % des Haufwerks einen kleineren Durchmesser haben.
Im Verteilungsdichte-Diagramm (Bild 1) ist der d_{80}-Wert dort, wo 80 % der Fläche unter der Verteilungsdichtekurve links vom d_{80}-Wert liegen.
Im Verteilungssummen-Diagramm (Bild 2) entspricht der d_{80}-Wert der Partikelgröße, bei der die Durchgangssumme 80 % beträgt.
Die Bestimmung des d_{80}-Werts eines Haufwerks (Schüttguts) kann einfach aus dem Verteilungssummen-Diagramm durch Ablesen des d_{80}-Werts bei der Durchgangssumme 80 % erfolgen.

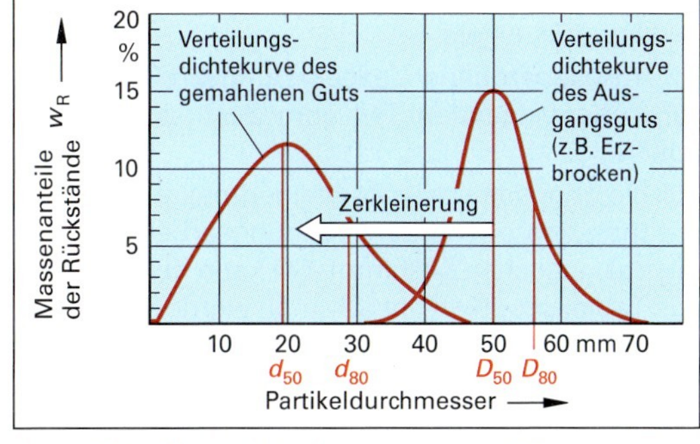

Bild 1: Verteilungsdichtekurven eines Schüttguts vor und nach der Zerkleinerung

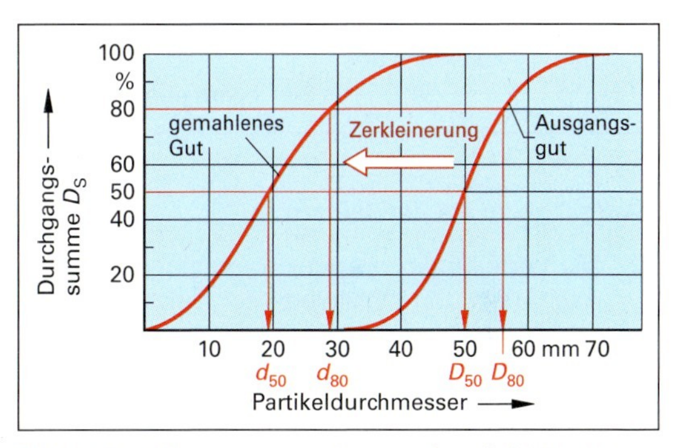

Bild 2: Verteilungssummenkurven eines Schüttguts vor und nach der Zerkleinerung

Beispiel: Wie groß sind der D_{80}-Wert des Ausgangsguts und der d_{80}-Wert des gemahlenen Guts der in Bild 2 dargestellten Haufwerke?

Lösung: Bei D_s = 80 % liest man beim Schnittpunkt mit der Verteilungssummenkurve ab:
$D_{80} \approx 56$ mm; $d_{80} \approx 28$ mm

Als Maß für die Effektivität des Zerkleinerungsprozesses hat man den **Zerkleinerungsgrad *Z*** definiert.
Er ist der Quotient aus einem charakteristischen Partikeldurchmesser vor (*D*) und nach dem Zerkleinerungsvorgang (*d*).
Meist verwendet man beim Zerkleinerungsgrad den D_{80}-Wert und den d_{80}-Wert (siehe Formel rechts).
Es können aber auch andere charakteristische Durchmesserwerte verwendet werden, wie z. B. der d_{50}-Wert oder der $d_{63,2}$-Wert (Seite 115).

Zerkleinerungsgrad
$Z = \frac{D}{d}$ z. B. $Z = \frac{D_{80}}{d_{80}}$

Beispiel: Ein Zementklinker mit einem D_{80}-Wert von 1,342 mm wird in einer Rohrmühle gemahlen und hat nach dem Verlassen der Mühle einen d_{80}-Wert von 15,47 µm. Welchen Zerkleinerungsgrad hat der Mahlprozess?

Lösung: $Z = \frac{D_{80}}{d_{80}} = \frac{1{,}342\,\text{mm}}{15{,}47\,\mu\text{m}} = \frac{1{,}342 \cdot 1000\,\mu\text{m}}{15{,}47\,\mu\text{m}} \approx \mathbf{86{,}75}$

5.4.2 Leistungsbedarf einer Zerkleinerungsmaschine

Den **Leistungsbedarf** P einer Zerkleinerungsmaschine berechnet man aus dem Massestrom $\dot{m}$, der durch die Zerkleinerungsmaschine fließt, und der massespezifischen Zerkleinerungsarbeit W_m des Zerkleinerungsguts.

Leistungsbedarf
$P = \dot{m} \cdot W_m$

Die massebezogene Zerkleinerungsarbeit W_m ist zum überwiegenden Teil vom Zerkleinerungsgut abhängig.

Für die gebräuchlichen Zerkteinerungsgüter wurde die massebezogene Zerkleinerungsarbeit in Technikumsversuchen bestimmt. Sie kann überschlägig aus Tabellenwerken entnommen werden.

Bild 1 zeigt die massebezogenen Zerkleinerungsarbeit einiger häufiger Zerkleinerungsgüter in einem Diagramm mit jeweils logarithmisch geteilten Achsen.

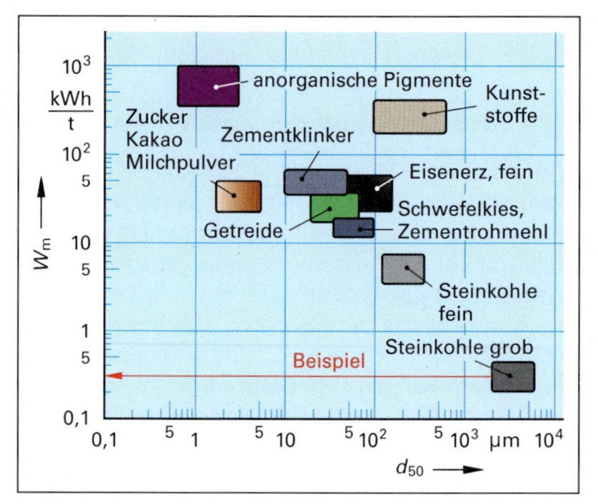

Bild 1: Massespezifische Zerkleinerungsarbeit verschiedener Schüttgüter

Beispiel: In einer Anlage zur Aufbereitung von Steinkohle für die Kokserzeugung werden stündlich 240 t Grobkohle in einem Kegelbrecher auf Koks-Stückgröße zerkleinert. Welchen Leistungsbedarf hat der Kegelbrecher?

Lösung: $P = \dot{m} \cdot W_m$; aus Bild 1 wird abgelesen: $W_m = 0{,}3$ kWh/t $\Rightarrow$ $P = 240\,\frac{t}{h} \cdot 0{,}3\,\frac{kWh}{t} = 72$ kW

Aufgaben zu 5.4 Zerkleinern

1. Die Verteilungssummenkurven eines Roherz-Schüttguts und des zerkleinerten Erzes sind durch die nachfolgenden Messwerte der Durchgangssummen D_S und der Partikeldurchmesser d bestimmt.

Roherz							
d in mm	10	30	50	70	100	120	200
D_S in %	3	20	40	61	81	91	99

Zerkleinertes Erz							
d in mm	0,5	1,0	1,5	2,0	3,0	4,0	6,0
D_S in %	5	16	32	47	74	88	99

   a) Zeichnen Sie die Verteilungssummenkurve des Roherzes und des zerkleinerten Erzes in ein Diagramm ein: D_S lineare Achse; d logarithmische Achse;
   Hinweis: Verwenden Sie als Diagrammpapier die Kopiervorlage im Anhang Seite 281.
   b) Bestimmen Sie den D_{80}-Wert bzw. d_{80}-Wert von Roherz und zerkleinertem Erz.
   c) Welchen Zerkleinerungsgrad hat der Zerkleinerungsprozess?

2. Ein mineralisches Farb-Rohpigment mit einem D_{80}-Partikeldurchmesser von 3,46 mm wird in einer Schlagstiftmühle in einem Durchlauf zerkleinert. Die Mühle hat einen Zerkleinerungsgrad von 65. Welchen d_{80}-Partikeldurchmesser hat das Farbpigment nach dem Verlassen der Mühle?

3. In einem Technikumsversuch wird die massespezifische Zerkleinerungsarbeit zum Mahlen eines Eisenerzes in einer Technikums-Stiftmühle ermittelt. Durch die Technikumsmühle laufen pro Minute 7,42 kg Eisenerz. Sie wird von einem Elektromotor angetrieben, der aus dem Stromnetz eine elektrische Leistung von $5{,}31 \cdot 10^{-2}$ kW entnimmt und einen Wirkungsgrad von 90,0% besitzt.
   a) Welche massespezifische Zerkleinerungsarbeit erfordert das untersuchte Eisenerz?
   b) Welche Leistung entnimmt eine Stiftmühle im großtechnischen Betrieb aus dem Stromnetz, wenn pro Tag 600 t zerkleinert werden?

4. Ein anorganisches Farbpigment mit einem D_{80}-Partikeldurchmesser von 0,28 mm wird in einer Schwing-Kugelmühle auf einen d_{80}-Partikeldurchmesser von 1,46 µm gemahlen. Es werden stündlich 864 kg Farbpigment zerkleinert. Der Wirkungsgrad des Kugelmühlenantriebs beträgt 82%.
   a) Welchen Zerkleinerungsgrad hat die Schwing-Kugelmühle?
   b) Welche Leistung entnimmt der Kugelmühlenantrieb aus dem Stromnetz?

5.5 Rühren und Mischen im Rührbehälter

Das Rühren in einem Rührbehälter dient der Herstellung eines möglichst gleichverteilten Gemischs.
Man unterscheidet homogene Gemische aus mehreren Flüssigkeiten und heterogene Gemische aus einer Flüssigkeit, in die feinkörnige Bestandteile eingemischt sind.

5.5.1 Rühren und Mischen

Durch Rühren wird in einem Behälter die für einen Prozess erforderliche Durchmischung (Homogenität) der flüssigen Ausgangsstoffe im gesamten Behältervolumen hergestellt.

Voraussetzung für einen einwandfreien Rührvorgang sind die Auswahl eines geeigneten Rührers sowie die passenden Maße (d_1, d_2) von Rührer- und Behälterdurchmesser **(Bild 1)**.

Zur Verbesserung des Mischvorgangs können gegebenenfalls Strombrecher vorhanden sein.

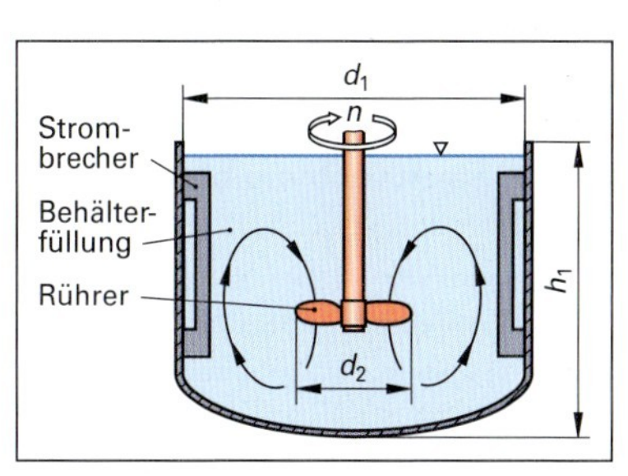

Bild 1: Rührbehälter und Rührer

Auswahl des Rührertyps

Es gibt einige Grundtypen von Rührern **(Bild 2)** und darüber hinaus eine Vielzahl davon abgeleiteter Bauformen.

Die verschiedenen Rührer eignen sich unterschiedlich gut für die verschiedenen Rührverfahren: Homogenisieren (Mischen von Flüssigkeiten), Auflösen eines Feststoffs in einer Flüssigkeit, Dispergieren (Vermischen von feinkörnigen Feststoffen in Flüssigkeiten) und Begasen.

Neben dem Rührverfahren richtet sich die Auswahl des Rührers vor allem nach der Viskosität der zu mischenden Flüssigkeiten.

Die Rührer für hochviskose (zähflüssige) Flüssigkeiten sind langsam drehend, die Rührer für niedrigviskose (leichtflüssige) Flüssigkeiten laufen bei hohen Drehzahlen.

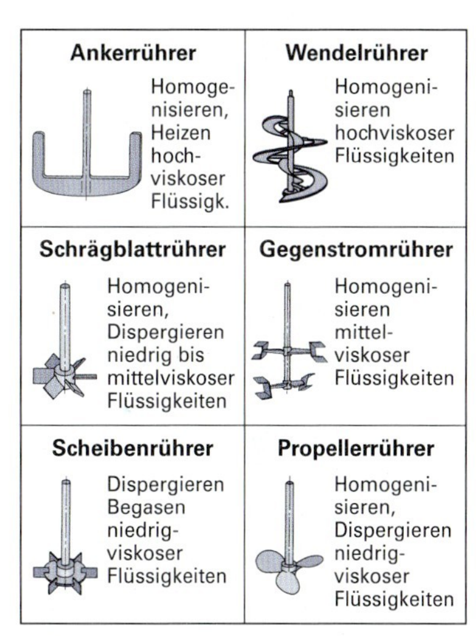

Bild 2: Rührertypen und Anwendungen

Beispiel: Zur Herstellung eines Buntlacks in einem Rührkessel durch Dispergieren aus einem mittelviskosen Acrylharz und einem Farbpigmentpulver soll der geeignete Rührer ausgewählt werden.

Lösung: Für diese Rühraufgabe sind geeignet (Bild 2):
Schrägblattrührer, Gegenstromrührer

5.5.2 Beschreibung des Mischvorgangs

Der Grad der Homogenität einer Mischung wird durch eine Kennzahl beschrieben, die man Mischgüte oder **Mischungsgrad *M*** nennt.

Der Mischungsgrad M ist definiert als Quotient aus der Änderung des Massenanteils an einer Referenzmessstelle $w_a - w(t)$ nach der Mischzeit t und der Massenanteiländerung $w_a - w_\infty$ nach unendlich langer Mischzeit.

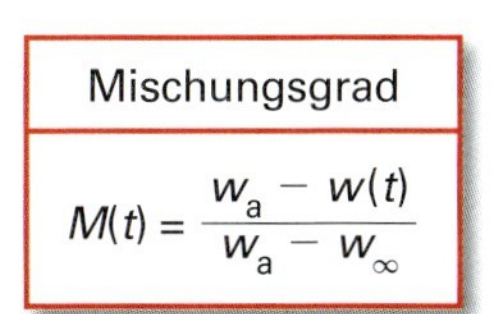

Mischungsgrad

$$M(t) = \frac{w_a - w(t)}{w_a - w_\infty}$$

Der Mischungsgrad beginnt beim Start des Mischvorgangs mit $M = 0$ und endet nach langer Mischzeit bei annähernd $M = 1{,}0$ **(Bild 3)**.

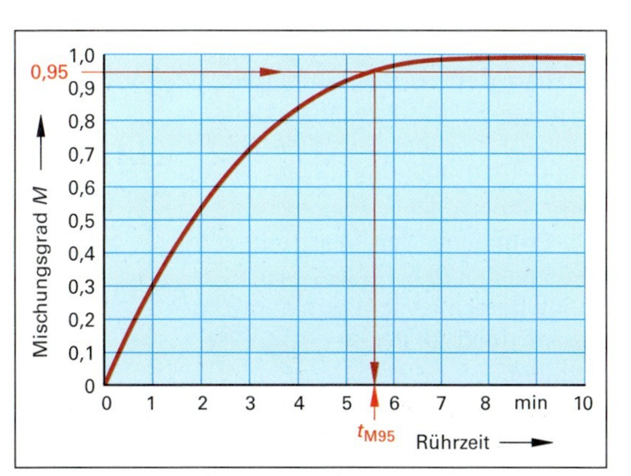

Bild 3: Mischungsgrad bei einem Rührvorgang

Üblicherweise wird bei industriellen Mischvorgängen ein Mischungsgrad von $M = 0{,}95$ angestrebt. Die dazu benötigte Zeit wird als **Mischzeit t_{M95}** bezeichnet.

5.5.3 Leistungsbedarf eines Rührers

Der Leistungsbedarf eines Rührers berechnet sich nach der nebenstehenden **Leistungsgleichung der Rührtechnik.**

Leistungsbedarf eines Rührers

$$P = Ne \cdot \varrho \cdot n^3 \cdot d_1^5$$

Darin sind ***Ne*** die Newtonzahl, auch Leistungskennzahl genannt, $\boldsymbol{\varrho}$ die Dichte der Flüssigkeit, ***n*** die Rührerdrehzahl und $\boldsymbol{d_1}$ der Rührer-Außendurchmesser.

Die Leistungskennzahl *Ne* wurde für die verschiedenen Rührertypen experimentell ermittelt und kann aus Diagrammen entnommen werden **(Bild 1)**.

① Wendelrührer ② Ankerrührer
③ Scheibenrührer ④ Schrägblattrührer
⑤ MIG-Gegenstromrührer ⑥ Propellerrührer

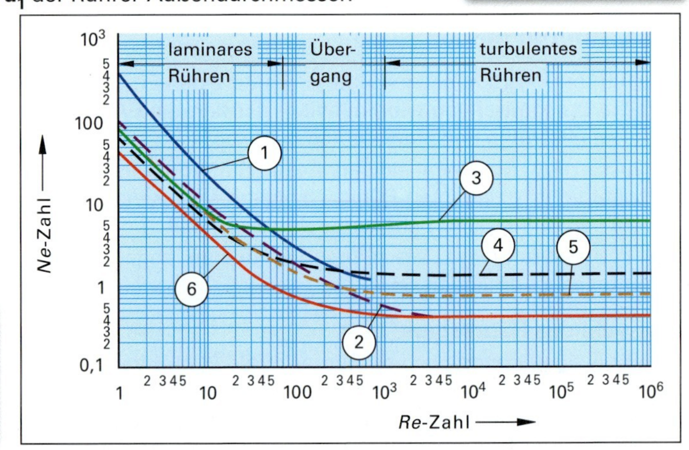

Bild 1: Leistungscharakteristik verschiedener Rührertypen

Die Abszisse des Diagramms ist die Reynoldszahl *Re* der Rührerströmung. Sie ist ein Maß für den Strömungszustand am Rührer.

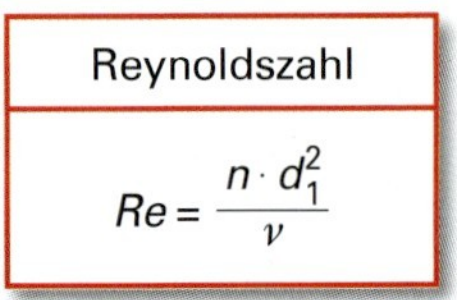

Die Größe $\boldsymbol{\nu}$ ist die kinematische Viskosität der Behälterfüllung. Sie ist über die Beziehung $\nu = \eta/\varrho$ mit der dynamischen Viskosität η und der Dichte ϱ verknüpft.

Im Bereich des laminaren Rührens ($Re < 50$) ist die Leistungskennzahl *Ne* direkt proportional der Reynoldszahl *Re* (Bild 1). Im turbulenten Strömungsbereich eines Rührers ($Re > 1000$) ist die Leistungskennzahl *Ne* konstant. Dazwischen liegt ein Übergangsbereich.

Die in den Berechnungsgleichungen enthaltenen Kennzahlen *Ne* und *Re* basieren auf experimentellen Messwerten (Bild 1 und Bild 2) und gelten für Rührbehälter, deren Füllhöhe h_1 so groß ist wie der Behälterdurchmesser d_1 (Bild 1, Seite 129).

Die Genauigkeit der experimentellen Daten in Bild 1 und damit die der Leistungsberechnung mit obiger Gleichung liegen im Bereich von 10%.

5.5.4 Mischzeit

Die Mischzeit t_{M95} zum Erreichen eines Mischungsgrades $M = 0{,}95$ (Bild 3, Seite 129) hängt im Wesentlichen vom Rührertyp, seinem Durchmesser und der Rührerdrehzahl sowie der Viskosität der zu mischenden Flüssigkeit ab.

Diese Abhängigkeiten erfasst man in Technikumsversuchen mit den gängigen Rührertypen in einem **Mischzeitcharakteristik-Diagramm (Bild 2)**. Darin ist die Mischzeitcharakteristik $(n \cdot t_{M95})$ über der Reynoldszahl *Re* aufgetragen. (Bedeutung der Nummern ① bis ⑥ siehe oben)

Zur Ermittlung der Mischzeit wird die Reynoldszahl *Re* des Mischvorgangs berechnet und aus dem Diagramm (Bild 2) der $(n \cdot t_{M95})$-Wert ermittelt.

Mit nebenstehender Gleichung kann daraus die Mischzeit t_{M95} berechnet werden.

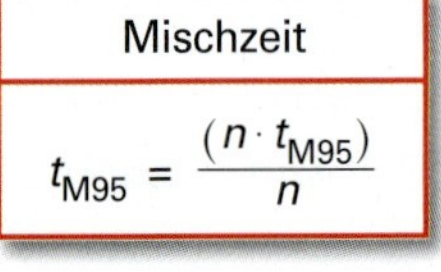

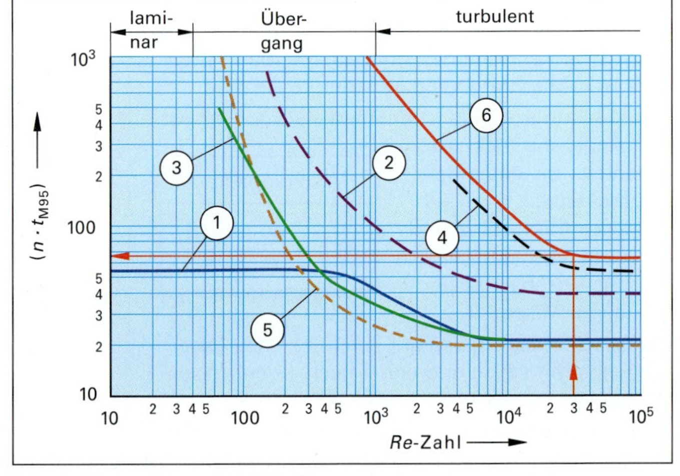

Bild 2: Mischzeitcharakteristik-Diagramm

Beispiel: Für einen Rührvorgang mit einem Propellerrührer soll bei einer Reynoldszahl $Re = 30000$ und einer Rührerdrehzahl von $1{,}3\ s^{-1}$ die Mischzeit bestimmt werden.

Lösung: Aus dem Mischzeitcharakteristik-Diagramm (Bild 2, Seite 130) wird für den Propellerrührer ⑥ abgelesen: $(n \cdot t_{M95}) \approx 75$; $\Rightarrow$ $\boldsymbol{t_{M95}} = \frac{(n \cdot t_{M95})}{n} \approx \frac{75}{1{,}3\ s^{-1}} \approx \mathbf{58\ s}$

Aufgaben zu 5.5 Rühren und Mischen im Rührkessel

1. In einem Rührkessel wird ein Alkydharz-Ansatz mit einem Ausgangsmassenanteil von $w_a(AH) = 65{,}0\,\%$ mit Verdünner gemischt. Nach 2,8 Minuten Mischzeit beträgt der Massenanteil an einer Referenz-Messstelle $w_{(2{,}8 min)}(AH) = 73{,}6\,\%$. Der rechnerische Massenanteil nach sehr langer Mischzeit beträgt $w_{\infty}(AH) = 74{,}0\,\%$.

   Wie groß ist der Mischungsgrad nach 2,8 Minuten?

2. Für eine Rühraufgabe wurden in Technikumsversuchen für den Mischungsgrad M die folgenden Zeit-Werte ermittelt.

M	0,07	0,20	0,37	0,58	0,63	0,83	0,91	0,94	0,97	0,98	0,99
t_M in min	0,5	1,0	1,5	2,0	2,5	3,0	3,5	4,0	4,5	5,0	5,5

   Wie groß ist die t_{M95}-Mischzeit?

3. Es soll in einem Rührbehälter ein Glycerin-Wasser-Gemisch angerührt (homogenisiert) werden. Im Rührbehälter rotiert ein MIG-Gegenstromrührer mit einem Durchmesser von 68 cm mit 82 Umdrehungen pro Minute.

   Das Glycerin-Wasser-Gemisch hat eine dynamische Viskosität von $6{,}0 \cdot 10^{-3}\ Pa \cdot s$.

   a) Ist die Rührerströmung bei diesen Bedingungen laminar oder turbulent?

   b) Welchen Leistungsbedarf hat der Rührer bei diesem Mischvorgang?

   c) Wie lange muss gemischt werden, bis ein Mischungsgrad von 0,95 erreicht ist?

4. In einem Rührbehälter mit einem Propellerrührer von 72 cm Außendurchmesser soll eine Glycol-Wasser-Mischung mit einem Massenanteil von 70,0 % angerührt werden. Die dynamische Viskosität der Mischung beträgt $6{,}5 \cdot 10^{-3}\ Pa \cdot s$; die Dichte von Wasser ist $1000\ kg/m^3$, die Dichte von Glycol $1113\ kg/m^3$. Der Rührvorgang soll im turbulenten Strömungsbereich stattfinden.

   a) Welche Dichte hat die Glycol-Wasser-Mischung?

   b) Mit welcher Drehzahl muss der Propellerrüher laufen, damit eine Rührzeit von 1 Minute ausreicht?

5. Bei einer Misch- und Aufwärmaufgabe in einem durch Heizmittel erwärmten Fermenterkessel rührt ein Wendelrührer mit einem Außendurchmesser von 180 cm die Behälterfüllung mit einer dynamischen Viskosität von $\eta = 832 \cdot 10^{-3}\ Pa \cdot s$ und der Flüssigkeitsdichte $\varrho_{Fl} = 972\ kg/m^3$.

   a) Bis zu welcher Drehzahl darf der Rührer betrieben werden, wenn wegen der Scherempfindlichkeit des Mikroorganismen-Ansatzes nur eine laminare Rührerströmung herrschen darf?

   b) Welche Mischzeit ist dabei zu erwarten?

   c) Welche Leistung muss der Antriebsmotor des Wendelrührers mindestens bereitstellen?

6. Ein Schrägblattrührer homogenisiert in einem Rührbehälter einen Mischansatz für eine Kunststoff-Ausgangskomponente. Die dynamische Viskosität des Ansatzes beträgt $100\ mPa \cdot s$, die Dichte $1100\ kg/m^3$, jeweils bei 21,0 °C. Der Rührer hat einen Durchmesser von 62 cm und rotiert mit einer Drehzahl von 3,8 1/s.

   a) Welcher Strömungszustand herrscht am Rührer?

   b) Wie lange dauert die Mischzeit?

   c) Welche Leistung muss der Antriebsmotor des Rührers haben?

6 Berechnungen zu mechanischen Trennverfahren

Mit den mechanischen Trennverfahren werden mithilfe mechanischer Kräfte, wie der Schwerkraft oder der Zentrifugalkraft, verschiedenartige Gemische in ihre Bestandteile getrennt:

- Feststoffgemische, wie z.B. Schüttungen (Haufwerke) in mehrere Teil-Haufwerke, z.B. durch Klassieren bzw. Sortieren.
- Feststoff-Flüssigkeits-Gemische, wie z.B. Suspensionen und Schlämme, in die Feststoffpartikel und die Flüssigkeit, z.B. durch Sedimentieren, Zentrifugieren oder Filtrieren.
- Verunreinigte Gase, wie z.B. staubbeladene Luft oder Verbrennungsgase in das Reingas und die Staubpartikel, z.B. durch Staubabscheidung mit dem Zyklon.

Zur Bewältigung dieser Trennaufgaben gibt es eine Reihe von Verfahren. Im Folgenden werden Berechnungen bei den wichtigsten mechanischen Trennverfahren behandelt.

6.1 Kennzeichnung der Trennprozesse beim Klassieren und Sortieren

Begriffsdefinitionen für Trennprozesse (Bild 1)

Als **Sortieren** (engl. sorting) bezeichnet man die Auftrennung eines Misch-Haufwerks in zwei oder mehrere Haufwerke mit jeweils gleicher Zusammensetzung.
Beispiel: Ein Erzhaufwerk aus Erzpartikeln und tauben Gesteinspartikeln wird durch Sortieren in die Erzpartikel und die Gesteinspartikel getrennt.

Unter **Klassieren** (engl. screening) versteht man die Aufteilung eines Haufwerks aus zusammensetzungsgleichen, aber unterschiedlich großen Partikeln in mehrere Haufwerke mit jeweils gleicher Korngröße. Verfahren zum Klassieren sind z.B. das Sieben, das Windsichten und das Stromklassieren.

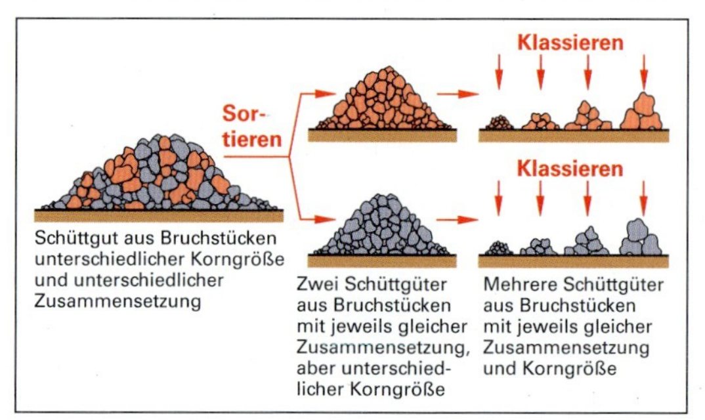

Bild 1: Sortieren und Klassieren

Charakterisierung von Trennprozessen

Die Partikelgrößenverteilung von Schüttgütern (Haufwerken) wird bevorzugt durch Verteilungsdichtekurven (Bild 3, Seite 124) dargestellt **(Bild 2)**.

Die Höhe der Verteilungsdichtekurve bei einer Korngröße ist ein Maß für die Häufigkeit der Partikel dieser Korngröße (die Verteilungsdichte). Die Breite und die Form der Kurve charakterisieren die Art der Verteilung (Seite 125). Die Fläche unter der Verteilungsdichtekurve ist ein Maß für die Masse des Haufwerks.

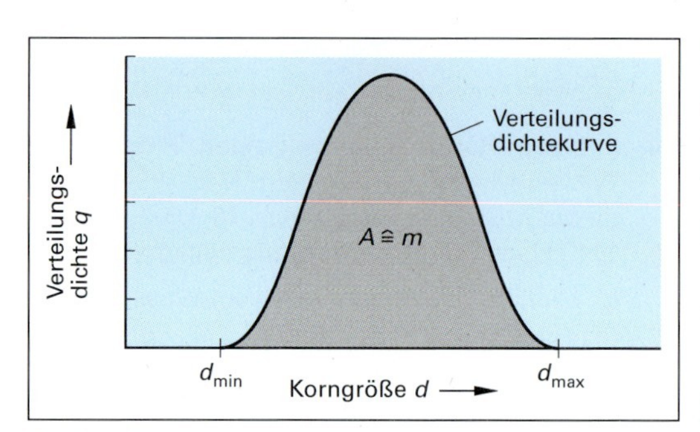

Bild 2: Verteilungsdichtekurve eines Haufwerks

Die Darstellung der Trennung eines Aufgabegut-Haufwerks durch Klassieren in zwei Teilmengen (Fraktionen), wie z.B. bei der Siebung mit einem Sieb, zeigt **Bild 3**.

Das Ausgangs-Haufwerk wird durch die Siebung in das Feingut und das Grobgut aufgeteilt.

Die Verteilungsdichtekurven des Feinguts und des Grobguts liegen innerhalb der Verteilungsdichtekurve des Aufgabeguts und überschneiden sich im mittleren Korngrößenbereich. Die Korngröße beim Schnittpunkt der Verteilungsdichtekurven von Fein- und Grobgut wird **Trennkorngröße d_T** genannt.

Im Feingut und im Grobgut gibt es Fehlgut. Die Grobanteile mit Korngrößen über d_T sind Fehlgut des Feinguts, die Feinanteile mit Korngrößen kleiner als d_T sind Fehlgut im Grobgut.

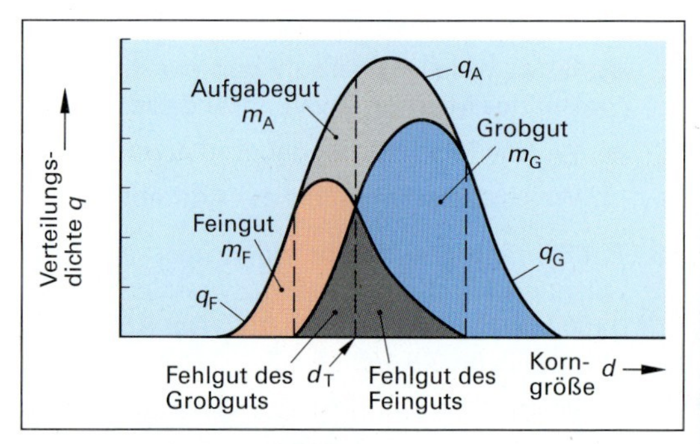

Bild 3: Verteilungsdichtekurven des Ausgangs-Haufwerks sowie des Feinguts und Grobguts bei einer Zweigut-Siebung

Massenbilanzen

Beim Klassieren in zwei Teilmengen entsteht aus einem Aufgabegut der Masse m_A ein Feingut mit der Masse m_F und ein Grobgut mit der Masse m_G.

Dividiert man die Teilmassen jeweils durch die Ausgangsmasse m_A

$$\frac{m_A}{m_A} = \frac{m_F}{m_A} + \frac{m_G}{m_A} = f + g$$

so erhält man eine Beziehung für die Massenanteile des Feinguts f und des Grobguts g.

Für jede Korngröße d addieren sich die Werte der Grobgutkurve $g \cdot q_G$ und der Feingutkurve $f \cdot q_F$ zur Verteilungsdichtekurve q_A des Ausgangsguts.

Massebilanz
$m_A = m_F + m_G$

Masseanteile beim Klassieren
$1 = f + g$

Verteilungsdichten beim Klassieren
$q_A(d) = f \cdot q_F(d) + g \cdot q_G(d)$

Beispiel: Bei der Klassierung eines Haufwerks mit einer Masse von 236,2 kg auf einer Ein-Siebfeld-Maschine wird ein Rückstand von 76,7 kg erhalten.

a) Wie groß ist die Masse des Feinguts?

b) Welche Massenanteile haben das Grobgut bzw. das Feingut?

Lösung: a) $m_A = m_F + m_G$ $\quad m_F = m_A - m_G = 236{,}2\text{ kg} - 76{,}7\text{ kg} = 159{,}5\text{ kg}$

b) $\mathbf{g} = \frac{m_G}{m_A} = \frac{76{,}7\text{ kg}}{236{,}2\text{ kg}} \approx \mathbf{0{,}325}$; $\quad \mathbf{f} = \frac{m_F}{m_A} = \frac{159{,}5\text{ kg}}{236{,}2\text{ kg}} \approx \mathbf{0{,}675}$

Trenngradkurve

Zur Beschreibung der Leistungsfähigkeit eines Klassierprozesses benutzt man die sogenannte Trenngradkurve, auch Trompkurve genannt (**Bild 1**, unterer Bildteil).

Der **Trenngrad *T*** ist definiert als das Verhältnis der Verteilungsdichte der groben Fraktion $g \cdot q_G$ zur Verteilungsdichte des Aufgabeguts q_A bei der jeweiligen Partikelgröße d.

Trenngrad
$T(d) = \frac{g \cdot q_G(d)}{q_A(d)}$

Die einzelnen Punkte der Trenngradkurve werden aus den Verteilungsdichtekurven des Klassierprozesses (Bild 1, oberer Bildteil) gemäß der Definitionsgleichung berechnet und daraus die Trenngradkurve gezeichnet.

Zur Berechnung der Punkte der Trenngradkurve unterteilt man das Korngrößenintervall des Grobguts in 5 bis 10 gleiche Teile. Bei diesen Korngrößen misst man die Ordinaten der Verteilungsdichtekurven des Grobguts q_G und des Ausgangsguts q_A und bestimmt daraus den Trenngrad durch Berechnung des Gradienten.

Die Punkte verbindet man zu einer Ausgleichskurve, der **Trenngradkurve**.

Sie beginnt bei $d_{G,min}$ mit dem Wert 0 und endet bei $d_{F,max}$ mit dem Wert 1.

Dazwischen hat sie einen *S*-förmigen Verlauf mit einem Mittelbereich mit annähernd gleicher Steigung.

Beim Trennkorndurchmesser d_T beträgt der Trenngrad 50 % (≙ 0,50).

Weitere charakteristische Korndurchmesser sind d_{25} beim Trenngrad $T = 0{,}25$ und d_{75} bei $T = 0{,}75$.

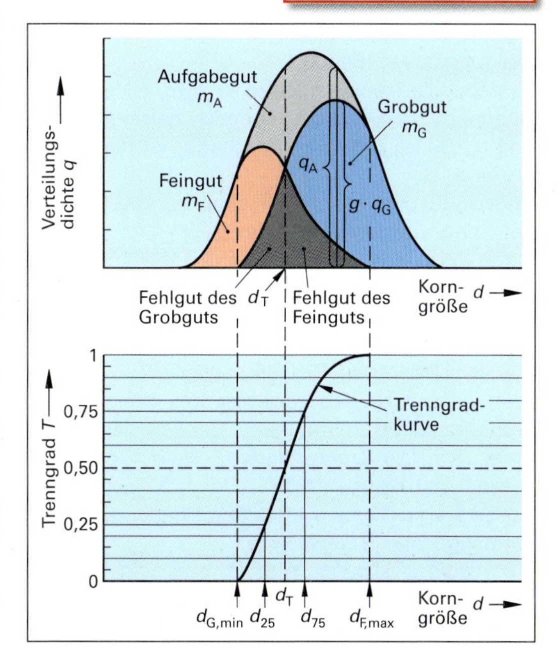

Bild 1: Verteilungsdichtekurven beim Trennprozess (oben) und Trenngradkurve (unten)

Beispiel:

a) Ermitteln Sie aus den nebenstehend gegebenen Verteilungsdichtekurven eines Trennprozesses die Trenngradkurve.

b) Bestimmen Sie aus der Trenngradkurve den d_T-Wert sowie die d_{25}- und d_{75}-Werte.

Lösung:

a) Unterhalb des Verteilungsdichte- Diagramms wird ein Trenngrad-Diagramm erstellt.

Abszisse ist die Korngröße d, Ordinate ist der Trenngrad T mit Werten von 0 bis 1.

Für die d-Werte von $d_{G,min}$ bis $d_{F,max}$ wird in Schritten von 50 µm der Trenngrad nach der Beziehung $T = g \cdot q_G(d)/q_A$ berechnet.

$g \cdot q_G(d)$ und q_A werden bei der jeweiligen Korngröße d als Ordninatenabschnitte aus den Verteilungsdichtekurven von Grobgut und Ausgangsgut abgelesen.

Beispiel: $T(250\ \mu m) = \frac{1{,}0\ \%}{11{,}5\ \%} = 0{,}087$

d in µm	210	250	300	350	375	400	450
T	0	0,087	0,16	0,33	0,50	0,72	0,94

Die erhaltenen T-Werte werden in das Trenngrad-Diagramm eingetragen und zur Trenngradkurve verbunden **(Bild 1)**.

b) $d_{25} = 325\ \mu m$; $d_T = 375\ \mu m$; $d_{75} = 410\ \mu m$

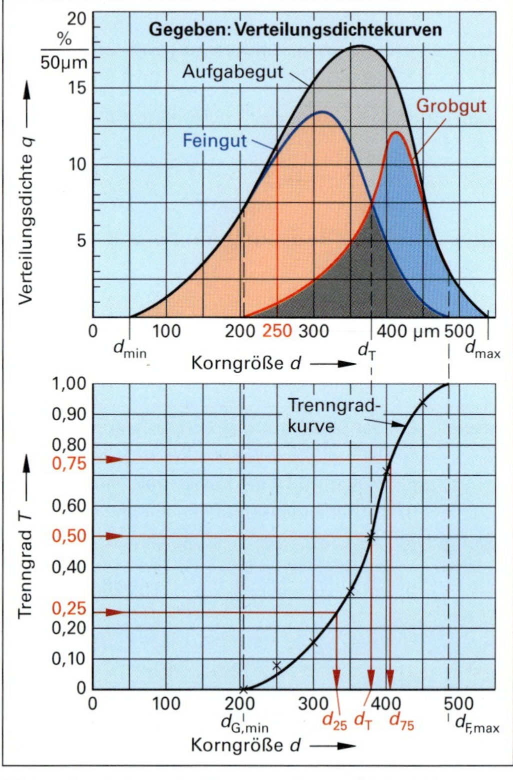

Bild 1: Ermittlung der Trenngradkurve (Beispiel)

Trennschärfe

Die Trenngradkurve kann je nach Qualität des Trennprozesses eine unterschiedliche Form und Steigung haben **(Bild 2)**.

Je steiler die Trenngradkurve ist, d. h., je kleiner der Überlappungs-Korngrößenbereich zwischen $d_{G,min}$ und $d_{F,max}$ ist, um so trennschärfer ist der Trennprozess.

Als Maß für die Güte eines Trennprozesses verwendet man die **Trennschärfe β** (engl. selectivity).

Sie ist definiert als der Quotient aus dem Partikeldurchmesser d_{25} beim Trenngrad $T = 0{,}25$ und d_{75} beim Trenngrad $T = 0{,}75$.

Trennschärfe

$$\beta = \frac{d_{25}}{d_{75}}$$

Die Trennschärfe β charakterisiert die Steigung der Trenngradkurve im mittleren Bereich der Trenngradkurve. Die Trennschärfe β kann Werte zwischen 0 und 1 einnehmen.

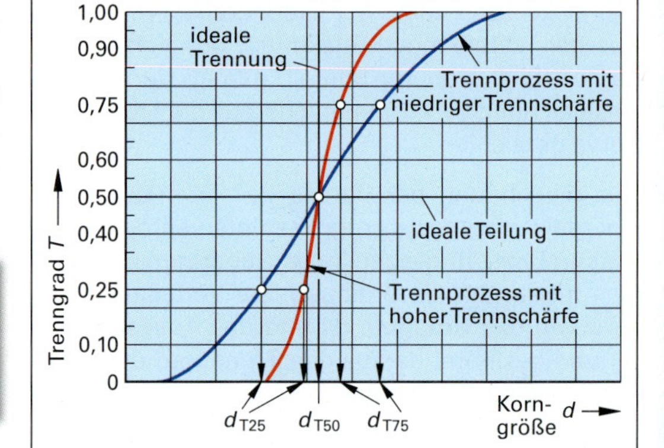

Bild 2: Trenngradkurven von zwei Trennprozessen

Große Trennschärfenwerte nahe 1 bedeuten hohe Trennschärfe, niedrige Trennschärfenwerte nahe 0 bedeuten geringe Trennschärfe.

Beispiel: Wie groß ist die Trennschärfe des Trennprozesses in obigem Beispiel (Bild 1)?

Lösung: Aus dem Beispiel wurden die Werte abgelesen: $d_{25} = 325\ \mu m$; $d_{75} = 410\ \mu m$.

Damit wird die Trennschärfe berechnet: $\boldsymbol{\beta} = \frac{d_{25}}{d_{75}} = \frac{325\ \mu m}{410\ \mu m} \approx \mathbf{0{,}793}$

Sonderfälle bei Trennprozessen

Wird der Trennprozess immer trennschärfer, z. B. durch sehr lange Siebzeiten, dann wird die Überlappung der Verteilungsdichtekurven von Feingut und Grobgut immer schmaler (Bild 1, Seite 133)

Im Extremfall der **idealen Trennung** gibt es keine Überschneidung der Verteilungsdichtekurven. Die Verteilungsdichtekurve des Aufgabeguts wird bei einer idealen Trennung durch eine senkrechte Trennlinie in das Feingut und das Grobgut getrennt (**Bild 1**, linker Bildteil).

Im Trenngrad-Diagramm (Bild 2, Seite 134) ist bei idealer Trennung die Trenngradkurve eine senkrechte Linie.

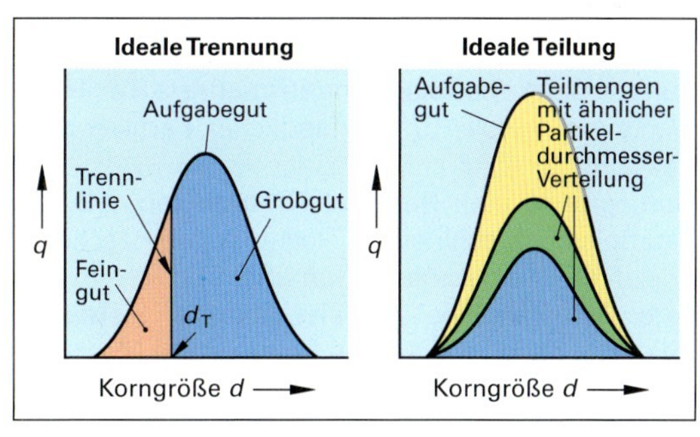

Bild 1: Verteilungsdichtekurven bei idealer Trennung und idealer Teilung

Der andere Extremfall ist ein immer schlechter werdender Trennprozess. Er liegt z. B. vor, wenn die Siebzeit zu kurz ist. Die Überlappung der Verteilungsdichtekurven (Bild 1, Seite 133) wird immer größer.

Im Extremfall der **idealen Teilung** wird das Haufwerk durch den Trennprozess nur geteilt, nicht klassiert. Dann haben die entstehenden Teilmengen formähnliche, aber niedrigere Verteilungsdichtekurven (Bild 1, rechter Bildteil). Sie addieren sich zur Aufgabegut-Kurve. Im Trenngrad-Diagramm (Bild 2, Seite 134) ist bei idealer Teilung die Trenngradkurve eine waagrechte Linie.

Aufgaben zu 6.1 Kennzeichnung der Trennprozesse beim Klassieren und Sortieren

1. Beim Klassieren eines Erz-Schüttguts mit einer Masse von 28,34 t mit einer Ein-Siebfeld-Vibrations-Siebmaschine werden 7,63 Tonnen Grobgut abgesiebt. Die Siebanalyse von Aufgabegut, Grobgut und Feingut ergibt die nebenstehenden Verteilungsdichtekurven **(Bild 2)**.
   a) Bestimmen Sie die Massenanteile von Grobgut und Feingut.
   b) Ermitteln Sie die Trenngradkurve der Siebung.
   c) Welchen Trennkorndurchmesser und welche Trennschärfe hat der Siebprozess?

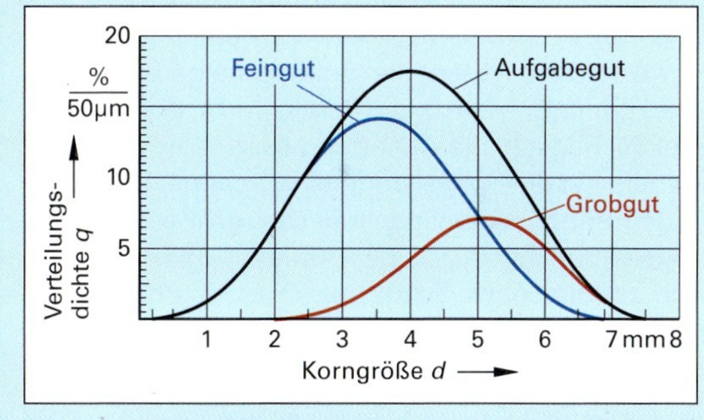

Bild 2: Verteilungsdichtekurven einer Erz-Schüttgut-Klassierung (Aufgabe 1)

2. Eine Charge von 16800 kg Terrakotta-Pigment wird in einer 12-Stunden-Schicht in einer kontinuierlich arbeitenden Stiftmühle gemahlen. Nach dem Mahlen wird das Mahlgut mit einem Taumelsieb gesiebt und das Grobgut (19,0 Massenprozent) mit einem Sieb der Maschenweite 450 µm abgetrennt. Es wird in die Stiftmühle zurückgeführt und erneut gemahlen.

   Die Siebanalyse des Aufgabeguts sowie des durch die Siebung erhaltenen Grobguts und Feinguts lieferte die in **Bild 3** gezeigten Verteilungsdichtekurven.
   a) Wie groß ist die Masse des Feinguts sowie die Masse des Grobguts, das durch die Siebung in die Stiftmühle zurückgeführt wurde?
   b) Berechnen und zeichnen Sie die Trenngradkurve der Siebung.
   c) Welchen Trennkorndurchmesser und welche Trennschärfe hat die Siebung?

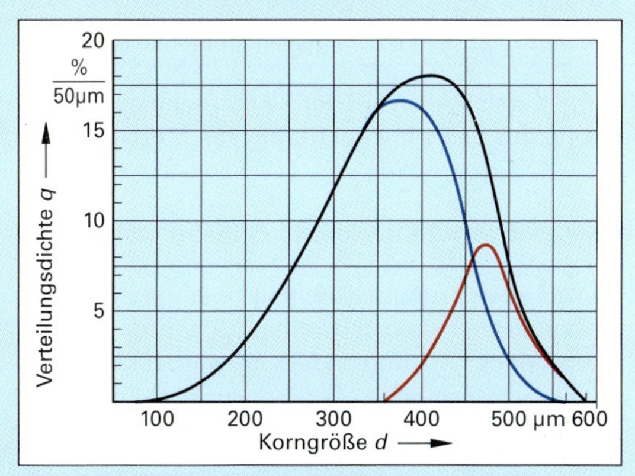

Bild 3: Verteilungsdichte-Diagramm einer Pigmentzerkleinerung (Aufgabe 2)

6.2 Klassieren mit Siebmaschinen

Beim Siebklassieren (engl. sieving) wird ein Schüttgut auf einer Siebmaschine in mehrere Teil-Haufwerke mit jeweils unterschiedlicher Partikelgröße getrennt.

Dazu gibt es eine Reihe von Maschinen, z.B. die Taumelsiebmaschinen, Rechtecksiebmaschinen oder Trommelsiebmaschinen **(Bild 1)**.

Eine Siebmaschine enthält mehrere Siebfelder (Siebsatz genannt), die oben eine große Maschenweite und nach unten in Stufen kleinere Maschenweiten haben.

Bei der Siebung bleiben auf jedem Sieb Partikel zurück, die größer als die lichte Maschenweite des jeweiligen Siebs sind. Sie werden am Siebrand ausgetragen und Fraktionen oder Grobgut, Mittelgut, Feingut genannt.

Die Siebleistung einer Siebmaschine wird nicht mit Gleichungen berechnet, sondern mit Leistungsdiagrammen ermittelt **(Bild 2)**. Sie werden vom Maschinenhersteller in Technikumsversuchen erstellt und stehen dem Anwender zur Verfügung. Das Leistungsdiagramm gilt nur für den gemessenen Siebmaschinentyp. Die Siebleistung ist im Wesentlichen von der Siebmaschenweite abhängig (Bild 2). Außerdem haben die Schüttguteigenschaften einen Einfluss, wie z.B. die Partikelform, die Schüttgut-Feuchtigkeit, die Anhaftung usw.

Deshalb hat die Siebleistung eine Spanne. Die obere Begrenzungskennlinie mit den größeren Leistungswerten gilt für kugelförmiges, unproblematisch zu siebendes Schüttgut. Die Leistungswerte der unteren Begrenzungskennlinie haben schwierig zu siebende Schüttgüter.

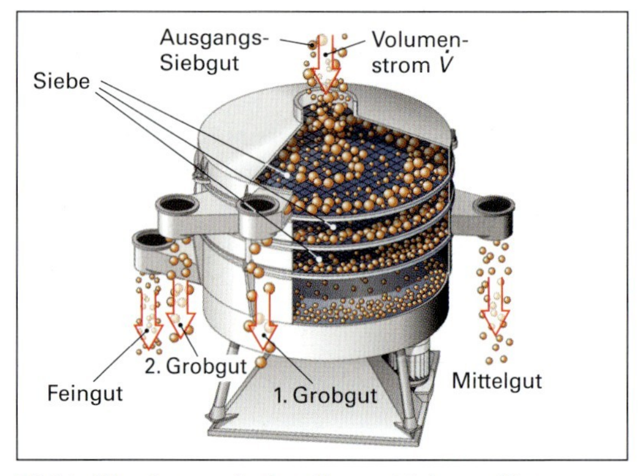

Bild 1: Klassieren mit einer Taumelsiebmaschine

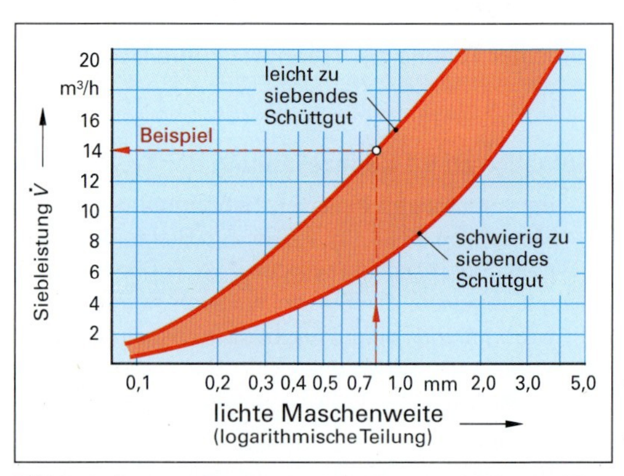

Bild 2: Leistungsdiagramm einer Trommelsiebmaschine (nach Hersteller)

Beispiel: Es soll ein gut zu siebendes Schüttgut auf einer Siebmaschine mit dem Leistungsdiagramm von Bild 2 mit einem Sieb der Maschenweite 0,800 mm gesiebt werden. Welcher Schüttgut-Volumenstrom kann der Siebmaschine zugeführt werden?

Lösung: Aus dem Leistungsdiagramm (Bild 2) wird abgelesen: Siebleistung $\dot{V}$ **= 14 m³/h**

Bei mehreren Sieben auf der Siebmaschine oder einer Siebbahn mit mehreren Siebfeldern muss die Siebleistung des Siebs mit der geringsten Maschenweite zur Bestimmung herangezogen werden.

Aufgaben zu 6.2 Klassieren mit Siebmaschinen

1 Auf einer Trommelsiebmaschine mit dem Leistungsdiagramm von Bild 2 und einem Siebsatz mit den lichten Maschenweiten 0,250 mm, 0,500 mm, 1,000 mm, 2,000 mm, 4,000 mm soll ein gut zu siebendes Schüttgut klassiert werden.
Welcher Schüttgut-Volumenstrom kann der Siebmaschine zudosiert werden?

2. In einem Betrieb steht zum Klassieren eine Vibrations-Siebfelder-Siebmaschine mit 4 Siebfeldern von 2,00 mm, 4,00 mm, 8,00 mm und 16 mm Maschenweite zur Verfügung. Die Siebmaschine hat eine Leistungskennlinie, die der Leistungskennlinie einer Taumelsiebmaschine bei schwierig zu siebendem Siebgut entspricht (Bild 2). Es soll eine Schüttgut-Charge von 100 m³ Erz-Schüttgut klassiert werden.
Kann die Charge mit der Siebmaschine in einer Acht-Stunden-Schicht klassiert werden?

6.3 Dekantieren

Dekantieren (engl. decanting) ist das Trennen einer Emulsion in die einzelnen Komponenten durch Schwerkraft-Entmischen aufgrund der unterschiedlichen Dichten der Flüssigkeiten.

Das Dekantieren wird in einem Dekantierbehälter, auch Abscheider genannt, durchgeführt **(Bild 1)**.
Auf dem Weg vom Zulauf zur Ablaufseite schwimmen die Tröpfchen der leichteren Flüssigkeit auf und die schwerere Flüssigkeit sinkt ab.
Während des Strömungswegs bildet sich nach einer Dekantierzeit t_D zwischen der leichteren und der schwereren Flüssigkeit eine Phasen-Trenngrenze.
Die oben schwimmende, leichtere Flüssigkeit strömt am Ablauf über ein Zackenwehr ab, die unten liegende, schwerere Flüssigkeit wird über einen Siphon aus dem Dekanter abgeleitet.

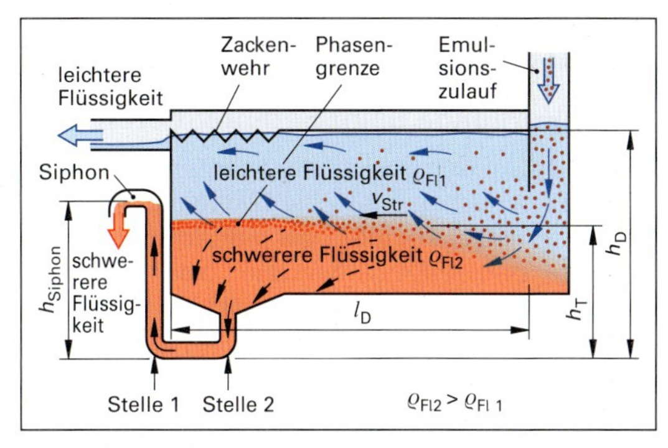

Bild 1: Kontinuierliches Dekantieren einer Emulsion in einem Abscheider

Die Dekantierzeit t_D ist von einer Vielzahl von Parametern abhängig, wie z. B. den beteiligten Flüssigkeiten, den Dichten, den Viskositäten usw. Sie wird deshalb in Technikumsversuchen bestimmt.

Die Strömungsgeschwindigkeit v_{Str} im Dekantierbehälter muss so bemessen sein, dass die Emulsion länger als die Dekantierzeit t_D im Behälter verweilt. Um eine sichere Dekantierung zu gewährleisten, wird die errechnete Dekantierlänge l_D des Behälters auf das Doppelte ausgelegt.

Die Dekantierzeit t_D berechnet man aus der Länge der Dekantierstrecke l_D und der Strömungsgeschwindigkeit v_{Str} im Dekantierbehälter: $t_D = l_D / v_{Str}$

Der zu dekantierende Volumenstrom ist: $\dot{V}_D = V_D / t_D$

Das Volumen des Dekantierbehälters ist: $V_D = A_D \cdot l_D = b_D \cdot h_D \cdot l_D$

Mit den Maßen des Behälters: b_D Breite, h_D Höhe, l_D Länge ergeben sich die nebenstehenden Gleichungen.

Dekantierbarer Volumenstrom

$$\dot{V}_D = \frac{V_D}{t_D} = \frac{b_D \cdot h_D \cdot l_D}{t_D}$$

$$\dot{V}_D = b_D \cdot h_D \cdot v_{Str}$$

Eine weitere Voraussetzung für eine funktionierende Dekantierung ist, das die Phasen-Trenngrenze etwa in der Höhenmitte des Dekantieres liegt (Bild 1).

Die Höhe der Phasen-Trenngrenze h_T kann durch eine aufwendige Regelung eingestellt werden.
Eine einfache Einstellung wird mit einem höhenverstellbaren **Siphon** und seiner Ablaufhöhe h_{Siphon} gewährleistet (Bild 1).
Die Siphonablaufhöhe h_{Siphon} berechnet man aus einer Gleichgewichtsbetrachtung des hydrostatischen Drucks p_{hydr}: Am Boden des Siphons (Stelle 1) ist der hydrostatische Druck gleich dem hydrostatischen Druck am Boden des Ablaufstutzens (Stelle 2).

$$p_{hydr.Siphon} = p_{hydr.Ablauf}$$
$$p_{hydr.Siphon} = p_{hydr.Fl2} + p_{hydr.Fl1}; \quad \text{Mit } p_{hydr} = \varrho_{Fl} \cdot g \cdot h$$
$$\varrho_{Fl2} \cdot g \cdot h_{Siphon} = \varrho_{Fl2} \cdot g \cdot h_T + \varrho_{Fl1} \cdot g \cdot (h_D - h_T)$$

Durch Auflösen nach h_{Siphon} erhält man die Gleichung.

Siphon-Abflusshöhe

$$h_{Siphon} = \frac{\varrho_{Fl2} \cdot h_T + \varrho_{Fl1}(h_E - h_T)}{\varrho_{Fl2}}$$

Aufgaben zu 6.3 Dekantieren

1. In einem kontinuierlich arbeitenden Dekantierbehälter sollen pro Stunde 2580 Liter einer Öl-in-Wasser-Emulsion in die Einzelflüssigkeiten getrennt werden. In einem Technikumsversuch wurde für die Emulsion eine Dekantierzeit von 12,2 Minuten ermittelt.
   Der Dekantierbehälter hat die Maße: Länge 1,70 m; Breite 0,85 m; Höhe 1,00 m.
   a) Kann mit diesem Dekantierer die Trennung sicher durchgeführt werden?
   b) Wie hoch muss der Siphonablauf sein, wenn die Phasen-Trenngrenze in der Mitte der Höhe des Dekantierbehälters sein soll? ϱ(Öl) = 952 kg/m^3; ϱ(Wasser) = 1000 kg/m^3
2. Eine Emulsion aus Glyzerin und Wasser soll in einem Dekantierbehälter mit einer Absetzhöhe von 2,74 m getrennt werden. Die Phasen-Trenngrenze soll 74 cm unterhalb der oberen Ablaufkante des Behälters liegen. ϱ(Glyzerin) = 1261 kg/m^3; ϱ(Wasser) = 1000 kg/m^3
   Wie hoch muss der Siphonablauf sein?

6.4 Sedimentieren

Unter Sedimentieren (engl. sedimentation) versteht man das Trennen einer Suspension unter der Wirkung der Schwerkraft in die Feststoffpartikel und die Flüssigkeit.

6.4.1 Vorgänge beim Sedimentieren

Um eine technisch brauchbare Absetzgeschwindigkeit v_A zu erreichen, muss die Dichte der Feststoffpartikel ϱ_F deutlich größer als die Dichte der Flüssigkeit ϱ_{Fl} sein. Außerdem müssen die Partikel eine Mindestgröße von etwa 1 µm besitzen.

Ursache des Sedimentierens ist, dass auf die Feststoffteilchen eine größere Schwerkraft wirkt als auf volumengleiche Flüssigkeiten **(Bild 1)**.

Da die Schwerkraft bei einem größeren Partikel größer ist als bei einem kleinen Partikel, setzen sich größere Partikel mit einer größeren Absetzgeschwindigkeit v_A ab als kleinere Partikel. Die Folge ist ein schnelleres Absetzen der größeren Partikel und ein langsameres der kleineren Partikel.

Dieses ungestörte (ideale) Absetzverhalten liegt nur bei Suspensionen mit geringem Feststoffanteil von weniger als 5 Volumenprozent sowie annähernd kugelförmigen und nicht-flockigen Partikeln vor.

Bei **realen Suspensionen** mit größerem Feststoffanteil und/oder nicht-kugelförmigen bzw. flockigen Partikeln wirken viele Nebeneinflüsse.

Die **Absetzgeschwindigkeit** ist bei realen Suspensionen nicht zu berechnen, da sie neben der Partikelgröße noch vom Dichteunterschied ($\varrho_F - \varrho_{Fl}$), von der Viskosität der Flüssigkeit, von der Partikelform, dem Feststoffgehalt der Suspension und einer eventuellen elektrischen Ladung der Partikel abhängt.

Deshalb wird die Absetzgeschwindigkeit meist in einem **Absetzversuch** ermittelt. Man lässt die Suspension in einem 1-Liter-Messzylinder sedimentieren **(Bild 2)**.

Die großen Partikel sinken schnell auf den Boden. Die kleineren Partikel sinken langsamer als Block ab und bilden nach oben eine Absetz-Trennlinie. Man erstellt damit eine Sedimentationskurve.

Daraus lässt sich die Absetzzeit t_A und daraus mit nebenstehender Gleichung die Absetzgeschwindigkeit v_A bestimmen.

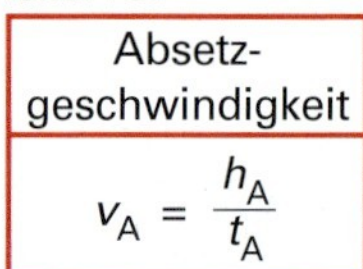

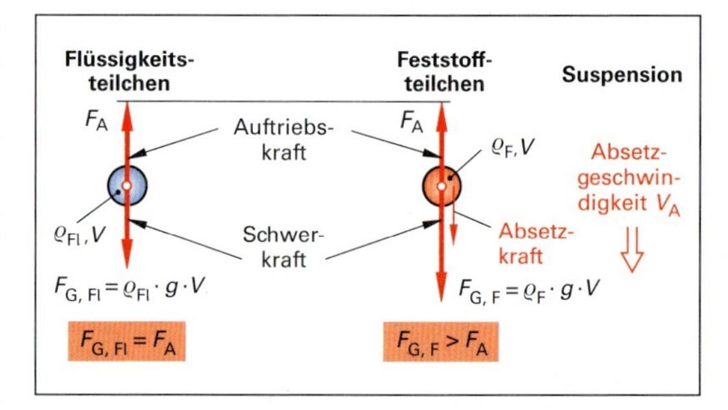

Bild 1: Kräfte auf die Teilchen und Absetzgeschwindigkeit in einer Suspension

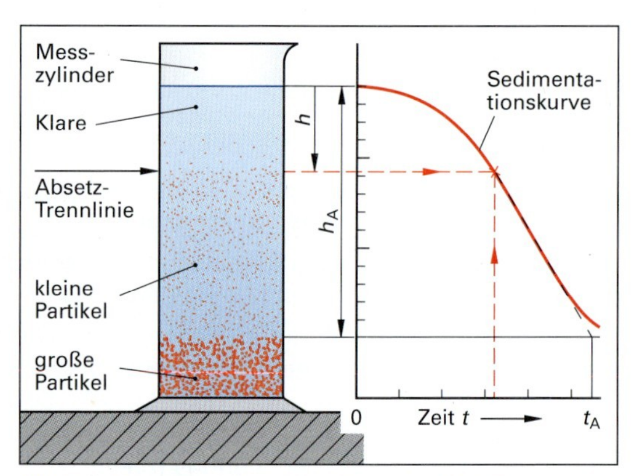

Bild 2: Absetzversuch zur Bestimmung der Absetzgeschwindigkeit

6.4.2 Absetzapparate

Bei einem kontinuierlichen **Rechteck-Absetzbecken** fließt das Abwasser auf der einen Seite zu **(Bild 3)**. Die bestimmende Größe ist die Absetzfläche A aus Beckenlänge mal Beckenbreite: $A = L \cdot b$.

Damit es dort zum annähernd vollständigen Absetzen der Feststoffpartikel kommt, muss die Verweilzeit t_V der Suspension im Absetzbereich des Beckens mindestens so groß wie die Absetzzeit t_A der Partikel sein.

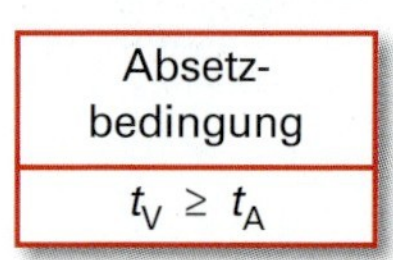

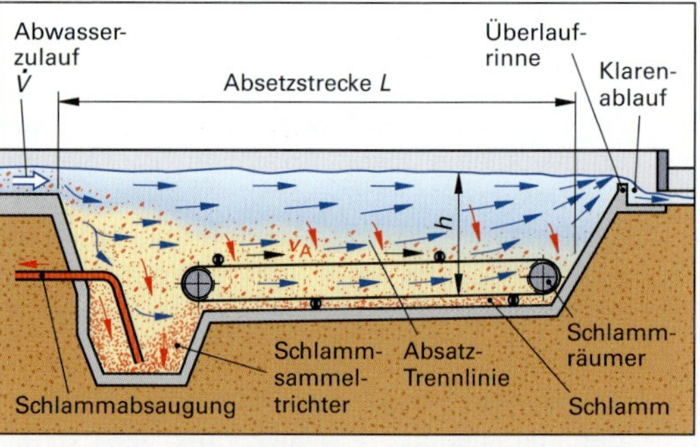

Bild 3: Kontinuierliches Rechteck-Absetzbecken und Sedimentiervorgang

Bei einem zufließenden Suspensions-Volumenstrom $\dot{V}$ und einem durchströmten Absetz-Apparatevolumen $V = L \cdot b \cdot h$ beträgt die mittlere Verweilzeit $t_V = \frac{V}{\dot{V}} = \frac{L \cdot b \cdot h}{\dot{V}}$.

Mit $t_V = t_A = \frac{h}{v_A}$ folgt $\frac{h}{v_A} = \frac{L \cdot b \cdot h}{\dot{V}}$. Durch Kürzen von h und Umstellen folgt daraus mit der Apparate-Absetzfläche $A = L \cdot b$ die nebenstehende Gleichung für den zu sedimentierenden Suspensions-Volumenstrom $\dot{V}$.

Für die Berechnung wird die ermittelte Absetzgeschwindigkeit v_A halbiert. Damit wird die Wirkung lokaler Turbulenzen ausgeglichen. Man nennt v_A' dann Auslegungs-Absetzgeschwindigkeit.

Sedimentierbarer Volumenstrom
$\dot{V} = A \cdot v_A$

Beim kontinuierlichen **Rundklärbecken** strömt die Suspension in der Mitte zu **(Bild 1)**. Sie fließt radial zum Ringüberlauf, wobei die Fließgeschwindigkeit nach außen stark abnimmt. Die geklärte Flüssigkeit fließt am Überlauf ab, der abgesetzte Schlamm wird am Boden in einen mittigen Austrag geschoben.

Für die Bestimmungsgrößen des Rundklärbeckens gelten analoge Ansätze wie beim Rechteck-Absetzbecken (Seite 138).

Die durchströmte Absetz-Apparatefläche beträgt beim Rundklärbecken $A = \pi \cdot r^2$ und das Apparatevolumen $V = \pi \cdot r^2 \cdot h$.

Damit ergibt sich für den zu sedimentierenden Suspensions-Volumenstrom die nebenstehende Näherungsgleichung.

Sedimentierbarer Volumenstrom
$\dot{V} = \pi \cdot r^2 \cdot v_A$

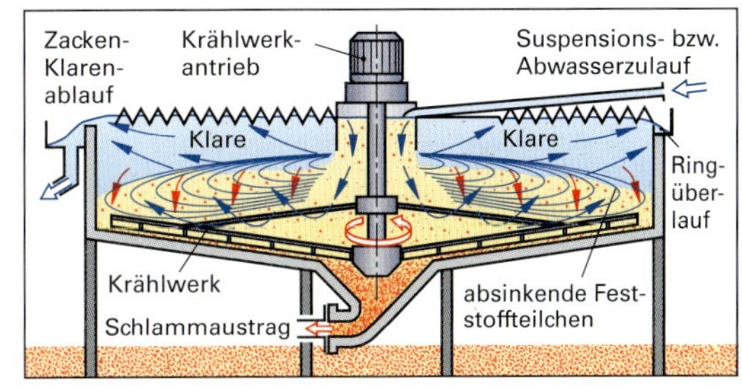

Bild 1: Absetzvorgang im Rundklärbecken

Bei einem kontinuierlichen **Vertikal-Absetzbehälter (Bild 2)** strömt die zu klärende Suspension von oben in der Mitte mit niedriger Zulaufgeschwindigkeit zu.

Im Behälter strömt die Suspension radial nach außen, verlangsamt durch die Verteilung des Volumens auf die gesamte Behälterfläche ihre Strömungsgeschwindigkeit und steigt mit der Aufströmgeschwindigkeit u_A langsam aufwärts.

Mit $\dot{V} = \pi/4 \cdot d^2 \cdot u_A$ berechnet sie sich zu nebenstehender Gleichung.

Aufströmgeschwindigkeit
$u_A = \frac{4 \cdot \dot{V}}{\pi \cdot d^2}$

In der aufwärts gerichteten Strömung mit der Geschwindigkeit u_A werden die Partikel abgesetzt, deren Absetzgeschwindigkeit v_A größer ist als die Aufströmgeschwindigkeit u_A.

Absetzbedingung
$v_A \geq u_A$

Die geklärte Flüssigkeit fließt über einen Ringüberlauf ab, die abgesetzten Partikel sammeln sich am Behälterboden und werden periodisch als Schlamm abgelassen.

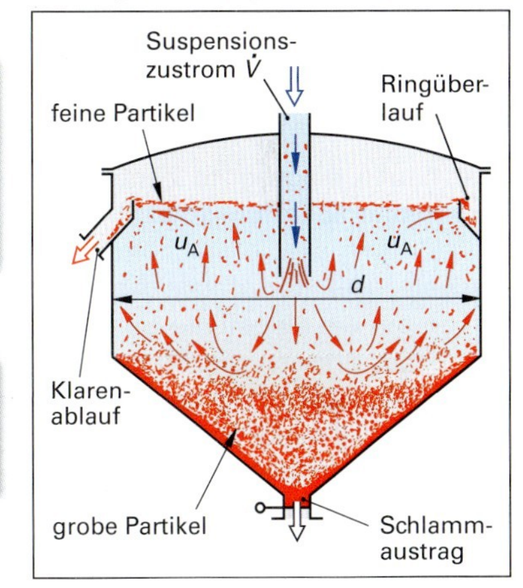

Bild 2: Vertikal-Absetzbehälter

Ist die Aufströmgeschwindigkeit u_A größer als die Absetzgeschwindigkeit v_A, dann erfolgt eine **Stromklassierung** der Suspension. Es werden nur die Partikel abgesetzt, deren Durchmesser größer als die Trennkorngröße d_{Tr} ist.

Bei laminarer Aufströmung, die im Absetzbehälter herrschen muss, berechnet sich die Trennkorngröße mit nebenstehender Gleichung.

Trennkorngröße im Absetzbehälter
$d_{Tr} = \sqrt{\frac{18 \cdot \eta_{Fl} \cdot u_A}{(\varrho_P - \varrho_{Fl}) \cdot g}}$

Beispiel: In einem Vertikal-Absetzbehälter mit 4,25 m Durchmesser fließt ein kontinuierlicher Strom einer Suspension zu (Bild 2). Wie groß darf der Volumenstrom im Zufluss höchsten sein, wenn eine Auslegungs-Aufströmgeschwindigkeit im Absetzbehälter von 0,050 cm pro Sekunde nicht überschritten werden darf?

Lösung: $u_A = \frac{4 \cdot \dot{V}}{\pi \cdot d^2} \Rightarrow \dot{V} = \frac{\pi \cdot d^2 \cdot u_A}{4} = \frac{\pi \cdot (4{,}25\,\text{m})^2 \cdot 0{,}050 \cdot 10^{-2}\,\text{m/s}}{4}$

$\boldsymbol{u_A} \approx 0{,}00709\,\text{m}^3/\text{s} \approx \mathbf{7{,}1\,L/s}$

Aufgaben 6.4 Sedimentieren

1. In einem Rechteck-Klärbecken (Bild 3, Seite 138) mit den Abmessungen l = 30,0 m, b = 10,8 m, h = 2,4 m soll ein Abwasserstrom durch Sedimentieren geklärt werden. In einem Absetzversuch wurde die Absetzgeschwindigkeit des Abwassers zu 1,50 cm/min bestimmt. Welcher Abwasserstrom kann in dem Absetzbecken gerade noch geklärt werden?
2. In einem Rechteck-Klärbecken mit einer Länge von 28,6 m und einer Breite von 14,3 m soll ein Erz-Dünnschlamm-Volumenstrom von 250 m^3/h geklärt werden. Die Verweilzeit im Absetzbecken beträgt 108 Minuten. Welche Absetzhöhe muss das Becken mindestens haben, damit es zum vollständigen Absetzen des Dünnschlamms kommt?
3. In einem Rundklärbecken (Bild 1, Seite 139) mit 32,6 m Durchmesser wird ein Industrieabwasserstrom durch Sedimentieren mechanisch vorgeklärt. Die Absetzgeschwindigkeit des Abwassers wurde in einem Absetzversuch bestimmt und beträgt 0,84 cm/min. Das Abwasser strömt durch ein Zuflussrohr mit Nennweite DN 400 (d_i = 406,4 mm) zu.
   a) Welcher Abwasser-Volumenstrom kann im Rundklärbecken geklärt werden?
   b) Welche Strömungsgeschwindigkeit herrscht bei diesem Volumenstrom im Zuflussrohr?
4. Bei der Sole- Aufbereitung für eine Alkalichlorid-Elektrolyse wird eine Suspension aus Salzsole und Schwebepartikeln mit einem Volumenstrom von 4,82 m^3/h in einem Vertikal-Absetzbehälter mit 3,60 m Durchmesser sedimentiert. Welche Trennkorngröße herrscht im Absetzbehälter?
   Daten der Stoffe: $\varrho_P = 2{,}66\ g/cm^3$; $\varrho_{Fl} = 1{,}12\ g/cm^3$; $\eta_{Fl} = 1{,}43 \cdot 10^{-3}$ Pa·s

6.5 Zentrifugieren mit Sedimentierzentrifugen

Beim Zentrifugieren (engl. centrifugation) werden fein verteilte Feststoffpartikel unter der Wirkung der Zentrifugalkräfte (Fliehkräfte) aus einer Suspension abgetrennt.

Das Zentrifugieren wird eingesetzt, wenn durch Sedimentieren kein befriedigendes Trennergebnis erzielt werden kann. Es wird in Zentrifugen durchgeführt.

Eine häufig eingesetzte Zentrifugenbauart ist die **Sedimentierzentrifuge (Bild 1)**. Sie besitzt eine Vollmanteltrommel, die mit hoher Drehzahl um eine vertikale oder horizontale Achse rotiert. Dadurch wirken auf die eingefüllte Suspension Zentrifugalkräfte. Sie pressen die Suspension als konzentrischen Flüssigkeitsring von innen an die Zentrifugen-Trommelwand. Im Flüssigkeitsring setzen sich die Feststoffpartikel unter der Wirkung der Zentrifugalkräfte als Schicht an der Wand ab. Die darüber stehende, geklärte Flüssigkeit fließt über eine Überlaufkante ab.

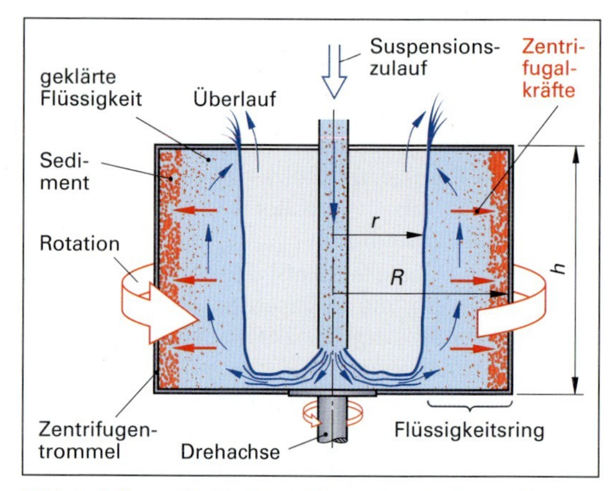

Bild 1: Schematische Darstellung einer Sedimentier-Zentrifuge mit vertikaler Drehachse

Man lässt die Suspension so lange zufließen, bis eine ausreichend dicke Sedimentschicht in der Zentrifuge erreicht ist. Dann wird der Suspensionszustrom abgeschaltet und die Sedimentschicht von einem einfahrenden Schälmesser abgeschält und ausgetragen (Bild 1, Seite 141). Danach beginnt ein neuer Zentrifugierzyklus.

Während beim Sedimentieren (Seite 138) die Schwerkraft $F_G = \varrho_F \cdot g \cdot V$ als Absetzkraft wirkt, ist dies beim Zentrifugieren die viel größere Zentrifugalkraft $F_Z = 4 \cdot \pi^2 \cdot \varrho_F \cdot r \cdot n^2 \cdot V$ **(Bild 2)**.
Dadurch können auch schwer zu sedimentierende Suspensionen mit sehr kleinen bzw. flockigen Partikeln getrennt werden.

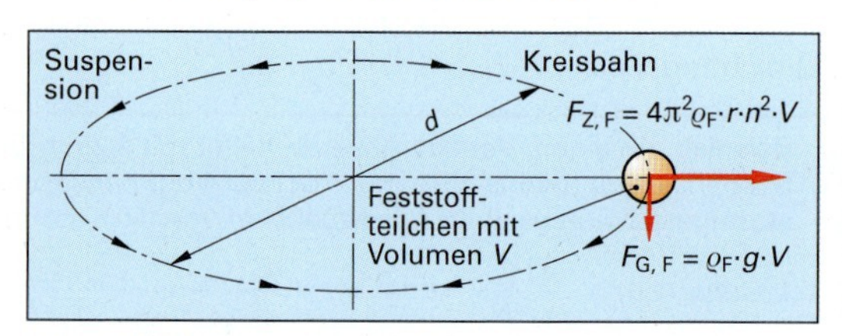

Bild 2: Kräfte beim Zentrifugieren auf die Partikel in einer Suspension

Als Maß für die Trennwirkung einer Zentrifuge dient die **Schleuderzahl *z***, auch Trennfaktor (engl. centrifugal force) genannt. Sie ist der Quotient aus der Zentrifugalkraft F_Z und der Schwerkraft F_G.

Die Schleuderzahl beträgt je nach Zentrifugenbauart und Drehzahl 200 bis 20000.

Schleuderzahl

$$z = \frac{F_Z}{F_G} = \frac{4 \cdot \pi^2 \cdot r \cdot n^2}{g}$$

Beispiel: Welche Schleuderzahl herrscht in einer mit der Drehzahl $n = 2850\ \text{min}^{-1}$ rotierenden Zentrifuge auf einem Schleuderradius von $r = 48$ cm?

Lösung: Mit $n = 2850\ \text{min}^{-1} = \frac{2859\ \text{s}^{-1}}{60} = 47{,}5\ \text{s}^{-1}$; $g = 9{,}81\ \text{m/s}^2$

$$\boldsymbol{z} = \frac{4 \cdot \pi^2 \cdot r \cdot n^2}{g} = \frac{4 \cdot \pi^2 \cdot 0{,}48\,\text{m} \cdot (47{,}5)^2 (\text{s}^{-1})^2}{9{,}81\,\text{m/s}^2} \approx \mathbf{4358}$$

Die **Zentrifugier-Absetzgeschwindigkeit v_z** in der rotierenden Suspension ermittelt man aufgrund physikalischer und strömungstechnischer Ansätze aus der natürlichen Absetzgeschwindigkeit v_A im Schwerefeld und der Schleuderzahl z. Für turbulente Strömungsverhältnisse in der Absetzschicht (sie herrschen überwiegend) gilt die nebenstehende Gleichung.

Der zu zentrifugierende **Suspensions-Volumenstrom $\dot{V}_{z,Sus}$** in einer Zentrifuge kann mit einem analogen Ansatz wie beim Sedimentieren (Seite 139) bestimmt werden und ergibt die nebenstehende Bestimmungsgleichung. Sie gilt für einen 50%igen Füllungsgrad der Zentrifuge ($r = 0{,}71 \cdot R$).

r ist der Radius bis zur rotierenden Suspensionsoberfläche; R ist der Innenradius der Zentrifugentrommel; h ist deren Höhe (Bild 1; Seite 140).

Der Volumenstrom $\dot{V}_{z,Sus}$ liegt nur während der reinen Zentrifugierzeit t_z innerhalb des Zentrifugierzyklus vor. In der Ausschälzeit wird nicht zentrifugiert.

Mit der Massenkonzentration β_F des Feststoffs in der Suspension erhält man den abgeschiedenen **Feststoffvolumenstrom $\dot{V}_{z,F}$**.

Absetzgeschwindigkeit beim Zentrifugieren

$$v_z = \sqrt{z} \cdot v_A$$

Zentrifugierbarer Suspensions-Volumenstrom

$$\dot{V}_{z,Sus} = 1{,}72 \cdot \pi \cdot r \cdot h \cdot v_z$$

Abgeschiedener Feststoff-Volumenstrom

$$\dot{V}_{z,F} = \beta_F \cdot \dot{V}_{z,Sus}$$

Aufgaben 6.5 Zentrifugieren mit Sedimentierzentrifugen

1. In einer Sedimentierzentrifuge werden die Partikel einer Suspension abgetrennt. Die Partikel sind annähernd kugelförmig, haben einen mittleren Durchmesser von 10 µm und eine Dichte von 1,36 g/cm³. Die Zentrifuge rotiert mit 4400 Umdrehungen pro Minute und hat einen mittleren wirksamen Zentrifugenradius von 56 cm.
   a) Welche Zentrifugalkraft wirkt auf ein Partikel während des Zentrifugierens?
   b) Wie groß ist die Schleuderzahl des Zentrifugierprozesses?

2. In einer Vollmantel-Schälzentrifuge **(Bild 1)** werden aus einer wässrigen PVC-Suspension mit einer Massenkonzentration von 86,3 kg pro 1 m³ Suspension die PVC-Partikel abgetrennt. Ihre natürliche Absetzgeschwindigkeit im Schwerefeld wurde zu 0,27 cm/min bestimmt; die Absetzgeschwindigkeit in der Zentrifuge soll 20 cm/min betragen, ihr Innenradius ist 64 cm.
   a) Mit welcher Schleuderzahl muss die Zentrifuge betrieben werden, um die geforderte Absetzgeschwindigkeit zu erreichen?
   b) Welche Drehzahl muss die Zentrifuge dazu haben?
   c) Welches Suspensionsvolumen kann in der Zentrifugierzeit von 3 Minuten während eines Zentrifugierzyklus abgetrennt werden?
   d) Wie groß ist die in einem Zentrifugierzyklus abgeschiedene Feststoffmasse?

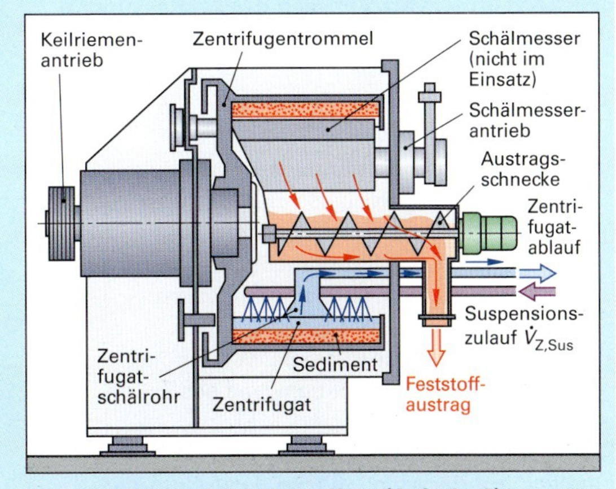

Bild 1: Vollmantel-Schälzentrifuge (Aufgabe 2)

6.6 Staubabscheidung mit dem Zyklon

6.6.1 Vorgänge im Zyklon

In einem Zyklon (engl. cyclone) werden aus einem staubhaltigen Rohgasstrom durch die Wirkung der Zentrifugalkraft die Staubpartikel abgeschieden **(Bild 1)**.

Der staubbeladene Rohgasstrom tritt tangential in den oberen zylindischen Teil des Zyklons ein und wird auf eine kreisförmige Spiralbahn gezwungen. Die entstehende Strömung wird **Primärwirbel** genannt. Er rotiert im zylindrischen und konischen Teil des Zyklons spiralförmig nach unten, wobei sein Durchmesser kleiner wird. Im unteren engen Teil des Konus wird der Primärwirbel umgelenkt. Er steigt als rotierender **Sekundärwirbel** (mit dem Durchmesser des Tauchrohrs) nach oben und verlässt als entstaubter Gasstrom den Zyklon durch das Tauchrohr.

Die im Primärwirbel mitrotierenden, größeren Staubpartikel sedimentieren im Zentrifugalkraftfeld an der Zyklonwand. Sie werden dort abgebremst und rutschen durch die Schwerkraft in der Zylinderwand nach unten. Dort sammeln sie sich.

Der Primärwirbel vermindert nach unten seinen Kreisbahndurchmesser bis auf den Sekundärwirbel-Durchmesser. Nach dem Energieerhaltungssatz erhöht sich dadurch seine Rotationsgeschwindigkeit. Die größte Umfangsgeschwindigkeit im Zyklon herrscht auf der Mantelfläche des Sekundärwirbels mit dem Durchmesser des Tauchrohrs d_1. Dort werden die kleinsten Partikel abgeschieden. Ihr Durchmesser entspricht der **Trennkorngröße d_{Tr}** des Zyklons. Der Tauchrohrdurchmesser d_1 ist für die Berechnung der vom Zyklon gerade noch abzutrennenden Trennkorngröße d_{Tr} das entscheidende Maß.

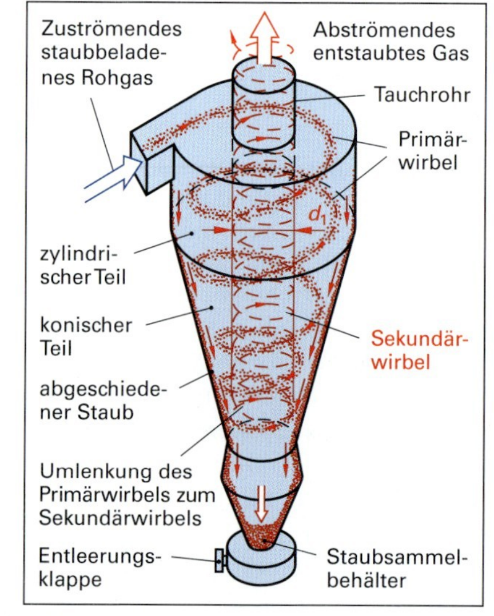

Bild 1: Staubabscheidung im Zyklon

6.6.2 Berechnungen beim Zyklon

Die Hauptabmessungen beim Zyklon **(Bild 2)** sind:

Die Einström-Querschnittsfläche A_0 und die Einströmgeschwindigkeit v_0:
$$A_0 = a \cdot b; \quad v_0 = \frac{\dot{V}_0}{A_0}$$

Die Ausström-Querschnittsfläche A_1 des Tauchrohrs und die Ausströmgeschwindigkeit aus dem Tauchrohr v_1:
$$A_1 = \frac{\pi}{4} \cdot d_1^2; \quad v_1 = \frac{\dot{V}_1}{A_1}$$

Der Einströmvolumenstrom $\dot{V}_0$ ist gleich groß wie der Ausströmvolumenstrom $\dot{V}_1$:
$$\dot{V}_0 = \dot{V}_1$$

Die nachfolgenden Berechnungsgleichungen gelten für Zyklone mit den üblichen Größenverhältnissen der Abmessungen:

$$\frac{A_0}{A_1} = 0{,}5 \ldots 1{,}8; \quad \frac{H}{d_1} = 5 \ldots 12; \quad \frac{s}{d_1} \approx 1{,}5; \quad \frac{u}{d_1} = 0{,}6 \ldots 1$$

$$\frac{d_Z}{d_1} = 3 \ldots 4; \quad \frac{b}{r_0} = 0{,}2 \ldots 0{,}5; \quad \frac{a}{c} = 0{,}4 \ldots 0{,}8$$

Das Verhältnis der **Umfangsgeschwindigkeit u_1** an der äußeren Mantelfläche des Sekundärwirbels zur Ausströmgeschwindigkeit aus dem Tauchrohr v_1 ist:

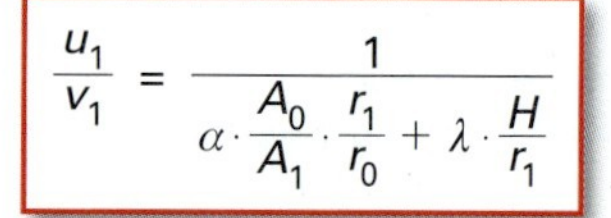

$$\frac{u_1}{v_1} = \frac{1}{\alpha \cdot \frac{A_0}{A_1} \cdot \frac{r_1}{r_0} + \lambda \cdot \frac{H}{r_1}}$$

α = 0,75; es ist der Strömungsbeiwert für Zyklone mit den üblichen Größenverhältnissen der Abmessungen.

λ = 0,005 ... 0,010; es ist ein Beiwert für die Wandreibung an der Innenwand des Zyklons.

Die **Absetzgeschwindigkeit w_Z** im Zentrifugalfeld auf der Mantelfläche des Sekundärwirbels ist:

Absetzgeschwindigkeit

$$w_Z = \frac{\dot{V}_1}{\pi \cdot d_1 \cdot h}$$

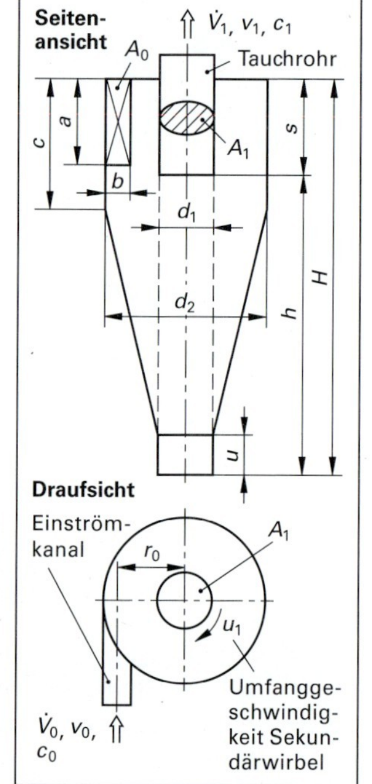

Bild 2: Hauptabmessungen eines Zyklons

Bei einem Zyklon ist die **Schleuderzahl *z*** (auch Trennfaktor genannt) der Quotient aus der Zentrifugalkraft F_z und der Schwerkraft F_g. Setzt man die Beziehungen für die Kräfte ein, dann erhält man die nebenstehende Gleichung.

Schleuderzahl

$$z = \frac{F_Z}{F_G} = \frac{2 \cdot u_1^2}{d_1 \cdot g}$$

Sie gibt an, um welchen Faktor die Abscheidung größer ist als bei der Abscheidung im Schwerefeld (Seite 141).

Die **Trennkorngröße d_{Tr}** des Zyklons berechnet man mit nebenstehender Gleichung.

Trennkorngröße

$$d_{Tr} = \sqrt{\frac{18 \cdot \eta \cdot w_z \cdot r_1}{u_1^2 \cdot \Delta\varrho}}$$

η ist die Viskosität des Gasstroms.

$\Delta\varrho$ ist die Dichtedifferenz zwischen Staubpartikeln und Gas: $\varrho_F - \varrho_G$

Das Gas ist häufig Luft mit einer Dichte von $\varrho_{Luft} = 0{,}001293$ g/cm³.

Partikel mit der Trennkorngröße werden im Zyklon zu 30 bis 50 % abgeschieden.

Zu annähernd 100 % werden Staubpartikel abgeschieden, deren Partikelgröße mindestens dreimal so groß wie die rechnerisch ermittelte Trennkorngröße d_{Tr} ist.

Bedingung für die annähernd vollständige Abscheidung von Partikelgrößen

$$d_{Absch} \geq 3 \cdot d_{Tr}$$

Beispiel: In einem Zyklon mit der Umfangsgeschwindigkeit u_1 = 15,5 m/s im Sekundärwirbel (d_1 = 40,0 cm) und der Absetzgeschwindigkeit w_z = 2,25 m/s wird ein Gasstrom entstaubt. Die Dichte des Gases beträgt ϱ_G = 1,293 kg/m³, die Viskosität $\eta_G = 18{,}2 \cdot 10^{-6}$ Pa·s. Die Dichte der Partikel ist ϱ_{St} = 0,428 g/cm³, Luft = 0,001293 g/m³

a) Welche Trennkorngröße hat der Zyklon?

b) Ab welcher Größe werden die Staubpartikel zu 100 % abgeschieden?

Lösung: $\Delta\varrho = 0{,}428\ \text{g/cm}^3 - 0{,}001293\ \text{g/cm}^3 \approx 0{,}427\ \text{g/cm}^3 \approx 427\ \text{kg/m}^3$; $r_1 = d_1/2 = 40{,}0\ \text{cm}/2 = 20{,}0\ \text{cm} = 0{,}200\ \text{m}$

a) $\mathbf{d_{Tr}} = \sqrt{\frac{18 \cdot \eta \cdot w_z \cdot r_1}{u_1^2 \cdot \Delta\varrho}} = \sqrt{\frac{18 \cdot 18{,}2 \cdot 10^{-6}\ \text{Pa·s} \cdot 2{,}25\ \text{m/s} \cdot 1{,}08\ \text{m}}{25{,}5^2 \cdot \text{m}^2/\text{s}^2 \cdot 427\ \text{kg/m}^3}} \approx 0{,}0379 \cdot 10^{-3}\ \text{m} \approx \mathbf{0{,}0379\ mm}$

b) $\mathbf{d_{Absch}} \geq 3 \cdot d_{Tr} \approx 3 \cdot 0{,}0379\ \text{mm} \approx \mathbf{0{,}114\ mm}$

6.6.3 Druckverlust, Abscheidegrad

Der **Druckverlust Δp** des Zyklons berechnet sich mit nebenstehender Gleichung.

Druckverlust

$$\Delta p = \xi \cdot \frac{\varrho_G}{2} \cdot v_1^2$$

ϱ_G ist die Gasdichte.

ξ ist der Druckverlustbeiwert.

Er beträgt für Zyklone mit den üblichen Abmessungsverhältnissen $\xi = 1{,}2 \cdot \xi_1$. ξ_1 wird mit dem Diagramm in **Bild 1** ermittelt:

u_1 ist die Umfangsgeschwindigkeit des Sekundärwirbels, v_1 die Ausströmungsgeschwindigkeit aus dem Tauchrohr (Bild 2, Seite 142).

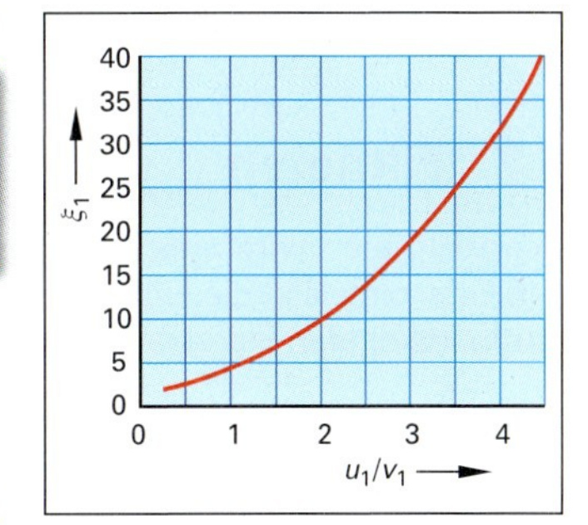

Bild 1: Druckverlust-Beiwert von Zyklonen üblicher Bauart

Der **Gesamt-Staubabscheidegrad η_G** eines Zyklons ist definiert als das Verhältnis der durch die Entstaubung verminderten Staub-Massenkonzentration ($\beta_0 - \beta_1$) zur Staub-Massenkkonzentration im Rohgas β_0.

Staubabscheidegrad

$$\eta_G = \frac{\beta_0 - \beta_1}{\beta_0} \cdot 100\,\%$$

Die Staub-Massenkonzentration β wird in kg pro m³ Rohgas angegeben.

Der Staubabscheidegrad wird als Zahl zwischen 0 und 1 bzw. in Prozent angegeben.

Für die üblichen technischen Stäube mit Korngrößen zwischen 1 µm und 100 µm beträgt der Gesamt-Staubabscheidegrad im Zyklon je nach Feinstaubanteil 70 % bis 95 %.

Feinststaub mit Korngrößen unter der Trennkorngröße der Zyklone ($d_{Tr} \leq 1$ µm) wird nicht abgeschieden. Er muss mit nachgeschalteten Schlauchfiltern und/oder Elektrofiltern abgeschieden werden.

Aufgaben zu 6.6 Staubabscheidung mit dem Zyklon

1. Ein Zyklon hat folgende Abmessungen: a = 84 cm; b = 52 cm; d_1 = 76 cm. Mit ihm soll ein Abgasstrom von 3,47 m^3/s entstaubt werden.
   a) Welche mittlere Strömungsgeschwindigkeit herrscht im Einströmkanal und welche am Austritt aus dem Tauchrohr?
   b) Welche anderen Hauptabmessungen hat der Zyklon? Benutzen Sie zur Berechnung die mittleren Werte der üblichen Größenverhältnisse bei Zyklonen.
   c) Zeichnen Sie eine maßstäbliche Skizze des Zyklons.

2. Ein Zyklon hat die nebenstehend gezeigten Abmessungen **(Bild 1)**. In ihm wird ein Aluminiumoxidpartikel-haltiger Abgasstrom von 1,40 m^3/s entstaubt. Die Dichte der Al_2O_3-Partikel beträgt 2,85 kg/dm^3, die des Abgases 1,24 kg/m^3; die dynamische Viskosität des Abgases ist $\eta = 21{,}6 \cdot 10^{-6}$ Pa·s.
   a) Mit welcher Geschwindigkeit strömt das Rohgas in den Zyklon ein und mit welcher Geschwindigkeit tritt das entstaubte Gas aus dem Zyklon aus?
   b) Welche Absetzgeschwindigkeit herrscht an der Mantelfläche des Sekundärwirbels?
   c) Welche Schleuderzahl (Trennfaktor) hat der Zyklon?
   d) Welche Trennkorngröße hat der Zyklon?
   e) Bis zu welcher Korngröße werden die Al_2O_3-Partikel annähernd vollständig aus dem Rohgasstrom abgeschieden?

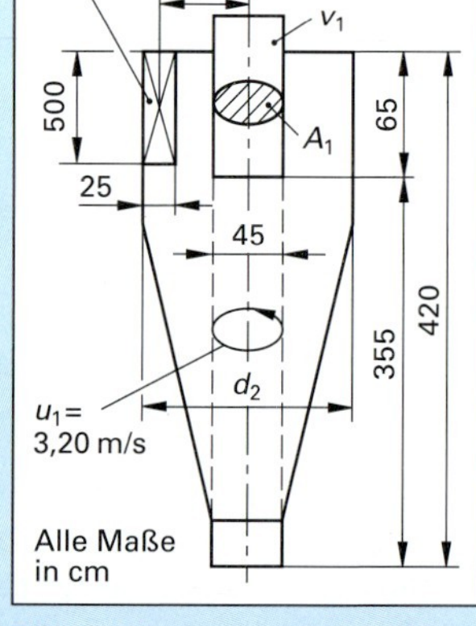

Bild 1: Abmessungen des Zyklons von Aufgabe 2

3. Ein Zyklon hat eine kreisförmige Ausströmöffnung am Tauchrohr von 0,26 m^2. Es wird ein Abgas-Volumenstrom von 2,50 m^3/s durchgesetzt. Die maximale Umfangsgeschwindigkeit auf der Mantelfläche im Sekundärwirbel beträgt u_1 = 11,98 m/s; die Dichte des Abgases ist ϱ_{Abgas} = 1,28 kg/m^3.
   Welchen Druckverlust hat der Zyklon bei diesen Betriebsbedingungen, wenn man voraussetzt, dass er die üblichen Größenverhältnisse der Abmessungen besitzt?

4. Ein Zyklon hat bei der Abscheidung eines Zinkoxid-haltigen Röstofen-Abgases einen Gesamt-Staubabscheidegrad von 87 %. Das Abgas enthält 7,91 g Staub pro 1 m^3 Gas.
   Mit welcher Reststaub-Konzentration verlässt das entstaubte Gas den Zyklon?

6.7 Filtrieren

Beim Filtrieren wird eine Suspension mithilfe eines porösen Filtermittels in die Flüssigkeit (das Filtrat) und die Feststoffpartikej (den Filterkuchen) getrennt **(Bild 2)**.

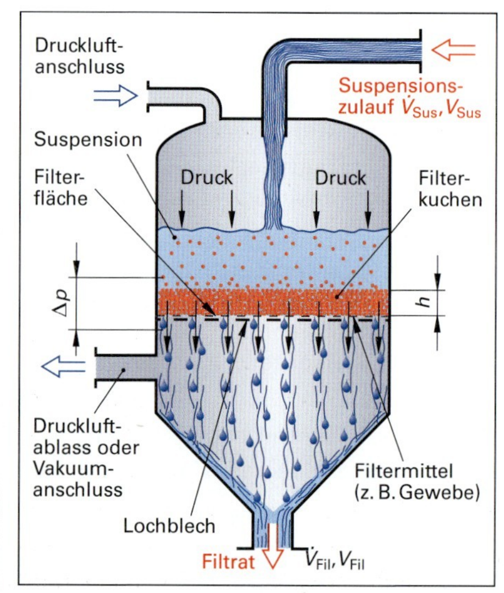

Bild 2: Schema einer absatzweisen Filtration

6.7.1 Vorgänge beim Filtrieren

Das Volumen der Flüssigkeit in der Suspension V_{Fges} teilt sich bei der Filtration in das Filtratvolumen V_{Fil} und die Restfeuchtigkeit $V_{Fil,FK}$ im Filterkuchen: $V_{Fges} = V_{Fil} + V_{Fil,FK}$

Das Volumen der Suspension V_{Sus} setzt sich aus dem Flüssigkeitsvolumen V_{Fges} und dem trockenen Feststoffvolumen $V_{FS,Tr}$ zusammen: $V_{Sus} = V_{Fges} + V_{FS,Tr}$

Die Trockenmasse des Feststoffs in der Suspension ist durch die nebenstehende Gleichung zu berechnen.

Dabei ist β die Massenkonzentration des Feststoffs in der Suspension in kg/m^3.

Feststoffmasse in der Suspension
$m_{FS,Tr} = \beta \cdot V_{Sus}$

Das Restfeuchtevolumen $V_{Fil,FK}$ im Filterkuchen berechnet sich zu:

$$V_{Fil,FK} = \beta \cdot f \cdot V_{Fges}$$

Dabei ist *f* das Flüssigkeits-Feststoff-Verhältnis in Liter Filtrat pro 1 kg Filterkuchen-Trockensubstanz. Eingesetzt in die V_{Fges}-Ausgangsgleichung, erhält man die nebenstehende Beziehung:

$$V_{Fges} = V_{Fil} + \beta \cdot f \cdot V_{Fges}$$

Nach dem Umstellen und Auflösen erhält man für das Volumen der Flüssigkeit V_{Fges} in der Suspension die nebenstehende Gleichung.

Flüssigkeitsvolumen in der Suspension

$$V_{Fges} = \frac{V_{Fil}}{1 - \beta \cdot f}$$

Die treibende Kraft der Filtratströmung durch die Filtrierschicht (Filterkuchen plus Filtermittel) ist ein angelegter Überdruck auf der Suspensionsseite oder ein Unterdruck (Vakuum) auf der Filtratseite (Bild 2, Seite 144). Sie erzeugen eine Druckdifferenz Δp zwischen der Suspension und der Filtratseite des Filters.

Der Filterkuchen bildet sich durch die Anschwemmung der Feststoffpartikel auf dem Filtermittel.

Nach einer kurzen Aufbauzeit hat er eine Basisdicke erreicht (ca. 0,5 cm bis 1 cm) und wächst dann in seiner Dicke h_F mit der Filtrierzeit t_F auf **(Bild 1)**.

Der Filterkuchen hat engere Poren als das Filtermittel und bestimmt damit die Geschwindigkeit und die Güte (Abscheidegrad und Trennkorngröße) des Filterprozesses. Man spricht deshalb auch von **Kuchenfiltration**.

Bei konstantem Filtrierdruck Δp wächst das durchgeflossene Filtratvolumen V_{Fil} zuerst recht stark an, im Laufe der Filtrierzeit wird es immer geringer (Bild 1). Die Zeitabhängigkeit des Filtratvolumens V_{Fil} gehorcht einer Wurzelfunktion: $V_{Fil} \sim \sqrt{t_F}$

Auch die Filterkuchendicke h_F nimmt zuerst rasch, später dann immer langsamer zu: $h_F \sim \sqrt{t_F}$

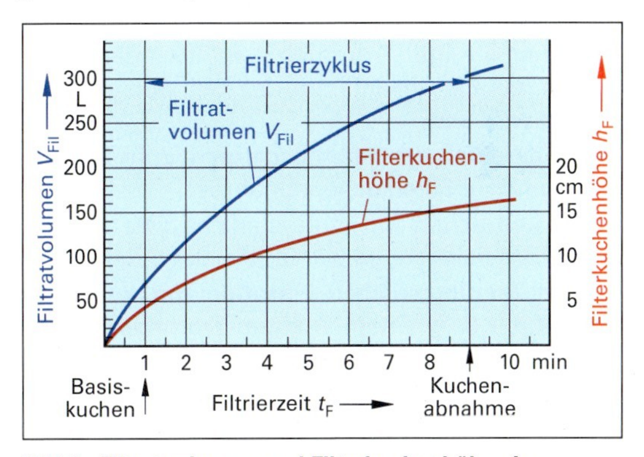

Bild 1: Filtratvolumen und Filterkuchenhöhe eines Filters im Laufe des Filtrierzyklus (bei konstanter Filterdruckdifferenz Δp)

Die Ursache dieser Zeitabhängigkeit ist der anwachsende Strömungswiderstand im dicker werdenden Filterkuchen.

Deshalb wird der Filterkuchen nach Erreichen einer bestimmten Filterkuchenhöhe h_{max} (ca. 10 cm bis 20 cm) bis auf die Basis-Filterkuchendicke abgenommen.

Danach beginnt ein neuer Filtrierzyklus.

Beispiel: Welches Filtratvolumen ist beim Filterprozess von Bild 1 nach 9 Minuten (ein Filterzyklus) durch den Filter geflossen und wie dick ist dann der Filterkuchen?

Lösung: Aus Bild 1 wird abgelesen: $V_{Fil} = 310$ L; $\Rightarrow$ $h_F = 16$ cm

Die Einflussgrößen auf den zeitlichen Verlauf des Filtrierprozesses sind vielfältig. Die wichtigsten sind: die Größe, Form und Konsistenz der Feststoffpartikel in der Suspension, der Feststoffgehalt, die Porosität, die Poren- und Kapillarform im gebildeten Filterkuchen, die Viskosität der Flüssigkeit, die Maschenweite des Filtermittels, die Druckdifferenz im Filterapparat usw.

Beim Durchfluss des Filtrats durch den Filterkuchen handelt es sich im Wesentlichen um eine laminare Kapillarströmung durch das Poren- und Kapillarlabyrinth des Filterkuchens. Aufgrund der unbekannten geometrischen Verhältnisse in diesem System ist eine Berechnung auf strömungstechnischer Basis nicht möglich. Man erfasst die Strömungsverhältnisse summarisch durch Widerstandsbeiwerte (A_c, B_c).

Durch einen empirischen Formelansatz können dann Bestimmungsgleichungen für die interessierenden Größen beim Filtrieren erhalten werden (siehe nächste Seite).

Zur Bestimmung der Widerstandsbeiwerte werden in Technikumsfilterversuchen in einem Modell-Filterapparat mit der zu filtrierenden Suspension und dem verwendetem Filtermittel die Widerstandsbeiwerte des Filtersystems ermittelt, die in den Berechnungsformeln verwendet werden.

6.7.2 Absatzweise Filtration

Für die absatzweise **Filtration mit konstantem Filtrationsdruck Δp** erhält man für das Filtratvolumen V_{Fil} während eines Filterzyklus die nebenstehende Gleichung.

Es sind: A die Filterfläche
A_c der Widerstandsbeiwert des Filterkuchens
B_c der Widerstandsbeiwert des Filtermittels
Δp der Filterdruck; t_F die Filtrierzeit

Die obige Gleichung ergibt aufgelöst für die Filtrierzeit t_F die nebenstehende Beziehung.

Filtratvolumen eines Filtrierzyklus

$$V_{Fil} = A \cdot \frac{-B_c + \sqrt{B_c^2 + 2A_c \cdot \Delta p \cdot t_F}}{A_c}$$

Filtrierzeit eines Filtrierzyklus

$$t_F = \frac{A_c \cdot \left(\frac{V_{Fil}}{A}\right)^2 + 2 \cdot B_c \frac{V_{Fil}}{A}}{2 \cdot \Delta p}$$

6.7.3 Kontinuierliche Filtration

Bei der kontinuierlichen Filtration ist jeweils nur ein Teil der Gesamtfilterfläche im Filtriereinsatz. So z.B. bei Scheiben- und Trommelzellenfiltern der Flächenanteil, der in die Suspension eintaucht (Bild 3, Seite 139), bei Planzellenfiltern der Teil, der mit Suspension beaufschlagt wird usw.

Der andere Teil der Filterfläche dient zum Entwässern, zum Waschen und zur Filterkuchenabnahme.

Ansonsten gelten für kontinuierliche Filterapparate analoge Berechnungsgleichungen wie für diskontinuierliche Filterapparate.

Bei der **kontinuierlichen Filtration mit konstantem Filtrationsdruck Δp**, z.B. in einem Vakuum-Trommelzellenfilter **(Bild 1)**, gilt für das Filtratvolumen, das während einer Trommelumdrehung anfällt, die rechts unten stehende Gleichung.

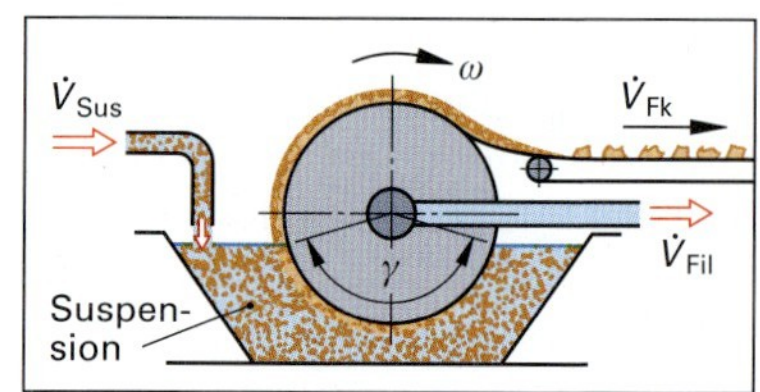

Bild 1: Trommelzellenfilter

Sie ist bis auf die Filtrierzeit identisch mit der Gleichung bei der diskontinuierlichen Filtration. Siehe rechts oben.

Die Filtrierzeit t_F während einer Trommelumdrehung ist der Eintauchwinkel γ (in rad) dividiert durch die Winkelgeschwindigkeit ω. $t_F = \frac{\gamma(rad)}{\omega}$

Mit $\gamma(\text{rad}) = \frac{\gamma(\text{in}^\circ) \cdot \pi}{180^\circ}$ und $\omega = 2\pi \cdot n$ folgt

$$t_F = \frac{\gamma(rad)}{\omega} = \frac{\frac{\gamma(\text{in}^\circ) \cdot \pi}{180^\circ}}{2\pi \cdot n} = \frac{\gamma(\text{in}^\circ)}{2 \cdot n \cdot 180^\circ}.$$

Der Filtratvolumenstrom $\dot{V}_{Fil}$ berechnet sich bei der kontinuierlichen Filtration aus dem Filtratvolumen während einer Trommelumdrehung V_{Fil} mal der Filtertrommel-Drehzahl n. Gleichung siehe rechts.

Filtratvolumen pro Umdrehung

$$V_{Fil} = A \cdot \frac{-B_c + \sqrt{B_c^2 + 2A_c \cdot \Delta p \cdot \frac{\gamma(\text{rad})}{\omega}}}{A_c}$$

Filtrierzeit

$$t_F = \frac{\gamma(\text{rad})}{\omega} = \frac{\gamma(\text{in}^\circ)}{2 \cdot n \cdot 180^\circ}$$

Filtratvolumenstrom

$$\dot{V}_{Fil} = n \cdot V_{Fil}$$

Aufgaben zu 6.7 Filtrieren

1. In einer absatzweise arbeitenden Druckfilternutsche strömen in einer Filtercharge 980 Liter wässrige Viskose-Suspension in den Filterapparat **(Bild 2)**.

   Die Suspension hat eine Massenkonzentration von 79,4 kg Feststoff pro 1 m³ Suspension. Die Dichte des trockenen Filterkuchens beträgt 1,82 kg/dm³. Der nasse Filterkuchen enthält 0,42 Liter Wasser pro 1 kg Trockensubstanz.

   a) Welche Masse an trockener Filterkuchensubstanz wird pro Filtriercharge gewonnen?
   b) Welches Filtratvolumen wird pro Filtercharge erreicht?
   c) Welche Masse an Wasser ist im nassen Filterkuchen einer Charge enthalten?

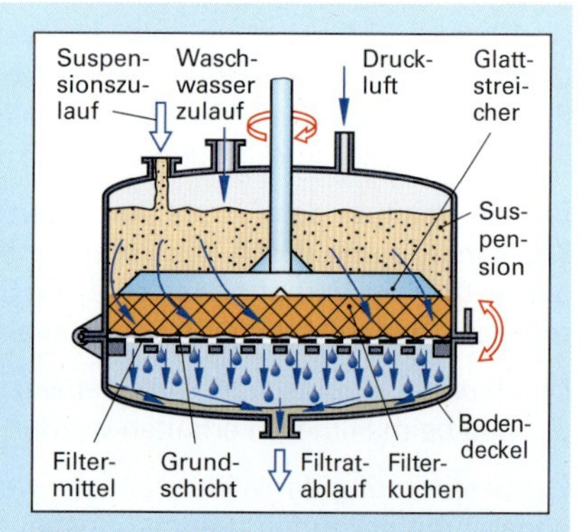

Bild 2: Druckfilternutsche (Aufgabe 1)

2. Mit einer Kammerfilterpresse soll eine Zellstoff-Suspension mit einer Massenkonzentration von 87,5 kg pro 1 m^3 Suspension filtriert werden **(Bild 1)**.
   Die Kammerfilterpresse hat eine Filterfläche von 42,0 m^2. Die Filterpresse muss bei einer maximalen Filterkuchendicke von 2,5 cm geleert werden. Der Filterkuchen hat eine Restfeuchte von 580 Liter pro 1 m^3 nassem Filterkuchen und eine Trockensubstanzdichte von 1,28 g/cm^3.
   a) Wie groß ist das Volumen des nassen Filterkuchens während eines Filterzyklus?
   b) Wie viel Restfeuchtevolumen ist im nassen Filterkuchen enthalten?
   c) Wie groß ist die trockene Filterkuchenmasse?
   d) Welches Suspensionsvolumen kann in einem Filterzyklus gefiltert werden?
   e) Welches Filtratvolumen fällt dabei an?

3. In einem absatzweise arbeitenden Tellerfilter wird eine Suspension mit PTFE-Partikeln gefiltert **(Bild 1)**. Der Tellerfilter hat eine Gesamt-Filterfläche von 65,0 m^2 und arbeitet bei einem Filterdruck von 4,20 bar.
   Die Widerstandsbeiwerte des Filterkuchens und des Filtermittels wurden in Technikumsversuchen bestimmt und betragen: $A_c = 5{,}10 \cdot 10^{10}$ kg/($m^3 \cdot$ s); $B_c = 1{,}40 \cdot 10^8$ kg/($m^2 \cdot$ s).
   a) Welches Filtratvolumen wird in einem Filtrationszyklus von 16 Minuten erhalten?
   b) Welches Suspensionsvolumen muss dem Tellerfilter während eines Filtrationszyklus zugeführt werden, wenn der ausgetragene Filterkuchen ein Volumen von 0,82 m^3 hat?
   c) Welche Massenkonzentration an trockener Feststoffsubstanz hat die Suspension, wenn die Trockenmasse des gewonnenen Filterkuchens während eines Filtrationszyklus zu 692 kg ausgewogen wurde?

4. Mit einem Vakuum-Trommelzellenfilter sollen bei der Sodaherstellung pro Stunde 6,85 m^3 einer $NaHCO_3$-haltigen Suspension gefiltert werden **(Bild 2)**. Die Suspension hat eine $NaHCO_3$-Massenkonzentration von 59,2 kg/m^3 Suspension; der $NaHCO_3$-Filterkuchen hat eine Endfeuchte von 350 L/m^3 nasser Filterkuchen; die Dichte des trockenen $NaHCO_3$ beträgt 2,16 g/cm^3. Der Trommelzellenfilter hat eine Fläche von 4,26 m^2 und wird bei einem Unterdruck von 0,64 bar betrieben. Er taucht mit einem Saugwinkel von 105° in die Suspension. Die Filtrationskonstanten wurden in Technikumsversuchen ermittelt und betragen:
   $A_c = 3{,}25 \cdot 10^5$ kg/($m^3 \cdot$ s); $B_c = 1{,}14 \cdot 10^5$ kg/($m^2 \cdot$ s)
   a) Welche Masse an trockenem $NaHCO_3$ wird pro Stunde gewonnen?
   b) Welcher Volumenstrom an Filtrat fällt stündlich an?
   c) Mit welcher Drehzahl muss die Filtertrommel rotieren, um diesen Suspensionsvolumenstrom zu filtern?

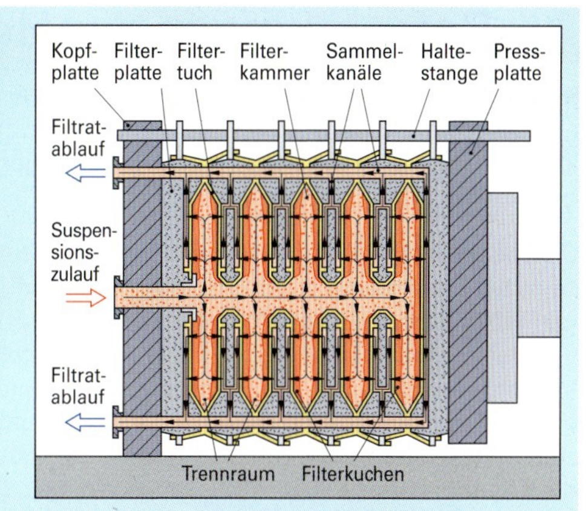

Bild 1: Kammerfilterpresse (Aufgabe 2)

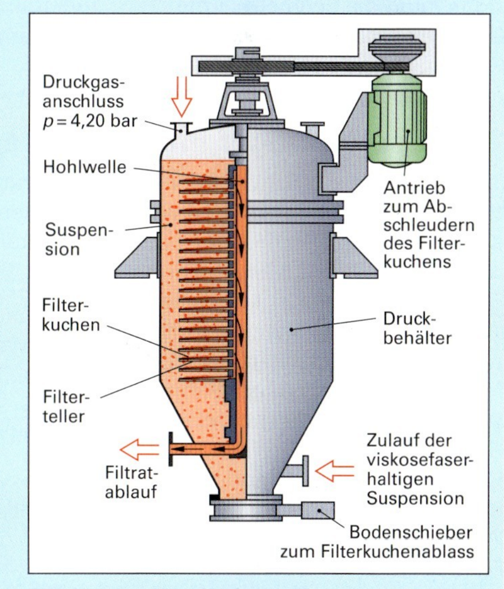

Bild 2: Tellerfilter (Aufgabe 3)

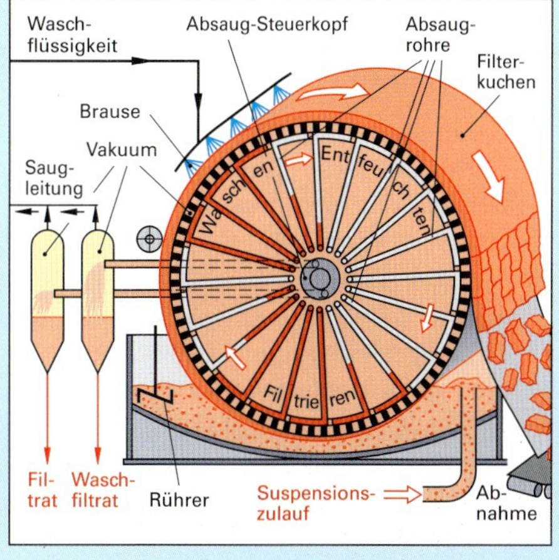

Bild 3: Vakuum-Trommelzellenfilter (Aufgabe 4)

7 Berechnungen zur Heiz- und Kühltechnik

In der Chemietechnik wird bei vielen Prozessen den Stoffen zur Erhöhung bzw. Absenkung der Temperatur Wärme zugeführt bzw. entzogen. Es kommen dabei verschiedene Wärmeträger zum Einsatz.
Im Folgenden sind die Berechnungsgleichungen für die Heiz- und Kühlvorgänge zusammengefasst.

7.1 Wärmemengen

Wärmeinhalt: Die Wärmemenge Q, die eine Stoffportion der Masse m bei Erwärmung aufnimmt bzw. die ihr bei Abkühlung entzogen wird, berechnet man mit der spezifischen Wärmekapazität c und der Temperaturänderung $\Delta\vartheta$ nach nebenstehender Gleichung.

Verdampfungswärme, Kondensationswärme: Zum Verdampfen einer Flüssigkeitsportion m muss die Verdampfungswärme Q_{Verd} zugeführt werden. Zum Kondensieren einer Dampfportion m wird die Kondensationswärme Q_{Kond} entzogen, r ist die spezifische Verdampfungswärme. Formel rechts.

Schmelzwärme, Erstarrungswärme: Zum Schmelzen eines Feststoffs muss die Schmelzwärme Q_{Schm} zugeführt werden und zum Gefrieren einer Flüssigkeit die Erstarrungswärme Q_{Erst} entzogen werden. Formel rechts.
q ist die spezifische Schmelz- bzw. Erstarrungswärme.

Wärmeinhalt einer Stoffportion
$Q = c \cdot m \cdot \Delta\vartheta$

Verdampfungswärme bzw. Kondensationswärme
$Q_{\text{Verd}} = Q_{\text{Kond}} = r \cdot m$

Schmelzwärme bzw. Erstarrungswärme
$Q_{\text{Schm}} = Q_{\text{Erst}} = q \cdot m$

7.2 Energieträger im Chemiebetrieb

Brennstoffe: Die beim Verbrennen einer Brennstoffportion m erzeugbare Wärmemenge Q_B ist vom spezifischen Heizwert H_u bzw. dem spezifischen Brennwert H_o und dem Wirkungsgrad η der Verbrennungsanlage abhängig (Formel rechts).

Elektrischer Strom: Mit einer elektrischen Widerstandsheizung wird die Wärmemenge $Q_{\text{el}} = W_{\text{el}}$ freigesetzt. U Spannung; I Stromstärke; t Zeit; R Widerstand der Heizwicklung

Umrechnungen:
1 J = 1 Ws = 1 V · A · s
1 kJ = 0,278 · 10^{-3} kWh
1 KWh = 3,6 · 10^{6} Ws

Heizdampf: Die im Heizdampf gespeicherte Wärmemenge berechnet man aus der Kondensationswärme und dem freigesetzten Wärmeinhalt beim Abkühlen des Heizdampfkondensats um $\Delta\vartheta$. Formel rechts.

Wärmeträger: In Wärmeträgern, wie z.B. Heiz- und Kühlflüssigkeiten oder Feststoffschüttungen, ist der Wärmeinhalt der Stoffportion gespeichert: $Q_{\text{WT}} = c_{\text{WT}} \cdot m \cdot \Delta\vartheta$

Verbrennungswärme fossiler Brennstoffe
$Q_B = \eta \cdot H_u \cdot m; \quad Q_B = \eta \cdot H_o \cdot m$

Elektrische Arbeit (Energie)
$Q_{\text{el}} = W_{\text{el}} = U \cdot I \cdot t = P \cdot t$ $Q_{\text{el}} = \frac{1}{R} U^2 \cdot t = R \cdot I^2 \cdot t$

Wärmemenge im Heizdampf
$Q_{\text{HD}} = r \cdot m + c_W \cdot m \cdot \Delta\vartheta$

Aufgaben zu 7.1 Wärmemengen und 7.2 Energieträger

1. Durch ein Rohr mit Begleitheizung (U = 230 V) mit einem elektrischen Widerstand von 2,45 Ω fließen 185 kg Essigsäure (c = 2,05 kJ/(kg · K)) in einen Reaktionsbehälter. Sie soll dabei um 12,0 °C erwärmt werden. Wie lang muss die Verweildauer der Essigsäure in der beheizten Rohrleitung sein, um die Erwärmung zu gewährleisten?
2. In einem Dampferzeuger sollen pro Stunde 4500 kg Sattdampf aus Kesselspeisewasser (Zulauftemperatur 14 °C) erzeugt werden. Wie viel Kubikmeter Erdgas müssen dazu im Dampferzeuger stündlich verbrannt werden? Der spezifische Heizwert des Erdgases beträgt 37000 kJ/m³, der Wirkungsgrad des Dampferzeugers 46,5 %.
3. Im Abluft-Wärmetauscher eines Abfall-Verbrennungsofens wird das Rauchgas zur Vorwärmung eines flüssigen Reaktionsgemischs genutzt. Das Rauchgas kühlt sich dabei von 386 °C auf 98 °C ab.
   Stoffdaten Rauchgas: m = 84,2 t/h; c(Rauchgas) = 1,04 kJ/(kg · K)
   Stoffdaten Reaktionsgemisch: m = 379 t/h; c(Reaktionsgemisch) = 2,32 kJ/(kg · K).
   Um wie viel Grad Celsius wird das Reaktionsgemisch erwärmt?

7.3 Wärmeübertragung in der Chemietechnik

7.3.1 Grundlagen der Wärmeübertragung

Wärme wird übertragen, wenn sich zwei Stoffe mit unterschiedlichen Temperaturen berühren oder wenn sich zwei Körper gegenüberstehen. Dabei wird Wärme vom wärmeren Körper auf den kälteren übertragen **(Bild 1)**.

Die pro Zeiteinheit übertragene Wärmemenge Q heißt Wärmestrom $\dot{Q}$.

Wärmestrom
$\dot{Q} = Q / t$

Bild 1: Wärmeübertragung

Wärmeübertragung kann durch drei physikalische Grundmechanismen erfolgen: durch **Wärmeleitung**, durch **Konvektion** (Wärmeströmung) und durch **Wärmestrahlung**.

In der Chemietechnik wird die Wärme in den meisten Fällen durch eine Wand hindurch von einem Fluid auf ein anderes Fluid übertragen **(Bild 2)**. Diese Art der Wärmeübertragung nennt man **Wärmedurchgang**.

Hierbei wird die Wärme nacheinander vom Fluid ① auf die Trennwand übertragen (Wärmeübergang), dann durch die Wand geleitet (Wärmeleitung) und schließlich von der Wand an das Fluid ② übertragen (Wärmeübergang).

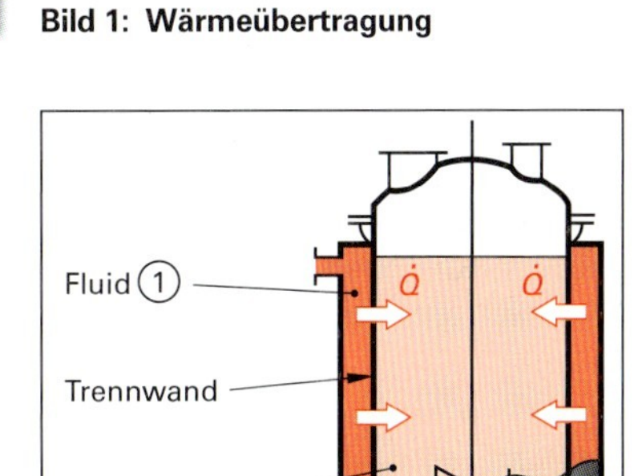

Bild 2: Wärmeübertragung im Rührbehälter durch Wärmedurchgang

Die Größe des dabei übertragenen Wärmestroms $\dot{Q}$ ist abhängig von der wärmetauschenden Fläche A, vom Temperaturunterschied $\Delta\vartheta$ zwischen den wärmetauschenden Stoffen und von der Wärmedurchgangszahl k.

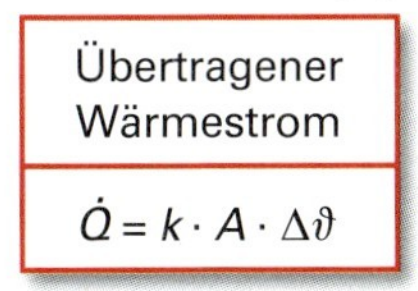

Die Wärmedurchgangszahl k berücksichtigt die Apparatebauart, die Stoffe und die Strömungsverhältnisse im wärmetauschenden Apparat.

Übliche Einheiten des Wärmestroms $\dot{Q}$ sind kJ/h, J/s, kW und W.

7.3.2 Wärmeleitung

Der durch Wärmeleitung pro Zeit durch eine ebene, einschichtige Wand transportierte Wärmestrom $\dot{Q}_L$ **(Bild 3)** berechnet sich nach der nebenstehenden Gleichung.

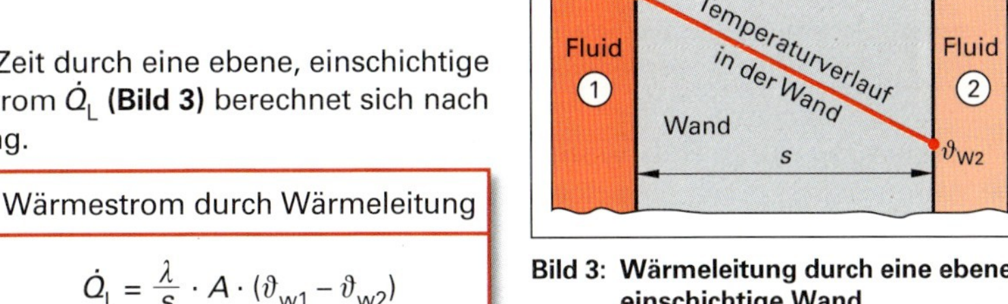

Bild 3: Wärmeleitung durch eine ebene, einschichtige Wand

Wärmestrom durch Wärmeleitung
$\dot{Q}_L = \frac{\lambda}{s} \cdot A \cdot (\vartheta_{w1} - \vartheta_{w2})$

Hierbei ist:

λ die Wärmeleitzahl, z. B. in W/(m · K)

A die Austauschfläche, z. B. in m²

s die Wanddicke, z. B. in m

$(\vartheta_{w1} - \vartheta_{w2})$ die Temperaturdifferenz zwischen den Wandoberflächen

Die **Wärmeleitzahl** $\boldsymbol{\lambda}$ ist eine stoffspezifische Größe. Sie gibt an, welche Wärmemenge pro Stunde durch einen Würfel der Kantenlänge 1 m zwischen zwei gegenüberliegenden Flächen bei einer Temperaturdifferenz von 1 K transportiert wird.

Die wärmeaustauschenden Apparate sind überwiegend aus metallischen Werkstoffen gefertigt. Sie haben hohe Wärmeleitzahlen, wobei Kupfer den höchsten Wert aufweist **(Tabelle)**.

Tabelle: Wärmeleitzahlen λ (bei ≈ 20 °C)

Apparatewerkstoffe	λ in W/(m·K)	Isolier- bzw. Dämmstoffe	λ in W/(m·K)
Kesselblech (unlegierter Baustahl)	≈ 50	Apparateglas	≈ 0,8
		Mineralwolle	≈ 0,05
Nichtrost. Stahl X 5CrNi18-10	≈ 20	Luft	≈ 0,025
Apparatebau-Kupfer (Cu-DLP)	≈ 370	Styropor	≈ 0,025
Apparate-Al-Legierung	≈ 150	Kesselstein	1,1 ... 3,5

Die Isolier- und **Dämmstoffe** sollen den Wärmeaustausch möglichst verhindern. Sie haben Wärmeleitzahlen, die um den Faktor 100 bis 1000 geringer sind als bei den Metallen (Tabelle, Seite 149).
Wie eine Wärmedämmschicht wirken abgelagerter Kesselstein, Luftpolster oder Dampfblasen.

Beispiel 1: Welcher Wärmestrom wird durch eine 2,50 m² große und 6,0 mm dicke Kesselblechwand geleitet, wenn die Temperaturdifferenz der Blechoberflächen 40 K beträgt?

Lösung: Mit λ (Kesselblech) = 50 W/(m·K) folgt $\dot{Q}_L = \frac{\lambda}{s} \cdot A \cdot \Delta\vartheta = \frac{50\ \text{W/(m}\cdot\text{K)}}{6{,}0 \cdot 10^{-3}\ \text{m}} \cdot 2{,}50\ \text{m}^2 \cdot 40\ \text{K} \approx$ **833 kW**

Wärmeleitung durch eine mehrschichtige Wand

Manche Apparate haben Wände aus einem mehrschichtigen Werkstoff, z.B. aus plattiertem Blech **(Bild 1)**. Durch Ablagerung von Kesselstein können sie noch eine zusätzliche Lage erhalten. Den durch Wärmeleitung transportierten Wärmestrom $\dot{Q}_L$ durch eine mehrschichtige Wand kann man mit einer erweiterten Gleichung für den Wärmestrom berechnen.

Wärmeleitung durch mehrschichtige Wand

$$\dot{Q}_L = \frac{1}{\frac{s_1}{\lambda_1} + \frac{s_2}{\lambda_2} + \frac{s_3}{\lambda_3} + \ldots} \cdot A \cdot (\vartheta_{w1} - \vartheta_{w2})$$

Es sind: $s_1, s_2, s_3, \ldots$ die Dicken der einzelnen Wandschichten
$\lambda_1, \lambda_2, \lambda_3 \ldots$ die Wärmeleitzahlen der Schichten

Bei der Berechnung ist eine überall gleiche Temperatur auf den beiden Seiten der Wärmeaustauschfläche vorausgesetzt.

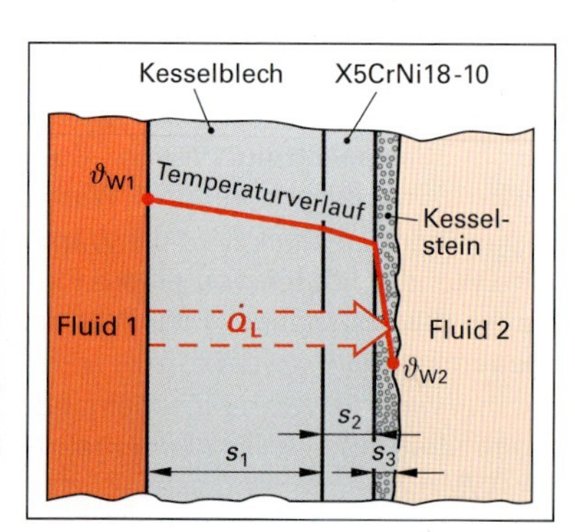

Bild 1: Wärmeleitung durch eine mehrschichtige ebene Wand

Beispiel 2: Welcher Wärmestrom geht durch eine 2,50 m² große Kesselblechwand, wenn sie mit einer 4,0 mm dicken Kesselsteinschicht überzogen ist? Die Wandstärke des Kesselblechs beträgt s = 6,0 mm, die Temperaturdifferenz 40 K und die Wärmeleitzahl des Kesselsteins 3,0 W/(m·K).

Lösung: $\dot{Q}_L = \frac{1}{\frac{s_1}{\lambda_1} + \frac{s_2}{\lambda_2}} \cdot A \cdot \Delta\vartheta = \frac{1}{\frac{0{,}0060\ \text{m}}{50\ \text{W/(m}\cdot\text{K)}} + \frac{0{,}0040\ \text{m}}{50\ \text{W/(m}\cdot\text{K)}}} \cdot 2{,}50\ \text{m}^2 \cdot 40\ \text{K} \approx$ **68,8 kW**

Beispiel 3: Welchen Einfluss hat die Kesselsteinschicht auf den Wärmetransport? Vergleichen Sie die Ergebnisse von Beispiel 1 und Beispiel 2.

Lösung: Der Wärmestrom nimmt von 833 kW bei der Kesselwand ohne Kesselstein (Beispiel 1) auf etwa 1/12 dieses Wertes bei der mit Kesselstein überzogenen Wand auf 68,8 kW ab (Beispiel 2).

Wärmeleitung durch Rohrwände

Die Wärmeleitung durch eine Rohrwand **(Bild 2)** berechnet man mit nebenstehender Gleichung.

Wärmeleitung durch eine Rohrwand

$$\dot{Q}_L = \frac{\lambda}{s} \cdot \pi \cdot d_m \cdot l \cdot (\vartheta_{w1} - \vartheta_{w2})$$

Es sind:
l die Rohrlänge;
d_m der mittlere Rohrdurchmesser.

Für dünn- und mittelwandige Rohre ist d_m der arithmetische Mittelwert aus Außen- und Innendurchmesser:

$$d_m = \frac{d_a + d_i}{2}$$

Beispiel: Wie groß ist der Wärmestrom durch ein 5,0 m langes Kupfer-Wärmetauscherrohr mit einem Innendurchmesser von 49,8 mm, einer Wandstärke von 2,90 mm und einer Temperaturdifferenz von 36 K an den Rohrwandoberflächen? λ(Cu) = 370 W/(m·K)

Lösung: $d_m = \frac{d_a + d_i}{2} = \frac{(51{,}25 + 49{,}80)\ \text{mm}}{2} = 50{,}525\ \text{mm}$

$\dot{Q}_L = \frac{370\ \text{W/(m}\cdot\text{K)}}{2{,}90\ \text{mm}} \cdot \pi \cdot 50{,}525\ \text{mm} \cdot 5{,}0\ \text{m} \cdot 36\ \text{K} \approx 3{,}8 \cdot 10^6\ \text{W} \approx$ **3,6 · 10³ kW**

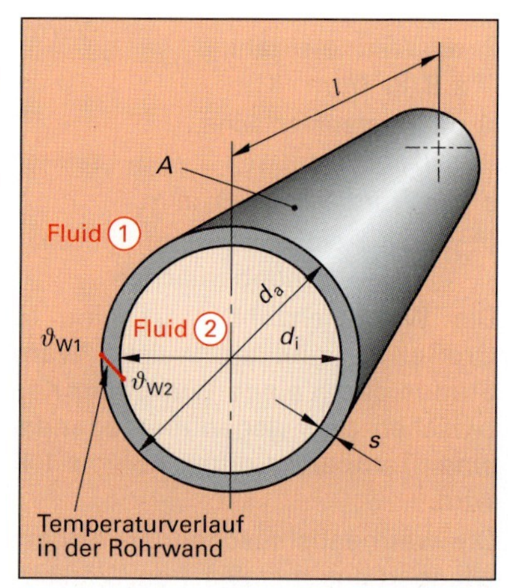

Bild 2: Wärmeleitung durch eine Rohrwand

7.3.3 Wärmedurchgang

Der Wärmedurchgang umfasst die Teilvorgänge bei der Wärmeübertragung von einem Fluid durch eine Wand auf ein anderes Fluid **(Bild 1)**. Er besteht aus drei Teilschritten:

1. dem Wärmeübergang von Fluid ① auf die Wand
2. der Wärmeleitung durch die Wand
3. dem Wärmeübergang von der Wand auf Fluid ②

Der dabei übertragene Wärmestrom $\dot{Q}_D$ umfasst die Einzelvorgänge und berücksichtigt sie in der Berechnungsgleichung mit der Wärmedurchgangszahl k (siehe Formel rechts).

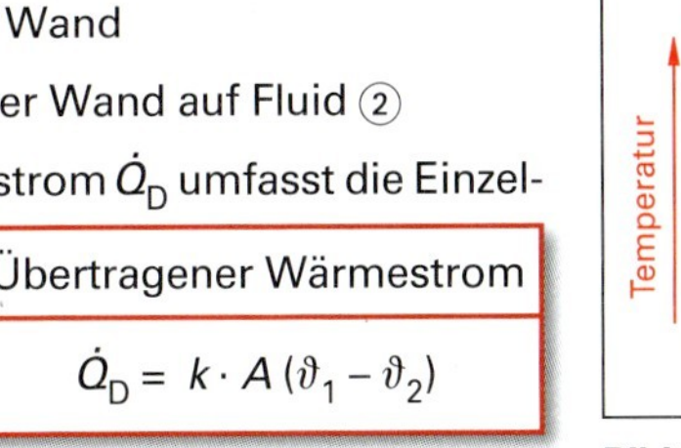

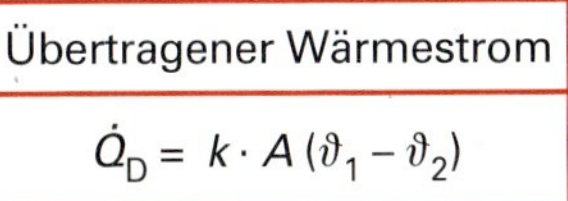

Übertragener Wärmestrom

$$\dot{Q}_D = k \cdot A\,(\vartheta_1 - \vartheta_2)$$

Dabei ist:

k die Wärmedurchgangszahl in W/(m^2·K)

A die Wärmeaustauschfläche, z. B. in m^2

$(\vartheta_1 - \vartheta_2)$ die Temperaturdifferenz der Fluide, in K oder °C

Bild 1: **Wärmedurchgang durch eine Wand**

Früher wurde für k die Einheit $\frac{kJ}{m^2 \cdot h \cdot K}$ verwendet.

Umrechnung: $1\,\frac{kJ}{m^2 \cdot h \cdot K} = 0{,}279\,\frac{W}{m^2 \cdot K}$

Wärmedurchgangszahl *k*

Die Wärmedurchgangszahl k gibt an, welche Wärmemenge pro Quadratmeter (m^2) Wärmeaustauschfläche und Stunde bei einer Temperaturdifferenz von 1 K (≙ 1 °C) übertragen wird.

Die Wärmedurchgangszahl k fasst die Teil-Übertragungsvorgänge (Wärmeübergang – Wärmeleitung – Wärmeübergang) in *einer* Kennzahl zusammen. Sie kann aus den Kennzahlen der Teilübertragungsvorgänge (α_1, s/λ, α_2) mit nebenstehender Größengleichung berechnet werden.

Wärmedurchgangszahl

$$k = \frac{1}{\frac{1}{\alpha_1} + \frac{s}{\lambda} + \frac{1}{\alpha_2}}$$

Hierin ist s die Dicke der Trennwand, λ ihre Wärmeleitzahl und α_1 sowie α_2 die Wärmeübergangszahlen von Fluid ① auf die Trennwand bzw. von der Wand auf Fluid ② (Bild 1).

Wärmeübergang

Wärmeübergang nennt man den Teilschritt des Wärmetransports vom Fluid (Flüssigkeit oder Gas) auf die wärmetauschende Trennwand und auf der anderen Wandseite von der Trennwand auf das Fluid (Bild 1). Der Wärmeübergang findet in einer dünnen Wärmeübergangsschicht der Fluide statt.

Kenngröße für den Wärmeübergang ist die **Wärmeübergangszahl α**. Ihre Einheit ist W/(m^2·K).

Die Wärmeübergangszahl α hängt von mehreren Einflussgrößen ab:

- der Apparatebauart
- der Strömungsgeschwindigkeit des Fluids
- dem Aggregatzustand des Fluids
- der Oberflächenrauigkeit der Wärmetauscherwände

Die Wärmeübergangszahlen α_1 und α_2 können entweder aufwendig berechnet oder für die technisch häufig auftretenden Fälle näherungsweise aus Tabellenbüchern entnommen werden **(Tabelle)**.

Strömende Luft an einer ebenen Wand hat z. B. eine kleine Wärmeübergangszahl: α = 30 bis 300 W/(m^2 · K).

Kondensierender Wasserdampf, der in Tropfen als Kondensat an der Wärmetauscherwand abperlt, hat eine große Wärmeübergangszahl von 10000 bis 90000 W/(m^2·K).

Tabelle: Wärmeübergangszahlen α

Wärmeübergangsbedingungen	α in W/(m^2·K)
Strömende Luft oder Gas an ebener Wand	30...300
Laminar strömendes Wasser an ebener Wand	350...3500
Turbulent strömendes bzw. siedendes Wasser an ebener Wand oder in Rohren	1000...15000
Turbulent strömendes Wasser außen quer zum Rohrbündel	2000...10000
Kondensierender Wasserdampf an Wänden	10000...90000

7.3.4 Berechnung von Wärmedurchgangszahlen *k*

Die Wärmedurchgangszahl *k* eines wärmetauschenden Apparats kann aus den Kennzahlen der Teil-Übertragungsvorgänge mit nebenstehender Gleichung berechnet werden.

$$k = \frac{1}{\frac{1}{\alpha_1} + \frac{s}{\lambda} + \frac{1}{\alpha_2}}$$

Beispiel 1: Bei einer Wärmeübertragung in einem Platten-Wärmetauscher wird mit kondensierendem Wasserdampf (α_1 = 28000 W/(m²·K)) Wasser erwärmt (α_2 = 7500 W/(m²·K)).

Die Plattenwand des Wärmetauschers besteht aus dem nichtrostenden Stahl X5CrNiMo17-12-2. Sie hat eine Wärmeleitfähigkeit von 15 W/(m·K) und ist 6,00 mm dick. Wie groß ist die Wärmedurchgangszahl?

Lösung: $k = \frac{1}{\frac{1}{\alpha_1} + \frac{s}{\lambda} + \frac{1}{\alpha_2}} = \frac{1}{\frac{1}{28000\ \mathrm{W/(m^2 \cdot K)}} + \frac{0{,}00600\ \mathrm{m}}{15\ \mathrm{W/(m^2 \cdot K)}} + \frac{1}{7500\ \mathrm{W/(m^2 \cdot K)}}}$

$k = \frac{1}{3{,}57 \cdot 10^{-5}\ \frac{\mathrm{m^2 \cdot K}}{\mathrm{W}} + 40{,}0 \cdot 10^{-5}\ \frac{\mathrm{m^2 \cdot K}}{\mathrm{W}} + 0{,}133 \cdot 10^{-5}\ \frac{\mathrm{m^2 \cdot K}}{\mathrm{W}}} = \frac{1}{43{,}7 \cdot 10^{-5}\ \frac{\mathrm{m^2 \cdot K}}{\mathrm{W}}} \approx \mathbf{2{,}29 \cdot 10^3\ W/(m^2 \cdot K)}$

Beispiel 2: Der Wärmedurchgang eines Wärmeaustauschprozesses soll verbessert werden. Gedacht ist an einen Ersatz des vorhandenen Wärmeaustauschers aus Cr-Ni-Stahl durch einen Wärmeaustauscher aus unlegiertem Kesselblech bzw. Apparate-Al-Legierung oder Apparatebau-Kupfer. Die Wandstärke von 8,0 mm soll gleich bleiben. Der Wärmeübergang auf beiden Seiten der Wärmetauschfläche beträgt jeweils $\alpha_1 = \alpha_2$ = 2000 W/(m²·K)

a) Welche *k*-Wert-Änderung bringt ein Wechsel des Wärmetauschermaterials?

b) Die berechneten Ergebnisse sollen über der Wärmeleitzahl λ in einem *k*-λ-Diagramm grafisch dargestellt werden.

Lösung: a) Mit der Gleichung $k = \frac{1}{\frac{1}{\alpha_1} + \frac{s}{\lambda} + \frac{1}{\alpha_2}}$

und den λ-Werten der Werkstoffe (Tabelle Seite 149) berechnet man die *k*-Werte.

Werkstoff	Cr-Ni-Stahl	Kesselblech	Al-Legierung	Apparatekupfer
k-Wert W/(m²·K)	720	865	950	980

b) Man erstellt ein *k*-λ-Diagramm und trägt die berechneten *k*-Werte in das Diagramm ein **(Bild 1)**.

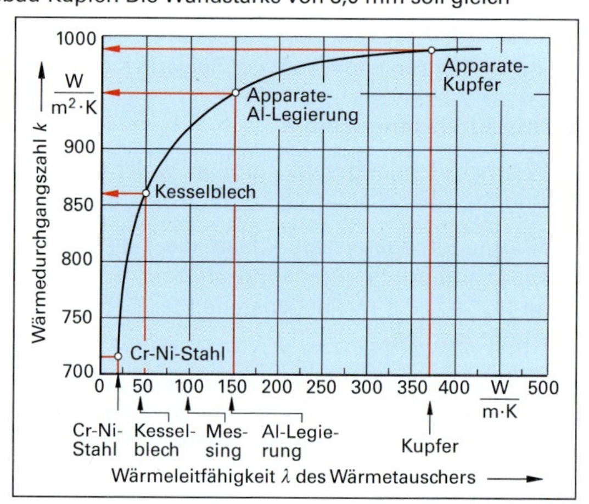

Bild 1: Abhängigkeit der Wärmedurchgangszahl *k* vom Wärmetauschermaterial (Beispiel 2)

Ergebnis: Durch die Wahl eines anderen Werkstoffs für den Wärmetauscher wird die Wärmedurchgangszahl deutlich vergrößert.

Wärmedurchgangszahlen aus Tabellen

Anstelle der Berechnung der Wärmedurchgangszahl *k* nach obiger Gleichung werden in der Technik oftmals ungefähre Werte aus Tabellenbüchern entnommen **(Tabelle)**. Sie dienen zur überschlägigen Berechnung des Wärmestroms.

Beispiel 3: In einem Rohrbündelwärmetauscher wird ein Luftstrom mit einem Flüssigkeitsstrom erwärmt. Welche Wärmemenge wird mindestens pro Stunde übertragen, wenn die Wärmetauschfläche 12,4 m² und die Temperaturdifferenz der Fluide 43 K beträgt?

Lösung: Aus der Tabelle: k_{min} = 10 W/(m²·K)

$\dot{Q}_D = k \cdot A \cdot (\vartheta_1 - \vartheta_2)$

$\dot{Q}_D = 10\ \frac{\mathrm{W}}{\mathrm{m^2 \cdot K}} \cdot 12{,}4\ \mathrm{m^2} \cdot 43\ \mathrm{K} = 5332\ \mathrm{W} \approx \mathbf{5{,}3 \cdot 10^3\ kW}$

Tabelle: Wärmedurchgangszahlen *k* (grobe Richtwerte)

Apparat	Fluide	*k* in W/(m²·K)
Rohrbündel-Wärmetauscher	Gas | Gas	5...30
	Gas | Flüssigkeit	10...100
	Flüssigkeit | Flüssigkeit	100...1000
Rohrbündel-Verdampfer	Heißdampf | zähe Flüssigkeit	200...1000
	Heißdampf | dünnflüssige Flüssigkeit	1000...1500
Dampferzeuger	heiße Rauchgase | siedendes Wasser	10...50
Rührbehälter	kondensierender Dampf | Flüssigkeit	400...1500

7.3.5 Mittlere Temperaturdifferenz $\Delta\vartheta_m$ beim Wärmedurchgang

Zur Berechnung des Wärmestromes $\dot{Q}$ wird die mittlere Temperaturdifferenz $\Delta\vartheta_m$ zwischen den Fluiden benötigt.
Zur Anschauung stellt man in Diagrammen den Verlauf der Temperaturen der wärmetauschenden Stoffe über der Wärmetauscherfläche dar **(Bilder 1 bis 4)**.

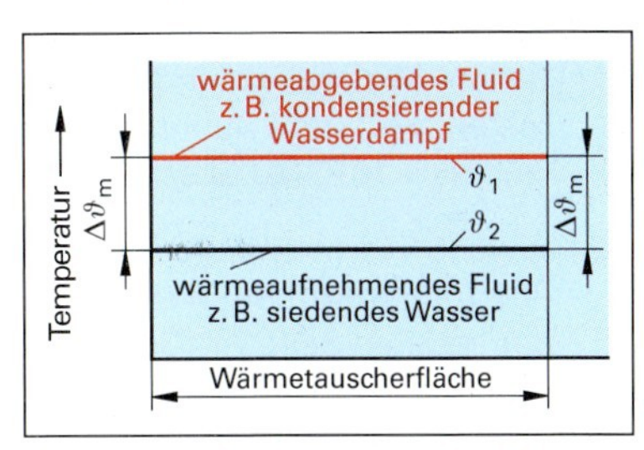

Bild 1: Wärmeaustausch mit ortsgleicher Temperaturdifferenz

Sonderfall: ortsgleiche Temperaturdifferenz

Nur für den besonderen Fall, dass die Temperaturen beider Fluide über die gesamte Austauschfläche konstant sind, wird sie als lineare Differenz berechnet.

Lineare Temperaturdifferenz
$\Delta\vartheta_m = \Delta\vartheta = \vartheta_1 - \vartheta_2$

Dieser Sonderfall liegt z. B. bei kondensierendem Wasserdampf vor, der seine Wärme auf eine siedende Flüssigkeit überträgt **(Bild 1)**.

Ortsunterschiedliche Temperaturdifferenz

Strömende Fluide, die entlang einer Wärmetauscherfläche fließen, haben am Austritt eine andere Temperatur als beim Eintritt in den Wärmetauscher (**Bild 2** und **Bild 3**). Die Temperaturdifferenz $\Delta\vartheta_m$ ändert sich entlang der Wärmetauscherfläche.

Die wirksame Temperaturdifferenz ist dann die **mittlere logarithmische Temperaturdifferenz** gemäß nebenstehender Gleichung.

Mittlere logarithmische Temperaturdifferenz
$\Delta\vartheta_m = \dfrac{\Delta\vartheta_{groß} - \Delta\vartheta_{klein}}{\ln(\Delta\vartheta_{groß}/\Delta\vartheta_{klein})}$

Mit der mittleren logarithmischen Temperaturdifferenz kann der ausgetauschte **Wärmestrom $\dot{Q}_D$** ermittelt werden.

Ausgetauschter Wärmestrom
$\dot{Q}_D = k \cdot A \cdot \Delta\vartheta_m$

Die mittlere logarithmische Temperaturdifferenz $\Delta\vartheta_m$ gilt gleichermaßen für Gleichstrom-, Gegenstrom- und Kreuzstromführung in Wärmetauschern (Bild 2 und Bild 3).

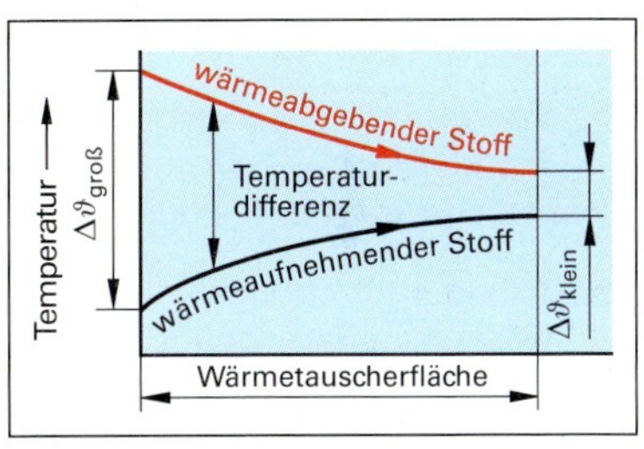

Bild 2: Temperaturverlauf bei Gleichstrom im Wärmetauscher

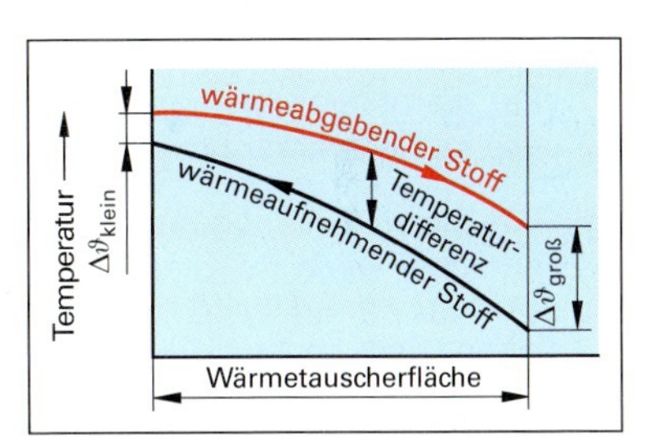

Bild 3: Temperaturverlauf bei Gegenstrom im Wärmetauscher

Beispiel 1: Wie groß ist die mittlere Temperaturdifferenz in einem Gegenstrom-Wärmeaustauscher, wenn der wärmere Stoff von 82 °C auf 26 °C gekühlt und das Kühlmittel von 8 °C auf 74 °C erwärmt wird **(Bild 4)**?

Lösung: Aus Bild 4:

$\Delta\vartheta_{groß} = 26\,°C - 8\,°C = 18\,°C$; $\Delta\vartheta_{klein} = 82\,°C - 74\,°C = 8\,°C$

Die mittlere logarithmische Temperaturdifferenz beträgt:

$$\boldsymbol{\Delta\vartheta_m} = \frac{\Delta\vartheta_{groß} - \Delta\vartheta_{klein}}{\ln(\Delta\vartheta_{groß}/\Delta\vartheta_{klein})} = \frac{18\,°C - 8\,°C}{\ln(18\,°C/8\,°C)} = \frac{10\,°C}{\ln 2{,}25} \approx \mathbf{12\,°C}$$

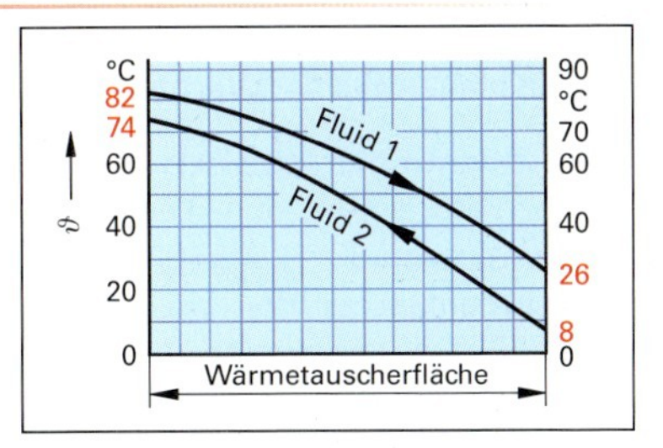

Bild 4: Beispiel Gegenstrom-Wärmetauscher

Beispiel 2: Wie groß ist die mittlere Temperaturdifferenz in einem Gleichstrom-Wärmeaustauscher, wenn der wärmere Stoff von 86 °C auf 56 °C gekühlt und das Kühlmittel von 14 °C auf 42 °C erwärmt wird?

Lösung: $\Delta\vartheta_{groß} = 86\,°C - 14\,°C = 72\,°C$; $\Delta\vartheta_{klein} = 56\,°C - 42\,°C = 14\,°C$

$$\boldsymbol{\Delta\vartheta_m} = \frac{72\,°C - 14\,°C}{\ln(72\,°C/14\,°C)} = \frac{58\,°C}{\ln 5{,}143} \approx \mathbf{35{,}4\,°C}$$

Aufgaben zu 7.3 Wärmeübertragung in der Chemietechnik

1. Welche Wandstärke in Millimeter muss die 1,80 m^2 große Wand eines Wärmetauschers aus nicht rostendem Stahl haben, wenn bei einer Temperaturdifferenz der Wandoberflächen von 28,5 °C stündlich 1010 MJ übertragen werden?

2. Welche Wärmemenge kann maximal pro Sekunde durch eine 4,75 m^2 große Kesselblechwand übertragen werden, wenn die Oberflächentemperatur der Wand auf der einen Seite 84 °C und auf der anderen Seite 71 °C beträgt? Die Kesselblechdicke beträgt 6,0 mm.

3. Um wie viel Prozent nimmt der Wärmestrom der Aufgabe 2 ab, wenn das Kesselblech mit einer 1,5 mm starken Emailleschicht überzogen ist? λ(Emaille) = 4,1 W/(m·K).

4. Die Wärmedurchgangszahl eines Rohrbündelwärmetauschers soll aus folgenden Daten berechnet werden: α_1 = 4800 W/(m^2·K); s = 3,20 mm; λ = 20 W/(m·K) (nicht rostender Stahl); α_2 = 280 W/(m^2·K)

5. Wie groß ist die Wärmedurchgangszahl, wenn α_1 = 22000 W/(m^2·K); α_2 = 12250 W/(m^2·K); die Wanddicke s = 2,8 mm und die Wärmeleitzahl des Rohrmaterials λ(Kupfer) = 18 W/(m·K) sind? Welcher der Werte beeinflusst den Wärmedurchgang am meisten?

6. Zu einem Wärmeaustauschvorgang in einem Rohrbündelwärmetauscher gehört nebenstehendes Diagramm der Fluidtemperaturen **(Bild 1)**.

   a) Welche Strömungsführung liegt im Wärmetauscher vor?

   b) Berechnen Sie die mittlere logarithmische Temperaturdifferenz.

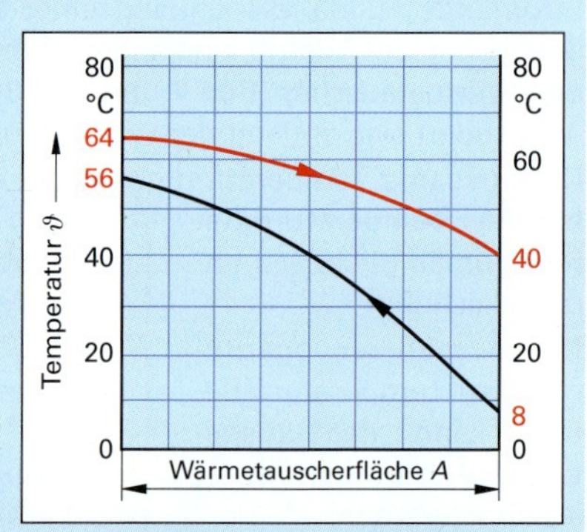

Bild 1: Temperaturverlauf im Rohrbündelwärmetauscher von Aufgabe 6

7. Ein Wärmetauscher wird abwechselnd im Gleichstrom sowie im Gegenstrom betrieben.

a) Welche mittlere logarithmische Temperaturdifferenz wird erhalten, wenn im Gleichstrombetrieb der wärmere Stoff von 134 °C auf 42 °C abgekühlt und das Kühlwasser von 12 °C auf 32 °C erwärmt wird?

b) Mit welcher mittleren logarithmischen Temperaturdifferenz muss im Gegenstrombetrieb gerechnet werden, wenn das Kühlwasser im Wärmetauscher auf 84 °C erwärmt wird?

8. In einem Rohrbündelwärmetauscher gehen 620 kJ Wärme pro Minute bei einer mittleren logarithmischen Temperaturdifferenz von 24,0 K durch die 4,80 m^2 große Übertragungsfläche. Berechnen Sie die Wärmedurchgangszahl in W/(m^2·K).

9. In einem Chemiebetrieb wird ein heißer Produktgasstrom von 580 kg/h mit einer Temperatur von 346 °C auf eine Temperatur von 82 °C gekühlt. Dies geschieht in einem Plattenwärmetauscher, der im Gegenstrom betrieben wird und zur Heißwassererzeugung dient **(Bild 2)**. Das Heißwasser wird aus Kesselspeisewasser gewonnen, das mit 12 °C eingespeist wird. Das erzeugte Heißwasser hat eine Temperatur von 95 °C. Stoffdaten: c(Produktgas) = 2,19 kJ/(kg·K); c(Wasser) = 4,21 kJ/(kg·K)

   a) Welche mittlere Temperaturdifferenz herrscht im Wärmetauscher?

   b) Welche Wärmedurchgangszahl liegt im Wärmetauscher vor?

   c) Welche Heißwassermenge wird stündlich erzeugt?

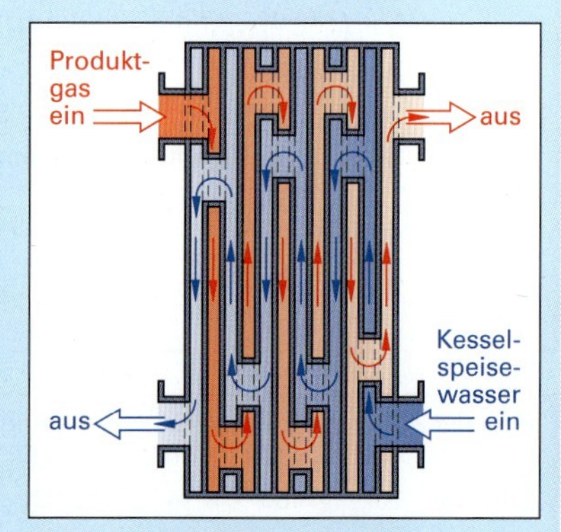

Bild 2: Plattenwärmetauscher (Aufgabe 9)

7.4 Wärmeübertragung mit Rohrbündelwärmetauschern

Wärmetauscher sind die bevorzugten Apparate zur Übertragung von Wärmeenergie von einem Fluid auf ein anderes **(Bild 1)**. Ihre Berechnung erfolgt mit den Gleichungen für den Wärmedurchgang (Seite 151 und 153) und die übertragenen Wärmemengen.

Die pro Zeiteinheit in einem Wärmeaustauscher zwischen den Fluiden übertragene Wärmemenge berechnet man mit nebenstehender Gleichung.

$$\dot{Q} = \dot{m} \cdot c \cdot \Delta\vartheta$$

Wird das Fluid dabei verdampft, dann ist zusätzlich die Verdampfungswärme aufzubringen.

$$\dot{Q}_{Verd} = \dot{m} \cdot r$$

Der durch Wärmedurchgang übertragene Wärmestrom $\dot{Q}$ berechnet sich mit der Gleichung:

$$\dot{Q} = k \cdot A \cdot \Delta\vartheta_m$$

Die Wärmedurchgangszahl k wird berechnet oder Tabellen entnommen (Seite 152).

Die mittlere logarithmische Temperaturdifferenz $\Delta\vartheta_m$ bestimmt man mit der Gleichung:

$$\Delta\vartheta_m = \frac{\Delta\vartheta_{groß} - \Delta\vartheta_{klein}}{\ln(\Delta\vartheta_{groß}/\Delta\vartheta_{klein})}$$

Die Wärmeaustauschfläche A bei einem Rohrbündelwärmetauscher **(Bild 1)** wird aus der Anzahl n der Rohre, der Rohrlänge l und dem mittleren Rohrdurchmesser d_m berechnet.

Wärmeaustauschfläche

$$A = n \cdot d_m \cdot \pi \cdot l; \quad d_m = \frac{d_a + d_i}{2}$$

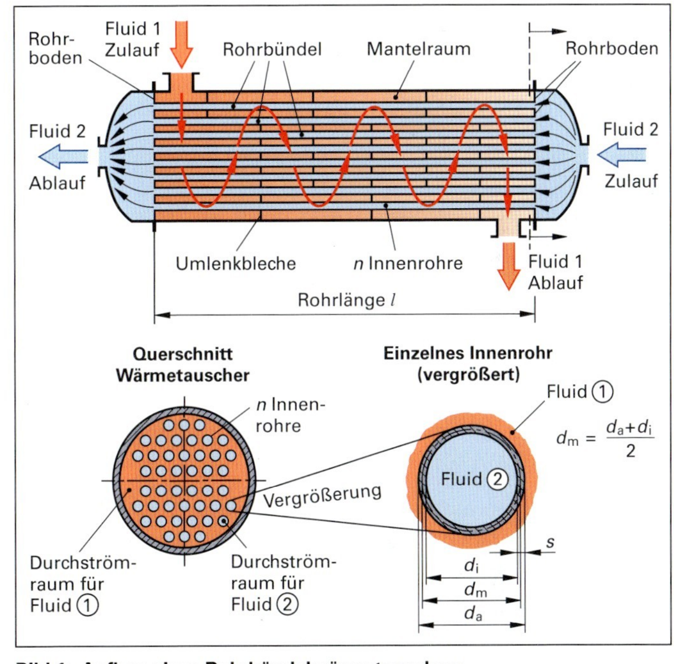

Bild 1: Aufbau eines Rohrbündelwärmetauschers

Beispiel: Ein Rohrbündelwärmetauscher (Bild 1) hat 185 Rohre von je 2,00 m Länge. Die Rohre haben einen Innendurchmesser von 22,3 mm und eine Wandstärke von 2,00 mm.

a) Welche Wärmeübertragungsfläche hat der Rohrbündelwärmetauscher?

b) Wie groß ist die Wärmeaustauschleistung des im Kreuzgleichstrom betriebenen Wärmetauschers, wenn 30,0 t/h Cyclohexanol mit einer spezifischen Wärmekapazität von c = 2,12 kJ/(kg · K) von 96 °C auf 46 °C abgekühlt werden?

c) Welche mittlere Temperaturdifferenz und welche Wärmedurchgangszahl in W/(m² · K) hat der im Kreuzgegenstrom betriebene Wärmetauscher bei einer Kühlwassereintrittstemperatur von 8 °C und einer Austrittstemperatur von 41 °C?

Hinweis: Erstellen Sie zuerst ein Temperaturverlaufsdiagramm (analog zu Bild 2, Seite 153).

Lösung: a) $\boldsymbol{A} = n \cdot d_m \cdot \pi \cdot l = 185 \cdot \frac{d_a + d_i}{2} \cdot \pi \cdot l$

$= 185 \cdot \frac{26{,}3\,\text{mm} + 22{,}3\,\text{mm}}{2} \cdot \pi \cdot 2{,}00\,\text{m}$

$= 185 \cdot 0{,}243\,\text{m} \cdot p \cdot 2{,}00\,\text{m} \approx \mathbf{28{,}2\,m^2}$

b) $\dot{\boldsymbol{Q}} = \dot{m} \cdot c \cdot \Delta\vartheta = 30{,}0\,\frac{\text{t}}{\text{h}} \cdot 2{,}12\,\frac{\text{kJ}}{\text{kg} \cdot \text{K}} \cdot 50\,\text{K} = \mathbf{3{,}18 \cdot 10^6\,kJ/h}$

c) Mit den gegebenen Ein- und Austrittstemperaturen lässt sich das Temperaturverlaufsdiagramm zeichnen **(Bild 2)**.

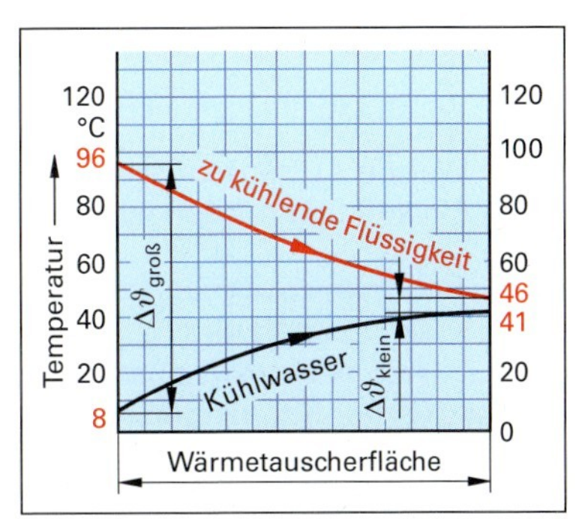

Bild 2: Temperaturverlauf im Wärmetauscher (Beispiel)

Daraus kann abgelesen werden:

$\Delta\vartheta_{groß} = 96\,°C - 8\,°C = 88\,°C; \quad \Delta\vartheta_{klein} = 46\,°C - 41\,°C = 5\,°C$

Mittlere logarithmische Temperaturdifferenz:

$$\Rightarrow \quad \boldsymbol{\Delta\vartheta_m} = \frac{\Delta\vartheta_{groß} - \Delta\vartheta_{klein}}{\ln(\Delta\vartheta_{groß}/\Delta\vartheta_{klein})} = \frac{88\,°C - 5\,°C}{\ln\frac{88\,°C}{5\,°C}} = \frac{83\,°C}{\ln 17{,}6} \approx \mathbf{28{,}94\,°C}$$

Wärmedurchgangszahl: aus $\dot{Q} = k \cdot A \cdot \vartheta_m$ folgt mit 1 kJ = 0,278 · 10^{-3} kWh

$$\boldsymbol{k} = \frac{\dot{Q}}{A \cdot \Delta\vartheta_m} = \frac{3{,}18 \cdot 10^6\,kJ/h}{28{,}2\,m^2 \cdot 28{,}94\,K} \approx \frac{3{,}18 \cdot 10^6 \cdot 0{,}278 \cdot 10^{-3}\,kWh/h}{28{,}2\,m^2 \cdot 28{,}94\,K} \approx \mathbf{1{,}08\,\frac{kW}{m^2 \cdot K}}$$

Aufgaben zu 7.4 Wärmeübertragung mit Rohrbündelwärmetauschern

1. Ein Rohrbündelwärmetauscher wird abwechselnd im Gleichstrom sowie im Gegenstrom betrieben.

   a) Im Gleichstrombetrieb wird der wärmere Stoff von 138 °C auf 39 °C abgekühlt und das Kühlwasser von 14 °C auf 28 °C erwärmt. Zeichnen Sie das Temperaturverlaufsdiagramm und berechnen Sie die mittlere logarithmische Temperaturdifferenz.

   b) Mit welcher mittleren logarithmischen Temperaturdifferenz muss im Gegenstrombetrieb gerechnet werden, wenn das mit 14 °C zuströmende Kühlwasser im Wärmetauscher auf 92 °C erwärmt wird?

   c) Welcher Wärmestrom wird im Gegenstrombetrieb übertragen, wenn die Wärmedurchgangszahl 185 W/($m^2 \cdot$K) und die Wärmetauscherfläche 22,5 m^2 betragen?

2. Wie viele Rohre muss ein Rohrbündelwärmetauscher haben, wenn der Wärmestrom 142 kJ pro Sekunde betragen soll? Der Wärmedurchgangswert wurde zu 220 W/($m^2 \cdot$K) und die mittlere logarithmische Temperaturdifferenz zu 38,3 K ermittelt. Die 1,85 m langen Rohre des Wärmetauschers haben einen Außendurchmesser von 28,0 mm und einen Innendurchmesser von 23,0 mm.

3. In einem Haarnadelwärmetauscher werden stündlich 7,45 t Nitrobenzol von 14,5 °C auf 68,2 °C erwärmt. Die mittlere logarithmische Temperaturdifferenz beträgt 33,7 K und die Wärmedurchgangszahl k = 680 W/($m^2 \cdot$K). Welche Austauschfläche muss der Wärmetauscher haben, damit er diese Aufgabe leisten kann? c(Nitrobenzol) = 1,51 kJ/(kg · K)

4. Die Wärmeenergie einer heißen, aus einem Reaktor abgeführten Reaktionsmasse wird in einem Wärmetauscher zur Vorwärmung frischer Reaktionsmischung verwendet. Die heiße Reaktionsmasse kühlt sich im Wärmetauscher von 294 °C auf 187 °C ab, während die frische Reaktionsmischung von 22 °C auf 175 °C erwärmt wird. Die Wärmedurchgangszahl beträgt in beiden Fällen k = 390 W/($m^2 \cdot$K). Die heiße Reaktionsmasse hat eine spezifische Wärmekapazität von c = 1,46 kJ/(kg · K); der Reaktionsmassestrom ist 1470 kg/h. Die Wärmeverluste des Wärmetauschers an die Umgebung sollen unberücksichtigt bleiben.

   a) Welche Austauschfläche muss der Wärmeaustauscher im Gleichstrombetrieb haben?

   b) Welche Austauschfläche benötigt der Wärmeaustauscher im Gegenstrombetrieb bei gleichen Einlauf- und Ausgangstemperaturen?

5. Ein Rohrbündelwärmeaustauscher in einer Rektifikationsanlage ist nach langjährigem Betrieb durch Korrosion zerstört und muss ersetzt werden. Die abzuführende Wärmemenge beträgt 500 · 10^3 kJ/h Vom alten Wärmeaustauscher sind die folgenden Daten bekannt: k = 590 W/($m^2 \cdot$K), $\Delta\vartheta_m$ = 52 K. Die Austauscher-Rohrlänge soll 1,82 m betragen, der Rohrinnendurchmesser d_i = 32 mm, die Rohrwanddicke 3 mm.

   a) Wie groß muss die Wärmeaustauscherfläche insgesamt sein?

   b) Wie viele Austauscherrohre muss der Wärmeaustauscher haben?

7.5 Wärmeableitung in Kondensatoren

In Kondensatoren wird der dampfförmige Brüden durch Abkühlen mit Kühlwasser kondensiert und auf eine Ablauftemperatur nachgekühlt.
Bei Kondensatoren gibt es die Bauarten Oberflächenkondensator sowie Mischkondensator.

7.5.1 Oberflächenkondensatoren

Die häufigsten Oberflächenkondensatoren sind der Rohrbündelkondensator **(Bild 1)** und der Plattenkondensator **(Bild 2)**.
Bei den Oberflächenkondensatoren kondensiert der Brüden auf der Oberfläche der Rohre und kühlt sich zusätzlich um $\Delta\vartheta_{Br}$ ab. Der dabei frei werdende Wärmestrom $\dot{Q}_{Br}$ wird auf der anderen Seite der Wärmeaustauschfläche vom Kühlwasser aufgenommen, das sich dabei um $\Delta\vartheta_{KM}$ erwärmt.

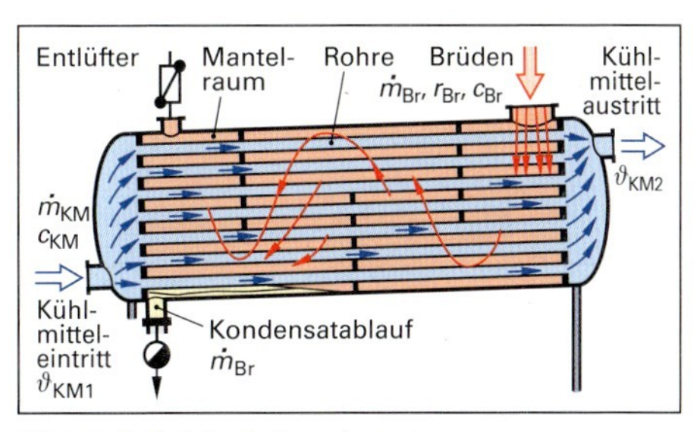

Bild 1: Rohrbündelkondensator

Der vom Brüden abgegebene Wärmestrom $\dot{Q}_{Br}$ ist gleich dem vom Kühlwasser aufgenommenen Wärmestrom $\dot{Q}_{KM}$: $\dot{Q}_{Br} = \dot{Q}_{KM}$.
Dieser Wärmestrom $\dot{Q}$ wird mittels Wärmedurchgang durch die Kondensatorwand übertragen.
Er berechnet sich mit der von Seite 155 bekannten Gleichung (siehe rechts).
Dort findet sich auch die Berechnungsgleichung für die mittlere logarithmische Temperaturdifferenz $\Delta\vartheta_m$.
Auf Seite 151 findet sich die Beziehung für die Wärmedurchgangszahl k.

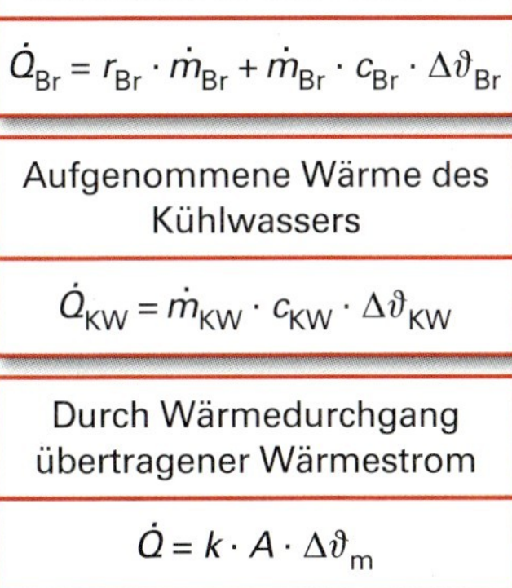

Abgegebene Wärme durch Kondensieren und Abkühlen
$\dot{Q}_{Br} = r_{Br} \cdot \dot{m}_{Br} + \dot{m}_{Br} \cdot c_{Br} \cdot \Delta\vartheta_{Br}$

Aufgenommene Wärme des Kühlwassers
$\dot{Q}_{KW} = \dot{m}_{KW} \cdot c_{KW} \cdot \Delta\vartheta_{KW}$

Durch Wärmedurchgang übertragener Wärmestrom
$\dot{Q} = k \cdot A \cdot \Delta\vartheta_m$

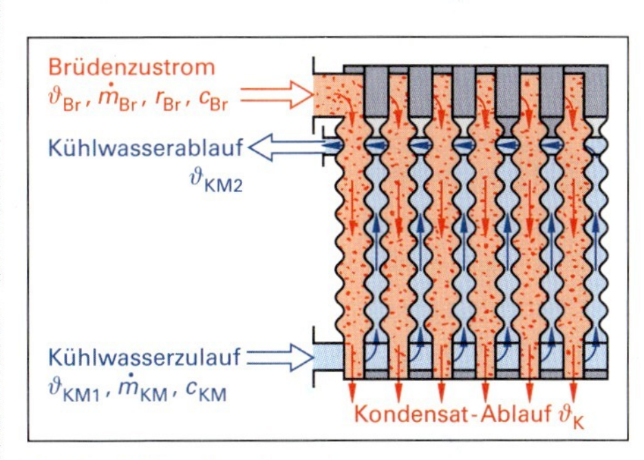

Bild 2: Plattenkondensator

7.5.2 Mischkondensatoren

In Mischkondensatoren wird der zu kondensierende Brüden mit feinversprühtem Kühlwasser vermischt, dadurch abgekühlt und kondensiert **(Bild 3)**.
Der Kondensations- und Abkühlungsvorgang des Brüden sowie die Erwärmung des Kühlwassers werden wie beim Oberflächenkondensator durch die Wärmebilanz $\dot{Q}_{Br} = \dot{Q}_{KM}$ beschrieben.
Mit den oben genannten Gleichungen ergibt sich:
$\dot{m}_{Br} \cdot r_{Br} + \dot{m}_{Br} \cdot c_{Br} \cdot \Delta\vartheta_{Br} = \dot{m}_{KW} \cdot c_{KW} \cdot \Delta\vartheta_{KW}$
Dabei sind: $\Delta\vartheta_{Br} = \vartheta_{b,Br} - \vartheta_{MK2}$ und $\Delta\vartheta_{KW} = \vartheta_{MK1} - \vartheta_{KW}$
Setzt man diese Beziehungen in die obige Bilanzgleichung ein, so kann man nach der gewünschten Größe auflösen.
Für die Mischungstemperatur ϑ_{MK2} des abfließenden Kondensat-Kühlwasser-Gemischs z.B. erhält man die folgende Mischungstemperatur-Gleichung.

Mischungstemperatur des Kondensat-Kühlwasser-Gemischs
$\vartheta_{MK2} = \dfrac{\dot{m}_{Br} \cdot (c_{Br} \cdot \vartheta_{b,Br} + r_{Br}) + \dot{m}_{KW} \cdot c_{KW1} \cdot \vartheta_{KW1}}{\dot{m}_{Br} \cdot c_{Br} + \dot{m}_{KW} \cdot c_{KW1}}$

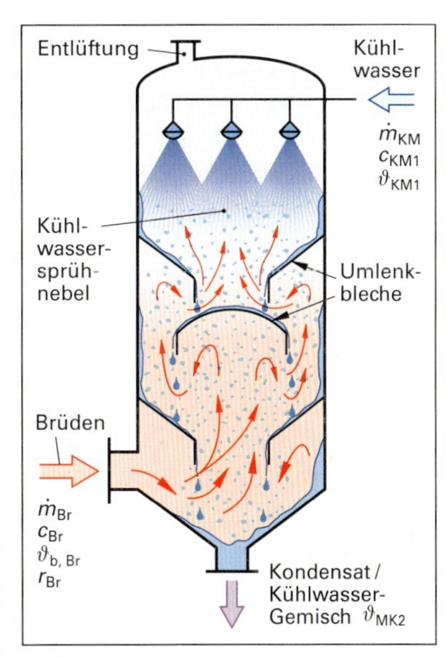

Bild 3: Mischkondensator

Beispiel: In einem Mischkondensator (Bild 3, Seite 157) werden pro Stunde 420 kg eines n-Butanol-Brüdens mit 900 kg/h Kühlwasser von 15 °C kondensiert.

Stoffdaten: n-Butanol: $r = 590 \text{kJ/kg}$; $c = 2{,}39 \text{ kJ/kg} \cdot \text{K}$; $\vartheta_b = 118\text{ °C} = 391\text{ K}$

Kühlwasser: $r = 2256 \text{kJ/kg}$; $c = 4{,}19 \text{ kJ/kg} \cdot \text{K}$; $\vartheta_{KW1} = 15\text{ °C} = 288\text{ K}$

Welche Temperatur hat das abfließende Kondensat-Kühlwasser-Gemisch?

Lösung:

$$\vartheta_{MK2} = \frac{\dot{m}_{Br} \cdot (c_{Br} \cdot \vartheta_{b,Br} + r_{Br}) + \dot{m}_{KW} \cdot c_{KW} \cdot \vartheta_{KW1}}{\dot{m}_{Br} \cdot c_{Br} + \dot{m}_{KW} \cdot c_{KW1}}$$

$$\vartheta_{MK2} = \frac{420 \frac{\text{kg}}{\text{h}} \cdot \left(2{,}39 \frac{\text{kJ}}{\text{kg} \cdot \text{K}} \cdot 391 \text{K} + 590 \frac{\text{kJ}}{\text{kg}}\right) + 900 \frac{\text{kg}}{\text{h}} \cdot 4{,}19 \frac{\text{kJ}}{\text{kg} \cdot \text{K}} \cdot 288 \text{K}}{420 \frac{\text{kg}}{\text{h}} \cdot 2{,}29 \frac{\text{kJ}}{\text{kg} \cdot \text{K}} + 900 \frac{\text{kg}}{\text{h}} \cdot 4{,}19 \frac{\text{kJ}}{\text{kg} \cdot \text{K}}}$$

$\boldsymbol{\vartheta_{MK2}} \approx 365\text{ K}$; $\vartheta_{MK2}(\text{°C}) = 365\text{ K} - 273\text{ K} \approx$ **92 °C**

Aufgaben zu 7.5 Wärmeableitung in Kondensatoren

1. In einem Rohrbündelkondensator sollen pro Stunde 4830 kg Cyclohexan kondensiert werden und mit 28,0 °C abfließen. Das Kühlwasser erwärmt sich im Kondensator von 8,5 °C auf 45,0 °C.
   Welcher Kühlwasserstrom ist dazu erforderlich?
   Stoffdaten Cyclohexan: $\vartheta_b = 80{,}8\text{ °C}$; $r = 358\text{ kJ/kg}$; $c = 1{,}84\text{ kJ/(kg} \cdot \text{K)}$
   Stoffdaten des Kühlwassers: $c_W = 4{,}18\text{ kJ/(kg} \cdot \text{K)}$
2. In einem Mischkondensator werden bei atmosphärischem Druck pro Minute 74,5 kg n-Heptan mit 34,8 kg pro Minute eingesprühtem Kühlwasser kondensiert.
   Welche Temperatur hat das abfließende n-Heptan-Wasser-Mischkondensat?
   Stoffdaten n-Heptan: $c = 2{,}25\text{ kJ/(kg} \cdot \text{K)}$; $\vartheta_b = 98{,}0\text{ °C}$; $r = 316\text{ kJ/kg}$
   Stoffdaten Kühlwasser: $c_W = 4{,}18\text{ kJ/(kg} \cdot \text{K)}$
3. Im Mischkondensator einer Dampfstrahl-Vakuumpumpen-Anlage werden stündlich 11,8 kg Sattdampf durch Mischen mit eingesprühtem Kühlwasser niedergeschlagen. Die Temperatur des abfließenden Kondensat-Kühlwasser-Gemischs soll maximal 47,4 °C betragen.
   Wie viel Kühlwasser wird dazu stündlich benötigt?

7.6 Wärmeübertragung in Rührbehältern

7.6.1 Indirektes Heizen und Kühlen

Rührbehälter werden wahlweise mit einem Doppelmantel, mit aufgeschweißten Rohren oder mit einer innenliegenden Rohrschlange beheizt **(Bild 1)**.

Die zu übertragende Wärmemenge wird mit der Gleichung für den Wärmedurchgang berechnet.

$$\dot{Q} = k \cdot A \cdot \Delta\vartheta_m$$

Anhaltswerte für die Wärmedurchgangszahl k können der Tabelle auf Seite 159 entnommen werden.

Die Heizfläche A ist aus den Apparateabmessungen zu berechnen, $\Delta\vartheta_m$ ist die mittlere logarithmische Temperaturdifferenz zwischen Heizmedium und Behälterfüllung.

Der Wärmeinhalt der Behälterfüllung beträgt:

$$\dot{Q}_B = m_B \cdot c_B \cdot \Delta\vartheta_B$$

Zum Heizen wird überwiegend Sattdampf eingesetzt. Die in ihm enthaltene Wärmemenge $\dot{Q}_{HD}$ kann mit der Kondensationswärme des Wassers $r(H_2O) = 2256$ kJ/kg berechnet werden:

$$\dot{Q}_{HD} = m_{HD} \cdot r(H_2O)$$

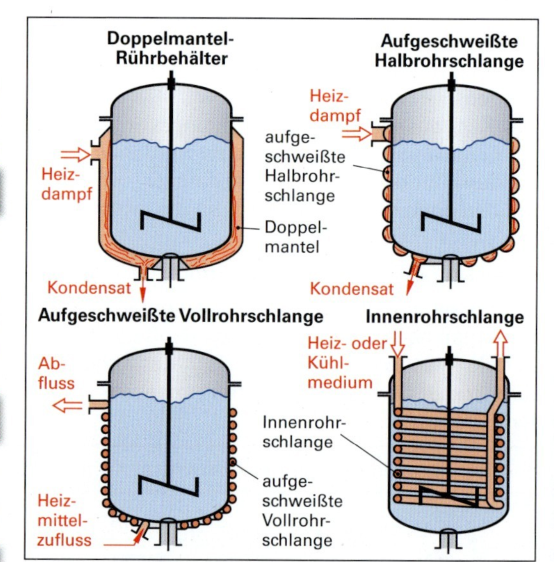

Bild 1: Beheizung von Rührbehältern

Beispiel: Zum Erhitzen eines Behälterinhalts werden 1200 MJ benötigt. Wie viel Kilogramm Sattdampf müssen dazu eingesetzt werden?

Lösung: $m_{HD} = \frac{\dot{Q}_{HD}}{r} = \frac{1200000\,\text{kJ}}{2256\,\text{kJ/kg}} \approx$ **532 kg**

Zum Kühlen werden meistens Wasser oder Kühlsolen eingesetzt. Die abgeführte Wärme des Kühlmittels berechnet man mit nebenstehender Gleichung.

$$Q_{KM} = m_{KM} \cdot c_{KM} \cdot \Delta\vartheta_{KM}$$

c_{KM} ist die spezifische Wärmekapazität der Kühlsole **(Tabelle)**.

Tabelle 1: Eigenschaften von Kühlmitteln

Kühlmittel	tiefster Gefrierpunkt in °C	spez. Wärmekapazität c_{KM} in kJ/(kg·K)
Wasser	0	4,19
NaCl-Sole	−21,1	3,31
$CaCl_2$-Sole	−55,0	2,64

Tabelle 2: Wärmeübergangszahlen *k* für flüssigkeitsgefüllte Rührbehälter (grobe Richtwerte)

Rührbehälter mit	Wärmeträger	*k* W/(m²·K)
Außenmantel	Kondensierender Dampf	450...1650
	Kühlwasser oder Sole	165...330
innenliegender Rohrschlange	Kondensierender Dampf in der Rohrschlange	700...3500
	Kühlwasser oder Sole in der Rohrschlange	450...1100

7.6.2 Direkte Heizung und direkte Kühlung in Rührbehältern

Zum **direkten Heizen** wird Wasserdampf in die Behälterflüssigkeit eingeblasen **(Bild 1)**. Die freiwerdende Kondensationswärme $Q_{Kond} = m_{HD} \cdot r(H_2O)$ wird unmittelbar an das zu erwärmende Fluid abgegeben und als Wärmeinhalt der Behälterfüllung $Q_B = m_B \cdot c_B \cdot \Delta\vartheta_B$ gespeichert.

Das **direkte Abkühlen** eines Behälterinhalts wird durch Zugabe von Eis erreicht. Das Eis schmilzt und entzieht dem Behälterinhalt die Schmelzwärme. $Q_{Schm} = m \cdot q$, mit $q(H_2O)$ = 335 kJ/kg. Dadurch wird der Wärmeinhalt der Behälterfüllung $Q_B = m_B \cdot c_B \cdot \Delta\vartheta_B$ vermindert.

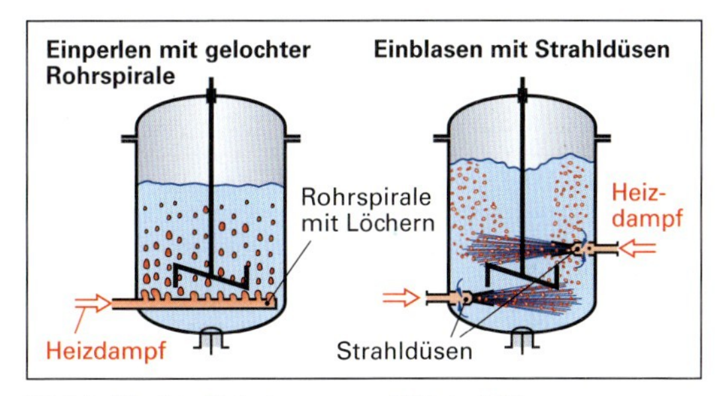

Bild 1: Direkte Beheizung von Rührbehältern

Aufgaben zu 7.6 Wärmeübertragung in Rührbehältern

1. In einem Doppelmantel-Rührbehälter sollen 2480 kg Behälterfüllung (c_B = 2,94 kJ/(kg·K)) in 30 Minuten von 16 °C auf 75 °C erwärmt werden. Der Rührbehälter wird mit Sattdampf beheizt. Der mittlere logarithmische Temperaturunterschied zwischen Sattdampf und Behälterfüllung beträgt 45,6 °C, die Wärmedurchgangszahl 2150 W/(m²·K). Der Wärmeverlust an die Umgebung beträgt 15%.

   a) Wie viel Kilogramm Sattdampf sind zum Erwärmen der Behälterfüllung?

   b) Welche Heizfläche muss der Rührbehälter haben?

2. In einem Rührbehälter mit Rohrschlangen befinden sich 805 Liter Benzol von 12 °C. Mit einer $CaCl_2$-Kühlsole mit −26 °C soll das Benzol auf −15 °C heruntergekühlt werden.
   Stoffdaten: spezifische Wärmekapazität des Benzols 1,70 kJ/(kg·K); Dichte 0,879 kg/L
   spezifische Wärmekapazität des $CaCl_2$-Kühlmittels: 2,64 kJ/(kg·K)

   a) Welche Wärmemenge ist der Benzol-Behälterfüllung zu entziehen?

   b) Wie viel $CaCl_2$-Kühlsole wird dafür benötigt?

3. Wie viel Kilogramm Sattdampf müssen in eine Rührbehälterfüllung eingeleitet und kondensiert werden, wenn im Rührbehälter 8200 Liter Wasser von 12 °C auf 100 °C erhitzt werden sollen?

8 Berechnungen zu thermischen Trennverfahren

8.1 Industrielles Trocknen

Beim Trocknen wird aus einem **Feuchtgut** (fest oder flüssig) ein Teil oder die gesamte Feuchtigkeit verdunstet oder verdampft **(Bild 1)**. Es entsteht das **Trockengut**.

Die Feuchtigkeit, meist Wasser, wird vom **Trocknungsmittel** als Dampf aufgenommen und weggeführt. Als Trocknungsmittel wird überwiegend erwärmte Luft (Trocknungsluft) eingesetzt.

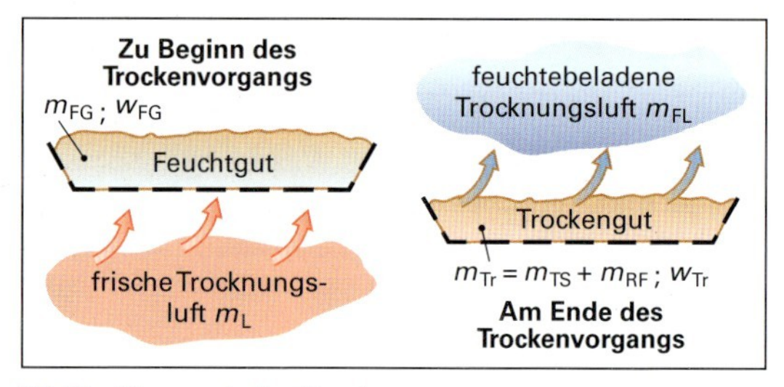

Bild 1: Massen beim Trocknungsvorgang

8.1.1 Massebilanzen beim Trocknen

Während des Trocknens verliert das Feuchtgut (m_{FG}) die Feuchtigkeit (m_W) in Form von Wasserdampf (m_D). Es ist $m_W = m_D$. Zurück bleibt das Trockengut (m_{Tr}).

Diese Massebilanz beschreibt die nebenstehende Gleichung.

Grundgleichung der Trocknung

$$m_{FG} = m_{Tr} + m_w = m_{TS} + m_{RF} + m_w$$

Das Trockengut (m_{Tr}) enthält im Allgemeinen immer noch etwas Feuchtigkeit, die sogenannte **Restfeuchte** mit der Masse m_{RF} (engl. residual moisture). Sie ist bei bestimmten Stoffen zur Formerhaltung notwendig. Der absolut feuchtigkeitsfreie Feststoff wird als **Trockensubstanz** (m_{TS}) bezeichnet.

Der **Feuchtigkeitsgehalt** (Massenanteil) eines Feuchtguts w_{FG} bzw. des Trockenguts w_{Tr} ist das Verhältnis der Masse an Wasser im jeweiligen Gut zur Feuchtgutmasse m_{FG}.

Feuchtigkeitsgehalte

$$w_{FG} = \frac{m_w + m_{RF}}{m_{FG}}; \quad w_{Tr} = \frac{m_{RF}}{m_{FG}}$$

Beispiel: Die Feuchtigkeitsgehalte eines Düngers vor und nach der Trocknung sollen berechnet werden. Eine Probe des feuchten Düngers hatte eine Masse von 162,4 g. Durch das Trocknen der Düngerprobe wurden 32,2 g Wasser verdunstet. Durch Trocknen auf absolute Wasserfreiheit wurden nochmals 7,3 g Wasser ausgetrieben.

a) Wie groß sind die Massen des Trockenguts und die Masse der Trockensubstanz?

b) Wie groß sind die Feuchtegehalte des Feuchtguts und des Trockenguts?

Lösung: a) $\mathbf{m_{Tr}} = m_{FG} - m_w = 162{,}4\text{ g} - 32{,}2\text{ g} = \mathbf{130{,}2\text{ g}}$; $\mathbf{m_{TS}} = m_{Tr} - m_{RF} = 130{,}2\text{ g} - 7{,}3\text{ g} = \mathbf{122{,}9\text{ g}}$

b) $\mathbf{w_{FG}} = \frac{m_w + m_{RF}}{m_{FG}} = \frac{32{,}2\text{ g} + 7{,}3\text{ g}}{162{,}4\text{ g}} \approx 0{,}2432 \approx \mathbf{24{,}3\,\%}$; $\mathbf{w_{Tr}} = \frac{7{,}3\text{ g}}{162{,}4\text{ g}} \approx 0{,}045 \approx \mathbf{4{,}5\,\%}$

Eine Gleichung für die Masse des Trockenguts m_{Tr} bzw. der Masse an Wasser im Feuchtgut m_w erhält man aus einer Stoffbilanz der Trockensubstanz m_{TS}:

Es ist: $m_{TS} = m_{FG} - (m_w + m_{RF}) = m_{FG} - m_{FG} \cdot w_{FG} = m_{FG} \cdot (1 - w_{FG})$

oder: $m_{TS} = m_{Tr} - m_{RF} = m_{Tr} - m_{Tr} \cdot w_{Tr} = m_{Tr} \cdot (1 - w_{Tr})$

Durch Gleichsetzen erhält man: $m_{FG} \cdot (1 - w_{FG}) = m_{Tr} \cdot (1 - w_{Tr})$

und daraus durch Auflösen die Masse des Trockenguts m_{Tr} gemäß nebenstehender Gleichung.

Masse des Trockenguts

$$m_{Tr} = m_{FG} \cdot \frac{1 - w_{FG}}{1 - w_{Tr}}$$

Für die während der Trocknung ausgetrocknete Masse an Wasser m_w ergibt sich mit der Grundgleichung der Trocknung $m_w = m_{FG} - m_{Tr}$ und obiger Gleichung für die Trockengutmasse:

$$m_w = m_{FG} - m_{FG} \frac{1 - w_{FG}}{1 - w_{Tr}} = m_{FG} \cdot \left(1 - \frac{1 - w_{FG}}{1 - w_{Tr}}\right)$$

$$= m_{FG} \cdot \frac{1 - w_{Tr} - 1 + w_{FG}}{1 - w_{Tr}} = m_{FG} \cdot \frac{w_{FG} - w_{Tr}}{1 - w_{Tr}}$$

Ausgetrocknete Wassermasse

$$m_w = m_{FG} \cdot \frac{w_{FG} - w_{Tr}}{1 - w_{Tr}}$$

Beispiel: 24,7 Tonnen feuchter Zementklinker mit einem Feuchtigkeitsgehalt von 39,2 % werden bis auf eine Restfeuchte von 6,50 % getrocknet. Wie groß ist die Masse des erhaltenen Trockenguts?

Lösung: $\mathbf{m_{Tr}} = m_{FG} \cdot \frac{1 - w_{FG}}{1 - w_{Tr}} = 24{,}7\text{ t} \cdot \frac{1 - 0{,}392}{1 - 0{,}0650} \approx \mathbf{16{,}1\text{ t}}$

Das **industrielle Trocknen** wird überwiegend in kontinuierlichen Trocknern durchgeführt **(Bild 1)**.
Sie haben unterschiedliche Bauformen, aber grundsätzlich denselben schematischen Aufbau:
Das Feuchtgut wird meist im Gegenstrom zur erwärmten Trocknungsluft geführt.
Für kontinuierliche Trockner gelten die auf Seite 160 genannten Gleichungen analog. Anstatt der Massen m enthalten die Gleichungen jeweils die Massenströme $\dot{m}$, z.B.

$$\dot{m}_{Tr} = \dot{m}_{FG} \cdot \frac{1 - w_{FG}}{1 - w_{Tr}}; \quad \dot{m}_{w} = \dot{m}_{FG} \cdot \frac{w_{FG} - w_{Tr}}{1 - w_{Tr}}$$

Kontinuierliche Trockner haben einen Luft-Vorwärmer und meist eine Zusatzheizung im Trockner.

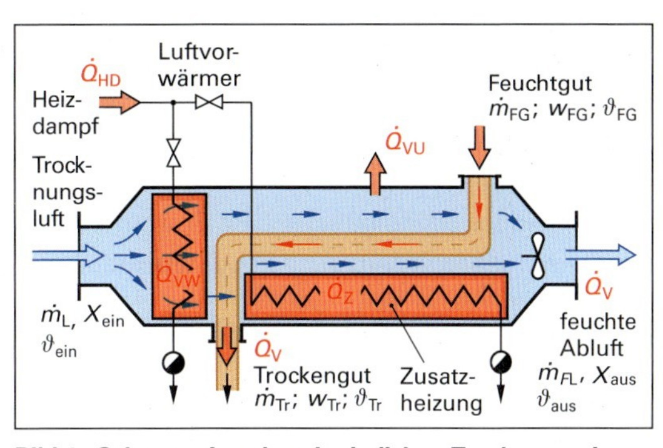

Bild 1: Schema eines kontinuierlichen Trockners mit Massenströmen und Wärmebilanz

8.1.2 Trocknungsmittel Luft

Beim Trocknen wird das Feuchtgut von erwärmter Trocknungsluft umspült bzw. durchströmt **(Bild 1)**. Dabei verdunstet die Flüssigkeit des Feuchtguts und wird von der Luft aufgenommen.
Die von Luft maximal aufnehmbare Wasserdampfmenge ist temperaturabhängig und heißt **Sättigungswasserdampfmenge m_{Dmax} (Tabelle)**.
Je wärmer die Luft ist, umso größer ist die Sättigungswasserdampfmenge. Trocknungsluft ist deshalb möglichst warm.

Beispiel: Welche Masse an Wasser kann 1 Kubikmeter Luft bis zur Sättigung zusätzlich aufnehmen, wenn sie von 20 °C auf 80 °C erwärmt wird?

Lösung: Die Sättigungswasserdampfmenge pro 1 m³ Luft bei 80 °C beträgt 290,7 g Wasser; die Sättigungswasserdampfmenge bei 20 °C beträgt 17,3 g Wasser. Die Luft kann zusätzlich 290,7 g – 17,3 g = 273,4 g Wasser pro m³ aufnehmen.

Tabelle: Sättigungswasserdampfmenge m_{Dmax} pro m³ Luft in Abhängigkeit von der Temperatur

ϑ in °C	m_{Dmax} in g/m³ Luft	ϑ in °C	m_{Dmax} in g/m³ Luft
-40	0,177	45	65,31
-30	0,455	50	82,77
-20	1,075	55	104,0
-10	2,360	60	129,6
0	4,848	65	160,3
5	6,796	70	196,9
10	9,397	75	240,0
15	12,82	80	290,7
20	17,28	85	349,8
25	23,03	90	418,4
30	30,34	95	497,5
35	39,56	100	588,4
40	51,07		

Relative Luftfeuchtigkeit: φ_r

Die relative Luftfeuchtigkeit φ_r ist der Quotient aus der in 1 m³ Luft enthaltenen Wasserdampfmenge m_D zur Sättigungwasserdampfmenge m_{Dmax}.
Da die Wasserdampfpartialdrücke in feuchter Luft den Wasserdampfmengen proportional sind, kann φ_r auch als Quotient der Partialdrücke p_D/p_{Dmax} bestimmt werden (siehe rechts).
φ_r hat Werte zwischen 0 und 1 bzw. 0% und 100%.
Die Sättigungsdampfdrücke p_{Dmax} von Wasserdampf in Abhängigkeit von der Temperatur können Dampfdruckkurven entnommen werden **(Bild 2)**.
Da p_{Dmax} von der Temteratur abhängig ist, ist auch die relative Luftfeuchtigkeit φ_r von der Temperatur abhängig.

Relative Luftfeuchtigkeit

$$\varphi_r = \frac{m_D}{m_{D\,max}} = \frac{p_D}{p_{D\,max}}$$

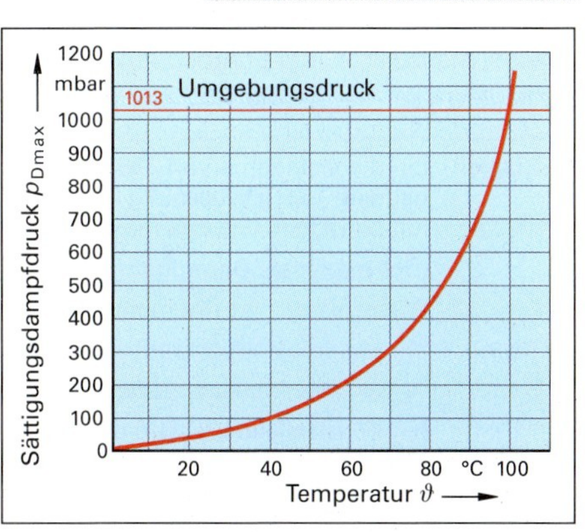

Bild 2: Dampfdruckkurve von Wasser

Beispiel: Wie viel Wasser kann feuchte Luft von 65 °C mit einer relativen Luftfeuchtigkeit von 63,0% noch bis zur Sättigung pro m³ Luft aufnehmen?

Lösung: Aus der Tabelle: $m_{Dmax}(65\text{ °C}) = 160{,}3\text{ g/m}^3$

$$\varphi_r = \frac{m_D}{m_{Dmax}} \Rightarrow m_D = \varphi_r \cdot m_{Dmax} = 0{,}630 \cdot 160{,}3\text{ g/m}^3 \approx 101{,}0\text{ g/m}^3$$

$$\mathbf{\Delta m} = m_{Dmax} - m_D = 160{,}3\frac{\text{g}}{\text{m}^3} - 101{,}0\frac{\text{g}}{\text{m}^3} = \mathbf{59{,}3\frac{g}{m^3}}$$

Dampfgehalt *X* der Luft

Eine weitere Kenngröße zur Beschreibung des Gehalts an Wasserdampf in der Trocknungsluft ist der Dampfgehalt X. Er gibt das Verhältnis der Masse des Wasserdampfes m_D zur Masse der trockenen Luft m_L an.

Dampfgehalt	$X = \frac{m_D}{m_L}$

Die Einheit des Dampfgehalts X ist Gramm Wasserdampf pro 1 Kilogramm trockene Luft (g/kg).

Der Dampfgehalt X wird auch **Feuchtebeladung** genannt.

Beispiel: Wie groß ist der Dampfgehalt X von 8,50 t feuchter Trocknungsluft, wenn darin 260 kg Wasser enthalten sind?

Lösung: $X = \frac{m_D}{m_L} = \frac{m_D}{m_{TL} - m_D} = \frac{260\ \text{kg}}{8500\ \text{kg} - 260\ \text{kg}} = 0{,}0315\ \text{kg/kg} \approx 0{,}0315 \cdot 10^3\ \text{g/kg} \approx \mathbf{31{,}5\ g/kg}$

Die aus dem Feuchtgut ausgetrocknete Masse an Wasser m_W wird von der Trocknungsluft als Wasserdampf m_D aufgenommen. Es ist: $\boldsymbol{m_D = m_W}$

Die Gesamtmasse der feuchten Trocknungsluft m_{fL} setzt sich aus der Masse der trockenen Luft m_L und der darin enthaltenen Masse an Wasserdampf m_D zusammen: $m_{fL} = m_L + m_D$

Mit $m_D = X \cdot m_L$ folgt $m_{fL} = m_L + X \cdot m_L = m_L \cdot (1 - X)$

8.1.3 Luftbedarf beim Trocknen

Für das Trocknen muss eine genügend große Menge an Frischluft m_L zur Verfügung stehen. Sie muss die Feuchtigkeitsmasse m_W aufnehmen können, die dem Feuchtgut entzogen werden soll.

Ist die Masse des aus dem Feuchtgut auszutrocknenden Wassers m_W bekannt, so kann die dafür zur Trocknung erforderliche Masse an Frischluft m_L berechnet werden. Man nennt sie den **absoluten Luftbedarf**.

Die Berechnung erfolgt gemäß der Definitionsgleichung des Dampfgehalts X aus der Differenz der Dampfgehalte der Trocknungsluft vor (X_{ein}) und nach der Trocknung (X_{aus}) (siehe rechts).

Für den Idealfall absolut trockener Frischluft (m_L) und maximal mit Wasserdampf gesättigter, feuchter Trocknungsabluft wird die geringste Masse Frischluft benötigt. Das Verhältnis von trockener Frischluft m_L zur Masse auszutrocknenden Wassers m_W wird **minimaler spezifischer Luftbedarf** $\boldsymbol{l}$ genannt (Formel siehe rechts).

Steht keine absolut trockene Luft zur Verfügung oder ist die Abluft nicht maximal mit Feuchtigkeit gesättigt, dann erhöht sich der spezifische Luftbedarf um den **Luftüberschussfaktor** $\boldsymbol{f}$ auf den **praktischen spezifischen Luftbedarf** $\boldsymbol{l^*}$ (Formel siehe rechts).

Der Luftüberschussfaktor f ist der Quotient aus der ausgetrockneten Wassermasse m_W bei idealen Bedingungen und der ausgetrockneten Wassermasse $m_W{}^*$ bei praktischen Trocknungsvorgängen. Er beträgt üblicherweise $f^* = 1{,}1$ bis 1,5.

Absoluter Luftbedarf
$m_L = \frac{m_W}{X_{aus} - X_{ein}}$

Minimaler spezifischer Luftbedarf
$l = \frac{m_L}{m_W} = \frac{m_L}{m_D} = \frac{1}{X_{aus} - X_{ein}}$

Praktischer spezifischer Luftbedarf
$l^* = f \cdot l = f \cdot \frac{m_L}{m_W}$ mit $f = \frac{m_W}{m_W{}^*}$

Beispiel: Für die Aufnahme von 326 kg Wasser aus einem Feuchtgut steht Frischluft mit einem Wasserdampfgehalt von 15,5 g Wasser/kg Luft zur Verfügung. Der Dampfgehalt der auf 65 °C erwärmten Trocknungsluft beträgt 75,0 % des maximal möglichen Wassergehalts.

(Der maximale Dampfgehalt X_{max} bei 65 °C beträgt 212,9 g Wasser/kg Luft.)

Wie groß ist: a) der minimale spezifische Luftbedarf? b) der praktische spezifische Luftbedarf?

Lösung: a) Maximale Wasseraufnahme der Luft: $m_W = 0{,}2129\ \text{kg} - 0{,}0155\ \text{kg} = 0{,}1974\ \text{kg}$

⇒ Minimaler spezifischer Luftbedarf: $l = m_L / m_W = 1\ \text{kg}/0{,}1974\ \text{kg} \approx \mathbf{5{,}07\ kg\ Luft/kg\ Wasser}$

b) Tatsächliche Wasseraufnahme der Luft: $m_W{}^* = 0{,}750 \cdot 0{,}02129\ \text{kg} = 0{,}1597\ \text{kg}$

Luftüberschussfaktor: $f = \frac{m_W}{m_W{}^*} = \frac{0{,}1974\ \text{kg}}{0{,}1597\ \text{kg}} \approx 1{,}236$

Praktischer spez. Luftbedarf: $\boldsymbol{l^*} = f \cdot l = 1{,}236 \cdot 5{,}07\ \text{kg Luft/kg Wasser} \approx \mathbf{6{,}27\ kg\ Luft/kg\ Wasser}$

8.1.4 *h-X*-Diagramm

Das *h-X*-Diagramm beschreibt das wärmetechnische Verhalten der Trocknungsluft **(Bild 1)**.

Die in Trocknungsluft enthaltene Wärmemenge, die **Enthalpie *h***, ist abhängig von der Temperatur ϑ und dem Dampfgehalt *X*. Die Enthalpie kann aus dem *h-X*-Diagramm abgelesen werden.

Im *h-X*-Diagramm sind über dem Dampfgehalt der Luft *X* drei Linienscharen eingezeichnet:

- Die etwa im 60°-Winkel steil verlaufenden Linien gleicher Enthalpie *h*, die Isoenthalpen.
- Die leicht ansteigenden Linien gleicher Temperatur ϑ, die Isothermen.
- Die gekrümmten Linien gleicher relativer Luftfeuchtigkeit φ der Trocknungsluft.

Die φ-Linie bei φ = 1,0 teilt das Diagramm in den unten liegenden Bereich übersättigter, nicht zum Trocknen geeigneten Luft (rosa Fläche) sowie den darüber liegenden, für die Trocknung wichtigen Bereich der warmen, trockenen Luft.

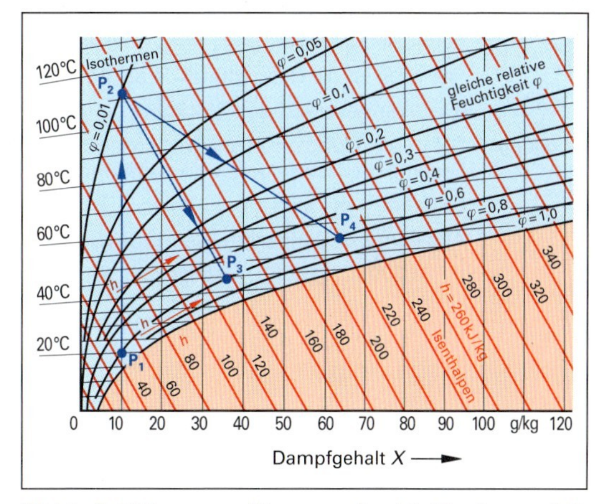

Bild 1: *h-X*-Diagramm für wasserfeuchte Trocknungsluft (Druck: 1 bar)

Der Zustand einer Trocknungsluft entspricht im *h-X*-Diagramm einem Punkt.

Beispiel (Bild 1): Eine Umgebungsluft von 20 °C mit einer relativen Luftfeuchtigkeit von 60 % (φ = 0,60) entspricht dem Punkt P_1. Ihr Dampfgehalt ist X = 10 g Wasser/kg Luft, die Enthalpie h_1 = 45 kJ/kg Luft.

Wird diese Luft erwärmt, z. B. auf 112 °C, dann entspricht ihr Zustand dem Punkt P_2. Sie besitzt dann eine relative Luftfeuchtigkeit von φ = 0,01 (1 %); die Enthalpie beträgt h_2 = 135 kJ/kg Luft.

Eine **ideale Trocknung** (ohne Wärmeverlust) mit erwärmter Luft von z. B. 112 °C (P_2) entspricht im *h-X*-Diagramm z. B. einer Strecke von P_2 parallel zu den Isenthalpen nach Punkt P_3. Die Trocknungsluft gibt dabei Wärme an das Trocknungsgut ab und verdunstet dessen Feuchtigkeitsgehalt; die Temperatur der Trocknungsluft sinkt auf rund 45 °C, ihre relative Luftfeuchtigkeit steigt auf 60 % (φ = 0,60); ihre Enthalpie bleibt bei h_3 = 135 kJ/kg Luft.

Bei einer **realen Trocknung** geht ein Teil der eingebrachten Wärme durch Wärmeverluste an die Umgebung sowie durch Wärmeaustrag mit dem erwärmten Trockengut verloren. Um dies auszugleichen, besitzen viele Trockner eine innere Zusatzheizung, die das Gut und die Trocknungsluft erwärmt (Bild 1, Seite 161). Dadurch kann die Trocknungsluft einen höheren Dampfgehalt erreichen und austragen. Die Trocknungsstrecke verläuft im *h-X*-Diagramm dann von P_2 nach P_4 zu höheren Enthalpiewerten (h = 220 kJ/kg).

8.1.5 Wärmebedarf beim Trocknen

Der Wärmebedarf eines Trockenvorgangs ergibt sich aus einer Wärmebilanz der in den Trockner eintretenden bzw. aus dem Trockner austretenden Wärmemengen (Bild 1, Seite 161). Der Wärmebedarf $\dot{Q}_{ges}$ wird vom Heizdampf bereitgestellt. Die Heizdampfwärme $\dot{Q}_{HD}$ wird im Vorwärmer ($\dot{Q}_{VW}$) auf die Trocknungsluft und mit der Zusatzheizung ($\dot{Q}_Z$) auf das Feuchtgut übertragen: $\dot{Q}_{ges} = \dot{Q}_{HD} = \dot{Q}_{VW} + \dot{Q}_Z$

Aus dem Trockner tritt die Differenz der Wärmemengen aus, die in der zuströmenden Trocknungsluft (h_{ein}) und in der abströmenden, feuchten Abluft (h_{aus}) enthalten sind: $\dot{Q}_L = \dot{m}_L \cdot (h_{aus} - h_{ein})$.

Außerdem tritt aus dem Trockner die Verlustwärme $\dot{Q}_{Vges}$ aus. Sie setzt sich zusammen aus dem Wärmeverlust an die Umgebung ($\dot{Q}_{VU}$) und der Wärmemenge, die im Trockengut ($\dot{Q}_{VTr}$) enthalten ist.

Damit folgt für den Wärmebedarf des Trockners die nebenstehende Gleichung.

Mit $\dot{m}_L = \frac{l^*}{f} \cdot \dot{m}_W$ und $\dot{m}_L = \frac{\dot{m}_W}{X_{aus} - X_{ein}}$

ergeben sich weitere Gleichungen für den Wärmebedarf (siehe rechts).

Die Enthalpiewerte der Trocknungsluft (h_{aus}, h_{ein}) und die Dampfgehalte (X_{aus}, X_{ein}) werden aus dem *h-X*-Diagramm abgelesen.

Wärmebedarf eines Trockners

$$\dot{Q}_{ges} = \dot{Q}_{HD} = \dot{m}_L \cdot (h_{aus} - h_{ein}) + \dot{Q}_{Vges}$$

$$\dot{Q}_{ges} = \frac{l^*}{f} \cdot \dot{m}_W \cdot (h_{aus} - h_{ein}) + \dot{Q}_{Vges}$$

$$\dot{Q}_{ges} = \dot{m}_W \cdot \frac{h_{aus} - h_{ein}}{X_{aus} - X_{ein}} + \dot{Q}_{Vges}$$

Beispiel: Ein Massestrom von stündlich 840 kg feuchter Maisstärke mit einem Feuchtigkeitsgehalt von 48% soll auf eine Restfeuchte von 5% getrocknet werden. Der Trocknungsvorgang mit Vorwärmung entspricht dem Streckenzug $P_1 \Rightarrow P_2 \Rightarrow P_4$ im *h-X*-Diagramm von Bild 1, Seite 163.

Wie groß ist die dafür stündlich erforderliche Wärmemenge?

(Der Wärmeverlust des Trockners beträgt 15% der Gesamtwärmemenge.)

Lösung: Die durch Trocknen in die Trocknungsluft zu überführende Dampfmasse m_D ist identisch der aus dem Feuchtgut auszutreibenden Feuchtemasse m_w.

Es ist $m_D = m_w = m_{FG} (w_{F,ein} - w_{F,aus}) = 840 \text{ kg/h} \cdot (0{,}48 - 0{,}05) = 361{,}2 \text{ kg/h}$

Aus dem *h-X*-Diagramm (Bild 1, Seite 163) wird entnommen:

$h_{aus} = 220 \text{ kJ/kg}$; $h_{ein} = 45 \text{ kJ/kg}$; $X_{aus} = 64 \text{ g/kg}$; $X_{ein} = 10 \text{ g/kg}$

$$\dot{Q}_{ges} = (1 + \eta) \cdot \dot{m}_w \cdot \frac{(h_{aus} - h_{ein})}{(X_{aus} - X_{ein})} = (1 + 0{,}15) \cdot 361{,}2 \text{ kg/h} \cdot \frac{(220 \text{ kJ/kg} - 45 \text{ kJ/kg})}{(64 \text{ g/kg} - 10 \text{ g/kg})} = 1364 \cdot 10^3 \text{ kJ/h} \approx \mathbf{14 \cdot 10^5 \text{ kJ/h}}$$

Aufgaben zu 8.1 Industrielles Trocknen

1. 2460 kg feuchtes Vitamin C wurden in einem Umluft-Kammertrockner bis zur Massekonstanz getrocknet **(Bild 1)**. Welchen Feuchtegehalt hatte das Vitamin C bei einer Auswaage nach dem Trocknen von 2389 kg?
2. Nach dem Trocknen einer Charge feuchtes Pharmagrundprodukt in einem Vakuumtrockenschrank wurden 263 kg trockenes Produkt erhalten. Wie viel Feuchtigkeit in % enthielt der feuchte Pharmagrundstoff, wenn insgesamt 82 kg Wasser entzogen wurden?
3. Ein Feuchtgut wird statt mit Trocknungsluft von 65 °C versuchsweise mit 90 °C heißer Trocknungsluft getrocknet.
   Wie viel Prozent Trocknungsluft lässt sich durch die Temperaturerhöhung einsparen, Sättigung jeweils vorausgesetzt?
4. In einem Stromtrockner sollen stündlich 845 kg eines feuchten Farbpigments auf eine Restfeuchte von 7,5% getrocknet werden. Das Ausgangsmaterial hat 38,8% Feuchtigkeitsgehalt.
   Welcher Massenstrom an Feuchtpigment muss in den Trockner eingespeist werden?
5. Bei der Trocknung von feuchtem Speisesalz (NaCl) in einem Bandtrockner **(Bild 2)** fallen pro Stunde 2630 kg feuchte Trocknungsabluft mit einem Dampfgehalt von 42,5 g Wasser pro Kilogramm Luft an. Die frische Trocknungsluft hat einen Dampfgehalt von 12,4 g Wasser pro Kilogramm Luft.
   Welche Masse an Wasser wird dem Trocknungsgut stündlich entzogen?
6. Wie groß ist die von 480 kg Trocknungsluft aufgenommene Masse an Wasser aus einem Magnetit-Feuchtgut bei einer Trocknung von P_1 über P_2 nach P_3 im *h-X*-Diagramm von Bild 1, Seite 163?

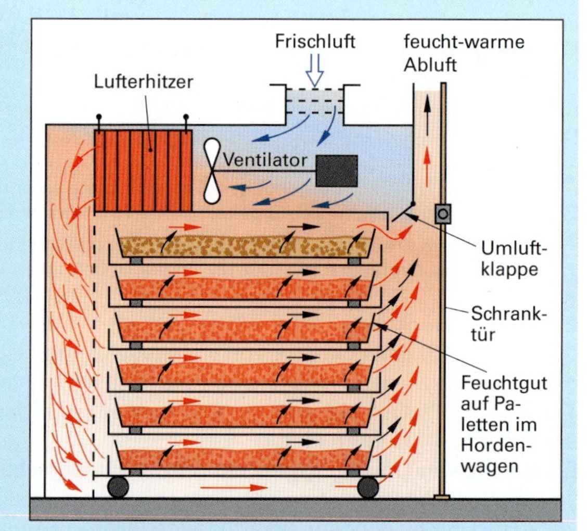

Bild 1: Trocknen im Umluft-Kammertrockner (Aufgabe 1)

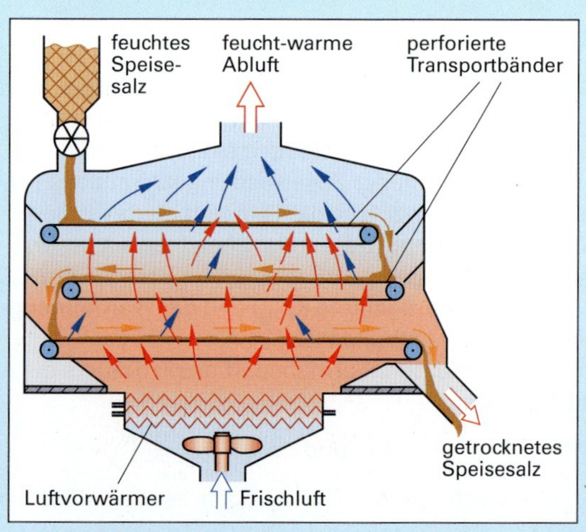

Bild 2: Speisesalz-Trocknung im Bandtrockner (Aufgabe 5)

7. In einem dampfbeheizten Etagentrockner sind stündlich 550 kg Wasser aus einer feuchten Kaolinschüttung abzutrocknen **(Bild 1)**.
   a) Welcher Volumenstrom Frischluft von 15 °C und einer relativen Luftfeuchtigkeit von 40 % ist einzusetzen, wenn die warme Abluft den Trockner mit einer Temperatur von 35 °C und einer Luftfeuchtigkeit von 72 % verlässt?
   b) Welcher absolute Luftbedarf liegt täglich vor, wenn trockene Luft auf 35 °C erwärmt wird und der Dampfgehalt der Trocknungsabluft zu 35,6 g Wasser/kg trockene Luft ermittelt wurde?
   c) Welcher Wärmebedarf entsteht bei dieser Trocknung? (Luftüberschussfaktor $f = 1{,}40$)
8. In einem Drehrohrtrockner **(Bild 2)** werden stündlich 360 t feuchter REA-Gips aus einer Rauchgasentschwefelungsanlage mit einem Wassergehalt von 24,5 % auf 3,5 % Wassergehalt getrocknet. ($c_{REA\text{-}Gips} = 0{,}88$ kJ/(kg · K))
   a) Welche Wärmemenge ist stündlich erforderlich, um den Gips von 9 °C auf die Trocknungstemperatur von 60 °C zu erwärmen und den überschüssigen Wassergehalt zu verdunsten?
   b) Wie viel Frischluft mit 10 °C und $\varphi = 65\,\%$ muss stündlich angesaugt, durch den Drehrohrtrockner geblasen und auf 60 °C erwärmt werden, um die Trocknung zu erzielen?
   Der Luftüberschussfaktor soll 1,25 betragen.
9. In einem kontinuierlich arbeitenden Wirbelschichttrockner **(Bild 3)** soll ein körniger Feuchtpigmentgutstrom von 435 kg/h mit einem Feuchtigkeitsgehalt von 46 % auf eine Restfeuchte von 12 % getrocknet werden.
   Der Trocknungsluft-Vorwärmer wird mit Heizdampf betrieben. (Die Kondensationswärme des Heizdampfs beträgt $r = 2256$ kJ/kg). Die frische Trocknungsluft hat eine Temperatur von 15 °C und eine relative Luftfeuchtigkeit von 70 %. Die aus dem Trockner abströmende Feuchtluft hat 52 °C und 90 % relative Luftfeuchtigkeit. Der Trockner arbeitet mit einem Luftüberschussfaktor von 1,25. Der Wärmeverlust des Trockners an die Umgebung beträgt 15 %.
   a) Wie groß ist die stündlich auszutrocknende Masse an Wasser?
   b) Wie hoch ist der Luftbedarf des Trockners?
   c) Welchen stündlichen Wärmebedarf hat der Trockner?
   d) Wie viel Heizdampf wird stündlich im Trocknungsluft-Vorwärmer zum Erwärmen der Trocknungsluft benötigt?

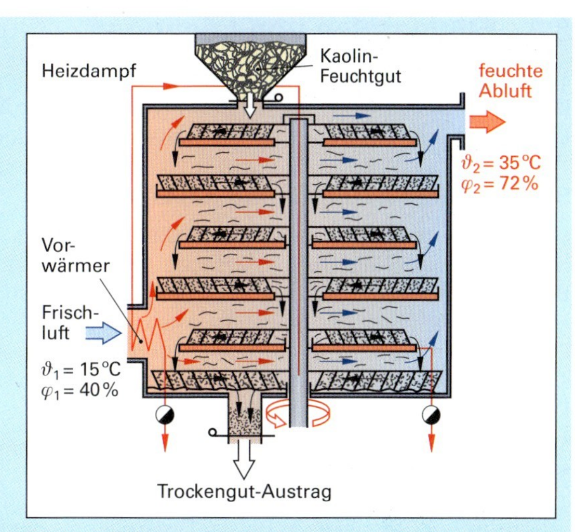

Bild 1: Trocknen einer Kaolinschüttung im Etagentrockner (Aufgabe 7)

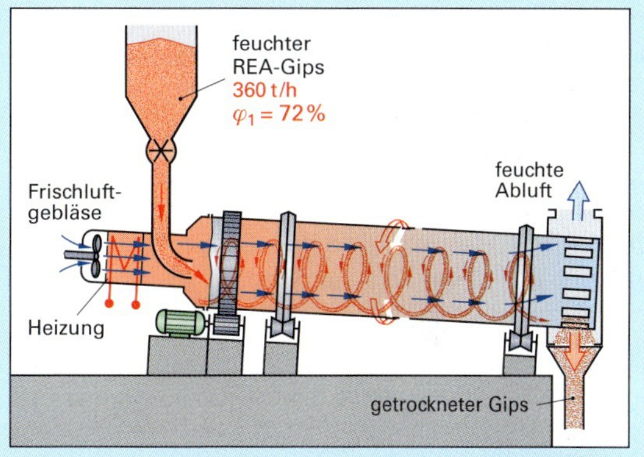

Bild 2: Gipstrocknung im Drehrohrtrockner (Aufgabe 8)

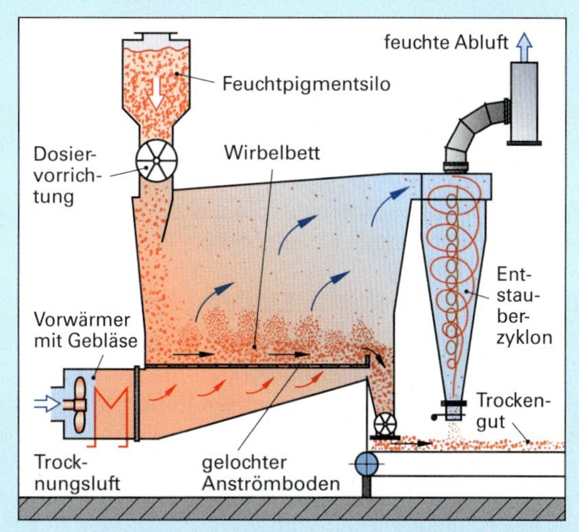

Bild 3: Feuchtpigmenttrocknung in einer Wirbelschicht-trockner-Anlage (Aufgabe 9)

8.2 Eindampfen von Lösungen

Lösungen bestehen aus einem Lösemittel, z. B. Wasser, und einem gelösten Feststoff, z. B. einem Salz. Beim Eindampfen (engl. evaporation) wird aus einer Ausgangslösung durch teilweises Verdampfen des Lösemittels eine Lösung mit einem höheren Feststoffgehalt, das **Konzentrat**, erzeugt.

8.2.1 Siedepunkterhöhung bei Lösungen

Lösungen haben einen niedrigeren Dampfdruck als das reine Lösemittel **(Bild 1)**. Die Ursache ist die zusätzliche Bindung der Lösemittelmoleküle in der Lösung durch die Moleküle bzw. Ionen des gelösten Feststoffs.

Die Dampfdruckerniedrigung der Lösung $\Delta p = p_{LM} - p_L$ entspricht einer Siedepunkterhöhung $\Delta\vartheta_b = \vartheta_L - \vartheta_{LM}$.

Die Größe der Siedepunkterhöhung ist abhängig:

- vom Lösemittel, ausgedrückt durch die Kennzahl $K_b(\text{Lm})$
- von der Anzahl der gelösten Feststoffteilchen, ausgedrückt durch die Molalität ***b*** und die Teilchenzahl ***ν*** der bei der Dissoziation einer Formeleinheit entstehenden Ionen.

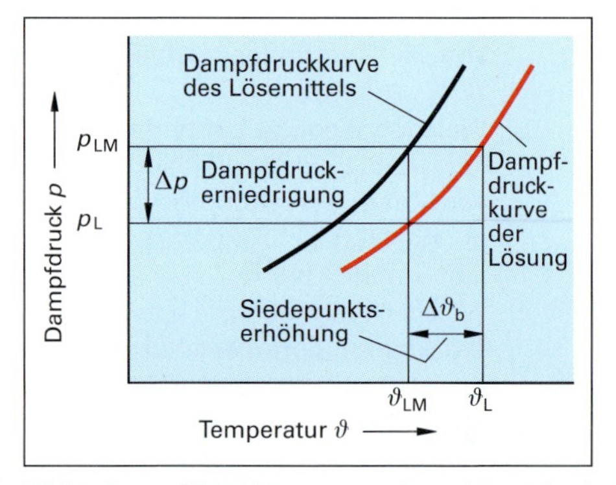

Bild 1: Dampfdruckkurve von reinem Lösemittel und einer Lösung des Lösemittels

Die Siedepunkterhöhung wird mit der nebenstehenden Gleichung berechnet.

Siedepunkterhöhung

$$\Delta\vartheta_b = K_b(\text{Lm}) \cdot b(\text{X}) \cdot \nu$$

Es sind:

$K_b(\text{Lm})$ die ebullioskopische Konstante

$b(\text{X})$ die Molalität $b(\text{X}) = \dfrac{n(\text{X})}{m(\text{Lm})} = \dfrac{m(\text{X})}{M(\text{X}) \cdot m(\text{Lm})}$

$n(\text{X})$ die Stoffmenge an gelöstem Feststoff

$M(\text{X})$ die molare Masse des gelösten Feststoffs

$m(\text{X})$ die Masse an gelöstem Feststoff

$m(\text{Lm})$ die Masse an Lösemittel

Beispiel: Welche Siedepunkterhöhung hat eine wässrige Lösung von 1640 kg $CaCl_2$ in 8260 kg Wasser?

$M(CaCl_2) = 111$ kg/kmol; $\nu = 3$; $K_b(H_2O) = 0{,}521$ K·kg/mol

Lösung: $\Delta\vartheta_b = K_b(\text{Lm}) \cdot b(\text{X}) \cdot \nu = K_b(\text{Lm}) \cdot \dfrac{m(\text{X})}{M(\text{X}) \cdot m(\text{Lm})} \cdot \nu$

$$\boldsymbol{\Delta\vartheta_b} = 0{,}521\ \text{K} \cdot \text{kg/mol}\ \frac{1640\ \text{kg}}{111\ \text{kg/kmol} \cdot 8260\ \text{kg}} \cdot 3 \approx \mathbf{2{,}80\ K}$$

Ist der Feststoffgehalt in Massenanteilen angegeben, dann kann die Molalität daraus berechnet werden:

$$b(\text{X}) = \frac{w(\text{X})}{M(\text{X}) \cdot [1 - w(\text{X})]}$$

Bei höheren Gehalten an gelöstem Feststoff weicht die reale Siedepunkterhöhung von der nach obiger Gleichung berechneten ab. Die reale Siepunkterhöhung wichtiger wässriger Salzlösungen zeigt **Bild 2**.

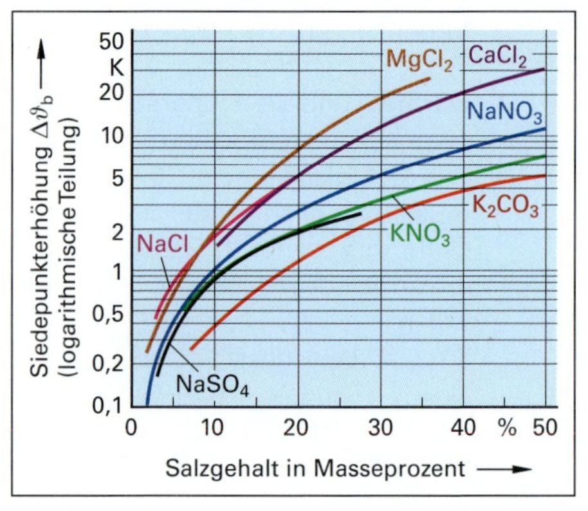

Bild 2: Siedepunkterhöhung einiger wässriger Salzlösungen

8.2.2 Kontinuierliche Eindampfung

Die Eindampfung von Lösungen wird in kontinuierlich arbeitenden Verdampfern durchgeführt.

Bild 3 zeigt den häufig eingesetzten **Robert-Verdampfer**.

Er besteht im Wesentlichen aus dem Wärmetauscherteil mit senkrecht stehenden, dampfbeheizten Wärmetauscherrohren und dem darüber stehenden Brüdenraum. Bei der kontinuierlichen Verdampfung wird die Ausgangslösung (m_A) in stetigem Strom kurz über dem Wärmetauscherteil zugeführt (Bild 3).

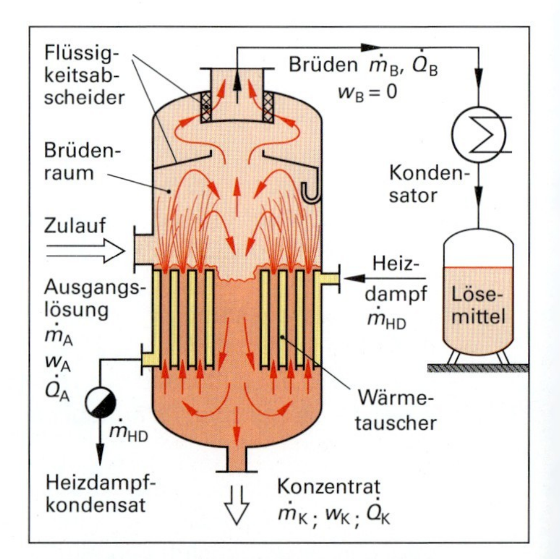

Bild 3: Eindampfanlage (kontinuierlich)

Aus den Wärmetauscherrohren schießt siedende Lösung und Dampf nach oben heraus. Dieses Gemisch trennt sich im Brüdenraum. Der Dampf (Brüden) verlässt den Verdampfer in stetigem Strom am Kopf ($\dot{m}_B$) und wird in einem Kondensator niedergeschlagen. Das Kondensat besteht aus Lösemittel. Die aus den Wärmetauscherrohren herausgeschleuderte, siedende Lösung fällt zurück und strömt durch das mittige Rücklaufrohr nach unten. Ein Teil des Rücklaufstroms wird unten als Konzentrat (m_K) stetig abgezogen. Der Rest strömt wieder nach oben in die Wärmetauscherrohre und wird dort erneut zum Sieden gebracht.

Massenstrombilanz

$$\dot{m}_A = \dot{m}_K + \dot{m}_B$$

Konzentratstrom

$$\dot{m}_K = \frac{w_A}{w_K} \cdot \dot{m}_A$$

Brüdenstrom

$$\dot{m}_B = \dot{m}_A - \dot{m}_K = \frac{w_K - w_A}{w_K} \cdot \dot{m}_A$$

Massenströme

Mit den zu- bzw. abfließenden Massenströmen lässt sich die nebenstehende Massenstrombilanz aufstellen.

Für den gelösten Feststoff in den Stoffströmen gilt die Bilanz:

$\dot{m}_A \cdot w_A = \dot{m}_K \cdot w_K + \dot{m}_B \cdot w_B$; mit $w_B = 0$ folgt $\dot{m}_A \cdot w_A = \dot{m}_K \cdot w_K$

w_A, w_K und w_B sind die Massenanteile an gelöstem Feststoff.

Daraus lassen sich die nebenstehenden Gleichungen für den Konzentratstrom und den Brüdenstrom aufstellen.

Wärmebedarf beim Eindampfen

Die zum Eindampfen einer Lösung erforderliche Wärmemenge, der Wärmebedarf $\dot{Q}_{Ges}$, setzt sich aus mehreren Anteilen zusammen:

- Der Wärme zum Aufheizen der Lösung auf Siedetemperatur $\dot{Q}_{Aufh} = c_L \cdot \dot{m}_L \cdot (\vartheta_{bL} - \vartheta_A)$
- Der Verdampfungswärme $\dot{Q}_{Verd} = \dot{m}_{LM} \cdot r_{LM}$
- Der Wärmeverluste an die Umgebung $\dot{Q}_{Verl}$

Der Wärmeverlust kann auch mit einem Verlustfaktor η_{Verl} in der Gleichung berücksichtigt werden.

Wärmebedarf beim Eindampfen

$$\dot{Q}_{Ges} = \dot{Q}_{Aufh} + \dot{Q}_{Verd} + \dot{Q}_{Verl}$$

$$\dot{Q}_{Ges} = \eta_{Verl} \cdot (\dot{Q}_{Aufh} + \dot{Q}_{Verd})$$

Beispiel: In einen Verdampfer werden stündlich 563 kg wässrige $MgCl_2$-Lösung eingespeist. Sie wird zuerst von Umgebungstemperatur (20 °C) auf Siedetemperatur (105 °C) erhitzt. Im Verdampfer werden stündlich 241 kg des Wasseranteils der Lösung verdampft. Die Verlustwärme beträgt 12% der Aufheiz-und Verdampfungswärme. Welche Wärmemenge ist stündlich für diese Prozessaufgabe erforderlich?

Stoffdaten: $c_L = 4{,}45$ kJ/(kg·K); $r_{LM} = 2246$ kJ/kg

Lösung: $\dot{Q}_{Ges} = \eta_{Verl} \cdot (\dot{Q}_{Aufh} + \dot{Q}_{Verd}) = \eta_{Verl} \cdot [c_L \cdot \dot{m}_L \cdot (\vartheta_{bL} - \vartheta_A) + \dot{m}_{LM} \cdot r_{LM}]$

$\dot{Q}_{Ges} = 1{,}12 \cdot [4{,}45 \text{ kJ/(kg·K)} \cdot 563 \text{ kg} \cdot (105 \text{ °C} - 20 \text{°C}) + 241 \text{ kg} \cdot 2256 \text{ kJ/kg}]$

$\dot{Q}_{Ges} = 1{,}12 \cdot [212954 \text{ kJ} + 543696 \text{ kJ}] = 847448 \text{ kJ} \approx$ **847 MJ**

Der **Wärmebedarf** zum Eindampfen $\dot{Q}_{Ges}$ wird durch Kondensieren von Heizdampf im Wärmetauscherteil des Verdampfers bereitgestellt.

Er beträgt $\dot{Q}_{Ges} = \dot{Q}_{Kond} = \dot{m}_{HD} \cdot r_{HD}$. Durch Umstellen lässt sich daraus der Heizdampfbedarf $\dot{m}_{HD}$ berechnen (siehe rechts).

Heizdampfbedarf

$$\dot{m}_{HD} = \frac{\dot{Q}_{Kond}}{r_{HD}}$$

Die im Wärmeübertragungsbereich des Verdampfers **übertragene Wärmemenge** $\dot{Q}$ lässt sich mit der nebenstehenden Gleichung für die Wärmeübertragung in Wärmetauschern (Seite 149) berechnen.

Es sind: k Wärmedurchgangszahl; A Wärmetauscherfläche

Δ_{HD} Heizdampftemperatur; ϑ_{bL} Siedetemperatur der Lösung

Im Verdampferteil übertragene Wärmemenge

$$\dot{Q} = k \cdot A \cdot (\vartheta_{HD} - \vartheta_{bL})$$

Beispiel: Im Wärmeübertragungsteil eines Verdampfers soll stündlich ein Wärmebedarf von 847 · 10^3 kJ übertragen werden. Die *k*-Zahl beträgt 840 W/(m²·K), die Übertragungsfläche 21,20 m² und die mittlere Temperaturdifferenz 23 °C. Kann dieser Wärmebedarf vom Wärmeübertragungsteil bereitgestellt werden?

Lösung: $\dot{Q} = k \cdot A \cdot (\vartheta_{HD} - \vartheta_{bL}) = 840 \text{ W/(m}^2\text{·K)} \cdot 21{,}20 \text{ m}^2 \cdot 23 \text{ K} = 410 \cdot 10^3 \text{ W} = 410 \cdot 10^3 \cdot 3{,}6 \text{ kJ/h}$

$\dot{Q}$ = 1476 · 10^3 kJ/h; Da 1476 · 10^3 kJ/h > 847 · 10^3 kJ/h ⇒ Der Wärmebedarf kann bereitgestellt werden.

Die Heizdampftemperatur ϑ_{HD} sollte mindestens 20 °C über der Siedetemperatur ϑ_{bL} der Lösung liegen, um ein ausreichend großes Temperaturgefälle zum Heizen zu erhalten. Die erforderliche Heizdampftemperatur kann aus dem Dampfdruck-Diagramm des Wassers abgelesen werden (Bild 2, Seite 171).

8.2.3 Absatzweise Eindampfung

Bei kleinen und unregelmäßig anfallenden Lösungsmengen wird die absatzweise (diskontinuierliche) Eindampfung eingesetzt. Hierbei wird die Ausgangslösung (m_A) mit dem Massenanteil w_A in den Verdampfer eingefüllt und dann die Verdampfung durch Heizdampfzufuhr gestartet **(Bild 1)**. Der aus Lösemittel bestehende Brüden (m_B) wird abgezogen und kondensiert. Dadurch sinkt der Füllstand der Restlösung im Verdampfer und der Gehalt an gelöstem Feststoff steigt an.

Ist die gewünschte Anreicherung der Lösung erreicht, wird die Verdampfung durch Schließen der Heizdampfzufuhr beendet. Das Konzentrat (m_K) mit dem Massenanteil w_K wird vollständig abgelassen. Danach kann eine neue Charge eingefüllt und eingedampft werden.

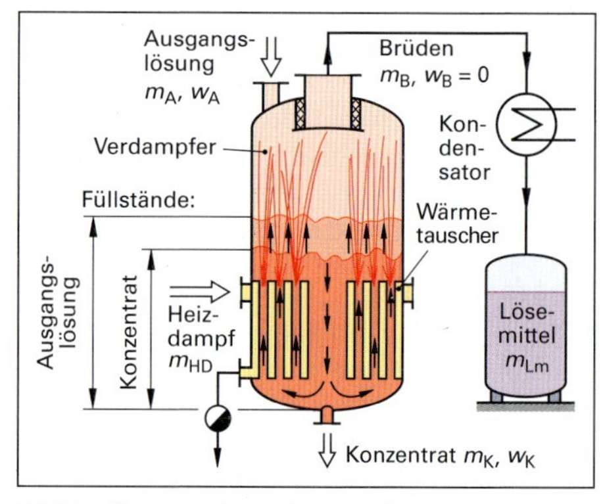

Bild 1: Absatzweises Eindampfen

Die Berechnung der Massen (m_A, m_K, m_B) und des Wärme- sowie des Heizdampfbedarfs (Q_{Ges}, m_{HD}) erfolgt beim absatzweisen Eindampfen von Lösungen mit analogen Gleichungen wie bei der kontinuier-lichen Eindampfung. Siehe dazu Seite 167. Anstatt der Massenströme (bei der kontinuierlichen Eindampfung) sind bei der absatzweisen Eindampfung die Massen in die Gleichungen einzusetzen.

Aufgaben zu 8.2 Eindampfen von Lösungen

1. Eine NaCl-Sole mit dem Massenanteil $w_1(\text{NaCl}) = 6{,}5\,\%$ wird durch Eindampfen auf $w_2(\text{NaCl}) = 38\,\%$ angereichert.
   Bestimmen Sie die Siedetemperatur der Sole vor und nach dem Eindampfen:
   a) durch Berechnen mit der Größengleichung;
   b) durch Ablesen aus einem Siedetemperaturerhöhungsdiagramm (Bild 2, Seite 166).
   c) Vergleichen Sie die Werte.
2. 360 Kilogramm einer 3,50%igen Natriumnitrat-Salzlösung sollen in einer absatzweisen Eindampfung aufkonzentriert werden. Wie viel Konzentrat bleibt zurück, wenn die Salzlösung auf einen Natriumnitrat-Massenanteil von 24,00 % angereichert wird?
3. Meerwasser mit einem NaCl-Massenanteil von $w(\text{NaCl}) = 0{,}032$ soll durch Sonneneinstrahlung so weit aufkonzentriert werden, dass Kochsalz ausfällt. Der Massenanteil, bei dem das Kochsalz beginnt auszufallen, beträgt $w(\text{NaCl}) = 0{,}265$.
   a) Wie viel Kubikmeter Wasser müssen aus einem Becken mit 4000 t Meerwasser bis zum Einsetzen der Kristallisation verdunsten?
   b) Welche Masse an konzentrierter Meersalzlösung bleibt am Ende der Eindampfung zurück?
   c) Welche Wärmemenge wurde hierbei durch die Sonneneinstrahlung wirksam?
4. In einem Verdampfer werden in einem absatzweisen Prozess 802 kg einer wässrigen Calciumnitratlösung mit einem Massenanteil von $w(\text{Ca(NO}_3)_2) = 3{,}0\,\%$ 512 kg Wasser entzogen.
   Welchen Calciumnitratgehalt hat die eingedampfte Lösung?
5. In einem kontinuierlich arbeitendem Verdampfer (Bild 3, Seite 166) sollen stündlich 1140 kg Calciumchlorid-Lösung mit einem Ausgangsmassenanteil von 0,122 und einer Temperatur von 12 °C auf einen Konzentrat-Massenanteil von 0,671 eingedampft werden.
   Stoffdaten: $c_L = 4{,}52$ kJ/(kg · K); $r(\text{H}_2\text{O}) = 2256$ kJ/kg
   a) Welcher Massenstrom an Konzentrat muss zum Erreichen des geforderten Konzentratgehalts aus dem Verdampfer abgezogen werden?
   b) Welcher Massenstrom an Brüden strömt dabei aus dem Verdampfer ab?
   c) Welche Heizdampfmenge muss stündlich dem Verdampfer zugeführt werden, wenn mit einem Wärmeverlust von 15 % zu rechnen ist?
6. In einem Chemiebetrieb sind zwei Restposten an NaOH-Lösungen angefallen. Sie werden zum Eindampfen in einen Verdampfer gefüllt. Die eine NaOH-Lösung hat eine Masse von 305 kg und einen Massenanteil an NaOH von 0,120. Die andere Lösung hat 430 kg und $w(\text{NaOH}) = 0{,}080$. Nach dem Mischen wird die Mischlösung bis auf 142 kg Konzentrat eingedampft.
   a) Welchen Massenanteil an NaOH hat die Mischlösung vor dem Eindampfen?
   b) Wie groß ist der Massenanteil an NaOH in der eingedampften Mischlösung?

8.3 Kristallisieren aus Lösungen

Bei der Kristallisation (engl. crystallization) wird aus einer Lösung durch Übersättigen der gelöste Stoff in Form von festen Kristallen ausgeschieden und abgetrennt.

In der chemischen Technik dient die Kristallisation zur Gewinnung von kristallinen Massengütern wie Kochsalz, Zucker, Zitronensäure, Mineraldünger usw.

Die entscheidende Gehaltsangabe bei der Kristallisation aus einer Lösung ist die Löslichkeit L^*(engl. solubility). Sie gibt an, welche Masse an Feststoff in g maximal in 100 g eines Lösemittels gelöst werden kann.

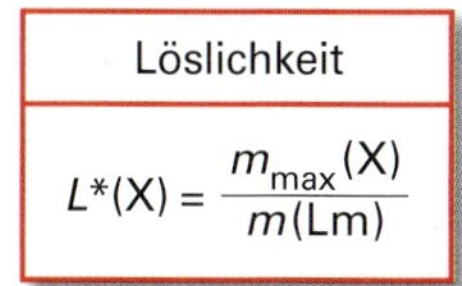

Löslichkeit

$$L^*(X) = \frac{m_{max}(X)}{m(Lm)}$$

Die Löslichkeit L^* ist ein Massenverhältnis: $L^* = \zeta(X) = m(X)/m(Lm)$. Sie kann in andere Gehaltsangaben umgerechnet werden, wie z. B. in Massenanteile $w(X)$.

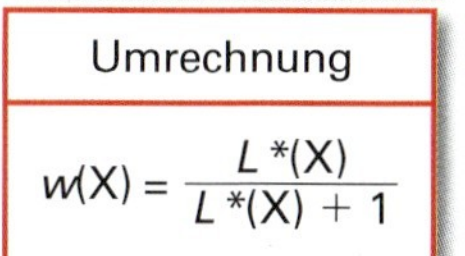

Umrechnung

$$w(X) = \frac{L^*(X)}{L^*(X) + 1}$$

Die Löslichkeit L^* von Salzen in Wasser ist von der Temperatur abhängig **(Bild 1)**. Es gibt Salze, deren Löslichkeit stark mit der Temperatur zunimmt, wie z. B. die Nitrate KNO_3 und NH_4NO_3, und solche, deren Löslichkeit L^*nur geringfügig mit der Temperatur steigt, wie z. B. die Chloride NaCl und KCl.

Die Kristallisation setzt in einer Lösung ein, wenn bei einer bestimmten Temperatur der Gehalt an gelöstem Stoff die Löslichkeit L^* überschreitet. Im Löslichkeitsdiagramm übersteigt dann der Gehalt die Löslichkeitskurve **(Bild 2)**. Bei Gehalten zwischen der Löslichkeitskurve und der Überlöslichkeitskurve kommt es nur zur Kristallbildung, wenn der Lösung Impfkristalle (bevorzugte Größe <0,1 mm) zugegeben werden. Bei Gehalten oberhalb der Überlöslichkeitskurve tritt eine spontane Kristallbildung ein.

Je nach Steigung der Löslichkeitskurve werden die verschiedenen Kristallisationsverfahren eingesetzt.

Die **Verdampfungskristallisation** wird bei Lösungen eingesetzt, die eine geringe Temperaturabhängigkeit der Löslichkeit L^* besitzen **(Bild 2)**. Hierbei wird ein Teil des Lösemittels verdampft, so dass in der Restlösung die Löslichkeitskurve überschritten wird (roter Pfeil). Durch das Auskristallisieren fällt der Gehalt der Lösung wieder bis auf die Löslichkeitskurve (schwarzer Pfeil).

Die **Kühlungskristallisation** kommt bei Lösungen zum Einsatz, die eine starke Temperaturabhängigkeit der Löslichkeit L^* aufweisen **(Bild 3)**. Bei diesem Verfahren wird die Löslichkeitskurve durch Abkühlen einer heißen Lösung überschritten (roter Pfeil).

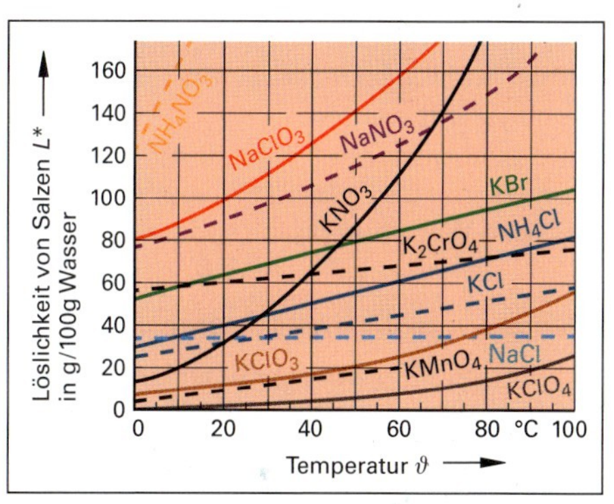

Bild 1: Löslichkeit verschiedner Salze

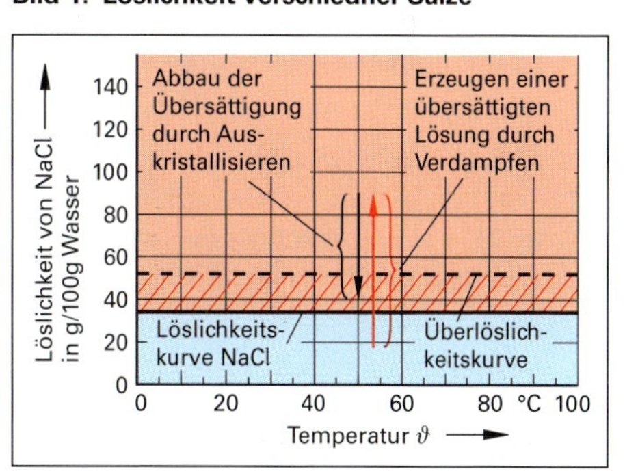

Bild 2: Verdampfungskristallisation

Massenbilanz

Zur Berechnung der Massen bei der Kristallisation stellt man eine Massenbilanz um den Kristallisationsapparat auf (Bild 1, Seite 170).

Der in den Kristallisator eintretende Massenstrom der Frischlösung $\dot{m}_A$ ist gleich der Summe der Massenströme des Brüdendampfs $\dot{m}_B$ und des Kristallbreis $\dot{m}_{KB}$.

Der Brüden ($\dot{m}_B$) besteht aus reinem Lösemittel: $w(X) = 0$. Der Kristallbrei ($\dot{m}_{KB}$) wird in einer Zentrifuge getrennt. Er setzt sich aus den Kristallen ($\dot{m}_K$) mit dem Massenanteil $w_K(X) = 1$ und der gesättigten Restlösung ($\dot{m}_{RL}$) mit dem Massenanteil $w_{RL}(X)$ zusammen.

Massenbilanz

$$\dot{m}_A = \dot{m}_B + \dot{m}_K + \dot{m}_{RL}$$

Der Massenanteil in der Kristallbrei-Restlösung w_{RL} entspricht der Löslichkeit L^* der Lösung bei der Kristallisationstemperatur.

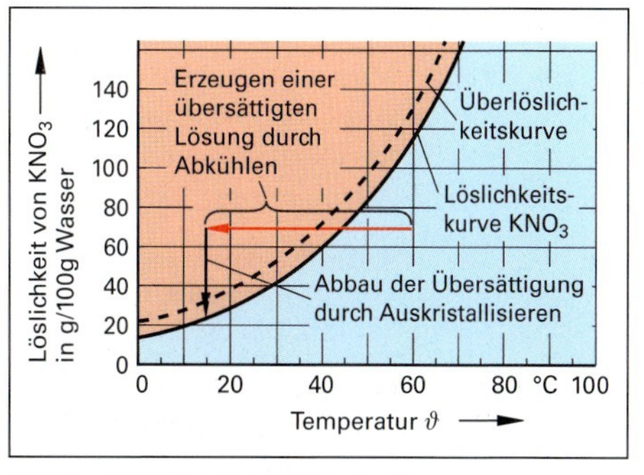

Bild 3: Kühlungskristallisation

Für den gelösten Feststoff in den Stoffströmen gilt die Bilanz:
$\dot{m}_A \cdot w_A(X) = \dot{m}_B \cdot w_B(X) + \dot{m}_K \cdot w_K(X) + \dot{m}_{RL} \cdot w_{RL}(X)$
mit $w_B(X) = 0$ und $w_K(X) = 1$ sowie $w_{RL}(X) = L^*(X)$ folgt
$\dot{m}_A \cdot w_A(X) = \dot{m}_K + \dot{m}_{RL} \cdot L^*(X)$

Daraus lässt sich durch Umstellen der Kristallertrag berechnen.

Kristallertrag-Massenstrom

$$\dot{m}_K = \dot{m}_A \cdot w_A(X) - \dot{m}_{RL} \cdot L^*(X)$$

Der prozentuale Kristallertrag η, auch Ausbeute genannt, macht eine Aussage über die Effektivität des Kristallisationsprozesses.

Kistallisationsausbeute

$$\eta = \frac{\dot{m}_K}{\dot{m}_A} \cdot 100\,\%$$

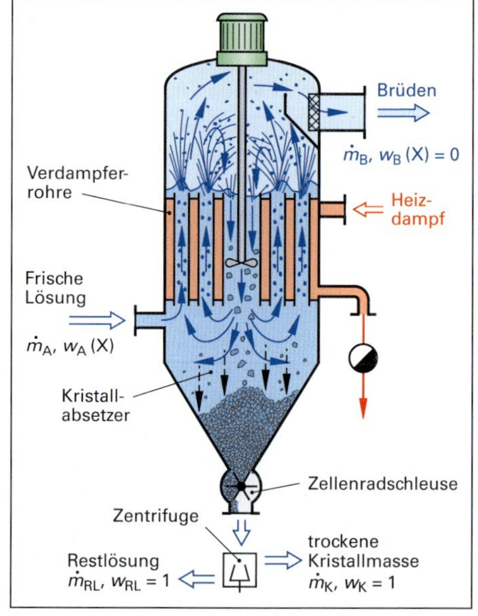

Bild 1: Kontinuierlich arbeitender Verdampfungskristallisator

Energiebedarf beim Kristallisieren

Bei der Verdampfungskristallisation müssen die Aufheiz- und die Verdampfungswärme sowie die Wärmeverluste aufgebracht werden: $\dot{Q}_{VK} = \eta_{Verl}\,(\dot{Q}_{Aufh} + \dot{Q}_{Verd})$

Bei der Kühlungskristallisation muss die Abkühlungswärme abgeführt werden.

Bei der absatzweisen Kristallisation gelten analoge Gleichungen mit den Massen m anstatt der Massenströme $\dot{m}$ bzw. den Wärmemengen Q anstatt der Wärmeströme $\dot{Q}$.

Aufgaben zu 8.3 Kristallisieren aus Lösungen

1. In einem Rührkesselkristallisator befindet sich eine gesättigte Lösung von Natriumnitrat $NaNO_3$ bei einer Temperatur von 58 °C. Welchen Massenanteil an $NaNO_3$ hat die Lösung?

2. Eine gesättigte KNO_3-Lösung mit einer Temperatur von 45 °C wird auf 18 °C abgekühlt. Welche Kristallmasse kann dabei pro 1 kg Lösung auskristallisieren?

3. Eine KCl-Lösung mit dem Massenanteil w(KCl) = 18 % wird bei 85 °C in einem Verdampfungskristallisator auf w(KCl) 47 % eingedampft.

   Welche Kristallmasse kann dabei pro 1 kg Lösung auskristallisieren?

4. In einen Rührwerkskristallisator wird eine Charge von 2,46 t gesättigter $NaClO_3$-Lösung mit einer Temperatur von 52 °C eingefüllt und auf 16 °C abgekühlt. Es erfolgt die Kristallisation.
   a) Wie viel Trockenmasse an Kristallen enthält der Kristallbrei nach der Abkühlung und der vollständigen Kristallisation?
   b) Welche Kristallisationsausbeute wurde erzielt?

5. In einem Kühlungskristallisator sollen stündlich 1,87 t einer wässrigen $CaCl_2$-Lösung mit dem Massenanteil w($CaCl_2$) = 51 % kristallisiert werden. Die Lösung läuft mit 62 °C in den Kristallisator ein und wird dort auf 14 °C abgekühlt.
   a) Entnehmen Sie die Daten für die Löslichkeit von $CaCl_2$ aus einem Tabellenbuch und stellen Sie diese in einem Löslichkeitsdiagramm über der Temperatur dar.
   b) Welchen Massenanteil hat die Lösung nach der Abkühlungskristallisation?
   c) Welche Masse an trockenen Kristallen fällt stündlich im Kristallisator an? Mit dem Kristallbrei werden stündlich 580 kg an Restlösung ausgetragen.
   d) Welche Kristallisationsausbeute hat der Kristallisationsprozess?
   e) Welche Wärmemenge wird zur Abkühlung der Lösung entzogen? c_L = 4,28 kJ/(kg · K)

6. Eine 90 °C heiße, wässrige Lösung ist mit NaCl und KCl gesättigt. Die Lösungscharge hat eine Masse von 1200 kg. Durch Anlegen von Vakuum (Vakuumkristallisation) wird aus der Lösung so lange Wasser verdampft, bis die Lösung auf 30 °C abgekühlt ist.

   r(Wasser) = 2256 kJ/kg; c(Lösung) = 4,150 kJ/(kg · K)
   a) Wie viel Wasser muss verdampft werden, bis die Lösung auf 30 °C abgekühlt ist?
   b) Wie viel NaCl und wie viel KCl werden dabei auskristallisiert?

8.4 Destillation

Das Destillieren (engl. destillation) gehört zu den thermischen Trennverfahren und dient zum Trennen von Flüssigkeitsgemischen mit weit auseinanderliegenden Siedetemperaturen in die Bestandteile.
Bei der Destillation wird ein Flüssigkeitsgemisch zum Sieden gebracht, der aufsteigende Dampf wird kondensiert und als Erzeugnis abgeführt.

8.4.1 Physikalische Grundlagen der Destillation

8.4.1.1 Dampfdruck von Flüssigkeiten

Aus einer Flüssigkeit verdunsten und kondensieren fortlaufend Stoffteilchen **(Bild 1)**. Dadurch bildet sich in einem geschlossenen Gefäß bei einer bestimmten Temperatur ein bestimmter Dampfdruck. Dieser Dampfdruck (engl. vapor pressure) ist temperaturabhängig. Je höher die Temperatur, um so höher ist der Dampfdruck.
Die Dampfdruckzunahme mit steigender Temperatur ist exponentiell.
Jede Flüssigkeit hat eine arteigene, spezifische Dampfdruckkurve **(Bild 2)**.
Die Siedetemperatur ϑ_b (engl. boiling temperature) einer Flüssigkeit ist die Temperatur, bei der ihr Dampfdruck so groß ist wie der Umgebungsdruck: p_{amb} = 1013 mbar.
Mit zunehmendem Umgebungsdruck steigt die Siedetemperatur eines Stoffs, mit abnehmendem Umgebungsdruck sinkt sie. Die Siedetemperatur eines Stoffs bei einem bestimmten Umgebungsdruck kann aus Bild 2 abgelesen werden.

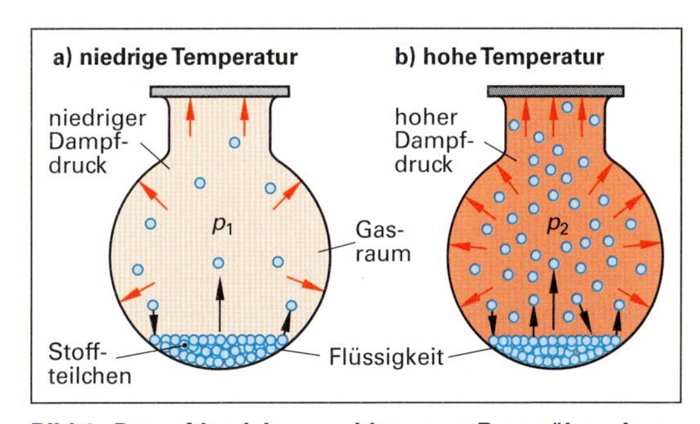

Bild 1: Dampfdruck im geschlossenen Raum über einer Flüssigkeit

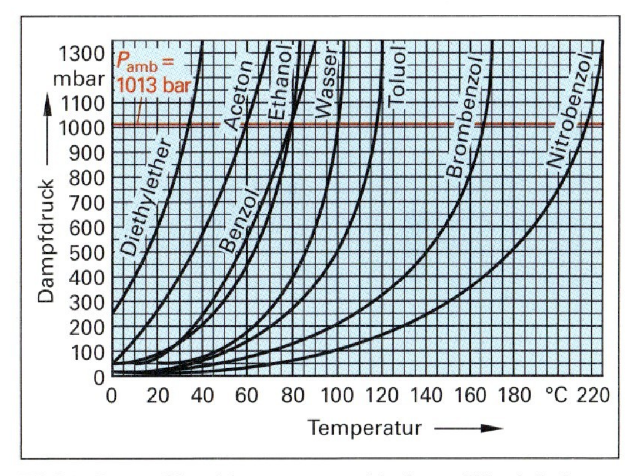

Bild 2: Dampfdruckkurven verschiedener Flüssigkeiten

Beispiel: Wie hoch ist die Siedetemperatur von Ethanol bei Normaldruck (1013 mbar) und bei 500 mbar?

Lösung: Aus Bild 2 liest man an der Dampfdruckkurve des Ethanols ab:

bei p_{amb} = 1013 mbar → $\boldsymbol{\vartheta_b = 79\ °C}$

bei p_e = 500 mbar → $\boldsymbol{\vartheta_b = 63\ °C}$

8.4.1.2 Siedeverhalten homogener Flüssigkeitsgemische

Ein homogenes Flüssigkeitsgemisch besteht aus zwei oder mehr Einzelflüssigkeiten, die vollständig ineinander löslich sind und eine einheitliche Mischphase bilden.
Im einfachsten Fall setzt es sich aus 2 Komponenten, A und B genannt, zusammen. Mit A bezeichnet man die niedriger siedende Komponente (Leichtersiedendes LS), mit B die höher siedende Komponente (Schwerersiedendes SS) des Zweistoffgemisches. Das Gemisch siedet bei der Siedetemperatur ϑ_b.
Die Gehalte der Komponenten werden als Stoffmengenanteil x_A und x_B in der Flüssigphase und als Stoffmengenanteil y_A und y_B in der Gasphase (Dampf) angegeben[1] **(Bild 3)**. Der Index 1 kennzeichnet meistens die Ausgangstemperatur des Gemisches.

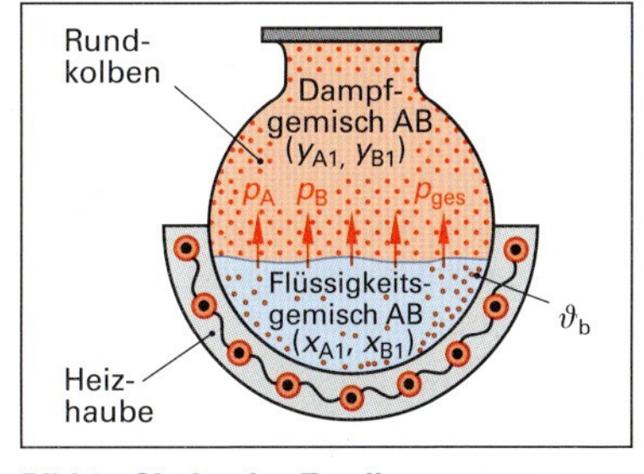

Bild 3: Siedendes Zweikomponenten-Gemisch

Stoffmengenanteil

Stoff A: $x_A = \dfrac{n_A}{n_A + n_B}$; n_A, n_B sind Stoffmengen in mol

1 Nach DIN 1310 wird der Stoffmengenanteil mit dem griechischen Buchstaben χ (chi) angegeben. In diesem Kapitel werden für Stoffmengenanteile die bei technischen Prozessen üblichen Größenzeichen x für die Flüssigkeitsphase und y für die Dampfphase verwendet.

Die Zahlenwerte der Stoffmengenanteile liegen zwischen 0 und 1.

Die Summe der Stoffmengenanteile $x_A + x_B$ in der Flüssigkeit sowie $y_A + y_B$ in der Dampfphase beträgt jeweils 1 bzw. 100 %.

Erwärmt man ein Zweistoff-Flüssigkeitsgemisch AB, so beginnt es bei einer bestimmten Temperatur ϑ_b zu sieden (Bild 3, Seite 171).

Summen der Stoffmengenanteile	
in der Flüssigkeit:	$x_A + x_B = 1$
im Dampf:	$y_A + y_B = 1$

Über dem siedenden Flüssigkeitsgemisch herrscht ein **Gesamtdampfdruck p_{ges}**, der sich aus den Dampfdrücken der Einzelkomponenten p_A und p_B, auch Partialdrücke genannt, zusammensetzt. Diese Gesetzmäßigkeit wird **Dalton'sches Gesetz** genannt.

Dalton'sches Gesetz
$p_{ges} = p_A + p_B$

Die **Partialdrücke** (engl. partial pressure) der beiden Gemischbestandteile sind von der Art des Flüssigkeitsgemischs und von den Stoffmengenanteilen der Komponenten im Gemisch abhängig. Je nach Art des Flüssigkeitsgemischs (ideal oder real) gelten unterschiedliche Gesetzmäßigkeiten.

Ideale Flüssigkeitsgemische

Bei **idealen Flüssigkeitsgemischen** sind die Partialdrücke im Gemischdampf dem Stoffmengenanteil und dem Dampfdruck der einzelnen Komponenten direkt proportional **(Raoult'sches Gesetz)**.

$p_A°$ und $p_B°$ sind die Dampfdrücke der reinen Komponenten A bzw. B, x_A und x_B die Stoffmengenanteile der Komponenten im Gemisch.

Raoult'sches Gesetz
$p_A = x_A \cdot p_A°$
$p_B = x_B \cdot p_B°$

Ideale, bzw. annähernd ideale Gemische bilden nur chemisch sehr ähnliche Flüssigkeiten, wie z. B. die gesättigten Kohlenwasserstoffe untereinander oder Benzol mit Toluol.

Beispiel 1: Ein Benzol-Toluol-Gemisch mit einem Stoffmengenanteil von jeweils 50,0 % (0,500) hat bei 1013 mbar Umgebungsdruck eine Siedetemperatur von 92,2 °C **(Bild 1)**. Wie hoch sind die Partialdampfdrücke der beiden Komponenten und der Gesamtdampfdruck über dem siedenden Gemisch?

Lösung: Aus Bild 1 liest man ab: Bei der Siedetemperatur (92,2 °C) naben die reinen Komponenten folgende Partialdrücke: $p°$(Benzol) = 1456 mbar; $p°$(Toluol) = 570 mbar

Nach dem Raoult'schen Gesetz sind die Partialdrücke in der Misch-Dampfphase:

$\boldsymbol{p}$**(Benzol)** = x(Benzol) · $p°$(Benzol)
= 0,500 · 1456 mbar = **728 mbar**

$\boldsymbol{p}$**(Toluol)** = x(Toluol) · $p°$(Toluol)
= 0,500 · 570 mbar = **285 mbar**

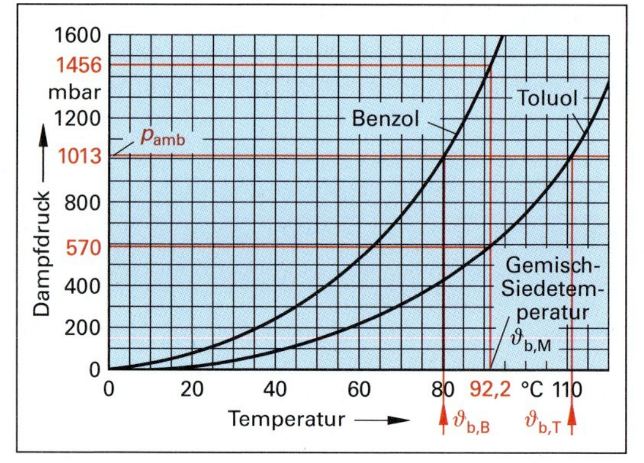

Bild 1: Partialdruck-Diagramm von Benzol und Toluol

Nach dem Dalton'schen Gesetz ist der Gesamt-Dampfdruck im Dampfgemisch die Summe der Partialdrücke:

$\boldsymbol{p_{ges}}$ = p(Benzol) + p(Toluol) = 728 mbar + 285 mbar = **1013 mbar**.

Die **Siedetemperatur** des Gemisches $\boldsymbol{\vartheta_b}$, liegt zwischen den Siedetemperaturen der reinen Komponenten (Bild 1). Je nach Stoffmengenanteil und Partialdampfdruck liegt sie näher beim Siedepunkt der einen oder anderen Komponente.

Die **Zusammensetzung des Dampfes** y_A, y_B über einem siedenden Flüssigkeitsgemisch entspricht dem jeweiligen Verhältnis des Dampfdrucks der Komponente zum Gesamtdruck.

Zusammensetzung des Gemischdampfs
$y_A = \frac{p_A}{p_{ges}}$; $y_B = \frac{p_B}{p_{ges}}$

Beispiel 2: Die Partialdrücke des Benzol-Toluol-Gemischs in obigem Beispiel 1 betrugen p(Benzol) = 728 mbar und p(Toluol) = 285 mbar bei einem Gesamtdruck von p_{ges} = 1013 mbar.

Welche Zusammensetzung hat der aus der siedenden Flüssigkeit aufsteigende Dampf?

Lösung: $\boldsymbol{y}$**(Benzol)** $= \frac{p(\text{Benzol})}{p_{ges}} = \frac{728\,\text{mbar}}{1013\,\text{mbar}} \approx$ **719**; $\boldsymbol{p}$**(Toluol)** $= \frac{p(\text{Toluol})}{p_{ges}} = \frac{285\,\text{mbar}}{1013\,\text{mbar}} \approx$ **0,281**

Trägt man den Partialdruck einer Komponente p_A eines idealen Flüssigkeitsgemischs in einem Dampfdruckdiagramm über dem Stoffmengenanteil x_A auf, so erhält man eine von 0 auf $p_A°$ ansteigende Gerade **(Bild 1)**.

Die Partialdruckkurve der anderen Komponente p_B beginnt am rechten Rand des Diagramms bei $p_B = 0$ und steigt linear bis zum Wert $p_B = p_B°$

Der Gesamtdruck in der Gasphase des Gemischs p_{ges} setzt sich nach Dalton bei jedem Stoffmengenanteil aus der Summe der jeweiligen Partialdrücke zusammen: $p_{ges} = p_A + p_B = x_A \cdot p_A° + x_B \cdot p_B°$

Aufgetragen im Diagramm (Bild 1), ergibt p_{ges} ebenfalls eine Gerade, die von $p_B°$ nach $p_A°$ verläuft.

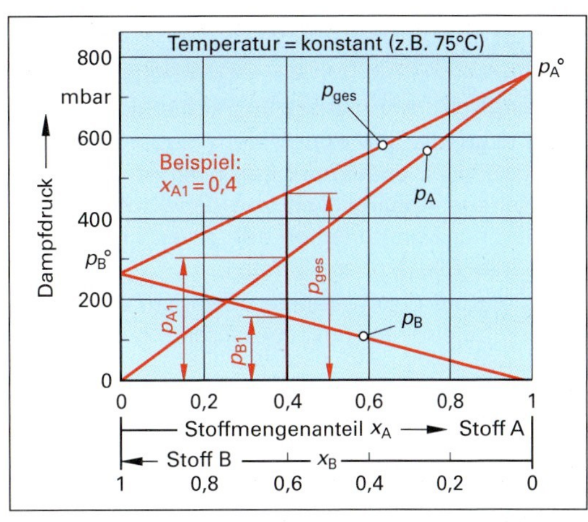

Bild 1: Dampfdruckdiagramm eines idealen Flüssigkeitsgemischs

Reale Flüssigkeitsgemische

Die Mehrzahl der Flüssigkeiten bildet keine ideale, sondern reale Flüssigkeitsgemische. Sie weichen in ihrem Verhalten mehr oder weniger stark vom idealen Verhalten ab, das durch das Raoult'sche Gesetz beschrieben wird.

Die Partialdrücke der Komponenten p_A und p_B sind bei realen Flüssigkeitsgemischen nicht direkt proportional ihrem Stoffmengenanteil, sondern größer oder kleiner als dieser:

$$p_A \gtreqless x_A \cdot p_A°; \quad p_B \gtreqless p_A \cdot p_B°$$

Im Dampfdruckdiagramm besitzen reale Flüssigkeitsgemische deshalb keine Geraden für die Partialdrücke, sondern nach oben (blau) oder nach unten (rot) ausgebeulte Kurven **(Bild 2)**. Da der Gesamtdruck p_{ges} über das Dalton'sche Gesetz $p_{ges} = p_A + p_B$ mit den Partialdrücken verknüpft ist, verläuft auch p_{ges} mit einer ausgebeulten Kurve.

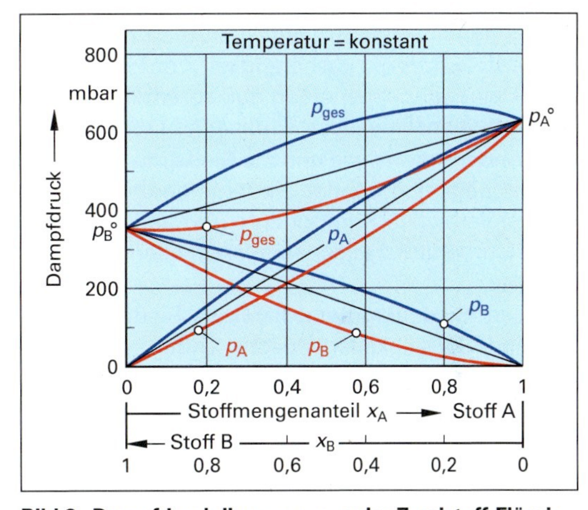

Bild 2: Dampfdruckdiagramme realer Zweistoff-Flüssigkeitsgemische

Aufgaben zu 8.4.1 Physikalische Grundlagen der Destillation

Hinweis: Bei allen Aufgaben wird angenommen, dass es sich um ideale Zweistoff-Flüssigkeitsgemische handelt.

1. Welche Siedetemperaturen haben die folgenden Flüssigkeiten bei den genannten Bedingungen?
   a) Diethylether bei 1013 mbar b) Brombenzol bei 300 mbar
   (Hinweis: Entnehmen Sie die Werte aus einem Dampfdruckdiagramm der Stoffe; Bild 2, Seite 171.
2. Ein Wasser-Ethanol-Gemisch mit dem Stoffmengenanteil x(Ethanol) = 0,20 siedet bei einem Umgebungsdruck von 1013 mbar bei 83 °C.
   a) Welche Partialdrücke haben die reinen Komponenten bei dieser Temperatur?
   b) Überprüfen Sie den Gesamt-Dampfdruck mit dem Dalton'schen Gesetz.
3. Benzol hat bei einer Temperatur von 75 °C einen Dampfdruck von 840 mbar, Toluol einen Dampfdruck von 320 mbar. Welche Partialdrücke und welcher Gesamtdruck stellen sich bei 75 °C für ein Benzol-Toluol-Gemisch mit den Stoffmengenanteilen x(Benzol) = 0,40 und x(Toluol) = 0,60 ein?
4. Bei 92 °C hat die Flüssigkeit A den Dampfdruck 860 mbar und die Flüssigkeit B den Dampfdruck 168 bar. Welcher Gesamtdruck liegt für ein Gemisch dieser Flüssigkeiten mit einem Stoffmengenanteil von x(A) = 0,35 vor?

8.4.1.3 Siedediagramm

Die Siedetemperaturen eines Gemischs sind von der Gemischzusammensetzung abhängig.

Trägt man die bei konstantem äußerem Druck gemessenen Siedetemperaturen eines Zweistoffgemischs in Abhängigkeit von den Stoffmengenanteilen der Komponenten auf, so erhält man die **Siedelinie** (**Bild 1**, oberer Bildteil).

Ein Punkt auf der Siedelinie entspricht der Siedetemperatur einer bestimmten Mischung.

Beispiel 1: Das Flüssigkeitsgemisch in Bild 1 mit einem Stoffmengenanteil von $x_A = 0{,}40$ hat eine Siedetemperatur von 126 °C.

Kühlt man Dampfgemische verschiedener Konzentrationen desselben Gemischs ab, so stellt man fest, dass auch die Kondensationstemperaturen eines Gemischs sich mit dem Stoffmengenanteil der Komponenten ändern. Trägt man die Kondensationstemperaturen in Abhängigkeit vom Stoffmengenanteil der Komponenten auf, so erhält man die **Kondensationslinie**, auch Taulinie genannt.

Die Kondensationslinie und die Siedelinie eines Gemischs beginnen bei der Siedetemperatur $\vartheta_A°$ der leichtersiedenden Komponente und enden bei der Siedetemperatur $\vartheta_B°$ der schwerersiedenden Komponente.

Aus dem **Siedediagramm** kann die Siedetemperatur eines Flüssigkeitsgemischs entnommen werden, ferner die Zusammensetzung der entstehenden Dampfphase.

Beispiel 2: Welche Zusammensetzung haben das siedende Zweistoffgemisch und der mit ihm im Gleichgewicht stehende Gemischdampf von Bild 1 bei einer Siedetemperatur von $\vartheta_b = 137$ °C?

Lösung: Aus dem Siedediagramm kann bei 137 °C abgelesen werden:

$x_{A1} = 0{,}20 = \mathbf{20\,\%}$; $x_{B1} = 1 - x_{A1} = 0{,}80 = \mathbf{80\,\%}$

$y_{A1} = 0{,}50 = \mathbf{50\,\%}$; $y_{B1} = 1 - y_{A1} = 0{,}50 = \mathbf{50\,\%}$

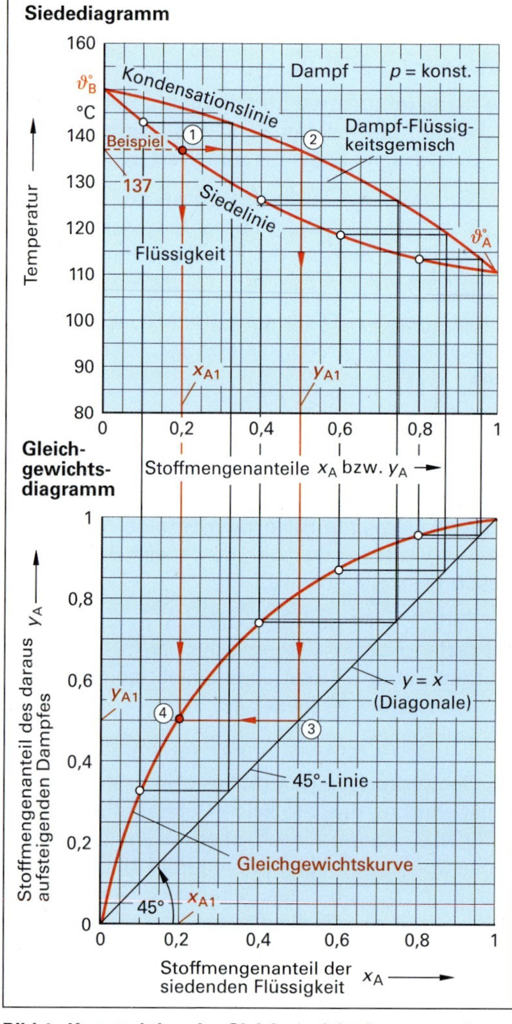

Bild 1: Konstruktion der Gleichgewichtskurve aus der Siede- und Kondensationslinie

8.4.1.4 Gleichgewichtsdiagramm

Siedet ein Flüssigkeitsgemisch aus zwei Komponenten, dann hat der daraus aufsteigende Dampf eine andere Zusammensetzung als die siedende Flüssigkeit: Er enthält mehr Leichtersiedendes.

Die zueinander gehörenden Flüssigkeits- und Dampfzusammensetzungen können aus waagerechten Linien im Siedediagramm (z. B. ①–② in Bild 1, oberer Bildteil) ermittelt werden.

Trägt man diese Gleichgewichtszusammensetzungen von siedender Flüssigkeit und Dampf in einem Diagramm auf, dann erhält man die **Gleichgewichtskurve** (engl. equilibrium curve, Bild 1, unterer Bildteil).

Die Gleichgewichtskurve wird punktweise aus dem Siedediagramm entwickelt.

Beispiel (Bild 1): Aus der Flüssigkeit mit dem Stoffmengenanteil $x_{A1} = 0{,}20$ (Punkt ① auf der Siedelinie) steigt ein Dampf mit dem Stoffmengenanteil $y_{A1} = 0{,}50$ (Punkt ②) auf. Man erhält ihn durch den Schnitt der Waagerechten mit der Kondensationslinie. Lotet man von Punkt ② im Siedediagramm herunter bis zur 45°-Linie im Gleichgewichtsdiagramm ③ und von dort waagerecht nach links, so erhält man am Schnittpunkt mit dem Flüssigkeitsanteil $x_{A1} = 0{,}20$ einen Punkt der Gleichgewichtskurve (Punkt ④).

8.4.1.5 Destillationsverhalten verschiedener Flüssigkeitsgemische

Flüssigkeitsgemische, deren Gleichgewichtskurve stark von der Diagonalen weggewölbt ist (**Bild 1**, Kurve ① und ②), lassen sich in einem Destillationsschritt stark anreichern und in zwei Destillationsschritten weitgehend rein gewinnen.

Gemische mit einer nah an der Diagonalen verlaufenden Gleichgewichtskurve (Bild 1, Kurve ③) lassen sich nur in vielen Destillationsschritten anreichern. Solche Gemische werden besser durch ein spezielles Destillationsverfahren, das **Rektifizieren**, getrennt (Seite 181).

Es gibt Flüssigkeitsgemische, deren Gleichgewichtskurve die Diagonale schneidet (Bild 1, Kurve ④ und ⑤). Sie werden **azeotrope Gemische** genannt. Azeotrope Gemische können durch normale mehrfache Destillation höchstens bis zur azeotropen Zusammensetzung getrennt werden, z.B. das Gemisch Wasser/Isopropanol bis maximal 68% Wasser/32% Isopropanol.

Azeotrope Gemische werden über die azeotrope Zusammensetzung hinaus durch spezielle Rektifikationsverfahren getrennt (Seite 190).

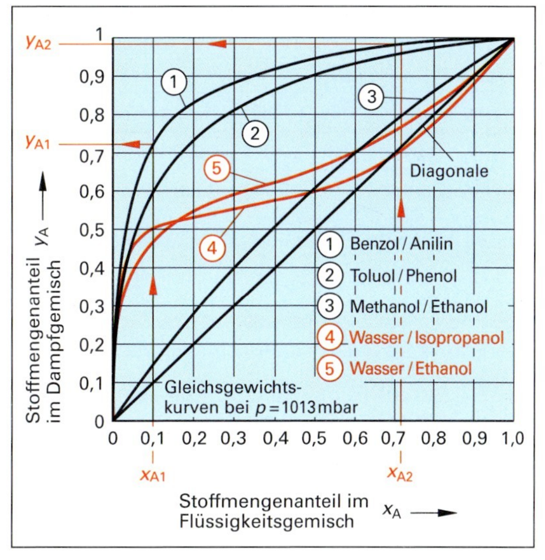

Bild 1: Gleichgewichtskurven verschiedener Flüssigkeitsgemische

8.4.1.6 Relative Flüchtigkeit (Trennfaktor)

Ein Maß für die Trennbarkeit eines Zweistoffgemischs ist die **relative Flüchtigkeit α**, auch Trennfaktor genannt (engl. separation factor).

Der Trennfaktor α ist definiert als der Quotient der Dampfdrücke der reinen Komponenten $p_A°$ und $p_B°$ (siehe rechts).

Mit den Beziehungen für ideale Flüssigkeitsgemische

$$p_A° = \frac{p_A}{x_A}; \quad p_B° = \frac{p_B}{x_B} \quad \text{und} \quad p_A = y_A \cdot p_{ges}; \quad p_B = y_B \cdot p_{ges}$$

erhält man für den Trennfaktor α nebenstehende Größengleichung mit den Stoffmengenanteilen.

Die Gleichung kann nach y_A umgeformt werden. Mit $y_B = y_A - 1$ und $x_B = x_A - 1$ erhält man nebenstehende Gleichung für die Gleichgewichtskurve.

Mit ihr kann für ideale oder annähernd ideale Zweistoffgemische die Gleichgewichtskurve punktweise errechnet werden.

Trennfaktor

$$\alpha = \frac{p_A°}{p_B°} = \frac{y_A \cdot x_B}{y_B \cdot x_A}$$

Gleichung der Gleichgewichtskurve

$$y_A = \frac{\alpha \cdot x_A}{1 + x_A \cdot (\alpha - 1)}$$

Beispiel: Ein ideales Zweistoffgemisch hat die relative Flüchtigkeit $\alpha = 2{,}84$. Berechnen Sie für ein Flüssigkeitsgemisch mit dem Stoffmengenanteil $x_A = 0{,}30$ an Leichtersiedendem den Stoffmengenanteil des daraus aufsteigenden Dampfs.

Lösung: $y_A = \frac{\alpha \cdot x_A}{1 + x_A \cdot (\alpha - 1)} = \frac{2{,}84 \cdot 0{,}30}{1 + 0{,}30 \cdot (2{,}84 - 1)} \approx \mathbf{0{,}55}$

Ein bestimmtes Flüssigkeitsgemisch hat einen Gemisch-spezifischen Trennfaktor α.

Die nebenstehende **Tabelle** zeigt die relativen Flüchtigkeiten einiger Zweistoffgemische.

Die Trennbarkeit eines Gemischs ist umso besser, je größer der Trennfaktor α ist.

Ist der Trennfaktor α über den betrachteten Konzentrationsbereich nicht konstant, wie z.B. bei Gemisch ④ in Bild 1, dann rechnet man mit einem Mittelwert $\bar{\alpha}$ gemäß nebenstehender Gleichung.

Mittelwert des Trennfaktors

$$\bar{\alpha} = \sqrt{\alpha_1 \cdot \alpha_2}$$

Tabelle: Relative Flüchtigkeit α ausgewählter Zweistoffgemische

Leichtersiedendes – Schwerersiedendes		α
Benzol	– Anilin	33,5
Ethan	– Propan	13,8
n-Hexan	– n-Heptan	2,6
Propen	– Propan	1,1

Aufgaben zu 8.4.1.3 bis 8.4.1.6 Siede- und Gleichgewichtsdiagramm, Trennfaktor

(Bei allen Aufgaben wird davon ausgegangen, dass es sich um ideale Zweistoffgemische handelt.)

1. Für ein Zweistoffgemisch wurden folgende Werte gemessen:

ϑ_b in °C	136	135	130	125	120	115	110	105	100	95	90	85	80
x_A (Flüss.)	0,0	0,011	0,054	0,103	0,158	0,220	0,290	0,371	0,463	0,570	0,694	0,839	1,0
y_A (Dampf)	0,0	0,043	0,198	0,335	0,456	0,562	0,655	0,737	0,807	0,868	0,920	0,964	1,0

   a) Erstellen Sie aus den Messwerten das Siedediagramm.

   b) Welche Siedetemperatur hat das Gemisch bei einem Stoffmengenanteil $x_B = 0,41$?

2. Entwickeln Sie grafisch für das Zweistoffgemisch aus Aufgabe 1 unter Benutzung des Siedediagramms das Gleichgewichtsdiagramm.

3. Ein Benzol-Toluol-Gemisch mit einem Stoffmengenanteil x(Benzol) = 0,60 wird absatzweise destilliert. Bei einer Siedetemperatur von ϑ_b = 94,4 °C ist der Dampfdruck der reinen Komponente $p°$(Benzol) = 1,560 bar und $p°$(Toluol) = 0,6266 bar.

   Welche Destillatkonzentration wird zu Beginn der Destillation erhalten?

4. Ein Flüssigkeitsgemisch siedet bei 90° C. Die Dampfdrücke der reinen Komponente betragen bei Siedetemperatur 1364 mbar und 692 mbar.

   a) Welchen Trennfaktor (relative Flüchtigkeit) hat das Gemisch?

   b) Erstellen Sie das Gleichgewichtsdiagramm für das Gemisch.

5. Stellen Sie in einem Gleichgewichtsdiagramm die Gleichgewichtskurven der Gemische mit den Trennfaktoren $\alpha = 1$, $\alpha = 2$, $\alpha = 3$, $\alpha = 5$, $\alpha = 10$ und $\alpha = 100$ dar.

6. Der Trennfaktor eines Flüssigkeitsgemischs beträgt $\alpha = 42,4$.

   a) Welcher Stoffmengenanteil an Leichtersiedendem liegt in der Dampfphase vor, die mit einem Flüssigkeitsgemisch mit x_A = 6,0% im Gleichgewicht steht?

   b) Es soll ein Erzeugnis mit einem Stoffmengenanteil x(Leichtersiedendes) = 0,99 abdestilliert werden. Welche Stoffmengenanteile müssen in der siedenden Flüssigkeit vorliegen, damit der aus ihr aufsteigende Dampf den erwünschten Erzeugnis-Stoffmengenanteil besitzt?

7. Für das Flüssigkeitsgemisch Benzol/Toluol wurden die in der **Tabelle** notierten Messwerte ermittelt.

   a) Berechnen Sie den Trennfaktor für die verschiedenen Temperaturen. Beurteilen Sie aufgrund der α-Werte, ob es sich um ein annähernd ideales Flüssigkeitsgemisch handelt.

   b) Berechnen Sie aus den Trennfaktoren bei 80 °C und 110 °C den Mittelwert des Trennfaktors.

   c) Ermitteln Sie die Gleichung der Gleichgewichtskurve des Gemischs.

   d) Zeichnen Sie die Gleichgewichtskurve.

   e) Ein Benzol-Toluol-Gemisch mit x_{Anf}(Benzol) = 0,24 soll destilliert werden. Welche Zusammensetzung hat der Gemischdampf am Beginn der Destillation?

Tabelle: Messwerte für das Gemisch Benzol/Toluol (Aufgabe 7)

ϑ °C	p(Benzol) mbar	p(Toluol) mbar	x(Benzol)	y(Benzol)
80	10,13	4,0	1	1
84	11,36	4,44	0,823	0,923
88	12,75	5,07	0,659	0,830
92	14,37	5,76	0,508	0,721
96	16,05	6,57	0,376	0,596
100	17,92	7,45	0,256	0,453
104	19,93	8,35	0,154	0,303
108	22,21	9,40	0,058	0,127
110	23,30	10,13	0	0

8. Lösen Sie die Aufgabe 4 mit einem Tabellenkalkulationsprogramm.

9. Lösen Sie Aufgabe 5 mit einem Tabellenkalkulationsprogramm.

8.4.2 Absatzweise einfache Destillation

Im Chemiebetrieb wird die absatzweise einfache Destillation meist in einer Blasenverdampfer-Destillationsanlage durchgeführt **(Bild 1)**.

Sie besteht aus der dampfbeheizten Destillationsblase, einem Kondensator zum Kondensieren des abgeleiteten Gemischdampfs, Produktkühlern für die Destillate und den Rückstand sowie Destillat-Auffanggefäßen (Vorlagen).

Bei der absatzweisen einfachen Destillation (engl. simple batch destillation) wird das Flüssigkeitsgemisch in die Destilationsblase gefüllt, zum Sieden gebracht und teilweise verdampft.

Mit diesem Verfahren werden Flüssigkeitsgemische getrennt, deren Siedetemperaturen weit auseinander liegen, meist mindestens 50 °C.

Die Destillation kann bei Normaldruck (rund 1013 mbar) oder bei temperaturempfindlichen Stoffen unter vermindertem Druck als Vakuumdestillation durchgeführt werden.

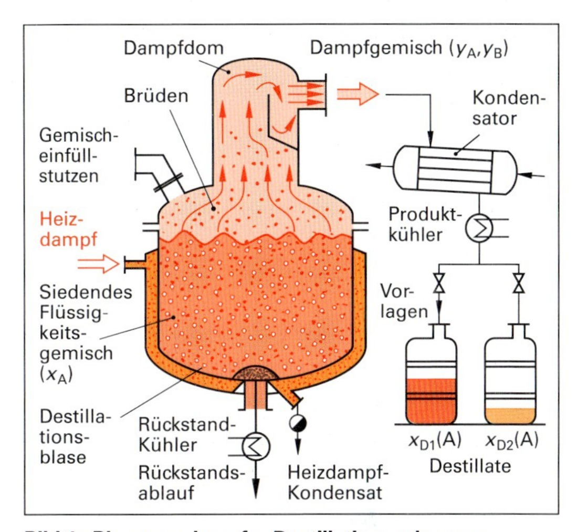

Bild 1: Blasenverdampfer-Destillationsanlage zur absatzweisen einfachen Destillation

Destillationsvorgang im Gleichgewichtsdiagramm

Das bei der absatzweisen einfachen Destillation zu einem bestimmten Zeitpunkt gewonnene Destillat ist der kondensierte Dampf mit dessen Zusammensetzung.

Die Vorgänge kann man im Gleichgewichtsdiagramm verfolgen **(Bild 2)**.

Das Ausgangsgemisch hat z.B. die Zusammensetzung $x_A(A) = 0{,}50$ und wird zum Sieden gebracht. Am Anfang der Destillierzeit enthält das Destillat vor allem Leichtersiedendes (z.B. $y_A(A) = 0{,}93$), das in der ersten Vorlage aufgefangen wird. Im Laufe der Destillierzeit verdampft aus dem Ausgangsgemisch immer mehr Leichtersiedendes, sodass in der Blase der Stoffmengenanteil an Schwerersiedendem stetig ansteigt. Gegen Ende der Destillierzeit enthält die Blase fast nur noch Schwerersiedendes und wenig Leichtersiedendes (z.B. $x_E(A) = 0{,}05$). Der Dampf, der dann aus der Blase aufsteigt, enthält ebenfalls geringere Anteile an Leichtersiedendem (z.B. $y_E(A) = 0{,}60$). Er wird in die zweite Vorlage geleitet und bei der nächsten Destillation dem Ausgangsgemisch zugegeben.

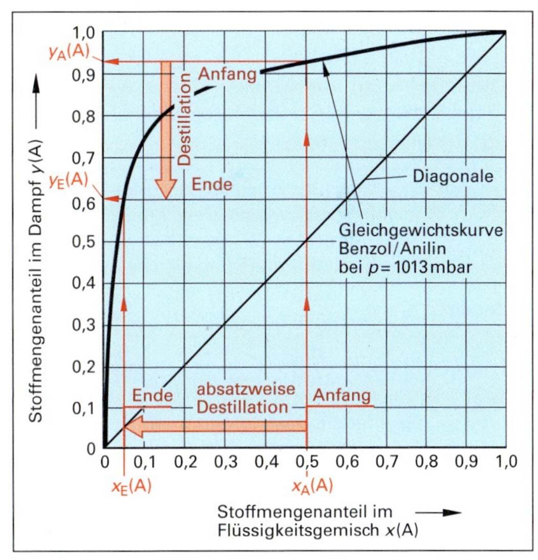

Bild 2: Absatzweise einfache Destillation im Gleichgewichtsdiagramm (Benzol/Anilin)

Nach hinreichend langer Destillationszeit ist das Leichtersiedende weitgehend aus dem Anfangsgemisch verdampft. Der Rückstand besteht dann überwiegend aus der höher siedenden Komponente.

Die absatzweise einfache Destillation wird häufig so lange durchgeführt, bis der Gehalt an Leichtersiedendem in der Destillationsblase auf den gewünschten Gehalt gesunken ist oder bis in der Vorlage ein Destillat mit der geforderten, mittleren Zusammensetzung erreicht ist.

Beispiel: Ein Benzol-Anilin-Gemisch (Bild 2) mit $x_A(B) = 0{,}30$ Benzol soll destilliert werden, bis der Benzolgehalt in der Destillationsblase auf $x_E(B) = 0{,}02$ gesunken ist.

Wie hoch ist der Benzolgehalt im aufsteigenden Dampf am Anfang und am Ende der Destillationszeit.

Lösung: Aus Bild 2 wird abgelesen: $x_A(\text{Benzol}) = 0{,}30 \rightarrow y_A(\text{Benzol}) = 0{,}89$:

$x_E(\text{Benzol}) = 0{,}02 \rightarrow y_E(\text{Benzol}) = 0{,}30$

Stoffmengen und Zusammensetzungen

Das Ausgangsgemisch mit der Stoffmenge n_A hat den Stoffmengenanteil $x_A(X)$ **(Bild 1)**. Die erzeugte Stoffmenge an Destillat n_D, die Stoffmenge an Destillationsrückstand n_E (Blasenrückstand) und die Zusammensetzungen des Destillats $x_D(A)$ sowie des Destillationsrückstands $x_E(A)$ werden aus einer Gesamt-Stoffbilanz hergeleitet: $n_A - n_E = n_D$.

Für ein ideales Zweikomponentengemisch mit der relativen Flüchtigkeit α erhält man aus der Stoffbilanz die nachfolgende Gleichung.

Bilanzgleichung der absatzweisen Destillation

$$\frac{n_E}{n_A} = \frac{x_A(A)}{x_E(A)} \cdot \left[\frac{x_E(A)}{x_A(A)} \cdot \frac{(1 - x_A(A))}{(1 - x_E(A))}\right]^{\frac{\alpha}{\alpha - 1}}$$

Falls die relative Flüchtigkeit α nicht bekannt ist, kann sie für ideale Gemische aus einem Wertepaar der Gleichgewichtskurve bestimmt werden.

Relative Flüchtigkeit

$$\alpha = \frac{y_1(1 - x_1)}{x_1(1 - y_1)}$$

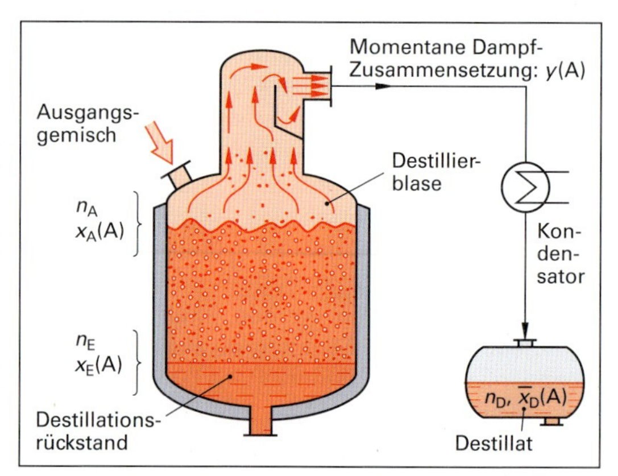

Bild 1: Stoffmengen und Zusammensetzungen bei der absatzweisen einfachen Destillation

Aus einer Stoffbilanz für die leichter flüchtige Komponente (A) erhält man eine Gleichung für die mittlere Zusammensetzung des Destillats $\bar{x}_D(A)$.

Die aufgeführten Gleichungen gelten für Stoffmengen n (in mol) und Molanteile x (Einheit 1). Analoge Gleichungen gelten auch für Massen m (in kg) und Massenanteile w (Einheit 1). Dazu ersetzt man die Stoffmengen n durch die Massen m und die Molanteile x durch die Massenanteile w.

Mittlere Zusammensetzung des Destillats

$$\bar{x}_D(A) = \frac{n_A \cdot x_A(A) - n_E \cdot x_E(A)}{n_A - n_E}$$

Beispiel: Es sollen 1800 kg eines Benzol-Anilin-Gemischs mit der Ausgangszusammensetzung $x_A(\text{Benzol}) = 0{,}30$ in einer absatzweisen Destillationsanlage destilliert werden, bis der Benzolgehalt im Blasenrückstand auf $x_E(\text{Benzol}) = 0{,}02$ gesunken ist. $\alpha(\text{Benzol/Anilin}) = 33{,}5$.
Welche Stoffmenge und welche Zusammensetzung hat das gewonnene Destillat?

Lösung: $n_E = n_A \cdot \frac{x_A(B)}{x_E(B)} \cdot \left[\frac{x_E(B)}{x_A(B)} \cdot \frac{(1 - x_A(B))}{(1 - x_E(B))}\right]^{\frac{\alpha}{\alpha - 1}}$;

Mit $\boldsymbol{n_A} = \frac{m_A}{M(M)} = \frac{m_A}{[x_A(B) \cdot M(B) + x_A(A) \cdot M(A)]} = \frac{1800\,\text{kg}}{[0{,}30 \cdot 78{,}11 + 0{,}70 \cdot 93{,}13]\,\text{kg/kmol}} \approx \mathbf{20{,}31\ kmol}$

folgt für die Destillat-Stoffmenge

$$\boldsymbol{n_E} = 20{,}31\ \text{kmol} \cdot \frac{0{,}30}{0{,}02} \cdot \left[\frac{0{,}02}{0{,}30} \cdot \frac{(1 - 0{,}30)}{(1 - 0{,}02)}\right]^{\frac{33{,}5}{33{,}5 - 1}} = 304{,}65\ \text{kmol} \cdot 0{,}04762^{1{,}0308} \approx \mathbf{13{,}21\ kmol}$$

und die mittlere Destillat-Zusammensetzung

$$\boldsymbol{\bar{x}_D(B)} = \frac{n_A \cdot x_A(B) - n_E \cdot x_E(B)}{n_A - n_E} = \frac{20{,}31\,\text{kmol} \cdot 0{,}30 - 13{,}21\,\text{kmol} \cdot 0{,}02}{(20{,}31 - 13{,}21)\,\text{kmol}} \approx \mathbf{0{,}821}$$

Aufgaben zu 8.4.2 Absatzweise einfache Destillation

Eine Charge eines Toluol-Phenol-Flüssigkeitsgemischs von 840 kg und einem Toluol-Anfangsstoffmengenanteil von 0,22 wird einer absatzweisen einfachen Destillation unterworfen, bis es auf die Endzusammensetzung des Destillationsrückstands in der Blase von 0,05 Molanteil abdestilliert ist.

Stoffdaten: $M(\text{Toluol}) = 92{,}14$ kg(kmol); $M(\text{Phenol}) = 94{,}11$ kg(kmol)

a) Finden Sie die Gleichgewichtskurve des Gemischs in einem Tabellenbuch und zeichnen Sie sie.
b) Ermitteln Sie aus dem GG-Diagramm die Stoffmengenanteile an Toluol und Phenol im Dampf beim Beginn der Destillation.
c) Bestimmen Sie den mittleren Trennfaktor des Gemischs bei $x(T)$ ist 0,1 und 0,2 Molanteilen.
d) Welche Stoffmenge bzw. Masse hat der Destillationsrückstand am Ende der Destillation?
e) Wie groß sind die mittlere Zusammensetzung und die Masse des Destillats?

8.5 Wasserdampfdestillation

Die Wasserdampfdestillation (engl. steam destillation), auch Trägerdampfdestillation genannt, wird eingesetzt, um temperaturempfindliche und hochsiedende organische Stoffgemische unter schonenden Bedingungen zu trennen oder zu reinigen. Anwendbar ist die Wasserdampfdestillation nur bei Flüssigkeitsgemischen, deren Bestandteile nicht mit Wasser mischbar sind, wie z.B. Diethylether, Benzol, Toluol, Anilin.

Eine Anlage zur Wasserdampfdestillation zeigt **Bild 1**. Mit solch einer Anlage werden z.B. Fettsäuregemische aufgetrennt.

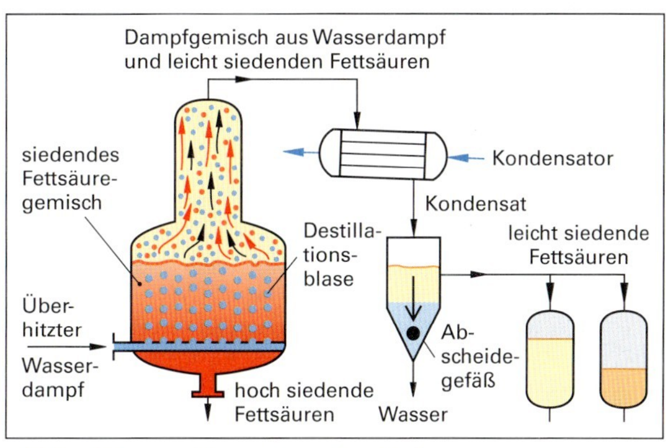

Bild 1: Anlage zur Wasserdampfdestillation (z.B. zur Trennung von Fettsäuregemischen)

Vorgänge in der Destillationsanlage

In das zu trennende Fettsäuregemisch wird überhitzter Wasserdampf eingeblasen. Das Gemisch siedet, das aufsteigende Dampfgemisch aus Wasserdampf und leicht siedenden Fettsäuren wird anschließend kondensiert und als milchig-trübes Kondensat aufgefangen. In einem Absetzgefäß entmischen sich die beiden nicht mischbaren Flüssigkeiten Wasser und leicht siedende Fettsäuren. In der Destillationsblase bleiben als Rückstand die hoch siedenden Fettsäuren zurück.

8.5.1 Physikalisches Prinzip der Wasserdampfdestillation

Durch den eingeblasenen Wasserdampf wird die Siedetemperatur des Gemischs unter die Siedetemperatur des Gemischs herabgesetzt.

Ursache der Siedetemperatur-Absenkung ist, dass der Partialdruck der Komponenten eines Gemischs aus ineinander unlöslichen Stoffen von der Zusammensetzung unabhängig ist.

Über dem siedenden Destilliergemisch herrschen deshalb die Partialdrücke des Wassers $p_W°$ sowie der Gemischkomponenten $p_A°$ und $p_E°$ die sich zum Gesamtdruck p_{ges} zusammensetzen.

Nach dem Dalton'schen Gesetz ist der Gesamtdruck die Summe der Partialdrücke des Wassers und der Gemischkomponenten (siehe nebenstehende Gleichung).

Dalton'sches Gesetz bei der Wasserdampfdestillation
$p_{ges} = p_W° + p_A° + p_B°$

Ein Flüssigkeitsgemisch siedet, wenn der Gesamtdruck p_{ges} über dem siedenden Gemisch so groß ist wie der Umgebungsdruck. Dies kann der atmosphärische Umgebungsdruck p_{amb} sein oder ein davon abweichender Über- oder Unterdruck, der in der Destillationsanlage herrscht.

Ein siedendes Wasser-Mehrkomponenten-Gemisch aus nicht wasserlöslichen Komponenten erreicht den Umgebungsdruck bei einer niedrigeren Temperatur als der Siedetemperatur des Wassers. Dadurch hat das Wasser-Mehrkomponenten-Gemisch eine niedrigere Siedetemperatur als das Wasser.

Zur **Bestimmung der Gemischsiedetemperatur** dient ein spezielles Dampfdruckdiagramm, in dem der Logarithmus des Partialdrucks lg $p°$ über dem Kehrwert der thermodynamischen Temperatur $1/T$ (rote Achse) aufgetragen ist **(Bild 2)**. Dem entspricht eine nichtlineare ϑ-Achse.

Die Dampfdruckkurven der organischen Flüssigkeiten sind in diesem Diagramm Geraden (die schwarzen Linien).

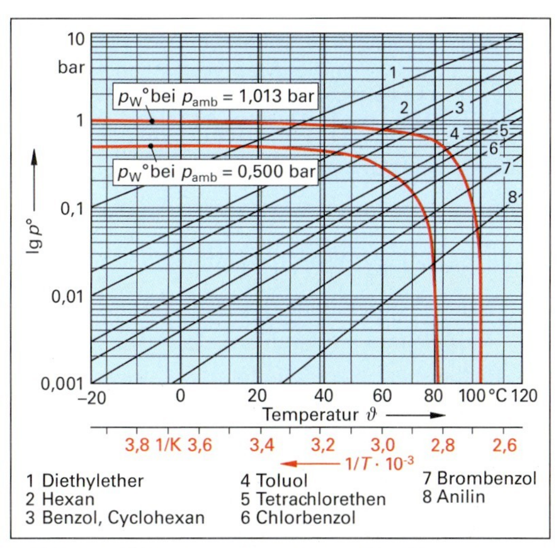

Bild 2: lg p-1/T-Diagramm der Dampfdruckkurven organischer Flüssigkeiten für die Wasserdampfdestillation bei 1,013 bar und 0,500 bar Gesamtdruck

Die Siedetemperatur einer organischen Substanz bei der Wasserdampfdestillation erhält man am Schnittpunkt der Dampfdruckkurve des organischen Stoffs (schwarze Linie) mit der Linie des Dampfdrucks des Wassers (rote Kurve). Dort ist die Summe der Dampfdrücke so groß wie der Umgebungsdruck.

Beispiel: Bei welcher Siedetemperatur erfolgt die Wasserdampfdestillation von Chlorbenzol C_6H_5Cl bei folgenden Drücken: a) $p = 1013$ mbar und b) $p = 500$ mbar?

Lösung: a) In Bild 1 schneidet die Dampfdruckkurve 6 von Chlorbenzol die $p_W°$-Kurve für 1013 mbar bei 90 °C.
b) In Bild 1 schneidet die Dampfdruckkurve 6 von Chlorbenzol die $p_W°$-Kurve für 500 mbar bei 70 °C.

Häufig wird die Wasserdampfdestillation zum Reinigen einer verunreinigten Flüssigkeit verwendet, die geringe, aber störende Bestandteile meist ähnlicher Substanzen enthält.
Das Dalton'sche Gesetz vereinfacht sich dann zu $p_{ges} = p_W° + p°_{Substanz}$

Beispiel: Reinigung von verunreinigtem 1,4-Nitrotoluol: Bei der dazu eingesetzten Wasserdampfdestillation bei Normdruck (1013 mbar) wird Wasserdampf in das 1,4-Nitrotoluol geleitet und bringt das Gemisch bei 99,7 °C zum Sieden. Wie groß ist der Partialdruck des 1,4-Nitrotoluols im aufsteigenden Gemischdampf?

Lösung: Bei 99,7 °C beträgt der Wasserpartialdruck 1003 mbar (abgelesener Wert aus einem Tabellenbuch)
Im Gemischdampf bleibt dann für den Partialdampfdruck des 1,4-Nitrotoluols:
$p°(\text{1,4-Nitrotoluol}) = p_{amb} - p_W° = 1013\ \text{mbar} - 1003\ \text{mbar} = 10\ \text{mbar}$.

8.5.2 Erforderliche Dampfmenge

Bei der Wasserdampfdestillation kann die Dampfzusammensetzung berechnet werden, wenn die Dampfdrücke der Komponenten bei der Destillationstemperatur bekannt sind: Die Partialdrücke $p°$ verhalten sich wie die Stoffmengen n der Komponenten des Dampfs. Für eine wasserdampfflüchtige Komponente X gilt die nebenstehende Größengleichung.

Dampfzusammensetzung

$$\frac{p°(H_2O)}{p°(X)} = \frac{n(H_2O)}{n(X)} = \frac{\frac{m(H_2O)}{M(H_2O)}}{\frac{m(X)}{M(X)}} = \frac{m(H_2O) \cdot M(X)}{m(X) \cdot M(H_2O)}$$

Setzt man darin die Definitionsgleichung der Stoffmenge $n = m/M$ ein, dann erhält man eine Beziehung für die Dampfmenge $m(H_2O)$, die für eine Wasserdampfdestillation erforderlich ist.
$M(H_2O)$ und $M(X)$ sind die molaren Massen der Stoffe. φ ist ein Dampfüberschussfaktor, der zur technischen Durchführung erforderlich ist: $\varphi \approx 1{,}3$

Erforderliche Dampfmasse

$$m(H_2O) = \varphi \cdot m(X) \cdot \frac{M(H_2O)}{M(X)} \cdot \frac{p°(H_2O)}{p°(X)}$$

Beispiel: Für eine Diazotierung werden 2,75 kg reines Anilin $C_6H_5NH_2$ benötigt. Welche Masse an Wasserdampf ist zur Reinigung des technischen Anilins durch Wasserdampfdestillation erforderlich? Die Partialdrücke betragen bei 1013 mbar: $p°(H_2O) = 955{,}7$ mbar, $p°(\text{Anilin}) = 57{,}3$ mbar; die molaren Massen $M(H_2O) = 18{,}02$ g/mol, $M(\text{Anilin}) = 93{,}13$ g/mol), $\varphi = 1{,}3$

Lösung: $\mathbf{m(H_2O)} = \varphi \cdot m(\text{Anilin}) \cdot \frac{M(H_2O)}{M(\text{Anilin})} \cdot \frac{p°(H_2O)}{p°(\text{Anilin})} = 1{,}3 \cdot 275\ \text{kg} \cdot \frac{18{,}016\ \text{g/mol}}{93{,}13\ \text{g/mol}} \cdot \frac{955{,}7\ \text{mbar}}{57{,}3\ \text{mbar}} \approx \mathbf{1153\ kg}$

Aufgaben zu 8.5 Wasserdampfdestillation

1. Erstellen Sie mithilfe des Diagramms in Bild 2, Seite 179, die Dampfdruckkurve von Diethylether.
2. Bei welcher Temperatur siedet Anilin bei der Wasserdampfdestillation unter 1013 mbar Druck?
3. Bestimmen Sie die Siedetemperaturen der Stoffe Hexan (2), Toluol (4) und Brombenzol (7) in Bild 1, Seite 179, wenn sie durch Wasserdampfdestillation aus einem Gemisch bei a) 1013 mbar bzw. bei b) 500 mbar abgetrennt werden sollen.
4 Welche Masse an Wasserdampf ist erforderlich, um bei 1013 mbar Druck aus einem Stoffgemisch 85,0 kg Benzol zu destillieren? Partialdrücke: $p°(H_2O) = 299{,}4$ mbar, $p°(\text{Benzol}) = 713{,}6$ mbar
5. Welche Masse an Brombenzol C_6H_5Br kann pro 1,0 kg Wasserdampf aus einem Stoffgemisch durch Wasserdampfdestillation abgetrennt werden?
Partialdrücke bei 1013 mbar: $p°(H_2O) = 851{,}7$ mbar, $p°(\text{Brombenzol}) = 161{,}3$ mbar

8.6 Rektifikation

Die Trennung von Gemischen ineinander löslicher Flüssigkeiten, deren Dampfdrücke bzw. Siedetemperaturen nahe beieinander liegen (Differenz kleiner als 50 °C), wird durch die Gegenstromdestillation, auch **Rektifikation** genannt, durchgeführt. Es gibt mehrere Verfahrensvarianten.

8.6.1 Kontinuierliche Rektifikation in Kolonnen mit Austauschböden

Die Rektifikation erfolgt häufig in Rektifikationskolonnen mit Austauschböden (engl. exchange plates). Die Vorgänge werden an einer reinen Verstärkerkolonne mit Glockenböden beschrieben **(Bild 1)**.

Das Einsatzgemisch (engl. feed) wird unten in den Röhrenverdampfer W1 eingespeist und dort verdampft. Der Dampf gelangt durch die Glocken auf den nächsthöheren Boden und sprudelt durch die Bodenflüssigkeit. Hierbei kommt es zu einem intensiven Stoff- und Energieaustausch zwischen Dampf und Flüssigkeit. Der Schwerersieder kondensiert teilweise auf dem Boden und überträgt die freiwerdende Kondensationswärme auf die Bodenflüssigkeit, so dass daraus der Leichtersieder verdampft. Es stellt sich auf dem Boden ein neues Gleichgewicht gemäß dem Siede-Tau-Diagramm ein: Der aufsteigende Dampf enthält mehr Leichtersieder als in der vorherigen Stufe. Die Bodenflüssigkeit mit kondensiertem Schwerersieder gelangt über ein Überlaufwehr auf den nächsttieferen Boden.

Der Stoff- und Energieaustausch wiederholt sich auf jedem Boden, so dass der Anteil des Leichtersieders im Dampf nach oben immer mehr zunimmt. Als Folge sinkt aufwärts die Siedetemperatur von Boden zu Boden. Die nach unten ablaufende Flüssigkeit enthält immer mehr Schwerersieder, ihre Siedetemperatur nimmt nach unten von Boden zu Boden zu.

Der Kopfdampf wird nach der Kondensation in zwei Ströme aufgeteilt: Ein Teil wird als Rücklaufstrom $\dot{V}_R$ auf den obersten Boden der Kolonne zurückgeführt. Dieser Rücklauf (engl. reflux) bewirkt eine höhere Konzentration an Leichtersieder in der obersten Bodenflüssigkeit und somit auch ein reineres Kopfprodukt. Der andere Teil des Kopfstroms geht als Erzeugnisstrom $\dot{V}_E$ in Vorlagetanks.

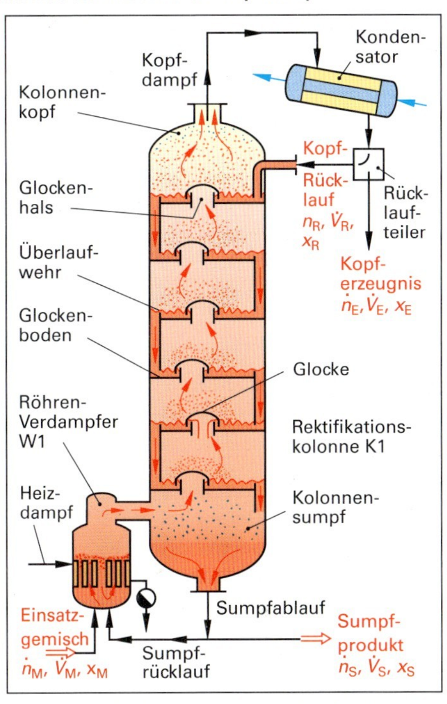

Bild 1: Kontinuierliche Rektifikation in einer Verstärkerkolonne mit Glockenböden

Am Kolonnenboden (Sumpf) wird ein Teil des Sumpfablaufs über den Verdampfer in die Kolonne rückgeführt, der Rest als Sumpfprodukt (engl. waste) abgezogen.

8.6.2 Stoffbilanz in der Kolonne

Für die Stoffmengenströme n in der Rektifikationskolonne gilt die nebenstehende Gesamt-Stoffmengenbilanz.

Zusammen mit den Stoffmengenanteilen der einzelnen Stoffe, z. B. der leichter siedenden Komponente $x(A)$, erhält man die Stoffmengenbilanz der einzelnen Komponente.

Stoffmengenbilanzen

$$\dot{n}_M = \dot{n}_E + \dot{n}_S$$

$$\dot{n}_M \cdot x_M(A) = \dot{n}_E \cdot x_E(A) + \dot{n}_S \cdot x_S(A)$$

$$\dot{m} = \dot{n} \cdot M \; ; \quad \dot{V} = \dot{m}/\varrho$$

Für die Massenströme $\dot{m}$ gibt es analoge Gleichungen. Hierbei ist $\dot{n}$ durch $\dot{m}$ und die Stoffmengenanteile x sind durch die Massenanteile w zu ersetzen.

Die Umrechnung in Massenströme bzw. Volumenströme erfolgt mit den nebenstehenden Beziehungen.

Beispiel: In einer Rektifikationskolonne werden stündlich 1800 kg eines Benzol-Toluol-Ausgangsgemischs mit 24,0% Mol% Benzol rektifiziert. Das Kopfprodukt soll 98,0 Mol% und das Sumpfprodukt 3,0 Mol% Benzol enthalten. Die mittlere Dichte des Ausgangsgemischs beträgt 0,88682 kg/L.
Stoffdaten: M(Benzol) = 78,11 kg/kmol; M(Toluol) = 92,14 kg/kmol
Wie groß ist der Kopferzeugnisstrom in mol/h, in kg/h und in L/h?

Lösung: $\dot{n}_m \cdot x_M(A) = \dot{n}_E \cdot x_E(A) + \dot{n}_S \cdot x_S(A) \;\Rightarrow\; \dot{n}_M \cdot x_M(A) = \dot{n}_E \cdot x_E(A) + (\dot{n}_M - \dot{n}_E) \cdot x_S(A)$

$$\Rightarrow \dot{n}_E = \frac{\dot{n}_M \cdot [x_M(A) - x_S(A)]}{x_E(A) - x_S(A)}$$

Mit $\dot{n}_M = \frac{\dot{m}_M}{M(M)} = \frac{\dot{m}_M}{[x_A(A) \cdot M(A) + x_M(B) \cdot M(B)]} = \frac{1800\,kg/h}{\left[0{,}240 \cdot 78{,}11 \frac{kg}{kmol} + 0{,}760 \cdot 92{,}14 \frac{kg}{kmol}\right]} \approx \mathbf{20{,}3\,\frac{kmol}{h}}$

$\Rightarrow \dot{n}_E = \frac{20{,}3\,kmol/h \cdot (0{,}240 - 0{,}030)}{0{,}980 - 0{,}030} \approx \mathbf{4{,}49\,kmol/h}$; $\dot{m}_E = \dot{n}_E \cdot M(A) \approx 4{,}49\,mol/h \cdot 78{,}11\,kg/mol \approx \mathbf{350{,}7\,kg/h}$;

$\dot{V}_E = \frac{\dot{m}_E}{\varrho(\text{Benzol})} = \frac{350{,}7\,kg \cdot L}{0{,}879\,h \cdot kg} \approx \mathbf{399{,}0\,L/h}$

8.6.3 Rücklaufverhältnis

Das Verhältnis von Rücklaufvolumenstrom $\dot{V}_R$ zu Erzeugnisvolumenstrom $\dot{V}_E$ wird **Rücklaufverhältnis *v*** (engl. reflux ratio) genannt.
Es ist für den Betrieb einer Rektifikationskolonne eine zentrale Kenngröße und kann auch als Verhältnis der Massenströme $\dot{m}$ oder der Stoffmengenströme $\dot{n}$ angegeben werden.
Ein großes Rücklaufverhältnis bewirkt einen hohen Anteil an Leichtersieder im Kopfprodukt. Es wird aber wenig Kopferzeugnis entnommen.

Rücklaufverhältnis

$$v = \frac{\dot{V}_R}{\dot{V}_E} = \frac{\dot{m}_R}{\dot{m}_E} = \frac{\dot{n}_R}{\dot{n}_E}$$

Beispiel: Wie groß ist das Rücklaufverhältnis *v* der skizzierten Rektifikationskolonne mit den nebenstehend gezeigten Volumenströmen?

Lösung: Kondensatstrom: $\dot{V}_K = 240\,L/h$; Rücklaufstrom: $\dot{V}_R = 170\,L/h$

Erzeugnisstrom: $\dot{V}_E = 240\,L/h - 170\,L/h = 70\,L/h$

Rücklaufverhältnis: $v = \frac{\dot{V}_R}{\dot{V}_E} = \frac{170\,L/h}{70\,L/h} \approx \mathbf{2{,}4}$

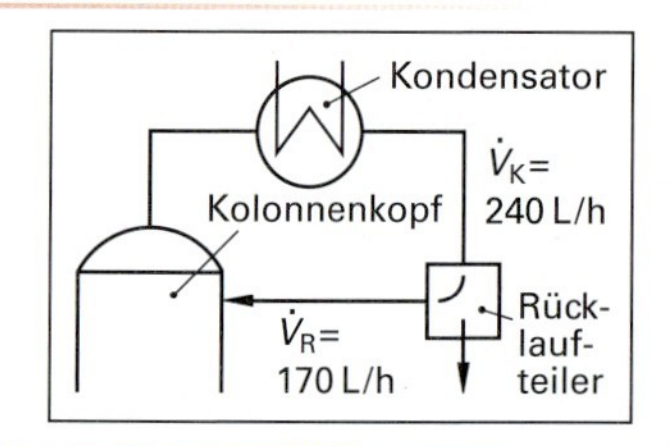

Das real gewählte Rücklaufverhältnis *v* bei einer Flüssigkeitsgemischtrennung durch Rektifikation legt die Stoffströme beim Betrieb einer Rektifikationskolonne fest (Bild 1, Seite 181).
Das **Mindestrücklaufverhältnis v_{min}** ist ein Rücklaufverhältnis, bei dem die Trennung theoretisch in einer Rektifikationskolonne mit einer unendlich großen Anzahl von Austauschböden durchgeführt wird. Dies ist aber praktisch nicht realisierbar.
Das Mindestrücklaufverhältnis berechnet sich mit nebenstehender Größengleichung. Es wird bestimmt durch den geforderten Stoffmengenanteil x_E des Leichtersieders A im Destillat sowie den Stoffmengenanteil x_M des Leichtersieders A im Einsatzgemisch und den Stoffmengenanteil y_M im daraus aufsteigenden Dampf.
Das **real gewählte Rücklaufverhältnis *v*** beträgt meist das 1,3-Fache bis 6-Fache des Mindestrücklaufverhältnisses v_{min}.

Mindestrücklaufverhältnis

$$v_{min} = \frac{x_E - y_M}{y_M - x_M}$$

Reales Rücklaufverhältnis

$$v = (1{,}3 \text{ bis } 6) \cdot v_{min}$$

8.6.4 Bestimmung der Trennstufen einer Rektifikationskolonne

Beim Anfahren einer Rektifikationskolonne wird zunächst der gesamte aus dem Kondensator abfließende Kopfvolumenstrom auf den oberen Kolonnenboden aufgegeben: Die Kolonne wird mit totalem Rücklauf gefahren; es wird kein Erzeugnis $\dot{V}_R$ entnommen. Das Rücklaufverhältnis ist dann: $v = \dot{V}_R/\dot{V}_E = \dot{V}_R/0 = \infty$ (unendlich groß).
Hat das Kopfprodukt die gewünschte Erzeugniskonzentration x_E erreicht, wird das zuvor festgelegte, reale Rücklaufverhältnis durch schrittweises Steigern des Rücklaufstroms $\dot{V}_R$ eingestellt.
Die **Anzahl der theoretisch Trennstufen n_{th}** für die Rektifikation eines konkreten Flüssigkeitsgemischs, auch **NTS** genannt (von engl. **N**umber of **t**heoretical **s**tages), kann an einer Gleichgewichtskurve des Gemischs mit einem Treppenstufenzug im sogenannten **McCabe-Thiele-Diagramm** grafisch bestimmt werden (Bild 1, Seite 183).
Bei der Bestimmung der **Anzahl theoretischer Trennstufen n_{th}** in einer Verstärkungskolonne mit realem Rücklaufverhältnis *v* erfolgt die Konstruktion des Treppenstufenzugs an einer Arbeitsgeraden, die man auch **Verstärkungsgerade** nennt (Bild 1, Seite 183). Sie beginnt im Schnittpunkt E des Destillatgehalts x_E mit der Diagonalen und schneidet die Ordinate im Punkt y_0. Dieser Achsenabschnitt y_0 wird mit nebenstehender Größengleichung berechnet.

Achsenabschnitt für die Verstärkungsgerade

$$y_0 = \frac{x_E}{v + 1}$$

Zur Ermittlung der Trennstufenzahl zeichnet man im Gleichgewichtsdiagramm die Gleichgewichtskurve **(Bild 1)**. Dann werden der Anfangsgehalt des Leichtersieders im Einsatzgemisch (z. B. x_M = 19 %) und der geforderte Endgehalt des Leichtersieders im Destillat (z. B. x_E = 94 %) eingezeichnet.

Den zur Berechnung des Mindestrücklaufverhältnisses benötigten Dampfgehalt y_M erhält man zeichnerisch aus dem Diagramm im Schnittpunkt von x_M mit der Gleichgewichtskurve.

Er kann auch aus der Gleichung für die Gleichgewichtskurve errechnet werden (siehe Lösung b) im Beispiel unten).

Die Trennstufenzahl erhält man aus einem **Treppenstufenzug**. Er beginnt beim Anteil x_M des Leichtersieders A im Einsatzgemisch durch Zeichnen einer Senkrechten nach oben bis zum Schnittpunkt mit der Gleichgewichtskurve. Von dort geht man waagerecht bis zur Verstärkungsgeraden, dann senkrecht zur Gleichgewichtskurve usw. Der Treppenstufenzug endet oberhalb von Punkt E.

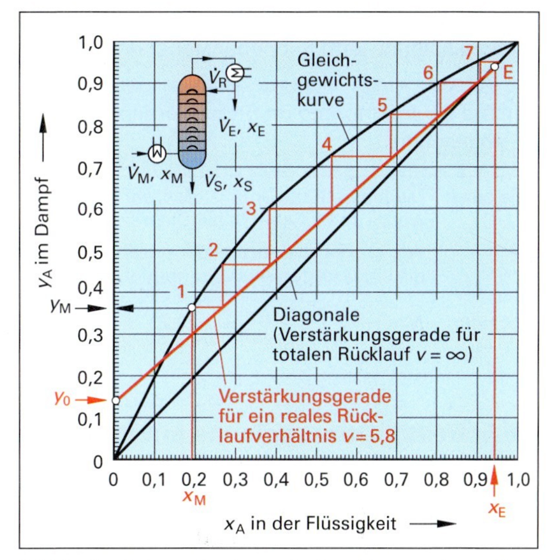

Bild 1: Ermittlung der theoretischen Trennstufenzahl einer Verstärkerkolonne bei realem Rücklauf (mit den Daten des unten stehenden Beispiels)

Die auf der Gleichgewichtskurve liegenden Eckpunkte des Treppenstufenzugs werden nummeriert (in Bild 1 von 1 bis 7). Die Anzahl der Eckpunkte ist die theoretische Trennstufenzahl n_{th}.

Die Ermittlung der Trennstufenzahl bei der Rektifikation eines Benzol-Toluol-Gemischs wird an folgendem Beispiel erläutert.

Beispiel: Für die Trennung eines Benzol-Toluol-Gemischs in einer Verstärkungskolonne mit Sumpfverdampfer wird die Anzahl der erforderlichen praktischen Austauschböden ermittelt. Folgende Daten, bezogen auf den Leichtersieder Benzol, liegen vor: $x_M = 19\,\%$, $x_E = 94\,\%$, $\alpha = 2{,}4$, $v = 1{,}7 \cdot v_{min}$

Lösung: a) Konstruktion der Gleichgewichtskurve: Mit der Gleichung $y = \frac{\alpha \cdot x}{1 + x \cdot (\alpha - 1)}$ werden die Wertepaare berechnet und die Gleichgewichtskurve gezeichnet (Bild 1, oben).

x(Benzol)	0	0,05	0,10	0,15	0,20	0,40	0,50	0,65	0,80	0,95	1,00
y(Benzol)	0	0,11	0,21	0,30	0,38	0,62	0,71	0,82	0,91	0,98	1,00

b) Ablesen von y_M bzw. Berechnung von y_M: $y_M = \frac{\alpha \cdot x_M}{1 + x_M \cdot (\alpha - 1)} = \frac{2{,}4 \cdot 0{,}19}{1 + 0{,}19 \cdot (2{,}4 - 1)} = 0{,}36$

c) Berechnung des Rücklaufverhältnisses: $v_{min} = \frac{x_E - y_M}{y_M - x_M} = \frac{0{,}94 - 0{,}36}{0{,}36 - 0{,}19} \approx 3{,}41$

Reales Rücklaufverhältnis: $v = 1{,}7 \cdot v_{min} = 1{,}7 \cdot 3{,}41 \approx 5{,}8$

d) Berechnung des Ordinatenabschnitts y_0: $y_0 = \frac{x_E}{v + 1} = \frac{0{,}94}{5{,}8 + 1} = 0{,}138 \approx 14\,\%$

e) Einzeichnen der Verstärkungsgeraden von E bis y_0 (vgl. Bild 1, oben)

f) Konstruktion der Treppenstufen zwischen Gleichgewichtskurve und Verstärkungsgerade: beginnend bei $x_M = 0{,}19$ und endend bei bzw. oberhalb von Punkt E.

g) Auszählen der theoretischen Trennstufenzahl: $\boldsymbol{n_{th} = 7}$

Auf den Austauschböden der Kolonne findet keine vollständige Trennung des Zweistoffgemischs gemäß der optimalen theoretischen Trennwirkung statt. Die reale Trennwirkung eines Austauschbodens ist geringer als die einer theoretischen Trennstufe. Diese geringere Trennwirkung eines realen Austauschbodens wird durch den **Bodenwirkungsgrad** $\boldsymbol{\eta_B}$ (engl. plate efficiency), auch **Verstärkungsverhältnis** genannt, berücksichtigt. Der Bodenwirkungsgrad beträgt zwischen 0,5 und 0,9 bzw. zwischen 50 % und 90 %. Er ist vor allem von der Bauart des Austauschbodens abhängig und wird in der Regel vom Kolonnenhersteller angegeben.

Die tatsächlich erforderliche Anzahl der **Austauschböden** N einer Rektifikationskolonne wird mit nebenstehender Gleichung aus n_{th} berechnet.

Der Ausdruck $n_{th} - 1$ berücksichtigt, dass eine theoretische Trennstufe durch die Verdampfung im Sumpfverdampfer erzeugt wird. Sie wird von n_{th} abgezogen.

Praktisch erforderliche Anzahl der Austauschböden
$N = \frac{n_{th} - 1}{\eta_B}$

Beispiel: Die theoretische Trennstufenzahl für die Trennung in der Verstärkungskolonne von Bild 1, Seite 183, wurde im McCabe-Thiele-Diagramm mit dem Treppenstufenzug zu n_{th} =7 ermittelt.

Wie groß ist die Anzahl der praktisch erforderlichen Austauschböden, wenn der Kolonnenhersteller für die eingesetzten Austauschböden einen Bodenwirkungsgrad von 65% angibt?

Lösung: $\boldsymbol{N} = \frac{n_{th} - 1}{\eta_B} = \frac{7 - 1}{0{,}65} \approx \mathbf{9{,}23} \Rightarrow$ Aufgerundet auf die nächstgrößere ganze Zahl folgt: **Es sind 10 Austauschböden erforderlich.**

8.6.5 Rektifikationskolonne mit mittigem Zulauf

Häufig erfolgt bei Rektifikationskolonnen der Zulauf des Einsatzgemischs etwa in der Mitte der Kolonne **(Bild 1)**. Bei dieser Betriebsweise ist im Kopfprodukt ein Mindestgehalt x_E an Leichtersieder gefordert und im Sumpfprodukt darf ein Maximalgehalt x_S an Leichtersieder nicht überschritten werden.

Die Kolonne ist in zwei Bereiche unterteilt: Den Kolonnenabschnitt oberhalb des Zulaufbodens bezeichnet man als **Verstärkungskolonne,** den Abschnitt unterhalb des Zulaufbodens als **Abtriebskolonne.**

In der Verstärkungskolonne reichert sich der Leichtersieder vom Zulaufboden nach oben immer weiter an, bis er als Kopfdampf in nahezu reiner Form die Kolonne verlässt. Er wird im Kondensator W2 kondensiert und in einen Rücklaufstrom $\dot{V}_R$ und einen Erzeugnisstrom $\dot{V}_E$ aufgeteilt. $\dot{V}_R$ wird in die Kolonne rückgeführt.

Die vom Zulaufboden nach unten abfließende Bodenflüssigkeit reichert sich von Boden zu Boden immer mehr mit Schwerersieder an, bis sie als weitgehend reiner Schwerersieder in den Kolonnensumpf gelangt. Sie wird teilweise als Sumpfprodukt $\dot{V}_S$ entnommen und teilweise als Rücklaufdampf in die Kolonne rückgeführt.

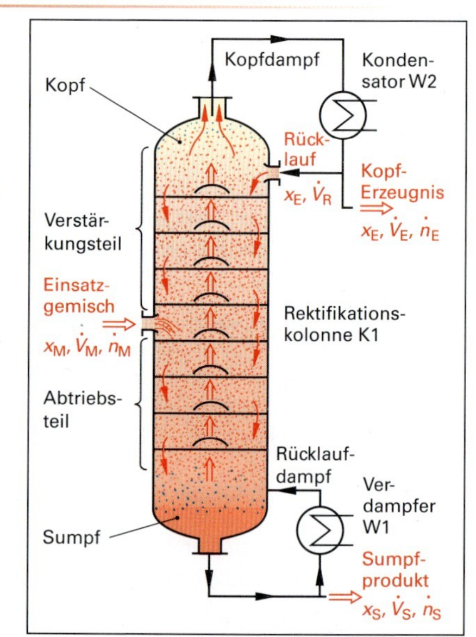

Bild 1: Stoffströme einer Rektifikationskolonne mit mittigem Zulauf

Die Ermittlung der theoretischen Trennstufenzahl n_{th} im McCabe-Thiele-Diagramm **(Bild 2)** für eine Kolonne mit mittigem Zulauf erfolgt für den Verstärkungsteil wie auf Seite 183 für eine reine Verstärkungskolonne beschrieben: Berechnen und Einzeichnen des Achsenabschnitts y_0 sowie von x_M und $x_E \Rightarrow$ Zeichnen der Verstärkungsgerade, beginnend bei Punkt E und endend bei Punkt y_0.

Für den Abtriebsteil der Kolonne wird eine Abtriebsgerade gezeichnet (Bild 2). Die geforderte Sumpfkonzentration x_S wird eingetragen. Man ermittelt den Schnittpunkt S mit der Diagonalen und zeichnet zwischen M und S die Abtriebsgerade.

Ausgehend von S wird der Treppenstufenzug zwischen Gleichgewichtskurve und Abtriebs- bzw. Verstärkungsgerade konstruiert. Er ergibt die Anzahl der theoretischen Trennstufen. Sie beträgt im Beispiel von Bild 2: $n_{th} = 10$

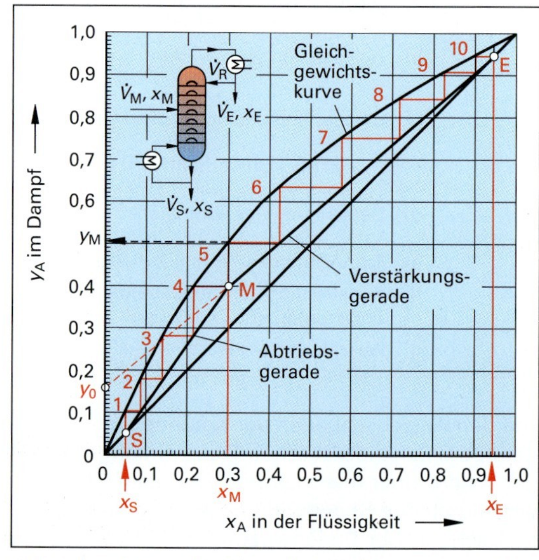

Bild 2: Ermittlung der theoretischen Trennstufenzahl für eine Kolonne mit mittigem Zulauf

Beispiel zur Berechnung einer Rektifikation:

In einer Rektifikationskolonne soll ein Benzol-Toluol-Gemisch kontinuierlich rektifiziert werden. Das Einsatzgemisch wird mit Siedetemperatur mittig in die Kolonne eingespeist. Folgende Daten liegen vor:

x_M(Benzol) = 40 %, x_E(Benzol) = 96 %,

x_S(Benzol) = 2,0 %, $\alpha = 2,4$

Der Bodenwirkungsgrad der Kolonne wurde vom Hersteller mit $\eta_B = 0,60$ angegeben.

Die Kolonne soll mit dem Rücklaufverhältnis: $v = 2,5 \cdot v_{min}$ betrieben werden.

a) Zeichnen Sie das Gleichgewichtsdiagramm für das zu trennende Gemisch.

b) Konstruieren Sie die Verstärkungsgerade und die Abtriebsgerade.

c) Ermitteln Sie mithilfe des Treppenstufenzugs die theoretische Anzahl der Trennstufen n_{th}.

d) Ermitteln Sie die praktische Bodenzahl der Gesamtkolonne, des Verstärkungsteils und des Abtriebsteils.

e) Ermitteln Sie die Nummer des Zulaufbodens.

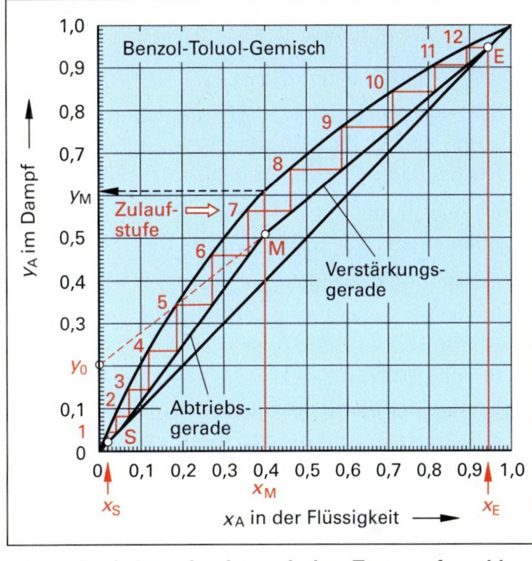

Bild 1: Ermittlung der theoretischen Trennstufenzahl einer Kolonne mit mittigem Zulauf im McCabe-Thiele-Diagramm (Beispiel)

Lösung: a) Konstruktion der Gleichgewichtskurve: Mit der Gleichung $y = \frac{\alpha \cdot x}{1 + x \cdot (\alpha - 1)}$ werden die Wertepaare berechnet und die Gleichgewichtskurve wird gezeichnet **(Bild 1)**.

x(Benzol)	0	0,05	0,10	0,15	0,20	0,40	0,50	0,65	0,80	0,95	1,00
y(Benzol)	0	0,11	0,21	0,30	0,38	0,62	0,71	0,82	0,91	0,98	1,00

b) Ablesen von y_M bzw. Berechnung von y_M: $y_M = \frac{\alpha \cdot x}{1 + x \cdot (\alpha - 1)} = \frac{2,4 \cdot 0,40}{1 + 0,40 \cdot (2,4 - 1)} = 0,615$

Rücklaufverhältnis v: $v = 2,5 \cdot v_{min} = 2,5 \cdot \frac{x_E - y_M}{y_M - x_M} = 2,5 \cdot \frac{0,96 - 0,615}{0,615 - 0,40} = 2,5 \cdot 1,6 = 4$

Berechnung des Ordinatenabschnitts y_0: $y_0 = \frac{x_E}{v + 1} = \frac{0,96}{4 + 1} = 0,192 \approx 19\%$

Einzeichnen der Verstärkungsgeraden von Punkt E bis y_0.

Einzeichnen der Abtriebsgeraden von Punkt M bis Punkt S.

c) Konstruktion des Treppenstufenzugs, beginnend bei Punkt S und endend bei Punkt E.

Auszählen der theoretischen Trennstufenzahl: $\boldsymbol{n_{th} = 12}$

Auf den Sumpf entfällt eine Trennstufe, auf den Abtriebsteil entfallen 5 Trennstufen und auf den Verstärkerteil 6 Trennstufen. Die 7. Trennstufe geht erstmals auf die Verstärkergerade.

d) Berechnung der Anzahl praktischer Austauschböden: $N = \frac{n_{th} - 1}{\eta_B} = \frac{12 - 1}{0,60} \approx 18,3 \Rightarrow$ ***N* = 19 Böden**

Der Abtriebsteil hat 7 theoretische Böden. $N_{Abtr.} = \frac{n_{th} - 1}{\eta_B} = \frac{7 - 1}{0,60} \approx 10 \Rightarrow$ $\boldsymbol{N_{Abtr.} = 10}$ **Böden**

Der Verstärkerteil hat 5 theoretische Böden. $N_{Verst.} = \frac{n_{th}}{\eta_B} = \frac{5}{0,60} \approx 8,3 \Rightarrow$ $\boldsymbol{N_{Verst.} = 9}$ **Böden**

e) Ermittlung des Zulaufbodens: Bei der 7. theoretischen Trennstufe geht der Treppenstufenzug erstmals auf die Verstärkergerade. Das ist der 7 – 1 = 6. theoretische Boden.

Zulaufbodenboden: $n_{Zulauf} = \frac{6}{0,60} = 10$; das Einsatzgemisch wird auf **Boden 10** eingespeist.

Aufgaben zu 8.6.1 bis 8.6.5 Rektifikation in Bodenkolonnen

(Hinweis: Benutzen Sie zum Zeichnen der Gleichgewichtskurven die Kopiervorlage des Gleichgewichts-Diagrammfelds (Seite 283).

1. Welches Rücklaufverhältnis liegt bei einer Rektifikationskolonne vor, wenn durch den Rücklaufteiler 80% des Kopfkondensatstroms als Rücklauf in den Kolonnenkopf zurückfließen?

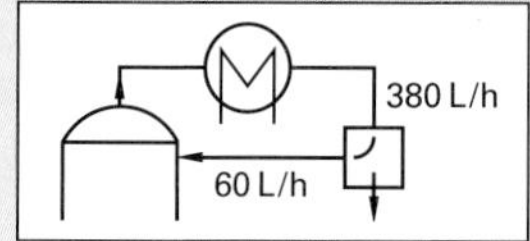

Bild 1: Volumenströme am Kopf einer Kolonne

2. Mit welchem Rücklaufverhältnis wird die nebenstehend skizzierte Rektifikationskolonne **(Bild 1)** betrieben?

3. In eine Rektifikationskolonne für ein Methanol-Wasser-Gemisch wird ein Massenstrom von 1400 kg/h mit einem Stoffmengenanteil x(Methanol) = 0,17 in die Kolonne eingespeist. Das Sumpfprodukt läuft mit x(Wasser) = 0,97 und das Kopfprodukt mit x(Methanol) = 0,94 ab.
   a) Wie groß sind die Massenanteile w(Methanol) und w(Wasser) im Zulauf der Kolonne?
   b) Wie groß sind die Massenströme $\dot{m}$ der reinen Flüssigkeiten Methanol und Wasser im Zulauf?
   c) Wie groß sind die Stoffmengenströme und die Massenströme an Kopfprodukt und an Sumpfprodukt?

4. Ein annähernd ideal siedendes Gemisch Benzol/Toluol mit dem Stoffmengenanteil x_M(Benzol) = 0,12 soll bei 2,5-fachem Mindestrücklaufverhältnis bis auf x_E(Benzol) = 0,96 rektifiziert werden.
   Die Gleichgewichtskurve des Benzol-Toluol-Gemischs ist durch folgende Wertepaare gegeben:

x(Benzol)	0,05	0,10	0,20	0,30	0,40	0,50	0,60	0,70	0,80	0,90	0,95	1
y(Benzol)	0,12	0,22	0,39	0,53	0,63	0,72	0,80	0,86	0,91	0,96	0,98	1

   a) Zeichnen Sie mit den Wertepaaren die Gleichgewichtskurve des Gemischs.
   b) Welches Mindest-Rücklaufverhältnis muss für diese Trennaufgabe vorliegen?
   c) Wie viele theoretische Trennstufen sind für diese Trennaufgabe erforderlich, wenn mit dem 2,5-fachen Mindest-Rücklaufverhältnis rektifiziert wird?
   d) Bestimmen Sie die erforderliche Zahl an Austauschböden für diese Trennung, wenn eine Verstärkerkolonne mit einem Bodenwirkungsgrad von 74% eingesetzt wird.

5. Ein ideal siedendes Flüssigkeitsgemisch mit einer relativen Flüchtigkeit von α = 1,8 soll in einer Verstärkungskolonne mit dem Rücklaufverhältnis von $v = 2{,}5 \cdot v_{min}$ rektifiziert werden. Ermitteln Sie mithilfe des McCabe-Thiele-Diagramms, wie viele praktische Böden in der Kolonne bei folgenden Daten erforderlich sind: Zulauf x_M = 0,23; Kopfprodukt x_E = 0,96; Bodenwirkungsgrad 0,71.

6. Ein annähernd ideal siedendes Gemisch aus n-Hexan und n-Heptan mit einer relativen Flüchtigkeit von α = 2,6 soll in einer Rektifikationskolonne mit etwa mittigem Gemischzulauf getrennt werden. Der Gemischstrom beträgt 2650 L/h (ϱ_M = 0,675 kg/L) und wird mit x_M(n-Hexan) = 0,35 in die Kolonne eingespeist. Im Sumpf soll der Leichtersieder auf x_S(n-Hexan) = 0,08 abgereichert und im Kolonnenkopf auf x_E(n-Hexan) = 0,95 angereichert werden. Die Trennung ist mit dem Rücklaufverhältnis $v = 2{,}1 \cdot v_{min}$ zu fahren.
   a) Berechnen Sie Wertepaare und zeichnen Sie die Gleichgewichtskurve.
   b) Konstruieren Sie die Verstärkungsgerade und die Abtriebsgerade.
   c) Ermitteln Sie die Anzahl der erforderlichen theoretischen Trennstufen für die Kolonne sowie für den Abtriebsteil und den Verstärkerteil.
   d) Berechnen Sie mithilfe des Bodenwirkungsgrads von 68% die Anzahl der praktischen Böden sowie den Zulaufboden.
   e) Wie groß sind die Volumenströme an Kopferzeugnis und an Sumpferzeugnis?

7. In einer Rektifikationskolonne soll ein Gemisch aus Toluol und Ethylbenzol rektifiziert werden. Das Einsatzgemisch wird mit Siedetemperatur in die Kolonne aufgegeben. Folgende Daten liegen vor:
   x_M(Toluol) = 38%, x_E(Toluol) = 97%, x_S(Toluol) = 3,0%, α = 2,1, Rücklaufverhältnis: $v = 2{,}2 \cdot v_{min}$
   Das Einsatzgemisch wird auf die 6. theoretische Trennstufe der Kolonne eingespeist.
   Ermitteln Sie mithilfe des McCabe-Thiele-Diagramms, ob mit den vorhandenen 14 theoretischen Trennstufen der Kolonne die geforderten Produktkonzentrationen erreicht werden können.

8.6.6 Rektifikation mit Füllkörper- und Packungskolonnen

Rektifikationskolonnen können anstelle eingebauter Austauschböden (Bild 1, Seite 181) auch eine regellose Füllkörperschüttung oder eine geordnete Blechfalzpackung enthalten **(Bild 1)**.

Diese Rektifikationskolonnen werden wegen ihres geringen Druckwiderstands überwiegend für Rektifikationen unter vermindertem Druck eingesetzt (Vakuumrektifikation).

In diesen Kolonnen **(Bild 2)** schaffen die Füllkörper bzw. die Packungen eine sehr große Austauschfläche. Die Flüssigkeit benetzt die Füllkörper- bzw. Packungsoberfläche und fließt und tropft auf ihnen abwärts (Bild 1). Der im Gegenstrom durch die Zwischenräume aufsteigende Dampf überstreicht und zerreißt diesen Flüssigkeitsfilm. Durch die vielen Umlenkungen und die große Kontaktfläche von Dampf und Flüssigkeit kommt es ähnlich wie bei den Austauschböden zu einem intensiven Stoff- und Wärmeaustausch der Flüssigkeits- mit der Dampfphase.

Im nach oben steigenden Dampf reichert sich der Leichtersieder an, in der nach unten abfließenden Flüssigkeit nimmt der Schwerersieder zu. Am Kopf der Kolonne erhält man überwiegend Leichtersieder, im Sumpf überwiegt der Schwerersieder.

Die **Trennwirkung** einer Füllkörperschüttung bzw. Packung ist von der Art der Füllkörper bzw. der Packung abhängig.

Als Maßzahl für die Trennwirkung von Füllungen verwendet man die **Höhe** einer Schüttung bzw. Packung, die einer theoretischen Trennstufe entspricht. Diese Kenngröße wird **HETP** genannt (von engl. **h**eight **e**quivalent of a **t**heoretical **p**late; auf Deutsch: Höhenäquivalent eines theoretischen Bodens).

HETP ist die Füllkörperhöhe bzw. Packungshöhe mit der Trennwirkung einer theoretischen Trennstufe.

Von den Herstellern werden für die Füllkörper bzw. die Packungen die angegeben **(Tabelle 1)**. Diese HETP-Werte gelten bei optimalen Austauschbedingungen in der Kolonne.

Zur Beschreibung der Trennwirkung wird auch die **Wertungszahl n_{th}** verwendet. Sie ist der Kehrwert von HETP und gibt die Anzahl der Trennstufen pro Meter Füllkörperschüttung bzw. Packungshöhe an.

Wertungszahl

$$n_{th} = \frac{1}{HETP}$$

Die für eine Rektifikation erforderliche **Höhe H_F** an Füllkörpern bzw. Packung wird mit nebenstehender Größengleichung berechnet.

Zur Bedeutung von $(n_{th} - 1)$ siehe Seite 184, oben.

η_F ist der Packungs- bzw. Schüttungswirkungsgrad.

Erforderliche Höhe der Füllkörper oder Packung

$$H_F = \frac{(n_{th} - 1)}{\eta_F} \cdot HETP$$

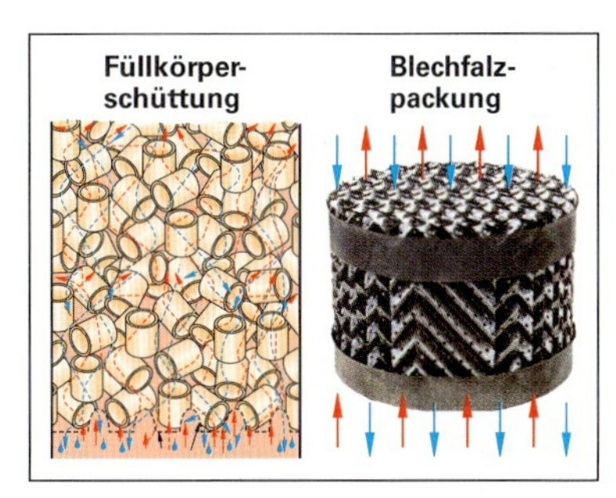

Bild 1: Kolonnenfüllungen

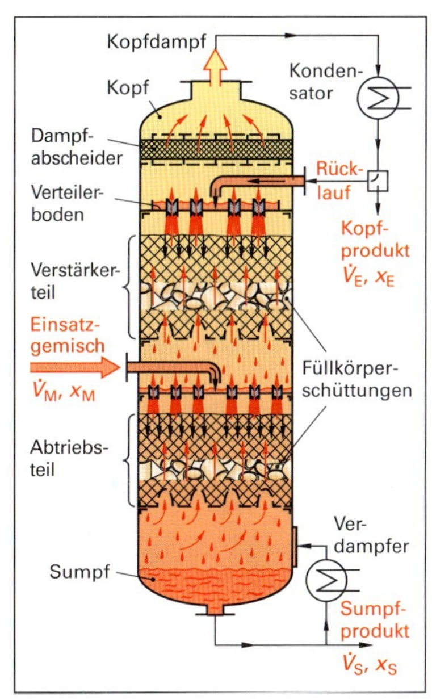

Bild 2: Rektifikationskolonne mit Füllkörperschüttung und mittigem Zulauf

Tabelle 1: HETP-Werte	
Füllkörperschüttungen Kolonnenpackungen	HETP in cm
Pallringe® 80 × 80 × 15	68
Pallringe® 50 × 50 × 10	45
Pallringe® 35 × 35 × 0,8	37
Sulzer-Packungen®	8 ... 30
Montz-Packungen®	15 ... 70

Beispiel: Für die Trennung eines Benzol-Toluol-Gemischs gemäß dem Beispiel auf Seite 185 wurden 12 theoretische Trennstufen ermittelt. Die Trennung soll in einer Füllkörperkolonne, HETP-Wert der Füllkörperschüttung = 37 cm, Wirkungsgrad η_F = 0,85, durchgeführt werden. Wie groß ist die erforderliche Füllkörperschüttungshöhe?

Lösung: $\mathbf{H_F} = \frac{n_{th} - 1}{\eta_F} \cdot HETP = \frac{(12 - 1)}{0,85} \cdot 37\ cm \approx \mathbf{479\ cm} \approx \mathbf{4,97\ m}$

Aufgaben zu 8.6.6 Rektifikation mit Füllkörper- und Packungskolonnen

1. Ein Methanol-Ethanol-Gemisch mit dem Stoffmengenanteil x_M(Methanol) = 0,080 wird in einer Füllkörperkolonne mit einer Pallring-Schüttung (35 × 35 × 0,8) rektifiziert. Das Kopfprodukt soll bei einem Rücklaufverhältnis $v = 3 \cdot v_{min}$ auf x_E(Methanol) = 0,96% angereichert werden. Die Gleichgewichtskurve des Methanol-Ethanol-Gemischs hat folgende Wertepaare:

x(Methanol)	0	0,05	0,10	0,20	0,30	0,40	0,50	0,60	0,70	0,80	0,90	0,95	1
y(Methanol)	0	0.08	0,15	0,29	0,41	0,54	0,64	0,73	0,80	0,87	0,93	0,97	1

   a) Erstellen Sie das Gleichgewichtsdiagramm.
   b) Berechnen Sie das Mindest-Rücklaufverhältnis und das reale Rücklaufverhältnis.
   c) Bestimmen Sie die Arbeitsgerade und zeichnen Sie sie in das Gleichgewichtsdiagramm ein.
   d) Bestimmen Sie die Anzahl der erforderlichen theoretischen Trennstufen.
   e) Wie groß ist der HETP-Wert der Pallring-Schüttung? Berechnen Sie damit die erforderliche Höhe der Füllkörperschüttung in der Kolonne, wenn der Wirkungsgrad der Schüttung 0,69 beträgt.

2. In einem Betrieb soll ein Gemisch aus Cyclohexan und Trichlormethan mit einer Ausgangsgemisch-Zusammensetzung von *x*(Cyclohexan) = 0,26 getrennt werden. Die Gleichgewichtskurve des Gemischs ist durch die Wertepaare in der Tabelle gegeben.

x(Cyclohexan)	0,05	0,10	0,20	0,30	0,40	0,50	0,60	0,70	0,80	0,90	0,95
y(Cyclohexan)	0,10	0,19	0,34	0,45	0,53	0,62	0,70	0,78	0,85	0,93	0,96

   Die Kolonnenkopf-Zusammensetzung soll *x*(Cyclohexan) = 0,94, die des Sumpfablaufs *x*(Cyclohexan) = 0,08 betragen. Die Rektifikation wird bei einem Rücklaufverhältnis von $v = 1{,}7\ v_{min}$ durchgeführt. Es steht im Betrieb eine Rektifikationskolonne mit einer Kolonnenpackung von 3,40 m Höhe zur Verfügung. Die Kolonnenpackung hat einen HETP von 16 cm; der Betriebswirkungsgrad ist 75%. Kann mit dieser Rektifikationskolonne und den gewählten Betriebsbedingungen die Trennaufgabe erreicht werden?

8.6.7 Kolonnendurchmesser und Kolonnenhöhe

Die erforderliche Querschnittsfläche und damit den Durchmesser einer Kolonne kann man aus dem Dampf-Massenstrom $\dot{m}_D$ in der Kolonne berechnen **(Bild 1)**:

$$\dot{m}_D = \dot{V}_D \cdot \varrho_D = A \cdot w_D \cdot \varrho_D = \pi/4 \cdot d_K^2 \cdot w_D \cdot \varrho_D$$

Hierin sind: $\dot{V}_D$ der Volumenstrom und ϱ_D die Dichte des Dampfes; w_D ist die auf die leere Kolonne bezogene Dampfgeschwindigkeit (Leerrohrgeschwindigkeit) und d_K der innere Kolonnendurchmesser.

Die Dichte ϱ_D des Dampfes kann man aus der allgemeinen Gasgleichung berechnen (siehe rechts).

Dampfdichte

$$\varrho_D = \frac{p \cdot \overline{M}_D}{R \cdot T}$$

Darin ist *p* der Druck, *T* die Temperatur in K, *R* die universelle Gaskonstante (*R* = 8,314 J/mol · K) und $\overline{M}_D$ die mittlere molare Masse des Dampfes. Sie wird aus dem Stoffmengenanteil des Leichtersieders im Dampf *y*(A) und den molaren Massen der Komponenten berechnet: $\overline{M}_D = y(A) \cdot M(A) + (1 - y(A)) \cdot M(B)$

Löst man die obige Gleichung nach d_K auf, dann erhält man den erforderlichen Kolonnendurchmesser mit nebenstehender Gleichung.

Kolonnendurchmesser

$$d_K = 2 \cdot \sqrt{\frac{\dot{m}_D}{\pi \cdot w_D \cdot \varrho_D}}$$

Zur Auslegung einer Rektifikationskolonne benötigt man einen technologisch sinnvollen Wert der Dampfgeschwindigkeit w_D. Man erhält ihn aus empirischen Untersuchungen an konkreten Rektifikationskolonnen (siehe nächste Seite).

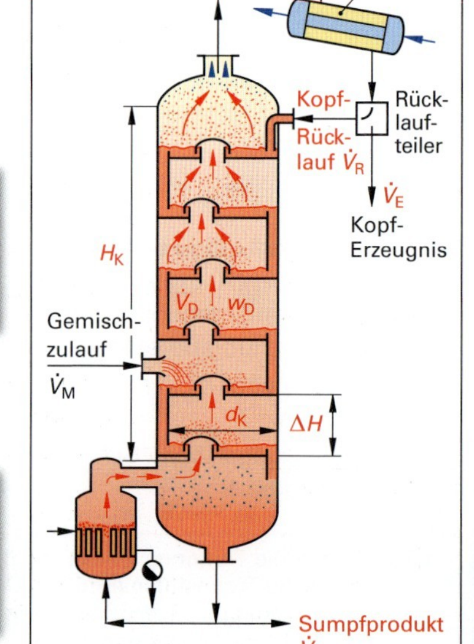

Bild 1: Stoffströme und Abmessungen einer Bodenkolonne

Rektifikationskolonnen mit Austauschböden arbeiten nur in einem Bereich der Dampfgeschwindigkeit (**Belastungsbereich**) mit guter Trennwirkung.

Ist die Dampfgeschwindigkeit zu hoch, wird Flüssigkeit vom Dampf auf den nächst höheren Boden mitgerissen. Ist sie zu niedrig, wird die auf dem Boden stehende Flüssigkeitsschicht nicht optimal durchsprudelt. In beiden Fällen sinkt der Bodenwirkungsgrad η_B.

Als Maß für die Belastung dient der **Belastungsfaktor *F*.**

Belastungsfaktor
$F = w_D \cdot \sqrt{\varrho_D}$

Der Bodenwirkungsgrad wurde empirisch für die verschiedenen Bodenkolonnen in Abhängigkeit von F ermittelt **(Bild 1)**. Aus diesem Diagramm kann für einen guten Bodenwirkungsgrad der Belastungsfaktor abgelesen werden. Daraus wird die Dampfgeschwindigkeit berechnet. Sie beträgt meist 1,0 bis 6,0 m/s.

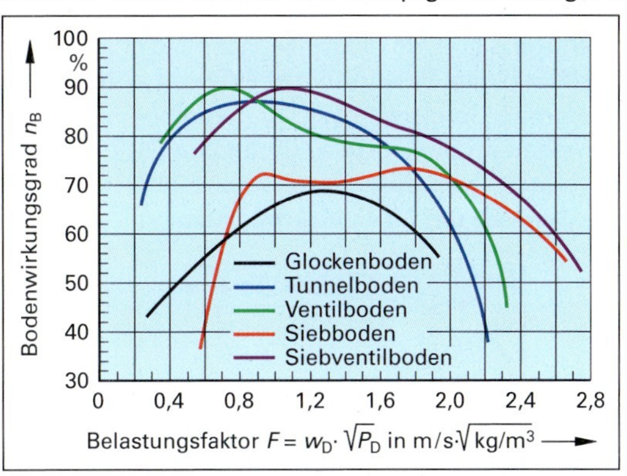

Bild 1: Trennwirkung verschiedener Austauschböden von Rektifikationskolonnen

Beispiel: Für einen Glockenboden (schwarze Kurve) erhält man gute Bodenwirkungsgrade (größer 60 %) im Bereich von $F = 0,8$ bis 1,7. Daraus folgt ein mittleres $F = (F_{max} + F_{min})/2 = (1,7 + 0,8)/2 = 1,25\ m/s \cdot \sqrt{kg/m^3}$

Für einen Gemischdampf mit der Dichte $\varrho_D = 3,14\ kg/m^3$ berechnet man die optimale Dampfgeschwindigkeit aus

$$\boldsymbol{F} = w_{D,opt} \cdot \sqrt{\varrho_D} \quad \rightarrow \quad w_{D,opt} = \frac{F}{\sqrt{\varrho_D}} = \frac{1,25\ m/s \cdot \sqrt{kg/m^3}}{3,14\ kg/m^3} \approx \mathbf{0,705\ m/s}$$

Die **Höhe einer Rektifikations-Bodenkolonne $H_{K,B}$** berechnet man aus der Anzahl der praktisch erforderlichen Trennstufen N und dem Bodenabstand in der Kolonne ΔH. Er beträgt üblicherweise $\Delta H = 35$ cm. Dazu kommen die Höhen für die Gemischverteilung und die Dampf-Zu- und -Ableitung.

Kolonnenhöhe bei Bodenkolonnen
$H_{K,B} = N \cdot \Delta H$

Bei **Rektifikationskolonnen mit Füllkörpern oder Packungen** wird der Kolonnendurchmesser ebenfalls mit der auf Seite 188 unten gezeigten Gleichung bestimmt. Die Dampfgeschwindigkeit mit optimaler Trennwirkung $w_{D,opt}$ muss für eine konkrete Füllkörperschüttung bzw. Packung in einer Kolonne empirisch bestimmt werden. Sie hat meist Werte zwischen 0,5 und 2,5 m/s.

Die **Höhe einer Rektifikationskolonne mit Füllkörpern oder Packung** wird mit der auf Seite 187 erhaltenen Gleichung bestimmt (siehe rechts). Dazu kommen Höhen für die Gemischverteilung und die Dampf-Zu- und -Ableitung.

Kolonnenhöhe einer Füllkörperkolonne
$H_{K,F} = \frac{(n_{th} - 1)}{\eta_F} \cdot \text{HETP}$

Aufgaben zu 8.6.7 Kolonnendurchmesser und Kolonnenhöhe

1. In einer Rektifikationskolonne mit Siebventilböden wird ein n-Hexan-n-Heptan-Flüssigkeitsgemisch getrennt. Zur geforderten Gemischtrennung sind 9 Böden erforderlich. Der Druck in der Kolonne beträgt 1,013 bar, die Temperatur ist im Mittel 92 °C. Der Massestrom im Verstärkerteil der Kolonne beträgt 1815 kg/h, die mittlere Zusammensetzung des Dampfes ist y_D(n-Heptan) = 0,76.
   Stoffdaten: M(n-Hexan) = 86,2 kg/kmol; M(n-Heptan) = 100,2 kg/kmol
   a) Welche Dichte hat der Gemischdampf im Mittel im Verstärkungsteil der Kolonne?
   b) In welchem Bereich der Dampfgeschwindigkeit ist der Bodenwirkungsgrad größer als 80 %?
   c) Bestimmen Sie die mittlere Dampfgeschwindigkeit in der Verstärkungskolonne für einen mittleren Belastungsfaktor für den Belastungsbereich mit einer Trennleistung von mehr als 80 %.
   d) Welchen Durchmesser muss die Rektifikationskolonne bei dieser Dampfgeschwindigkeit haben?
   e) Welche Gesamthöhe hat die Rektifikationskolonne? (2 · ΔH für Dampf-Zu- und -Ableitung)
2. In einer Rektifikationskolonne mit Blechfalzpackung wird ein Flüssigkeitsgemisch aus Chlorbenzol und Ethylbenzol rektifiziert. Aus dem Sumpfverdampfer strömt ein Massestrom von 1720 kg/h mit einer Zusammensetzung von 35 Mol% Chlorbenzol in die Kolonne. In der Kolonne herrscht Normdruck, die Temperatur im Sumpfdampf ist 134 °C.
   a) Welche Dichte hat der aus dem Sumpfverdampfer strömende Dampf?
   b) Wie groß ist der Dampf-Volumenstrom aus dem Verdampfer in die Kolonne?
   c) Welchen Durchmesser muss die Kolonne haben, wenn $w_{D,opt}$ = 1,34 m/s?

8.6.8 Rektifikation azeotroper Gemische

Azeotrop siedende Flüssigkeitsgemische (engl. aceotropic liquid mixtures) lassen sich durch die bisher beschriebenen Rektifikationsverfahren nicht vollständig in die Bestandteile zerlegen.

Azeotrope Gemische besitzen gegenüber den ideal siedenden Gemischen (z. B. Bild 1, Seite 175) Besonderheiten im Siedediagramm und im Gleichgewichtsdiagramm **(Bild 1)**.

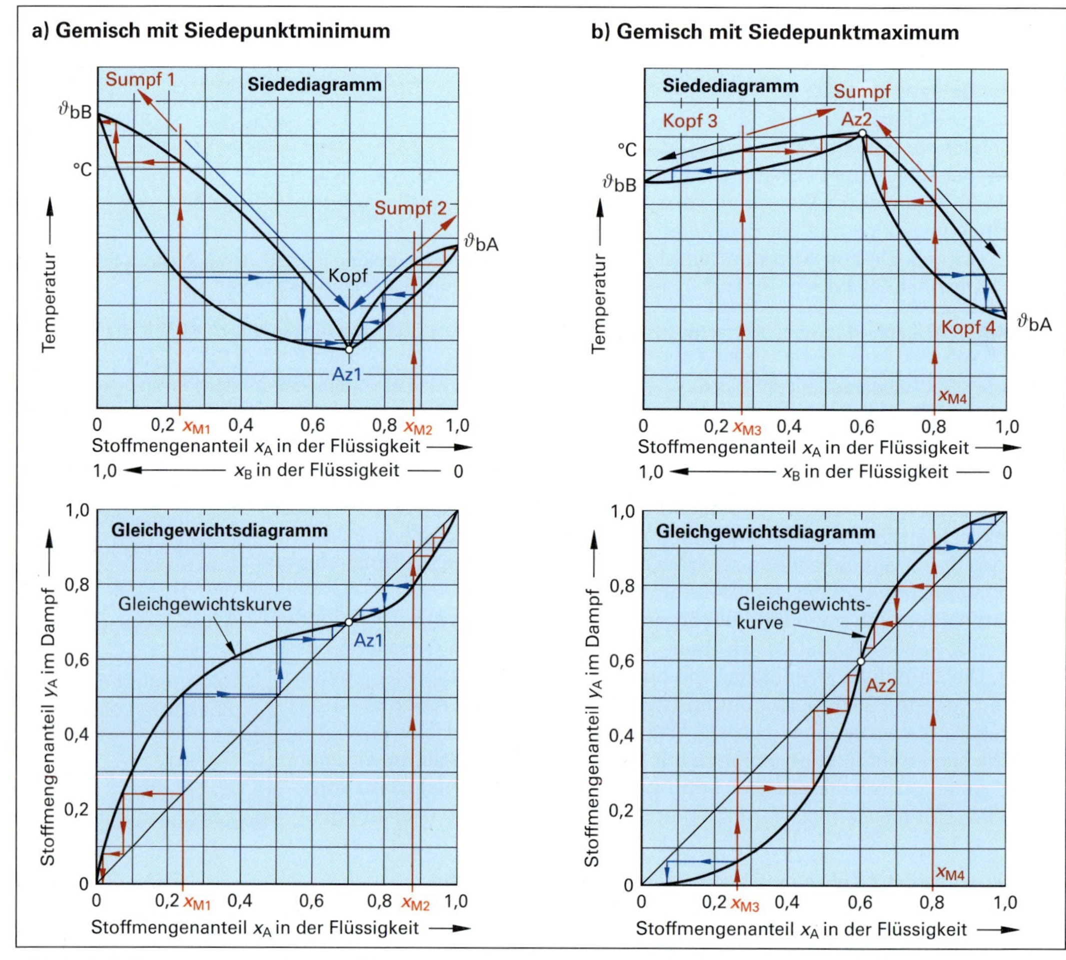

Bild 1: Siedediagramm und Gleichgewichtsdiagramm von azeotrop siedenden Zweistoffgemischen a) mit Siedepunktminimum b) mit Siedepunktmaximum

Im Siedediagramm von Azeotropen haben nicht die reinen Komponenten A und B den niedrigsten bzw. höchsten Siedepunkt, sondern jeweils das Gemisch mit der azeotropen Zusammensetzung, d. h. das Gemisch im azeotropen Punkt Az. Man unterscheidet:

- **Azeotrope Gemische mit Siedepunktminimum:** Der azeotrope Siedepunkt Az1 liegt *unterhalb* der Siedetemperatur des Leichtersieders A (Bild 1a).
- **Azeotrope Gemische mit Siedepunktmaximum:** Der azeotrope Siedepunkt Az2 liegt *oberhalb* der Siedetemperatur des Schwerersieders B (Bild 1b).

Die Vorgänge bei der Trennung azeotroper Gemische durch Rektifikation kann man im Siedediagramm und im Gleichgewichtsdiagramm verfolgen.

Beispiel 1: Wird ein Flüssigkeitsgemisch mit Siedepunktminimum mit einem Gehalt links vom azeotropen Punkt Az1 mit z. B. $x_{M1} = 0{,}24$ in eine Rektifizierkolonne eingespeist, dann erhält man als leichtersiedendes Kopfprodukt das Azeotrop (Bild 1a blauer Treppenstufenzug), als schwerersiedendes Sumpfprodukt (Sumpf 1) die annähernd reine Komponente B (roter Treppenstufenzug).

Beispiel 2 (Bild 1a, Seite 190): Bei einem Einsatzgemisch mit einer Zusammensetzung **rechts** vom azeotropen Punkt Az1 mit z. B. x_{M2} = 0,88 fällt als Kopfprodukt das leichtersiedende Azeotrop an (blauer Treppenstufenzug), als schwerersiedendes Sumpfprodukt (Sumpf 2) die nahezu reine Komponente A (roter Treppenstufenzug).

Bei Flüssigkeitsgemischen mit Siedepunktminimum erhält man unabhängig von der Zusammensetzung des Einsatzgemischs im Kopf der Kolonne immer das niedrigsiedende Azeotrop.
Bei Flüssigkeitsgemischen mit Siedepunktmaximum dagegen erhält man unabhängig von der Zusammensetzung des Einsatzgemischs im Sumpf der Kolonne immer das höherersiedende Azeotrop.

Beispiel 3 (Bild 1b, Seite 190): Bei Einspeisung eines Einsatzgemischs mit einer Zusammensetzung **links** vom azeotropen Punkt Az2, wie z. B. x_{M3} = 0,26, fällt als Kopfprodukt (Kopf 3) die annähernd reine Komponente B an (blauer Treppenstufenzug), Sumpfprodukt ist das höhersiedende Azeotrop (roter Treppenstufenzug).

Beispiel 4 (Bild 1b, Seite 190): Bei Einspeisung mit einer Zusammensetzung **rechts** vom azeotropen Punkt Az2, wie z. B. x_{M4} = 0,80, erhält man als Kopfprodukt (Kopf 4) die nahezu reine Komponente A (blauer Treppenstufenzug), Sumpfprodukt ist das höhersiedende Azeotrop (roter Treppenstufenzug).

Azeotrope Gemische können durch normale Rektifikation maximal bis zu ihrer azeotropen Zusammensetzung x_{Az} getrennt werden. Ein Ethanol-Wasser-Gemisch z. B. kann maximal bis auf x_{Az}(Ethanol) = 0,89 angereichert werden **(Bild 1)**. Durch Absenkung des Drucks verschiebt sich die Gleichgewichtskurve und damit ihr azeotroper Punkt zu höheren Gehalten, z. B. beim Ethanol-Wasser-Gemisch bei p = 0,135 bar auf x_{Az}(Ethanol) = 0,986. Bei der Rektifikation unter vermindertem Kolonnendruck kann deshalb bis auf einen etwas höheren Gehalt angereichert werden. Siehe dazu Aufgabe 2, Seite 193.
Eine weitgehend vollständige Trennung azeotroper Gemische ist nur durch spezielle Rektifikationsverfahren möglich. Im Folgenden werden zwei Verfahren beschrieben.

8.6.8.1 Zweidruck-Rektifikation

Die Zweidruck-Rektifikation (engl. two pressure aceotropic rectification), auch als **Druckwechsel-Rektifikation** bezeichnet, beruht auf dem unterschiedlichen Verlauf der Gleichgewichtskurve (GG-Kurve) bei verschiedenen Drücken.

Beispiel: Beim Gemisch Tetrahydrofuran-Wasser, einem Siedepunktminimum-Azeotrop, liegt der azeotrope Punkt bei einem Druck von 1 bar bei x_{Az1} = 0,82, bei 8 bar Druck bei x_{Az5} = 0,64 **(Bild 1)**.

Eine Rektifikationsanlage zur Zweidruck-Rektifikation besteht aus zwei hintereinander geschalteten Rektifikationskolonnen **(Bild 2)**. In ihnen wird das Gemisch in zwei Stufen bei unterschiedlichen Kolonnendrücken rektifiziert.

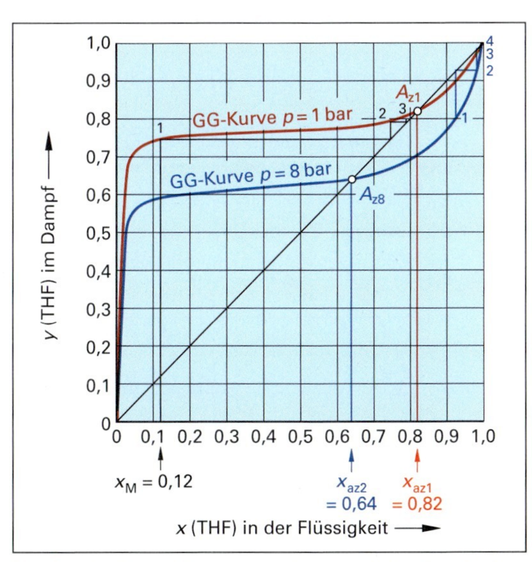

Bild 1: Gleichgewichtskurven des Gemischs Tetrahydrofuran-Wasser bei 1 bar und 8 bar Betriebdruck

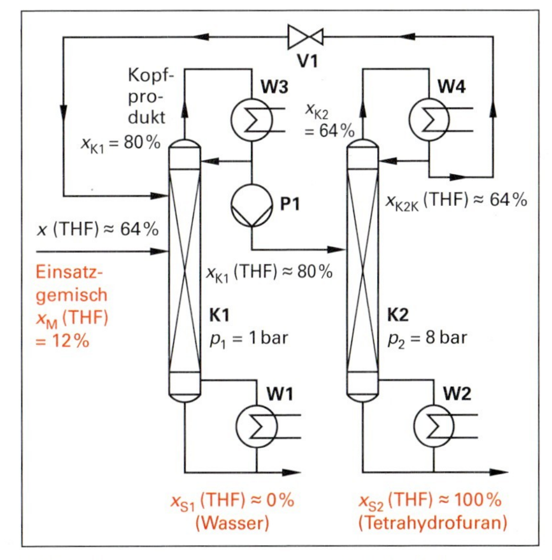

Bild 2: Anlage zur Trennung eines Tetrahydrofuran-Wasser-Gemischs durch Zweidruck-Rektifikation

Das Einsatzgemisch strömt mit x_M(THF) = 0,12 ≙ 12%) in die Kolonne K1 ein und wird dort bei einem Druck von 1 bar rektifiziert.

Der azeotrope Punkt des Gemischs liegt bei einem Druck von 1 bar bei x_{Az1} = 0,82.

In der Kolonne K1 werden zur Anreicherung auf x_{K1}(THF) = 0,80 drei (3) theoretische Trennstufen benötigt (Bild 1, Seite 191, schwarzer Treppenstufenzug).

Am Kolonnensumpf wird das schwerersiedende, reine Wasser (x_{S1}(THF) = 0,00 ≙ 0%) erhalten und ausgetragen. Das Kopfprodukt besteht zu rund 80% aus Tetrahydrofuran: x_{K1}(THF) = 0,80.

Es wird mit der Pumpe P1 auf einen Druck von 8 bar gebracht, in Kolonne K2 eingespeist und dort bei einem Druck von 8 bar erneut rektifiziert (Bild 2, Seite 191).

Bei einem Druck von 8 bar in Kolonne K2 liegt der azeotrope Punkt des Gemischs bei x_{Az2} = 0,64.

Das in Kolonne K2 eingespeiste Gemisch liegt mit rund x_{K1}(THF) ≈ 0,80 beim Kolonnendruck von 8 bar jetzt rechts vom azeotropen Punkt x_{Az2} = 0,64.

Die in Kolonne K2 stattfindende Rektifikation ergibt am Kopf das Tetrahydrofuran-Wasser-Gemisch mit annähernd azeotroper Zusammensetzung: x_{K2}(THF) ≈ 0,64 und im Sumpf fällt das Tetrahydrofuran an. Bei z. B. vier (4) theoretischen Trennstufen erhält man annähernd reines Tetrahydrofuran mit x_{S2}(THF) ≈ 1,00 ≙ 100%.

Das Kopfprodukt x_{K2}(THF) = 0,64 wird nach Reduzierung des Drucks im Entspannungsventil V1 wieder in die Kolonne K1 zurückgeführt. Es hat mit x_{K2}(THF) = 0,64 einen Gehalt links vom azeotropen Punkt bei 1 bar: x_{Az1} = 0,82. Es wird dort, wie bei Kolonne K1 beschrieben, bei einem Druck 1 bar rektifiziert.

Im Sumpf der beiden Kolonnen werden jeweils die beiden reinen Gemisch-Komponenten gewonnen: in Kolonne K1 Wasser, in Kolonne K2 Tetrahydrofuran.

Im Diagramm von Bild 1, Seite 191, ist der Treppenstufenzug vereinfachend bei einem unendlichen Rücklaufverhältnis gezeichnet worden (er wird an der Diagonalen gestuft). Bei einem realen Rücklaufverhältnis erfolgt die Ermittlung der Trennstufen mit Arbeitsgeraden, die oberhalb der Diagonalen verlaufen. Dies führt zu einer höheren Anzahl real erforderlicher Trennstufen.

8.6.8.2 Extraktiv-Rektifikation

Eine Anlage zur Extraktiv-Rektifikation (engl. additive aceotropic rectification) besteht ebenso aus zwei Rektifikationskolonnen **(Bild 1)**. Bei dieser Art der Rektifikation wird dem zu trennenden azeotropen Flüssigkeitsgemisch im oberen Bereich der 1. Kolonne K1 ein schwersiedender Hilfsstoff zugegeben, der eine der beiden Gemischkomponenten bindet. Ein solcher hochsiedender, bindender Stoff ist z. B. Anilin mit einer Siedetemperatur von 184 °C (bei p_{amb} = 1 bar).
Dadurch erlangt die Gleichgewichtskurve des azeotropischen Ausgangsgemischs einen neuen Verlauf ohne azeoptropen Punkt **(Bild 2)**. In der zweiten Kolonne K2 ist deshalb eine Rektifikation in die reinen Komponenten möglich.

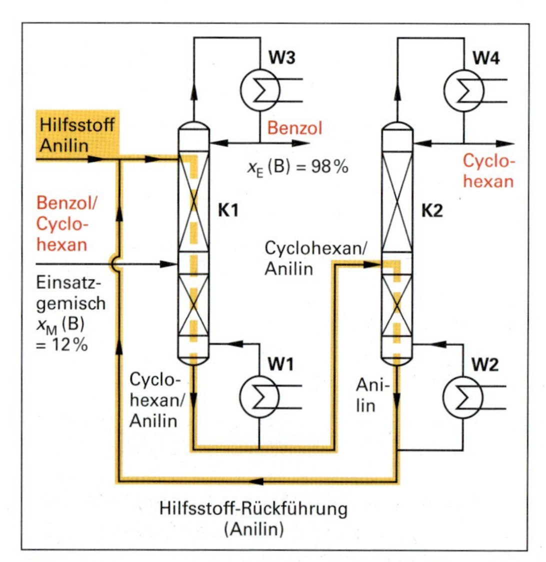

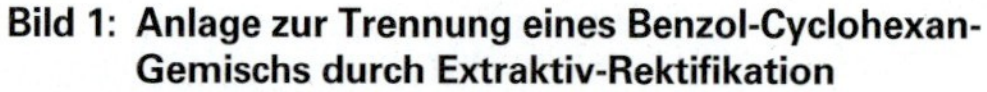
Bild 1: Anlage zur Trennung eines Benzol-Cyclohexan-Gemischs durch Extraktiv-Rektifikation

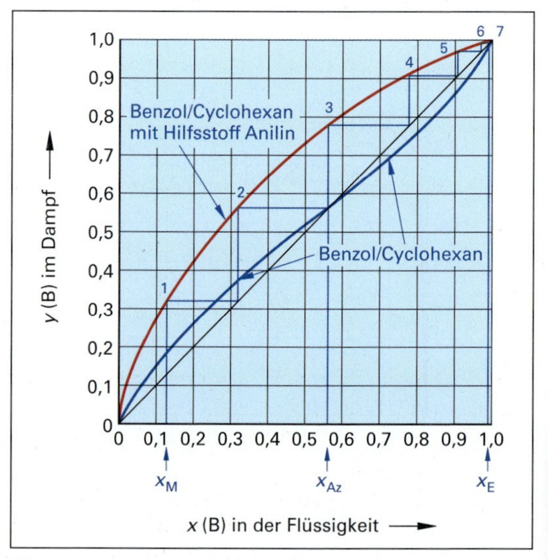

Bild 2: Gleichgewichtskurven des Zweistoffgemischs Benzol-Cyclohexan ohne und mit Hilfsstoff Anilin

Die ablaufenden Vorgänge werden bei der Extraktiv-Rektifikation eines Benzol-Cyclohexan-Gemischs mit dem Hilfsstoff Anilin erläutert (Bild 1 und 2, Seite 192).
Aus einem Benzol-Cyclohexan-Gemisch mit x_M(Benzol) = 0,12 (≙ 12%) soll ein Produkt mit x_E(Benzol) = 0,98 (≙ 98%) gewonnen werden.
Das Eingangsgemisch wird mittig in die Kolonne K1 eingespeist, der Hilfsstoff Anilin wird im oberen Bereich zugeführt. Es wird mit einem Volumenverhältnis Anilin : Kopfstrom = 3 : 2 gearbeitet. Am Kopf von K1 wird bei 7 theoretischen Trennstufen ein Kopfprodukt mit x_E(Benzol) = 0,98 erhalten. Im Sumpf fällt das schwerersiedende Gemisch Cyclohexan-Anilin an. Es wird mittig in die Kolonne K2 eingespeist und dort in das leichtersiedende Kopfprodukt Cyclohexan und das schwerersiedende Sumpfprodukt Anilin rektifiziert. Das Anilin wird rückgeführt und in die Kolonne K1 oben aufgegeben. Der Hilfsstoff Anilin wird im Kreislauf gefahren; nur die auftretenden Verluste müssen ergänzt werden.
Im Diagramm von Bild 2, Seite 192, ist der Treppenstufenzug vereinfachend bei einem unendlichen Rücklaufverhältnis gezeichnet worden. Bei einem realen Rücklaufverhältnis erfolgt die Ermittlung der Trennstufen mit einer Verstärkungsgeraden. Dies führt zu einer höheren Anzahl erforderlicher Trennstufen.

Aufgaben zu 8.6.8 Rektifikation azeotroper Gemische

1. In einer Rektifikationskolonne mit einer 6,20 m hohen Schüttung aus Pallringen (HETP = 45 cm; Schüttungswirkungsgrad η_F = 0,73) soll aus einem Aceton-Methanol-Gemisch mit x_M(Aceton) = 0,060 ein Kopfprodukt mit x_E(Aceton) = 0,69 gewonnen werden. Das Rücklaufverhältnis beträgt v = 6,24. Die Kolonne arbeitet als reine Verstärkungskolonne. Die Gleichgewichtskurve des Gemischs Aceton-Methanol hat die folgenden Koordinaten:

x(Aceton)	0,05	0,10	0,20	0,30	0,40	0,50	0,60	0,70	0,80	0,90	0,95
y(Aceton)	0,13	0,22	0,34	0,43	0,51	0,58	0,65	0,72	0,78	0,88	0,93

   a) Erstellen Sie das Gleichgewichtsdiagramm.
   b) Welche azeotrope Zusammensetzung hat das Gemisch?
   c) Bis zu welchem Acetongehalt kann das Gemisch durch normale Rektifikation getrennt werden?
   d) Ist mit der beschriebenen Anlage (reine Verstärkungskolonne) eine Anreicherung bis auf x_E(Aceton) = 0,69 möglich? Falls nicht: Wie stark müsste das Rücklaufverhältnis verändert werden?

2. Aus einem Wein (Ethanol-Wasser-Gemisch) mit 11,5% Ethanol soll durch Rektifikation 90%iges Ethanol gewonnen werden. Der Ethanolgehalt im Sumpfablauf soll 0,5% (x(Eth.) = 0,005) nicht überschreiten. Die Gleichgewichtskurven des Ethanol-Wasser-Gemischs haben bei verschiedenen Drücken einen unterschiedlichen Verlauf. Sie sind in der folgenden Tabelle bei Normaldruck (p =1,013 bar) und bei Unterdruck (p = 0,135 bar) angegeben.

x(Eth)	0,05	0,10	0,20	0,30	0,40	0,50	0,60	0,70	0,80	0,895	0,900	0,950	0,986
y(Eth), p = 1,013 bar	0,32	0,44	0,53	0,58	0,61	0,65	0,70	0,75	0,82	0,895	0,895	0,947	
y(Eth), p = 0,135 bar	0,28	0,44	0,56	0,60	0,64	0,68	0,72	0,77	0,84		0,908	0,951	0,986

   Die Rektifikation soll bei einem Rücklaufverhältnis von $v = 3{,}5 \cdot v_{min}$ durchgeführt werden.
   a) Zeichnen Sie die Gleichgewichtskurven des Gemischs bei beiden Kolonnendrücken.
      Hinweis: Verwenden Sie für die Gleichgewichtskurven die Kopiervorlage von Seite 283. Zeichnen Sie zusätzlich den Bereich x(Eth) = 0 bis 0,10 sowie 0,90 bis 1,00 stark vergrößert.
   b) Bei welchem Kolonnendruck muss die Rektifikation durchgeführt werden, um 90%iges Ethanol zu erhalten? Begründen Sie den gewählten Kolonnendruck.
   c) Welche theoretische Bodenzahl ist für diese Trennaufgabe erforderlich?
   d) Welche praktische Bodenzahl ist bei einem Bodenwirkungsgrad von 78% erforderlich?
   e) Auf welchem Boden ist das Ausgangsgemisch (der Wein) zuzuführen?

3. In einer Zweidruck-Rektifikationsanlage mit einer 1-bar- und einer 8-bar-Rektifikationskolonne (Bild 1 und 2, Seite 191) soll ein Tetrahydrofuran-Wasser-Gemisch mit 5% Tetrahydrofuran auf 98% angereichert werden.
   a) Zeichnen Sie die Gleichgewichtskurven des Gemischs bei einem Druck von 1 bar und bei 8 bar.
   b) Bestimmen Sie die theoretische Trennstufenzahl in Kolonne 1 und 2 bei vereinfachend angenommenem unendlichem Rücklaufverhältnis (Diagonale als Arbeitsgerade).
   c) Wie hoch ist die praktische Trennstufenzahl bei 30% höherer Trennstufenzahl?

9 Berechnungen zu physikalisch-chemischen Trennverfahren

9.1 Flüssig-Flüssig-Extraktion

Bei der Flüssig-Flüssig-Extraktion, auch **Solvent-Extraktion** genannt (engl. solvent extraction), wird aus einem flüssigen Extraktionsgut, das aus einer Trägerflüssigkeit und dem darin gelösten Extraktstoff besteht, mithilfe eines Lösemittels (Solvents) der Extraktstoff herausgelöst **(Bild 1)**.

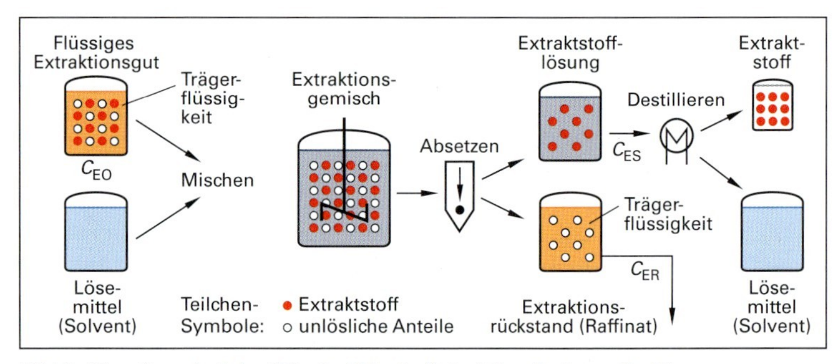

Bild 1: Vorgänge bei der Flüssig-Flüssig-Extraktion (schematisch)

Das Herauslösen des Extraktstoffs erfolgt durch intensiven Kontakt des Extraktionsguts und des Lösemittels durch Mischen. Durch anschließendes Absetzen trennen sich aus dem Extraktionsgemisch die nicht mischbare Extraktstofflösung und der Extraktionsrückstand, das Raffinat. Abschließend wird die Extraktstofflösung durch Destillieren in den flüssigen Extraktstoff und das Lösemittel (Solvent) getrennt. Voraussetzung für die Flüssig-Flüssig-Extraktion sind ein selektiv wirkendes Lösemittel (Solvent) und die Nichtmischbarkeit der Trägerflüssigkeit (des späteren Raffinats) mit dem Lösemittel. Zudem müssen die Trägerflüssigkeit und das Lösemittel unterschiedliche Dichten besitzen, damit sie sich absetzen.

9.1.1 Absatzweise einfache Extraktion

Die absatzweise einfache Flüssig-Flüssig-Extraktion im industriellen Maßstab wird in einer Mischer-Abscheider-Extraktionsanlage (Mixer-Settler) durchgeführt **(Bild 2)**.

Der im Extraktionsgut enthaltene Extraktstoff löst sich durch intensives Vermischen im Lösemittel. Er verteilt sich entsprechend der Löslichkeit im Lösemittel (Phase 1 = Extrakstofflösung) und in der Trägerflüssigkeit des Extraktionsguts (Phase 2 = Raffinat).

Für die Verteilung des gelösten Extraktstoffs in den beiden Phasen gilt im Gleichgewicht das **Nernst'sche Verteilungsgesetz**.

Es besagt: Das Verhältnis der Stoffmengenkonzentration des Extraktstoffs im Lösemittel c_{ES} (Solvent) zur Konzentration des Extraktstoffs im ausgelaugten Extraktionsgut c_{ER} (Raffinat) ist eine Konstante K.

Als Formel erhält man das nebenstehende Nernst'sche Verteilungsgesetz.

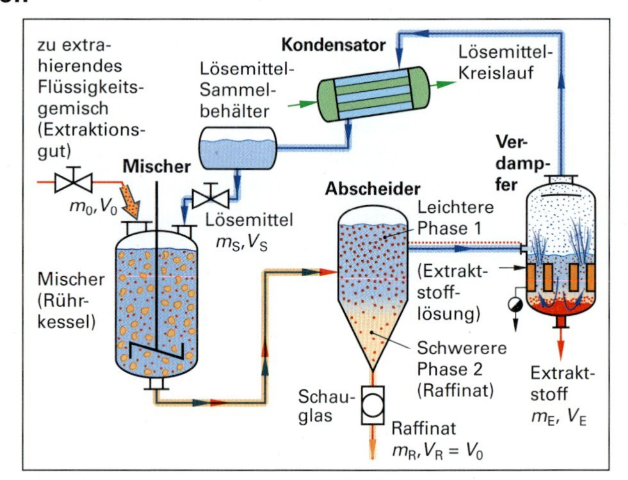

Bild 2: Einstufige Mischer-Abscheider-Extraktionsanlage (Mixer-Settler)

Nernst'sches Verteilungsgesetz

$$K = \frac{c_{ES}}{c_{ER}} = \frac{c_{E0} - c_{ER}}{c_{ER}}$$

Die Konstante K ist der **Nernst'sche Verteilungskoeffizient**. Er ist abhängig vom Extraktionssystem (Extraktionsgut mit Lösemittel) und von der Temperatur, aber annähernd unabhängig von den Ausgangskonzentrationen des Extraktstoffs im Extraktionsgut. Die nebenstehende **Tabelle** zeigt den Verteilungskoeffizienten einiger Extraktionsstoffsysteme.

Tabelle: Verteilungskoeffizient K

Extraktionsgut: Extrakt – Träger	Lösemittel	K (20 °C)
Aceton – Wasser	Methylbenzol	2,95
Dioxan – Wasser	Benzol	2,80
Benzoesäure – Wasser	Diethylether	5,30
Ethanol – Tetrachlormethan	Wasser	41,00

Während des Extrahierens nimmt die Ausgangsextrakt-Konzentration im Extraktionsgut c_{E0} um die Konzentration des Extraktstoffs im Lösemittel c_{ES} auf die Konzentration im Raffinat c_{ER} ab: $c_{ES} = c_{E0} - c_{ER}$

Das Nernst'sche Verteilungsgesetz lautet damit:

$$K = \frac{c_{E0} - c_{ER}}{c_{ER}}$$

Beispiel: In 100 L Diethylether sind 40 mol des Stoffs A gelöst. Wie viel mol des Stoffs A enthält der Diethylether noch, nachdem einmal mit 100 L Wasser extrahiert wurde? ($K = 2{,}1$)

Lösung: Anfangskonzentration $c_{E0} = 40$ mol/100 L = 0,40 mol/L.

$$K = \frac{c_{E0} - c_{ER}}{c_{ER}} \Rightarrow K \cdot c_{ER} = c_{E0} - c_{ER} \Rightarrow K \cdot c_{ER} + c_{ER} = c_{E0} \Rightarrow c_{ER} \cdot (K+1) = c_{E0}$$

$$\Rightarrow \mathbf{c_{ER}} = \frac{c_{ER}}{K+1} = \frac{0{,}40 \text{ mol/L}}{2{,}1+1} \approx \mathbf{0{,}13 \text{ mol/L}}$$

Das Nernst'sche Verteilungsgesetz kann auch mit anderen Gehaltsangaben ausgedrückt werden.

Sind Massen m oder Massenkonzentrationen β angegeben, so lautet es mit $\beta = m/V(\text{Lsg})$ wie nebenstehend angegeben.

Auch mit dem Massenverhältnis $\zeta = m_E/m(\text{Lsg})$ kann das Verteilungsgesetz geschrieben werden.

Bei der Angabe von Stoffmengen n ergibt sich mit der Stoffmengenkonzentration $c = n/V(\text{Lsg})$ nebenstehende Größengleichung. (Die Volumenänderung der Lösung während der Extraktion ist für verdünnte Lösungen vernachlässigbar.)

Durch Umformen und Einsetzen in die verschiedenen Schreibweisen des Verteilungsgesetzes kann man weitere Bestimmungsgleichungen erhalten.

Die extrahierte Stoffmenge n_{ES} berechnet sich aus der Ausgangsstoffmenge im Extraktionsgut n_{E0} reduziert um die Stoffmenge des Extrakts im Raffinat n_{ER}: $n_{ES} = n_{E0} - n_{ER}$

Eingesetzt in das Nernst'sche Verteilungsgesetz erhält man die nebenstehende Gleichung.

In der Extraktionstechnik wird häufig mit Massen- und Volumenangaben gerechnet. Deshalb formt man das Nernst'sche Verteilungsgesetz entsprechend um:

$$K = \frac{n_{ES} \cdot V_R}{n_{ER} \cdot V_S}; \quad \text{mit } n_{ES} = \frac{m_{ES}}{M_E} \quad \text{und} \quad n_{ER} = \frac{m_{ER}}{M_E} \text{ folgt}$$

$$K = \frac{n_{ES} \cdot V_R}{n_{ER} \cdot V_S}; \quad \text{mit } n_{ER} = n_{E0} - n_{ES} \Rightarrow K = \frac{n_{ES}}{n_{E0} - n_{ES}} \cdot \frac{V_R}{V_S}$$

$$\Rightarrow K \cdot n_{E0} - K \cdot n_{ES} - n_{ES} \cdot \frac{V_R}{V_S} = 0 \Rightarrow n_{ES} \cdot \left(\frac{V_R}{V_S} + K\right) = K \cdot n_{E0}$$

$$\text{mit } n_{ES} = \frac{m_{ES}}{M_E} \text{ und } n_{E0} = \frac{m_{ED}}{M_E} \quad \text{folgt} \quad m_{ES} = \frac{K}{V_R/V_S + K} \cdot m_{ED}$$

Nernst'sches Verteilungsgesetz mit unterschiedlichen Gehaltsangaben

$$K = \frac{\beta_{ES}}{\beta_{ER}} = \frac{m_{ES}/V_S}{m_{ER}/V_R}$$

$$K = \frac{\zeta_{ES}}{\zeta_{ER}} = \frac{m_{ES}/m_S}{m_{ER}/m_R} = \frac{m_{ES} \cdot m_B}{m_{ER} \cdot m_S}$$

$$K = \frac{c_{ES}}{c_{ER}} = \frac{n_{ES}/V_S}{n_{ER}/V_R} = \frac{n_{ES} \cdot V_R}{n_{ER} \cdot V_S}$$

Weitere Schreibweisen des Nernst'schen Verteilungsgesetzes

$$K = \frac{n_{ES}}{n_{ER}} \cdot \frac{V_R}{V_S} = \frac{n_{E0} - n_{ER}}{n_{ER}} \cdot \frac{V_R}{V_S}$$

$$K = \frac{m_{ES}/M_E \cdot V_R}{m_{ER}/M_E \cdot V_S} = \frac{m_{ES} \cdot V_R}{m_{ER} \cdot V_S}$$

$$n_{ES} = \frac{K}{V_R/V_S + K} \cdot n_{E0}$$

$$m_{ES} = \frac{K}{V_R/V_S + K} \cdot m_{E0}$$

$$V_R = V_0$$

Näherungsweise wird angenommen, dass das Volumen V_0 des Extraktionsguts identisch ist mit dem Volumen V_R des Raffinats. Dann ist $V_R = V_0$.

(Hinweis: In manchen Büchern ist die Nernst'sche Verteilungskonstante K in Abweichung von Seite 194 unten als $K = c_{ER}/c_{ES}$ definiert. Dann ändern sich entsprechend die abgeleiteten Formeln.)

Aufgaben zu 9.1.1 Absatzweise einfache Extraktion

1. In einem Laborversuch wurde der Nernst'sche Verteilungskoeffizient des Gemischs Ethanol-Tetrachlorkohlenstoff mit dem Lösemittel Wasser ermittelt: In einer Extraktstofflösung mit 0,792 mol Ethanol in 1 Liter Wasser stehen im Verteilungsgleichgewicht 0,0193 mol Ethanol in 1 Liter Tetrachlorkohlenstoff im Raffinat.
   Wie groß ist der Nernst'sche Verteilungskoeffizient bei der Flüssig-Flüssig-Extraktion des Gemischs Ethanol-Tetrachlorkohlenstoff mit Wasser?

2. In 840 Liter eines Aceton-Wasser-Gemischs (Extraktionsgut) sind 0,150 mol/L Aceton gelöst. Die Lösung wird mit 1200 Liter Methylbenzol als Lösemittel extrahiert. Der Nernst'sche Verteilungskoeffizient dieses Extraktionssystems beträgt $K = 2{,}05$.
   Wie viel Kilogramm Aceton können durch eine einmalige Extraktion gewonnen werden?

9.1.2 Absatzweise mehrfache Extraktion

Soll der Extraktstoff zum großen Teil aus dem flüssigen Extraktionsgut herausgelöst werden, dann muss bei kleinem Nernst'schen Verteilungskoeffizienten (nicht größer als 5) die chargenweise Extraktion mehrfach hintereinander mit jeweils frischem Lösemittel durchgeführt werden.

Das flüssige Extraktionsgut wird dabei chargenweise in den 1. Rührkessel einer Extraktionsbatterie eingefüllt, mit Lösemittel vermischt und dann im 1. Abscheider getrennt **(Bild 1)**. Die 1. Extraktstofflösung wird entnommen, das 1. Raffinat in den 2. Rührkessel geführt und wieder mit frischem Lösemittel vermischt usw.

Da die Raffinatströme und die Lösemittelströme sich kreuzen, nennt man diese Betriebsweise auch **Kreuzstromextraktion**.

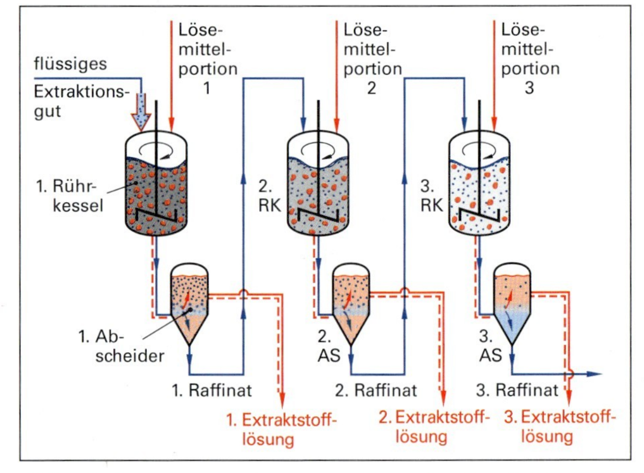

Bild 1: Batterie zur absatzweisen, mehrfachen Extraktion

Beispiel: In 180 L Wasser ist die Extraktstoffmenge n_{E0} eines Stoffs enthalten. Zur Extraktion stehen 180 L Diethylether als Lösemittel zur Verfügung, in dem sich der Extraktstoff dreimal so gut wie in Wasser löst.

Wie viel Prozent des Extraktstoffs werden a) bei einmaligem Einsatz des Lösemittels ausgelaugt?

b) bei Aufteilung des Lösemittels in zwei gleiche Portionen zu 90 L Diethylether und zweimal nacheinander durchgeführter Extraktion ausgelaugt?

Lösung: a) Bei Angabe von Stoffmengen benutzt man die Beziehung $n_{ES} = \frac{K}{V_R/V_S + K} \cdot n_{E0}$

mit $V_0 = V_R$ sowie hier $V_R = V_S \Rightarrow \mathbf{n_{ES}} = \frac{K}{1+K} \cdot n_{E0} = \frac{3}{1+3} \cdot n_{E0} = \frac{3}{4} n_{E0} = \mathbf{75\,\% \cdot n_{E0}}$

Im Diethylether sind nach einmaliger Extraktion 75% der Ausgangsextraktstoffmenge n_{E0} gelöst.

b) Zweimalige Extraktion mit jeweils 90 L Diethylether; mit $V_0 = V_R = 180$ L; $V_S = 90$ L

1. Extraktion: $n_{ES} = \frac{K}{V_R/V_S + K} \cdot n_{E0} = \frac{3}{180\,\text{L}/90\,\text{L} + 3} \cdot n_{E0} = \frac{3}{2+3} \cdot n_{E0} = \frac{3}{5} \cdot n_{E0} = \mathbf{60\,\% \cdot n_{E0}}$

Nach der 1. Extraktion sind 60% der Ausgangsextraktstoffmenge im Diethylether und 40% noch im Wasser enthalten.

2. Extraktion: $n'_{E0} = 40\,\% \cdot n_{E0} = \frac{2}{5} n_{E0}$; $n'_{ES} = \frac{K}{V_R/V_S + K} \cdot n'_{E0} = \frac{3}{180\,\text{L}/90\,\text{L} + 3} \cdot \frac{2}{5} \cdot n_{E0}$

$$\mathbf{n'_{ES}} = \frac{3}{2+3} \cdot \frac{2}{5} \cdot n_{E0} = \frac{3}{5} \cdot \frac{2}{5} \cdot n_{E0} = \frac{6}{25} \cdot n_{E0} = \mathbf{24\,\% \cdot n_{E0}}$$

Durch die 2-stufige Extraktion werden 60% + 24% **= 84%** des Ausgangsextraktstoffs extrahiert.

Aufgaben zu 9.1.2 Absatzweise mehrfache Extraktion

1. 280 Liter wässriges Extraktionsgut mit 92,5 kg gelöstem Stoff A wurden mit 570 Liter Diethylether extrahiert. Dabei lösen sich 78,3 kg Stoff A durch einen Extraktionsvorgang im Diethylether.
   a) Welcher Nernst'sche Verteilungskoeffizient liegt bei diesem Extraktionssystem vor?
   b) Bei einer zweiten Charge von 280 Liter des gleichen Extraktionsguts wird das Lösemittel Diethylether in drei gleiche Portionen von 190 Liter aufgeteilt und damit dreimal nacheinander extrahiert. Wie viel Extraktstoff kann auf diese Weise in das Lösemittel überführt werden?
2. In einer absatzweise arbeitenden, dreistufigen Mixer-Settler-Extraktionsbatterie (Bild 1) werden 750 Liter einer wässrigen Dioxan-Lösung (Extraktionsgut) mit Benzol als Lösemittel extrahiert ($K = 2{,}80$). Im Extraktionsgut sind pro Liter 68,0 g Dioxan enthalten.
   a) Welche Masse an Extraktstoff wird insgesamt in das Lösemittel extrahiert, wenn dreimal mit je 500 Liter Benzol extrahiert wird?
   b) Wie viel Prozent des Dioxans werden in das Lösemittel überführt?

9.1.3 Kontinuierliche Gegenstromextraktion

Eine weitgehende Extraktion des Extraktstoffs aus dem Extraktionsgut erreicht man in kontinuierlichen Gegenstrom-Extraktionsanlagen wie Mischer-Abscheider-Batterien oder Extraktionskolonnen.

In der mehrstufigen **Mixer-Abscheider-Batterie** (engl. Mixer-Settler) wird auf der einen Seite das zu extrahierende Flüssigkeitsgemisch (Extraktionsgut, Abgeberphase) und auf der anderen Seite das Kreislauf-Lösemittel (Aufnehmerphase) zugeführt **(Bild 1)**.

Das zu extrahierende Flüssigkeitsgemisch trifft im ersten Mischer auf teilbeladenes Lösemittel aus dem zweiten Abscheider. Das weitgehend extrahierte Extraktionsgut (das Raffinat) wird im letzten Mischer mit frischem Kreislauf-Lösemittel gemischt. In jeder Mischer-Abscheider-Einheit wird das Extraktionsgut mit Lösemittel steigender Extraktstoff-Konzentration durch Rühren intensiv vermischt, so dass sich annähernd das Nernst'sche Verteilungsgleichgewicht einstellt.

Nach jedem Mischvorgang wird das Extraktionsgut-Lösemittel-Gemisch in einem Abscheider durch Absetzen in die beiden unlöslichen, unterschiedlich schweren Flüssigphasen getrennt. Sie werden in die folgende bzw. in die vorhergehende Mixer-Abscheider-Einheit geleitet.

Am Ende der Mischer-Abscheider-Batterie verlässt das ausgelaugte Raffinat den letzten Abscheider unten. Aus dem ersten Abscheider wird oben das mit Extraktstoff beladene Lösemittel abgeführt. In einem Verdampfer wird das beladene Lösemittel in den Extraktstoff und das Lösemittel getrennt (Bild 2, Seite 194). Das Lösemittel wird als Kreislauf-Lösemittel wieder dem letzten Mischer zugeführt.

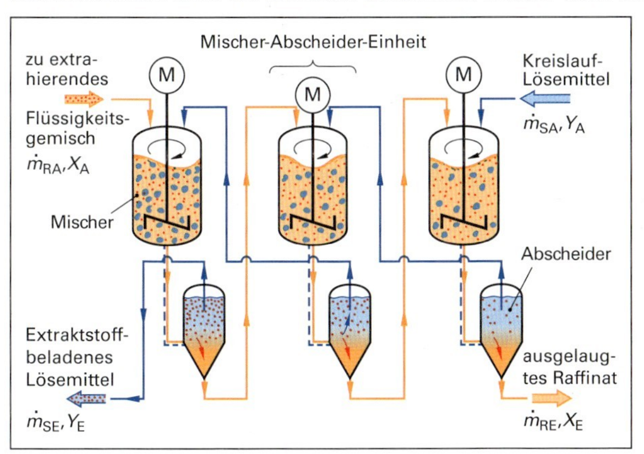

Bild 1: Kontinuierlich arbeitende Mischer-Abscheider-Batterie

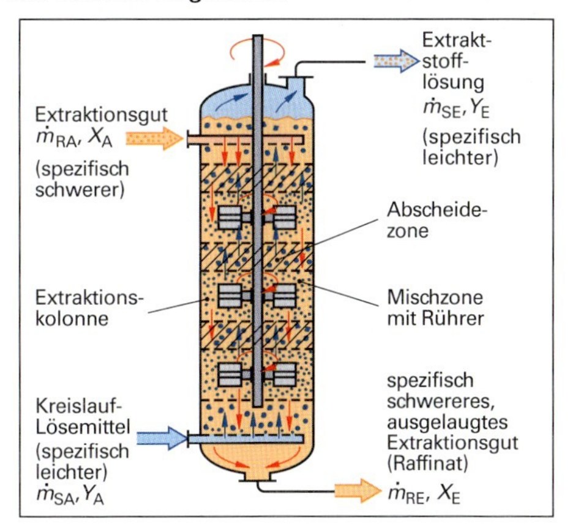

Bild 2: Rührer-Packungs-Extraktionskolonne

In der **Extraktionskolonne (Bild 2)** wird die spezifisch schwerere Flüssigkeit, das flüssige Extraktionsgut (Abgeberphase) links oben zugeführt, während unten das spezifisch leichtere Lösemittel (Aufnehmerphase) zufließt. Das spezifisch schwerere Extraktionsgut sinkt nach unten durch die Kolonne, das spezifisch leichtere Lösemittel steigt in der Kolonne hoch.

Rührelemente in den Mischzonen der Kolonne durchmischen die beiden im Gegenstrom fließenden Flüssigphasen. Dort stellt sich annähernd das Nernst'sche Verteilungsgleichgewicht ein. In den Abscheidezonen, z.B. Füllkörperschüttungen oder Packungen, trennen sich die beiden nicht mischbaren Flüssigkeitsphasen. Dieses Mischen und Trennen geschieht mehrfach hintereinander in der Kolonne. Am Boden fließt das spezifisch schwerere, weitgehend ausgelaugte Extraktionsgut, das Raffinat, ab; am Kopf verlässt das spezifisch leichtere, mit Extraktstoff beladene Lösemittel die Kolonne. Der Extraktstoff wird in einem Verdampfer (Bild 2, Seite 194) aus dem Lösemittel abgetrennt, das Lösemittel fließt im Kreislauf in die Kolonne zurück.

Bei der Berechnung der kontinuierlichen Gegenstromextraktion rechnet man bei den Stoffgehalten mit der **Beladung**, einem Massenverhältnis. Es ist das Verhältnis der Masse des Extraktstoffs zur Masse der Trägerflüssigkeit bzw. des Lösemittels. Die Beladung des Extraktionsguts X bzw. die Beladung des Lösemittels Y berechnet man mit nebenstehenden Gleichungen.

Die Indizes bedeuten:
E Extraktstoff; S Lösemittel (von Solvent); R Extraktionsgut (es enthält den Buchstaben R, weil man das Extraktionsgut nach Eintritt in die Kolonne als Raffinat bezeichnet); T Trägerflüssigkeit im Extraktionsgut.

Beladung des Extraktionsguts

$$X = \frac{m_{ER}}{m_T} = \frac{\text{Masse Extrakt im Extraktionsgut}}{\text{Masse der Trägerflüssigkeit}}$$

Beladung des Lösemittels

$$Y = \frac{m_{ES}}{m_S} = \frac{\text{Masse Extrakt im Lösemittel}}{\text{Masse des Lösemittels}}$$

Beispiel: In eine Gegenstrom-Extraktionskolonne strömt das Extraktionsgut mit 1400 kg Trägerflüssigkeit ein. In ihm sind 175 kg Extraktstoff enthalten. Wie groß ist dje Eingangsbeladung des Extraktionsguts?

Lösung: $X_A = \frac{m_{ER}}{m_T} = \frac{175\,\text{kg}}{1400\,\text{kg}}$

Die Vorgänge bei einer kontinuierlichen Gegenstrom-Extraktion veranschaulicht man mit einem Ersatzschaubild **(Bild 1)**. Dort stehen die Rechtecke für jeweils eine ideale Mischer-Abscheider-Einheit.

Die im Nernst'schen Verteilungsgleichgewicht stehenden *X*- bzw. *Y*-Beladungswerte eines Extraktions-Stoffsystems werden durch Laborversuche ermittelt.

Gängige Extraktionssysteme wurden vermessen und sind aus Tabellenwerken zu entnehmen.

Die nebenstehende **Tabelle** zeigt einige Extraktionssysteme und ihre *X*/*Y*-Wertepaare.

Trägt man die *X*- und *Y*-Werte eines bestimmten Extraktionsstoffsystems in einem Beladungsdiagramm auf, so erhält man die **Extraktionsgleichgewichtskurve (Bild 2)**.

Sie gibt zu jeder Beladung der Trägerflüssigkeit des Extraktionsguts *X* die Gleichgewichtsbeladung *Y* des Lösemittels an.

Bei konstantem Nernst'schem Verteilungskoeffizienten *K* ist die Gleichgewichtskurve eine Gerade, ansonsten eine leicht gekrümmte Kurve.

(Hinweis: In ein Beladungsdiagramm ist der Nernst'sche Verteilungskoeffizient $K = Y/X$ auf der Basis der Beladungen einzuzeichnen.)

Zur Berechnung der **theoretischen Extraktionsstufenzahl**, die erforderlich ist, um ein Extraktionsgut mit der Ausgangsbeladung X_A auf die Endbeladung X_E zu extrahieren, benötigt man die **Betriebsgerade**, auch Arbeitsgerade oder Bilanzgerade genannt.

Man berechnet sie aus der **Massenstrombilanz** des Extraktstoffs:

Die vom Extraktionsgutstrom $\dot{m}_R$ abgegebene Extraktstoffmasse ist gleich groß der vom Lösemittelstrom $\dot{m}_S$ aufgenommenen Extraktstoffmasse:

$$\dot{m}_R = X_A - \dot{m}_R \cdot X_E = \dot{m}_S \cdot Y_E - \dot{m}_S \cdot Y_A$$

Für eine beliebige Höhe der Extraktionskolonne lautet die Bilanzgleichung:

$$\dot{m}_R = X_A - \dot{m}_R \cdot X = \dot{m}_S \cdot Y - \dot{m}_S \cdot Y_A$$

Durch Auflösen nach *Y* erhält man die nebenstehende Gleichung der Betriebsgeraden.

Gleichung der Betriebsgeraden

$$Y = \frac{\dot{m}_R}{\dot{m}_S} \cdot X + \left(Y_A - \frac{\dot{m}_R}{\dot{m}_S} \cdot X_A\right)$$

Die Betriebsgerade erhält man durch Einzeichnen der beiden Endpunkte X_A/Y_E und X_E/Y_A in das Beladungsdiagramm und Verbinden der Punkte (Bild 2).

Ebenso kann die Betriebsgerade aus **einem** Endpunkt und der Steigung $\dot{m}_R/\dot{m}_S$ ermittelt werden.

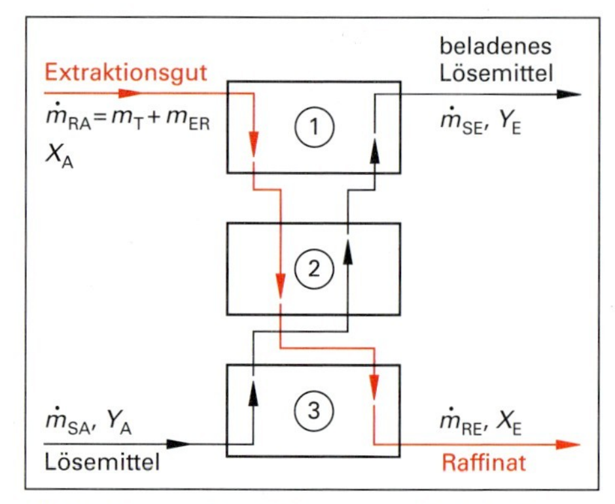

Bild 1: Ersatzschaubild einer kontinuierlichen Gegenstrom-Extraktion

Tabelle: Beladungswerte für Extraktionssysteme

Phenol in Wasser *X* / Phenol in Toluol *Y*					
X in g/kg	1,0	2,5	4,0	5,5	7,0
Y in g/kg	1,9	5,5	10,2	15,5	23,0
Pyridin in Wasser *X* / Pyridin in Benzol *Y*					
X in g/kg	12	31	74		
Y in g/kg	135	254	317		
Salicylsäure in Wasser *X* / SS in Benzol *Y*					
X in g/kg	0,36	0,69	1,64	2,01	
Y in g/kg	0,70	1,83	6,49	9,78	

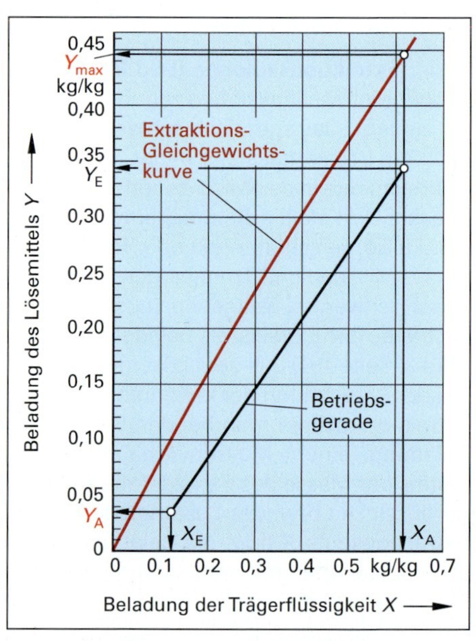

Bild 2: Beladungsdiagramm mit Gleichgewichtskurve und Betriebsgerade

Beispiel: Ein Synthesegemisch (Extraktionsgleichgewichtkurve gemäß Bild 2, Seite 198) mit einer Anfangsbeladung von $X_A = 0{,}62$ kg/kg wird mit einem Lösemittel der Anfangsbeladung $Y_A = 0{,}035$ kg/kg in einer kontinuierlich arbeitenden Gegenstrom-Extraktionkolonne extrahiert. Das Synthesegemisch soll auf eine Endbeladung von 0,12 kg/kg extrahiert werden. Es strömen stündlich 0,840 t Synthesegemisch und 4,870 t Lösemittel in die Kolonne.

a) Wie lautet die Gleichung der Betriebsgeraden dieser Extraktionsaufgabe?

b) Ermitteln Sie die Endpunkte der Betriebsgeraden und zeichnen Sie sie in das Beladungsdiagramm ein.

Lösung: a) $Y = \frac{\dot{m}_R}{\dot{m}_S} \cdot X + \left(Y_A - \frac{\dot{m}_R}{\dot{m}_S} \cdot X_A\right) = \frac{0{,}84}{1{,}38} \cdot X + \left(0{,}035 - \frac{0{,}84}{1{,}38} \cdot 0{,}12\right)$

Die Betriebsgerade lautet: $\boldsymbol{Y = 0{,}61 \cdot X - 0{,}038}$

b) Man berechnet die Y_E-Koordinate des X_A-Endpunktes mit der Gleichung der Betriebsgeraden:

$Y_E = 0{,}61 \cdot X - 0{,}038 = 0{,}61 \cdot 0{,}62 - 0{,}038 = 0{,}378 - 0{,}038 = 0{,}3402 \approx 0{,}34$

Die Betriebsgerade kann mit dem gegebenen Endpunkt $X_E = 0{,}12/Y_A = 0{,}035$ und dem berechneten Endpunkt $X_A = 0{,}62/Y_E = 0{,}34$ gezeichnet werden (siehe Bild 2, vorherige Seite).

Die **theoretische Extraktionsstufenzahl N_{th}** für eine Extraktionsaufgabe bestimmt man ähnlich wie bei der Rektifikation (Bild 2, Seite 184) durch Einzeichnen eines McCabe-Thiele-Treppenstufenzugs zwischen der Gleichgewichtskurve und der Betriebsgeraden **(Bild 1)**.

Beispiel: Es soll die theoretische Extraktionsstufenzahl des in Bild 1 dargestellten Extraktionssystems bestimmt werden.

Lösung: Der McCabe-Thiele-Treppenstufenzug beginnt bei Punkt X_A/Y_E und wird zwischen der Betriebsgeraden und der Gleichgewichtskurve in Stufen nach links und nach unten gezeichnet (blaue Treppenstufen). Er endet bei einer Extraktionsgutbeladung von weniger als X_E. Der Treppenstufenzug hat 4 Stufen, d. h., es werden 4 theoretische Extraktionsstufen benötigt: $\boldsymbol{N_{th} = 4}$.

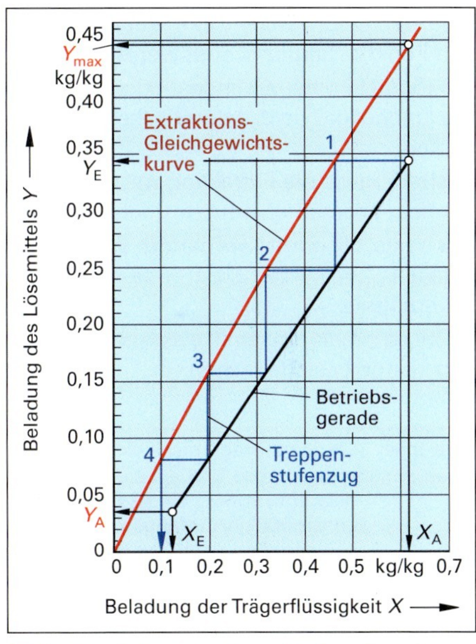

Bild 1: Ermittlung der theoretischen Extraktionsstufenzahl mit einem Treppenstufenzug

In einer kontinuierlichen **Mischer-Abscheider-Batterie** (Bild 1, Seite 197) werden bei ausreichend langer und intensiver Vermischung in den Mischern größtenteils die Nernst'schen Verteilungsgleichgewichte erreicht. Eine Mischer-Abscheider-Batterie hat deshalb annähernd so viele wirkliche Trennstufen N_{Prakt} wie die Anzahl der Mischer-Abscheider-Einheiten N_{MAE}, korrigiert um den Betriebswirkungsgrad η_B.

Trennstufen einer Mischer-Abscheider-Batterie
$N_{Prakt} = N_{MAE} \cdot \eta_B$

Bei einer **Extraktionskolonne** (Bild 2, Seite 197) kann in der einzelnen Misch-und-Abscheidezonen-Einheit kein annäherndes Nernst'sches Verteilungsgleichgewicht erreicht werden. Dies muss durch einen Betriebswirkungsgrad η_B berücksichtigt werden.

Die **Extraktionskolonnenhöhe,** die einer theoretischen Trennstufe entspricht, wird wie bei der Rektifikation (Seite 187) **HETP** genannt, von engl. **H**eight **E**quivalent of one **T**heoretical **P**late. Der HETP-Wert wird in Technikumsversuchen für ein bestimmtes Extraktionsstoffsystem und einen Kolonnentyp ermittelt. Bei Betriebsbedingungen ist er niedriger, was durch den Betriebswirkungsgrad η_B berücksichtigt wird.

Die **Austausch-Kolonnenhöhe H_{EK}**, die für eine Extraktionsaufgabe erforderlich ist, errechnet sich mit der nebenstehenden Gleichung.

Wirksame Höhe einer Extraktionskolonne
$H_{EK} = \frac{N_{th} \cdot HETP}{\eta_B}$

Beispiel: Welche Austausch-Kolonnenhöhe muss eine Extraktionskolonne haben, wenn ihr HETP-Wert 45 cm beträgt und zur Extraktion vier theoretische Extraktionsstufen erforderlich sind? $\eta_B = 72\,\%$

Lösung: $\boldsymbol{H_{EK}} = \frac{N_{th} \cdot HETP}{\eta_B} = \frac{4 \cdot 45\ \text{cm}}{0{,}72} = \mathbf{250\ cm = 2{,}50\ m}$

Der **Lösemittelbedarf** für eine Flüssig-Flüssig-Extraktion wird aus der Massenstrom-Bilanzgleichung (Seite 198 Mitte) durch Auflösen nach $\dot{m}_S$ berechnet (siehe rechts).

Wie bei der Rektifikation das Mindest-Rücklaufverhältnis (Seite 182), so gibt es bei der Extraktion das **Mindest-Lösemittelverhältnis v_{min}**.

Es ist das Verhältnis des Mindest-Lösemittelstroms $\dot{m}_{S,min}$ zum Extraktionsgutstrom $\dot{m}_R$ (siehe rechts).

Es berechnet sich aus den Beladungen der Endpunkte von Gleichgewichtskurve und Betriebsgerade (siehe rechts und Bild 2, Seite 198).

Durch Auflösen der Gleichung nach $\dot{m}_{S,min}$ erhält man eine Berechnungsformel für den **Mindest-Lösemittelstrom** (siehe rechts).

Beim Betrieb der Extraktion beim Mindest-Lösemittelverhältnis v_{min} schneidet die Arbeitsgerade die Gleichgewichtskurve im Punkt S **(Bild 1)**.

Es kann kein McCabe-Thiele-Treppenstufenzug zur Ermittlung der theoretischen Extraktionsstufenzahl, ausgehend von Punkt S, eingezeichnet werden.

Zur Extraktion beim Mindest-Lösemittelverhältnis v_{min} wären unendlich viele theoretische Extraktionsstufen erforderlich.

Deshalb muss die Extraktion mit einem größeren als dem Mindest-Lösemittelverhältnis betrieben werden.

Das **reale Lösemittelverhältnis v_{Real}** ist um den Lösemittelfaktor f_L = 1,1 bis 2,0 größer als das Mindest-Lösemittelverhältnis.

Auch der **reale Lösemittelstrom $\dot{m}_S$** vergrößert sich um den Faktor f_L (siehe rechts).

Lösemittelbedarf

$$\dot{m}_S = \frac{\dot{m}_R (X_A - X_E)}{Y_E - Y_A}$$

Mindest-Lösemittelverhältnis

$$v_{min} = \frac{\dot{m}_{S,min}}{\dot{m}_R} = \frac{X_A - X_E}{Y_{max} - Y_A}$$

Mindest-Lösemittelstrom

$$\dot{m}_{S,min} = \dot{m}_R \cdot v_{min} \frac{X_A - X_E}{Y_{max} - Y_A}$$

Reales Lösemittelverhältnis

$$v_{Real} = f_L \cdot v_{min}; \quad f_L = 1{,}1 \text{ bis } 2{,}0$$

Realer Lösemittelstrom

$$\dot{m}_S = f_L \cdot \dot{m}_{S,min}; \quad f_L = 1{,}1 \text{ bis } 2{,}0$$

Beispiel: Ein Synthesegemisch (Extraktionsgleichgewichtskurve gemäß Bild 2, Seite 198) mit einer Anfangsbeladung von X_A = 0,62 kg/kg wird mit einem Lösemittel der Anfangsbeladung Y_A = 0,035 kg/kg in einer kontinuierlich arbeitenden Gegenstrom-Extraktionskolonne extrahiert. Das Synthesegemisch soll auf eine Endbeladung von 0,12 kg/kg reduziert werden. Es strömen stündlich 0,840 t Synthesegemisch in die Kolonne.

a) Welches Mindest-Lösemittelverhältnis hat diese Extraktion?

b) Welches reale Lösemittelverhältnis liegt bei einem Lösemittelfaktor von f_L = 1,8 vor?

c) Welcher Mindest-Lösemittelstrom wird berechnet und welcher reale Lösemittelstrom herrscht bei f_L = 1,8 in der Kolonne?

Lösung: a) $v_{min} = \frac{(X_A - X_E)}{Y_{max} - Y_A} = \frac{0{,}62 - 0{,}12}{0{,}445 - 0{,}035} \approx \mathbf{1{,}22}$

b) $v_{Real} = f_L \cdot v_{min} = 1{,}8 \cdot 1{,}22 \approx \mathbf{2{,}20}$

c) $\dot{m}_{S,min} = \dot{m}_R \cdot v_{min} = 0{,}84 \text{ t/h} \cdot 2{,}20 \approx \mathbf{1{,}84 \text{ t/h}}$

$\dot{m}_S = f_L \cdot \dot{m}_{R,min} = 1{,}8 \cdot 1{,}84 \text{ t/h} \approx \mathbf{3{,}32 \text{ t/h}}$

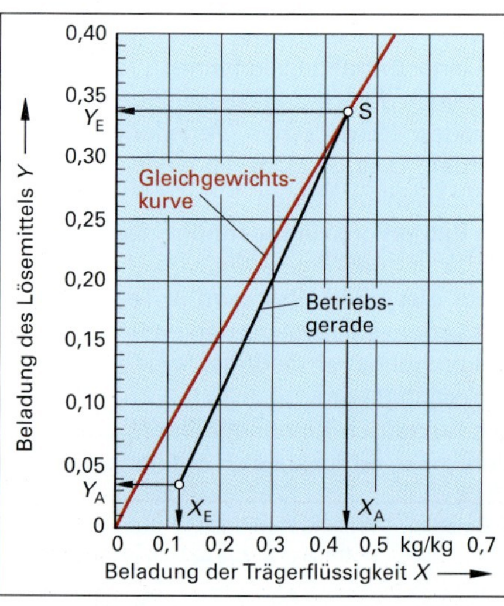

Bild 1: Beladungsdiagramm mit Betriebsgerade beim Mindestlösemittelverhältnis v_{min}

Aufgaben zu 9.1.3 Kontinuierliche Gegenstromextraktion

1. In einem Betrieb fallen stündlich 2,83 Tonnen einer phenolhaltigen wässrigen Lösung mit 25,0 g Phenol pro kg Wasser an. Sie sollen durch Extraktion in einer Mischer-Abscheider-Batterie (Bild 1, Seite 197) mit Benzol als Lösemittel bis auf einen Restgehalt von 2,5 g/kg extrahiert werden.

   Das im Kreislauf geführte Lösemittel Benzol strömt mit einer Anfangsbeladung von 0,60 Gramm Phenol pro Kilogramm Benzol in die Batterie ein. Die Mischer-Abscheider-Einheiten haben einen Wirkungsgrad von 92%.

   Das Extraktionssystem Phenol in Wasser bzw. Phenol in Benzol hat die in der Tabelle gegebene Gleichgewichtskurve.

Y in g/kg	0,188	0,750	1,355	2,922	4,99	9,68
X in g/kg	0,439	1,750	3,226	7,044	12,5	27,41

   a) Erstellen Sie ein Beladungsdiagramm für dieses Extraktionssystem und zeichnen Sie dort die Gleichgewichtskurve und die Betriebsgerade ein.
   b) Welches Mindest-Lösemittelverhältnis muss bei dieser Extraktion herrschen?
   c) Welches reale Lösemittelverhältnis liegt bei einem Lösemittelfaktor von 1,5 vor?
   d) Wie groß ist der reale Lösemittelstrom in der Batterie?
   e) Berechnen Sie die Betriebsgerade dieser Extraktion und tragen Sie sie in das Beladungsdiagramm ein.
   f) Bestimmen Sie die Anzahl der theoretischen Extraktionsstufen der Extraktionsaufgabe.
   g) Kann die Extraktionsaufgabe mit einer 4-stufigen Mischer-Abscheider-Batterie geleistet werden?

2. In einer Chemiefabrik fällt phenolhaltiges Abwasser an. Es soll in einer kontinuierlich arbeitenden Extraktionskolonne mit Naphthabenzin aus dem Abwasser extrahiert werden.

   Das Extraktionsstoffsystem Phenol-Wasser/Phenol-Naphthabenzin hat eine Gleichgewichtsgerade, die durch den Nullpunkt und den Punkt $Y = 90{,}0 \cdot 10^{-3}$ kg/kg / $X = 25{,}0 \cdot 10^{-3}$ kg/kg im Beladungsdiagramm bestimmt ist.

   Die Phenol-Beladung des Abwassers beträgt $37{,}0 \cdot 10^{-3}$ kg/kg und soll auf einen Restgehalt von $2{,}0 \cdot 10^{-3}$ kg/kg reduziert werden. Das Kreislauf-Naphthabenzin strömt der Extraktionskolonne mit einer Beladung von $1{,}0 \cdot 10^{-3}$ kg/kg zu und verlässt die Kolonne mit $104{,}0 \cdot 10^{-3}$ kg/kg.

   Die eingesetzte Rührer-Packungs-Extraktionskolonne (Bild 2, Seite 197) hat einen HETP-Wert von 0,29 m, der Betriebswirkungsgrad beträgt 82%.

   a) Zeichnen Sie ein Beladungsdiagramm der Extraktion mit der Gleichgewichtskurve.
   b) Ermitteln Sie die Betriebsgerade des Extraktionsprozesses?
   c) Bestimmen Sie die Anzahl der theoretischen Extraktionsstufen dieses Extraktionsprozesses.
   d) Wie groß muss die wirksame Höhe der Extraktionskolonne mindestens sein?

3. In einer Salicylsäure-Anlage fällt ein Abwasserstrom von 2,68 m^3/h mit einer Beladung an Salicylsäure von 1,83 g/kg Wasser an. Dieser Abwasserstrom soll durch Extraktion in einer Extraktionskolonne mit Benzol auf 0,25 g/kg reduziert werden.

   Die Gleichgewichtskurve des Extraktionssystems Salicylsäure-Wasser/Salicylsäure-Benzol ist aus der Tabelle auf Seite 198 zu entnehmen.

   Das im Kreislauf geführte Benzol tritt mit einer Beladung von $Y_A = 0{,}20$ g/kg in die Kolonne ein. Der Lösemittelfaktor beträgt 1,8. Die Extraktionskolonne hat einen HETP-Wert von 36 cm, der Wirkungsgrad beträgt 79%.

   a) Zeichnen Sie in einem Beladungsdiagramm die Gleichgewichtskurve für das Extraktionsystem Salicylsäure-Wasser/Salicylsäure-Benzol.
   b) Bestimmen Sie Y_{max} sowie das Mindest-Lösemittelverhältnis und das reale Lösemittelverhältnis.
   c) Wie groß muss der zugeführte Benzol-Massestrom (Lösemittelstrom) sein?
   d) Bestimmen Sie die Betriebsgerade der Extraktion und tragen Sie sie in das Beladungsdiagramm ein.
   e) Ermitteln Sie die Anzahl der theoretischen Extraktionsstufen der Extraktion.
   f) Welche wirksame Höhe muss die Extraktionskolonne haben?

9.2 Absorption

Unter Absorption (engl. absorption) versteht man das Lösen bzw. Binden eines Gases in einer Flüssigkeit, auch Wasch- oder Absorptionsflüssigkeit genannt **(Bild 1)**.

Man unterscheidet die physikalische Absorption, bei der das Gas durch physikalische Bindungskräfte in der Flüssigkeit gehalten wird, und die chemische Absorption (auch Chemisorption genannt), bei der das Gas in der Flüssigkeit chemisch gebunden wird. Daneben gibt es Mischformen der physikalisch-chemischen Absorption.

Die absorbierte Gasmenge in der Flüssigkeit ist vom Absorptions-Stoffsystem Gas-Flüssigkeit und den Betriebsbedingungen abhängig. Bei niedrigen Temperaturen und hohen Drücken ist die absorbierte Gasmenge groß; bei niedrigen Drücken und hohen Temperaturen ist die absorbierte Gasmenge niedrig. Die meisten Absorptionsstoffsysteme sind reversibel, d.h., durch Änderung der Betriebsbedingungen kann das absorbierte Gas wieder aus der Flüssigkeit freigesetzt (desorbiert) werden.

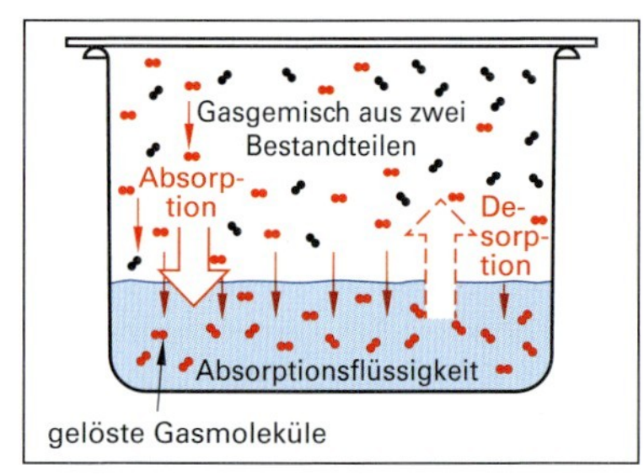

Bild 1: Absorption und Desorption (schematisch)

Als Absorptionsflüssigkeit wird häufig Wasser eingesetzt. Es können aber auch organische Lösemittel wie Methanol, Ethanol, Benzol und ähnliche geeignet sein.

Das zu absorbierende Gas ist meist Bestandteil eines Gasgemisches, z.B. in einem Rauchgas Schwefeldioxid SO_2 im Trägergas Luft. Die Absorption wird bei Gasgemischen entweder zur selektiven Abtrennung einer Gaskomponente oder zur Reinigung eingesetzt. Bei der Reinigung werden unerwünschte Schadstoffe aus dem Gemisch abgetrennt, z.B. SO_2 oder NO_x aus Rauchgasen. Bei der Trennung von Gasgemischen sind die absorbierten Gase oder das zurückbleibende Gas die Wertstoffe, z.B. bei der Abscheidung von Butadien aus Kohlenwasserstoffgemischen.

Die beladene Absorptionsflüssigkeit wird meist durch Ausperlen (Desorbieren) des gelösten Gases regeneriert und wieder zur Absorption genutzt. Desorbiert wird bei erhöhten Temperaturen und/oder niedrigen Drücken.

Eine **Absorptionsanlage** besteht typischerweise aus der Absorptionskolonne (Absorber) und der Desorptionskolonne, dem Desorber **(Bild 2)**. Das Rohgas wird in die Absorptionskolonne geleitet, wo sich das Schadgas in der Flüssigkeit löst und oben das gereinigte Trägergas abströmt. In der Desorptionskolonne wird durch Absenken des Drucks das Gas aus der Absorptionsflüssigkeit ausgetrieben, die regenerierte Absorptionsflüssigkeit wird im Kreislauf in die Absorptionskolonne geführt. Das desorbierte Gas wird als Schad- oder Wertgas oben aus der Kolonne abgeführt. Pumpen, ein Expansionsventil und Kühler schaffen in der jeweiligen Kolonne die Betriebsbedingungen für die Absorption bzw. Desorption. Die Zeit zur Einstellung des Absorptionsgleichgewichts in der Kolonne wird durch die Größe der Kontaktoberfläche bei der Absorption und die Strömung des Gases bzw. der Flüssigkeit beeinflusst. In technischen Absorptionsanlagen wird die Flüssigkeit deshalb entweder in feine Tröpfchen versprüht oder auf Glockenböden und Rieselkörpem zu einer großen Oberfläche verteilt **(Bild 3)**.

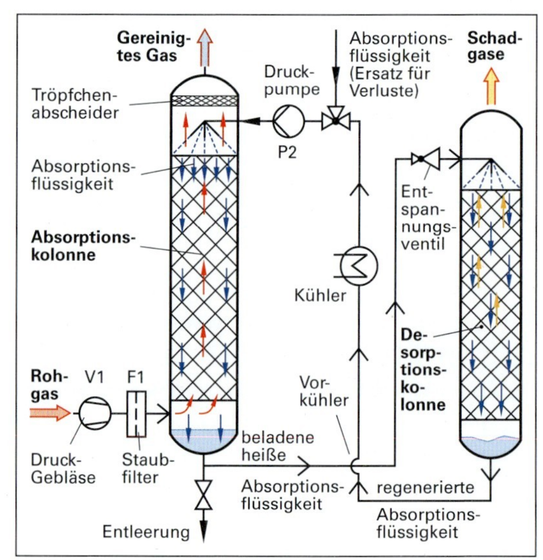

Bild 2: Absorptionsanlage mit Absorptionskolonne und Absorptionsflüssigkeits-Kreislauf

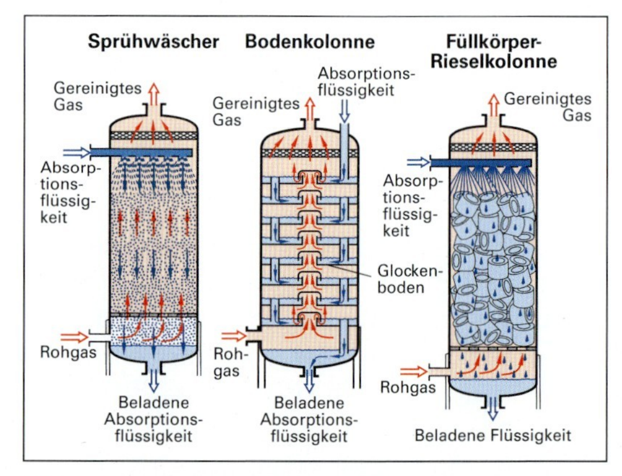

Bild 3: Verschiedene Absorptionsapparate

9.2.1 Berechnung der absorbierten Stoffmenge

Bei der physikalischen Absorption ist die Stoffmenge des in einer Flüssigkeit sich lösenden Gases bei konstanter Temperatur vom Stoffsystem Gas-Flüssigkeit und dem herrschende Partialdruck abhängig.

Ist das zu absorbierende Gas lange genug mit einer ausreichend großen Oberfläche der Flüssigkeit in Kontakt, so stellt sich ein Löse-Gleichgewichtszustand ein. Für diesen Zustand gilt das **Gesetz von Henry**. Es besagt:

> Der Stoffmengenanteil x_A eines gelösten Gases in einer Flüssigkeit ist im Gleichgewichtszustand und bei konstanter Temperatur proportional dem Partialdruck des Gases im Trägergas: $x_A \sim p_A$.

Gesetz von Henry

$$x_A = \frac{1}{H} \cdot p_A; \quad x_A = \frac{p}{H} \cdot y_A$$

Mit einem Proportionalitätsfaktor $1/H$ erhält man die Gleichung (rechts).

H ist der **Henry'sche Absorptionskoeffizient**.

Er ist stoffspezifisch und temperaturabhängig. Seine Einheit ist bar. Die nebenstehende **Tabelle** zeigt den H-Wert einiger Gase mit Wasser.

Es gibt Gase, die sich nur in geringem Maß in Wasser lösen, wie z. B. Sauerstoff O_2 oder Methan CH_4; sie haben einen hohen H-Wert. Andere Gase, die sich in großer Menge in Wasser lösen, wie z. B. SO_2 oder H_2S haben einen niedrigen H-Wert.

Tabelle: Henry'scher Absorptionskoeffizient *H*

Gas/Asorptionsflüssigkeit	*H*-Werte in bar			
	0 °C	20 °C	40 °C	60 °C
O_2/Wasser	25765	40584	54132	63536
N_2/Wasser	53612	81169	105968	121412
SO_2/Wasser	16,8	34,9	66,0	111,9
CO_2/Wasser	737,8	1434	2360	3452
H_2S/Wasser	272,1	481,7	744,6	1042
CH_4/Wasser	22661	38010	52761	63536

Nach dem **Gesetz von Raoult** kann bei idealen Gasgemischen der Partialdruck eines Gases p_A aus dem Stoffmengenanteil y_A des Gases und dem Gesamtdruck p berechnet werden: $p_A = y_A \cdot p$

Eingesetzt in das Henry'sche Gesetz, erhält man eine weitere Gleichung (siehe rechts oben).

Die **absorbierte Stoffmenge n_A** kann aus der Definitionsgleichung des Stoffmengenanteils $x_A = n_A/(n_A + n_{Fl})$ durch Auflösen nach n_A mit nebenstehender Gleichung berechnet werden.

Absorbierte Stoffmenge

$$n_A = \frac{x_A \cdot n_{Fl}}{1 - x_A}$$

$$\text{mit } n_{Fl} = \frac{m_{Fl}}{M_{Fl}} = \frac{\varrho_{Fl} \cdot V_{Fl}}{M_{Fl}}$$

Es sind: n_{Fl} die Stoffmenge, m_{Fl} die Masse, ϱ_{Fl} die Dichte und M_{Fl} die molare Masse der Flüssigkeit.

Die **absorbierte Masse des Gases** kann mit der Beziehung $m_A = n_A \cdot M_A$ und das **absorbierte Gasvolumen V_A** aus der allgemeinen Gasgleichung berechnet werden (siehe rechts).

R ist die allgemeine Gaskonstante: $R = 0{,}08314 \frac{\text{bar} \cdot \text{L}}{\text{K} \cdot \text{mol}}$

Absorbierte Gasmasse	Absorbiertes Gasvolumen
$m_A = n_A \cdot M_A$	$V_A = \frac{m_A \cdot R \cdot T}{p \cdot M_A}$

Beispiel: SO_2-haltige Abluft wird bei 20 °C und $p = 1{,}120$ bar in 1,000 m^3 Wasser absorbiert. Der Stoffmengenanteil des SO_2-Gases in der Abluft beträgt $y(SO_2) = 0{,}118$. Die Absorption verläuft bis 95 % des Löse-Gleichgewichts. Der Henry'sche Absorptionskoeffizient ist $H(SO_2, 20\ °C) = 34{,}9$ bar.

a) Welchen Stoffmengenanteil hat das SO_2 nach der Absorption im Waschwasser?

b) Welcher Stoffmenge und Masse an SO_2 entspricht das?

Lösung: a) $x(SO_2) = \frac{p}{H} \cdot y_A = \frac{1{,}120\,\text{bar}}{34{,}9\,\text{bar}} \cdot 0{,}118 \approx 0{,}00379$

bei 95 % des Gleichgewichts: $\boldsymbol{x(SO_2, 0\ °C, 95\,\%)} \approx 0{,}95 \cdot 0{,}00379 \approx \mathbf{0{,}00360}$

b) $n(SO_2) = \frac{x(SO_2) \cdot n(H_2O)}{1 - x(SO_2)}$; mit $n(H_2O) = \frac{m(H_2O)}{M(H_2O)} = \frac{1000\,\text{kg}}{18{,}02\,\text{kg/kmol}} \approx 55{,}49$ kmol

$\boldsymbol{n(SO_2)} = \frac{0{,}00360 \cdot 55{,}49\,\text{kmol}}{1 - 0{,}00360} \approx 0{,}2005$ kmol; mit $M(SO_2)$ **= 64,06 kg/kmol**

$\boldsymbol{m(SO_2)} = n(SO_2) \cdot M(SO_2) = 0{,}2005$ kmol · 64,06 kg/kmol ≈ **12,84 kg**

Die Löslichkeit eines Gases in einer Flüssigkeit kann auch mit dem **Bunsen'schen Absorptionskoeffizienten *α*** ausgedrückt werden.

Er gibt das in einem Liter Flüssigkeit gelöste Gasvolumen bei einem Partialdruck von 1 bar an. Seine Einheit ist 1/bar.

H und ***α*** können ineinander umgerechnet werden. Siehe rechts.

Umrechnung von *H* und *α*

$$\alpha = \frac{1}{H} \cdot 22{,}414 \frac{\text{L}}{\text{mol}} \cdot \frac{\varrho_{Fl}}{M_{Fl}}$$

Bei Abluft, die mehrere lösbare Gase enthält, z. B. bei mit Kohlenstoffdioxid CO_2 und Schwefelwasserstoff H_2S belasteter Luft, wird jede Gaskomponente gemäß ihrer Lösefähigkeit (ausgedrückt durch den H- oder α-Wert) und der Größe des Partialdrucks p_A des Einzelgases im Ausgangsgas absorbiert.
Die Absorption der Gase Wasserstoff H_2, Sauerstoff O_2 und Luft (N_2/O_2-Gemisch) verläuft in Wasser als rein physikalische Absorption. Für die Berechnung gilt das Henry'sche Gesetz.
Bei den Gasen CO_2, H_2S und C_2H_4 überwiegt die physikalische Absorption, bei zusätzlicher reversibler chemischer Absorption. Auch hier kann mit dem Henry'schen Gesetz gerechnet werden. Die sich lösenden Stoffmengen sind jedoch deutlich größer als bei der rein physikalischen Absorption.
Bei der rein chemischen Absorption gilt das Henry'sche Gesetz **nicht**, da durch die chemische Bindung des gelösten Gases sein Gehalt in der Flüssigkeit fortlaufend herabgesetzt wird. Die chemische Absorption läuft so lange, wie stöchiometrisch Reaktionssubstanz für die chemische Reaktion in der Flüssigkeit vorhanden ist.

9.2.2 Gegenstrom-Absorption in Kolonnen

Absorptionskolonnen werden bei Absorptionsaufgaben eingesetzt, bei denen die Einstellung des Löse-Gleichgewichts langsam erfolgt und eine große Kontaktoberfläche zur Absorption erforderlich ist.

Molare Beladung der Flüssigkeit	Molare Beladung der Gasphase
$X_{m,A} = \frac{n_A}{n_{Fl}}$	$Y_{m,A} = \frac{n_A}{n_{Tg}}$

Umrechnungsgleichungen
$X_{m,A} = \frac{x_A}{1 - x_A}; \quad Y_{m,A} = \frac{y_A}{1 - y_A}$

Zum Einsatz kommen Bodenkolonnen und Füllkörper-Rieselkolonnen. Die Böden bzw. die Schüttung haben die Aufgabe, das von unten aufwärts strömende Gas intensiv mit der herabströmenden Flüssigkeit in Stoffaustausch-Kontakt zu bringen (Bild 3, Seite 202).
Man rechnet bei der Absorption in Kolonnen als Gehaltsangabe mit den molaren Beladungen X_m und Y_m (Stoffmengenbeladungen). Sie sind definiert als Stoffmenge des absorbierten Gases n_A zur Stoffmenge n_{Fl} der Flüssigkeit bzw. des inerten Trägergases n_{Tg}.
Die Berechnung der molaren Beladungen $X_{m,A}$ bzw. $Y_{m,A}$ aus den Stoffmengenanteilen x_A bzw. y_A erfolgt mit Umrechnungsgleichungen (siehe rechts).
Das beladene Gas tritt unten mit $Y_{m,A}$ in die Absorptionskolonne ein und oben mit $Y_{m,E}$ aus **(Bild 1)**.
Die Flüssigkeit strömt oben mit $X_{m,A}$ zu und unten mit $X_{m,E}$ aus der Kolonne ab. Verläuft die Absorption nach dem Gesetz von Henry, so lautet die Gleichgewichtsgerade wie nebenstehend angegeben. Ansonsten beschreibt eine Gleichgewichtskurve das Löse-Gleichgewichtsverhalten.

Gleichgewichtsgerade
$Y_m = \frac{H/p \cdot X_m}{1 + (1 - H/p) \cdot X_m}$

Analog zur Flüssig-Flüssig-Extraktion (Seite 198) ergibt sich die Betriebsgerade aus der Stoffmengenbilanz (siehe rechts).

Gleichung der Betriebsgeraden
$Y_m = \frac{\dot{n}_{Fl}}{\dot{n}_{Tg}} \cdot X_m + \left(Y_{m,E} - \frac{\dot{n}_{Fl}}{\dot{n}_{Tg}} \cdot X_{m,A} \right)$

Die Gleichgewichtskurve und die Betriebsgerade können in das Beladungsdiagramm eingezeichnet werden **(Bild 2)**.
Die **Zahl an theoretischen Trennstufen N_{th}** wird ähnlich wie bei der Extraktion (Seite 199) auch hier bei der Absorption mit einem Treppenstufenzug zwischen der Gleichgewichtskurve und der Betriebsgeraden ermittelt (Bild 2).
Man beginnt beim Punkt $X_{m,E}/Y_{m,A}$ mit einer senkrechten Linie bis zur Gleichgewichtekurve, dann waagrecht bis zur Betriebsgerade, danach senkrecht bis zur Gleichgewichtskurve usw. bis über den Endpunkt der Betriebsgerade $X_{m,A}/Y_{m,E}$ hinaus.
Auf dieser Strecke ist die Ausgangsbeladung $Y_{m,A}$ im Gas durch die Absorption auf die Endbeladung $Y_{m,E}$ reduziert worden.

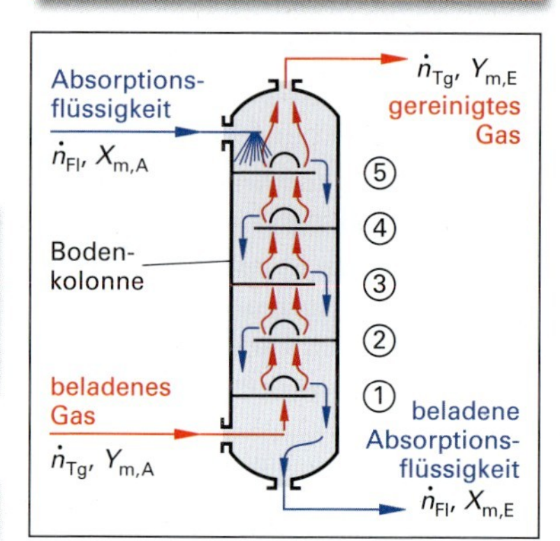

Bild 1: Stoffmengenströme und Beladungen bei einer Absorptionskolonne

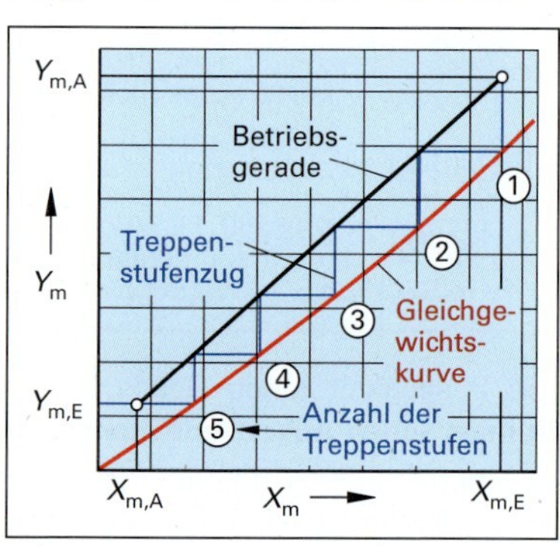

Bild 2: Beladungsdiagramm

Gegenstrom-Absorption in Füllkörperkolonnen

Die Ermittlung der Gleichgewichtskurve und Betriebsgeraden des Beladungsdiagramms sowie der theoretischen Trennstufenzahl N_{th} für eine Absorptionsaufgabe erfolgt wie bei den Bodenkolonnen (Seite 204).

Die zur Bewältigung der Absorptionsaufgabe erforderliche, wirksame Höhe H_{Ab} der Absorptionskolonne berechnet man aus der Anzahl der theoretischen Trennstufen N_{th}, dem HETP-Wert der Füllkörperschüttung und einem Betriebswirkungsgrad η_B (siehe rechts).

Die HETP-Werte sind Tabellenbüchern oder Herstellerprospekten zu entnehmen.

Wirksame Höhe einer Füllkörper-Absorptionskolonne

$$H_{Ab} = \frac{N_{th} \cdot HETP}{\eta_B}$$

Aufgaben zu 9.2 Absorption

1. In einem Absorber, in dem ein Druck von 1,200 bar und eine Temperatur von 20 °C herrschen, wird eine SO_2-haltige Abluft mit einem SO_2-Partialdruck von 0,160 bar in 800 Liter Ethanol absorbiert. Der Henry'sche Absorptionskoeffizient von SO_2 in Ethanol beträgt bei 20 °C: $H = 4{,}25$ bar.
   a) Welcher Stoffmengenanteil an SO_2 stellt sich in der Absorptionsflüssigkeit Ethanol ein, wenn 90 % des Löse-Gleichgewichts erreicht werden?
   b) Welche Masse an SO_2 sind in den 800 Litern Ethanol gelöst?
   c) Welchem Gasvolumen SO_2 entspricht das?
2. In einem Tabellenbuch ist der Bunsen'sche Absorptionskoeffizient bei der Absorption von Stickoxid NO in Ethanol bei 20 °C mit $\alpha = 0{,}2594$ 1/bar angegeben.

   Welchen Wert hat der Henry'sche Absorptionskoeffizient dieses Absorptionsstoffsystems?
3. Ein Acetylen-Luft-Gemisch wird bei 0 °C und einem Druck von 2,500 bar in 500 Liter Methanol (CH_2OH) absorbiert. Der Partialdruck des Acetylens (C_2H_2) in der Luft beträgt 0,0825 bar.

   Der Henry'sche Absorptionskoeffizient von C_2H_2 in Methanol beträgt bei 20 °C: $H = 31{,}3$ bar.

   Welches Normvolumen an Acetylen ist bei diesen Bedingungen im Methanol gelöst, wenn 92 % des Löse-Gleichgewichts erreicht werden?
4. In einer Produktionsanlage fällt Luft an, die mit 1,5 % Ammoniak NH_3 belastet ist. Das NH_3 in der belasteten Luft soll mit Wasser als Absorptionsflüssigkeit in einer Glockenbodenkolonne bei einem Druck von 1 bar und 20 °C zu 95 % absorbiert werden. Das Waschwasser tritt unbelastet in die Kolonne ein und mit einem Stoffmengenanteil von $x_E(NH_3) = 0{,}00843$ aus der Kolonne aus.

   Die Gleichgewichtsgerade des Absorptionssystems NH_3/H_2O ist durch die Gleichung $Y_m = 1{,}18 \cdot X_m$ gegeben.
   a) Rechnen Sie die Gehaltsangaben in molare Beladungen um.
   b) Ermitteln und zeichnen Sie in einem Beladungsdiagramm die Gleichgewichtsgerade und die Betriebsgerade.
   c) Bestimmen Sie für diese Absorptionsaufgabe die Anzahl der theoretischen Trennstufen.
   d) Wie viel Böden muss die Kolonne für diese Absorptionsaufgabe haben, wenn der Bodenwirkungsgrad $\eta_B = 82\,\%$ beträgt?
5. Aus einem Kokereigasstrom von 430 m^3/h mit einem Stoffmengenanteil von 0,0210 Benzol soll bei einem Druck von 1,050 bar und 20 °C mit einem Mineralöl das Benzol zu 90 % absorbiert werden. Das im Kreislauf geführte, regenerierte Mineralöl hat einen Benzol-Stoffmengenanteil von x(Benzol) = 0,0040 und wird in der Kolonne bis auf x_E(Benzol) = 0,092 beladen.

   Die Gleichgewichtskurve des Absorptionssystems ist durch die Wertepaare der nebenstehenden Tabelle gegeben.

X_m	0,020	0,060	0,100	0,140
Y_m	0,0023	0,0068	0,0109	0,0148

   a) Rechnen Sie die Gehaltsangaben in Stoffmengen-Beladungen um.
   b) Ermitteln Sie die Betriebsgerade und zeichnen Sie die Betriebsgerade und die Gleichgewichtskurve in ein Beladungsdiagramm ein.
   c) Bestimmen Sie die Anzahl der theoretischen Trennstufen für die Absorptionsaufgabe.
   d) Wie hoch muss die Füllkörperschüttung der Absorptionskolonne für diese Absorptionsaufgabe mindestens sein, wenn die Füllkörperschüttung einen HETP-Wert von 0,72 Meter hat und der Betriebswirkungsgrad 78 % beträgt?

10 Berechnungen zur Regelungstechnik

Bei einer Chemieanlage ist das Regeln ein fortlaufender Vorgang, um einen technischen Prozess bei den geforderten Betriebsbedingungen ablaufen zu lassen.
Bei der technischen Realisierung des Regelns (engl. closed loop control) wird in einem sich fortlaufend wiederholenden Vorgang eine Regelgröße *x* gemessen, mit einem vorgegebenen Sollwert *w* der Führungsgröße verglichen und durch Verstellen einer Stellgröße *y* versucht, die Regelgröße *x* möglichst auf den Sollwert *w* einzustellen und dort zu halten. Erreicht wird dieses Ziel mit einer geschlossenen Wirkungskette, dem **Regelkreis**.

10.1 Elemente des Regelkreises

Ein Regelkreis **(Bild 1)** besteht aus der Regelstrecke, d.h. dem Anlagenteil, der geregelt werden soll, sowie als Regeleinrichtung einer Messstelle, einem Regler und einem Stellgerät mit Antrieb. Diese Elemente sind zu einem Regelkreis verbunden.
Im Regelkreis laufen folgende Vorgänge ab (Bild 1 und **Bild 2**):
In der Regelstrecke, z.B. einen Rührkessel mit einer dampfbetriebenen Mantelheizung, wird der Rührkesselinhalt erwärmt. Die Regelgröße *x* ist die Temperatur ϑ des Kesselinhalts. Sie wird von einem Messgerät, z.B. einem Widerstandsthermometer, gemessen und ergibt den Istwert ϑ_{ist}.
Er wird als Rückführgröße *r* an den Regler geleitet. Dort wird die Rückführgröße *r* mit dem Sollwert *w* verglichen und die Regeldifferenz $e = r - w$ festgestellt. Daraus erarbeitet der Regler eine Reglerausgangsgröße y_R und leitet sie an den Antrieb eines Stellgeräts, z.B. einen E-Motor. Er erzeugt im Stellgerät, z.B. einem Ventil, eine Stellgröße *y*. Dies ist z.B. eine bestimmte Ventilöffnung.
Sie führt durch Änderung der zuströmenden Heizdampfmenge nach einer bestimmten Zeit zu einer Änderung der Temperatur des Kesselinhalts.
Diese neue Temperatur wird wieder als Istwert gemessen, dem Regler zugeführt, ein Stellbefehl wird ausgegeben, das Ventil wird verstellt usw.
Von außen wirken auf die Regelstrecke Störeinflüsse, wie z.B. eine schwankende Außentemperatur oder ein eingespeister Reaktionspartner.
Der Regelvorgang muss fortlaufend durchgeführt werden, um die Störungen auszugleichen.
Die zeichnerische Darstellung der Mess- und Regelstellen (kurz EMSR-Stellen) im R&I-Fließschema erfolgt mit genormten Symbolen, Linien und Bezeichnungen **(Bild 3)**: Die EMSR-Stelle wird mit einem Oval gekennzeichnet, in das die Regelaufgabe durch eine Buchstabenkombination eingetragen ist. Eine Nummer ermöglicht eine eindeutige Zuordnung. TIRC steht z.B. für Temperatur (T)-Regelung (C) mit Anzeige (I) und Registrierung (R). Die Buchstaben AH rechts oben am Oval bedeuten: Alarm bei einem Höchstwert. Prozessverbindungslinien verbinden die Messstelle und den Stellort mit dem EMSR-Oval.

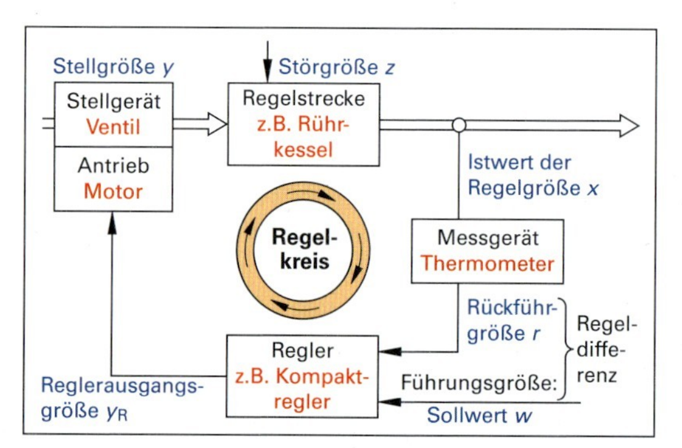

Bild 1: Grundelemente eines Regelkreises in Blockdarstellung

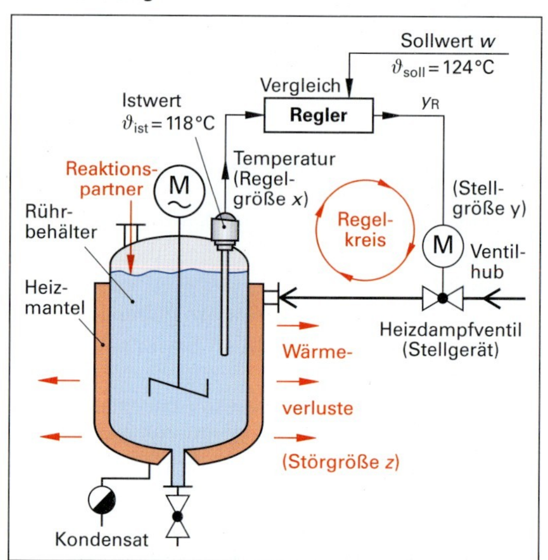

Bild 2: Regeln der Temperatur eines Rührkessels

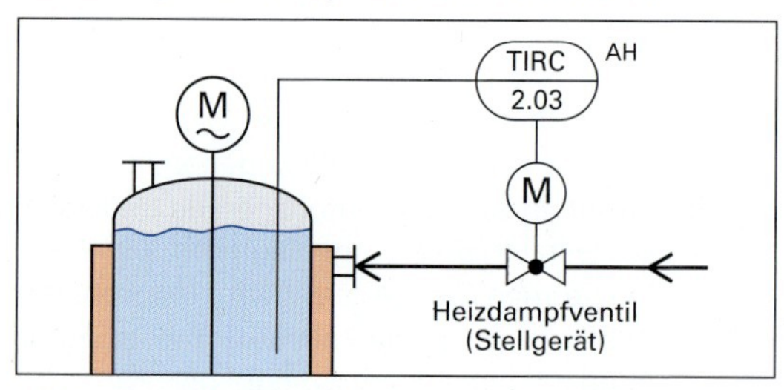

Bild 3: Darstellung und Benennung einer EMSR-Stelle nach der Regelaufgabe

10.1.1 Regelstrecke und Regeleinrichtung

Man unterteilt den Regelkreis gedanklich in die Regelstrecke und die Regeleinrichtung **(Bild 1)**.

Als Regelstrecke (engl. controlled system) oder kurz Strecke (Index S) bezeichnet man den Anlagenteil im Prozessfeld, in dem die Regelgröße x geregelt wird (ocker unterlegt).

Auf die Regelstrecke wirken die Stellgröße y sowie die Störgrößen z ein. Die Regelgröße x ist im Regelkreis die Eingangsgröße der Regeleinrichtung. Die Stellgröße y ist die Ausgangsgröße.

Die **Regeleinrichtung** (engl. controlling system) besteht aus mehreren Funktionselementen (grau unterlegt): dem Messgerätesensor, dem Messwertumformer, dem Regler, dem Stellantrieb, dem Stellventil sowie dem Sollwertsteller (Bild 1). Die Funktionselemente werden mit genormten Symbolen dargestellt.

Die realen Funktionselemente sind in einem **Kompaktregler** oder in der Software eines **Prozessleitsystems** als Regler zusammengefasst.

Die Wirkungsweise der Regeleinrichtung: Das Sensorsignal wird im Messumformer in ein elektrisches Einheitssignal E umgeformt und dem Regler zugeführt. Dort wird vom Regler ein elektrisches Stellsignal y_R erzeugt. Es treibt einen Stellantrieb an (z.B. einen Elektromotor), der im Stellglied (z.B. einem Stellventil) die Stellgröße y (den Ventilhub h) verstellt. Sie verändert den Stoff- und Energiestrom in der Regelstrecke.

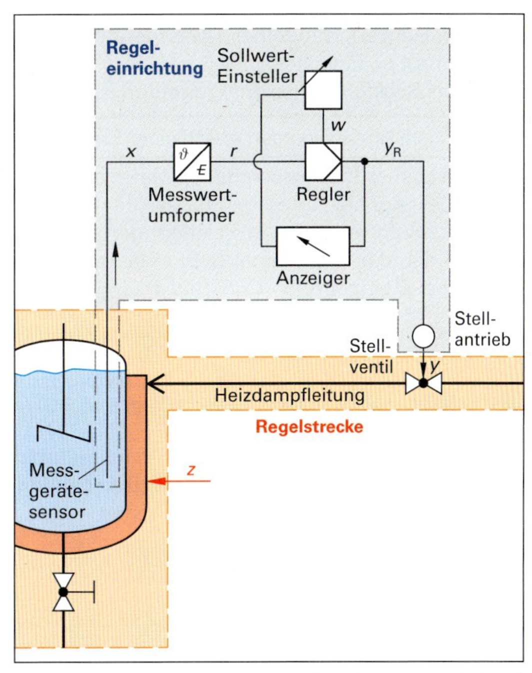

Bild 1: Funktionselemente einer Regelstrecke und einer Regeleinrichtung

10.1.2 Regler

Der Regler besteht intern aus einem Vergleichsglied und einem Regelglied **(Bild 2)**.

Der Regler hat die Aufgabe, eine Regelstrecke über ein Stellsignal y_R so zu beeinflussen, dass die Regelgröße x an den Sollwert w der Führungsgröße herangeführt wird.

Im Vergleichsglied wird aus dem Sollwert w und der Rückführgröße r die **Regeldifferenz Δx** gebildet. Sie wird auch mit dem Buchstaben e benannt.

Man berechnet sie mit nebenstehender Gleichung.

Mit der Regeldifferenz Δx erarbeitet das Regelglied nach seinem vorgegebenen Algorithmus die Stellgröße y_R.

Sie wird dem Stellantrieb zugeführt. Dieser erzeugt im Stellgerät die Stellgröße y.

Näheres dazu ab Seite 216.

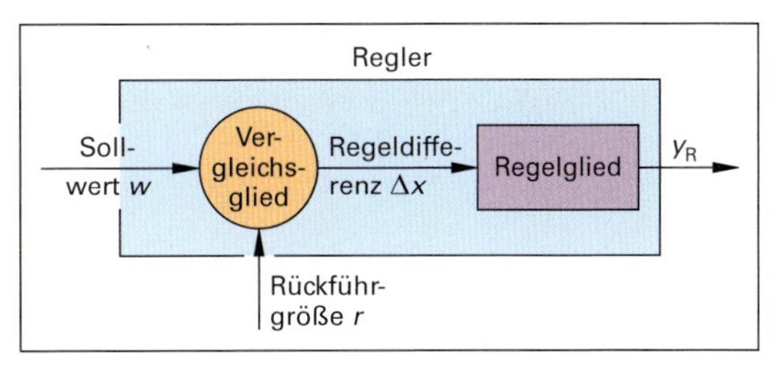

Bild 2: Innere Struktur und Funktion eines Reglers

Regeldifferenz						
Regeldifferenz		=	Sollwert	–	Rückführgröße (Istwert)	
Δx	= e	=	w	–	r	

Beispiel: In einer Durchfluss-Regelstrecke soll in der Rohrleitung ein Volumenstrom von $w = \dot{V} = 3{,}82$ m/h fließen. Der gemessene Istwert beträgt $x = \dot{V}_{ist} = 3{,}57\ m^3/h$.

Wie groß ist die Regeldifferenz Δx in m^3/h bzw. in Prozent?

Lösung: $\Delta x = w - r = 3{,}82\ m^3/h - 3{,}57\ m^3/h = \mathbf{0{,}25\ m^3/h}$

$$\boldsymbol{\Delta x} = \frac{0{,}25\,m^3/h \cdot 100\,\%}{3{,}82\,m^3/h} \approx \mathbf{6{,}54\,\%}$$

10.1.3 Messumformer

Messumformer, auch Messwertumformer oder Transmitter genannt (engl. transducer), wandeln ein Messgerätesignal in ein standardisiertes elektrisches Einheitssignal E um (Bild 1, Seite 207). Es wird dem Regler als Rückführungssignal zugeführt.

Als Einheitssignal dient ein elektrischer Strom von 4 mA bis 20 mA.

Dadurch können die verschiedenen Messgeräte mit ihren unterschiedlichen Messsignalen an **einen** Standardregler angeschlossen werden. Der Messumformer wird in Zeichnungen mit einem Symbol dargestellt, in das das Messsignal (z.B. eine Temperatur ϑ) und das Einheitssignal E eingetragen sind **(Bild 1)**.

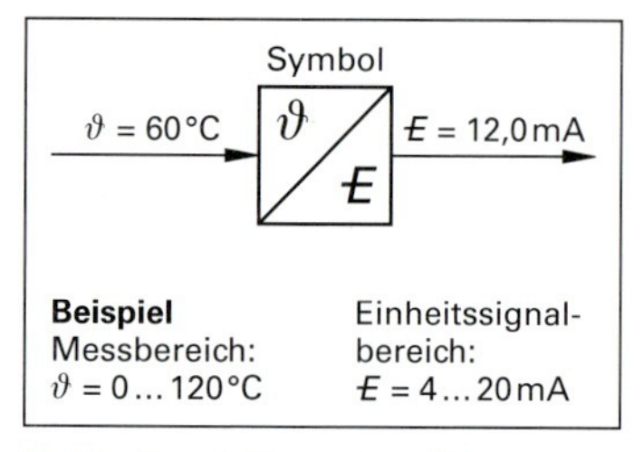

Bild 1: Darstellung eines Messumformers (Beispiel)

Beispiel (Bild 1): Der Messbereich (MB) eines Widerstandsthermometers beträgt 0 bis 120 °C; der Einheitssignalbereich liegt zwischen 4 mA und 20 mA. Bei einer Temperatur von ϑ = 0 °C beträgt das elektrische Einheitssignal E = 4 mA; bei 120 °C beträgt es E = 20 mA.

Elektrisches Einheitssignal
E = 4 mA ... 20 mA

Bei den nur noch wenig eingesetzten pneumatischen Reglern wird ein **pneumatisches Einheitssignal** von E = 0,2 bar bis 1,0 bar verwendet. Die Berechnungen erfolgen analog wie bei dem elektrischen Einheitssignal. Hier wird darauf nicht eingegangen.

Aufgaben zu 10.1 Elemente des Regelkreises

1. Bei einer Rektifikationskolonne wird die Zulauftemperatur des Ausgangsgemischs gemessen, geregelt und angezeigt. Es soll mit einer Temperatur von 78,0 °C von einem dampfbeheizten Wärmetauscher eingespeist werden. Durch eine Störung ist die Einspeisetemperatur um 5,2 °C abgefallen. Der Regler erzeugt zum Ausgleich der Regelabweichung ein Einheitssignal von 6,2 mA, das zu einer Ventilhub-Vergrößerung von 1,8 mm führt.
   a) Zeichnen Sie den Regelkreis der Temperaturregelung in Blockdarstellung.
   b) Wie groß ist der Istwert der Temperatur?
   c) Geben Sie die EMSR-Stelle normgerecht an.
2. Eine Membrankolbenpumpe läuft im Nennbetrieb mit einer Nenndrehzahl von 72,5 min^{-1}. Sie speist ein Flüssigkeitsgemisch in eine Durchflussstrecke. Die Drehzahl wird durch einen Frequenzumrichter des Pumpenmotors geregelt. Durch eine Erhöhung der Viskosität des Flüssigkeitsgemischs sinkt die Drehzahl der Pumpe um 7%.
   a) Wie groß ist der Istwert der Pumpendrehzahl? b) Wie groß ist die Regeldifferenz?

10.2 Zwischenwerte des Einheitssignals

Die Zwischenwerte der Messsignalwerte können mit Schlussrechnung oder einer Bestimmungsgleichung in Einheitssignalwerte umgerechnet werden. Außerdem können Zwischenwerte durch grafische Interpolation ermittelt werden. An einem Beispiel werden die drei Bestimmungsmethoden erläutert.

Beispiel: Der Messumformer eines magnetisch induktiven Durchflussmessers (MID) mit einem Messbereich von MB = 0 L/h bis 500 L/h formt das Messsignal in ein elektrisches Einheitssignal von E = 4 mA bis 20 mA um.
Welches Einheitssignal gibt der Messumformer bei einem Volumenstrom von $\dot{V}$ = 350 L/h ab?

Einheitssignalwert-Berechnung mit Schlussrechnung

Bei einem Volumenstrom $\dot{V}$ = 0 L/h beträgt das Einheitssignal E = 4 mA; bei $\dot{V}$ = 500 L/h hat es einen Wert von E = 20 mA.

Der Messbereich beträgt $\Delta MB = MB_o - MB_u$ = 500 L/h − 0 L/h = 500 L/h;

Der Einheitssignalbereich ist $\Delta E = E_o - E_u$ = 20 mA − 4 mA = 16 mA.

Die Änderung des Einheitssignals ΔE bei einer Volumenstromänderung von 1 L/h beträgt:

$$\frac{\Delta E}{\Delta MB} = \frac{16\,\text{mA}}{500\,\text{L/h}} = 0{,}032\,\frac{\text{mA}}{\text{L/h}}$$

Bei einem Volumenstrom von 350 L/h ändert sich das Einheitssignal damit um:

$$350\,\text{L/h} \cdot 0{,}032\,\frac{\text{mA}}{\text{L/h}} = 11{,}2\,\text{mA}$$

Zu diesem Wert kommt der untere Wert des Einheitssignalbereichs von 4 mA, so dass sich das Einheitssignal bei einem Volumenstrom von $\dot{V}$ = 350 L/h berechnet zu: $\boldsymbol{E}$ = 11,2 mA + 4,0 mA **= 15,2 mA**

Einheitssignalwert-Berechnung mit Bestimmungsgleichung

Die Schlussrechnung für die Berechnung von Zwischenwerten für den Einheitssignalwert lässt sich mit der nebenstehenden Bestimmungsgleichung ausdrücken.

Es sind: E_x Größe des Einheitssignals beim Messwert x

ΔE Differenz zwischen dem oberen (E_o) und dem unteren Größenwert (E_u) des Einheitssignalbereichs: $\Delta E = E_o - E_u$ = 20 mA – 4 mA = 16 mA

Δ**MB** Differenz zwischen dem oberen Größenwert (MB_o) und dem unteren Größenwert (MB_u) des Messbereichs MB

x Größenwert der Messgröße

Einheitssignal-Zwischenwerte

$$E_x = \frac{\Delta E}{\Delta MB} \cdot (x - MB_u) + E_u$$

Für das Beispiel des Messumformers von Seite 208 unten folgt für einen Volumenstrom von $\dot{V}$ = 350 L/h:

$$E_{\dot{V}} = \frac{E_o - E_u}{MB_o - MB_u} \cdot (\dot{V} - MB_u + E_u) = \frac{20\,mA - 4\,mA}{500\,L/h - 0\,L/h} \cdot (350\,L/h - 0\,L/h) + 4{,}0\,mA = \mathbf{15{,}2\,mA}$$

Einheitssignalwert-Ermittlung durch grafische Interpolation

In einem $E/\dot{V}$-Diagramm wird der Einheitssignalbereich auf der Ordinate und der Messbereich des Messgeräts auf der Abszisse aufgetragen **(Bild 1)**.

Wegen des proportionalen Zusammenhangs von Einheitssignal und Messwertsignal liegen die Zwischenwerte auf einer Geraden zwischen dem Anfangspunkt (E_u/MB_u) und dem Endpunkt (E_o/MB_o) des Diagramms.

Für den Volumenstrom $\dot{V}$ = 350 L/h von obigem Beispiel erhält man durch senkrechtes Hochgehen bis zur Geraden und Ablesen auf der E-Achse einen Einheitssignalwert von $\boldsymbol{E} \approx$ **15,2 mA.**

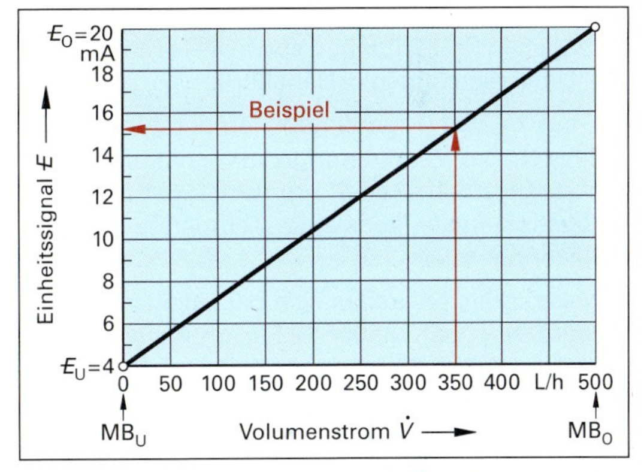

Bild 1: Bestimmungs-Diagramm für Zwischenwerte des Einheitssignals (Beispiel)

Aufgaben zu 10.2 Zwischenwerte des Einheitssignals

1. Bei einer geregelten Chemieanlage misst ein Durchflussmesser in einer Rohrleitung den Volumenstrom im Messbereich von 50 L/h bis 1500 L/h. Das Messsignal wird in einem Messumformer in das elektrische Einheitssignal von 4 mA bis 20 mA umgewandelt.
   Welches Einheitssignal (in mA) liefert der Messumformer bei einem Volumenstrom 740 L/h?
   Berechnen Sie das Einheitssignal a) mit Schlussrechnung und b) mit der Bestimmungsgleichung.

2. Die MSR-Einrichtungen einer Chemieanlage arbeiten im Einheitssignalbereich von 4 bis 20 mA. Der Regler für eine Messstelle QIR gibt als Stellgröße einen Einheitssignal-Strom von I_E = 10,5 mA aus. Das zugehörige Regelventil ist ein Öffnungsventil und hat einen Gesamthub von h = 12 mm. Berechnen Sie den Hub in mm, der sich beim genannten Ausgangssignal des Reglers einstellt. Berechnen Sie a) mithilfe der Bestimmungsgleichung und b) durch grafische Interpolation.

3. Das im nebenstehenden **Bild 2** gezeigte pneumatische Stellventil in einem Temperaturregelkreis wird von einem Regler mit Einheitssteuersignalen von 4 mA bis 20 mA gesteuert. Sie verstellen den Ventilhub im Bereich von 0% bis 100%.
   a) Benennen Sie die mit Nummern gekennzeichneten Elemente des Regelkreises.
   b) Zu wie viel Prozent öffnet der Ventilkegel bei einem Stellsignal von 9,2 mA?
   c) Welches Einheitssignal ist für einen Ventilhub von 85% des Gesamthubs erforderlich?

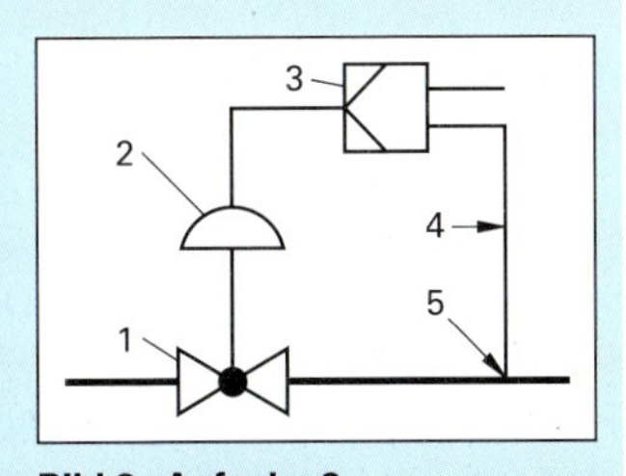

Bild 2: Aufgabe 3

10.3 Zeitverhalten von Regelstrecken

Die verschiedenen Regelstrecken zeigen bei Änderung der Stellgröße jeweils typische Veränderungen der Regelgröße. Hierbei unterscheidet man das statische bzw. das dynamische Verhalten.

10.3.1 Statisches Verhalten

Das statische Verhalten beschreibt, ob sich bei einem konstanten Wert der Stellgröße y entweder ein konstanter Wert der Regelgröße x einstellt oder ob sich **kein** gleich bleibender Wert einstellt.

Regelstrecken, die nach Änderung der Stellgröße einen neuen Gleichgewichtszustand der Regelgröße einnehmen, nennt man **Regelstrecken mit Ausgleich** oder **proportionale Regelstrecken**.

Regelstrecken mit Ausgleich sind z. B. Durchflussregelungen in Rohrleitungen sowie vieleTemperatur- und Druckregelungen in Behältern.

Bei der in **Bild 1** gezeigten Temperaturregelung stellt sich bei Veränderung der Ventilöffnung V1 (Heizdampfzufuhr-Änderung) nach einer bestimmten Zeit ein neuer, konstanter Temperaturwert des Behälterinhalts ein.

Regelstrecken, bei denen sich bei einer konstanten Stellgröße y kein neuer Beharrungszustand einstellt, nennt man **Regelstrecken ohne Ausgleich**.

Sie werden auch als aufsummierende Regelstrecken oder Integral-Regelstrecken bezeichnet.

Eine Regelstrecke ohne Ausgleich liegt z. B. bei der Füllstandsregelung in Behältern vor **(Bild 2)**.

Eine Verstellung des Ablassventils V1 führt **nicht** zu einem neuen konstanten Füllstand, sondern zum Leerlaufen oder Volllaufen des Behälters.

Durch einen oberen und einen unteren Grenzwertschalter wird dies verhindert, so dass sich der Flüssigkeitsstand zwischen diesen beiden Füllständen bewegt.

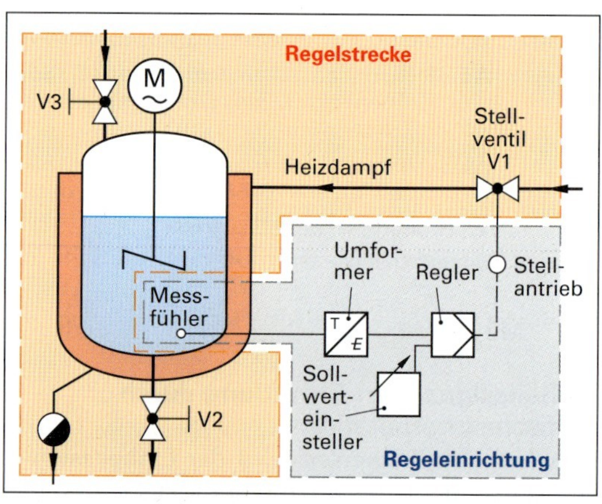

Bild 1: Temperaturregelung in einem dampfbeheizten Rührbehälter (Regelstrecke mit Ausgleich)

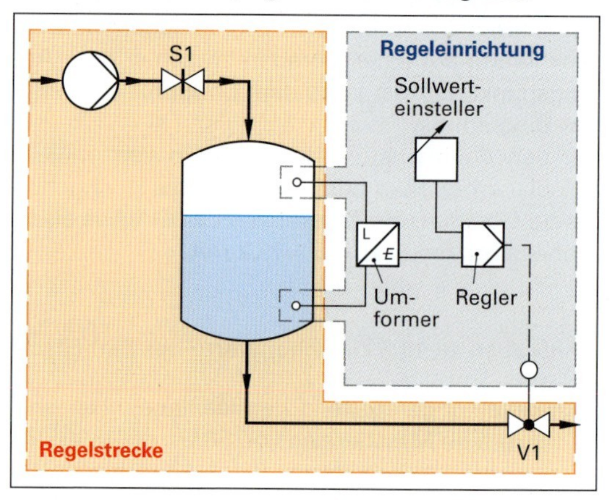

Bild 2: Füllstandregelung in einem Behälter (Regelstrecke ohne Ausgleich)

10.3.2 Dynamisches Verhalten

Als dynamisches Verhalten bezeichnet man die zeitliche Veränderung der Regelgröße x nach einer plötzlichen Änderung der Stellgröße .

Zur Prüfung und Darstellung des dynamischen Verhaltens einer Regelstrecke benutzt man die **Sprungantwort-Methode**. Sie zeigt, in welcher Weise die Regelgröße x auf eine sprunghafte Stellgrößenänderung Δy reagiert.

Bei der Durchführung der Sprungantwort-Methode wird der Betriebsartenschalter des Kompaktreglers auf Handregelung geschaltet. Anschließend wird mit dem Handsteuergerät die Stellgröße y zum Zeitpunkt t_0 sprungweise verstellt. Die Regelstrecke beantwortet diese Stellgrößenänderung Δy mit einer Änderung der Regelgröße x, die je nach Art der Regelstrecke in ihrem Zeitverhalten unterschiedlich ausfällt.

Trägt man die nach der sprunghaften Stellgrößenänderung Δy erhaltene Änderung der Regelgröße x über der Zeit t auf, so erhält man eine Kurve, die als **Sprungantwort** oder **Übergangsfunktion** bezeichnet wird (Bild 1, Seite 205).

Je nach Regelstrecke erhält man unterschiedliche Sprungantworten.

10.3.3 Proportionale Regelstrecken

Bei einer proportionalen Regelstrecke, kurz auch P-Regelstrecke genannt, führt eine sprungartige Verstellung der Stellgröße um Δy zu einer sofortigen analogen Sprungantwort der Regelgröße Δx **(Bild 1)**.

Da die Sprungantwort praktisch gleichzeitig erfolgt, ist die proportionale Regelstrecke eine **Regelstrecke ohne Verzögerung**.

Proportionale Regelstrecken sind Regelstrecken mit Ausgleich, da sie bei einer Änderung der Stellgröße y einen neuen konstanten Wert der Regelgröße x einnehmen.

Zu den verzögerungsfreien bzw. verzögerungsarmen Regelstrecken gehören fast alle Durchflussregelstrecken für Flüssigkeiten.

Eine einfache proportionale Regelstrecke ist z.B. ein Stellventil in einer Rohrleitung **(Bild 2)**.

Das eigentliche Stellglied, der Ventilkörper im Stellventil, ist über einen Stellbereich Y_h, einstellbar.

Bei einem Stellventil ist dies der maximale Ventilhub des Ventilkörpers.

Zwischen der Stellgröße (dem Ventilhub h) und der Regelgröße (dem Volumenstrom $\dot{V}$) gibt es eine Abhängigkeit. Sie wird z.B. beim Stellventil durch die Kennlinie des Ventils beschrieben **(Bild 3)**.

Verläuft die Kennlinie z.B. wie beim Stellventil weitgehend linear (Bild 3), dann bewirkt die Änderung der Stellgröße Δy eine poportional dazu sich ändernde Regelgröße $\Delta \dot{V}$.

Stellglieder mit diesem Verhalten nennt man **Proportional-Stellglieder**. Sie sind gekennzeichnet durch einen **Proportionalbeiwert K_{PS}**. Er wird durch die nebenstehende Gleichung beschrieben.

Der Kehrwert von K_{PS} wird als Ausgleichswert Q bezeichnet (siehe rechts).

Weitere charakteristische Kenngrößen eines proportionalen Stellglieds sind die Stellgeschwindigkeit v_y und die Stellzeit T_y. Die Stellgeschwindigkeit v_y wird aus dem Stellbereich Y_h und der Stellzeit T_y berechnet (siehe rechts). Sie gibt an, mit welcher Geschwindigkeit der Stellbereich durchlaufen wird.

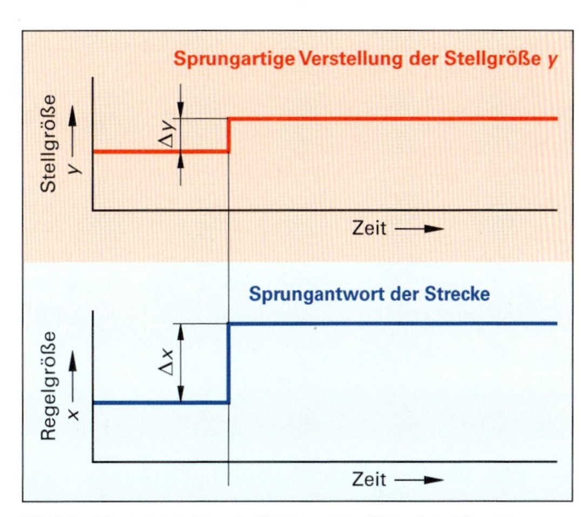

Bild 1: Sprungantwort einer proportionalen Regelstrecke

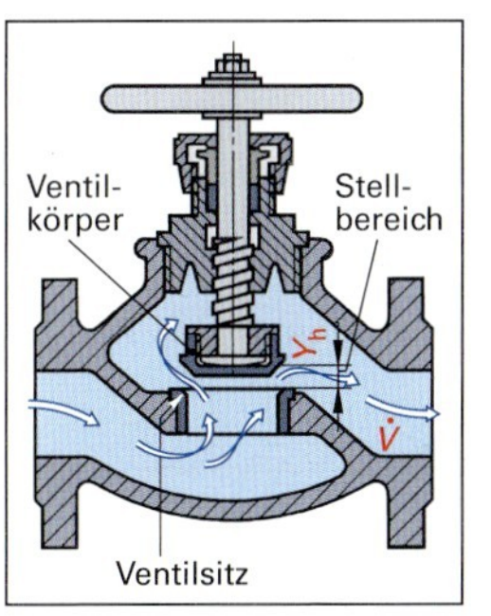

Bild 2: Stellventil

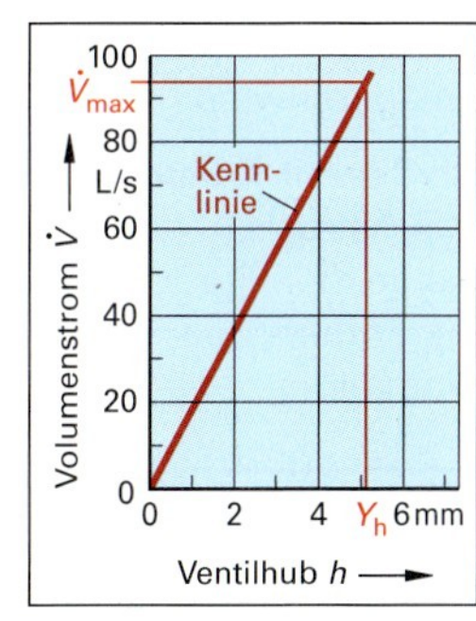

Bild 3: Ventil-Kennlinie

Proportionalbeiwert der Regelstrecke

$$K_{PS} = \frac{\Delta x}{\Delta y} = \frac{x_2 - x_1}{y_2 - y_1}$$

Ausgleichswert der Regelstrecke

$$Q = \frac{1}{K_{PS}}$$

Stellgeschwindigkeit eines Proportional-Stellglieds

$$\text{Stellgeschwindigkeit} = \frac{\text{Stellbereich}}{\text{Stellzeit}}; \quad v_y = \frac{y_2 - y_1}{x_2 - x_1} = \frac{Y_h}{T_y}$$

Beispiel: Das Stellventil der Durchfluss-Regelstrecke (Bild 2) hat einen Proportionalbeiwert von $K_{PS} = 12{,}4$ (L/s)/mm.

a) Wie groß ist die dadurch bewirkte Änderung des Heizdampf-Volumenstroms?

b) Welchen Stellbereich muss das Stellventil haben, damit sein Regelbereich 82 L/s beträgt?

Lösung:

a) $\mathbf{K_{PS}} = \frac{\Delta x}{\Delta y} = \frac{\Delta \dot{V}}{\Delta h} \Rightarrow \Delta \dot{V} = K_{PS} \cdot \Delta h = 12{,}4\ \text{(L/s)/mm} \cdot 3{,}8\ \text{mm} = 47{,}12\ \text{L/s} \approx \mathbf{47\ L/s}$

b) $\mathbf{K_{PS}} = \frac{\dot{V}_{max}}{Y_h} \Rightarrow Y_h = \frac{\dot{V}_{max}}{K_{PS}} = \frac{82\ \text{L/s}}{12{,}4\ \text{(L/s)/mm}} = 6{,}61290\ \text{mm} \approx \mathbf{6{,}6\ mm}$

10.3.4 Regelstrecken mit Totzeit

Ein typisches Beispiel für eine proportionale Regelstrecke mit Totzeit ist eine Förderstrecke für Schüttgut mit einem Gurtbandförderer **(Bild 1)**.

Wird mit dem Schüttgutdosierer am Silo durch Verstellen des Stellschiebers (Δd) die ausfließende Schüttgutmenge erhöht, dann benötigt der größere Massenstrom eine bestimmte Zeit, bis er am Messort angelangt ist.

Der gemessene Massestrom $\dot{m}$ am Messsensor ändert sich erst nach einer gewissen Zeit.

Bild 1: Förderstrecke für Schüttgut (Regelstrecke mit Totzeit)

Man nennt sie **Totzeit T_t**.

Weitere Regelstrecken mit Totzeit sind lange Druckgasleitungen oder Mischstrecken bei Strömungsmischern.

Bei einer Regelstrecke mit Totzeit führt ein sprungartiger Stelleingriff Δy erst nach Ablauf einer bestimmten Zeitspanne, der Totzeit T_t, zu einer Sprungantwort der Regelgröße x **(Bild 2)**.

Die Größe der Sprungantwort Δx ist proportional zum Stellgrößensprung und besitzt einen Proportionalbeiwert K_{PS} und eine Stellgeschwindigkeit v_y (Seite 211).

Die Totzeit T_t berechnet sich bei bei Förder- und Mischstrecken durch Division der wirksamen Länge der Förder- oder Mischstrecke l durch die Förder- oder Fließgeschwindigkeit des Mediums v.

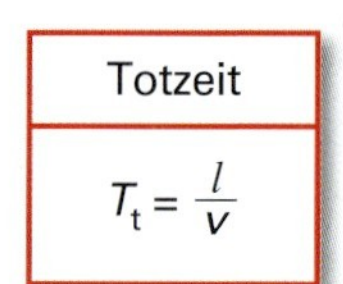

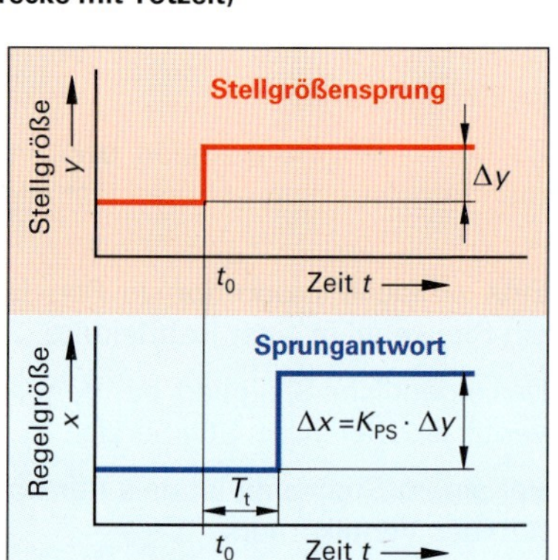

Bild 2: Sprungantwort einer Regelstrecke mit Totzeit

Beispiel: Mit einem Schneckenförderer wird ein Schüttgut mit einem Massenstrom von 220 kg/min einer Mischtrommel zudosiert. Die Förderstrecke ist 8,40 m lang, der Schneckenförderer hat eine Fördergeschwindigkeit von 0,18 m/s. Zur Prüfung der Sprungantwort wird die Fördergeschwindigkeit in einem Schritt um 0,02 m/s erhöht.

a) Nach welcher Zeit erreicht der erhöhte Massestrom die Mischtrommel?

b) Welchen Wert hat der Proportionalbeiwert der Förder-Regelstrecke, wenn der Förderstrom sich auf 284 kg/min einstellt?

Lösung: a) $\mathbf{T_t} = \frac{l}{v} = \frac{8{,}40\,\text{m}}{0{,}18\,\text{m/s}} \approx \mathbf{46{,}7\,s}$

b) $\mathbf{K_{PS}} = \frac{\Delta x}{\Delta y} = \frac{\Delta \dot{m}}{\Delta v} = \frac{\dot{m}_2 - \dot{m}_1}{\Delta v} = \frac{284\,\text{kg/min} - 220\,\text{kg/min}}{0{,}02\,\text{m/s}} \approx \mathbf{3200\,\frac{kg/min}{m/s}}$

10.3.5 Regelstrecken mit einem Speicher

Eine Regelstrecke mit einem Speicher ist z. B. die Temperaturregelstrecke eines dampfbeheizten Rührbehälters mit einem Stellventil **(Bild 3)**.

Erhöht man den Heizdampfstrom durch Öffnen des Stellventils, dann beginnt die Temperatur in der Behälterfüllung sofort zu steigen; sie benötigt einige Zeit, um ihren neuen Endwert zu erreichen.

Ursache dieses Zeitverhaltens ist ein Energiespeicher in der Regelstrecke, der sich erst im Lauf der Zeit füllt.

Man nennt Regelstrecken mit einem Speicher auch **Regelstrecken mit Verzögerung 1 .Ordnung**.

Die Druckregelstrecke mit einem Stellventil bei Druckgasspeichern ist ebenfalls eine Regelstrecke 1. Ordnung.

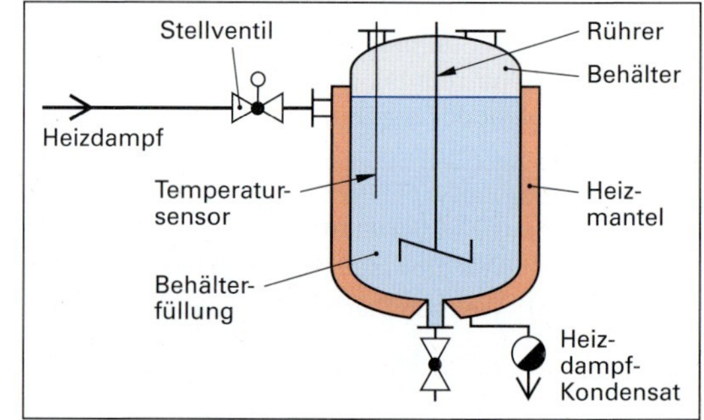

Bild 3: Dampfbeheizter Rührbehälter (Regelstrecke mit Verzögerung 1. Ordnung)

Das Zeitverhalten einer Regelstrecke mit Verzögerung 1. Ordnung liefert die Sprungantwort-Prüfung **(Bild 1)**. Im Anfangsproportionalbereich ist die Sprungantwort durch einen Proportionalbeiwert K_{PS} gekennzeichnet.

Insgesamt verläuft die Regelgröße x nach einer exponentiellen Funktion (siehe die Gleichung rechts).

Darin ist T_S die Verzögerungszeit. Sie ist ein Maß für die Verzögerungswirkung (Trägheit) der Regelstrecke und ist die Zeit bei Erreichen von 62,2% des späteren Endwerts der Regelgröße x. Man berechnet die Verzögerungszeit T_S aus der Regelgrößengleichung durch Umstellen und Auflösen.

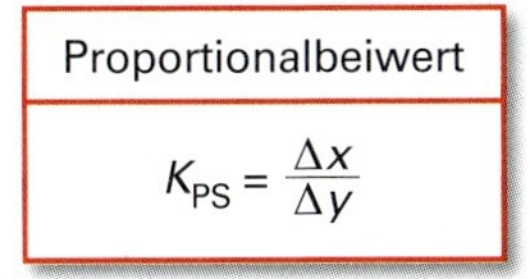

$$K_{PS} = \frac{\Delta x}{\Delta y}$$

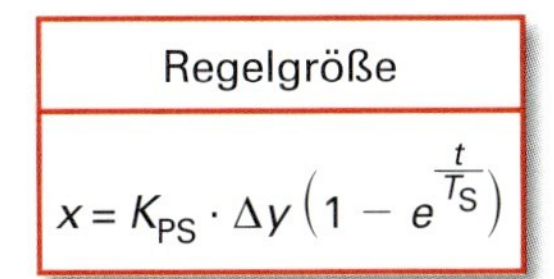

$$x = K_{PS} \cdot \Delta y \left(1 - e^{\frac{t}{T_S}}\right)$$

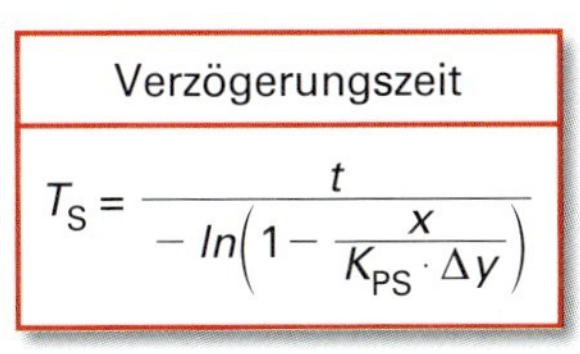

$$T_S = \frac{t}{-\,ln\left(1 - \frac{x}{K_{PS} \cdot \Delta y}\right)}$$

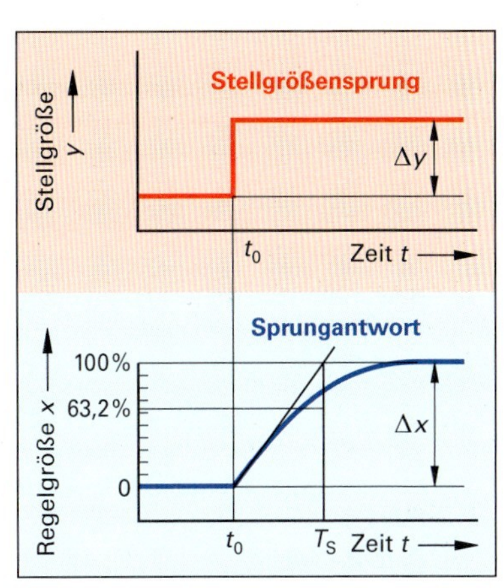

Bild 1: Sprungantwort einer Regelstrecke mit Verzögerung 1. Ordnung

Beispiel: In einem Druckgasspeicher, der über ein Druckventil gespeist wird, herrscht ein Druck von 5,00 bar. Der Proportionalbeiwert der Druckspeicher-Regelstrecke beträgt 1,2 bar/mm. Zur Prüfung des dynamischen Verhaltens wird der Druckventilhub sprungartig um Δh = 2,8 mm verstellt.

a) Wie groß ist der sich einstellende Druck-Endwert?

b) Welchen Wert hat die Verzögerungszeit, wenn nach 10 min ein Druck von 3,1 bar erreicht ist?

Lösung: a) $\mathbf{x} = K_{PS} \cdot \Delta y \Rightarrow \mathbf{p} = K_{PS} \cdot \Delta h = 1{,}2\ \text{bar/mm} \cdot 2{,}8\ \text{mm} = \mathbf{3{,}36\ bar}$;

b) $$\mathbf{T_S} = \frac{t}{-\ln\left(1 - \frac{p}{K_{PS} \cdot \Delta h}\right)} = \frac{10\,\text{min}}{-\ln\left(1 - \frac{3{,}1\,\text{bar}}{1{,}2\,\text{bar/mm} \cdot 2{,}8\,\text{mm}}\right)} = \frac{10\,\text{min}}{-\ln 0{,}07738} \approx \mathbf{3{,}9\ min}$$

10.3.6 Regelstrecken mit mehreren Speichern

Eine Regelstrecke mit mehreren Verzögerungsgliedern ist z. B. die Temperatur-Regelstrecke bei einem dampfbeheizten Rührbehälter mit einem Schutzrohr-Thermometer **(Bild 2)**.

Regelstrecken mit mehreren Speichern (Verzögerungsgliedern) zeigen bei einem Stellgrößensprung als Reaktion eine anfänglich langsam ansteigende Sprungantwort, die in einen annähernd linearen Anstieg übergeht und am Ende einen langsamen Auslauf auf den Endwert hat **(Bild 3)**.

Man bezeichnet sie auch als **Übergangsfunktion**.

Die Mantelheizung sowie das Schutzrohr wirken als hintereinander geschaltete Verzögerungsglieder.

Das Sprungantwort-Verhalten einer Regelstrecke mit mehreren Speichern ist gekennzeichnet durch drei Kennwerte. Sie können aus der Sprungantwort der Regelstrecke ermittelt werden.

Der **Proportionalbeiwert K_{PS}** beschreibt das Verhältnis von Regelgrößen-Endwert Δx und dem Stellgrößensprung Δy.

Die zeitliche Angleichung der Regelgröße x an den Endwert beschreibt man mit der **Verzugszeit** T_u und der **Ausgleichszeit** T_g.

Zu ihrer Bestimmung legt man in den Wendepunkt W der Sprungantwortkurve eine Tangente **(Bild 3)**.

Der Schnittpunkt mit der Ausgangslinie ergibt die Verzugszeit $T_u = t_1 - t_0$. Der Schnittpunkt der Tangente mit dem Endwert der Regelgröße ergibt die Zeit t_2. Daraus berechnet man die Ausgleichszeit $T_g = (t_2 - t_1)$. Sie ist ein Maß für das Erreichen des Endwerts.

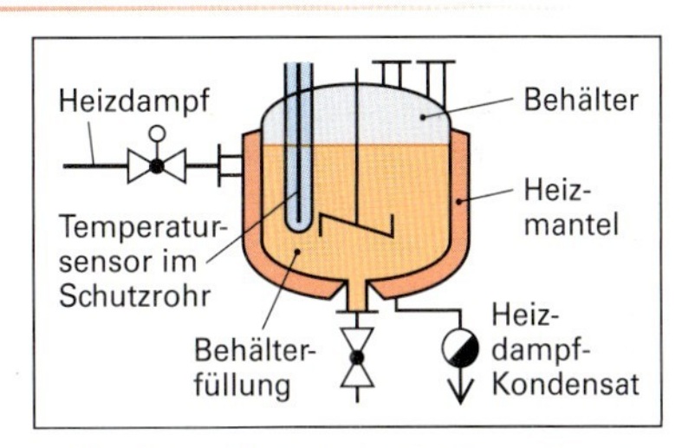

Bild 2: Dampfbeheizter Rührkessel mit Temperatursensor im Schutzrohr

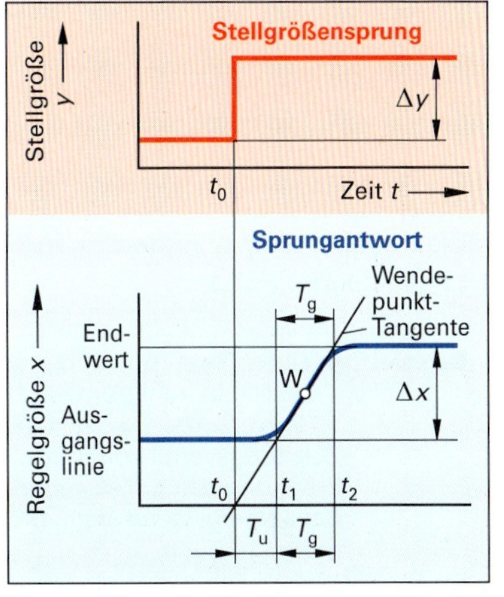

Bild 3: Sprungantwort einer Regelstrecke mit Verzögerung 2. Ordnung

Beispiel: Bei einem dampfbeheizten Rührbehälter mit Temperatursensor im Schutzrohr (Bild 2, Seite 213) wurde nach einer sprunghaften Erhöhung des zugeführten Dampfstroms die nebenstehende Temperatur-Sprungantwort der Regelstrecke erhalten **(Bild 1)**.

a) Welchen Wert hat der Proportionalbeiwert der Temperaturregelstrecke, wenn der Beharrungswert (Endwert) der Temperatur 68 °C beträgt?

b) Bestimmen Sie grafisch die Verzugszeit und die Ausgleichszeit der Strecke.

Lösung:

a) $\boldsymbol{K_{PS}} = \frac{\Delta x}{\Delta y} = \frac{\vartheta_2 - \vartheta_1}{\dot{m}_2 - \dot{m}_1} = \frac{68\,°C - 20\,°C}{2{,}5\,kg/min - 1{,}5\,kg/min} = \mathbf{48\,\frac{°C}{kg/min}}$

b) Man zeichnet ein Bild der Sprungantwort der Regelstrecke **(Bild 1)**.

Daraus wird abgelesen und errechnet: $\boldsymbol{T_u} = t_1 - t_0 = 0{,}7\text{ min} - 0\text{ min} = \mathbf{0{,}7\ min}$

$\boldsymbol{T_g} = t_2 - t_1 = 5{,}4\text{ min} - 0{,}7\text{ min} = \mathbf{4{,}7\ min}$

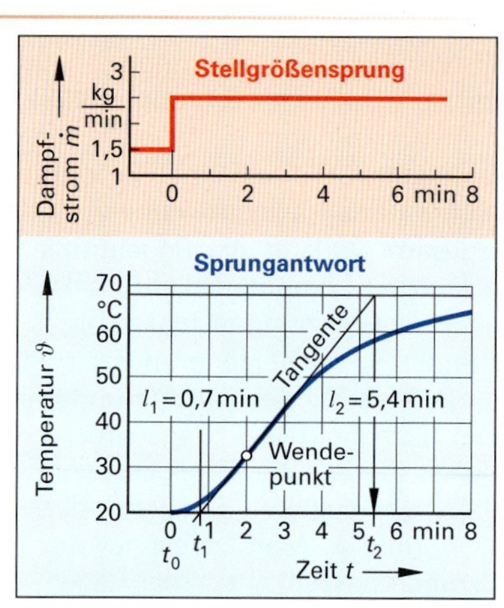

Bild 1: Sprungantwort der Regelstrecke des Beispiels

10.3.7 Integrale Regelstrecken

Eine integrale Regelstrecke ist z.B. die Zuführungsleitung mit Stellventil und dem Rührbehälter **(Bild 2)**. Bei Verstellen des Ventils steigt oder fällt der Füllstand so lange, bis er einen systembedingten Grenzwert erreicht. Dann wird der Regelvorgang beendet. Eine integrale Regelstrecke, auch kurz I-Regelstrecke genannt, ist eine Regelstrecke ohne Ausgleich der Regelgröße *x*.

Man bezeichnet sie auch als **aufsummierende Regelstrecke**.

Mit einem gleichen Zeitverhalten reagieren Lager- oder Puffertanks.

Eine integrale Regelstrecke beantwortet eine sprungartige Stellgrößenveränderung Δy mit einem stetigen Steigen oder Fallen der Regelgröße *x* **(Bild 3)**.

Es ist $x \sim \Delta y \cdot t$

Aus der oben genannten Proportionalität erhält man mit einem Integrierbeiwert K_{IS} als Proportionalitätsfaktor eine Gleichung: $x = K_{IS} \cdot \Delta y \cdot t$

Durch Umstellen erhält man daraus die nebenstehende Gleichung für den Integrierbeiwert.

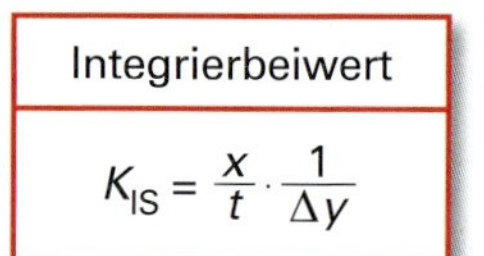

Integrierbeiwert

$$K_{IS} = \frac{x}{t} \cdot \frac{1}{\Delta y}$$

Die Zeit, in der die Regelgröße *x* den System-Endwert erreicht, ist die **Integrierzeit T_I**. Sie berechnet sich aus der Differenz des oberen bzw. des unteren Grenzwerts und dem Ausgangswert des Füllstands *H*, dividiert durch die Steiggeschwindigkeit des Füllstands $\Delta H / \Delta t$.

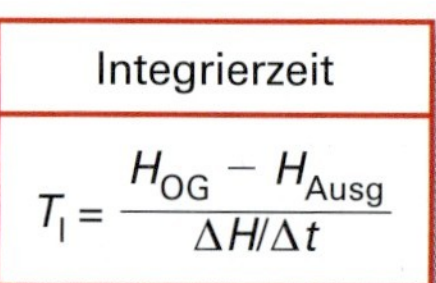

Integrierzeit

$$T_I = \frac{H_{OG} - H_{Ausg}}{\Delta H / \Delta t}$$

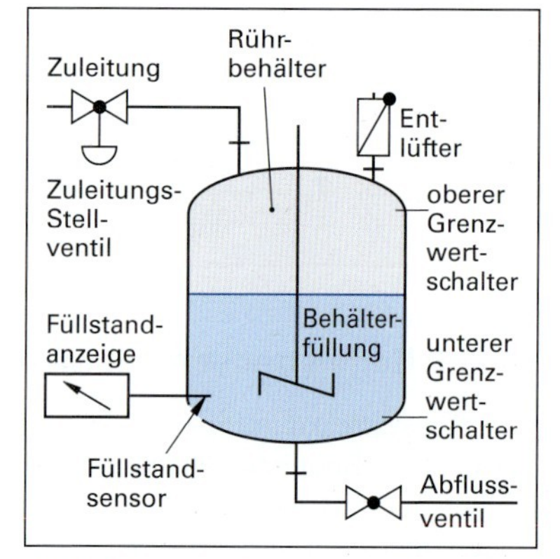

Bild 2: Füllstand-Regelstrecke (Integrale Regelstrecke)

Beispiel: In einem Tank (Bild 2) herrscht bei gleich großem Zu- und Ablauf-Volumenstrom ein konstanter Füllstand von 1,15 cm. Durch eine Verstellung des Ventilkegelhubs im Zuleitungsventil von 3,1 mm auf 5,2 mm wird eine Erhöhung des zufließenden Volumenstroms $\dot{V}$ bewirkt. Der Behälter-Füllstand steigt pro Minute um 11,8 cm an.

a) Wie groß ist der Integrierbeiwert dieser Regelstrecke?

b) Wie groß ist die Integrierzeit bis zum Erreichen des oberen Grenzwertes von 210 cm?

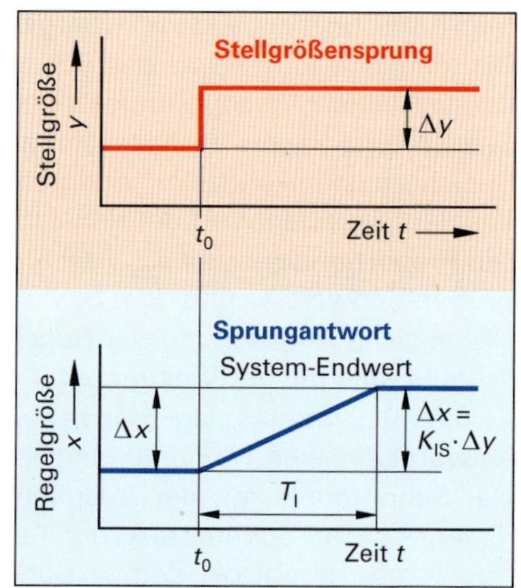

Bild 3: Sprungantwort einer integralen Regelstrecke

Lösung: a) $K_{IS} = \frac{x}{t} \cdot \frac{1}{\Delta y} = \frac{\Delta H}{\Delta t} \cdot \frac{1}{h_1 - h_0} = \frac{11{,}8\,\text{cm}}{1\,\text{min}} \cdot \frac{1}{(5{,}2 - 3{,}1)\,\text{mm}} \approx \mathbf{56 \frac{1}{min}}$

b) $T_I = \frac{H_{OG} - H_{Ausg}}{\Delta H / \Delta t} = \frac{(225 - 115)\,\text{cm}}{11{,}8\,\text{cm/min}} \approx \mathbf{9{,}32\ min}$

Aufgaben zu 10.3 Zeitverhalten von Regelstrecken

1. In einer Chemieanlage wird der Proportionalbeiwert einer proportionalen Durchfluss-Regelstrecke ermittelt, mit der ein Rührkessel über ein Stellventil gefüllt wird. Es wird die in **Bild 1** gezeigte Sprungantwort aufgenommen.

   Idealisierend wird angenommen, dass die Sprungantwort verzögerungsfrei und proportional ist. Der Stellbereich des Stellventils beträgt 8,0 mm. Das maximale Füllvolumen des Rührkessels beträgt 3,284 m³.

   a) Wie groß ist der Proportionalbeiwert der Regelstrecke?

   b) Welchen maximalen Regelbereich hat der Volumenstrom?

   c) Wie lange dauert der Füllvorgang des Kessels mit dem anfänglichen Volumenstrom?

   d) Wie lange dauert der restliche Füllvorgang, wenn der Stellgrößensprung bei einem Füllvolumen von 1420 L beginnt?

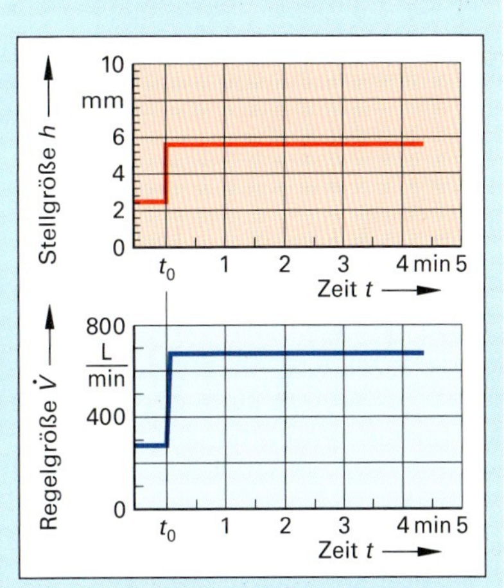

Bild 1: Sprungantwort einer proportionalen Durchfluss-Regelstrecke (Aufgabe 1)

2. Zur Zementherstellung werden Kalksteinbrocken mit einem Gurtbandförderer zu einer Kugelmühle transportiert. Die Förderbandgeschwindigkeit beträgt 1,27 m/s, die wirksame Länge des Gurtbandförderers 18,3 m und der Kalkstein-Massenstrom 186 kg/min.

   a) Nach welcher Zeit kommt der vergrößerte Kalkstein-Massestrom an der Kugelmühle an?

   b) Auf welche Geschwindigkeit muss das Förderband eingestellt werden, damit zur Produktionssteigerung der Kalkstein-Massestrom auf 232 kg/min steigt?

3. In einem elektrisch beheizten Reaktor steigt die Temperatur nach plötzlicher Erhöhung der Heizleistung um 45,0 kW gemäß der nebenstehend gezeigten Sprungantwort **(Bild 2)**.

   a) Um welche Art Regelstrecke handelt es sich hierbei?

   b) Welchen Wert hat der Proportionalbeiwert der Temperatur-Regelstrecke?

   c) Ermitteln Sie grafisch die Verzugszeit und die Ausgleichszeit.

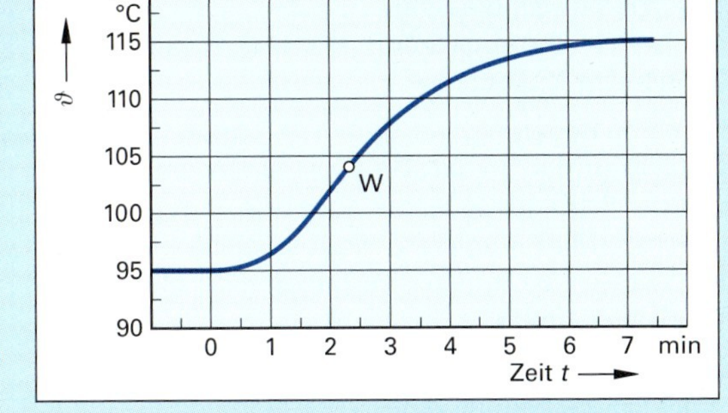

Bild 2: Sprungantwort der Temperatur in einem Reaktor (Aufgabe 3)

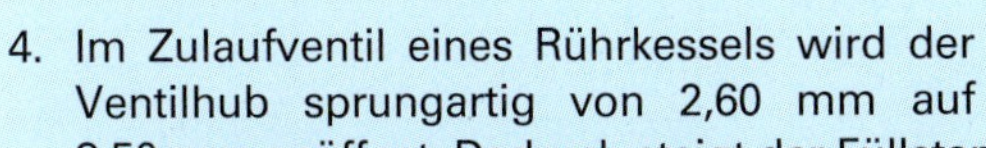

4. Im Zulaufventil eines Rührkessels wird der Ventilhub sprungartig von 2,60 mm auf 3,50 mm geöffnet. Dadurch steigt der Füllstand im Kessel in 5,25 min um 118 cm.

   a) Welchen Wert hat der Integrierwert der Füllstandsregelstrecke?

   b) Zeichnen Sie das Stellgrößen-Sprungantwort-Diagramm bis zum oberen Füllstand-Grenzwert von 2,64 cm. Verwenden Sie dazu die Kopiervorlage von Seite 286.

   c) Nach welcher Zeit ist der Füllstand um 70 cm angestiegen?

10.4 Reglertypen

Das zentrale Bauteil einer Regeleinrichtung ist der Regler (Bild 1, Seite 207).

Er vergleicht den Wert der Regelgröße (Istwert) mit dem vorgegebenen Wert der Führungsgröße (Sollwert) und erzeugt gemäß dem ihm eingegebenen Verhalten (Algorithmus) ein Stellsignal mit dem Ziel, den Istwert an den Sollwert heranzuführen.

Wichtigstes Merkmal eines Reglers ist seine zeitliche Stellgrößenveränderung Δy (Sprungantwort) auf eine sprungartige Verstellung der Regelgröße Δx (Regelgrößensprung). Man ermittelt dieses dynamische Verhalten wie bei den Regelstrecken mit der Sprungantwort-Methode (Seite 210/211).

Nach diesem zeitlichen Verhalten unterteilt man die stetigen Regler in drei **Reglergrundtypen**: P-Regler, I-Regler und D-Regler. Daraus bildet man auch Kombinationsregler, wie z. B. den PI-Regler oder den PID-Regler.

10.4.1 Proportionalregler

Beim Proportionalregler, kurz **P-Regler** genannt, besteht zwischen der Regelabweichung Δx und der Stellgrößenveränderung Δy ein proportionaler Zusammenhang: $\Delta y \sim \Delta x$

Bei der Ermittlung der Sprungantwort erhält man auf eine sprungartige Regelgrößenverstellung Δx sofort eine proportionale sprungartige Änderung der Stellgröße Δy: $\Delta y \sim \Delta x$

Mit einem Proportionalbeiwert K_{PR} erhält man die nebenstehende Gleichung.

Proportionalregler

$$\Delta y = K_{PR} \cdot \Delta x$$

$$K_{PR} = \frac{\Delta y}{\Delta x}$$

Der **Proportionalbeiwert** wird auch Übertragungsbeiwert oder Verstärkung genannt. Er gibt an, um welchen Faktor die Regelgrößenveränderung verstärkt bzw. vermindert wird. Er hat üblicherweise Werte von 0,1 bis 20.

Zur Beschreibung eines P-Reglers wird auch der **Proportionalbereich X_p** verwendet. Er ist der Kehrwert des Proportionalbeiwerts K_{PR} und gibt an, um welchen Betrag sich die Regelgröße x ändern muss, damit sich die Stellgröße y um ihren ganzen Stellbereich Y_h ändert.

Proportionalbereich

$$X_{PR} = \frac{1}{K_{PR}}$$

$$\text{mit } K_{PR} = \frac{Y_h}{X_h}$$

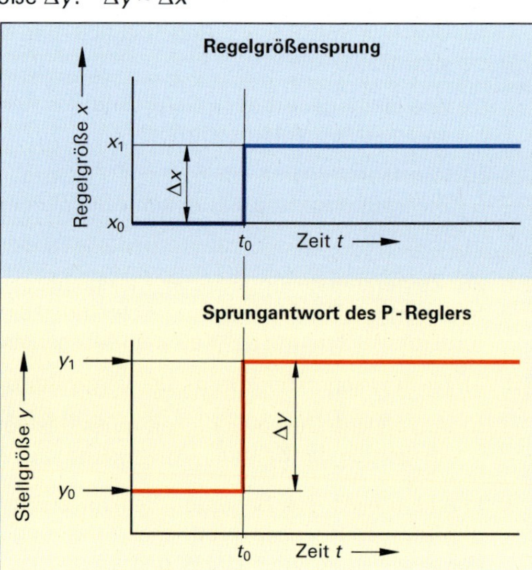

Bild 1: Sprungantwort eines P-Reglers

Bei einer Regelung mit einem P-Regler führt ein neuer Wert der Stellgröße y_1 zu einem neuen Istwert der Regelgröße x_1, der ebenfalls vom Sollwert abweicht. Mit P-Reglern gelingt es nicht, exakt auf den Sollwert zu regeln. Sie haben eine **bleibende Regelabweichung**.

Die **Funktionsweise** eines P-Reglers kann man anschaulich am Modell einer Wasserstandsregelung mit einem Hebelgestänge erläutern **(Bild 2)**. Messfühler ist ein Schwimmer. Er verstellt über ein Hebelgestänge (Regler) den Ventilhub y. Wird durch das Öffnen des Abflussventils der Flüssigkeitsstand abgesenkt, so wird über das Hebelgestänge der Öffnungshub des Zulaufventils vergrößert, so dass mehr Wasser zuläuft und der Flüssigkeitsstand wieder steigt. Durch Verändern der Hebelarmlängen kann der Proportionalbeiwert variiert werden.

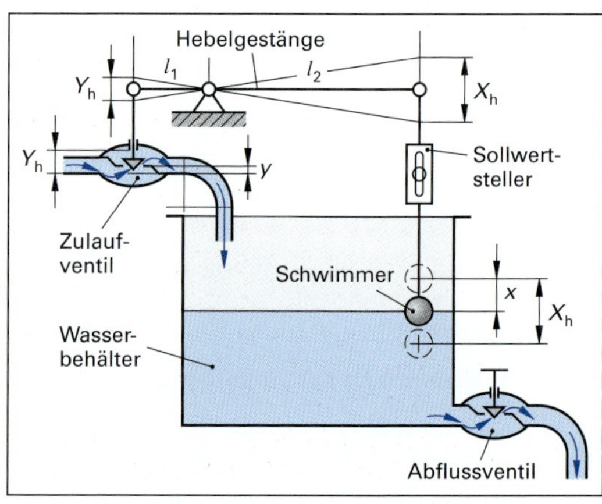

Bild 2: Wasserstandsregelung mit P-Regler

Beispiel: Bei einem Hebelgestänge-Proportionalregler mit einem Proportionalbeiwert $K_{PR} = 0{,}20$ wird die Regelgröße $L = 56$ cm um 12% vergrößert.

a) Welche Stellgröße bildet daraus das Stellventil?

b) Welche restliche Ventilöffnung hat das zuvor halb geöffnete Zulaufventil mit einem Stellbereich von 38 mm dann noch?

Lösung: a) $\Delta y = K_{PR} \cdot \Delta x; \quad \Delta x = L \cdot 12\,\% = 56\text{ cm} \cdot 0{,}12 = 6{,}72\text{ cm}$

$\boldsymbol{\Delta y} = 0{,}20 \cdot 6{,}72\text{ cm} = 1{,}344\text{ cm} \approx \mathbf{1{,}3\text{ cm}}$

b) Halber Ventilhub: $\frac{38\text{ mm}}{2} = 19\text{ mm}$; Zustellung: 1,3 cm = 13 mm

Verbleibende Ventilöffnung: 19 mm – 13 mm = **6 mm**

Aufgaben zu 10.4.1 Proportionalregler

1. Der Übertragungsbeiwert eines P-Reglers für eine Temperaturregelung in einem Rührbehälter beträgt $K_{PR} = 3{,}5$. Der Messbereich der geregelten Temperatur (Regelgröße) umfasst 0 °C bis 180 °C, der Stellbereich des Ventils 0% bis 100%. Die Temperatur fällt durch Zulauf einer Komponente von 82 °C auf 58 °C.
   a) Wie groß ist die Stellgrößenveränderung des P-Reglers in Prozent?
   b) Wie groß ist die Stellgrößenveränderung in mm, wenn der Stellbereich des Ventils 28 mm beträgt?

2. Die Zulufttemperatur für einen Trockner wird mit einem P-Regler geregelt. Der Regler wird mit einem Temperatursprung auf sein dynamisches Verhalten geprüft und ergibt die in **Bild 1** gezeigte Sprungantwort.
   a) Welchen Proportionalbeiwert hat der Regler?
   b) Wie groß ist der Proportionalbereich des Reglers?
   c) Welche Temperaturänderung ergibt sich, wenn der Ventilhub um 20% geöffnet wird?

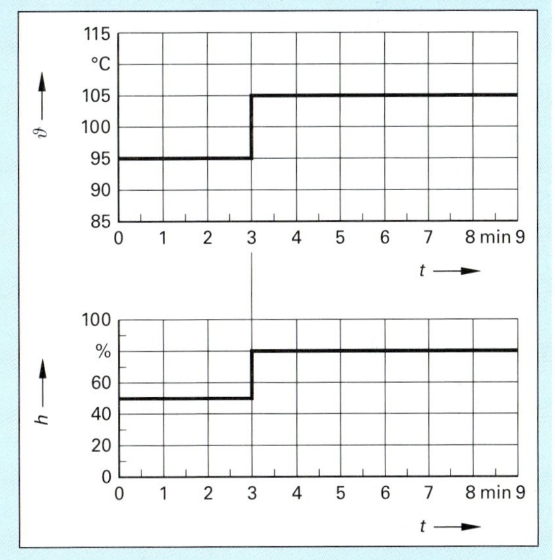

Bild 1: Sprungantwort der Trockner-Zulufttemperatur (Aufgabe 2)

3. Ein Proportionalregler zur Temperaturregelung mit einem Übertragungsbeiwert von $K_{PR} = 4{,}6$ mm/°C regelt auf den Sollwert $x_w = 65{,}0$ °C.
   a) Auf welche Temperatur wird geregelt, wenn der Ventilhub 26 mm beträgt?
   b) Wie groß ist die Regeldifferenz?

4. Der Flüssigkeitsstand im Behälter **(Bild 2)** soll durch den Hebelgestänge-Regler konstant gehalten werden. Der K_{PR}-Wert des Reglers beträgt 3,2.
   a) Wie lang ist der Hebelarm L?
   b) Wie groß ist die Flüssigkeitsstandänderung bei einer Ventilhub-Verstellung von 12 mm?

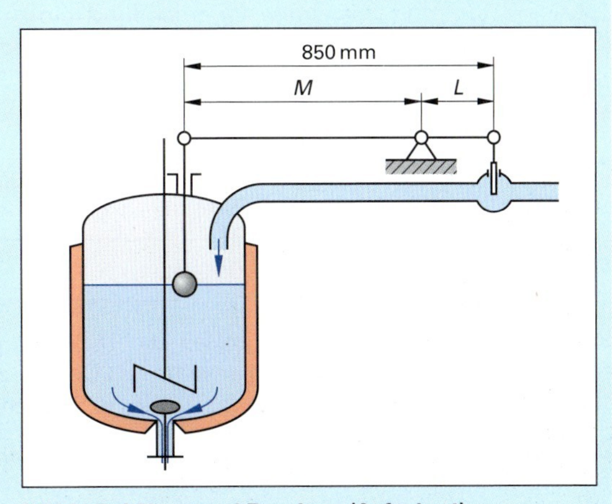

Bild 2: Behälterstand-Regelung (Aufgabe 4)

10.4.2 Integralregler

Der Integralregler, kurz I-Regler genannt, antwortet auf eine sprungartige Regelgrößenverstellung Δx ($\hat{=}$ Regeldifferenz) mit einer konstant ansteigenden Stellgröße y **(Bild 1)**.

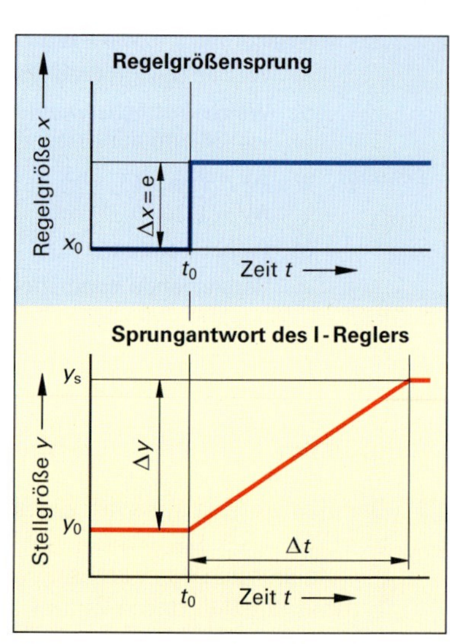

Bild 1: Sprungverhalten eines I-Reglers

Die Stellgrößenveränderung Δy ist proportional zur Größe der Regeldifferenz Δx und der Zeitspanne Δt:

$\Delta y \sim \Delta x$ und $\Delta y \sim \Delta t$

Mit dem Integrierbeiwert K_{IR} als Proportionalitätsfaktor ergibt sich die nebenstehende Gleichung für Δy.

Integralregler
$\Delta y = K_{IR} \cdot \Delta x \cdot \Delta t$

Stellgeschwindigkeit
$v_y = \frac{\Delta y}{\Delta t} = K_{IR} \cdot \Delta x$

Integrierzeit
$T_I = \frac{1}{K_{IR}}$

Die Stellgröße ändert sich so lange, bis die Regelgrößenverstellung ausgeglichen ist. I-Regler regeln auf den Sollwert, ohne bleibende Regelabweichung.

Die Stellgeschwindigkeit $v_y = \Delta y/\Delta t$ des Integralreglers erhält man durch Umstellen der obigen Gleichung.

Als Integrierzeit T_I ist der Kehrwert des Integrierbeiwerts K_{IR} definiert.

Reine I-Regler werden in der Chemietechnik nur selten eingesetzt, da sie entweder zu träge sind oder zu unkontrollierten Schwingungen neigen.

Man bevorzugt deshalb kombinierte PI- oder PID-Regler (Seite 219 und 220).

10.4.3 Differentialregler

Der Differentialregler, kurz **D-Regler** genannt, hat keine eigene Regelwirkung. Er wird deshalb auch als Differenzierglied bezeichnet.

Bei einem Differentialregler steigt bei einer sprungartigen Regelgrößenverstellung Δx die Stellgröße y sprungartig an und geht langsam auf ihren Ausgangswert zurück **(Bild 2)**.

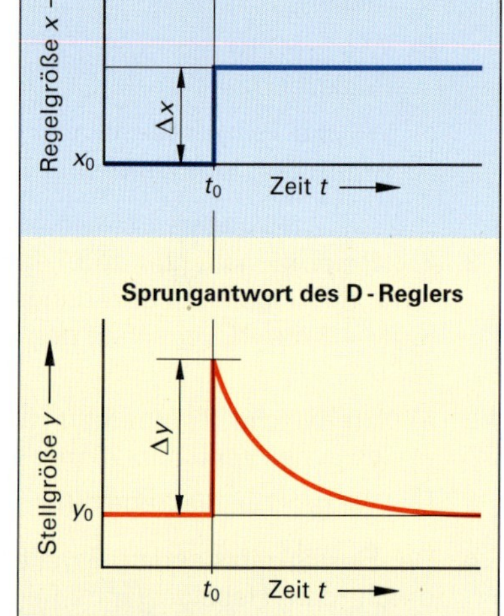

Bild 2: Sprungverhalten eines D-Reglers

Die Stellgrößenänderung Δy ist der Änderungsgeschwindigkeit v_e der Regeldifferenz Δx proportional: $\Delta y \sim v_e$

Mit dem Differenzierbeiwert K_{DR} als Proportionalitätsfaktor ergibt sich die nebenstehende Größengleichung.

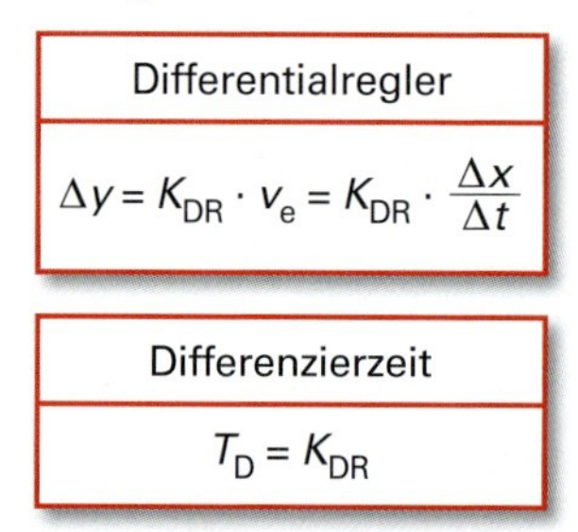

Der Differenzierbeiwert K_{DR} gibt an, wie groß die Stellgrößenänderung Δy ist, wenn sich die Änderungsgeschwindigkeit v_e der Regeldifferenz Δx ändert.

Wenn die Ein- und Ausgangsgrößen am D-Regler gleichartige physikalische Größen sind, wird anstelle des Differenzierbeiwerts K_{DR} häufig die identische Differenzierzeit T_D in Sekunden oder Minuten angegeben.

Der Differentialregler (Differenzierglied) ist allein für eine Regelung nicht brauchbar. D-Regler werden häufig in Kombination mit anderen Reglern eingesetzt, z. B. als PD- oder als PID-Regler (Seite 220).

In Kombination mit anderen Reglergrundtypen beschleunigt der D-Regler deren Regeleingriff.

10.4.4 Proportional-Integral-Regler

Ein Proportional-Integral-Regler, kurz **PI-Regler** genannt, reagiert auf eine Regelgrößenverstellung Δx zuerst mit einer sofortigen Stellgrößenveränderung Δy_P (P-Anteil) und danach mit einem konstanten Anstieg der Stellgröße Δy_I (I-Anteil), bis eine Stellgröße erreicht ist, die den Sollwert der Regelgröße bewirkt **(Bild 1)**.

Der PI-Regler reagiert schneller als ein I-Regler und regelt anschließend auf den Sollwert (ohne Regelabweichung).

Der PI-Regler ist ein häufiger Reglertyp in Chemieanlagen.

Kenngrößen eines PI-Reglers sind der Proportionalbeiwert K_{PR} und die Nachstellzeit T_n.

Die Stellgrößenänderung Δy_{PI} eines PI-Reglers setzt sich aus der Stellgrößenänderung des P-Reglers Δy_P und der des I-Reglers Δy_I zusammen: $\Delta y_{PI} = \Delta y_P + \Delta y_I = K_{PR} \cdot \Delta x + K_{IR} \cdot \Delta x \cdot \Delta t$

Mit $K_{IR} = K_{PR}/T_n$ erhält man: $\Delta y_{PI} = K_{PR} \cdot \Delta x + \dfrac{K_{PR} \cdot \Delta x \cdot \Delta t}{T_n}$

Nach Ausklammem ergibt sich nebenstehende Gleichung für den PI -Regler.

Proportional-Integral-Regler
$\Delta y_{PI} = K_{PR} \cdot \Delta x + \left(1 + \dfrac{\Delta t}{T_n}\right)$; $T_n = \dfrac{K_{PR}}{K_{IR}}$; $T_I = \dfrac{1}{K_{IR}}$

Bild 1: Zeitverhatten eines PI-Reglers

Die Nachstellzeit T_n entspricht der durch den P-Anteil eingesparten Zeit und gibt die Zeit an, um die der PI-Regler schneller ist, als ein reiner I-Regler.

Die Nachstellzeit T_n kann nicht nur rechnerisch, sondern auch grafisch aus der Sprungantwort bestimmt werden (Bild 1). Dazu verlängert man den I-Anteil rückwärts bis zum Schnittpunkt mit der Basislinie bei y_0 und erhält T_n als Abszissenabschnitt.

Beispiel: Bei einer Temperaturregelung in einem Rührkessel mit einem PI-Regler wurde durch Dampfeinleitung der Istwert der Temperatur sprunghaft von $\vartheta = 72$ °C um 6% vergrößert.

Das Stellventil in der Dampfleitung öffnet sich sofort um 1,5 mm und in weiteren 14 Sekunden auf insgesamt $\Delta h = 2{,}8$ mm.

a) Wie groß ist der Proportionalbeiwert des Reglers?

b) Wie groß ist die Nachstellzeit T_n? (Rechnerische Bestimmung)

c) Zeichnen Sie die Sprungantwort des Reglers in ein Diagramm und bestimmen Sie die Nachstellzeit grafisch.

Lösung: a) $K_{PR} = \dfrac{\Delta y_P}{\Delta x} = \dfrac{\Delta y_P}{\Delta w}$; mit $\Delta w = 6\% \cdot 72\,°C \approx 4{,}3\,°C$

folgt $\mathbf{K_{PR}} = \dfrac{1{,}5\,\text{mm}}{4{,}3\,°C} \approx \mathbf{0{,}35\ mm/°C}$

b) $\Delta y = K_{PR} \cdot \Delta w \left(1 + \dfrac{\Delta t}{T_n}\right) \Rightarrow$

$\Delta y = K_{PR} \cdot \Delta w + \dfrac{K_{PR} \cdot \Delta w \cdot \Delta t}{T_n}$

$\Rightarrow \dfrac{K_{PR} \cdot \Delta w \cdot \Delta t}{T_n} = \Delta y - K_P \cdot \Delta w \Rightarrow$

$T_n = \dfrac{K_{PR} \cdot \Delta w \cdot \Delta t}{\Delta y - K_{PR} \cdot \Delta w}$

$\mathbf{T_n} = \dfrac{0{,}35\,\text{mm} \cdot °C^{-1} \cdot 4{,}3\,°C \cdot 14\,\text{s}}{2{,}8\,\text{mm} - 0{,}35\,\text{mm} \cdot °C^{-1} \cdot 4{,}3\,°C} \approx \mathbf{16\ s}$

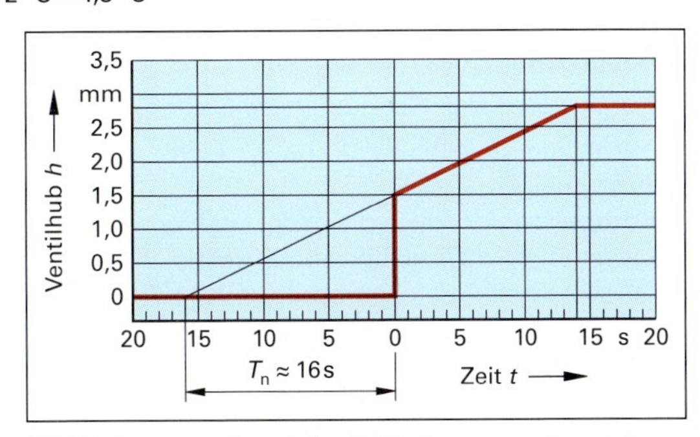

Bild 2: Sprungantwort des PI-Reglers aus nebenstehendem Beispiel

c) Siehe nebenstehendes **Bild 2**.

Die Nachstellzeit T_n erhält man durch rückwärtiges Verlängern des I-Anteils und Schnitt mit $h = 0$ zu $T_n \approx 16$ s.

10.4.5 Proportional-Differential-Regler (PD-Regler)

Ein Proportional-Differential-Regler, kurz **PD-Regler** genannt, reagiert auf eine Regelgrößenverstellung Δx gemäß seinem D-Anteil sofort mit einer großen Stellgrößenänderung (Seite 218), die dann mit einem exponentiellen Abfall auf einen konstanten Stellgrößenwert Δy_P rückgeführt wird **(Bild 1)**.

Der PD-Regler ist ein sehr schnell reagierender Regler. Er regelt jedoch nicht auf den Sollwert, sondern auf einen neuen Istwert, der vom Sollwert abweicht.

Der PD-regler hat eine bleibende Regelabweichung.

Die Kenngrößen eines PD-Reglers sind der Proportionalbeiwert K_{PR} sowie die Vorhaltezeit T_V.

Die Vorhaltezeit T_V ist die Zeitspanne, um die die Anstiegsantwort eines PD-Reglers einen bestimmten Wert der Stellgröße y früher erreicht, als der reine P-Regler.

Der PD-Regler wird in Chemieanlagen selten eingesetzt und wird deshalb nicht näher erörtert.

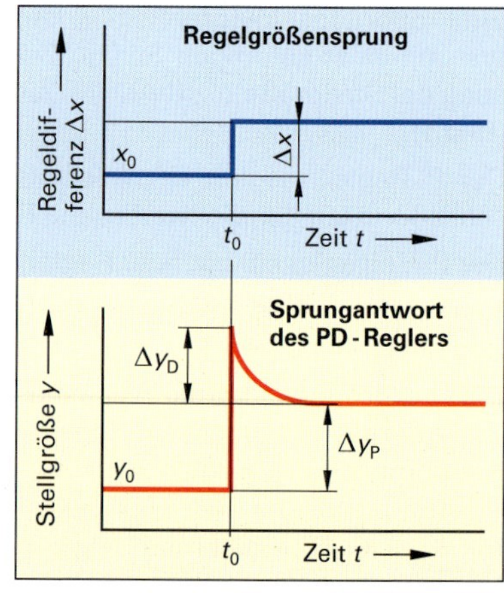

Bild 1: Sprungantwort eines PD-Reglers

In Kombination mit einem I-Regler wird aus einem PD-Regler ein PID-Regler. Der PID-Regler ist ein häufig verwendeter Regler.

10.4.6 Proportional-Integral-Differential-Regler (PID-Regler)

PID-Regler kombinieren die Eigenschaften der drei Reglergrundtypen **(Bild 2)**.

- Sofortige und große Stellwertveränderung bei Auftreten einer Regelgrößenänderung Δx (D-Wirkung).
- Rasche Rückführung auf eine der Regelgrößenänderung angemessene Stellwertveränderung (P-Anteil).
- Anschließende Feinregelung auf den Sollwert ohne bleibende Regelabweichung (I-Anteil).

Die Größengleichung zur Berechnung der Stellgrößenänderung Δy_{PID} des PID-Reglers setzt sich durch Addition der drei Anteile Δy_P, Δy_I und Δy_D zusammen: $\Delta y_{PID} = \Delta y_P + \Delta y_I + \Delta y_D$.

Mit den Gleichungen der einzelnen Reglertypen (Seite 216 und 218) ergibt sich:

$\Delta y_{PID} = K_{PR} \cdot \Delta x + K_{IR} \cdot \Delta x \cdot \Delta t + K_{DR} \cdot v_e$

Mit $K_{IR} = K_{PR}/T_n$ und $K_{DR} = T_V \cdot K_{PR}$ erhält man nach dem Einsetzen von K_{IR} und K_{DR} sowie Ausklammem von K_{PR} die nebenstehende Größengleichung des PID-Reglers.

Die Kenngrößen des PID-Reglers sind der **K_{PR}-Wert**, die **Vorhalte-Zeit T_V** und die **Nachstellzeit T_n**. Sie bestimmen das dynamische Verhalten des PID-Reglers.

Die Kompaktregler sowie die in der Software eines automatischen Regelsystems (Prozessleitsystems) gespeicherten Regler sind PID-Regler. Mit ihren Einstellparametern K_{PR}, T_n und T_V können diese Regler an jede Regelstrecke angepasst werden (Näheres dazu auf Seite 223).

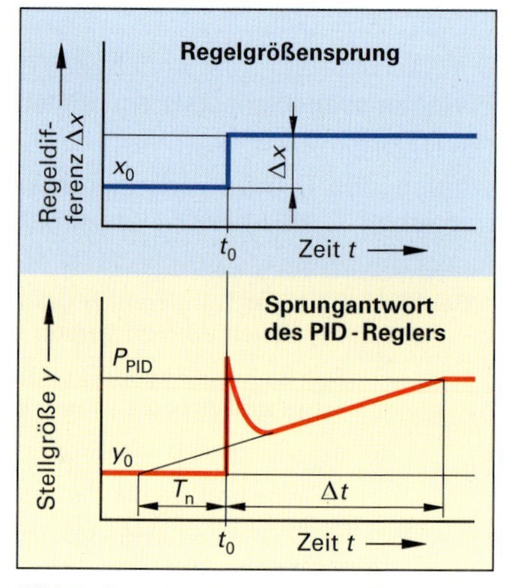

Bild 2: Sprungantwort eines PID-Reglers

PID-Regler

$$\Delta y_{PID} = \underbrace{K_{PR} \cdot \Delta x}_{\text{P-Anteil}} + \underbrace{\frac{K_{PR} \cdot \Delta x \cdot \Delta t}{T_n}}_{\text{I-Anteil}} + \underbrace{K_{PR} \cdot T_V \cdot v_e}_{\text{D-Anteil}}$$

$$\Delta y_{PID} = K_{PR} \cdot \left(\Delta x + \frac{\Delta x \cdot \Delta t}{T_n} + T_V \cdot v_e\right)$$

Wird z. B. beim PID-Regler die Vorhaltezeit auf $T_V = 0$ gestellt, dann arbeitet er als PI-Regler.

Stellt man die Nachstellzeit auf unendlich, $T_n = \infty$, und die Vorhaltezeit auf $T_V = 0$, dann arbeitet er als reiner P-Regler.

Der PID-Regler ist ein universeller Regler, der durch Verändern der Einstellparameter auf jeden Reglertyp eingestellt werden kann.

Beispiel: Bei der Regelung des Füllstands in einem Reaktor mit einem PID-Regler sind folgende Regelparameter eingestellt: $K_{PR} = 2{,}1$ mA/cm, $T_V = 3{,}1$ min. Zur Bestimmung des dynamischen Verhaltens des Reglers wird die Regelgröße mit der Änderungsgeschwindigkeit $v_e = 0{,}22$ cm/min um $\Delta x = \Delta L = 1{,}7$ cm verstellt. Der Regler soll nach 5,0 min ein Regelsignal von 11,3 mA abgeben.
Welche Nachstellzeit T_n ist dazu am Regler einzustellen?

Lösung: $\Delta y = K_{PR} \cdot \left(\Delta x + \frac{\Delta x \cdot \Delta t}{T_n} + T_V \cdot v_e\right) \Rightarrow \Delta y = K_{PR} \cdot \Delta x + \frac{K_{PR} \cdot \Delta x \cdot \Delta t}{T_n} + K_{PR} \cdot T_V \cdot v_e \Rightarrow$

$$\frac{K_{PR} \cdot \Delta x \cdot \Delta t}{T_n} = \Delta y - K_{PR} \cdot \Delta x - K_{PR} \cdot T_V \cdot v_e \Rightarrow T_n = \frac{K_{PR} \cdot \Delta x \cdot \Delta t}{\Delta y - K_{PR} \cdot \Delta x - K_{PR} \cdot T_V \cdot v_e} = \frac{K_{PR} \cdot \Delta x \cdot \Delta t}{\Delta y - K_{PR}(\Delta x + T_V \cdot v_e)}$$

$$T_n = \frac{2{,}1 \frac{\text{mA}}{\text{cm}} \cdot 1{,}7\,\text{cm} \cdot 5\,\text{min}}{11{,}3\,\text{mA} - 2{,}1 \frac{\text{mA}}{\text{cm}} \cdot \left(1{,}7\,\text{cm} + 3{,}1\,\text{min} \cdot 0{,}22 \frac{\text{cm}}{\text{min}}\right)} \approx \frac{17{,}85\,\text{min}}{11{,}3 - 2{,}9} \approx \mathbf{2{,}1\ min}$$

Aufgaben zu 10.4.2 bis 10.4.6 PI- und PID-Regler

1. Ein PI-Regler für eine Kolonnen-Druckregelung mit einem Stellventil zeigt die nebenstehende Sprungantwort des Reglers **(Bild 1)**.
   a) Bestimmen Sie aus der Sprungantwort grafisch die Nachstellzeit.
   b) Welcher Ventilhub herrscht beim Sollwert des Drucks?
   c) Nach welcher Zeit ist der Sollwert erreicht?

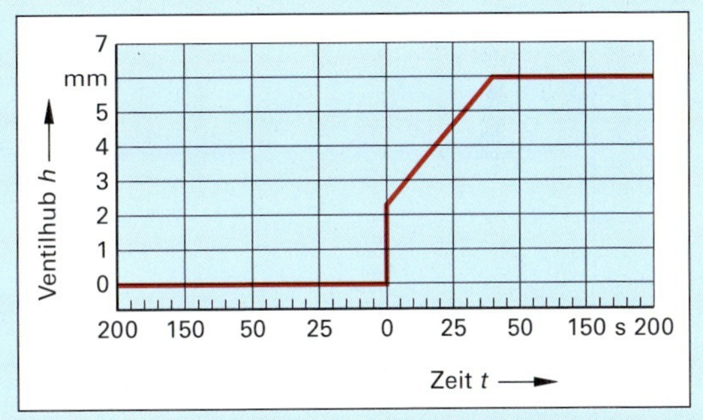

Bild 1: Sprungantwort eines PI-Reglers zur Druckregelung (Aufgabe 1)

2. Ein PI-Regler für die Temperaturregelung eines dampfbeheizten Rührkessels hat einen Proportionalbeiwert von $K_{PR} = 8{,}4\%$. Seine Integrierzeit beträgt 44 Sekunden.
   a) Welche Nachstellzeit hat der Regler?
   b) Nach welcher Zeit hat der PI-Regler einen neuen Sollwert erreicht, wenn ein Regelgrößensprung von $\Delta x = 4{,}0\%$ zu einer Ventilhubänderung von $\Delta y_{PI} = 12{,}2\%$ führt?

3. Nach welchem Reglertyp arbeitet ein Universal-PID-Regler,
   a) wenn man die Vorhaltezeit T_V auf 0 stellt?
   b) wenn man die Nachstellzeit T_n auf ∞ und die Vorhaltezeit T_V auf 0 stellt?

4. Zur Füllstandregelung in einem Kolonnensumpf wird ein PID-Regler eingesetzt. Es sind folgende Regelparameter eingestellt: $K_{PR} = 0{,}31$ mA/cm; $T_n = 23{,}7$ s; $T_V = 5{,}8$ s. Durch eine Störung steigt der Flüssigkeitsstand im Kolonnensumpf um $\Delta L = 12{,}0$ cm an, die Änderungsgeschwindigkeit beträgt 2,0 cm/s.

   Welche Ausgangsgrößenänderung liefert der Regler nach 30 Sekunden?

5. Von einem PID-Regler zur pH-Wert-Regelung in einem Neutralisationsbecken wird durch einen Laugenzufluss eine sprungartige pH-Wert-Verstellung bewirkt. Es wird die in **Bild 2** gezeigte Sprungantwort aufgenommen.
   a) Nach welcher Zeit ist der Sollwert erreicht?
   b) Welches Stellsignal herrscht beim Sollwert des pH-Werts?
   c) Ermitteln Sie grafisch aus der Sprungantwort die Nachstellzeit.

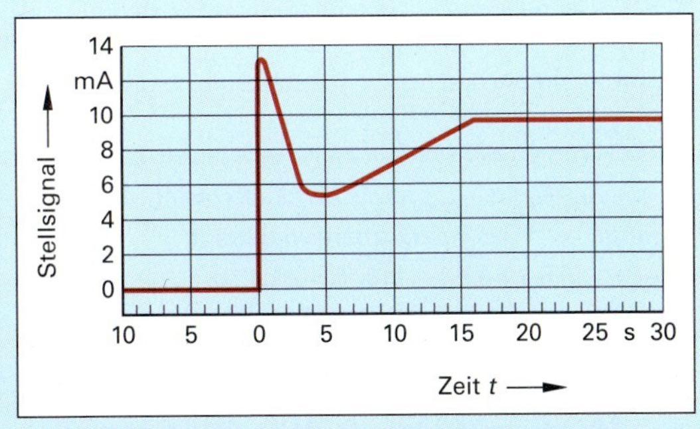

Bild 2: Sprungantwort eines PID-Reglers zur pH-Wert-Regelung (Aufgabe 5)

10.5 Regelkreisverhalten und Regleranpassung

In einem Regelkreis sind die Regelstrecke und der Regler durch die wechselseitige Beeinflussung der Stellgröße und der Regelgröße miteinander verknüpft (Bild 1, Seite 207). In Abhängigkeit von der vorliegenden Regelstrecke kommt es je nach eingesetztem Reglertyp zu unterschiedlichem Regelkreisverhalten.

10.5.1 Regelkreisverhalten

Für eine vorgegebene Regelstrecke (den geregelten Anlagenbereich) muss der „passende" Reglertyp gefunden werden. Nur ein passender Reglertyp führt zu **stabilem Regelkreisverhalten**. Es ist dadurch gekennzeichnet, dass die Regelgröße x nach dem Anfahren bzw. nach einer Störung oder nach dem Verstellen des Sollwerts nach einer bestimmten Zeit der Einpendelung wieder einen festen Wert annimmt **(Bild 1)**.

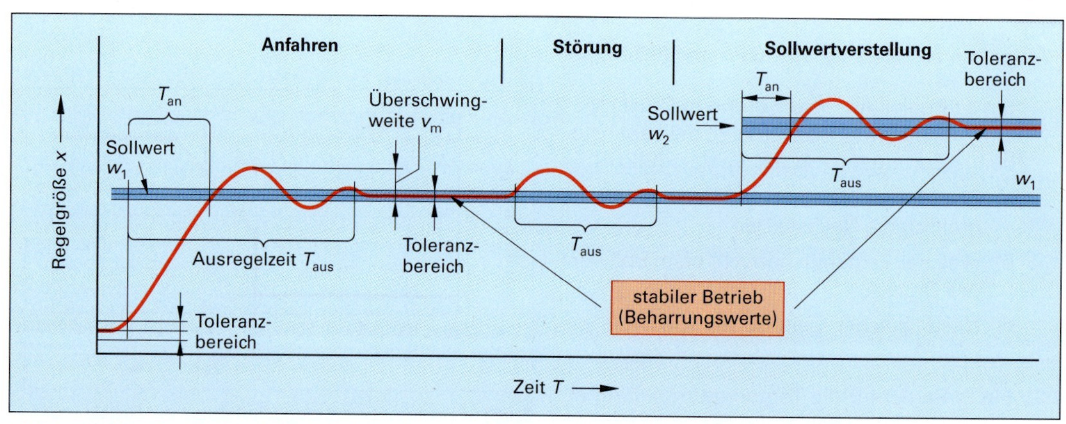

Bild 1: Regelkreisverhalten beim Anfahren, bei einer Störung und bei einer Sollwertverstellung

Aus dem Kurvenverlauf der Regelgröße (Regelantwort) können Kennwerte entnommen werden.
Die **Anregelzeit T_{an}** ist die Zeitspanne vom Verlassen des bisherigen Toleranzbandes einer Regelgröße x bis zum erstmaligen Eintreten der Regelgröße in den Toleranzbereich der neuen, später stabilen Regelgröße (Beharrungswert).
Die **Ausregelzeit T_{aus}** ist die Zeitspanne vom Verlassen des bisherigen Toleranzbandes der Regelgröße x, z.B. nach dem Anfahren oder einer Störung, bis zum Wiedereintreten (bei Verbleiben) in den neuen Toleranzbereich der Regelgröße.
Als **Toleranzbereich TB** des Beharrungswerts ist + 1 % des Sollwerteinstellbereichs w_h festgelegt.
Die **Überschwingweite v_m** ist die größte vorübergehende Abweichung der Regelgröße x während des Übergangs von einem stabilen Regelzustand auf einen neuen Beharrungswert.

Beispiel: Nach einer sprungartigen Verstellung des Sollwerts der Regelgröße ϑ von 62 °C auf 82,5 °C kommt es zu dem in **Bild 2** gezeigten Verlauf der Regelgröße. Der neue, stabile Regelgrößenwert ist 82,5 °C. Der gesamte Bereich der Sollwerteinstellung beträgt 110 °C.

a) Ermitteln Sie den neuen Toleranzbereich und zeichnen Sie ihn in Bild 2 ein.

b) Bestimmen Sie aus Bild 2 die Anregelzeit T_{an},

c) die Ausregelzeit T_{aus} sowie die Überschwingweite v_m.

Lösung: a) Der Toleranzbereich beträgt:

TB 2 = ± 1 % · 110 °C = ± 1,1 °C.

b) Aus der Kurve der Regelgröße in Bild 2 werden die Anregelzeit T_{an} und die Ausregelzeit T_{aus} sowie die Überschwingweite v_m bestimmt:

T_{an} = (4,8 – 2,2) min = 2,6 min; T_{aus} = (8,5 – 2,2) min = 6,3 min;
v_m = 87,5 °C – 82,5 °C = 5,0 °C

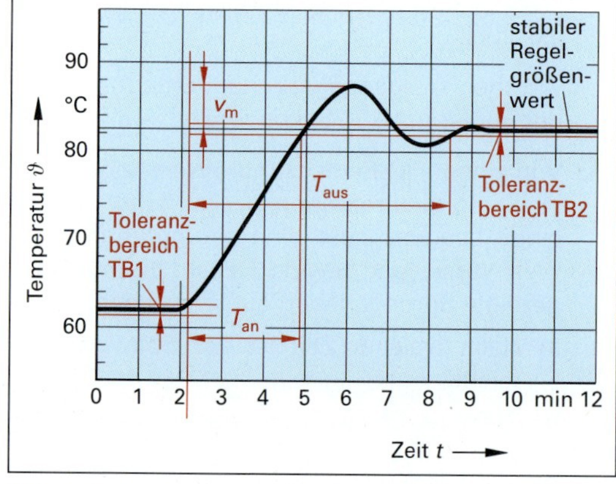

Bild 2: Sprungantwort eines Temperatur-Reglers auf eine Sollwertverstellung (Beispiel)

10.5.2 Anpassung des Reglers an die Regelstrecke

Bei einer Chemieanlage ist die Regelstrecke durch den zu regelnden Anlagenteil vorgegeben, z.B. einen dampfbeheizten Rührbehälter mit Heizdampfleitung und Stellventil (Bild 1, Seite 210). Durch die Auswahl des passenden Reglertyps und seine Anpassung an die Regelstrecke (Reglereinstellung) erreicht man einen Regelkreis mit stabilem Regelkreisverhalten.

Die am häufigsten eingesetzten Reglertypen sind der P-Regler, der PI-Regler und der PID-Regler. Sie sind zur Regelung der verschiedenen Betriebsgrößen geeignet **(Tabelle 1)**.

Digitale Regler enthalten als Software abgespeichert den universellen PID-Regler.

Durch Berechnen und Einstellen der Regler-Kenngrößen:

- Proportionalitätsbeiwert K_{PR}
- Nachstellzeit T_n und
- Vorhaltezeit T_g (Seite 220)

mit den Regelstrecken-Kenngrößen:

- Proportionalitätsbeiwert K_{PS}
- Verzugszeit T_u und
- Ausgleichszeit T_g (Seite 213)

wird daraus der für eine Regelaufgabe geeignete Regler.

Tabelle 1: Eignung der Reglertypen für Regelaufgaben

Regelgröße	P-Regler	PI-Regler	PID-Regler
Temperatur	nicht geeignet	gut geeignet	gut geeignet
Druck	nicht geeignet	gut geeignet	bedingt geeignet
Durchfluss	nicht geeignet	bedingt geeignet	bedingt geeignet
Füllstand	gut geeignet	bedingt geeignet	gut geeignet

Tabelle 2: Reglereinstellungen für Regelstrecken mit Ausgleich für die Prozessführung (nach Chien, Hrones und Reswick)

Regler	Reglerparameter bei Sollwertverstellung		
P-Regler	$K_{PR} = \frac{0,7}{K_{PS}} \cdot \frac{T_g}{T_u}$;	$T_n = 0$;	$T_V = 0$
PI-Regler	$K_{PR} = \frac{0,6}{K_{PS}} \cdot \frac{T_g}{T_u}$;	$T_n = T_g$;	$T_V = 0$
PID-Regler	$K_{PR} = \frac{0,95}{K_{PS}} \cdot \frac{T_g}{T_u}$;	$T_n = 1,35 \cdot T_g$;	$T_V = 0,47 \cdot T_u$

Es gibt mehrere Berechnungsmethoden für die **Reglerparameter**. **Tabelle 2** zeigt einen möglichen Satz von Berechnungsformeln.

Sie gelten für die Prozessführung bei einem Regelverlauf **mit** Überschwingen, d.h. zeitlich befristetem, periodischem Verlauf (Seite 222, Bild 1, rechter Bildteil).

Bei einem Regelverlauf **ohne** Überschwingen (aperiodischer Verlauf) oder beim Anfahren bzw. zum Regeln von Störungen verwendet man dieselben Gleichungen (Tabelle 2) mit anderen Faktoren (siehe Aufgabe 2, Seite 223).

Beispiel: Ein Hordentrockner wird von einem PID-Regler geregelt. Zur Untersuchung des Regelverhaltens wurde die Sprungantwort der Regelstrecke (Hordentrockner) aufgenommen. Die sprungartige Erhöhung der Stellgröße am Regler von 43% auf 65% führte zu einer Temperaturerhöhung im Trockner von 68,3 °C auf 79,7 °C (Regelgröße).

Der Regelgrößenbereich liegt zwischen 40 °C und 160 °C.

Durch grafische Auswertung der Sprungantwortkurve der Regelstrecke wurden eine Verzugszeit von $T_u = 72$ s und eine Ausgleichszeit $T_g = 7$ min 12 s ermittelt.

Welchen Wert haben die Regelparameter Proportionalitätsbeiwert K_{PR}, Nachstellzeit T_n und Vorhaltezeit T_V?

Lösung: Zuerst muss der Proportionalbeiwert K_{PS} der Regelstrecke (Hordentrockner) berechnet werden:

$K_{PS} = \frac{\Delta x_s}{\Delta y_s}$; die Stellgrößenveränderung ist $\Delta y_s = y_{s2} - y_{s1} = 65\% - 43\% = 22\% = 0,22$

Die Regelgrößenänderung Δx_s in Prozent erhält man durch Dividieren mit dem Regelgrößenbereich RB_x:

$$\Delta x_s = \frac{x_{S2} - x_{S1}}{RB_x} = \frac{79,7\,°C - 68,3\,°C}{160\,°C - 40\,°C} = \frac{11,4\,°C}{120\,°C} = 0,095$$

Damit folgt: $K_{PS} = \frac{\Delta x_s}{\Delta y_s} = \frac{0,095}{0,22} \approx 0,43$

Daraus können mit den Berechnungsformeln von Tabelle 2 die Einstellparameter des PID-Rechners berechnet werden. Mit $T_u = 72$ s und $T_g = 7$ min 12 s $= 432$ s folgt:

$$\mathbf{K_{PR}} = \frac{0,95}{K_{PS}} \cdot \frac{T_g}{T_u} = \frac{0,95}{0,43} \cdot \frac{432\,s}{72\,s} \approx \mathbf{13,3};$$

$\mathbf{T_n} = 1,35 \cdot T_g = 1,35 \cdot 432\,s \approx$ **583 s**

$\mathbf{T_V} = 0,46 \cdot T_u = 0,47 \cdot 72\,s =$ **34 s**

Aufgaben zu 10.5 Regelkreisverhalten und Regleranpassung

1. Der Einschwingvorgang eines Druck-Regelkreises verläuft nach einer Verstellung des Sollwerts gemäß **Bild 1**. Der Sollwert-Einstellbereich ist w_h = 10,0 bar, die Toleranz beträgt 1 % von w_h.
   a) Ermitteln Sie den Toleranzbereich und zeichnen Sie ihn in das Diagramm ein.
   b) Ermitteln Sie aus dem Diagramm die Anregelzeit T_{an} und die Ausregelzeit T_{aus}.
   c) Wie groß ist die Überschwingweite v_m?
   d) Welcher neue Beharrungswert des Drucks stellt sich nach der Änderung des Sollwerts ein?

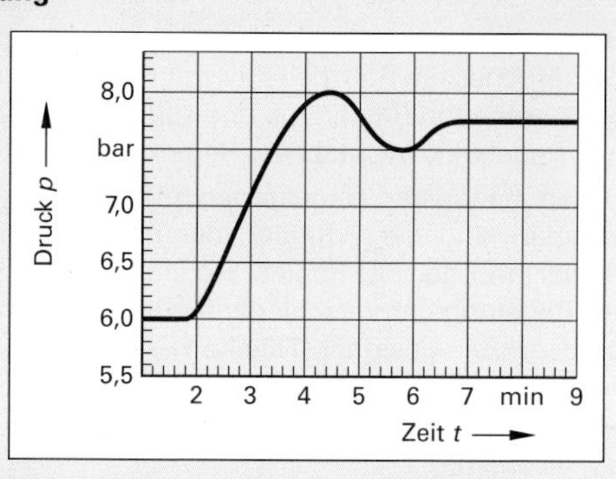

Bild 1: Einregelvorgang (Aufgabe 1)

2. Zur Anpassung eines PID-Reglers an eine pH-Regelstrecke sollen die Regelparameter für eine Sollwertverstellung berechnet werden. Der Proportionalbeiwert der pH-Regelstrecke beträgt K_{PS} = 8,4. Aus der Sprungantwort der Regelstrecke wurde eine Verzugszeit von T_u = 92 s und eine Ausgleichszeit von T_g = 125 s ermittelt. Die Berechnungsgleichungen für die Regelparameter bei einer Sollwertverstelllung zeigt die **Tabelle**. Welche Größenwerte haben die Regelparameter für die Reglereinstellung?

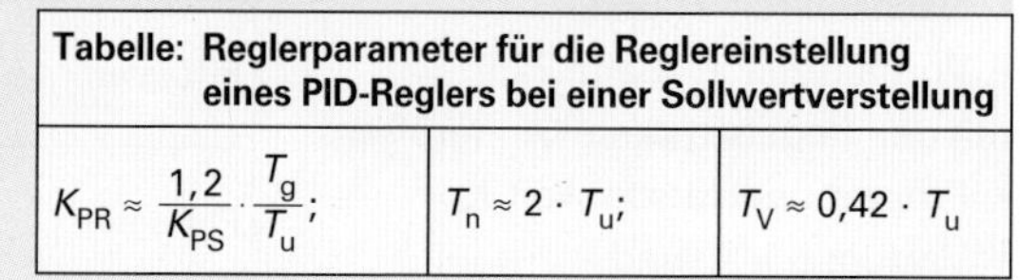

Tabelle: Reglerparameter für die Reglereinstellung eines PID-Reglers bei einer Sollwertverstellung		
$K_{PR} \approx \frac{1{,}2}{K_{PS}} \cdot \frac{T_g}{T_u}$;	$T_n \approx 2 \cdot T_u$;	$T_V \approx 0{,}42 \cdot T_u$

3. Das nebenstehende **Bild 2** zeigt das Monitorbild eines Temperaturreglers auf der Bedienstation eines Prozessleitsystems. Das Bild zeigt das Regelkreisverhalten nach einer Sollwertänderung.
   a) Welchen Beharrungswert hat der alte bzw. der neue Sollwert?
   b) Um welchen Reglertyp handelt es sich? Beantworten Sie die Frage aufgrund der angegebenen Einstellparameter.
   c) Welche bleibende Regeldifferenz stellt sich ein?
   d) Berechnen Sie den Toleranzbereich und tragen Sie ihn in das Diagramm ein.

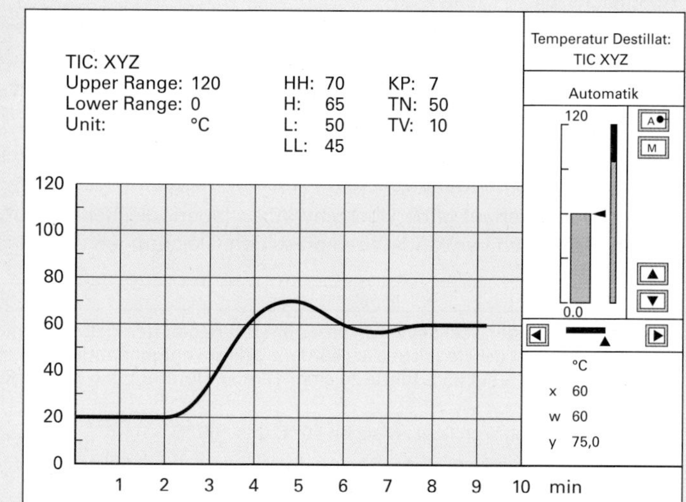

Bild 2: Monitorbild eines Reglers bei einem Prozessleitsystem (Aufgabe 3)

   e) Ermitteln Sie die Kennwerte des Einregelvorgangs: Anregelzeit T_{an}, Ausregelzeit T_{aus} und maximale Überschwingweite v_m.

4. Für den PID-Regler einer Temperaturregelstrecke bei einer Destillationsblase soll eine Reglereinstellung mit Parametern erfolgen. Zur Aufnahme der Sprungantwort der Regelstrecke wird der Heizdampfventilhub um 12,5 % von 320 L/min auf 384 L/min erhöht. Der regelbare Volumenstrombereich beträgt $\dot{V}_h$ = 800 L/min.

   Aus der Sprungantwort wurden eine Verzugszeit von T_u = 1,2 min und eine Ausgleichszeit von T_g = 7,3 min ermittelt.

   Welche Einstellparameter kann man für den PID-Regler berechnen?

11 Lösen von Aufgaben aus der Steuerungstechnik

Bei einer **Steuerung** (engl. open loop control) läuft ein Prozess nach einem vorgegebenen Zeit- oder Ablaufplan durch Schalt- oder Stellimpulse in gewünschter Weise ab.

Im Rahmen der Zeitsteuerung bzw. Ablaufsteuerung sind häufig Prozessgrößen miteinander verknüpft.

Bei diesen Steuerungsvorgängen, man nennt sie **Verknüpfungssteuerungen**, werden anliegenden Eingangssignalen über logische Verknüpfungen Ausgangssignale für Stellgeräte zugeordnet.

Im vorliegenden Kapitel werden die logischen Verknüpfungen erläutert und Steuerungsaufgaben mit logischen Verknüpfungen zusammengestellt, ermittelt und berechnet.

Zum Verständnis der Steuerungstechnik benötigt man zusätzliche Informationen:

Die Steuerungstechnik arbeitet meist mit binären Signalen.

Binäre Signale sind durch die zwei Schaltzustände **Null** (0) oder **Eins** (1) gekennzeichnet.

In der Chemietechnik entspricht dies beispielsweise den Grenzzuständen auf/zu, ein/aus oder voll/leer (**Tabelle 1**).

Tabelle 1: Binäre Schaltzustände

Schaltelement	Wert 1	Wert 0
Ventil	auf	zu
Tastschalter	ein	aus
Grenzschalter	voll	leer

Bei einer Steuerung werden die binären Prozesssignale (z.B. Grenzfüllstände, Grenztemperaturen und Grenzdrücke) in der Steuereinheit oder durch den Prozessrechner miteinander verknüpft, zum Teil gespeichert und als Schaltsignale wieder ausgegeben.

Alle Verknüpfungen in Steuerungen basieren auf wenigen Grundverknüpfungen. Man nennt die Verknüpfungen auch Verschaltungen oder kurz Schaltungen.

11.1 Logische Grundverknüpfungen

Die logischen Grundverknüpfungen sind: **UND**, **ODER** bzw. **XOR** und **NICHT**. Im Folgenden werden diese logischen Grundverknüpfungen erläutert.

UND-Verknüpfung

Bei einer UND-Verknüpfung hat der Ausgang A1 nur dann den 1-Zustand, wenn an <u>allen</u> Eingängen E0, E1 ... ein 1-Signal anliegt.

Man kann die Funktion einer logischen Grundverknüpfung auf unterschiedliche Art und Weise beschreiben und darstellen:

Anschaulich ist die Darstellung im **Stromlaufplan (Bild 1)**. Zum Beispiel die UND-Verknüpfung: In der Leitung A1 fließt nur dann ein Strom (Signal 1), wenn die Schalter E0 <u>und</u> E1 geschlossen sind (jeweils das Signal 1 haben). Dies entspricht im elektrischen Stromkreis einer Reihenschaltung.

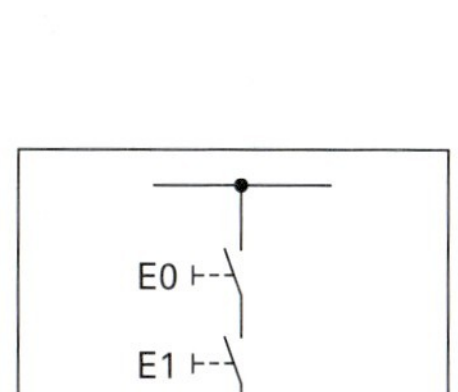

Bild 1: Stromlaufplan

Die **Schalttabelle** (Wahrheitstabelle) stellt die Funktionszusammenhänge in einer Tabelle dar **(Bild 2)**. Bei zwei Eingängen und einem Ausgang hat sie z.B. die Spalten E0, E1 und A1. In den ersten drei Zeilen der Tabelle haben beide Eingänge E0 und E1 oder einer der beiden Eingänge das Signal 0. Im Stromlaufplan sind dann beide Schalter oder einer der Schalter geöffnet: Ausgang A1 führt das Signal 0. In Zeile 4 haben <u>beide</u> Eingänge das Signal 1 (beide Schalter geschlossen): Der Ausgang A1 führt das Signal 1 (A1 = 1).

E0	E1	A1
0	0	0
0	1	0
1	0	0
1	1	1

Bild 2: Schalttabelle

Das **Schaltzeichen** stellt die logische Verknüpfung symbolartig dar **(Bild 3)**: In einem Rechteck wird die UND-Verknüpfung durch das Zeichen & symbolisiert, links vom Rechteck sind die Eingänge (E0 und E1), rechts ist der Ausgang A1 angeordnet.

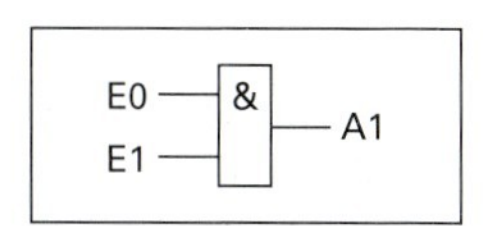

Bild 3: Schaltzeichen

Die **Funktionsgleichung** stellt die Verknüpfung in Form einer mathematischen Gleichung mit einem Funktionssymbol dar **(Bild 4)**. Das Funktionssymbol der UND-Verknüpfung ist: $\wedge$

Die Funktionsgleichung der UND-Verknüpfung lautet: $A1 = E0 \wedge E1$.

Gelesen wird die Funktionsgleichung: A1 = 1, wenn E0 = 1 <u>und</u> E1 = 1.

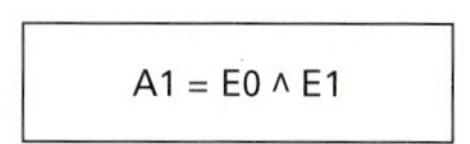

Bild 4: Funktionsgleichung

Beispiel einer UND-Verknüpfung in der Chemietechnik:

Eine Presse hat zwei Schalter S0 und S1, die über eine UND-Verknüpfung mit dem Pressenantrieb verbunden sind.

Der Pressenantrieb wird nur dann in Betrieb gesetzt (A1 = 1), wenn mit der linken Hand ein Sicherheitsschalter S0 (E0 = 1) **und gleichzeitig** mit der rechten Hand ein Pressenschalter S1 betätigt wird (E1 = 1).

Bei Loslassen eines der beiden Schalter wird die Presse abgeschaltet. Dadurch kann keine Hand in die niedergehende Presse geraten.

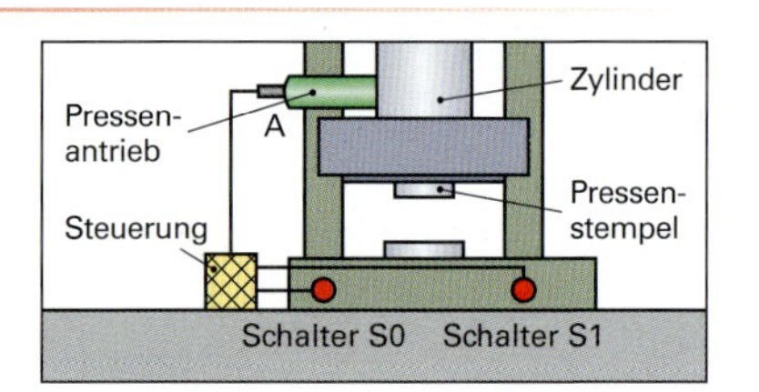

Bild 1: Bedienung einer Presse

In der Technik werden die logischen Verknüpfungen mit elektronischen Bauelementen in Form von Bausteinen realisiert (Bild 4, Seite 230). Man bezeichnet deshalb eine UND-Verknüpfung auch als UND-Baustein oder als UND-Glied.

ODER-Verknüpfung

Eine ODER-Verknüpfung hat am Ausgang A1 dann den 1-Zustand, wenn entweder an mindestens einem der Eingänge der 1-Zustand anliegt, oder wenn beide Eingangssignale 1 sind.

Die ODER-Verknüpfung hat die Funktion einer elektrischen Parallelschaltung.
Bild 2 zeigt das Schaltzeichen, die Schalttabelle mit den möglichen Signalzuständen, die Funktionsgleichung sowie den Stromlaufplan einer ODER-Verknüpfung.
Die Funktionsgleichung lautet: $A1 = E0 \vee E1$
Gelesen: A1 gleich E0 oder E1

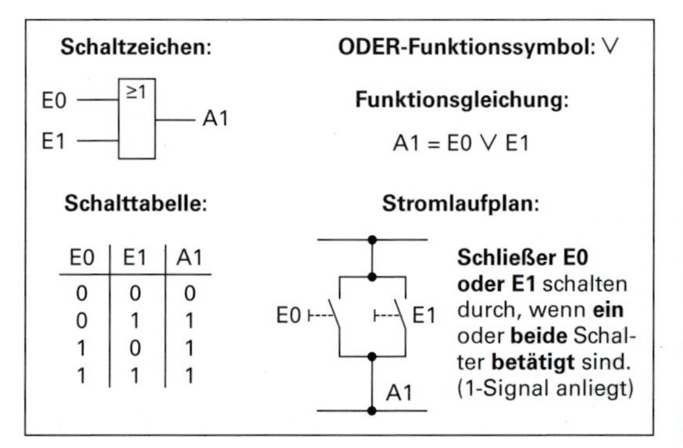

E0	E1	A1
0	0	0
0	1	1
1	0	1
1	1	1

Bild 2: ODER-Verknüpfung

Beispiel einer ODER-Verknüpfung in der Chemietechnik:

Eine Kreiselpumpe hat zwei Schaltstellen, die mit einer ODER-Verknüpfung verschaltet sind **(Bild 3)**.

Die Pumpe kann wahlweise entweder durch einen Schalter S0 an der Pumpe (E0 = 1) **oder** durch einen Schalter S1 in der Messwarte (E1 = 1) gestartet werden (A1 = 1). Auch die gleichzeitige Betätigung der Schalter S0 und S1 führt zum Laufen der Pumpe.

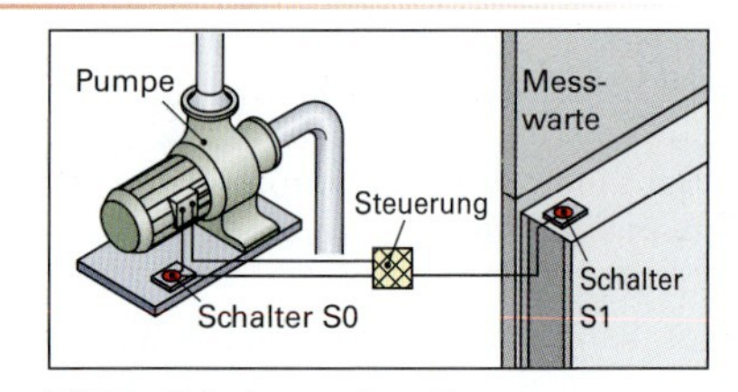

Bild 3: Schaltung einer Pumpe

Exklusiv-ODER-Verknüpfung (kurz: XOR-Verknüpfung)

Bei einer Exklusiv-ODER-Verknüpfung (auch Antivalenz genannt) hat der Ausgang A1 dann den 1-Zustand, wenn die Eingänge E0 und E1 unterschiedliche Signalwerte haben.

Bild 4 zeigt das Schaltzeichen, die Schalttabelle mit den möglichen Signalzuständen, die Funktionsgleichung sowie den Stromlaufplan der XOR-Verknüpfung. Die Funktionsgleichung lautet:

$$A1 = (E0 \wedge \overline{E1}) \vee (\overline{E0} \wedge E1)$$

Gelesen: A1 gleich E0 und nicht E1 oder nicht E0 <u>und</u> E1.

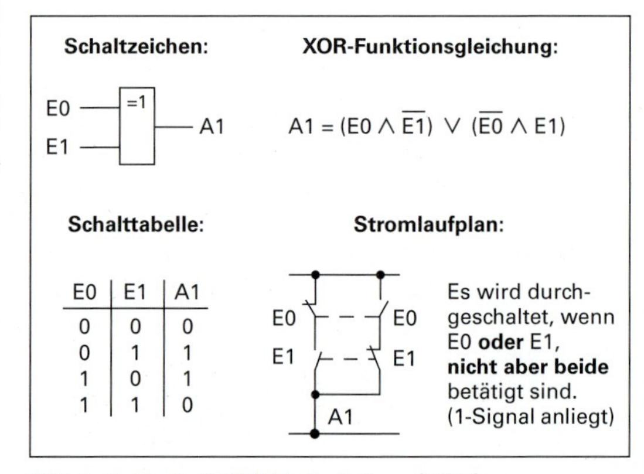

E0	E1	A1
0	0	0
0	1	1
1	0	1
1	1	0

Bild 4: Exklusiv-ODER-Verknüpfung (XOR)

Beispiel XOR-Verknüpfung aus der Chemietechnik:

Ein Sammelbecken wird über zwei Rohrleitungen mit Kreiselpumpen entleert. Dabei soll nur jeweils <u>eine</u> Pumpe in Betrieb sein (E0 = 1 <u>oder</u> E1 = 1).

NICHT-Funktion

Die NICHT-Funktion bewirkt eine Signalumkehr: Der Ausgang A1 hat dann das Signal 1, wenn das Eingangssignal E0 = 0 ist und umgekehrt.

Die NICHT-Funktion wird deshalb auch Negation oder Inverter genannt.
Bild 1 zeigt das Schaltzeichen, die Schalttabelle mit den möglichen Signalzuständen, die Funktionsgleichung sowie den Stromlaufplan der NICHT-Funktion.
Die Negation wird am Ausgang des Logiksymbols durch einen kleinen Kreis, in der Funktionsgleichung durch einen Überstrich gekennzeichnet (z. B. $\overline{E0}$). Die Funktionsgleichung lautet: $A1 = \overline{E0}$
Gelesen: A1 ist **nicht** gleich E0.

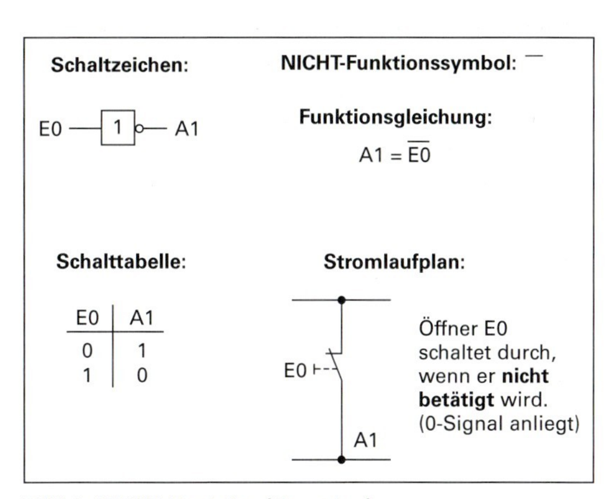

Bild 1: NICHT-Funktion (Negation)

Beispiel einer NICHT-Funktion in der Chemietechnik:

Eine Filterpresse hat einen NOT-AUS-Schalter E0 **(Bild 2)**. Er ist mit dem Antrieb der Filterpresse über eine NICHT-Funktion geschaltet. Bei Drücken des NOT-AUS-Schalters (E0 = 1) wird der Antrieb unterbrochen (A1 = 0). Wird der Schalter nach Öffnen einer Schlüsselsperre gedrückt (E0 = 0), läuft der Antrieb wieder an (A1 = 1).

NOT-AUS-Schalter sollen in Notsituationen durch Schnellabschaltung von Maschinen Schäden an Mensch und Maschine verhindern.

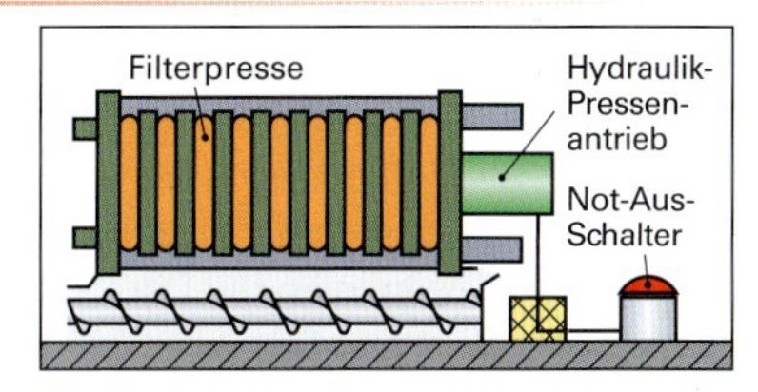

Bild 2: Not-Abschaltung Filterpresse

Aufgaben zu 10.1 Logische Grundverknüpfungen

1. Ein Förderband soll wahlweise durch je einen Tastschalter an den beiden Enden des Förderbandes (E1 = 1, E2 = 1) und vom Leitstand aus (E3 = 1) eingeschaltet werden können (A1 = 1) **(Bild 3)**.
   a) Stellen Sie die geeignete Verknüpfung dieser Schaltung mit einem Schaltzeichen dar.
   b) Erstellen Sie die Schalttabelle der Verknüpfung.

Bild 3: Schaltung eines Förderbandes (Aufgabe 1)

2. An einem Rührkessel soll eine Blinkleuchte eingeschaltet werden (A1 = 1), wenn die Stromversorgung für den Rührer ausfällt (E1 = 0) **(Bild 4)**.
   a) Welche Verknüpfung leistet diese Schaltaufgabe?
   b) Geben Sie das Schaltzeichen an.
   c) Nennen Sie die Funktionsgleichung.

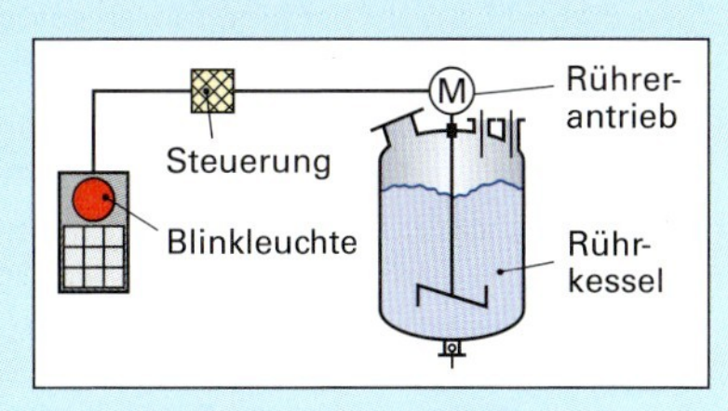

Bild 4: Schaltung einer Blinkleuchte (Aufgabe 2)

3. Eine Zentrifuge **(Bild 5)** ist durch zwei Schalter gegen nicht sachgemäßen Betrieb geschützt: Der Verschlussdeckel der Zentrifuge drückt beim Schließen einen Schalter nieder (E1 = 1) und gibt ihn beim Öffnen wieder frei. Ein Widerstandsschalter in der Zentrifuge ist bei leerer Zentrifuge geschlossen (E2 = 1) und im gefüllten Zustand offen.

   Der Antriebsmotor der Zentrifuge soll nur anlaufen (A1 = 1), wenn der EIN-Tastschalter gedrückt wird sowie gleichzeitig Deckelschalter und Füllstandsschalter geschlossen sind.
   a) Wie müssen die Schalter verknüpft werden?
   b) Geben Sie das Schaltzeichen an.
   c) Erstellen Sie die Schalttabelle der Verknüpfung.

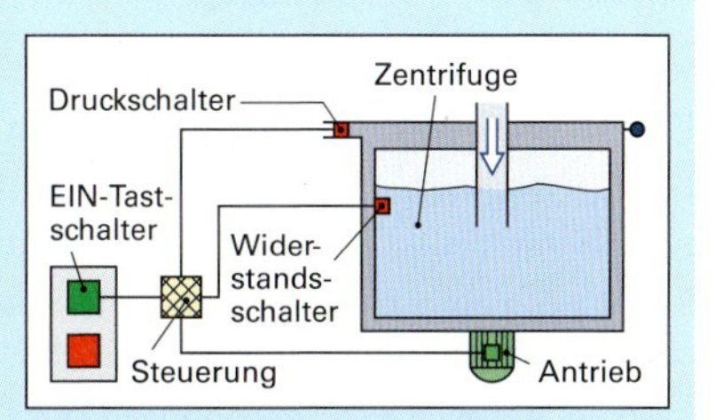

Bild 5: Schaltung einer Zentrifuge (Aufgabe 3)

11.2 Zusammengesetzte logische Verknüpfungen

Das Zusammenschalten der logischen Grundverknüpfungen erweitert die Möglichkeiten der Realisierung von Steuerungen praktisch unbegrenzt. Eine zentrale Bedeutung hat dabei die NICHT-Funktion, mit der sowohl Eingangssignale als auch Ausgangssignale negiert (invertiert) werden können.

11.2.1 Verknüpfungen mit Eingangsnegation

UND-Verknüpfung mit Eingangsnegation

Die **UND-Verknüpfung mit Eingangsnegation**, auch Inhibition oder Sperr-UND-Verknüpfung genannt, wird unter anderem für die gegenseitige Verriegelung von zwei Signalen verwendet. Man sperrt damit z. B. den gleichzeitigen Start für Linkslauf und Rechtslauf eines Behälterrührwerks.

Man bezeichnet diese Funktion der gegenseitigen Blockade von Funktionen auch als **Verriegelungsschaltung.**

Bild 1 zeigt zwei mögliche Varianten des Schaltzeichens, die Schalttabelle und den Kontaktplan.

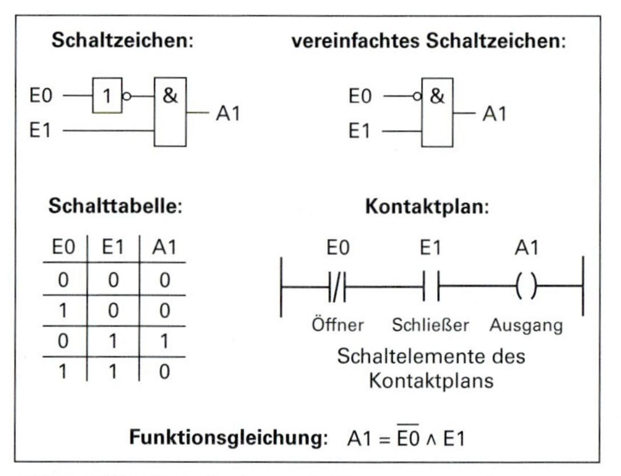

E0	E1	A1
0	0	0
1	0	0
0	1	1
1	1	0

Bild 1: UND-Verknüpfung mit Eingangsnegation

Statt des Stromlaufsplane wird in diesem und in den folgenden Beispielen die Darstellung des Kontaktplans (KOP) nach DIN EN 61131 gewählt. Er stellt den Stromfluss mit Symbolen in einem elektromechanischen Relais-System dar. Mit dieser Darstellungstechnik lassen sich z. B. am PC speicherprogrammierte Steuerungen (SPS) programmieren.

Beispiel einer Sperr-UND-Verknüpfung aus der Chemietechnik:

Der Linkslauf eines Rührwerks (A1 = 1) wird mit Taster S0 (E0 = 1) gestartet, der Rechtslauf (A2 = 1) wird mit Schalter S1 (E1 = 1) gestartet. Es dürfen **nicht** gleichzeitig beide Schaltoptionen gestartet werden.

Welche zusammengesetzte Schaltung erfüllt diese Anforderungen? Wie lauten der Funktionsplan, die Schalttabelle und der Kontaktplan?

Lösung: Die Schaltung wird mit zwei UND-Bausteinen mit jeweils einem negierten Eingang realisiert (siehe Funktionsplan).

Sind E0 und E1 nicht betätigt, führen sowohl A1 als auch A2 ein 0-Signal, sind also nicht in Betrieb (Schalttabelle Zeile a).

Wird nur Schalter S0 betätigt (E0 = 1), führt die Negation von E1 zum Durchschalten (A1 = 1): der Linkslauf wird gestartet (Schalttabelle Zeile b).

Wird nur Schalter S1 betätigt (E1 = 1), führt die Negation von E0 zum Durchschalten (A2 = 1): der Linkslauf wird gestartet (Schalttabelle Zeile c).

Werden S0 und S1 gleichzeitig betätigt, werden beide Schaltungen wegen der Negation eines Eingangs nicht durchgeschaltet: A1 und A2 führen ein 0-Signal (Schalttabelle Zeile d), weder Rechtslauf noch Linkslauf sind in Betrieb.

Der Kontaktplan zeigt die Sperr-UND-Verknüpfung mit elektromechanischen Symbolen.

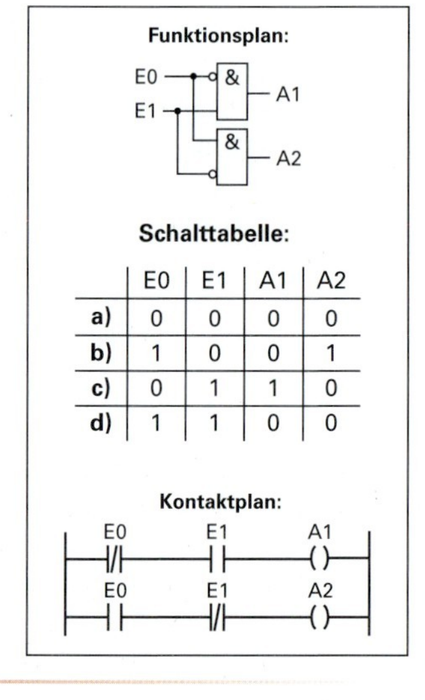

	E0	E1	A1	A2
a)	0	0	0	0
b)	1	0	0	1
c)	0	1	1	0
d)	1	1	0	0

ODER-Verknüpfung mit Eingangsnegation

Die **ODER-Verknüpfung mit Eingangsnegation** schafft Implikationen (von lat. Verflechtungen).

Bild 3 zeigt zwei mögliche Varianten des Schaltzeichens und die Funktionsgleichung.

Man setzt die ODER-Verknüpfung mit Eingangsnegation hauptsächlich zum Rücksetzen von RS-Speichern (Seite 236) ein.

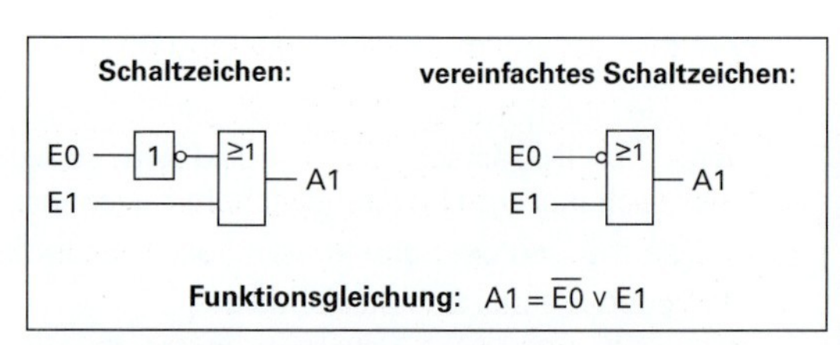

Bild 3: ODER-Verknüpfung mit Eingangsnegation

Wird beispielsweise ein Öffner (= Aus-Taster) betätigt, so wird das anliegende 0-Signal umgekehrt (invertiert). Ist es auf den Rücksetzeingang eines RS-Speichers gelegt, so setzt das 1-Signal damit den Speicher zurück.

Bild 1 zeigt die Schalttabelle und den Kontaktplan der ODER-Verknüpfung mit Eingangsnegation.

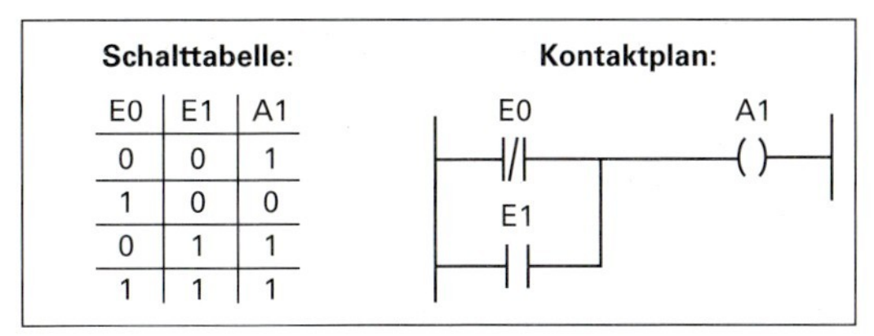

Schalttabelle:

E0	E1	A1
0	0	1
1	0	0
0	1	1
1	1	1

Bild 1: ODER-Verknüpfung mit Eingangsnegation

Beispiel einer ODER-Verknüpfung mit Eingangsnegation aus der Chemietechnik:

Mithilfe einer Wechselschaltung lässt sich ein Lüftungsmotor von zwei verschiedenen Schließer-Schaltern S1 (E1 = 1) und S2 (E2 = 1) einschalten (A1 = 1) und auch von beiden Schaltern ausschalten.

a) Welche Schaltzustände sind möglich und wie lautet die zugehörige Schalttabelle?

b) Welche Funktionsgleichung hat diese Schaltung? c) Welchen Funktionsplan hat die Schaltung?

Lösung:

a) • Sind S1 **und** S2 nicht betätigt, läuft der Motor nicht (Zeile a in **Bild 2 oben).**

• Wird S1 **oder** S2 betätigt, läuft der Motor (Zeilen b und c).

• Sind S1 **und** S2 betätigt, läuft der Motor nicht (Zeile d).

b) In den Zeilen b und c ist das Ausgangssignal 1. In diesen Zeilen gilt:

• Zeile b: S1 ist betätigt (E1 = 1) **und** S2 **nicht** betätigt (E2 = 0)
Daher wird E2 negiert: $A1_a = E1 \wedge \overline{E2} = 1$

• Zeile c: S1 ist **nicht** betätigt (E1 = 0) **und** S2 betätigt (E2 = 1)
Daher wird E1 negiert: $A1_b = \overline{E1} \wedge E2 = 1$

Der Motor läuft, wenn die Bedingung b) **oder** c) erfüllt ist:

$$A1 = A1_a \vee A1_b$$

Durch Einsetzen ergibt sich folgende **Funktionsgleichung**:

$$A1 = (E1 \wedge \overline{E2}) \vee (\overline{E1} \wedge E2)$$

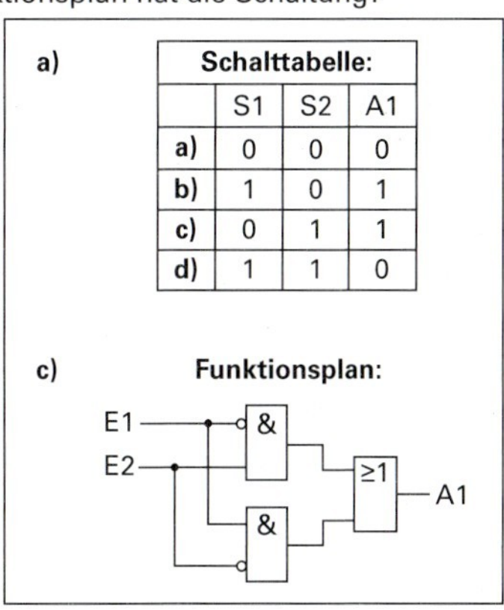

a) **Schalttabelle:**

	S1	S2	A1
a)	0	0	0
b)	1	0	1
c)	0	1	1
d)	1	1	0

Bild 2: Lösung a) und c) des Beispiels

11.2.2 Verknüpfungen mit Ausgangsnegation

UND-Verknüpfung mit Ausgangsnegation

Diese Verknüpfung bezeichnet man auch als UND-NICHT-Funktion oder kurz **NAND**-Verknüpfung.

Die NAND-Verknüpfung führt zu einem 1-Signal, wenn kein oder nur ein Eingang ein 1-Signal aufweist. Sie hat ein 0-Signal, wenn an allen Eingängen des Funktionsbausteins ein 1-Signal anliegt.

Bild 3 zeigt zwei mögliche Varianten des Schaltzeichens, die Schalttabelle, den Kontaktplan und die Funktionsgleichung des NAND-Bausteins.

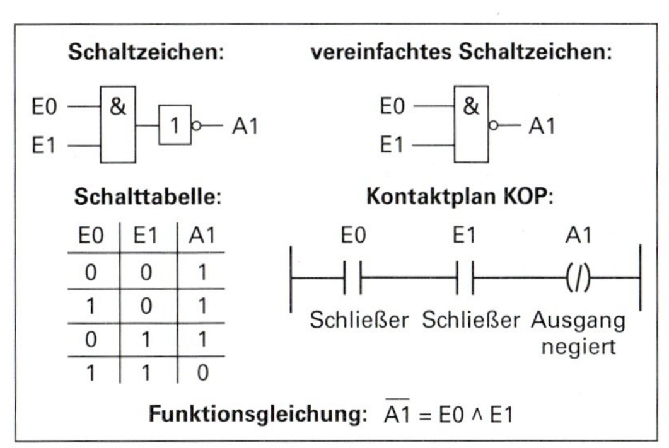

Schalttabelle:

E0	E1	A1
0	0	1
1	0	1
0	1	1
1	1	0

Funktionsgleichung: $\overline{A1} = E0 \wedge E1$

Bild 3: NAND-Verknüpfung (UND-NICHT)

Die UND-Verknüpfung mit Ausgangsnegation wird unter anderem für Alarmschaltungen eingesetzt. Dies wird am folgenden Beispiel der Überwachung einer Sumpfproduktentnahme erläutert.

Beispiel einer NAND-Schaltung aus der Chemietechnik:

Das Abpumpen des Sumpfprodukts in der skizzierten Kolonne K1 **(Bild 4)** ist aus Betriebssicherheitsgründen mit zwei Kreiselpumpen P1 und P2 gewährleistet (E0 = 1, E1 = 1 im laufenden Betrieb). Fällt eine der beiden Pumpen aus, soll die Alarmleuchte H1 ausgelöst werden (A1 = 1).

a) Welche Schalttabelle erfüllt die Signalzustände der geforderten Funktion?

b) Welches Schaltzeichen hat die Funktion?

c) Um welche Verknüpfung handelt es sich?

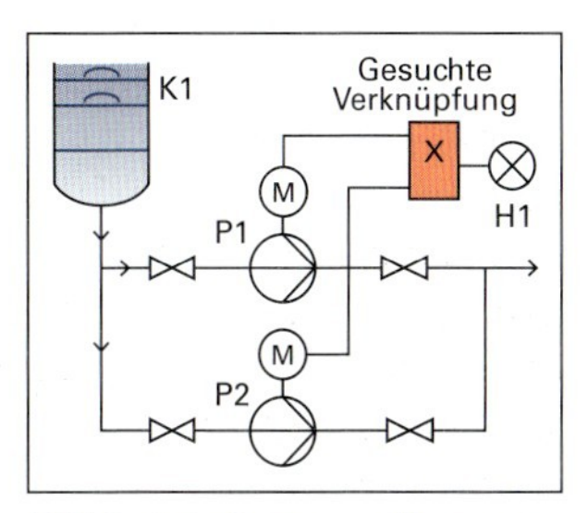

Bild 4: Schaltung von Pumpen

Lösung:

a) Sind beide Pumpen ordnungsgemäß in Betrieb, liegt an den Eingängen E0 und E1 jeweils ein 1-Signal an (Zeile d in der Schalttabelle, **Bild 1**).

Das Ergebnis der UND-Verknüpfung ergibt ein 1-Signal, das zu einem 0-Signal negiert wird: Der Alarm A1 ist nicht aktiviert.

Fällt eine der beiden Pumpen aus (E0 = 0, Zeile c, oder E1 = 0, Zeile b in der Schalttabelle) oder fallen beide Pumpen aus (Zeile a in der Schalttabelle), ist das Ergebnis der UND-Verknüpfung ein 0-Signal. Es ergibt negiert ein 1-Signal:

Der Alarm wird jeweils aktiviert.

b) Siehe nebenstehendes Schaltzeichen.

c) Die geforderte Funktion wird durch einen **NAND**-Baustein erfüllt.

Schalttabelle:

	E0	E1	A1
a)	0	0	1
b)	1	0	1
c)	0	1	1
d)	1	1	0

Schaltzeichen:

E1, E2 — & — A1

Bild 1: Lösung Beispiel

ODER-Verknüpfung mit Ausgangsnegation

Die **ODER-Verknüpfung mit Ausgangsnegation** bezeichnet man auch als ODER-NICHT-Funktion oder kurz **NOR**-Verknüpfung.

Die NOR-Verknüpfung führt nur dann ein 1-Signal, wenn an allen Eingängen des Funktionsbausteins ein 0-Signal anliegt.

Bild 2 zeigt zwei mögliche Varianten des Schaltzeichens, die Schalttabelle, den Kontaktplan und die Funktionsgleichung des NOR-Bausteins.

Die NOR-Verknüpfung wird ebenfalls für Alarmschaltungen eingesetzt. Dies wird am nachfolgenden Beispiel der Überwachung einer Sumpfproduktentnahme erläutert.

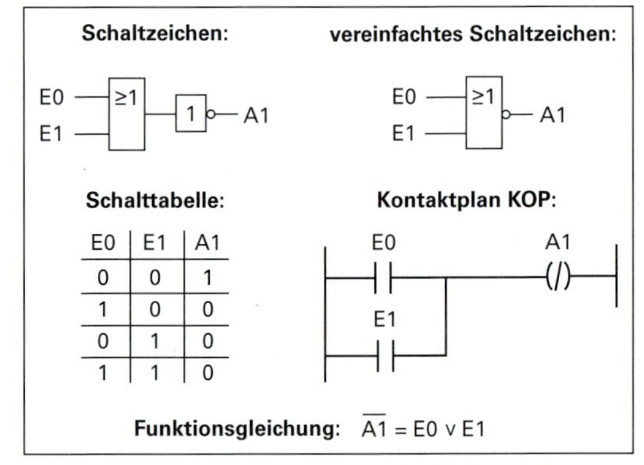

E0	E1	A1
0	0	1
1	0	0
0	1	0
1	1	0

Bild 2: NOR-Verknüpfung (ODER-NICHT-Verküpfung)

Beispiel einer NOR-Schaltung aus der Chemietechnik:

Beim Abpumpen des Sumpfprodukts aus Kolonne K1 im Beispiel einer NAND-Schaltung (Bild 4, Seite 229) soll zusätzlich beim Ausfall beider Pumpen (E0 = 0, E1 = 0) ein akustischer Alarm ausgelöst werden (A2 = 1).

a) Welche Schalttabelle hat die beschriebene Schaltung?

b) Mit welchem Schaltzeichen wird die beschriebene Schaltung realisiert?

c) Welche Bezeichnung hat die geforderte Funktion?

Lösung:

a) Beim Ausfall beider Pumpen (**Bild 3**, Schalttabelle Zeile a) ergibt die ODER-Verknüpfung ein 0-Signal, daraus wird durch Negation ein 1-Signal:

Der Alarm wird aktiv.

b) Diese Funktion erfüllt ein **NOR**-Baustein.

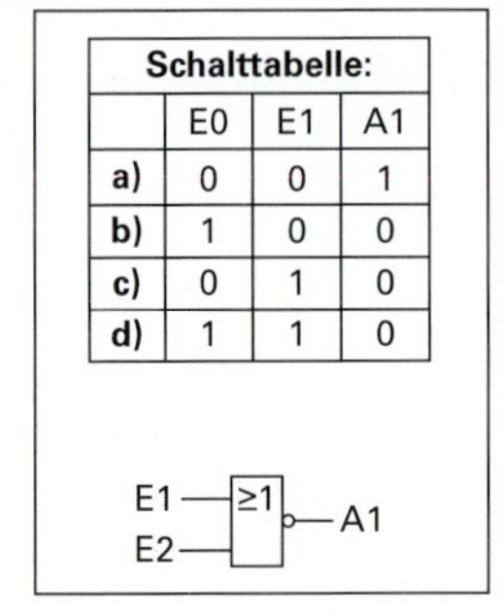
Schalttabelle:

	E0	E1	A1
a)	0	0	1
b)	1	0	0
c)	0	1	0
d)	1	1	0

Bild 3: Lösung Beispiel

11.2.3 Realisierung zusammengesetzter logischer Verknüpfungen

Zusammengesetzte logische Verknüpfungen werden entweder mit Einzel-Funktionsbausteinen oder mit integrierten Schaltkreisen, kurz **ICs**, technisch realisiert (**Bild 4**).

Kostengünstiger und rationeller ist die Verwendung von integrierten Schaltkreisen (ICs). Ein IC kostet wenige Cent. Er besteht aus einem Kunststoffgehäuse mit den elektronischen Bauelementen und den nach außen führenden elektrischen Anschlüssen.

Auf dem Gehäuse sind die Verknüpfungen mit einem Zahlencode angegeben.

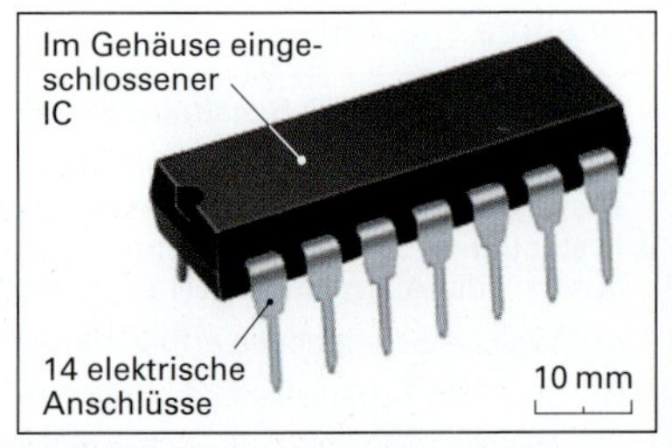

Bild 4: Integrierter Schaltkreis (IC)

In einem IC sind mehrere Einzel-Verknüpfungen, z. B. vier UND-Verknüpfungen, vorhanden und in bestimmter Weise mit den Außenanschlüssen, auch Pin genannt, verbunden.
(**Bild 1**) zeigt die innere Struktur eines ICs mit vier UND-Verknüpfungen und jeweils sieben Anschlüssen auf jeder Seite. Am Ausgang 14 wird die Spannung angeschlossen, der Ausgang 7 ist die Erdung. Der IC hat auf einer Seite eine Kerbe. Auf dieser Seite beginnt die Zählung der Anschlüsse mit 1 bis 7. Auf der anderen Seite beginnt sie mit 8 und endet mit 14. Durch Verschalten der Einzel-Verknüpfungen an den Anschlüssen können komplexe Verknüpfungen zusammengeschaltet werden.

Bild 1: IC mit 4 UND-Verknüpfungen

Zur Verschaltung der Einzel-Funktionsbausteine auf dem IC benötigt man die Rechenregeln der Schaltalgebra. Auf den Seiten 233 bis 239 sind Beispiele solcher Verschaltungen erläutert.

Aufgaben zu 10.2 Zusammengesetzte logische Verknüpfungen

1. Die Alarmleuchte H1 einer Turbine leuchtet auf, wenn eine festgelegte Höchstdrehfrequenz überschritten oder die Lagertemperatur der Turbinenwelle zu hoch oder die Kühlwasserzufuhr unterbrochen ist.
   a) Geben Sie das Schaltzeichen für diese Überwachungsschaltung an.
   b) Überprüfen Sie die Wirksamkeit der Schaltung mit einer Schalttabelle.
   c) Wie lautet die zugehörige Funktionsgleichung?

Zuordnungstabelle		
Eingangsvariable	**Eingang**	**Logische Zuordnung**
Drehfrequenz n	E1	n zu hoch E1 = 0
Lagertemperatur ϑ	E2	ϑ zu hoch E2 = 0
Kühlwasserzufuhr K	E3	in Betrieb E3 = 1
Ausgangsvariable	**Ausgang**	**Logische Zuordnung**
Warnleuchte H1	A1	Warnleuchte an A1 = 1

2. Ein Rührwerksmotor M1 soll eingeschaltet werden (A1 = 1), wenn der Schalter S1 betätigt wird (E1 = 1), das Kühlwasserzulaufventil V2 geöffnet ist (A2 = 1) und der Katalysatorzulauf V3 geschlossen ist (A3 = 0).
   a) Erstellen Sie eine Zuordnungstabelle. Geben Sie das Schaltzeichen und die Funktionsgleichung für die Schaltung an.
   b) Überprüfen Sie die Funktion der Schaltung mit der Schalttabelle.

3. Geben Sie die Schalttabelle und die Funktionsgleichung für die beiden skizzierten Schaltungen in **Bild 2a** und **2b** an.

4. Zur Speisung eines Kühlturms mit Kühlwasser sind drei Kreiselpumpen P1, P2 und P3 installiert. Im Normalbetrieb sollen jeweils <u>zwei</u> Pumpen gleichzeitig in Betrieb sein (z. B. E1 = 1, E2 = 1, E3 = 0). Der Normalbetrieb wird durch Leuchte H1 (A1 = 1) angezeigt.

   In einem Störfall, d. h., wenn nur eine Pumpe oder alle drei Pumpen gleichzeitig laufen, soll ein Alarm ausgelöst werden (A2 = 1). Geben Sie jeweils den Funktionsplan, die Schalttabelle und eine Funktionsgleichung für a) den Normalbetrieb und b) den Störfall an.

5. Am Reaktor C1 von **Bild 2**, Seite 232,wird nach Erreichen der vorgegebenen Solltemperatur TISL-102 (E6 = 0) mit Schalter S7 (E7 = 1) das Ablaufventil V4 geöffnet (A4 = 1). Es schließt wieder nach Unterschreiten von Grenzsignalgeber LISL-201 (E1 = 1).
   a) Erstellen Sie eine Zuordnungstabelle.
   b) Geben Sie das Schaltzeichen für den Funktionsbaustein an.
   c) Formulieren Sie eine Funktionsgleichung.

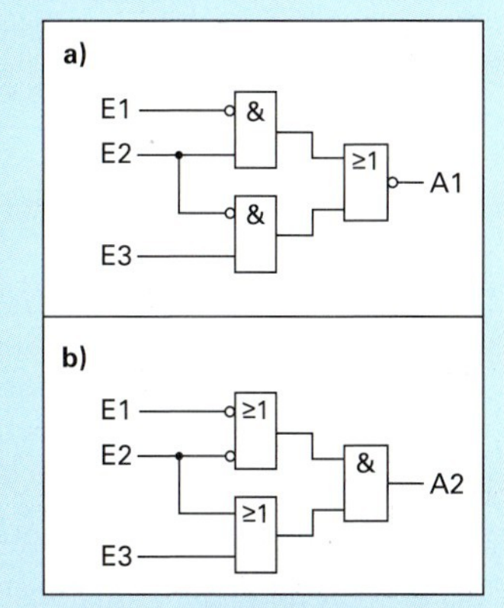

Bild 2: Funktionsplan von Verschaltungen logischer Grundfunktionen (Aufgabe 3)

6. Bei einem **(Bild 1)** soll der Zulaufstrom gesteuert werden. Am Rührkessel R1 mit außen aufgeschweißten Halbrohrschlangen darf das Zulaufventil V1 mit Schalter S1 (E1 = 1) nur unter definierten Bedingungen geöffnet werden.

   Welche Signalzustände müssen die Armaturen V2 (A2 = ?), V3 (A3 = ?) und ein Not-Aus-Schalter S4 (E4 = ?) haben, damit das Zulaufventil V1 geöffnet wird (A1 = 1)?

   a) Erstellen Sie eine Zuordnungstabelle mit Angabe der erforderlichen Signalzustände.

   b) Formulieren Sie die Funktionsgleichung der Schaltung.

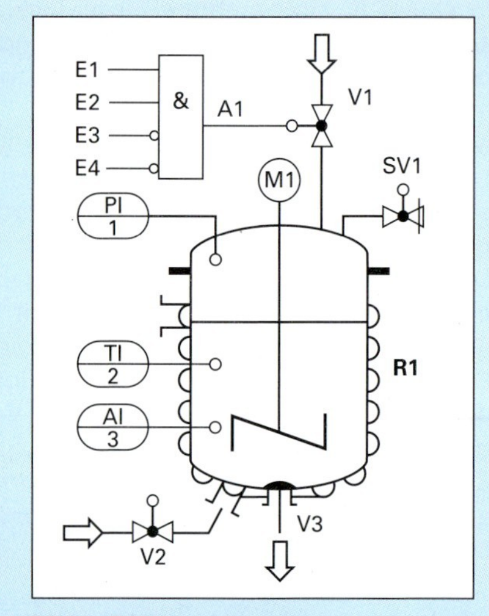

Bild 1: Rührkesselsteuerung (Aufgabe 6 und 7)

7. Das gesteuerte Sicherheitsventil SV1 am Rührkessel in Bild 1 muss geöffnet werden (A2 = 1), wenn entweder der Druck (Messstelle PI-1) im Reaktor zu hoch (E5 = 0), das Zulaufventil V1 (A1 = 1) oder das Ablaufventil V3 (A3 = 1) geöffnet ist, eine vorgegebene Solltemperatur TI-2 überschritten (E6 = 0) oder eine bestimmte Behälterkonzentration AI-3 erreicht ist (E7 = 1).

   a) Erstellen Sie eine Zuordnungstabelle

   b) Geben Sie die Schalttabelle und das Schaltzeichen für den Funktionsbaustein an, der diese Verknüpfung erfüllt.

   c) Formulieren Sie eine Funktionsgleichung.

8. Am skizzierten Reaktor C1 mit Doppelmantel **(Bild 2)** sollen mit dem Schalter S0 (E0 = 1) die Zulaufventile V1 und V2 geöffnet werden (A1 = 1, A2 = 1). Dabei müssen das Ablaufventil V4 geschlossen (A4 = 0) und die Kühlwasserventile V3 und V5 geöffnet sein (A3 = 1, A5 = 1).

   Die Ventile V1 und V2 sollen wieder geschlossen werden, wenn der Grenzsignalgeber LISH-202 erreicht ist (E2 = 0).

   Nach Erreichen von Grenzsignalgeber LISL-201 (E1 = 0) soll der Rührmotor M1 in Betrieb genommen (A0 = 1), nach Unterschreiten von LISL-201 (E1 = 1) wieder abgestellt werden.

   a) Erstellen Sie eine Zuordnungstabelle.

   b) Geben die Schaltzeichen der Funktionsbausteine an, die diese Verknüpfung erfüllt.

   c) Formulieren Sie jeweils eine Funktionsgleichung.

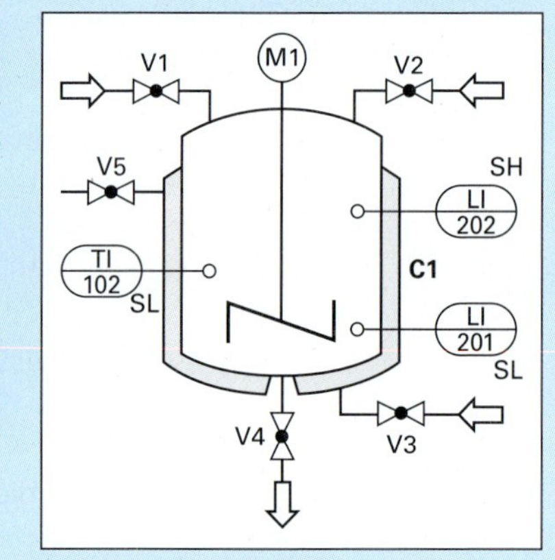

Bild 2: Reaktorsteuerung (Aufgabe 5 und 8)

9. Die Antriebsmotoren eines Walzwerks zum Fertigmischen von Kautschukmischungen **(Bild 3)** werden an einem Hauptschalter S1 (E1 = 1) eingeschaltet (A1 = 1).

   Im Gefahrenfall kann der Mitarbeiter an der Maschine die Antriebsmotoren durch zwei Sicherheitsleinen S2 oder S3 mit **Not-Aus-Funktion** stoppen (E2 = 0 bzw. E3 = 0). Die Betätigung von S2 oder S3 löst zusätzlich einen Alarm aus (A2 = 1).

   a) Erstellen Sie eine Zuordnungstabelle.

   b) Wie lautet der Funktionsplan mit Schaltzeichen?

   c) Geben Sie die Funktionsgleichungen der beiden Schaltungen an.

Bild 3: Schalt- und Sicherheitseinrichtungen an einem Kautschuk-Walzwerk (Aufgabe 9)

11.3 Rechenregeln der Schaltalgebra

Vertauschungsgesetz

Das **Vertauschungsgesetz** (Kommutativgesetz) sagt aus, dass die Eingangsglieder einer UND-Funktion beliebig vertauscht werden können. Das Gleiche gilt für die Eingangsglieder einer ODER-Funktion.

Die Reihenfolge der Schaltkontakte an den Eingängen hat auf den Schaltzustand eines Funktionsbausteins keinen Einfluss.

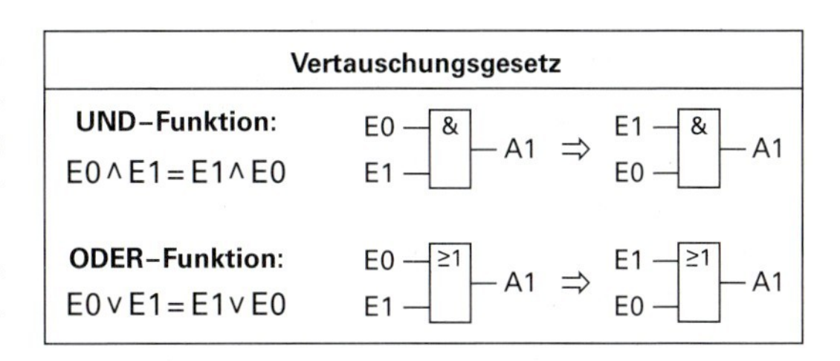

Verbindungsgesetz

Das **Verbindungsgesetz** (Assoziativgesetz) sagt aus, dass man in einer Funktionsgleichung mit nur einer Verknüpfungsart (UND oder ODER) Klammern setzen, aber auch weglassen kann.

Das Assoziativgesetz wendet man beispielsweise an, wenn drei Variablen in einer UND-Verknüpfung verarbeitet werden, aber nur UND-Bausteine mit zwei Eingängen zur Verfügung stehen.

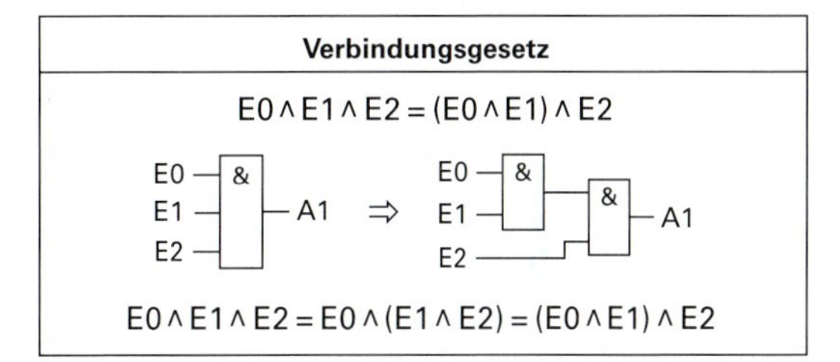

Beispiel: Der Rührwerksmotor eines Rührkessels wird mit Schalter S1 (E1 = 1) gestartet (A1 = 1), wenn Füllstands-Grenzsignalgeber S2 den Zustand „Behälter voll" meldet (E2 = 1) und das Kühlwasser-Zulaufventil V3 offen ist (E3 = 1).

Zur Verschaltung steht ein IC-Baustein mit vier UND-Gliedern zur Verfügung (**Bild 1**).

Wie müssen am IC-Baustein die UND-Glieder geschaltet sein, damit der Baustein die geforderte Schaltung realisiert?

Lösung: Die UND-Glieder haben jeweils nur zwei Eingänge. Die Funktionsgleichung der Schaltung lautet: A1 = E1 ∧ E2 ∧ E3

Durch Anwendung des Verbindungsgesetzes ergibt sich nach Setzung einer Klammer: A1 = (E1 ∧ E2) ∧ E3

Bild 1: Integrierter Baustein mit 4 UND-Gliedern (Lösung zum Beispiel)

An Pin 14 liegt die Spannungsversorgung, an Pin 7 die Masse an. Auf Pin 8 und Pin 9 werden S1 und S2 als Eingänge geschaltet. Das Ergebnis der UND-Verknüpfung an Pin 10 wird als Eingang auf Pin 11 gelegt. An Pin12 liegt E3 (Ventil 3) als zweiter Eingang an. Das Ergebnis der UND-Verknüpfung wird von Pin 13 als Schaltsignal an den Rührwerksmotor in der Anlage gegeben.

1. Verteilungsgesetz

Das **1. Verteilungsgesetz** (1. Distributivgesetz) besagt, dass eine gleiche Variable (E0) in zwei Klammern mit UND-Verknüpfung (∧) ausgeklammert werden kann. Verknüpfungen in Klammern haben immer Vorrang vor nicht eingeklammerten Verknüpfungen.

1. Verteilungsgesetz
(E0 ∧ E1) ∨ (E0 ∧ E2) = E0 ∧ (E1 ∨ E2)

Beispiel: Die Schaltung mit der folgenden Funktionsgleichung soll vereinfacht werden:

A1 = (E0 ∧ E1) ∨ (E0 ∧ E2)

Lösung: Die Schaltung hat am Ausgang A1 ein 1-Signal, wenn die Eingänge E0 und E1 oder die Eingänge E0 und E2 ein 1-Signal führen. Die gleiche Funktion wird durch eine nach dem 1. Verteilungsgesetz (Verteilungsgesetz in UND-Form) umgeformte Funktionsgleichung erreicht **(Bild 2)**:

A1 = E0 ∧ (E1 ∨ E2)

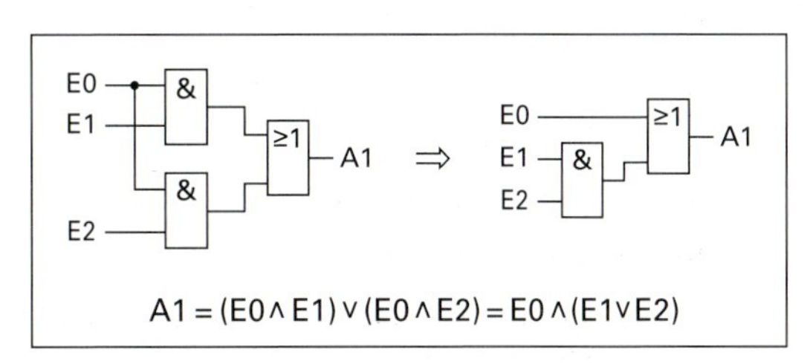

Bild 2: Funktionsplan 1. Verteilungsgesetz

2. Verteilungsgesetz

Das **2. Verteilungsgesetz** (2. Distributivgesetz) besagt, dass eine gleiche Variable (E0) in zwei Klammern mit ODER-Verknüpfung ($\vee$) ausgeklammert werden kann.

2. Verteilungsgesetz
$(E0 \vee E1) \wedge (E0 \vee E2) = E0 \vee (E1 \wedge E2)$

Beispiel: Die Schaltung mit der folgenden Funktionsgleichung soll vereinfacht werden:

$A1 = (E0 \vee E1) \wedge (E0 \vee E2)$

Lösung: Die Schaltung hat am Ausgang A1 ein 1-Signal, wenn die Eingänge E0 oder E1 und die Eingänge E0 oder E2 ein 1-Signal führen. Die gleiche Funktion wird durch eine nach dem 2. Verteilungsgesetz (Verteilungsgesetz in ODER-Form) umgeformte Funktionsgleichung erreicht **(Bild 1)**:

$A1 = E0 \vee (E1 \wedge E2)$

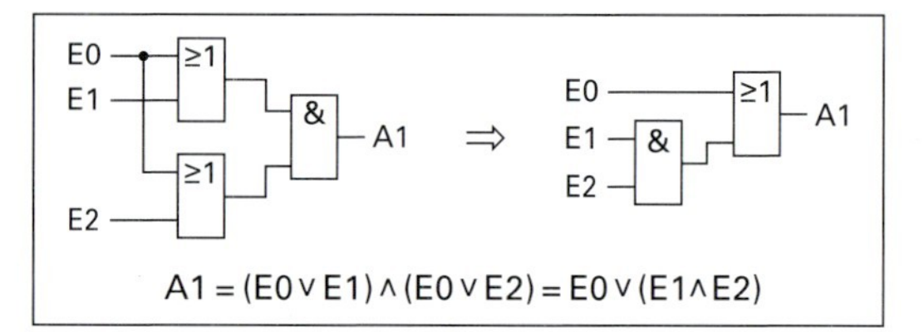

Bild 1: Funktionsplan 2. Verteilungsgesetz

Umkehrgesetze

Die beiden Umkehrgesetze der Schaltalgebra stammen von dem Mathematiker De Morgan. Mithilfe dieser Gesetze können Schaltungen so umgeformt werden, dass ausschließlich NAND- oder NOR-Elemente verwendet werden. Mit NAND- und NOR-Gliedern können alle drei logischen Grundschaltungen (UND, ODER, NICHT) aufgebaut werden. Die Produktion gleichartiger Funktionsbausteine ermöglicht eine kostengünstige Massenfertigung integrierter Schaltungen (ICs).

Die Umkehrgesetze beruhen auf zwei Techniken:

1. Alle Einzelelemente werden negiert – doppelte Negationen heben sich auf.
2. Das Verknüpfungszeichen wird umgewandelt: aus UND wird ODER ($\wedge$ wird zu $\vee$), aus ODER wird UND ($\vee$ wird zu $\wedge$).

Das **1. Umkehrgesetz** besagt, dass eine NAND-Verknüpfung in eine funktionsgleiche ODER-Verknüpfung mit negierten Eingängen umgewandelt werden kann.

Das **2. Umkehrgesetz** besagt, dass eine NOR-Verknüpfung in eine funktionsgleiche UND-Verknüpfung mit negierten Eingängen umgewandelt werden kann.

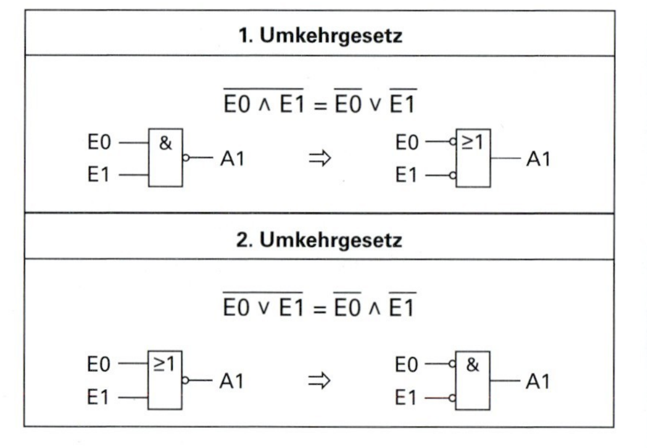

Beispiel: Eine Pumpe kann vor Ort mit Schalter S0 (E0 = 1) oder in der Messwarte mit Schalter S1 (E1 = 1) gestartet werden (A1 = 1). Die Funktionsgleichung der ODER-Schaltung lautet: $A1 = E0 \vee E1$

Diese Schaltung ist durch NAND-Glieder zu realisieren.

Lösung:

a) Die Funktionsgleichung wird doppelt negiert, da doppelte Negation das Ergebnis der Schaltfunktion nicht beeinflusst: $E0 \vee E1 = \overline{\overline{E0 \vee E1}}$

b) Anwendung der Gesetze von De Morgan: Entfällt einer der Negationsstriche über dem Rechenzeichen $\vee$, kehrt sich dadurch das Rechenzeichen um: ODER $\vee$ wird zu UND $\wedge$: $E0 \vee E1 = \overline{\overline{E0} \wedge \overline{E1}}$

c) In der Schaltung aus 2 NAND-Gliedern werden die beiden Eingangssignale E0 und E1 jeweils auf beide Eingänge der beiden NAND-Glieder geführt: Dies führt zur gewünschten Signalumkehr (Negation von $\overline{E0}$ bzw. von $\overline{E1}$) und entspricht damit der praktischen Realisierung einer NICHT-Funktion. Die Negation des Ergebnisses der UND-Verknüpfung am dritten NAND-Glied führt zu der gewünschten Gesamt-Signalumkehr.

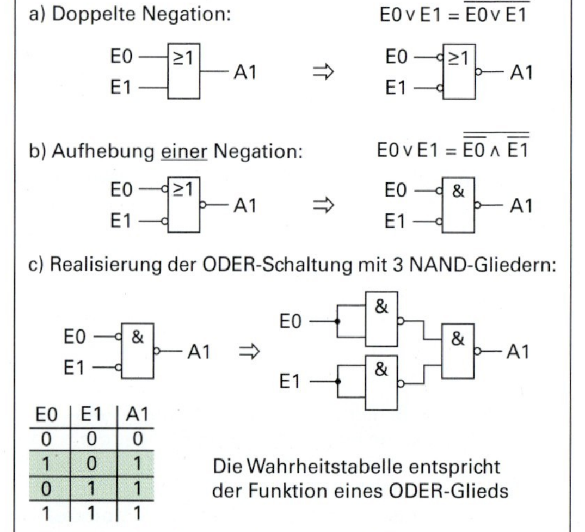

E0	E1	A1
0	0	0
1	0	1
0	1	1
1	1	1

Bild 2: Anwendung der Umkehrgesetze (Beispiel)

Aufgaben zu 10.3 Rechenregeln der Schaltalgebra

1. Ermitteln Sie die Umkehrfunktion einer Alarmschaltung mit der folgenden Funktionsgleichung: $A1 = E0 \wedge E1 \wedge \overline{E2}$.

2. Vereinfachen Sie die Schaltfunktion $A1 = (E0 \vee E1) \wedge (E0 \vee E2)$ durch Anwendung der Verteilungsgesetze der Schaltalgebra.

3. Gegeben ist die Funktionsgleichung $\overline{A1} = E1 \vee E2$.
   a) Wie lautet die Gleichung, wenn A1 nicht negiert sein soll?
   b) Welche Funktionsbausteine entsprechen beiden Gleichungen? Geben Sie die Symbole an.

4. Ein NAND-Glied soll durch die Grundfunktionen ODER und NICHT ersetzt werden. Wenden Sie die Gesetze der Schaltalgebra an und geben Sie den Funktionsplan an. Überprüfen Sie Ihre Schaltung mit einer Schalttabelle.

5. Ein Integrierter Baustein IC mit vier NOR-Elementen **(Bild 1)** soll so geschaltet werden, dass er die Funktion eines UND-Glieds mit zwei Eingängen hat.

   Wandeln Sie die Funktionsgleichung $A1 = E1 \wedge E2$ mithilfe der Schaltalgebra um, geben Sie die Schaltung des IC an.

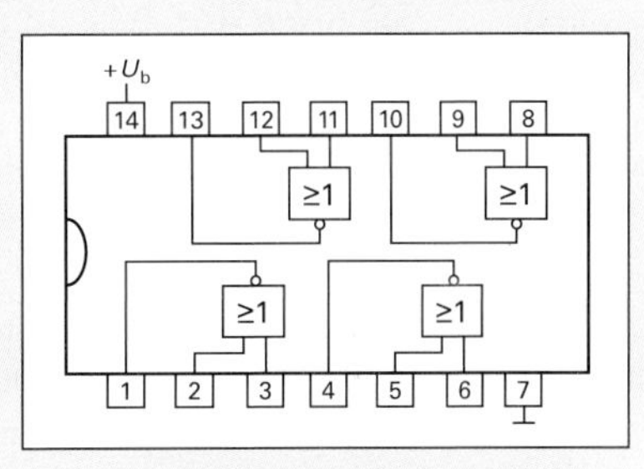

Bild 1: Verschaltung eines Integrierten Bausteins (Aufgabe 5)

6. Wie müssen eine logische Schaltung und die zugehörige Funktionsgleichung aussehen, wenn die Funktion eines ODER-Glieds mit zwei Eingängen durch NOR-Elemente ersetzt werden soll? Überprüfen Sie mit der Schalttabelle.

7. Wie müssen eine logische Schaltung und die zugehörige Funktionsgleichung aussehen, wenn die Funktion eines UND-Glieds mit zwei Eingängen durch NAND-Elemente ersetzt werden soll?

8. Drei elektrische Antriebsmaschinen haben die Leistungen $P_1 = 15$ kW, $P_2 = 20$ kW und $P_3 = 25$ kW. Wenn die Gesamtleistung 35 kW überschreitet, wird die Maschine mit der Leistung P_3 abgeschaltet. Zuordnung: Maschine 1 EIN: E1 = 1; Maschine 2 EIN: E2 = 1; Maschine 3 EIN: E3 = 1; Maschine 3 AUS: A1 = 1
   a) Zeichnen Sie den Funktionsplan.
   b) Geben Sie die Funktionsgleichung und die Schalttabelle an.
   c) Wandeln Sie die Schaltung so um, dass ausschließlich NAND-Glieder zum Einsatz kommen.

9. Die **Exklusiv-ODER**-Verknüpfung **(XOR)** vergleicht die Eingangssignale auf ungleichen Signalzustand. Sie wird daher auch **Antivalenz**-Verknüpfung[1] genannt und kann durch die in **Bild 2** abgebildete Schaltung realisiert werden.
   a) Wie lautet die Funktionsgleichung der Schaltung?
   b) Geben Sie die Schalttabelle der XOR-Funktion an.
   c) Wandeln Sie die Schaltung mithilfe der Schaltalgebra so um, dass nur NAND-Glieder zum Einsatz kommen.

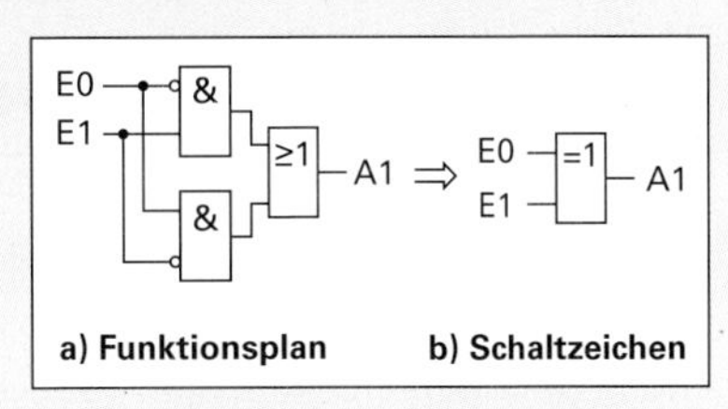

a) Funktionsplan b) Schaltzeichen

Bild 2: XOR-Funktion (Aufgabe 9)

10. Werden in einem XOR-Glied beide Eingänge von einem der UND-Glieder negiert **(Bild 3)**, hat der Ausgang nur dann ein 1-Signal, wenn beide Eingänge gleich sind. Diese Verknüpfung bezeichnet man als **Äquivalenz**-Verknüpfung[2] oder **XNOR**-Glied.
    a) Geben Sie die Funktionsgleichung und die Schalttabelle der XNOR-Schaltung an.
    b) Wandeln Sie die Schaltung mithilfe der Schaltalgebra so um, dass sie nur aus NOR-Gliedern aufgebaut ist.

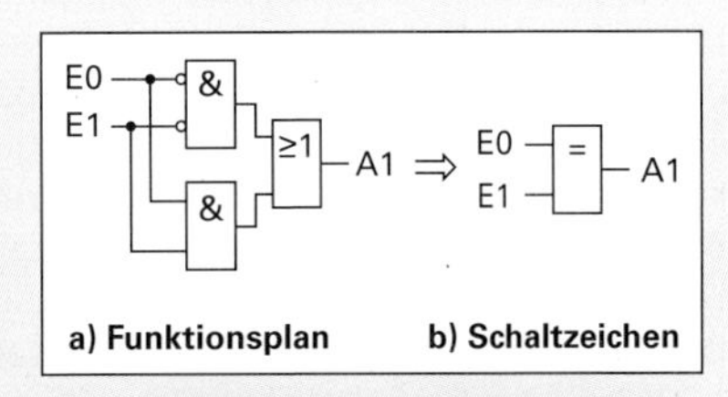

a) Funktionsplan b) Schaltzeichen

Bild 3: XNOR-Funktion (Aufgabe 10)

1 Antivalenz = gegensätzliche Wertigkeit
2 Äquivalenz = Gleichwertigkeit

11.4 Speicher-Funktionsbausteine

In der chemischen Anlage fallen häufig Signale an, die nicht dauerhaft anliegen, aber für den weiteren Ablauf einer Steuerung gespeichert werden müssen. Dies ist z. B. die Betätigung eines Tasterschalters oder das Erreichen eines Füllstandsgrenzsignalgebers. Das Speichern von Signalzuständen ist auf verschiedene Weise möglich: durch **Selbsthaltungsschaltungen** oder spezielle elektronische Schaltungen mit Speicherverhalten, sogenannte **Kippschaltungen**, auch **Flipflop-Schaltungen** genannt.

11.4.1 Signalspeicherung durch Selbsthaltungsschaltung

Bei der Signalspeicherung durch **Selbsthaltungsschaltung** wird das Ausgangssignal einer ODER-Verknüpfung als Eingang auf die ODER-Verknüpfung zurückgeführt **(Bild 1)**. Liegt am zweiten Eingang kurzzeitig ein 1-Signal an, hat die ODER-Verknüpfung dauerhaft am Ausgang ein 1-Signal. Die technische Anwendung wird an einem Beispiel erläutert.

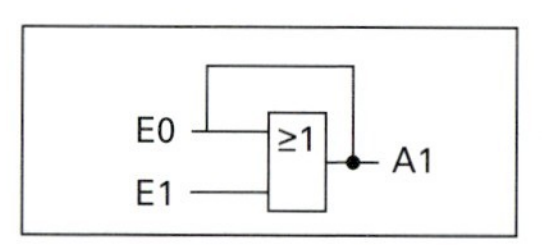

Bild 1: Funktionsplan einer Selbsthaltungsschaltung

Beispiel: Der Antriebsmotor M1 eines Rohrschneckenförderers wird mit demTasterschalter S0 (E0 = 1) in Betrieb genommen (A1 = 1) und mit dem Tasterschalter S1 (E1 = 1) abgestellt **(Bild 2)**.

a) Welchen Funktionsplan hat die Schaltung?

b) Welche Schalttabelle hat die Schaltung?

c) Welche Funktionsgleichung hat die Schaltung?

***Lösung* (Bild 3):**

a) Wird der Tasterschalter S0 (E0) betätigt, führt das ODER-Glied am Ausgang A0 kurzzeitig ein 1-Signal, das auf den zweiten Eingang E2 des ODER-Glieds zurückgeführt wird. Dadurch führt dieses ODER-Glied am Ausgang dauerhaft ein 1-Signal. Dieses liegt am oberen Eingang des UND-Glieds an.

Am unteren Eingang E1 des UND-Glieds liegt ein 0-Signal an, solange Tasterschalter S1 nicht betätigt wird. Durch Negation wird aus dem 0-Signal ein 1-Signal, so dass beide Eingänge des UND-Glieds ein 1-Signal führen: Der Ausgang A1 hat ein **1-Signal**, der Förderer **läuft**.

Wird der Aus-Tasterschalter S1 (E1) betätigt, liegt bei E1 kurzzeitig ein 1-Signal an. Durch Negation wird daraus ein 0-Signal. Am UND-Glied liegen ein 1-Signal und ein 0-Signal an: der Ausgang A1 hat ein **0-Signal**, der Förderer wird **abgestellt**.

a) Den Funktionsplan zeigt Bild 3a.

b) Siehe Bild 3b

c) Die Funktionsgleichung lautet: $\mathbf{A1 = (E0 \vee A0) \wedge \overline{E1}}$

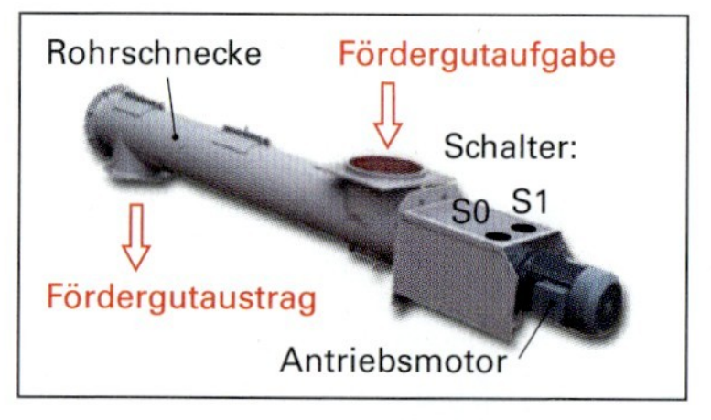

Bild 2: Rohrschneckenförderer

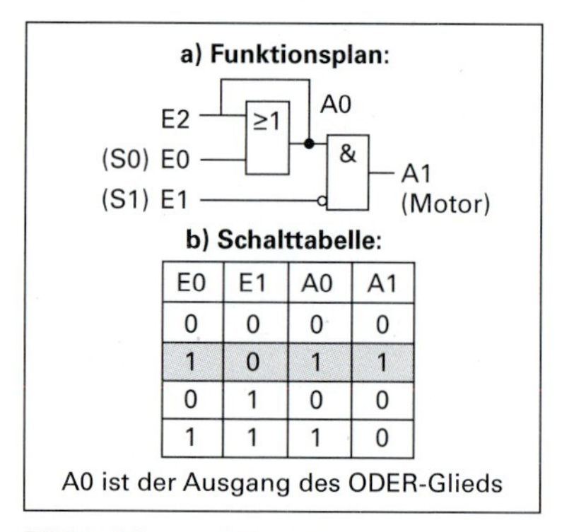

E0	E1	A0	A1
0	0	0	0
1	0	1	1
0	1	0	0
1	1	1	0

Bild 3: Lösung Beispiel

11.4.2 Signalspeicherung durch Kippglieder

Kippglieder (Flipflop-Schaltungen) sind elektronische Schaltungen mit Speicherverhalten. Man bezeichnet sie auch als **Flipflops.** Es gibt mehrere Arten von Kippgliedern (Flipflops).

Im Folgenden wird nur das RS-Kippglieds (**RS-Flipflop)** behandelt. Die Eingänge eines RS-Kippglieds bezeichnet man mit S (Setzen, engl. setting) und R (Rücksetzen, engl. reset). Das RS-Kippglied wird mit dem 1-Signal gesetzt bzw. rückgesetzt. Der Ausgang A kann auch negiert als $\overline{A}$ ausgegeben werden.

Bild 4 zeigt den Funktionsplan, das Schaltzeichen sowie die Schalttabelle eines RS-Kippglieds aus NOR-Elementen.

Die Kombination S = 1 und R = 1 ist nicht zugelassen, da das RS-Kippglied in eine unbestimmte Lage kippt. In der Praxis kann diese Kombination nicht ausgeschlossen werden. Daher kann bei S = 1 und R = 1 durch schaltungstechnische Maßnahmen entweder das Setzsignal (S = 1 ⇒ A = 1) oder das Rücksetzsignal (R = 1 ⇒ A = 0) Vorrang haben.

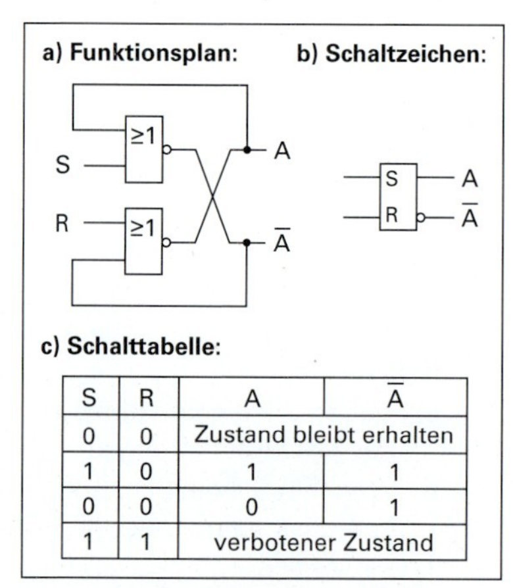

S	R	A	$\overline{A}$
0	0	Zustand bleibt erhalten	
1	0	1	1
0	0	0	1
1	1	verbotener Zustand	

Bild 4: RS-Kippglied (RS-Flipflop)

Beispiel: Ein RS-Kippglied ist a) mit vorrangigem Setzeingang, b) mit vorrangigem Rücksetzeingang zu beschalten. Wie lautet jeweils der Funktionsplan? Wie arbeiten die Schaltungen?

Lösung: a) RS-Kippglied mit vorrangigem **Setzeingang**

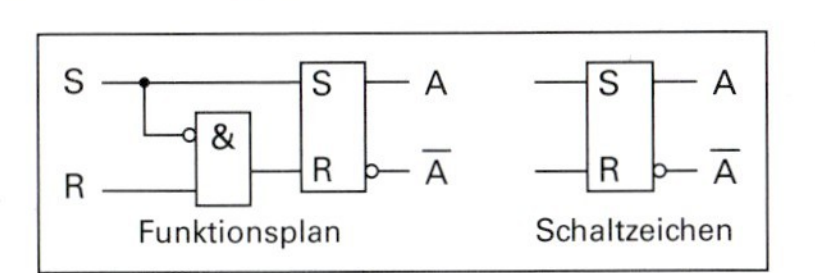

Wenn der **Setz**eingang ein 1-Signal führt, wird der Rücksetzeingang gesperrt, da das Ergebnis der UND-Verknüpfung in jedem Fall ein 0-Signal ist, am Kippglied-Eingang R in jedem Fall ein 0-Signal anliegt. Vorrangiges *Setzen* wird in der Steuerungstechnik aus Sicherheitsgründen relativ selten eingesetzt.

b) RS-Kippglied mit vorrangigem **Rücksetzeingang**

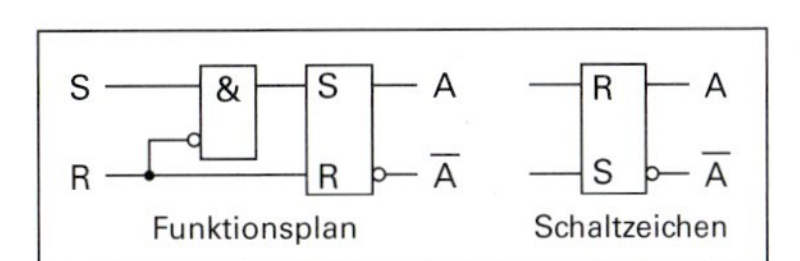

Wenn der **Rücksetz**eingang ein 1-Signal führt, wird der Setzeingang gesperrt, da das Ergebnis der UND-Verknüpfung in jedem Fall ein 0-Signal ist. Am Kippglied-Eingang S liegt in jedem Fall ein 0-Signal an. Vorrangiges Rücksetzen wird in der Steuerungstechnik aus Sicherheitsgründen bevorzugt eingesetzt. Das Rücksetzzeichen R wird im Symbol oben eingetragen.

Kippglieder (Flipflops) können in integrierten Bausteinen (ICs) durch unterschiedliche Schaltungstechniken realisiert werden. Sie können dabei grundsätzlich durch Verschaltung von nur einer Verknüpfungsbausteinart entstehen, wie exemplarisch im folgenden Beispiel dargestellt ist.

Beispiel zur Realisierung von Flipflop-Schaltungen mit NOR-Verknüpfungen in einem IC:

Der in **Bild 1** abgebildete IC mit 4 NOR-Bausteinen soll so verschaltet werden, dass er die Funktion von zwei Flipflops wahrnehmen kann.

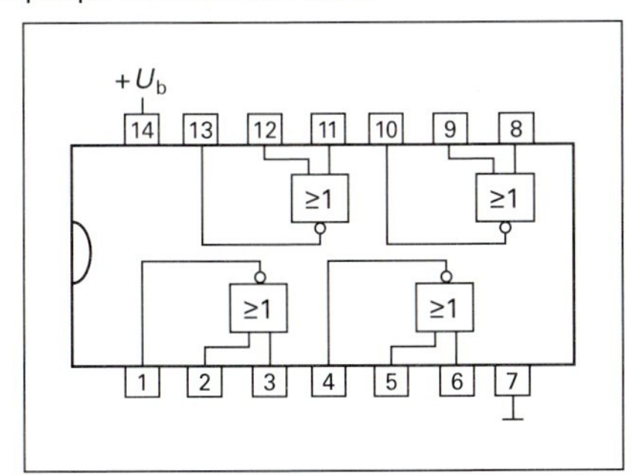

Bild 1: IC mit NOR-Verknüpfungen

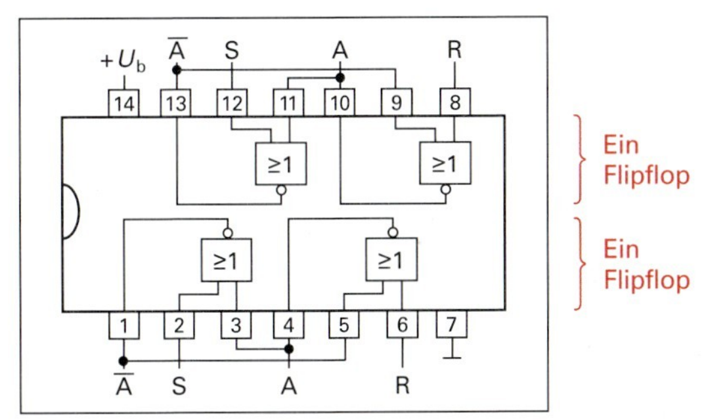

Bild 2: Lösung zum Beispiel

11.4.3 Anwendungen von Flipflop-Schaltungen in der Chemietechnik

Beispiel: Der Behälter B1 **(Bild 3)** soll durch Betätigung von Taster S1 (E0 = 1) mit der Pumpe P1 befüllt werden (A1 = 1). Nach Erreichen eines Grenzsignalgebers LISH-2 (E2 = 0) wird der Füllvorgang beendet und der Entleerungsvorgang von B1 durch Öffnen des Ablaufventils V1 gestartet (A2 = 1). Der Ablauf V1 schließt wieder, wenn der Grenzsignalgeber LISL-1 keinen Kontakt mit der Flüssigkeit mehr hat (E1 = 1). Welchen Funktionsplan hat die Steuerung?

***Lösung* (Bild 4):** Nach Betätigung von Taster S1 wird mit E0 das obere Flipflop gesetzt: Pumpe P1 fördert in Behälter B1. Wird der Sensor LISH-2 erreicht, liegt bei E2 ein 0-Signal an: Das erste Flipflop wird zurückgesetzt, Pumpe P1 abgeschaltet. Gleichzeitig setzt LISH-2 mit E0 = 0 das untere Flipflop. Das Ventil V1 wird geöffnet. Unterschreitet der Stand den Sensor LISL-1, wird das 0-Signal des Sensors ein 1-Signal: Das untere Flipflop wird zurückgesetzt, Ventil V1 schließt.

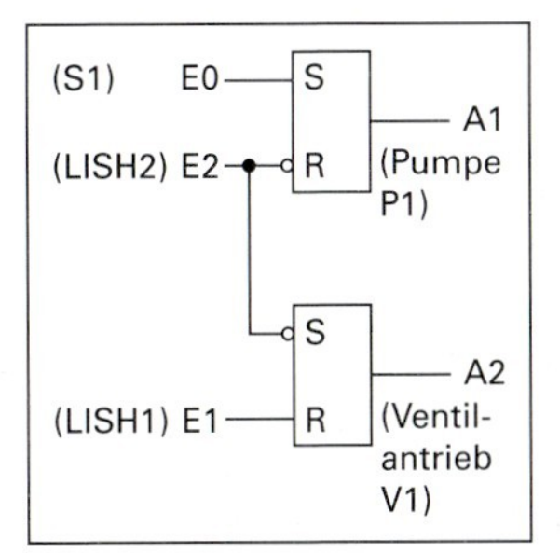

Bild 4: Lösung Beispiel

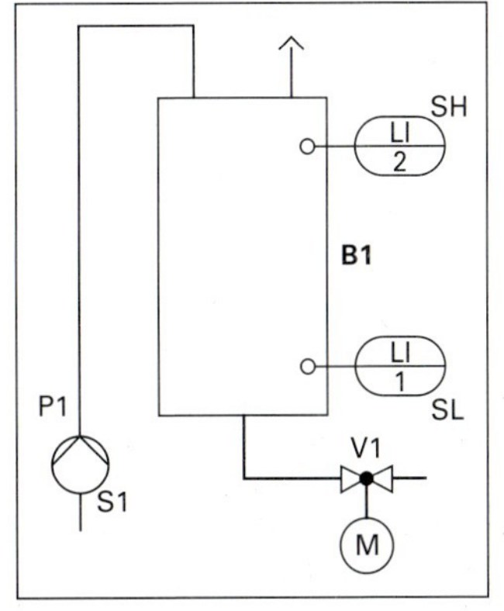

Bild 3: Füllen und Entleeren eines Behälters

Bei technischen Abläufen, vor allem in der Verfahrenstechnik, ist das Setzen einer Funktion häufig vom Signalzustand anderer Schaltzustände abhängig. So darf beispielsweise das Befüllen eines Behälters erst gestartet werden, wenn der Entleerungsvorgang abgeschlossen ist. Diese Abhängigkeit von Signalzuständen bezeichnet man als **Verriegelungsschaltung**.

Verriegeln bedeutet, dass ein Speicher nicht gesetzt werden kann, wenn bestimmte Bedingungen nicht erfüllt sind.

Beispiel für eine Verriegelungsschaltung: Im Anlagenteil des Beispiels von Seite 237 unten, Bild 3, soll der Befüllvorgang des Behälters B1 mit der Pumpe P1 **nicht** gestartet werden können, solange der Entleerungsvorgang des Behälters über V1 läuft. Wie muss dazu der Funktionsplan der Steuerung ergänzt werden?

***Lösung* (Bild 1):** Während des Entleerungsvorgangs von Behälter B1 ist das Ablaufventil V1 geöffnet, das untere Flipflop führt am Ausgang ein 1-Signal. Dieses Ausgangssignal wird auf einen zusätzlichen UND-Baustein als Eingang zurückgeführt und mit dem Setzsignal „Füllen" des oberen Flipflops in negierter Form UND-verknüpft.

Während des Entleerens liegt so am UND-Glied ein 1-Signal, negiert ein 0-Signal an: Solange A2 nicht in ein 0-Signal kippt, d.h. das Ventil V1 nach Beendigung des Entleerens geschlossen wird, kann auch bei Betätigung des Fülltasterschalters S1 (E0 = 1) das obere Flipflop nicht gesetzt werden. Der UND-Baustein gibt während des Entleerens auf den oberen Setzeingang ein 0-Signal: **Der Setzeingang ist verriegelt.**

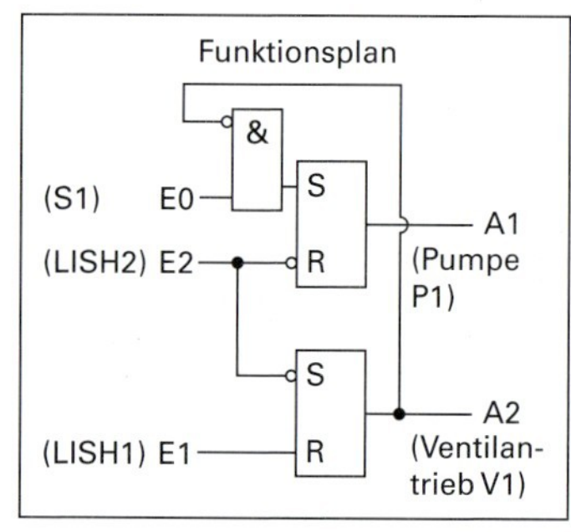

Bild 1: Lösung Beispiel

Aufgaben zu 10.4 Speicher-Funktionsbausteine

1. Erläutern Sie die Funktion der in **Bild 2** skizzierten Schaltung.
2. Geben Sie den Funktionsplan einer Schaltung aus NAND-Gliedern an, die die Funktion eines RS-Flipflops erfüllt.
3. Der Antriebsmotor einer horizontalen Schälzentrifuge **(Bild 3)** wird mit Taster S1 (E1 = 1) gestartet (A1 = 1).

   Die Zentrifuge lässt sich nur starten, wenn die Zentrifugentür mit dem Schälrohr (1), der Austragsschurre (2), dem Waschrohr (3) und dem Füllrohr (4) geschlossen ist und die geschlossene Tür einen Sicherheitskontakt (5) schließt (E5 = 1).

   Die Zentrifuge wird mit Taster S2 (E2 = 0) oder einem Not-Aus-Schalter S3 (E3 = 0) abgestellt.

   a) Erstellen Sie eine Zuordnungstabelle, geben Sie die Schaltung mit Funktionsbausteinen als Selbsthaltungsschaltung an.
   b) Lösen Sie die Aufgabe mit einer Flipflop-Schaltung.
4. Aus dem Sumpf des Kristallisators A1 **(Bild 4)** wird mit der Exzenterschneckenpumpe P1 der Kristallbrei ausgetragen.

   Die Pumpe P1 wird mit Taster S0 (E0 = 1) gestartet (A0 = 1) und mit Taster S3 (E3 = 1) ausgeschaltet.

   Bei Unterschreiten eines unteren Grenzstands LISLAL-201 (E2 = 0) des Kristallisators wird die Pumpe zum Schutz gegen Trockenlauf (Überhitzungsgefahr und Zerstörung) durch eine Sicherheitsschaltung abgestellt. Zusätzlich soll bei Erreichen des unteren Grenzstands Alarm ausgelöst werden (A2 = 1), der mit Taster S4 (E4 = 0) quittiert werden kann.

   a) Erstellen Sie eine Zuordnungstabelle und geben Sie den Funktionsplan für die Steuerungsaufgabe an.
   b) Erweitern Sie die Schaltung so, dass die Pumpe P1 nach dem Alarm „Stand tief" erst nach ausreichendem Sumpfstand (E2 = 1) im Kristallisator A1 wieder gestartet werden kann.

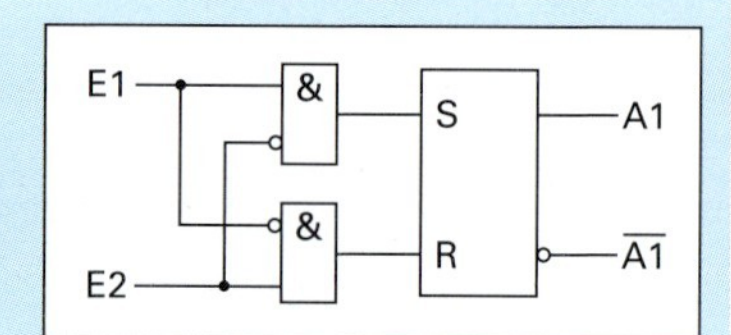

Bild 2: Funktionsplan zu Aufgabe 1

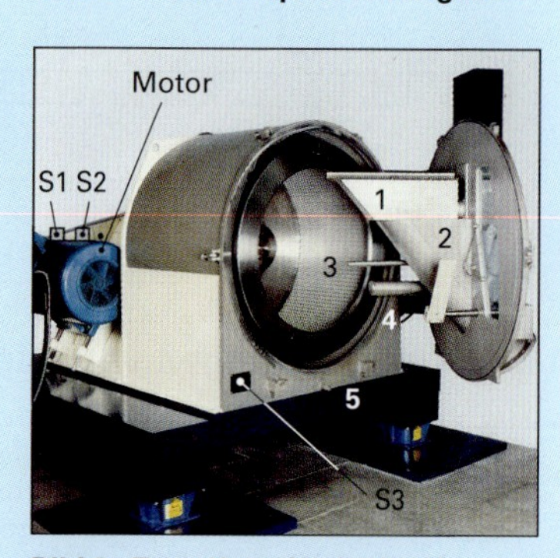

Bild 3: Zentrifuge (Aufgabe 3)

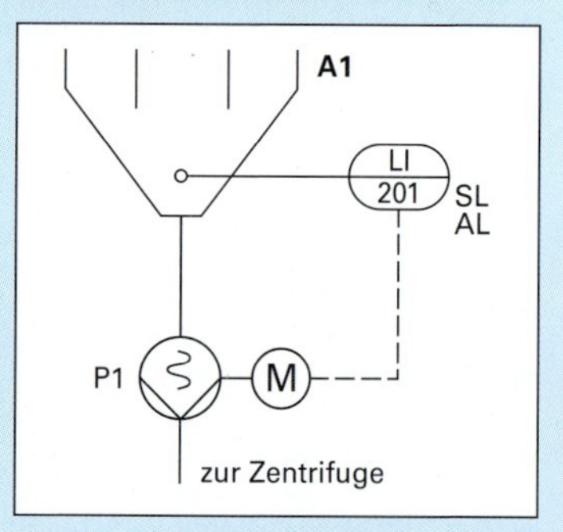

Bild 4: Kristallisator (Aufgabe 4)

5. Der Reaktor C1 **(Bild 1)** soll durch Betätigung von Taster S1 (E1 = 1) über Ventil V1 befüllt werden (A1 = 1) bis der Füllstand den Grenzsignalgeber LISH-202 erreicht (E2 = 0) und das Befüllen beendet wird.

   Nach Erreichen von LISH-202 wird der Rührwerksmotor M gestartet (A4 = 1) und die Mantelbeheizung durch Öffnen von Ventil V2 in Betrieb genommen (A2 = 1).

   Nach Erreichen der gewünschten Reaktortemperatur TISH-102 (E4 = 0) wird die Dampfzufuhr V2 geschlossen, der Rührwerksmotor abgestellt und das Ablaufventil V3 geöffnet (A3 =1).

   Wenn der Füllstand den Grenzsignalgeber LISL-201 unterschreitet (E5 = 1) wird das Ablaufventil V3 wieder geschlossen.

   a) Erstellen Sie eine Zuordnungstabelle und geben Sie für die Steuerungsaufgabe den Funktionsplan an.

   b) Erweitern Sie die Steuerung so, dass der Füllvorgang mit Taster S1 nur eingeschaltet werden kann, wenn Ventil V3 geschlossen ist (A3 = 0). Programmieren Sie außerdem den Grenzsignalgeber LISHH-203 als Überfüllsicherung (E3 = 0).

Bild 1: Fließschema zu Aufgabe 5

6. Der Chargen-Reaktor C2 **(Bild 2)** wird durch Betätigung von Taster S1 (E1 = 1) über die Pumpe P1 (A1 = 1) mit Lösemittel befüllt. Der Füllvorgang ist abgeschlossen, wenn der Füllstand den Grenzsignalgeber LISH-102 erreicht (E2 = 0).

   Nach Befüllen bis LISH-102 wird das Rührwerk in Betrieb genommen (A2 = 1), das Kühlwasserventil V3 geöffnet (A3 = 1) und über Ventil V1 Säure in den Reaktor gefüllt (A4 = 1). Die Säure wird zudosiert, bis der Füllstand den Grenzsignalgeber LISHH-101 erreicht (E3 = 0).

   Das Rührwerk und die Kühlwasserzufuhr bleiben in Betrieb, bis die Reaktionswärme so weit abgeführt ist, dass die geforderte Temperatur am Sensor TISL-201 erreicht ist (E4 = 0).

   Nach Ansprechen von Sensor TISL-201 wird das Kühlwasserventil geschlossen, das Rührwerk abgeschaltet und der Reaktor mittels Druckluft über Ventil V2 (A5 = 1) aus dem Ablaufventil V4 (A6 = 1) leergedrückt.

   Wenn der Füllstand den Grenzsignalgeber LISL-103 unterschreitet (E5 = 1), werden das Druckluftventil V2 und das Ablaufventil V4 geschlossen. Der Reaktor ist bereit für die nächste Charge.

   Erstellen Sie eine Zuordnungstabelle. Geben Sie den Funktionsplan für die Reaktorsteuerung an.

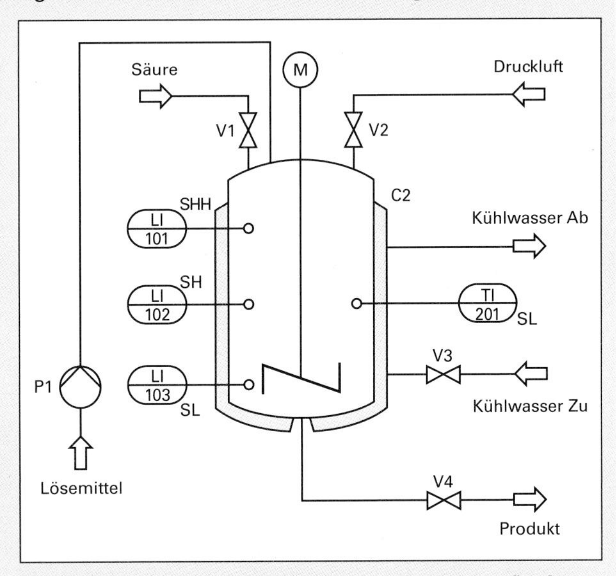

Bild 2: Fließschema zur Ablaufsteuerung eines chargenweise betriebenen Reaktors (Aufgabe 6, 7, 8, 9)

7. Verändern Sie den Funktionsplan von Aufgabe 6 so, dass die Pumpe P1 nur gestartet werden kann, wenn das Ablaufventil V4 geschlossen ist.

8. In der Reaktorsteuerung von Aufgabe 6 soll nach Erreichen der Temperatur am Sensor TISL-201 der Reaktorinhalt abgedrückt werden. Das Rührwerk und die Kühlwasserzufuhr sollen in Betrieb bleiben, bis der Füllstand den Grenzsignalgeber LISH-102 unterschreitet.

   Entwickeln Sie den veränderten Funktionsplan.

9. Der Funktionsplan von Aufgabe 6 ist so zu verändern, dass die Neubefüllung des Reaktors nicht während des vollständigen Ablaufs einer Charge möglich ist (Verriegelungsschaltung).

12 Berechnungen zur chemischen Reaktionstechnik

Das apparative Kernstück eines chemischen Herstellungsprozesses ist der Reaktor **(Bild 1)**. Dort werden die Ausgangsstoffe (Edukte) zu den Produkten umgesetzt.
Die chemische Reaktionstechnik befasst sich mit den umgesetzten Stoffmengen, den Bedingungen und der Effektivität bei der Ausführung der chemischen Reaktionen in der Produktion sowie den Betriebsweisen der Reaktoren.

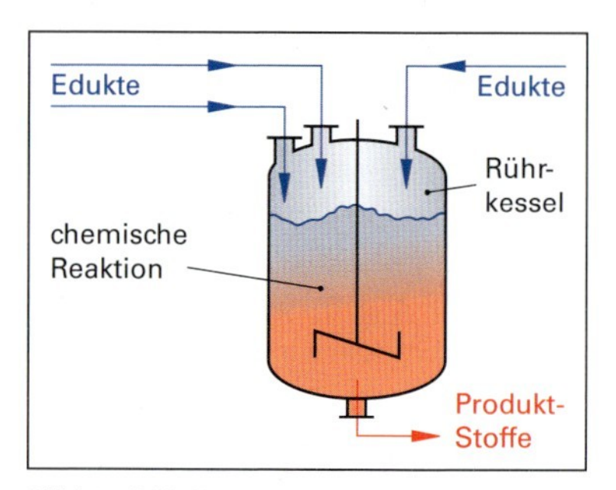

Bild 1: Rührkessel-Reaktor

12.1 Umgesetzte Stoffmengen in Reaktoren

Basis der chemischen Umsetzungen in einem Reaktor sind die Stoffmengen bzw. Massen oder Volumina der bei der chemischen Reaktion benötigten und erzeugten Stoffe.

12.1.1 Quantitätsgrößen und Durchsatzgrößen

Beim Chargenbetrieb in einem Reaktionskessel sind die kennzeichnenden Quantitätsgrößen das Volumen V, die Masse m und die Stoffmenge n.
Beim Fließbetrieb in einem Rohrreaktor sind die Durchsatzgrößen Volumenstrom $\dot{V}$, Massenstrom $\dot{m}$ und Stoffmengenstrom $\dot{n}$ die relevanten Quantitätsgrößen (siehe rechts).

Durchsatzgrößen		
Volumenstrom	Massenstrom	Stoffmengenstrom
$\dot{V} = \frac{V}{t}$	$\dot{m} = \frac{m}{t}$	$\dot{n} = \frac{n}{t}$
mit $m = \varrho \cdot V$; $m = n \cdot M$		

Beispiel: In einer Rohrleitung fließt ein Volumenstrom $\dot{V}$ von 1240 L/h verdünnter Schwefelsäure mit einem Volumenanteil von 12,5%. Wie groß sind der Volumenstrom, der Massenstrom und der Stoffmengenstrom an reiner Schwefelsäure in der Rohrleitung?
Stoffdaten: $\varrho(H_2SO_4) = 1{,}840\ kg/m^3$; $M(H_2SO_4) = 98{,}08\ kg/kmol$

Lösung: $\dot{V}(H_2SO_4) = \varphi(H_2SO_4) \cdot \dot{V}_{ges} = 12{,}5\,\% \cdot 1240\ L/h = 155\ L/h = \mathbf{0{,}155\ m^3/h}$;

$\dot{m}(H_2SO_4) = \varrho(H_2SO_4) \cdot \dot{V}(H_2SO_4) = 1840\ kg/m^3 \cdot 0{,}155\ m^3/h \approx \mathbf{285\ kg/h}$;

$$\dot{n}(H_2SO_4) = \frac{m(H_2SO_4)}{M(H_2SO_4)} = \frac{285\ kg/h}{98{,}08\ kg/kmol} \approx \mathbf{2{,}91\ kmol/h}$$

12.1.2 Umgesetzte Stoffmengen bei vollständiger Reaktion mit reinen Stoffen

Basis zur Berechnung der Stoffmengen bzw. Massen bei einer chemischen Reaktion ist die stöchiometrische Reaktionsgleichung. Sie lautet in allgemeiner Form z. B.: $\nu_A \cdot A + \nu_B \cdot B \rightarrow \nu_C \cdot C + \nu_D \cdot D$

Es sind: Indices: A und B Ausgangsstoffe (Edukte); B und C Reaktionsstoffe (Produkte);
$\nu_A, \nu_B, \nu_C, \nu_D$ sind die stöchiometrischen Faktoren.

Bei einer vollständig, man sagt auch **quantitativ verlaufenden Reaktion** gemäß der stöchiometrischen Reaktionsgleichung werden die umgesetzten Massen bzw. Stoffmengen mit der nebenstehenden Gleichung berechnet.
Diese **Stoffumsatzgleichung** gilt für jeweils zwei an der Reaktion beteiligte Stoffe X_1 und X_2.
Es sind: m Masse; n Stoffmenge; M Molare Masse

Stoffumsatzgleichung

$$\frac{m(X_1)}{n(X_1) \cdot M(X_1)} = \frac{m(X_2)}{n(X_2) \cdot M(X_2)}$$

Beispiel: Die stöchiometrische Reaktionsgleichung für die Aluminiumherstellung durch Schmelzfluss-Elektrolyse lautet: $Al_2O_3 + 2\,C \rightarrow 2\,Al + CO_2 + CO$
Welche Masse an Kohlenstoff wird für die Herstellung von 1 kg Aluminium benötigt, wenn die Reaktion gemäß der stöchiometrischen Reaktionsgleichung verläuft? Stoffdaten: $M(C) = 12{,}01\ kg/kmol$; $M(Al) = 26{,}98\ kg/kmol$

Lösung: Mit der nach m(C) umgestellten Stoffumsatzgleichung erhält man:

$$\mathbf{m(C)} = n(C) \cdot M(C) \cdot \frac{m(Al)}{n(Al) \cdot M(Al)} = 2 \cdot 12{,}01 \frac{kg}{kmol} \cdot \frac{1\,kg}{2 \cdot 2698\ kg/kmol} \approx \mathbf{0{,}4451\ kg}$$

Bei kontinuierlich durchgeführten Prozessen wird eine analoge Stoffumsatzgleichung mit Massenströmen $\dot{m}(X)$ und Stoffmengenströmen $\dot{n}(X)$ verwendet.

12.1.3 Umgesetzte Stoffmengen bei Reaktion mit verdünnten bzw. unreinen Stoffen

Bei chemischen Reaktionen mit verdünnten, unreinen oder gemischten Stoffen gilt ebenso die Stoffumsatzgleichung.
Durch Multiplizieren der Masse des eingesetzten Realstoffs mit dem Massenanteil $w(X)$ erhält man die Stoffmenge des Wertstoffs (siehe rechts).

Stoffumsatzgleichung bei verdünnten bzw. verunreinigten Stoffen

$$\frac{w(X_1) \cdot m(X_1)}{n(X_1) \cdot M(X_1)} = \frac{m(X_2)}{n(X_2) \cdot M(X_2)}$$

Beispiel: Schwefelsäure wird z.B. aus SO_2 hergestellt. Zur Gewinnung des SO_2 wird das Mineral Pyrit mit einem Massenanteil $w(FeS_2)$ von rund 30 % durch Abrösten bei rund 450 °C nach der folgenden stöchiometrischen Reaktionsgleichung erzeugt: $4\,FeS_2 + 11\,O_2 \rightarrow 8\,SO_2 + Fe_2O_3$

Welche Masse an SO_2 kann aus 1 Tonne Pyrit mit dem Massenanteil $w(FeS_2) = 28{,}4\,\%$ gewonnen werden?

Stoffdaten: $M(FeS_2) = 119{,}97$ kg/kmol; $M(SO_2) = 64{,}06$ kg/kmol

Lösung: Stoffumsatzgleichung: $\frac{w(FeS_2) \cdot m(\text{Pyrit})}{n(FeS_2) \cdot M(FeS_2)} = \frac{m(SO_2)}{n(SO_2) \cdot M(SO_2)}$

$$\Rightarrow \mathbf{m(SO_2)} = n(SO_2) \cdot M(SO_2) \cdot \frac{w(FeS_2) \cdot m(\text{Pyrit})}{n(FeS_2) \cdot M(FeS_2)} = 8 \cdot 199{,}97\,\frac{\text{kg}}{\text{kmol}} \cdot \frac{0{,}284 \cdot 1000\,\text{kg}}{4 \cdot 64{,}06\,\text{kg/kmol}} \approx \mathbf{1064\,kg}$$

12.1.4 Umgesetzte Stoffmengen bei unvollständigen Reaktionen

Häufig werden bei Reaktionen die eingesetzten Stoffe **nicht vollständig** (man sagt **nicht quantitativ**) entsprechend der stöchiometrischen Gleichung umgesetzt.
Als Maß für das Nicht-Erreichen der umgesetzten Stoffmenge bei nicht quantitativer Umsetzung verwendet man den Begriff **Wirkungsgrad** oder **Ausbeute**.
Man berechnet den Wirkungsgrad $\eta(X)$ als Quotient aus der tatsächlich gebildeten Produkt-Stoffmenge $n_p(X)$ und der maximal möglichen Produkt-Stoffmenge $n_{max}(X)$ bei stöchiometrischer Umsetzung (siehe rechts).
Bei kontinuierlich durchgeführten Prozessen (Fließbetrieb) wird der Wirkungsgrad mit analogen Gleichungen aus den Stoffströmen $\dot{m}$ bzw. $\dot{n}$ berechnet.

Wirkungsgrad (Ausbeute)

$$\eta(X) = \frac{m_p(X)}{m_{max}(X)} = \frac{n_p(X)}{n_{max}(X)}$$

Beispiel: Die katalytische Oxidation von Propanol zu Propansäure verläuft nach der Reaktionsgleichung:

$$2\,CH_3-CH_2-CH_2-OH \;+\; 2\,O_2 \;\rightarrow\; 2\,CH_3-CH_2-COOH \;+\; 2\,H_2O$$

Welchen Wirkungsgrad (welche Ausbeute) hat der Prozess, wenn zur Herstellung von 1200 kg Propansäure 1572 kg Propanol eingesetzt werden müssen?

Stoffdaten: $M(\text{Propanol}) = 60{,}10$ kg/kmol; $M(\text{Propansäure}) = 74{,}08$ kg/kmol

Lösung: $\eta(X) = \frac{m_p(X)}{m_{max}(X)} = \frac{m_p(\text{Propansäure})}{m_{max}(\text{Propansäure})} = \frac{m_p(PS)}{m_{max}(PS)}$;

Berechnung von $m_{max}(PS)$: $\frac{m(PS)}{n(PS) \cdot M(PS)} = \frac{m(\text{P-ol})}{n(\text{P-ol}) \cdot M(\text{P-ol})} \Rightarrow m_{max}(PS) = n(PS) \cdot M(PS) \cdot \frac{m(\text{P-ol})}{n(\text{P-ol}) \cdot M(\text{P-ol})}$

$$\mathbf{m_{max}(PS)} = 2 \cdot 74{,}08\,\text{kg/kmol} \cdot \frac{1572\,\text{kg}}{2 \cdot 60{,}10\,\text{kg/kmol}} \approx \mathbf{1938\,kg}$$

Berechnung des Wirkungsgrads: $\boldsymbol{\eta}\mathbf{(Propansäure)} = \frac{1200\,\text{kg}}{1938\,\text{kg}} \approx 0{,}6192 \approx \mathbf{61{,}92\,\%}$

Bei einem mehrstufigen chemischen Prozess errechnet sich der Gesamtwirkungsgrad η_{ges} (Gesamtausbeute) aus den Wirkungsgraden der einzelnen Prozessstufen η_1, η_2, η_3.

Gesamtwirkungsgrad

$$\eta_{ges} = \eta_1 \cdot \eta_2 \cdot \eta_3 \cdot \ldots$$

Beispiel: Die Synthese zur Herstellung von Acetylsalicylsäure (kurz ASS) aus Benzol verläuft über vier Teilreaktionen mit Wirkungsgraden von 74 %, 81 %, 69 % und 89 %.
Wie groß ist der Wirkungsgrad des Gesamt-Syntheseprozesses?

Lösung: $\eta_{ges} = \eta_1 \cdot \eta_2 \cdot \eta_3 \cdot \eta_4 = 0{,}74 \cdot 0{,}81 \cdot 0{,}69 \cdot 0{,}89 \approx 0{,}37 \approx \mathbf{37\,\%}$

Aufgaben zu 12.1 Umgesetzte Stoffmengen in Reaktoren

1. 1000 Kilogramm Essigsäureethylester ($CH_3COOC_2H_5$) werden durch Umsetzung von Essigsäure (CH_3COOH) mit Ethanol (CH_3CH_2OH) hergestellt.
   Stoffdaten: $M(CH_3COOH) = 60{,}05$ kg/kmol; $M(CH_3CH_2OH) = 46{,}07$ kg/kmol; $M(CH_3COOC_2H_5) = 88{,}11$ kg/kmol
   Welche Masse an technischem Ethanol mit dem Massenanteil w(Ethanol) = 94 % werden dazu benötigt?

2. Bei der Reaktion von Calciumphosphat $Ca_3(PO_4)_2$ mit Schwefelsäure H_2SO_4 enstehen Phosphorsäure H_3PO_4 und Calciumsulfat $CaSO_4$.
   Stoffdaten: $M(Ca_3(PO_4)_2) = 310{,}18$ kg/kmol; $M(H_2SO_4) = 98{,}08$ kg/mol; $M(H_3PO_4) = 98{,}00$ kg/kmol
   a) Wie lautet die Reaktionsgleichung?
   b) Wie viel Schwefelsäure werden für einen Reaktionsansatz von 280 kg Calciumphosphat mit $w(Ca_3(PO_4)_2) = 78\,\%$ bei vollständigem Stoffumsatz benötigt?

3. In einem Chemiebetrieb fällt ein schwefelsäurehaltiger Dünnsäurestrom von 237 m^3 pro Stunde an. Er soll mit Kalkwasser $Ca(OH)_2$ im Neutralisationsbehälter neutralisiert werden **(Bild 1)**.
   Das Kalkwasser wird aus dem Vorratsbehälter B mit der Pumpe P zudosiert.
   a) Wie lautet die Reaktionsgleichung der Neutralisation?
   b) Welchen Volumenstrom an Kalkwasser muss die Pumpe zur vollständigen Neutralisation der Abfall-Dünnsäure einspeisen?
   Stoffdaten: $w(H_2SO_4\text{-Dünnsäure}) = 8{,}6\,\%$; $\varrho(H_2SO_4\text{-Dünnsäure}) = 1058$ kg/m^3; w(Kalkwasser) = 9,8 %; ϱ(Kalkwasser) = 1108 kg/m^3; $M(Ca(OH)_2) = 74{,}09$ kg/kmol; $M(H_2SO_4) = 98{,}08$ kg/mol

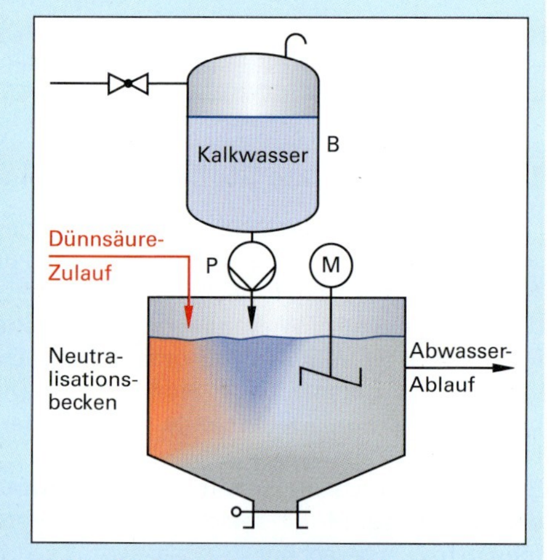

Bild 1: Neutralisation (Aufgabe 3)

4. In einem Reaktor werden 1000 Liter Ethanol C_2H_5OH mit Schwefelsäure H_2SO_4 als Katalysator zu 780 Liter Diethylether $(C_2H_5)_2O$ umgesetzt.
   Die Reaktionsgleichung lautet: $2\,C_2H_5OH \xrightarrow{H_2SO_4} (C_2H_5)_2O$
   Welchen Wirkungsgrad (welche Ausbeute) hat der Prozess?
   Stoffdaten: ϱ(Ethanol) = 798,3 kg/m^3; ϱ(Diethylether) = 714,0 kg/m^3; M(Ethanol) = 46,07 kg/mol; M(Diethylether) = 74,14 kg/mol

12.2 Kenngrößen der Reaktionsabläufe in Reaktoren

Zur Beurteilung der Effektivität der Reaktionsabläufe eines bestimmten Chemieprozesses in einem Reaktor verwendet man spezielle Kenngrößen: Den Umsatz, die Ausbeute, die Selektivität und die Produktionsleistung.

12.2.1 Umsatz

Der Umsatz U_k (engl. conversion rate), auch als Umsatzgrad bezeichnet, ist für **absatzweise betriebene Reaktoren** definiert als das Verhältnis der während der Reaktion umgesetzten Stoffmenge ($n_{k0} - n_k$) eines Eduktes k (k von Komponente) zur eingesetzten Ausgangsstoffmenge dieser Komponente n_{k0} (siehe rechts).

Als Leitkomponente k verwendet man das stöchiometrisch im Unterschuss eingesetzte Edukt.

Der Index 0 bezeichnet die Mengen bei Reaktionsbeginn.

Umsatz für absatzweise Reaktoren

$$U_k = \frac{n_{k0} - n_k}{n_{k0}}$$

oder:

$$U_k = \frac{m_{k0} - m_k}{m_{k0}} = \frac{c_{k0} \cdot V_0 - c_k \cdot V}{c_{k0} \cdot V_0}$$

Der Umsatz kann auch durch Massen m und bei volumenkonstanten Reaktionen durch Stoffmengenkonzentrationen c angegeben werden (siehe Seite 242 unten).

Für **kontinuierlich betriebene Reaktoren** erhält man analoge Gleichungen für den Umsatz mit den Stoffmengenströmen $\dot{n}$, den Massenströmen $\dot{m}$ und den Volumenströmen $\dot{V}$ (siehe rechts).

Umsatz für kontinuierliche Reaktoren

$$U_k = \frac{\dot{n}_{k0} - \dot{n}_k}{\dot{n}_{k0}} = \frac{\dot{m}_{k0} - \dot{m}_k}{\dot{m}_{k0}}$$

$$U_k = \frac{c_{k0} \cdot \dot{V}_0 - c_k \cdot \dot{V}}{c_{k0} \cdot \dot{V}_0}$$

Beispiel: Bei einer SO_2-Oxidation werden in einem kontinuierlichen Reaktor stündlich 23,00 t Schwefeldioxid SO_2 mit Sauerstoff O_2 zur Reaktion gebracht und ergeben Schwefeltrioxid SO_3.
Nach Verlassen des Reaktors sind noch 4,70 t SO_2 im Reaktionsgemisch.
Wie hoch ist der Umsatz dieses Chemieprozesses im Reaktor?

Lösung: Die Reaktionsgleichung lautet: $2\,SO_2 + O_2 \rightarrow 2\,SO_3$; Leitkomponente k ist SO_2;

$$\boldsymbol{U_k} = \frac{\dot{m}_{k0} - \dot{m}_k}{\dot{m}_{k0}} = \frac{\dot{m}_{k0}(SO_2) - \dot{m}_k(SO_2)}{\dot{m}_{k0}(SO_2)} = \frac{23{,}00\ \text{t/h} - 4{,}17\ \text{t/h}}{23{,}00\ \text{t/h}} \approx \mathbf{0{,}796} \approx \mathbf{79{,}6\,\%}$$

Zur Berechnung des **Umsatzes U_k aus den Stoffmengen einer beliebigen Komponente i** müssen die stöchiometrischen Koeffizienten der chemischen Reaktionsgleichung berücksichtigt werden.

Sie lautet in der allgemeinen Form: $\nu_A \cdot A + \nu_B \cdot B \rightleftharpoons \nu_P \cdot C + \nu_Q \cdot D$

A und B sind die Edukte (Ausgangsstoffe), C und D die Produkte.

$\nu_A, \nu_B, \nu_P, \nu_Q$ sind die stöchiometrischen Koeffizienten der Stoffe bei der chemischen Reaktion.

Eine Beziehung zwischen den umgesetzten Stoffmengen einer beliebigen Komponente i $(n_{i0} - n_i)$ und der Leitkomponente k $(n_{k0} - n_k)$ liefert die **stöchiometrische Beziehung** (siehe rechts).

Es bedeuten:

ν_i stöchiometrischer Koeffizient einer beliebigen Komponente

ν_k stöchiometrischer Koeffizient der Leitkomponente

Löst man diese Beziehung nach $(n_{k0} - n_k) = (n_{i0} - n_i) \cdot \nu_k/\nu_i$ auf und setzt in die Gleichung des Umsatzes $U_k = (n_{k0} - n_k)/n_{k0}$ ein, erhält man die nebenstehende Bestimmungsgleichung für den Umsatz U_k.

Für Fließbetrieb sind in die Gleichung des Umsatzes die Stoffmengenströme $\dot{n}$ einzusetzen.

Stöchiometrische Beziehung

$$\frac{\nu_i}{\nu_k} = \frac{n_{i0} - n_i}{n_{k0} - n_k}$$

Umsatz

Satzbetrieb $$U_k = \frac{(n_{i0} - n_i)}{n_{k0}} \cdot \frac{\nu_k}{\nu_i}$$

Fließbetrieb $$U_k = \frac{(\dot{n}_{i0} - \dot{n}_i)}{\dot{n}_{k0}} \cdot \frac{\nu_k}{\nu_i}$$

Beispiel: Bei einer Methanolsynthese nach der Reaktionsgleichung $CO + 2\,H_2 \rightleftharpoons CH_3OH$ werden stündlich 258 kmol CO und 516 kmol Wasserstoff (H_2) in den Reaktor eingespeist. Nach der Reaktion sind im Reaktionsgemisch noch 182 kmol H_2 vorhanden. Wie groß ist der Umsatz bei dieser Reaktion?

Lösung: Leitkomponente ist das im Unterschuss vorhandene Kohlenstoffmonoxid CO.

$\dot{n}_{k0}(CO) = 253$ kmol; $\dot{n}_{i0}(H_2) = 526$ kmol; $\dot{n}_i(H_2) = 182$ kmol; $\nu_k(CO) = 1$; $\nu_i(H_2) = 2$;

$$\boldsymbol{U_k} = \frac{\dot{n}_{i0}(H_2) - \dot{n}_i(H_2)}{\dot{n}_{k0}(CO)} \cdot \frac{\nu_k(CO)}{\nu_i(H_2)} = \frac{(526\ \text{kmol/h} - 182\ \text{kmol/h})}{258\ \text{kmol/h}} \cdot \frac{1}{2} \approx \mathbf{0{,}66667} \approx \mathbf{66{,}7\,\%}$$

12.2.2 Ausbeute (Bildungsgrad)

Die Ausbeute A_p, auch Bildungsgrad genannt, (engl. rate of yield) ist der Quotient aus der gebildeten Stoffmenge eines Produkts $(n_p - n_{p0})$ und der eingesetzten Stoffmenge der Leitkomponente n_{k0}.

Die stöchiometrischen Koeffizienten müssen berücksichtigt werden. Für den kontinuierlichen Betrieb gilt eine analoge Gleichung mit den Stoffmengenströmen $\dot{n}$.

Ausbeute (Bildungsgrad)

Satzbetrieb $$A_p = \frac{(n_p - n_{p0})}{n_{k0}} \cdot \frac{\nu_k}{\nu_i}$$

Fließbetrieb $$A_p = \frac{(\dot{n}_p - \dot{n}_{p0})}{\dot{n}_{k0}} \cdot \frac{\nu_k}{\nu_i}$$

Beispiel: Für die SO_2-Oxidation des Beispiels auf Seite 243, oben, soll die Ausbeute berechnet werden. Am Ausgang des Reaktors sind 3,70 t/h an SO_3 im Reaktionsgemisch.

Lösung: Stoffdaten: $M(SO_2) = 64{,}06$ kg/kmol; $M(O_2) = 32{,}00$ kg/kmol; $M(SO_3) = 80{,}06$ kg/kmol

Zuerst werden aus den Massenströmen $\dot{m}$ die Stoffmengenströme $\dot{n}$ berechnet: $\dot{n}(X) = \frac{\dot{m}(X)}{M(X)}$

$\dot{n}_{k0}(SO_2) = \frac{\dot{m}(SO_2)}{M(SO_2)} = \frac{23000\,kg/h}{64{,}06\,kg/kmol} \approx \mathbf{359\,kmol/h}$; $\dot{n}_P(SO_3) = \frac{3700\,kg/h}{80{,}06\,kg/kmol} \approx \mathbf{46{,}2\,kmol/h}$; $n_{P0} = 0$;

mit $\nu_k(SO_2) = 2$ und $\nu_p(SO_3) = 2$ folgt: $A_p = \frac{(\dot{n}_p - \dot{n}_{p0})}{\dot{n}_{k0}} \cdot \frac{\nu_k}{\nu_p} = \frac{(46{,}2\,kmol/h - 0)}{359\,kmol/h} \cdot \frac{2}{2} \approx \mathbf{0{,}129} \approx \mathbf{12{,}9\,\%}$

12.2.3 Selektivität

Die Selektivität S_P (engl. selectivity) ist definiert als der Quotient der gebildeten Stoffmenge eines Produkts $(n_P - n_{P0})$ zur umgesetzten Stoffmenge der Leitkomponente $(n_{k0} - n_k)$. Zusätzlich müssen die stöchiometrischen Koeffizienten berücksichtigt werden.
Die Selektivität S_p kann auch als Qutotient aus der Ausbeute A_p und dem Umsatz U_k berechnet werden.
Bei nur einer Reaktion im Reaktor ist die Selektivität $S_P = 1$.

Selektivität

$$S_P = \frac{(n_P - n_{P0})}{(n_{k0} - n_k)} \cdot \frac{\nu_k}{\nu_P} = \frac{A_P}{U_k}$$

Beispiel: Bei einer chemischen Reaktion der Form A + 2 B → C + 2 D bilden sich aus 1 mol Stoff A und 2 mol Stoff B vom Stoff C 0,76 mol und vom Stoff D 0,12 mol. Nach der Reaktion sind von Stoff A noch 0,10 mol vorhanden. Leitkomponente ist Stoff A. Wie groß ist die Selektivität für Stoff C?

Lösung: $S_P(C) = \frac{(n_C - n_{C0})}{(n_{A0} - n_A)} \cdot \frac{\nu_A}{\nu_C} = \frac{0{,}76\,mol - 0\,mol}{1\,mol - 0{,}10\,mol} \cdot \frac{1}{1} = \frac{0{,}76\,mol}{0{,}90\,mol} \approx \mathbf{0{,}84} \approx \mathbf{84\,\%}$

12.2.4 Verweilzeit

In absatzweise betriebenen Reaktoren wie z. B. dem Rührkessel, ist die Verweilzeit ***t*** aller Teilchen (engl. mean residence time) gleich. Sie ist die Zeit vom Befüllen (t_0) bis zum Entleeren (t_E).

Bei kontinuierlich arbeitenden Reaktoren, wie z. B. dem Rohrreaktor, berechnet man die Verweilzeit τ als Quotient aus dem Volumen des Reaktors V_R und dem Volumenstrom im Reaktor $\dot{V}_0$.

Bei realen absatzweisen Reaktoren haben die Teilchen keine exakte Verweilzeit, sondern eine Verweilzeitverteilung. Man benutzt deshalb als Annäherung die mittlere Verweilzeit $\bar{t}$, auch $\bar{\tau}$ genannt: $\bar{\tau} = \bar{t}_0$ bis $\bar{t}_E$

Verweilzeit	
Satzbetrieb	Fließbetrieb
$\bar{t} = \bar{\tau} = \bar{t}_E - \bar{t}_0$	$\bar{t} = \bar{\tau} = \frac{V_R}{\dot{V}_0}$

Beispiel: Durch einen kontinuierlich betriebenen Rohrreaktor strömt stündlich ein Volumen von 8,27 m^3. Das Rohr-Innenvolumen des Rohrreaktors beträgt 1,49 m^3. Wie groß ist die mittlere Verweilzeit im Reaktor?

Lösung: Für den kontinuierlich arbeitenden Rohrreaktor gilt: $\bar{\tau} = \frac{V_R}{\dot{V}_0} = \frac{1{,}49\,m^3}{8{,}27\,m^3/h} \approx 0{,}1802\,h \approx 0{,}1802 \cdot 60\,min \approx \mathbf{10{,}8\,min}$

12.2.5 Produktionsleistung

Die Produktionsleistung L eines Reaktors (engl. output) ist definiert als die pro Zeiteinheit t erzeugte Stoffmenge n_p oder Masse m_p eines Produkts P. Man erhält die nebenstehenden Beziehungen.

Verknüpft mit den Gleichungen für die Selektivität S_P und den Umsatz U_k, ergeben sich nach dem Einsetzen und Umformen die nebenstehenden Gleichungen für die Produktionsleistung.

Produktionsleistung

$$L = \dot{n}_P = \frac{n_P}{t}; \quad L = \dot{m}_P = \frac{m_P}{t}$$

$$L = \dot{n}_P = S_P\,(\dot{n}_{k0} - \dot{n}_k) \cdot \frac{\nu_P}{\nu_k}$$

$$L = \dot{n}_P = S_P \cdot U_k \cdot \dot{n}_{k0} \cdot \frac{\nu_P}{\nu_k}$$

Beispiel: In einem absatzweise betriebenen Rührkessel werden in einer 104 Minuten dauernden Charge 735 kg Produkt erzeugt. Wie groß ist die Produktionsleistung?

Lösung: $L = \dot{m}_P = \frac{m_P}{t_{Ch}} = \frac{735\,kg}{104\,min} \approx \mathbf{7{,}07\,kg/min}$

Aufgaben zu 12.2 Kenngrößen der Reaktionsabläufe in Reaktoren

1. In einen kontinuierlich betriebenen Rührkesselreaktor **(Bild 1)** wird ein Volumenstrom von 246 Liter Ethanol-Wasser-Gemisch pro Minute eingespeist.

   Die Dichte des Gemischs beträgt 964 kg/m³. Der Reaktor hat einen Behälterinhalt von 742 dm³.

   a) Welcher Massenstrom-Durchsatz liegt vor?

   b) Welche mittlere Verweilzeit hat das Reaktionsgemisch im Reaktor?

2. In einem Etagenofen **(Bild 2)** wird bei der Kupfererzröstung Schwefeldioxid SO_2 freigesetzt. Es reagiert mit Sauerstoff weiter zu SO_3 nach der Reaktionsgleichung:

   $2\,SO_2 + O_2 \rightleftharpoons 2\,O_3$.

   Im mittleren Bereich des Etagenofens liefert eine Gasprobennahme und Analyse die Röstgas-Zusammensetzung:

   SO_2: 13,2 mmol; O_2: 17,8 mmol

   Am Ausgang des Etagenofens ergibt eine Analyse, dass 5,82 mmol des SO_2 zu SO_3 umgesetzt sind. Berechnen Sie die Umsätze aller Reaktionspartner.

3. In einem Ammoniak-Synthesereaktor **(Bild 3)** wird stündlich ein Ausgangsgemisch aus 4,83 kmol Stickstoff und 94,7 kmol Wasserstoff eingespeist und reagiert dort in einer mehrstufigen Katalysereaktion nach der Reaktionsgleichung $N_2 + 3\,H_2 \rightleftharpoons 2\,NH_3$.

   Das Produktgemisch enthält noch 1,26 kmol/h Stickstoff.

   a) Welche Stoffmengenströme der einzelnen Stoffe liegen am Eintritt und am Auslass des Reaktors vor?

   b) Wie groß ist der Umsatz für Stickstoff und Wasserstoff?

   c) Wie groß ist die Produktionsleistung an Ammoniak?

   d) Wie groß ist die Ausbeute an Ammoniak?

4. In einem absatzweise betriebenen Rührkessel soll in einer Veresterungsreaktion aus Benzoesäure und Methanol das Produkt Benzoesäuremethylester hergestellt werden.

   Die stöchiometrische Gleichung der Reaktion lautet:

   $C_6H_5 - COOH + CH_3OH \rightleftharpoons C_6H_5 - COOCH_3 + H_2O$

   Benzoesäure (BS) — Methanol (Me) — Benzoesäuremethylester (BSME)

   Das Zulaufgemisch von 650 Litern hat folgende Stoffmengenkonzentrationen: $c_{BS,0}$ = 4,65 mol/L; $c_{Me,0}$ = 8,42 mol/L. Die Ausbeute der Reaktion zu Benzoesäuremethylester beträgt 66,5 % der stöchiometrischen Stoffmengen. Die molaren Massen sind: M_{BS} = 122,12 g/mol; M_{Me} = 32,04 g/mol; M_{BSME} = 136,15 g/mol.

   a) Welche Stoffmengen an Ausgangstoffen sind im Ausgangsgemisch enthalten?

   b) Welche Massen an Ausgangsstoffen enthält das Ausgangsgemisch?

   c) Welche Stoffmenge bzw. Masse an Benzoesäuremethylester liegt nach der Reaktion im Reaktionsgemisch vor?

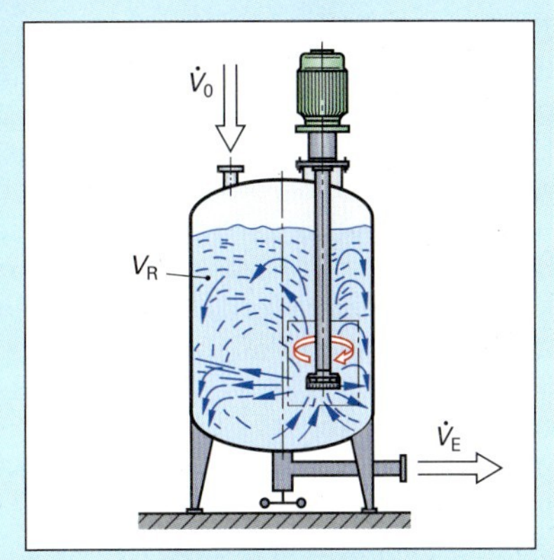

Bild 1: Kontinuierlicher Rührkesselreaktor (Aufgabe 1)

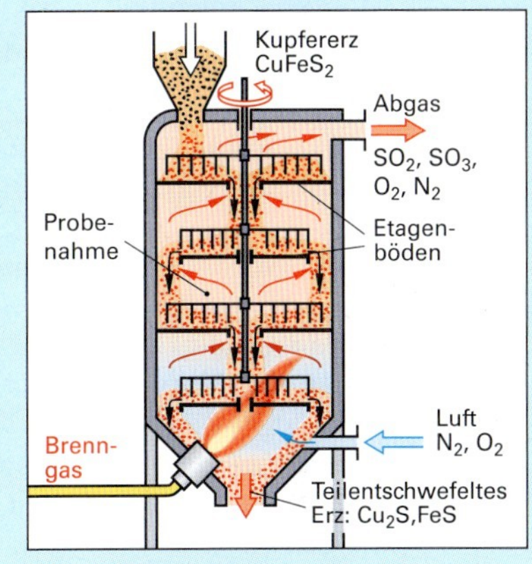

Bild 2: Etagenofen zum Erzrösten (Aufgabe 2)

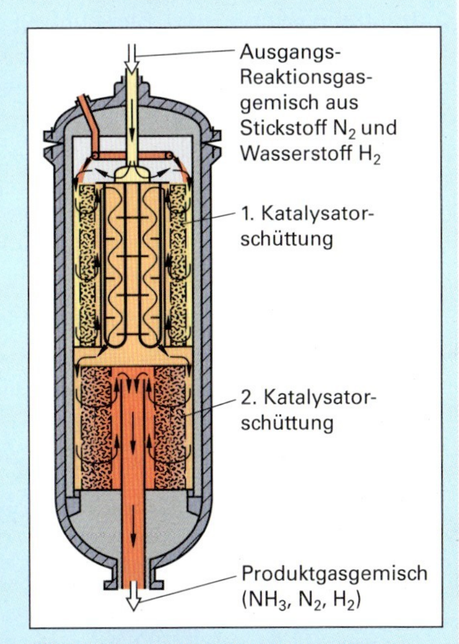

Bild 3: Ammoniak-Synthesereaktor (Aufgabe 3)

12.3 Zeitlicher Ablauf chemischer Reaktionen

Bei einer chemischen Reaktion werden die Ausgangsstoffe (Edukte) in einem Prozess in die Endstoffe (Produkte) umgewandelt.

In Verlauf dieses zeitabhängigen Prozesses ändern sich die Konzentrationen der Ausgangsstoffe und der Produktstoffe **(Bild 1)**. Die Konzentration der Ausgangsstoffe nimmt beginnend bei $c_0(A)$ bzw. $c_0(B)$ ab, während gleichzeitig die Konzentration der Produkte von 0 beginnend ansteigt.

Die Konzentrationsänderung Δc eines Reaktionspartners im Zeitintervall Δt wird als **Reaktionsgeschwindigkeit *r*** bezeichnet: $r = \Delta c / \Delta t$

Bei gelösten Stoffen verwendet man als Maß der Konzentration die Stoffmengenkonzentration *c* in mol/L, bei Gasen die entstandene Stoffmenge *n* in mol.

Für die Produkte bzw. Edukte einer Reaktion des Typs A + B → C + D erhält man die nebenstehenden Gleichungen der Reaktionsgeschwindigkeiten.

Die Reaktionsgeschwindigkeit der Produkte ist positiv, die der Edukte ist negativ.

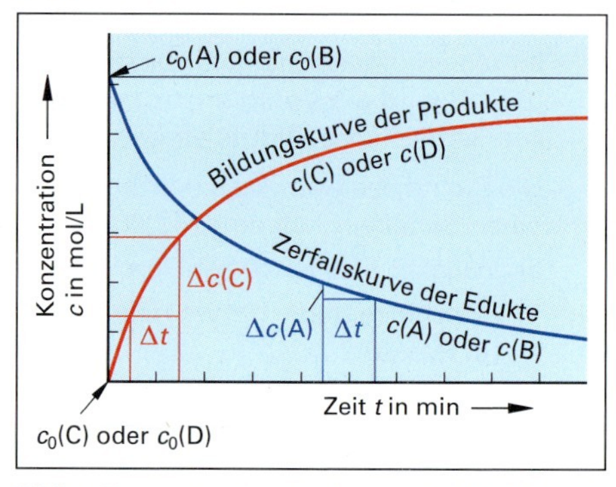

Bild 1: Konzentrationsänderung der Stoffe in Abhängigkeit von der Zeit

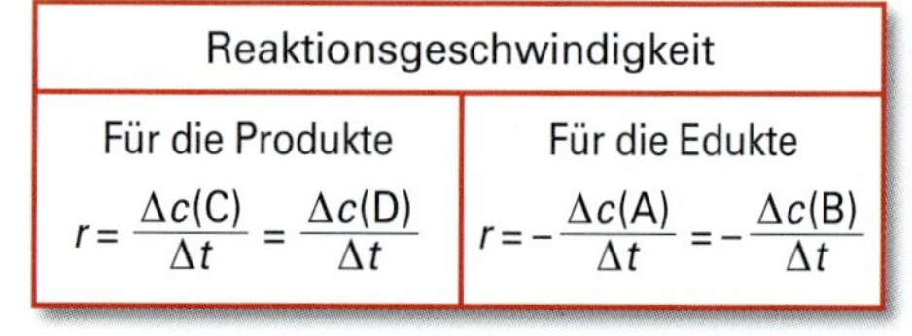

Reaktionsgeschwindigkeit	
Für die Produkte	Für die Edukte
$r = \frac{\Delta c(C)}{\Delta t} = \frac{\Delta c(D)}{\Delta t}$	$r = -\frac{\Delta c(A)}{\Delta t} = -\frac{\Delta c(B)}{\Delta t}$

Größe der Reaktionsgeschwindigkeit

Die Reaktionsgeschwindigkeit ändert sich fortlaufend (Bild 1). Für *c*(C) z. B. ist sie zuerst groß, da Δc pro Δt groß ist. Dann wird sie kleiner und strebt am Ende gegen Null, da dann die Ausgangsstoffe verbraucht sind.

Die Reaktionsgeschwindigkeit zu einem bestimmten Zeitpunkt nennt man die Momentan-Reaktionsgeschwindigkeit r_M.

Eine besondere Momentan-Reaktionsgeschwindigkeit ist die Anfangs-Reaktionsgeschwindigkeit r_0 bei Beginn der Reaktion (zum Zeitpunkt 0).

Die Bestimmung einer Momentan-Reaktionsgeschwindigkeit **(Bild 2)** erfolgt durch Anlegen einer Tangente an die Konzentrationskurve und Berechnung der Steigung aus den Seiten des Steigungsdreiecks: z. B. $r_0 = \Delta c_0(C)/\Delta t$.

Eine Durchschnitts-Reaktionsgeschwindigkeit r_D erhält man durch Bestimmung der Steigung der Sekante zwischen zwei Zeiten t_1 und t_2.

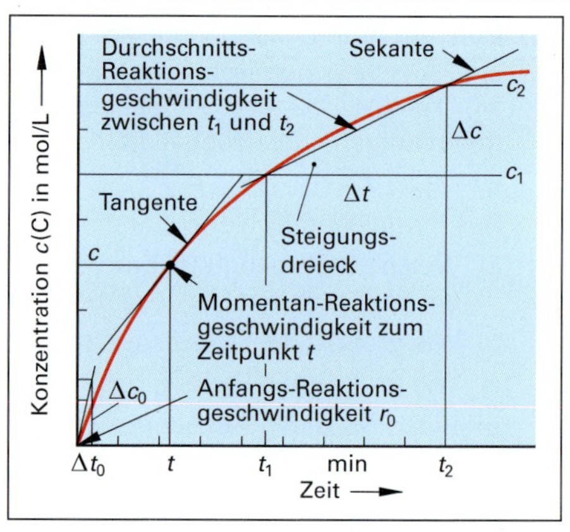

Bild 2: Bestimmung verschiedener Reaktionsgeschwindigkeiten

Beispiel: In **Bild 3** ist der Verlauf der H_2-Stoffmenge *n* bei der Reaktion $Zn_{(s)} + 2\,HCl_{(aq)} \rightarrow ZnCl_{2(aq)} + H_{2(g)}$ dargestellt. (s fest; aq in wässriger Lösung; g gasförmig)

a) Welche Anfangs-Reaktionsgeschwindigkeit hat die $H_{2(g)}$-Bildung?

b) Welche Durchschnitts-Reaktionsgeschwindigkeit herrscht zwischen 6 und 8 Minuten?

Lösung: Mit den Werten aus Bild 3:

a) $r_0(H_2) = \frac{\Delta n(H_2)}{\Delta t} \approx \frac{1{,}10\,\text{mmol}}{1\,\text{min}} \approx \mathbf{1{,}10\,\frac{mmol}{min}}$

b) $r_D(H_2) = \frac{n(H_2, 8\,\text{min}) - n(H_2, 6\,\text{min})}{\Delta t}$

$r_D(H_2) = \frac{(1{,}63 - 1{,}48)\,\text{mmol}}{2\,\text{min}} \approx \mathbf{0{,}075\,\frac{mmol}{min}}$

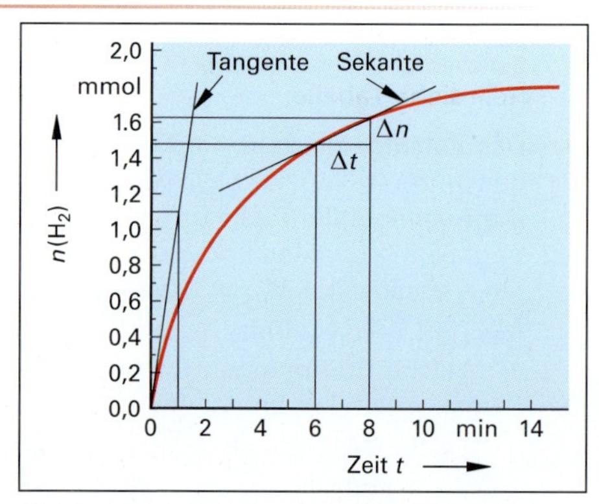

Bild 3: Konzentration an H_2 bei der Reaktion $Zn_{(s)} + 2\,HCl_{(aq)} \rightarrow ZnCl_{2(aq)} + H_{2(g)}$

Aufgabe zu 12.3 Zeitlicher Ablauf chemischer Reaktionen

Kalkstein (Calciumcarbonat) reagiert mit Salzsäure nach der folgenden Reaktionsgleichung zu Calciumchlorid, Wasser und CO_2-Gas.

$$CaCO_{3(s)} + 2\ HCl_{(aq)} \rightarrow CaCl_{2(aq)} + CO_{2(g)} + H_2O_{(l)}$$

In einem Experiment wurde für diese Reaktion die nebenstehende Kurve der gebildeten Stoffmenge an CO_2 über der Zeit erhalten.

a) Ermitteln Sie die Anfangs-Reaktionsgeschwindigkeit der CO_2-Bildung sowie die Momentan-Reaktionsgeschwindigkeiten nach 2 Minuten und 6 Minuten Reaktionszeit.

b) Bestimmen Sie die mittlere Reaktionsgeschwindigkeit im Zeitraum zwischen 2 und 3 Minuten nach Reaktionsbeginn.

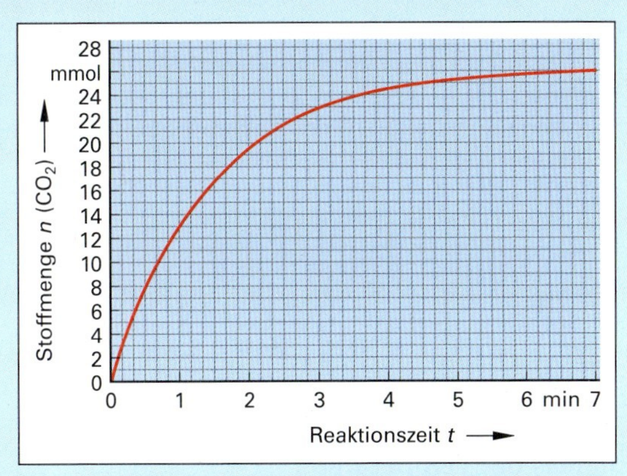

Bild 1: Gebildete CO_2-Stoffmenge bei der Reaktion von Kalkstein mit Salzsäure (aus einem Experiment)

12.4 Beeinflussung der Reaktionsgeschwindigkeit

Die Reaktionsgeschwindigkeit einer bestimmten chemischen Reaktion wird neben der Reaktivität der Ausgangsstoffe im Wesentlichen von drei Faktoren beeinflusst:

- der Konzentration der beteiligten Ausgangsstoffe,
- der Temperatur bei der Reaktion und
- dem Vorhandensein von Katalysatoren.

Einfluss der Konzentration der Ausgangsstoffe

Die Reaktionsgeschwindigkeit ist abhängig von der Konzentration der Ausgangsstoffe (Edukte) des Reaktionssystems. Beispiel: Konzentrierte Salzsäure reagiert mit Kalkstein schneller als verdünnte Salzsäure.

Die Art der Konzentrationsabhängigkeit wird experimentell bestimmt und mit einem **Reaktionsgeschwindigkeitsgesetz** (Kürzel R-Geschwindigkeitsgesetz) beschrieben (siehe nebenstehende Tabelle).

Darin ist ***k*** eine temperaturabhängige, vom reagierenden Stoffsystem abhängige **Reaktionsgeschwindigkeitskonstante**, die die Reaktivität des Stoffsystems berücksichtigt. Sie wird experimentell bestimmt.

Tabelle: Verschiedene Reaktionen und ihr Reaktionsgeschwindigkeitsgesetz (R-Geschwindigkeitsgesetz)

Beispiele: Reaktion mit der Gleichung	R-Geschwindigkeitsgesetz	Ordnung der Reaktion
$2\ N_2O_{5(g)} \rightleftharpoons 4\ NO_{2(g)} + O_{2(g)}$	$r = k \cdot c(N_2O_5)$	1. Ordnung
$H_{2(g)} + I_{2(g)} \rightleftharpoons 2\ HI_{(g)}$	$r = k \cdot c(H_2) \cdot c(I_2)$	2. Ordnung
$2\ NOCl_{(g)} \rightleftharpoons 2\ NO_{(g)} + Cl_{2(g)}$	$r = k \cdot c^2(NOCl)$	2. Ordnung
c ist die Stoffmengenkonzentration der Ausgangsstoffe		

Beispiele siehe Tabelle:

- Bei der Zerfallsreaktion $2\ N_2O_5 \rightarrow 4\ NO_2 + O_2$ mit dem R-Geschwindigkeitsgesetz $r = k \cdot c(N_2O_5)$ z. B. führt eine Verdopplung der Konzentration von $c(N_2O_5)$ zur Verdopplung der Reaktionsgeschwindigkeit *r*.

  Reaktionen dieser Art nennt man **Reaktionen 1. Ordnung**.

- Bei der Reaktion $H_2 + I_2 \rightarrow 2\ HI$ mit dem Reaktionsgeschwindigkeitsgesetz $r = k \cdot c(H_2) \cdot c(I_2)$ führt z.B. eine Verdoppelung der Konzentration $c(H_2)$ und $c(I_2)$ insgesamt zu einer Vervierfachung der Reaktionsgeschwindigkeit *r*. Reaktionen dieser Art nennt man **Reaktionen 2. Ordnung**.

- Bei der Reaktion $2\ NOCl \rightarrow 2\ NO + Cl_2$ mit dem Reaktionsgeschwindigkeitsgesetz $r = c^2(NOCl)$ führt z.B. eine Verdopplung der Konzentration von $c(NOCl)$ ebenfalls zu einer viermal so großen Reaktionsgeschwindigkeit *r*. Es handelt sich also auch um eine Reaktion 2. Ordnung.

Häufig gilt: Die Summe der Exponenten im Geschwindigkeitsgesetz ist die Reaktionsordnung der Reaktion.

Hinweis: Obwohl es den Anschein hat, wird das Reaktionsgeschwindigkeitsgesetz einer Reaktion nicht durch die stöchiometrischen Zahlen der Reaktionsgleichung bestimmt, sondern es wird experimentell ermittelt.

Die meisten chemischen Reaktionen haben ein Reaktionsgeschwindigkeitsgesetz mit einer ganzzahligen Ordnung, z.B. 1. Ordnung, 2. Ordnung oder 3. Ordnung (siehe Tabelle Seite 247). Es gibt jedoch auch chemische Reaktionen mit einer Dezimalzahl bzw. einer Bruchzahl als Ordnung.

Beispiel: Für die Zerfallsreaktion von Ethanol nach der Gleichung: $CH_3 - CHO_{(g)} \rightarrow CH_{4(g)} + CO_{(g)}$ erhält man folgendes Reaktionsgeschwindigkeitsgesetz: $r = k \cdot c^{2/3}(CH_3 - CHO)$. Wie verändert sich die Reaktionsgeschwindigkeit bei Verdopplung der Ethanol-Konzentration im Reaktionsansatz?

Lösung: $r = k \cdot (2 \cdot c)^{2/3}(CH_3 - CHO) = k \cdot 2^{2/3} \cdot c^{2/3}(CH_3 - CHO) = k \cdot \frac{2^2}{2^3} \cdot c^{2/3}(CH_3 - CHO)$

$\boldsymbol{r} = \frac{4}{8}\, k \cdot c^{2/3}(CH_3 - CHO) = \boldsymbol{0{,}5 \cdot k \cdot c^{2/3}}(CH_3 - CHO)$

Die Verdopplung der $c(CH_3 - CHO)$-Konzentration führt zur Halbierung der Reaktionsgeschwindigkeit.

Einfluss der Temperatur

Bei den meisten chemischen Reaktionen nimmt die Reaktionsgeschwindigkeit r mit steigender Temperatur ϑ zu.

Für viele Reaktionen gilt als grobe Faustregel die sogenannte **Reaktionsgeschwindigkeit-Temperatur-Regel,** kurz **RGT-Regel.**

Sie besagt, dass die Reaktionsgeschwindigkeit bei einer Temperaturerhöhung um 10 °C auf den doppelten Wert ansteigt.

In Formeln umgesetzt, erhält man nach der RGT-Regel die nebenstehenden Gleichungen für die Reaktionsgeschwindigkeit r und die Reaktionszeit t.

Temperaturabhängigkeit der Reaktionsgeschwindigkeit r und der Reaktionszeit t nach der RGT-Regel	
$r_2 = 2^n \cdot r_1$;	mit
$t_2 = \frac{t_1}{2^n}$;	$n = \frac{\vartheta_2 - \vartheta_1}{10\,°C}$

Beispiel: Eine Reaktion verläuft bei 15 °C mit der Reaktionsgeschwindigkeit $r = 4{,}20 \cdot 10^{-3}$ mol/(L·s). Wie groß ist die Reaktionsgeschwindigkeit bei sonst gleichen Bedingungen bei einer Temperatur von 50 °C?

Lösung: $n = \frac{\vartheta_2 - \vartheta_1}{10\,°C} = \frac{50\,°C - 15\,°C}{10\,°C} = 3{,}5$; $\boldsymbol{r_2} \approx 2^n \cdot r_1 = 23{,}5 \cdot 4{,}20 \cdot 10^{-3} \frac{mol}{L \cdot s} \approx \boldsymbol{47{,}5 \frac{mol}{L \cdot s}}$

Einfluss von Katalysatoren

Katalysatoren setzen die **Aktivierungsenergie** einer chemischen Reaktion herab. Dadurch erhöht sich die Reaktionsgeschwindigkeitskonstante k und damit die Reaktionsgeschwindigkeit r.

Sie kann nicht rechnerisch ermittelt werden, sondern muss experimentell bestimmt werden.

Die Durchführung vieler chemischer Reaktionen in der chemischen Industrie ist erst durch den Einsatz von Katalysatoren in einer vertretbaren Reaktionszeit und damit wirtschaftlich durchführbar.

Aufgaben zu 12.4 Beeinflussung der Reaktionsgeschwindigkeit

1. Die Zerfallsreaktion von N_2O_5-Gas in flüssigem Tetrachlorkohlenstoff CCl_4 nach der Reaktionsgleichung $2\,N_2O_{5(g)} \rightarrow 4\,NO_{2(g)} + O_{2(g)}$ ist eine Reaktion 1. Ordnung und hat bei 30 °C eine experimentell bestimmte Reaktionskonstante $k = 8{,}2 \cdot 10^{-5}\,s^{-1}$. Mit welcher Reaktionsgeschwindigkeit läuft die Reaktion ab, wenn die Anfangskonzentration von N_2O_5 1,5 mol/L beträgt?

2. In einer Versuchsreihe wurde die Temperaturabhängigkeit der Schwefelabscheidung aus einer sauren Natriumthiosulfat-Lösung gemäß der Reaktionsgleichung
$S_2O_3^{2-} + 2\,H_3O^+ \rightarrow 3\,H_2O + SO_2 + S$
untersucht. Man erhält die im nebenstehenden **Bild** gezeigte Abhängigkeit.

   Es soll geprüft werden, ob die Schwefelabscheidung der RTG-Regel gehorcht.

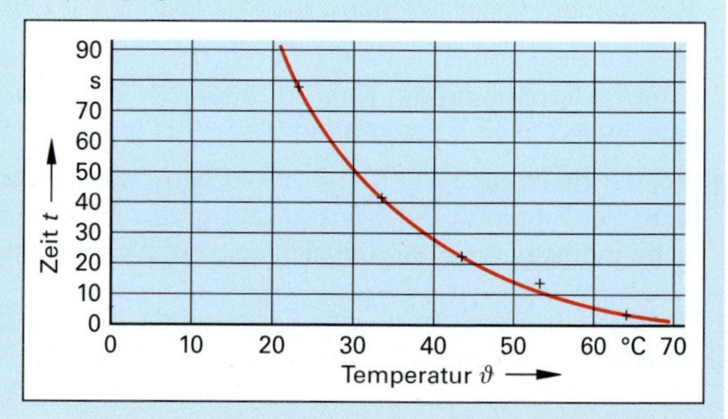

12.5 Chemisches Reaktionsgleichgewicht, Massenwirkungsgesetz

Zahlreiche chemische Reaktionen, die in einem abgeschlossenen Reaktionssystem durchgeführt werden, laufen nicht vollständig, sondern nur bis zu einer bestimmten Umsetzung der Ausgangsstoffe ab. Sie erreichen nach längerer Zeit (t_G) einen nach außen stabil wirkenden Endzustand.

Ab diesem Zeitpunkt ist im Reaktionsraum makroskopisch keine Umsetzung mehr festzustellen: Die Ausgangsstoffe und die Reaktionsprodukte liegen in konstanten Konzentrationen nebeneinander vor **(Bild 1a)**.

Im atomaren Maßstab handelt es sich um ein **dynamisches Gleichgewicht**, bei dem die Reaktionsgeschwindigkeit der Hinreaktion $\boldsymbol{r}_{\mathbf{Hin}}$ genau so groß ist wie die der Rückreaktion $\boldsymbol{r}_{\mathbf{Rück}}$: $r_{Hin} = r_{Rück}$

Reaktionen mit diesem Konzentration-Zeit-Verhalten sind vor allem Reaktionen in der Gasphase.

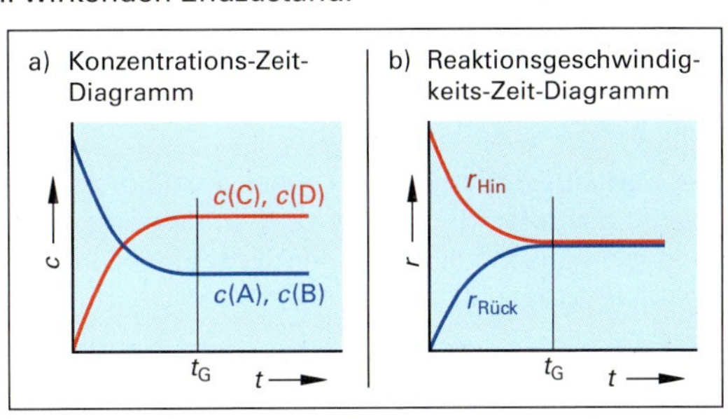

Bild 1: Zeitlicher Verlauf der Gleichgewichtseinstellung

Durch die Anwesenheit eines **Katalysators** wird die Reaktionsgeschwindigkeit erhöht und damit der Gleichgewichtszustand wesentlich schneller als ohne Katalysator erreicht. Teilweise sind die Reaktionen nur wirtschaftlich durchzuführen, weil sich das Reaktionsgleichgewicht durch die Anwesenheit eines Katalysators in kurzer Zeit einstellt. Dies ist bei vielen großtechnischen Reaktionen der Fall, wie z. B. der Ammoniaksynthese.

Für eine chemische Reaktion der allgemeinen Form

$$a \cdot A + b \cdot B \rightleftharpoons c \cdot C + d \cdot D$$

mit den stöchiometrischen Faktoren a, b, c und d gilt mit den Konzentrationen c der Reaktanden im Gleichgewicht die allgemeine Form des **Massenwirkungsgesetzes**, kurz **MWG** (siehe rechts).

$\boldsymbol{K_c}$ ist die **Gleichgewichtskonstante**. Sie ist eine temperaturabhängige Größe.

Sind an einer Gleichgewichtsreaktion nur Gase beteiligt, dann kann das Massenwirkungsgesetz auch mit den Partialdrücken der einzelnen Reaktionsteilnehmer beschrieben werden. (siehe rechts).

Massenwirkungsgesetz	
allgemein: (mit Konzentrationen)	$K_c = \dfrac{c^c(C) \cdot c^d(D)}{c^a(A) \cdot c^b(B)}$
für Gasreaktionen (mit Partialdrücken)	$K_p = \dfrac{p^c(C) \cdot p^d(D)}{p^a(A) \cdot p^b(B)}$ mit $p = c \cdot R \cdot T$ $R = 0{,}0831$ bar · L/kmol

Beispiel: Die Reaktion zur Ammoniaksynthese nach dem Haber-Bosch-Verfahren verläuft nach der Gleichung: $N_{2(g)} + 3\,H_{2(g)} \rightleftharpoons 2\,NH_{3(g)}$

Bei Anwesenheit eines Eisen-Katalysators im Hochdruckreaktor werden bei 300 bar und 450 °C nach Einstellung des Reaktionsgleichgewichts folgende Konzentrationen gemessen: 0,315 mol/L Stickstoff, 0,237 mol/L Wasserstoff, 0,0720 mol/L Ammoniak. Welche Gleichgewichtskonstante hat die Reaktion?

Lösung: Das MWG der Reaktion lautet: $K_c = \dfrac{c^2(NH_3)}{c^3(H_2) \cdot c(N_2)}$; Mit den Zahlenwerten folgt:

$$\boldsymbol{K_c} = \frac{(0{,}0720\,\text{mol/L})^2}{(0{,}237\,\text{mol/L})^3 \cdot 0{,}315\,\text{mol/L}} \approx \frac{0{,}0720^2\,\text{mol}^2/\text{L}^2}{0{,}237^3 \cdot 0{,}315\,\text{mol}^3/\text{L}^3\ \text{mol/L}} \approx \mathbf{1{,}24\ L/mol}$$

Aufgaben zu 12.5 Chemisches Reaktionsgleichgewicht, Massenwirkungsgesetz

1. Die technische Herstellung von Schwefelsäure verläuft über die Reaktion $2\,SO_2 + O_2 \rightleftharpoons 2\,SO_3$ bei 500 °C an einem V_2O_5-Katalysator. Die Gleichgewichtskonstante beträgt $K_c = 45{,}3$ L/mol. Das Reaktionsgemisch enthält bei 500 °C: $74 \cdot 10^{-3}$ mol/L SO_2 und $32 \cdot 10^{-3}$ mol/L O_2.
   a) Wie lautet das Massenwirkungsgesetz dieser Reaktion?
   b) Welche SO_3-Konzentration liegt bei diesen Bedingungen im Gleichgewicht vor?

2. Bei der Zerfallsreaktion (Dissoziationsreaktion) von N_2O_4-Gas zu NO_2-Gas nach der Reaktionsgleichung $N_2O_{4(g)} \rightleftharpoons 2\,NO_{2(g)}$ wird bei 45 °C nach Einstellung des Gleichgewichts ein N_2O_4-Partialdruck von $p(N_2O_4) = 0{,}47$ bar gemessen. Die Gleichgewichtskonstante beträgt $K_p(45\,°C) = 0{,}64$ bar.

   Wie groß ist der NO_2-Partialdruck bei diesen Bedingungen?

12.6 Reaktionsenthalpie

Die Reaktionsenthalpie $\Delta_r H$ gibt die Änderung der Enthalpie bei einer chemischen Reaktion an, die unter konstantem Druck abläuft.

Der griechische Buchstabe Δ bedeutet Differenz, der Buchstabe H steht für englisch *heat content* (Wärmeinhalt), der Index *r* für englisch *reaction* (Reaktion).

Da die meisten chemischen Reaktionen bei konstantem Druck ablaufen, ist die Reaktionsenthalpie $\Delta_r H$ eine wichtige kalorische Größe.

Die Enthalpieänderung $\Delta_r H$ eines Reaktionssystems aus Ausgangsstoffen (Edukten) und Endstoffen (Produkten) kann man anschaulich in einem **Enthalpie-Diagramm** darstellen **(Bild 1)**.

Die Edukte haben vor der Reaktion eine bestimmte Enthalpie. Durch Zuführung der Aktivierungsenergie E_a startet die Reaktion und führt zu den Produkten. Sie haben eine veränderte Enthalpie.

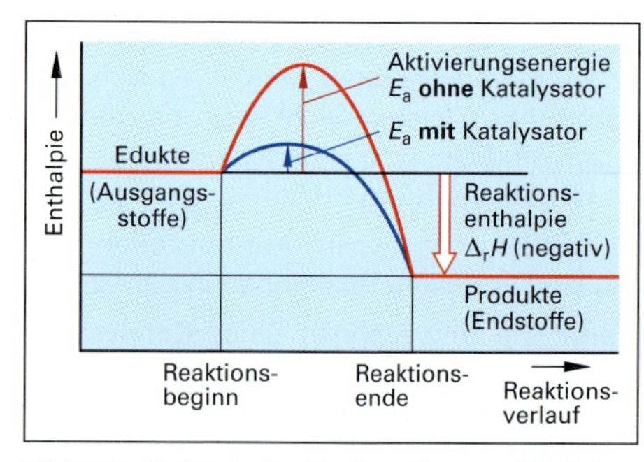

Bild 1: Enthalpieverlauf bei exothermer Reaktion

Bei einer **exothermen Reaktion** haben die Produkte eine geringere Enthalpie als die Edukte (Bild 1). Die freigesetzte Enthalpie wird in die Umgebung abgegeben. Die Reaktionsenthalpie $\Delta_r H$ ist negativ.

Wie man aus dem Diagramm sieht, ist die Reaktionsenthalpie unabhängig vom Reaktionsweg, also ob die Reaktion mit oder ohne Katalysator abläuft.

Bei einer **endothennen Reaktion** muss dem Reaktionssystem Energie zugeführt werden. Die Produkte haben eine höhere Enthalpie als die Edukte. Die Reaktionsenthalpie $\Delta_r H$ ist positiv.

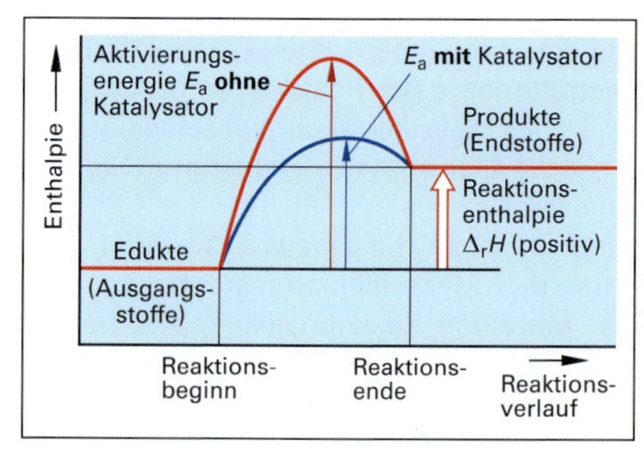

Bildd 2: Enthalpieverlauf bei endothermer Reaktion

Die Reaktionsenthalpie $\Delta_r H$ ist von der Temperatur abhängig. Um vergleichbare Werte zu erhalten, gibt man die Reaktionsenthalpie bei Standardbedingungen an und nennt sie **Standardreaktionsenthalpie $\Delta_r H^0$**.

Die hochgestellte ^{0} kennzeichnet die Werte bei Standardbedingungen.

Sie sind: $T_{ST} = 298\ K = 25\ °C$, $p_{St} = 1{,}013\ bar$.

Man gibt die Standardreaktionsenthalpie $\Delta_r H^0$ einer konkreten chemischen Reaktion nach der Reaktionsgleichung an, getrennt durch einen senkrechten Strich.

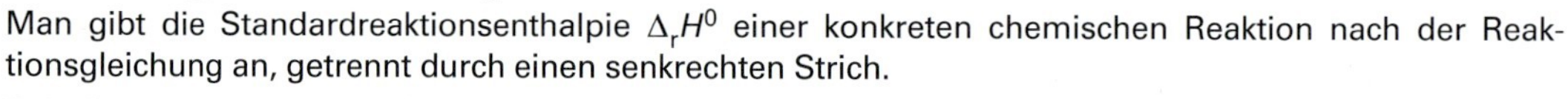

Beispiel einer exothermen Reaktion: Ammoniaksynthese

$$\tfrac{1}{2}\, N_{2(g)} + \tfrac{3}{2}\, H_{2(g)} \longrightarrow NH_{3(g)} \quad | \quad \Delta_r H^0 = -46{,}2\ kJ/mol$$

Beispiel einer endothermen Reaktion: Spaltgasreaktion

$$CO_{2(g)} + H_{2(g)} \longrightarrow CO_{(g)} + H_{2(g)} \quad | \quad \Delta_r H^0 = 41{,}2\ kJ/mol$$

Standardbildungsenthalpie $\Delta_f H^0$: Eine spezielle Form der Standardreaktionsenthalpie $\Delta_r H^0$ ist die Standardbildungsenthalpie $\Delta_f H^0$. Der Index f steht für englisch *formation* (Bildung).

> Die Standardbildungsenthalpie $\Delta_f H^0$ ist die Energie, die bei der Bildung von einem Mol einer chemischen Verbindung aus den reinen Elementen unter Standardbedingungen (25 °C, 1,013 bar) frei wird (exotherme Reaktion) bzw. zur Bildung aufgebracht werden muss (endotherme Reaktion).

Bei exothermen Reaktionen ist die Standardbildungsenthalpie $\Delta_f H^0$ negativ, bei endothermen Reaktionen ist sie positiv.

Große negative Werte der Standardbildungsenthalpie $\Delta_f H^0$ sind ein Hinweis auf stabile chemische Verbindungen.

Die Standardbildungsenthalpie $\Delta_f H^0$ der reinen Elemente (H_2, Fe, C, ...) ist per Definition 0 (null).

Die Standardbildungsenthalpien der gebräuchlichen chemischen Verbindungen wurden experimentell ermittelt. Sie können Tabellenwerken entnommen werden.
Die nebenstehende **Tabelle** zeigt die $\Delta_f H^0$-Werte häufiger chemischer Verbindungen.
Eine **wichtige Anwendung** der Standardbildungsenthalpie $\Delta_f H^0$ ist die Berechnung der Standardreaktionsenthalpien $\Delta_r H^0$ beliebiger chemischer Reaktionen. Grundlage hierfür ist der **Satz von Hess**, der auf einer Energiebilanz basiert. Er besagt:

Die Standardreaktionsenthalpie $\Delta_r H^0$ einer chemischen Reaktion berechnet man aus der Differenz der Summe der Standardbildungsenthalpien $\sum_P \Delta_f H^0$ der Produkte abzüglich der Summe der Standardbildungsenthalpie $\sum_E \Delta_f H^0$ der Ausgangsstoffe (Edukte).

Als Formel geschrieben erhält man:

$$\Delta_r H^0 = \sum_P n \cdot \Delta_f H^0 - \sum_E n \cdot \Delta_f H^0$$

Die Stoffmengen n berücksichtigen die stöchiometrischen Verhältnisse bei der Reaktion.

Tabelle: Standardbildungsenthalpien $\Delta_f H^0$ ausgesuchter chemischer Verbindungen

Stoff	$\Delta_f H^0$ kJ/mol	Stoff	$\Delta_f H^0$ kJ/mol
$H_2O_{(g)}$	−241,8	$NH_4Cl_{(s)}$	−315,4
$H_2O_{(l)}$	−285,9	$NaCl_{(s)}$	−411,0
$CO_{(g)}$	−110,5	$CaCl_{2(s)}$	−794,8
$CO_{2(g)}$	−393,5	$OH^-_{(aq)}$	−230,0
$SO_{2(g)}$	−296,9	H_3O^+	0
$NH_{3(g)}$	−46,2	$Na^+_{(aq)}$	−239,7
$HCl_{(g)}$	−92,3	$Ca^{2+}_{(aq)}$	−542,9
$CH_{4(g)}$	−74,9	$NH^+_{4(aq)}$	−132,8
$CH_3OH_{(l)}$	−238,6	$Cl^-_{(aq)}$	−167,4
$CH_3OH_{(g)}$	−201,3	$SO^{2-}_{4(aq)}$	−909,0
$CH_3COOH_{(l)}$	−487,0	$CO^{2-}_{3(aq)}$	−677,0
$C_2H_5OH_{(l)}$	−277,6	$NO^-_{3(aq)}$	−207,0

Beispiel: Die Methanolsynthese erfolgt nach der Reaktionsgleichung:

$CO_{(g)} + 2\,H_{2(g)} \longrightarrow CH_3OH_{(g)}$

Wie groß ist die Standardreaktionsenthalpie $\Delta_r H^0$ der Methanolsynthese?

Lösung: Die Berechnung erfolgt nach dem Satz von Hess.

Für die Methanolsynthese lautet er:

$\Delta_r H^0(CH_3OH_{(g)}) = [1 \cdot \Delta_f H^0\,(CH_3OH_{(g)})] - [1 \cdot \Delta_f H^0\,(CO_{(g)}) + 2 \cdot \Delta_f H^0\,(H_{2(g)})]$

Mit $\Delta_f H^0\,(CO_{(g)})$ = 0 kJ/mol und den $\Delta_f H^0$-Werten der Stoffe aus obiger Tabelle erhält man:

$\Delta_r H^0(CH_3OH_{(g)}) = [1 \cdot (-201{,}3\text{ kJ/mol})] - [1 \cdot (-110{,}5\text{ kJ/mol}) + 2 \cdot 0\text{ kJ/mol}]$

$= -201{,}3\text{ kJ/mol} + 110{,}5\text{ kJ/mol}$

$\mathbf{\Delta_r H^0}(CH_3OH_{(g)}) = \mathbf{-90{,}8\ kJ/mol}$

Da die Standardreaktionsenthalpie negativ ist, verläuft die Reaktion exotherm.

Aufgaben zu 12.6 Reaktionsenthalpie

1. Salzsäure wird durch Lösen von HCl-Gas in Wasser hergestellt. Die Reaktionsgleichung lautet: $HCl_{(g)} + H_2O_{(l)} \longrightarrow H_3O^+_{(aq)} + Cl^-_{(aq)}$
   Berechnen Sie die Standardreaktionsenthalpie dieser chemischen Reaktion.
2. Ethanol für die industrielle Verwendung wird durch katalytische Wasseranlagerung an Ethen hergestellt. Die Reaktionsgleichung lautet: $CH_2{=}CH_{2(g)} + H_2O_{(g)} \longrightarrow CH_3{-}CH_2OH_{(g)}$
   Berechnen Sie die Standardreaktionsenthalpie dieser Synthese.
   Stoffdaten: $\Delta_f H^0(CH_2{=}CH_{2(g)})$ = 52 kJ/mol; $\Delta_f H^0\,(H_2O_{(g)})$ = −242 kJ/mol;
   $\Delta_f H^0(CH_3{-}CH_2OH_{(g)})$ = −235 kJ/mol;
3. Essigsäure (CH_3COOH) kann großtechnisch durch eine katalytische Reaktion von Methanol mit Kohlenstoffmonoxid hergestellt werden:
   $CH_3OH_{(l)} + CO_{(g)} \xrightarrow{250\,°C,\ 650\,bar} CH_3COOH_{(l)} \mid \Delta_r H^0 = -137{,}9\text{ kJ/mol}$
   Berechnen Sie daraus die Standardbildungsenthalpie der Essigsäure.

12.7 Betriebsweisen und Reaktortypen in der chemischen Produktion

Beim Betrieb chemischer Reaktoren unterscheidet man verschiedene Betriebsweisen: den diskontinuierlichen Chargenbetrieb im Rührkessel, den kontinuierlich betriebenen Rührkessel und den kontinuierlichen Fließbetrieb im Rohrreaktor.

12.7.1 Chargenbetrieb im Rührkesselreaktor

Der diskontinuierliche Chargenbetrieb, auch Satzbetrieb oder Batchprozess genannt (engl. batch process), wird in einem Rührkesselreaktor durchgeführt **(Bild 1)**.

Die Ausgangsstoffe werden zu Beginn in den Reaktionsbehälter eingefüllt. Sie werden mit einem Rührwerk vermischt und reagieren miteinander. Häufig wird das Reaktionsgemisch beheizt oder gekühlt.

Nach Ablauf der Reaktionszeit wird das Reaktionsgemisch abgelassen und in weiteren Verfahrensschritten aufgearbeitet. Danach wird ein neuer Reaktionsansatz eingefüllt.

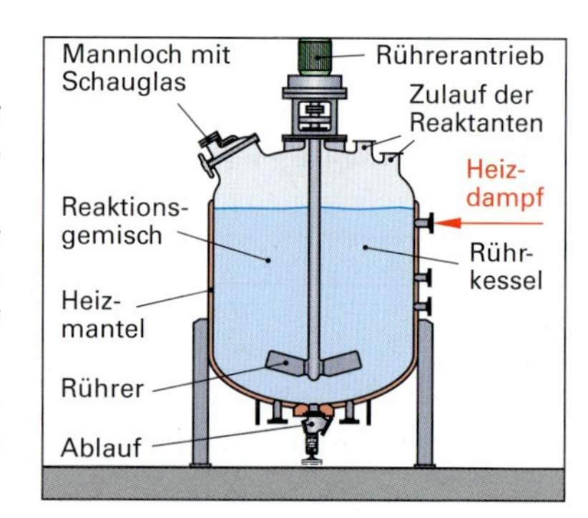

Bild 1: Rührkesselreaktor

Konzentrationsverlauf

Chemische Reaktionen werden durch den Konzentrationsverlauf der Reaktionsstoffe im Lauf der Zeit sowie an den verschiedenen Stellen des Reaktors charakterisiert.

Beim Rührkesselreaktor steigt während der Reaktionszeit die Konzentration $c(P)$ des Reaktorprodukts an und die Konzentration $c(A)$ der Ausgangsstoffe nimmt ab (**Bild 2**, linker Bildteil).

Wegen dieser zeitlichen Änderung der Zusammensetzung der Reaktionsmasse herrscht im Rührkesselreaktor ein instationärer Betrieb.

Betrachtet man zu einem bestimmten Zeitpunkt des Reaktionsverlaufs die Konzentration an verschiedenen Stellen im Rührkesselreaktor, so herrschen bei angenommener idealer Vermischung an allen Stellen dieselben Konzentrationen (Bild 2, rechter Bildteil).

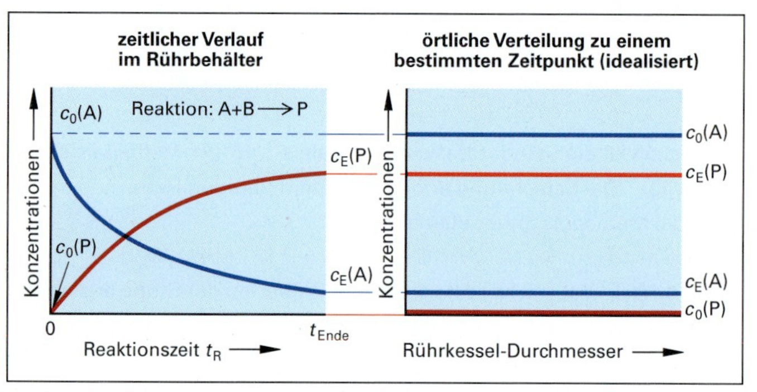

Bild 2: Konzentrationsverlauf im absatzweise betriebenen Rührkesselreaktor (Beispiel: Reaktion: A → P)

Chargenzykluszeit, Produktionsleistung

Die Gesamtzeit t_Z für einen Betriebszyklus einer Charge setzt sich aus der Reaktionszeit t_R sowie den Zeiten zum Füllen und Leeren des Behälters, der sogenannten Vor- und Nachbereitungszeit t_V, auch Rüstzeit genannt, zusammen.

Mit der Definition der Produktionsleistung $L = n_P/t_Z$ (Seite 244) und $n_P = n_0(A) \cdot U_A$ folgt die nebenstehende Gleichung für die Produktionsleistung L eines Rührkesselreaktors.

Es sind: $n_0(A)$ Stoffmenge des Ausgangsstoffs A

U_A Umsatzgrad des Ausgangsstoffs A

Statt mit den Stoffmengen $n_0(A)$ kann die Gleichung auch mit den Massen $m_0(A)$ formuliert werden.

Chargenzykluszeit

$$t_Z = t_R + t_V$$

Produktionsleistung des Rührkesselreaktors

$$L = \frac{n_P}{t_Z} = \frac{n_0(A) \cdot U_A}{t_R + t_V}$$

Beispiel: In einem absatzweise arbeitenden Rührkesselreaktor werden 57 kmol einer Produktsubstanz erzeugt. Die Reaktionszeit beträgt 65 Minuten. Es dauert 12 Minuten, bis der Reaktor gefüllt ist, und 8 Minuten, bis er entleert ist. Wie groß ist die Produktionsleistung?

Lösung: $L = \frac{n_P}{t_Z} = \frac{n_P}{t_R + t_V} = \frac{57\,\text{kmol}}{65\,\text{min} + 12\,\text{min} + 8\,\text{min}} \approx$ **0,67 kmol/min**

Optimale Reaktionszeit, maximale Produktionsleistung

Zu Beginn der Reaktionszeit im Rührkesselreaktor steigen die erzeugte Produktstoffmenge und damit der Umsatz U_A stark an **(Bild 1)**.

Im weiteren Verlauf der Reaktion wächst der Umsatz geringer und steigt später nur noch sehr langsam in Richtung von $U_A = 1$.

Zur Optimierung der Produktionsleistung eines Rührkesselreaktors ist es deshalb sinnvoll, die Reaktion der laufenden Charge nach einer bestimmten Zeit abzubrechen, den Rührkessel zu leeren und eine neue Charge zu beginnen.

Die optimale Reaktionszeit für die maximale Produktionsleistung L_{max} kann grafisch ermittelt werden (Bild 1). Man erhält sie durch Zeichnen der Tangente an die Umsatzkurve $U_A = f(t)$, ausgehend vom $-t_V$-Wert (Vor- und Nachbereitungszeit) auf der Abszisse.

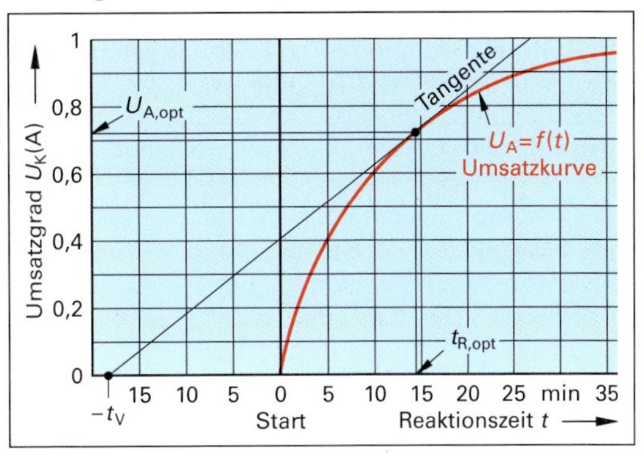

Bild 1: Bestimmung der optimalen Reaktionszeit für einen Rührkesselreaktor

Der Berührungspunkt der Tangente an die U_A-Kurve ergibt auf der Abszisse die optimale Reaktionszeit $t_{R,opt}$ und auf der Ordinate den optimalen Umsatz $U_{A,opt}$. Mit diesen Werten kann die maximale Produktionsleistung mit nebenstehender Gleichung berechnet werden.

Maximale Produktionsleistung

$$L_{max} = \frac{n_0(A) \cdot U_{A,opt}}{t_{R,opt} + t_V}$$

Beispiel: Bei einer chemischen Umsetzung in einem Rührkesselreaktor werden 6,20 kmol einer Ausgangssubstanz eingesetzt. Die Reaktion verläuft gemäß der in Bild 1 zeigten Umsatzkurve.

a) Wie groß ist die Rüstzeit, die optimale Reaktionszeit und der optimale Umsatz?

b) Welche maximale Produktionsleistung wird dabei erzielt?

Lösung: a) Aus Bild 1 wird abgelesen: $t_V \approx 18$ min; $t_{R,opt} \approx 14$ min; $U_k(A)_{opt} \approx 0{,}73$;

b) $$\boldsymbol{L_{max}} = \frac{n_0(A) \cdot U_{A,opt}}{t_{R,opt} + t_V} = \frac{62{,}0\,\text{kmol} \cdot 0{,}73}{14\,\text{min} + 18\,\text{min}} = \mathbf{1{,}395\,\frac{kmol}{min}}$$

12.7.2 Fließbetrieb im Rohrreaktor

Der Fließbetrieb im Rohrreaktor wird in einem rohrförmigen, häufig in Stapeln oder Schlaufen angeordneten und mit einer Katalysatorschüttung gefüllten Reaktor durchgeführt **(Bild 2)**. Dieser Reaktor wird auch als ideales Strömungsrohr bezeichnet (engl. pulp flow reactor).

Die Ausgangsstoffe fließen kontinuierlich in den rohrartigen Reaktionsapparat ein. Idealisierend wird angenommen, dass sich die zugeführten Komponenten sofort vollständig vermischen. Ebenso wird angenommen, dass keine Rückvermischung stattfindet, sondern die Reaktionsmasse pfropfenartig durch den Rohrreaktor fließt.

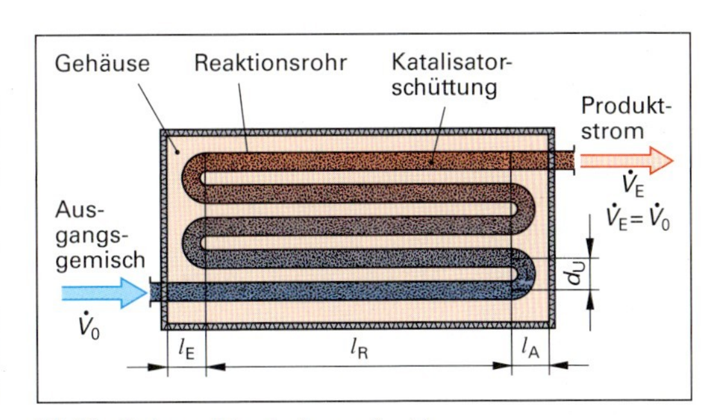

Bild 2: Rohrreaktor (schematisch)

Die Reaktionskomponenten reagieren dort zum Produkt und strömen zusammen mit den nicht umgesetzten Ausgangsstoffen und Nebenprodukten am Reaktorausfluss als Produktstrom kontinuierlich aus.

Der Rohrreaktor hat ein Gesamt-Rohrvolumen V_{ges}, das sich aus der Rohrlänge l_{ges} und der inneren Rohrquerschnittsfläche $A_i = \pi/4 \cdot d_i^2$ berechnet.

Die Verweilzeit τ im Reaktor entspricht der Durchflusszeit. Sie kann aus der Definitionsgleichung des Volumenstroms $\dot{V}_0 = V_0/\tau$ und Auflösung nach τ berechnet werden.

Verweilzeit im Rohrreaktor

$$\tau = \frac{V_{ges}}{\dot{V}_0} = \frac{\pi/4 \cdot d_i^2 \cdot l_{ges}}{\dot{V}_0}$$

$$\tau = \frac{l_{ges}}{\bar{v}}$$

Zudem ist die Verweilzeit τ mit der Definitionsgleichung der Strömungsgeschwindigkeit $\bar{v} = l_{ges}/\tau$ durch Auflösung nach τ zu berechnen. $\bar{v}$ ist die mittlere Strömungsgeschwindigkeit im Rohr.

Die Gesamt-Rohrlänge l_{ges} des Rohrreaktors kann aus der Länge der geraden Rohrstücke $n \cdot l_R$ und der Anzahl m der Halbkreise in den Rohrumlenkungen $m \cdot \pi/2 \cdot d_U$ berechnet werden. Dazu kommen die Einlauf- und Auslauflängen $l_E + l_A$.

Gesamtrohrlänge

$$l_{ges} = n \cdot l_R + m \cdot \pi/2 \cdot d_U + l_E + l_A$$

Beispiel: Eine Reaktion wird in einem Rohrreaktor mit einem Gesamt-Rohrvolumen von 245 Liter durchgeführt. Der Rohr-Innendurchmesser beträgt 54,5 mm. Die Reaktionszeit (Verweilzeit) muss 10,0 Minuten betragen.

a) Wie lang muss das Reaktionsrohr des Reaktors sein?

b) Wie groß ist der in den Rohrreaktor eingespeiste Volumenstrom?

Lösung: a) $V_{ges} = \pi/4 \cdot d_i^2 \cdot l_{ges} \Rightarrow \boldsymbol{l_{ges}} = \frac{V_{ges}}{\pi/4 \cdot d_i^2} = \frac{245 \cdot 10^{-3}\,m^3}{\pi/4\,(54{,}5 \cdot 10^{-3}\,m)^2} \approx \mathbf{105\ m}$

b) $\boldsymbol{\tau} = \frac{V_{ges}}{\dot{V}_0} \Rightarrow \dot{V}_0 = \frac{V}{\tau} = \frac{245\,L/min}{10{,}0\,min} = \mathbf{24{,}5\ L/min}$

Konzentrationsverlauf

Nach einer Anfahrphase stellt sich im Rohrreaktor ein stationärer Betriebszustand ein.

Im stationären Dauerbetrieb herrscht an jeder beliebigen Stelle im Reaktor immer dieselbe Zusammensetzung von Ausgangsstoffen und Reaktionsprodukten (**Bild 1**, linker Bildteil). Am Reaktorausgang z. B. verlässt fortlaufend eine Reaktionsmasse konstanter Zusammensetzung (c_E(A), c_E(P)) den Reaktor.

Entlang der Rohrstrecke verändert sich die Zusammensetzung der Reaktionsmasse vom Ausgangsgemisch c_0(A), c_0(P) zum Endgemisch c_E(A), c_E(P) (siehe Bild 1, rechter Bildteil).

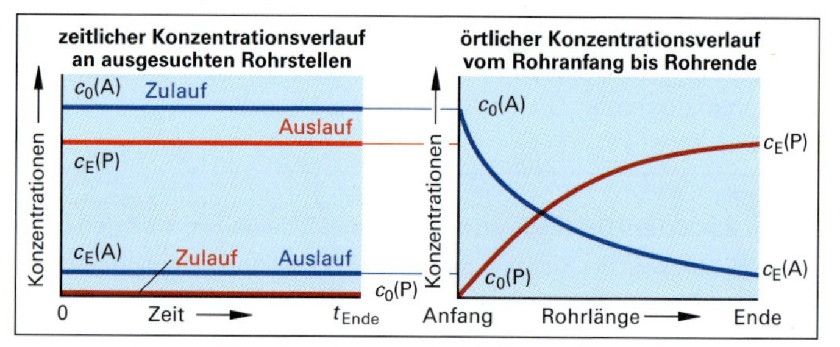

Bild 1: Konzentrationsverlauf in einem Rohrreaktor

12.7.3 Fließbetrieb im kontinuierlich betriebenen Rührkessel

Beim Fließbetrieb im kontinuierlich betriebenen Rührkessel strömen die Ausgangsstoffe kontinuierlich mit dem Volumenstrom $\dot{V}_0$ zu und fließen nach Vermischung und Verweilen wieder kontinuierlich aus **(Bild 2)**. Während der Verweilzeit im Reaktor läuft die chemische Reaktion ab.

Idealisierend wird angenommen, dass die zuströmenden Ausgangsstoffe sofort und vollständig vom Rührer vermischt werden. Nach einer Anlaufphase stellt sich im Rührkessel ein stationärer und homogener Zustand ein.

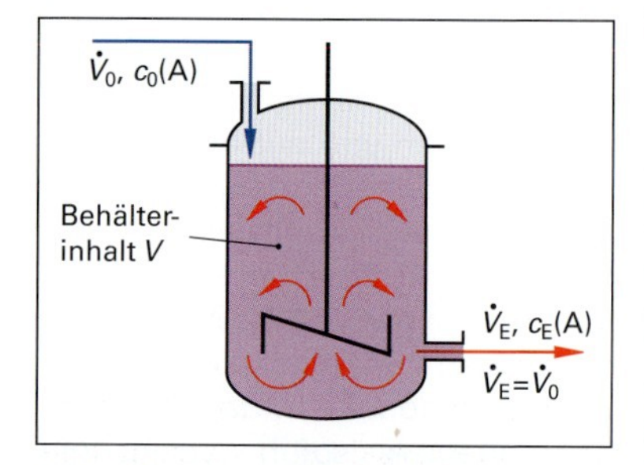

Bild 2: Kontinuierlich betriebener Rührkessel

Konzentrationsverlauf

Unter Voraussetzung der idealisierenden Annahme der sofortigen und vollständigen Vermischung fällt die Ausgangskonzentration c_0(A) sofort auf die Austrittskonzentration c_E(A) (**Bild 3**, linker Bildteil). Genauso steigt die Produktkonzentration sofort von 0 auf c_E(P).

Bei der idealisierenden Annahme ist auch die Konzentration an Ausgangsstoff c_E(A) und Produktstoff c_E(P) an allen Stellen des Reaktors gleich (Bild 3, rechter Bildteil).

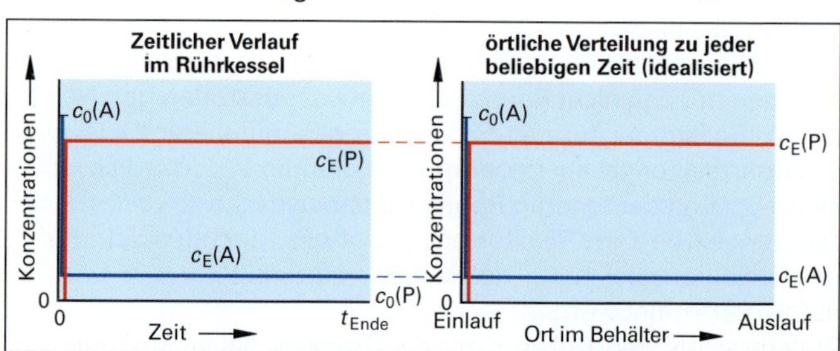

Bild 3: Konzentrationsverlauf im kontinuierlich betriebenen Rührkessel

Die **Verweilzeit τ** im kontinuierlich betriebenen Rührkessel kann aus dem Rührkessel-Füllvolumen V und dem zulaufenden Volumenstrom $\dot{V}_0$ aus der Definitionsgleichung des Volumenstroms $\dot{V}_0 = V/t$ berechnet werden: $\tau = V/\dot{V}_0$

Das erforderliche Rührkesselvolumen V zum Erreichen eines bestimmten Umsatzgrads U_A ist von der Reaktionsgeschwindigkeitskonstanten k und, je nach Reaktionsordnung, von der Ausgangskonzentration $c_0(A)$ abhängig.

Erforderliches Rührkesselvolumen beim kontinuierlich betriebenen Rührkessel	
Reaktion 1. Ordnung	Reaktion 2. Ordnung
$V = \frac{\dot{V}_0 \cdot U_A}{k \cdot (1 - U_A)}$	$V = \frac{\dot{V}_0 \cdot U_A}{k \cdot c_0(A) \cdot (1 - U_A)}$

Beispiel: Eine chemische Reaktion 1. Ordnung mit der Reaktionsgeschwindigkeitskonstanten $k = 4{,}28 \cdot 10^{-3}\ s^{-1}$ läuft in einem kontinuierlich betriebenen Rührkesselreaktor bis zu einem Umsatzgrad von 82,0 %. Welche Verweilzeit der Reaktion ist dazu erforderlich?

Lösung: $V = \frac{\dot{V}_0 \cdot U_A}{k \cdot (1 - U_A)} \Rightarrow \frac{V}{\dot{V}_0} = \tau = \frac{U_A}{k \cdot (1 - U_A)} = \frac{0{,}820\ s}{4{,}28 \cdot 10^{-3} (1 - 0{,}820)} \approx$ **1064 s ≈ 17,7 min**

12.7.4 Kontinuierlich betriebene Rührkesselkaskade

Eine Rührkesselkaskade besteht aus mehreren, hintereinander angeordneten, kontinuierlich betriebenen Rührkesseln **(Bild 1)**. Der Zulaufstrom $\dot{V}_0$ fließt mit der Konzentration $c_0(A)$ dem 1. Kessel zu. Der Auslaufstrom $\dot{V}_1$ des 1. Rührkessels R1 ist der Zulaufstrom des 2. Rührkessels R2 usw., bis der Ablaufstrom $\dot{V}_E$ den letzten Rührkessel mit $c_E(A)$ verlässt.

Idealisierend wird angenommen, dass in jedem Rührkesselreaktor beim Zulauf eine sofortige und vollständige Vermischung stattfindet.

Rührkesselkaskaden werden z. B. bei komplexen Reaktionen mit mehreren Folgereaktionen eingesetzt, die unterschiedliche Temperaturen oder die gestaffelte Dosierung von Zusatzstoffen erfordern.

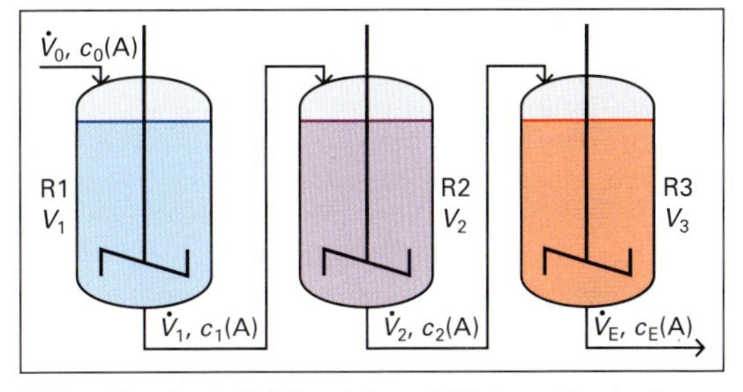

Bild 1: Kontinuierlich betriebene Rührkesselkaskade aus drei Rührkesseln

Konzentrationsverlauf

Nach einer Anlaufphase stellt sich in der Rührkesselkaskade ein stationärer Betriebszustand ein, der durch eine unterschiedliche, aber gleich bleibende Konzentration in den einzelnen Rührkesseln gekennzeichnet ist (**Bild 2**, rechter Bildteil). Von Rührkessel zu Rührkessel ändert sich die Konzentration sprungartig von $c_0(A)$ über $c_1(A)$ und $c_2(A)$ nach $c_E(A)$.

Die Kurve der Eckpunkte der Konzentrationstreppe entspricht dem Konzentrationsabfall bei einem kontinuierlichen Rohrreaktor (Seite 254, Bild 1, rechts).

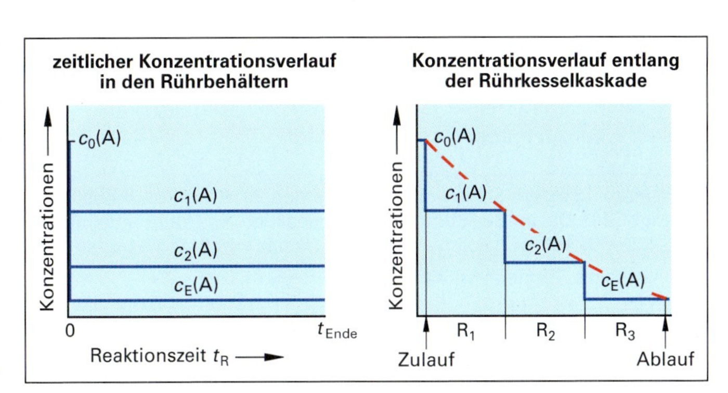

Bild 2: Konzentrationsverlauf in einer Rührkesselkaskade

In jedem Rührkessel herrscht durch die vollständige Vermischung sofort nach dem Einlaufen bis zum Ablauf aus dem Rührkessel dieselbe Konzentration (Bild 2, linker Bildteil).

Die Volumenströme $\dot{V}$ sind in der gesamten Rührkesselkaskade gleich. Das Gesamtvolumen V_{ges} in allen Rührkesseln entspricht der Summe der Einzelvolumina (siehe rechts).

Auch die Verweilzeiten τ in den einzelnen Rührkesseln sind gleich groß. Man berechnet sie aus dem Rührkesselvolumen V dividiert durch den Volumenstrom $\dot{V}$.

Die Gesamt-Verweilzeit τ_{ges} ist die Summe der Verweilzeiten in den einzelnen Rührkesseln.

Volumen und Volumenströme
$\dot{V} = \frac{V}{t}$; $\dot{V}_0 = \dot{V}_1 = \dot{V}_2 = \ldots = \dot{V}$; $V_{ges} = V_1 + V_2 + \ldots = n \cdot V$
Verweilzeiten
$\tau = \frac{V}{\dot{V}}$; $\tau_1 = \tau_2 = \tau_3 = \ldots = \tau$; $\tau_{ges} = \tau_1 + \tau_2 + \ldots = n \cdot \tau$

Beispiel: Eine Rührkesselkaskade besteht aus drei Rührkesseln mit jeweils 1,460 m^3 Füllvolumen. In die Kaskade wird ein Volumenstrom von 1,60 L/s eingespeist.

a) Wie groß ist die Verweilzeit in einem der Rührkessel?

b) Wie groß ist die Verweilzeit in der gesamten Rührkesselkaskade?

Lösung: a) $\boldsymbol{\tau} = \frac{V}{\dot{V}} = \frac{1,460}{1,60\,\text{L/s}} = \frac{1460\,\text{L}}{1,60\,\text{L} \cdot 60\,\text{min}^{-1}} \approx \mathbf{15,2\,min}$

b) $\boldsymbol{\tau}_{\text{ges}} = n \cdot \tau = 3 \cdot 15,2\,\text{min} \approx \mathbf{45,6\,min}$

12.7.5 Reaktor mit Kreislaufführung

Beim Reaktor mit Kreislaufführung, auch Schlaufenreaktor genannt (engl. circulating reactor), wird ein Teil des Produktstroms vor dem Ausströmen aus dem Reaktor an den Einlauf des Reaktors rückgeführt **(Bild 1)**.

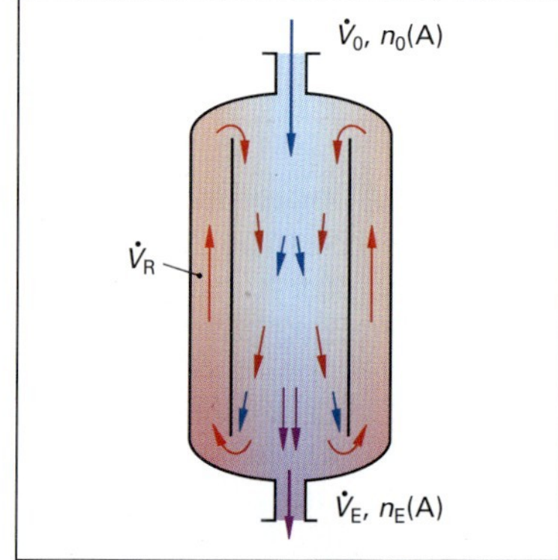

Bild 1: Schlaufenreaktor (schematisch)

Das Verhältnis aus rückgeführtem Kreislaufstrom $\dot{V}_R$ und dem austretenden Volumenstrom $\dot{V}_E$ wird als Rücklaufverhältnis R bezeichnet.

Rücklaufverhältnis
$R = \frac{\dot{V}_R}{\dot{V}_E}$

Durch die Rückführung eines Teils des Produktstroms kommt es zu einer partiellen Kreislaufströmung mit intensiver Vermischung im Reaktor. Dies bewirkt einen besseren Stoff- und Wärmeaustausch im Reaktor.

Der rückgeführte Produktstoff wirkt bei vielen Reaktionen als Initiator einer langsamen Anlaufreaktion.

Zudem erhöht der Rücklauf den Volumenstrom und damit die Strömungsgeschwindigkeit und infolgedessen die Vermischung durch turbulente Strömung im Reaktor.

Insgesamt kommt es durch die Kreislaufführung zu einer Beschleunigung der Reaktionen.

Durch die Kreislaufführung verbleiben die Reaktanden längere Zeit bei Reaktionsbedingungen im Reaktor, so dass sich die mittlere Verweilzeit vergrößert.

Für eine volumenkonstante Reaktion 1. Ordnung erhält man die nebenstehende Gleichung für die mittlere Verweilzeit τ der Ausgangsstoffe im Reaktor.

Mittlere Verweilzeit im Reaktor (bei einer Reaktion 1. Ordnung
$t = \frac{V}{\dot{V}_0} = \frac{R+1}{k} \cdot \left[\ln \frac{1 - \frac{R}{R+1} \cdot U_A}{1 - U_A} \right]$

Beispiel: In einem Schlaufenreaktor werden 20% des Volumenstroms in einem internen Kreislauf im Reaktor rückgeführt. Die im Reaktor ablaufende Reaktion 1. Ordnung hat eine Reaktionsgeschwindigkeitskonstante von $k = 4,20 \cdot 10^{-3}\,\text{s}^{-1}$ und soll bis zu einem Umsatz von 91% verlaufen.

a) Welches Rücklaufverhältnis liegt im Reaktor vor?

b) Wie groß ist die mittlere Verweilzeit der Reaktanden im Reaktor?

Lösung: a) $\boldsymbol{R} = \frac{\dot{V}_R}{\dot{V}_E} = \frac{20\,\%}{80\,\%} = \mathbf{0,25}$

b) $\tau = \frac{R+1}{k} \cdot \left[\ln \frac{1 - \frac{R}{R+1} \cdot U_A}{1 - U_A} \right] = \frac{0,25+1}{4,20 \cdot 10^{-3}\,1/\text{s}} \cdot \left[\ln \frac{1 - \frac{0,25}{0,25+1} \cdot 0,91}{1 - 0,91} \right]$

$\boldsymbol{\tau} = 298\,\text{s} \cdot \left[\ln \frac{1 - 0,182}{0,09} \right] \approx 298\,\text{s} \cdot \ln 9,09 \approx 658\,\text{s} \approx \mathbf{11\,min}$

Aufgaben zu 12.7 Betriebsweisen und Reaktortypen in der chemischen Produktion

1. Bei der Verseifung von Methylacetat CH_3COOCH_3 mit Natronlauge NaOH in einem absatzweise betriebenen Rührkessel wird eine Ausgangsmasse von $m(CH_3COOCH_3)$ = 685 kg in den Reaktor eingefüllt. Im Laufe der Reaktion sinkt die Masse an Methylacetat im Reaktionsansatz gemäß den folgenden Messwerten.

$m(CH_3COOCH_3)$	685	481	384	301	253	226	110	68	54
Zeit in Minuten	0	2,5	5,0	7,5	10,0	15,0	20,0	25,0	30,0

a) Berechnen Sie den jeweiligen Umsatz bei den genannten Reaktionszeiten.

b) Erstellen Sie das Umsatz-Zeit-Diagramm.

c) Welcher Umsatz liegt nach 14 Minuten vor?

d) Die Rüstzeit soll 14 Minuten betragen. Wie groß ist die Reaktionszeit bei maximaler Produktionsleistung?

e) Wie hoch ist die maximale Produktionsleistung?

2. In einem Satzbetrieb-Rührkessel sollen aus 840 kg einer Ausgangssubstanz durch eine chemische Umsetzung die Produktsubstanz gewonnen werden. Die chemische Umsetzung hat die in **Bild 1** gezeigte Umsatzkurve. Die Zeit zum Füllen des Rührkessels beträgt 22,5 Minuten, die zum Leeren 16,0 Minuten.

   a) Nach welcher Reaktionszeit sollte der Rührkessel geleert werden?

   b) Wie groß ist dann der Umsatz?

   c) Welche maximale Produktionsleistung wird bei diesem Chargenzyklus erzielt?

   d) Wie groß ist die nicht umgesetzte Masse an Ausgangsstoff im abgelassenen Behälterinhalt?

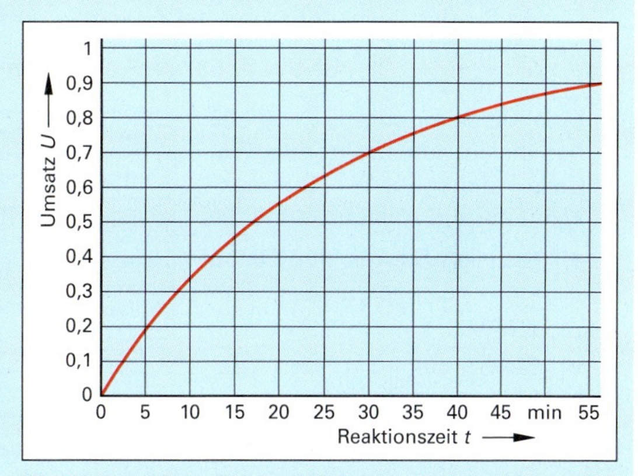

Bild 1: Umsatz in Abhängigkeit von der Reaktionszeit (Aufgabe 2)

3. Der Bauxit-Aufschluss mit Natronlage zur Gewinnung von Aluminiumhydroxid (Tonerde) wird in einem beheizten Rohrreaktor von 4700 Metern Rohrlänge im Fließbetrieb durchgeführt. Der innere Rohrdurchmesser beträgt 82,5 mm. Zur Stoffumsetzung ist eine Verweilzeit von 56,0 Minuten erforderlich.

   a) Welches Rohrvolumen hat der Rohrreaktor?

   b) Welcher Volumenstrom muss in den Reaktor eingespeist werden, um die geforderte Verweilzeit zu gewährleisten?

   c) Mit welcher mittleren Strömungsgeschwindigkeit strömt die Reaktionsmasse durch den Rohrreaktor?

4. In einem kontinuierlich betriebenen Rührkesselreaktor wird eine Esterverseifung (Reaktion 2. Ordnung) mit einer Reaktionsgeschwindigkeitskonstanten von $k = 44{,}0$ L/(mol · s) durchgeführt.

   Es strömen pro Minute 42,5 Liter Ausgangsvolumenstrom mit einer Konzentration von $c_0 = 0{,}273$ mol/L in den Rührkessel. Der Umsatz beträgt 87 %.

   a) Wie groß muss das Füllvolumen im Rührkessel sein?

   b) Wie groß ist die Verweilzeit im Rührkessel?

5. In einer Rührkesselkaskade mit 5 Rührkesseln zu jeweils 840 Liter Füllvolumen wird ein Ausgangsvolumenstrom von 72,0 Liter pro Minute eingespeist.

   a) Wie groß ist das Gesamtvolumen der Rührkesselkaskade?

   b) Welche Verweilzeit liegt im einzelnen Rührkessel vor?

   c) Wie groß ist die Gesamt-Verweilzeit?

6. Es soll das erforderliche Reaktorvolumen eines Schlaufenreaktors bestimmt werden. Im Reaktor läuft eine Reaktion 1. Ordnung ab, die Reaktionsgeschwindigkeitskonstante beträgt $k = 2{,}82 \cdot 10^{-3}\ s^{-1}$, der Umsatz 86 %. Der zulaufende Volumenstrom ist 62,0 L/min, der interne Rücklaufstrom 28,3 L/min.

   a) Wie groß ist das Rücklaufverhältnis im Schlaufenreaktor?

   b) Wie groß ist das erforderliche Reaktorvolumen, um die Reaktion bei diesen Bedingungen durchzuführen?

13 Gemischte Aufgaben zur Prüfungsvorbereitung

13.1 Aufgaben zu Kapitel 1 Rechnen und Datenauswertung in der Chemietechnik

1. Geben Sie die folgenden Rechenergebnisse gerundet auf 2 Nachkommastellen an.

   a) $p = 7{,}8253$ bar b) $T = 297{,}8195$ K c) $V = 0{,}003217\ \text{m}^3$ d) $\varrho = 0{,}8999$ kg/L

2. Geben Sie das Rechenergebnis der folgenden Aufgaben mit der gesicherten Ziffernzahl an.

   a) $\varrho = \dfrac{83{,}2951\,\text{kg}}{67{,}45\,\text{dm}^3}$ b) $\dot{V} = 27{,}5324\ \text{m}^3 + 17{,}39\ \text{m}^3$ c) $p_{\text{ges}} = 0{,}845\ \text{bar} + 0{,}0727\ \text{bar}$

3. Eine Kreiselradpumpe P100-200 hat die in nebenstehender **Tabelle** angegebene Pumpenkennlinie und Anlagenkennlinie.

   a) Erstellen Sie mit den Daten ein normgerechtes Diagramm.

   b) Bestimmen Sie den Betriebspunkt der Pumpe.

Tabelle: Kennlinien einer Pumpe und einer Anlage

Pumpenkennlinie									
$\dot{V}$ in m³/h	0	40	80	100	120	140	160	180	200
H in m	54	53	51	50	47	44	41	38	33
Anlagenkennlinie									
$\dot{V}$ in m³/h	0	40	80	100	120	140	160	180	200
H_A in m	35	35	37	40	42	44	48	53	57

Hinweis: Verwenden Sie für das Diagramm das grafische Papier im Anhang des Buchs (Seite 275).

4. Das Füllvolumen eines senkrecht stehenden, seitlichen Klöpperbodens bei einem teilgefüllten liegenden zylindrischen Behälter mit beidseitigen Klöpperböden hat bei einem Innendurchmesser von 250 cm die in nebenstehender **Tabelle** gezeigten Werte.

Tabelle: Füllvolumen eines senkrecht stehenden Klöpperbodens

Füllstand in cm	7	20	50	100	150	200	250
Füllvolumen in m³	0,010	0,060	0,300	1,100	2,000	2,700	3,000

   a) Zeichnen Sie mit den gegebenen Daten ein Diagramm mit der Füllvolumenkurve auf beidachsig logarithmisches Papier.

   b) Ermitteln Sie mit dem Diagramm die Füllvolumina des senkrechten Klöpperbodens bei Füllständen von 10 cm, 60 cm, 125 cm und 230 cm.

Hinweis: Verwenden Sie für das Diagramm das grafische Papier im Anhang des Buchs (Seite 290).

5. Die Gleichgewichtskurve eines Zweistoffgemischs berechnet man mit der nebenstehenden Gleichung. Der Trennfaktor α beträgt 3,21.

$$y_A = \frac{\alpha \cdot x_A}{1 + x_A \cdot (\alpha - 1)}$$

   a) Berechnen Sie mit dem Tabellenkalkulationsprogramm (TKP) Excel 2010 die Werte von y_A für x_A-Werte von 0,05, 0,10, 0,20, ..., 0,90, 0,95, 1,00.

   b) Erstellen Sie mit Excel 2010 ein y_A-x_A-Diagramm.

6. Die Siedepunkterhöhung $\Delta\vartheta_b$ einer wässrigen Ammoniumnitratlösung (NH_4NO_3) ist vom Massenanteil $w(NH_4NO_3)$ abhängig. Siehe nebenstehende **Tabelle.**

   a) Führen Sie mit den gegebenen Daten der Tabelle mit dem Programm Excel 2010 eine Regressionsanalyse durch.

   b) Erstellen Sie ein $\Delta\vartheta_b$-$w(NH_4NO_3)$-Diagramm.

   c) Prüfen Sie die Regressionskurve auf lineare, polynomische und potenzielle Abhängigkeit.

Tabelle: Siedepunkterhöhung von wässrigen NH_4NO_3-Lösungen

w in %	$\Delta\vartheta_b$ in°C	w in %	$\Delta\vartheta_b$ in°C
10	1,1	50	9,2
20	2,1	60	13,7
30	3,8	70	19,3
40	6,2	80	25,7

7. Lösen Sie Aufgabe 3 mit dem Tabellenkalkulationsprogramm Excel 2010.

8. Führen Sie Aufgabe 4a) und 4b) mit dem Tabellenkalkulationsprogramm Excel 2010 aus.

13.2 Aufgaben zu Kapitel 2 Anlagenkomponenten

1. In einen Absetzbehälter strömen über eine Rohrleitung mit der Nennweite DN 100 während 35 Minuten Abwässer zu. Die mittlere Strömungsgeschwindigkeit beträgt 0,70 m/s.

   a) Welches Abwasservolumen ist in dieser Zeit in den Absetzbehälter geflossen?

   b) Wie hoch steigt der Abwasserspiegel durch diesen Zufluss, wenn der Durchmesser des zylindrischen Absetzbehälters 2,45 m beträgt?

   c) Welchen Durchmesser muss ein Bodenloch im Absetzbehälter haben, wenn bei einer Flüssigkeitsstandhöhe von 3,50 m gerade so viel Abwasser unten auslaufen soll, wie oben einfließt? (Ausflusszahl des Bodenlochs: $\mu = 0{,}90$.)

2. Durch eine Rohrleitung mit Nennweite DN 150 strömt staubbeladenes Gas mit einer mittleren Strömungsgeschwindigkeit von 0,25 m/s in einen Absetzgaszug **(Bild 1)**.

   a) Welche Querschnittsfläche muss der Gaszug haben, wenn die Strömungsgeschwindigkeit in ihm auf 0,1 cm/s fallen soll?

   b) Welcher dynamische Druck herrscht im Zuströmrohr bzw. im Absetzgaszug ($\varrho = 1{,}293$ g/L)?

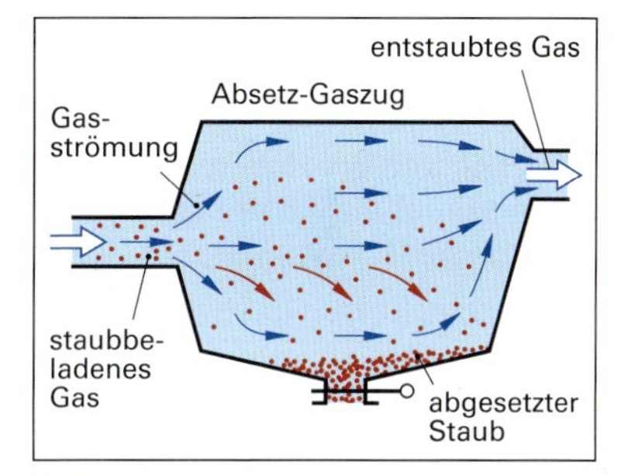

Bild 1: Absetzgaszug (Aufgabe 2)

3. In einer Rohrleitung der Nennwert DN 100 strömt Butanol mit einer mittleren Strömungsgeschwindigkeit von 0,12 m/s.

   a) Welcher Volumenstrom liegt vor?

   b) Welches Volumen durchströmt die Leitung in 2,5 Sekunden?

   c) Welcher Strömungszustand herrscht in der Rohrleitung?
   (Dynamische Viskosität $\eta = 2{,}947 \cdot 10^{-3}$ Pa·s, Dichte $\varrho = 810{,}9$ kg/m³)

4. In einem Silobatterielager mit fünf zylindrischen Silos **(Bild 2)** wird Zement mit einer Schüttdichte von $\varrho_{\text{Schütt}} = 2150$ kg/m³ gelagert.

   a) Wie groß ist das maximale Lagervolumen des Silolagers? (In Bild 2 ist die maximale Füllung gezeigt.)

   b) Wie viel Lastzüge mit einer Transportkapazität von jeweils 25 t können aus einem Silo gefüllt werden?

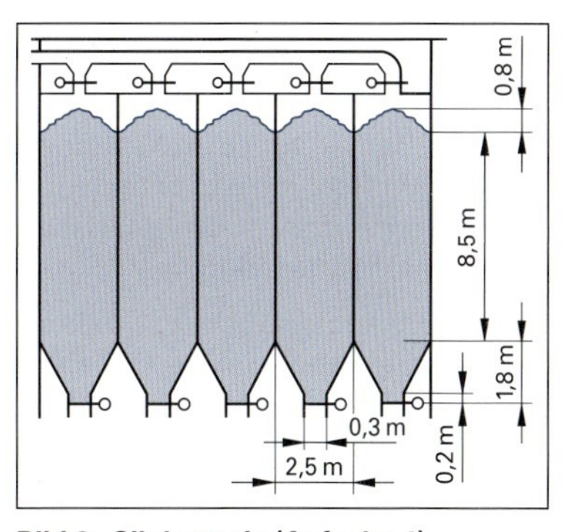

Bild 2: Silobatterie (Aufgabe 4)

5. Natronlauge ($\varrho = 1{,}28$ g/cm³) soll von einer Pumpe (Pumpenkennwerte: Förderstrom $\dot{V} = 125$ m³/h, Förderhöhe $H = 14$ m) in eine Elektrolysezelle umgepumpt werden. Welche Leistung muss der Antriebsmotor der Pumpe besitzen? (Pumpenwirkungsgrad 82 %, Leistungszuschlag 30 %.)

6. Eine Kreiselradpumpe fördert in einer Salpetersäure-Anlage Prozesswasser durch ein Rohrleitungssystem. Die Pumpenkennlinie und die Rohrleitungskennlinie sind durch nebenstehende Wertetabellen gegeben. Bestimmen Sie den Betriebspunkt der Pumpe.

$\dot{V}$ in m³/h	0	40	60	80	100	120	140	160
H in m	48	46	44,5	42	39,5	36,5	33	30

Pumpenkennlinie

$\dot{V}$ in m³/h	22	44	61	85	102	119	142	158
H_A in m	10	13	18	23,5	26	31	38	43

Rohrleitungskennlinie

7. Mit welcher Geschwindigkeit muss die Flüssigkeit in einem DN80-Zuleitungsrohr eines Rührkessels strömen, damit in 22,0 Minuten eine Kesselfüllung von 2750 Liter eingeflossen ist?

8. Eine Rohrleitung ist für den Nenndruck PN 25 ausgelegt.
   a) Welcher zulässige Betriebsüberdruck darf bei Raumtemperatur maximal in der Rohrleitung auftreten?
   b) Wie hoch darf der zulässige Betriebsüberdruck noch sein, wenn Gas mit 250 °C durch die Rohrleitung strömt?

9. a) Aus dem Kennfeldraster der Chemiepumpen-Baureihe von Bild 2, Seite 38, soll der mögliche Förderstrom des Pumpentyps 250-500 ermittelt werden.
   b) Kann die Pumpe 250-500 eine Förderhöhe von 90 m leisten?

10. In einem Klärbecken ist durch eine Bodenabsenkung ein Riss im Beckenboden enstanden. Der Riss ist 8,30 m lang und im Durchschnitt 0,50 cm breit, seine Ausflusszahl beträgt 0,045. Das Abwasser steht im Klärbecken konstant 2,45 m hoch.

    Welches Abwasservolumen versickert pro Tag in den Boden?

11. Wie groß ist das maximale Fassungsvermögen des in **Bild 1** gezeigten Bio-Hochreaktors zur Abwasserreinigung, wenn er maximal bis 0,8 m unterhalb des oberen Rands gefüllt werden darf?

    (Die Maße in Bild 1 sind Innenmaße.)

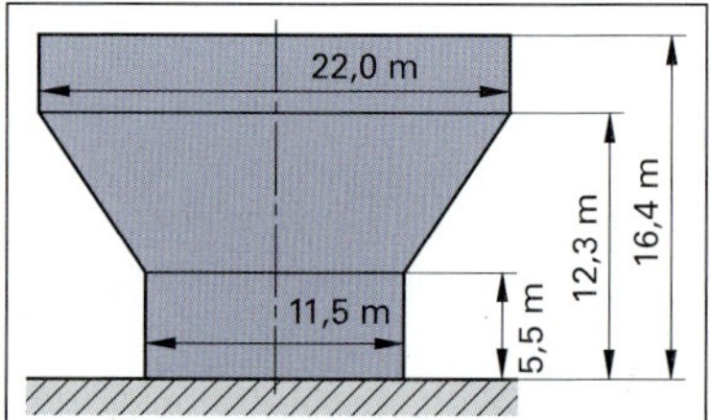

Bild 1: Bio-Hochreaktor (Aufgabe 11)

12. Ein Getriebemotor (Elektromotor mit angeflanschtem Getriebe) trägt das nebenstehende Leistungsschild **(Bild 2)**.
    a) Welche Daten können aus dem Leistungsschild entnommen werden?
    b) Wie groß ist die vom Motor bei Nennbetrieb aufgenommene elektrische Leistung?
    c) Wie groß ist der Wirkungsgrad des Motors bei Nennleistung?
    d) Welche Stromkosten fallen pro Monat bei einem Stromtarif von 0,16 DM/kWh an, wenn der Motor täglich im Durchschnitt 12,3 Stunden läuft?

Hersteller
Typ ODG 592

D - Motor	IP 44	Nr. XYZ
Y	400 V	12 A
6,2 kW		cos φ 0,86
2800/56 1/min	50 Hz	Is. Kl. F
Getr. Z 48	i 50:1	85 Nm

Bild 2: Leistungsschild eines Elektromotors (Aufgabe 12)

13. Eine Pumpe zur Säureförderung wird von einem Drehstromasynchronmotor angetrieben. Motor und Pumpe haben die durch die nebenstehenden Wertetabellen definierten Kennlinien.
    a) Zeichnen Sie die Drehmomentkennlinie des Motors und die Pumpen-Lastmomentlinie in ein Schaubild.
    b) Bestimmen Sie das Anzugsmoment, das Kippmoment und den Betriebspunkt des Motors.

Drehstromkennlinie des Motors

n in 1/min	0	50	200	400	500	600	650	700	0
M_M in N·m	180	165	235	450	535	570	530	400	745

Pumpen-Lastmomentlinie

n in 1/min	0	100	200	300	400	500	600	700	800
M_P in N·m	0	20	50	95	150	210	290	365	450

14. In einem zylindrischen Autoklaven-Reaktor beträgt der Druck 63 bar **(Bild 3)**.
    a) Welche Spannung herrscht in der Autoklavenwand?
    b) Ist die zulässige Spannung überschritten, wenn der aus X5CrNiMo18-10 bestehende Autoklav (R_m = 580 N/mm^2) eine Sicherheitszahl von 5 haben soll?
    c) Welche Kraft wirkt durch den Druck auf den Autoklavendeckel?
    d) Mit wie vielen Schrauben muss der Deckel verschraubt sein, wenn eine Schraube maximal 90000 N tragen darf?

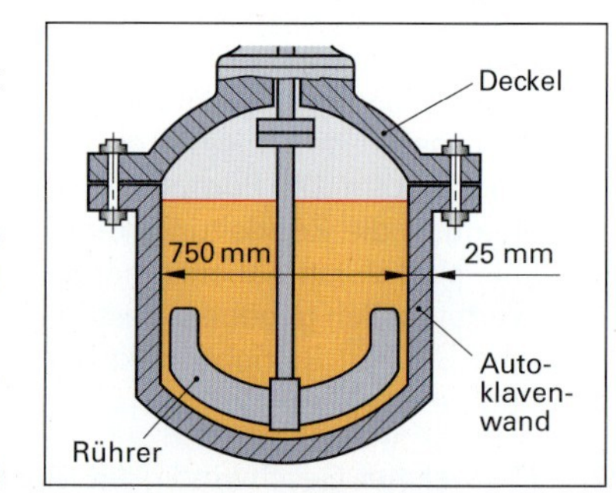

Bild 3: Autoklav (Aufgabe 14)

15. An den Getriebemotor von Aufgabe 12 ist zusätzlich ein Keilriemengetriebe angeflanscht.
    a) Welche Gesamtübersetzung liegt dann vor, wenn die Übersetzung des Keilriemengetriebes $i = 2{,}5$ beträgt?
    b) Welche Drehzahl hat ein vom Getriebemotor mit Keilriemengetriebe angetriebener Kreuzbalkenrührer?

16. In einer Gasblasenkolonne **(Bild 1)** steht die Flüssigkeit 7,4 m hoch über dem Einblasstutzen des Reaktionsgases. Die Realdichte der mit Gasblasen durchsetzten Flüssigkeit beträgt 628 kg/m^3, im Gasraum über der Flüssigkeit herrscht ein Überdruck von 0,42 bar.
    a) Welcher hydrostatische Druck herrscht in der Flüssigkeit auf Höhe des Einblasstutzens?
    b) Mit welchem Druck muss das Reaktionsgas in die Verteilerschlange eingepresst werden, wenn zur Reserve ein Auspress-Überdruck von 0,20 bar vorliegen soll?

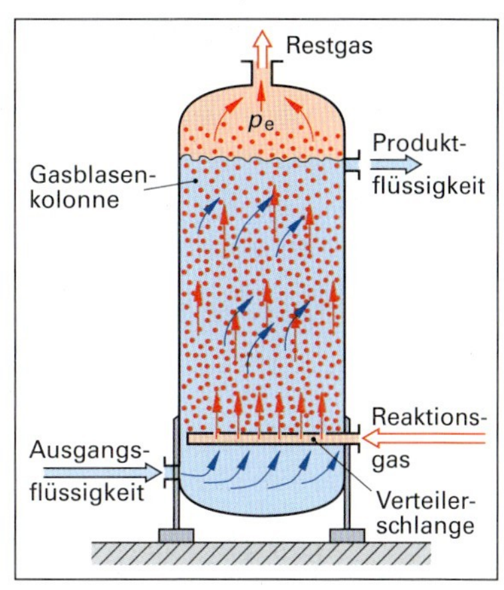

Bild 1: Gasblasenkolonne (Aufgabe 16)

13.3 Aufgaben zu Kapitel 3 Messtechnik in Chemieanlagen

1. Im Rahmen von Wartungsarbeiten in einer Chemieanlage wird ein installiertes Pt100-Widerstandsthermometer überprüft. Dazu wird das Pt100-Thermometer an eine Gleichstromquelle mit 12,0 Volt angeschlossen. Das Strommessgerät zeigt eine Stromstärke von $I = 106{,}9$ mA.

   Der Pt100-Widerstand hat einen spezifischen elektrischen Widerstandskoeffizienten von $\alpha(\text{Pt}) = 0{,}0039\ \text{K}^{-1}$.
    a) Welchen Widerstand hat das Pt100-Thermometer?
    b) Welcher Temperatur entspricht dies?

2. In einer Chemieanlage sind Zweifel an der Zuverlässigkeit einer Durchflussmessstelle (FI) aufgetreten. Mit einer Kalibrierung soll die Messstelle überprüft werden. Dazu lässt man kurz hinter der Messstelle aus der geöffneten Rohrleitung 5,00 Minuten lang die Flüssigkeit in einen kalibrierten Behälter auslaufen und misst das aufgefangene Flüssigkeitsvolumen: Es beträgt 135 Liter.

   Der Messumformer des Durchflussmessgeräts zeigt bei der Kalibrierung einen elektrischen Einheitssignalwert von 13,82 mA.

   Der Durchflussmesser deckt einen Messbereich von 0,5 m^3/h bis 2,40 m^3/h ab, der Messumformer hat einen elektrischen Einheitssignalbereich von 4 mA bis 20 mA.
    a) Welcher Durchfluss herrscht bei der Kalibriermessung?
    b) Berechnen Sie das elektrische Einheitssignal des Messumformers während der Kalibrierung.
    c) Kann der Messumformer weiterhin verwendet werden?

3. An einer Druckmessstelle befindet sich das in **Bild 2** gezeigte Chemiemanometer.
    a) Welchen Druck zeigt das Manometer an?
    b) Mit welcher Genauigkeit kann der Druck-Messwert angegeben werden?

4. Ein Ovalradzähler hat ein Verdrängungsvolumen des Ovalrads von 20,4 cm^3, das pro Achsumdrehung viermal von der Saugseite zur Druckseite gefördert wird.

   Welches Flüssigkeitsvolumen ist bei einer Drehfrequenz (Drehzahl) von 152 min^{-1} während 16,50 Minuten durch den Ovalradzähler geflossen? (Der Spaltverlustfaktor des Ovalradzählers beträgt 3,0 %.)

Bild 2: Chemiemanometer (Aufgabe 3)

13.4 Aufgaben zu Kapitel 4 Datenauswertung und Berechnungen zur Qualitätssicherung

1. In einer Abfüllanlage wird Flüssig-Waschmittel in PET-Flaschen abgefüllt. Das eingefüllte Flüssigkeitsvolumen soll mindestens 1000,0 mL betragen, aber 1010,0 mL nicht überschreiten.

   Zum Anlaufen der Abfüllmaschine werden 50 abgefüllte Flaschen entnommen und das eingefüllte Flüssigkeitsvolumen gemessen. Man erhält die folgende Urwertliste der Messwerte.

Tabelle: Messwerte der Einfüllvolumina in mL einer Abfüllanlage

1	1004,6	11	1004,9	21	1006,2	31	1007,3	41	1003,4
2	1002,7	12	1005,8	22	1003,8	32	1002,3	42	1006,3
3	1005,6	13	1001,5	23	1005,1	33	1006,2	43	1004,3
4	1003,6	14	1005,7	24	1007,2	34	1004,1	44	1008,1
5	1006,7	15	1005,4	25	1002,9	35	1007,4	45	1005,2
6	1004,8	16	1000,8	26	1004,8	36	1004,7	46	1008,9
7	1005,5	17	1005,2	27	100	37	1009,1	47	1007,9
8	1004,4	18	1006,9	28	1003,9	38	1008,3	48	1004,4
9	1006,7	19	1004,0	29	1007,8	39	1003,2	49	1007,1
10	1005,1	20	1006,0	30	1005,0	40	1006,4	50	1004,8

   a) Berechnen Sie zur Vorbereitung der Datensammelkarte die Spannweite *R*, die Anzahl der Klassen *k* und die Klassenbreite *b*.

   b) Erstellen Sie eine Datensammelkarte mit Strichliste.

   c) Berechnen Sie die Anteile der Klassen.

   d) Stellen Sie die Klassenanteile in einem Histogramm dar.

   e) Bewerten Sie die Verteilung der Messwerte im Histogramm.

2. Die Rieselfähigkeit eines Schüttguts wird durch einen bestimmten Feuchtegehalt gewährleistet. Der Feuchtegehalt des Schüttguts wird jeweils im 15-Minuten-Takt mit einer 5-Einzelproben-Stichprobe gemessen und ergibt nach Mittelwertberechnung die $\bar{x}$-Werte der folgenden Tabelle.

Stichproben-Nr.	1	2	3	4	5	6	7	8	9	10	11	12	13
	13,3	13,5	12,3	13,2	14,2	14,8	14,9	15,9	16,1	15,3	16,2	14,4	14,2
Stichproben-Nr.	14	15	16	17	18	19	20	21	22	23	24	25	26
	14,1	14,2	12,6	12,2	12,3	13,7	12,9	14,0	13,4	12,4	13,6	14,0	14,8

   a) Berechnen Sie den Mittelwert der Mittelwerte $\bar{\bar{x}}$ und den Mittelwert der Standardabweichung $\bar{s}$.

   b) Berechnen Sie die Toleranzgrenzen auf der Basis $\pm 4\,\bar{s}$, die Eingriffsgrenzen auf der Basis $\pm 3\,\bar{s}$ und die Warngrenzen auf der Basis $\pm 2\,\bar{s}$.

   c) Zeichnen Sie die $\bar{x}$-Qualitätsregelkarte ($\bar{x}$-QRK) mit den Eingriffs- und Warngrenzen. (Verwenden Sie die Kopiervorlage der QRK von Seite 279)

   d) Untersuchen Sie den Verlauf der Mittelwerte in der QRK auf auffällige Mittelwerte bzw. auffällige Mittelwertfolgen und geben Sie notwendige Eingriffe in den Schüttgutprozess an.

3. Bearbeiten Sie Aufgabe 2 mit einem Tabellenkalkulationsprogramm.

13.5 Aufgaben zu Kapitel 5 Aufbereitungstechnik

1. Die Siebanalyse eines Mahlguts ergibt nebenstehende Messwerte.

   a) Bestimmen Sie die Rückstände, die Rückstandssummen und die Durchgangssummen jeweils in Prozent.

   b) Zeichnen Sie das Histogramm der Verteilunsgdichte, das Rückstandssummendiagramm und das Durchgangssummendiagramm.

   c) Zeichnen Sie im RRSB-Körnungsnetz die Durchgangssummengerade ein und bestimmen Sie die Feinheitsparameter d', d_{50} und n.

Tabelle 1: Aufgabe 1

Kornklassenbreite in mm	Rückstand in g
8,0 bis ∞	0,0
4,0 bis 8,0	16,7
2,0 bis 4,0	21,8
1,0 bis 2,0	33,4
0,5 bis 1,0	52,9
<0,5	46,2

d) Bestimmen Sie die volumenbezogene spezifische Oberfläche des Mahlguts. (Der Formfaktor *f* des Mahlguts beträgt 1,2.)

2. Lösen Sie Aufgabe 1 mit einem Tabellenkalkulationsprogramm.

3. In einem Verhüttungsbetrieb wird eine Ladung mit Eisenerz angeliefert. Vor der Weiterverarbeitung wird eine Siebanalyse durchgeführt. Sie erbringt das in der **Tabelle** gezeigte Ergebnis.

   a) Bestimmen Sie die Rückstände, die Rückstandssummen und die Durchgangssummen jeweils in Prozent.

   b) Zeichnen Sie das Histogramm der Verteilungsdichte, das Rückstandssummendiagramm und das Durchgangssummendiagramm.

   c) Zeichnen Sie im RRSB-Körnungsnetz die Durchgangssummengerade ein und bestimmen Sie die Feinheitsparameter d', d_{50}, d_{80} und n.

   d) Bestimmen Sie die volumenbezogene spezifische Oberfläche des Eisenerzes. Der Formfaktor *f* des Erzes beträgt 1,15.

Tabelle: Siebanalyse (Aufgabe 3)

Kornklassenbreite in mm	Rückstand in g
>31,5	0
16 bis 31,5	16,1
8 bis 16	62,9
4 bis 8	64,5
2 bis 4	31,3
1 bis 2	15,9
<1	8,0

4. Lösen Sie Aufgabe 3 mit einem Tabellenkalkulationsprogramm.

13.6 Aufgaben zu Kapitel 6 Mechanische Trennverfahren

1. In einem Vakuum-Trommelzellenfilter **(Bild 1)** sollen stündlich 4800 Liter einer Suspension mit einer Feststoff-Massenkonzentration von 52,0 g/L abgefiltert werden.

   a) Welche Feststoffmasse wird stündlich abgefiltert?

   b) Wie groß ist der abströmende Filtratstrom? Die Dichte des Feststoffs beträgt 1,251 g/cm^3

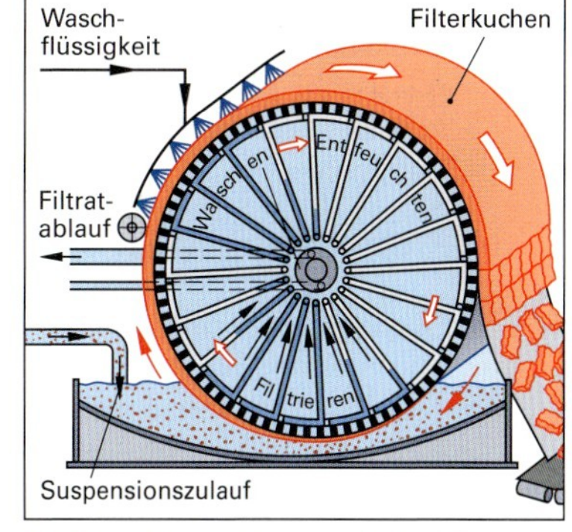

Bild 1: Vakuum-Trommelzellenfilter (Aufgabe 1)

2. Die Filtertrommel des in Aufgabe 1 beschriebenen Trommelzellenfilters hat einen Außendurchmesser von 192 cm und eine Filterbreite von 230 cm.

   a) Wie groß ist die wirksame Filterfläche?

   b) Wie groß ist die Filtrierleistung pro Stunde und m^2 Filterfläche?

3. In einem Rechteck-Absetzbecken (Bild 3, Seite 138) mit den Maßen 4,20 m Breite und 8,50 m Länge strömt Abwasser mit Schmutzpartikeln. Die groben Schmutzpartikel sollen durch Absetzen abgetrennt werden. Ihre Absetzgeschwindigkeit wurde in einem Technikumsversuch zu 8,0 cm pro Minute bestimmt. Welcher Abwasser-Volumenstrom kann im Absetzbecken von den groben Schmutzpartikeln vorgeklärt werden?

4. In einem Schwerkraft-Dekantierer soll eine Emulsion aus Toluol und Benzylchlorid getrennt werden **(Bild 2)**. ϱ(Toluol) = 866,9 kg/m^3; ϱ(Benzylchlorid) = 1100 kg/m^3. Die Emulsion steht im Behälter bei h_D = 1,65 m über dem Bodenkrümmer. Der tiefste Punkt des Behälters befindet sich bei h_B = 50 cm über dem Bodenkrümmer. Die Phasentrennlinie der Emulsion soll h_T = 110 cm über dem Bodenkrümmer stehen.

   Wie hoch muss die Siphon-Ablaufhöhe h_{Siphon} sein, damit die Phasentrenngrenze auf der vorgegebenen Höhe von 110 cm steht?

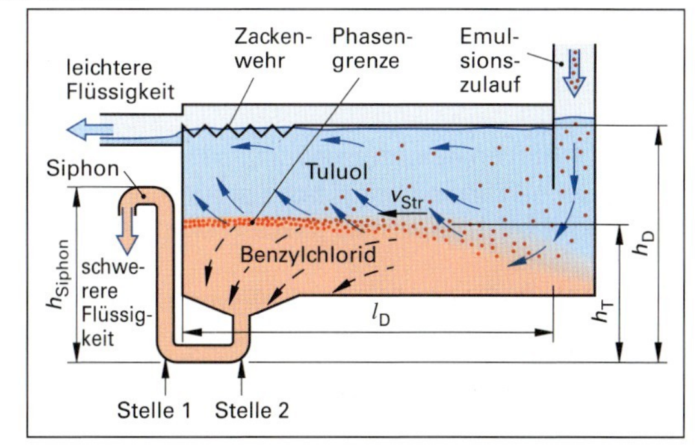

Bild 2: Dekantieren einer Emulsion aus Toluol und Benzylchlorid (Aufgabe 4)

13.7 Aufgaben zu Kapitel 7 Heiz- und Kühltechnik

1. Welcher Wärmestrom kann pro Sekunde durch eine 6,00 m^2 große Kesselblechwand transportiert werden, wenn auf der einen Kesselblechoberfläche eine Temperatur von 172 °C und auf der anderen Seite eine Temperatur von 124 °C herrscht? Die Wanddicke des Wärmetauschers beträgt 3,00 mm.

2. Um wie viel Prozent ändert sich der Wärmestrom, wenn der Kesselblechwärmetauscher aus Aufgabe 1 durch einen kupfernen Wärmetauscher mit einer Wanddicke von 3,00 mm ersetzt wird?

3. In einem Industriegebäude befinden sich insgesamt 24 Fenster mit einer Glasfläche von jeweils 3,0 m × 2,0 m und einer 6,0 mm dicken Glasscheibe. Im Gebäude soll die Raumtemperatur 20 °C nicht unterschreiten, die Außentemperatur wird zu konstant –15 °C angenommen.

   Die Wärmeleitzahl des Fensterglases beträgt 0,81 W/mK, die Wärmeübergangszahl beträgt auf der Fensterinnenseite 5,0 kJ/m^2hK, auf der Außenseite 30 kJ/m^2hK.

   a) Wie groß ist die Wärmedurchgangszahl des Fensters?

   b) Welche Wärmemenge geht pro Tag durch die Fenster in die Umwelt?

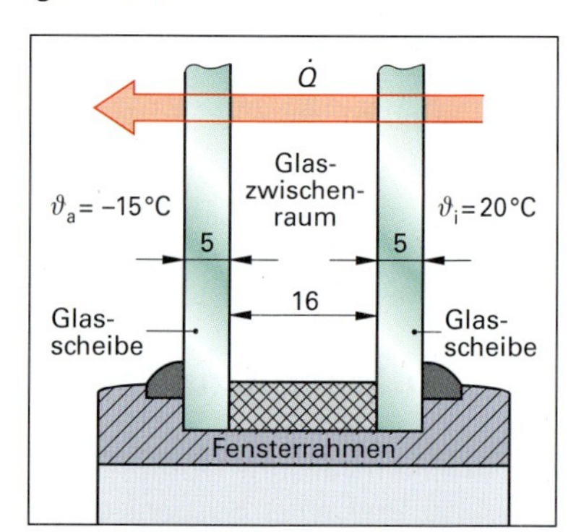

Bild 1: Aufbau eines Isolierglasfensters (Aufgabe 3)

4. Alle Fenster von Aufgabe 3 werden durch Isolierglasfenster ersetzt **(Bild 1)**.

   a) Um wie viel Prozent verbessert sich die Wärmedurchgangszahl gegenüber der Einfachverglasung? (Die Luftschicht zwischen den zwei Scheiben ist wie eine Wand zu betrachten. λ_{Luft} = 0,10 kJ/mhK.)

   b) Welche Wärmemenge kann dadurch pro Tag eingespart werden?

5. Wie groß ist die mittlere Temperaturdifferenz, wenn in einem bei Gegenstrom betriebenen Wärmeaustauscher das Heizmedium von 114 °C auf 62 °C abgekühlt und das zu erwärmende Medium von 48 °C auf 92 °C erwärmt wird?

6. Welche Wärmeübertragungsfläche hat ein Rohrbündelwärmetauscher, der 92 Rohre von je 1,80 m Länge mit einem Außendurchmesser von 30,0 mm bei einer Wandstärke von 2,00 mm enthält?

7. In einem Rohrbündelwärmetauscher gehen 620 kJ Wärme pro Minute bei einer konstanten Temperaturdifferenz von 24,0 K durch die 4,80 m^2 große Übertragungsfläche.

   Berechnen Sie die Wärmedurchgangszahl in kJ/m^2hK und in kW/m^2K.

8. Die Wärmedurchgangszahl k eines Rohrbündeltauschers soll aus folgenden Daten berechnet werden:

   α_1 = 4800 kJ/m^2hK; s = 3,20 mm; λ = 50 W/mK (Stahl); α_2 = 280 kJ/m^2hK

9. Zum Kühlen eines Kesselinhalts steht ein Flüssigkeitsstrom von 3000 kg/h Solelösung zur Verfügung. Welche Wärmemenge kann stündlich abgeführt werden, wenn die Sole von –28 °C auf –14 °C erwärmt wird? (Spezifische Wärmekapazität der Sole c_S = 2,93 kJ/(kg · K))

10. 364 kg Sattdampf von 100 °C werden in eine Behälterfüllung eingeleitet und kondensieren dort. Die spezifische Wärmekapazität der Behälterfüllung beträgt c_B = 2,82 kJ/(kg · K), ihre Masse 4412 kg.

    a) Welche Wärmemenge geht dabei auf die Behälterfüllung über? (Die Abkühlung des Kondensats soll vernachlässigt werden.)

    b) Auf welche Temperatur erwärmt sich dadurch die mit 12 °C vorgelegte Behälterfüllung?

11. Ein Rohrbündelwärmeaustauscher **(Bild 1)** hat einen äußeren Manteldurchmesser von 0,950 m, die Wanddicke beträgt 5,0 mm. Der Mantelraum zwischen den Rohrböden hat eine Länge von 2,930 m. Im Mantelraum befinden sich 46 Innenrohre mit einem Außendurchmesser von 52 mm und einer Wanddicke von 4 mm.

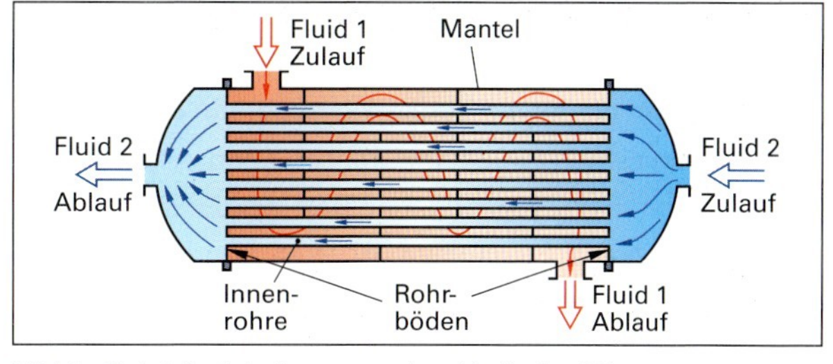

Bild 1: Rohrbündelwärmetauscher (Aufgabe 11)

   a) Welches freie Mantelraumvolumen hat der Wärmetauscher?
   b) Welche Wärmeaustauschfläche haben die Innenrohre zusammen?
   c) Welche Wärmedurchgangsszahl *k* liegt im Rohrbündelwärmetauscher vor, wenn bei einer mittleren logarithmischen Temperaturdifferenz von 32,7 K ein Wärmestrom von 452 kW/h übertragen wird?

13.8 Aufgaben zu Kapitel 8 Thermische Trennverfahren

1. In einem Etagentrockner (Bild 1, Seite 165) werden pro Stunde aus einem feuchten Gut 416 kg Wasser ausgetrieben. Zur Verfügung steht trockene Frischluft. Die feuchte Abluft verlässt mit 312 g Wasser/kg trockene Luft gesättigt den Trockner.
   a) Berechnen Sie den absoluten Luftbedarf.
   b) Wie viel kg Luft werden pro Tag benötigt, wenn die Abluft nur zu 90,0 % gesättigt ist?

2. Durch Verdampfen des Wasseranteils soll eine 50,0%ige Salpetersäure aus einer 12,0%igen Salpetersäure hergestellt werden. Wie viel Kilogramm Wasser sind der ursprünglichen Lösung mit einer Masse von 460 kg zu entziehen?

3. Durch eine absatzweise einfache Destillation soll eine Benzol-Anilin-Gemisch-Charge von 1520 kg mit einem Anfangsmassenanteil von w_A(Benzol) = 0,38 in ein Destillat und einen Blasenrückstand getrennt werden. Der Massenanteil im Blasenrückstand soll w_E(Benzol) = 0,07 betragen.

   Stoffdaten: Trennfaktor α(Benzol/Anilin) = 33,5
   a) Suchen Sie aus einem Tabellenbuch die Gleichgewichtskurve des Benzol-Anilin-Gemischs und zeichnen Sie die Gleichgewichtskurve in ein Diagramm auf Millimeterpapier.
   b) Welche Zusammensetzung hat der Gemischdampf bei Beginn und am Ende der Destillation?
   c) Welche Masse hat der Blasenrückstand am Ende der Destillation?
   d) Welche Masse und welche Zusammensetzung hat das Destillat?

4. Eine Charge von 930 kg Brombenzol wird durch Wasserdampfdestillation bei einem Druck von 1,013 bar abdestilliert.

   Stoffdaten bei p = 1,013 bar: $p°$(Wasser) = 851,7 mbar; $p°$(Brombenzol) = 161,3 mbar
   a) Bei welcher Temperatur siedet Brombenzol bei der Wasserdampfdestillation bei einem Druck von p = 1,013 bar? (Hinweis: Verwenden Sie zur Bestimmung das lg p-1/T-Diagramm von Brombenzol: Bild 2, Seite 179 im Lehrbuch.)
   b) Welche Dampfmenge wird zu der Wasserdampfdestillation benötigt?

5. Ein Wasser-Methanol-Gemischstrom von 8,83 t/h mit einem Stoffmengenanteil von x(Methanol) = 0,15 soll in einer im Betrieb vorhandenen Rektifikationskolonne mit vier Glockenböden im Verstärkerteil und vier Glockenböden im Abtriebsteil rektifiziert werden. Das Kopfprodukt soll einen Stoffmengenanteil von mindestens x(Methanol) = 0,95 und das Sumpfprodukt einen Stoffmengenanteil von mindestens x(Wasser) = 0,98 aufweisen.

   Das Rücklaufverhältnis soll das Dreifache des Mindest-Rücklaufverhältnisses betragen. Der Bodenwirkungsgrad der Glockenböden beträgt 0,76. Das Gemisch Wasser-Methanol hat eine Gleichgewichtskurve mit den folgenden Koordinaten:

x	0	0,05	0,10	0,30	0,50	0,70	0,90	1
y	0	0,28	0,43	0,63	0,78	0,88	0,96	1

a) Zeichnen Sie die Gleichgewichtskurve.
b) Bestimmen Sie das Mindest-Rücklaufverhältnis und das praktische Rücklaufverhältnis.
c) Zeichnen Sie die Verstärkungsgerade und die Abtriebsgerade in das Diagramm ein.
d) Bestimmen Sie die theoretische und die praktisch erforderliche Anzahl der Austauschböden.
e) Kann in der vorhandenen Rektifikationskolonne die Trennaufgabe durchgeführt werden?
f) Welche Massenanteile $w(CH_3OH)$ und $w(H_2O)$ hat der Zulaufstrom?
g) Berechnen Sie die Massenströme $\dot{m}(CH_3OH)$ und $\dot{m}(H_2O)$ des Zulaufs.

6. Ein ideales Zweistoffgemisch wird durch Rektifikation in einer Füllkörperkolonne in seine Komponenten getrennt. Folgende Daten des Zweistoffgemisches sind bekannt: $x_M = 0{,}32$; $x_S = 0{,}05$; $\alpha = 5{,}2$. Rektifiziert werden soll mit dem 3,2-fachen Mindestrücklaufverhältnis.
   a) Berechnen Sie x-y-Wertepaare, mit denen Sie die Gleichgewichtskurve zeichnen können.
   b) Zeichnen Sie die Gleichgewichtskurve des Gemisches.
   c) Wie viele theoretisch arbeitende Trennstufen sind erforderlich, wenn eine Erzeugniskonzentration von mindestens 98 % gefordert wird?
   d) Wie hoch muss die für diese Trennaufgabe erforderliche Füllkörperschüttung sein, wenn die Füllkörperschüttung aus 80 × 80 × 15 Pallringen einen HETP-Wert von 0,68 m hat und ihr Wirkungsgrad 72 % beträgt?
   e) In welche theoretische Trennstufe muss die Einspeisung des Gemisches erfolgen?
   f) In welcher Höhe der Füllkörperschüttung muss die Einspeisung des Gemisches erfolgen?

13.9 Aufgaben zu Kapitel 9 Physikalisch-chemische Trennverfahren

1. 720 Liter einer wässrigen Lösung, die 32,9 kg Ethanol enthält, werden in einer einstufigen Mischer-Abscheider-Extraktionsanlage **(Bild 1)** mit Diethylether vermischt, dabei extrahiert und dann in einem Abscheider in die Wasser-Phase und die Diethylether-Phase getrennt. Der Nernst'sche Verteilungskoeffizient beträgt 0,61.

   Wie viel Kilogramm des Ethanols sind nach der Extraktion in der Wasser-Phase und wie viel in der Diethylether-Phase enthalten?

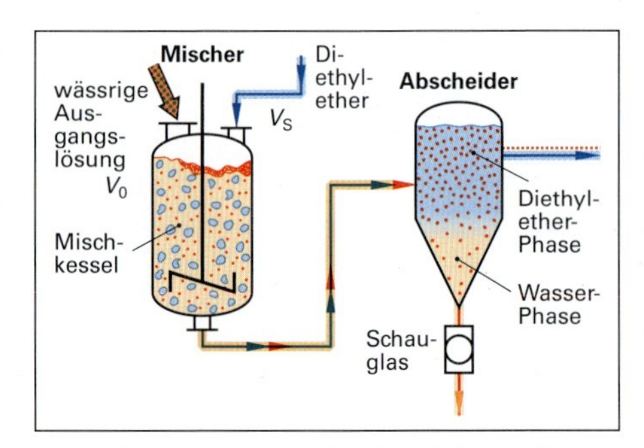

Bild 1: Mischer-Abscheider-Extraktionsanlage (Aufgabe 1)

2. In einer kontinuierlichen Extraktionskolonne **(Bild 2)** soll phenolhaltiges Abwasser mit dem Lösemittel Diisopropylether ($C_4H_{10}O$) extrahiert werden.
   Die Anfangsbeladung an Phenol im Abwasser beträgt X_A = 11,5 g/kg und soll auf die Endbeladung X_B = 0,05 g/kg extrahiert werden. Das im Kreislauf geführte Lösemittel Diisopropylether hat eine Eintrittsbeladung von Y_A = 0,06 g/kg.

   Für die Verteilung von Phenol zwischen Wasser und Diisopropylether gilt bei 25 °C das Nernst'sche Verteilungsgesetz mit einem Verteilungskoeffizienten von $K = Y/X = 20$.
   a) Ermitteln Sie die erforderlichen Größen und zeichnen Sie in ein Beladungsdiagramm die Gleichgewichtskurve sowie die Betriebsgerade ein.
   b) Ermitteln Sie die erforderliche theoretische Extraktionsstufenzahl der Extraktionsaufgabe.

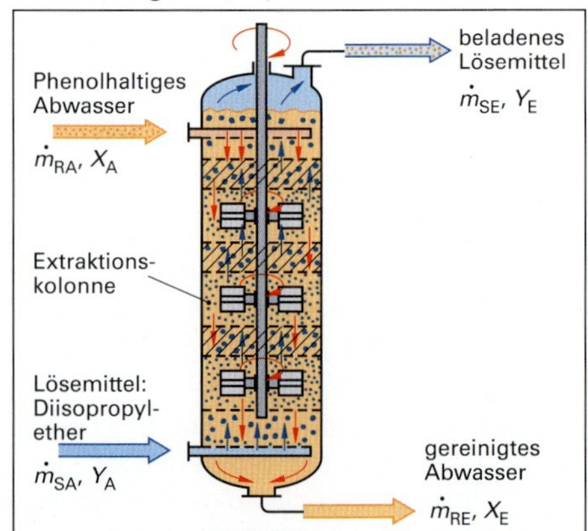

Bild 2: Kontinuierlich arbeitende Extraktionskolonne (Aufgabe 2)

3. Eine Charge von 540 kg wässriger Lösung enthält 10,5 % Phenol, das durch Flüssig-Flüssig-Extraktion herausgelöst werden soll. Zur Extraktion werden zweimal nacheinander je 200 kg reiner Diethylether eingesetzt. Die Dichte der wässrigen Lösung ist annähernd 1,0 g/cm^3, die des Ethers (und der etherischen Lösung) ungefähr 0,72 g/cm^3. Der Verteilungskoeffizient beträgt $k = 54$.
   a) Welche Masse Phenol verbleibt im Wasser?
   b) Beurteilen Sie die Wahl des Extraktionsmittels anhand der Ergebnisse.

4. Ein technisches Stickstoffgas enthält einen Volumenanteil von 21 % Kohlenstoffdioxid CO_2. Es soll durch Absorption bei 20 °C und p = 1,013 bar mit 850 L Wasser bis auf einen Restgehalt von einem Volumenanteil von 1 % CO_2 reduziert werden. Die Absorption verläuft bis 92 % des Absorptionsgleichgewichts. Der Henry'sche Absorptionskoeffizient für das System CO_2/Wasser ist aus der Tabelle auf Seite 203 zu entnehmen.
   a) Bis zu welchem Absorptionsgrad verläuft die Absorption?
   b) Welchen Stoffmengenanteil hat das CO_2 nach der Absorption im Wasser?
   c) Welche Masse an CO_2 sind in den 850 L Wasser gelöst?
   d) Welchem Volumen an CO_2 entspricht dies bei 20 °C und Atmosphärendruck?

13.10 Aufgaben zu Kapitel 10 Regelungstechnik

1. In einer Chemieanlage wird die Temperatur in einem Reaktionskessel mit einem Widerstandsthermometer gemessen. Der Messbereich ist −50 bis +250 °C. Der Messumformer des Thermometers hat den elektrischen Einheitssignalbereich von 4 mA bis 20 mA. Welche Temperatur herrscht im Reaktionskessel, wenn das elektrische Einheitssignal 12,8 mA beträgt.

2. Eine Messstelle für den Volumenstrom $\dot{V}$ in einer Neutralisationsanlage hat den Messbereich 50 L/h bis 1500 L/h. Der Messumformer des Durchflussmessers hat den elektrischen Einheitssignalbereich 4 mA bis 20 mA. Welches Einheitssignal gibt der Messumformer bei einem Volumenstrom von 725 L/h ab?

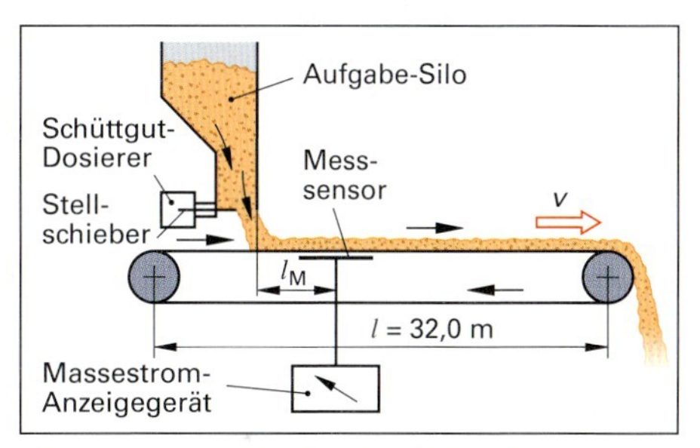

Bild 1: Gurtbandförderer (Aufgabe 3)

3. Ein Gurtbandförderer von 32,0 m Länge hat eine Fördergeschwindigkeit von 1,07 m/s **(Bild 1)**.
   Die Förderstrecke von der Gutaufgabe bis zur Messstelle des Massestrom-Messgeräts beträgt l_M = 1,75 m. Welche Totzeit hat die Regelstrecke Gurtbandförderer?

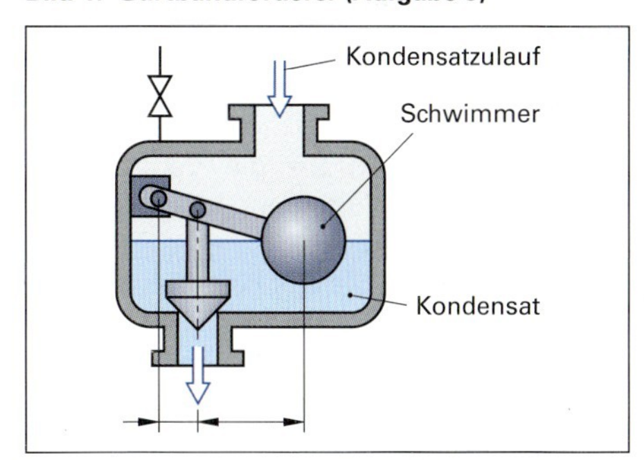

Bild 2: Schwimmer-Kondensatableiter (Aufgabe 4)

4. Der Hebel im Schwimmer-Kondensator **(Bild 2)** hat den Proportionalbeiwert = 0,350.
   Wie groß ist der Ventilkegelhub, wenn die Schwimmerkugel durch das Kondensat um 3,82 cm angehoben wird?

5. Bei einem Druckreaktor wird der Betriebsdruck mit einem Stellventil geregelt.
   Im Laufe der Reaktionszeit wird der Druck auf einen neuen Sollwert eingestellt. Das Regelsystem (PID-Regler) antwortet darauf mit der in **Bild 3** gezeigten Sprungantwort.
   a) Nach welcher Zeit ist der neue Sollwert erreicht?
   b) Welcher Ventilhub herrscht beim neuen Sollwert?
   c) Wie groß ist die Nachstellzeit des Reglers?

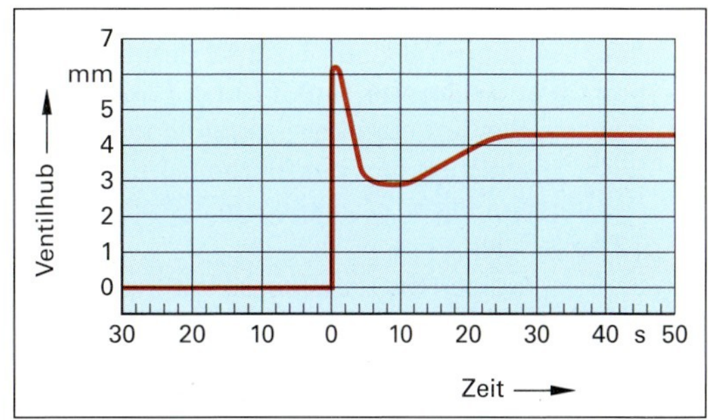

Bild 3: Sprungantwort des PID-Reglers zur Druckregelung des Reaktors (Aufgabe 5)

6. An einem Proportionalregler ist eine Verstärkung (Proportionalbeiwert) von K_{PR} = 7 eingestellt.

   Wegen einer Änderung der Betriebsbedingungen wird der Sollwert der Regelung um 8,5% verstellt.

   Welche Stellgrößenänderung wird dadurch bewirkt?

7. Der Füllstand im Sumpf einer Rektifikationskolonne wird mit einem PI-Regler geregelt.

   Nach einem plötzlichen großen Sumpfzufluss zeigt das Monitorbild des Reglers das in **Bild 1** gezeigte Regelkreisverhalten.

   a) Berechnen Sie den Toleranzbereich des Reglers und tragen Sie ihn in das Regelkreisverhalten-Diagramm ein.

   b) Ermitteln Sie aus dem Diagramm die maximale Überschwingweite.

   c) Ermitteln Sie die Ausregelzeit des Regelkreises.

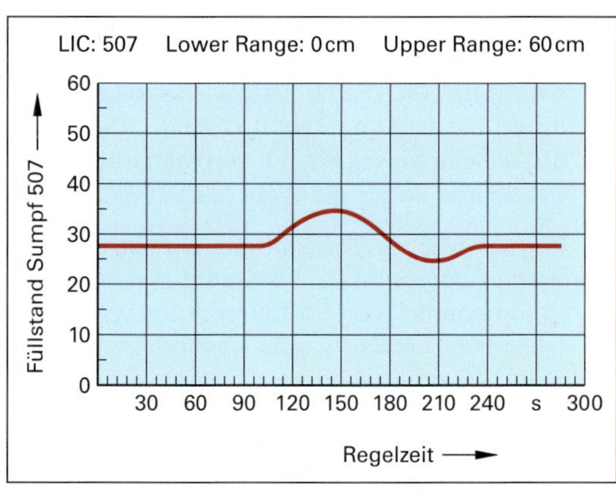

Bild 1: Regelkreisverhalten eines Füllstandreglers auf eine Störung im Sumpfzulauf (Aufgabe 7)

13.11 Aufgaben zu Kapitel 11 Steuerungstechnik

1. Ein Mischer soll sowohl durch einen Ein-/Aus-Tastschalter am Mischer als auch durch einen Tastschalter im Leitstand geschaltet werden können **(Bild 2)**.

   Der Antriebsmotor des Mischers soll nur laufen, wenn am Mischerdeckel ein Druckschalter und im Mischer ein Füllstandschalter geschlossen sind und eine Lichtschranke vor dem Mischer nicht unterbrochen ist.

   a) Beschreiben Sie die Verknüpfungssteuerung mit Worten und logischen Grundfunktionen.

   b) Entwerfen Sie das Schaltzeichen der Steuerung.

   c) Geben Sie die Funktionsgleichung der Verknüpfung an.

2. In einer Abfüllanlage für Chemikalien werden aus drei Vorratstanks Tankfahrzeuge beladen **(Bild 3)**. Die Chemikalien der Tanks T1 und T2 können getrennt und als Mischungen abgefüllt werden. Die Chemikalie aus Tank T3 darf nicht mit den Chemikalien aus Tank T1 und T2 gemischt werden. Sie darf nur allein abgefüllt werden.

   Eine Sperrschaltung der Förderpumpen soll das versehentliche Mischen von T3 mit T1 bzw. T2 ausschließen.

   a) Beschreiben Sie die Sperrschaltung in Worten mit logischen Grundverknüpfungen.

   b) Entwerfen Sie das Schaltzeichen der Sperrschaltung.

   c) Wie lautet die Funktionsgleichung der Sperrschaltung?

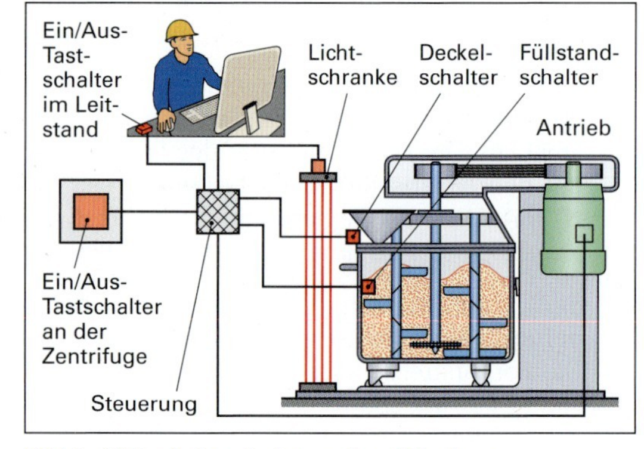

Bild 2: Sicherheitsschaltung eines Mischers

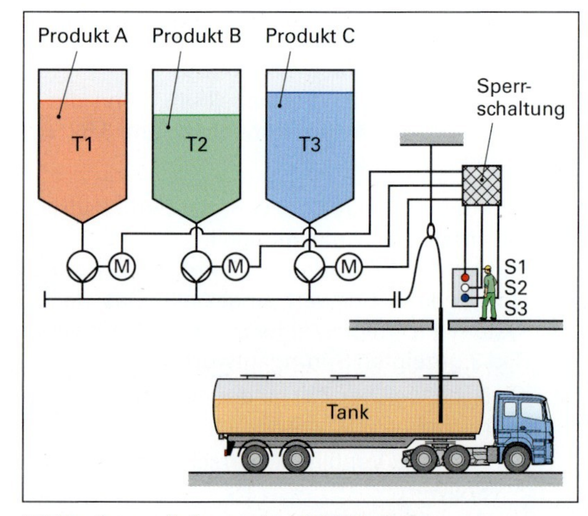

Bild 3: Sperrschaltung einer Abfüllanlage

13.12 Aufgaben zu Kapitel 12. Chemische Reaktionstechnik

1. Aus Benzoesäure und Ethanol sollen in einem Reaktor 320 kg Benzoesäureethylester nach folgender Reaktionsgleichung hergestellt werden:

$$C_6H_5{-}COOH + C_2H_5OH \longrightarrow C_6H_5{-}COO{-}C_2H_5 + H_2O$$

Benzoesäure | Ethanol | Benzoesäureethylester | Wasser

Es wird mit 1,60-fachem Überschuss an technischem Ethanol mit w(Ethanol) = 0,94 gearbeitet.

a) Welche Masse an technischem Ethanol wird dazu benötigt?

b) Welche Masse an Benzoesäure muss bereitgestellt werden?

2. In einem Wirbelschichtreaktor wird sulfidisches Eisenerz (Pyrit) gemäß der Reaktionsgleichung

$2\,FeS_2 + 5{,}5\,O_2\uparrow \longrightarrow Fe_2O_3 + 4\,SO_2\uparrow$ bei 850 °C und Luftüberschuss geröstet.

In den Reaktor werden stündlich 34,000 t des feinkörnigen Pyrits mit 74,7 % FeS_2 eingespeist. Im Austragsgut befinden sich noch 4,3 % unverbrauchtes Eisensulfid FeS_2.

Es entstehen stündlich 23,284 t an Produkt SO_2.

a) Welcher Umsatz wird im Wirbelschichtreaktor erreicht?

b) Wie hoch ist die Ausbeute im Wirbelschichtreaktor?

3. Durch einen kontinuierlich betriebenen Rohrreaktor strömt stündlich ein Volumen von 12,761 m^3. Das Rohr-Innenvolumen des Rohrreaktors beträgt 2877 Liter.

Wie groß ist die mittlere Verweilzeit der Reaktanten im Reaktor?

4. In einem Chargenreaktor (Rührkessel) werden die Reaktionspartner von 8:20 h bis 8:48 h eingefüllt. Die Reaktion läuft bis 12:56 h. Die anschließende Entleerung des Reaktors ist um 13:22 h abgeschlossen.

Wie lang ist die mittlere Verweilzeit im Chargenreaktor?

5. Bei der Ammoniaksynthese wird im Primärreformer aus Methan und Wasser das so genannte Spaltgas erzeugt. Die Reaktionsgleichung lautet:

$$CH_{4(g)} + H_2O_{(g)} \xrightarrow{\text{Ni, 900 °C}} CO_{(g)} + 3\,H_{2(g)}$$

a) Wie groß ist die Standardreaktionsenergie dieser chemischen Reaktion?

b) Handelt es sich um eine exotherme oder eine endotherme Reaktion?

14 Themenübergreifende Projektaufgaben

Projektaufgabe 1

Die Herstellung von Sulfanilsäure (4-Aminobenzol-Sulfonsäure) erfolgt aus Anilin (Aminobenzol) und konzentrierter Schwefelsäure (Oleum) gemäß nachfolgender Reaktionsgleichung **(Bild 1)**.

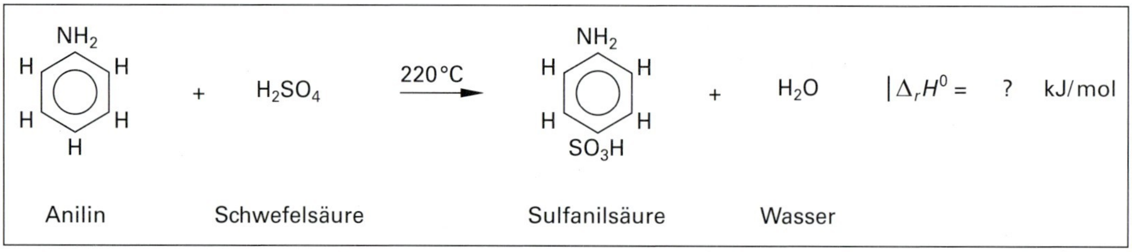

$$C_6H_5NH_2 + H_2SO_4 \xrightarrow{220\,°C} H_2N{-}C_6H_4{-}SO_3H + H_2O \qquad |\Delta_r H^0 = \ ? \ \text{kJ/mol}$$

Anilin — Schwefelsäure — Sulfanilsäure — Wasser

Bild 1: Reaktionsgleichung der Sulfanilsäure-Herstellung

Die Reaktion wird in einem absatzweisen Prozess **(Bild 2)** in einem Rührkessel R1 bei 220 °C und rund sechsstündigem Zudosieren von Schwefelsäure unter Rühren bei einem Schwefelsäure-Überschuss von 200 % durchgeführt.

Die Sulfanilsäure wird anschließend durch Einleiten des Rührkesselinhalts in einen Eiswasser-gefüllten Behälter B1 als kristalliner Stoff ausgefällt, in einen Vorratsbehälter B2 umgepumpt und in einem Filterapparat F1 abgetrennt.

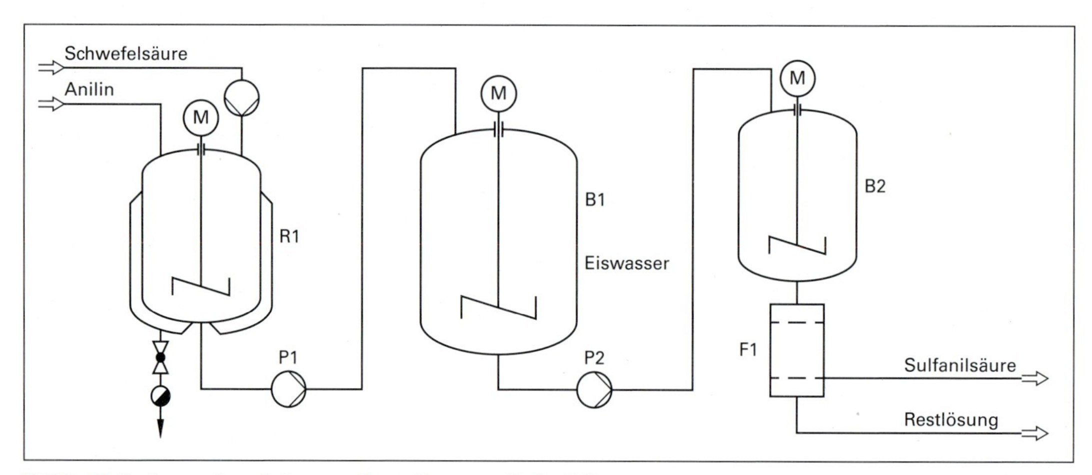

Bild 2: Fließschema einer Anlage zur Herstellung von Sulfanilsäure

Es sollen in einer Charge 3240 kg Sulfanilsäure hergestellt werden.

Der Ausgangsstoff Anilin ist praktisch rein, die Schwefelsäure (Oleum) hat einen Massenanteil von $w(SO_3) = 55\,\%$.

Stoffdaten: $M(\text{Anilin}) = 93{,}13$ kg/kmol; $M(H_2SO_4) = 98{,}08$ kg/kmol; $M(\text{Sulfanilsäure}) = 173{,}19$ kg/kmol

$\varrho(\text{Anilin}, 20\,°C) = 1{,}02$ kg/L; $\varrho(\text{Oleum}, 55\,\%, 20\,°C) = 1{,}92$ kg/L

Aufgaben zu Projektaufgabe 1

1. Welche Masse an Anilin muss pro Charge als Reaktionsansatz vorgelegt werden? Der Umsatzgrad der Reaktion beträgt 94%.

2. Wie viel Schwefelsäure (Oleum) muss pro Charge zudosiert werden?

3. Wie groß muss der zudosierte Volumenstrom an Oleum sein, wenn 4,50 Stunden zudosiert wird?

4. Welches Volumen hat der Kesselinhalt, wenn alle Reaktanden eingefüllt sind?

5. Welche thermische Ausdehnung erfährt der Rührkesselinhalt durch die Erwärmung auf 220 °C? γ(Reaktionsansatz) = $5{,}7 \cdot 10^{-4} \cdot K^{-1}$

6. Welches Nennvolumen muss der Rührbehälter für diese Reaktion haben, wenn ein Leerraum für Einbauten und als Druckpuffer von 25% auf das Behältervolumen vorgesehen sind?

   (Wählen Sie einen Nennvolumen-Rührbehälter nach DIN-Maßen aus.)

7. Welchen Durchmesser muss das Zuleitungsrohr für das Anilin haben, wenn im Rohr eine Strömungsgeschwindigkeit von 0,500 m/s nicht überschritten werden soll und das Anilin in 8,50 Minuten eingepumpt werden soll?

8. Welche Nennweite (nach DIN) muss die hierfür ausgewählte Rohrleitung haben?

9. Aus einem Kennfeldraster für eine Pumpenbaureihe (Seite 38, Bild 2) soll eine Pumpe für die Förderung des Anilinstroms ausgewählt werden. Die Förderhöhe der Pumpe soll mindesten 20 Meter betragen.

10. Welche Standardreaktionsenthalpie hat die Reaktion zur Sulfanilsäure-Herstellung?

    Berechnen Sie die Standardreaktionsenthalpie der Sulfanilsäure-Herstellung aus den Standardbildungsethalpien der Reaktanden. $\Delta_f H^0$(Anilin) = +31,6 kJ/mol; $\Delta_f H^0$(Schwefelsäure) = −814,1 kJ/mol: $\Delta_f H^0$(Sulfanilsäure) = −612,3 kJ/mol; $\Delta_f H^0$(Wasser) = −285,9 kJ/mol

11. Welche Reaktions-Wärmemenge wird bei dem in der Anlage beschriebenen Reaktionsansatz freigesetzt?

12. Der Reaktionsansatz muss von 20 °C auf 220 °C erwärmt werden.

    Reicht die bei der Reaktion frei werdende Wärmeenergie aus, um die Erwärmung des Reaktionsansatzes auf 220 °C zu bewirken? c(Reaktionsansatz) = 2,05kJ/(kg · K)

13. Berechnen Sie die Wärmemenge, die entweder zusätzlich zugeführt bzw. abgeführt werden muss, um die Erwärmung des Reaktionsansatzes auf 220 °C zu bewirken.

14. Das Einleiten des Anilins in den Rührkessel R1 dauert 8,50 Minuten, die Reaktion läuft 6,20 Stunden, das Einfüllen in den Eiswasserbehälter B1 36,40 Minuten und das Umpumpen in den Vorratsbehälter B2 15,00 Minuten.

    Wie lange dauert eine Chargenzykluszeit, wenn während des Umpumpens in den Vorratsbehälter B2 bereits das Einleiten des Anilins für die nächste Charge in den Rührkessel R1 ausgeführt werden kann?

15. Wie groß ist die Produktionsleistung der Sulfanilsäure-Anlage?

16. Wie groß ist die produzierte Sulfanilsäuremenge in einer Woche, wenn an 5 Tagen im „Rund-um-die-Uhr-Betrieb" produziert wird?

Projektaufgabe 2

Der Kunststoff Polyvinylchlorid (PVC) wird durch Polymerisation des Vinylchlorids gemäß nebenstehender Reaktionsgleichung synthetisiert **(Bild 1)**.

$$n \cdot \left[\begin{array}{c} H_2C = CH \\ | \\ Cl \end{array} \right] \longrightarrow \left[\begin{array}{c} -CH_2-CH- \\ | \\ Cl \end{array} \right]_n$$

Vinylchlorid → Polyvinylchlorid

Bild 1: Chemie der PVC-Herstellung

Es gibt mehrere Polymerisationsverfahren.

Bei der radikalischen Suspensions-Polymerisation wird ein Gemisch aus Wasser, dem Katalysator Benzoylperoxid und Hilfsstoffen (Emulgatoren, Wandbelagsverhinderern usw.) vorgelegt, auf rund 60 °C erwärmt und dann monomeres Vinylchlorid (flüssig) in den Polymerisationsreaktor zulaufen gelassen **(Bild 2)**.

Der Reaktor wird mit Stickstoff unter einem Druck von rund 10 bar gehalten. Die Reaktion läuft rund 10,5 Stunden bis zu einem Umsatz von rund 90%.

Danach wird in den Chargensammelbehälter B1 umgepumpt. Von dort gelangt die Suspension in die Siebzentrifuge S1, wo das gebildete PVC-Pulver als feinkörniger Filterkuchen angetrennt wird. Über einen Schneckenförderer F1 wird er einem Stromtrockner T1 zugeführt und zu Pulver getrocknet.

Das Pulver wird anschließend in einem Z1 Zyklon abgeschieden, über eine Zellenradschleuse X1 ausgetragen und in einem Silo B3 gelagert.

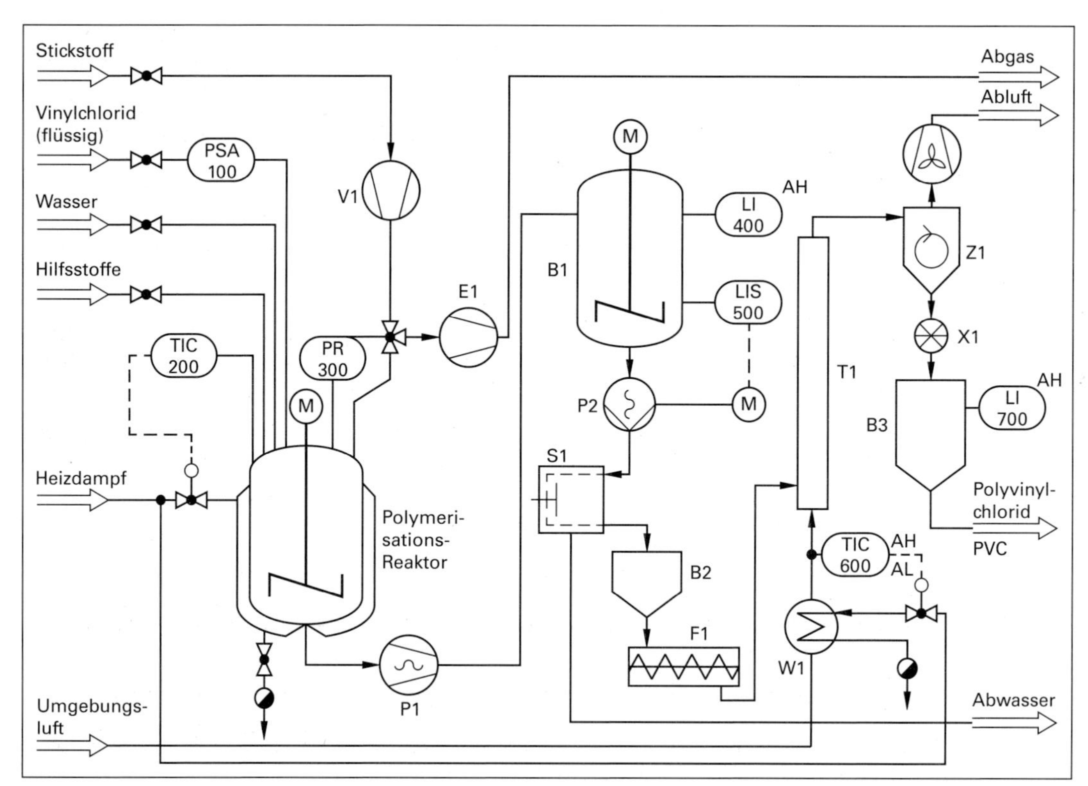

Bild 2: Fließschema einer Produktionsanlage für PVC durch Suspensionspolymerisation von Vinylchlorid

Zur Durchführung eines PVC-Polymerisationsansatzes werden 52,00 m^3 Wasser und 7,00 m^3 flüssige Hilfsstoffe in den Polymerisationsreaktor vorgelegt und erwärmt.

Dann werden 25,00 m^3 flüssiges Vinylchlorid zulaufen gelassen.

Aufgaben zu Projektaufgabe 2

1 Der Polymerisationsreaktor soll in 60,0 Minuten mit Wasser und Hilfsstoffen gefüllt werden. Danach läuft 1,50 Stunden das Vinylchlorid zu.

Welche Volumenströme herrschen in den Zuleitungen der Stoffe?

2. Wie viel Wärmeenergie muss aufgebracht werden, um die Reaktorfüllung, die mit durchschnittlich 14,0 °C zufließt, auf 62,0 °C zu erwärmen?

Stoffdaten: c(Füllung) = 3,64 kJ/(kg · K); ϱ(Wasser) = 1000 kg/m^3; ϱ(Hilfsstoffe) = 930 kg/m^3; ϱ(Vinylchlorid) = 900 kg/m^3; ϱ(PVC) = 1380 kg/m^3

3. Wie viel Heizdampf (Sattdampf) ist zur Erwärmung der Reaktorfüllung erforderlich? Die Wärmeverluste der Mantelheizung betragen 10 %. r(Wasser) = 2,257 kJ/kg

4. Welche Masse an PVC wird pro Reaktionsansatz erzeugt, wenn bei der Reaktion ein Wirkungsgrad (eine Ausbeute) von 90,0 % erreicht wird und der Feingutverlust in der Siebzentrifuge und im Zyklon bei insgesamt 7,0 % liegt?

5. Wie groß ist die Produktionsleistung des PVC-Herstellungsprozesses?

Das Einfüllen einer Charge dauert insgesamt 2,50 Stunden, die Reaktionszeit 10,50 Stunden und die Zeit für die Entleerung und Reinigung 1,40 Stunden.

6. Der Chargensammelbehälter B1 fasst eine Charge des Polymerisationsreaktors. Er hat ein Nennvolumen von 110 m^3. Sein Durchmesser beträgt 4800 mm.

Wie hoch steht die PCV-Suspension in dem Behälter B1 mit Klöpperboden, nachdem eine ganze Charge in den leeren Behälter gepumpt wurde?

7. Im Chargensammelbehälter B1 herrscht der Systemdruck p_{System} = 10,20 bar.

Welcher Gesamtdruck herrscht am Boden des Behälters, bei Füllung mit einer Charge?

ϱ(Suspension) = 1,246 kg/m^3

8. Die Temperatur im Polymerisationsreaktor (Messstelle TIC-200) wird mit einem Widerstandsthermometer gemessen. Das Display des Widerstandsthermometers ist plötzlich defekt und die Temperatur muss kurzfristig durch eine Widerstandsmessung bestimmt werden.

Welche Temperatur herrscht im Reaktor, wenn ein Widerstandsmessgerät einen elektrischen Widerstand des Pt100-Widerstandsthermometers von 122,0 Ω anzeigt?

Aus einem Tabellenbuch werden für den elektrischen Widerstand eines Pt100-Widerstands folgende Werte abgelesen: 0 °C: R = 100,00 Ω; 100 °C: R = 138,50 Ω.

Hinweis: Fertigen Sie zur Lösung eine Kalibrierkurve für den R100-Widerstand an.

9. Die Siebzentrifuge S1 soll mit einer Schleuderzahl von 2500 arbeiten. Der wirksame Radius der Zentrifuge beträgt 85,0 cm.

Wie groß muss die Drehzahl der Zentrifuge sein, um die geforderte Schleuderzahl zu erreichen?

10. Die Siebzentrifuge S1 arbeitet absatzweise und hat einen Arbeitszyklus von 17,5 Minuten. Pro Arbeitszyklus liefert die Zentrifuge 530 kg abgeschleudertes PVC-Pulver.

Kann die Zentrifuge eine Charge der PVC-Produktion im Behälter B1 mit 20,0 · 10^3 kg PVC-Pulver in der Suspension durch mehrfache Zentrifugierzyklen abschleudern, wenn die Zykluszeit einer PVC-Produktionscharge 14,40 Stunden beträgt?

11. Der Schneckenförderer F1 fördert das zentrifugierte PVC-Pulver aus einem Pufferbehälter B2 in den Stromtrockner T1. Die Förderleistung eines Scheckenförderers berechnet man mit der Gleichung

$\dot{m} = \varrho_{\text{Schütt}} \cdot A_S \cdot h_S \cdot n_S \cdot \varphi$; mit $A_S = \pi/4 \cdot (D_S^2 - d_S^2)$.

Der vorhandene Schneckenförderer F1 hat die Daten: Schneckenförderdurchmesser D_S = 95,0 mm; Schneckenwellendurchmesser d_S = 22,0 mm; Schneckenganghöhe h_S = 320,0 mm; Füllungsgrad φ = 83 %; $\varrho_{Schütt}$ = 1108 kg/m³.

Mit welcher Drehzahl muss der Schneckenförderer arbeiten, um die Chargenleistung von 20,00 t PVC-Pulver pro 14,40 Stunden kontinuierlich in den Trockner zu fördern?

12. Der Schneckenförderer fördert das abgeschleuderte PVC-Pulver mit einer Zentrifugen-Restfeuchte von w_Z(PVC) = 6,50 % in den Stromtrockner. Dort wird es auf die Restfeuchte von w_R(PVC) = 0,65 % getrocknet und gelangt nach Abscheiden im Zyklon in den Sammelbehälter B3.

    Welche Masse an getrocknetem PVC-Pulver gelangt pro Charge PVC-Polymerisations-Ansatz (≙ 20,00 t abgeschleudertes PVC-Pulver) in den Sammelbehälter B3, wenn im Zyklon ein Feinstaubverlust von 3,00 % auftritt?

13. Zum Betrieb des Stromtrockners T1 wird Umgebungsluft von 10 °C und 60 % relativer Luftfeuchtigkeit angesaugt, auf 80 °C erwärmt und in den Trockner geleitet.
    a) Wie groß ist die Masse an Feuchtigkeit, die die 80 °C warme Trocknungsluft pro m³ aufnimmt, wenn sie mit 80 % relativer Feuchtigkeit den Trockner verlässt?
    b) Welcher praktische spezifische Luftbedarf liegt beim Stromtrockner vor, wenn mit einem Luftüberschussfaktor f = 1,50 gefahren wird?
    c) Welches Luftvolumen ist pro Charge PVC-Ansatz für die Trocknungsaufgabe erforderlich?
    d) Welcher Luft-Volumenstrom muss von einem Gebläse für den Trocknungsprozess angesaugt werden?
    e) Welcher Wärmestrom muss zur Erwärmung des Trocknungsluftstroms im Wärmetauscher W1 bereitgestellt werden? ϱ(Luft) = 1,293 kg/m³; c(Luft) = 1,005 kJ/(kg · K)
    f) Welche Wärmeenergie muss zur Erwärmung der Trocknungsluft für einen Reaktionsansatz (≙ 20,00 t PVC-Pulver) aufgewendet werden?

14. Um Heizenergie zu sparen, soll die mit 62,0 °C aus dem PVC-Reaktor abfließende Suspension in einem Wärmetauscher dazu genutzt werden, um die Trocknungsluft für den Stromtrockner von 10 °C auf 50 °C vorzuwärmen.
    a) Auf welche Temperatur kühlt sich dabei die Suspension ab?
    b) Wie viel Prozent der Gesamtwärmeenergie zur Erwärmung der Trocknungsluft können durch die Vorwärmung mit der Wärme aus der Suspension eingespart werden?

15 Anhang

Griechisches Alphabet							
A α Alpha	B β Beta	Γ γ Gamma	Δ δ Delta	E ε Epsilon	Z ζ Zeta	H η Eta	Θ ϑ Theta
I ι Iota	K $\varkappa$ Kappa	Λ λ Lambda	M μ My	N ν Ny	Ξ ξ Xi	O o Omnikron	Π π Pi
P ϱ Rho	Σ σ Sigma	T τ Tau	Y υ Ypsilon	Φ φ Phi	X χ Chi	Ψ ψ Psi	Ω ω Omega

Physikalische Konstanten (nach DIN 1304-1 und DIN 1301-1)		
Größe	**Formelzeichen, Zahlenwert, Einheit**	**gerundeter Größenwert**
AVOGADRO-Konstante	N_A = 6,0224199 · 10^{23} mol^{-1}	≈ 6,022 · 10^{23} mol^{-1}
Molares Volumen idealer Gase	$V_{m,n}$ = 22,413994 L/mol	≈ 22,41 L/mol
Universelle Gaskonstante	R = 8,314472 J/(mol · K)	≈ 0,08314 bar · L · K^{-1} · mol^{-1}
Normdruck	p_n = 1,01325 bar	≈ 1,013 bar
Normtemperatur	T_n = 273,15 K	≈ 273 K
Atomare Masseneinheit	1 u = 1,66053873 · 10^{-24} g	≈ 1,66 · 10^{-24} g
FARADAY-Konstante	F = 96485,3415 C/mol	≈ 96485 A · s · mol^{-1}
BOLTZMANN-Konstante	k = 1,3806503 · 10^{-23} J/K	≈ 1,38 · 10^{-23} J/K
Elementarladung	e = 1,602176462 · 10^{-19} C	≈ 1,60 · 10^{-19} C
Fallbeschleunigung	g = 9,80665 m/s^2	≈ 9,81 m/s^2
Lichtgeschwindigkeit	c_0 = 2,99792458 · 10^8 m/s	≈ 300.000 km/s

Hinweis zu den Normen

Bei der Erstellung dieses Lehrbuchs wurden die aktuell gültigen Normen berücksichtigt (Stand: Januar 2014).

Es würde den Rahmen dieses Lehrbuchs sprengen, wollte man alle Normen nennen, die Ausbildungs- und Unterrichtsinhalte der Chemieberufe berühren könnten. Aus diesem Grund sind nicht alle, die Sachgebiete tangierenden Normen im Lehrbuch genannt und behandelt.

Die Autoren empfehlen jedoch den Lehrern, Ausbildern und Lernenden, sich diese Normen bei Bedarf zu beschaffen und sie im Unterricht zumindest exemplarisch zu verwenden.

Maßgebend für das Anwenden der Normen ist die jeweils gültige Norm. Ihre Gültigkeit und der Titel können auf der Internetadresse www.mybeuth.de eingesehen werden.

Die Bestellung kann postalisch beim Beuth Verlag GmbH, Burggrafenstraße 6, D-10787 Berlin, oder dessen Internetadresse www.mybeuth.de online erfolgen.

Hinweis: Das Deutsche Institut für Normung (DIN) und der Beuth Verlag bieten über das Internet eine Vielzahl an Informationen zu den Normen an. Es ist jedoch keine Volltext-Einsicht möglich. Es können im Internet eingesehen werden: der vollständige Titel der Norm und das Erscheinungsdatum. Bei neueren Normen kann das Inhaltsverzeichnis aufgerufen werden.

www.mybeuth.de Recherche- und Bestelladresse, in der das gesamte Publikations- und Vertriebsprogramm des Beuth Verlags recherchiert und online bestellt werden kann.

www.din-katalog.de: Kostenpflichtige bibliographische Datenbank, in der alle in Deutschland gültigen technischen Regeln sowie Rechts- und Verwaltungsvorschriften mit technischem Bezug recherchiert werden können.

Kopiervorlage: **Millimeterpapier**

Kopiervorlage: **Einfach-Logarithmisches Papier** (zu verwenden im Querformat)
(y-Achse: lineare Teilung, x-Achse: logarithmische Teilung)

1 1,5 2 3 4 5 6 7 8 9 1 1,5 2 3 4 5 6 7 8 9 1 1,5 2 3 4 5 6 7 8 9 1 1,5 2 3 4 5 6 7 8 9 1

Kopiervorlage: **Einfach-Logarithmisches Papier** (zu verwenden im Hochformat)
(y-Achse: logarithmische Teilung, x-Achse: lineare Teilung)

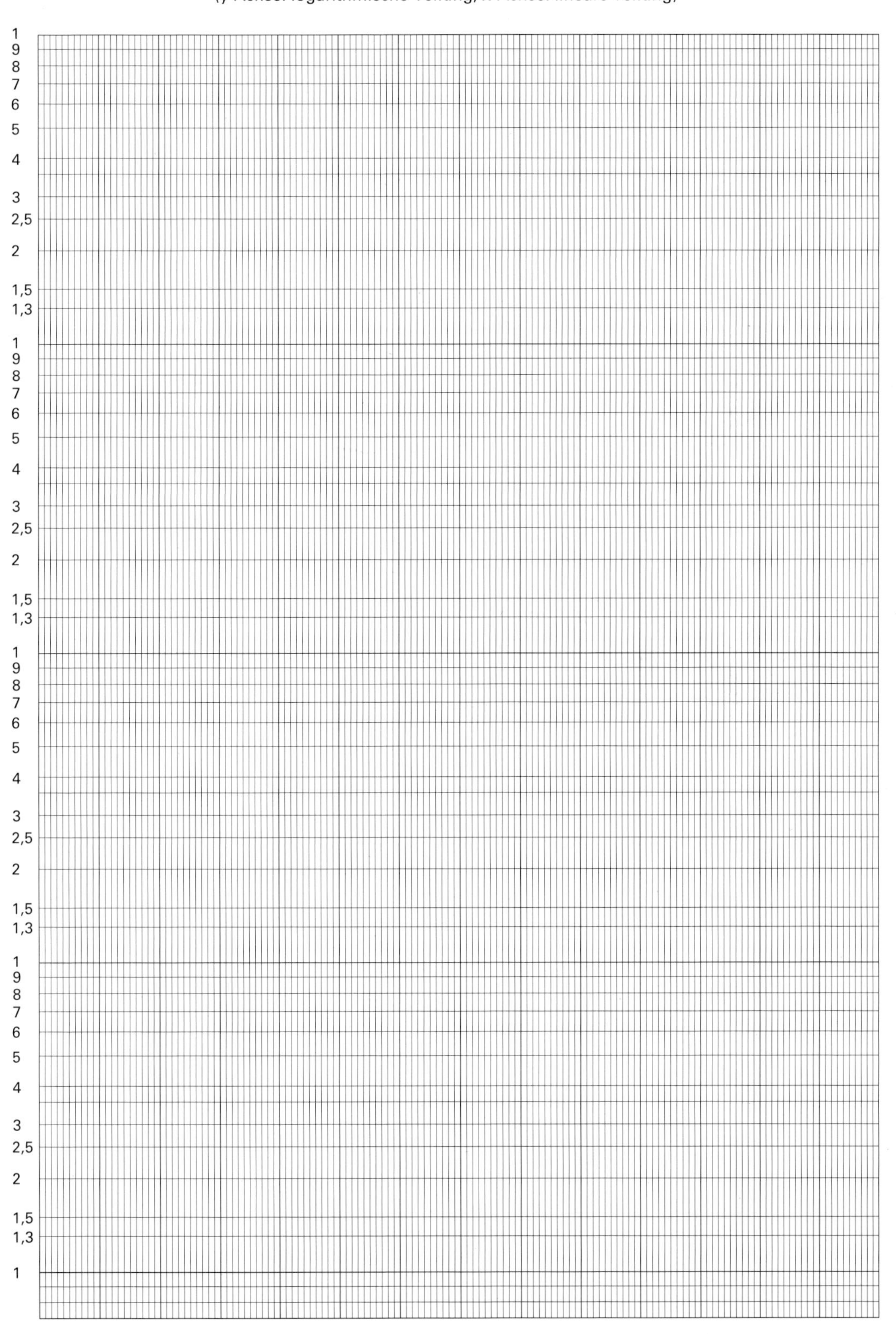

Kopiervorlage: **Doppelt-Logarithmisches-Papier**

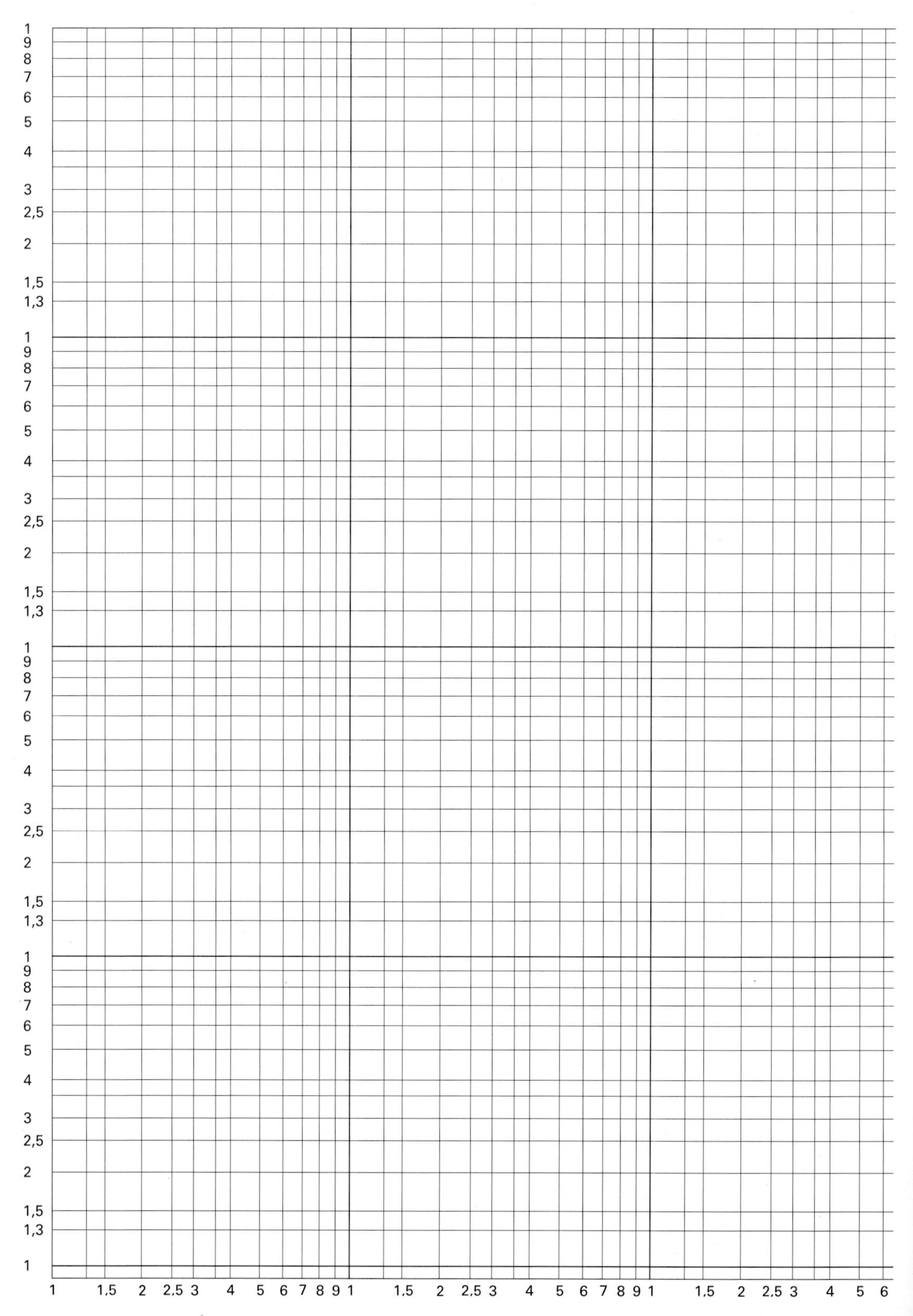

Kopiervorlage: **Qualitätsregelkarte**

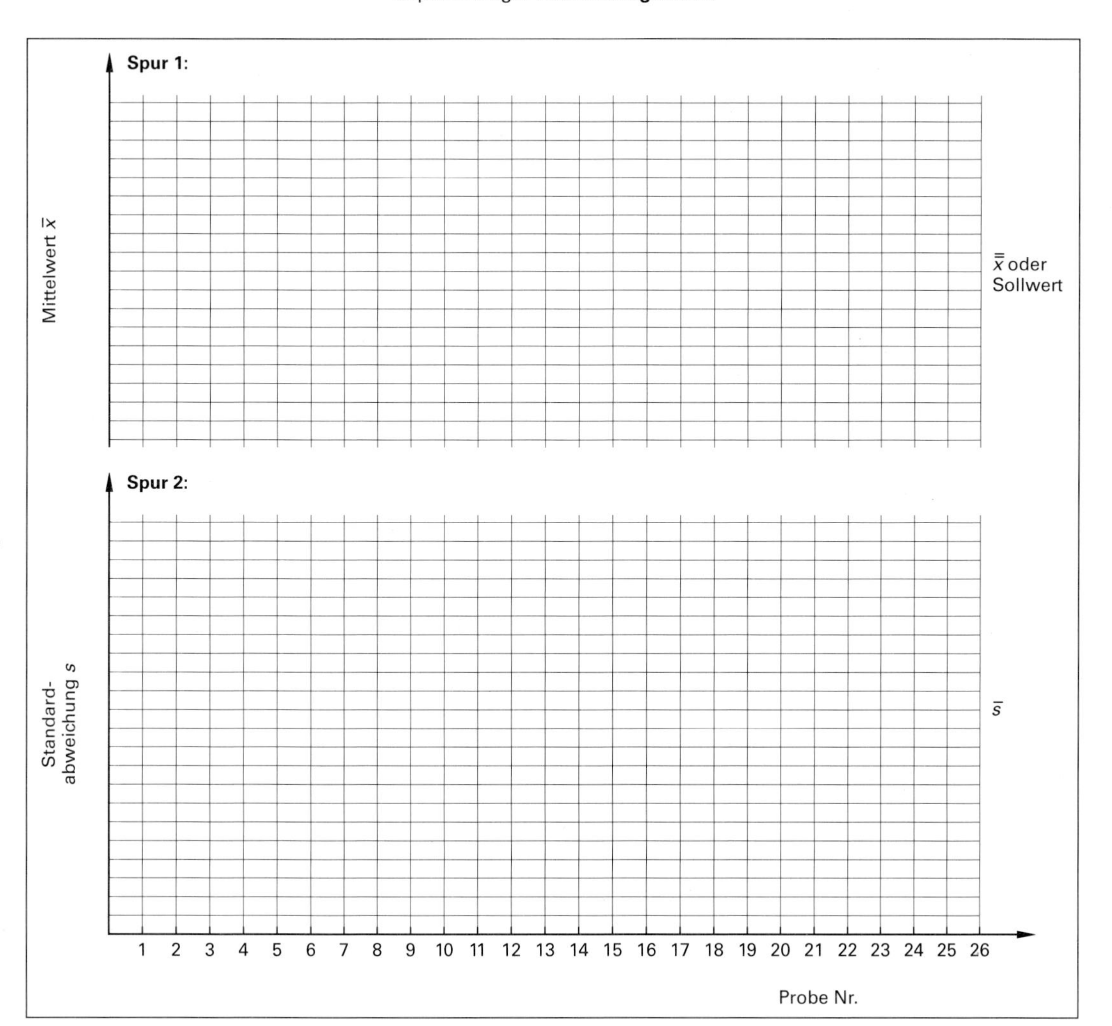

Kopiervorlage: **Vordruck zur Datenerfassung der Siebanalyse**

Analysenproben Nr.: ______ Material: ______ Probenmasse: ______ Datum: ______

Maschinelle Siebung mit Metalldrahtsieben gemäß ISO 3310 Siebdauer: ______ Bearbeiter: ______

1	2	3	4	5	6	7
Maschenweite Prüfsiebsatz in µm	Kornklassenbreite in µm	Rückstand Nr.	Masse Rückstand R in g	Massenanteil Rückstand w_R in %	Rückstandssumme R_S in %	Durchgangssumme D_S in %
		R_9				
		R_8				
		R_7				
		R_6				
		R_5				
		R_4				
		R_3				
		R_2				
		R_1				
		R_0				
			R_{ges} =			

Kopiervorlage: **Histogramm der Verteilungsdichte**

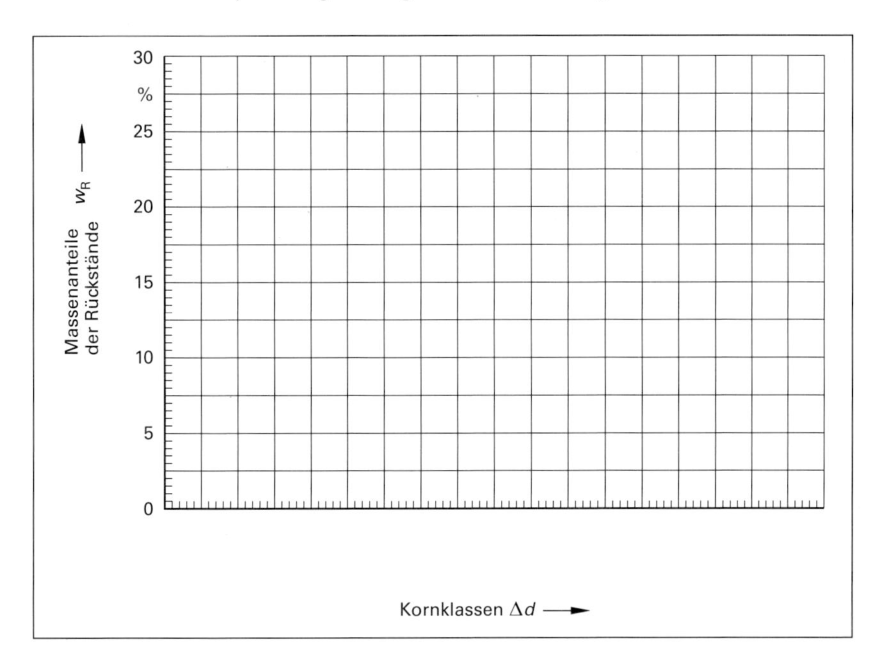

Kopiervorlage: **Verteilungssummenkurve (lineare *d*-Achse)**

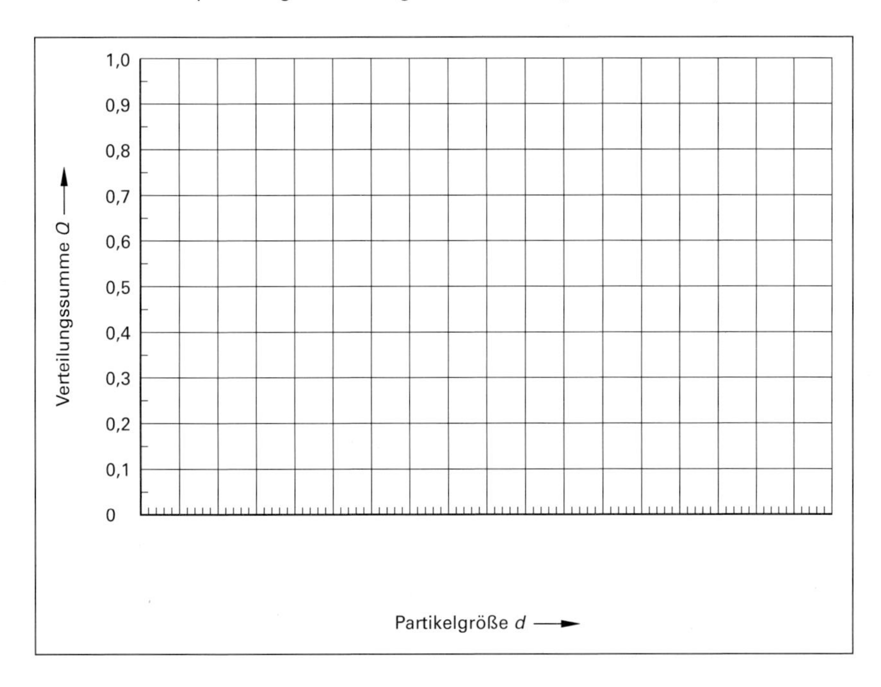

Kopiervorlage: **Verteilungssummenkurve (logarithmische *d*-Achse)**

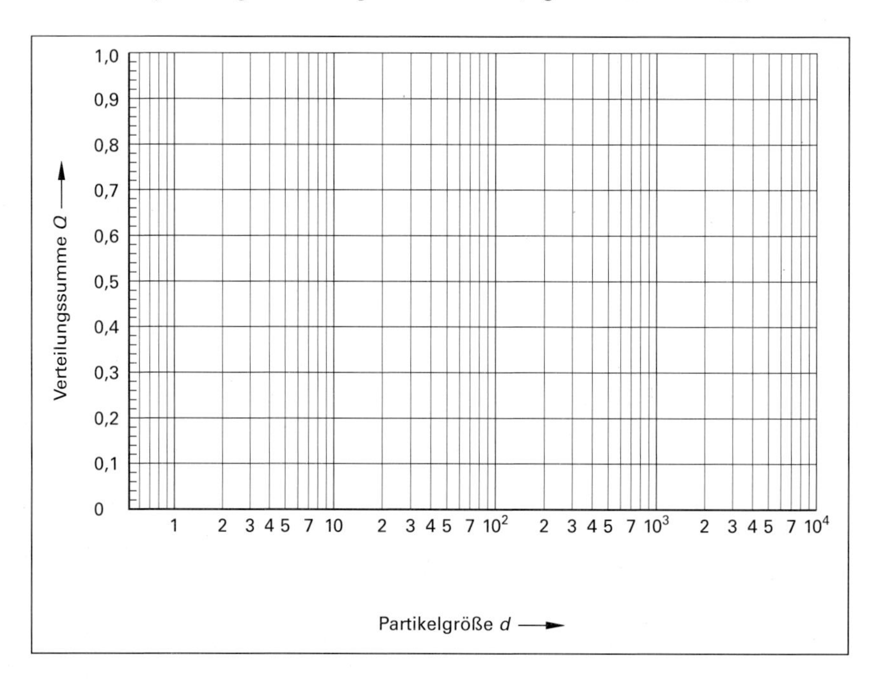

Kopiervorlage: **Verteilungsdichtekurve**

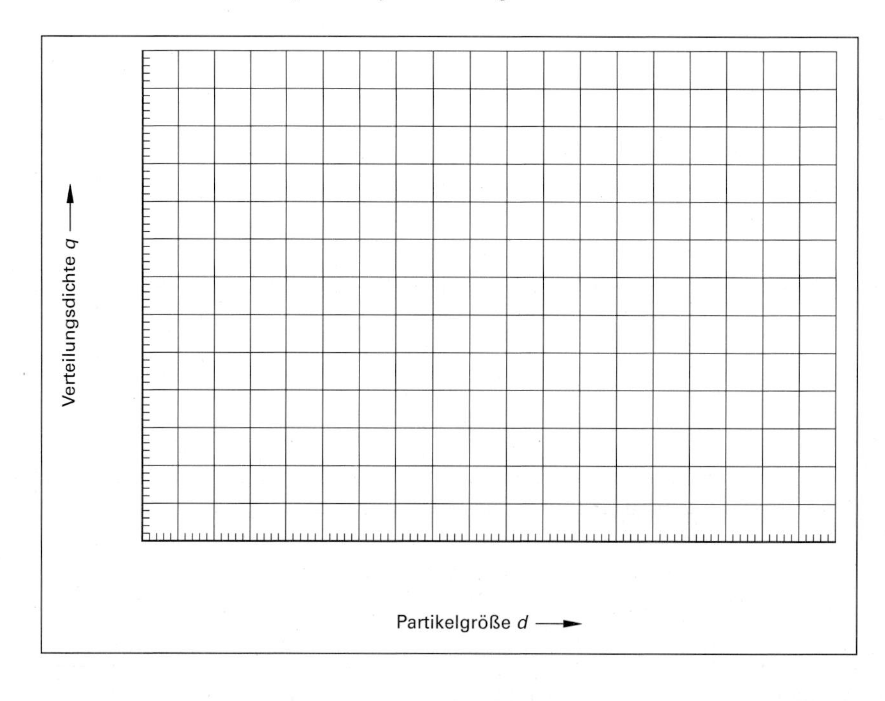

Kopiervorlage: **RRSB-Netz für die Siebanalyse**

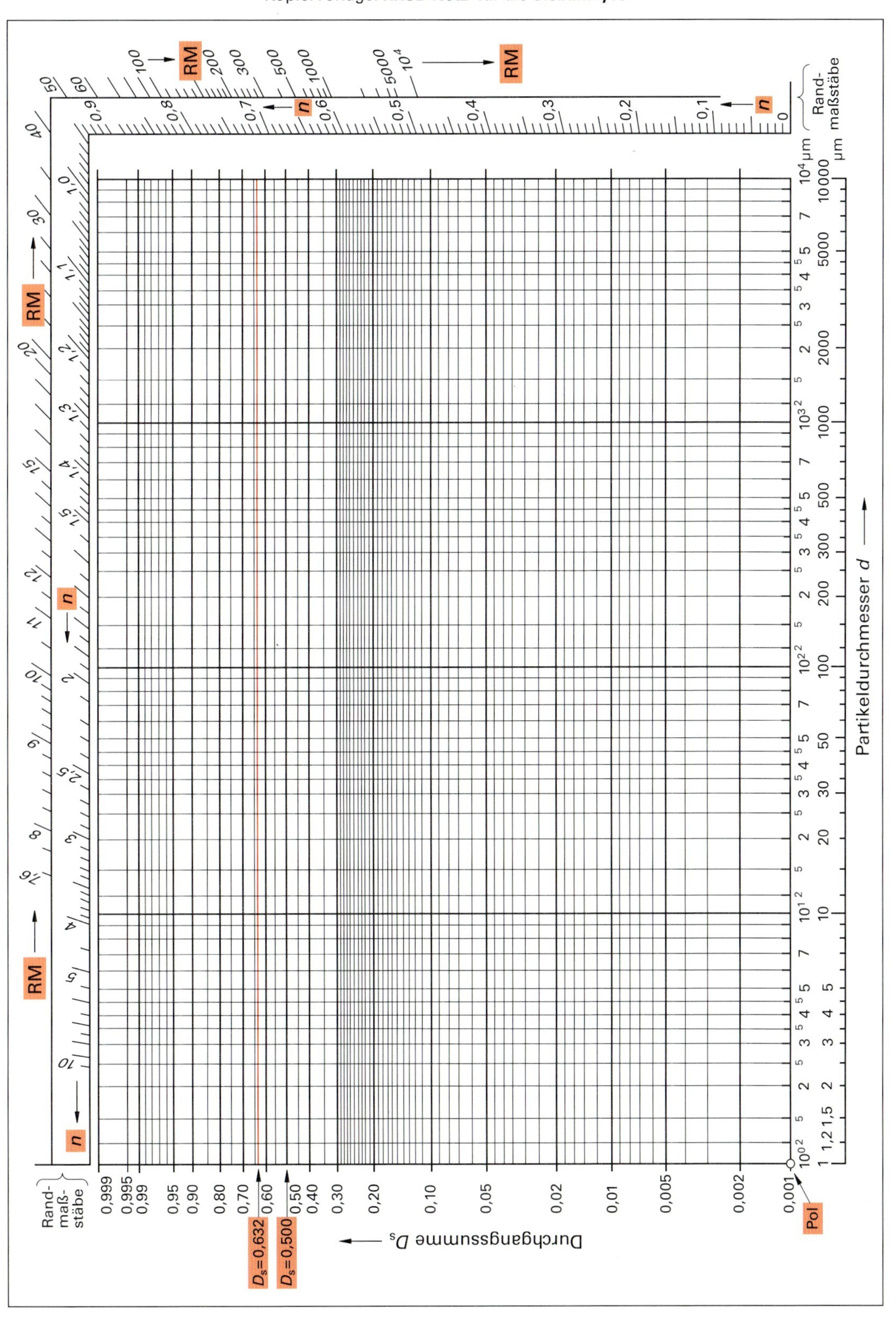

Kopiervorlage: ***h-X*-Diagramm für wasserfeuchte Trocknungsluft (Gesamtdruck 1 bar)**

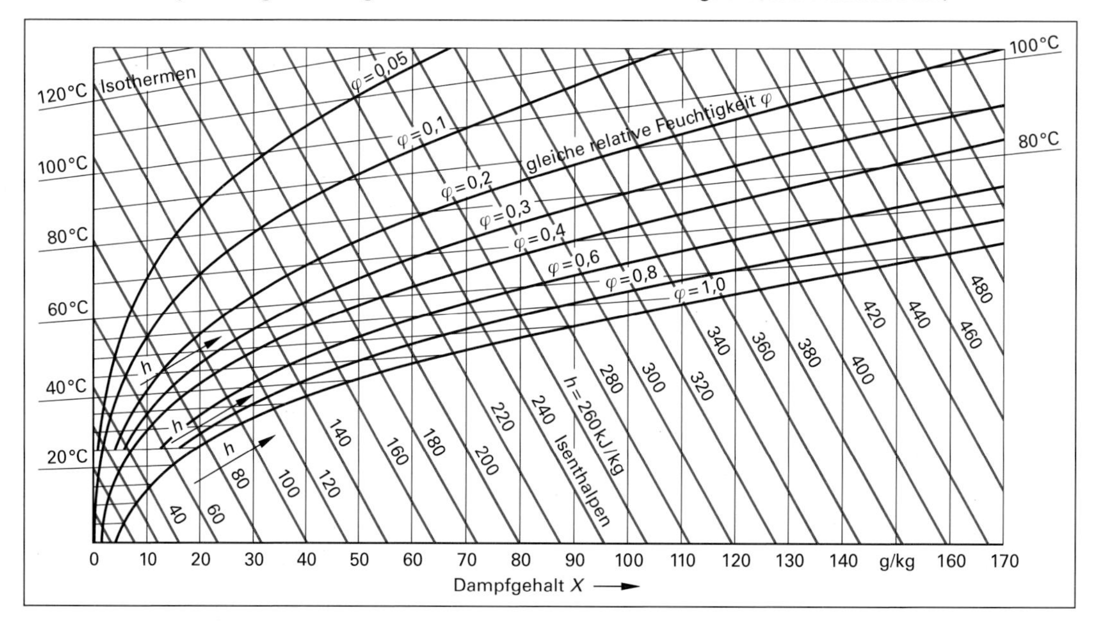

Kopiervorlage: **Gleichgewichtsdiagramm**

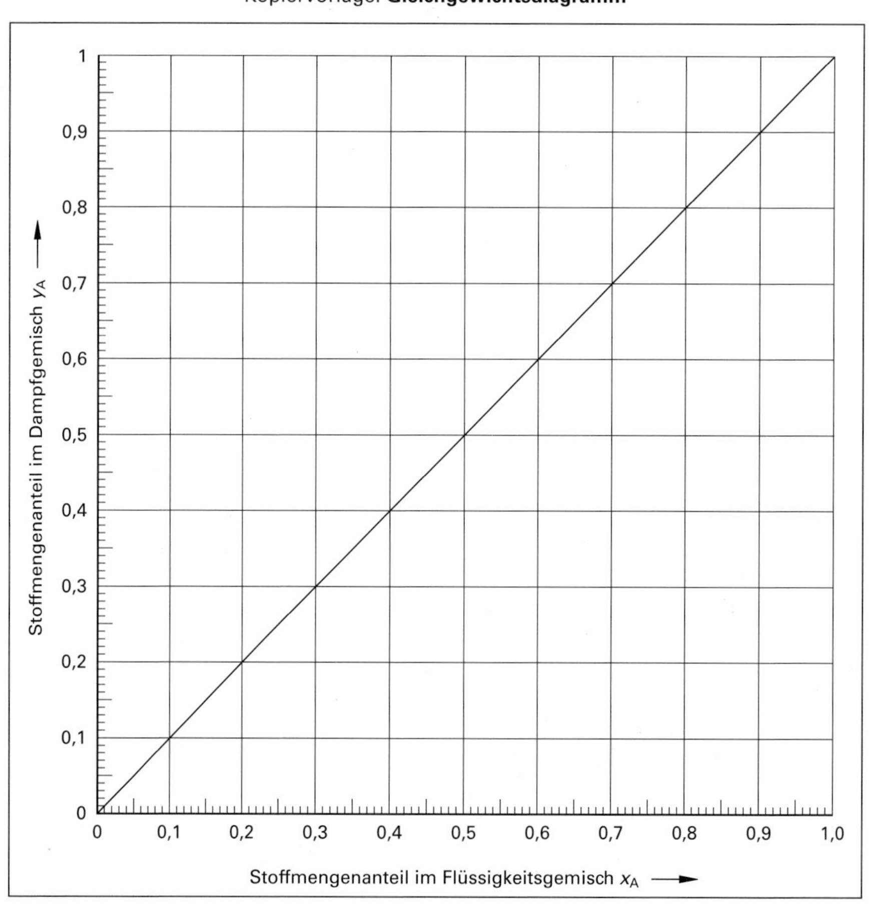

Kopiervorlage: **Beladungsdiagramm Flüssig-Flüssig-Extraktion**

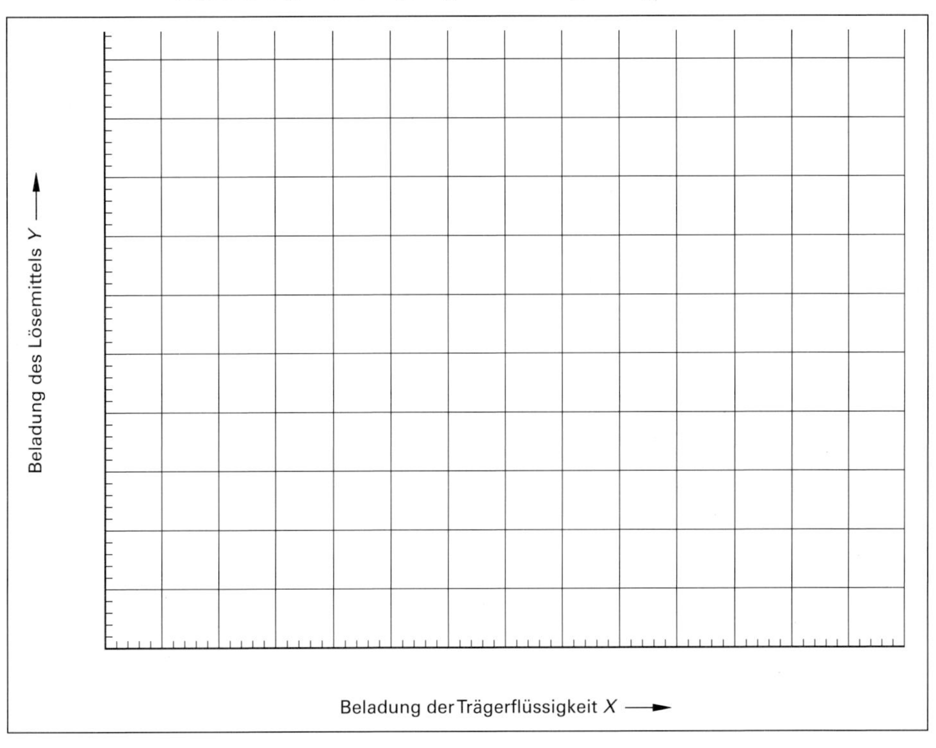

Kopiervorlage: **Beladungsdiagramm Absorption**

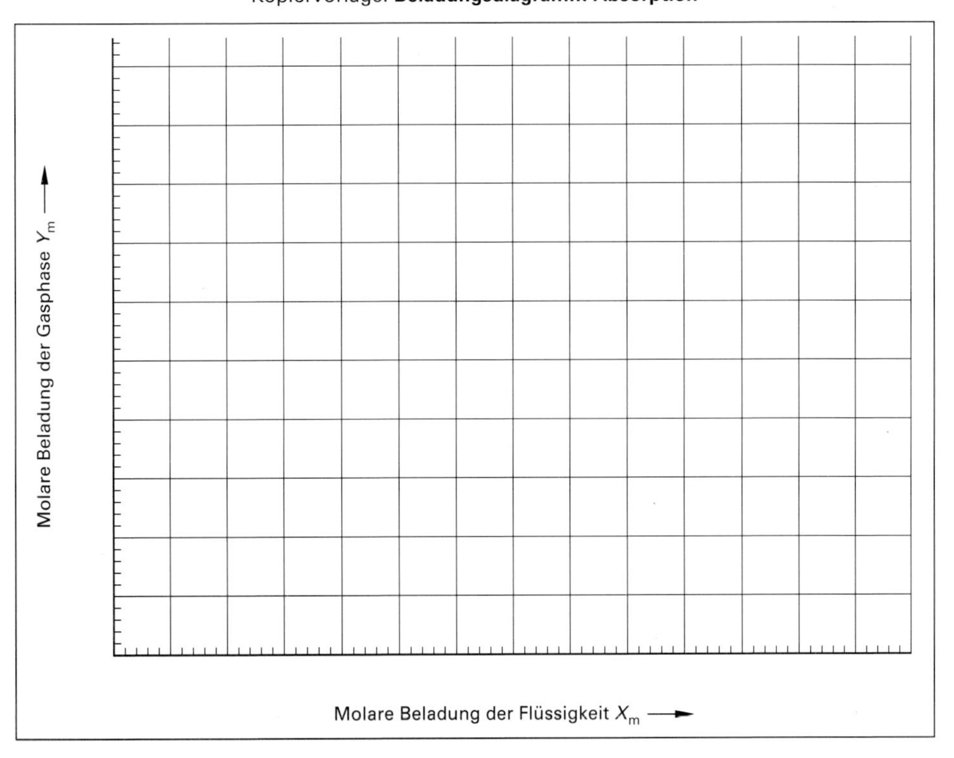

Kopiervorlage: **Sprungantwort Regelstrecke**

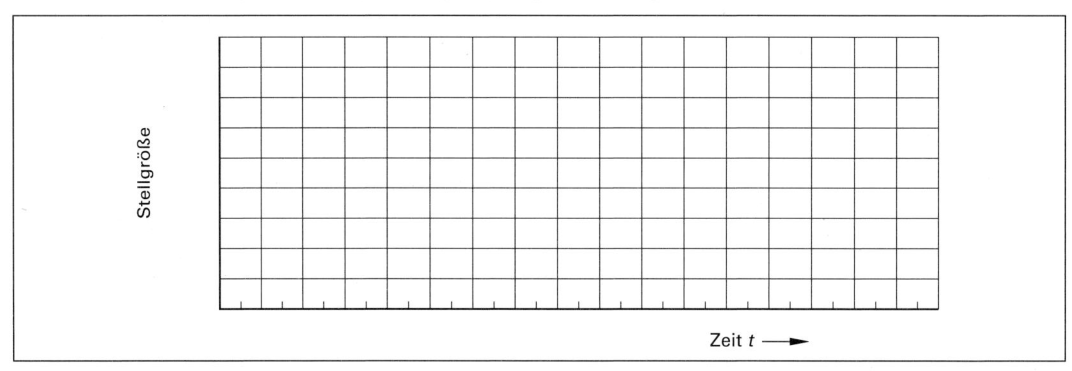

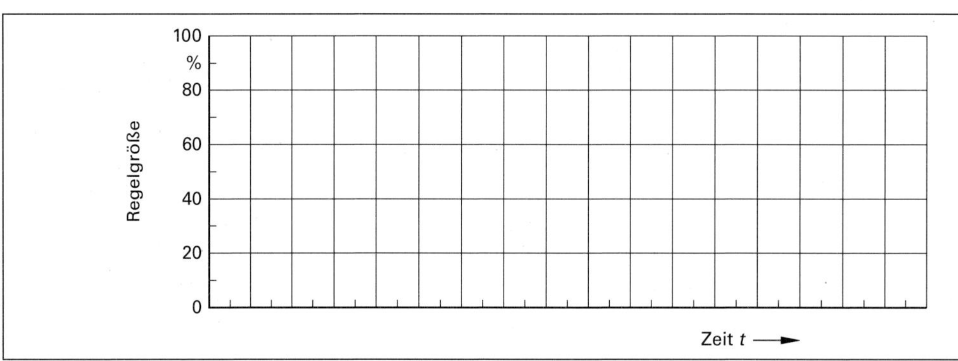

Kopiervorlage: **Sprungantwort Regler**

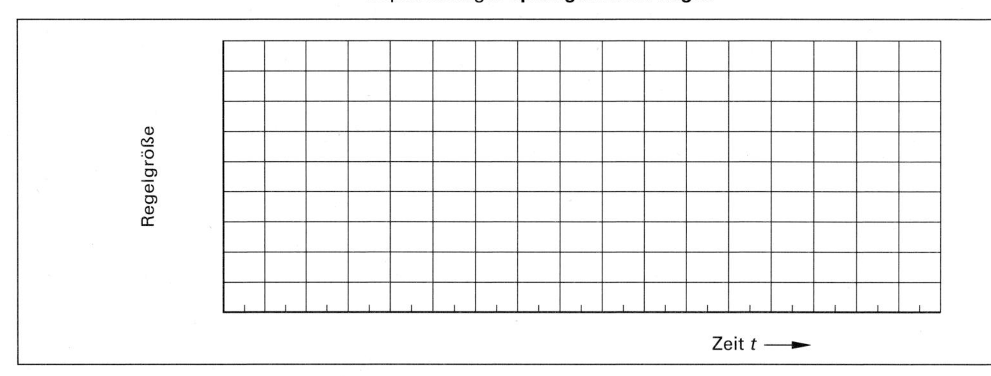

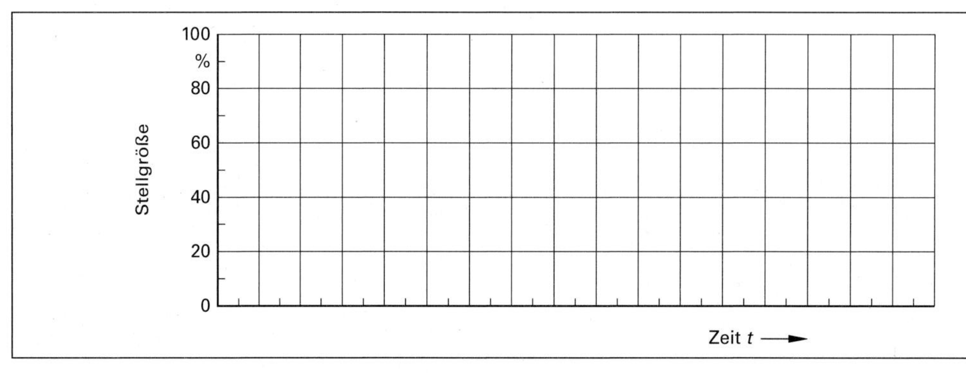

Sachwortverzeichnis mit englischer Übersetzung

A

absatzweise betriebene Reaktoren 242
batch reactors

absatzweise Eindampfung .. 168
batch evaporation

absatzweise einfache Destillation 177
batch distillation

absatzweise einfache Extraktion 194
batch extraction

absatzweise Filtration .. 144, 146
batch filtration

absatzweise mehrfache Extraktion 196
multiple batch extraction

Abscheidegrad (Zyklon) 143
degree of separation

Absenklot mit Kippschalter .. 76
plumb bob with dip-switch

Absetzapparat 138
sedimentation plant

Absetzbehälter 139
settling vessel, settling tank

Absetzgeschwindigkeit 138, 141
settling velocity

Absolutdruck 68
absolut pressure

absoluter Luftbedarf (Trocknen) 162
absolut air requirement

absorbierte Stoffmenge 203
absorbed amount of substance

Absorption 202
absorption

Absorptionskolonne 202
absorber column

Abtriebskolonne 184
stripping column

allgemeine Zustandsgleichung der Gase 45, 50
universal state equation

Anfangs-Reaktionsgeschwindigkeit 246
initial reaction rate

Anlagenkennlinie 37
characteristic curve

Anlagenkomponente 24
plant component

Anpassung des Reglers 223
control adaptation

Anregelzeit 222
control rise time

Anzahl der Austauschböden 184
number of trays

Anzahl der Kornklassen 89
number of grain fraction

Anzahl der Nachkommastellen 9
number of decimal place

Anzahl der theoretisch Trennstufen 182
number of theoretical stage

Anzahlfaktor 9
number factor

Äquivalentdurchmesser 112
equivalent diameter

arithmetischer Mittelwert ... 84
arithmetic mean

Atmosphärendruck 68
atmospheric pressure

aufsummierende Regelstrecke 214
accumulating controlled section

Ausbeute 241, 243
rate of yield

Ausfluss aus Behältern ... 43, 44
discharge from tanks

Ausflussvolumenstrom 43
discharge volume rate

Ausflusszahl 43
discharge rate

Ausflusszeit 43
discharge time

Ausgleichsgerade 12, 19
regression line

Ausgleichskurve 19
regression curve

Auslegung von Bauteilen ... 63
dimensioning of components

Ausregelzeit 222
control settling time

Auswertung einer Siebanalyse 114
sieve analysis

Austauschboden 184
tray

azeotrope Gemische 190
azeotropes

Azeotrop-Rektifikation 191
azeotrope rectification

B

Balkendiagramm 17
bar diagram

Bandtrockner 164
belt dryer

Becherwerk 48
bucket elevator

Behälterböden 73
tank bottom

Behälterinhalt 50
reservoir capacity

Beladung (Extraktion) 197
loading capacity

Beladungsdiagramm 198, 204, 287
loading diagram

Bernoulli-Gleichung 32
bernoulli equation

Bestimmtheitsgrad R^2 19
stability index

Betriebsgerade (Absorption) 204
operating line

Betriebspunkt einer Kreiselradpumpe 37
duty point of centrifugal pump

Betriebsweisen (chemische Produktion) 252
operating mode (chemical production)

Bildungsgrad 243
rate of yield

binäre Signale 225
binary signals

Blasenverdampfer 177
boiler evaporator

Bodendruckkraft 56
hydrostatic force

Bodenwirkungsgrad 183
tray efficiency factor

Brennstoff 148
fuel

Bruchdehnung *A*............ 62
breaking elongation

Bunsen'scher Absorptionskoeffizient 203
Bunsen absorption coefficient

C

Chargenbetrieb im Rührkesselreaktor 252
batch process

Chargenzykluszeit........... 252
batch cycletime

Chemiepumpen 38
chemical pump

chemische Reaktionstechnik 240–257
chemical reaction technique

chemisches Reaktionsgleichgewicht............... 249
chemical reaction equilibrium

D

d_{50}-Wert 117
d_{50}-value

Dalton'sches Gesetz ... 172, 179
Dalton's law

Dämmstoff 150
insulating material

Dampfdruckdiagramm 173, 179
vapour pressure diagram

Dampfdruck von Flüssigkeiten....................... 171
vapour pressure of liquids

Dampfgehalt (der Luft)...... 162
steam mass fraction (of air)

Dampfmenge............... 180
amount of steam

Datenauswertung...... 8, 14, 84
data analysis

Datensammelkarte.......... 89
data card

Dehnmessstreifen-Sensor... 71
strain gauge sensor

Dekantieren................. 137
decanting

Desorption 202
desorption

Destillation 171
distillation

Diagramm.................. 11
diagram

Dichte von Stoffgemischen............. 82
density of mixtures

Differentialregler............ 218
proportional plus derivative controller

Dimensionierung 63
dimensioning

dimensionslose Zahl........ 55
dimensionless quantity

direkte Heizung 159
direct heating

direkte Kühlung............. 159
direct cooling

Doppelt-Logarithmisches-Papier 280
twice logarithmic paper

doppelt-logarithmische Teilung 12
twice logarithmic scaling

Drehfeldfrequenz 57
rotary field frequenc

Drehkolbenpumpen......... 42
rotary piston pump

Drehkolbenzähler 81
rotary piston meter

Drehmonent................ 57
torque

Drehrohrtrockner 165
rotary dryer

Drehstrom-Kurzschlussläufermotor................ 57
AC cage motor

Drehzahlregelung........... 58
rotation speed control

Drosselgerät................ 80
throttle, flue, damper

Druckarten.................. 68
pressure types

Druckarten in Behältern 56
pressure types in tanks

Druckarten in strömenden Medien 32
pressure types in fluids

Druckdifferenzmessung..... 70
differential pressure measuring

Druck in Rohrleitungen 32
pressure in piping systems

Druckkräfte in Behältern 56
compressive forces in tanks

Druckmessung.............. 68
pressure measurement

Druckminderventile......... 30
pressure reduction valve

Druckverlust in Rohrleitungen 34
pressure loss in pipe systems

Druckverlustzahl 35
pressure loss coefficient

Druckverlust (Zyklon) 143
pressure loss (cyclone)

Durchflussgleichung 79
flow rate equation

Durchflusskoeffizient des Ventils...................... 29
flow rate coefficient (valve)

Durchflussmessung......... 79
flow measuring

Durchgangssumme......... 114
undersize summation

Durchsatzdiagramm (Kondensatableiter)......... 31
flow-rate diagram (steam trap)

Durchsatz.................. 240
flow-rate

Dynamischer Druck 32
dynamic pressure

dynamisches Verhalten (Regelstrecke) 210
dynamic characteristic (controlled section)

E

ebullioskopische Konstante 166
ebullioscopic constant

Einbaulänge (Kompensator) 28
installation length (compensator)

Eindampfen von Lösungen 166
concentration of solutions

Eingriffsgrenzen 95
action limit, control limit

Einheitssignal 208
standardized signal

Einperlmethode 76
bubbling-through method

Elektrischer Strom 148
current

Elektromotoren 57
electric motor

EMSR-Stelle 206
EMC-point

Emulsion 137
emulsion

Energieträger 148
energy source

Enthalpie 163
enthalpy, heat content

Enthalpie-Diagramm 250
enthalpy diagram

Erstarrungswärme 148
solidification heat

Erstellen von Diagrammen per Hand 11
to draw diagrams manually

Etagentrockner 165
plate dryer

Excel 2010 .... 102, 120
Excel spreadsheet

Extraktion 194
extraction

Extraktionsgleichgewichtskurve 198
extraction equilibrium curve

Extraktionskolonne 197
extraction column

Extraktionskolonnenhöhe ... 199
height of the extraction column

Extraktionsstufenzahl .. 198, 199
number of extraction steps

Extraktiv-Rektifikation 192
extractive rectification

F

Federmanometer 71
spring manometer

Fehlersammelkarte 89
inspection chart

Feinheitsparameter (Siebanalyse) 117
fineness parameter (sieve analysis)

Festigkeitskennwerte der Werkstoffe 62
mechanical strength properties of materials

Festigkeitsklasse 63
strength category

Feststoffanteil 112
solid fraction

Feuchtebeladung 162
humidity charge

Feuchtgut 160
humid substance

Feuchtigkeitsgehalt 160
water content

Filterkuchen 145
filter cake, dry sludge

Filtratvolumen 145
filtrate volume

Filtrieren 144
filtration

Filtrierzeit 146
filtration time

Fließbetrieb 254
continuous process

Flipflop-Schaltungen ... 236, 237
flip-flops

Flügelradzähler 81
multiple-jet impeller meter

Fluidstrom 24
fluid rate

Flüssig-Flüssig-Extraktion ... 194
liquid-liquid extraction

Förderhöhe einer Anlage 36
delivery heigth of a plant

Förderhöhe einer Pumpe 36
pumping head, delivery height

Förderleistung einer Pumpe 36
delivery rate of a pump

Fördern mit Kreiselpumpen 36
conveying with rotary pumps

Fördern von Feststoffen 47
conveying of solids

Fördern von Flüssigkeiten .. 43
conveying of liquids

Fördern von Gasen 45
conveying of gases

Förderstrom 36
delivery rate

Formfaktor 112
shape factor

Füllkörper-Absorptionskolonne 205
packing absorption column

Füllkörperkolonne 187
packed column

Füllstandmessgeräte 75
filling level-meter

Füllstandmessung 73, 76
level measurement

Füllvolumen in Behältern ... 73
filling volume in tanks

Funktionsgleichung 225
equation of functional principle

G

Gasmenge in Tanks 50
amount of gas in tanks

Gegenstrom-Absorption 205
counter current absorption

Gegenstromextraktion 197
counter current extraction

Gemischsiedetemperatur ... 179
boiling point of mixtures

gemischte Aufgaben 258
mixed problems

Genauigkeit beim Rechnen .. 8
correctness of calculating

Genauigkeitsklassen 71
accuracy class

geometrische Körper 49
geometric body

Gesamtdruck 32
total pressure

Gesetze der Fehlerfortpflanzung.................. 10
laws of error propagation

Gesetz von Henry 203
Henry's law

Gesetz von Raoult 203
Raoult's law

Getriebe 59
gear, drive

Getriebemotor 59
drive motor

Gleichgewichtsdiagramm ... 174, 177, 190, 286
equilibrium diagram, phase diagram

Gleichgewichtsgerade (Absorption) 204
equilibrium line (absorption)

Gleichgewichtskurve........ 175
equilibrium curve

Gleichmäßigkeitszahl 117
uniformity number

grafische Darstellung der Regressionsanalyse......... 21
grafic chart of regression analysis

grafische Darstellung mit Excel 2010.................. 16
grafic chart with Excel

griechisches Alphabet 274
greek alphabet

Grundverknüpfungen (Steuerung)................. 225
basic interconnection (control)

Gurtbandförderer........... 47
belt conveyer

H

Häufigkeitsverteilung (Messdaten) 85
frequency distribution (measured data)

Heizdampf.................. 148
heating steam

Heiztechnik 148
heating technology

Henry'scher Absorptionskoeffizient 203
Henry's absorption coefficient

HETP 199
HETP

HETP-Werte 187
HETP values

Histogramm 90
histrogram, bar chart

Histogramm der Verteilungsdichte.. 115, 122, 124, 283
histogram of distribution density

Höhe einer Rektifikationsbodenkolonne 189
height of a rectification plate column

Höhe einer Rektifikationskolonne mit Füllkörpern..... 189
height of packed rectification column

Hohlzylinder 49
hollow cylinder

h-*X*-Diagramm......... 163, 286
h-*X*-diagram

hydrostatischer Druck.... 32, 56
hydrostatic pressure

I

IC.......................... 230
IC

ideale Flüssigkeitsgemische.................. 172
ideal liquid mixture

Indirektes Heizen und Kühlen 158
indirect heating and cooling

industrielles Trocknen 160
industrial drying

Innenzahnrädergetriebe..... 59
internal gear drive

integrale Regelstrecke 214
integral controlled section

Integralregler 218
integral controller

Integrierbeiwert (Regelstrecke) 214
integral action coefficient (controlled section)

integrierter Schaltkreis IC ... 230
integrated circuit IC

K

Kammertrockner............ 164
chamber dryer

Katalysator 248
catalyst

kavitationsfreier Betrieb von Kreiselpumpen 40
cavitation-free operation of rotary pumps

Kegel....................... 49
cone

Kegelrädergetriebe 59
bevel drive, mitre gear

Kegelsitz-Durchgangsventil 29
conical seat straight valve

Kegelstumpf............. 49, 73
truncated cone

Keilriemengetriebe 59
V-belt drive

Kennfeldraster von Kreiselradpumpen 38
engine-map range of rotary pumps

Kenngrößen der Reaktionsabläufe 242
characteristics of reaction processes

Kennlinien von Ventilen..... 29
characteristic lines of valves

Kesselformel 61
formula for tanks

Kippglied (Steuerung)....... 236
trigger element

Klärbecken 139
clarifier, settling basin

Klassenbreite 89
class range

Klassieren 132
screening, grading, sizing

Klöpperboden 52
bumbed boiler head

Kolonne mit Austauschböden ... 181
column with plates
Kolonnendurchmesser ... 188
column diameter
Kolonnenhöhe ... 188
height of a column
Kompensator ... 28
compensator, expansion joint
Kompressibilität ... 45
compressibitity
Kondensatableiter ... 31
steam trap, condensate outlet
Kondensationslinie ... 174
condensation curve
Kondensationswärme ... 148
heat of condensation
Kondensatmenge ... 31
amount of condensate
Kondensatoren ... 157
condensor
kontinuierlich betriebene Reaktoren ... 243
continuous reactors
kontinuierlich betriebene Rührkesselkaskade ... 255
continuous stirrer tank cascade
kontinuierliche Eindampfung ... 166
continuous concentration
kontinuierliche Filtration ... 146
continuous filtration
kontinuierliche Gegenstrom-Extraktion ... 197
continuous countercurrent extraction
kontinuierliche Rektifikation 181
continuous rectification
kontinuierlicher Rührkessel 254
continuous stirrer tank
Kontinuitätsgleichung ... 24
equation of continuity
Konvektion ... 149
convection
Konzentrationsverlauf ... 252
concentration gradient
Kopiervorlagen ... 277–288
master
Korbbogenboden ... 52
elllipsoidal head
Korngrößenmittelwert ... 117
particle size mean
Kornklasse ... 114
grain fraction
Kornverteilung ... 116
grading, particle size distribution
Korrelationsdiagramm ... 93
correlation diagram
Korrelationskoeffizient ... 93
correlation coefficient
Kreisdiagramm ... 17
circle diagram, pie chart
Kreiselpumpe ... 37
centrifugal pump
Kreiskolbenpumpen ... 42
rotary piston pump
Kristallisieren aus Lösungen ... 169
to crystallise from solutions
kritischer Druck ... 46
critical pressure
kritische Temperatur ... 46
critical temperature
Kuchenfiltration ... 145
cake filtration
Kugel ... 49, 73
ball, sphere
Kugeltank ... 74
spherical tank
Kühltechnik ... 148
cooling technique
Kühlungskristallisation ... 169
cooling crystallisation

L

Lageindex ... 106
position index
Lagereinrichtungen ... 49
storage equipment
laminare Strömung ... 33
laminar flow
längenbezogene Masse von Stahlröhren ... 27
mass per unit length of pipes
Leistungsbedarf eines Rührers ... 130
power requirement of a stirrer
Leistungsfaktor cos φ ... 57
power factor, efficiency factor
liegender Zylinder ... 49, 73
horizontal cylinder
liegender Zylindertank ... 74
horizontal cylindric tank
Liniendiagramm ... 17
line diagram, line chart
logarithmische Achsenteilung ... 12
logarithmic scaling
logarithmisches Papier ... 278
logarithmic paper
Lösemittelbedarf (Extraktion) ... 200
solvent need (extraction)
Lösemittelverhältnis (Extraktion) ... 200
solvent percentage (extraction)
Löslichkeit ... 169
solubility
Luftbedarf beim Trocknen ... 162
air requirement for drying
Luftüberschussfaktor (Trocknen) ... 162
air excess factor

M

Massebilanz ... 133
mass balance
Masse einer Feststoffschüttung ... 50
mass of a solid filling
Masse einer Gasmenge ... 50
mass of a quantity of gas
massenbezogene Oberfläche ... 119
massic (specific) surface
massenspezifische Oberfläche ... 113
mass specific surface
Massenstrom ... 79
mass flow

Massenwirkungsgesetz 249
mass action law

Massestrom 24, 47
mass flow

Masse von Stahlrohren 27
mass of steel pipes

maximale Produktionsleistung..................... 251
maximal production capacity

McCabe-Thiele-Diagramm .. 182
McCabe-Thiele diagram

mechanische Belastung von Bauteilen und Apparaten ... 61
mechanical stress of components and apparatus

mechanische Trennverfahren.................... 132
mechanical separating processes

Medianwert 84, 117
median

Mehrfachübersetzung....... 60
multiple transmission

Mengenmessung 79
quantity measurement

Mengenmessung bei strömenden Fluiden 81
flowmetering

Messtechnik 66
measurement technique

Messumformer 208
transmitter, transducer

Messwerte mit angegebener Ungenauigkeit 10
data with declared uncertitude

Microsoft Excel 2010........ 14
Microsoft Excel

Middle Third................ 110
Middle Third

Millimeterpapier 277
millimetre paper

Mindestrücklaufverhältnis... 182
minimum reflex ratio

Mindestwanddicke.......... 26
minimum wall thickness

Mischen 129
mixing

Mischer-Abscheider-Batterie................ 197, 199
mixer-settler-batterie

Mischkondensatoren........ 157
mixing condenser, injection condenser

Mischungsgrad 129
mixing rate

Mischvorgang 129
mixing procedure

Mischzeit 130
mixing duration, mixing time

Mittelwert 84
mean

mittlere Temperaturdifferenz $\Delta\vartheta_m$ 153
mean temperature difference

Mixer-Settler 197
mixer settler

Molalität................... 166
molality

molare Masse 166
molar mass

Momentan-Reaktionsgeschwindigkeit 246
instantaneous (current) reaction rate

Motorwirkungsgrad......... 57
engine efficiency

Multiplikationsfaktoren...... 9
multiplication factor

N

Nachkommastelle 9
decimal place

Nachstellzeit (Regler) 220
reset time

NAND-Verknüpfung 229
NAND-operation

Nenndruck.................. 26
nominal pressure

Nennleistung 57
nominal power, nominal output

Nennweite.................. 25
nominal diameter, nominal size

Nennweite des Ventils 30
nominal size of the valve

Nernst'scher Verteilungskoeffizient 194
Nernst partition coeffizient

Nernst'sches Verteilungsgesetz 194
Nernst partition law

Netzdiagramm.............. 18
radar diagram

Newtonzahl................. 55
Newton's number

NICHT-Funktion............. 227
NOT-operation

Normalverteilungsdiagramm 87
normal distribution diagram

Normalverteilungskurve 85
curve of standard distribution

Normdruck 68
standard atmospheric pressure, normal pressure

Normen 276
standards

Norm-Gasvolumen 50
standard gas volume

Normtemperatur............ 50
standard temperature

Normzustand 50
standard state

NOR-Verknüpfung 230
NOR operation

NPSH-Wert 40
Net positive suction head-value

O

Oberfläche.................. 113
surface

Oberflächenkondensatoren 157
surface condenser

ODER-Verknüpfung 226
OR-operation, disjunction

ODER-Verknüpfung mit Ausgangsnegation. 230
OR-operation with negating output

ODER-Verknüpfung mit Eingangsnegation 228
OR-operation with negating input

Ovalradzähler. 81
oval wheel counter

P

Packungskolonne 187
packed column

Pareto-Analyse 91
pareto analysis

Partialdruck-Diagramm 172
partial pressure diagram

Partikelgröße 112
particle size

Partikelgrößenverteilung. . . . 114
particle size distribution

Peilstab. 76
dip stick, level plunger

physikalisch-chemische Trennverfahren 194
physical-chemical separation processes

physikalische Konstanten . . . 276
physical constants

Plattenwärmetauscher 154
plate heat exchanger

pneumatisches Einheits-signal. 208
pneumatic standard signal

Polumschaltung (Elektro-motor). 58
pole changing (electric motor)

Porosität. 112
porosity

Prandtlzahl 55
Prandtl's number

Primärwirbel. 142
primary whirl

Produktionsleistung. . . . 244, 252
production capacity

Projektaufgaben 270
project order, project problem

Projektierung von Chemie-apparaten 53
project planning of chemical equipements

Proportionalbeiwert (Regelstrecke) 211
proportional coefficient (control section)

Proportional-Differential-Regler 220
proportional-derivative controller (PD-controller)

proportionale Regelstrecke. . 211
proportional control section

Proportional-Integral-Differential-Regler (PID-Regler). 220
proportional plus integral plus derivative controller (PID-controller)

Proportional-Integral-Regler (PI-Regler) 219
proportional plus integral controller (PI-controller)

Proportionalregler (P-Regler). 216
proportional controller (P-controller)

Prozessdatenauswertung . . . 14
process data analysis

Prozessfähigkeit 106
process capability

Prozess-Qualitäts-regelkarte. 97
process quality control card (chart)

Prüfsiebmaschine. 114
sieving machine

Prüfungsvorbereitung 256
preparation for examination

Pumpe 36
pump

Pumpenanlage 36
pumping station

Pumpenantriebsleistung 42
pump drive power

Pumpenkennlinie 37
pump characteristic curve

Punktdiagramm 17
scatter diagram

PVC-Darstellung 272
PVC-production

Pyramide 49
pyramid

Pyramidenstumpf. 49
frustum of pyramid

Q

Quader 49
ashlar, building block

Qualitätsregel-karte. 95, 100, 109, 281
quality control card (chart)

Qualitätssicherung. 84
quality control

quantitativ verlaufende Reaktion 240
quantitative reaction

Quantitätsgrößen 79, 240
values of quantity

R

Raoult'sches Gesetz. 172
Raoult's law

Reaktionsenthalpie 250
reaction enthalpy

Reaktions-geschwindigkeit 246, 247
reaction rate

Reaktion 1. Ordnung 247
monomolecular reaction

Reaktion 2. Ordnung 247
bimolecular reaction

Reaktionsordnung 247
reaction type

Reaktor mit Kreislauf-führung. 256
reaction with circular flow

Reaktorsteuerung. 232
reactor control

reale Flüssigkeitsgemische. . 173
real liquid mixtures

Rechnen und Daten-auswertung. 8
calculating and data analysis

Regeldifferenz 207
error signal,
error variable

Regeleinrichtung 207
closed loop control
device

Regelgrenzen............ 95, 97
control limit

Regelkarte 95
control card, control chart

Regelkreis 206
control loop

Regelkreisverhalten.........222
control loop behaviour

Regeln eines Rührkessels ...206
controlling of a stirrer tank

Regelstrecke........... 206, 207
controlled section,
controlled system

Regelstrecke mit Speicher...212
controlled section
with store

Regelstrecke mit Totzeit.....212
controlled loop with
dead time

Regelstrecke................210
controlled section

Regelungstechnik..... 206–224
automatic control
technique

Regelventile 29
control valve,
regulating valve

Regler 207
controller

Regleranpassung 222
controller adaptation

Reglerparameter............223
control parameter

Reglertypen 216
controller types

Regression 12
regression

Regressionsanalyse
mit Excel 19
regression analysis
with Excel

Rektifikation 181
rectification

Rektifikation azeotroper
Gemische 190
rectification of azeotropes

Rektifikationskolonne 184
rectification column

Rektifikationskolonnen mit
Austauschböden............189
rectification columns
with trays

relative Flüchtigkeit 175
relative fugacity,
relative volatility

relative Luftfeuchtigkeit 161
relative humidity

relative Standardab-
weichung................... 87
relative standard deviation

Reynoldszahl 33, 55, 130
Reynold's number

RGT-Regel..................248
RGT-equation

Ringkolbenzähler 81
cylindric (rotary)
piston meter

Robert-Verdampfer 166
Robert evaporator

Rohrabmessungen 25
size of a pipe

Rohrausdehnung 28
expansion of a pipe

Rohrbündelwärmetauscher 155
tube bundle heat
exchanger

Rohrdehnungs-
Ausgleichselement 28
compensation element for
pipe expansion

Rohrleitung................. 24
piping system

Rohrleitungskennlinie....... 35
piping system
characteristic line

Rohrreaktor.................253
flow reactor

Rohrverengung............. 32
pipe reduction

Rohrwand 150
pipe wall, tupe wall

Rohrwiderstandszahl 34
pipe flow resistance
coefficient

Rollenbahnförderer 47
roll conveyor

RRSB-Netz........ 117, 118, 283
RRSB-grid

RS-Flipflop 236
RS-flipflop

Rücklaufverhältnis 182
reflux ratio

Rückstandssumme 114
cumulative residue

Rührbehälter ... 52, 73, 129, 158
stirrer vessel, stirrer tank

Rühren 129
stirring

Rührer......................129
stirrer, agitator

Rührkessel.................. 73
stirrer tank

Rührkesselkaskade..........255
stirrer tank cascade

Rührkesselreaktor...........252
stirrer tank reactor

Rührkesselsteuerung 232
stirrer tank controlling

Rührwerksantrieb........... 65
stirrer gear, stirrer
impulsion, stirrer driver

Run 110
run

Runden..................... 8
rounding

Rundklärbecken 139
round clarifier

Rütteldichte................. 50
vibration density

S

Sättigungswasser-
dampfmenge 161
saturation steam
content

Säulendiagramm 16, 90
bar diagram, histogram

Satz von Hess...............251
Hess' law

Scale up 53
scale up

Scale-up-Faktor............. 53
scale up factor

Schaltalgebra ... 233
Boolean algebra
Schalttabelle (Wahrheitstabelle) ... 225
state table, sequence chart, truth table
Schaltzeichen ... 225
graphic symbol
Schauglas ... 76
inspection glass, window
Schlaufenreaktor ... 256
loop-type reactor
Schleuderzahl ... 141, 143
centrifugal force
Schlupf ... 57
slippage, slip
Schmelzwärme ... 148
fusion heat
Schneckenförderer ... 47
screw conveyor, spiral conveyor
Schneckenradgetriebe ... 59
worm wheel gear
Schraube ... 61
screw
Schüttdichte ... 15, 50, 112
bulk density
Schüttgut ... 50
bulk material
Schüttung ... 112, 125
filling
Schwebekörper-Durchflussmesser ... 79
variable area flowmeter
Sedimentieren ... 138
sedimenting, settling
Sedimentierzentrifuge ... 140
sedimenting centrifuge
Sekundärwirbel ... 142
secondary whirl
Selbsthaltungsschaltung ... 236
catch circuit
Selektivität (von Reaktionen) ... 244
selectivity
Shewhart-Qualitätsregelkarte ... 97
shewhart quality control card
Sicherheitszahl ... 63
safety factor
Siebanalyse ... 114, 120, 280
sieve analysis
Siebklassieren ... 136
sieve classification
Siebmaschine ... 136
screening machine, sieving machine
Siedediagramm ... 174
boiling diagram
Siedepunkterhöhung ... 166
elevation of boiling point
Siedetemperatur ... 172
boiling point, boiling temperature
Siedeverhalten homogener Flüssigkeitsgemische ... 171
boiling behaviour of homogene liquid mixtures
Signalspeicherung ... 236
signal storage
signifikante Ziffern ... 8
significant digit
Siphon ... 137
Siphon, trap
Sollwert ... 207
nominal value, given value, setpoint
Solvent-Extraktion ... 194
solvent extraction
Sortieren ... 132
sorting, screening
Spannungen in Bauteilen ... 61
tension in a component
Spannungs-Dehnungs-Schaubild ... 62
stress-strain diagram
Spannweite ... 86
range
Speicher-Funktionsbaustein 236
store function block
spezifische Oberfläche ... 119
specific surface, area
spezifischer Volumenausdehnungskoeffizient ... 52
specific volume expansion coefficient
Spinnennetzdiagramm ... 18
radar diagram, cobweb diagram
Sprung ... 111
jump
Sprungantwort ... 210, 222
step function response
Sprungantwort Regelstrecke ... 288
step function response control section
Standardabweichung ... 86
standard deviation
Standardreaktionsenthalpie 250
standard reaction enthalpy
Standardbildungsenthalpie . 250
standard enthalpy of formation
statischer Druck ... 32
static pressure
statisches Verhalten (Regelstrecke) ... 210
static behaviour (control section)
statistische Kennwerte ... 84
statistical data, characteristics
Staubabscheidegrad ... 143
dust separation efficiency
Staubabscheidung ... 142
dust separation
stehender Zylinder ... 49, 73
upright cylinder
Stellventil ... 211
control valve
Steuerung ... 225
open loop control
Steuerungstechnik ... 225–239
open loop control technique
Stirnrädergetriebe ... 59
spur gear
stöchiometrische Beziehung ... 243
stoichiometric correlation
stöchiometrische Gleichung ... 243
stoichiometric equation
Stoffdichte ... 50
density
Stoffmengenanteil ... 171
molare fraction

Stoffmengen bei Reaktionen 240, 241
amount of substance at reactions

Stoffströme in Rohrleitungen 24
mass flow in pipes

Stoffumsatzgleichung . . 240, 241
equation for substance conversion

Streckgrenze R_e 62
yield strength

Streuungsindex 106
mean variation index

Streuung von Messwerten (Qualitätssicherung) 86
variation of values (quality control)

Strichliste 89
check list, tally sheet

Stromklassierung 139
flow grading, flow classing

Stromlaufplan 225
connection diagram

Strömungsmengen-messgeräte 81
flow meter

Strömungszustände in Rohrleitungen 33
flow state in pipes

Stufenscheibengetriebe 60
speed cone gear

Sulfanilsäure 270
sulphanilic acid

Suspension 138, 144
suspension

T

Tabellenkalkulations-programm 14, 120
spreadsheet

Taulinie 174
dew line, thaw line

technische Dichte 50
technical density

Temperaturabhängigkeit der Reaktionsgeschwin-digkeit 248
temperature dependance of reaction rate

Temperaturmessung 66
temperature measurement

Temperaturskale 66
temperature scale

Temperaturverlauf im Wärmetauscher 155
temperature gradation in heat exchangers

theoretische Trennstufenzahl 184
theoretical number of stages, separation stage

thermische Längenänderung 28
thermal elongation

thermische Trennverfahren 160
thermal separation processes

thermische Volumen-ausdehnung 52
thermal volume enlargement

Thermoelement-Thermo-meter 67
thermocouple

Thermospannung 67
thermovoltage

Toleranzbereich (Regler) 222
range of tolerance

Toleranzgrenzen 95
tolerance limits

Tortendiagramm 17
pie chart, pie diagram

Totzeit (Regelstrecke) 212
dead time (control section)

Trend 110
trend

Trendlinie 19
trendline

Trennfaktor (Zweistoff-gemisch) 175
separation factor, relative fugacity (binary mixture)

Trenngrad 133
partition ratio

Trenngradkurve 133
partition ratio curve

Trennkorngröße (Zyklon) ... 143
cut size, separation size (cyclone)

Trennprozess 132
separation process

Trennschärfe 134
selectivity

Trennstufen einer Rekti-fikationskolonne 182
stages of a rectification column

Trennwirkung (Füllkörper) . . 187
selection, separation effect (packing)

Trennwirkung von Rektifikationskolonnen 189
separating effect of rectification columns

Treppenstufenzug 183, 199
step line

Trockengut 160
dry material

Trockner 164
dryer

Trocknen 161
drying

Trommelsiebmaschine 136
drum sieve machine

Turbinenradzähler 81
turbine flow meter

turbulente Strömung 33
turbulent flow

U

Übergangsfunktion (Regelstrecke) 213
unit step response (control section)

Überschwingweite (Regler) 222
overshoot (controller)

Übersetzungsverhältnis 59
gear transmission ratio

Ultraschall-Messgerät 76
ultrasonic instrument

Umfangsgeschwindigkeit ... 142
circumferential velocity

umgesetzte Stoffmengen ... 240
conversed amount of substance

Umkehrgesetze (Schaltalgebra) ... 234
reversion equations (Boolean algebra)

Umsatz ... 242
conversion

Umsatzgrad ... 242
conversion rate

Umschlingungsgetriebe ... 60
beld drive, belt gear

UND-Verknüpfung ... 225
AND-operation, AND relation

UND-Verknüpfung mit Ausgangsnegation ... 229
AND-operation with negation output

UND-Verknüpfung mit Eingangsnegation ... 228
AND-operation with negation input

Ungenauigkeit ... 10
incertitude, inaccurateness

U-Rohr-Manometer ... 70
u-tube manometer

Urwertkarte ... 95
original data chart

V

variable Regelgrenzen ... 104
variable control limits

Variationskoeffizient ... 87
variation coefficient

Ventile ... 29
gauges

Ventil-Kennlinie ... 29, 211
gauge characteristic lines

Verbindungsgesetz (Schaltalgebra) ... 233
associative law (Boolean algebra)

Verdampfer ... 166
evaporator

Verdampfungskristallisation ... 169
evaporation crystallisation

Verdampfungswärme ... 148
evaporation heat

Verdichten von Gasen ... 45
compacting of gases

Verdichter ... 45
compressor

Verdrängerpumpen ... 42
displacement pump

Verknüpfungen mit Ausgangsnegation ... 229
logics with negating output

Verknüpfungen mit Eingangsnegation ... 228
logics with negating input

Verknüpfungssteuerung ... 225
logic control

Verstärkungsgerade ... 182
enriching line

Verstärkungskolonne ... 184
enriching column

Verstärkungsverhältnis ... 183
plate efficiency

Vertauschungsgesetz (Schaltalgebra) ... 233
commutative law (Boolean algebra)

Verteilungsdiagramm ... 85
distribution diagram

Verteilungsdichte ... 116
distribution density

Verteilungsdichte-Diagramm ... 123
distribution density diagram

Verteilungsdichtekurve ... 124, 132, 282
distribution density curve

Verteilungsgesetz (Schaltalgebra) ... 233
distributiv law (Boolean algebra)

Verteilungssumme ... 116
distribution summation

Verteilungssummen-Diagramm ... 122
distribution summation diagram

Verteilungssummen kurve ... 124, 281, 282
distribution summation curve

Vertikal-Absetzbehälter ... 139
vertical settling tank

Verweilzeit im Rohrreaktor ... 253
hold up time in the tube reactor

Verweilzeit (in Reaktoren) ... 244
hold up time (in reactors)

Viskositätsfaktor ... 42
viscosity number (factor)

volumenbezogene Oberfläche ... 119
volumic surface

Volumen geometrischer Grundkörper ... 73
volumes of geometric bodies

volumenspezifische Oberfläche ... 113
volumic surface

Volumenstrom ... 24, 47, 79
volume rate

volumetrische Mengenmessgeräte ... 81
volumic flow metering

Vorhalte-Zeit (Regler) ... 220
derivative time, rate time (controller)

W

Wärmeableitung ... 157
heat conduction

Wärmeaustauschfläche ... 155
heat exchange area

Wärmebedarf beim Eindampfen ... 167
heat requirement for concentration

Wärmedurchgang ... 149, 151
heat transfer

Wärmedurchgangszahl 151, 152
heat transfer coefficient (K-value)

Wärmeinhalt ... 148
heat content

Wärmeleitung ... 149
heat conduction

Wärmeleitzahl ... 149
heat conductivity coefficient

Wärmemengen 148
heat quantities

Wärmestrahlung 149
heat radiation

Wärmetauscher 155
heat exchanger

Wärmeträger 148
heat carrier

Wärmeübergang 151
conductive heat transfer

Wärmeübergangszahl 151
convection coefficient

Wärmeübertragung in der Chemietechnik 149
heat transfer in chemical engineering

Wanddicke 26
section thickness

Warngrenzen 95
warning limit

Wasserdampfdestillation 179
steam destillation

Wellrohr-Kompensator 28
bellow expansion joint

Werkzeuge der Qualitätssicherung 89
tools of quality management

Wertungszahl (Füllkörper) ... 187
value coefficient (packed material)

Widerstandsthermometer ... 66
resistance thermometer

Wirbelschichttrockner 165
fluidised-bed dryer

Wirkungsgrad 241
efficiency

Wirkungsgrad einer Pumpe 36
efficiency of a pump

Woltmannzähler 81
Woltmann flow meter

Würfel 49
cube

X

XOR-Verknüpfung 226
XOR-operation

XY-Diagramm 17
XY-diagram

Z

Zahnrädergetriebe 59
gear wheel drive

zeitlicher Ablauf chemischer Reaktionen 246
course of chemical reactions

Zeitverhalten von Regelstrecken 210
specific times of controlling systems

Zentrifugieren 140
centrifugation

Zerkleinern 127
milling, breaking

Zerkleinerungsmaschine 128
shredding machine, chopper

Zerkleinerungsgrad 127
reduction ratio

Zugfestigkeit R_M 62
tensile strength

Zugspannung 61
tension, tensile stress

Zugversuch 62
tensile test

zulässige Spannung 63
nominal disign stress

zusammengesetzte Körper .. 49
combined bodies

zusammengesetzte logische Grundverknüpfungen .. 228
combined logic operations

Zustandsgleichung 45
state equation

Zweidruck-Rektifikation 191
two-pressure rectification

Zwischenergebnis 9
intermediary result

Zyklon 142
cyclone

Zylinder 52
cylinder